Vorlesungen über Maschinenelemente

von

Dipl.-Ing. M. ten Bosch

Professor an der Eidgenössischen Technischen Hochschule
Zürich

I. Heft

Festigkeitslehre

Mit 104 Textabbildungen

Springer-Verlag Berlin Heidelberg GmbH 1929

ISBN 978-3-662-35408-7   ISBN 978-3-662-36236-5 (eBook)
DOI 10.1007/978-3-662-36236-5
Softcover reprint of the hardcover 1st edition 1929

Vorwort.

Der Begriff „Maschinenelemente" für solche Konstruktionsteile, die in gleicher oder ähnlicher Form bei einer Reihe von Maschinen vorkommen, hat sich mit der Entwicklung des Maschinenbaues stark erweitert. Prof. C. von Bach schrieb schon vor vielen Jahren in den Vorworten seines klassischen Buches über Maschinenelemente, daß „es dem einzelnen einfach unmöglich sei, sich auf allen in Betracht kommenden Gebieten vollständig auf dem Laufenden zu halten". Dennoch bilden die Maschinenelemente eine wichtige Grundlage für das Studium des Maschinen- und Elektroingenieurs, und alle technischen Hochschulen verlangen mit Recht gründliche Kenntnisse auf diesem Gebiet. Es ist klar, daß aus dem weiten Gebiet in den Vorlesungen nur jeweils das grundsätzlich wichtigste vorgetragen werden kann. Der Entscheid, was als das wichtigste zu betrachten ist, ist nicht immer leicht zu treffen, und sicher muß manches aus Zeitmangel weggelassen werden, was mit Recht zu den wichtigen Elementen zu rechnen ist. Bei der raschen Entwicklung des Maschinenbaues und infolge der zunehmenden Spezialisierung werden die technischen Hochschulen in Zukunft den Unterricht in mancher Beziehung anders gestalten und namentlich den Elementen mehr Aufmerksamkeit schenken müssen.

Beim Studium der Maschinenelemente entsteht zuerst die Frage nach einem guten Lehrbuch. Leider ist das hervorragende Werk von Professor C. von Bach, aus dem viele Generationen von Ingenieuren ihre Kenntnisse erworben haben, in mancher Beziehung veraltet. Nur nach langem Zögern habe ich dem wiederholt geäußerten Wunsch meiner Hörer entsprochen, meine Vorlesungen zu veröffentlichen, in der Meinung, daß auch an anderen technischen Hochschulen Interesse für ein kurzgefaßtes und zeitgemäßes Lehrbuch über Maschinenelemente vorhanden ist. Bei der Ausarbeitung des vorliegenden Buches bin ich an keiner Stelle wesentlich über den in den Vorlesungen behandelten Stoff hinausgegangen. Nur die Reihenfolge des Stoffes entspricht nicht immer der Reihenfolge der Vorlesungen, da dabei Rücksicht auf die Vorkenntnisse in Mathematik, Mechanik und Physik sowie auf die Übungen genommen werden muß.

Um die Herausgabe nach Möglichkeit zu beschleunigen, erscheint die erste Auflage in 5 Einzelheften:

1. Festigkeitslehre.
2. Allgemeine Gesichtspunkte und Verbindungen.
3. Wellen und Lager.
4. Riemen- und Rädertrieb.
5. Elemente der Kolbenmaschinen, Rohrleitungen, Wirtschaftlichkeit.

Seitdem die Industrie eigene mustergültige Laboratorien eingerichtet hat und große Summen für Untersuchungen ausgibt, haben die technischen Hochschulen (die meist über bescheidene Mittel und Einrichtungen verfügen) als Forschungsinstitute an Bedeutung verloren. Die wesentlichen Fortschritte des Maschinenbaues in den letzten Jahrzehnten (Flüssigkeitsreibung bei Gleitlagern, Zahnräder für sehr hohe Leistungen usw.) sind ohne Mitwirkung der Hochschulen erzielt worden. Dennoch bestehen für die weitere Entwicklung in dieser Richtung ernste Bedenken. Industrie und Hochschule haben ein gleich großes Interesse an einem engeren Zusammenarbeiten: die Industrien würden namhafte Beträge für Versuche ersparen und die Wissenschaft rascher allgemein gültige und einwandfreiere Resultate erhalten. Die Entwicklung der Dampfturbine ist ein leuchtendes Beispiel dafür, was auch auf anderen Gebieten durch die Zusammenarbeit von Technik und Wissenschaft erreicht werden kann.

Meinen Assistenten danke ich für ihre Mitarbeit bei der Herstellung der Abbildungen; besonders noch Herrn Dipl.-Ing. H. Bantli für das Lesen der Korrekturen.

Um den Preis des Buches möglichst niedrig zu halten, wurde der Satzspiegel stark ausgenützt und außerdem ein Teil der Abbildungen aus vorhandenen Büchern entnommen.

Zürich, Ende November 1928.   **ten Bosch.**

Inhaltsverzeichnis.

Ergänzende Lehrbücher.

Bach, C. v. und R. Baumann: Elastizität und Festigkeit, 9. Auflage. Berlin: Julius Springer 1924.

Bach, C. v. und R. Baumann: Festigkeitseigenschaften und Gefügebilder der Konstruktionsmaterialien, 2. Auflage. Berlin: Julius Springer 1921.

Wawrziniok, O.: Materialprüfwesen, 2. Auflage. Berlin: Julius Springer 1923.

Winkel: Festigkeitslehre für Ingenieure. Berlin: Julius Springer 1927.

Föppl, A.: Technische Mechanik, Bd. 3. Leipzig: B. G. Teubner.

Föppl, A. und O.: Grundzüge der Festigkeitslehre. Leipzig: B. G. Teubner.

Nadai: Der bildsame Zustand der Werkstoffe. Berlin: Julius Springer 1927.

I. Festigkeitslehre und zulässige Spannungen.

Einleitung.

Aufgabe des Maschinenbauers ist es, die Bestandteile irgendeiner Maschine möglichst vollkommen dem Gebrauchszweck anzupassen und solche Formen zu wählen, die einfach in der Herstellung sind und sich billig auf Werkzeugmaschinen bearbeiten lassen.

Die Formen des gleichen Maschinenteiles wechseln also je nach dem Gebrauchszweck und nach den vorhandenen Bearbeitungsmöglichkeiten. Eine Maschine, die in Bergwerken oder Steinbrüchen durch ungelernte Arbeiter bedient werden soll, ist unter anderen Gesichtspunkten zu entwerfen, als wenn sie in geschlossenen, staubfreien Räumen, bei sorgfältigster Wartung durch angelerntes Personal bedient wird. Ein ortsfester Benzinmotor gibt auf Rädern gesetzt noch lange keine brauchbare Lokomobile und ist erst recht als Automobilmotor ungeeignet, auch wenn die Motorstärke gleich bleibt. Eine Exportmaschine wird manchmal in Einzelteilen anders durchkonstruiert werden müssen, um die Transport- und Reparaturmöglichkeit in abgelegenen Gegenden zu berücksichtigen. Der Konstrukteur muß andere Formen wählen, wenn die Maschine in großen Serien auf Spezialmaschinen hergestellt werden kann, als wenn es sich um eine Einzelausführung handelt.

Beim Unterricht in Maschinenelementen kann es sich naturgemäß nur darum handeln, die allgemeinen Gesichtspunkte bei der Berechnung und beim Entwurf zu behandeln. Die endgültige Formgebung ist nur von Fall zu Fall und in Anlehnung an die Erfahrung möglich. Darum ist der Maschinenbau eine Erfahrungswissenschaft. Es ist noch nicht sehr lange her, daß der Nachdruck dabei auf Erfahrung lag und die Wissenschaft eine ganz bescheidene Rolle spielte. Doch auch der begabteste Mensch vermöchte nur wenig auszurichten, wenn er nicht auf dem Erfahrungsschatz anderer, und namentlich dem von vergangenen Geschlechtern ererbten, aufbauen könnte. Diese in vielen Jahrhunderten gesammelten Erfahrungen sind in den theoretischen Wissenschaften (Physik, Mechanik, Technologie) zweckmäßig geordnet, und bilden das eigentliche Fundament des Maschinenbaues.

Die technischen Probleme, auch bei den Elementen, sind nun meist sehr verwickelter Art. Um die Erscheinungen erklären zu können, ist man gezwungen, vereinfachende Annahmen zu machen, um Gleichungen zu erhalten, die mathematisch zu lösen sind. So sind auch die Formeln der Festigkeitslehre unter solchen vereinfachenden Voraussetzungen abgeleitet worden. In vielen Fällen sind diese theoretischen Voraussetzungen auch durchaus zulässig; in anderen haben die Faktoren, welche die Theorie vernachlässigt und oft bewußt vernachlässigen muß, einen so bedeutenden Einfluß, daß das Resultat praktisch vollkommen unbrauchbar wird. Die theoretischen Gesetze sind also nur beschränkt gültig, und über die Zulässigkeit der gemachten Voraussetzungen entscheidet nur die Erfahrung. Das muß, bei aller Wertschätzung der Theorie, immer vor Augen gehalten werden. Darum liegen die Theorien des Maschinenbaues auch niemals so fest, wie z. B. der Mathematik, die immer unverändert bleiben, sondern sie ändern sich fortwährend mit der Vertiefung der Erkenntnis des tatsächlichen Verhaltens.

Die schnelle Entwicklung der Technik, die Fülle und Schwierigkeit der neuen Probleme, die der Ingenieur zu lösen hat, bedingen eine eingehende Beschäftigung mit den theoretischen Grundlagen. Namentlich die Gesetze der Festigkeitslehre muß der Ingenieur vollständig beherrschen, um die Berechnung der Spannungen und der Formänderungen rasch und sachgemäß durchzuführen. Dabei ist immer zu bedenken, daß die Berechnung nicht das Endziel, sondern nur ein unbedingt notwendiges Hilfsmittel für die Formgebung der Maschinenteile ist.

A. Zug- und Druckbeanspruchung.

1. Der Zugversuch. Der gerade, stabförmige Körper, den wir uns als Kreiszylinder vorstellen wollen (Abb. 1), besitze die Länge l und den Durchmesser d, so daß der Querschnitt $f = \frac{\pi}{4} d^2$ ist. Der Stab werde von zwei ziehenden Kräften P ergriffen, deren Richtung mit der Stabachse zusammenfällt. Die Kräfte seien nicht groß genug, um den Stab zu zerreißen, so daß sie sich — nach der vollendeten Deformation — das Gleichgewicht halten.

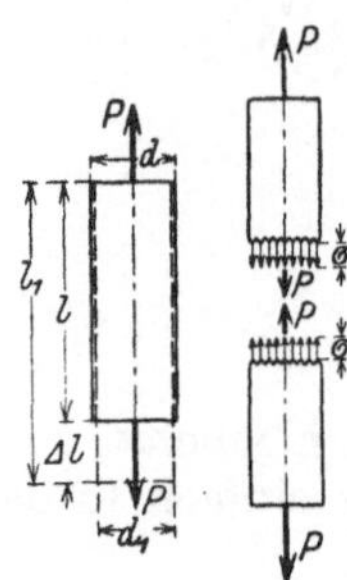

Abb. 1. Der Zugversuch (nach **Winkel**, Festigkeitslehre).

Voraussetzung für alle Festigkeitsrechnungen ist also, daß Gleichgewicht vorhanden ist. Das ist immer der Fall, wenn der Körper in Ruhe oder in gleichförmiger Bewegung ist. Bei einem beliebig bewegten Körper — z. B. beim An- und Auslauf von Maschinen — kann durch das Anbringen der d'Alembertschen Massenkräfte das statische Gleichgewicht hergestellt werden.

Bei der Deformation entstehen nun zwischen den Molekülen des Körpers innere Kräfte, die man als Flächenkräfte auffaßt. Die Kraft pro Flächeneinheit wird „Spannung" genannt. Im allgemeinen ändert sich der Spannungszustand (Größe und Richtung) innerhalb des Körpers von Punkt zu Punkt. Um die Spannungen zu berechnen, macht man folgende, ganz allgemeine Überlegung, die die Grundlage der ganzen Festigkeitslehre bildet:

Schneiden wir ein beliebig abgegrenztes Stück heraus, dann ist auch dieses Teilstück im Gleichgewicht, wobei nur zu beachten ist, daß die an den Trennflächen wirkenden Spannungen für das Stück (und natürlich auch für den Rest) äußere Kräfte sind.

Legen wir nun einen Schnitt senkrecht zur Stabachse, so sagt die Gleichgewichtsbedingung aus, daß die Summe der Spannungen an der Schnittfläche entgegengesetzt gleich der äußeren Kraft ist, d. h.:

$$\sum_{\text{Fläche}} \text{Spannungen} = -P \tag{1}$$

Dabei weiß man aber noch nicht, wie die einzelnen Spannungen über den Querschnitt verteilt sind. Jede Spannungsverteilung, die der Gleichung (1) genügt, ist möglich. Um die Spannungsverteilung zu berechnen, macht man folgende Annahmen:

1. Vom Stabmaterial wird vorausgesetzt, daß es homogen und isotrop ist, d. h. daß es das Stabvolumen stetig erfüllt und in allen Punkten und in allen Richtungen gleiches Verhalten zeigt.

Nach dieser Voraussetzung dürfen keine Unstetigkeiten, Löcher, Einkerbungen oder plötzliche Querschnittsänderungen vorkommen. Aber die Einschränkung der Stetigkeit hat noch viel tiefergehende Bedeutung. Es würde viel zu weit führen, hier näher auf den Aufbau und die Struktur der Materie einzugehen; diese Untersuchungen gehören in die Physik, in die Technologie und besonders in die Metallographie. Namentlich diese letztere Wissenschaft, die noch verhältnismäßig jung ist, gibt interessanten Aufschluß darüber und zeigt deutlich, daß wir es keinesfalls mit ganz homogenen, aus einzelnen Molekülen aufgebauten Körpern zu tun haben, sondern daß die Metalle in festem Zustand, ähnlich wie die Gesteine, ein Haufwerk von kristallinen Molekulargruppen sind, die durch die Behandlung eine Umwandlung erfahren können (Ferrit, Perlit, Zementit, Martensit). Alle Kristalle sind aber anisotrop, und auch die Bedingung der Homogenität ist praktisch nicht erfüllt. Wenn die Materialien auch nicht ganz isotrop sind, so sind sie doch quasi-isotrop, denn die einzelnen Kristallindividuen treten nicht besonders hervor, weil sie im Verhältnis zum Stabquerschnitt meist sehr klein sind. Um aber manche Brucherscheinung erklären zu können, muß der Ingenieur sich dennoch mit diesen Fragen befassen. So sind z. B. die Materialeigenschaften von Blech parallel und senkrecht zur Walzrichtung verschieden, auch haben dünne gußeiserne Querschnitte andere Eigenschaften als dicke usw. In der technischen Festigkeitslehre müssen wir uns aber dennoch mit dem Begriff des homogenen und isotropen Körpers abfinden, denn es wird wohl kaum je eine andere, ebenso einfache Grundlage gefunden werden, die dem tatsächlichen Verhalten der Baustoffe besser entspricht.

2. Von den Kräften P wird angenommen, daß sie gleichmäßig über die Endquerschnitte verteilt sind.

In Wirklichkeit werden die Kräfte an einem Auge oder an einem Kopf angreifen, so daß auch diese Voraussetzung nicht erfüllt ist, und scheinbar auch nicht leicht zu erfüllen ist. Das Prinzip von de Saint Venant, eine sehr allgemein gehaltene Behauptung, ein „Axiom" der Festigkeitslehre, sagt nun folgendes aus:

„Wirkt an einem ausgedehnten Körper, innerhalb eines eng begrenzten Bezirks, eine äußere Kraft, die den Gleichgewichtsbedingungen genügt, so werden dadurch nur in der unmittelbaren Nähe des Bezirks selbst Spannungen und Dehnungen hervorgerufen."

Der Einfluß der Kräfte P auf irgendeinen Punkt des Stabquerschnittes ist demnach verschwindend klein, wenn dieser genügend weit vom Angriffspunkt der Kräfte entfernt ist; dort kann dann eine gleichmäßige Spannungsverteilung angenommen werden. Um diese Voraussetzung der Theorie bei den praktischen Festigkeitsversuchen möglichst genau zu erfüllen, erhalten die Probestäbe die in Abb. 2a dargestellte Form.

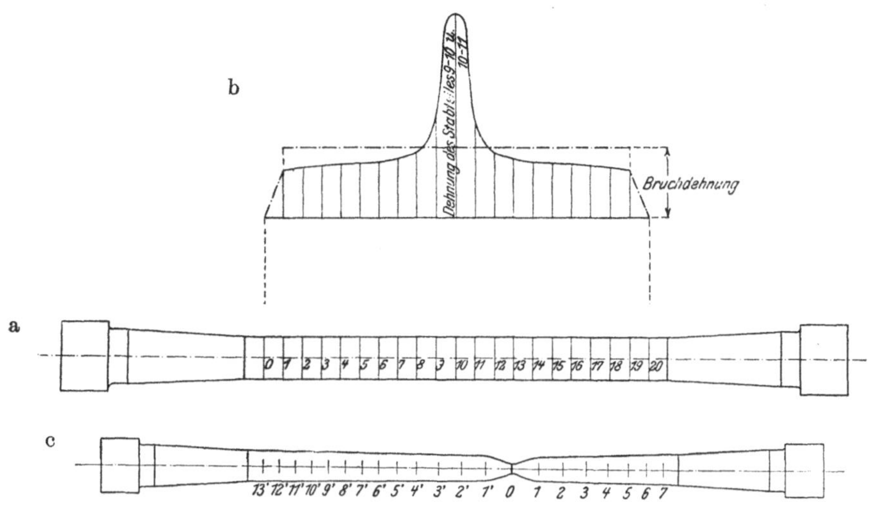

Abb. 2a bis c. Probestab und Formänderungen (nach Wawrziniok, Materialprüfungswesen, 2. Aufl.).

Die Spannungen senkrecht zur Schnittfläche nennt man „Normalspannungen"; sie werden allgemein mit dem Buchstaben σ bezeichnet.

$$\sigma = \frac{P}{f} . \tag{2}$$

Die Annahme der gleichmäßigen Spannungsverteilung setzt aber stillschweigend voraus, daß

3. die einzelnen Fasern, aus denen der Stab zusammengesetzt gedacht sein kann, sich gegenseitig nicht beeinflussen.

Würden sie sich wohl beeinflussen, so müßten die äußeren Fasern, die zum Teil frei liegen, sich anders verhalten als die innen liegenden. (Vgl. S. 11, Einfluß der Querschnittsform.)

Unter dem Einfluß der Kräfte P erfährt der Stab eine Verlängerung $\varDelta l$. Die auf die Längeneinheit bezogene Längenänderung $\varepsilon = \dfrac{\varDelta l}{l}$ wird mit Dehnung bezeichnet; dabei wird also stillschweigend vorausgesetzt, daß die Dehnung an allen Stellen der Länge gleich groß ist.

Zwischen Spannung und Dehnung, die beide durch die Kräfte P verursacht werden, muß also ein Zusammenhang vorhanden sein.

4. Das Hookesche Gesetz sagt nun aus, daß die Spannungen den Dehnungen proportional sind:

$$\sigma = \varepsilon E . \tag{3}$$

In dieser Gleichung ist E der Proportionalitätsfaktor, also eine das Material kennzeichnende Erfahrungszahl, Elastizitätsmodul genannt[1]. Da $\varepsilon = \dfrac{\varDelta l}{l}$ eine dimensionslose Größe ist, hat E die gleiche Dimension wie σ [kg/cm²].

---

[1] Prof. v. Bach hat $\dfrac{1}{E} = \alpha$, die Dehnungszahl, als Proportionalitätsfaktor vorgeschlagen. In der Praxis hat sich dieser Faktor aber nicht eingebürgert.

Aus der Kombination von (2) und (3) folgt:

$$\sigma = \varepsilon\, E = \frac{\Delta l}{l}\, E = \frac{P}{f}$$

oder

$$\Delta l = \frac{P\,l}{f\,E}. \tag{4}$$

Das Hookesche Gesetz, richtiger vielleicht die Annahme des englischen Physikers Hooke (1678), wurde bis vor etwa 40 Jahren als ein allgemein gültiges Naturgesetz angesehen. Prof. von Bach (Stuttgart) hat zuerst nachgewiesen, daß diese Annahme nur für wenige Baustoffe und innerhalb enger Grenzen gültig ist. Um den wirklichen Zusammenhang zwischen Spannungen und Dehnungen zu erforschen, hat man seither ausgedehnte Versuche in den Materialprüfanstalten angestellt, deren Resultate, neben der Theorie, die wichtigsten Grundlagen des Maschinenbaues bilden.

Wird ein Flußeisenstab in einer Materialprüfmaschine eingespannt, die die Linie der Längenänderungen selbsttätig aufzeichnet, so erhalten wir etwa nebenstehendes Bild (Abb. 3). Das gleiche Bild erhalten wir, wenn an Stelle der Kräfte die Spannungen $\sigma = \frac{P}{F}$, und an Stelle der Längenänderungen die Dehnungen $\varepsilon = \frac{\Delta l}{l}$ aufgetragen werden.

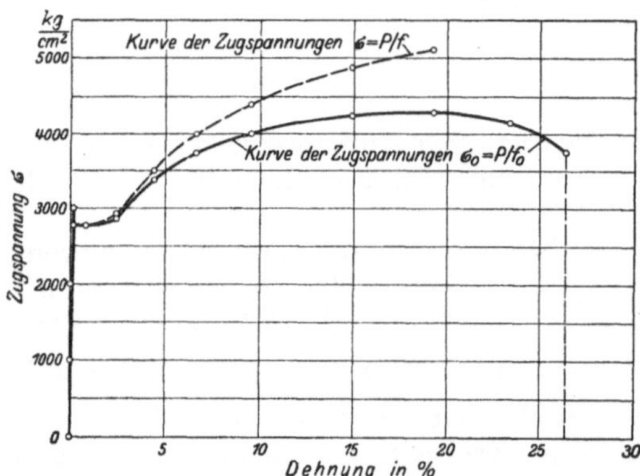

Abb. 3. Spannungs-Dehnungslinie (nach Winkel).

Wie ersichtlich nehmen die Dehnungen anfänglich geradlinig mit den Spannungen zu, bis zum Punkte σ_p (Proportionalitätsgrenze). Dann biegt die Linie etwas ab, bis zum Punkte F, wo der Charakter der Linie sich mehr oder weniger rasch ändert, indem die Dehnungen sehr rasch zunehmen, ohne Zunahme (oft sogar bei Abnahme) der Belastung: der Stab streckt sich. Die Spannungen, bei der diese bedeutende Verlängerung eintritt, nennt man Streck- oder Fließgrenze σ_s oder auch Plastizitätsgrenze. Wird die Belastung weiter fortgesetzt, so findet schließlich ein Zerreißen des Stabes statt; die maximale Spannung, bei B, wird Bruchfestigkeit K_z genannt.

Aus der Abbildung folgt also, daß die auf Grund der Hookeschen Annahme ausgeführten Festigkeitsberechnungen niemals bis zur Bruchfestigkeit angewandt werden dürfen, und daß ebensowenig aus Bruchversuchen irgendwelche Schlüsse über die Zulässigkeit der Hookeschen Annahme gezogen werden dürfen.

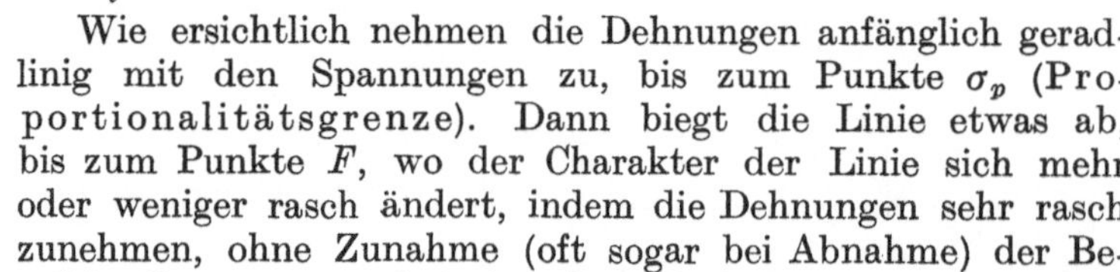

Abb. 4. Spannungs-Dehnungslinie für weichen Stahl (nach Nadai, Werkstoffe).

Die Beobachtung (Abb. 2c) lehrt weiter, daß der Stab nicht nur eine Längenänderung, sondern zugleich eine Querkontraktion, d. i. eine Zusammenziehung senkrecht zur Längsdehnung, erfährt. Streng genommen müßte also in die Gleichung $\sigma = \frac{P}{f}$ für f der tatsächlich vorhandene Querschnitt eingesetzt werden, doch ist es im Maschinenbau gebräuchlich, die Spannung auf den ursprünglichen Querschnitt zu beziehen. Handelt es sich aber um die technologische Untersuchung der Materialeigenschaften, so ist die Querschnittsänderung unbedingt zu berücksichtigen (Abb. 4). Unmittelbare Messungen der Querkontraktion sind schwieriger durchzuführen. Nach allem, was darüber bekannt wurde, scheinen bei jenen Stoffen, die dem Hookeschen Gesetze folgen, auch die Querkontraktionen mit den Spannungen in der Längsrichtung proportional zu sein. Das Verhältnis $\frac{\varepsilon}{\varepsilon_q} = -\,m$ wird die Poissonsche Zahl genannt, worin die Querdehnung $\varepsilon_q = \frac{\Delta d}{d}$ die auf den ursprünglichen Durchmesser bezogene Durchmesseränderung ist. Poisson hat auf Grund einer Hypothese, die den Spannungszustand aus den Molekularkräften herzuleiten suchte, m zu 4 berechnet. Für Schmiedeeisen und Stahl ist

m zu $\frac{10}{3}$ bis 3,5 gemessen worden. Nach R. Plank[1] nimmt m mit der Temperatur des Eisens langsam ab, und nähert sich gegen die Schmelztemperatur dem unteren Grenzwert 2, der für Flüssigkeiten gilt.

Setzt man den Wert von $\varepsilon = \frac{\sigma}{E}$ in die Gleichung für m ein, so wird

$$\varepsilon_q = -\frac{1}{m}\frac{\sigma}{E}. \tag{5}$$

Die Bruchdehnung $\delta = 100\frac{\varDelta l}{l}$ (in Abb. 3 mit ε_z bezeichnet) gilt als Maß für die Zähigkeit des Materials, und ist nur dann von der Stablänge unabhängig, wenn sich die Dehnungen gleichmäßig über die Stablänge verteilen. Wie die Beobachtung zeigt (Abb. 2 b, c), trifft dies im großen ganzen bis zur Streckgrenze, ja fast bis zur Bruchgrenze zu; kurz vorher kommt aber eine starke örtliche Einschnürung des Stabes, die mit einer verhältnismäßig großen Dehnung an dieser Stelle verbunden ist. Die Bruchdehnung setzt sich also aus der Dehnung des ganzen Stabes und aus der Dehnung an der Einschnürung zusammen, und ist demnach von der ursprünglichen Länge nicht unabhängig. Um allgemein gültige Vergleichswerte zu erhalten, ist es notwendig, sog. Normalstäbe für die Zugversuche zu nehmen. In der Schweiz, in Deutschland und Österreich werden dafür Rundstäbe mit einer Länge $l = 10\,d$ verwendet, in Frankreich $l = 7,235\,d$, in Amerika $l = 5\,d$. In neuerer Zeit hat man auch in Deutschland beschlossen, kürzere Probestäbe zu wählen, da für viele Zwecke $l = 10\,d$ zu teuer (hochwertige Stähle) oder unmöglich ist (Unfälle). Dasselbe Material würde also, in verschiedenen Ländern untersucht, verschiedene Bruchdehnungen ergeben. Darum gehört zu dem Wert δ immer die Angabe der Länge. (Umrechnung von $l = 10\,d$ auf $l = 5\,d$ in den Mitteilungen über Forschungsarbeiten, H. 215, Dr. Rudeloff, $\delta_{10\,d} = 1,25\,\delta_{5\,d}$.)

Nicht alle Baustoffe zeigen ein ähnliches Verhalten zwischen Spannungen und Dehnungen wie Flußeisen. Man unterscheidet aber zwei Gruppen von Materialien: Zähe, die sich ähnlich wie Flußeisen, und spröde, die sich etwa wie Gußeisen verhalten (Abb. 5). Diese haben keine so ausgesprochene Streckgrenze und auch viel kleinere Dehnungen bis zum Bruch. Zwischen den beiden extremen Fällen können natürlich alle möglichen Zwischenwerte vorkommen.

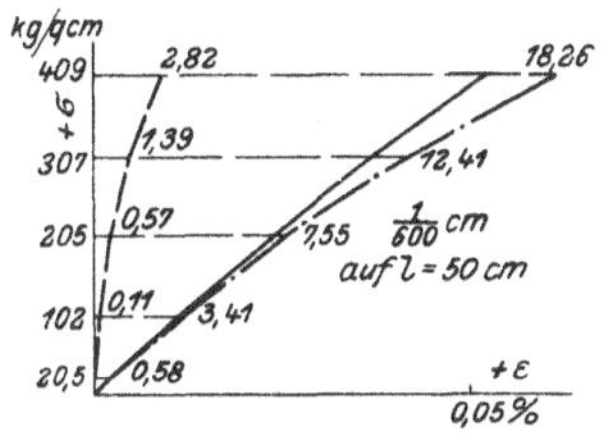

Abb. 5. Spannungs-Dehnungslinie für Gußeisen (nach Bach-Baumann, Festigkeitseigenschaften).

Die Streckgrenze ist aber ein praktisch sehr wichtiger Begriff, denn es ist ja klar, daß die Materialien in Maschinen jedenfalls nicht bis zur Streckgrenze beansprucht werden dürfen, da sonst große bleibende Formänderungen auftreten. Es ist daher in der Praxis üblich, allgemein von einer Streckgrenze zu sprechen, die dadurch festgelegt ist, daß die Dehnung einen bestimmten Betrag erreicht. Das Maß dieser Dehnung ist dann willkürlich, und so nimmt z. B. Krupp eine Dehnung von 0,3% ($\varepsilon_s = 0,003$) an der Streckgrenze an.

Fast alle gegossenen Materialien sind spröde; sie können aber durch eine weitere Bearbeitung (Walzen, Schmieden, Glühen) zäher und fester gemacht werden. Dadurch entsteht der Unterschied in den Festigkeitseigenschaften von Stangenmessing und Messingguß, von Aluminiumguß und Blech usw.

Namentlich die Festigkeitseigenschaften von Stahl lassen sich durch thermische Behandlung (Ausglühen, Härten, Anlassen, Abschrecken) in weiten Grenzen beeinflussen. Abb. 6 zeigt als Beispiel, welchen Einfluß nur die Variation der Anlaßtemperatur für eine bestimmte Stahlsorte hat.

Eine sehr ausführliche Zusammenstellung von Festigkeitseigenschaften ist in dem Buche von C. Bach und R. Baumann: „Festigkeitseigenschaften und Gefügebilder der Konstruktionsmaterialie"[2] enthalten.

Für Gußeisen gilt das Hookesche Gesetz nicht, da keine Proportionalitätsgrenze vorhanden ist. Das darf nie vergessen werden, wenn Festigkeitsrechnungen an gußeisernen Körpern durchgeführt werden. Die Poissonsche Zahl ist auch nicht konstant und erheblich größer als für Flußeisen; $m = 5$ bis 9.

Es ist daher begreiflich, daß man versucht hat, das Hookesche Gesetz durch eine andere Beziehung zwischen Spannung und Dehnung zu ersetzen und eine Beziehung zu finden, die bis zur Bruchgrenze gültig bleibt. Aus diesem Wunsche ist das Potenzgesetz entstanden:

---

[1] Plank, R.: Z. V. d. I. 1911, S. 1479.   [2] 2. Aufl. Berlin: Julius Springer 1921.

$\sigma^n = \varepsilon E$, das für verschiedene Materialien, namentlich spröde, gute Übereinstimmung mit den Versuchsresultaten zeigt. Nun hat aber eine solche Beziehung nur dann praktischen Wert, wenn die Werte E und n für ein und dasselbe Material auch wirklich unveränderliche Stoffwerte sind. Wie genaue Untersuchungen zeigen, ist das jedoch nicht der Fall, so daß die Praxis, wenigstens im Maschinenbau, kein Interesse hat, dieses verwickeltere Gesetz als Grundlage für die Rechnungen zu wählen.

Man kann aber immer, mit mehr oder weniger Genauigkeit, Teilstrecken einer Kurve durch eine Gerade ersetzen und so den Elastizitätsmodul innerhalb bestimmter Spannungsgrenzen festlegen. Dann ist E aber eine veränderliche Größe, vom Spannungszustand abhängig; z. B. für Gußeisen: $E = 750\,000$ bis $1\,000\,000$ kg/cm².

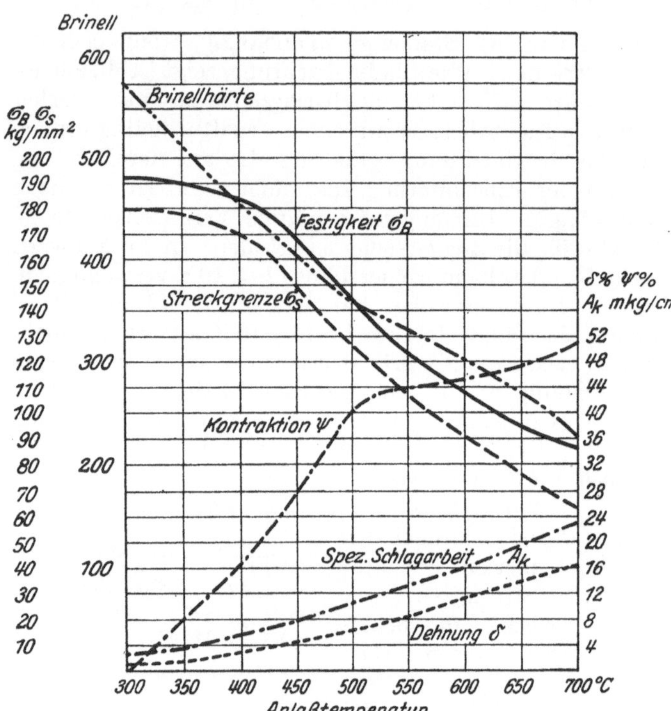

Abb. 6. Materialeigenschaften von Mangan-Silizium-Stahl. (0,6 C; 1,18 Mn; 1,24 Si) gehärtet bei 820° C, und in Öl bei verschiedenen Temperaturen angelassen.

Die Elastizitätstheorie setzt stillschweigend auch vollkommen elastische Formänderungen voraus, d. h. der Stab soll nach der Entlastung wieder seine ursprüngliche Länge annehmen. Belasten wir einen Flußeisenstab und einen Gußeisenstab so, daß die Belastung stufenweise gesteigert, vor jeder Steigerung aber wieder entlastet wird, so wird man finden, daß bei Flußeisen bis zu einer bestimmten Belastung, Elastizitätsgrenze, von vollkommener Elastizität gesprochen werden kann, während Gußeisen (Abb. 5) auch für kleine Belastungen nicht vollkommen elastisch ist. Man kann nun wieder einen, zuächst beliebigen, Punkt annehmen, wo die bleibenden Formänderungen so klein sind, daß sie als praktisch zulässig anzusehen sind. Die Spannung, die zu dieser Dehnung gehört, wird dann auch als Elastizitätsgrenze bezeichnet. Wie aus dieser Definition hervorgeht, ist die Elastizitätsgrenze dann nicht nur durch die Natur der Materialien bestimmt, sondern durch die Empfindlichkeit der Meßinstrumente oder durch die eigentlich beliebige Annahme einer kleinen zulässigen bleibenden Formänderung. Nach Festsetzung des Internationalen Materialprüfkongresses (Brüssel 1906) darf die bleibende Formänderung an der Elastizitätsgrenze 0,001% betragen. Dieser Wert ist aber für die Praxis viel zu klein gewählt, und Krupp bezeichnet als Elastizitätsgrenze diejenige Spannung, bei der die bleibende Dehnung 0,03% erreicht, also zehnmal kleiner ist als die ähnlich definierte Streckgrenze.

Nach der gegebenen Definition hat jedes Material seine Elastizitätsgrenze, während z. B. Gußeisen keine Proportionalitätsgrenze hat. Wenn man (wie es oft geschieht) von der Elastizitäts- oder Proportionalitätsgrenze spricht, so ist das in dieser allgemeinen Form jedenfalls nicht richtig; nur für Stahl fallen beide Grenzwerte nahezu zusammen.

Die Oberfläche des Probestabes bekommt, sobald beim Festigkeitsversuch die Streckgrenze überschritten wird, ein anderes Aussehen. War die Oberfläche blank poliert, so wird sie nach dem Überschreiten der Elastizitätsgrenze matt, wie wenn sie von einem feinen Hauch bedeckt wäre. Im weiteren Verlauf des Versuches wird die Oberfläche allmählich gröber, und aus den Unebenheiten entwickelt sich ein Liniennetz, etwa unter 45° zur Stabachse geneigt, die sog. Fließfiguren (Abb. 7). Man kann diese Erscheinung durch folgende Überlegung erklären:

Legen wir einen zweiten Schnitt (Abb. 8), der einen Winkel φ mit dem Normalschnitt bildet, dann sind die Spannungen auch über diese Schnittfläche gleichmäßig verteilt. Wir zerlegen diese Spannungen in zwei Komponenten, normal zur Schnittfläche und in der Fläche liegend. Letztere Spannungen werden Schubspannungen genannt und mit dem Buchstaben τ bezeichnet.

Bei den Normalspannungen unterscheidet man Zug und Druck, während bei der Schubspannung das Vorzeichen keine Rolle spielt. Da der abgetrennte Körperteil sich im Gleichgewicht befindet, folgt aus dem Kräftedreieck:

$$\cos \varphi = \frac{\sigma_\varphi \, df}{\cos \varphi} \cdot \frac{1}{\sigma \, df} \quad \text{oder} \quad \sigma_\varphi = \sigma \cos^2 \varphi \qquad (6)$$

$$\text{und} \quad \sin \varphi = \frac{\tau_\varphi \, df}{\sigma \, df \cos \varphi} \quad \text{oder} \quad \tau_\varphi = \sigma \sin \varphi \cos \varphi = \frac{\sigma}{2} \sin 2 \varphi . \qquad (7)$$

Die Schubspannung wird ein Maximum für $\sin 2\varphi = 1$, d. h. für $\varphi = 45^0$,

$$\tau_{\max} = \frac{\sigma}{2} . \qquad (8)$$

Die Schubspannung wird am größten für einen Schnitt, der mit der Stabachse einen Winkel von 45^0 einschließt, das ist in der Richtung der Fließlinien.

Aus dem Zugversuch haben wir gesehen, daß die Spannung $\sigma = \frac{P}{f}$ eine bestimmte Grenze σ_e, σ_s oder K_z nicht überschreiten darf, wenn eine bleibende Formänderung oder der Bruch vermieden werden soll. Daraus könnte man allgemein folgern, daß die größte Normalspannung dafür maßgebend sei; das ist auch die älteste Bruchhypothese (maximale Spannungstheorie). Aus dem wichtigen Ergebnis aber, daß die größte Schubspannung unter dem Winkel von 45^0 auftritt,

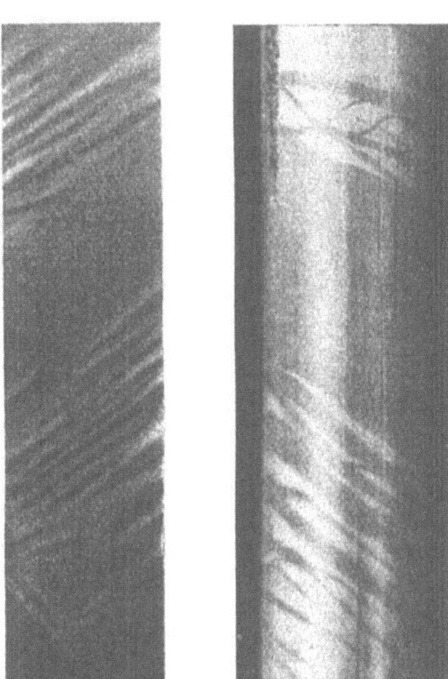

Abb. 7. Fließfiguren (nach Winkel).

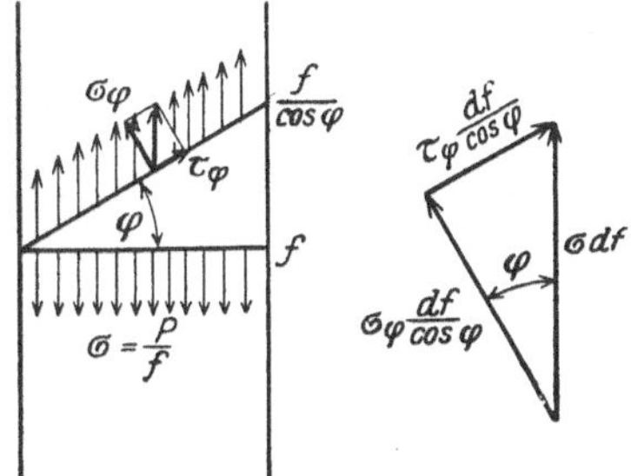

Abb. 8. Spannungen in einem schiefen Schnitt.

in Übereinstimmung mit den Fließfiguren, hat Coulomb schon vor 150 Jahren die Auffassung abgeleitet, daß es bei allen Stoffen, die ähnliche Fließfiguren zeigen, nicht die größte Normalspannung ist, die selbst unmittelbar eine Beschädigung oder den Bruch herbeiführt, sondern die nur halb so große Schubspannung (maximale Schubspannungshypothese). Für den einfachen Zugversuch, d. i. für den einachsigen Spannungszustand, sind beide Hypothesen gleichwertig.

Zahlentafel 1. Physikalische Zahlenwerte der gebräuchlichen Maschinenbaustoffe.
A. Für gegossene Maschinenteile.

	Spez. Gewicht γ	Elastizitätsmodul E	Zugfestigkeit K_z	Druckfestigkeit K_d	Bruchdehnung	Streckgrenze σ_s	Elastizitätsgrenze σ_e	Spez. Arbeitsvermögen A_v
	kg/dm³	t/cm²	kg/mm²	kg/mm²	δ %	kg/mm²	kg/mm²	kgm/cm³
Gußeisen.								
Maschinenguß	}7,26÷7,30	700÷1000	12÷15	60	0,5÷0,7		$\sigma_z = 3$	0,07÷0,13
Zylinderguß			18÷32	90			$\sigma_d = 9$	
Temperguß	7,75							
Stahlguß	7,8	2050	38÷60		20÷8	> 21	$\sigma_z = 20$	7
Messingguß	8,5	800	15		13		$\sigma_d = 6,5$	
Rotguß	}7.8÷8,2						9	0,23
Maschinenbronze		900	16÷20		20÷6			
Phosphorbronze			35÷45		30÷10			
Aluminiumguß	2,8÷3	675	20÷10		2÷5			
10 % Alum.-Bronze	7,7	1120	60		0,5			
Elektron	1,8	480	12÷15	27	2÷4	6÷9	3÷5	

Zahlentafel 1 enthält die physikalischen Zahlenwerte der gebräuchlichen Materialien, und zwar bei Zimmertemperatur. In zahlreichen Maschinen und Apparaten werden die Werk-

Fortsetzung der Zahlentafel 1.
B. Für geschmiedete Maschinenteile.
a) Stahl. $\gamma = 7{,}85$ kg/dm³ $E = 2\,100\,000 \div 2\,200\,000$ at.

Bezeichnung	Kohlenstoffgehalt C%	K_z kg/mm²	δ_5 %	σ_s kg/mm²	σ_e kg/mm²	A kgm/cm³	Verwendung	Bemerkungen
St. 34	0,12	34÷42	30		12		Nieteisen	gut feuerschweißbar, einsetzbar
St. 37		37÷45	25 / 18÷20	20	16	6÷8	Formeisen Baublech I	übliche S.-M.-Güte schweißt nicht immer gut u. zuverlässig
St. 38	0,06÷0,13	38÷45	25		16		Schraubeneisen	
St. 42 vergütet	0,25	42÷50 / 40÷55	24 / 18÷20		18		Formeisen (Sondergüte) Baublech II	Schwer feuerschweißbar
St. 44		44÷52	24		20		Kupplungsteile zu Eisenbahnfahrzeugen	
St. 50 vergütet	0,35	50÷60 / 55÷65	23 / 22		25÷30		für hochbeanspruchte Teile	für Einsatzhärtung bestimmt
St. 60 vergütet	0,45	60÷70 / 65÷75	19 / 18		30÷35			härtbar
St. 70 vergütet	0,60	70÷75 / 75÷90	15 / 14		ca. 35		für naturharte Teile	hoch härtbar; Bearbeitung Feuer
Federstahl		100÷170	7÷6		45÷70		Feder	
Ni-Stahl 2÷3,5% Ni		56÷67	20	38	30		für Brücken	
25÷45% Ni		60	25	30	25			
Cr-Ni-Stahl		60÷80	18÷50	50÷70				

b) Nichteisen-Metalle, gewalzt.

Bezeichnung	γ kg/dm³	E t/cm²	K_z kg/mm²	δ_5 %	σ_s kg/mm²	σ_e kgm/mm²	A kg/cm³	Verwendung
Kupfer	8,9	1150	25÷30	30÷50	5÷8	3	1,1	Blech u. Stangen
Messing: Ms 58. Hartmessing[1]	8,5	800	bis 70	bis 2		6		Stangen, Drähte, Bleche Schraubenmessing
Ms 60. Münzmetall . .								für Rohre
Ms 63. Druckmessing .			30	35				für Ziehzwecke
Ms 72. Schaufelmessing	8,6		25÷50	35÷10				Turbinenschaufeln
Walzbronze, geglüht .	8,73		40	50				
halbhart			50	15				Stangen, Drähte, Bleche
hart			60	10				
federhart			80	5				
doppelfederhart . .			90	2				
Oerlikoner-Bronze (Stahlbronze) . . . . (überschmiedet) . .		1200	44÷56	15÷25		18÷30		
Aluminium	2,75	670	$K_z = 15$ $K_d = 30$ $K_z = 25$	5	13	4,8÷3		Blech Draht
Duralumin		750	33÷45	10÷20	16÷38			
Avional[2]			46÷80	1,5÷20	30÷60			
Elektron	1,8		26÷38	2÷15	15÷34	6÷20		Flugzeugbau. Leichtmaschinenbau.

[1] Die Zahl gibt den Cu-Gehalt an.   [2] Von der Aluminium Industrie A. G. Neuhausen.

stoffe ganz andern Temperaturen ausgesetzt: Brücken, Eisenbahnschienen, Kältemaschinen bis — 30⁰ C, Gasverflüssigungsanlagen bis — 200⁰ C und tiefer, in Dampfüberhitzer kommen Temperaturen bis + 400⁰ C vor, bei Automobilmotoren befinden sich die Ventilteller oft in rotglühendem Zustand. Der Konstrukteur muß deshalb auch das Verhalten der Materialien bei anderen Temperaturen kennen. Abb. 9 zeigt, wie Flußeisen sich bei verschiedenen Temperaturen verhält. Ausführlichere Angaben sind in dem obenerwähnten Buch von Bach und Baumann zu finden.

Durch den Versuch kann also festgestellt werden, bei welcher Spannung K_z ein Stab aus irgendeinem Material zerbricht. Früher war es nun üblich, einen gewissen Bruchteil davon als zulässig anzusehen; für Eisen z. B. $^1/_5$.

Das Verhältnis $\dfrac{\text{Bruchfestigkeit}}{\text{zulässige Spannung}}$ wurde „Sicherheitskoeffizient" genannt, und man konstruierte dann mit einer fünffachen Sicherheit. Heute ist man von dieser Schätzung abgekommen, und zwar namentlich deshalb, weil sich herausgestellt hat, daß man den Bruch schon durch viel kleinere Belastungen herbeiführen kann, wenn man diese öfters anbringt und wieder entfernt. Maschinenteile sind fast immer in dieser Weise beansprucht; ruhende Belastung kommt nur als Belastung durch das Eigengewicht vor. In Getreidespeichern und bei Dampfkesseln unter Druck sind die Belastungen nahezu ruhend.

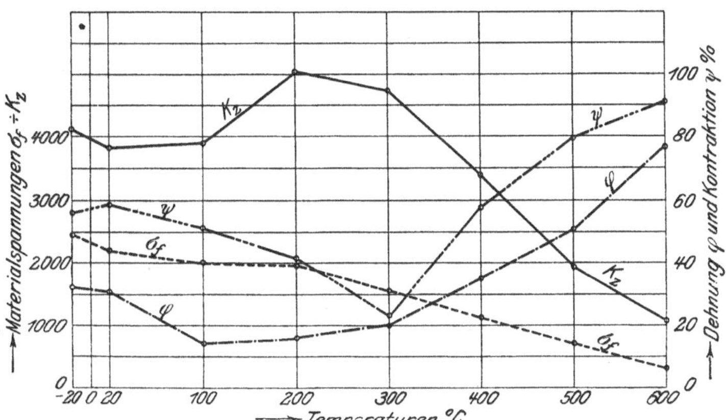

Abb. 9. Festigkeitseigenschaften von weichem Stahl in Abhängigkeit von der Temperatur. φ = Bruchdehnung; ψ = Querkontraktion (nach Wawrziniok).

Dadurch hat die Bruchfestigkeit, als jene Belastung, die bei einmaliger Aufbringung den Bruch herbeiführt (und damit auch der Bruchversuch) an Bedeutung verloren. Es wäre, namentlich für den Anfänger, auch nicht recht begreiflich, warum man sich darauf beschränken sollte, nur den fünften Teil der Tragfähigkeit des Eisens auszunützen.

2. Wiederholte Belastung. Interessant ist folgender Versuch von O. Lasche (AEG), Abb. 10 und 11. Bei der erstmaligen Belastung eines normalen Probestabes entstand an der Stelle x die örtliche Einschnürung. Der Versuch wurde nun abgebrochen und der Stab über seine volle Meßlänge auf den an der Einschnürstelle entstandenen Durchmesser abgedreht und wiederum belastet, bis er sich von neuem kräftig einschnürte. Diese Prüfung wurde fünfmal wiederholt und zeigte

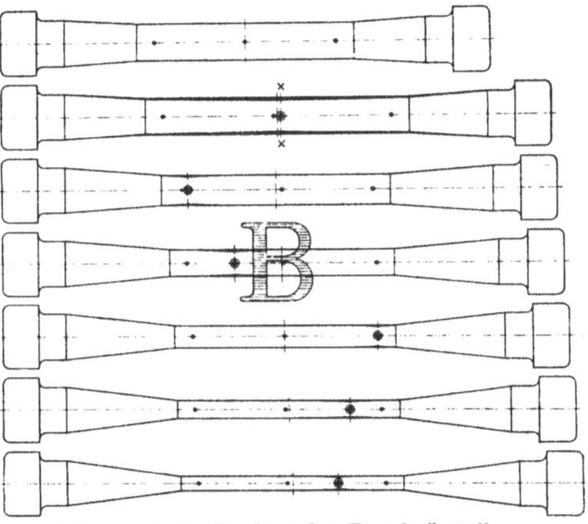

Abb. 10. Das Wandern der Einschnürstelle (nach Lasche-Kieser, Konstruktion u. Material).

durch das Wandern der Stelle der Einschnürung über die ganze Stablänge, daß das Material durch das Recken nicht zerstört, sondern im Gegenteil fester wurde. Abb. 11 zeigt in dem obersten Linienzug das Ansteigen der Festigkeit des Materials; die mittlere Linie gibt die Spannung, auf den ursprünglichen Querschnitt bezogen.

Die Tatsache, daß das Material durch Beanspruchung, oberhalb der Streckgrenze fester,

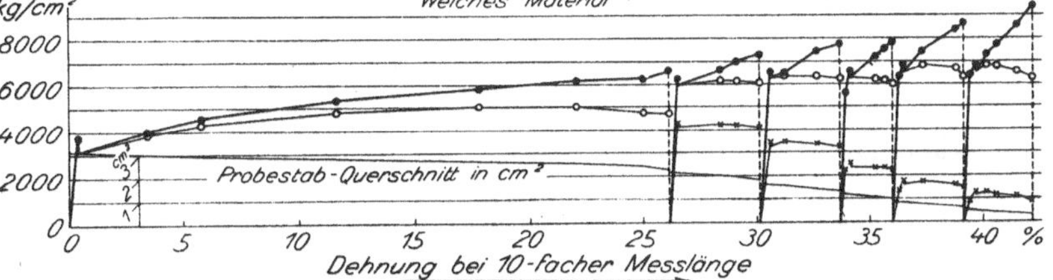

Abb. 11. Zerreißfestigkeit eines Probestabes „B", der nach mehrfach erfolgter Einschnürung jeweils wieder nachgedreht wurde (nach Lasche-Kieser).

aber auch spröder wird, ist altbekannt; bei der Kaltbearbeitung (Drahtziehen) macht man wiederholt davon Gebrauch.

Versuche über den Einfluß von oft wiederholten Belastungen sind zuerst von Wöhler (1866), später von Bauschinger und von vielen anderen angestellt worden. Wöhler untersuchte drei Belastungsarten:

1. ruhende Belastung,
2. Belastung von O bis P (schwellende Belastung),
3. Belastung von $- P$ bis $+ P$ (wechselnde Belastung)

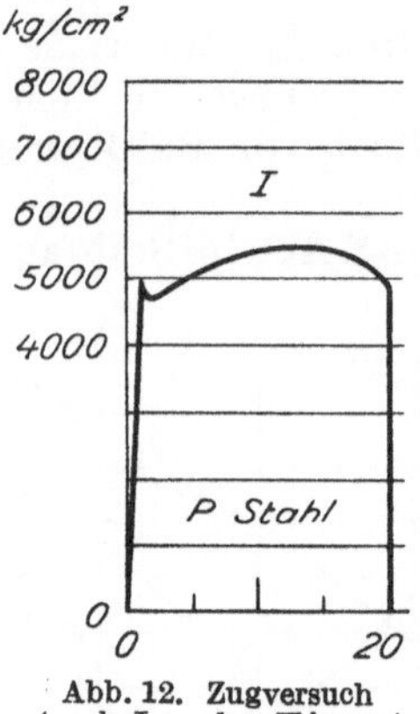
Abb. 12. Zugversuch (nach Lasche-Kieser).

und fand, daß die Bruchbelastungen hierfür sich ungefähr verhalten wie 3:2:1. Bach hat dieses Resultat seinen Rechnungstabellen zugrunde gelegt, welche alle technischen Hilfsbücher übernommen haben.

Die Versuche von Bauschinger zeigten, daß der Unterschied zwischen der zweiten und dritten Belastungsart nicht so groß ist, und daß das Verhältnis eher 3:1,7:1,6 ist. Die Bruchfestigkeit für Belastungsfall 3 stimmt ungefähr mit der Lage der Elastizitätsgrenze überein. Darum ist die Elastizitätsgrenze für die Sicherheit der Konstruktionen weit wichtiger als die Bruchfestigkeit. Aus der früher gegebenen Definition der Elastizitätsgrenze folgt, daß diese viel schwerer zu bestimmen und auch nicht so eindeutig ist wie die Bruchfestigkeit, so daß zuverlässige Zahlenwerte dafür nur wenig zu finden sind.

Neuere Versuche über wiederholte Beanspruchung sind seither in außerordentlich großer Anzahl durchgeführt worden, ohne daß man heute zu einem abgeschlossenen Resultat ge-

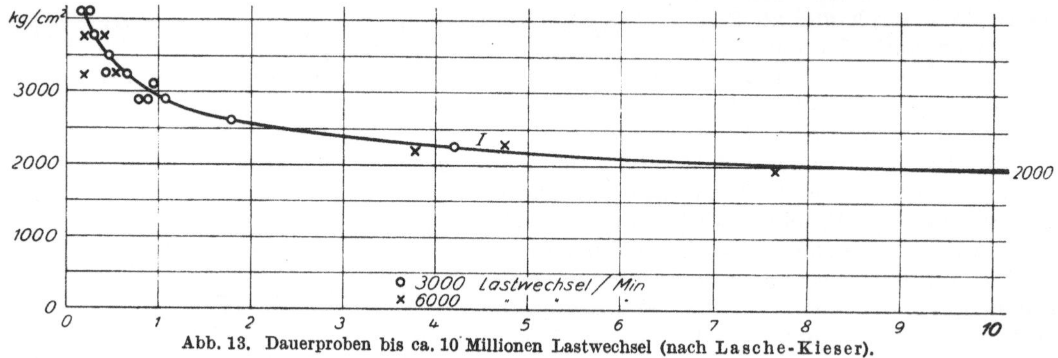
Abb. 13. Dauerproben bis ca. 10 Millionen Lastwechsel (nach Lasche-Kieser).

kommen ist[1]. Abb. 12 zeigt die Spannungsdehnungslinie einer Stahlsorte für den einfachen Zugversuch, Abb. 13 den Verlauf der Bruchspannungen bei wiederholter Belastung, in Ab-

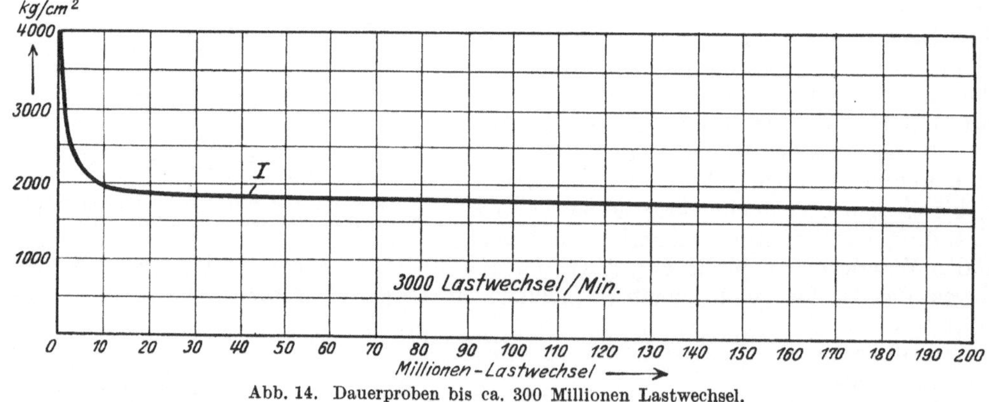
Abb. 14. Dauerproben bis ca. 300 Millionen Lastwechsel.

hängigkeit von der Anzahl Lastwechsel, bis 10 Millionen Wechsel. Wird der Versuch noch weiter fortgesetzt (bis 300 Millionen Wechsel), Abb. 14, so wird die Spannung, bei der der Stab endlich zerbricht, noch etwas kleiner, so daß die Frage auftritt, ob überhaupt eine Spannung existiert, die das Material dauernd aushält. Infolge der unvermeidlichen Streuung der Versuchsergebnisse ist es schwer zu bestimmen, ob die Kurve wirklich asymptotisch verläuft. Wenn

---

[1] Moore, H. F. und J. B. Kommers: The Fatigue of Metals. Mc Graw-Hill Book Co. 1927. — Mailänder, R.: Ermüdungserscheinungen. Werkstoffausschuß des Vereins deutscher Eisenhüttenleute. H. 38, 1924. Mit ausführlichen Literaturangaben.

aber das Diagramm im logarithmischen Maßstab aufgetragen wird (Abb. 15), erkennt man viel leichter, daß tatsächlich eine untere Grenze vorhanden ist, die Arbeitsfestigkeit.

Eine Turbinenwelle, die 3000 Umdrehungen pro Minute macht, erfährt 180000 Belastungswechsel in der Stunde oder rund 540 Millionen pro Jahr. Die Drehzahl von 3000/min wird heute in manchen Fällen schon überschritten ($n = 6000 \div 12000/\text{min}$), so daß der Maschinenbau tatsächlich ein praktisches Interesse daran hat, Versuche mit sehr großer Belastungswechselzahl durchzuführen.

Nicht alle Metalle zeigen einen so einfachen Verlauf der Kurve, wie z. B. Abb. 16 für Duralumin zeigt, wo scheinbar gar keine Grenze für die Arbeitsfestigkeit vorliegt. Es ist deshalb durchaus nicht ausgeschlossen, daß auch die Arbeitsfestigkeit von Stahl, bei noch höherer Belastungswechselzahl, einen noch kleineren Wert annimmt.

Wenn die Belastung zwischen einer oberen Beanspruchung σ_o und einer unteren σ_u (unter Berücksichtigung des Vorzeichens) wechselt, so entspricht außerdem jedem Verhältnis $\frac{\sigma_u}{\sigma_o}$ eine bestimmte Arbeitsfestigkeit. Die wichtigsten Belastungsfälle sind folgende:

1. $\frac{\sigma_u}{\sigma_o} = -1$, d. h. σ_u und σ_o sind gleich groß aber entgegengesetzt gerichtet. Die Arbeitsfestigkeit wird dann Schwingungsfestigkeit „S" genannt.

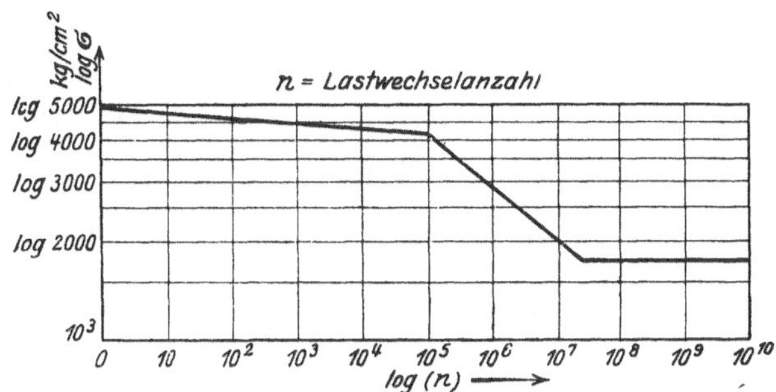

Abb. 15. Dauerversuche im logarithmischen Maßstab aufgetragen.

2. $\frac{\sigma_u}{\sigma_o} = 0$, d. h. die Belastung wechselt zwischen σ_u oder σ_o und Null, dann wird die Grenze Ursprungsfestigkeit „U" genannt.

3. $\frac{\sigma_u}{\sigma_o} = 1$ entspricht dem Grenzfall einer ruhenden Belastung; die ihr entsprechende Tragfestigkeit „T" ist kleiner als die Bruchfestigkeit K_z beim Zugversuch. (Vgl. S. 19 Einfluß der Zeit.)

Für den Konstrukteur wäre es wichtig, den Verlauf der Arbeitsfestigkeit in Abhängigkeit von $\frac{\sigma_u}{\sigma_o}$ für die gebräuchlichsten Werkstoffe zu kennen (Abb. 17). Eine Vorbedingung für die

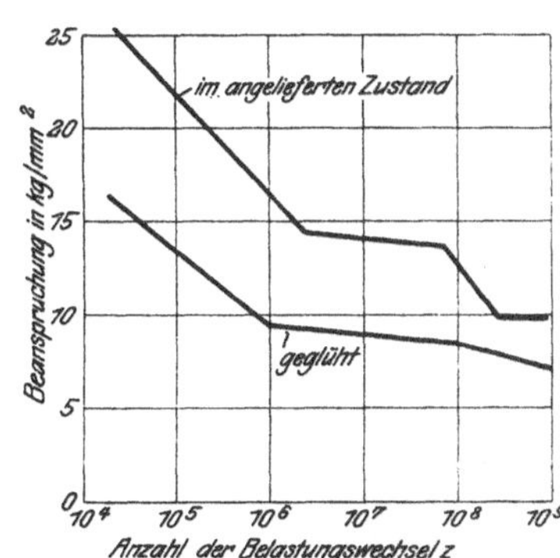

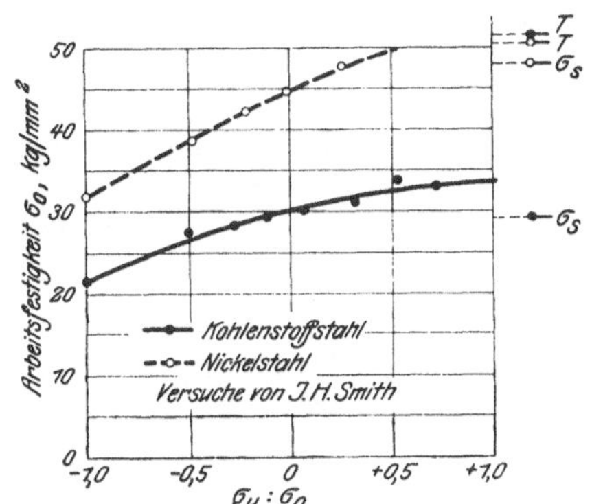

Abb. 16. Dauerbiegeversuche mit Duraluminium   Abb. 17. Dauerversuche mit wechselndem Verhältnis $\frac{\sigma_u}{\sigma_o}$
(nach Bericht des Werkstoffausschusses des VDE).

praktische Lösung dieser wichtigen Frage ist aber eine weitgehende Normalisierung der Konstruktionsmaterialien.

3. Einfluß der Querschnittsform. Die Theorie sagt nichts über die Form des Querschnittes aus. Die Gleichung $\sigma = \frac{P}{f}$ gilt für alle Querschnittsformen, wenn nur keine Unstetigkeiten vorkommen, die Kraft in der Stabachse wirkt und das Material homogen ist.

Versuche mit reinem Aluminiumblech (hart) von 2 und 5 mm Dicke ergaben z. B. folgende Werte:

$$\delta = 2\,\text{mm}, \qquad K_z = 16,5\,\text{kg/mm}^2, \qquad \delta = 2,5\%, \qquad \sigma_s = 15,9\,\text{kg/mm}^2$$
$$5 \qquad\qquad 13,8 \qquad\qquad 3,5 \qquad\qquad 13,4$$

Der Unterschied läßt sich durch die Änderung der Festigkeitseigenschaften der äußeren Schichten beim Kaltwalzen, also durch Inhomogenität erklären.

P. Oberhofer und W. Poensgen[1] haben gußeiserne Probestäbe von verschiedenem Durchmesser untersucht, wobei äußerste Sorgfalt darauf verwendet wurde, daß die Zusammensetzung des Eisens in allen Fällen die gleiche war. Das Resultat ist in Abb. 18 dargestellt und zeigt eine sehr starke Abnahme der Zugfestigkeit mit dem Stabdurchmesser. Auch diese Erscheinung läßt sich durch die Inhomogenität des Stabmaterials erklären. Die eingeschlossenen Graphitplättchen machen sich bei den kleinen Querschnitten nämlich sehr stark merkbar.

Versuche von v. Bach (Abb. 19) zeigten, daß selbst beim homogenen Flußeisen die Festigkeitseigenschaften (Streckgrenze, Bruchfestigkeit) von der Querschnittsform abhängen. Die oberen Streckgrenzen für Rundeisen und I-Eisen weichen um

$$\frac{2333 - 1919}{1919} \times 100 = 20\%$$

voneinander ab. Diese Abweichungen lassen sich dadurch erklären, daß die Theorie gleiche Dehnungen und Spannungen in allen Punkten des Stabquerschnittes voraussetzt. An der Gleichung $\sigma = \dfrac{P}{f}$ ändert sich nichts, wenn P von einem Stab von 10 cm² oder von 1000 Stäben à 1 mm² getragen wird, da f in beiden Fällen gleich 10 cm² ist. In Wirklichkeit ist dennoch ein Unterschied vorhanden, denn die 1000 Stäbe von je 1 mm² können sich unabhängig voneinander zusammenziehen; sie werden, wenn sie sich vorher gerade berührten, die Berührung infolge der Querkontraktion aufgeben. Die einzelnen Fasern des Stabes von 10 cm² besitzen diese Unabhängigkeit nicht, d. h. sie wirken senkrecht zur Stabachse aufeinander ein. Diese Einwirkung ist verschieden, je nach der Form des Querschnittes, und zwar um so kräftiger, je kleiner der Umfang im Vergleich zur Querschnittsfläche ist, z. B. beim Kreis intensiver als beim I-Profil. Der Spannungszustand ist also, genau gesehen, nicht mehr einachsig, sondern räumlich.

4. Der ebene Spannungszustand. Wie folgende Druckversuche zeigen (Abb. 20a und b), kann beim zweiachsigen Spannungszustand nicht die größte Normalspannung ausschlaggebend sein für die Bruchgefahr. Druck kann, solange keine Knickgefahr vorhanden ist, als eine Umkehrung des Zugversuches betrachtet werden. Die Druckspannungen werden negativ, $\sigma = \dfrac{-P}{f}$ und auch die Dehnungen sind entgegengesetzt gerichtet. Die Spannungsdehnungslinie wird also einfach ins negative Gebiet verlängert; man spricht von der Quetschgrenze an Stelle der Fließgrenze. Beim Druckversuch a wird die Bleiplatte bei einer Spannung von — 125 at herausgequetscht, während bei der Anordnung b bedeutend höhere Spannungen vorkommen können, ohne daß ein Bruch eintreten muß.

Darum stellte schon um die Mitte des vorigen Jahrhunderts de Saint Venant die neue Hypothese auf, daß die größte Dehnung als Bruchursache gilt (Dehnungshypothese). Durch Grashof hat diese Hypothese, als Grundlage der Festigkeitsrechnungen im Maschinenbau, eine weite Verbreitung gefunden. Für die einachsige Zugbeanspruchung sind Dehnungs- und Hauptspannungshypothese identisch, da die Spannungen mit den Dehnungen proportional sind, für den ebenen und räumlichen Spannungszustand aber nicht.

Es ist nun leicht, die Dehnung bei der zweiachsigen Beanspruchung zu berechnen. Wir gehen dabei von einer Erfahrungstatsache aus, die als Superpositionsgesetz bezeichnet wird:

„Erfährt ein Körper unter dem Einflusse irgendeiner Belastung eine elastische Formänderung und verursacht eine zweite Belastung, die von der

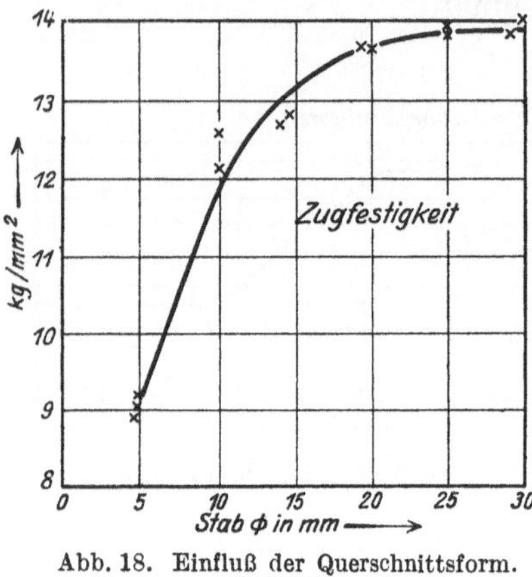

Abb. 18. Einfluß der Querschnittsform. Gußeisen.

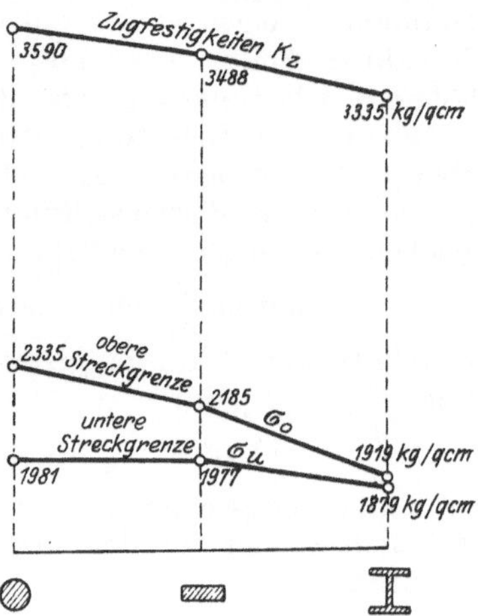

Abb. 19. Einfluß der Querschnittsform. Schmiedeeisen (nach Bach-Baumann).

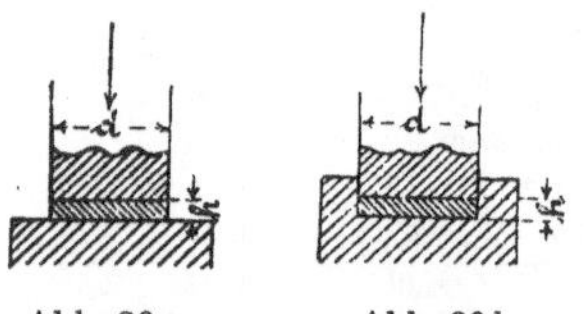

Abb. 20a   Abb. 20b
(nach Bach-Baumann).

---

[1] Stahleisen 1922, S. 1190.

ersten völlig verschieden sein kann, ebenfalls nur elastische Formänderungen, so lehrt die Erfahrung, daß beim Zusammenwirken beider Belastungen sich die Formänderungen ungestört überlagern."

Von diesem Gesetz, das nur innerhalb der Proportionalitätsgrenze gilt und so lange, als vollkommen elastische Formänderungen auftreten, wird in der praktischen Festigkeitslehre ausgedehnter Gebrauch gemacht.

Betrachten wir nun ein Flächenelement, auf das die Spannungen σ_x und σ_y wirken, und bezeichnen wir mit ε_x die Dehnung in der X-Richtung, mit ε_y die Dehnung in der Y-Richtung, so setzt sich die Gesamtdehnung unter der Einwirkung der beiden Spannungen zusammen aus:

in der X-Richtung von σ_x:
$$\varepsilon_{x_1} E = \sigma_x$$

Querkontraktion von σ_y:
$$\varepsilon_{x_2} E = - \frac{\sigma_y}{m} \qquad +$$

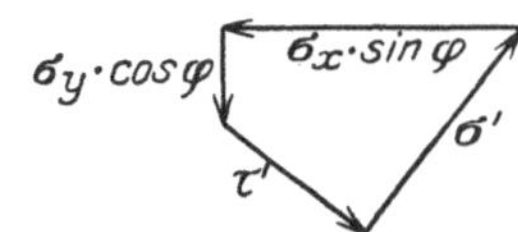

Abb. 21. Der ebene Spannungszustand.

$$\left.\begin{aligned} \varepsilon_x E &= \sigma_x - \frac{1}{m} \sigma_y . \\[4pt] \varepsilon_y E &= \sigma_y - \frac{1}{m} \sigma_x . \end{aligned}\right\} \tag{9}$$

Ebenso in der Y-Richtung:

Beim Druckversuch b in Abb. 20 haben wir den gleichen Fall, nur daß die Spannungen und Dehnungen entgegengesetzt gerichtet sind. Die Gesamtdehnung wird also kleiner als im Fall a und dadurch die Bruchfestigkeit erhöht. Durch den innigeren Zusammenhang der einzelnen Fasern beim Rundeisen gegenüber dem $\mathbf{I}$-Eisen (σ_y wird größer) läßt sich auch die höhere Bruchfestigkeit erklären.

Wenn die Dehnung ε nun als Maß für die Beanspruchung des Materials gilt, so ist das Rechnen mit dieser Größe doch unbequem. Darum vergleicht man den Spannungszustand, dessen Zulässigkeit untersucht werden soll, mit der einachsigen Zug- oder Druckbelastung, deren Dehnung gleich der gesamten Dehnung des untersuchten ist. Man rechnet dann nicht mit der Dehnung selbst, sondern mit dem Wert $\varepsilon_x E = \sigma_x - \dfrac{\sigma_y}{m} = \sigma_{\mathrm{red}}$, der als reduzierte Spannung bezeichnet wird.

Legen wir nun unter dem Winkel φ mit der X-Achse einen beliebigen schiefen Schnitt, so kann die unbekannte Spannung darin wieder in die normale und die tangentiale Komponente (σ' und τ') zerlegt werden. Wenn die Hypotenusenfläche mit df bezeichnet wird, so ist die senkrechte Kathetenfläche $df \cdot \sin\varphi$ und die horizontale $df \cdot \cos\varphi$. Mit diesen Flächen sind die Spannungen zu multiplizieren, um die Kräfte zu erhalten.

In der X-Achse wirkt also:

$$\sigma_x \, df \sin\varphi ,$$
$$\tau' \cos\varphi \, df ,$$
$$\sigma' \sin\varphi \, df ,$$

und in der Y-Achse:

$$\sigma_y \, df \cos\varphi ,$$
$$\tau' \sin\varphi \, df .$$
$$\sigma' \cos\varphi \, df .$$

Da das ausgeschnittene Dreieck im Gleichgewicht ist, muß die Summe der Kräfte in beiden Richtungen gleich Null werden:

$$\sigma_x \sin\varphi - \tau' \cos\varphi - \sigma' \sin\varphi = 0 ,$$
$$\sigma_y \cos\varphi + \tau' \sin\varphi - \sigma' \cos\varphi = 0 ,$$

Abb. 22. Spannungen in einem schiefen Schnitt (nach Winkel).

d. h. wir erhalten zwei Gleichungen mit den Unbekannten σ' und τ', woraus:

$$\left.\begin{aligned} \sigma' &= \frac{\sigma_x + \sigma_y}{2} - \frac{\sigma_x - \sigma_y}{2} \cos 2\varphi , \\[4pt] \tau' &= \frac{\sigma_x - \sigma_y}{2} \sin 2\varphi . \end{aligned}\right\} \tag{10}$$

Die Schubspannung wird am größten für $\sin 2\varphi = 1$, also $= 45^0$

$$\tau_{\max} = \frac{\sigma_x - \sigma_y}{2} . \tag{11}$$

Die übersichtlichste Darstellung dieses Spannungszustandes rührt von Culmann her[1] (Prof. a. d. Eidg. Techn. Hochschule Zürich). Man trage auf einer Abszissenachse vom Ur-

---

[1] In der Literatur wird diese Darstellung meist als Mohrscher Spannungskreis bezeichnet. Prof. C. Culmann (Eidg. Techn. Hochschule in Zürich) hat sie aber schon früher (1875) verwendet.

sprung O aus die beiden Spannungen $\sigma_y = OA$ und $\sigma_x = OB$ ab (Abb. 23), und zwar unter Berücksichtigung der Vorzeichen, d. h. wenn beide Spannungen gleiche Vorzeichen haben, in gleicher, sonst in entgegengesetzter Richtung. Schlägt man über AB als Durchmesser einen Kreis und zieht vom Mittelpunkt M die Linie MC, die den Winkel 2φ mit der Abszissenachse einschließt, so geben die Koordinaten von C, die Spannungen σ' und τ'. Der Beweis liegt in der Figur selbst; der

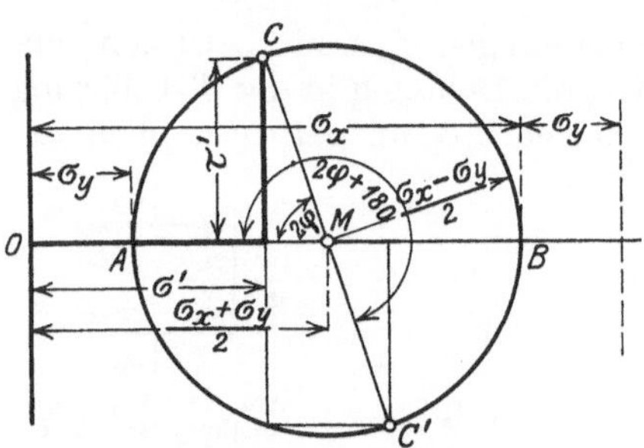

Abb. 23. Spannungskreis.

Mittelpunkt M hat die Abszisse $\dfrac{\sigma_x + \sigma_y}{2}$, und der Radius ist gleich $\dfrac{\sigma_x - \sigma_y}{2}$. Um die Spannung in einem zu φ senkrechten Schnitt zu finden, muß der Winkel $2\,(\varphi + 90)$ aufgetragen werden, und wir erhalten den Punkt C' durch Verlängerung von MC.

Aus der Abbildung folgt daher, daß die Schubspannungen in zwei zueinander senkrechten Schnitten gleich groß und entgegengesetzt gerichtet sind; die Schubspannungen treten also paarweise auf. (Satz der Gleichheit der zugeordneten Schubspannungen.)

In den beiden Schnitten OA und OB, die auch senkrecht zueinander stehen, sind die Schubspannungen gleich Null; sie werden **Hauptschnitte** genannt und die Spannungen **Hauptspannungen** (später immer mit σ_1, σ_2 und σ_3 bezeichnet). Wenn die Spannungen σ', σ'' und τ' in zwei zueinander senkrechten Schnitten bekannt sind, so braucht man zur Aufzeichnung des Spannungskreises nur über die Linie CC' als Durchmesser einen Kreis zu schlagen. Damit sind dann auch die Hauptschnitte und Hauptspannungen festgelegt.

Da
$$OM = \frac{\sigma' + \sigma''}{2} \quad \text{und} \quad MC = \sqrt{\tau'^2 + \left(\frac{\sigma'' - \sigma'}{2}\right)^2},$$
wird

$$\left. \begin{aligned}
\sigma_x &= \frac{\sigma' + \sigma''}{2} + \frac{1}{2}\sqrt{4\tau'^2 + (\sigma'' - \sigma')^2} = \sigma_1, \\
\sigma_y &= \frac{\sigma' + \sigma''}{2} - \frac{1}{2}\sqrt{4\tau'^2 + (\sigma'' - \sigma')^2} = \sigma_2.
\end{aligned} \right\} \tag{12}$$

Die maximale Dehnung, resp. die reduzierte Spannung $\varepsilon_x E = \sigma_x - \dfrac{\sigma_y}{m} = \sigma_{\text{red}}$ wird dann allgemein:

$$\sigma_{\text{red}} = \frac{m-1}{2\,m}\,(\sigma' + \sigma'') + \frac{m+1}{2\,m}\sqrt{4\tau'^2 + (\sigma'' - \sigma')^2} \tag{13}$$

und

$$\tau_{\text{max}} = \frac{\sigma_x - \sigma_y}{2} = \frac{1}{2}\sqrt{4\tau^2 + (\sigma'' - \sigma')^2}. \tag{14}$$

Ist eine der Normalspannungen gleich Null, dann ist

$$\tau_{\text{max}} = \frac{1}{2}\sqrt{\sigma^2 + 4\tau^2}. \tag{14a}$$

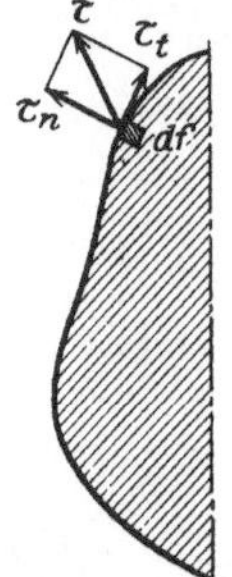

Abb. 24.

Aus dem Satze der Gleichheit der zugeordneten Schubspannungen läßt sich ein weiterer, ganz allgemeiner Satz über die Schubspannungen ableiten. Betrachten wir an einem beliebig begrenzten Querschnitt eine am Rande liegende Fläche df (Abb. 24). Nehmen wir an, daß die Schubspannung dort beliebig gerichtet sei, so läßt sie sich immer in zwei Richtungen zerlegen, von denen die eine in die Richtung der Umrißlinie fällt, τ_t, und die andere senkrecht dazu steht, τ_n. Jeder dieser beiden Komponenten läßt sich eine gleich große zugeordnete Schubspannung gegenüberstellen. An einem unendlich kleinen Parallelopiped, von dem df eine Seitenfläche bildet, würde jedoch die der Komponente τ_n zugeordnete Schubspannung an einer zur freien Staboberfläche gehörigen Seitenfläche angreifen. Da aber dort nichts mehr angrenzt, was eine Kraft übertragen könnte, muß τ_n zu Null werden, um das Gleichgewicht gegen Drehen herbeizuführen. Daraus folgt also allgemein:

Am Querschnittsumfang sind die Schubspannungen tangential gerichtet.

5. Bruchhypothese von Mohr. Die Hypothese, daß die maximale Dehnung als Maß für die Bruchgefahr anzusehen ist, wird in allen Hand- und Lehrbüchern über Maschinenbau als Grundlage der Festigkeitsrechnungen verwendet. Und doch hat es sich schon vor 25 Jahren gezeigt, daß diese Hypothese mit verschiedenen Beobachtungen keineswegs übereinstimmt. Es seien hier nur zwei solche Fälle erwähnt:

1. Fall. Reine Schubbeanspruchung, d. h. die Normalspannungen σ' und σ'' werden zu Null. Dann folgt aus der Gleichung (12), daß $\sigma_x = +\tau$ und $\sigma_y = -\tau$. Dieser Spannungszustand wird also durch einen Kreis dargestellt mit dem Mittelpunkt in O. Nun soll τ' so gewählt werden, daß die Anstrengung des Materials gerade an der zulässigen Grenze liegt. Wird die maximale Dehnung als Bruchgefahr betrachtet, so gibt Gleichung (13) für diesen Fall:

$$\sigma_{\text{red}} = \frac{m+1}{m}\,\tau'$$

oder

$$\tau_{\text{zul}} = \frac{m}{m+1}\,\sigma_{\text{zul}}$$

und mit $m = \dfrac{10}{3}$, $\tau_{\text{zul}} = 0{,}77\,\sigma_{\text{zul}}$, während die Versuche $= 0{,}5$ bis $0{,}57$ ergeben haben.

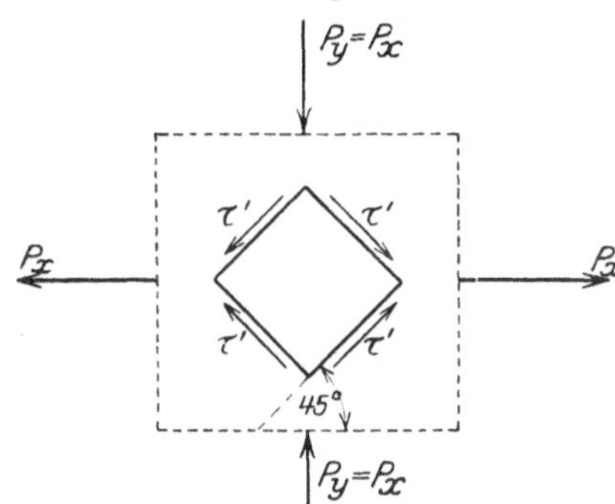

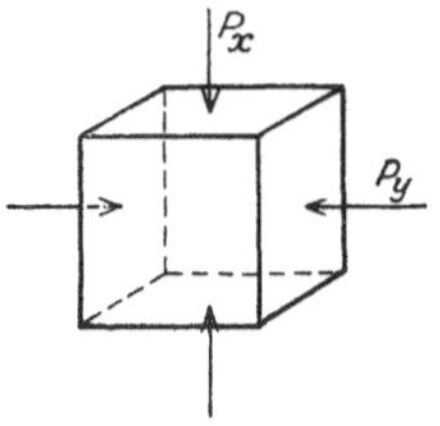

Abb. 25. Reine Schubbeanspruchung (nach Winkel).

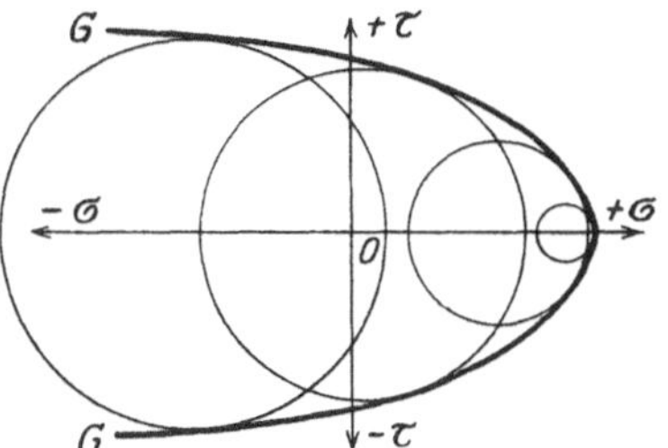

Abb. 26. Umschlingungsfestigkeit.

2. Fall. Umschlingungsfestigkeit. Dieser Fall liegt vor, wenn ein Würfel auf vier Seiten gedrückt wird, während zwei Seiten unbelastet bleiben. Wenn die größte Dehnung als Bruchursache anzusehen wäre, müßte die Umschlingungsfestigkeit größer ausfallen, als die einfache Druckfestigkeit, weil beim Umschlingungsversuch kleinere Verkürzungen auftreten.

$$\text{Umschlingung:} \quad \varepsilon_x E = \sigma_x - \frac{1}{m}\sigma_x,$$

$$\text{Druckversuch:} \quad \varepsilon_x E = \sigma_x, \quad \text{also} \quad E\,\varepsilon_x < E\,\varepsilon_x'.$$

Nach den zahlreichen Versuchen von A. Föppl (München) ist die Umschlingungsfestigkeit aber ebenso groß wie die Druckfestigkeit.

Diese Widersprüche werden durch die Hypothese von Mohr vermieden, und man darf heute wohl sagen, daß für die technisch wichtigsten Materialien diese Hypothese den Versuchsergebnissen besser entspricht als die vorher erwähnten, so daß diese zur allgemeinen Verwendung kommen muß.

Im allgemeinen wird der Spannungszustand dreiachsig (räumlich) sein mit den Hauptspannungen σ_1, σ_2 und σ_3. Wenn nun algebraisch (also unter Berücksichtigung der Vorzeichen) $\sigma_1 > \sigma_2 > \sigma_3$ ist, so sagt die Hypothese von Mohr zunächst, daß es auf die mittlere Hauptspannung σ_2 überhaupt nicht ankommt, d. h. die Bruchgefahr liegt in jener Hauptebene, die durch die algebraisch kleinste und größte Hauptspannung gelegt ist. Das ist eine Annahme, die sich theoretisch nicht beweisen läßt, doch recht plausibel ist. Sie läßt sich nur dadurch prüfen, daß man die Schlußfolgerungen daraus mit den Beobachtungstatsachen vergleicht. Solche Versuche sind gemacht worden von Guest[1], v. Kármán[2], Dr. R. Böker[3], welche alle zugunsten der Mohrschen Hypothese ausfielen. Neuere Versuche von Lode[4] sowie von M. Roš und A. Eichinger[5] zeigten je nach dem Spannungszustand einen Einfluß der mittleren Hauptspannung bis zu 12%.

Diese Annahme erklärt auch die Übereinstimmung der Umschlingungsfestigkeit mit der Druckfestigkeit:

$$\text{Druckbeanspruchung:} \quad \sigma_1 = -p, \quad \sigma_2 = 0, \quad \sigma_3 = 0,$$

$$\text{Umschlingung:} \quad \sigma_1 = -p, \quad \sigma_2 = -p, \quad \sigma_3 = 0.$$

Die mittlere Hauptspannung σ_2 spielt eben keine Rolle.

Die erste Annahme von Mohr gestattet also, daß wir uns bei den weiteren Betrachtungen auf den ebenen Spannungszustand beschränken. Die Mohrsche Hypothese ist nun sehr allgemein und vorsichtig abgefaßt. Man denke sich die Kreise aller Spannungszustände, die an der Elasti-

Abb. 27. Grenzkurve nach der Bruchhypothese von Mohr.

---

[1] Phil. Mag. 1900, Juliheft.   [2] Mitt. Forsch.-Arb. H. 118.   [3] Mitt. Forsch.-Arb. H. 175,76.
[4] Mitt. Forsch.-Arb. H. 303.   [5] Eidg. Mat.-Prüfanstalt Zürich 1926.

zitäts- (oder Bruch-)Grenze liegen, in dem gleichen σ-, τ-Koordinatensystem aufgetragen. Dann läßt sich eine Grenzkurve G ziehen, die alle diese Kreise einhüllt. Wollen wir die Bruchgefahr vermeiden, so müssen wir eben innerhalb dieser Grenzkurve bleiben. Über die genaue Gestalt der Grenzkurve sagt die Mohrsche Hypothese nichts aus, und es wird als Aufgabe der experimentellen Forschung betrachtet, diese näher zu bestimmen, wobei die Kurve für verschiedene Materialien auch verschieden ausfallen kann, und zwar nicht nur in den absoluten Werten, sondern auch dem Charakter nach.

Diese allgemeine Fassung seiner Hypothese hat den Vorteil, daß sie sich den jeweiligen Versuchsergebnissen gut anpassen kann. Aber solange die Gestalt der Grenzkurve nicht bekannt ist, kann der Ingenieur wenig damit anfangen, und das ist wohl der Hauptgrund, warum die Hypothese in Ingenieurkreisen so lange keine weitere Verbreitung gefunden hat.

Für jene Spannungszustände, die zwischen der einfachen Zug- und Druckbeanspruchung liegen, und mit denen man bei den praktischen Anwendungen gewöhnlich zu tun hat, kann die Grenzkurve aber annähernd durch eine gerade Linie ersetzt werden, die die beiden Kreise berührt. Wird in der Abb. 28 noch der Spannungskreis für reine Schubbeanspruchung eingetragen (Mittelpunkt in O), der die Grenzlinie G berührt, so folgt auf Grund einfacher planimetrischer Sätze für die zulässige Schubspannung:

$$\tau_{\mathrm{zul}} = \frac{\sigma_z \, \sigma_d}{\sigma_z + \sigma_d}. \tag{15}$$

Dieser Fall liegt z. B. bei Gußeisen vor, welches Material gegenüber Druck bedeutend widerstandsfähiger ist als gegenüber Zug.

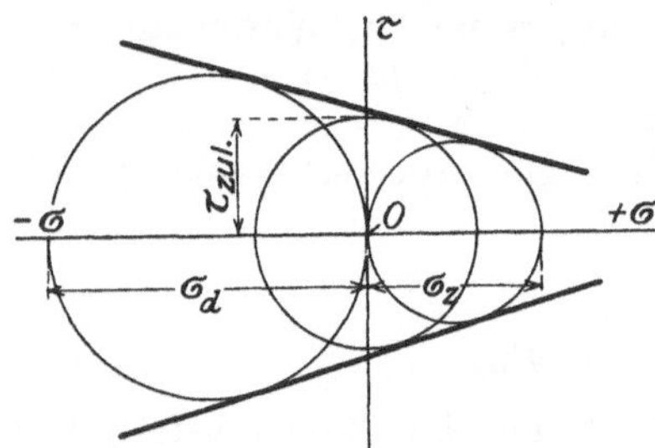

Abb. 28. Grenzkurve für Gußeisen.

Für zähe Materialien (Stahl), die gleich große Zug- und Druckspannungen ertragen, liegen die Verhältnisse noch einfacher (Abb. 29). Die Grenzlinie liegt nun parallel zur σ-Achse, und $\tau_{\mathrm{zul}} = \dfrac{\sigma}{2}$, was auch mit den Versuchen besser übereinstimmt. Aber auch für alle Spannungszustände, die dazwischen liegen, kann man

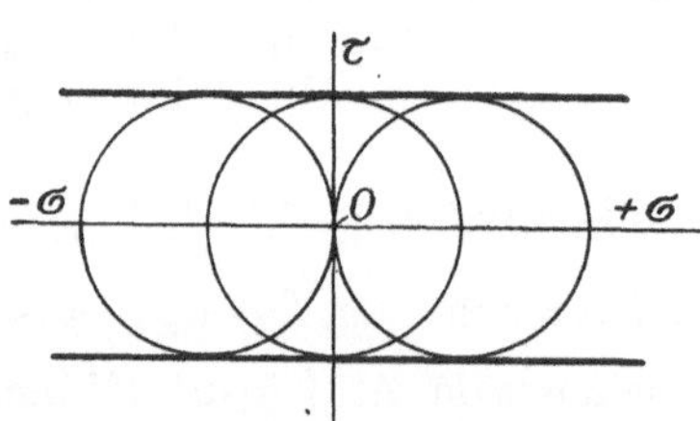

Abb. 29. Grenzkurve für Stahl.

nun die einfache Bedingung für die Bruchgefahr aufstellen, daß die größte Schubspannung eine fest bestimmte Grenze nicht überschreiten darf. Um die Bruchgefahr zu beurteilen, brauchen wir deshalb nur die größte Schubspannung zu berechnen, und dann sollte

$$\tau_{\mathrm{max}} < \tau_{\mathrm{zul}}$$

sein, wobei ausdrücklich zu bemerken ist, daß diese Bedingung nur für zähe Materialien gilt. Da allgemein $\tau_{\mathrm{max}} = \dfrac{\sigma_x - \sigma_y}{2}$ (11) gleich der halben Differenz der beiden Hauptspannungen ist, kommt es auf das gleiche hinaus, wenn man sagt, daß die Differenz der beiden Hauptspannungen eine bestimmte Grenze nicht überschreiten darf. In dieser Form, als „Maximum Stress-Difference Theory" ist diese Hypothese in der englischen Literatur verbreitet, oder auch als „Guest law", nach dem Amerikaner Guest, der um 1900 eine Reihe von Versuchen mit Metallen durchführte, die diese Annahme bestätigten.

Die oben erwähnten neueren Versuche von Lode sowie von Roš und Eichinger haben nun gezeigt, daß die Grenzkurve nicht gerade, sondern schwach gewölbt ist. Wenn wir also mit der maximalen Schubspannung als Bruchursache rechnen, so machen wir einen Fehler, der aber auf der sicheren Seite liegt.

Ein Vergleich der Schubspannungshypothese für zähe Stoffe mit der weit verbreiteten Dehnungshypothese folgt sofort aus den Gleichungen (13) und (14). Setzt man $m = \dfrac{10}{3}$ und $\sigma' = 0$, so wird:

$$\sigma_{\mathrm{red}} = 0{,}35\,\sigma + 0{,}65\,\sqrt{\sigma^2 + 4\,\tau^2} \quad \text{und} \quad \tau_{\mathrm{max}} = \frac{1}{2}\,\sqrt{\sigma^2 + 4\,\tau^2} = \frac{1}{2}\,\sigma^*.$$

Mit $\dfrac{\tau}{\sigma} =$	0,1	0,3	0,5	1	5	100
wird $\dfrac{\sigma^*}{\sigma_{\mathrm{red}}} =$	1,01	1,07	1,12	1,32	1,47	1,55

Bei gleichzeitigem Auftreten von Schub- und Normalspannungen unterschätzt die Dehnungshypothese die Bruchgefahr, und zwar um so mehr, je mehr die Schubspannung überwiegt. (Vgl. auch S. 65.) Bei dem scharfen Konkurrenzkampf, der dazu zwingt, möglichst an Material und Löhnen zu sparen, muß der verantwortungsbewußte Ingenieur die Frage der Bruchgefahr klar übersehen, um auch bei hohen Beanspruchungen volle Sicherheit der Konstruktion gewährleisten zu können.

6. Formänderungsarbeit. Beim Zug- oder Druckversuch wird von den äußeren Kräften, die die Formänderung hervorrufen, eine gewisse Arbeit, die Formänderungsarbeit A geleistet. Wird die Kraft P allmählich von O bis P gesteigert, so ist

$$A = \int_0^P P \cdot d(\Delta l).$$

Um dieses Integral zu berechnen, muß der Zusammenhang zwischen P und Δl bekannt sein, der durch die Spannungsdehnungslinie, Abb. 3, gegeben ist. Der Flächeninhalt zwischen Dehnungslinie und Abszissenachse ist dann die auf die Volumeneinheit bezogene (spezifische) Formänderungsarbeit, die auch als Maß für die Zähigkeit des Materials gilt.

Innerhalb des Hookeschen Gesetzes ist

$$\Delta l = \frac{Pl}{FE} \quad \text{oder} \quad P = FE\frac{\Delta l}{l},$$

so daß

$$A = \frac{FE}{l}\int \Delta l\, d(\Delta l) = \frac{FE}{l} \cdot \frac{\Delta l^2}{2} = \frac{P\Delta l}{2}. \tag{16}$$

Diese Gleichung hätte auch sofort aus der Abbildung abgeleitet werden können, als Inhalt des Dreieckes.

Da $\Delta l = \varepsilon l = \frac{\sigma}{E} \cdot l$ und das Stabvolumen $V = f \cdot l$ ist, wird

$$A = \frac{FE}{2l} \cdot \frac{\sigma^2}{E^2} l^2 = F \cdot l \cdot \frac{\sigma^2}{2E} = \frac{\sigma^2}{2E} V = \frac{P^2}{2FE} l, \tag{16a}$$

d. h. **Innerhalb des Hookeschen Gesetzes ist die Deformationsarbeit dem Volumen und dem Quadrate der Spannung proportional.**

Beim zweiachsigen Spannungszustand setzt sich die Formänderungsarbeit aus den Einzelarbeiten von σ_x und σ_y zusammen:

$$A = \frac{1}{2}\sigma_x \cdot dy \cdot s \cdot \Delta dx + \frac{1}{2}\sigma_y\, dx\, s \cdot \Delta dy,$$

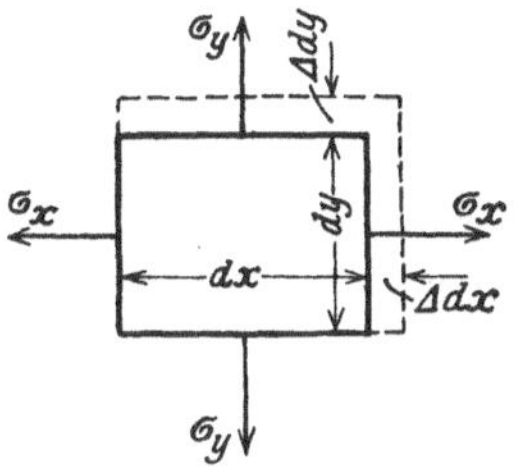

wenn die Dicke des Elementes mit s bezeichnet wird. Nun ist nach Gl. (9)

$$\frac{\Delta dx}{dx} = \varepsilon_x = \frac{1}{E}\left(\sigma_x - \frac{\sigma_y}{m}\right) \quad \text{und} \quad \frac{\Delta dy}{dy} = \varepsilon_y = \frac{1}{E}\left(\sigma_y - \frac{\sigma_x}{m}\right),$$

so daß

$$A = \frac{s\, dx\, dy}{2E}\left(\sigma_x^2 + \sigma_y^2 - \frac{2}{m}\sigma_x\sigma_y\right)$$

$$= \left(\sigma_x^2 + \sigma_y^2 - \frac{2}{m}\sigma_x\sigma_y\right)\frac{dV}{2E}. \tag{17}$$

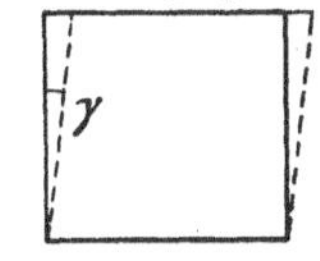

Abb. 30.
Der ebene Spannungszustand.

Wenn nur Schubspannungen auftreten, dann erfahren die Kanten keine Längenänderungen, sondern die Winkel ändern sich (Abb. 30a). Wird die kleine Änderung des ursprünglich rechten Winkels mit γ bezeichnet, dann ist — wenn das Hookesche Gesetz gilt — die Formänderung mit der Spannung proportional, also

$$\tau = \gamma G. \tag{18}$$

G, der **Schubmodul**, ist eine neue Konstante des Materials.

Die Formänderungsarbeit für die Volumeneinheit ist $\frac{1}{2}\tau \cdot \gamma$, da die Spannungen allmählich von Null an wachsen.

$$A_v = \frac{1}{2}\tau\gamma = \frac{\tau^2}{2G}. \tag{19}$$

Abb. 30a.
Reine Schubbeanspruchung.

Die Formänderungsarbeit kann auch direkt aus der allgemeinen Arbeitsgleichung (17) abgeleitet werden. Denn für die reine Schubbeanspruchung (vgl. S. 15) ist $\sigma_x = \tau$ und $\sigma_y = -\tau$, so daß

$$A_v = \frac{1}{2E}\left(\tau^2 + \tau^2 + \frac{2}{m} \cdot \tau^2\right) = \frac{m+1}{mE}\tau^2.$$

Durch Gleichsetzen beider Werte für die Formänderungsarbeit folgt als Beziehung zwischen den drei Elastizitätskonstanten:

$$G = \frac{m}{2\,(m+1)}\,E\,. \tag{20}$$

Mit $m = \frac{10}{3}$ wird $G = 0{,}385\,E$.

7. Neuere Bruchhypothesen. Die Hypothese von Mohr hat den Nachteil, daß sie nicht aus allgemeinen physikalischen Gesichtspunkten abgeleitet ist, sondern nur auf Grund experimenteller Ergebnisse; sie ist also kein Naturgesetz. Eine andere, viel allgemeinere Hypothese[1] sagt folgendes aus: „Da unmittelbar vor dem Überschreiten der Elastizitätsgrenze ein labiles Gleichgewicht herrscht, so muß hier das allgemeine mechanische Kriterium gelten, daß die potentielle Energie (Deformationsarbeit) ein Maximum sein muß.“

Für den räumlichen Spannungszustand ist die spezifische Formänderungsarbeit:

$$A_v = \frac{1}{2}\,(\sigma_1\,\varepsilon_1 + \sigma_2\,\varepsilon_2 + \sigma_3\,\varepsilon_3)\,.$$

Ersetzt man hierin die Dehnungen durch die Spannungen, mit Hilfe der Gleichungen ·

$$E\,\varepsilon_1 = \sigma_1 - \frac{\sigma_2 + \sigma_3}{m}\,,$$

$$E\,\varepsilon_2 = \sigma_2 - \frac{\sigma_3 + \sigma_1}{m}\,,$$

$$E\,\varepsilon_3 = \sigma_3 - \frac{\sigma_1 + \sigma_2}{m}\,,$$

so erhält man:

$$A_v = \frac{1}{2\,E}\left\{\sigma_1^2 + \sigma_2^2 + \sigma_3^2 - \frac{2}{m}\left(\sigma_1\,\sigma_2 + \sigma_2\,\sigma_3 + \sigma_3\,\sigma_1\right)\right\}\,.$$

Dieser Wert dürfte nach der obigen Labilitätsbedingung einen Grenzwert nicht überschreiten. In dieser Form hat die Gleichung noch keine Anwendung gefunden. Berechnet man nun die Arbeit, die zur Veränderung des Rauminhaltes verbraucht wird, nämlich:

$$\frac{\sigma_1 + \sigma_2 + \sigma_3}{3}\cdot\frac{\varepsilon_1 + \varepsilon_2 + \varepsilon_3}{2}\,*,$$

und setzt die Werte von ε_1, ε_2 und ε_3 ein, so wird diese Arbeit gleich $\dfrac{1 - \dfrac{2}{m}}{6\,E}\,(\sigma_1 + \sigma_2 + \sigma_3)^2$. Zieht man diese von der Deformationsarbeit A ab, so wird

$$A_v' = \frac{m+1}{3\,m\,E}\left\{\sigma_1^2 + \sigma_2^2 + \sigma_3^2 - (\sigma_1\,\sigma_2 + \sigma_2\,\sigma_3 + \sigma_3\,\sigma_1)\right\}$$

$$A_v' = \frac{m+1}{6\,m\,E}\left\{(\sigma_1 - \sigma_2)^2 + (\sigma_2 - \sigma_3)^2 + (\sigma_3 - \sigma_1)^2\right\}\,. \tag{21}$$

In der Form, daß der Klammerausdruck einen bestimmten Grenzwert nicht überschreiten darf, ist die Hypothese zuerst von M. T. Huber[2] vorgeschlagen worden; später und unabhängig davon durch Hencky[3] und R. von Mises. Sie steht mit den neueren Versuchen in besserer Übereinstimmung als die Schubspannungshypothese, woraus folgt, daß die Arbeit zur Änderung des Rauminhaltes kein Einfluß auf die Anstrengung des Materials hat.

Tatsächlich ändert sich bei der plastischen Formänderung der Rauminhalt praktisch nicht. M. Roš und A. Eichinger[4] folgern aus dieser Tatsache, daß die bleibenden Formänderungen durch Verschiebungen in Gleitebenen erfolgen müssen, die mit den Ebenen

---

[1] Griffith: Phil. Trans. Royal Soc. 1920.   [2] Lemberg 1904.   [3] Z. ang. Math. Mech. 1924, S. 323.
[4] Roš, M. und A. Eichinger: Versuche zur Klärung der Bruchgefahr. Mitt. der Mat. Prüfanstalt Zürich. Sept. 1926.

* Das Volumen $dx \cdot dy \cdot dz$ wird nach der Deformation $dx\,(1 + \varepsilon_1)\ dy\,(1 + \varepsilon_2)\ dz\,(1 + \varepsilon_3)$ $= dx \cdot dy \cdot dz\,(1 + \varepsilon_1 + \varepsilon_2 + \varepsilon_3)$, und die mittlere Spannung ist $\dfrac{\sigma_1 + \sigma_2 + \sigma_3}{3}$.

der größten und der kleinsten Schubspannung identisch sind. Diese zwei Verschiebungen bilden eine einzige resultierende Verschiebung, die als Maß der Beanspruchung anzusehen ist. Die Berechnung dieser resultierenden Verschiebung führt zu der nämlichen Bedingung (21) für die Bruchgefahr.

Für den einachsigen Zugversuch ist $\sigma_1 = \sigma$, $\sigma_2 = \sigma_3 = 0$, und

$$A'_v = \frac{m+1}{3\,m\,E}\,\sigma^2 .$$

Für die reine Schubbeanspruchung (vgl. S. 15) ist $\sigma_1 = +\tau$, $\sigma_2 = -\tau$ und

$$A'_r = \frac{m+1}{m\,E}\,\tau^2 .$$

Wenn in diesen beiden Fällen bis zur zulässigen Grenze gegangen wird, muß

$$\frac{m+1}{3\,m\,E}\,\sigma^2_{\mathrm{zul}} = \frac{m+1}{m\,E}\,\tau^2_{\mathrm{zul}}$$

sein oder

$$\tau_{\mathrm{zul}} = \frac{\sigma_{\mathrm{zul}}}{\sqrt{3}} = 0{,}577\,\sigma_{\mathrm{zul}} . \tag{22}$$

Diesen Wert hat Lode bei seinen früher erwähnten Versuchen gefunden.

8. Einfluß der Zeit. Stoßweise Belastung. Jeder Körper, der durch Kräfte beansprucht wird, erleidet eine Formänderung, zu deren Ausbildung eine gewisse Zeit erforderlich ist. Bis jetzt war vorausgesetzt, daß die Belastung „allmählich", d. h. so langsam gesteigert werde, daß zu jeder Zeit Gleichgewicht zwischen Kraft und Formänderung vorhanden ist. Eine solche Formänderung kann als statische bezeichnet werden. Wird nun dem Körper zur Formänderung nicht genügend Zeit gelassen, so müssen sich ähnliche Erscheinungen bemerkbar machen, wie beim Hindern der Querkontraktion (S. 13), d. h. es wird eine Erhöhung der Bruchfestigkeit eintreten.

<pre>
    Flußeisen: Dauer des Versuches   2,5 min   K_z = 3925 at.
            75   ,,   3700 ,,
    Kupfer: 2   ,,   1480 ,,
          ,,   ,,   ..   lang   820 ,,
</pre>

Man schreibt deshalb bei der Materialprüfung, um brauchbare Vergleichswerte zu erhalten, z. B. bei Leder und Textilfasern, eine bestimmte Streckgeschwindigkeit vor. Bei höheren Betriebstemperaturen hat diese Frage auch für Eisen praktische Bedeutung. Die Beobachtung hat schon wiederholt gezeigt, daß das Eisen unter dauernd wirkender Belastung bei ziemlich kleinen Spannungen anfängt zu „kriechen". Die Kriechgrenze ist aus dem einfachen Zugversuch bei dieser Temperatur nicht mit Sicherheit zu bestimmen. Jedenfalls erhalten wir bei rascher Belastung eine andere Spannungsdehnungslinie als beim gewöhnlichen Zugversuch. Diese Frage ist namentlich wichtig bei stoßweiser Belastung, die dadurch gekennzeichnet ist, daß dem Maschinenteil plötzlich eine bestimmte Energiemenge zugeführt wird, die sich in Formänderungsarbeit umsetzt. Das Integral $P\,d\,(\varDelta l)$ ist dann über die dynamische Spannungsdehnungslinie zu integrieren. Hierüber liegen nur wenige Versuche vor von Dr.-Ing. R. Plank[1]. Auch hier zeigt es sich, daß bei einer dauernden Wiederholung der Stöße eine viel kleinere Stoßenergie den Stab zum Bruch bringen kann. Soll die Stoßenergie dauernd ertragen werden, dann darf der Wert, den die Formänderungsarbeit an der Elastizitätsgrenze hat, nicht überschritten werden.

Aber auch wenn der Stab ohne Stoß, plötzlich der Einwirkung der ganzen Kraft P ausgesetzt wird, treten größere Spannungen auf. Nennen wir die maximale Verlängerung in diesem Fall $\varDelta l_d$, dann ist die Arbeit der Kraft P gleich $P \times \varDelta l_d$. Zunächst sieht man leicht ein, daß $\varDelta l_d > \varDelta l$ für die allmählich gesteigerte Kraft P sein muß, denn wenn die elastische Formänderung $\varDelta l$ erreicht ist, hat P die Arbeit $P \cdot \varDelta l$ geleistet, die nach den früheren Untersuchungen doppelt so groß ist wie die bei dieser Formänderung aufgespeicherte potentielle Energie. Die andere Hälfte muß sich daher in kinetische Energie der Massen umgesetzt haben, wodurch Schwingungen um die Gleichgewichtslage entstehen, die erfahrungsgemäß rasch

---

[1] Dynamische Zugbeanspruchung. Z. V. d. I. 1912, S. 17.

ausklingen. Wie groß müßte eine allmählich aufgebrachte Last P' sein, um die gleiche Verlängerung Δl_d hervorzubringen? Das folgt aus dem Vergleich der Arbeiten:

$$P'\frac{\Delta l_d}{2} = P \cdot \Delta l_d \quad \text{oder} \quad P' = 2\,P.$$

Beim plötzlichen Aufbringen der Last wird der Stab doppelt so stark beansprucht, als wenn er dieselbe Last im Gleichgewichtszustande trägt.

Da die Formänderungsarbeit dem Quadrat der Spannung proportional ist, wird sie bei plötzlicher Belastung viermal größer als bei statischer Belastung.

9. Einfluß der Unstetigkeit. Kerbwirkung. Die Theorie setzt ein stetiges Stabvolumen voraus; folgende Zerreißversuche von Flußeisenstäben zeigen den Einfluß einer Unstetigkeit (Abb. 31/32). Die Bruchfestigkeit wird also durch die Eindrehung erhöht, und die Erhöhung

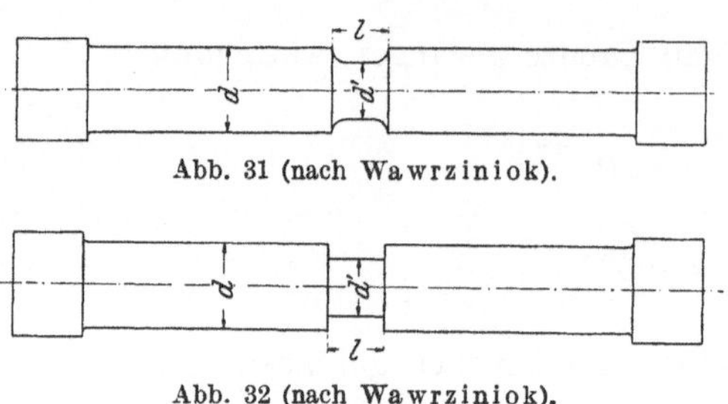

Abb. 31 (nach Wawrziniok).

Abb. 32 (nach Wawrziniok).

l	k_z	l	k_z
cm	at	cm	at
5	6220	5	6200
2	6840	2	6510
1	8840	1	7160
0,5	9320	0,5	7890
		0,2	8680
Ecken abgerundet		Ecken scharf	
Abb. 31		Abb. 32	

ist um so größer, je kürzer die Eindrehung ist. Diese zunächst überraschende Tatsache läßt sich ebenfalls durch die Beeinflussung der einzelnen Fasern erklären. Für alle Querschnitte mit $d = 3$ cm ist $\sigma = \dfrac{P}{\dfrac{\pi}{4}\,3^2}$, und für alle Querschnitte mit $d' = 2$ cm, $\sigma' = \dfrac{P}{\dfrac{\pi}{4}\cdot 2^2}$. An der Übergangsstelle sollte also ein plötzlicher Spannungswechsel eintreten, was natürlich praktisch unmöglich ist, und deshalb entsteht eine starke gegenseitige Einwirkung an der Stelle der Unstetigkeit (vgl. S. 13).

Aus diesen Versuchen könnte man schließen, daß die Eindrehung gar nicht gefährlich wäre. Solche Bruchversuche haben aber für den Maschinenbau wenig Wert, da sie nichts über die wirklich auftretenden Spannungen sagen.

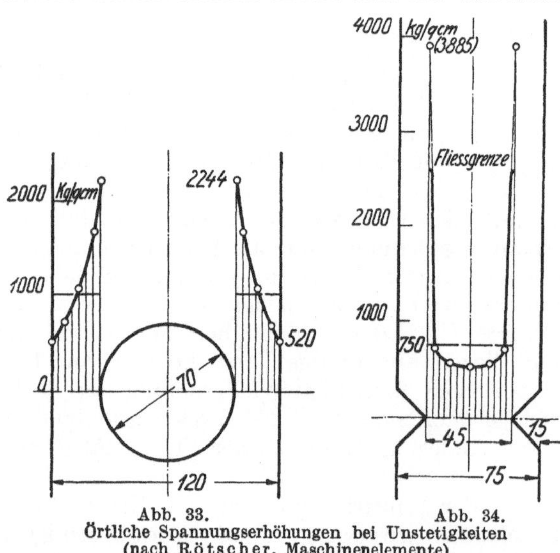

Abb. 33.   Abb. 34.
Örtliche Spannungserhöhungen bei Unstetigkeiten
(nach Rötscher, Maschinenelemente).

Praktisch besonders wichtig sind die Unstetigkeiten beim gelochten Stab. Die ziemlich verwickelte theoretische Untersuchung[1] läßt an den Kanten das Dreifache der mittleren Spannung σ_m erwarten, die wir erhalten, wenn die Spannung als gleichmäßig über den durchlochten Querschnitt verteilt angenommen wird. Der Ingenieur greift in solchen Fällen am liebsten zum Versuch. Ing. Preuß[2] hat durch Feinmeßinstrumente die Dehnungen gemessen[3], und auf Grund des Hookeschen Gesetzes die Spannungen daraus berechnet. Die Versuche (Abb. 33) zeigen tatsächlich eine wesentliche Erhöhung der Spannungen am Lochrande und eine Verminderung gegenüber σ_m an der Außenkante des Flacheisens. Die Höchstspannung (σ_{max}) wird durch die Größe des Lochdurchmessers nur unwesentlich beeinflußt, und ist 2,1- bis 2,7 mal größer als die mittlere Spannung. Diese Spannungsverteilung bleibt nur so lange bestehen, als keine bleibende Formänderungen auftreten, also bis zum Überschreiten der Elastizitätsgrenze. Bei weiterer Belastung wird — bei einem zähen Material — sich die Spannungsvertei-

[1] Föppl: Technische Mechanik Bd. 5, S. 352.
[2] Z. V. d. I. 1912, S. 1780 oder Mitt. Forsch.-Arb. H. 126.
[3] Ein genaues Feinmeßgerät für Dehnungsmessungen ist der Tensometer von Dr. A. Huggenberger, Zürich.

lung allmählich ausgleichen; bei spröden Stoffen dagegen wird der Stab sofort an der höchst belasteten Stelle einreißen. Bei wechselnd beanspruchten Stäben bedeutet die Lochung also eine sehr gefährliche Schwächung, denn da eine dauernde Belastung oberhalb der Elastizitätsgrenze zum Bruch führen muß, darf dieser Wert am Lochrande nicht überschritten werden. Diese Überlegungen gelten allgemein für jede Unstetigkeit[1] (Kerbe), (Abb. 34), und daraus folgt als Schlußfolgerung für den Konstrukteur: **Jede Unstetigkeit nach Möglichkeit vermeiden, da dort bedeutende örtliche Spannungserhöhungen auftreten.** Diese Forderung ist für spröde Stoffe dringender als für zähe. Die Spannungserhöhung ist um so größer, je schäfer die Kerbe ist.

Auch das **Arbeitsvermögen** des Stabes wird durch die Kerbung bedeutend geschwächt, wie folgendes Zahlenbeispiel zeigt: Nehmen wir zwei Stäbe a und b, Abb. 35, die beide in dem gefährlichsten Querschnitt bis zur zulässigen Grenze σ_{zul} beansprucht sind. Für den vollen Stab a ist:

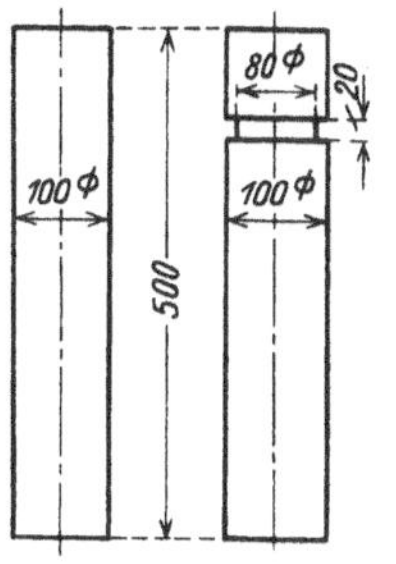

$$A_a = \frac{\pi}{4} \cdot 10^2 \cdot 50 + \frac{\sigma_z^2}{2E} = \frac{\pi}{4}\,\frac{\sigma_z^2}{2E} \cdot 5000 .$$

Für den eingekerbten b:

$$A_b = \frac{\pi}{4} \cdot 10^2 \cdot 48\,\frac{(0.64\,\sigma_z)^2}{2E} + \frac{\pi}{4} \cdot 8^2 \cdot 2\,\frac{\sigma_z^2}{2E} \approx 2100\,\frac{\sigma_z^2}{2E} \cdot \frac{\pi}{4} ,$$

$$A_a : A_b = 1 : 0{,}420 .$$

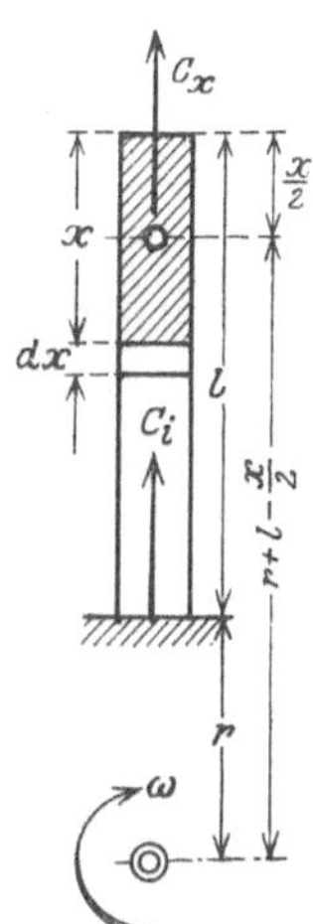

Abb. 35.

Die eingekerbte Form ist also bei stoßweiser Belastung bedeutend mehr gefährdet; so beansprucht sind z. B. die Ventilspindeln der Motoren, Abb. 36. Die Ausführung nach Abb. 37 gibt in dieser Hinsicht eine bessere Lösung.

10. Kraft und Querschnittsform stetig veränderlich. Eine mit der Entfernung vom Drehpunkt stetig veränderliche Kraft ist die Fliehkraft. Dieser Fall

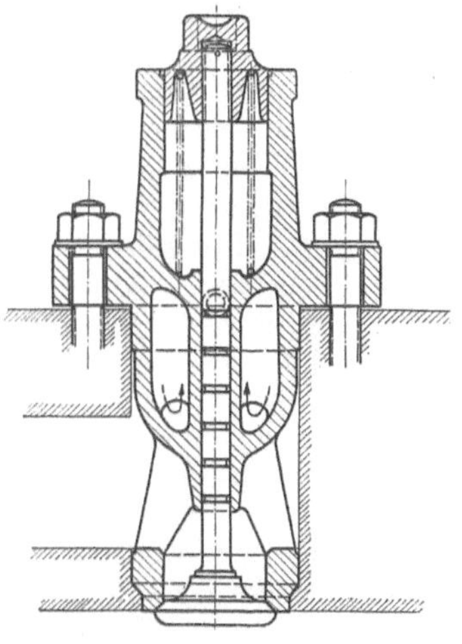

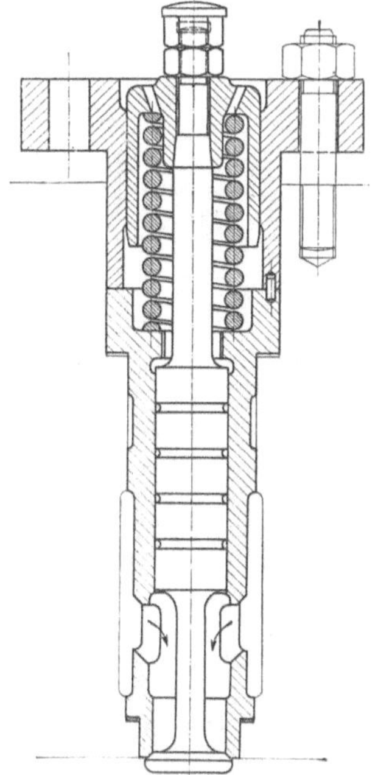

Abb. 36 (nach Güldner, Verbrennungskraftmaschinen, 5. Aufl.).

Abb. 37. Ventilspindel (nach Güldner).

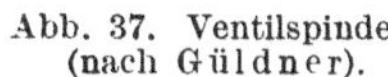

Abb. 38. Rotierender Stab (nach Tolle, Kraftmaschinen).

ist praktisch wichtig für die Berechnung der Arme von Schwungrädern. Wenn der Querschnitt unverändert angenommen wird, so wirkt (Abb. 38) auf einen beliebigen Schnitt im Abstand x vom äußeren Ende des Armes, die Fliehkraft

$$C_x = m\left(r + l - \frac{x}{2}\right)\omega^2 = \frac{\gamma f x}{g}\left(r + l - \frac{x}{2}\right)\omega^2 .$$

Die größte Spannung kommt natürlich an dem innersten Querschnitt vor, für $x = l$:

$$\sigma_i = \frac{C_i}{f} = \frac{\gamma l}{g}\left(r + \frac{l}{2}\right)\omega^2 . \tag{23}$$

---

[1] Preuß: Z. V. d. I. 1913, S. 664 oder Mitt. Forsch.-Arb. H. 134.

Die Verlängerung $\Delta\,dx$ der Strecke dx folgt aus:

$$\frac{\Delta\,dx}{dx} = \varepsilon = \frac{\sigma_x}{E} \quad \text{zu} \quad \Delta\,dx = \frac{\sigma_x}{E}\,dx$$

und die totale Verlängerung

$$\Delta\,l = \int_0^l \frac{\sigma_x}{E}\,dx = \frac{1}{E}\,\frac{\gamma\,\omega^2}{g}\int_0^l\left(r + l - \frac{x}{2}\right)x\,dx = \frac{\gamma\,\omega^2\,l^2}{g\,E}\left(\frac{r}{2} + \frac{l}{3}\right).\tag{24}$$

Nimmt der Armquerschnitt nach außen hin ab, wie es meist der Fall ist, so wird die Rechnung bedeutend umständlicher. Am besten wird die Aufgabe dann graphisch gelöst[1].

11. Die Härte. Man nennt denjenigen von zwei Körpern den härteren, der dem Eindringen eines dritten Körpers den größeren Widerstand entgegensetzt. Wichtig ist dabei, daß nur bleibende Formänderungen beobachtet werden, also die Elastizitätsgrenze überschritten wird, so daß die Elastizitätstheorie zur genaueren Beschreibung dieses Begriffes nicht ausreicht.

Die älteste Unterscheidung der Härte erfolgte nach dem Ritzverfahren in einer Härteskala. Dieses Verfahren ist aber sehr ungenau, denn wenn die Härteunterschiede nicht groß sind, kann man mit einem scharf zugespitzten Körper selbst einen etwas härteren Stoff ritzen. Um zu einem genaueren Härtemaß zu gelangen, muß eine Vereinbarung über die geometrische Gestalt der Körper getroffen werden.

Der schwedische Ingenieur Brinell, der die Härteprüfung in der Praxis eingeführt hat, drückt eine Stahlkugel von 1 cm Durchmesser

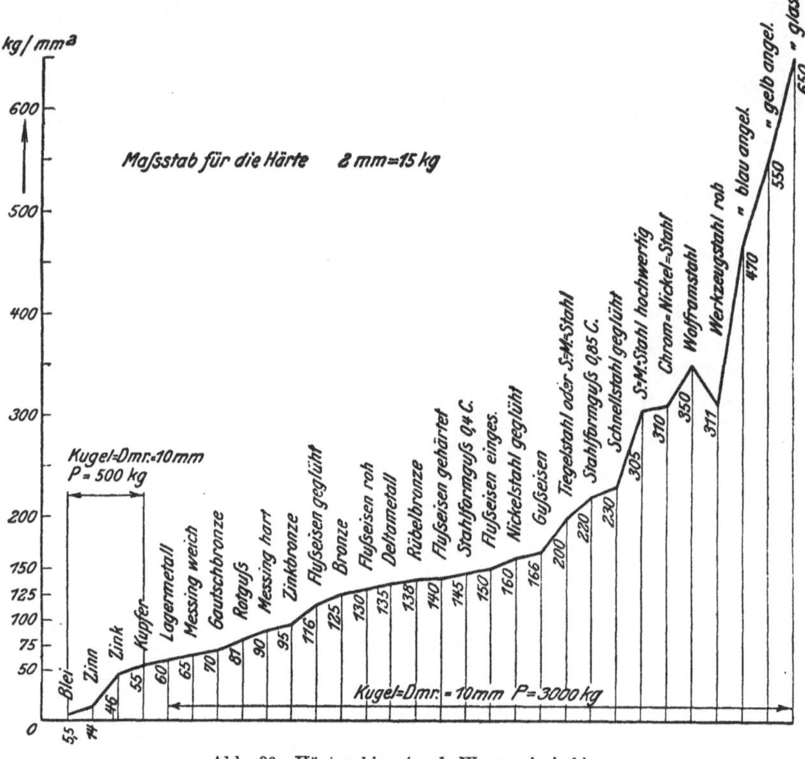

Abb. 39. Härtezahlen (nach Wawrziniok).

auf die Metallplatte, deren Härte man untersuchen will. Als **Härtezahl** gilt die auf 1 mm² der Eindruckfläche kommende Last.

In Abb. 39 sind die Härtezahlen der gebräuchlichsten Metalle eingetragen. Die Härte ist namentlich zur Beurteilung der Abnutzung wichtig. Wenn zwei Teile ohne ausreichende Schmierung aufeinander gleiten, so ist eine Abnutzung unvermeidlich[2]. Der Konstrukteur verlegt diese dann auf einen möglichst einfachen Teil aus weicherem Metall, der leicht ersetzt werden kann (z. B. Lagerbüchsen).

12. Zulässige Spannungen. Um die Frage der Zulässigkeit einer Spannung von Fall zu Fall richtig beurteilen zu können, müssen eine Reihe von Gesichtspunkten beachtet werden.

a) **Formänderung.** In vielen Fällen ist nicht die Spannung selbst, sondern die damit verbundene Formänderung für die Brauchbarkeit des Maschinenteiles ausschlaggebend. Es ist ja selbstverständlich, daß keine bleibenden Formänderungen auftreten dürfen. Aber eine Kolbenstange z. B., die sich zu stark elastisch dehnt, kann den Zylinder zerstören. Die Genauigkeit und damit die Brauchbarkeit einer Werkzeugmaschine hängt davon ab, daß die wichtigsten Stellen eigentlich gar keine Formänderung erleiden.

[1] Tolle: Regelung der Kraftmaschinen, 3. Aufl., S. 303. Berlin: Julius Springer 1921.
[2] Vgl. in Heft III Abschnitt Reibung.

b) **Bruchhypothese.** Wenn die Gefahr eines Bruches bei der Festlegung der Spannung beurteilt werden muß, so darf der Ingenieur sich durch die Tatsache nicht abschrecken lassen, daß noch keine allgemein gültige Bruchhypothese bekannt ist. Die Bruchhypothese von Mohr, nach der die mittlere Hauptspannung keine Rolle spielt, erklärt alle Brucherscheinungen mit genügender Sicherheit; alle Abweichungen davon liegen auf der sicheren Seite, so daß die Bruchgefahr dann etwas überschätzt wird.

Nach dieser Hypothese gilt folgendes:

1. Für alle Materialien, die gleiche Zug- und Druckfestigkeit haben, darf die maximale Schubspannung eine bestimmte feststehende Grenze nicht überschreiten.

2. Wenn Zug- und Druckfestigkeit stark verschieden sind, so ist der Grenzwert der maximalen Schubspannung vom Spannungszustand abhängig und durch Aufzeichnen des Spannungskreises zu bestimmen.

3. Die Höhe der zulässigen Schubspannung ist in beiden Fällen außerdem noch von den Belastungsgrenzen (Seite 11) und von der Wiederholung der Belastung abhängig. Die Zahlenwerte sind aber leider noch nicht für alle Baustoffe und Belastungsfälle genügend bekannt.

Diese Begrenzung der maximalen Schubspannung ist aber noch nicht ausreichend, denn nicht die berechnete, sondern die tatsächlich auftretende max. Schubspannung bestimmt die Bruchgefahr. Der Unterschied zwischen beiden ist wieder von verschiedenen Faktoren abhängig, nämlich:

c) **Die äußeren Kräfte** müssen bei der Berechnung immer für die allerungünstigsten Verhältnisse angenommen werden, die überhaupt beim Gebrauch der Maschine auftreten können.

Bei Maschinenteilen, die hauptsächlich durch Fliehkräfte beansprucht werden, sollte nicht die normale Betriebsdrehzahl, sondern die höchstauftretende in Rechnung gesetzt werden. Diese hängt von der Genauigkeit und Zuverlässigkeit der Regulierung ab, und ist von Fall zu Fall, für große und kleine Anlagen, in moderner oder älterer Ausführung, sehr verschieden. Im allgemeinen wird ein Zuschlag von 10% auf die normale Drehzahl ausreichen, wodurch Kräfte und Spannungen rund 20% größer ausfallen.

Bei Maschinen, die wiederholt abgestellt werden — und dazu gehören fast alle —, sollten nicht die Kräfte im Beharrungszustand, sondern die während der Beschleunigung oder Verzögerung auftretenden eingesetzt werden. Diese Bedingung muß um so eher erfüllt werden, je größer die Massen sind, und je rascher die In- oder Außerbetriebsetzung erfolgt (Lokomotiven, Automobile, Walzwerkmaschinen).

Besonders schwierig ist die richtige Beurteilung der Kräfte bei stoßweiser Beanspruchung, wie sie z. B. bei allen Schienenfahrzeugen auftritt. Allgemein kommt es bei Stößen ganz auf den zeitlichen Verlauf des Stoßdruckes an. Man unterscheidet harte und weiche Stöße, je nachdem der Stoß kürzere oder längere Zeit dauert; jeder Stoß dauert aber eine, wenn auch im allgemeinen sehr kurze, so doch meßbare Zeit.

Je sicherer man ist, daß die bei der Berechnung angenommenen Kräfte mit den tatsächlich auftretenden Höchstwerten übereinstimmen, um so eher darf — unter sonst gleichen Verhältnissen — die theoretische Spannungsgrenze gewählt werden. Daraus folgt als Konstruktionsregel: Die Formgebung aller Maschinenteile muß so gewählt werden, daß über die auftretenden Kräfte vollständig Klarheit herrscht.

d) **Folgen des Bruches.** Je schwerwiegender die Folgen eines Bruches sind, um so vorsichtiger muß der Ingenieur bei der Festlegung der zulässigen Grenze sein. Er soll sich seiner schweren Verantwortung bewußt sein, namentlich wenn Menschenleben dabei gefährdet werden. In vereinzelten Fällen (Dampfkesselbau) wird Material und zulässige Spannung behördlich vorgeschrieben. Das ist für den Konstrukteur bequem, hemmt aber meist den Fortschritt.

Wenn bei einer Antriebsmaschine eine Störung entsteht, steht der ganze Betrieb still, wodurch in ganz kurzer Zeit weit größerer Schaden verursacht wird, als eine etwas kräftigere Konstruktion der Maschine gekostet hätte. In solchen Fällen setzt man mit Recht die Betriebssicherheit in allererste Linie. Man kann allerdings die Betriebstörungen durch Bereithaltung von Ersatzteilen verkleinern. Wie weit man hierin in einzelnen Branchen des Maschinenbaues geht, zeigt typisch die Automobilindustrie: in jeder kleinen Ortschaft sind Ersatzteile für Autos zu haben. Je größer die Kosten für die sichere Konstruktion sind, um so vorsichtiger muß die zulässige Grenze gewählt werden. Der Ingenieur sollte so konstruieren, daß große Sicherheit mit möglichst geringen Kosten erreicht wird. Diese Fragen, die eng mit der Lebensdauer von Maschinen verknüpft sind, werden später bei der Behandlung der Wirtschaftlichkeit ausführlicher besprochen.

e) **Vom Material** wird vorausgesetzt, daß es homogen und stetig ist, und bei der Verarbeitung auch homogen und stetig bleibt. Kleine Materialfehler (Zufälligkeiten), die manchmal unvermeidlich sind, können zu unerwarteten Brüchen führen, wenn sie an hochbeanspruchten Stellen auftreten. Zu solch kleinen Fehlern sind auch die Oberflächenverletzungen des Materials bei der Bearbeitung zu rechnen (Abb. 40/41). Auf die Gefahr größerer Unstetigkeiten ist an verschiedenen Stellen hingewiesen.

f) **Anfangsspannungen.** Die Theorie setzt voraus, daß der Körper ursprünglich spannungsfrei ist. Durch die Behandlung des Materials (Härten) oder durch die Formgebung (Gießen) können aber bedeutende Anfangsspannungen auftreten, deren Größe nicht leicht zu bestimmen

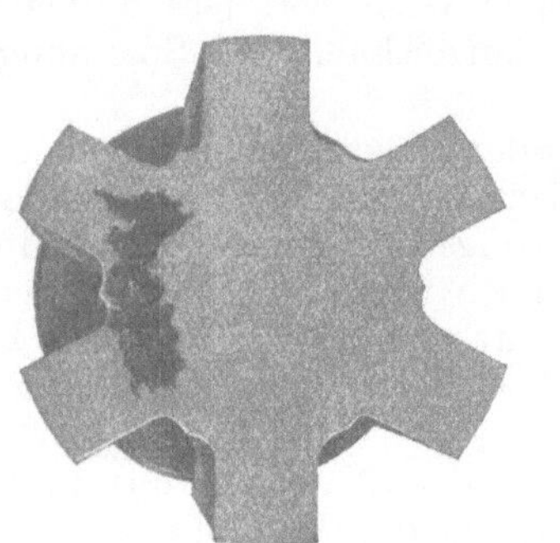

Abb. 40. Lunkerstellen in einer Stahlwelle (nach **Lasche Kieser**).

ist. Namentlich das Gießen von Stahl in Formen (Stahlguß) ist wegen des hohen Schwindmaßes mit bedeutenden Schwierigkeiten verbunden. Das

Längenschwindmaß für Gußeisen ist 0,7 %, für Stahl 2%,
Flächenschwindmaß „ „ „ 0,49%, „ „ 4%,
Volumenschwindmaß ., „ „ 0,343%, „ „ 8%.

Die beiden letzten Zahlen erklären, wie leicht Lunker (Hohlräume) entstehen, wenn das

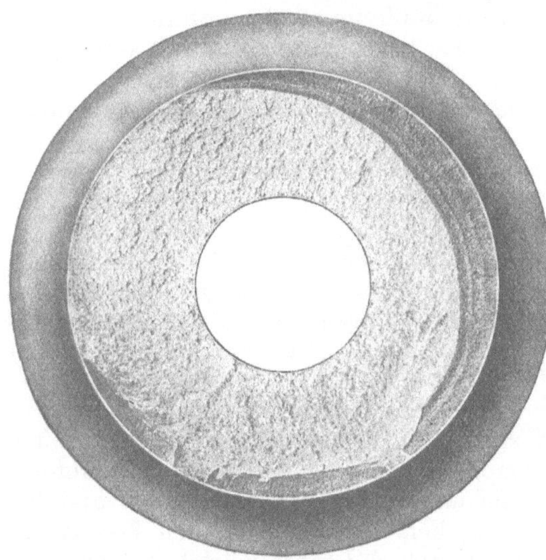

flüssige Material beim Abkühlen nicht nachfließen kann, und Spannungen auftreten beim ungleichmäßigen Erstarren. Der Konstrukteur muß natürlich solche Formen wählen, bei denen die Gefahr der Eigenspannungen so klein wie möglich wird. Die dafür maßgebenden Gesichtspunkte der Härte- und Gießereitechnik (keine schroffen Übergänge im Querschnitt, keine Rippen, das Material muß im „verlorenen Kopf" am längsten flüssig bleiben und leicht nachfließen können) können hier nicht näher erörtert werden.

g) **Örtliche Ausdehnung der größten Spannung.** Wenn, wie beim Zugversuch, die größte Spannung über den ganzen Querschnitt auftritt, so muß mit dem plötzlichen Bruch über die ganze Fläche gerechnet werden. Wenn dagegen die gefährlichste Spannung nur an einzelnen Stellen des Querschnittes vorhanden ist (Biegung), so wird beim Überschreiten der zulässigen Grenze das Material dort nachgeben.

Abb. 41. Anriß einer Welle infolge Schmiedefehlers (nach **Lasche-Kieser**).

Die benachbarten Fasern werden dadurch mehr zum Tragen herangezogen, wobei das Material an der gedehnten (kaltgereckten) Stelle fester geworden ist. Solche Fälle kommen wiederholt bei Maschinenteilen vor, z. B. bei Unstetigkeiten. Eine unmittelbare Bruchgefahr liegt aber nicht vor, und zwar um so weniger, je zäher das Material, je enger die Stelle der größten Beanspruchung begrenzt ist, und je weniger oft der Spannungszustand wechselt.

Es wird demnach wohl niemals möglich sein, allgemein gültige Zahlenwerte für die zulässigen Spannungen anzugeben, sondern der Ingenieur muß von Fall zu Fall, nach den obenstehenden Gesichtspunkten, eine Wahl treffen.

Um dem Anfänger die Wahl zu erleichtern, kann man etwa folgende Grenzwerte festlegen, die genügend Sicherheit gegen Bruch gewähren, und die man nicht ohne besondere Begründung überschreiten sollte:

1. Für ruhende und nicht zu oft wechselnde Belastung:

$$\text{Zulässige Spannung} = \text{Elastizitätsgrenze}.$$

2. Für sehr oft wechselnde Belastungen:

$$\text{Zulässige Spannung} = \text{halbe Elastizitätsgrenze},$$

wobei angenommen ist, daß die Arbeitsfestigkeit und die Elastizitätsgrenze nahe zusammen liegen. Für die gebräuchlichsten Materialien sind die Elastizitätsgrenzen in Zahlentafel 1 (Seite 7/8) eingetragen.

B. Biegung.

I. Biegung gerader Stäbe.

1. Biegungsgleichung und Gleichung der elastischen Linie. Ein prismatischer Körper ist auf Biegung beansprucht, wenn die äußeren Kräfte senkrecht zur Stabachse wirken. Der Stab sei einseitig eingespannt und sämtliche Kräfte wirken in einer Ebene, die durch die Stabachse geht. Vom Material wird wieder vorausgesetzt, daß es homogen und isotrop ist und das Stabvolumen stetig erfüllt, und daß die Fasern sich gegenseitig nicht beeinflussen. Der Stab deformiert sich dann so, daß die oberen Fasern gedehnt (Spannungen positiv) und die unteren gedrückt werden (Spannungen negativ). Es muß also irgendwo eine Stelle vorhanden sein, wo die Spannungen gleich Null werden, d. i. die neutrale Faserschicht. Die gebogene Stabachse wird elastische Linie genannt.

Wir schneiden den gebogenen Stab nun in zwei Teile durch einen ebenen Schnitt, senkrecht zur Stabachse. Wenn der Stab vor dem Zerschneiden im Gleichgewicht war, so ist er nach dem Zerschneiden wieder im Gleichgewicht, sofern die inneren Spannungen als äußere Kräfte angebracht werden. Wenden wir die allgemeinen Gleichgewichtsbedingungen darauf an, so muß: 1. Summe der Kräfte $= 0$, und 2. Summe der Momente $= 0$ sein.

Die äußeren Kräfte können wir, nach der Lehre der Statik, immer zusammenfassen in eine Resultierende Q, die in der Trennungsfläche liegt, und in ein Moment M; Q wird die Querkraft, Scherkraft oder Schubkraft genannt; M ist das Biegungsmoment.

Die Schubkraft ist also gleich der Resultierenden sämtlicher Kräfte auf einer Seite des Schnittes, und das Biegungsmoment $=$ Summe der Momente sämtlicher Kräfte, ebenfalls auf einer Seite des Schnittes. Bei diesen Definitionen liegt der Nachdruck auf dem Wort „sämtliche", wobei zu den äußeren Kräften immer auch die Reaktionen zu rechnen sind. Es ist natürlich gleichgültig, auf welcher Seite die Summe genommen wird, da der Stab sich im Gleichgewicht befindet.

Bei der zweiten Gleichgewichtsbedingung genügt es nicht, daß das statische Moment des aus den Spannungen gebildeten Kräftepaares der Größe nach gleich dem Biegungsmomente M sei, sondern beide Kräftepaare müssen auch in derselben Ebene liegen, welche Ebene — nach der Voraussetzung — durch die Stabachse geht. Wenn der Querschnitt des Stabes symmetrisch in bezug auf die Kraftebene ist, so ist diese Bedingung immer erfüllt. Die weiteren Betrachtungen beschränken sich also darauf, daß die Kräfte in einer Symmetrieebene wirken.

Zwischen Biegungsmoment M und Querkraft Q besteht eine einfache Beziehung: Legen wir nämlich einen unendlich benachbarten Schnitt, so muß Q um den kleinen Betrag dx parallel zu sich verschoben werden. Dabei tritt ein Kräftepaar $Q\,dx$ auf, das die Änderung des Momentes darstellt, also $dM = Q\,dx$, oder

$$Q = \frac{dM}{dx}. \tag{25}$$

Die nächste Vereinfachung, die wir machen, ist, daß die Schubkraft Q vernachlässigt wird, d. h., wir vernachlässigen die in der Trennungsebene liegenden Komponenten der Spannungen, die Schubspannungen. Dadurch sind alle Spannungen parallel, nämlich senkrecht zur Schnittebene gerichtet, und die Gleichgewichtsbedingungen vereinfachen sich zu:

$$[1. \int_F \sigma\,df = 0 \quad \text{und} \quad 2. \int_F \sigma\,\eta\,df = M,$$

wenn mit σ die Spannung im Flächenelement df in der Entfernung η von der Stabachse bezeichnet wird. Um diese Gleichungen zu integrieren, sollte die Spannungsverteilung über die Querschnittsfläche bekannt sein.

Die Beobachtung lehrt nun, daß für kleine Biegungen der ursprünglich ebene Querschnitt nach der Deformation eben geblieben ist, d. h. die Dehnungen sind proportional mit den Entfernungen von der neutralen Faserschicht.

Setzen wir weiter die Gültigkeit des Hookeschen Gesetzes voraus, und daß E für den ganzen Querschnitt, d. h. sowohl für die Druck- als die Zugseite den gleichen Wert hat, dann folgt daraus, daß auch die Spannungen der Entfernung von der neutralen Faserschicht proportional sind, also $\sigma = \sigma_{max}\dfrac{\eta}{e}$, worin e die größte Entfernung von der neutralen Faserschicht und σ_{max} die darin auftretende Spannung ist.

Diese letzte Voraussetzung schließt Gußeisen aus den Festigkeitsrechnungen aus, und wenn Versuche zeigen, daß für kleine Biegungen die Querschnitte auch hier eben bleiben, dann folgt daraus, daß für Gußeisen der Spannungsverlauf nicht geradlinig sein kann.

Führt man die Beziehung $\sigma = \sigma_{max}\dfrac{\eta}{e}$ in die Gleichgewichtsbedingungen ein, so wird:

$$1. \qquad \int \sigma_{max}\frac{\eta}{e}\,df = \frac{\sigma_{max}}{e}\int \eta\,df = 0, \quad \text{oder} \quad \int \eta\,df = 0,$$

d. i. die Schwerpunktsbedingung, und die neutrale Faserschicht fällt demnach mit der Schwerpunktsachse zusammen.

$$2. \qquad \frac{\sigma_{max}}{e}\int \eta^2\,df = M .$$

$\int \eta^2\,df = J$ wird das **Trägheitsmoment** [cm⁴] des Querschnittes in bezug auf die Achse OO,

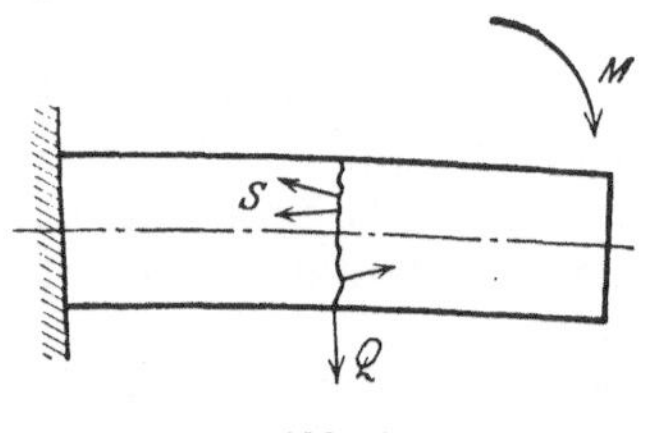
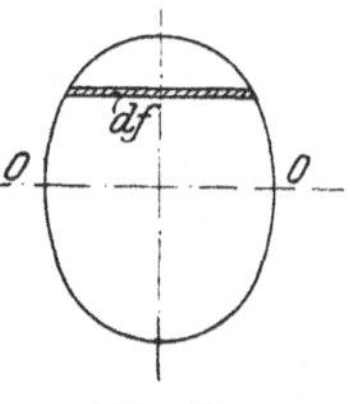

und $J/e = W$ das **Widerstandsmoment** [cm³] genannt. Die Gleichung:

$$\sigma_{max} = \frac{M}{J}\,e = \frac{M}{W} \qquad (26)$$

nennt man die **Biegungsgleichung**.

Um die Formänderung zu bestimmen, betrachten

Abb. 42.   Abb. 43 a.

wir ein Körperelement von der Breite $OO_1 = ds$. Die Dehnung der äußersten Faserschicht ist:

$$\varepsilon = \frac{\varDelta\,ds}{ds} = \frac{C_1 C_2}{OO_1} = \frac{e\,d\varphi}{\varrho\,d\varphi} = \frac{e}{\varrho} \quad \text{oder} \quad \sigma = \varepsilon E = \frac{eE}{\varrho} .$$

Den Wert von σ aus der Biegungsgleichung eingesetzt, wird

$$\varrho = \frac{JE}{M} = \pm\,\frac{\left[1 + \left(\dfrac{dy}{dx}\right)^2\right]^{3/2}}{\dfrac{d^2 y}{dx}} .$$

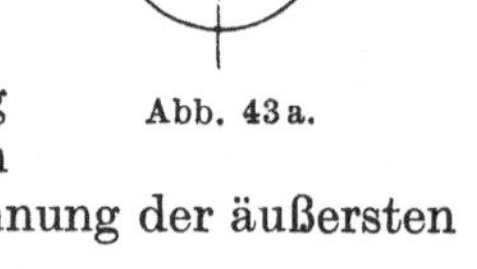

Abb. 43 b
(nach Wawrziniok).

Für kleine Durchbiegungen ist:

$$\frac{1}{\varrho} = \pm\,\frac{d^2 y}{dx^2} = \frac{M}{JE}, \qquad\qquad (27)$$

d. i. die **Gleichung der elastischen Linie**.

Diese Differentialgleichung ist nur dann leicht analytisch zu integrieren, wenn J/M eine einfache Funktion von x ist. In anderen Fällen führt die **graphische Methode von Mohr** rasch zum Ziel. Mohr vergleicht die Gleichung der elastischen Linie mit der Gleichung der Kettenlinie. Die **Kettenlinie** ist die Gleichgewichtslage eines vollkommen biegsamen Seiles, welches in zwei Punkten befestigt und nach einem bestimmten Gesetze belastet ist.

$p =$ Ordinate der Belastungskurve,

$H =$ Horizontalzug der Kettenlinie.

Schneiden wir das Seil an irgend einer Stelle A_1 und an der tiefsten Stelle durch, und bringen dort die Spannungen an, so ist das geschnittene Seil wieder im Gleichgewicht. Daraus folgt (Abb. 44), daß

$$H = S\cos\alpha \quad \text{und} \quad \int_0^{A_1} p\,dx = S\sin\alpha$$

oder

$$\frac{S \sin \alpha}{S \cos \alpha} = \frac{\int p\, dx}{H} = \operatorname{tg} \alpha = \frac{dy}{dx} \text{ ist.} \tag{28}$$

Durch nochmalige Differentiation wird:

$$\frac{d^2 y}{dx^2} = \frac{p}{H} \,*, \tag{29}$$

d. i. die Gleichung der Kettenlinie, die in bekannter Weise aus dem Kräfte- und Seilpolygon konstruiert werden kann. Diese Gleichung wird identisch mit der Gleichung der elastischen Linie, wenn $p = M$ und $H = JE$ ist. Satz von Mohr: Man kann die elastische Linie eines auf Biegung beanspruchten Körpers als eine Kettenlinie betrachten, deren Belastungsfläche mit der Momentenfläche übereinstimmt und deren Poldistanz $= J \cdot E$ ist.

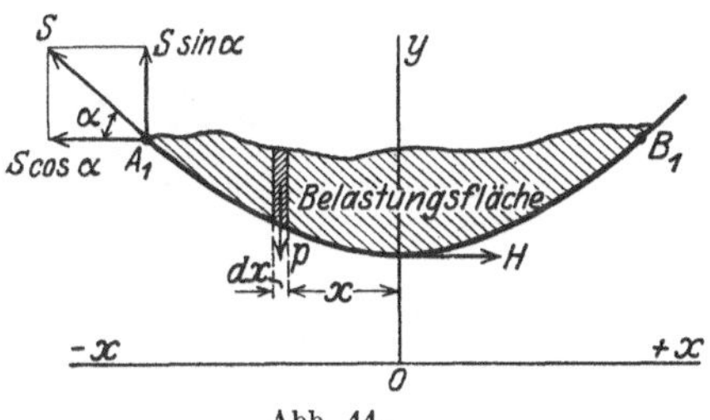

Abb. 44.

Ist nun J veränderlich, so müßte man bei der Konstruktion der Kettenlinie jedesmal die Poldistanz ändern. Das ist nicht praktisch, und darum formen wir die Gleichung etwas um:

$$\frac{d^2 y}{dx^2} = \frac{M}{J_x E} = \frac{M J_0}{J_x J_0 E} = \frac{M \frac{J_0}{J_x}}{J_0 E}. \tag{30}$$

Die Gleichungen werden nun wieder identisch, wenn $p = M \cdot \frac{J_0}{J_x}$, d. h. wenn die Momente im Verhältnis J_0/J_x verzerrt aufgezeichnet werden (verzerrte Momentenfläche).

Aus der Gleichgewichtsbedingung der Kettenlinie (28) folgt

$$JE \operatorname{tg} \alpha = A_1. \tag{31}$$

wenn A_1 die Auflagerreaktion eines mit der Momentenfläche belasteten Trägers $A_1 B_1$ ist.

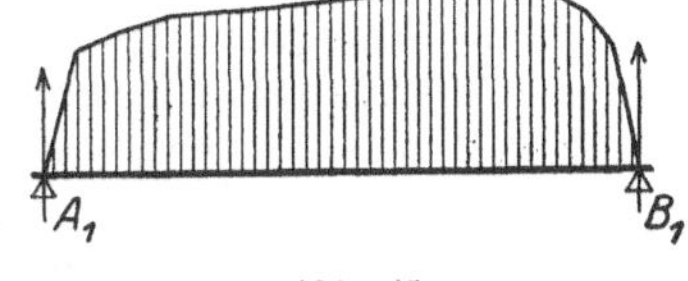

Abb. 45.

Die Theorie setzt voraus, daß die Kräfte in einer Symmetrieebene wirken. Wie wichtig diese Voraussetzung für die Brauchbarkeit der Biegungsgleichung ist, zeigt folgender Versuch von Prof. v. Bach: Ein NP⊏ 30 wird durch in der Schwerpunktsebene wirkende Kräfte so beansprucht, daß das Biegungsmoment für den mittleren Teil CD des Trägers konstant $= P \cdot a = 145000$ kg·cm ist. Für diesen Teil sind dann die Schubkräfte gleich Null. Mit $W = J/e = 7975/15 = 532$ cm³ wäre eine gleichmäßige Spannung von ± 273 kg/cm² zu erwarten, während die aus den gemessenen Dehnungen berechneten Spannungen

in Punkt 1: $\sigma = -518$ at;

2: $\sigma = +104$ at;

3: $\sigma = +456$ at;

4: $\sigma = -16$ at

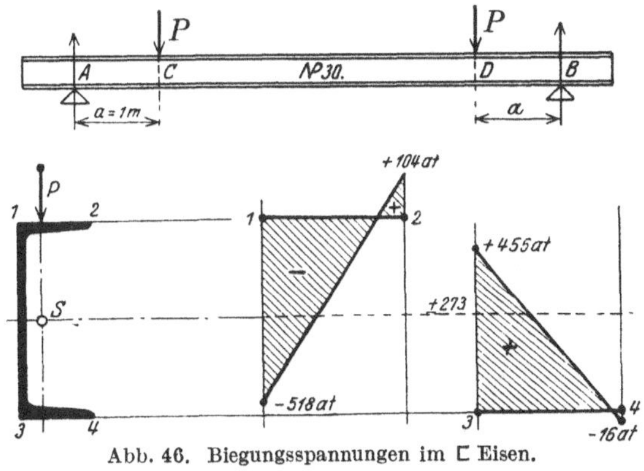

Abb. 46. Biegungsspannungen im ⊏ Eisen.

betrugen, so daß sogar dort Zugspannungen auftraten, wo wir nach der Theorie große Druckspannungen vermuteten. Für unsymmetrische Belastungen versagt also die Theorie vollständig, weil die Querschnitte nicht eben bleiben können. Der Konstrukteur wird deshalb unsymmetrische Belastungen vermeiden, namentlich bei spröden Körpern (Gußeisen). Der Lagerbügel Abb. 47 rechts ist demnach unzweckmäßig konstruiert, während die linke Querschnittsform für Biegung günstiger ist. Für Torsion sind beide Formen ungünstig (vgl. S. 50).

Für Gußeisen gilt die Biegungsgleichung (26) nicht, da das Hookesche Gesetz nicht gültig ist. Die Beobachtung lehrt aber, daß bei kleinen Formänderungen die ursprünglich ebenen Querschnitte auch bei Gußeisen eben bleiben, d. h. die Dehnungen wachsen

---

* Beide Differentialgleichungen gelten unter der gleichen Annahme, daß die Durchbiegungen nicht zu groß sind.

proportional mit der Entfernung von der Nullachse. Da die Spannungen mit den Dehnungen nicht proportional sind, erhalten wir einen gekrümmten Spannungsverlauf. Die Nullachse geht auch nicht mehr durch den Schwerpunkt, da $\int \sigma \, df = 0$ nicht mehr in die Schwerpunktsbedingung $\int \eta \, df = 0$ übergeht. Die neutrale Achse wird im allgemeinen nach der Druckseite verschoben, und weil die Spannungen weniger rasch zunehmen als die Dehnungen, erhält der Spannungsverlauf die in Abb. 48 eingetragene Form. Die Spannungen in der Nähe der Schwerpunkts-

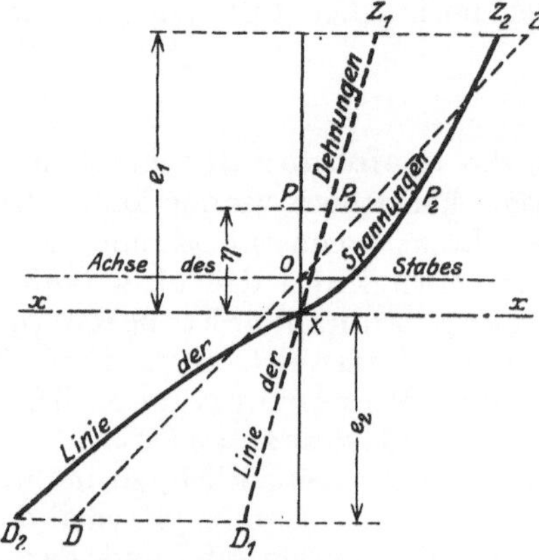

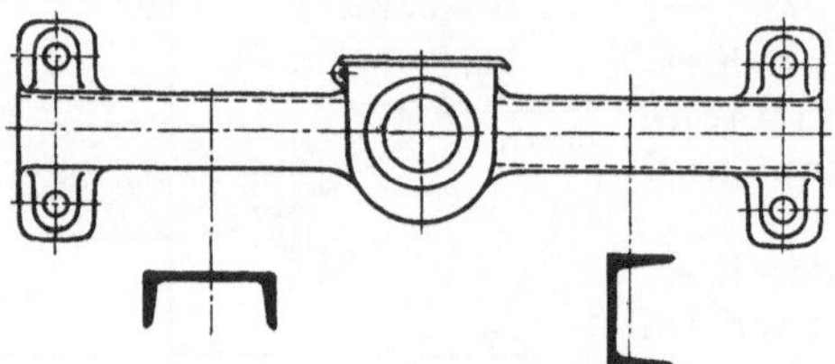

Abb. 47. Lagerbügel.

Abb. 48. Biegungsspannungen in einem gußeisernen Stab (nach Bach-Baumann).

achse tragen nun um so mehr zur Übertragung des Biegemomentes bei, je mehr Material dort ist, z. B. für den Kreisquerschnitt mehr als für I.

Wenn wir nun die Spannungen nach der allgemeinen Biegungsgleichung (26) rechnen (Linie ZOD), so folgt aus der Figur, daß die maximale Zugspannung größer berechnet wird als die tatsächlich auftretende Spannung ist. Das ist eine äußerst wichtige Schlußfolgerung, denn da die größte Zugspannung die Tragfähigkeit des Balkens einschränkt, so folgt daraus, daß die übliche (hier falsche) Biegungsgleichung die Tragfähigkeit unterschätzt. Darin liegt eine Sicherheit, von der man gerne Gebrauch macht und die bei der Wahl der zulässigen Biegungsspannung wieder etwas ausgeglichen werden kann. Die Unterschätzung ist um so größer, je mehr Material in der Nähe der Schwerpunktsachse liegt.

2. Trägheits- und Widerstandsmomente.

a) Rechteck.

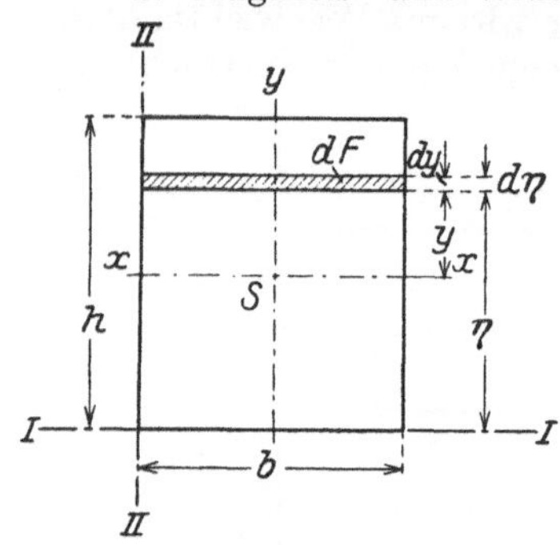

Abb. 49 (nach Winkel).

$$J = \int_{-\frac{h}{2}}^{\frac{h}{2}} y^2 \, df, \quad \text{worin} \quad df = b \, dy \quad \text{ist,}$$

$$= b \int_{-\frac{h}{2}}^{\frac{h}{2}} y^2 \, dy = b \left| \frac{y^3}{3} \right|_{-\frac{h}{2}}^{\frac{h}{2}} = \frac{1}{12} b h^3. \tag{32}$$

$$W = \frac{J}{\frac{h}{2}} = \frac{1}{6} b h^2. \tag{33}$$

b) Kreis.

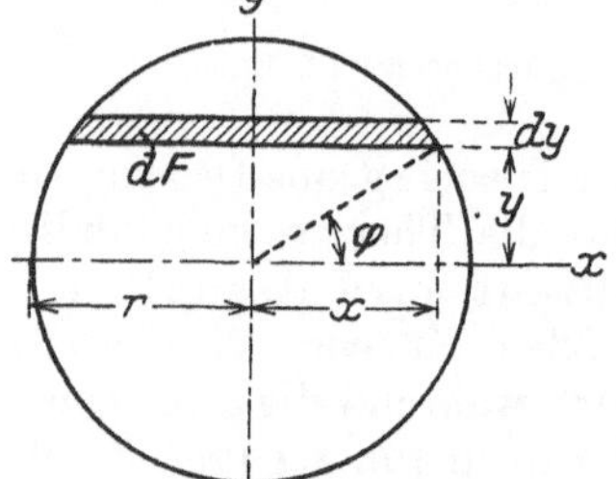

Abb. 50 (nach Winkel).

$$J = \int y^2 \, df, \quad \text{worin} \quad df = 2 r \cos \varphi \, dy \quad \text{ist.}$$

Mit $y = r \sin \varphi$ und $dy = r \cos \varphi \, d\varphi$ wird $df = 2 r^2 \cos^2 \varphi \, d\varphi$.

$$J = \int_{\frac{\pi}{2}}^{-\frac{\pi}{2}} r^2 \sin^2 \varphi \cdot 2 r^2 \cos^2 \varphi \, d\varphi = r^4 \int_0^{\frac{\pi}{2}} 4 \sin^2 \varphi \cos^2 \varphi \, d\varphi$$

$$= \frac{r^4}{2} \int_0^{\frac{\pi}{2}} \sin^2 2 \varphi \, d(2 \varphi) = \frac{r^4}{4} \int_0^{\frac{\pi}{2}} (1 - \cos 4 \varphi) \, d(2 \varphi) = \frac{r^4}{4} \left(2 \varphi - \frac{1}{2} \sin 2 \varphi \right)\Big|_0^{\frac{\pi}{2}}$$

$$J = \frac{\pi}{4} r^4 = \frac{\pi}{64} d^4 . \tag{34}$$

$$W = \frac{J}{\frac{d}{2}} = \frac{\pi}{32} d^3 \approx 0{,}1\, d^3 . \tag{35}$$

Für den Kreisring:

$$W = \frac{\pi}{32} \frac{D^4 - d^4}{D} \approx 0{,}2\, s\, d_m^2 , \tag{36}$$

worin s die Wandstärke und d_m der mittlere Durchmesser ist.

c) **Beliebige Querschnitte. (Verfahren von Mohr.)** Zerlegt man den Querschnitt in Streifen von sehr geringer Breite, parallel zur Bezugsachse X, so ist das Trägheitsmoment

$$J = \int y^2\, df = \sum y^2 \cdot \varDelta f .$$

In den Schwerpunkten der Streifen *1* bis *13* (Abb. 51) lassen wir Kräfte angreifen; ziehen parallel zur X-Achse den Kräftezug und zeichnen mit der beliebigen Poldistanz H das zugehörige Seileck. Wir finden die Lage der Schwerachse, indem wir die äußersten Seilstrahlen *1* und *13* zum Schnitt bringen (n). Aus der Ähnlichkeit der Dreiecke $OF_1{}^*$ (im Krafteck) und $1, 1', 2'$ (im Seileck) ergibt sich:

$$F_1 : H = 1'\,2' : y_1 .$$

Der Flächeninhalt des gestrichelten Dreiecks $1'\,2'\,1$ ist

$$f_1 = \frac{1}{2} \cdot 1'\,2' \cdot y_1$$

und

$$
\begin{aligned}
F_1 \cdot y_1^2 &= (F_1 \cdot y_1)\, y_1 \\
&= H \cdot 1'\,2' \cdot y_1 = 2\,H \cdot f_1
\end{aligned}
$$

usw.,

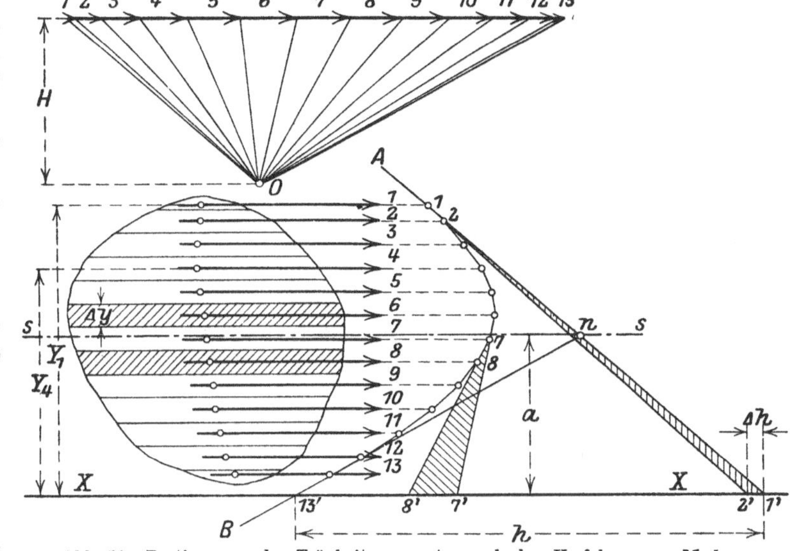

Abb. 51. Bestimmung des Trägheitsmomentes nach dem Verfahren von **Mohr** (nach **Winkel**).

also $J_x = 2\,H \cdot$ Summe sämtlicher Dreiecke, die von den Seilstrahlen und der X-Achse gebildet werden:

$$J_x = 2\,H \cdot f .$$

Das auf die Schwerachse bezogene Trägheitsmoment wird

$$J_s = J_x - F \cdot a^2 .$$

Mit dem Kräftezug F_1 bis $F_{13} = F$ erhält man aus den ähnlichen Dreiecken OF (im Krafteck) und $n, 1', 13'$ (im Seileck):

$$F : H = 1'\,13' : a , \quad \text{oder} \quad F \cdot a^2 = H \cdot h \cdot a = 2\,H \cdot f' ,$$

wenn mit f' der Inhalt des Dreiecks $1'\,13'\,n$ bezeichnet wird. Damit wird:

$$J_s = 2\,H\,(f - f') .$$

worin $f - f'$ gleich dem Inhalt der von den Seilstrahlen *1* bis *13* begrenzten Fläche ist.

War der Längenmaßstab $1\,\text{mm} = p\,\text{cm}$ und der Flächenmaßstab für den Kräftezug $1\,\text{mm} = q\,\text{cm}^2$, so wird

$$J_s = 2\,H\,(f - f') \cdot p^2\,q\ \text{cm}^4 .$$

Es ist zweckmäßig, die Poldistanz $H = F/2$ zu machen; dann ist

$$J_s = F\,(f - f') .$$

---

* In Abb. 51 sind, der Deutlichkeit halber, die als Kräfte aufgefaßten Flächeninhalte $F_1, F_2 \ldots F_{13}$ mit *1, 2 ... 13* bezeichnet.

d) **Genietete Träger.** Manchmal ist die Aufgabe so gestellt, daß zu einem gegebenen Widerstandsmoment W cm³ ein passender Querschnitt zu finden ist. Wenn dieser aus vielen Einzelteilen zusammengesetzt ist, wie es beim genieteten Träger immer der Fall ist, so ist nur nach langem Probieren eine geeignete Form zu finden. Zweckmäßiger ist folgender Weg. Der Blechträger besteht im allgemeinen aus zwei Flächen F, die in einer größeren Entfernung von der neutralen Achse liegen und durch ein dünnes Stehblech miteinander verbunden sind. Das Trägheitsmoment setzt sich dann aus zwei Teilen zusammen:

$$J = 2\,J_f + J_\text{steg},$$

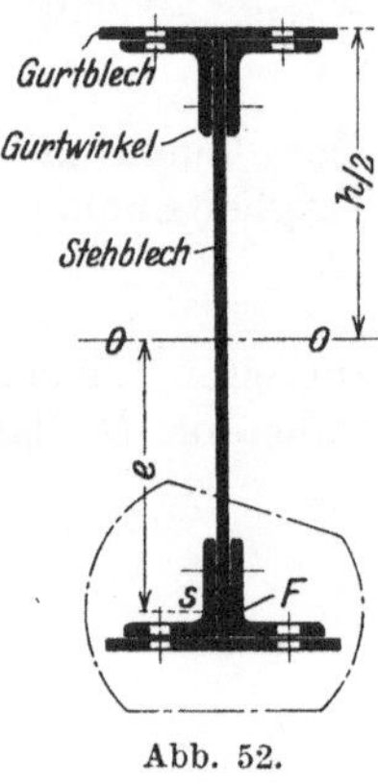

worin $J_f = J_s + F e^2$, wenn e die Entfernung des Schwerpunktes der Fläche von der Biegungsachse und J_s das Trägheitsmoment der Fläche F in bezug auf ihre eigene Schwerachse, ist. Nun ist J_s klein im Verhältnis zu $F \cdot e^2$. Um eine einfache und übersichtliche Rechnung zu erhalten, vernachlässigen wir zunächst sowohl J_steg als J_s, und nehmen dafür $e = \dfrac{h}{2}$, also etwas zu groß.

Damit wird:

$$J \approx 2\,F\left(\frac{h}{2}\right)^2 = \frac{F\,h^2}{2}$$

und

$$W = \frac{J}{\frac{1}{2}\,h} = F \cdot h. \tag{37}$$

Wir können nun F oder h beliebig wählen, wodurch die Aufgabe sehr vereinfacht ist, um so mehr als h meist schon durch die zulässige Durchbiegung eingeschränkt ist. Nach Annahme der Abmessungen muß natürlich eine genauere Kontrollrechnung folgen.

3. Verschiedene Belastungsfälle.

Zahlentafel 2.

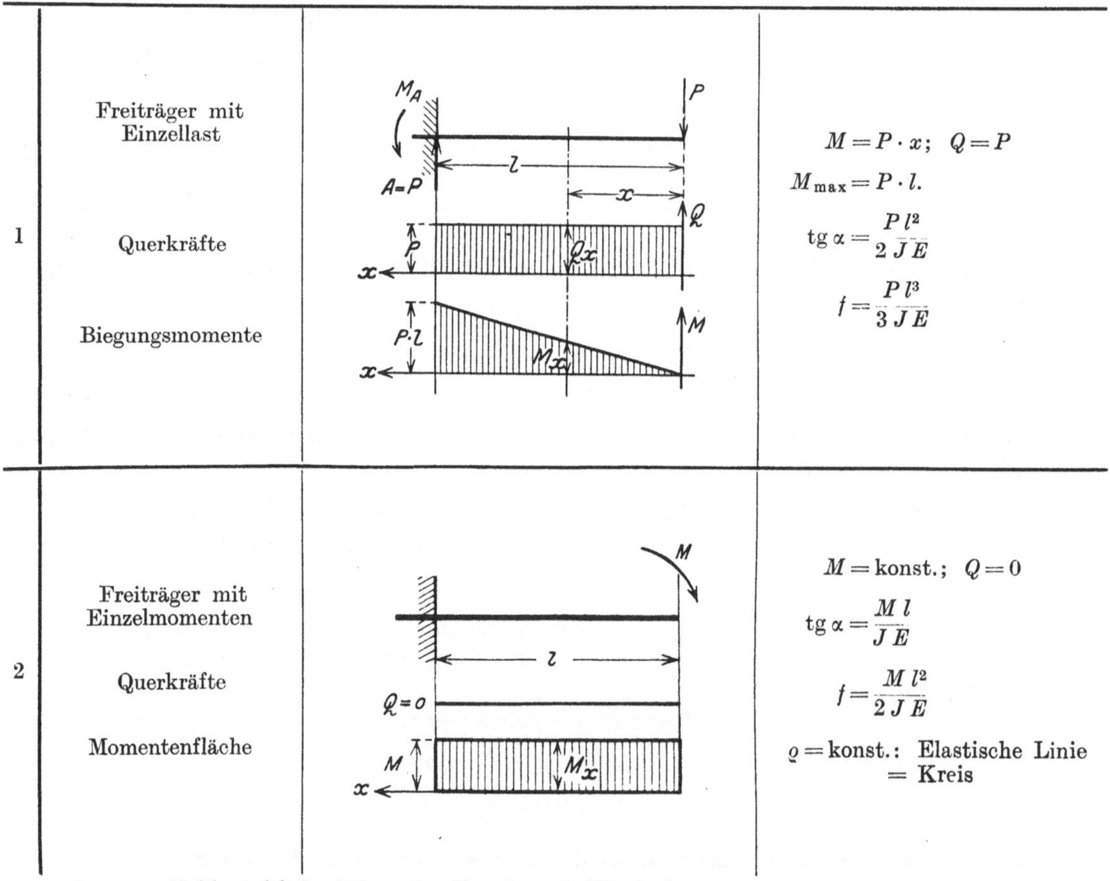

Anm. zu Zahlentafel 2: Abb. unter Pos. 1 nach Winkel.

Fortsetzung der Zahlentafel 2.

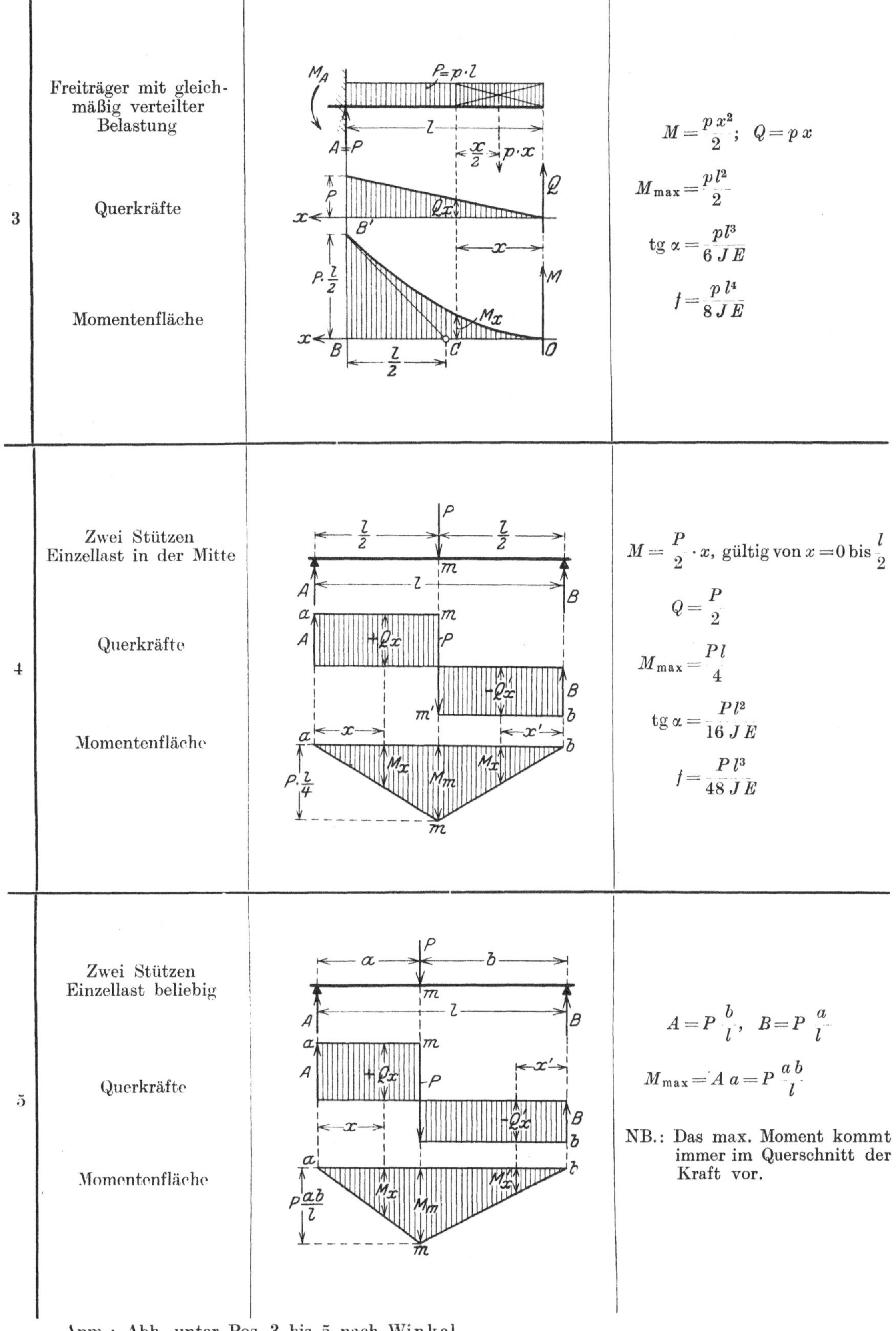

3	Freiträger mit gleichmäßig verteilter Belastung Querkräfte Momentenfläche	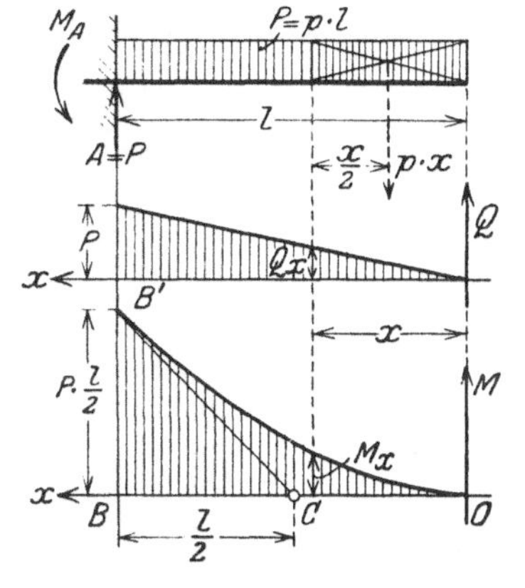	$M = \frac{p x^2}{2}$; $Q = p x$ $M_{\max} = \frac{p l^2}{2}$ $\operatorname{tg} \alpha = \frac{p l^3}{6 J E}$ $f = \frac{p l^4}{8 J E}$
4	Zwei Stützen Einzellast in der Mitte Querkräfte Momentenfläche	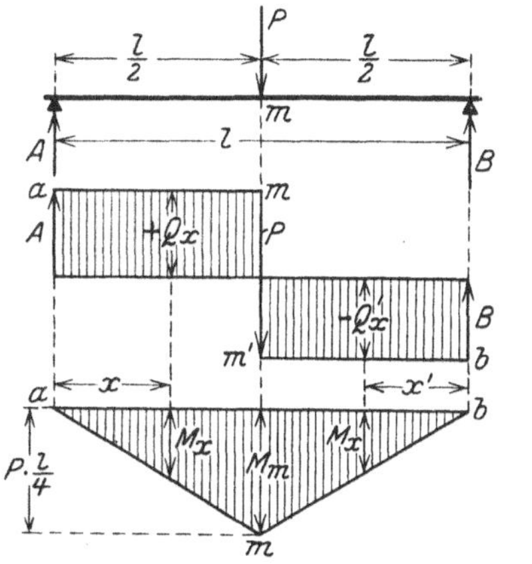	$M = \frac{P}{2} \cdot x$, gültig von $x = 0$ bis $\frac{l}{2}$ $Q = \frac{P}{2}$ $M_{\max} = \frac{P l}{4}$ $\operatorname{tg} \alpha = \frac{P l^2}{16 J E}$ $f = \frac{P l^3}{48 J E}$
5	Zwei Stützen Einzellast beliebig Querkräfte Momentenfläche	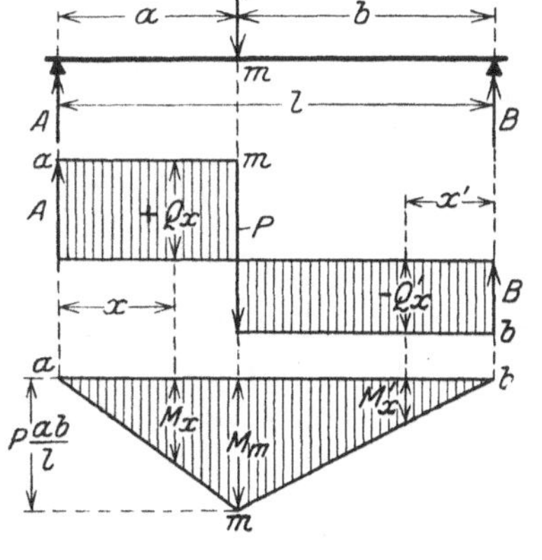	$A = P \frac{b}{l}$, $B = P \frac{a}{l}$ $M_{\max} = A\, a = P \frac{a b}{l}$ NB.: Das max. Moment kommt immer im Querschnitt der Kraft vor.

Anm.: Abb. unter Pos. 3 bis 5 nach Winkel.

Fortsetzung der Zahlentafel 2.

6

Zwei Stützen
Einzellast überhängend

Querkräfte

Momentenfläche

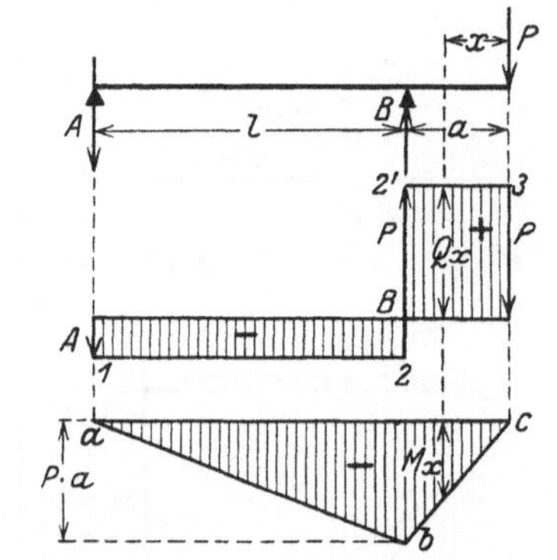

7

Zwei Stützen
Einzelmoment

Querkraft

Momentenfläche

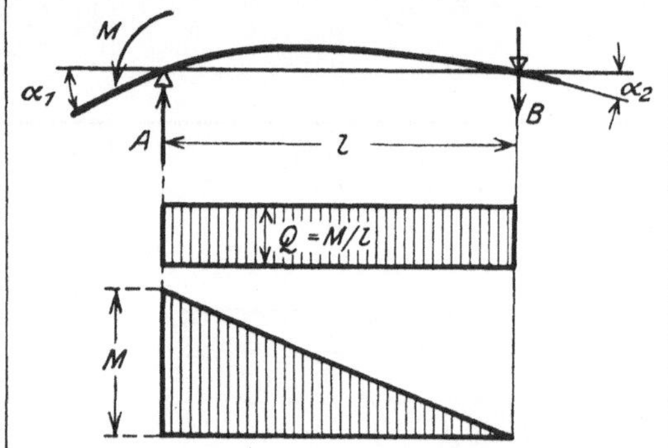

$$A = -B = \frac{M}{l}$$

$$\operatorname{tg} \alpha_1 = -\frac{M\,l}{3\,J\,E}$$

$$\operatorname{tg} \alpha_2 = -\frac{M\,l}{6\,J\,E}$$

8

Zwei Stützen
Gleichmäßige Belastung

Querkräfte

Momentenfläche

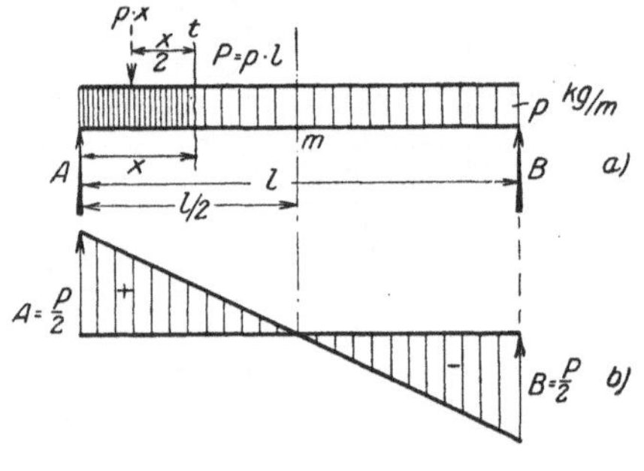

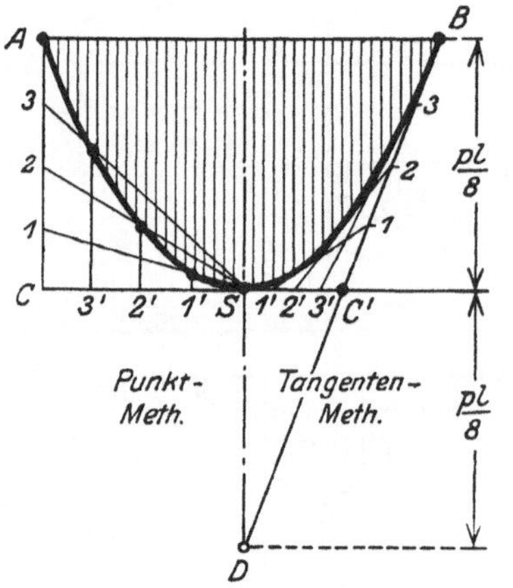

$$Q = A - p\,x = \frac{p\,l}{2} - p\,x$$

$$M = A\,x - \frac{p\,x^2}{2} = \frac{p\,l}{2}\,x - \frac{p\,x^2}{2}$$

(Parabel)

$$M_{\max}\left(\text{für } x = \frac{l}{2}\right) = \frac{p\,l^2}{8}$$

$$\operatorname{tg} \alpha = \frac{p\,l^3}{24\,J\,E}$$

$$f = \frac{5}{384}\,\frac{p\,l^4}{J\,E}$$

NB.: 1. Parabelkonstruktion rein mechanisch, nach der Punkt- oder Tangentenmethode.

2. Wenn die Gesamtlast in der Mitte konzentriert wird, bilden die Tangenten in den Endpunkten der Parabel die Momentenfläche.

Anm.: Obere Abb. unter Pos. 8 nach Winkel.

Fortsetzung der Zahlentafel 2.

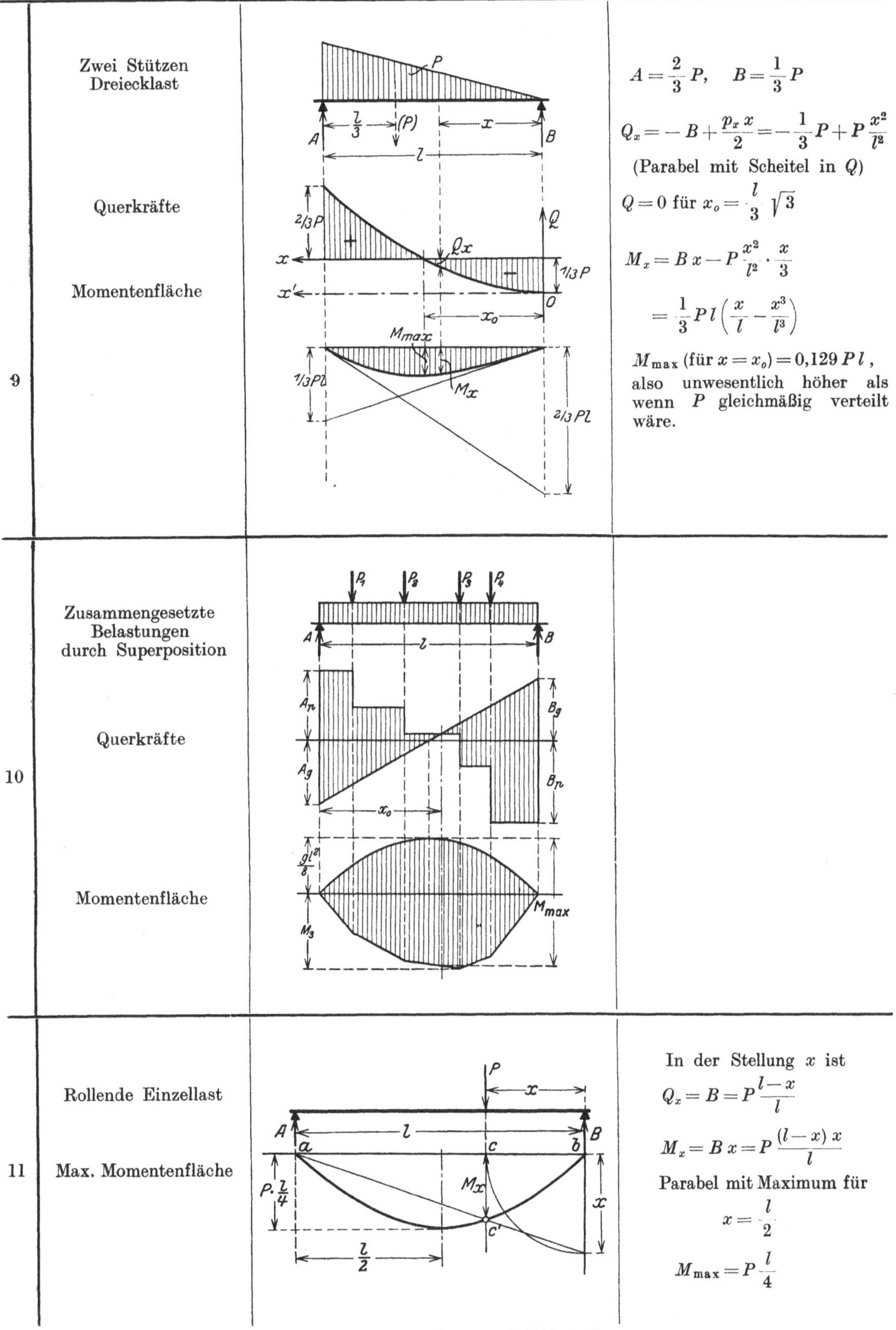

For the case 9 (Zwei Stützen, Dreiecklast):

$$A = \frac{2}{3}\,P, \quad B = \frac{1}{3}\,P$$

$$Q_x = -B + \frac{p_x\,x}{2} = -\frac{1}{3}\,P + P\,\frac{x^2}{l^2}$$

(Parabel mit Scheitel in Q)

$$Q = 0 \text{ für } x_o = \frac{l}{3}\sqrt{3}$$

$$M_x = B\,x - P\,\frac{x^2}{l^2}\cdot\frac{x}{3}$$

$$= \frac{1}{3}\,P\,l\left(\frac{x}{l} - \frac{x^3}{l^3}\right)$$

M_{max} (für $x = x_o$) $= 0{,}129\,P\,l$, also unwesentlich höher als wenn P gleichmäßig verteilt wäre.

For the case 11 (Rollende Einzellast):

In der Stellung x ist

$$Q_x = B = P\,\frac{l-x}{l}$$

$$M_x = B\,x = P\,\frac{(l-x)\,x}{l}$$

Parabel mit Maximum für

$$x = \frac{l}{2}$$

$$M_{max} = P\,\frac{l}{4}$$

Anm. zu Zahlentafel 2: Abb. der Pos. 9 und 10 nach Winkel.

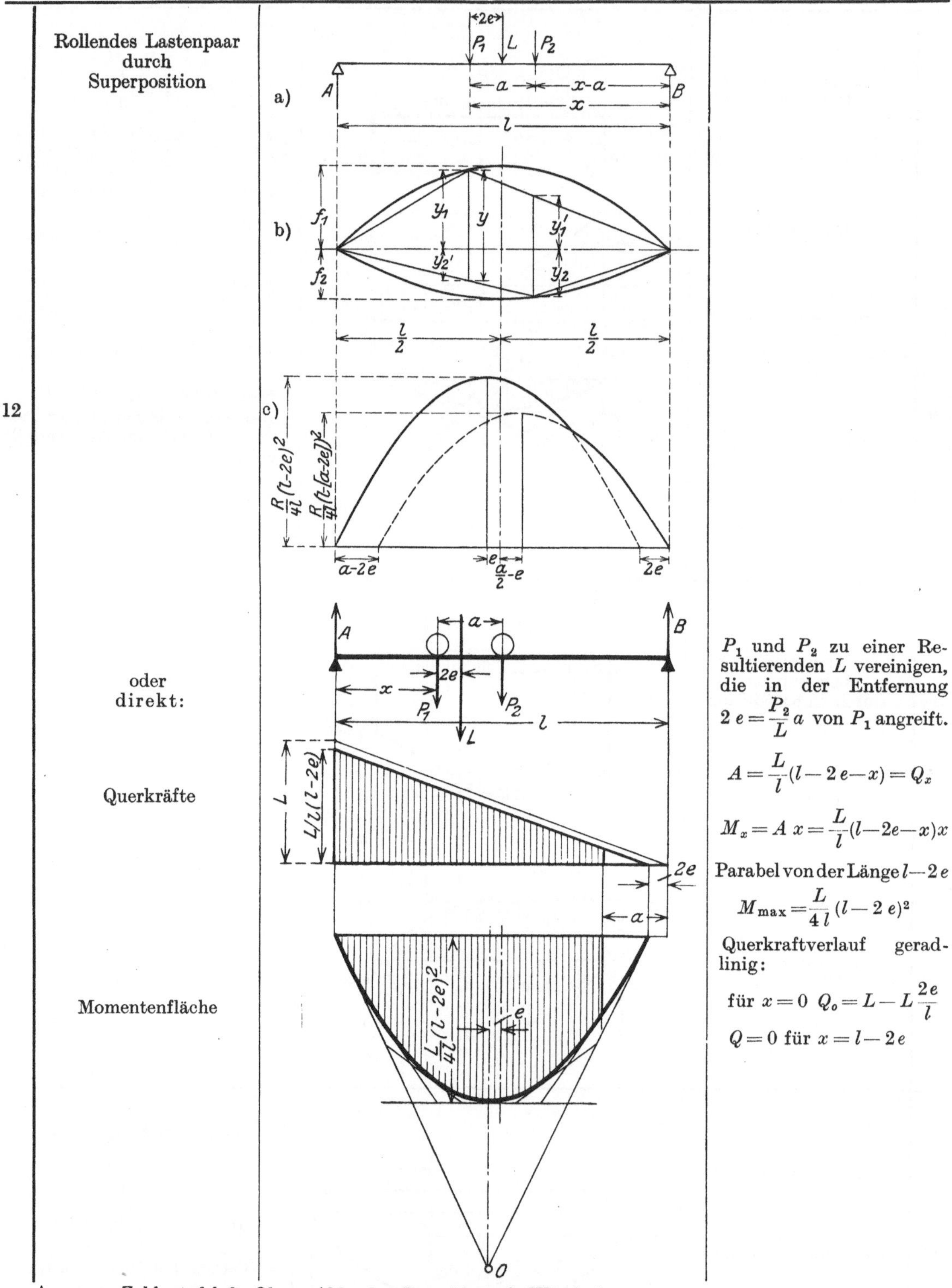

Anm. zu Zahlentafel 2: Obere Abb. der Pos. 12 nach Winkel.

4. Formänderungsarbeit. Da die Schubkraft Q zunächst vernachlässigt ist, treten bei Biegung nur Normalspannungen auf. Um die Formänderungsarbeit für Biegung zu berechnen, schneiden wir ein unendlich kleines Volumenelement aus dem Balken heraus, für das die Spannungen als konstant angesehen werden dürfen. Für dieses Volumenelement $df \cdot dx$ ist die Formänderungsarbeit nach Gleichung (16a) $= \dfrac{\sigma^2}{2E}dV$.

Mit $$\sigma = \frac{M}{J}\eta \quad \text{wird} \quad d^2 A = \frac{M^2}{2 J^2 E}\eta^2\, dx\, df.$$

Über die Querschnittsfläche integriert, wobei M und J als unveränderlich vor das Integralzeichen genommen werden dürfen, ergibt sich:

$$dA = \frac{M^2}{2 J^2 E}\, dx \int_F \eta^2\, df = \frac{M^2}{2 J E}\, dx$$

und

$$A = \int_0^l \frac{M^2}{2 J E}\, dx\,. \tag{38}$$

Für eine gegebene Belastung ist M als Funktion von x bekannt (vgl. Zusammenstellung S. 30/34), so daß das Integral dann berechnet werden kann. Für den einseitig eingespannten Träger ist z. B. $M = P\cdot x$, so daß

$$A = \frac{P^2}{2 J E}\int_0^l x^2\, dx = \frac{P^2}{6 J E} l^3\,.$$

Hieraus läßt sich sofort die größte Durchdiegung berechnen. Da die Arbeit der Kraft P gleich $\frac{1}{2} Pf$ ist, muß

$$\frac{1}{2} P\cdot f = \frac{P^2}{6 J E} l^3 \quad \text{oder} \quad f = \frac{Pl^3}{3 J E}$$

sein.

5. Einfluß der Schubkraft Q. Um die Bedeutung der Vernachlässigung der Schubkraft beurteilen zu können, sollen nun die dadurch entstehenden Schubspannungen und Formänderungen berechnet werden. Die Gleichgewichtsbedingung in vertikaler Richtung liefert uns die eine Gleichung:

$$Q = \int \tau_z\, df,$$

worin noch unbekannt ist, wie sich die Schubspannungen über die Querschnittsfläche verteilen. Um das zu bestimmen, geht man von der allgemein gültigen Beziehung aus, daß die Schubspannungen in zwei zueinander senkrechten Schnitten gleich groß sind (S. 14). Legen wir an einer beliebigen Stelle in der Entfernung z von der neutralen Faserschicht einen Schnitt (Abb. 53), so sind die dort auftretenden horizontalen Schubspannungen gleich den an dieser Stelle auftretenden Schubspannungen in dem Querschnitt. Von diesen horizontalen Schubspannungen wird nun angenommen, daß sie gleichmäßig über die Breite verteilt sind; das ist eine plausible Annahme, deren strenge Richtigkeit aber nicht bewiesen ist.

Damit ist aber nur die vertikale Komponente der in dem Querschnitt wirkenden Schubspannung bestimmt. Am Umfange sind die Schubspannungen immer tangential gerichtet; sie

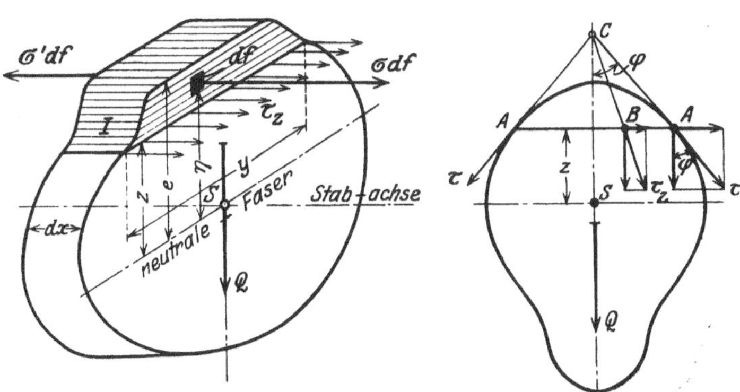

Abb. 53a und 53b. Schubspannungen im gebogenen Stabe.

schneiden die Symmetrieachse im Punkte C. Ein beliebiger Punkt B der Faserschicht AA erfährt eine Schubspannung, die ebenfalls nach dem Punkt C der Z-Achse gerichtet ist. Diese Annahme ist zwar nicht sicher begründet, aber sie ist die einfachste, die man machen kann. Die größte Schubspannung tritt dann am Umfang auf und ist:

$$\tau = \frac{\tau_z}{\cos\varphi} \tag{39}$$

Wenn an den Schnittflächen die Spannungen angebracht werden, muß der abgeschnittene Teil I im Gleichgewicht sein. An der Stirnfläche x greifen die Normalspannungen σ an, deren

Summe $=\int\limits_{\eta=z}^{\eta=e}\sigma\,df$ ist. In der um dx entfernten Stirnfläche wirken die Normalspannungen,

deren Summe $=\int\limits_{\eta=z}^{\eta=e}\sigma'\,df$ ist, und in der horizontalen Grenzfläche die Schubspannungen τ_z mit

der Summe $\tau_z\,dx\cdot y$, wenn y die Stabbreite in der Entfernung z ist. Die Gleichgewichtsbedingung in horizontaler Richtung liefert die Gleichung:

$$\tau_z\,dx\,y=\int\limits_{\eta=z}^{\eta=e}\sigma'\,df-\int\limits_{\eta=z}^{\eta=e}\sigma\,df\,.$$

Da diese Kräfte nicht den gleichen Angriffspunkt haben, wird der Körper noch auf Biegung beansprucht.

Da die Normalspannungen proportional mit der Entfernung von der neutralen Faserschicht zunehmen, wird:

$$\tau_z\,dx\,y=\frac{\sigma'_{\max}}{e}\int\limits_{\eta=z}^{\eta=e}\eta\,df-\frac{\sigma_{\max}}{e}\int\limits_{\eta=z}^{\eta=e}\eta\,df\,.$$

$\int\limits_{\eta=z}^{\eta=e}\eta\,df=S_z$ ist das statische Moment des abgeschnittenen Teiles in bezug auf die Schwerpunktsachse des Querschnittes. Da wir einen prismatischen Körper vorausgesetzt haben, ist S_z für den ganzen Träger konstant.

$$y\,\tau_z\,dx=\frac{S_z}{e}\,(\sigma'_{\max}-\sigma_{\max})\,.$$

Da nach der Biegungsgleichung $\sigma_{\max}=\dfrac{M}{J}\,e$ und $\sigma'_{\max}=\dfrac{M+dM}{J}\,e$ ist, wird

$$\tau_z\,dx\,y=\frac{S_z}{e}\cdot\frac{e}{J}\cdot(M+dM-M)=\frac{S_z}{J}\,dM$$

und mit $Q=\dfrac{dM}{dx}$

$$\tau_z=\frac{S_z}{J}\cdot\frac{Q}{y} \tag{40}$$

Für $z=e$ ist $S_z=0$, d. h. in den äußersten Fasern ist $\tau=0$.

Für $z=0$ wird S_z am größten, d. h. die Schubspannung wird in der neutralen Faserschicht am größten.

a) Für den rechteckigen Querschnitt ist (Abb. 54): $J=\dfrac{1}{12}\,b\,h^3$.

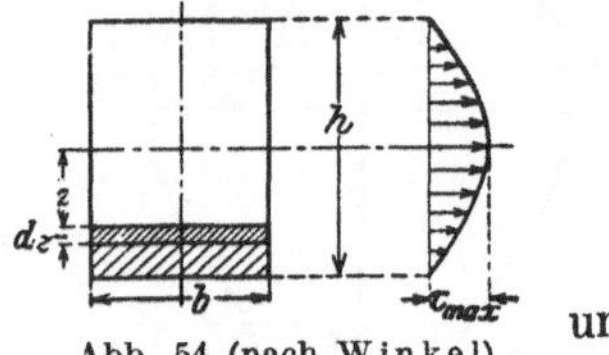

Abb. 54 (nach Winkel). und

$$S_z=\int\limits_z^{\frac{h}{2}}z\,df=b\int\limits_z^{\frac{h}{2}}z\,dz=\frac{b}{2}\left(\frac{h^2}{4}-z^2\right)$$

$$\tau_z=\tau=\frac{Q}{b}\cdot\frac{\dfrac{b}{2}\left(\dfrac{h^2}{4}-z^2\right)}{\dfrac{1}{12}\,b\,h^3}=\frac{6\,Q}{b\,h^3}\left(\frac{h^2}{4}-z^2\right)\,.$$

Das ist die Gleichung einer Parabel, deren Scheitel auf der neutralen Achse des Querschnittes liegt

$$\tau_{\max}=\frac{3}{2}\,\frac{Q}{b\,h}\,. \tag{41}$$

b) Für den Kreisquerschnitt (Abb. 55) ist:

$$J=\frac{\pi}{4}\,r^4\quad\text{und}\quad S_z=\int\limits_z^r 2\,y\,z\,dz\,.$$

Mit $\qquad\qquad\qquad y=r\cos\varphi\,,\quad z=r\sin\varphi\quad\text{und}\quad dz=r\cos\varphi\,d\varphi\,.$

wird:
$$S_z = 2\,r^3 \int_{0}^{\frac{\pi}{2}} \cos^2 \varphi \sin \varphi \, d\varphi = \frac{2}{3}\,r^3 \cos^3 \varphi$$

und damit
$$\tau_z = \frac{Q \cdot \dfrac{2}{3}\,r^3 \cos^3 \varphi}{2\,r \cos \varphi \cdot \dfrac{\pi}{4}\,r^4} = \frac{4}{3}\,\frac{Q}{\pi\,r^2}\,\cos^2 \varphi\,. \qquad (42)$$

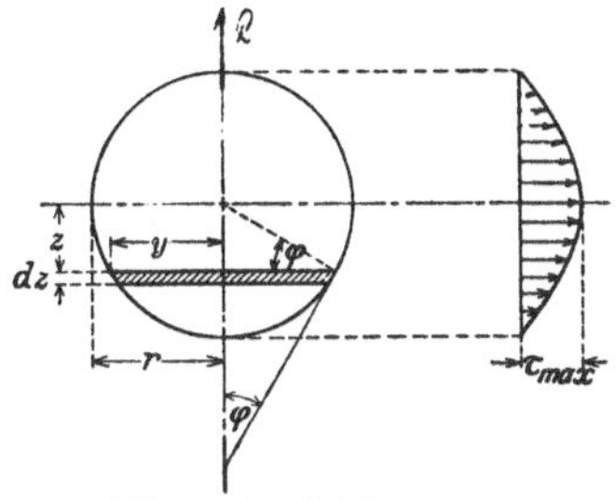

Nach Gl. (39) ist:
$$\tau = \frac{\tau_x}{\cos \varphi} = \frac{4}{3}\,\frac{Q}{\pi\,r^2}\,\cos \varphi \ \Big\}$$

so daß
$$\tau_{\max} = \frac{4}{3} \cdot \frac{Q}{F}\,. \qquad (43)$$

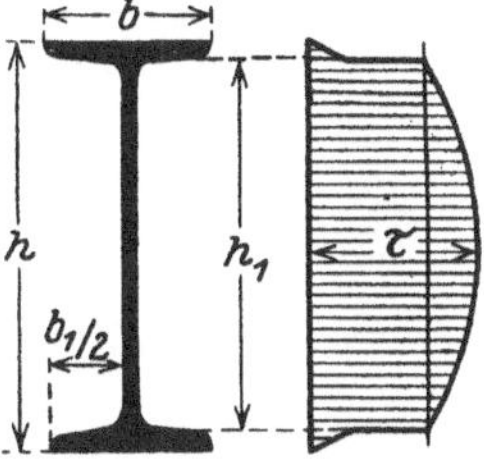
Abb. 55 (nach Winkel).

c) Für einen I-Querschnitt (Abb. 56). Man kann die Querschnittsfläche als die Differenz zweier Rechtecke bh und $b_1 h_1$ auffassen. Wenn auch infolge der plötzlichen Änderung der Breite die Voraussetzungen der Theorie nicht genau erfüllt sind, erhält man als angenäherten Wert der Schubspannung in einem Schnitt durch den Flansch:
$$\tau = \frac{Q}{J} \cdot \frac{1}{2}\left(\frac{h^2}{4} - z^2\right).$$

Für einen Schnitt durch den Steg ist:
$$\tau = \frac{Q}{J}\,\frac{1}{b - b_1}\left\{\left(\frac{h^2}{4} - z^2\right)\frac{b}{2} - \left(\frac{h_1^2}{4} - z^2\right)\frac{b_1}{2}\right\}.$$

Die beiden Gleichungen von τ werden durch Parabeln dargestellt, von welcher die letztere sehr flach ist, da das konstante Glied überwiegt, Aus der Abbildung ist zu entnehmen, daß die Schubspannung in einem I-Querschnitt fast gleichmäßig über die Steghöhe verteilt ist.

Abb. 56. Schubspannungen im I-Träger.

Bei Berücksichtigung der Schubkraft Q treten in einem gebogenen Stab sowohl Normalspannungen, nach Gleichung (26), als auch Schubspannungen, nach Gleichung (40), auf. Da wir die maximale Schubspannung als maßgebend für die Bruchgefahr ansehen, muß für jeden Punkt des Querschnittes (nach Gl. (14a))
$$\tau_{\max} = \frac{1}{2}\,\sqrt{\sigma_\eta^2 + 4\,\tau_\eta^2}$$

bestimmt und untersucht werden, ob nirgends $\sqrt{\sigma_\eta^2 + 4\,\tau_\eta^2} > \sigma_{\mathrm{zul}}$. wird. Namentlich bei I-Träger kann das beim Übergang vom Flansch zum Steg leicht vorkommen.

Da in der neutralen Faserschicht die Biegungsspannung zu Null wird, könnte man glauben, dort ohne Schaden Material auf eine gewisse Strecke herausnehmen zu dürfen. Das Anbringen von Schlitzen oder Löchern verhindert dort aber die stetige Übertragung der Schubspannungen,

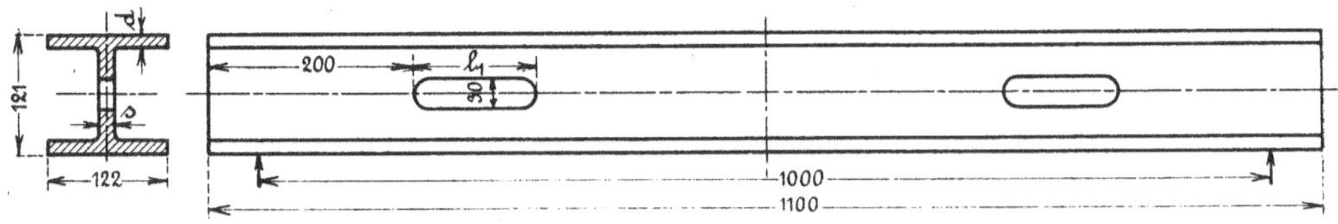
Abb. 57 (nach Bach-Baumann).

die in der neutralen Achse gerade am größten sind. Man kann sich von der Größe der Schwächung durch folgende Überlegung ein Bild machen: Wäre die Trennung in der neutralen Achse auf die ganze Stablänge durchgeführt, so könnte jede Stabhälfte für sich frei durchbiegen. Dabei ändert sich aber das Widerstandsmoment des Trägers wesentlich. Bei den von C. Pfleiderer[1] untersuchten gußeisernen Trägern, Abb. 57, war $J = 1100 \ \mathrm{cm}^4$ und $W = 184\,\mathrm{cm}^3$. Für die durch den Schlitz getrennten zwei Querschnittshälften: $W_1 = 2 \cdot 16 = 32\,\mathrm{cm}^3$. Die größte Biegungsspannung müßte also auf das Fünffache steigen; C. Pfleiderer hat bei seinen Versuchen auch Spannungserhöhungen von dieser Größenordnung gefunden.

---

[1] Mitt. Forsch.-Arb. H. 97.

Die Schubspannungen haben auch zur Folge, daß die elastische Linie sich etwas ändert. Zwei benachbarte Schnitte erfahren eine Senkung $d\zeta$, wodurch Q eine Arbeit $\frac{1}{2}Qd\zeta$ geleistet hat, die gleich der Deformationsarbeit durch die Schubspannungen sein muß

$$\int \frac{\tau^2}{2G}\,dv = \int \frac{\tau^2}{2G}\,df\,dx = \frac{1}{2}Q\,d\zeta,$$

$$\zeta = \frac{1}{G}\int_0^l \frac{dx}{Q}\int_F \tau^2\,df. \tag{44}$$

Für einen rechteckigen Querschnitt ist

$$\tau = \frac{6Q}{bh^3}\left(\frac{h^2}{4}-z^2\right) \quad \text{und} \quad df = b\,dz$$

$$\int \tau^2\,df = \frac{36\,b\,Q^2}{b^2h^6}\int_{-\frac{h}{2}}^{+\frac{h}{2}}\left(\frac{h^2}{4}-z^2\right)^2 dz = \frac{6}{5}\frac{Q^2}{bh}.$$

Für den Belastungsfall 1 (Seite 30) z. B. ist Q unabhängig von x gleich P, so daß:

$$\zeta = \frac{1}{G}\int_0^l \frac{6}{5}\frac{P}{bh}\,dx = \frac{6Pl}{5bh\cdot G}. \tag{45}$$

Die Durchbiegung f, aus der Gleichung der elastischen Linie bestimmt, war $f = \frac{Pl^3}{3JE} = \frac{4Pl^3}{bh^3E}$, so daß die totale Durchbiegung mit $G = 0{,}385\,E$

$$f_t = \frac{Pl}{bhE}\left\{\frac{4l^2}{h^2}+3,1\right\}. \tag{46}$$

Für $l = 5h$ machen wir durch die Vernachlässigung der Scherkraft einen Fehler von $3,1\%$. Für $l = h$ dagegen beträgt der Fehler fast 80%. Bei der genauen Bestimmung der Formänderung von Zapfen muß die Schubkraft jedenfalls berücksichtigt werden.

6. Träger mit veränderlichem Querschnitt. Da bei einem prismatischen Träger meist nur in einem Querschnitt die größte Biegungsspannung auftritt, und in diesem Querschnitt nur in den äußersten Fasern, so wird das Material bei Biegungsbeanspruchung schlecht ausgenützt. Man kann ohne größere Bruchgefahr die anderen Querschnitte schwächer wählen. Die beste Materialausnützung erhält man, wenn in allen Querschnitten die maximalen Biegungsspannungen gleich groß werden. (Körper gleicher Biegungsfestigkeit.)

Für Belastungsfall 1, Seite 30 ist zum Beispiel:

$$M_x = Px \quad \text{und} \quad \sigma_{\max} = \frac{M_x}{J_x}e_x = \frac{Pe_x}{J_x}\cdot x\,; \tag{47}$$

soll $\sigma_{\max}$ konstant sein, so muß $\frac{Pe_x}{J_x}x$ konstant werden. Diese eine Gleichung mit den beiden Unbekannten J_x und e_x reicht zur eindeutigen Bestimmung des Körpers nicht aus. Wir können irgendeine weitere beliebige Bedingung über den Querschnitt annehmen, z. B. Rechteck mit unveränderlicher Höhe h. Dann ist

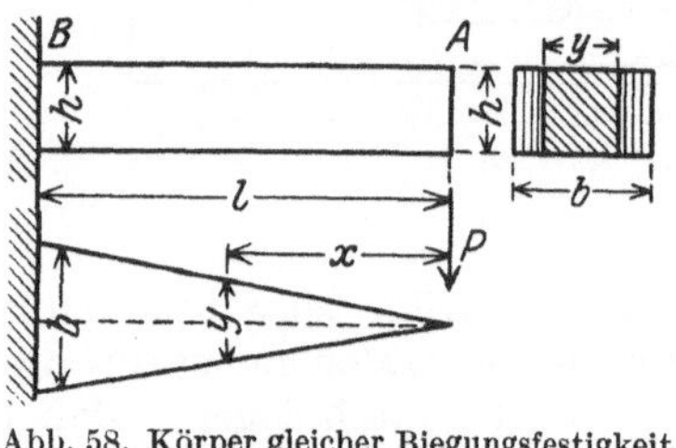

$$J = \frac{1}{12}b_x h^3, \quad \text{und} \quad \frac{6Px}{b_x h^2} = \text{konstant},$$

oder b muß mit x proportional sein (Abb. 58).

Da die Spannungen in den einzelnen Querschnitten größer werden als für den prismatischen Träger, sind die Durchbiegungen natürlich auch größer. Körper gleicher Biegefestigkeit dürfen nur dann gewählt werden, wenn die Durchbiegung groß werden darf.

Abb. 58. Körper gleicher Biegungsfestigkeit (nach Winkel).

Mit der Bedingung $\sigma_{\max} = \frac{M_x}{J_x}e_x = $ konstant, wird die Formänderungsarbeit für Körper gleicher Biegefestigkeit:

$$A = \int \frac{M_x^2}{2J_x E}\,dx = \frac{\sigma_{\max}^2}{2E}\int \frac{J_x}{e_x^2}\,dx. \tag{48}$$

Allgemein kann man $J = i \cdot f \cdot e^2$ setzen, worin i ein von der Querschnittsform abhängiger Zahlenfaktor ist, z. B.

$$\text{Rechteck:}\quad J = \frac{1}{12}\, b\,h^3 = \iota \cdot b\,h \cdot \left(\frac{h}{2}\right)^2,\quad \text{woraus}\quad \iota = \frac{1}{3}.$$

$$\text{Kreis:}\quad J = \frac{\pi}{64}\, d^4 = \iota \cdot \frac{\pi}{4}\, d^2 \cdot \left(\frac{d}{2}\right)^2,\quad \text{woraus}\quad \iota = \frac{1}{4}.$$

Damit wird

$$A = \frac{\sigma_{max}^2}{2\,E}\int i\, f_x\, dx = \frac{\sigma_{max}^2}{2\,E}\, i\, f\, dV = \frac{\sigma_{max}^2}{2\,E}\, i \cdot V, \tag{49}$$

d. h. die **Formänderungsarbeit eines Körpers gleicher Biegefestigkeit von bestimmter Querschnittsform ist unabhängig von der Art der Unterstützung und der Belastung.**

Die Bedingung, daß alle Querschnitte gleich große Biegespannungen erfahren, ist praktisch nie genau zu erfüllen, da in den Momentennullpunkten die Spannung immer gleich Null wird.

Für Träger mit beliebig veränderlichen Querschnitten lassen sich die Spannungen in jedem Querschnitt aus der Momentenfläche leicht berechnen. In Abb. 59a sind für ein bewegliches Lastenpaar die größten Beanspruchungen, die in jedem Querschnitt auftreten können, aus der maximalen Momentenfläche bestimmt. Der Träger besteht aus einem 10 mm dicken Stehblech von veränderlicher Höhe, mit zwei Gurtwinkeln $\angle\,70 \times 70 \times 7$ und einem Gurtblech 190×8.

Zahlentafel 3.

	Querschnitt	I	II	III	IV	V	VI	VII
	Trägerhöhe . . . . h cm	115	115	115	108	91	65	65
	Trägheitsmoment . . . . cm⁴		295000		252470	166070	73770	
	Widerstandsmoment . . . . cm³		5140		4750	3650	2270	
Abb. 59a.	Max. Biegemoment . . . . $t \cdot m$	51,0	50,0	46,6	45,0	36,5	19,2	0
	Max. Biegespannung . . . . σ_6 at	992	997	907	950	1000	845	0
	Max. Querkraft . . . . kg	6000	7240	8850	9500	10900	13000	14500
	Stegfläche . . . . cm²	113,4	113,4	113,4	106,4	89,4	63,4	63,4
	Schubspannung . . . . τ at	53	64	78,2	89,0	112,0	205	229
	Max. Schubspannung . . . . τ_{max} at	500	500	460	483	534	470	229
	J_0/J_x	1	1	1		1,78	4	4
Abb. 59b.	Biegemoment . . . . tm	51,1	50,8	40,0		26,3	12,3	0
	Verzerrtes Moment . . . . tm	51,1	50,8	40,0		46,6	49,1	0
	Inhalt der Belastungsfläche . . . tm²	50,9	68,1		75,6		83,8	37,05

Aus der Zusammenstellung folgt, daß die größte Beanspruchung (τ_{max}) im Schnitt V 8% größer ist als in der Mitte. Das kann durch eine kleine Änderung der Verjüngung vermieden werden.

In Abb. 59b ist die elastische Linie nach dem Verfahren von Mohr konstruiert worden. Die wirkliche Größe der Durchbiegung erhält man durch folgende Überlegung: Wenn als Poldistanz $H = J_0 E$ genommen wird, so erhält man die elastische Linie in natürlicher Größe. Nimmt man einen Bruchteil davon, z. B. $^1/_{50}$, so erscheinen die Durchbiegungen in 50facher Vergrößerung. Ist der Längenmaßstab 1 : 50, d. h. sind alle Längen auf $^1/_{50}$ der wirklichen Größe gezeichnet, so findet man den Biegungspfeil im Maßstab $50/50 = 1 : 1$.

Aus der Abbildung folgt $f_{max} = 20{,}8$ mm. Bei 15 m Stützweite wäre das z. B. für einen Kranträger zuviel. Wenn $f/l = 0{,}001$ zugelassen wird, müssen alle Trägheitsmomente im Verhältnis 20,8/15 vergrößert werden. Da das Trägheitsmoment $J \sim F \cdot i^2$, kann das durch eine

Vergrößerung der Höhen im Verhältnis $\sqrt{\dfrac{20{,}8}{15}}$ erreicht werden.

In ähnlicher Weise lassen sich auch die Spannungen bei **plötzlichen Querschnittsänderungen,** wie sie bei abgesetzten Wellen vorkommen, ermitteln. Dabei ist aber stets zu bedenken, daß an **scharfen** Übergangsstellen immer große zusätzliche Spannungen auftreten.

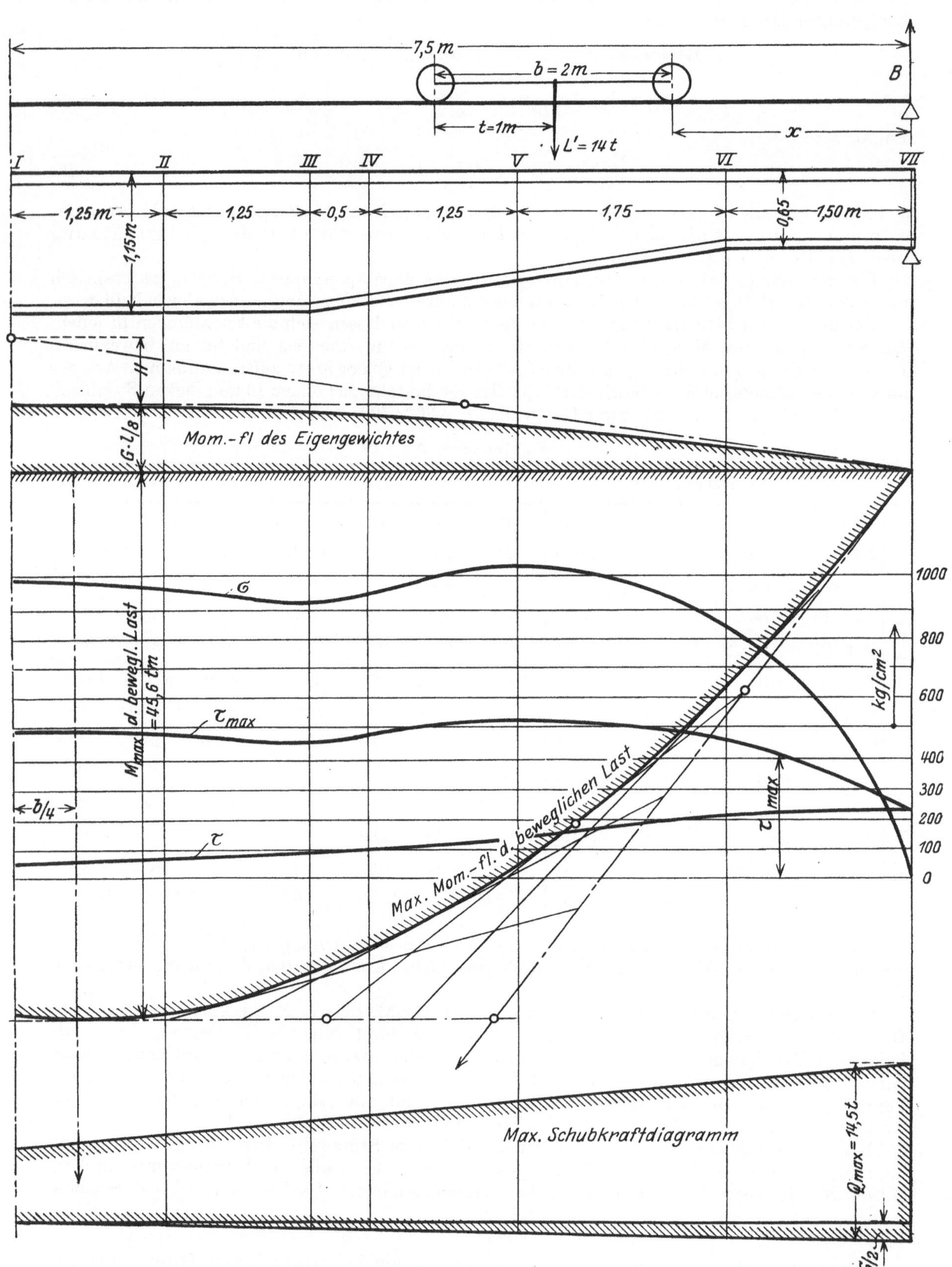

Abb. 59a. Größte Beanspruchungen in einem Kranträger.

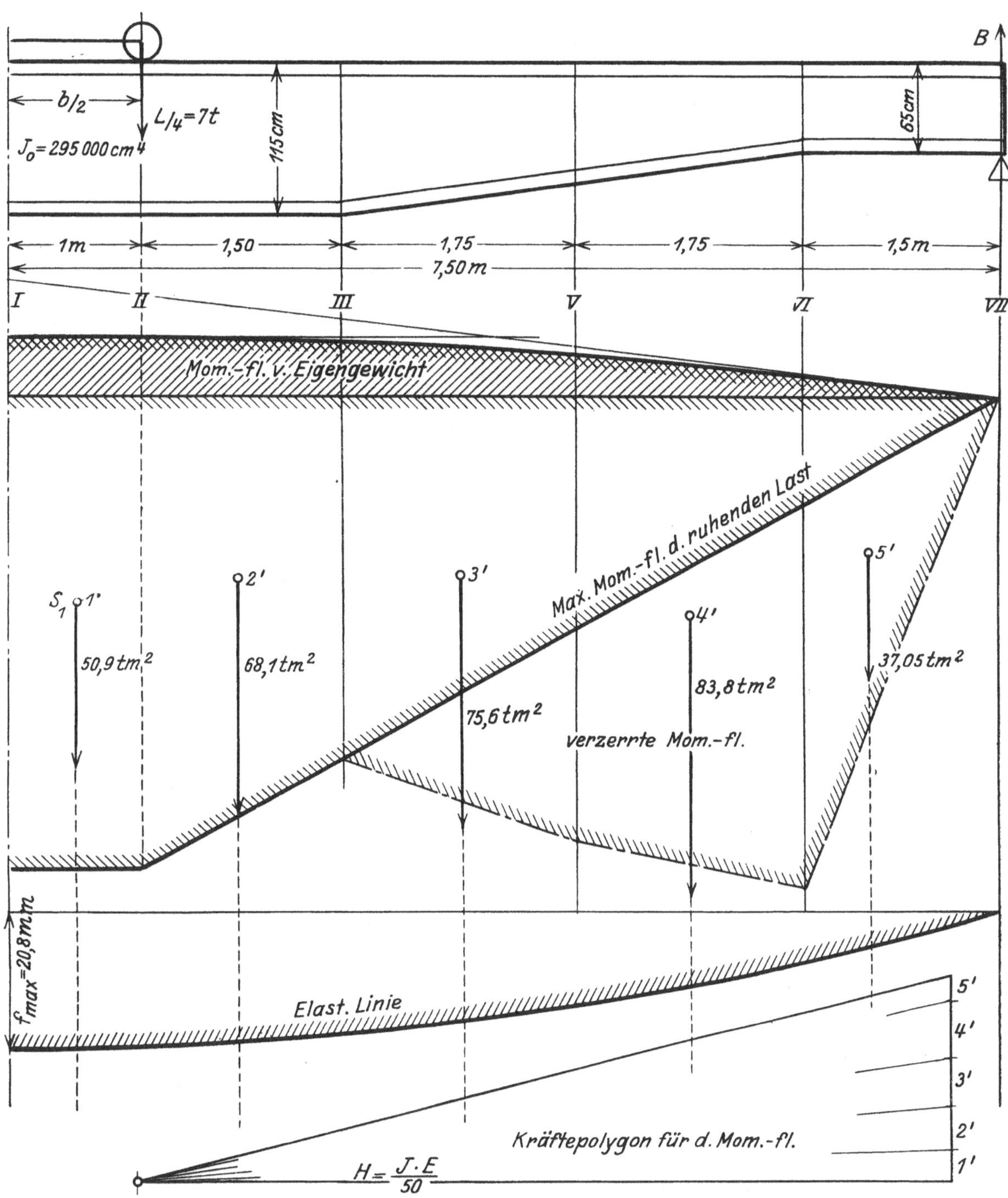

Abb. 59 b. Konstruktion der Durchbiegung eines Vollwandträgers.

7. Kräfte beliebig zur Stabachse gerichtet. Wenn die äußeren Kräfte, die wieder in einer Symmetrieebene wirken, nicht mehr senkrecht zur Stabachse gerichtet sind, wie bei der Ableitung der Biegungsgleichung vorausgesetzt war, so können diese auf einer Seite eines beliebigen Schnittes doch immer durch eine durch den Schwerpunkt des Schnittes gehende Resultierende R und durch ein Kräftepaar mit dem Moment M ersetzt werden (Abb. 60). Die Kraft R kann weiter in zwei Komponenten zerlegt werden, wovon die in der Schnittebene wirkende Querkraft Q zunächst wieder vernachlässigt wird. Die senkrecht zur Schnittebene wirkende Kraft P beansprucht den Stab gleichmäßig auf Zug oder Druck. Durch die Überlagerung

(Superposition) von Zug und Biegung erhält man die totale Spannung:

$$\sigma_\eta = \frac{P}{F} \pm \frac{M}{J}\,\eta\,.\tag{50}$$

Die neutrale Achse geht dann nicht mehr durch den Schwerpunkt, da für

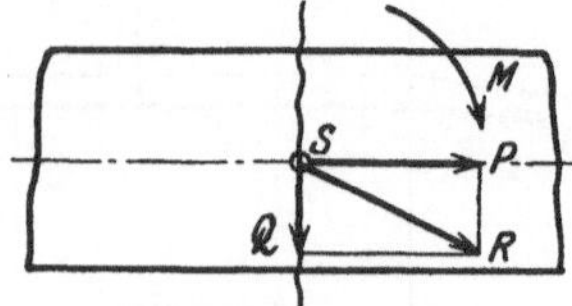

$$\eta = 0 \quad (\sigma_\eta)_{\eta=0} = \frac{P}{f} \neq 0 \quad \text{ist.}$$

Die Formänderungsarbeit findet man ebenfalls durch Superposition:

Abb. 60. Kräfte beliebig zur Stabachse gerichtet.

$$A = \int\limits_0^l \frac{P^2}{2\,F E}\,dx + \int\limits_0^l \frac{M^2}{2\,J E}\,dx\,.\tag{51}$$

8. Stoßweise Belastung. Kerbzähigkeit. Es ist eine bekannte Erscheinung, daß manche Materialien gegen statische Beanspruchung sehr widerstandsfähig sind, während sie durch geringfügige Stöße zerstört werden (Hartpech). So lassen sich unverletzte Eisenbahnschienen bei einem Biegeversuch fast so weit zusammenbiegen, daß die beiden Schenkel aufeinander zu liegen kommen; beim Stoßbiegeversuch bricht die Schiene dagegen ohne große Formänderung.

Wenn auch eigentliche Schlagarbeit nur bei wenigen Maschinen vorkommt (Schmiedehammer, Schwungrad- und Exzenterpressen), und man allgemein die Stoßwirkung nach Möglichkeit zu vermeiden oder zu mildern versucht, so treten doch bei allen Fahrzeugen (Lokomotiven, Automobile) Erschütterungen auf, und bei schnellaufenden Maschinen rasch wechselnde Belastungen, die es sehr erwünscht erscheinen lassen, durch Versuche diejenigen Materialeigenschaften kennenzulernen, die dafür maßgebend sind. Man sollte also die Spannungs-Dehnungslinie für rasch ansteigende Belastungen kennen.

In den Materialprüfanstalten hat dafür die sog. **Kerbschlagprobe** eine weite Verbreitung gefunden. Durch einen Pendelhammer wird die Schlagarbeit A genau gemessen. Das Probestück, Abb. 61, erhält eine Einkerbung, und wird durch einen einzigen Schlag gebrochen. Wenn mit b die Breite, mit h die Höhe des Querschnittes an der Kerbstelle bezeichnet wird, so nennt man $Z = \dfrac{A}{b\,h}$ die **Kerbzähigkeit** [kgm/cm²] des Materials. Die Schlagarbeit wird also gleichmäßig über den Bruchquerschnitt verteilt gedacht, eine Annahme, die jedenfalls nicht zutrifft, und die sich wohl nur deshalb eingebürgert hat, weil die Spannungen beim Kerbschlagversuch so verwickelter Natur sind, daß eine genauere Verfolgung und Verwertung der Schlagarbeit nicht leicht möglich ist.

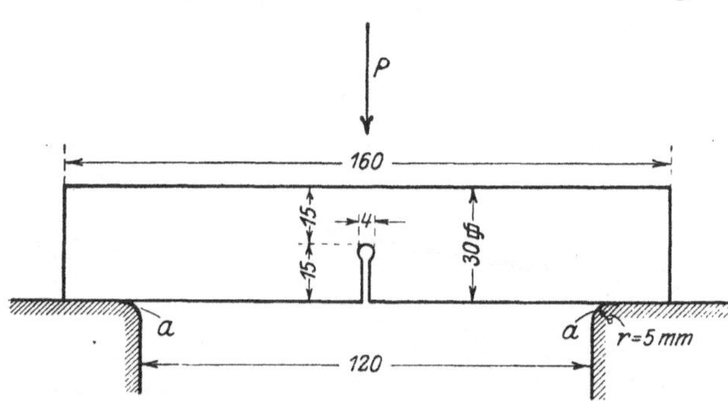

Abb. 61. Probestab für Kerbschlagproben (nach Wawrziniok).

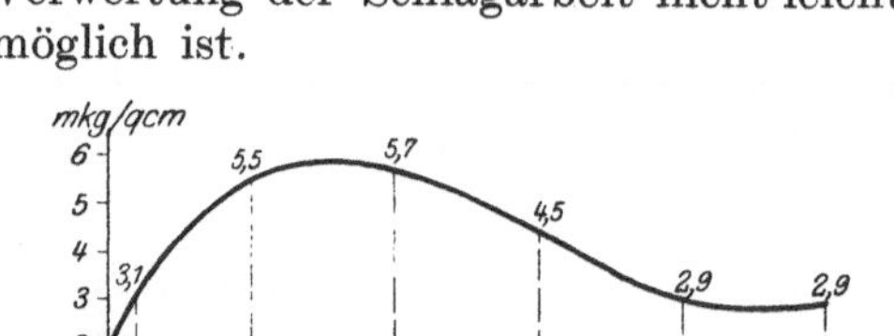

Abb. 62. Kerbzähigkeit von Flußeisen bei verschiedenen Temperaturen (nach Bach-Baumann).

Gegen die Durchführung der Kerbschlagversuche in der beschriebenen Form ist in erster Linie einzuwenden, daß die Zerstörung eines Maschinenteiles durch einen einzigen Schlag praktisch kaum vorkommt, und daß ebensowenig wie die Bruchfestigkeit auch die so gefundene Kerbzähigkeit für den Konstrukteur maßgebend sein kann. Aber auch abgesehen davon, ist die Kerbzähigkeit in außergewöhnlich hohem Maße von der Form der Kerbe und des Stabes abhängig. Wenn sich z. B. der Lochdurchmesser im Probestab (Abb. 61) ändert von 1,3 auf 2, 3, 4 mm, so ändert sich die Kerbzähigkeit von 0,83 auf 2,7, 4,64, 5,94 kgm/cm². Man muß natürlich eine strenge Normalisierung der Probestäbe durchführen, um für verschiedene Materialien brauchbare Vergleichswerte zu erhalten. Daß der gewöhnliche Zugversuch dazu nicht ausreicht, zeigt Abb. 62, worin die Kerbzähigkeit von Flußeisen bei verschiedenen Temperaturen eingetragen ist. Auffallend ist die starke Abnahme zwischen $+20$ und $-20°$ C, die nach dem Zugversuch (vgl. Abb. 63) nicht zu erwarten war. Darum hat der Kerbschlagversuch für die Materialuntersuchung sicher seine Berechtigung.

Professor Fillinger (Wien) hat durch Versuche nachgewiesen[1], daß die Kerbzähigkeit nach der Gleichung

$$Z = \frac{A}{b \cdot h} = \delta y + 2\omega \qquad (52)$$

in weiten Grenzen unabhängig von der Stabform wird. Hierin sind δ, die **Schlagfestigkeit** [kg/cm²] und 2ω, die **Spaltfestigkeit** [kg/cm] zwei neue Materialkonstanten (Abb. 63).

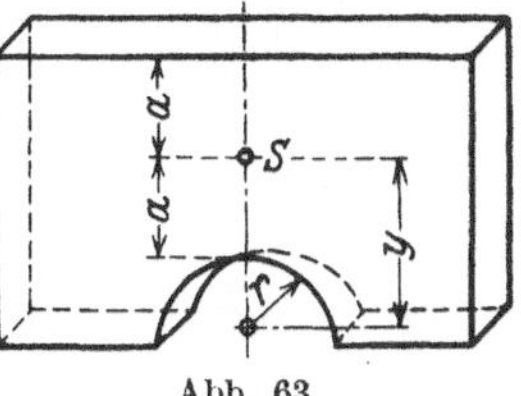

Abb. 63.

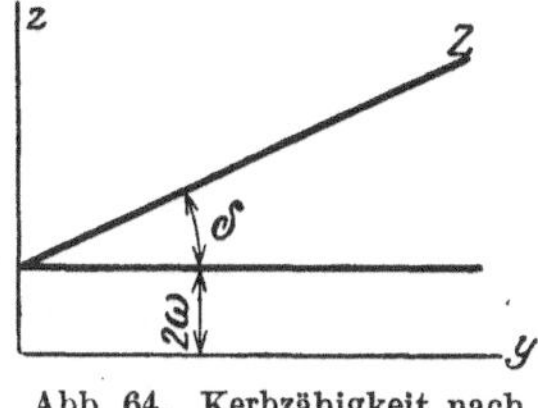

Abb. 64. Kerbzähigkeit nach Prof. Fillinger.

Für sehr sprödes Material ist $\delta = 0$ und $Z = 2\omega$. Für sehr zähes Material ist $2\omega = 0$ und $Z = \delta y$.

II. Biegung stark gekrümmter Träger.

1. Berechnung der Spannung. Die äußeren Kräfte, die in der Symmetrieebene wirken, sonst aber beliebig zur gekrümmten Stabachse gerichtet sind, lassen sich — auf einer Seite eines beliebigen Schnittes — durch ein Kräftepaar mit dem Momente M, und eine Normalkraft P im Schwerpunkte des Querschnittes angreifend, ersetzen, wenn die Querkraft Q wieder vernachlässigt wird (vgl. Abb. 60). Daraus folgt dann, daß die neutrale Faserschicht nicht mit der Schwerpunktsachse zusammenfällt.

Die Normalkraft P ist positiv, wenn Zug, negativ, wenn Druckbeanspruchung auftritt. Das Biegungsmoment M ist positiv, wenn es die Krümmung vermehrt, negativ, wenn es die Krümmung vermindert. Der Abstand η von der Faserschicht bis zur Schwerpunktsachse ist positiv auf der konvexen Seite der Stabachse, negativ auf der konkaven Seite.

Weiter setzen wir wieder voraus, daß die ursprünglich ebenen Querschnitte nach der Formänderung eben geblieben sind. Die Zulässigkeit dieser Hypothese hat E. Preuß durch Messung der Dehnungen[2] nachgewiesen[3].

Betrachten wir ein Balkenelement, begrenzt durch zwei Querschnitte in der Entfernung $ds = r\,d\varphi$, in der Stabachse gemessen, dann ändert sich die Länge ds bei der Formänderung um den Betrag $\varDelta ds$, so daß die Dehnung $\varepsilon_0 = \dfrac{\varDelta ds}{ds}$ und die Spannung in der Stabachse $\sigma_0 = \varepsilon_0 E$ ist. Eine Faserschicht in der Entfernung η von der Schwerpunktsachse hat die ursprüngliche Länge $ds' = (r + \eta)\,d\varphi = r\,d\varphi + \eta\,d\varphi = ds + \eta\,d\varphi$ und ändert sich bei der Deformation um den Betrag $\varDelta ds'$. Da wir voraussetzen, daß die Querschnitte eben bleiben, folgt aus der Abb. 66

$$\varDelta ds' = \varDelta ds + \eta\,\varDelta d\varphi .$$

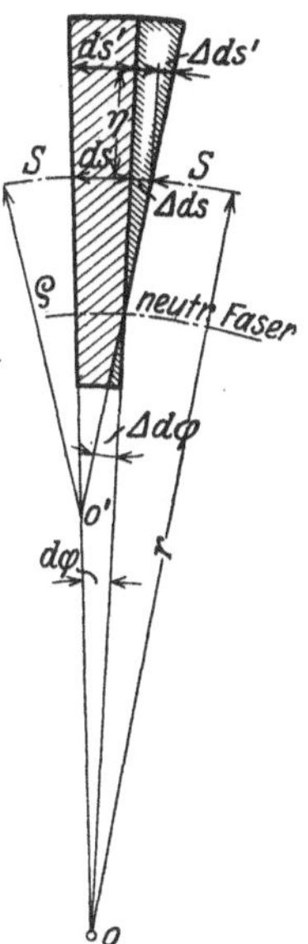

Abb. 66. Formänderungen des gekrümmten Stabes.

Damit wird die Dehnung:
$$\varepsilon = \frac{\varDelta ds'}{ds'} = \frac{\varDelta ds + \eta\,\varDelta d\varphi}{ds + \eta\,d\varphi} = \frac{\dfrac{\varDelta ds}{ds} + \dfrac{\eta\,\varDelta d\varphi}{r\,d\varphi}}{1 + \dfrac{\eta\,d\varphi}{r\,d\varphi}} = \frac{\varepsilon_0 + \dfrac{\eta}{r}\dfrac{\varDelta d\varphi}{d\varphi}}{1 + \dfrac{\eta}{r}}$$

---

[1] Schweiz. Bauzg. 1923, 24. Nov. und 1. Dez., S. 275/285.

[2] Z. V. d. I. 1911, S. 2173 oder Mitt. Forsch.-Arb. H. 126.

[3] Nur A. Föppl nimmt in seinen Lehrbüchern (Technische Mechanik Bd. 3 und A. und O. Föppl, Grundzüge der Festigkeitslehre. Teubner 1923) den Standpunkt ein, daß die Folgerungen dieser Hypothese mit der Erfahrung in Widerspruch stehen. Dieses ist um so mehr befremdend, als A. Föppl doch zugibt, daß die Spannungsberechnung nach dieser Hypothese als ziemlich genau zutreffend anzusehen ist. Er stützt sich dabei auf eine Versuchsreihe mit Haken im Münchner Festigkeitslaboratorium (Mitteilungen 1915, H. 33. Verlag Th. Ackermann). Da man bei der großen Verbreitung dieser ausgezeichneten Lehrbücher doch im Zweifel sein könnte, ob die Voraussetzung praktisch zulässig sei, sollen die Versuche kurz besprochen werden.

Die Haken wurden aus Flußeisen mit folgenden Festigkeitseigenschaften hergestellt:

Bruchfestigkeit Kz $= 3650$ at,
Streckgrenze $= 2250$
Proportionalitätsgrenze $= 1820$ at,
Elastizitätsmodul $= 2\,180\,000$ at,
Bruchdehnung $= 31{,}4\%$.

Als wichtigstes Ergebnis der Dauerversuche ist die Tatsache zu betrachten, daß der Haken eine Last von 1800 kg beliebig oft (weit mehr als 30 Millionen mal) aufnehmen kann, ohne zerstört zu werden. Nach

und die Spannung nach dem Hookeschen Gesetz:

$$\sigma = E \frac{\varepsilon_0 + \frac{\eta}{r}\frac{\varDelta\,d\varphi}{d\varphi}}{1 + \frac{\eta}{r}} = E \frac{\varepsilon_0 + \varepsilon_0\frac{\eta}{r} + \frac{\eta}{r}\frac{\varDelta\,d\varphi}{d\varphi} - \varepsilon_0\frac{\eta}{r}}{1 + \frac{\eta}{r}} = E\left\{\varepsilon_0 + \frac{\eta}{r+\eta}\left(\frac{\varDelta\,d\varphi}{d\varphi} - \varepsilon_0\right)\right\}.$$

Die Spannung ist bestimmt, sobald die Werte ε_0 und $\frac{\varDelta\,d\varphi}{d\varphi}$ bekannt sind. Um diese zu bestimmen, stellen wir die Gleichgewichtsbedingungen auf:

$$1. \quad \textstyle\sum \sigma\,df = P = E\int\left\{\varepsilon_0 + \frac{\eta}{r+\eta}\left(\frac{\varDelta\,d\varphi}{d\varphi} - \varepsilon_0\right)\right\}df,$$

$$2. \quad \textstyle\sum \sigma\,\eta\,df = M = E\int\left\{\varepsilon_0\,\eta + \frac{\eta^2}{r+\eta}\left(\frac{\varDelta\,d\varphi}{d\varphi} - \varepsilon_0\right)\right\}df.$$

Bei der Integration über die Querschnittsfläche sind ε_0 und $\frac{\varDelta\,d\varphi}{d\varphi}$ konstant. Nun ist:

$$\int \varepsilon_0\,df = \varepsilon_0 F$$

$$\int \frac{\eta}{r+\eta}\,df = -\lambda\cdot F,$$

worin λ ein noch unbekannter Zahlenfaktor ist.

$$\int \varepsilon_0\,\eta\,df = \varepsilon_0\int \eta\,df = 0 \quad \text{(Schwerpunktsbedingung)}$$

$$\int \frac{\eta^2}{r+\eta}\,df = \int\left(\frac{r\eta+\eta^2}{r+\eta} - \frac{r\eta}{r+\eta}\right)df = \int \eta\,df - r\int \frac{\eta}{r+\eta}\,df = \lambda\,F\cdot r.$$

Setzen wir diese Werte der Integrale ein, so wird:

$$1. \quad P = E\left\{\varepsilon_0 F - \left(\frac{\varDelta\,d\varphi}{d\varphi} - \varepsilon_0\right)F\cdot\lambda\right\}$$

$$2. \quad M = E\,F\,r\,\lambda\left(\frac{\varDelta\,d\varphi}{d\varphi} - \varepsilon_0\right).$$

Wir haben nun zwei Gleichungen mit den Unbekannten ε_0 und $\frac{\varDelta\,d\varphi}{d\varphi}$, woraus:

$$\left.\begin{aligned}
\varepsilon_0 &= \frac{1}{FE}\left(P + \frac{M}{r}\right) = \frac{P_0}{FE}\\[2mm]
\frac{\varDelta\,d\varphi}{d\varphi} &= \frac{1}{FE}\left(P + \frac{M}{r} + \frac{M}{r\,\lambda}\right) \quad \text{und} \quad \frac{\varDelta\,d\varphi}{d\varphi} - \varepsilon_0 = \frac{M}{F\,r\,\lambda\,E}.
\end{aligned}\right\} \tag{53}$$

Damit wird die Spannung:

$$\sigma = \frac{P}{F} + \frac{M}{F\,r} + \frac{M}{F\,r\,\lambda}\cdot\frac{\eta}{r+\eta} = \frac{P_0}{F} + \frac{M}{F\,r\,\lambda}\frac{\eta}{r+\eta}. \tag{54}$$

Für die Schwerpunktsachse ist $\eta = 0$, und damit:

$$\sigma_0 = \frac{P_0}{F}.$$

____

der Theorie tritt dabei eine größte Zugspannung von rund 4000 at auf. Da erfahrungsgemäß eine dauernde Belastung oberhalb der Elastizitätsgrenze zum Bruch führen muß, folgt aus der Theorie, daß der Haken

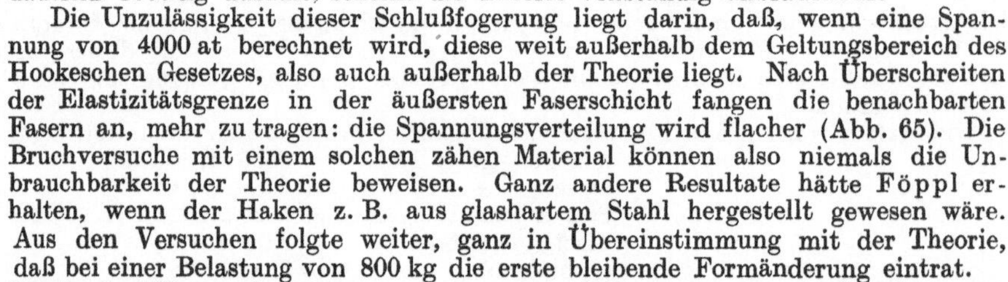

Abb. 65.

höchstens $1800/4000 \times 1800 \approx 800\;\text{kg}$ dauernd aushalten könnte. Da er aber dauernd 1800 kg aushält, scheint die Theorie vollständig unbrauchbar.

Die Unzulässigkeit dieser Schlußfogerung liegt darin, daß, wenn eine Spannung von 4000 at berechnet wird, diese weit außerhalb dem Geltungsbereich des Hookeschen Gesetzes, also auch außerhalb der Theorie liegt. Nach Überschreiten der Elastizitätsgrenze in der äußersten Faserschicht fangen die benachbarten Fasern an, mehr zu tragen: die Spannungsverteilung wird flacher (Abb. 65). Die Bruchversuche mit einem solchen zähen Material können also niemals die Unbrauchbarkeit der Theorie beweisen. Ganz andere Resultate hätte Föppl erhalten, wenn der Haken z. B. aus glashartem Stahl hergestellt gewesen wäre. Aus den Versuchen folgte weiter, ganz in Übereinstimmung mit der Theorie, daß bei einer Belastung von 800 kg die erste bleibende Formänderung eintrat.

Nach dem heutigen Stande der Wissenschaft wäre es unverantwortlich, wenn man stark gekrümmte Körper, namentlich aus sprödem Material (Gußeisen), nach der Formel für gerade Stäbe berechnen würde.

Um die Spannung zu berechnen, sollte der Faktor $\lambda = -\dfrac{1}{F}\displaystyle\int \dfrac{\eta}{r+\eta}\,df$ bekannt sein, der für einfache Querschnittsformen durch Rechnung zu bestimmen ist:

a) **Rechteck.** $F = b\,h; \quad df = b\,d\eta$

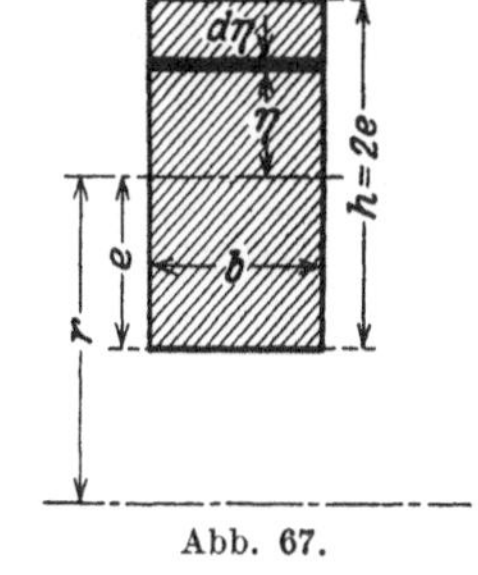

Abb. 67.

$$\lambda = -\frac{1}{b\,h}\int_{-e}^{+e} \frac{\eta}{r+\eta}\,b\,d\eta = -\frac{1}{h}\int_{-e}^{+e}\left(1 - \frac{r}{r+\eta}\right) d\eta$$

$$= -\frac{1}{h}\left|\eta\right|_{-e}^{+e} + \frac{r}{h}\left|\ln(r+\eta)\right|_{-e}^{+e}$$

$$= -1 + \frac{r}{2e}\ln\frac{r+e}{r-e}.$$

Für $\dfrac{e}{r}=0{,}1$	0,2	0,3	0,4	0,5	0,6	0,7	0,8	0,9	0,95
$\lambda = 0{,}003354$	0,01366	0,0317	0,0591	0,0986	0,1552	0,2390	0,3733	0,6358	0,92819

Für zusammengesetzte Querschnitte folgt sofort aus der Eigenschaft des bestimmten Integrals:

$$\lambda F = \lambda_1 f_1 \pm \lambda_2 f_2 \pm \lambda_3 f_3 \pm \cdots$$

z. B.

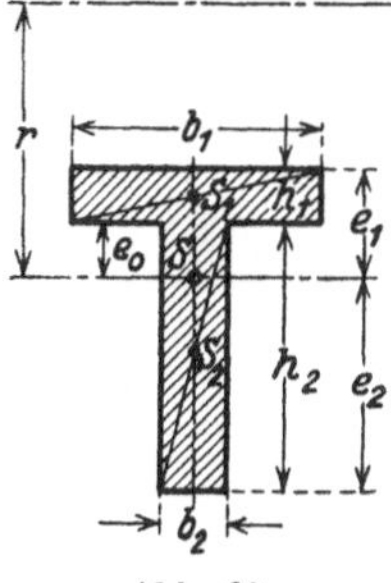

Abb. 68.

$$\lambda F = -b_1 h_1 + r b_1 \ln\frac{r-e_0}{r-e_1} - b_2 h_2 + r b_2 \ln\frac{r+e_2}{r-e_0},$$

wobei die Grenzen genau zu beachten sind.

Für andere Querschnittsformen wird die Integration durch Reihenentwicklung durchgeführt:

$$\frac{r}{r+\eta} = \frac{1}{1+\dfrac{\eta}{r}} = \left(1+\frac{\eta}{r}\right)^{-1} = 1 - \frac{\eta}{r} + \frac{\eta^2}{r^2} - \frac{\eta_3}{r^3} + \cdots,$$

welche Reihe für $\eta < r$ immer konvergiert.

Nun war:
$$\int \frac{\eta^2}{r+\eta}\,df = \lambda F r$$

oder auch:
$$\int \eta^2 \frac{r}{r+\eta}\,df = \lambda F r^2 = Z \tag{55}$$

so daß: $Z = \displaystyle\int \eta^2\left(1 - \frac{\eta}{r} + \frac{\eta^2}{r^2} - \cdots\right) df = J - \frac{1}{r}\int \eta^3\,df + \frac{1}{r^2}\int \eta^4\,df - \frac{1}{r^3}\int \eta^5\,df \cdots.$

Die Rechnung vereinfacht sich, wenn die Biegungsachse auch eine Symmetrieachse ist. Dann liefern zwei Flächenelemente df, die auf verschiedener Seite der Biegungsachse, in der Entfernung η, liegen, Beiträge $+\eta^3\,df$ und $-\eta^3\,df$, die sich gegenseitig aufheben. Für zur Schwerpunktsachse symmetrischer Querschnitte wird also:

$$Z = J + \frac{1}{r^2}\int \eta^4\,df + \frac{1}{r^4}\int \eta^6\,df + \cdots.$$

Für Rechtecke ist:

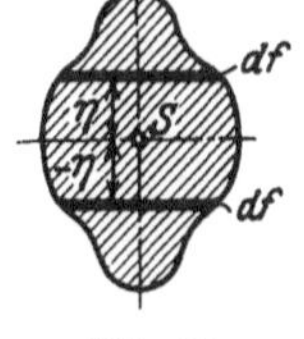

Abb. 69.

$$\int \eta^4\,df = b\int_{\frac{h}{2}}^{\frac{h}{2}} \eta^4\,d\eta = \frac{2}{5}b\left|\eta^5\right|_0^{\frac{h}{2}} = \frac{1}{80}b h^5 = \frac{1}{12}b h^3\frac{3h^2}{20} = \frac{3}{5}J\left(\frac{h}{2}\right)^2,$$

$$\int \eta^6\,df = \frac{3}{7}J\left(\frac{h}{2}\right)^4,$$

und $Z = J\left\{1 + \dfrac{3}{5}\left(\dfrac{h}{2r}\right)^2 + \dfrac{3}{7}\left(\dfrac{h}{2r}\right)^4 + \cdots\right\}.$

Für $r = 5h$ oder $\dfrac{e}{r} = {}^1/_{10}$ wird $Z = J\left\{1 + 0{,}006 + \dfrac{3}{70{,}000} + \cdots\right\} = 1{,}006\,J$

und für $r = 2h$ oder $\dfrac{r}{e} = {}^1/_4$ wird $Z = J\left\{1 + \dfrac{3}{5}\times\dfrac{1}{16} + \dfrac{3}{7}\times\dfrac{1}{256} + \cdots\right\} = 1{,}04\,J.$

Für Kreisquerschnitt mit dem Durchmesser d:

$$Z = J\left\{1 + \frac{3}{6}\left(\frac{d}{r}\right)^2 + \frac{3\cdot 5}{6\cdot 8}\left(\frac{d}{r}\right)^4 + \frac{3\cdot 5\cdot 7}{6\cdot 8\cdot 10}\left(\frac{d}{r}\right)^6 + \cdots\right\}.$$

Für $\frac{e}{r}=0{,}1$	0,2	0,3	0,4	0,5	0,6	0,7	0,8	0,9	0,95
$\lambda = 0{,}0025126$	0,010205	0,0236	0,0436	0,0718	0,1111	0,1668	0,2500	0,3929	0,5241

Für beliebig begrenzte Querschnitte, die aber immer symmetrisch zur Kraftebene sein müssen, können λ und Z graphisch bestimmt werden.

Methode von M. Tolle. Da η zu beiden Seiten der Schwerachse verschiedene Vorzeichen hat, läßt sich das Integral:

$$\int_{-e_1}^{+e_2}\frac{\eta}{r+\eta}\,df = -\lambda F = \int_0^{e_2}\frac{\eta\,df}{r+\eta} - \int_0^{e_1}\frac{\eta\,df}{r+\eta} = F_1 - F_2 = F'$$

in zwei Einzelflächen F_1 und F_2 zerlegen. Die Begrenzungslinien dieser Flächen findet man folgendermaßen: Ziehe den Strahl OA (Abb. 70) und durch den Schwerpunkt S eine Parallele dazu, die auf der Horizontalen durch A den Punkt B abschneidet.

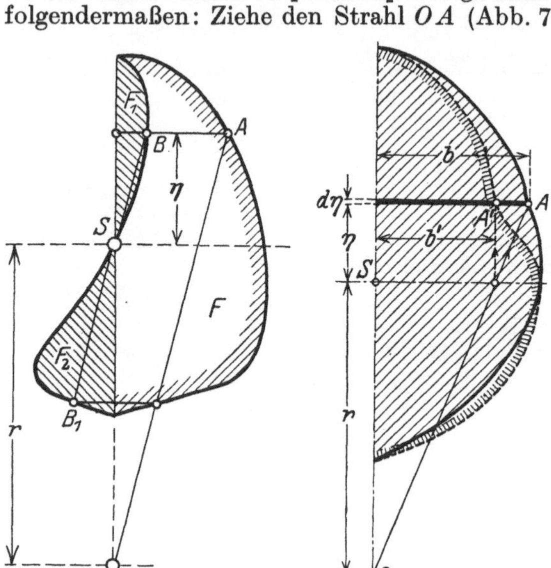

Abb. 70. Konstruktion der Hilfsfläche F' (nach Winkel).

Abb. 71. Zur Konstruktion der Größe Z.

Da die Fläche F' als Differenz zweier Flächen erscheint, muß die Konstruktion sorgfältig durchgeführt werden, und in einem großen Maßstabe.

Andere Methode: Man kann aus dem gegebenen Querschnitt eine Fläche ableiten, deren Trägheitsmoment, bezogen auf die Schwerpunktsachse, $= Z$ ist.

$$Z = \int \frac{r}{r+\eta}\cdot\eta^2\,df, \quad \text{worin} \quad df = b\,d\eta,$$

$$= \int \frac{b\,r}{r+\eta}\,\eta^2\,d\eta = \int b'\,\eta^2\,d\eta = J.$$

Wir konstruieren nun $b' = b\dfrac{r}{r+\eta}$ (Abb. 71).

Das Trägheitsmoment kann nach der auf Seite 29 angegebenen Methode graphisch bestimmt werden.

Die Spannungsgleichung (54) kann durch Einführung von Z auch so geschrieben werden:

$$\sigma = \frac{P_0}{F} + \frac{M}{Z}\cdot\frac{\eta}{1+\dfrac{\eta}{r}}. \tag{56}$$

Da Z und J in vielen Fällen nur wenig voneinander abweichen, wird

$$\sigma \approx \frac{P_0}{F} + \frac{M}{J}\cdot\frac{\eta}{1+\dfrac{\eta}{r}}. \tag{57}$$

Diese Vereinfachung, die die Berechnung von Z oder λ umgeht, ist in sehr vielen Fällen zulässig (z. B. für die Schwungradberechnung). Die weitere Vereinfachung mit $r = \infty$ führt zu der Gleichung für gerade Stäbe:

$$\sigma = \frac{P}{F} + \frac{M}{J}\,\eta$$

und verursacht unzulässig große Fehler.

2. Formänderungsarbeit. Wir schneiden ein unendlich kleines Volumenelement $df\cdot ds'$ heraus, für welches die Normalspannung σ aus der Gleichung (54) bekannt ist. Für dieses Element ist die Formänderungsarbeit:

$$d^2 A = \frac{\sigma^2}{2E}\,d^2 V = \frac{\sigma^2}{2E}\,ds'\,df.$$

Da $ds' = \dfrac{r+\eta}{r}\,ds$ ist, wird

$$d A = \frac{ds}{2\,E}\int \sigma^2 \cdot \frac{r+\eta}{r}\cdot df\,.$$

Den Wert von σ eingesetzt, wird

$$d A = \frac{ds}{2\,E}\int \left(\frac{P_0}{F} + \frac{M}{Z}\,\frac{r\,\eta}{r+\eta}\right)^2 \frac{r+\eta}{r}\cdot df$$

$$= \frac{ds}{2\,E}\left\{\int \frac{P_0^2}{F^2} + \frac{M^2}{Z^2}\,\frac{r^2\,\eta^2}{(r+\eta)^2} + 2\,\frac{P_0}{F}\cdot\frac{M}{z}\,\frac{r\,\eta}{r+\eta}\right\}\frac{r+\eta}{r}\,df$$

$$= \frac{ds}{2\,E}\left\{\frac{P_0^2}{F^2}\int\left(1+\frac{\eta}{r}\right)df + \frac{M^2\,r}{Z^2}\int\frac{\eta^2}{r+\eta}\,df + 2\,\frac{P_0}{F}\cdot\frac{M}{z}\int \eta\,df\right\}$$

$$= \frac{ds}{2\,E}\left\{\frac{P_0^2}{F^2}\cdot F + \frac{M^2}{Z}\right\}$$

oder

$$A = \int \frac{P_0^2}{2\,F\,E}\,ds + \int \frac{M^2}{2\,Z\,E}\,ds\,. \tag{58}$$

3. Formänderung. Die Länge der Stabachse für ein unendlich schmales Körperelement ist nach der Deformation $=ds+\varDelta\,ds$.

Wenn mit ϱ den Krümmungsradius nach der Formänderung bezeichnet wird, dann ist die Länge der Stabachse auch gleich $\varrho\,(d\varphi + \varDelta\,d\varphi)$, so daß

$$ds + \varDelta\,ds = \varrho\,(d\varphi + \varDelta\,d\varphi)$$

oder

$$1 + \frac{\varDelta\,ds}{ds} = \frac{\varrho}{r}\left(1 + \frac{\varDelta\,d\varphi}{d\varphi}\right) = 1 + \varepsilon_0$$

und

$$\frac{r}{\varrho} = \frac{1 + \dfrac{\varDelta\,d\varphi}{d\varphi}}{1 + \varepsilon_0} = 1 + \frac{\dfrac{\varDelta\,d\varphi}{d\varphi} - \varepsilon_0}{1 + \varepsilon_0}\,.$$

Wenn hierin die Werte von ε_0 und $\dfrac{\varDelta\,d\varphi}{d\varphi}$ aus den Gleichungen (53) eingesetzt werden, wird:

$$\frac{1}{\varrho} = \frac{1}{r} + \frac{M}{r^2\,\lambda\,(F\,E + P_0)}\,. \tag{59}$$

In vielen Fällen kann P_0 gegenüber $F\,E$ vernachlässigt werden, so daß

$$\frac{1}{\varrho} = \frac{1}{r} + \frac{M}{Z\,E} \sim \frac{1}{r} + \frac{M}{J\,E}\,. \tag{60}$$

Diese Gleichung, die ausagt, daß die Stabachse sich um den gleichen Betrag mehr krümmt, als ein ursprünglich gerader Stab, läßt sich leicht im Gedächtnis einprägen. Diese Beziehung reicht aber nicht aus, um die deformierte Stabachse genügend genau aufzuzeichnen.

Um die Verschiebung irgendeines Punktes C der Stabachse mit den Koordinaten x_c und y_c zu bestimmen, berechnen wir die Verschiebungen von C durch die Formänderung irgendeines Stabelementes ds, und summieren (integrieren) diese Formänderungen über die ganze Stablänge. Das Stabelement ds erfährt unter der Wirkung der äußeren Kräfte zwei Formänderungen: erstens eine Verdrehung um den Winkel $\varDelta\,d\varphi$, und zweitens eine Verlängerung um den Betrag $\varDelta\,ds = \varepsilon_0\,ds$.

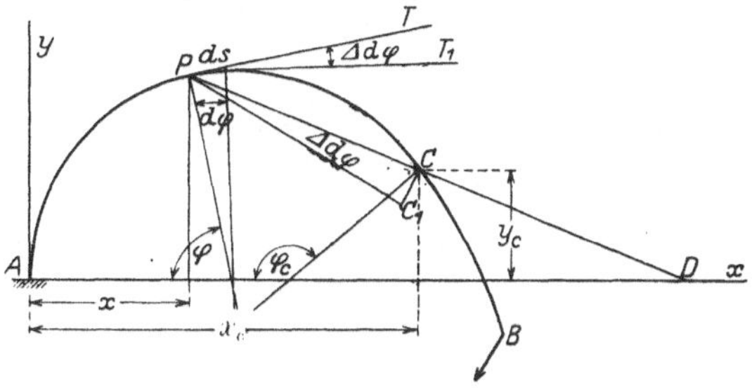

a) Die Drehung von ds um den Winkel $\varDelta\,d\varphi$ hat zur Folge, daß der Punkt C auf den Kreisbogen $CC_1 = PC\,\varDelta\,d\varphi$ nach C_1 rückt. Dadurch ändert sich die Abszisse des Punktes C um

$$-PC\,\varDelta\,d\varphi\,\sin CDA = -(y - y_c)\,\varDelta\,d\varphi$$

und die Ordinate um:

$$-PC\,\varDelta\,d\varphi\,\cos CDA = -(x_c - x)\,\varDelta\,d\varphi\,.$$

Abb. 72. Formänderung des gekrümmten Stabes (nach Winkel).

b) Durch die Verlängerung von ds um $\varepsilon_0\,ds$ bewegt sich der Punkt C um $\varepsilon_0\,ds$ in der Richtung von ds, d. h. in der Richtung der Tangente. Dadurch erfährt die Abszisse von C eine Zunahme um:

$$\varepsilon_0\,ds\,\sin\varphi = \varepsilon_0\,dx$$

und die Ordinate eine solche im Betrage von:

$$\varepsilon_0\, ds \cos \varphi = \varepsilon_0\, dy\,.$$

Die Änderungen der Koordinaten x_c und y_c, verursacht durch die Formänderung des Elementes ds allein, sind dann:

$$d\,(\varDelta\, x_c) = y_c\, \varDelta\, d\varphi - y\, \varDelta\, d\varphi + \varepsilon_0\, dx\,,$$
$$d\,(\varDelta\, y_c) = -\, x_c\, \varDelta\, d\varphi + x\, \varDelta\, d\varphi + \varepsilon_0\, dy\,.$$

Die gesamten Änderungen:

$$\varDelta\, x_c = y_c \int_0^{\varphi_c} \frac{\varDelta\, d\varphi}{d\varphi}\, d\varphi - \int_0^{\varphi_c} y\, \frac{\varDelta\, d\varphi}{d\varphi}\, d\varphi + \int_0^{y_c} \varepsilon_0\, dx\,, \left.\vphantom{\int_0^{\varphi_c}}\right\}$$

$$\varDelta\, y_c = -\, x_c \int_0^{\varphi_c} \frac{\varDelta\, d\varphi}{d\varphi}\, d\varphi + \int_0^{\varphi_c} x\, \frac{\varDelta\, d\varphi}{d\varphi}\, d\varphi + \int_0^{y_c} \varepsilon_0\, dy\,, \left.\vphantom{\int_0^{\varphi_c}}\right\} \tag{61}$$

worin ε_0 und $\dfrac{\varDelta\, d\varphi}{d\varphi}$ aus den Gleichungen (53) bekannt sind. Durch streckenweise oder auch durch graphische Integration lassen sich die Verschiebungen bestimmen. In den meisten Fällen dürfen die dritten Glieder dieser Gleichungen vernachlässigt werden.

C. Verdrehung (Torsion).

Wenn die äußeren Kräfte, die auf einen geraden stabförmigen Körper wirken, ein Kräftepaar mit dem Momente M_d bilden, dessen Ebene senkrecht zur Stabachse geht, so wird der Körper auf Verdrehung beansprucht. Es treten dann nur Schubspannungen auf.

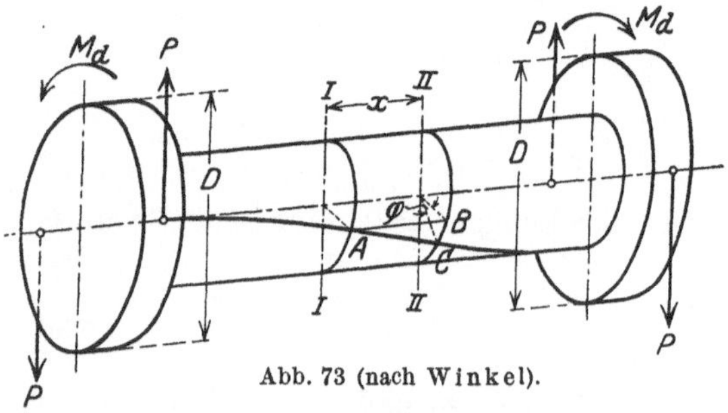

1. Kreisförmige Querschnitte. Ist der Querschnitt ein Kreis, so ist zu erwarten, daß alle Punkte, die vorher in einer Querschnittsebene lagen, nach der Formänderung auch noch in einer zur Stabachse senkrechten Ebene liegen. Der Symmetrie wegen könnte der Kreisquerschnitt kaum nach irgendeiner Richtung eine besondere Abweichung zeigen. Prof. von Bach hat durch Versuche die Richtigkeit dieser Annahme bestätigt (Abb. 73 bis 74). Er fand auch, daß je zwei in gleichen Abständen aufeinanderfolgende Querschnitte sich immer gleich viel gegeneinander verdrehten. Wenn $d\varphi$ die Verdrehung für eine Länge dx ist, so ist

$$\frac{d\varphi}{dx} = \vartheta \tag{62}$$

der verhältnismäßige Verdrehungswinkel, d. i. der Verdrehungswinkel pro Längeneinheit. Schneiden wir ein Stabelement von der Länge dx heraus (Abb. 75) und wählen im Innern eine Faser DE in der Entfernung ϱ vom Mittelpunkt, dann ist die Verschiebung $FD = \varrho\, d\varphi$. Aber FD ist auch gleich $\alpha\, dx$, so daß durch Gleichsetzen beider Werte

$$\alpha = \varrho\, \frac{d\varphi}{dx} = \varrho\, \vartheta\,. \tag{63}$$

Abb. 73 (nach Winkel).

Abb. 74 (nach Winkel).

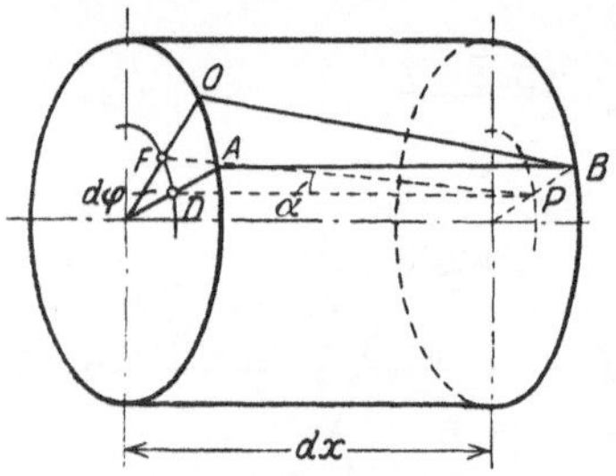

Abb. 75.

Abb. 73 bis 75.
Verdrehung eines runden Stabes.

Da, nach dem Hookeschen Gesetze, die Spannungen mit den Verschiebungen proportional sind, ist

$$\tau = G\, \alpha = G\, \varrho\, \vartheta\,, \tag{64}$$

worin G der Schubmodul ist. Die Schubspannung τ steht senkrecht zum Radius, weil die elastische Verschiebung in diesem Sinne erfolgt, und ist proportional mit ϱ:

$$\tau = \tau_{\max}\frac{\varrho}{r}.$$

Nach der Gleichgewichtsbedingung muß die Summe der Momente der Spannungen gleich und entgegengesetzt dem Drehmomente sein

$$M_d = \int \tau\, df \cdot \varrho, \quad \text{worin} \quad df = 2\,\pi\varrho\, d\varrho \text{ ist.}$$

Also:
$$M_d = 2\,\pi\,\frac{\tau_{\max}}{r}\int_0^r \varrho^3\, d\varrho = \tau_{\max}\cdot\frac{\pi}{2}\,r^3.$$

Wenn der Durchmesser $d = 2\,r$ eingesetzt wird, ist

$$M_d = \frac{\pi}{16}\,d^3\,\tau_{\max}\approx\frac{1}{5}\,d^3\,\tau_{\max}. \tag{65}$$

Der Verdrehungswinkel wird

$$\vartheta = \frac{\tau_{\max}}{G\,r} = \frac{10\,M_d}{G\,d^4}. \tag{66}$$

Für eine Hohlwelle mit den Radien r_i und r_a wird

$$M_d = 2\,\pi\,\frac{\tau_{\max}}{r_a}\int_{r_i}^{r_a}\varrho^3\, d\varrho = \frac{2\,\pi\,\tau_{\max}}{r_a}\cdot\frac{r_a^4 - r_i^4}{4} = \frac{\pi\,(d_a^4 - d_i^4)}{16\,d_a}\,\tau_{\max}$$

$$= \frac{\pi}{16}\,\frac{(d_a^2 + d_i^2)\,(d_a + d_i)\,(d_a - d_i)}{d_a}\,\tau_{\max}$$

$$\approx 1{,}6\,d_m^2\,s\,\tau_{\max}, \tag{67}$$

worin d_m der mittlere Durchmesser und s die Wandstärke der Hohlwelle ist.

Für die Berechnung der Abmessungen ist das größte Drehmoment maßgebend. Um einen Überblick über die Beanspruchung zu erhalten, kann man die Drehmomente in ähnlicher Weise längs der Stabachse auftragen, wie wir es bei der Biegungsmomentenfläche getan haben. Abb. 76 zeigt eine Welle, die nur zwischen den Riemenscheiben *1* und *2* ein Drehmoment überträgt, Abb. 77 eine Welle, bei der die Antriebscheibe in der Mitte liegt, und das Drehmoment nach beiden Seiten abgegeben wird.

Hat der Stab einen allmählich veränderlichen kreisförmigen Querschnitt, so muß der Verdrehungswinkel für ein Längenelement dx:

$$d\varphi = \vartheta\, dx = \frac{10\,M_d}{G\,d^4}\,dx,$$

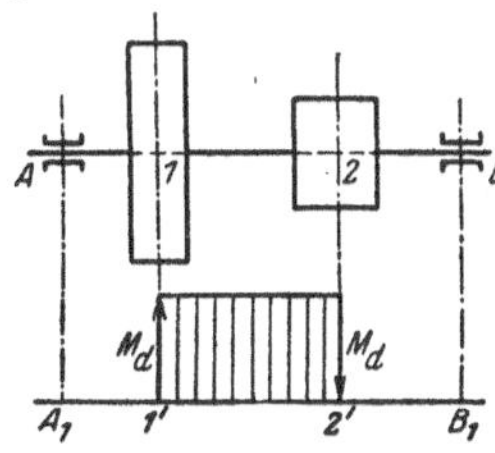

Abb. 76 (nach Winkel).

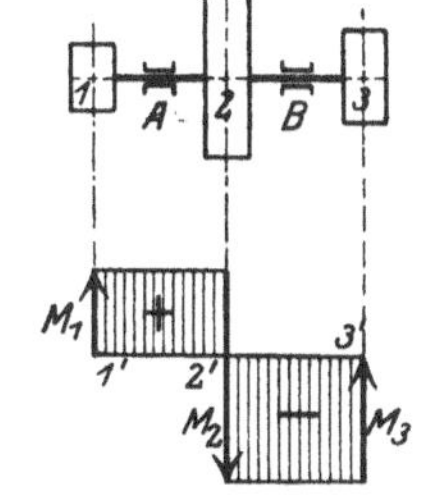

Abb. 77 (nach Winkel).

über die totale Länge summiert werden, um den totalen Verdrehungswinkel $\varphi = \vartheta\,l$ zu erhalten:

$$\vartheta\,l = \varphi = \frac{10}{G}\int_0^l \frac{M_d}{d^4}\,dx. \tag{68}$$

Die Gleichung kann immer leicht graphisch integriert werden, indem man die mittlere Höhe der Fläche $\int_0^l \psi\, dx$ bestimmt, worin $\psi = \dfrac{M_d}{d^4}$ ist.

Scharfe Übergänge im Querschnitt (Abb. 78) sind auch bei Torsionsbeanspruchung mit bedeutenden örtlichen Spannungserhöhungen verbunden. A. Föppl[1] schlägt zur Berechnung dieser Spannung folgende Vorschrift vor: Die größte an der Übergangsstelle vorkommende Schubspannung ist ebenso groß wie die Spannung in einer hohlen Welle vom Durchmesser d_1 und der Wandstärke $s = 1{,}5\,r_0$.

---

[1] Techn. Mech. Bd. 5, 1. Aufl., S. 194.

Aber auch eine Keilbahn in der Welle bildet eine Unstetigkeit, die deshalb so gefährlich ist, weil sie in den meist beanspruchten äußersten Fasern angebracht wird. Die theoretische Untersuchung[1] zeigt, daß in einer runden Rille eine Spannungserhöhung von $100^0/_0$ auftritt, während in scharfen Ecken die Spannung theoretisch unendlich groß wird (Abb. 79).

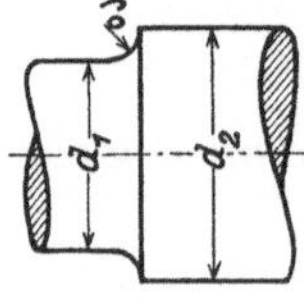

Abb. 78.

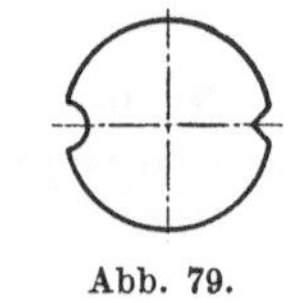

2. Andere Querschnittsformen. Für alle andern Querschnittsformen gelten keine so einfachen Beziehungen, weil die Voraussetzung, daß die Querschnitte eben bleiben, nicht erfüllt und nicht erfüllbar ist. Das erkennt man sofort daraus, daß die Schubspannungen am Umfang immer tangential gerichtet sind, und

Abb. 79.

durch den Satz der Gleichheit der zugeordneten Schubspannungen (vgl. S. 14). Seit der französische Mathematiker de Saint Venant die erste genaue Lösung gefunden hat, wurde das Problem für alle Querschnitte gelöst. Das Resultat ist in der nebenstehenden Zusammenstellung eingetragen.

Die größte Schwierigkeit für den Konstrukteur bei der Beurteilung der Tragfähigkeit eines Querschnittes gegenüber Torsionsbeanspruchung liegt darin, daß er sich im allgemeinen kein klares Bild über die Spannungsverteilung machen kann. Sobald dies möglich wäre, würde er auch die Tragfähigkeit besser beurteilen können.

Wie stark man sich irren kann, wenn man allgemein annehmen wollte, daß auch für Torsion das Material möglichst weit von der Achse angeordnet werden sollte, zeigt folgender Vergleich:

Die Querschnitte *1* und *2* (Abb. 80) sind für Biegung fast gleichwertig. Für Torsion ist für Querschnitt *1*:

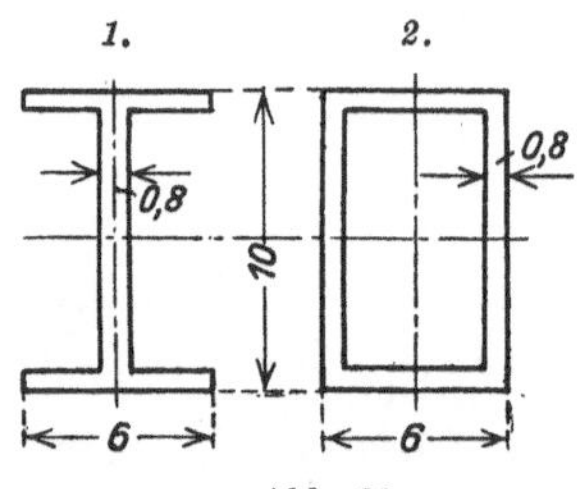

Abb. 80.

$$M_d = \frac{1}{3}\, l_t\, s^2\, \tau_{\max},$$

$$l_t = 2 \cdot 6 + 10 - 1{,}2 \cdot 0{,}8 = 21\ \text{cm},$$

$$\tau_{\max} = \frac{M_d}{\frac{1}{3} \cdot 21 \cdot 0{,}64} = \frac{M_d}{4{,}48}\ \text{at}.$$

Für Querschnitt *2*:

$$M_d = 2\,F_m \cdot s \cdot \tau_{\max} = 2\,\frac{6 \cdot 10 + 4{,}4 \cdot 8{,}4}{2} \cdot 0{,}8\,\tau_{\max},$$

$$\tau_{\max} = \frac{M_d}{77{,}6}.$$

Die Torsionsspannung ist also für Querschnitt *1* $\frac{77{,}6}{4{,}48} = 17$ mal größer als für Querschnitt *2*.

Es gibt nun ein einfaches Hilfsmittel, von Prof. L. Prandtl (Göttingen) vorgeschlagen, um die Spannungsverteilung anschaulicher zu machen:

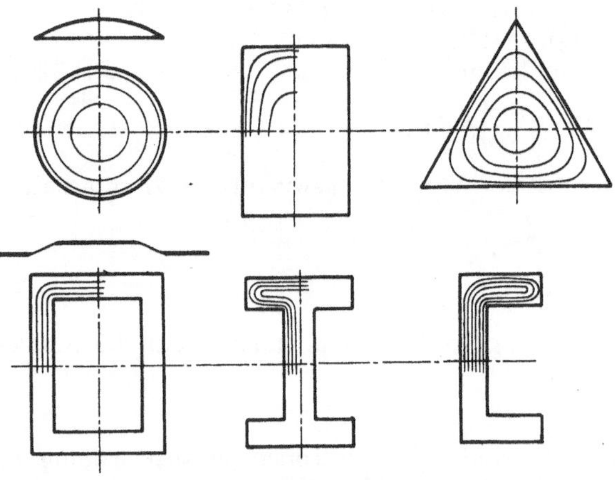

Abb. 81.

Man denke sich aus einem Blech ein Loch ausgeschnitten, von der Gestalt des Querschnittes, für den die Torsionsbeanspruchung beurteilt werden soll, und über dem Loch eine Membran gespannt. Eine Membran ist eine Haut, die gar keine Biegungssteifigkeit hat, z. B. eine Seifenhaut. Wenn auf beiden Seiten der Haut der Druck gleich groß ist, so bleibt die Haut eben. Wenn wir aber den Druck auf der einen Seite erhöhen, so wölbt sich die Haut, und das Gefälle des Hügels entspricht an jeder Stelle der Größe der dort auftretenden Schubspannung.

Der Beweis für diese Analogie liegt darin, daß beide Probleme auf die gleichen Differentialgleichungen zurückzuführen sind. Man kann in die Querschnitte die Niveaulinien leicht einzeichnen und danach die Spannungsverteilung beurteilen. Abb. 81.

---

[1] Weber: Mitt. Forsch.-Arb. H. 249.

Zahlentafel 4.

	Querschnitt	Spannung	Verdrehungswinkel ϑ
1		$M_d = \dfrac{1}{5}\,d^3\,\tau_{\max}$	$\tau_{\max} = r_a\,G\,\vartheta$
2		$M_d = \dfrac{\pi}{16}\,\dfrac{d_a^4 - d_i^4}{d_a}\,\tau_{\max}$ $\approx 1{,}6\,d_m^2\,s\,\tau_{\max}$	$\tau_{\max} = r_a\,G\,\vartheta$
3	$b:a = n > 1$	$M_d = \dfrac{1}{5}\,a^2 b\,\tau_{\max}$	$\tau_{\max} = \dfrac{n^2}{n^2 + 1}\,a\,G\,\vartheta\,.$
4	$h:b = n > 1$	$M_d = \psi\,h\,b^2\,\tau_{\max}\,r$ $n = 1 \mid 2 \mid 4 \mid 10 \mid > 10$ $\psi = 0{,}209\;\; 0{,}245\;\; 0{,}282\;\; 0{,}312\;\; 0{,}33$ Näherungswert: $\psi' = \dfrac{2}{9} \qquad\qquad \dfrac{1}{3}$	$\tau_{\max} = \psi_1\,b\,G\,\vartheta\,.$ $n = 1 \mid 1{,}5 \mid 2 \mid > 3$ $\psi_1 = 0{,}675 \mid 0{,}85 \mid 0{,}927 \mid 1$
5	$l_1 > 4s;\ \ l_2 > 4s;$ $Abrundungsradien = 4s$	$M_d = \dfrac{1}{3} \cdot l_t\ s^2\,\tau_{\max}$ $\llcorner\ l_t = l_1 + l_2 - 1{,}6\,s$ $\perp\ l_t = l_1 + l_2 - 0{,}9\,s$ $+\ l_t = l_1 + l_2 - 0{,}15\,s$ $\sqsubset\!\sqsupset\ l_t = 2\,l_1 + l_2 - 2{,}6\,s$ $\mathrm{I}\ l_t = 2\,l_1 + l_2 - 1{,}2\,s$	$\tau_{\max} \sim s\,G\,\vartheta\,.$ $\tau_{\max}$ in den Punkten der Begrenzungslinie, mit Ausnahme der Enden. In den Abrundungen wird τ etwa 16 % größer.
6		$M_d = \dfrac{1}{3}\,\dfrac{l_{t_1}\,s_f^3 + l_{t_2}\,s_s^3}{s_f}\,\tau_{\max}$ $l_{t_1} = 2\,l_1 - s_f$ $l_{t_2} = l_2 - 1{,}6\,s_f$ $l_{t_1} = 2\,l_1 - 1{,}26\,s_f$ $l_{t_2} = l_2 - 1{,}67\,s_f + 1{,}76\,s_s$	$\tau_{\max} \sim s\,G\,\vartheta$
7	Beliebiger Ring von unveränderlicher Breite.	$M_d \approx 2\,F_m \cdot s \cdot \tau_{\max}$ $F_m = \dfrac{F_a + F_i}{2} = \text{mittl. Fläche}$ $U_m = \dfrac{U_a + U_i}{2} = \text{mittl. Umfang}$	$\tau_{\max} = 2\,\dfrac{F_m}{U_m}\,G \cdot \vartheta$

Anm.: Abb. unter Pos. 5 bis 7 nach C. Weber, Drehungsfestigkeit (Forschungsheft Nr. 249).

3. Formänderungsarbeit. Für alle Querschnittsformen ist die Formänderungsarbeit:

$$A = \frac{\vartheta}{2} \cdot l \cdot M_d \,. \tag{69}$$

Für den Kreisquerschnitt ist

$$M_d = \frac{\pi}{16} d^3 \tau_{\max} \quad \text{und} \quad \tau_{\max} = \frac{d}{2} G \cdot \vartheta \,,$$

so daß

$$A = \frac{\tau_{\max}}{d\,G} \cdot l \cdot \frac{\pi}{16} d^3 \tau_{\max} = \frac{\tau_{\max}^2}{4\,G} \cdot \frac{\pi}{4} d^2 \cdot l \,,$$

$$A = \frac{\tau_{\max}^2}{4\,G} \cdot V \,. \tag{70}$$

D. Knickung.

Ein vollkommen homogener Stab mit gerader vertikaler Achse, auf den eine genau zentrische Kraft wirkt, müßte eigentlich nur auf Druck beansprucht werden und keine Gefahr laufen, nach irgend einer Seite auszubiegen. Dieser Fall ist aber am besten mit dem labilen Gleichgewicht eines Körpers zu vergleichen, das durch die kleinste Abweichung gestört wird. In Wirklichkeit gibt es keine vollkommen homogene Körper, noch eine vollkommen gerade Achse, oder eine genau zentrische Belastung, so daß immer eine Ausbeugung eintritt, wenn die Belastung genügend groß, und die Länge des Stabes im Verhältnis zu den Querschnittsabmessungen nicht zu klein ist. Die zum Ausbiegen erforderliche Belastung heißt **Knicklast**.

1. Theoretische Gleichungen von Euler. Der Stab sei an beiden Enden frei drehbar. In einem Querschnitt im Abstande x vom unteren Ende O sei y die Durchbiegung der in die elastische Linie übergegangenen Stabachse. Das Biegungsmoment ist $P \cdot y$, und die Gleichung der elastischen Linie:

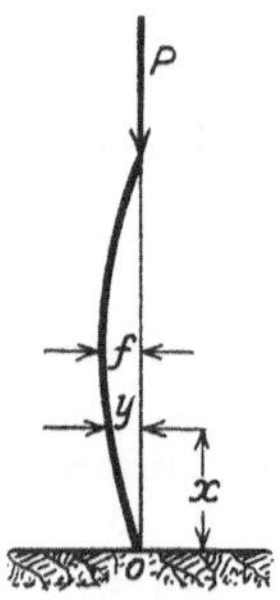

$$\frac{d^2 y}{dt^2} = -\frac{P}{J E} \, y = -k^2 \, y \,,$$

wenn zur Abkürzung $\frac{P}{J E} = k^2$ gesetzt wird. Die allgemeine Lösung dieser Differentialgleichung ist:

$$y = C_1 \sin k\,x + C_2 \cos k\,x \,.$$

In O für $x = 0$, ist $y = 0$, also $C_2 = 0$; daher:

$$y = C_1 \sin k\,x \,.$$

Abb. 82.

Den größten Wert f erreicht y, wenn $\sin k\,x = 1$ wird, dann wird $y = f = C_1$, und $y = f \sin k\,x$.

Da der obere Endpunkt des Stabes sich auf der X-Achse befindet, so ist für $x = l$, $y = 0 = f \sin k\,l$. Das ist möglich, wenn $\sin k\,l = 0$ ist; das ist immer der Fall für $k = 0$, $\frac{\pi}{l}$, $\frac{2\,\pi}{l} \cdots \frac{n\,\pi}{l}$, worin n eine beliebige ganze positive Zahl ist.

Die elastische Linie hat also die Form

$$y = f \sin \frac{n\,\pi}{l} x \,,$$

d. i. die Gleichung einer einfachen Sinuslinie. Damit sie entsteht, muß

$$k = \sqrt{\frac{P}{J E}} = \frac{n\,\pi}{l}$$

sein, oder

$$P = \left(\frac{n\,\pi}{l}\right)^2 J E \,.$$

Die Knickkraft wird am kleinsten für $n = 1$,

$$P_E = \frac{\pi^2}{l^2} J E \,. \tag{71}$$

Wenn der Stab sich frei nach allen Richtungen biegen kann, so wird die Stabachse sich in eine Richtung ausbiegen, für welche das Trägheitsmoment des Stabquerschnittes am kleinsten ist.

In ähnlicher Weise kann auch für andere Belastungsfälle die Eulersche Knicklast P_E berechnet werden. Es ist meist gebräuchlich, für alle Fälle die gleiche Knickformel anzuwenden, und dafür die **freie Knicklänge** l_0 einzuführen, d. i. die Entfernung zweier aufeinander folgender Wendepunkte der elastischen Linie. Dieses Zwischenstück kann dann als frei drehbarer Stab aufgefaßt werden [1].

Ein Stabende eingespannt, das andere frei beweglich	Frei drehbarer Stab	Ein Stabende eingespannt, das andere frei in der Achse geführt	Beidseitig eingespannt
$l_0 = 2\,l$	$l_0 = l$	$l_0 = 0,7\,l$	$l_0 = 0,5\,l$

(nach Winkel)

$$P_E = \frac{\pi^2}{l_0^2}\,J\,E\,. \tag{71a}$$

2. Geltungsbereich der Eulerschen Gleichungen. Man nennt das Verhältnis $\frac{\text{Freie Knicklänge } l_0}{\text{Trägheitsradius } i} = \lambda *$, die **Schlankheit** des Stabes. Die Knickspannung, d. i. die Spannung an der Knickgrenze, wird damit:

$$\sigma_k = \frac{P_E}{f} = \frac{\pi^2}{l_0^2}\cdot\frac{J}{f}\,E = \frac{\pi^2}{l_0^2}\,i^2 E = \frac{\pi^2}{\lambda^2}\,E\,.$$

Da wir bei der Ableitung der Eulerschen Gleichung von der allgemeinen Biegungsgleichung ausgegangen sind, gelten die Schlußfolgerungen nur innerhalb des Hookeschen Gesetzes, also solange $\sigma_k \lessgtr \sigma_p$ ist. Die Eulersche Formel ist also nur gültig für

$$\lambda \gtrless \pi\sqrt{\frac{E}{\sigma_p}}\,. \tag{72}$$

Für Flußeisen mit $\sigma_p = 1800$ at
    wird $\lambda = 105$,
„ Stahl mit $\sigma_p = 2500$ at
    wird $\lambda = 93$,
„ Federstahl mit $\sigma_p = 6000$ at
    wird $\lambda = 60$,
„ Gußeisen wird $\lambda = 80$.

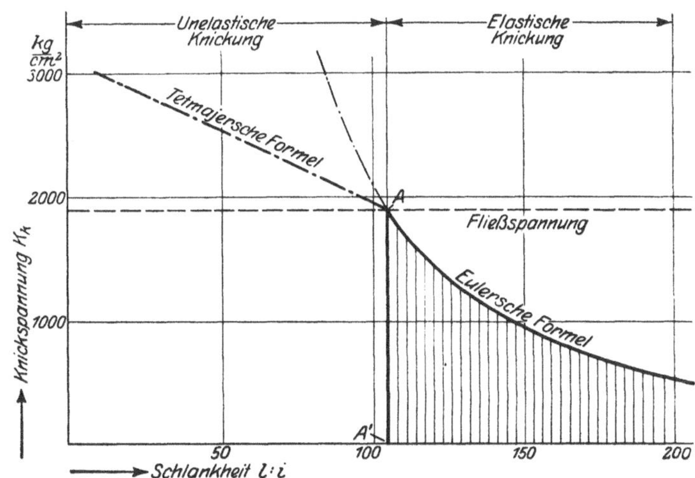

Abb. 83. Geltungsbereich der Eulerschen Formel für Flußeisen (nach Rötscher).

Für kleinere Schlankheitsgrade hat L. von Tetmajer auf Grund ausgedehnter Versuche an der Eidg. Materialprüfanstalt in Zürich folgende empirische Formel aufgestellt:

$$\sigma_k = c_0 - c_1\,\lambda + c_2\,\lambda^2\,.$$

	c_0	c_1	c_2
Für Flußeisen ist	$c_0 = 3100$ at	$c_1 = 11,4$	$c_2 = 0$
„ Stahl „	$c_0 = 3200$ at	$c_1 = 11,6$	$c_2 = 0$
„ Gußeisen „	$c_0 = 7760$ at	$c_1 = 120$	$c_2 = 0,53$
„ Holz „	$c_0 = 293$ at	$c_1 = 1,94$	$c_2 = 0$

Die Eulersche Knicklast, resp. die Knickspannung nach Tetmajer darf natürlich niemals erreicht werden, sondern man schreibt eine 4- bis 5fache Sicherheit gegen Ausknicken vor.

---

[1] **Für örtlich geschwächte Querschnitte**, vgl. A. Föppl: Knickversuche mit Winkeleisen. Mitt. Mech.-Techn. Lab. der Techn. Hochschule München 1897, H. 25.

* Das Trägheitsmoment wird oft in die Form $J = f\cdot i^2$ geschrieben; der Faktor i wird dann als „Trägheitsradius" bezeichnet.

E. Statisch unbestimmte Konstruktionen.

Bei der Berechnung von Maschinenteilen kommen oft Fälle vor, bei denen die Gleichgewichtsbedingungen zur Berechnung der Reaktionen **nicht** ausreichen. In solchen statisch unbestimmten Fällen muß die Formänderung berücksichtigt werden. Dabei geht man am zweckmäßigsten von der Formänderungsarbeit aus, wobei immer — wie bei allen Festigkeitsrechnungen — vorausgesetzt wird, daß das Hookesche Gesetz gilt und daß die Formänderungen elastisch bleiben.

1. Satz von Castigliano. Auf einen Körper, der anfänglich spannungslos ist, wirken beliebige von Null an wachsende Kräfte

$$Q_1,\; Q_2 \ldots Q_i \ldots Q_n.$$

Dadurch wird eine Formänderungsarbeit A geleistet. Nennen wir die Verschiebungen der Angriffspunkte in den Richtungen der Kräfte

$$q_1,\; q_2 \ldots q_i \ldots q_{n,}$$

dann sagt der Satz von Castigliano:

$$q_i = \frac{\partial A}{\partial Q_i}. \tag{73}$$

Die Verschiebung des Angriffspunktes einer Kraft ist gleich der partiellen Ableitung der Formänderungsarbeit nach dieser Kraft.

Beweis: Nachdem die Formänderung stattgefunden hat, läßt man die Kraft Q_i noch um den Betrag dQ_i zunehmen, wodurch sich die Angriffspunkte der Kräfte verschieben. Die hierbei verrichtete Arbeit hat die Größe $dA = \dfrac{\partial A}{\partial Q_i} dQ_i{}^*$, so daß die gesamte Formänderungsarbeit nun

$$A + \frac{\partial A}{\partial Q_i} dQ_i$$

ist. Derselbe Formänderungszustand kann noch in einer anderen Weise erreicht werden. Man läßt zuerst die Kraft dQ_i allein wirken. Dabei wird eine Arbeit verrichtet, die unendlich klein zweiter Ordnung ist, und gegenüber den andren Formänderungsarbeiten vernachlässigt werden kann. Nun bringen wir wieder die Kräfte

$$Q_1,\; Q_2 \ldots Q_i \ldots Q_n$$

an, von Null an wachsend, wobei die verrichtete Arbeit wieder gleich A ist. Während diese Kräfte wachsen, bleibt die Kraft dQ_i beständig wirksam, und der Angriffspunkt dieser Kraft wird also um die Strecke q_i verschoben. Die totale Formänderungsarbeit ist nun

$$A + q_i\, dQ_i.$$

Da in beiden Fällen der Endzustand derselbe ist, muß

$$A + \frac{\partial A}{\partial Q_i} dQ_i = A + q_i\, dQ_i$$

oder

$$q_i = \frac{\partial A}{\partial Q_i}$$

(q. e. d.) sein.

Diesem Satze schließt sich ein zweiter an, der durch eine einfache Schlußfolgerung aus ihm gewonnen wird. Ist nämlich unter den äußeren Kräften eine, von der wir wissen, daß ihr Angriffspunkt keine Verschiebung erfährt, so muß für sie $\dfrac{\partial A}{\partial Q_i} = 0$ sein. Damit erhalten wir eine

---

* Die Formänderungsarbeit A ist von allen Kräften Q abhängig, oder

$$A = \text{Funktion} (Q_1,\; Q_2 \ldots Q_i \ldots Q_n).$$

Nach den Regeln der Mathematik ist dann die Ableitung

$$\frac{dA}{dQ_i} = \frac{\partial A}{\partial Q_1} \cdot \frac{dQ_1}{dQ_i} + \cdots \frac{\partial A}{\partial Q_i} \cdot \frac{dQ_i}{dQ_i} + \cdots \frac{\partial A}{\partial Q_n} \cdot \frac{dQ_n}{dQ_i}.$$

Nun sind alle Kräfte voneinander unabhängig, so daß $\dfrac{dQ_1}{dQ_i} = 0 = \dfrac{dQ_n}{dQ_i}$, mit Ausnahme von $\dfrac{dQ_i}{dQ_i} = 1$. Damit wird

$$dA = \frac{\partial A}{\partial Q_i} dQ_i.$$

Gleichung, die zur Bestimmung dieser Kraft benutzt werden kann, und gerade darauf beruht die wichtigste Anwendung des Satzes von Castigliano: die Bestimmung der Auflagerkräfte statisch unbestimmter Konstruktionen (Satz vom Minimum der Def.-Arb.). **Die statisch unbestimmten Größen machen die Formänderungsarbeit zu einem Minimum.**

Es läßt sich nämlich nachweisen, daß ein Minimum und kein Maximum vorliegt. Allgemein ist die Formänderungsarbeit bei einem auf Biegung beanspruchten Körper:

$$A = \int \frac{P_0^2}{2\,FE}\,ds + \int \frac{M^2}{2\,ZE}\,ds$$

und

$$\frac{\partial A}{\partial Q_i} = \int \frac{P_0}{FE}\,\frac{\partial P_0}{\partial Q_i}\,ds + \int \frac{M}{ZE}\,\frac{\partial M}{\partial Q_i}\,ds = 0\,,$$

$$\frac{\partial^2 A}{\partial Q_i^2} = \int \frac{P_0}{FE}\cdot\frac{\partial^2 P_0}{\partial Q_i^2}\,ds + \int \frac{1}{FE}\left(\frac{\partial P_0}{\partial Q_i}\right)^2 ds + \int \frac{M}{ZE}\,\frac{\partial^2 M}{\partial Q_i^2}\,ds + \int \frac{1}{ZE}\left(\frac{\partial M}{\partial Q_i}\right)^2 ds\,.$$

Da P_0 und M lineare Funktionen von Q_i sind, werden die zweiten Differentialquotienten zu Null, so daß

$$\frac{\partial^2 A}{\partial Q_i^2} = \int \frac{1}{FE}\left(\frac{\partial P_0}{\partial Q_i}\right)^2 ds + \int \frac{1}{ZE}\left(\frac{\partial M}{\partial Q_i}\right)^2 ds > 0\,.$$

Dieser Ausdruck ist sicher immer positiv, so daß A ein **Minimum** wird.

Durch ähnliche Überlegungen findet man auch, daß die Ableitung der Deformationsarbeit nach einem Moment gleich der Verdrehung durch das Moment ist: $\dfrac{\partial A}{\partial M_i} = \alpha_i$, und daß für ein Einspannungsmoment $\dfrac{\partial A}{\partial M_0} = 0$ wird. Mit Einspannung können wir immer rechnen, wenn — aus Symmetriegründen — die Tangente an die Mittellinie sich an irgend einer Stelle bei der Formänderung nicht ändern kann.

Obiger Satz gilt, der Ableitung gemäß, ganz allgemein, d. h. für Zug, Biegung und Verdrehung z. B.: Träger, einseitig eingespannt und das andere Ende freitragend oder Träger auf 2 Auflagen, in der Mitte eine Einzellast. Die Formänderungsarbeit für den geraden, auf Biegung beanspruchten Stab (Abb. 84) ist:

$$A = \int \frac{M^2}{2\,J\,E}\,dx\,.$$

Für die statisch unbestimmte Größe B muß

$$\frac{\partial A}{\partial B} = \int_0^{2l} \frac{M}{J\,E}\,\frac{\partial M}{\partial B}\,dx = 0$$

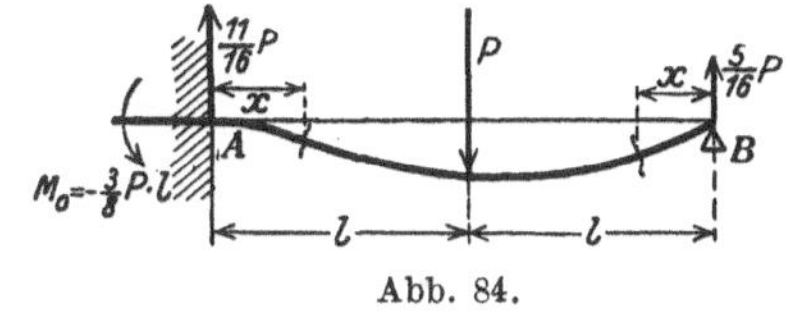

Abb. 84.

oder, da J und E für den ganzen Träger unveränderlich sind,

$$\int_0^{2l} M\,\frac{\partial M}{\partial B}\,dx = 0$$

sein.

Für $x = 0$ bis $x = l$, von B aus gerechnet, ist $M = Bx$ und $\dfrac{\partial M}{\partial B} = x$

$$\int_0^l M\,\frac{\partial M}{\partial B}\,dx = \int_0^l B\,x^2\,dx = \frac{1}{3}\,B\,l^3\,.$$

Für $x = l$ bis $x = 2l$, ist $M = Bx - P(x - l)$ und $\dfrac{\partial M}{\partial B} = x$.

$$\int_l^{2l} M\,\frac{\partial M}{\partial B}\,dx = \int_l^{2l} (Bx^2 - Px^2 + Plx)\,dx = \left(\frac{1}{3}\,Bx^3 - \frac{1}{3}\,Px^3 + Pl\,\frac{x^2}{2}\right)_l^{2l}$$

$$= \frac{1}{3}\,(B - P)\,(8\,l^3 - l^3) + \frac{Pl}{2}\,(4\,l^2 - l^2)\,,$$

Für den ganzen Träger ist:

$$\int_0^{2l} M\,\frac{\partial M}{\partial B}\,dx = \frac{1}{3}\,Bl^3 + \frac{7}{3}\,Bl^3 - \frac{7}{3}\,Pl^3 + \frac{3}{2}\,Pl^3 = 0$$

oder

$$B = \frac{5}{16}\,P\,.$$

Damit wird
$$M_P = \frac{5}{16} P l$$
und das Moment an der Einspannstelle
$$M_0 = \frac{5}{16} P\, 2\, l - P l = -\frac{3}{8} P l = M_{\max}.$$

Um die Durchbiegung zu bestimmen, muß die Gleichung der elastischen Linie zweimal integriert werden.

Für $x = 0$ bis $x = l$, von A ausgerechnet, ist:
$$J E \frac{d^2 y}{d x^2} = M_x = -\frac{3}{8} P l + \frac{11}{16} P x\,,$$
$$J E \frac{d y}{d x} = -\frac{3}{8} P l x + \frac{11}{32} P x^2 + C\,.$$

Da für $x = 0$, $\frac{d y}{d x} = 0$ ist (Einspannstelle), wird $C = 0$
$$J E y = -\frac{3}{16} P l x^2 + \frac{11}{96} P x^3 + C_1\,.$$

Da für $x = 0$, $y = 0$ ist, wird $C_1 = 0$.

Die Durchbiegung in P für $x = l$
$$J E f_p = -\frac{3}{16} P l^3 + \frac{11}{96} P l^3 = -\frac{7}{96} P l^3\,.$$

Die Durchbiegung wird ein Maximum für
$$\frac{d y}{d x} = 0 = -\frac{3}{8} P l x + \frac{11}{32} P x^2\,.$$

d. i. für
$$x = \frac{12}{11} l > l\,.$$

Da die Gleichung nur gültig ist bis $x = l$, ist $f_{\max}$ daraus nicht zu bestimmen.

Für die zweite Hälfte des Trägers, mit x von B aus gerechnet, ist:
$$J E \frac{d^2 y}{d x^2} = M_x = -\frac{5}{16} P x\,,$$
$$J E \frac{d y}{d x} = -\frac{5}{32} P x^2 + C\,. \quad \text{Für } x = 0 \;\; \operatorname{tg} \alpha = \frac{d y}{d x} = \frac{C}{J E}\,,$$
$$J E y = -\frac{5}{96} P x^3 + C x + (C_1 = 0)\,.$$

Die Konstante C wird bestimmt durch die Bedingung, daß in P die beiden elastischen Linien zusammentreffen
$$-\frac{5}{96} P l^3 + C l = \frac{7}{96} P l^3\,, \quad \text{woraus} \quad C = \frac{1}{8} P l^2 = J E \operatorname{tg} \alpha\,.$$

Die Durchbiegung wird ein Max. für
$$\frac{5}{32} P x^2 - \frac{1}{8} P l^2 = 0\,, \quad \text{oder für} \quad x = l \sqrt{\frac{4}{5}} = 0{,}89\, l\,, \quad \text{von } B \text{ aus gerechnet.}$$
$$f_{\max} = 0{,}0746 \frac{P l^3}{J E} \quad \text{gegen} \quad f_P = 0{,}0730 \frac{P l^3}{J E}\,.$$

In ähnlicher Weise können die statisch unbestimmten Träger in der folgenden Zusammenstellung berechnet werden.

Zahlentafel 5.

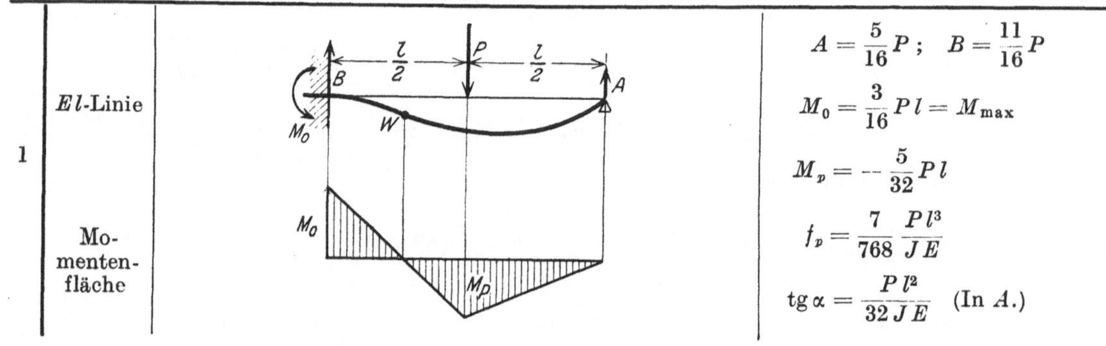

	El-Linie	$A = \dfrac{5}{16} P\,;\quad B = \dfrac{11}{16} P$
1		$M_0 = \dfrac{3}{16} P l = M_{\max}$
		$M_p = -\dfrac{5}{32} P l$
	Momentenfläche	$f_p = \dfrac{7}{768}\dfrac{P l^3}{J E}$
		$\operatorname{tg} \alpha = \dfrac{P l^2}{32\, J E} \quad (\text{In } A.)$

Fortsetzung der Zahlentafel 5.

2	Momentenfläche		$A = \frac{3}{8}\,p\,l\;;\;\; B = \frac{5}{8}\,p\,l$ $M_o = M_{max} = \frac{1}{8}\,p\,l^2$ $\operatorname{tg}\alpha = \frac{p\,l^3}{48\,J\,E}$ $f_{max} = \frac{p\,l\,4}{185\,J\,E}$
3	El-Linie Momentenfläche	$\frac{1}{8}P\cdot l$	$A = B = \frac{P}{2}$ $M_o = M_{max} = \frac{1}{8}\,P\,l = M_p$ $f = \frac{P\,l^3}{192\,J\,E}$
4	Momentenfläche	$P\frac{l}{8}$ $P\frac{l}{12}$	$A = B = \frac{'p\,l}{2}$ $M_{max} = M_0 = \frac{1}{12}\,p\,l^2$ $f = \frac{p\,l\,4}{384\,J\,E}$
5	Momentenfläche Querkräfte		Aus Pos. 2 folgt sofort: $A = B = \frac{3}{8}\,p\,l\,;\;\; C = \frac{5}{4}\,p\,l$ $M_{max} = \frac{1}{8}\,p\,l^2$. (In C.)

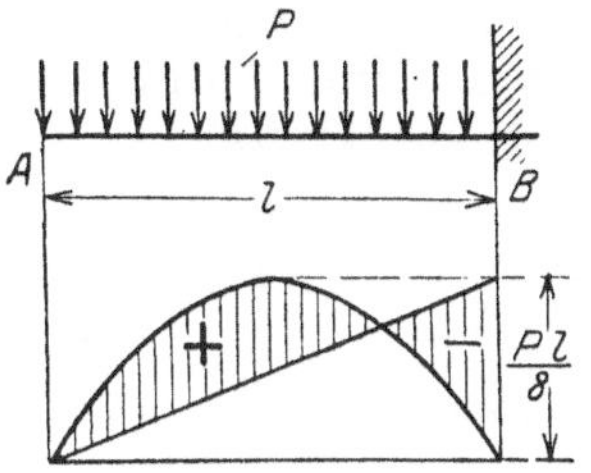

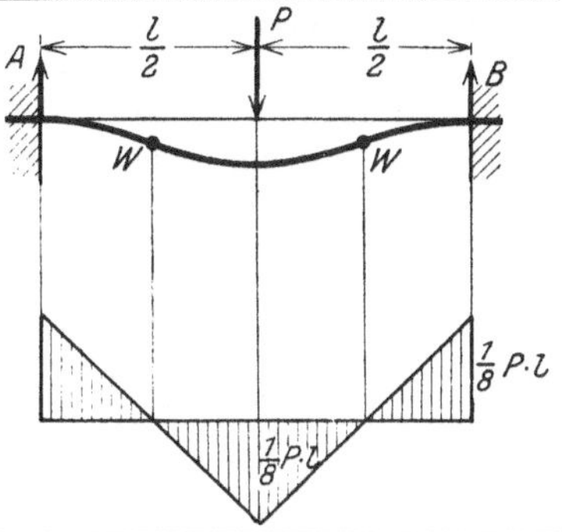

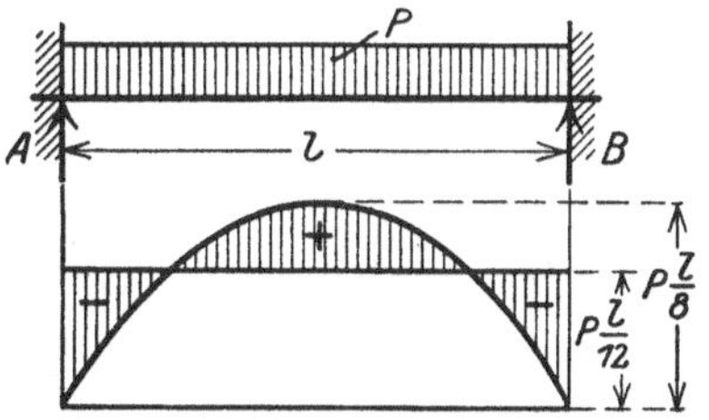

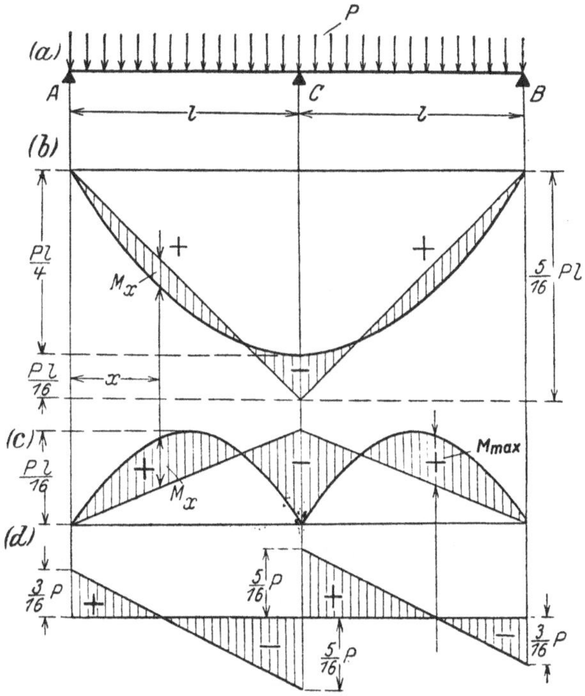

Anm.: Abb. unter Pos. 2 bis 5 nach Winkel.

Aus der Gleichung $q_i = \dfrac{\partial A}{\partial Q_i}$ läßt sich die Verschiebung irgend eines Punktes in der Richtung der dort wirkenden Kraft bestimmen. Manchmal wünscht man auch die Verschiebung eines Punktes zu kennen, an dem überhaupt keine Einzelkraft wirkt. Für solche Fälle ist folgende Umformung der allgemeinen Arbeitsgleichung zweckmäßig:

$$A = \int \frac{P_0^2}{2\,FE}\,ds + \int \frac{M^2}{2\,ZE}\,ds$$

und

$$\frac{\partial A}{\partial Q_i} = \int \frac{P_0}{FE} \frac{\partial P_0}{\partial Q_i}\,ds + \int \frac{M}{ZE} \cdot \frac{\partial M}{\partial Q_i}\,ds \,. \tag{74}$$

Die Normalkraft P setzt sich aus den normalen Komponenten der verschiedenen Kräfte Q_i zusammen, also $P = \sum Q_i \cos \gamma_i$ (Abb. 85), worin $\gamma_i =$ Winkel zwischen Q_i und P ist. Das Moment ist $M = \sum Q_i \cdot a_i$, wenn a_i die senkrechte Entfernung vom Schwerpunkt des Schnittes bis zur Kraft Q_i ist. Dann ist

$$P_0 = \sum Q_i \cos \gamma_i + \frac{1}{r} \sum Q_i a_i \quad \text{und}$$

$$\left.\begin{aligned}
\frac{\partial P_0}{\partial Q_i} &= \cos \gamma_i + \frac{a_i}{r}, \\[4pt]
\frac{\partial M}{\partial Q_i} &= a_i.
\end{aligned}\right\} \tag{75}$$

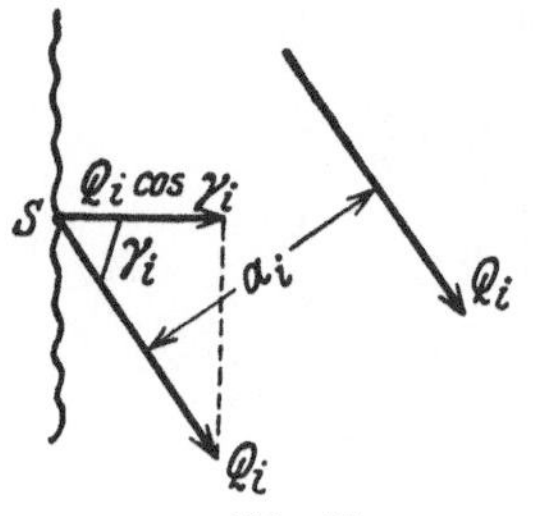

Abb. 85.

Denken wir nun alle Belastungen weg und lassen am Stab, im Angriffspunkt der beliebigen Kraft Q_i und in deren Richtung, eine Einzelkraft $=$ Kräfteeinheit wirken. Nennen wir für einen beliebigen Schnitt die Normalkraft und das Moment, die durch diese Einzelkraft entstehen, $\overline{P}$ und $\overline{M}$, so ist $\overline{P}_0 = \overline{P} + \dfrac{\overline{M}}{r} = \cos \gamma_i + \dfrac{a_i}{r} = \dfrac{\partial P_0}{\partial Q_i}$

und

$$\overline{M} = a_i = \frac{\partial M}{\partial Q_i}\,.$$

Damit wird:

$$\frac{\partial A}{\partial Q_i} = q_i = \int \frac{P_0 \overline{P}_0}{FE}\,ds + \int \frac{M \overline{M}}{ZE}\,ds \,. \tag{76}$$

Diese Gleichung ist auch gültig, wenn $Q_i = 0$ ist; sie gilt also für jede Stelle des Stabes. Von dieser Gleichung macht man mit Vorteil Gebrauch bei der Bestimmung der Verschiebung von Fachwerkträgern (Anwendungsbeispiel in Heft 2).

Wenn viele Kräfte auftreten, und das Trägheitsmoment veränderlich ist, müssen bei der Anwendung des Satzes von Castigliano sehr viele Teilintegrale berechnet werden, was jedenfalls zeitraubend ist. Wenn das Trägheitsmoment sich nicht nach einer einfachen mathematischen Gleichung ändert, kann die Integration außerdem große Schwierigkeiten bereiten. Unter solchen Umständen, die meist bei mehrfach gestützten und beliebig belasteten Wellen mit veränderlichen Durchmessern vorliegen, macht man mit Vorteil von einer graphischen Methode Gebrauch, die aus dem Satze von Maxwell abgeleitet wird.

2. Satz von Maxwell über die Gegenseitigkeit der Verschiebungen. Ein Körper sei fest unterstützt, so daß bei der Formänderung die Reaktionen keine Arbeit leisten. Auf den Körper wirken in den Punkten 1 und 2 zwei beliebige, von Null an stetig zunehmende Kräfte. Dann ist die Formänderungsarbeit:

$$A = Q_1 \frac{q_1}{2} + Q_2 \frac{q_2}{2}$$

und

$$\frac{\partial A}{\partial Q_1} = q_1 = \frac{q_1}{2} + \frac{Q_1}{2}\frac{\partial q_1}{\partial Q_1} + \frac{Q_2}{2}\frac{\partial q_2}{\partial Q_1}$$

oder

$$q_1 = Q_1 \frac{\partial q_1}{\partial Q_1} + Q_2 \frac{\partial q_2}{\partial Q_1}\,,$$

Für den Fall, daß nur Q_2 allein wirkt, d. h. $Q_1 = 0$ ist, wird für Punkt 1:

$$q_{1,2} = Q_2 \frac{\partial q_2}{\partial Q_1} = Q_2 \frac{\partial^2 A}{\partial Q_1 \cdot \partial Q_2}\,.$$

In ähnlicher Weise finden wir:

$$q_2 = Q_1 \frac{\partial q_1}{\partial Q_2} + Q_2 \frac{\partial q_2}{\partial Q_2},$$

und wenn Q_1 allein wirkt, d. h. $Q_2 = 0$ ist, wird für Punkt 2:

$$q_{2,1} = Q_1 \frac{\partial q_1}{\partial Q_2} = Q_1 \frac{\partial^2 A}{\partial Q_1 \, \partial Q_2}.$$

Daraus folgt:

$$\frac{q_{2,1}}{Q_1} = \frac{q_{1,2}}{Q_2} \quad \text{oder} \quad q_{1,2} Q_1 = q_{2,1} Q_2.$$

Satz: Das virtuelle Moment[1] der Kraft Q_1 für die Verschiebung des Angriffspunktes 1, hervorgebracht durch Q_2, ist gleich dem virtuellen Moment der Kraft Q_2 für die Verschiebung des Angriffspunktes 2, hervorgebracht durch Q_1.

Bei einer in drei Punkten gestützten Welle kann die Reaktion auch durch einfache Superposition bestimmt werden. Wenn C bekannt wäre, dann hätten wir einen statisch bestimmten Träger AB, so belastet durch die Kräfte P_1, P_2 und $-C$, daß die Durchbiegung in C zu Null würde. Wir denken uns nun die Stütze C weg und bestimmen zuerst die Durchbiegung in C, wenn P_1 allein wirkt. Da innerhalb des Hookeschen Gesetzes die Durchbiegungen mit den Kräften proportional sind, können wir auch die Krafteinheit (1 t oder 1 kg) als Belastung nehmen, und die elastische Linie dafür konstruieren (nach Mohr) (Abb. 87). Dann ist in C die Durchbiegung $P_1 y_1$. In ähnlicher Weise finden wir die Durchbiegung in C, wenn P_2 allein wirkt, zu $P_2 y_2$, und wenn $-C$ allein wirkt, zu $-C y_c$. Da nach der Voraussetzung die gesamte Durchbiegung in C zu Null wird, muß

$$P_1 y_1 + P_2 y_2 - C y_c = 0$$

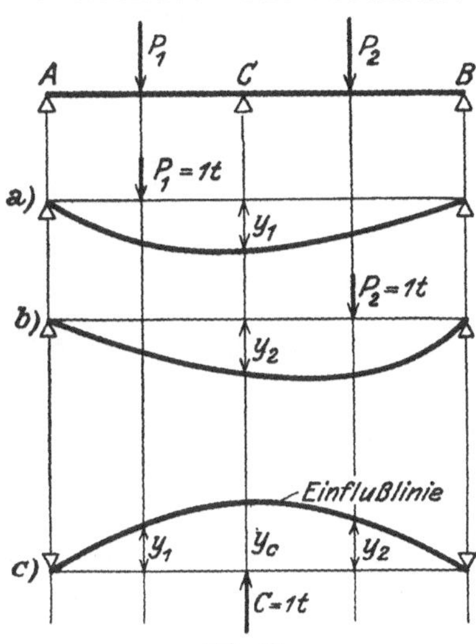

Abb. 87.

sein. Das ist eine Gleichung zur Bestimmung von C. Dazu war es allerdings notwendig, drei elastische Linien zu konstruieren, was umständlich ist. Nun folgt aber aus dem Satze von Maxwell, daß die Durchbiegungen y_1 und y_2 auch aus der Abb. 87 c zu entnehmen sind. Wir brauchen demnach die beiden ersten elastischen Linien nicht zu zeichnen, sondern nur die Linie für $C = 1$. Diese Linie nennt man die **Einflußlinie.**

Diese Methode führt immer rasch zum Ziel, wieviel Kräfte auch auf die Welle wirken. Wir brauchen nur die Summe $P y$, unter Berücksichtigung der Vorzeichen, zu bestimmen, und

$$\sum P y - C y_c = 0 \qquad (77)$$

zu setzen. Der Maßstab, in welchem die Einflußlinie konstruiert wird, spielt bei der Ermittlung von C aus dieser Gleichung keine Rolle.

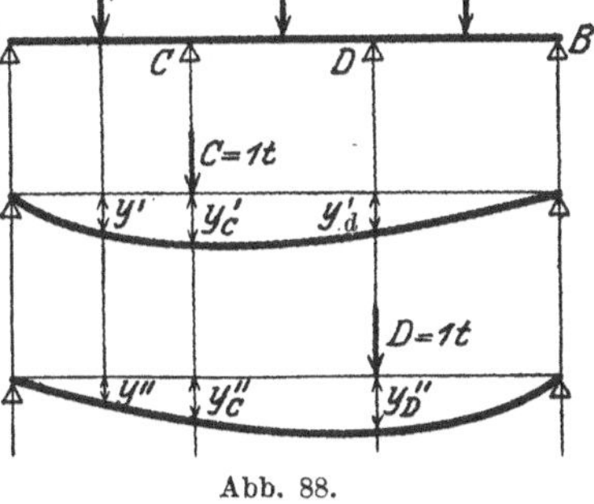

Abb. 88.

Liegen die drei Lager nicht in einer Linie, sondern ist das Mittellager C um $-f$ mm nach oben, oder um $+f$ mm nach unten verschoben, so liefert die Gleichung

$$\sum P y - C y = \pm f \qquad (78)$$

sofort die gesuchte Reaktion C. Hier muß aber der Maßstab der Einflußlinie berücksichtigt werden.

Hat die Welle zwei oder mehr Mittellager, so ist die Einflußlinie für jede Mittelstütze zu konstruieren. Wir erhalten dann immer so viele Gleichungen ersten Grades als Mittelstützen vorhanden sind (Abb. 88):

$$\sum P y' - C y_c' - D y_d' = 0. \qquad \sum P y'' - C y_c'' - D y_d'' = 0.$$

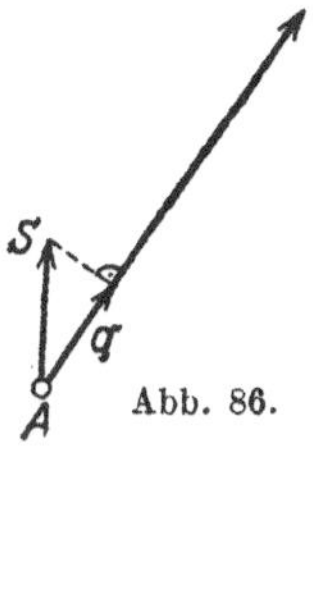

Abb. 86.

---

[1] Wenn s irgendeine Verschiebung des Angriffspunktes ist, die aber gar nicht zu bestehen braucht (virtuelle Verschiebung), wird das Produkt $Q \cdot q$ das virtuelle Moment der Kraft Q genannt (Abb. 86).

Die Reaktionen sind damit eindeutig bestimmt.

Wenn das Trägheitsmoment konstant und der Träger vielfach unterstützt ist, macht man oft mit Vorteil Gebrauch von der

3. Clapeyronschen Momentengleichung. Die Methode beruht darauf, daß die Biegungslinien für zwei aufeinander folgende Öffnungen im gemeinsamen Stützpunkt die gleiche Tangente haben müssen (Abb. 89). Dabei ist zu beachten, daß die Tangente der r-ten Öffnung entgegengesetzt gerichtet ist zur Tangente der $(r+1)$-ten Öffnung.

$$\varphi = -\varphi'.$$

Es hat sich dabei als zweckmäßig herausgestellt, als Unbekannte des Problems nicht die Auflagerreaktionen, sondern die Momente in den Schnitten durch die Stützpunkte (die Stützenmomente) zu wählen. Wir denken uns den Träger in den Stützpunkten zerschnitten, und die Spannungen in den Fasern durch äußere Kräfte, die in jedem Stützpunkt ein Moment bilden, die Stützenmomente ersetzt. Dadurch ist jede Öffnung auf einen einfachen Balken zurückgeführt, für den sofort (durch Superposition) die Momentenflächen gezeichnet werden

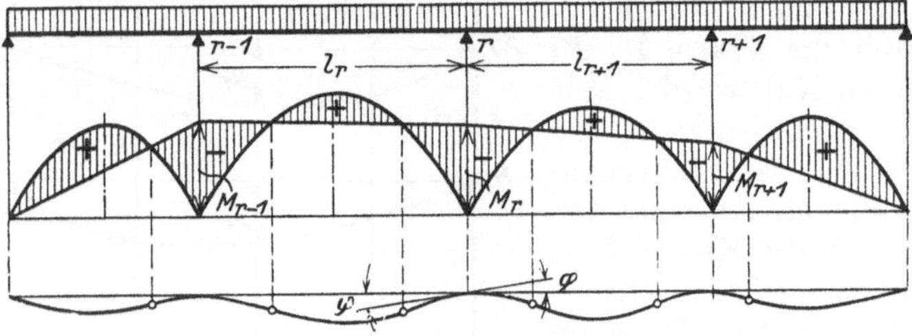

Abb. 89. Konstruktion der Momentenfläche mehrfach gelagerter Träger (nach Winkel).

können (Abb. 89). Daraus folgt folgende allgemeine

Regel: Wir heben die Kontinuität auf, und zeichnen die Momentenflächen des nicht kontinuierlichen Trägers für die einzelnen Öffnungen, die M_0-Fläche. Die wirkliche Momentenfläche wird dann durch die Verbindungslinie der Stützenmomente abgetrennt.

Ohne weiteren Beweis für die allgemeine Gültigkeit leitet man daraus ein Näherungsverfahren für die Berechnung mehrfach gestützter Träger ab, indem man annimmt, daß die Stützenmomente niemals größer werden können als das größte Moment der M_0-Fläche. Wenn man also die einzelnen Teile als freiaufliegend betrachtet, so rechnen wir etwas zu sicher.

Jeder statisch unbestimmte Träger mit konstantem Trägheitsmoment darf für die Festigkeitsrechnung als in den einzelnen Stützen frei aufliegend betrachtet werden.

Selbstverständlich gibt diese Methode niemals die richtige Lage des größten Biegemomentes an, und sie darf deshalb auch nicht verwendet werden, um die Formänderungen der Welle zu bestimmen.

Aus der Momentenfläche läßt sich (nach Seite 27) sofort der Neigungswinkel in dem Stützpunkte bestimmen:

$$J E \operatorname{tg} \varphi = B_1,$$

worin B_1 der Auflagerdruck des mit der Momentenfläche belasteten Trägers $A_1 B_1$ ist. Ohne Berücksichtigung des Vorzeichens der verschiedenen Momente folgt aus Abb. 90:

$$B_1 = \frac{L_r}{l_r} + \frac{M_{r-1}}{2} \cdot \frac{l_r}{3} + \frac{M_r}{2} \cdot \frac{2}{3} l_r,$$

worin L_r das statische Moment der M_0-Momentenfläche der r-ten Öffnung in Bezug auf den linken Stützpunkt ist, so daß

$$\operatorname{tg} \varphi = \frac{L_r}{l_r J E} + \frac{M_{r-1} l_r}{6 J E} + \frac{M_r l_r}{3 J E}.$$

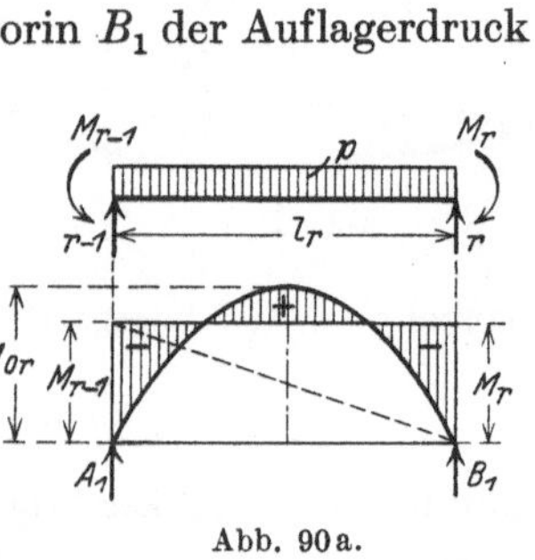

Abb. 90a. 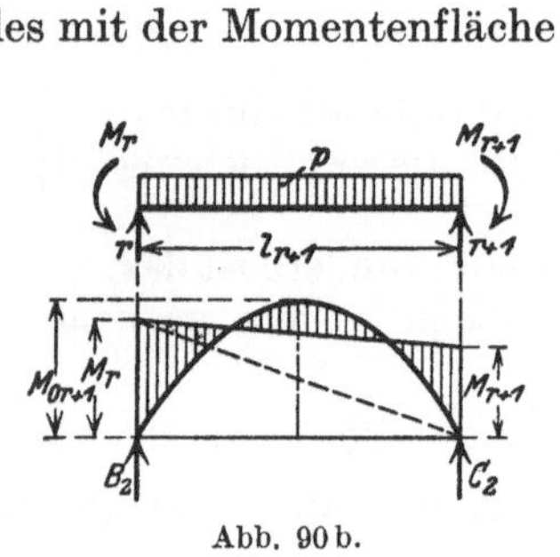   Abb. 90b.

Zur Bestimmung der Neigungswinkel an den Auflagerstellen (nach Winkel).

Ebenso finden wir für die $(r+1)$-te Öffnung:

$$\operatorname{tg} \varphi' = \frac{R_{r+1}}{l_{r+1} J E} + \frac{M_{r+1} l_{r+1}}{6 J E} + \frac{M_r l_{r+1}}{3 J E}.$$

Hierin ist R_{r+1} das statische Moment der M_0-Momentenfläche der $(r+1)$-ten Öffnung in Bezug auf den rechten Stützpunkt.

Durch Einsetzen dieser Werte in die Gleichung $\varphi = -\varphi'$, erhalten wir:

$$M_{r-1}\, l_r + 2\, M_r\, (l_r + l_{r+1}) + M_{r+1}\, l_{r+1} = -6\left(\frac{L_r}{l_r} + \frac{R_{r+1}}{l_{r+1}}\right) \tag{79}$$

d. i. die **Dreimomentengleichung von Clapeyron**. Bei n Öffnungen erhalten wir $n-2$ solcher Gleichungen, und wenn der Balken an den Enden frei aufliegt, ist $M_1 = M_n = 0$. Die Clapeyronschen Gleichungen reichen also vollständig aus, um die Stützenmomente zu bestimmen.

4. Beanspruchung von Hohlzylindern. Der Druck auf ein Flächenelement $l \cdot r \cdot d\varphi$ (Abb. 91) ist $p \cdot l \cdot r \cdot d\varphi$, wenn mit p der Überdruck (atü) bezeichnet wird. Diese Kraft kann in zwei Komponenten (horizontal und vertikal) zerlegt werden. Die horizontalen Komponenten heben sich infolge der Symmetrie des Rohres auf, so daß die totale Kraft, die auf die obere Zylinderhälfte wirkt:

$$P = p\,l \int_0^{\pi} r \sin\varphi\, d\varphi = p\,r\,l \left[\cos\varphi\right]_0^{\pi} = 2\,p\,r\,l = p\,l\,D\,.$$

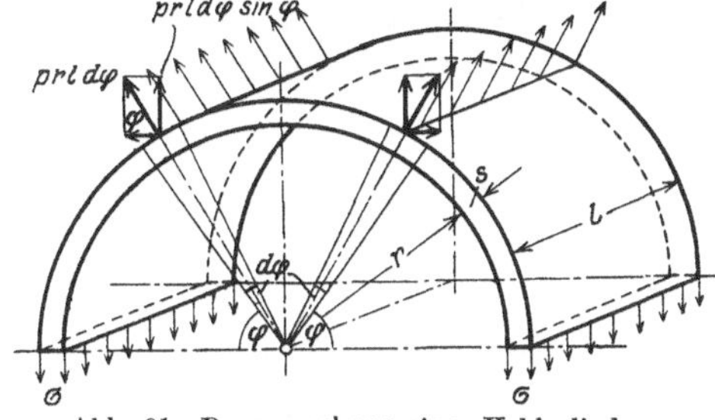

Abb. 91. Beanspruchung eines Hohlzylinders durch Innendruck.

Diese Kraft verteilt sich auf zwei Streifen $l \cdot s$. Wenn wir dort eine gleichmäßige Verteilung der Zugspannungen annehmen, dann ist:

$$p\,l\,D = 2\,s\,l\,\sigma_z\,,$$
$$\sigma_z = \frac{p\,D}{2\,s} \quad \text{(Kesselformel)}\,. \tag{80}$$

Die Annahme einer gleichmäßigen Spannungsverteilung ist aber nur bei **dünnwandigen** Rohren zulässig. Bei größeren Wandstärken schneiden wir ein unendlich kleines Element heraus (Abb. 92) und legen die R-Achse durch die Winkelhalbierende. Aus Symmetriegründen können auf die Seitenflächen dieses Elementes nur Normalspannungen wirken, d. h. die Spannungen sind dort die **Hauptspannungen**. Daß dies so sein muß, folgt sofort aus der Überlegung, daß keine Richtung bevorzugt ist und die Kreisringe auch nach der Formänderung kreisförmig bleiben.

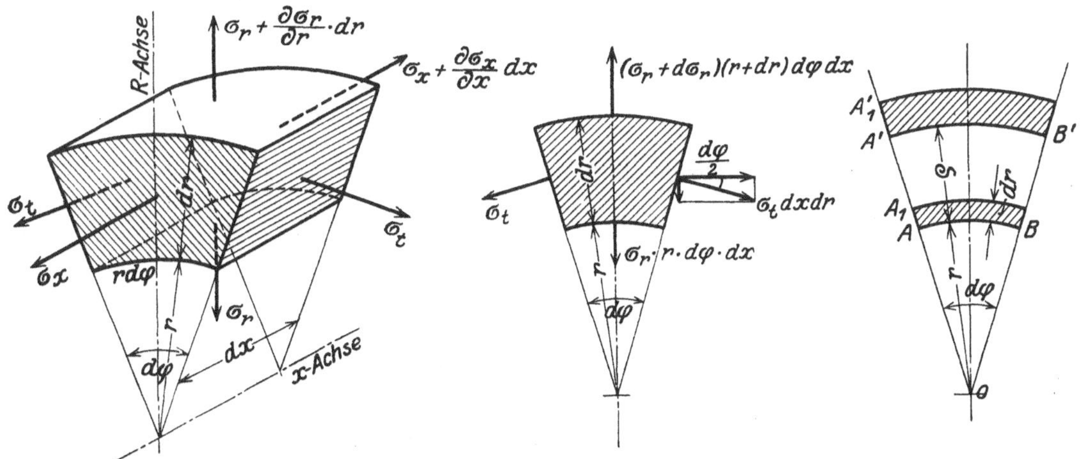

Abb. 92 bis 94. Beanspruchung dickwandiger Hohlzylinder.

Die Gleichgewichtsbedingung für die X-Achse gibt die Gleichung:

$$\sigma_x \cdot r\,d\varphi \cdot dr - \left(\sigma_x + \frac{\partial\sigma_x}{\partial x}\,dx\right) r\,d\varphi\,dr = 0$$

oder

$$\frac{\partial\sigma_x}{\partial x}\,dx = 0\,,$$

d. h. σ_x ist unabhängig von x. Nehmen wir an, daß auf die Endflächen **keine** Kräfte wirken, dann ist $\sigma_x = 0$. Der allgemeine Spannungszustand geht dann in einen ebenen über (Abb. 93). Die Gleichgewichtsbedingung für die R-Achse liefert die Gleichung:

$$(\sigma_r + d\sigma_r)(r+dr)\,d\varphi\,dx - \sigma_r\,r\,d\varphi\,dx - 2\,\sigma_t\,dx\,dr\,\sin\frac{d\varphi}{2}\,.$$

Wenn für den unendlich kleinen Winkel $\sin\dfrac{d\varphi}{2}=\dfrac{d\varphi}{2}$ gesetzt, und der Faktor $d\sigma_r\cdot dr$ als unendlich klein höherer Ordnung vernachlässigt wird, so ist:

$$\sigma_r\,dr+r\,d\sigma_r=\sigma_t\,dr$$

oder

$$\frac{d\,(r\,\sigma_r)}{dr}=\sigma_t\,. \tag{81}$$

Aus den Gleichgewichtsbedingungen erhalten wir nur eine Differentialgleichung als Beziehung zwischen den Spannungen σ_t und σ_r. Die Aufgabe ist also statisch unbestimmt und um sie zu lösen, muß die Formänderung berücksichtigt werden. Betrachten wir eine Faser $A\,B=d\,s$, Abb. 94, so müssen, nach der Formänderung, die Punkte $A'\,B'$ wieder auf einem Kreis liegen. Daraus folgt die Dehnung in tangentialer Richtung:

$$\varepsilon_t=\frac{\varDelta\,ds}{ds}=\frac{A'B'-AB}{A\,B}=\frac{(r+\varrho)\,d\varphi-r\,d\varphi}{r\,d\varphi}=\frac{\varrho}{r}\,. \tag{82}$$

Die radiale Dehnung $\varepsilon_r=\dfrac{\varDelta\,dr}{dr}$ erhalten wir, wenn wir beachten, daß der Punkt A des Elementes in A' und der Punkt A_1 in A_1' übergeht.

$$O\,A_1'=r+dr+\varrho+\frac{\partial\varrho}{\partial r}\,dr\qquad\text{und}\qquad O\,A'=r+\varrho\,,$$

so daß

$$A_1A_1'=dr+d\varrho\qquad\text{und}\qquad\varDelta\,dr=d\varrho$$

wird, womit

$$\varepsilon_r=\frac{d\varrho}{dr}\,. \tag{83}$$

Setzen wir voraus, daß das Material dem Hookeschen Gesetz folgt, dann besteht allgemein zwischen den Dehnungen und zwei zueinander senkrechten Spannungen die Beziehung:

$$\varepsilon_t=\frac{1}{E}\Big(\sigma_t-\frac{\sigma_r}{m}\Big)\qquad\text{und}\qquad\varepsilon_r=\frac{1}{E}\Big(\sigma_r-\frac{\sigma_t}{m}\Big)\,. \tag{83a}$$

Nach σ_t und σ_r aufgelöst:

$$\sigma_t=\frac{m\,E}{m^2-1}\,(m\,\varepsilon_t+\varepsilon_r)\qquad\text{und}\qquad\sigma_r=\frac{m\,E}{m^2-1}\,(m\,\varepsilon_r+\varepsilon_t)\,. \tag{84}$$

Diese Werte in der Differentialgleichung (81) eingesetzt, wobei der Faktor $\dfrac{m\,E}{m^2-1}$ auf beiden Seiten wegfällt:

$$m\,\varepsilon_t+\varepsilon_r=\frac{d}{dr}\,(r\,m\,\varepsilon_r+r\,\varepsilon_t)\,.$$

Die Werte von ε_t und ε_r aus den Gleichungen (82) und (83) eintragen:

$$m\,\frac{\varrho}{r}+\frac{d\varrho}{dr}=\frac{d}{dr}\Big(m\,r\,\frac{d\varrho}{dr}+\varrho\Big)=m\,r\,\frac{d^2\varrho}{dr^2}+\frac{d\varrho}{dr}\,m+\frac{d\varrho}{dr}$$

ergibt:

$$\frac{d^2\varrho}{dr^2}+\frac{1}{r}\,\frac{d\varrho}{dr}-\frac{\varrho}{r^2}=0\,.$$

oder

$$\frac{d^2\varrho}{dr^2}+\frac{d\Big(\dfrac{\varrho}{r}\Big)}{dr}=0\,.$$

Erste Integration:

$$\frac{d\varrho}{dr}+\frac{\varrho}{r}=C_1\,,$$

$$r\,\frac{d\varrho}{dr}+\varrho=c_1\,r\qquad\text{oder}\qquad\frac{d\,(r\cdot\varrho)}{dr}=c_1\,r\,.$$

Zweite Integration:

$$r\varrho=\frac{1}{2}\,c_1\,r^2+c_2\,.$$

$$\varrho=\frac{c_1}{2}\,r+\frac{c_2}{r}\,. \tag{85}$$

Damit wird:
$$\varepsilon_t = \frac{\varrho}{r} = \frac{c_1}{2} + \frac{c_2}{r^2} \quad \text{und} \quad \varepsilon_r = \frac{d\varrho}{dr} = \frac{c_1}{2} - \frac{c_2}{r^2}.$$

Die Spannungen werden:
$$\left.\begin{aligned}
\sigma_t &= \frac{mE}{m^2-1}\left\{m\frac{c_1}{2} + \frac{mc_2}{r^2} + \frac{c_1}{2} - \frac{c_2}{r^2}\right\} = A + \frac{B}{r^2}, \\[2mm]
\sigma_r &= \frac{mE}{m^2-1}\left\{m\frac{c_1}{2} - \frac{mc_2}{r^2} + \frac{c_1}{2} + \frac{c_2}{r^2}\right\} = A - \frac{B}{r^2}.
\end{aligned}\right\} \tag{86}$$

Die Konstanten A und B sind aus den Grenzbedingungen zu bestimmen.

Spezialfall 1: Nur Innendruck, dann ist:
$$\text{für } r = r_i, \quad \sigma_r = -p = A - \frac{B}{r_i^2},$$
$$\text{für } r = r_a, \quad \sigma_r = 0 = A - \frac{B}{r_a^2},$$

woraus
$$A = p\frac{r_i^2}{r_a^2 - r_i^2} \quad \text{und} \quad B = A\,r_a^2 = p\frac{r_i^2 r_a^2}{r_a^2 - r_i^2}.$$

Damit wird
$$\sigma_t = p\frac{r_i^2}{r_a^2 - r_i^2}\left(1 + \frac{r_a^2}{r^2}\right)$$

immer positiv und
$$\sigma_r = p\frac{r_i^2}{r_a^2 - r_i^2}\left(1 - \frac{r_a^2}{r}\right)$$

immer negativ.

$$\text{Für } r = r_i, \quad (\sigma_t)_{\max} = p\frac{r_a^2 + r_i^2}{r_a^2 - r_i^2}, \tag{87}$$

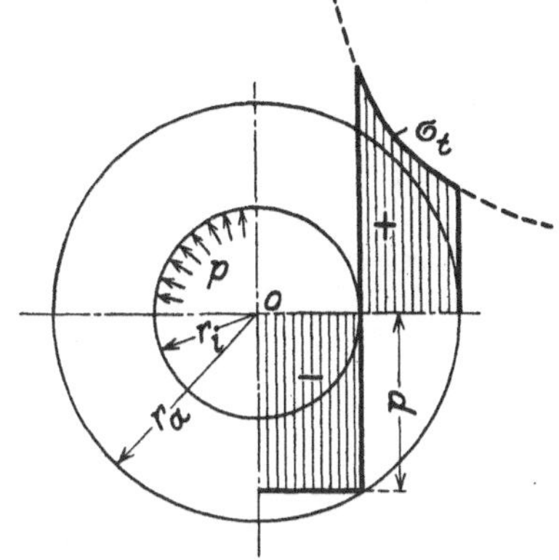

Abb. 95. Spannungsverteilung in dickwandigen Hohlzylindern bei Innendruck.

d. h.: die größte Zugspannung tritt an der inneren Wandfläche auf und ist tangential gerichtet.

Mit den Werten von σ_r und σ_t folgt aus Gleichung (82) für die radiale Erweiterung an der Innenseite:
$$\frac{\varrho}{r_i}E = p\left\{\frac{r_a^2 + r_i^2}{r_a^2 - r_i^2} + \frac{1}{m}\right\} \tag{88}$$

Diese Gleichung bildet die Grundlage für die Berechnung von Schrumpfringen.

Je nach der Bruchhypothese, von der ausgegangen wird, erhält man verschiedene Gleichungen für die Berechnung des Hohlzylinders.

1. Maximale Dehnungshypothese. Die reduzierte Spannung
$$\sigma_{\text{red}} = \left(\sigma_t - \frac{1}{m}\sigma_r\right) \gtrless k$$

darf den Grenzwert k nicht überschreiten. Wenn die Werte von σ_t und σ_r darin eingesetzt werden, erhält man mit $\dfrac{r_a}{r_i} = a$; für die Innenseite:
$$p\frac{r_a^2 + r_i^2}{r_a^2 - r_i^2} + \frac{p}{m} = \sigma_{\text{zul}} = k,$$
$$p\,a^2 + p = k\,a^2 - k - \frac{p}{m}\,a^2 + \frac{p}{m},$$

woraus
$$\frac{r_a}{r_i} = a = \sqrt{\frac{k + \dfrac{m-1}{m}\,p}{k - \dfrac{m+1}{m}\,p}}.$$

Mit $m = \dfrac{10}{3}$ wird:
$$\frac{r_a}{r_i} = \sqrt{\frac{k + 0,7\,p}{k - 1,3\,p}} \quad (\text{Grashof}). \tag{I}$$

Diese Gleichung ist zuerst von Grashof abgeleitet worden. Die „Hütte" gibt seit Jahren eine andere Formel zur Berechnung dickwandiger Hohlzylinder[1], die auch von der maximalen Dehnung als Bruchgefahr ausgeht, aber voraussetzt, daß auch in der Längsrichtung Kräfte wirken, wie es z. B. bei geschlossenen Gefäßen (Sauerstoffflaschen) oder bei doppeltwirkenden Maschinen der Fall ist. In diesem Fall ist
$$\sigma_x = \frac{\pi\,r_i^2}{\pi\,(r_a^2 - r_i^2)}\,p \neq 0.$$

---
[1] 25. Aufl. Bd. 1, S. 675.

Damit wird die reduzierte Spannung:

$$\sigma_{\mathrm{red}} = \sigma_t - \frac{\sigma_x + \sigma_y}{m},$$

und nach Einsetzen der Spannungen erhält man:

$$\frac{r_a}{r_i} = \sqrt{\frac{k + \dfrac{m-2}{m}\,p}{k - \dfrac{m+1}{m}\,p}}$$

und mit $m = \dfrac{10}{3}$:

$$\frac{r_a}{r_i} = \sqrt{\frac{k + 0{,}4\,p}{k - 1{,}3\,p}} \quad \text{(Hütte)}. \tag{II}$$

Die Beanspruchung in der Längsrichtung des Zylinders hat eine Verminderung der tangentialen Dehnung zur Folge, so daß die Bruchgefahr in diesem Fall kleiner würde.

2. **Maximale Hauptspannungshypothese.** In der französischen und zum Teil auch in der englischen Literatur ist oft folgende Gleichung zu finden:

$$(\sigma_t)_{\max} = p\,\frac{r_a^2 + r_i^2}{r_a^2 - r_i^2} = \sigma_{\mathrm{zul}} = k,$$

$$\frac{r_a}{r_i} = \sqrt{\frac{k+p}{k-p}} \quad \text{(Lamé oder Rankine)}. \tag{III}$$

3. **Maximale Schubspannungshypothese.** Im allgemeinen haben wir einen dreiachsigen Spannungszustand mit den Hauptspannungen:

$$(\sigma_r)_i = -p,$$

$$(\sigma_t)_i = +p\,\frac{r_a^2 + r_i^2}{r_a^2 - r_i^2}$$

$$\sigma_x = 0 \quad \text{oder} \quad \frac{r_i^2}{r_a^2 - r_i^2}\,p.$$

Nach der Hypothese von Mohr spielt die, algebraisch genommene, mittlere Hauptspannung überhaupt keine Rolle, und das ist hier immer σ_x. Die maximale Schubspannung wird:

$$\tau_{\max} = \frac{1}{2}\,(\sigma_t - \sigma_r) = \frac{p}{2}\left(1 + \frac{r_a^2 + r_i^2}{r_a^2 - r_i^2}\right),$$

woraus

$$\tau = p\,\frac{r_a^2}{r_a^2 - r_i^2} = \frac{\sigma_{\mathrm{zul}}}{2} = \frac{k}{2}$$

oder

$$\frac{r_a}{r_i} = \sqrt{\frac{\tau}{\tau - p}}. \tag{IV}$$

Um die vier Formeln miteinander zu vergleichen, berechnen wir (aus den Gleichungen (I) bis (IV) die Spannung σ, die für die einachsige Zugbeanspruchung die gleiche Bruchgefahr ergeben würde. Dabei ist $\tau_{\mathrm{zul}} = \dfrac{1}{2}\,\sigma_{\mathrm{zul}}$ gesetzt. Das Resultat ist in Zahlentafel 6 und Abb. 96 eingetragen, und zeigt deutlich, wie stark die maximale Dehnungshypothese die Bruchgefahr von Hohlzylindern **unterschätzt**.

Zahlentafel 6.

	Formel (I)	Formel (II)	Formel (III)	Formel (IV)
$\dfrac{r_a}{r_i} = 1{,}05$	$\sigma = 21{,}30\,p$	$\sigma = 18{,}3\ \ p$	$\sigma = 21{,}00\,p$	$\sigma = 22{,}00\,p$
1,1	10,80 p	9,40 p	10,50 p	11,50 p
1,2	6,10 p	5,20 p	5,55 p	6,50 p
1,35	3,73 p	3,36 p	3,44 p	4,45 p
1,5	2,94 p	2,66 p	2,60 p	3,60 p
2	1,97 p	1,87 p	1,67 p	2,67 p
3	1,55 p	1,51 p	1,25 p	2,26 p
5	1,38 p	1,37 p	1,08 p	2,08 p
10	1,32 p	1,32 p	1,02 p	2,02 p

In der „Hütte"[1] ist als Zahlenbeispiel ein Preßzylinder berechnet von 400 mm l. W. für 220 at, wobei k_{zul} für Gußeisen zu 600 at angenommen wird. Nach Gleichung (II) ist

$$\frac{r_a}{r_i} = \sqrt{\frac{600 + 0,4 \times 220}{600 - 1,3 \times 220}} = 1,48, \quad \text{sodaß} \quad r_a = 1,48 \times 20 = 29,6 \text{ cm, und } s = \mathbf{9,6 \text{ cm}} \text{ würde.}$$

Die als zulässig angegebene Zugspannung von 600 at ist für Gußeisen jedenfalls viel zu hoch. Nach der Theorie von Mohr müßte der Spannungskreis aufgezeichnet werden, der innerhalb der Tangenten an die Spannungskreise für Zug ($\sigma_z = 300$ at) und für Druck ($\sigma_d = 900$ at) liegen sollte. Nehmen wir zunächst $\tau_{zul} = 275$ at an, dann wird nach Gleichung IV:

$$\frac{r_a}{r_i} = \sqrt{\frac{275}{275 - 220}} = 2,24; \quad r_a = 2,24 \times 20 = 44,8, \quad \text{und} \quad s = \mathbf{24,8 \text{ cm}!}$$

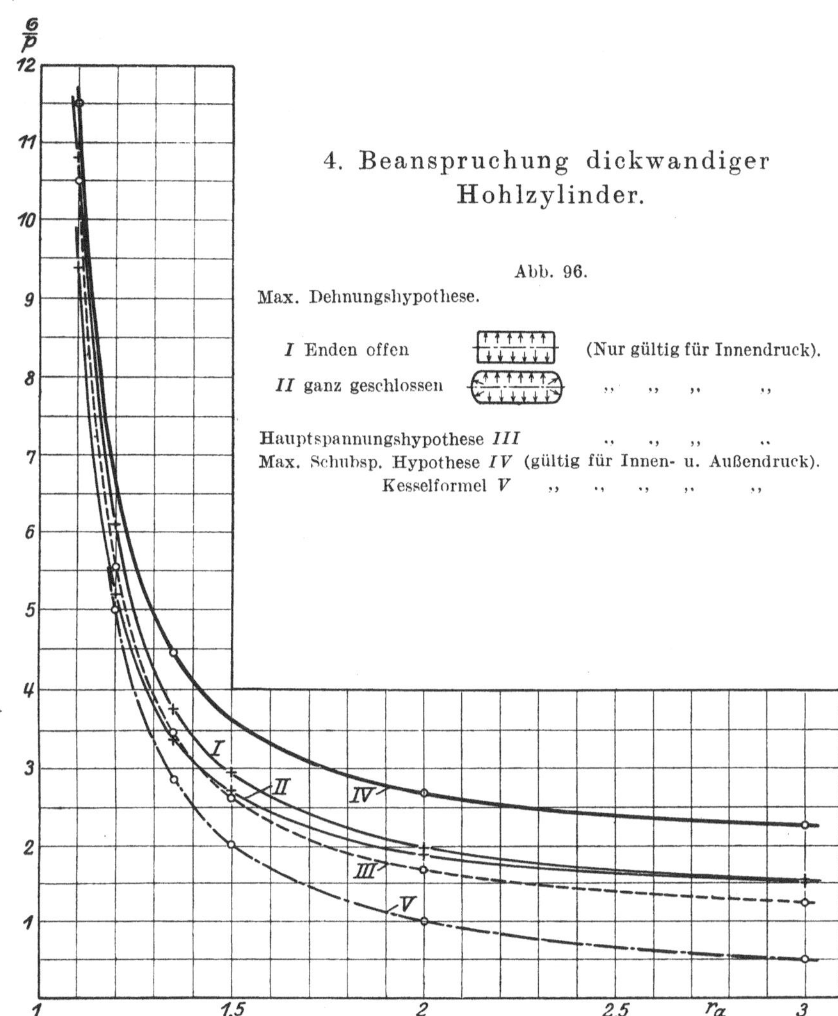

4. Beanspruchung dickwandiger Hohlzylinder.

Abb. 96.

Max. Dehnungshypothese.

I Enden offen (Nur gültig für Innendruck).

II ganz geschlossen „ „ „ „

Hauptspannungshypothese *III* „ „ „ „

Max. Schubsp. Hypothese *IV* (gültig für Innen- u. Außendruck).

Kesselformel *V* „ „ „ „ „

Damit wird

$$\sigma_t = p \frac{r_a^2 + r_i^2}{r_a^2 - r_i^2} = 330 \text{ at}$$

und

$$\sigma_i = -220 \text{ at .}$$

Dieser Spannungskreis ist in Abb. 97 eingetragen und liegt außerhalb der zulässigen Grenzen. Allerdings gilt für Gußeisen das Hookesche Gesetz nicht, so daß die theoretische Gleichung dafür ungültig ist. Versuche von Dr. Krüger[2] haben gezeigt, daß für Gußeisen die Spannungsverteilung etwas gleichmäßiger ist, als die Theorie ergibt, so daß gußeiserne Zylinder etwas mehr

---

[1] 25. Aufl. Bd. 1, S. 676.   [2] Mitt. Forsch.-Arb. H. 87.

Innendruck aushalten. Nach diesen Überlegungen könnte $\tau_{\text{zul}} = 275$ at als äußerste Grenze doch zugelassen werden.

Aus der Spannungsverteilung in Abb. 95 ist zu sehen, daß die äußeren Fasern nur wenig zur Festigkeit beitragen. Darum ist leicht zu verstehen, daß außen angebrachte Rippen wenig oder gar nichts nützen[1].

Spezialfall 2. Nur außen Druck, dann ist:

$$\text{für} \quad r = r_i, \quad \sigma_r = 0 = A - \frac{B}{r_i^2} \quad \text{oder} \quad B = A\, r_i^2,$$

$$\text{für} \quad r = r_a, \quad \sigma_r = -p = A - \frac{B}{r_a^2} = A\left(1 - \frac{r_i^2}{r_a^2}\right),$$

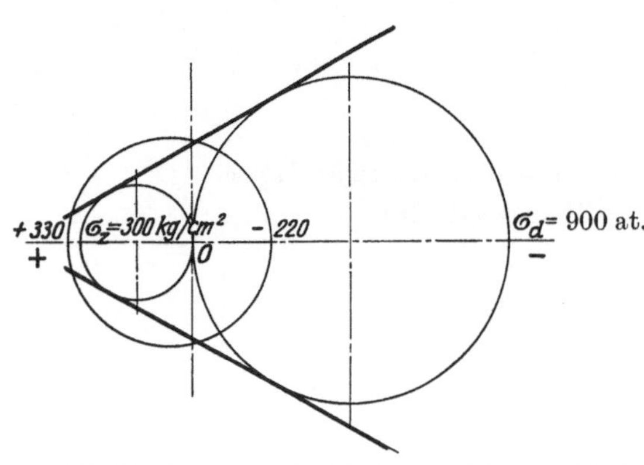

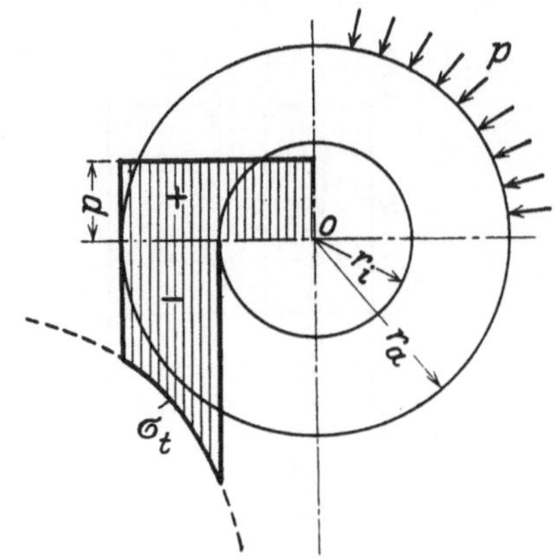

Abb. 97. Spannungszustand in einem gußeisernen Zylinder.

Abb. 98. Spannungsverteilung in dickwandigen Hohlzylindern bei Außendruck.

so daß:

$$A = -p\,\frac{r_a^2}{r_a^2 - r_i^2} \quad \text{und} \quad B = -p\,\frac{r_a^2\, r_i^2}{r_a^2 - r_i^2}\,.$$

Damit wird:

$$\sigma_t = -\frac{p\, r_a^2}{r_a^2 - r_i^2}\left(1 + \frac{r_i^2}{r^2}\right) < 0 \;\text{(Druck)},$$

$$(\sigma_t)_{\max} = -2\,p\,\frac{r_a^2}{r_a^2 - r_i^2}\,, \tag{89}$$

Für eine Vollwelle, $r_i = 0$, wird:

$$(\sigma_t)_{\max} = -2\,p, \tag{90}$$

$$\sigma_r = -p\,\frac{r_a^2}{r_a^2 - r_i^2}\left(1 - \frac{r_i^2}{r^2}\right) < 0\,.$$

Die größte Spannung ist eine Druckspannung an der Innenseite der Wandung.

Die radiale Verkürzung folgt aus der Gleichung:

$$E\,\frac{\varrho_a}{r_a} = \left(\sigma_t - \frac{\sigma_r}{m}\right) \quad \text{für} \quad r = r_a,$$

$$\frac{\varrho_a}{r_a} = -\frac{p}{E}\left\{\frac{r_a^2 + r_i^2}{r_a^2 - r_i^2} - \frac{1}{m}\right\}. \tag{91}$$

Für $r_i = 0$ (Vollwelle):

$$\frac{\varrho_a}{r_a} = -\left(1 - \frac{1}{m}\right)\frac{p}{E} = -0{,}7\,\frac{p}{E} \tag{92}$$

Die drei Hauptspannungen an der Innenfläche sind:

$$(\sigma_t)_{\max} = -2\,p\,\frac{r_a^2}{r_a^2 - r_i^2}\,,$$

$$(\sigma_r)_{r = r_i} = 0\,,$$

$$\sigma_x = 0 \quad \text{oder gleich} \quad -p\,\frac{r_a^2}{r_a^2 - r_i^2}\,.$$

σ_x ist immer die mittlere Hauptspannung. Wird die maximale Dehnung als Bruchursache betrachtet, so ist für offene Zylinder:

$$\sigma_{\text{red}} = \sigma_t - \frac{1}{m}\,\sigma_r \quad \text{und, da} \quad \sigma_r = 0, \quad \sigma_{\text{red}} = \sigma_t\,.$$

---

[1] Vgl. die Versuche von Bach: Mitt. Forsch.-Arb. H. 70.

Nach der maximalen Schubspannungshypothese wird:

$$\tau_{\max} = \frac{1}{2}\,(\sigma_t)_{\max}\,.$$

Daraus folgt, daß die drei Hypothesen — maximale Dehnung für offene Zylinder, maximale Hauptspannung und maximale Schubspannung — hier vollständig das gleiche Resultat ergeben.

$$-\sigma_t = 2\,p\,\frac{r_a^2}{r_a^2 - r_i^2} = k$$

$$\frac{r_a}{r_i} = \sqrt{\frac{k}{k - 2\,p}} = \sqrt{\frac{\tau}{\tau - p}}\,. \tag{IV}$$

Nur für geschlossene Zylinder, unter allseitigem Außendruck, erhält man nach der Dehnungshypothese eine andere Gleichung, da die reduzierte Spannung

$$\sigma_{\mathrm{red}} = \sigma_t - \frac{\sigma_r + \sigma_x}{m}\,,$$

ist, woraus

$$\frac{r_a}{r_i} = \sqrt{\frac{k}{k - 1{,}7\,p}}\,.$$

Durch diese Formel, die in der „Hütte" enthalten ist, wird die Bruchgefahr unterschätzt. Wenn innen und außen gleichzeitig Druck vorhanden ist, dann ist:

$$\text{für}\quad r = r_i\,,\quad \sigma_r = -\,p_i = A - \frac{B}{r_i^2}\,,$$

$$\text{für}\quad r = r_a\,,\quad \sigma_r = -\,p_a = A - \frac{B}{r_a^2}\,,$$

woraus

$$A = \frac{p_i\,r_i^2 - p_a\,r_a^2}{r_a^2 - r_i^2}$$

und

$$B = \frac{(p_i - p_a)\,r_a^2\,r_i^2}{r_a^2 - r_i^2}\,,$$

somit

$$\left.\begin{aligned}
\sigma_t &= \frac{p_i\,r_i^2 - p_a\,r_a^2}{r_a^2 - r_i^2} + \frac{1}{r^2}\,\frac{(p_i - p_a)\,r_a^2\,r_i^2}{r_a^2 - r_i^2}\,,\\[4pt]
\sigma_r &= \frac{p_i\,r_i^2 - p_a\,r_a^2}{r_a^2 - r_i^2} - \frac{1}{r^2}\,\frac{(p_i - p_a)\,r_a^2\,r_i^2}{r_a^2 - r_i^2}\,.
\end{aligned}\right\} \tag{93}$$

5. Berechnung rotierender Scheiben. Wenn ein freischwebender Ring mit der Winkelgeschwindigkeit $\omega = \frac{\pi \cdot n}{30}$ gedreht wird, so dehnen die Fliehkräfte den Ring. Unter der Voraussetzung, daß die Höhe des Ringes — in radialer Richtung gemessen — klein im Verhältnis zum Radius ist, kann eine einfache Gleichung für die im Ring entstehende Spannung abgeleitet werden. Schneidet man ein unendlich schmales Element heraus (Abb. 99), so ist für dasselbe die Fliehkraft $dZ = dm\,r\,\omega^2$ und $dm = \frac{\gamma}{g}\,f\,r\,d\varphi$, wenn f die Querschnittsfläche des Ringes ist.

$$dZ = \frac{\gamma}{g}\,r^2\,\omega^2\,f\,d\varphi\,.$$

Aus Symmetriegründen muß der Ring sich nach allen Richtungen gleich dehnen: die Kräfte S sind also Normalkräfte. Aus der Gleichgewichtsbedingung in radialer Richtung folgt:

$$2\,S \sin\frac{d\varphi}{2} = S\,d\varphi = dZ = \frac{\gamma}{g}\,r^2\,\omega^2\,f\,d\varphi$$

oder

$$\sigma_u = \frac{S}{f} = \frac{\gamma}{g}\,r^2\,\omega^2\,.$$

Da die Umfangsgeschwindigkeit $u = \omega \cdot r$ ist, so wird

$$\sigma_u = \frac{\gamma}{g}\,u^2\,.$$

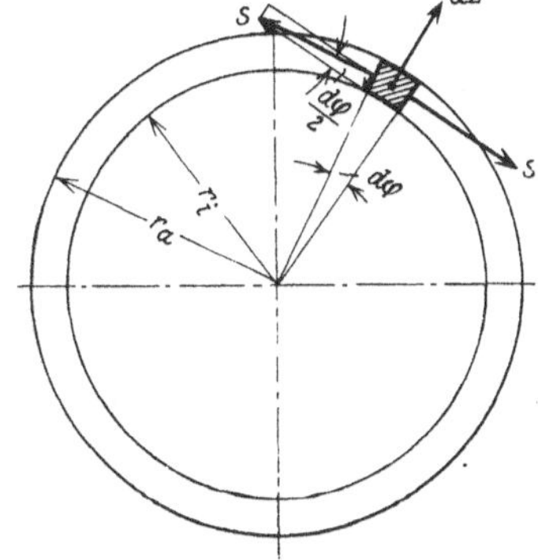

Abb. 99. Zur Berechnung der Spannungen in rotierenden Ringen.

Die Zugspannung hängt demnach nur vom spezifischen Gewicht des Materials und von der Umfangsgeschwindigkeit ab, und ist an jeder Stelle des Ringes gleich groß.

Wenn der Radius sich dadurch um den Betrag Δr dehnt, so ist die gespannte Ringlänge $= 2\pi(r+\Delta r)$. Da die ursprüngliche Länge des Umfanges $= 2\pi r$ war, so hat der Ring sich um den Betrag $2\pi\Delta r$ gedehnt. Aus der Definition der Dehnung folgt, wenn das Hookesche Gesetz gültig ist:

$$\varepsilon = \frac{\Delta l}{l} = \frac{2\pi\Delta r}{2\pi r} = \frac{\sigma}{E}$$

oder

$$\Delta r = \frac{\sigma_u}{E}\, r\, . \tag{94}$$

Der Ring dehnt sich in radialer Richtung genau so, als ob die Spannung σ_u in einem radialen Stab wirken würde.

Für dickwandige Ringe muß die Veränderlichkeit von σ_t mit dem Radius berücksichtigt werden. Schneidet man — ähnlich wie bei der Untersuchung dickwandiger Rohre — im Innern des Ringes ein unendlich schmales Volumenelement heraus, so wirkt darauf, außer den dort angegebenen Kräften, noch die Fliehkraft dZ. Da $dm = \frac{\gamma}{g}\, r\, d\varphi\, dr\, dx$ ist, so wird

$$dZ = \frac{\gamma}{g}\, r^2\, \omega^2\, d\varphi\, dr\, dx\, .$$

Die Gleichgewichtsbedingung für die Kräfte in radialer Richtung liefert dann die Differentialgleichung:

$$\frac{d(r\,\sigma_r)}{dr} - \sigma_t + \frac{\gamma}{g}\,\omega^2\, r^2 = 0\, .$$

Wenn die Werte von σ_r und σ_t aus der Gleichung (84) darin eingesetzt werden, so erhält man:

$$\frac{m^2 E}{m^2-1}\left(\frac{d^2\varrho}{dr^2} + \frac{1}{r}\frac{d\varrho}{dr} - \frac{\varrho}{r^2}\right) + \frac{\gamma}{g}\,\omega^2\, r = 0\, . \tag{95}$$

oder wenn $\dfrac{m^2-1}{m^2 E}\,\dfrac{\gamma}{g}\,\omega^2 = A$ gesetzt wird:

$$\frac{d^2\varrho}{dr^2} + \frac{1}{r}\frac{d\varrho}{dr} - \frac{\varrho}{r^2} + A\,r = 0\, ,$$

$$\frac{d^2\varrho}{dr^2} + \frac{d\,\frac{\varrho}{r}}{dr} = -A\cdot r\, ,$$

oder

$$\frac{d}{dr}\left\{\frac{1}{r}\frac{d(r\varrho)}{dr}\right\} = -A\cdot r\, .$$

Erste Integration:

$$\frac{1}{r}\frac{d(r\cdot\varrho)}{dr} = -\frac{A}{2}\,r^2 + C_1\, ,$$

$$\frac{d}{dr}(r\cdot\varrho) = -\frac{A}{2}\,r^3 + C_1 r\, .$$

Zweite Integration:

$$r\cdot\varrho = -\frac{A}{8}\,r^4 + C_1\frac{r^2}{2} + C_2\, ,$$

$$\varrho = -\frac{A}{8}\,r^3 + C_1\frac{r}{2} + \frac{C_2}{r}\, . \tag{96}$$

Diesen Wert in den Gleichungen (82) und (83) einsetzen:

$$\varepsilon_t = \frac{\varrho}{r} = -\frac{A}{8}\,r^2 + \frac{C_1}{2} + \frac{C_2}{r^2}\, ,$$

$$\varepsilon_r = \frac{d\varrho}{dr} = -\frac{3}{8}\,A\,r^2 + \frac{C_1}{2} - \frac{C_2}{r^2}\, .$$

Damit werden die Spannungen:

$$\sigma_t = \frac{mE}{m^2-1}(m\,\varepsilon_t + \varepsilon_r) = \frac{mE}{m^2-1}\left\{-\frac{A}{8}\,m r^2 + \frac{C_1}{2}\,m + \frac{C_2 m}{r^2} - \frac{3}{8}\,A r^2 + \frac{C_1}{2} - \frac{C_2}{r^2}\right\},$$

$$\sigma_t = \frac{mE}{m^2-1}\left\{-\frac{m+3}{8}\,A r^2 + \frac{m+1}{2}\,C_1 + (m-1)\frac{C_2}{r^2}\right\}$$

und

$$\sigma_r = \frac{mE}{m^2-1}\left\{-\frac{3m+1}{8}\,A r^2 + \frac{m+1}{2}\,C_1 - (m-1)\frac{C_2}{r^2}\right\}, \tag{97}$$

Die Integrationskonstanten müssen durch die Grenzbedingungen bestimmt werden.

a) **Vollzylinder**; außen werden keine Kräfte übertragen. Dann ist

$$\text{für } r = r_a, \quad \sigma_r = 0 = -\frac{3m+1}{8} A r_a^2 + \frac{m+1}{2} C_1 - (m-1)\frac{C_2}{r_a^2}$$

und für $r = 0$, $\varrho = 0$, d. h. $C_2 = 0$ und $\frac{C_2}{0} = 0$.

Damit wird

$$C_1 = \frac{3m+1}{4(m+1)} A r_a^2$$

und die Spannungen

$$\sigma_r = \frac{mE}{m^2-1}\left\{\frac{3m+1}{8} A (r_a^2 - r^2)\right\}$$

und

$$\sigma_t = \frac{mE}{m^2-1} A \left\{\frac{3m+1}{8} r_a^2 - \frac{m+3}{8} r^2\right\}$$

$$\text{Für } r = 0, \quad \sigma_r = \sigma_t = \frac{3m+1}{8m}\sigma_u.$$

$$\text{Für } r = r_a, \quad \sigma_t = \frac{m-1}{4m}\sigma_u,$$

worin $\sigma_u = \frac{\gamma}{g} u^2$ ist.

b) **Hohlzylinder**; in den Grenzflächen werden keine Kräfte übertragen. Dann ist

$$\text{für } r = r_i, \quad \sigma_r = 0 = -\frac{3m+1}{8} A r_i^2 + \frac{m+1}{2} C_1 - (m-1)\frac{C_2}{r_i^2}$$

$$\text{und für } r = r_a, \quad \sigma_r = 0 = -\frac{3m+1}{8} A r_a^2 + \frac{m+1}{2} C_1 - (m-1)\frac{C_2}{r_a^2},$$

woraus:

$$\left.\begin{aligned} C_1 &= \frac{(3m+1)A}{4(m+1)}(r_a^2 + r_i^2)\\[2mm] C_2 &= \frac{(3m+1)A}{8(m-1)} r_a^2 r_i^2 . \end{aligned}\right\} \tag{98}$$

und

Wenn diese Werte in die Gleichungen (97) eingesetzt werden, erhält man unübersichtliche Ausdrücke. Daher empfiehlt es sich, in der Anwendung die Zahlenwerte von C_1 und C_2 und mit diesen die Zahlenwerte von σ_t und σ_r zu berechnen.

Bemerkenswert ist der Fall, bei dem die zentrale Bohrung allmählich auf ein verschwindend kleines Loch zusammenschrumpft, d. h. wenn wir zur Grenze $r_i = 0$ übergehen. Dann folgt aus Gleichung (98), daß $C_2 = 0$ wird, und damit erhalten die Spannungen das unbestimmte Glied $\frac{C_2}{r_i} = \frac{0}{0}$. Nun ist aber:

$$(m-1)\frac{C_2}{r_i^2} = (m-1)\frac{(3m+1)A}{8(m-1)}\frac{r_a^2 r_i^2}{r_i^2} = \frac{3m+1}{8} A r_a^2 .$$

Damit werden die Spannungen

$$\left.\begin{aligned} \text{Für } r = r_a, \ \sigma_r = 0 \ \text{ und } \ \sigma_t &= \frac{m-1}{4} A r_a^2 \frac{mE}{m^2-1} = \frac{m-1}{4}\sigma_u\\[2mm] \text{für } r = r_i, \ \sigma_r = 0 \ \text{ und } \ \sigma_t &= \frac{3m+1}{4} A r_a^2 \frac{mE}{m^2-1} = \frac{3m+1}{4}\sigma_u . \end{aligned}\right\} \tag{99}$$

und

Bei einem sehr kleinen Loch wird die Spannung am Umfang der Bohrung doppelt so groß wie im Zentrum eines Vollzylinders.

Ist die Breite der sonst symmetrischen Scheibe veränderlich, dann folgt aus dem Gleichgewicht der Kräfte an einem Volumenelement (Abb. 100):

$$(\sigma_r + d\sigma_r)(x + dx)(r + dr)\,d\varphi - \sigma_r x r\,d\varphi - \sigma_t\,dr\,dx\,d\varphi + dZ = 0,$$

woraus

$$\frac{d(r x \sigma_r)}{dr} - x \sigma_t + \frac{\gamma}{g} u^2 x = 0 . \tag{100}$$

Die Scheibe gleicher Festigkeit kann dadurch gekennzeichnet werden, daß die tangentiale und die radiale Spannung überall denselben unveränderlichen Wert erhalten:

$$\sigma_r = \sigma_t = \sigma.$$

Dadurch vereinfacht sich die Differentialgleichung (100) zu:

$$\frac{dx}{dr} + \frac{\gamma}{g} \cdot \frac{u^2\,x}{\sigma\,r} = 0$$

oder

$$x = x_0\, e^{-\frac{\gamma u^2}{2 g \sigma}}, \qquad (101)$$

worin x_0 die Scheibenbreite im Wellenmittel für $r = 0$ ist.

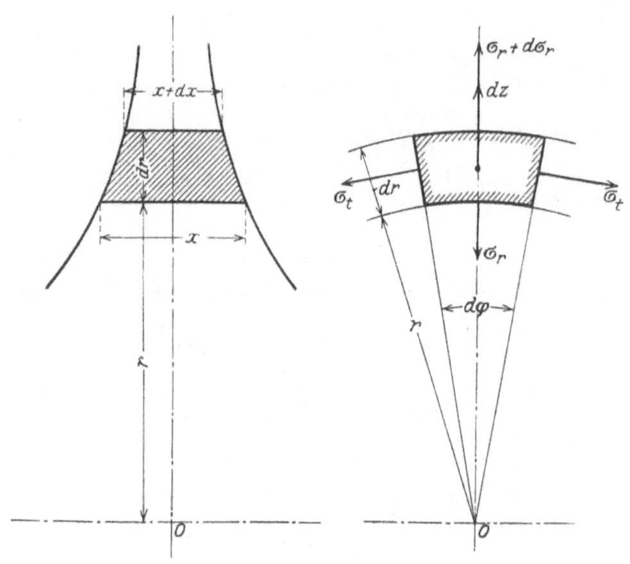

Abb. 100. Scheibe mit veränderlicher Breite.

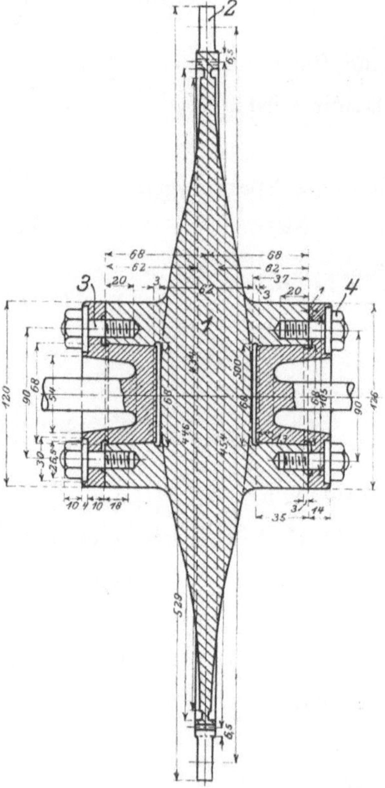

Abb. 101.
Rotierende Scheibe gleicher Festigkeit
(nach Stodola).

Weiter folgt aus den Gleichungen (83a):

$$\varepsilon_t = \varepsilon_r = \frac{m-1}{m\,E}\, \sigma$$

und

$$\varrho = \varepsilon_t \cdot r = \frac{m-1}{m\,E}\, \sigma \cdot r,$$

d. h.: Die Dehnung ist nach allen Richtungen gleich groß, und die radiale Erweiterung dem Abstande r proportional.

Abb. 101 zeigt ein solches Rad gleicher Festigkeit.

6. Wärmespannungen. Unter dem Einfluß der Wärme dehnen sich die Körper aus. Die Längenänderung beträgt:

$$\Delta l = \beta\, l\, (t - t_0), \qquad (102)$$

worin β = die lineare Ausdehnungszahl, z. B. für Eisen $\beta = 0,0000115$,

     l = die ursprüngliche Länge,

     t = die erhöhte, und

     t_0 = die ursprüngliche Stabtemperatur ist.

Werden die Endpunkte des Stabes so festgehalten, daß er sich bei der Erwärmung nicht ausdehnen kann, so treten Wärmespannungen auf:

$$\sigma = -\frac{\Delta l}{l}\, E = -\beta\, E\, (t - t_0). \qquad (103)$$

Für $E = 2150000$ und $\beta = 0,0000115$ wird

$$\sigma = 25 \text{ at/}^0\text{C}.$$

Ein von einem Rohr umgebener Bolzen (Abb. 102) sei ursprünglich spannungsfrei, und erhalte eine tiefere Temperatur als das Rohr. Dann entsteht in dem Bolzen eine Zugkraft Z, und im Rohr eine Druckkraft D.

Aus der Gleichgewichtsbedingung in der Stabachse folgt:

$$Z - D = 0 = F_1 \sigma_z - F_2 \sigma_d$$

oder

$$\sigma_z = \frac{F_2}{F_1} \sigma_d \,. \tag{104}$$

Eine zweite Beziehung zwischen den Spannungen folgt daraus, daß der durch die verschiedenen Temperaturen hervorgerufene Längenunterschied zwischen Bolzen und Rohr:

$$\Delta l = \beta_2 \, l \, (t_2 - t_0) - \beta_1 \, l \, (t_1 - t_0)$$

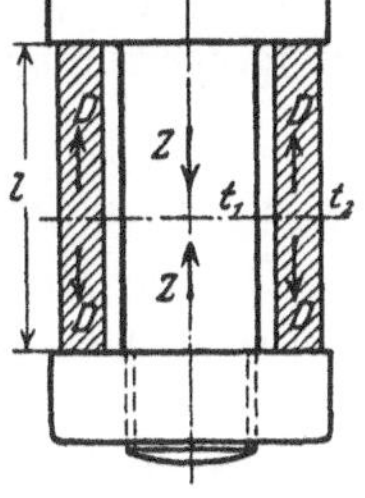
Abb. 102
(nach Winkel).

durch den Zusammenhang beider Teile verhindert wird. Nun folgt alllgemein aus dem Satz von Castigliano, daß

$$\Delta l = \frac{\partial A}{\partial Z} = \left(\frac{\partial A}{\partial Z}\right)_{\text{Bolzen}} + \left(\frac{\partial A}{\partial Z}\right)_{\text{Rohr}} = \frac{Z \, l}{F_1 E_1} - \frac{Z \, l}{F_2 E_2}$$

so daß mit $\sigma_z = \dfrac{Z}{F_1}$ und $\sigma_d = \dfrac{D}{F_2}$:

$$\frac{\sigma_z}{E_1} - \frac{\sigma_d}{E_2} = \beta_2 \, (t_2 - t_0) - \beta_1 \, (t_1 - t_0) \tag{105}$$

wird. Für den Fall, daß Bolzen und Rohr aus dem gleichen Material bestehen, folgt aus den Gleichungen (104) und (105):

$$\left. \begin{aligned} \sigma_z &= \frac{F_2}{F_1 + F_2} E \, \beta \, (t_2 - t_1) \,, \\ \sigma_d &= \frac{F_1}{F_1 + F_2} E \, \beta \, (t_2 - t_1) \,. \end{aligned} \right\} \tag{106}$$

Ist ferner $\quad F_1 = F_2, \quad$ so wird: $\quad \sigma_z = -\sigma_d = 12{,}5 \,\text{at}/^{\circ}\text{C}\,.$

In ähnlicher Weise kann die Spannung berechnet werden, die durch ungleichmäßige Erwärmung in einer ebenen Wand entsteht, wenn der Temperaturverlauf bekannt ist (Abb. 103). Eine Faserschicht in der Entfernung x habe die Temperatur t; die dadurch mögliche Verlängerung gegenüber der Grenzfaserschicht mit der Temperatur t_1 wäre $l\beta(t - t_1)$. Wenn die wirkliche Längenänderung aller Fasern infolge des Zusammenhanges der einzelnen Fasern und der Grenzbedingungen Δl ist, so wird die mögliche Verlängerung um den Betrag

$$\Delta l' = l \beta \, (t - t_1) - \Delta l$$

zurückgedrückt, wodurch eine Spannung entsteht:

$$\sigma = -E \, \frac{\Delta l'}{l} \,,$$

$$\sigma = E \, \{\varepsilon - \beta \, (t - t_1)\} \,. \tag{107}$$

Aus der Gleichgewichtsbedingung in der Richtung der Spannungen folgt, wenn an den Endflächen keine äußeren Kräfte wirken:

$$\int \sigma \, df = 0 = E \int \{\varepsilon - \beta \, (t - t_1)\} \, df \,, \quad \text{worin} \quad df = b \, dx \,,$$

oder

$$\int \sigma \, df = \varepsilon \, \delta - \beta \int t \, dx + \beta \, t_1 \int dx = 0$$

und:

$$\varepsilon = \frac{\beta}{\delta} \int_0^\delta t \, dx - \beta \, t_1 \,. \tag{108}$$

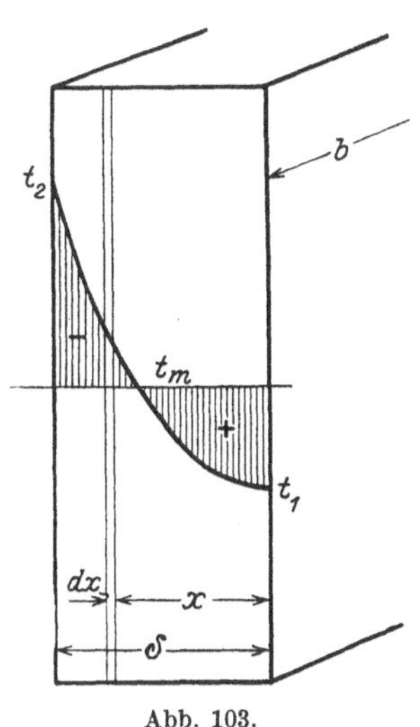
Abb. 103.

Da $\dfrac{1}{\delta} \displaystyle\int_0^\delta t \, dx = t_m$ die mittlere Wandtemperatur ist, wird

$$\varepsilon = \beta \, (t_m - t_1)$$

und mit Gleichung (107)

$$\sigma = E \, \beta \, (t_m - t) \,. \tag{109}$$

Der Spannungsverlauf ist also aus dem Temperaturverlauf sofort abzulesen.

Bei der Ableitung dieser Gleichung war vorausgesetzt, daß alle Fasern die gleiche Länge behalten, also gerade bleiben. Kann die Wand sich aber frei ausdehnen, so wird sie sich krümmen, da die wärmeren Schichten sich mehr ausdehnen als die kälteren. Für kleine Krümmungen erhält man dann immer eine geradlinige Spannungsverteilung über den Querschnitt. Die Biegungsspannungen folgen sofort aus den Dehnungen zu:

$$\sigma = \varepsilon E = \beta E \left(t_2 - t'_m\right), \tag{110}$$

worin t'_m die Temperatur in der neutralen Faserschicht ist.

Die für die ebene Platte abgeleiteten Gleichungen gelten auch für ein dünnwandiges Rohr. Besonders gefährlich sind plötzliche Temperaturänderungen in schlechten Wärmeleitern, da die mittlere Temperatur dann wenig von der ursprünglichen Temperatur abweicht, und dadurch $t - t_m$ groß wird (Abb. 104).

Auch für eine zweidimensionale Temperaturverteilung in einer ebenen Platte lassen sich die Wärmespannungen leicht berechnen, wenn z. B. durch die Grenzbedingung festgelegt ist, daß alle Fasern die gleiche Länge beibehalten.

Aus den allgemeinen Spannungsgleichungen

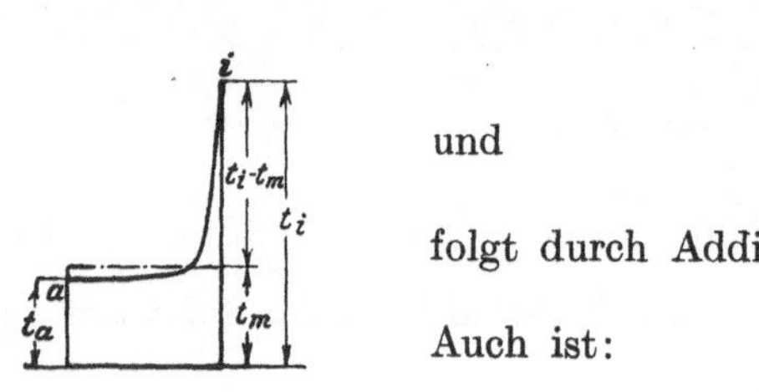

Abb. 104.
Wärmespannungen bei plötzlicher Temperaturänderung (nach Winkel).

$$\varepsilon_x E = \sigma_x - \frac{\sigma_y}{m}$$

und

$$\varepsilon_y E = \sigma_y - \frac{\sigma_x}{m}$$

folgt durch Addition: $\quad (\varepsilon_x + \varepsilon_y)\, \dfrac{m E}{m-1} = \sigma_x + \sigma_y \,.$

Auch ist:

$$m E \varepsilon_x = m \sigma_x - \sigma_y\,.$$

Durch nochmalige Addition erhält man:

$$\sigma_x = \frac{m E}{m+1}\left(\varepsilon_x + \frac{\varepsilon_x + \varepsilon_y}{m-1}\right) = 2 G \left(\varepsilon_x + \frac{\varepsilon_x + \varepsilon_y}{m-1}\right)$$

und in ähnlicher Weise: $\quad \sigma_y = 2 G \left(\varepsilon_y + \dfrac{\varepsilon_x + \varepsilon_y}{m-1}\right).$

Werden die Spannungen nun durch eine ungleichmäßige Temperaturverteilung erzeugt, so ist (nach Gleichung (107)) ε durch $\varepsilon - \beta \tau$ zu ersetzen, worin zur Abkürzung $\tau = t - t_1$ gesetzt ist.

Damit wird: $\quad \sigma_x = 2 G \left(\varepsilon_x + \dfrac{\varepsilon_x + \varepsilon_y}{m-1} - \dfrac{m+1}{m-1}\,\beta\,\tau\right)$

und

$$\sigma_y = 2 G \left(\varepsilon_y + \frac{\varepsilon_x + \varepsilon_y}{m-1} - \frac{m+1}{m-1}\,\beta\,\tau\right).$$

Die Gleichgewichtsbedingungen in den X- und Y-Richtungen liefern die Gleichungen

$$b \int_0^\delta \sigma_x\, dz = 0 \quad \text{und} \quad l \int_0^\delta \sigma_y\, dz = 0\,.$$

Setzt man darin die Werte von σ_x und σ_y ein, und integriert, so erhält man:

$$\varepsilon_x + \frac{\varepsilon_x + \varepsilon_y}{m-1} - \frac{m+1}{m-1} \cdot \frac{1}{\delta} \int_0^\delta \tau\, dz = 0\,.$$

Da $\quad \dfrac{1}{\delta} \displaystyle\int_0^\delta \tau\, dz = \tau_m$ ist, wird

und

$$\left.\begin{aligned} \sigma_x &= 2 G\, \frac{m+1}{m-1}\, \beta\, (\tau_m - \tau) \\[2ex] \sigma_y &= 2 G\, \frac{m+1}{m-1}\, \beta\, (\tau_m - \tau) \end{aligned}\right\} \tag{111}$$

Diese Gleichungen gelten z. B. auch für dickwandige Rohre, wenn $\tau_m = \dfrac{1}{F}\displaystyle\int t\, df$ gesetzt wird, worin $df = 2\,\pi\,r\,d\,r$ ist.

Vorlesungen über
Maschinenelemente

von

Dipl.-Ing. M. ten Bosch

Professor an der Eidgenössischen Technischen Hochschule
Zürich

II. Heft

Allgemeine Gesichtspunkte
und Verbindungen

Mit 207 Textabbildungen

Springer-Verlag Berlin Heidelberg GmbH 1930

Inhaltsverzeichnis.

II. Allgemeine Gesichtspunkte und Verbindungen.

A. Einleitung.

Die Organisation jedes modernen technischen Betriebes beruht auf einer weitgehenden Arbeitsteilung. Die „Spezialisierung" der Arbeit ist wirtschaftlich notwendig, weil bei öfterer Wiederholung die gleiche Arbeit viel rascher, also billiger, ausgeführt wird. Sie führt zur Massenherstellung auf vollständig automatischen Maschinen. So werden Bleche, Rohre, Walzprofile, Schrauben, Niete, Kugellager, Schmierringe, ja ganze Maschinen, wie Elektromotoren, Zentrifugalpumpen, Automobile usw. heute als Massenprodukt hergestellt. Sie sind ab Lager lieferbar. Wie groß der damit erreichbare Erfolg ist, erkennt man z. B. daraus, daß bei Einzelausführung ein Automobil das Zehnfache und mehr kosten würde als bei Massenherstellung.

Die notwendige Vorbedingung für die Herstellung einer großen Anzahl genau gleicher Teile ist eine strenge Normung. Die Normung schafft in erster Linie Ordnung, indem Gegenstände mit unter sich unwesentlichen Abweichungen zusammengefaßt, und die Größenabstufungen systematisch festgelegt werden[1]. Im Konstruktionsbüro wird das jedesmalige Aufzeichnen genormter Teile erspart. Die Herstellung auf Spezialmaschinen erhöht den Genauigkeitsgrad, so daß der Verbraucher als weiteren Vorteil neben dem niedrigen Preis noch die Möglichkeit erhält, Ersatzteile zu kaufen, die ohne Nacharbeit austauschbar sind.

Die Bedeutung der Normung anerkennend, haben sich in allen Industrieländern Normenkommissionen gebildet, in denen namhafte Vertreter der Industrie mitwirken. Wenn das Ziel, die Herstellung zu verbilligen, klar vor Augen gehalten wird, so hat die zeitraubende und mühselige Kleinarbeit dieser Kommissionen große wirtschaftliche Bedeutung. Ihr Endziel ist die Festlegung internationaler Normen. Periodisch erscheinende Veröffentlichungen unterrichten über den jeweiligen Stand der Normung[2]. Jedermann sollte die einmal festgelegten Normen beachten und verwenden und so zum wirtschaftlichen Erfolg der Normungsarbeit beitragen.

Die technische Zeichnung. Als unentbehrliches Verständigungsmittel zwischen den einzelnen Mitarbeitern in einem industriellen Unternehmen dient die technische Zeichnung. Sie ist die internationale Sprache des Ingenieurs und kann — im Gegensatz zu allen anderen Sprachen — eindeutig, klar und erschöpfend sein. Sie soll die Gegenstände mit allen ihren Einzelheiten, ihre Herstellung und Bearbeitung so klar beschreiben, daß auch der weniger geschulte Arbeiter diese Gegenstände (ohne ergänzende mündliche Erklärungen) einwandfrei herstellen kann. Zweifel und Mißverständnisse dürfen dabei nicht vorkommen.

Die Herstellung einer technischen Zeichnung erfordert demnach nicht nur eine gewisse Handfertigkeit, sondern auch Vorstellungsvermögen und Sachkenntnis. Die allgemein bildende Mittelschule kann wohl Fertigkeit im Ziehen von sauberen Linien beibringen, sie kann auch durch den Unterricht in darstellender Geometrie das räumliche Anschauungsvermögen entwickeln, niemals aber kann sie Sachkenntnis in der Herstellung und Bearbeitung von Maschinenteilen vermitteln. Fast alle technischen Hochschulen verlangen deshalb beim Eintritt den Nachweis einer praktischen Tätigkeit in den Werkstätten einer Maschinenfabrik[3].

---

[1] So war es durch Normung z. B. möglich, die Anzahl der Riemenscheibenmodelle von 3600 auf 600 zu verkleinern.

[2] Normblattverzeichnis DIN. Beuthverlag G. m. b. H., Berlin SW, Beuthstr. 8. — Normblattverzeichnis VSM. Normalienbüro, Zürich, Lavaterstr. 11.

[3] Ein guter Leitfaden für die praktische Tätigkeit bildet das vom Deutschen Ausschuß für Technisches Schulwesen herausgegebene Buch: F. zur Nedden: Praktikantenausbildung. 3. Aufl. Berlin: Julius Springer 1930.

Da schon in einer mittleren Maschinenfabrik leicht hunderttausend Zeichnungen vorhanden sind, so werden durch deren Herstellung und Aufbewahrung in Archiven große Kapitalien festgelegt. Die Maschinenfabriken haben deshalb Mittel und Wege gesucht, die Zeichnung so rasch und so billig wie möglich herzustellen. Da selbstverständlich weder die Vollständigkeit noch die Klarheit der Zeichnung darunter leiden darf, kann die Verbilligung nur durch

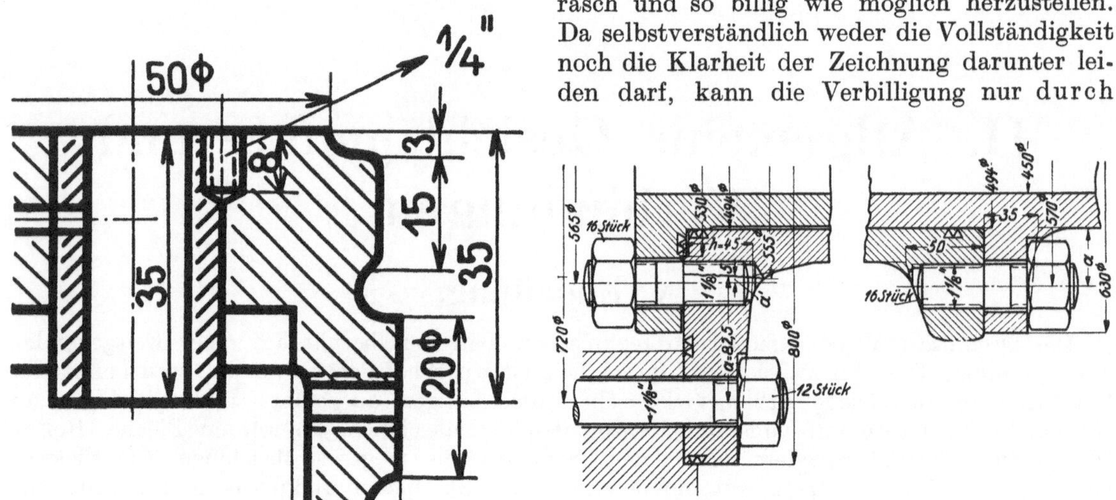

Abb. 1 und 2. Strichstärke und Maßzahlen für Werkzeichnungen in 1:1 und 1:5 (nach Riedler und Rötscher).

Weglassung unnötiger Arbeiten erreicht werden. Bemalte, schattierte oder perspektivische Bilder gehören deshalb nicht auf eine Maschinenzeichnung.

Die Erfahrungen über Ausführung und Beschriftung von Zeichnungen, über Maßzahlen, Stücklisten usw. sind in Normen zusammengestellt, die in jedem Zeichenbüro vorhanden sind[1].

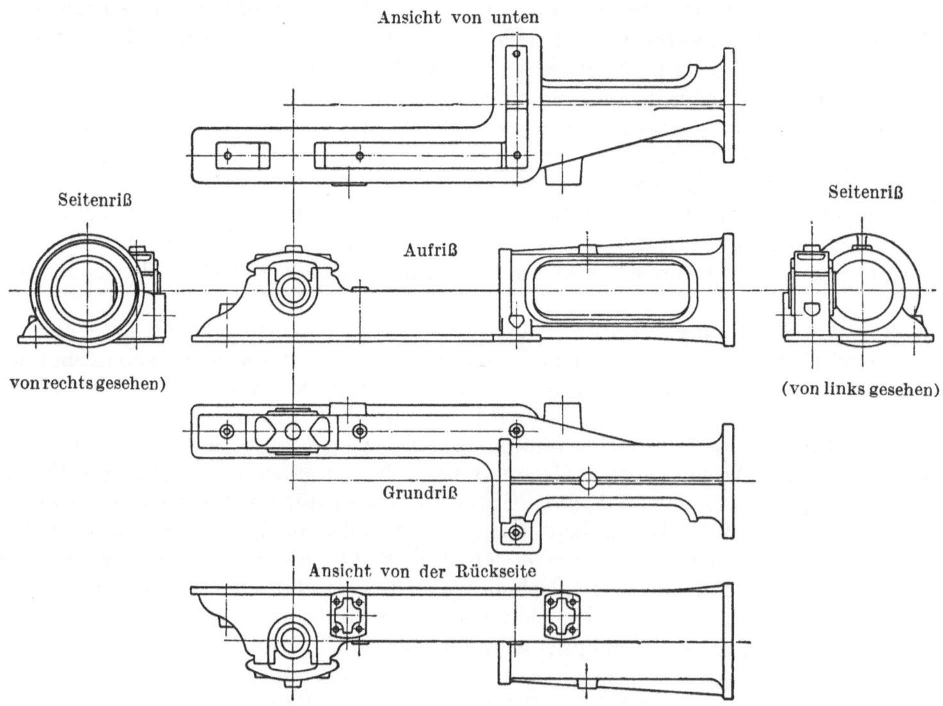

Abb. 3. Anordnung der Projektionen (nach Riedler).

Ausschlaggebend für die Ausführung der technischen Zeichnung ist die Tatsache, daß nicht die Originalzeichnung in den Werkstätten verwendet wird, sondern deren Lichtkopie (Blaupause). Deshalb sind die Zeichnungen einfarbig, schwarz. Die Umrißlinien sind kräftig aus-

---

[1] Dinbuch 8. Zeichnungsnormen von Dr.-Ing. A. Heilandt u. A. Maier, 4. Aufl. Berlin: Beuthverlag 1927.

zuziehen, damit das Bild gegenüber Schraffur und Maßzahlen hervorgehoben wird. Die Strichstärke ist je nach der Größe des dargestellten Gegenstandes und je nach dem Maßstab verschieden (Abb. 1 u. 2).

Die Mittellinien werden strichpunktiert, die Maß- und Hilfslinien schwach ausgezogen. Un-

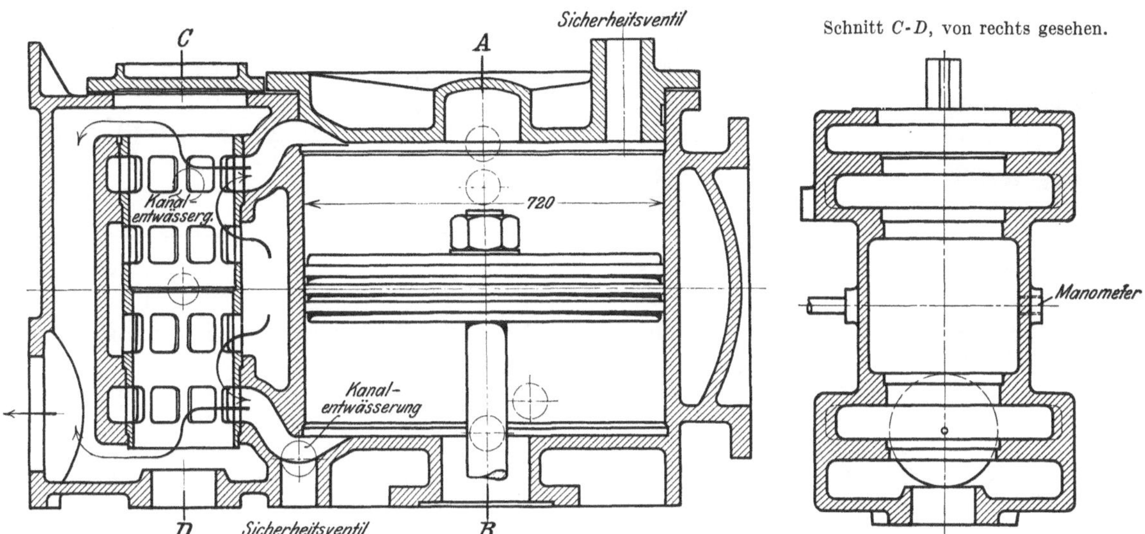

Abb. 4. Falsche Lage des Schnittes *C-D* zur Hauptfigur (nach Volk, Masch.-Zeichnen).

sichtbare Teile werden gestrichelt (nicht punktiert) dargestellt mit schwächerer Strichstärke als
die Umrißlinien. Durchdringungslinien von Körpern sollen nicht auffällig dargestellt, sondern
nur angedeutet werden.

a) **Anordnung der Ansichten und Schnitte.** Für die Darstellung eines Gegenstandes
sind im allgemeinen mehrere Ansichten und
Schnitte erforderlich. Die Schnitte zeigen das
Innere der Maschinenteile; sie sind Ansichten auf
den nach dem Wegschneiden übrigbleibenden Teil.
Es werden nur die in der Schnittebene sichtbaren

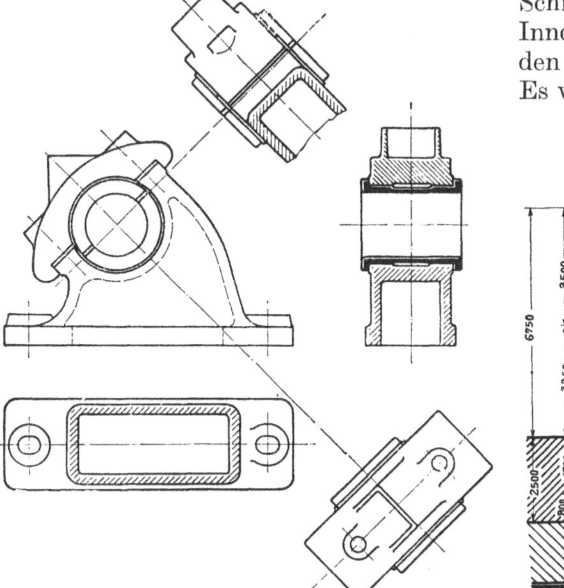

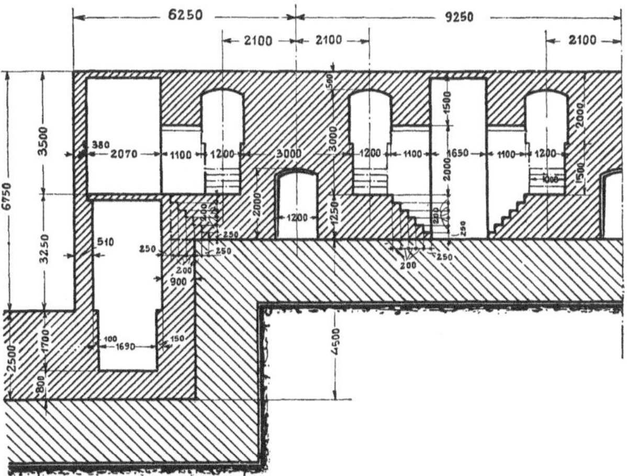

Teile gezeichnet; die dahinten liegenden unsichtbaren nur dann, wenn sie zur Deutlichkeit
beitragen. Teile, die vor dem Schnitt liegen, sind nur ausnahmsweise und dann mit schwachen
Strichpunktlinien zu zeichnen.

Jeder Körper muß durch so viele Ansichten und Schnitte dargestellt werden, wie für seine
einwandfreie Herstellung erforderlich sind. Die Anordnung der verschiedenen Ansichten erfolgt

in Europa nach den Regeln der darstellenden Geometrie, d. h. durch Projektion auf drei zueinander senkrechte Ebenen und Umklappen in die Sichtrichtung (Abb. 3). Die strengste Einhaltung dieser Regel ist unerläßlich, wenn Irrtum und Schaden vermieden werden

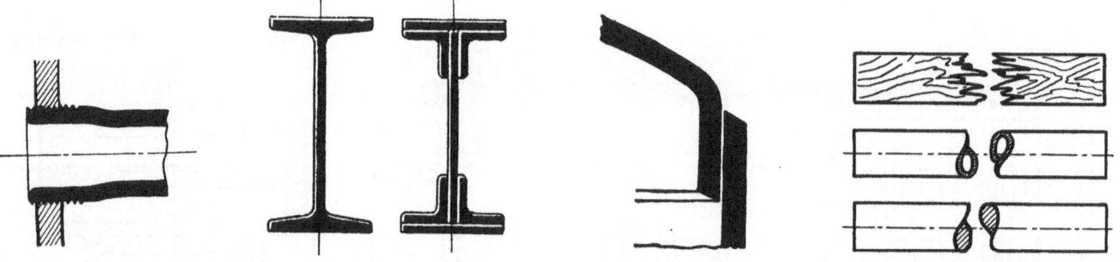

Abb. 7. Kleine Querschnitte werden schwarz angelegt (nach Riedler u. Volk).				Abb. 8. Bruchlinien.

soll[1]. Unvermeidliche Abweichungen von der Regel sind durch Beschriftung deutlich zu kennzeichnen, z. B. in Abb. 4 Schnitt *CD*, von rechts gesehen.

Die Gegenstände sind in der Gebrauchslage zu zeichnen, stehende sollen also nicht liegend, hängende nicht stehend dargestellt werden. Die einmal gewählte Blattlage ist beim Aufzeichnen weiterer Teile beizubehalten. Damit die Form unverkürzt dargestellt wird, ist es oft zweckmäßig, Gegenstände um schräglaufende Kanten umzulegen (Abb. 5).

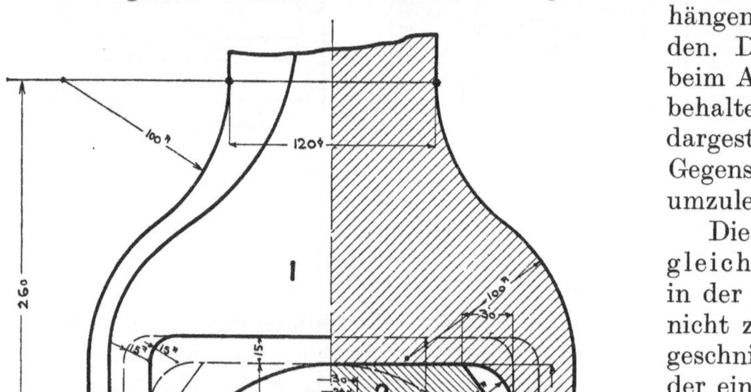

Die Schnittflächen sind unter 45° gleichmäßig zu schraffieren, und zwar in der Strichstärke der Maßlinien und nicht zu eng (Abb. 1 u. 2). Stoßen zwei geschnittene Teile aneinander, so wird der eine Teil von links nach rechts, der andere von rechts nach links schraffiert. Die Kennzeichnung des Werkstoffes durch die Art der Schraffur ist nicht mehr üblich; er wird in der Stückliste (S. 16) angegeben. Nur Holz (Abb. 8) und Erdreich (Abb. 6) werden durch unregelmäßige Schraffur dargestellt. Kleine Querschnitte, wie Büchsen, Bleche, Normalprofile usw. werden schwarz angelegt; zusammenpassende Teile werden dann durch Lichtränder oder Zwischenräume getrennt (Abb. 7).

Bruchlinien für abgebrochen dargestellte Teile werden durch freihändig gezogene Linien angedeutet, die nicht übertrieben unregelmäßig und dünner als die ausgezogenen Umrißlinien zu zeichnen sind (Abb. 5, rechts oben). Holz, Rundeisen, Rohre, Schienen werden an der Bruchstelle besonders gekennzeichnet (Abb. 8). Bei schraffierten Schnittflächen ist eine Bruchlinie über-

Abb. 9. Teilansicht und Schnitt durch Symmetrielinie getrennt (nach Riedler).

flüssig (Abb. 6, links). Um Platz zu sparen, können symmetrische Teile halb in Ansicht und halb in Schnitt gezeichnet werden; die Trennungslinie ist die strichpunktierte Mittellinie (Abb. 9).

---

[1] In Amerika werden die Ansichten auf diejenige Seite neben der Hauptfigur gezeichnet, auf welche sich der Arbeiter stellt, um sie zu sehen.

Die Querschnitte sind nicht immer „ebene" Schnitte, sondern die Schnitte sollten so gelegt werden, daß die Form eindeutig dargestellt wird. Liegt der Schnitt nicht in einer Ebene, so wird der Schnittverlauf durch kurze, kräftige Strichpunktlinien angedeutet (Abb. 10).

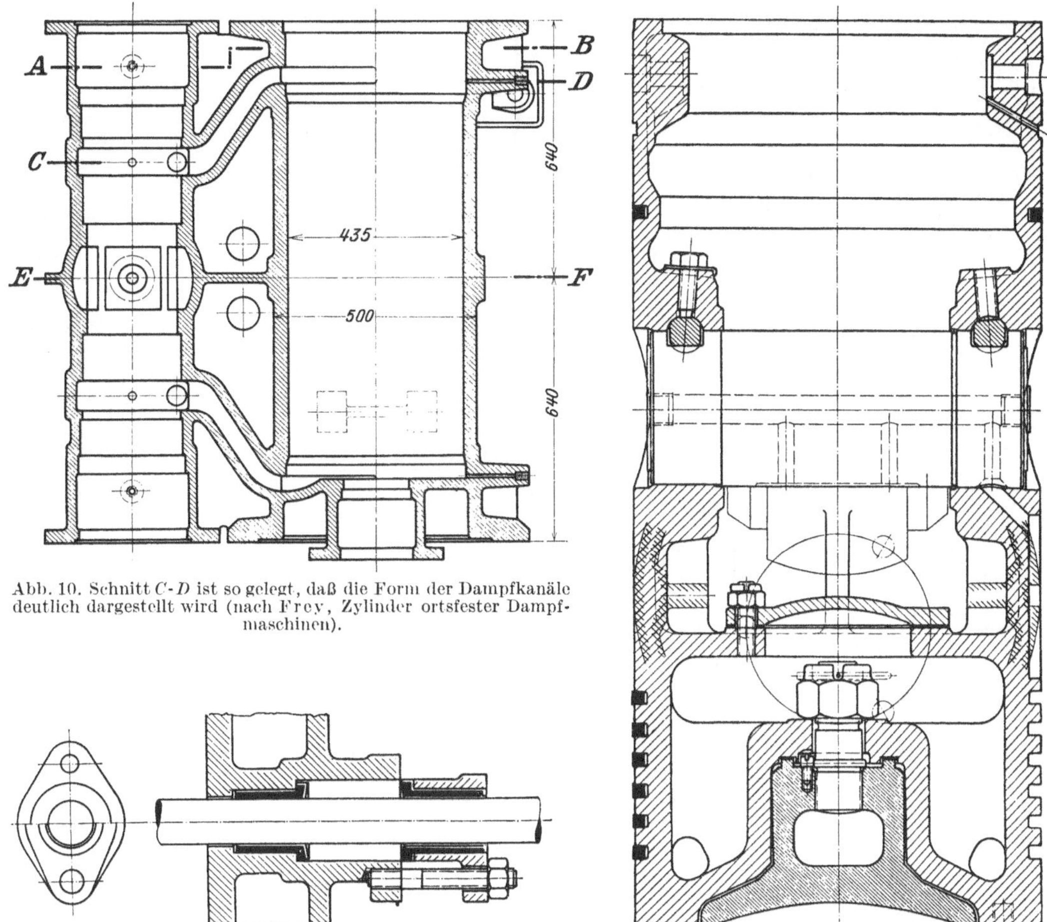

Abb. 10. Schnitt *C-D* ist so gelegt, daß die Form der Dampfkanäle deutlich dargestellt wird (nach Frey, Zylinder ortsfester Dampfmaschinen).

Abb. 12. Stopfbüchse (nach Riedler).

Abb. 11 (nach Volk) zeigt einen Teilschnitt senkrecht zur Bildebene (Kolben einer Dieselmaschine).

Teilschnitte können ausnahmsweise auch dann gezeichnet werden, wenn sie in einer zur Bildebene senkrecht stehenden Ebene liegen; sie sind dann in dünnen Vollinien zu zeichnen (Abb. 11).

Stopfbüchsen sind immer in vollständig geöffneter Lage zu zeichnen, um die erforderliche Länge der Schrauben und den Raumbedarf beurteilen zu können (Abb. 12).

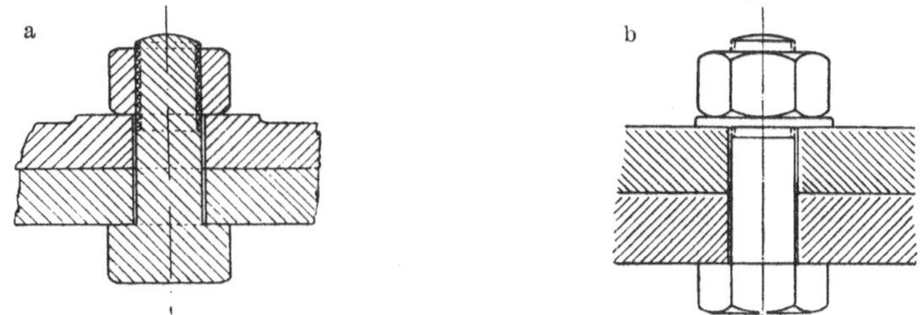

Abb. 13a, b (nach Riedler.)
a Unrichtiger Schnitt durch die Schraube,   b Richtiger Schnitt neben der Schraube.

Volle Stücke, wie Bolzen, Schrauben, Wellen, Rippen usw., werden in der Längsrichtung nicht geschnitten (Abb. 13, 14 u. 15).

Wird ein Stück nur teilweise geschnitten, so sollen Ansicht und Schnitt nicht durch eine Körperkante, sondern durch eine Bruchlinie getrennt werden (Abb. 16 u. 17).

Es ist fehlerhaft, ein Übermaß von gestrichelten Linien (Abb. 18 u. 19) oder mehrere Bilder
(z. B. im Grundriß) durcheinander zu zeichnen, weil die Zeichnung dadurch überladen wird.

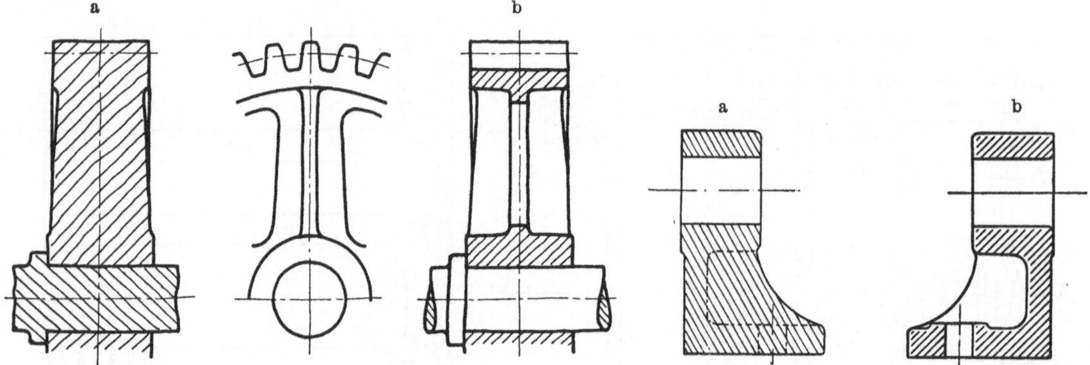

Abb. 14 (nach Volk.) a Zahn, Rippe und Welle nicht schneiden,
b Richtiger Schnitt durch Zahn- und Armlücke.

Abb. 15 (nach Riedler.) a Unrichtiger Schnitt durch
eine Rippe, b Richtiger Schnitt neben der Rippe.

b) Das Eintragen der Maße. Da das Werkstück nach der Zeichnung hergestellt werden
soll, müssen sämtliche für die Ausführung erforderlichen Maße eingetragen werden.

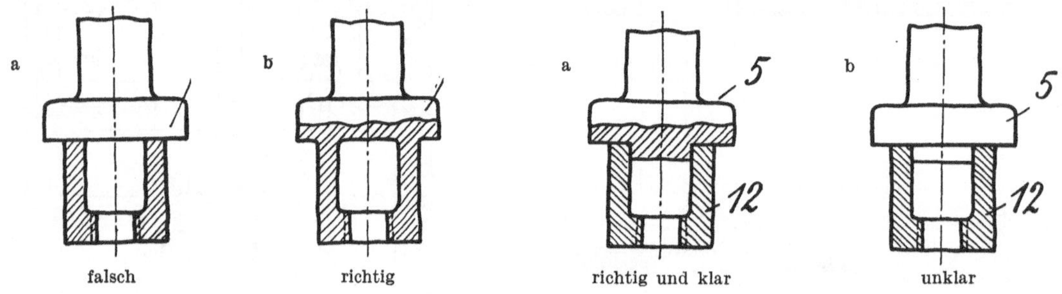

Abb. 16 und 17. Teilansicht und Schnitt durch Bruchlinien trennen (nach Volk).

Die Ausführungsmaße dürfen nie aus der Zeichnung abgemessen werden, sondern die eingeschriebenen Maßzahlen sind abzulesen. Das richtige Eintragen der Maße erfordert Überlegung

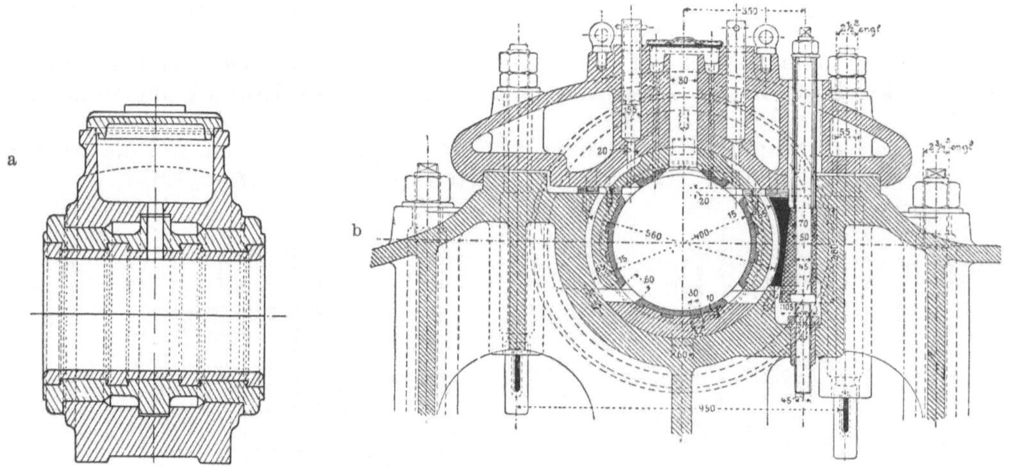

Abb. 18a, b. Durch überflüssige punktierte Linien der unsichtbaren Teile entsteht eine überladene und undeutliche Zeichnung
(nach Riedler).

und Sachkenntnis, denn es sollen nur solche Maße eingetragen werden, die der Arbeiter zur
Herstellung braucht. Während der praktischen Tätigkeit gibt namentlich das Arbeiten in der
Modelltischlerei und an der Anreißplatte Gelegenheit, die hohen Anforderungen der Werkstatt

an eine technische Zeichnung kennenzulernen. Abb. 20 zeigt an einem einfachen Stück die für die Herstellung des Modelles und die für den Zusammenbau notwendigen Maße.

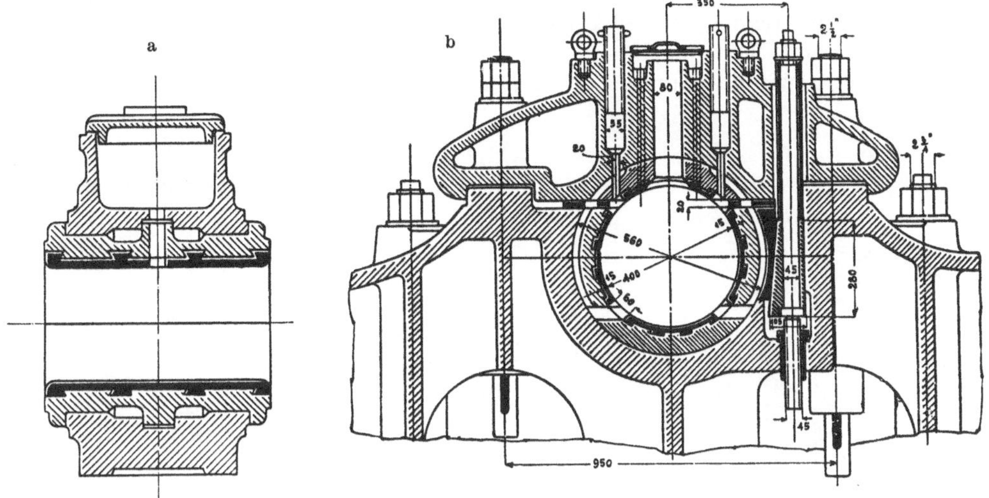

Abb. 19a, b. Richtige Darstellung, auf den Schnitt beschränkt. Kleine Teile besonders hervorgehoben (nach Riedler).

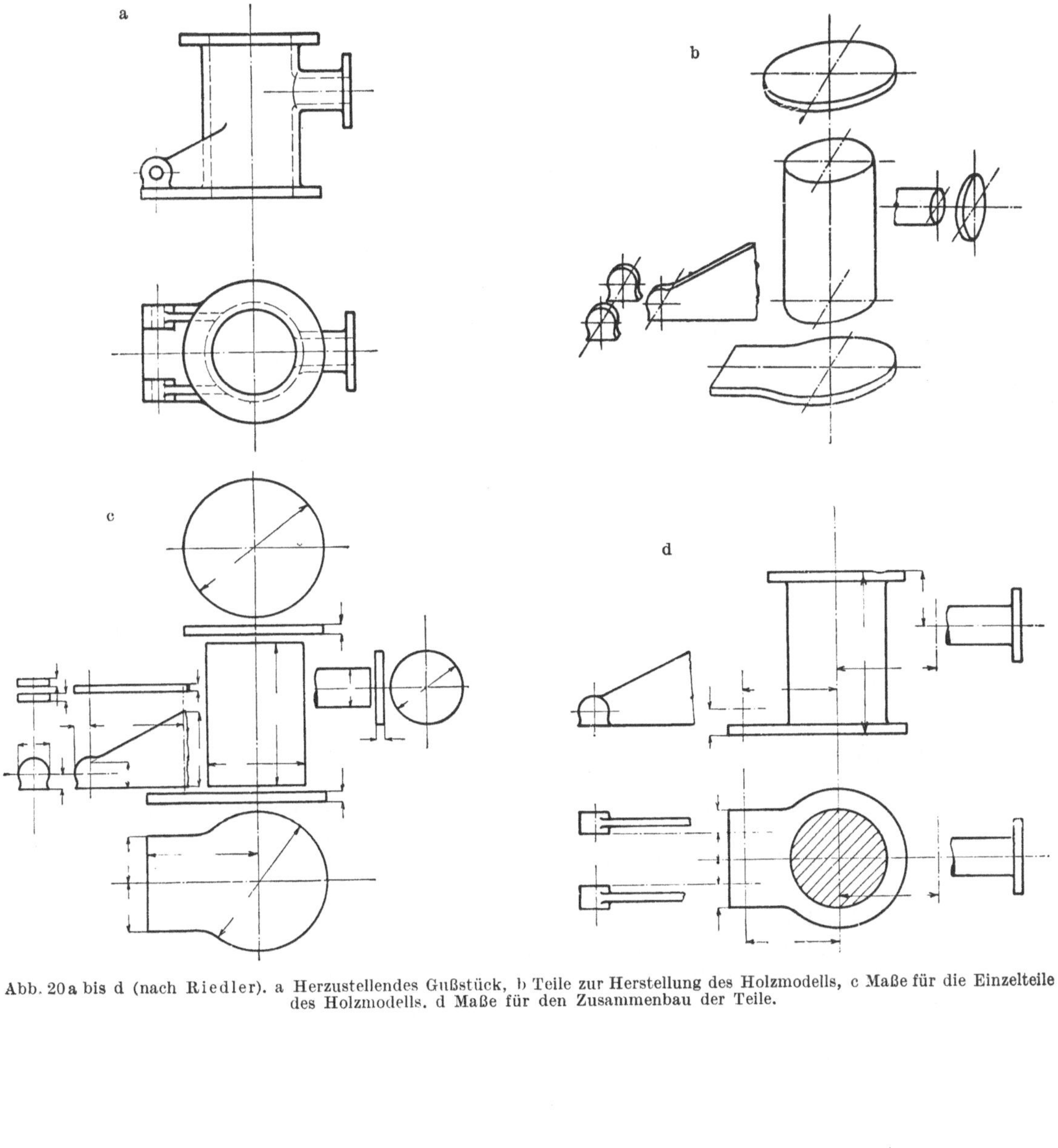

Abb. 20a bis d (nach Riedler). a Herzustellendes Gußstück, b Teile zur Herstellung des Holzmodells, c Maße für die Einzelteile des Holzmodells. d Maße für den Zusammenbau der Teile.

Um die Bearbeitung vorzuzeichnen (anzureißen), wird das Werkstück auf eine sauber gehobelte, glatt geschmirgelte und genau horizontal gelagerte Anreißplatte gelegt.

Als Anstrichfarbe für das Werkstück dient in Wasser gelöste Schlemmkreide mit einem geringen Zusatz von Leinöl und Sikkativ. Neben Spitzzirkel, Maßstab und Winkelmaß sind der Parallelreißer mit Feineinstellung, der Anschlagwinkel und der Reißwinkel (Abb. 21 u. 22) die Hauptwerkzeuge des Anreißers. Zum Ausrichten der Arbeitsstücke dienen Schrauben-

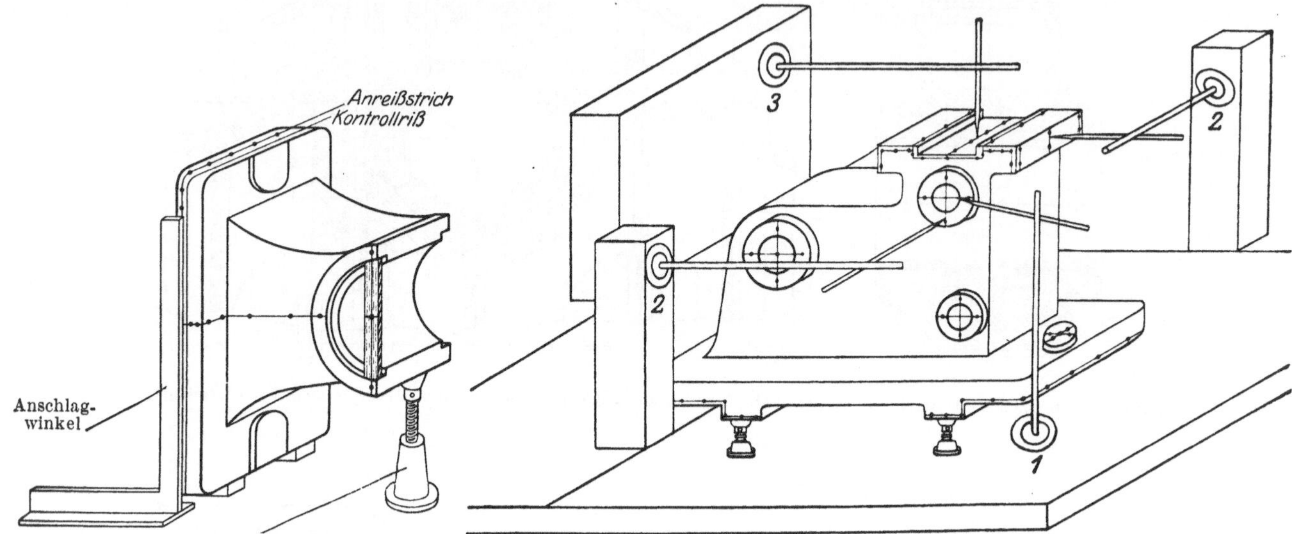

Abb. 21. Schraubenbock zum Ausrichten des Werkstückes (nach Frangenheim, Anreißen).

Abb. 22. Anreißen eines Lagerblocks (nach Frangenheim) 1. Parallel-Anreißer, 2, 3 Reißwinkelkästen.

böcke in verschiedener Höhe (Abb. 21). Zuerst werden die Mittellinien angerissen und von dort aus die anderen Maßlinien eingezeichnet. Bei Bohrungen, durchbrochenen Flächen usw. werden Holzstücke eingesetzt, um die Mittelpunkte festzulegen.

Für das Eintragen der Maße in die Zeichnungen gelten folgende Regeln:

1. Jedes Maß ist nur einmal einzutragen, und zwar dort, wo die richtige Gestalt des Gegenstandes am klarsten sichtbar ist (Abb. 23).

2. Die Maßlinien werden schwach voll ausgezogen und an der Stelle der Maßzahlen unterbrochen. Die Maßlinien werden durch scharfe Pfeile begrenzt (Abb. 24).

3. Die Maßzahlen sind groß (etwa 3,5 mm hoch), deutlich und in der Richtung der Maßlinien einzutragen. Damit die Zahlen

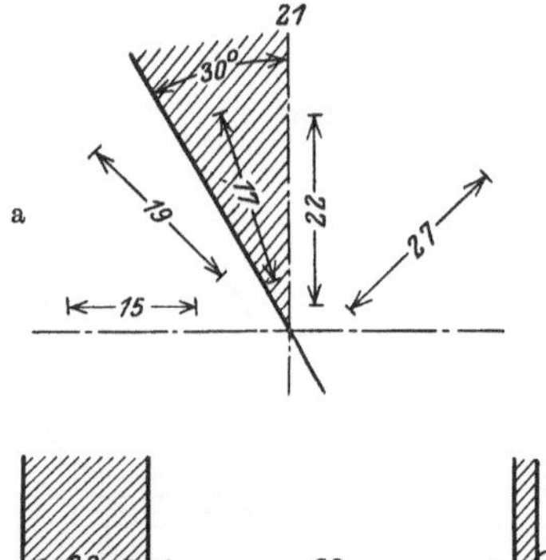

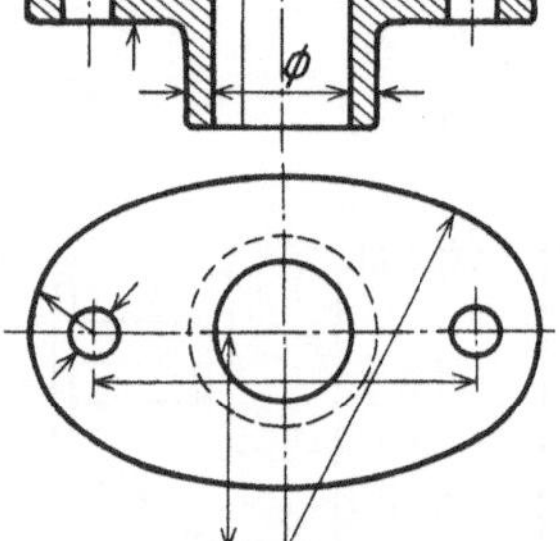

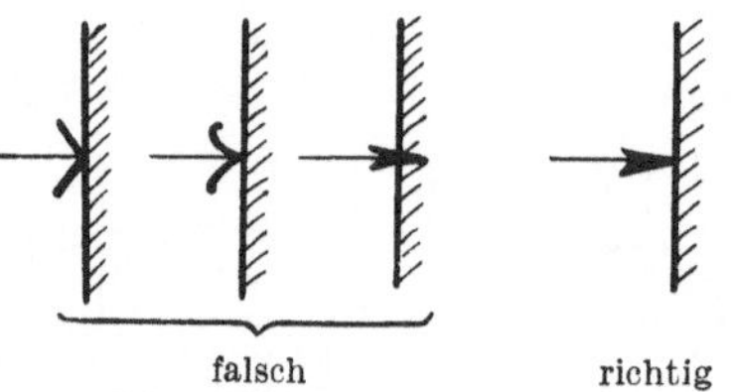

Abb. 23. Maße dort eintragen, wo die richtige Gestalt sichtbar ist.

Abb. 24. Eintragen der Maßpfeile (nach Apel-Fröhlich).

Abb. 25a, b. Eintragen der Maßzahlen.

leicht zu lesen sind, sollten innerhalb der schraffierten Winkelfläche in Abb. 25a keine Zahlen eingetragen werden. Sind sie nicht zu vermeiden, dann müssen sie von links her lesbar sein. Die Ziffern der Maßzahlen dürfen durch Linien weder getrennt noch gekreuzt werden (Abb. 26 u. 27).

Ist zwischen den Pfeilen kein Platz für die Zahl vorhanden, so ist sie darüber oder in die Nähe zu schreiben, aber immer in der Richtung der Maßlinie (Abb. 1 und 25a).

Die Maßzahlen sind innerhalb der Umrißlinien des Gegenstandes unterzubringen. Erst wenn die Zeichnung dadurch überladen würde, dürfen die Maßlinien aus der Abbildung herausgezogen werden. Die voll ausgezogenen Hilfslinien sollen etwa 3 mm über die Maßlinien hinausgehen.

4. Die Maße müssen in der Zeichnung richtig verteilt werden (Abb. 26 bis 28). Damit keine

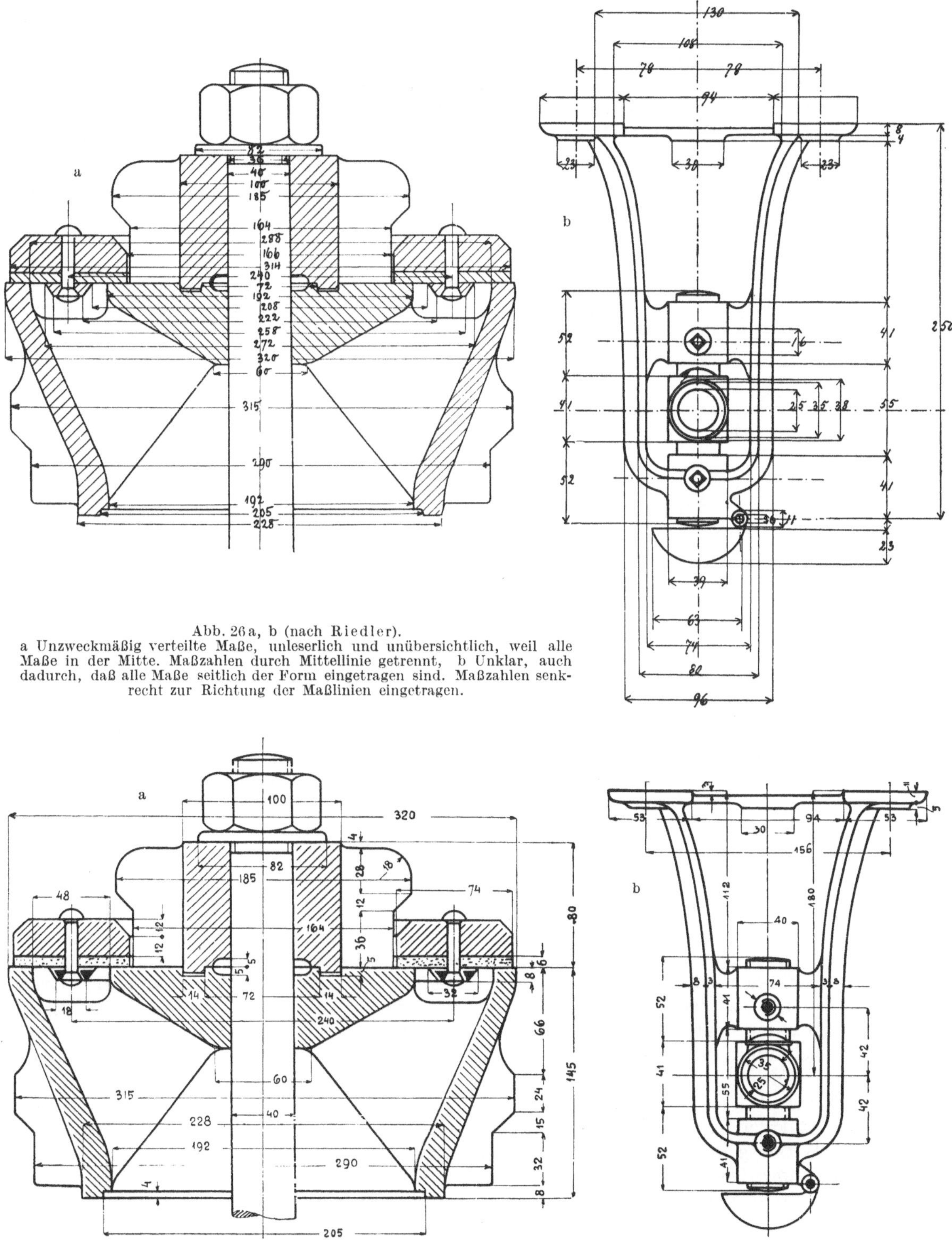

Abb. 26 a, b (nach Riedler).
a Unzweckmäßig verteilte Maße, unleserlich und unübersichtlich, weil alle Maße in der Mitte. Maßzahlen durch Mittellinie getrennt, b Unklar, auch dadurch, daß alle Maße seitlich der Form eingetragen sind. Maßzahlen senkrecht zur Richtung der Maßlinien eingetragen.

Abb. 27 a, b. Zweckmäßig verteilte Maße (nach Riedler).

Maße vergessen und damit sie durch den Arbeiter leicht gefunden werden, ist es empfehlenswert, „Maßketten" zu verwenden (Abb. 29). Es werden dann drei Maßlinien gezogen: Eine für die

Gesamtlänge, eine zweite für die Außenteilmaße und eine dritte für die Innenteilmaße. Die Addition der Teilmaße und der Vergleich der Summe mit dem Gesamtmaß bietet eine gute Kontrolle für die Richtigkeit der eingetragenen Zahlenwerte.

5. Maßangaben, die mit der gezeichneten Länge der Maßlinie nicht übereinstimmen, sind zu unterstreichen (Abb. 30).

Fehlerhaft ist es:

1. Überflüssige, willkürliche, für die Herstellung nicht notwendige Maße einzutragen.

2. Alle Maße nach außen zu ziehen (Abb. 28).

3. Körperkanten und Mittellinien als Maßlinien zu benützen.

4. Radien statt Durchmesser für runde Teile einzutragen (weil der Arbeiter nicht den Radius, sondern den Durchmesser mißt).

5. Gleichzeitig Innen- und Außenmaße in einer Maßkette zusammenfassen

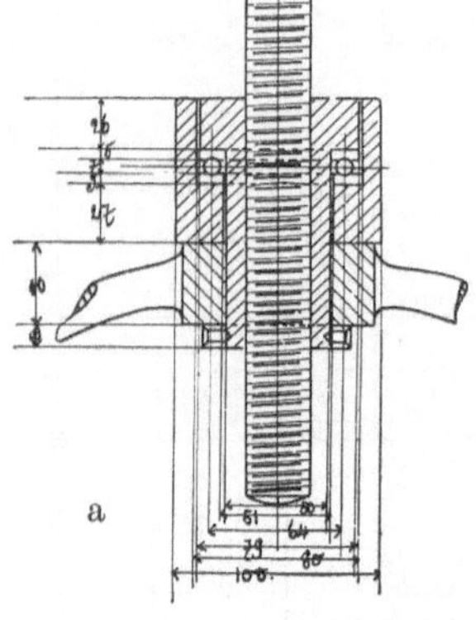

a

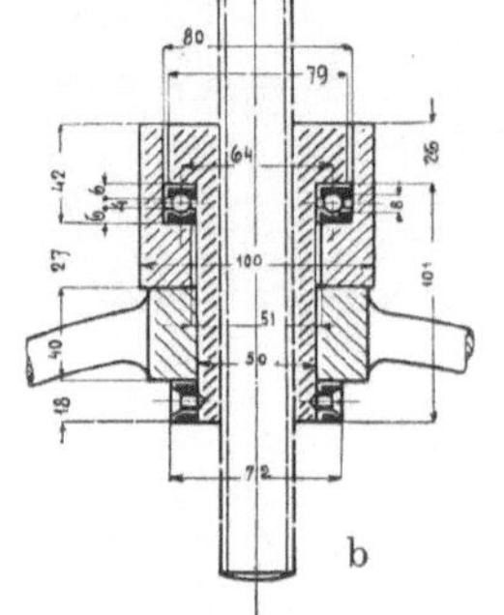

b

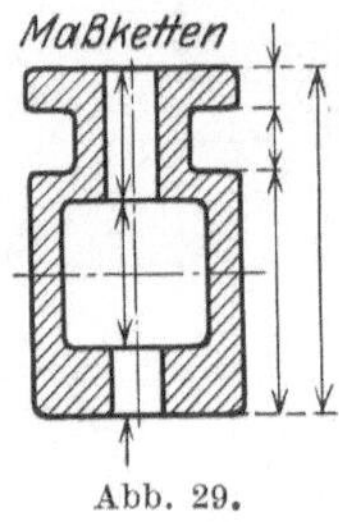

Abb. 29.

Abb. 28a, b (nach Riedler).

a Unleserliche Maße, weil sämtlich nach außen eingetragen und durch Maßlinien durchstrichen sind.

b Richtig verteilt und übersichtlich.

c) Bearbeitungsangaben, Passungen, Stückliste. Alle Werkzeichnungen müssen neben den Maßzahlen auch Angaben darüber enthalten, welche Flächen zu bearbeiten sind, und wie genau die Bearbeitung durchgeführt werden soll. Die Art der Bearbeitung ist nämlich sehr verschieden, je nachdem die Oberfläche geschruppt, geschlichtet, geschliffen, poliert, gehärtet usw. werden soll. Wenn die Maße genau eingehalten werden sollen, so ist für die Bearbeitung eine Materialzugabe vorzusehen.

Alle diese Angaben sind in die Originalzeichnung so einzutragen, daß sie auch in den Lichtpausen enthalten sind. Farbige Angaben sind deshalb unzulässig. Nach den zweckmäßigen

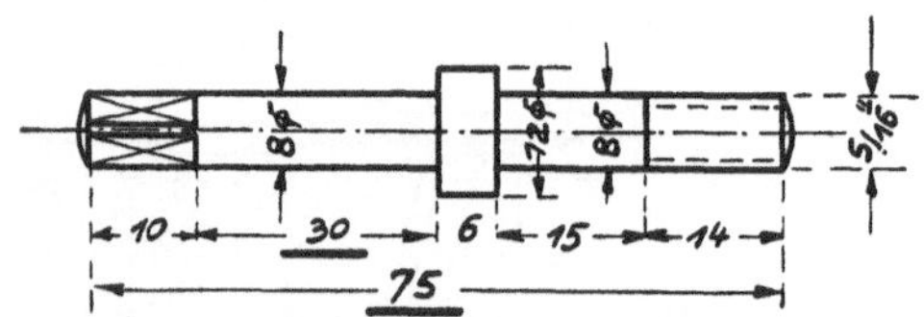

Abb. 30. Unterstrichene Maße stimmen mit der gezeichneten Länge nicht überein (nach Apel und Fröhlich).

Abb. 31. Bearbeitungsangaben.

Normen des Vereins Schweizer Maschinenindustrieller bedeutet das Zeichen ∫ Materialzugabe, und die Bearbeitung wird entweder durch eingekreiste Zahlen gekennzeichnet (Abb. 31), deren Bedeutung in einem Verzeichnis nachzuschlagen ist oder auch sofort dazu geschrieben wird. Ist an einem Stück der Bearbeitungsgrad für alle Flächen gleich, so kann die Angabe neben die Positionsbezeichnung (vgl. Stückliste) gesetzt werden. Nach den Dinormen wird die Materialzugabe durch eine strichpunktierte Linie angedeutet. (Vgl. Abb. 65, Seite 22.)

Weil mit der Bearbeitungsgenauigkeit die Herstellungskosten rasch steigen, sollte die Bearbeitungsgenauigkeit nie größer vorgeschrieben werden, als für den richtigen Zusammenbau und für die Wirkung unbedingt erforderlich ist (Abb. 35).

Beim Zusammenbau einer Maschine müssen verschiedene Teile in einer bestimmten Weise zusammenpassen; so sollen z. B. Wellen mehr oder weniger leicht in einem Lager laufen oder es sollen Zapfen in eine Bohrung verschiebbar oder gelenkig passen oder auch fest sitzen. Für alle diese „Passungen" gibt die Zeichnung nur ein Maß, das sog. Nennmaß, und dazu die Bearbeitungsangabe. Mit diesen Angaben kann aber der Dreher weder die Bohrung noch die Welle so herstellen, wie es die Wirkungsweise der Maschine erfordert. Er sollte außerdem noch wissen wie Zapfen und Bohrung zusammenpassen müssen. Man hat dazu verschiedene

Benennungen (Sitze genannt) eingeführt, die ebenfalls in die Zeichnung einzutragen sind. Man unterscheidet:

1. Laufsitz für Zapfen, die in einer Bohrung laufen sollen, und zwar:

weiter Laufsitz, Laufsitz (ohne nähere Bezeichnung),
leichter Laufsitz, enger Laufsitz,

je nach der für den Verwendungszweck erforderlichen Größe des Spieles.

2. Gleitsitz für Teile, die von Hand verschiebbar sein sollen, z. B. Reitstockpinole im Reitstock.

3. Schiebesitz (Paßsitz), etwas genauer passend, z. B. für Paßschrauben.

4. Haftsitz für Zapfen, die mit Blei- oder Holzhammer in die Bohrung eingeschlagen werden, z. B. Kugellagerinnenringe, Schwungradnaben.

5. Treib- oder Festsitz für Teile, die mit einer gewissen Spannung festsitzen, und

6. Preßsitz für fest aufgepreßte Teile.

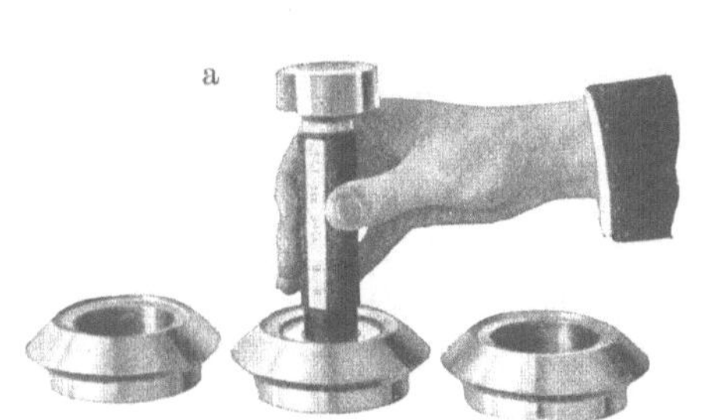
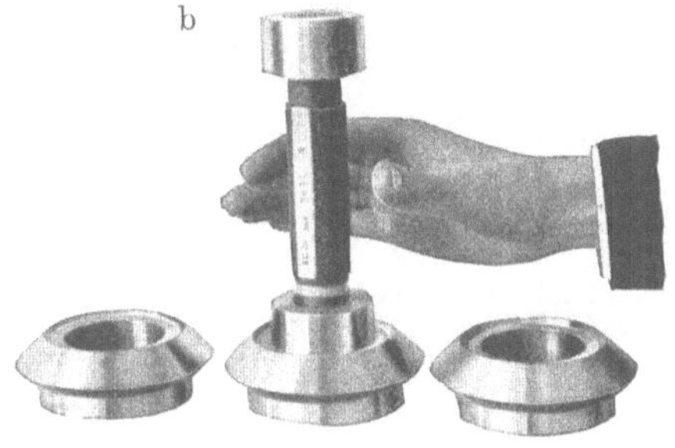

Abb. 32a, b. Lehren von Bohrungen (L. Loewe, Berlin).

a Die Gutseite des Kaliberdornes muß sich leicht in die Boh- rung einführen lassen.

b Die Ausschußseite darf nicht in die Bohrung hineingehen; sie darf höchstens anfassen (anschnäbeln).

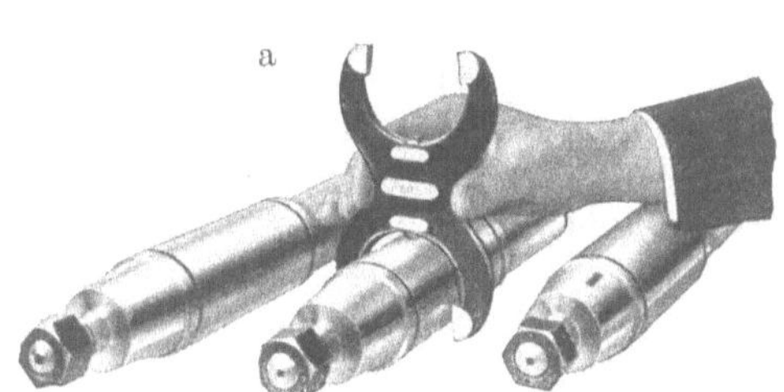
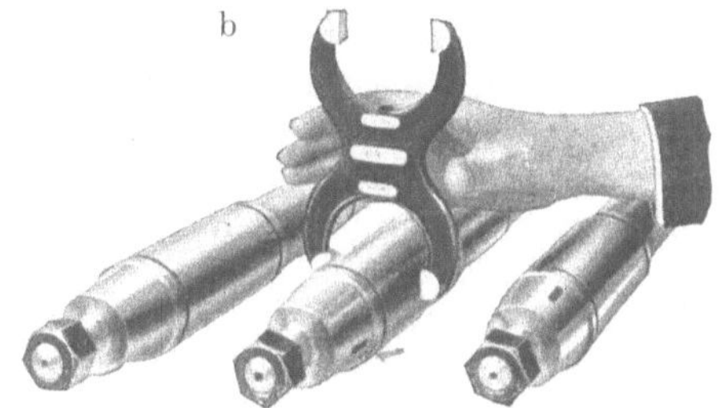

Abb. 33a, b. Lehren von Wellen (L. Loewe, Berlin).

a Die (größere) Gutseite der Rachenlehre muß über die Welle bequem hinübergehen.

b Die Ausschußseite darf nur anschnäbeln.

Die gewünschte Passung zwischen Zapfen und Bohrung kann durch einen geübten Arbeiter nach mehrfachem Probieren und Nachschleifen des Zapfens hergestellt werden. In dieser Weise erreicht man aber niemals oder nur zufällig, daß z. B. ein nachträglich erforderliches Lager ohne Nacharbeit zu einer früher gelieferten Welle paßt. Diese Einzelherstellung ist außerdem sehr teuer. Das war der Zustand, wie er vor etwa 20 Jahren allgemein im Maschinenbau herrschte. Das Kennzeichnende des modernen Maschinenbaues liegt darin, daß eine fast beliebige Austauschbarkeit (ohne Nacharbeit) für einen Bruchteil der früheren Kosten erreicht wird.

Um die Entwicklung zu verstehen, muß von der Tatsache ausgegangen werden, daß es werkstattechnisch unmöglich ist, irgendein Maß mathematisch genau einzuhalten. Wenn der Dreher z. B. einen Zapfen von 50 mm Durchmesser gedreht hat, so wird man durch Nachmessen finden, daß der Durchmesser (je nach der Genauigkeit der verwendeten Meßinstrumente) 50,1 oder 50,05 oder 50,042 mm, aber nicht 50,0000 mm ist. Damit der Zapfen brauchbar ist, sollten die Abweichungen vom Nennmaß nur innerhalb praktisch zulässiger Grenzen bleiben, die je nach dem Verwendungszweck mehr oder weniger eng gezogen werden können. Man wird z. B. den Bolzen für irgendeinen Verwendungszweck noch brauchen können, wenn sein Durchmesser zwischen 49,95 und 50,05 mm liegt. Die Abweichungen zwischen Größt- und Kleinstmaß wird „Toleranz" genannt, und auf diese Abweichung kommt es bei der Beurteilung der Brauchbarkeit des Bolzens an. Um sie zu messen, verwendet man sog. Grenzlehren (Abb. 32 u. 33); das Werkstück ist brauchbar, wenn es kleiner als die größere und größer als die kleinere der beiden zusammengehörenden Grenzlehren ist. Diese Überlegungen gelten nicht nur für Bolzendurchmesser und Bohrungen, sondern in gleicher Weise auch für Längen und für irgendwelche andere Maße an einem Maschinenteil.

Will man zwei Teile, z. B. Zapfen und Bohrung, in vorgeschriebener Weise zusammenpassen, so kann entweder die Bohrung oder die Welle angepaßt werden. Für die genaue Herstellung einer Bohrung sind verschiedene Werkzeuge (Bohrer, Vorreibahle, Präzisionsreibahle) erforderlich, deren Anschaffung teuer ist, während alle Durchmesser des Bolzens mit dem gleichen Werkzeug (Schleifscheibe) hergestellt werden können. Aus wirtschaftlichen Gründen liegt es demnach nahe für alle Paßarten die Bohrungen gleich groß herzustellen und die Unterschiede in die Bolzenabmessungen zu verlegen. Das ist das System der Einheitsbohrung. Um das Werkzeugkonto weiter einzuschränken, sind „Normaldurchmesser" festgelegt (Zahlentafel 1). Die einzelnen Fabriken können die Anzahl der Normaldurchmesser leicht noch wesentlich weiter einschränken.

Zahlentafel 1 (Normaldurchmesser).

1		1, 2			1, 5			1, 8	
2		2, 2			2, 5			2, 8	
3					3, 5				
4					4, 5				
					5	6	7	8	9
10	11	12	13	14	15	16	17	18	19
20	21	22	23	24	25	26	27	28	29
30		32		34	35	36		38	
40		42		44	45	46		48	
50		52			55			58	
60		62			65			68	
70		72			75			78	
80		82			85			88	
90		92			95			98	
100					105 usw.				

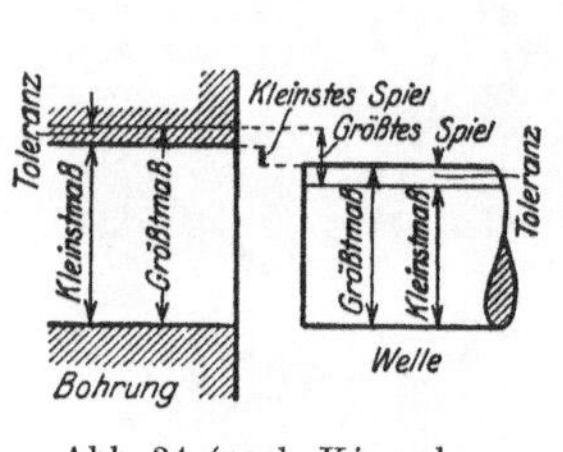

Abb. 34 (nach Kienzle, Austauschbau).

Für die Normaldurchmesser sind die Grenzlehren im Handel erhältlich; die Werkzeugmacherei einer Maschinenfabrik stellt nur die erforderlichen Speziallehren selbst her.

Bei einer Passung liegt also sowohl der Durchmesser des Zapfens als auch der Bohrung zwischen je zwei bestimmten Grenzen. Außerdem muß, um den gewünschten Sitz zu erhalten, zwischen jeder Welle und Bohrung ein gewisses Spiel bestehen (Abb. 34), und zwar sollte sowohl die kleinste Bohrung mit der größten Welle, als auch die größte Bohrung mit der kleinsten Welle den gewünschten Sitz ergeben. Trägt man für irgendeinen Nenndurchmesser die Größe der

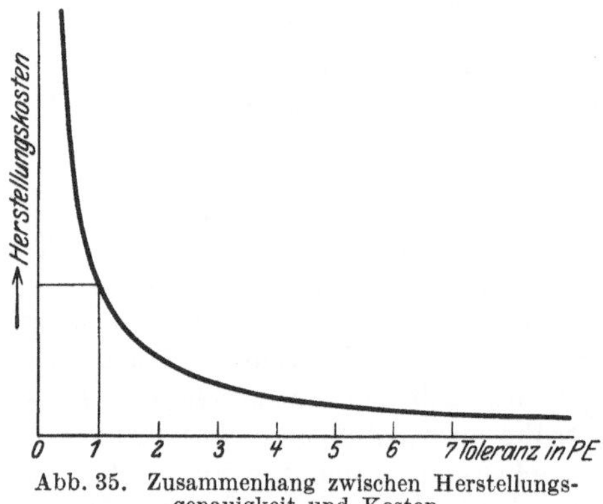

Abb. 35. Zusammenhang zwischen Herstellungsgenauigkeit und Kosten.

Abb. 36. Passungsystem, Einheitsbohrung.
Toleranzen in mm.

Toleranzen von Bohrung und Welle für die verschiedenen Sitze von einer Nullinie aus auf, so erhält man Abb. 36. Die absolute Größe der beiden Gruppenzahlen ändert sich je nach dem Nennmaß des Durchmessers.

Die Herstellungskosten steigen progressiv mit der gewünschten Genauigkeit der Passung, so daß die Toleranzen nie kleiner gewählt werden sollten, als für den richtigen Zusammenbau und für den Betrieb der Maschine erforderlich ist. Man kann in erster Annäherung etwa sagen, daß das Produkt aus Herstellungskosten und Toleranz konstant ist (Abb. 35). Man hat deshalb vier verschiedene Gütegrade der Ausführung festgelegt:

Edelpassung mit 4 Sitzen,   Schlichtpassung mit 3 Sitzen,
Feinpassung mit 8 Sitzen,   Grobpassung mit 3 Sitzen.

Für jeden Normaldurchmesser sind demnach vier Diagramme ähnlich Abb. 36 erforderlich. Um die Anzahl der Diagramme zu vermindern und zu einem Bild zusammenzufassen, hat man eine neue Maßeinheit (von veränderlicher Größe), die **Paßeinheit** (PE), eingeführt (Abb. 37).

$$1 \text{ PE} = 0,005 \sqrt[3]{d_{\mathrm{mm}}},$$

so daß die Abb. 38 nun für **alle** Nennmaße gültig ist.

Wie aus dieser Abbildung hervorgeht, ist die Bedingung für eine **vollständige Austauschbarkeit** der Teile, d. h. die Bedingung, daß irgendeine Welle mit irgendeiner Bohrung in der gewünschten Weise zusammenpaßt, **nicht erfüllt**, denn bei der Feinpassung z. B. überdecken sich

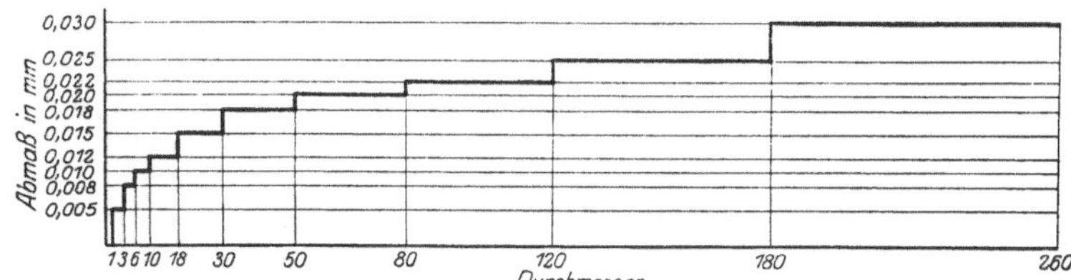

Abb. 37. Kurve der Paßeinheit (nach Kienzle).

die Toleranzen für Gleit- und Schiebesitz teilweise. Vollständige Austauschbarkeit wäre nur durch eine wesentliche Verfeinerung der Toleranzen erreichbar, was eine bedeutende Verteuerung der Herstellung zur Folge hätte. Man hilft sich deshalb durch „Aussuchen". Paßt z. B. ein Bolzen nicht in der gewünschten Weise mit einer vorhandenen Bohrung zusammen, so wählt man aus dem Vorrat einen anderen Bolzen, der höchstwahrscheinlich wohl den richtigen Sitz ergibt.

Man kann aber auch systematische Bohrungen und Bolzen nach der Größe sortieren (z. B. durch Verwendung feinerer Grenzlehren) und dann kleinere Bolzen und kleinere Bohrungen jeweils zusammenpassen.

Ein typisches Beispiel der systematischen Sortierung findet man bei der Herstellung von Kugellagern. Die Kugeln werden aus zylindrischen Scheiben (kalt oder warm) gepreßt, dann vorgeschliffen, gehärtet und zuletzt fertiggeschliffen und poliert. Wenn die Oberfläche genügend poliert ist, wird man aus wirtschaftlichen Gründen die Kugeln nicht noch weiter bearbeiten, auch wenn sie noch etwas zu groß sind. Ebenso wird man Kugeln, die zwar das richtige Maß erreicht haben, aber noch keine genügende Hochglanzpolitur aufweisen, nicht

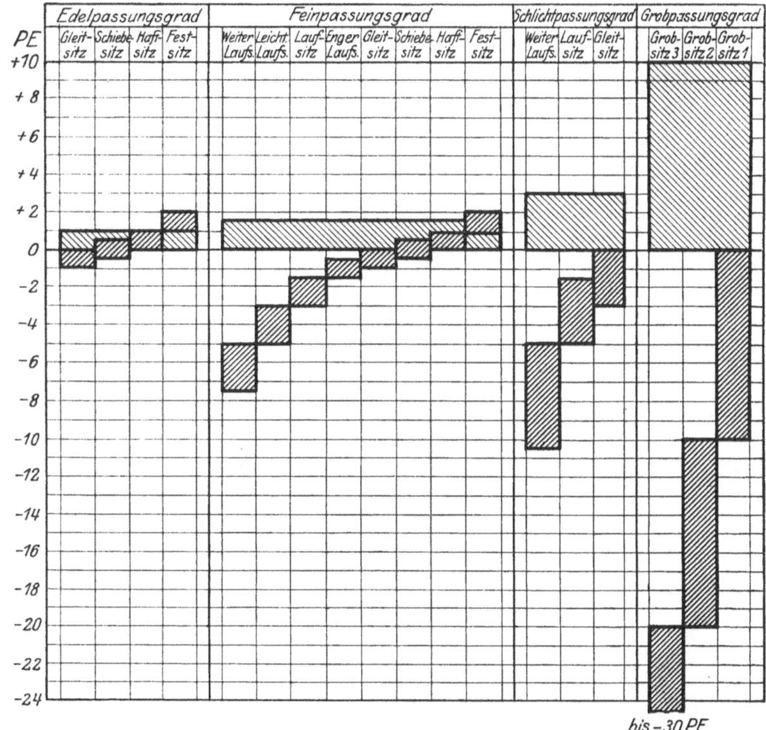

Abb. 38. Passungsystem „Einheitsbohrung" (nach Kienzle). Toleranzen in PE.

als „Ausschuß" behandeln, sondern weiter polieren. Deshalb sind die fertigpolierten Kugeln verschieden groß. Da in einem Kugellager nur genau gleich große Kugeln verwendet werden können, werden diese sortiert. Die Kugelsortiermaschine (Abb. 39) besteht im wesentlichen aus zwei schräg und geneigt gestellten Leisten, auf welchen die Kugeln laufen. Ist der Leistenabstand gleich ihrem Durchmesser, so fallen sie durch und werden in verschiedenen Kästen aufgefangen. Das Spiel wird fünf- bis neunmal wiederholt, und so erhält man Kugeln, die sich im Durchmesser nur um 0,001 bis 0,002 mm unterscheiden. Die Kugeln in einem Kasten sind unter sich im Kugellager austauschbar, aber die Kugeln verschiedener Kästen können unter sich Abweichungen bis 0,02 mm aufweisen. Einzelne Kugeln können demnach niemals nachgeliefert werden.

In vereinzelten Fällen ist die Anwendung des Systems der Einheitsbohrung mit einigen

Schwierigkeiten verbunden. Bei einer Transmissionswelle z. B. sollen die Lager Laufsitz, die Riemenscheiben Schiebesitz und die Kupplungen Haftsitz aufweisen. Die dadurch bedingten Abweichungen im Durchmesser müßten nach dem System der Einheitsbohrung an der Welle angebracht werden. Ähnlich liegen die Verhältnisse bei Gelenkbolzen (Abb. 40). Es ist naheliegend und in solchen Fällen üblich, die Welle unverändert zu halten und die Bohrungen mit den Abmaßen auszuführen. Das ist das System der Einheitswelle.

Weil die Grenzlehren sich durch den Gebrauch abnutzen, ist eine strenge Kontrolle derselben erforderlich. Dazu dienen die sogenannten „Parallelendmaße (von Johansson, L. Loewe). Das sind Stahlplättchen, die eine derartige Genauigkeit, Ebenheit der Meßflächen und Parallelität aufweisen, daß beim Zusammenbau von bis zu fünf solcher Stücke zu einem Maß die Abweichungen höchstens $0,001$ mm $= 1\,\mu$ betragen. Der Fehler jedes Meßplättchens ist demnach kleiner als $0,2\,\mu$. Die Parallelendmaße sind zu Sätzen zusammengestellt. Um einen möglichst hohen Genauigkeitsgrad der Messung zu erreichen, sollte das Maß mit einer möglichst kleinen Zahl von Stücken hergestellt werden. Mit einem Satz (Abb. 41), bestehend aus:

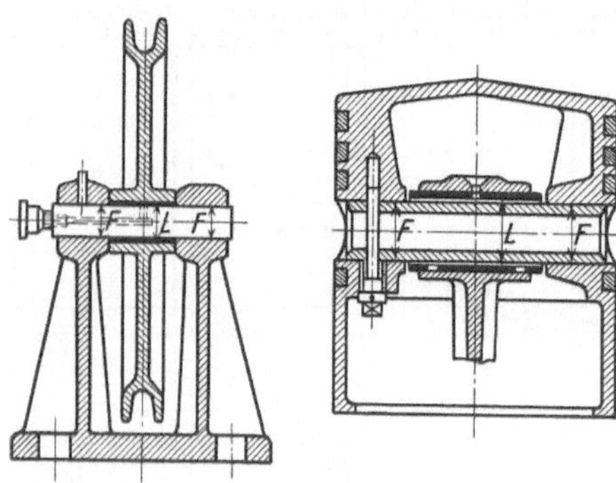

Abb. 39. Kugelsortiermaschinen (nach Kienzle).

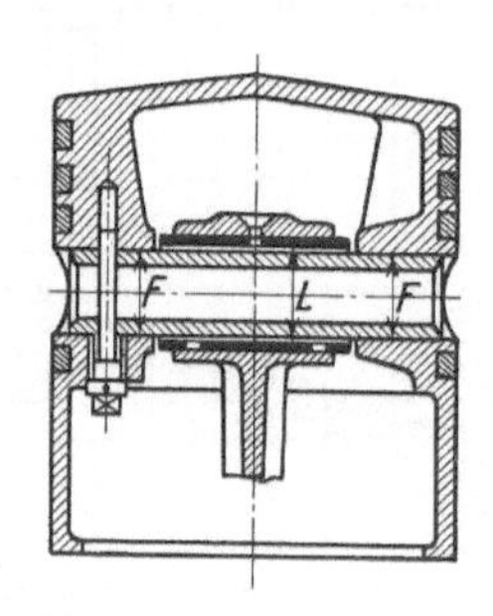

Abb. 40. Gelenkbolzen, System der Einheitswelle.

1 Stück	1,005 mm ,				
49 Stücken	1,01,	1,02,	1,03	bis 1,49 mm ,	
49 „	0,5,	1,0,	1,5	„ 24,5	„
4 „	25,	50,	75	und 100	„

und einem Ergänzungssatz mit

9 Stücken 1,001,
1,002 bis 1,009 mm

können alle Maße mit Abstufungen von $0,001$ mm zusammengestellt werden, z. B.

$$49,988 = 25 + 22,5 + 1,48 + 1,008 .$$

Die Genauigkeit der Endmaße ist der der feinsten Strichmaße (Mikrometer) weit überlegen. Das Meßverfahren ist so einfach und vielseitig, daß es überall in der Werkstatt angewandt werden kann (Abb. 42 u. 43).

Die genaue Prüfung der Endmaße erfolgt auf

Abb. 41. Normal-Endmaßsatz.

optischem Wege mit Hilfe der Interferenz des Lichtes. Die Lichtempfindungen im Auge werden durch Wellen hervorgerufen, deren Länge zwischen 0,365 bis 0,75 μ* liegt. Schreiten zwei Wellenbewegungen P und Q (Abb. 44a, b) übereinander fort, so entsteht eine resultierende Welle R, deren Amplitude gleich der algebraischen Summe der Amplituden der beiden Teilwellen ist. Die Schwingung kann dadurch sowohl verstärkt (Abb. 44a) als auch geschwächt werden (Abb. 44b). Sind beide Amplituden gleich groß und entgegengesetzt gerich-tet, so heben sie sich gegenseitig auf, das

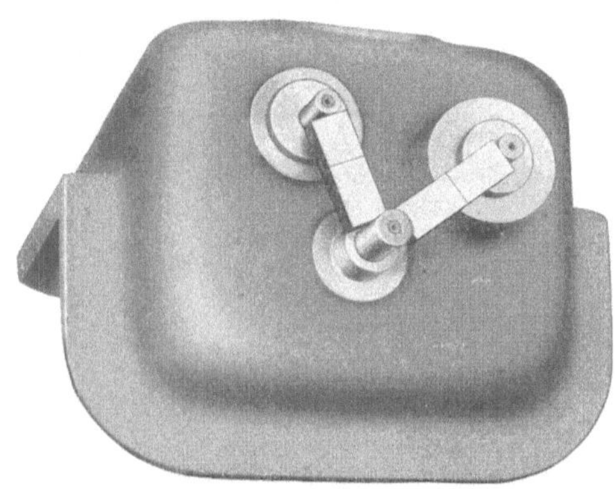

Abb. 42. Messen von Lochentfernungen mittels End-maßen (nach Kienzle).

Abb. 43. Endmaß zum Einstellen des Fräsers (nach Kienzle).

Licht verschwindet. Diese Interferenzerscheinung wird benutzt, um die Ebenheit der Endmaße zu prüfen: Man überdeckt das zu prüfende Endmaß mit einer genau geschliffenen ebenen Glas-platte (Abb. 45). Der Punkt a der Glasplatte erhält vom Leuchtpunkt P aus auf zwei Wegen Licht: erstens unmittelbar durch den Strahl Pa, der in die Richtung ab gespiegelt wird, und zweitens durch den an der Meßscheibe S gespiegelten Strahl $Pcda$, der in der Richtung ae weitergeht. Ein Auge, das die beiden Strahlen ab und ae aufnimmt, sieht in a die Summe der zwei dort hervorgerufenen Schwingungen. Durch die zwischen Glasplatte und Meßscheibe liegende Luftschicht sind

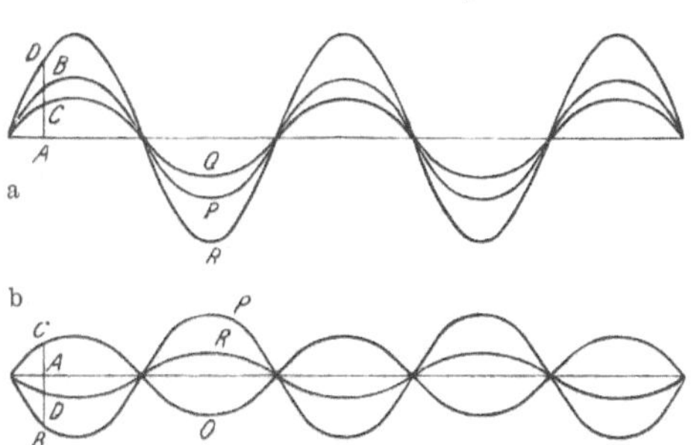

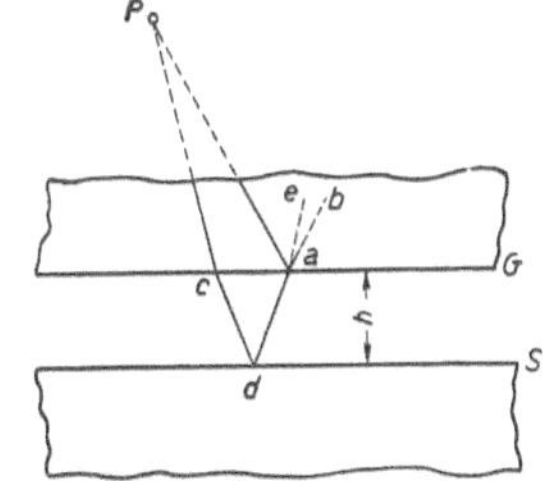

Abb. 44a, b. Zusammenwirken zweier Wellen (nach Kienzle).

Abb. 45. Entstehung der Interferenz.

Abb. 46a, b. Interferenzstreifen (nach Kienzle).
a an einer gut ebenen Fläche.   b an einer schwach gewölbten Fläche.

die Wege der beiden Strahlen verschieden. Ist der Unterschied eine ungerade Zahl von halben Lichtwellenlängen, so erscheint der Punkt a dunkel. Der Punkt a wird hell, wenn der Unterschied eine gerade Zahl von halben Lichtwellenlängen beträgt. Wenn das Endmaß gut eben ist, so verlaufen die dunkeln Streifen geradlinig und in gleichen Abständen voneinander (Abb. 44a). Ändert sich die Dicke der Luftschicht, so ändert sich auch der Abstand der Streifen (Abb. 44b). Die gleiche Methode wird angewandt, um die Längen der Endmaße zu vergleichen.

Alle Körper dehnen sich bei Erwärmung aus; die Ausdehnung von Stahl beträgt z. B. 0,011 bis 0,012 mm/m⁰ C. Bei einer Länge von 100 mm und einem Temperaturunterschied von 15⁰ C

---

* $1 \mu = 0,001$ mm.

macht das eine Längenänderung von 0,0165 bis 0,018 mm aus, so daß dadurch z. B. Gleitsitz in Laufsitz übergehen kann. Man muß deshalb sorgfältig darauf achten, daß die Temperatur der Lehre möglichst mit der Temperatur des Werkstückes übereinstimmt. Meßlehre oder Werkstück dürfen demnach nicht der direkten Wirkung der Sonne ausgesetzt werden.

Man hat lange darüber beraten, auf welche Temperatur man die Maße der Lehren beziehen sollte. Unser ganzes Meßwesen bezieht sich auf das Pariser Urmeter, das seine genaue Länge bei 0⁰ C hat. Heute ist man davon unabhängig, weil man durch die Lichtwellen genaue Längen messen kann. Man hat sich nun um zwei Systeme gestritten, und zwar ob das Urmaß bei 0⁰ C oder bei 20⁰ C (Werkstattemperatur) die richtige Nennlänge haben soll.

Haben zwei Stichmaße bei 0⁰ C dieselbe Länge, so werden sie infolge der verschiedenen Ausdehnung des Werkstoffes bei der Werkstattemperatur schon nicht mehr gleich lang sein. Zwei Körper mit diesen beiden Stichmaßen gemessen sind daher weder bei 0⁰ C noch bei 20⁰ C genau gleich groß (Abb. 47). Heute gilt deshalb allgemein (in Abweichung vom Pariser Urmeter)

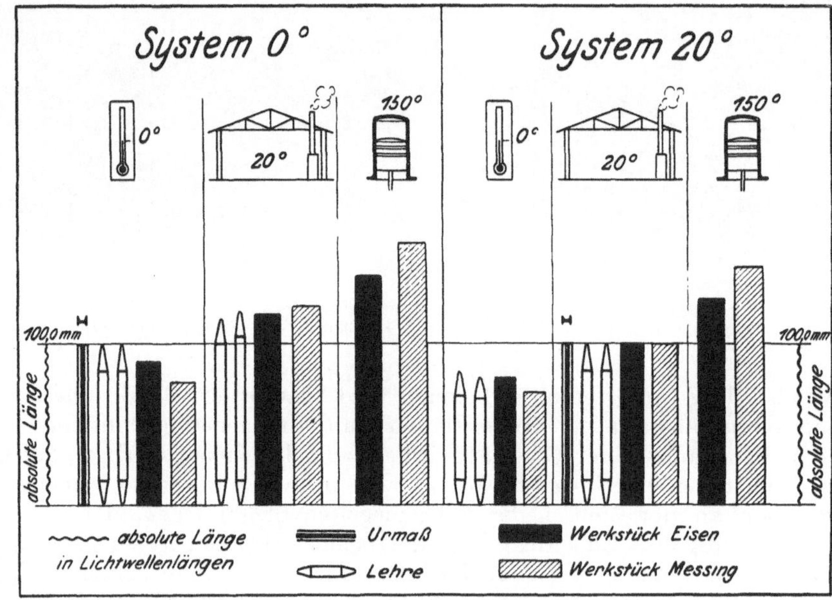

Abb. 47. Werkstücke und Lehren bei Bezugstemperatur 0⁰ u. 20⁰ C (nach Kienzle).

20⁰ C als normale Bezugstemperatur, weil dann bei der mittleren Werkstattemperatur Urmaß, Lehren und Werkstücke übereinstimmen. Wie groß die Teile bei 0⁰ C sind, hat meist kein praktisches Interesse.

Jede Werkzeichnung muß eine Stückliste enthalten, deren Form und Anordnung durch Normen festgelegt ist, und in der alle Gegenstände anzuführen sind, die nach der Zeichnung hergestellt werden sollen. Neben dieser Liste muß für jede Maschine noch eine Gesamtstückliste angefertigt werden, die alle Einzelteile enthält, also auch die Normteile (aus dem Magazin) oder die von auswärts zu beziehenden Teile.

Die Einzelteile erhalten eine laufende Nummer (Teilnummer, Positionsnummer), die groß und kräftig (2- bis 3mal größer als die Maßzahlen) in die Zeichnung eingetragen und nicht eingekreist wird. Die Teilnummern werden in Gruppen unterteilt, z. B. zuerst Gußstücke, dann Schmiedeteile, Schrauben, andere Normteile usw.

Die Nummern müssen so in die Zeichnung eingetragen werden, daß jeder Teil rasch auffindbar ist. Lange Bezugslinien, die andere Hilfslinien kreuzen, sind zu vermeiden, weil dadurch leicht Verwechslungen vorkommen können (Abb. 48).

In der Stückliste sind auch alle noch wünschenswerten Angaben über Werkstoff, Herstellung, Bearbeitung (z. B. die Verwendung von Spezialwerkzeugen, Aufspannvorrichtungen), Modellnummer usw. zu vereinigen.

Alle Eintragungen müssen in Schablonenschrift geschrieben werden.

d) Abkürzungen. In der Zeichnung sind alle Angaben wegzulassen, die nicht unbedingt für die Herstellung erforderlich sind. So erhalten Normteile keine Herstellungsmaße, sondern nur die Angaben, die zu ihrer Kennzeichnung in den Normen festgelegt sind. Normalprofile werden wie folgt gekennzeichnet: ⊤ NP 9, ⊤ NP 18 oder ∟ 40/60/7 für ein ungleichschenkliges Winkeleisen mit den Schenkellängen 40 und 60 mm und 7 mm Eisenstärke.

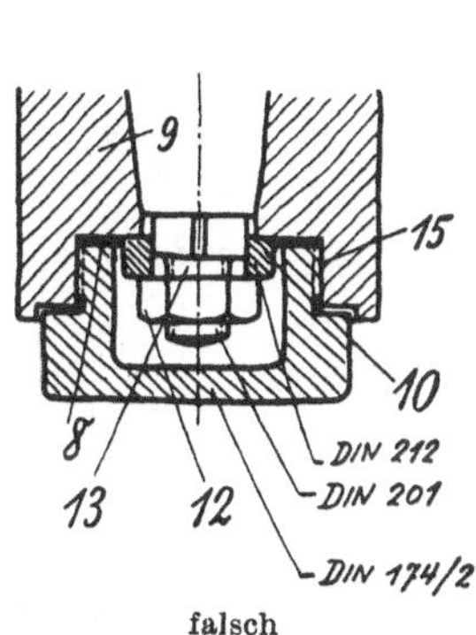

Abb. 48. Bezugstriche sollten sich nicht kreuzen, auch nicht die Verlängerung von Schraffen bilden. Normangaben sind zu den Stücknummern zu schreiben (nach Volk).

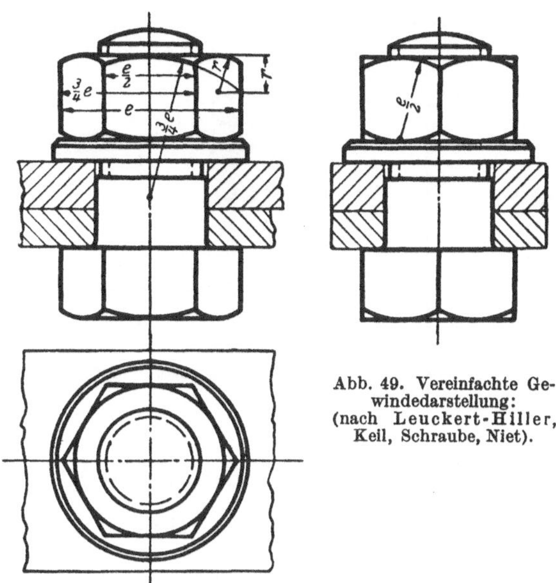

Abb. 49. Vereinfachte Gewindedarstellung: (nach Leuckert-Hiller, Keil, Schraube, Niet).

Für die Herstellung eines Gewindes ist es nicht notwendig, die einzelnen Schraubenlinien genau und vollständig zu zeichnen. Es genügen Angaben über Profil, Steigung und Durchmesser (vgl. S. 53). Deshalb braucht der Konstrukteur die Schraube auch nicht so darzustellen, wie sie wirklich aussieht, sondern es genügt dafür eine einfache aber eindeutige symbolische Form. Die deutschen Normen schreiben vor, daß beim Bolzen der Außendurchmesser ausgezogen und der Kerndurchmesser gestrichelt dargestellt wird (Abb. 49 u. 50)[1]. Da die Gewindeformen genormt sind (vgl. S. 54) und ebenso die Abmessungen der Mutter, der Köpfe, sowie die Bohrungen der dazu notwendigen Löcher, die Gewindelängen und auch die Unterlegscheiben, so brauchen in der Zeichnung keine Maße angegeben zu werden. Zur einwandfreien Darstellung einer genormten Schraube reichen die Angaben des Durchmessers, der Bolzenlänge (von der Kopfunterkante aus gemessen) und der Gewindesorte vollständig aus.

Bei anormalem Gewinde sind außerdem die Profilmaße in eine Schnittzeichnung einzuschreiben (Abb. 51).

Bei Stiftschrauben (Abb. 160, S. 58) ist die Gewindelänge des eingeschraubten Teiles gleich 1,3- bis 1,5mal dem Bolzendurchmesser d. Die

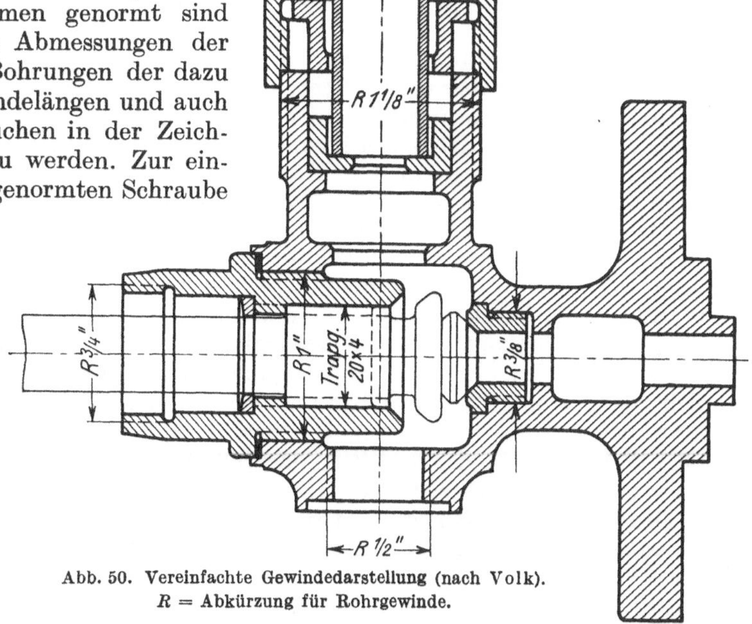

Abb. 50. Vereinfachte Gewindedarstellung (nach Volk).
R = Abkürzung für Rohrgewinde.

Lochtiefe beträgt etwa 2 Gänge oder $\frac{1}{2} d$ mehr, weil die beiden ersten Gänge nicht **tragfähig** sind (Anschnitt des Bohrers). Der Bohrerkegel ist mit 120° Spitzenwinkel zu zeichnen; er geht von den Kernlochlinien aus.

---

[1] Nach den Schweizer Normen wird der Kerndurchmesser schwach ausgezogen, nicht gestrichelt.

Auch bei Schraubenfedern (Abb. 52) und bei Zahnrädern (Abb. 53) macht man von einer gekürzten Darstellung Gebrauch.

Das Durchmesserzeichen $\varnothing$ oder das Vierkantzeichen $\square$ setzt man dort, wo die richtige Form sonst nicht erkennbar ist.

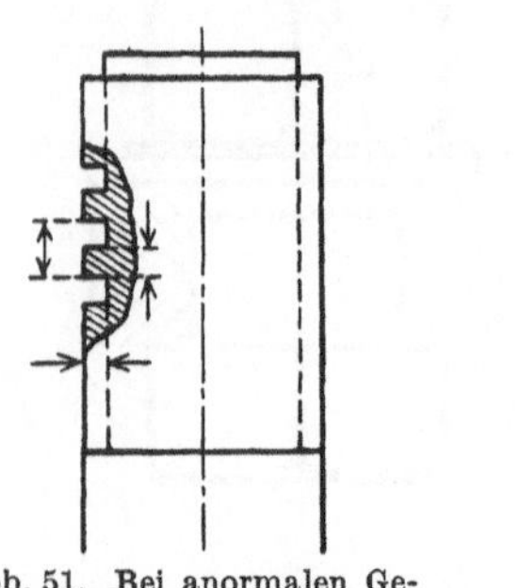

Abb. 51. Bei anormalen Gewinde sind die Profilmasse anzuschreiben.

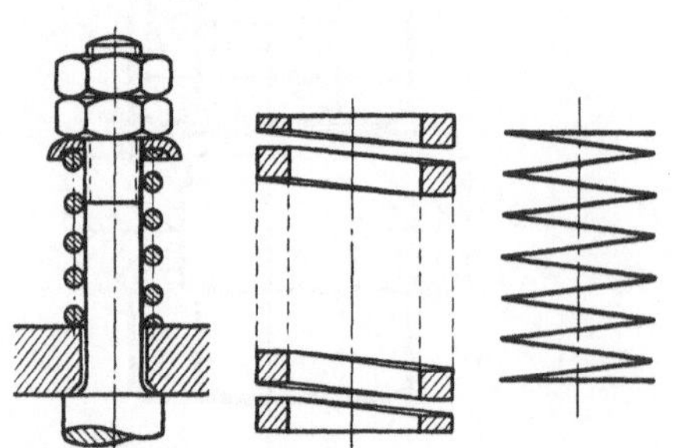

Abb. 52. Zeichnerische Darstellung von Federn.

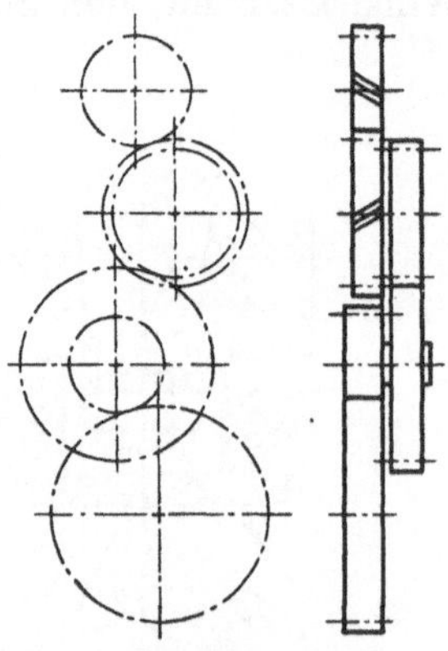

Abb. 53. Abgekürzte Darstellung von Zahnrädern.

B. Allgemeine Gesichtspunkte für die Konstruktion von Maschinenteilen.

Bei der Formgebung von Maschinenteilen müssen folgende Hauptgesichtspunkte beachtet werden:

a) Die Betriebssicherheit. Die Maschinenteile müssen so berechnet werden, daß sie während des Betriebes weder brechen oder eine schädlich große Formänderung erleiden, noch sich zu stark erwärmen oder abnutzen.

Mit diesen rechnerischen Untersuchungen befaßt sich der Unterricht in Maschinenelementen hauptsächlich. Wie wir später sehen werden, besteht die Berechnung nur in seltenen Fällen in der mathematischen Lösung einer Anzahl Gleichungen. Meist ist die Anzahl der Bedingungsgleichungen kleiner als die Zahl der Unbekannten, so daß immer unendlich viele Lösungen möglich sind und einzelne Faktoren „beliebig" gewählt werden dürfen. Jede Wahl gibt eine mathematisch richtige Lösung der gestellten Aufgabe, aber nur wenige sind praktisch brauchbar, und nur diese kommen für den Ingenieur in Frage. Um diese rasch herauszufinden, geht der erfahrene Konstrukteur immer so vor, daß er zuerst eine ihm brauchbar erscheinende Lösung nach freiem Ermessen, aber maßstäblich, skizziert und dann erst nachrechnet, ob seine Annahme auch den Anforderungen in bezug auf Festigkeit, Formänderung, Abnützung usw. genügt. Da sämtliche Abmessungen dabei festliegen, sind solche Nachrechnungen immer wesentlich einfacher und rascher durchzuführen als die Vorausberechnung mit den vielen Unbekannten.

Auch der Anfänger soll sich diese Methode zu eigen machen. Nur auf diese Weise bildet er systematisch das sog. „technische Gefühl", mit dem der erfahrene Ingenieur in oft erstaunlicher Weise, ohne Rechnung, die richtigen Abmessungen schätzt. Es ist dabei nützlich, daß er die Kräfte nicht nur als Zahlenwerte betrachtet, sondern sich deren Größe zu veranschaulichen sucht, z. B. durch Vergleich mit dem Gewicht eines Menschen (70 bis 80 kg) oder eines Eisenbahnwagens (10 bis 15 t). Es mag anfänglich recht schwierig erscheinen, eine „brauchbare" Lösung zu entwerfen, aber es ist auch ziemlich gleichgültig, ob diese erste Annahme sich nachträglich als vollständig unbrauchbar herausstellt, denn die Nachrechnung zeigt sofort, wo der Fehler liegt und wie es besser zu machen ist. Der Entwurf geht der Rechnung voraus. Bei aller Wertschätzung der Rechnung darf nie vergessen werden, daß diese nur ein notwendiges (oft recht einseitiges) Hilfsmittel ist, während das Endziel in der Formgebung und Herstellung liegt.

b) Die Form der Maschinenteile muß so gewählt werden, daß sie mit den vorhandenen Werkstatteinrichtungen und Werkzeugmaschinen billig hergestellt werden können (werkstattgerechte Formgebung).

Die Bedeutung dieses auch für die Ausbildung des Ingenieurs wichtigen Grundsatzes wird heute wohl allgemein anerkannt. Für verschiedene Betriebe kann aber die Herstellung eines Maschinenteiles, je nach den vorhandenen Einrichtungen, sehr verschieden sein. Sie ist jedenfalls bei Einzelherstellung wesentlich anders als bei Massenfabrikation.

Für eine erfolgreiche Tätigkeit des Konstrukteurs ist es nützlich, daß er Einsicht in die Selbstkostenberechnung seiner Konstruktionen erhält. Er sieht daraus, welche Faktoren die Herstellung besonders verteuern und ist dadurch in der Lage, an der richtigen Stelle Verbesserungen anzubringen.

Der Ingenieur sollte so konstruieren, daß große Sicherheit mit möglichst geringen Kosten erreicht wird. In Zweifelsfällen muß er aber bedenken, daß die Betriebsicherheit wichtiger ist als eine Verbilligung der Herstellung, weil schon eine einmalige Betriebstörung weit größeren Schaden verursachen kann, als eine etwas kräftigere Konstruktion gekostet hätte.

Beim Unterricht in den Elementen treten diese Fragen hauptsächlich bei den Konstruktions-übungen auf[1]. Einige für die Formgebung und für die Bearbeitung wichtige Gesichtspunkte sind auf S. 21 bis 27 dieses Heftes zusammengestellt.

c) Die hergestellte Maschine muß wirtschaftlich sein.

Die richtig berechnete und billig hergestellte Maschine wird verkauft, und die Lebensfähig-keit der Fabrik hängt nun davon ab, daß beim Verkauf Gewinn erzielt wird. Nun werden Ma-schinen im allgemeinen nur dann gekauft, wenn der Käufer daraus einen Nutzen zieht. Er kauft eine Werkzeugmaschine, um seine Maschinen billiger herstellen zu können, oder eine Transportanlage, um die Transportkosten zu verkleinern.

Der Fabrikant (und damit der Konstrukteur) muß demnach auch darüber unterrichtet sein, was seine Maschine Anderen wert ist.

Die S. 27 bis 31 enthalten einige grundlegende Bemerkungen darüber.

1. Auswahl des Werkstoffes. Die Kenntnis der Eigenschaften der Werkstoffe, ihre Behandlung, der Bearbeitungs- und Verarbeitungsmöglichkeiten, sowie auch der Werkstoffprüfung vermittelt die mechanische Technologie. Diese Wissenschaft bildet deshalb eine wichtige Grundlage für den Maschinenbau, und ihre Bedeutung nimmt mit der Zunahme der Werkstoffsorten und mit der Vertiefung unsrer Kenntnisse in den Faktoren, die ihre Eigenschaften beeinflussen, immer mehr zu.

Bei der Auswahl des bestgeeigneten Baustoffes scheiden bei der Behandlung der Elemente alle diejenigen Faktoren aus, die nur durch genaue Kenntnis der Maschine richtig beurteilt wer-den können, so z. B. die Leitfähigkeit für elektrische, magnetische oder Wärmeströmungen (elektrische Maschinen), die Gefahr von Korrosionen (Kondensatoren, Maschinen für die che-mische Industrie), das Rosten (Wasserpumpen) oder auch das spezifische Gewicht (bei allen be-weglichen Maschinen) usw.

Aus der überaus großen Anzahl verschiedener Werkstoffe, die fast mit jeder gewünschten Eigenschaft hergestellt und verkauft werden, kann die Maschinenfabrik aus wirtschaft-lichen Gründen nur wenige, für ihren Betrieb „normale" Werkstoffe wählen und auf Lager

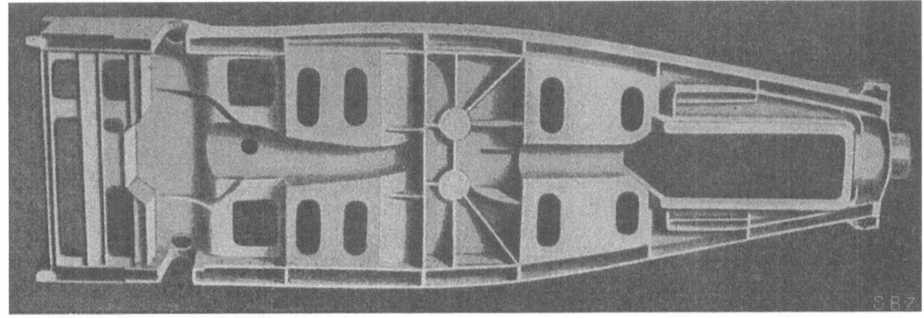

Abb. 54. Aus einer Aluminiumlegierung (13% Si) gegossener Automobilrahmen (Schweiz. Bauztg.).

Länge = 3696 mm
Breite = 1143 „
Gewicht = 165 kg
Wandstärke 5 bis 10 mm
} Belastung = 3000 kg.

halten. Der Konstrukteur wird sich im allgemeinen an diese Sorten halten müssen, denn es lohnt sich niemals, für vereinzelte Teile eine besondere Legierung herzustellen oder ein kleines Stück hochwertigen Spezialstahles zu kaufen.

Der Konstrukteur wird seine Wahl meist nach den Beanspruchungen treffen, die in dem Ma-schinenteil auftreten (vgl. Heft I, zulässige Spannungen). Als Regel gilt dabei, daß er keinenfalls

---

[1] Die Konstruktionsübungen können nur dann erfolgreich durchgeführt werden, wenn Vorlesungen über Gießerei, Metallbearbeitung durch spanabhebende Werkzeuge und Werkzeugmaschinen vorausgegangen sind. Eventuell sind besondere Vorlesungen und Übungen über die Bearbeitung von Maschinenteilen einzuschalten.

eine höhere Werkstoffqualität vorschreiben darf als unbedingt erforderlich ist, denn mit steigender Güte nehmen naturgemäß auch die Anschaffungs- und Bearbeitungskosten zu.

Fast jede Maschinenfabrik hat ihre eigene Gießerei; Hartguß-, Weichguß-, Spritzguß- und Stahlgußteile werden in Spezialgießereien hergestellt. Die Maschinenfabrik muß solche Teile,

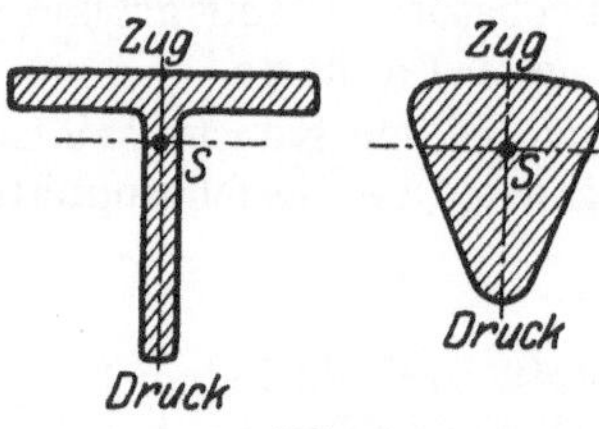

Abb. 55.

sowie meist auch Schmiedestücke von auswärts beziehen und wird dadurch abhängig von der Lieferzeit der Spezialfirmen. Wenn es sich um Herstellung in Serien handelt, so kann sie sich durch Anlegung eines Vorrates zum Teil wieder unabhängig machen. Bei Einzelanfertigung dagegen kann die Lieferung solcher Teile oft so verzögert werden (namentlich in Zeiten guter Beschäftigung), daß die Fabrik ihrerseits die versprochene Lieferzeit nicht einhalten kann. Die Bedeutung kurzer Lieferzeiten für den kaufmännischen Erfolg einer Fabrik ist so groß, daß der Konstrukteur in solchen Fällen auf die Lieferung von auswärts verzichten und eine andere Lösung suchen muß.

Gußeisen gilt namentlich wegen des zufälligen Auftretens von Lunkern an hochbeanspruchten Stellen als ein wenig zuverlässiger Werkstoff. Wenn auch gut eingerichtete Gießereien in der

Abb. 56. Blechschere aus Schmiedeeisen.   Abb. 57. Schmiedeeisernes und gußeisernes Maschinengestell.

Lage sind, einwandfreien und hochwertigen Guß (Abb. 54) herzustellen, so sollte Gußeisen doch nicht für Teile verwendet werden, die fast ausschließlich auf Zug beansprucht sind oder durch

deren Bruch Menschenleben gefährdet werden können (Hebezeuge). In solchen Fällen darf die zulässige Zugspannung für Gußeisen 100 at nicht wesentlich überschreiten, während für Stahl 10 mal größere Spannungen, d. h. 10 mal kleinere Querschnitte zulässig sind.

Aber auch wenn die bessere Materialausnützung keine Rolle spielt, ist es oft zweckmäßiger, Stahl dem Gußeisen vorzuziehen. Ein kleines Zahnrad

Abb. 58. Geschweißte Grundplatte (Siemens-Schuckert).

(z. B. Heft IV, Abb. 76b) wird immer aus dem Vollen gefräst. Aus Gußeisen hergestellt müßte zuerst ein Modell gemacht, dann geformt, gegossen, geputzt und abgedreht werden, um eine volle Scheibe zu erhalten, die viel billiger und einfacher von einem Rundstahlstab abgeschnitten wird.

Da die zulässige Druckspannung für Gußeisen 3- bis 4 mal größer ist als die zulässige Zugspannung (vgl. Heft I, S. 7), so gibt man Gußteilen, die auf Biegung beansprucht werden, mit Vorteil die in Abb. 55 dargestellte Querschnittsform. Wechselt aber das Biegemoment im Betrieb die Richtung, so kommen auch für Gußeisen nur symmetrische Querschnitte in Frage.

Auch mit Rücksicht auf die zulässige Formänderung ist Stahl günstiger als Gußeisen. Die Formänderung durch Zug-, Biegungs- oder Verdrehungsbeanspruchung ist proportional $1/FE$, $1/JE$ bzw. $1/J_p G$ (vgl. Heft I). Da E und G für Stahl doppelt so groß wie für Gußeisen sind, werden die Formänderungen bei gleicher Querschnittsform und ungefähr gleichem Gewicht für Stahl nur halb so groß wie für Gußeisen.

Im Maschinenbau wird deshalb immer mehr das spröde, nur gegen Druck widerstandsfähige Gußeisen durch Stahl in geschweißter Ausführungsform ersetzt. Erhebliche Gewichtsersparnis, Erhöhung der Festigkeit (namentlich gegen Stöße), Unabhängigkeit von oft kostspieligen Modellen und Kürzung der Lieferzeit sind die Hauptvorteile dieser Umstellung (Abb. 56 bis 60).

2. Werkstattgerechte Formgebung. a) Konstruktionsregeln für Gußteile. Das Roheisen wird mit Zusätzen im Kupolofen geschmolzen und in vorbereitete Formen gegossen. Nach dem Erkalten werden diese geleert und die Gußteile von anhaftenden Formteilen, Graten und Trichtern befreit, sie werden „geputzt".

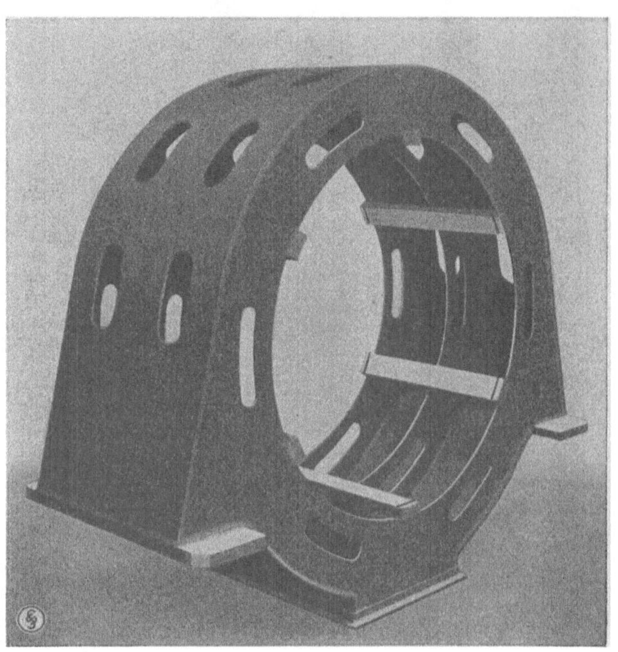

Abb. 59. Gehäuse einer elektrischen Maschine, geschweißt (Siemens-Schuckert).

Mit Schwinden bezeichnet man das Kleinerwerden von Gußstücken gegenüber dem Modell. Das Schwindmaß, d. i. die lineare Verkleinerung, beträgt für Grauguß 0,7 bis 1%, für Stahl- und Hartguß bis 2%.

Die hohe Gießtemperatur des Stahles und seine starke Schwindung begünstigen die Lunkerbildung weit mehr als bei Gußeisen.

Das Metall erstarrt nicht gleichmäßig über den ganzen Querschnitt, sondern lagenweise von der Außenseite her. Durch die Abkühlung wird das Volumen verkleinert; kann kein flüssiges Metall mehr nachfließen, so entstehen Hohlräume (Lunker, Abb. 61). Der Lunker läßt sich nicht vermeiden; er muß aber immer dorthin verlegt werden, wo er nicht schadet, also in den Trichter oder in den verlorenen Kopf, die nachträglich entfernt werden. Je größer die kühlende Oberfläche im Verhältnis zum Querschnitt ist, um so rascher wird der betreffende Teil eines Gußstückes erstarren. Lunker entstehen deshalb immer in großen Querschnitten (Abb. 62a).

Abb. 60. Geschweißtes Gehäuse.

Soll das Rad nach Abb. 62b aus Stahl lunkerfrei gegossen werden, so muß der verlorene Kopf sowohl auf die ganze Breite des Kranzes als auch der Nabe aufgesetzt werden. Der Kopf wird nach der Linie xx abgeschnitten; das übrigbleibende Material muß in der Dreherei beseitigt werden. Durch Umbildung des Rades nach Abb. 62c kann die Dreharbeit wegfallen; das Stück wird wesentlich billiger.

Der verlorene Kopf muß immer so angebracht werden, daß seine Entfernung leicht möglich ist.

Der Konstrukteur muß die Formen so entwerfen, daß das Metall im Trichter und im verlorenen Kopf am längsten flüssig bleibt und daß es am Nachfließen nicht durch Querschnitts-

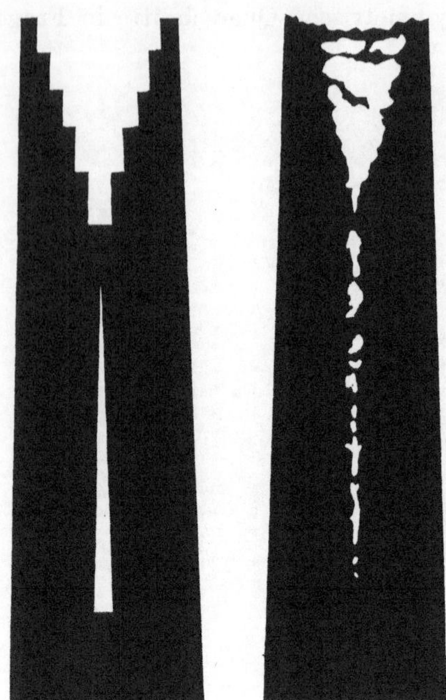

Abb. 61. Erstarrung eines Gußstückes in einer nach oben verjüngten Form (nach Lischka[1]).

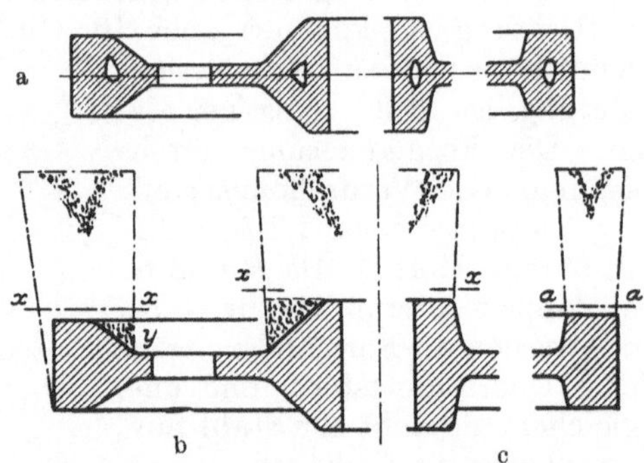

Abb. 62a bis c (nach Lischka).

a Lunkerbildung in starken Querschnitten, b Ungünstige Formgebung, weil die Entfernung des verlorenen Kopfes viel Arbeit verursacht, c Zweckmäßige Formgebung.

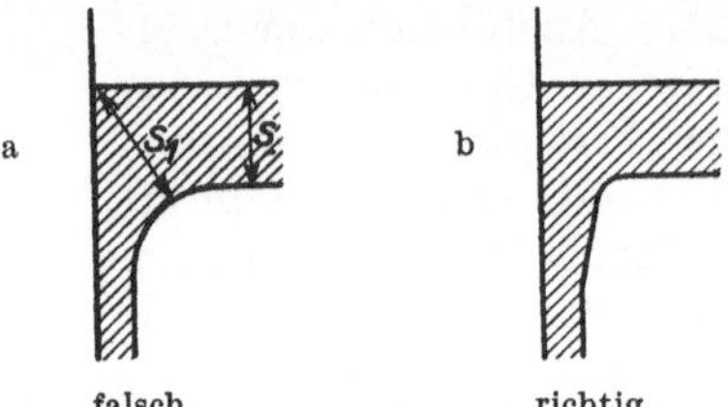

falsch   richtig

Abb. 63a, b. Übergänge von schwachen zu starken Querschnitten (nach Volk).

verminderung verhindert wird. Er soll scharfe Übergänge, an denen sich Werkstoff anhäuft, vermeiden (Abb. 63). Der Anschluß des Armes nach Abb. 64a ist schlecht durchgebildet;

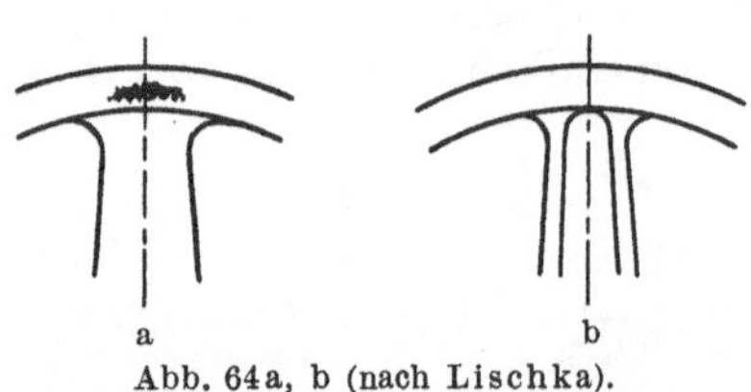

Abb. 64a, b (nach Lischka).

a Ungünstiger Anschluß des Armes (Lunkerbildung), b Guter Übergang zwischen Kranz und Arm.

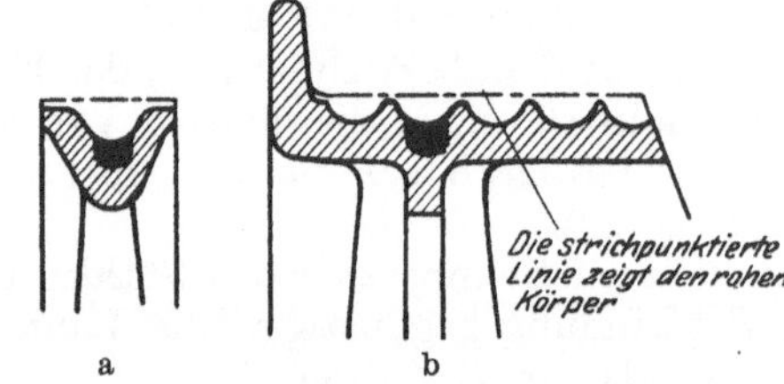

Abb. 65a, b. Lunkerbildung infolge Materialzugabe für die Bearbeitung (nach Lischka).

durch Auseinanderziehen der Rippen nach Abb. 64b wird der Übergang verbessert. Besondere Beachtung verdienen Verstärkungen infolge der Bearbeitungszugabe (Abb. 65).

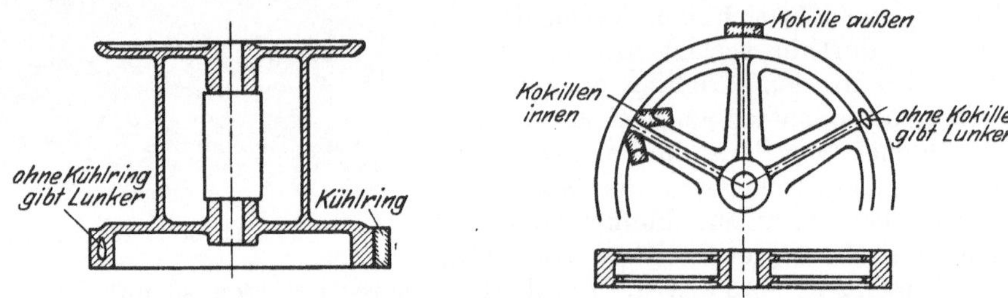

Abb. 66. Anlegen von Kokillen zur Verhinderung der Lunkerbildung (nach Lischka).

Der Former kann die Lunkerbildung zum Teil durch Einlegen von Kühldrähten und Schreckplatten (Kokillen, Abb. 66) verhindern, oder auch durch vorzeitiges Aufreißen eines Teiles der

---

[1] Was muß der Maschineningenieur von der Eisengießerei wissen? Berlin: Julius Springer 1929.

Form vermeiden oder doch mildern. Zu beachten ist aber, daß das Abschrecken das Material härter, also schwerer bearbeitbar und auch weniger fest macht.

Dr.-Ing. A. Heuvers[1] schlägt vor, zur Beurteilung des Einflusses der einzelnen Querschnitte auf die Abkühlung, in

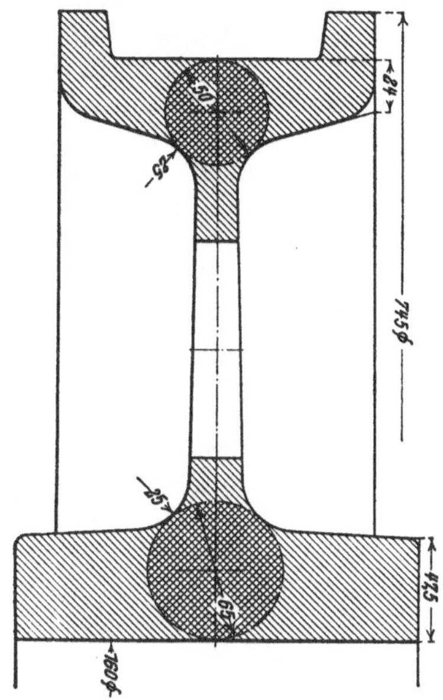

Abb. 67. Stoffanhäufung bei einem Kranlaufrad.

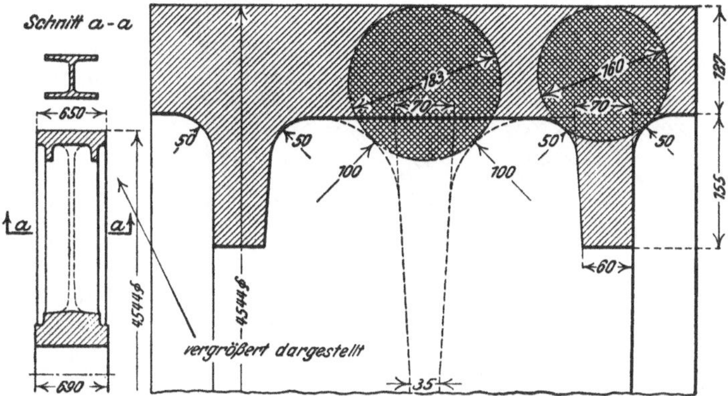

Abb. 68. Querschnitte der üblichen Form eines Zahnradkranzes.

den Querschnitten jeweilen einen eingeschriebenen Kreis einzuzeichnen (Abb. 67 und 68). Man sieht aus der Abbildung dann ohne weiteres, daß in dem Radkranz Querschnitte von 160 mm $\varnothing$, in der Mitte des Kranzes gar von 183 mm $\varnothing$ vorkommen, während dazwischen und an der Oberseite der eingeschriebene Kreis nur 127 mm $\varnothing$ hat. Ohne besondere Vorkehrungen lassen sich die Querschnitte mit 160 und 183 mm $\varnothing$ aus Stahl nicht lunkerfrei gießen (Abb. 68).

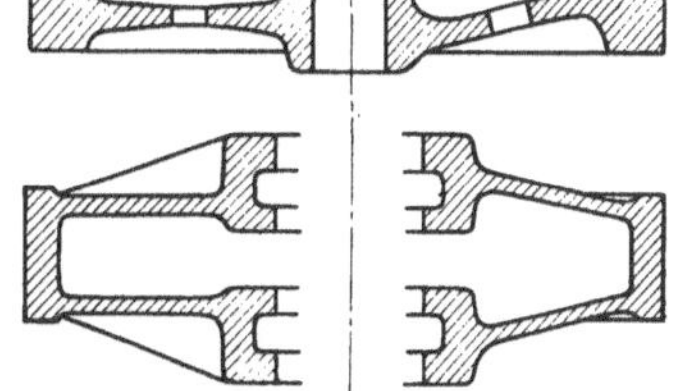

Abb. 69 (nach Lischka).

Das Gußstück muß auch derart gestaltet werden, daß das flüssige Eisen die Luft des auszufüllenden Raumes ständig vor sich her schiebt. Vgl. die ansteigenden Flächen in Abb. 69.

Die Abkühlung eines Gußstückes erfolgt wie alle Ausgleichvorgänge nach einer Exponentialfunktion:

$$\vartheta = \vartheta_0 \, e^{-kt}.$$

Darin ist

ϑ_0 die Anfangstemperatur,
ϑ die Temperatur zur Zeit t,
k eine Konstante, die namentlich von der Form des Stückes abhängig ist. Je kleiner das Verhältnis Volumen/Oberfläche ist, um so größer ist k.

Da k für verschiedene Teile eines Gußstückes im allgemeinen verschieden ist, muß das Gußstück zu einer bestimmten Zeit in seinen verschiedenen Teilen verschiedene Temperaturen haben (Abb. 70).

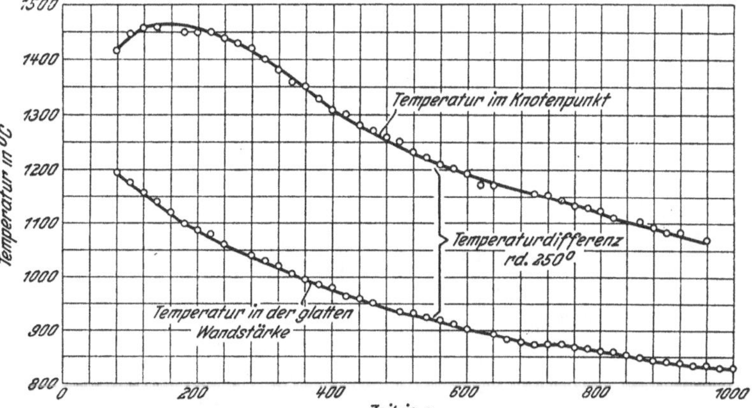

Abb. 70. Verlauf der Abkühlung bei verschieden starken Querschnitten in einem Gußstück (nach Stahleisen).
(Beide Meßpunkte lagen gleich weit vom Gießtrichter entfernt.)

Da alle Körper sich mit abnehmender Temperatur zusammenziehen, sollten die verschiedenen Teile, die bei Beginn der Abkühlung gleiche Länge hatten, nun verschiedene Längen erhalten. Da sie aber miteinander verbunden sind, müssen sie sich auf eine gemeinsame Länge einigen. Geschieht dies bei Temperaturen, bei denen das Metall noch bildsam ist, so sind die Formänderungen plastisch und der Ausgleich geht ohne Spannungen vor sich. Findet der Vor-

---

[1] Stahleisen 1929, S. 1249.

gang aber bei tieferen Temperaturen statt, so stellen sich „Gußspannungen" ein, unter deren Einfluß das Gußstück sich verzieht oder reißt. Gußspannungen sind kaum vollständig zu vermeiden. Durch geeignete Querschnittsabmessungen und Formgebung kann der Konstrukteur dafür sorgen, daß alle Teile sich möglichst gleichmäßig abkühlen. Alles was zur Vermeidung von Lunkern nützt, hilft auch die Spannungen vermindern. Namentlich das Auftreffen von Rippen auf Wandflächen führt zu Stoffanhäufung und begünstigt die Rißbildung. Man kann deshalb nicht eindringlich genug auf die Forderung hinweisen, daß Rippen erheblich schwächer sein müssen als die benachbarten Wände (Abb. 71 und 72).

Neben diesen gießtechnischen Regeln sind noch einige formtechnische Bedingungen zu beachten. Es ist wohl selbstver-

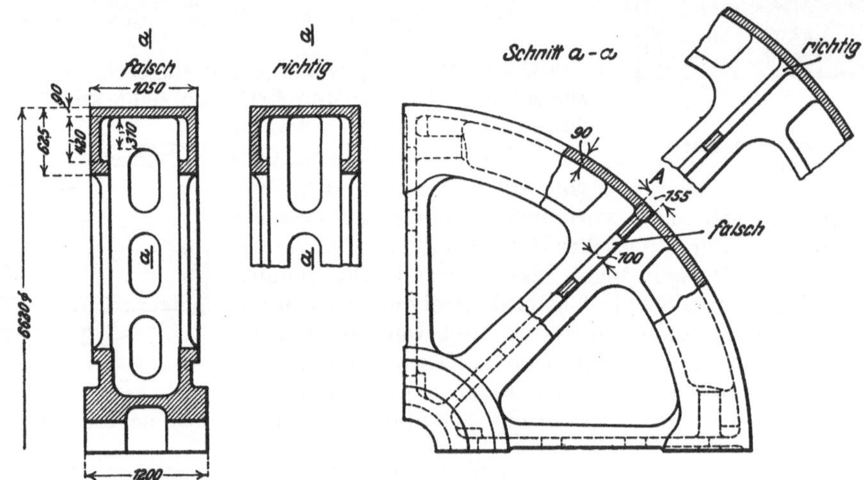

Abb. 71. Stoffanhäufung bei falscher und richtiger Anordnung von Rippen (nach Stahleisen).

Abb. 72. Rißgefahr infolge Stoffanhäufung durch Rippen bei einem Polrad.

ständlich, daß für die Modelle nur einfache, möglichst geradlinige Formen oder Drehkörperformen zu wählen sind (Abb. 73). Auch die Kerne müssen einfach sein und sollten ohne

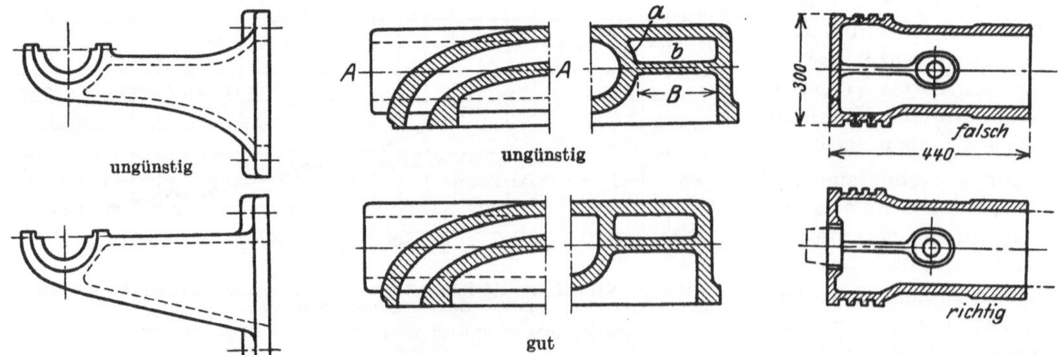

Abb. 73[1]. Geradlinige Begrenzungen der Formen ist billiger, sowohl für den Kern als für die Außenform.

Abb. 74[1]. Die gerundete Stelle a des Hohlraumes b paßt sich an die Rundung des mittleren runden Kernes an. Dadurch ist die Herstellung des Kernkastens und des Kernes b erschwert.

Abb. 75. Kolben ohne und mit Kernauflage geformt (nach Lischka).

Kernstützen sicher gelagert werden können (Abb. 74 und 75). Kernstützen verteuern die Herstellung und machen den Guß porös.

---

[1] Nach A. Erkens: Werkstattgerechtes Konstruieren. Beuth-Verlag.

Rippenguß ist meist billiger als Hohlguß, weil sich bei ihm Kerne leichter vermeiden lassen (Abb. 76). Für staubreiche Betriebe (z. B. bei Vermahlungsmaschinen) ist wegen der Staubanhäufung in den Ecken und wegen der eventuell damit verbundenen Explosionsgefahr immer Hohlguß mit glatter Oberfläche dem Rippenguß vorzuziehen.

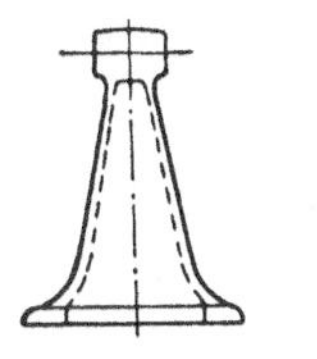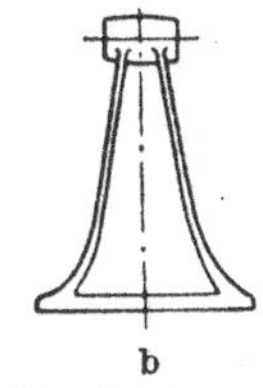

Abb. 76a, b (nach Lischka).
a Hohlguß mit Kern, b Rippenguß ohne Kern.

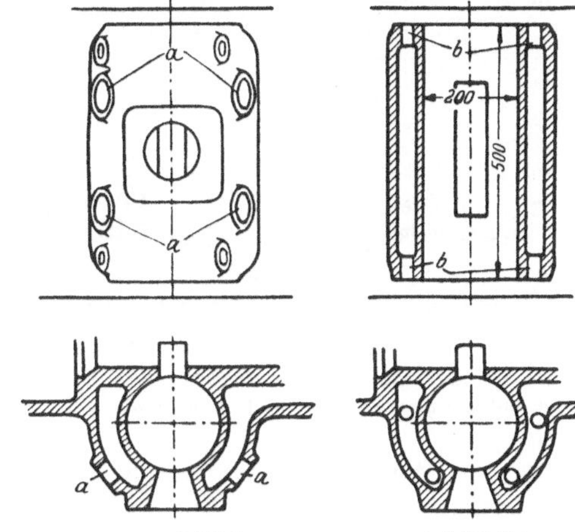

Abb. 77. Zylinder mit falscher und richtiger Anordnung der Kernauflagen und Putzlöcher (nach Lischka).

Die Kernmaße und die Kerneisen müssen leicht entfernt werden können (Abb. 77). Liegt der Kern nicht frei, so müssen besondere Kernlöcher vorgesehen werden, die nachträglich durch Kernstopfen verschlossen werden.

Bei allen Gußstücken muß auf die Möglichkeit zum Ausheben des Modells geachtet werden. Deshalb sind immer Aushebeschrägen vorzusehen (Abb. 78), die um so größer sein müssen, je tiefer das Modell in den Kasten eingreift.

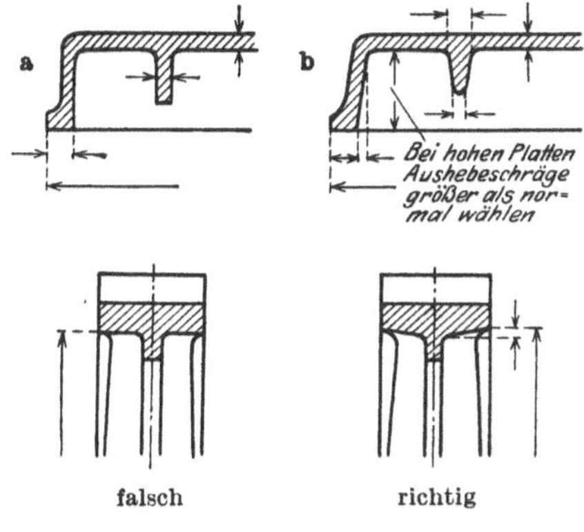

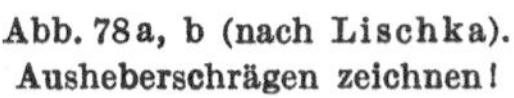

Abb. 78a, b (nach Lischka).
Ausheberschrägen zeichnen!

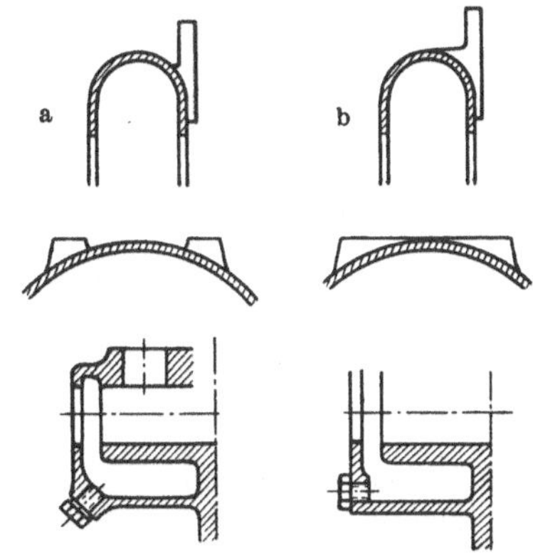

Abb. 79a, b Maschinenteile (nach Lischka).
a mit Unterschneidungen, b ohne Unterschneidungen.

Unterschneidungen in der Form sind zu vermeiden, weil sie entweder einen besonderen Kern (Abb. 79) oder eine Teilung des Modells erfordern (Abb. 80).

Augen und Rippen sind so anzusetzen, daß sie mit dem Modell herausgezogen werden können (Abb. 81).

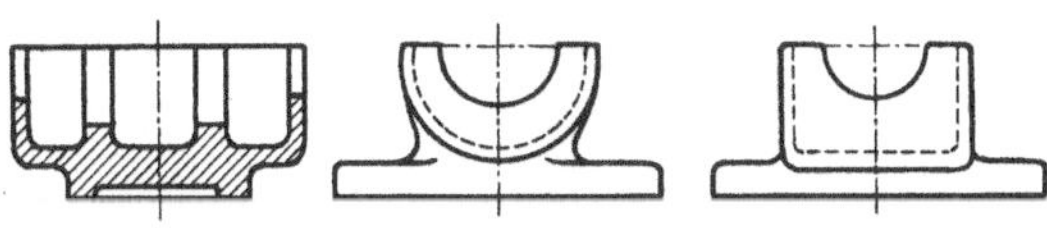

Abb. 80. Lagerunterteil für 3 und 2 Formkasten (nach Lischka).

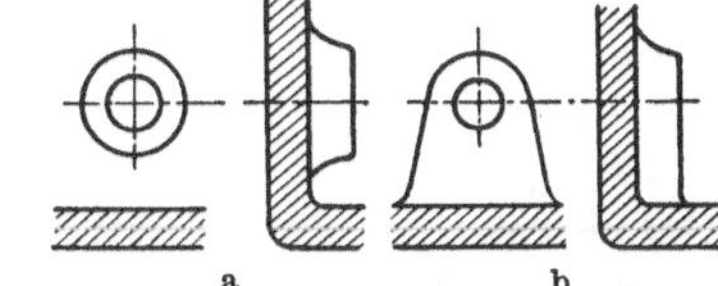

Abb. 81a. b. Maschinenteile (nach Lischka).
a mit losen Augen, b ohne lose Augen.

Kleine Teile von verwickelter Form sind nicht aus einem Stück mit großen Teilen zu gießen, sondern aufzuschrauben, da dadurch das Einformen erleichtert und Ausschuß vermieden wird (Abb. 82 bis 84).

b) Konstruktionsregeln für die Bearbeitung und für den Zusammenbau. Hier gilt als erste Regel, daß jede Handarbeit als viel zu teuer zu vermeiden ist, und daß die Bearbeitung auf vorhandenen Werkzeugmaschinen erfolgen muß. Dadurch ist z. B. der größte Drehdurchmesser oder die größte Hobelbreite eingeschränkt. Der Konstrukteur soll aber auch die vorhandenen Werkzeuge berücksichtigen, z. B. Normalfräser für die Zähnebearbeitung (vgl. Heft IV, Zahnräder).

Schmiedearbeiten sind als Handarbeit recht teuer. Schon das Warmmachen eines größeren Werkstückes erfordert viel Zeit und ist kostspielig. Es ist oft billiger, die Form aus einem vollen

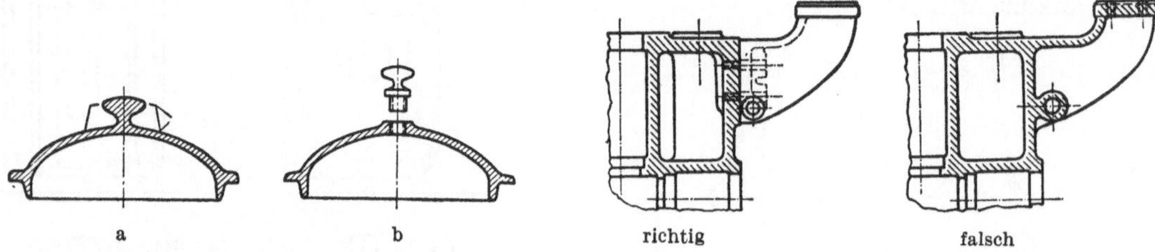

a   b   richtig   falsch

Abb. 82a, b. Deckel (nach Lischka).   Abb. 83. Schwache Nebenteile trennen und besonders befestigen
a mit angegossenem, b mit angeschraubtem Knopf.   (nach Riedler).

Stück auf Werkzeugmaschinen herauszuarbeiten, als vorzuschmieden. Das Schmieden kann auch oft durch Auf- und Anschweißen von Teilen ersetzt werden. Wenn die Schmiedearbeit nicht vermieden werden kann, so müssen immer einfache, geradlinig begrenzte Formen gewählt werden. Für Serienarbeiten kommen „Gesenke" in Frage und bei Massenherstellung sind Preßteile meist billiger als Gußstücke.

Als weitere Regel gilt, daß die Bearbeitung auf die unbedingt notwendigen Flächen zu beschränken ist. Die Bearbeitung einzelner Teile, damit die Maschine „glänzt", gehört zur Vergangenheit. Abb. 85 zeigt eine Flanschverbindung, bei der der Rand *c* vorsteht, um die Bearbeitung zu ersparen. Die Sitzflächen für die Muttern

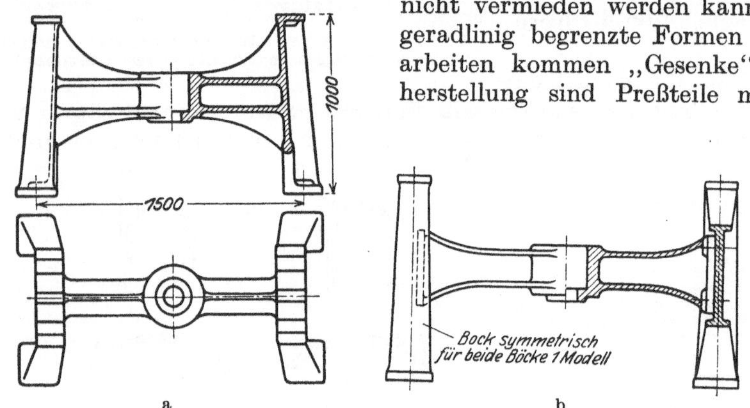

a   b

Abb. 84a, b. Traverse mit Seitenböcken (nach Lischka).
a aus einem Modell, b aus zwei Modellen hergestellt.

werden bei *a* ausgefräst; dies setzt voraus, daß die Stellen für den Fräskopf oder Senker zugänglich sind (Abb. 85a).

Sehr oft ist nicht das eigentliche Spanabheben der teuerste Teil der Bearbeitung, sondern das Aufspannen, namentlich bei ungünstiger Formgebung (Abb. 86). Besondere Aufspannvor-

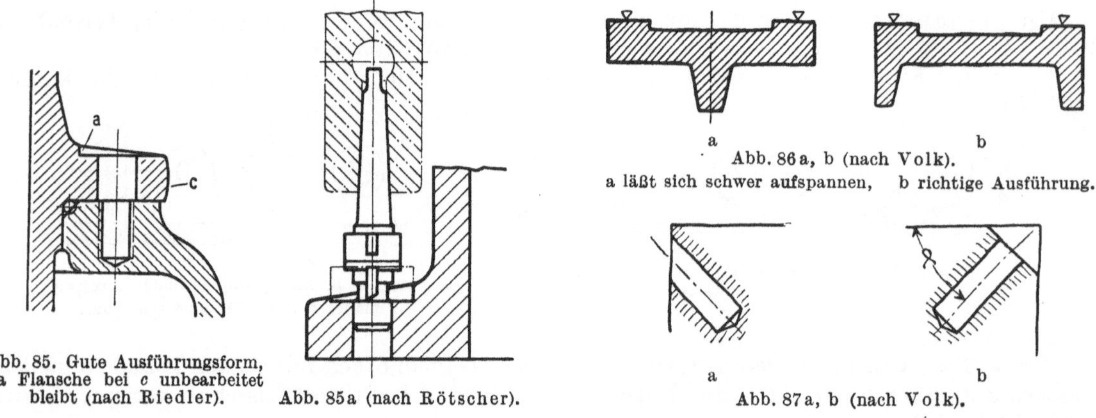

Abb. 85. Gute Ausführungsform,   Abb. 86a, b (nach Volk).
da Flansche bei *c* unbearbeitet   a läßt sich schwer aufspannen, b richtige Ausführung.
bleibt (nach Riedler).   Abb. 85a (nach Rötscher).   Abb. 87a, b (nach Volk).

richtungen sind nur bei Serienherstellung wirtschaftlich, sobald die Kosten der Vorrichtung durch Ersparnis an Aufspannzeit gedeckt werden. Der Konstrukteur kann aber immer dafür sorgen, daß rasch und genau aufgespannt werden kann. Hierher gehört z. B. das Anbringen von Vorsprüngen (Nasen), um unhandliche Stücke bequem anfassen und transportieren zu können, oder das Vorsehen von Löchern zum Durchstecken von Spannschrauben, oder auch das Anbringen besonderer Aufspannteile (Füße), die nach der Bearbeitung wieder entfernt werden.

Die Bearbeitung soll möglichst ohne Umspannen und immer senkrecht oder parallel zur Aufspannfläche erfolgen. Jede schräge Bearbeitung erfordert ein schräges Aufspannen des Werkstückes, was stets zeitraubend und kostspielig ist. Gebohrte Löcher nach Abb. 87a lassen sich nicht herstellen; damit das Loch vorgekörnt und der Bohrer gut angesetzt werden kann, ist eine Abflachung vorzusehen (Abb. 87 b).

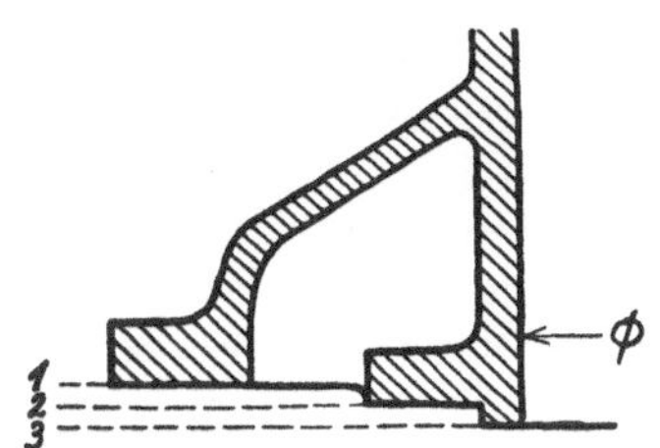
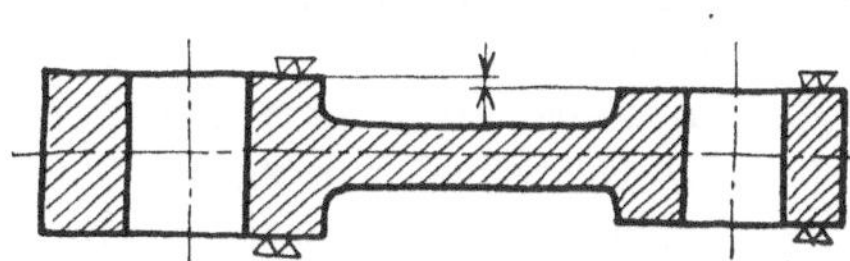

Abb. 88. Ungünstige Formen für die Bearbeitung (nach Volk).

Arbeitsflächen, die in einer Richtung verlaufen, sollen möglichst in einer Ebene liegen, um ein gemeinsames Bearbeiten (Drehen, Hobeln) zu gestatten (Abb. 88).

Stets ist darauf zu achten, daß für den Auslauf des Werkzeuges genügend Platz vorhanden ist (Abb. 89 und 90).

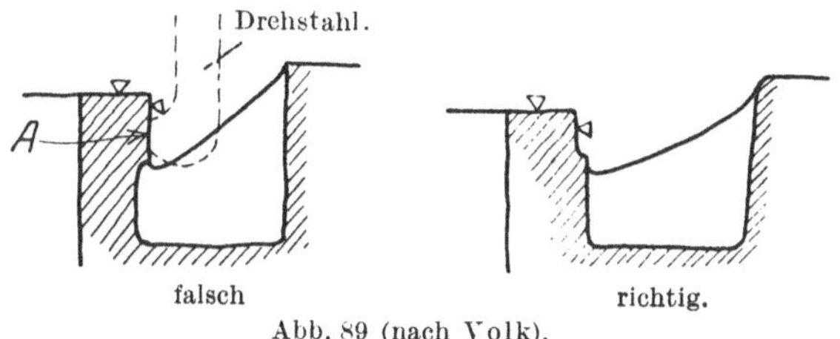

Abb. 89 (nach Volk).

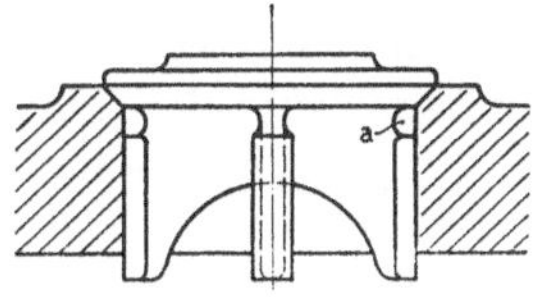

Abb. 90. Eindrehung der Ventilführung bei a mit Rücksicht auf späteres Nachschleifen (nach Riedler).

Damit die Teile beim Zusammenbau ohne Nacharbeit richtig zusammenpassen, müssen „Zentrierungen" (Abb. 91) oder Paßstifte vorgesehen werden (Abb. 129, S. 50). Zentrierungen sind mit Schiebesitz auszuführen. Lange Zentrierungen (Abb. 91) sind zu vermeiden und durch Abstufungen zu ersetzen, damit ein Hindurchzwängen durch die Paßstellen vermieden wird.

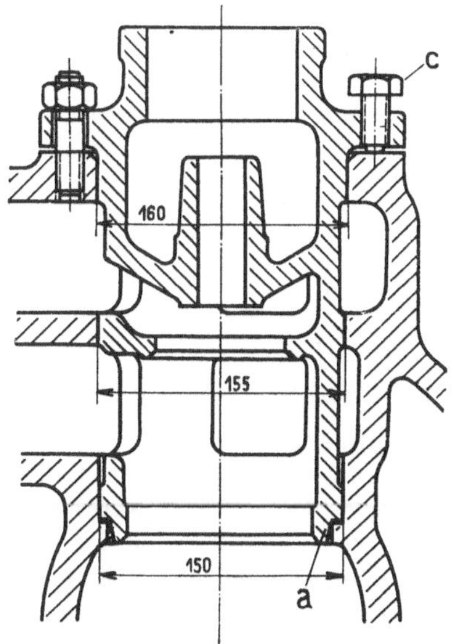

Abb. 91. Zweckmäßige, abgestufte, kurze Zentrierungen. Spiel bei „a" (nach Riedler).

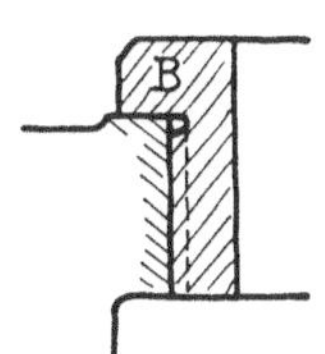

Abb. 92. Gewinde gibt keine Zentrierung. Zentrierung durch Bund B (nach Volk).

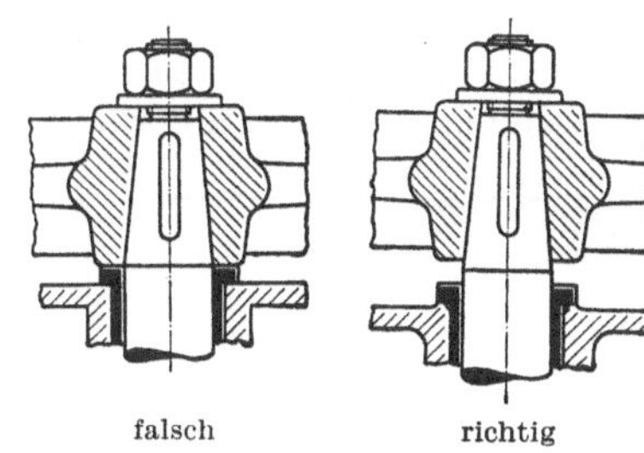

Abb. 93 (nach Riedler).

Gewinde ist nie so genau hergestellt, daß es als Zentrierung dienen kann. Die genaue Lage eingeschraubter Teile ist deshalb durch besondere Kanten festzulegen (Abb. 92).

Jedes mehrfache Passen ist zu vermeiden. Soll das Rad in Abb. 93 auf der Kegelfläche festsitzen, dann darf es nicht gleichzeitig seitlich aufliegen.

3. Wirtschaftlichkeit. Wenn man eine Maschine kauft, so kennt man ihren Preis ab Werk; zu ihm sind noch Verpackungs-, Transport-, Fundament- und Montagekosten, sowie der Preis für Reserveteile hinzuzurechnen, um die Gesamtanschaffungskosten am Aufstellungsort zu erhalten.

Werden zur Anschaffung von Maschinen fremde Gelder (Obligationen) aufgenommen, so müssen diese verzinst werden. Die Verzinsung darf nicht davon abhängig sein, ob in dem Unternehmen etwas verdient wird, so daß die Kapitalzinsen als Unkosten zu betrachten sind[1].

---

[1] Ford empfiehlt deshalb, fremde Gelder nicht aufzunehmen.

Jede Maschine verliert durch Abnützung und durch andere Ursachen an Wert. In einem gut geleiteten Unternehmen muß eine Maschine, die aus irgendeinem Grunde nicht mehr gebraucht wird, abgeschrieben sein. Das angelegte Kapital muß dann zurückgezahlt werden oder soll zur Anschaffung neuer Maschinen wieder zur Verfügung stehen.

Die Bedeutung der Entwertung wird dadurch erhöht, daß sie schwerer im voraus zu bestimmen ist. Die Entwertung tritt auch ohne Abnützung durch den Gebrauch schon durch das Altern allein ein. Sie ist also im Gegensatz zu den Löhnen auch bei Nichtgebrauch nicht zu vermeiden. Die Gebrauchsdauer (Lebensdauer) der Maschinen ist sehr verschieden. Gegen eine plötzliche Entwertung durch Maschinenbruch kann man sich durch Versicherung schützen, aber auch bedeutende Umwälzungen in der Bauart können eine sehr rasche Entwertung zur Folge haben. Während man von einer Dampfmaschine mit vollem Recht erwarten kann, daß sie nach 20 Jahren noch betriebsfähig ist, wäre es sicher unklug gewesen, wenn jemand, der vor 20 Jahren ein Automobil gekauft hat, darauf gerechnet hätte, heute noch damit zu fahren. Ebenso liegen die Verhältnisse bei Werkzeugmaschinen und bei vielen anderen Maschinen, die noch in lebhafter Entwicklung begriffen sind (Flugzeuge) und die durch eingetretene Verbesserungen in kurzer Zeit fast wertlos werden können.

Ein vorsichtiger Industrieller tut gut, die Lebensdauer seiner Maschinen nicht zu hoch zu schätzen. Ist doch z. B. im letzten Jahrzehnt der Wirkungsgrad der Dampfturbinen noch so stark verbessert worden, daß der Austausch älterer Maschinen dadurch gerechtfertigt werden kann.

Für verschiedene Maschinentypen, die starken Abnützungen unterworfen sind, z. B. für Vermahlungs- und Transportanlagen, ist es zweckmäßig, die Lebensdauer und damit die Abschreibung von der täglichen oder jährlichen Betriebszeit abhängig zu machen. Nehmen wir $a\%$ Abschreibung bei täglich 8 stündiger Betriebsdauer an, so kann die Abschreibung bei anderer Betriebsdauer nach folgender Formel berechnet werden:

$$a_x\% = a\left(1 - \frac{8-x}{16}\right)\%\,,$$

wenn x die Anzahl der täglichen Betriebsstunden ist. Damit wird

$$\text{für}\quad x = 8\quad a_x = a\%,$$
$$\text{für}\quad x = 16\quad (\text{Zweischichtenbetrieb})\ a_x = 1{,}5\,a\%$$
$$\text{und}\quad \text{für}\quad x = 0\quad (\text{stillstehende Anlage})\ a_x = 0{,}5\,a\%.$$

Wird die Lebensdauer einer Maschine oder Anlage z. B. auf 10 Jahre geschätzt, so müssen jährlich 10% des Anschaffungswertes (oder des Anschaffungswertes weniger Alteisenwert) abgeschrieben werden. Es ist oft gebräuchlich (aber unrichtig), jeweils 10% des Buchwertes ab-zuschreiben, da dann am Ende des zehnten Jahres die Anlage immer noch mit 34,86% des An-schaffungswertes statt mit 0% zu Buch steht (vgl. Abb. 94).

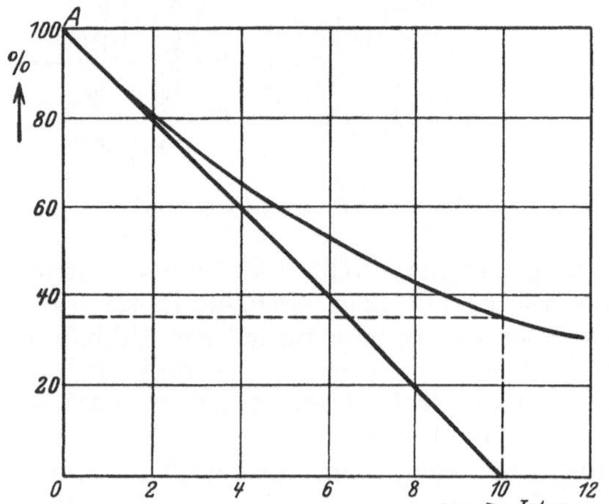

Zu der Verzinsung und Abschreibung des Anlagekapitals muß jährlich noch ein bestimmter Betrag für den Unterhalt der Anlage gerechnet werden. Ist p der Prozentsatz, mit dem jährlich für Zins, Amortisation und Unterhalt zu rechnen ist, so müssen bei 300 Arbeitstagen im Jahr täglich $\frac{p \cdot A}{100 \cdot 300}\,\mathcal{M}$ bzw. Franken) dafür aufgebracht werden, und zwar unabhängig davon, ob die Maschine benützt wird oder nicht. Diese Kosten nennt man die Besitzkosten. Wird die Maschine nur eine Stunde täglich oder 300 Stunden im Jahr verwendet, so muß die eine durchschnittliche tägliche Betriebsstunde mit dem vollen Betrag von $\frac{p \cdot A}{30000}\,\mathcal{M}$ belastet werden.

100
%
80
60
40
20
0   2   4   6   8   10   12
Jahre

Abb. 94.

Die Beurteilung der Wirtschaftlichkeit einer neuen Maschine setzt die genaue Kenntnis der tatsächlichen Betriebsbedingungen voraus. Bei Wasserturbinen und bei vielen ortfesten Wärmekraftmaschinen liegen die Verhältnisse meist einfach. Sie haben die Aufgabe, die potentielle Energie des Wassers bzw. die chemische Energie des Brennstoffes mit möglichst hohem Wirkungsgrad in mechanische Energie umzuformen. Der Wirkungsgrad ist aber von der Belastung der Maschine abhängig. Sobald diese in weiten Grenzen schwankt, wie es z. B. in einer elektrischen Zentrale zur Deckung der Spitzenleistung vorkommt, ist weniger der höchste Wirkungsgrad bei der normalen Belastung, sondern der mittlere Wirkungsgrad innerhalb der Belastungsgrenzen für die Beurteilung der Wirtschaftlichkeit der Maschine maßgebend. Die Wirkungsgradkurve sollte dann einen von der Belastung möglichst unabhängigen Verlauf haben. Diese selbstverständliche Forderung wird oft (z. B. bei der Wahl des Kesselsystems) übersehen. Verwickelter werden die Überlegungen, wenn neben dem Kraftverbrauch auch Bedarf an Wärme vorhanden ist, oder wenn die Kraftanlage fahrbar sein muß (Lokomotive).

Ganz anders liegen die Verhältnisse bei vielen Arbeitsmaschinen (Vermahlungs-, Sortier-, Werkzeugmaschinen usw.). Dort tritt der Kraftverbrauch gegenüber anderen Faktoren stark zurück. Es wird z. B. verlangt, daß das Mahlprodukt genügend fein und gleichmäßig ausfällt, oder daß die gleiche Maschine die verschiedensten Rohstoffe gleich gut vermahlen soll usw.

Da hier nur wenig Kenntnis des Maschinenbaues vorausgesetzt werden kann, seien die wirtschaftlichen Betrachtungen auf die einfachen Verhältnisse beschränkt, wie sie bei Hebezeugen und Transportanlagen vorliegen. Bei solchen Anlagen müssen die Transportkosten ein Minimum werden. In Heft V (Abschnitt Rohrleitungen) wird der wirtschaftlichste Durchmesser einer Rohrleitung berechnet.

Anwendungsbeispiel 1. Unter welchen Verhältnissen ist die Anschaffung neuer Hebezeuge mit elektrischem Antrieb wirtschaftlicher als die Weiterverwendung abgeschriebener Handhebezeuge?

Die vielen Handhebezeuge an Bahnhöfen lassen vermuten, daß die Frage nicht ohne weiteres zugunsten des elektrischen Antriebes beantwortet werden kann.

Ein Elektroflaschenzug für eine Tragkraft $L = 1000$ kg (bzw. 5000 kg) kostet ab Werk 1800 $\mathcal{M}$ (bzw. 3200 $\mathcal{M}$) und fertig installiert z. B. $A = 2500$ $\mathcal{M}$ (4000 $\mathcal{M}$). Wenn 25% für Verzinsung, Abschreibung und Unterhalt, unabhängig von der Benützungsdauer angenommen wird, so sind die täglichen Besitzkosten $\dfrac{25\,A}{30\,000} = 2{,}10\,\mathcal{M}$ (3,33 $\mathcal{M}$). Für den abgeschriebenen Handflaschenzug sind natürlich keine Besitzkosten mehr in Rechnung zu setzen.

Die Dauerleistung eines Arbeiters beträgt höchstens 8 kgm/s. Mit einem guten Handflaschenzug (Wirkungsgrad $\eta = 80\%$) kann er die Last L mit einer Geschwindigkeit von v m/min heben, die aus der Energiegleichung

$$\frac{L}{\eta} \cdot \frac{v}{60} = 8 \text{ kgm/s}$$

folgt, und die für $L = 1000$ (5000) kg sonach 0,385 (0,077) m/min beträgt.

Der Elektrozug mit einem Motor von 1,4 (5) PS hebt die Last mit einer Geschwindigkeit von 5 (3,4) m/min, also 13 (44) mal schneller. Nun besteht die Tätigkeit des Verladens nicht nur aus Lastheben, sondern die Last muß zuerst angebunden, dann hochgehoben, gedreht oder gefahren und nachher wieder gesenkt und gelöst werden. Wenn die Last 13 (44) mal schneller gehoben wird, so werden wir nicht gleichviel schneller verladen, sondern weniger, und zwar abhängig von der Zeit des Anbindens und Lösens der Last, von der Hubhöhe, vom Transportweg usw.

Nehmen wir für einen bestimmten Fall an, daß die Kürzung der Verladezeit nur $^1/_4$ der Kürzung der Hubzeit beträgt, so müßte, wenn der Elektrozug 1 Stunde in Betrieb ist, der Handflaschenzug $^{13}/_4$ ($^{44}/_4$) Stunden in Betrieb sein. Wir ersparen demnach mit dem Elektrozug $^{13}/_4 - 1 = 2{,}25$ ($^{44}/_4 - 1 = 10$) Betriebsstunden zu 1 $\mathcal{M}$ Stundenlohn, abzüglich die Kosten des elektrischen Stromes. Wenn

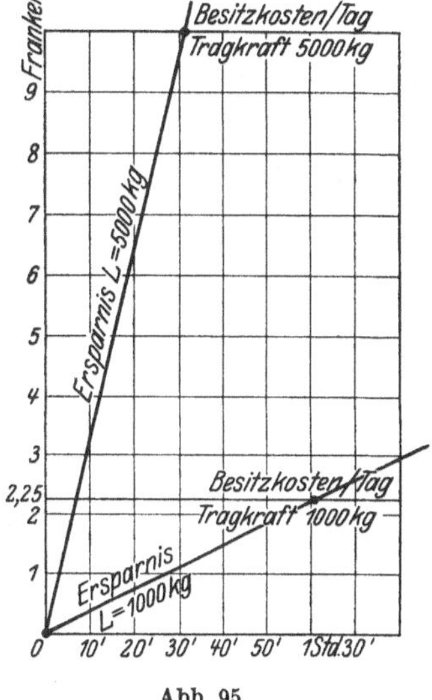

Abb. 95.

1 PSh (d. i. 1 PS während einer Stunde) 0,12 $\mathcal{M}$ kostet, so betragen die Stromkosten für $L = 1000$ kg $1{,}4 \cdot 0{,}12 = 0{,}17\,\mathcal{M}$ und für $L = 5000$ kg Tragkraft $3 \cdot 0{,}12 = 0{,}60\,\mathcal{M}$, so daß die Ersparnisse $2{,}25 - 0{,}17 = 2{,}08\,\mathcal{M}$ bzw. $10 - 0{,}60 = 9{,}40\,\mathcal{M}$ für jede Betriebsstunde des Elektrozuges betragen.

Sobald die Ersparnisse die Besitzkosten überschreiten, wird die Anschaffung wirtschaftlich. Aus Abb. 95 folgt, daß der elektrische Antrieb schon bei sehr kurzer Betriebsdauer wirtschaftlich ist.

Bei diesem Vergleich ist folgendes zu beachten: Der Wirkungsgrad der Handflaschenzüge ist meist viel kleiner als 80% und die Durchschnittsleistung eines Arbeiters ist oft nur ein kleiner

Bruchteil der angenommenen 8 kgm/s. Dadurch sind die Verhältnisse für den Handflaschenzug
zu günstig dargestellt. Anderseits hebt der Elektrozug alle Lasten mit der gleichen Geschwindigkeit; er wird für die größte Tragkraft gekauft und meist durch viel kleinere Lasten
beansprucht. Beim Handflaschenzug dagegen können kleine Lasten mit größerer Geschwindigkeit gehoben werden als größere. Dadurch verschiebt sich die Wirtschaftlichkeit wieder etwas
zugunsten der Handhebezeuge. Es bestehen aber keine grundsätzlichen Schwierigkeiten, diese
Faktoren genauer zu berücksichtigen.

Bei diesem Vergleich sind auch die weiteren Ersparnisse nicht berücksichtigt, die durch die
schnellere Verladung erzielt werden können. Dient z. B. der Flaschenzug dazu, Kisten auf ein
Automobil zu verladen, so steht dieses so lange, bis der Wagen beladen ist. Während dieser Zeit
laufen auch die Besitzkosten des Automobils; seine eigentliche Tätigkeit, d. i. das Verfahren
der Last wird dadurch stark verkürzt, so daß beim langsamen Verladen durch den Handflaschenzug eventuell die Anschaffung eines zweiten Automobils erforderlich wird. Ähnlich liegen die
Verhältnisse beim Be- und Entladen von Eisenbahnwagen. Nach den Statistiken beträgt die
durchschnittliche Laufzeit eines Güterwagens nur drei Stunden täglich; sie kann in erster Linie
durch Abkürzung des Aufenthaltes beim Be- und Entladen gesteigert werden. Noch viel wichtiger
ist die Kürzung der Liegezeiten beim Schiffsverkehr, weil die Besitzkosten der großen Schiffe
eine unvergleichlich größere Rolle spielen als die eigentlichen Verladekosten.

Nicht immer liegen die Verhältnisse so klar. Wenn z. B. die Frage geprüft werden soll,
ob für einen Kran im Maschinenhaus eines Elektrizitätswerkes elektrischer oder Handantrieb
wirtschaftlicher ist, so wird man unter Berücksichtigung des Umstandes, daß dieser Kran
nur ganz ausnahmsweise (z. B. bei Reparaturen) verwendet wird, sich für Handantrieb entscheiden. Sollte es aber vorkommen, daß eine Reparatur während der eigentlichen Betriebszeit der Maschine durchgeführt werden muß, so können durch Abkürzung der Reparaturzeit
so große Ersparnisse erzielt werden, daß die Mehrkosten des elektrischen Antriebes gar keine
Rolle spielen.

In ähnlicher Weise wird durch eine Betriebsstörung (z. B. infolge Bruch oder Abnützung
eines Maschinenteiles) die Rentabilitätsrechnung vollständig geändert, weil durch den erzwun-
genen Stillstand weit größerer Schaden entsteht, als eine etwas sorgfältigere Konstruktion der

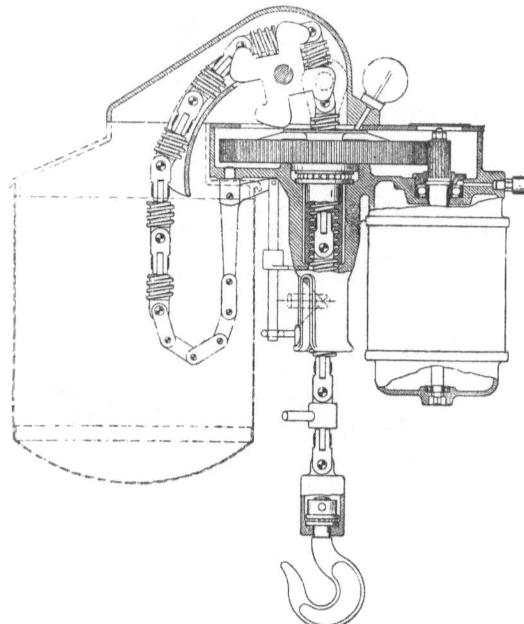

Abb. 96. Schlangenzug (Stahl-Stuttgart).

Maschine gekostet hätte. Deshalb gilt als Konstruktionsregel, die Betriebssicherheit in
allererste Linie zu setzen.

Aus den Vergleichsrechnungen folgt weiter,
daß die menschliche Arbeitskraft im Verhältnis
zur elektrischen Energie außerordentlich teuer
ist. Für die Dauerleistung eines guten Arbeiters
(8 kgm/s = $^1/_9$ PS) muß 1 $\mathscr{M}$ Stundenlohn bezahlt
werden, so daß 1 PSh 9 $\mathscr{M}$ kostet! Wenn für für
elektrische Energie diesen hohen Preis bezahlen
müßten, so würde jeder (als selbstverständlich)
von den Maschinen den allerhöchsten Wirkungsgrad verlangen. Um so unbegreiflicher ist es, daß
auch von Ingenieuren der Wirkungsgrad von
Handhebezeugen oft als nebensächlich betrachtet
wird (z. B. bei Schraubenhebeböcken, Abb. 180). Es
gilt daher die Regel: Für Maschinen mit Hand-
betrieb ist höchster Wirkungsgrad anzustreben (z. B. durch Verwendung von Kugellagern).

Wie das Zahlenbeispiel zeigt, spielen die Stromkosten bei der Beurteilung der Wirtschaftlichkeit des elektrischen Antriebes von Hebezeugen
eine ganz untergeordnete Rolle. Deshalb ist es
interessant und auch praktisch wichtig, zu unter-
suchen, ob ein billiger Elektrozug mit schlechtem Wirkungsgrad oder ein teurer mit gutem Wirkungsgrad wirtschaftlicher ist. Die Beantwortung dieser und ähnlicher Fragen hat für den
Konstrukteur große praktische Bedeutung; er lernt daraus, wie und was er konstruieren
soll. Es ist selbstverständlich, daß der Flaschenzug mit schlechtem Wirkungsgrad billiger sein
muß. Wir können die Frage deshalb am einfachsten so stellen:

Anwendungsbeispiel 2: Wieviel billiger muß der Flaschenzug mit schlechtem Wirkungsgrad sein, um den Ankauf (oder die Konstruktion) zu rechtfertigen?

Werden z. B. durch den schlechten Wirkungsgrad die Stromkosten verdoppelt, so muß die Mehrausgabe von 0,17 (0,60) $\mathscr{M}$ für jede Betriebsstunde durch die kleineren Besitzkosten ausgeglichen werden. Beträgt der Preisunterschied der beiden Flaschenzüge $D \mathscr{M}$, so wird die Anschaffung wirtschaftlich, wenn x die Anzahl der täglichen Betriebstunden ist, falls

$$\frac{25\,D}{30\,000} > 0,17\,x \quad (\text{resp. } 0,60\,x)$$

oder wenn $D > 1200 \times \text{Mehrstromkosten}$ ist. Daraus folgt, daß nur bei sehr kurzer Verwendungsdauer der billigere Flaschenzug wirtschaftlich sein kann, während bei längerer Betriebszeit immer ein hoher Wirkungsgrad vorzuziehen ist.

Beim elektrischen Antrieb von Flaschenzügen besteht die größte konstruktive Schwierigkeit in der Übersetzung zwischen der hohen Umlaufzahl des Elektromotors und der kleinen Lasthebegeschwindigkeit.

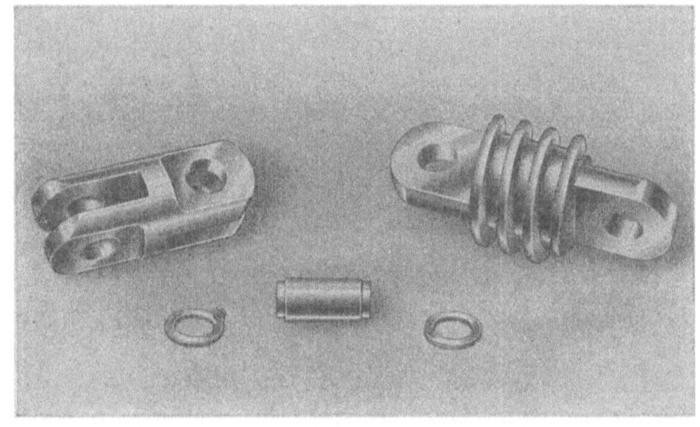

Abb. 97. Tragorgan zu Abb. 96.

Die Schraube ist nun hierfür ein sehr geeignetes Element. Die Last kann direkt an eine gegen Drehung gesicherte Schraube gehängt werden (Abb. 96). Jede Umdrehung der Mutter entspricht dann einem Heben der Last um die Schraubensteigung. Die Schraube muß aber selbsthemmend sein (vgl. S. 60), um das ungewollte Senken der Last zu verhindern. Bei einem Steigungswinkel von 3⁰ und 60 mm Spindeldurchmesser ist die Steigung der Schraube $\pi \cdot 0,06 \cdot 0,052 \approx 0,01$ m, so daß eine Hubgeschwindigkeit der Last von 6 m/min eine Drehzahl der Mutter von $6/0,01 = 600$/min bedingt. Bei einer Motordrehzahl von 3000/min genügt zum Antrieb der Mutter ein einfaches Rädervorgelege mit der Übersetzung 1 : 5. Die selbsthemmende Schraube hat aber einen sehr schlechten Wirkungsgrad ($\eta < 50\,\%$), so daß ein solcher Flaschenzug nur bei seltenem Gebrauch wirtschaftlich ist.

C. Verbindungen.

1. Niete. Um eine Verbindung durch Nietung herzustellen, steckt man in die genau übereinander liegenden Löcher der beiden glatt aufeinander liegenden Teile ein Niet[1] und staucht den herausragenden Teil des schwach konischen Schaftes durch Hämmern oder durch Pressen zu einem Schließkopf zusammen (Abb. 98). Die Niete kommen mit Setzkopf und mit folgenden genormten Durchmessern in den Handel:

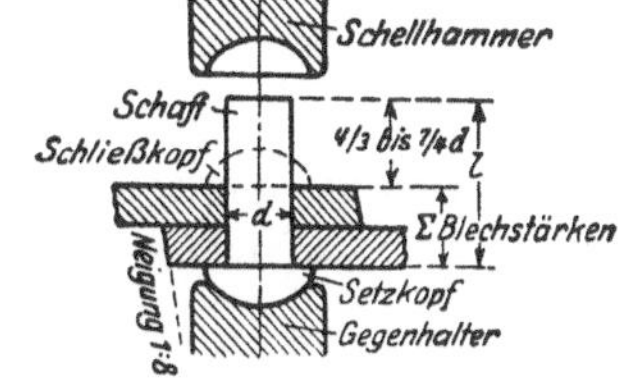

Abb. 98 (nach Dubbel, Taschenbuch).

Durchmesser	10	13	16	19	22	25	28	31	34 mm,
ausreichendes Spiel			0,3	0,4	0,5	0,6	0,7	0,8	0,8 mm.

Nach den Deutschen Normen wird der Lochdurchmesser 1 mm größer als der Nietdurchmesser gemacht. Dieses Spiel ist im allgemeinen zu groß; es sollte nicht größer sein als notwendig, um den warmen vom Hammerschlag gereinigten Nietschaft mit dem Hammer eben noch einführen zu können. Dazu reicht das oben angegebene Spiel aus. Die Nietlöcher sollen gebohrt und mit der Reibahle nachgearbeitet werden. Das früher gebräuchliche Stanzen der Löcher ist billiger, doch leidet das Material bei dieser rohen Arbeitsmethode stark; es wird spröde und rissig.

Das glühende Eisen des Nietschaftes verhält sich beim Stauchen des Kopfes ähnlich wie eine zähe Flüssigkeit; der in axialer Richtung ausgeübte Druck wird nach der Seite hin fortgepflanzt, so daß die Lochwand durch inneren Druck beansprucht wird. Gleichzeitig erfährt sie eine starke Erhitzung, durch welche Wärmespannungen entstehen (vgl. Heft I, S. 70).

Die Nietverbindung ist nur durch Abschlagen der Köpfe zu lösen, weshalb die Verbindung als nicht lösbar bezeichnet wird.

---

[1] Das Wort Niet wird nach Duden männlich, weiblich und sächlich gebraucht. Der Normenausschuß der Deutschen Industrie (NDI) hat sich für das Niet entschieden.

Die Schaftlänge l ist gleich der Summe der Blechstärken plus $1^1/_3$ bis $1^3/_4$ Nietdurchmesser, je nachdem die Vernietung durch Maschine oder von Hand hergestellt wird; sie endet handelsüblich immer auf 3 oder 6 oder 0 mm.

Die Kopfform ist genormt und je nach dem Verwendungszweck verschieden. Zum Aufzeichnen dient die Angabe in Abb. 99. Zwischen Nietschaft und Kopf ist eine kleine Abrundung vorhanden, so daß die Nietlöcher abgegratet werden müssen.

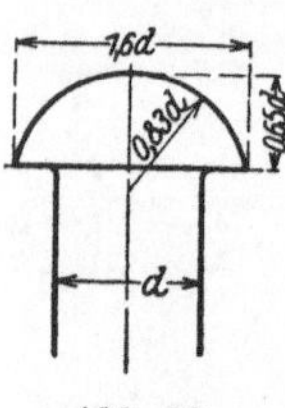

Abb. 99
(nach Dubbel,
Taschenbuch).

Als Material wird weicher Stahl (St 34) verwendet, in vereinzelten Fällen Nickelstahl (bei Eisenkonstruktionen) oder Kupfer (für geringe Kräfte). Kaltnietung ist nur bis etwa 8 mm Nietdurchmesser möglich.

a) Berechnung. Die Zerstörung der Nietverbindung kann herbeigeführt werden (Abb. 100):

1. durch Abscheren des Nietschaftes,

2. durch zu große Beanspruchung der Nietwandung auf Druck (Lochleibungsdruck). Das Loch wird zunächst unrund, bis schließlich die Blechkante aufreißt oder das Blechstück abgeschert wird.

3. Durch Zerreißen des Bleches an der durch das Loch geschwächten Stelle.

1. Abscheren des Nietschaftes (Abb. 100a). Die Kraft P erzeugt in dem auf Abscheren beanspruchten Querschnitt Schubspannungen, die im allgemeinen von Flächenelement zu Flächenelement verschieden sind. Es ist in der Praxis aber gebräuchlich anzunehmen, daß die Schubspannungen gleichgerichtet sind und sich gleichmäßig über den Querschnitt verteilen, so daß

$$\tau = \frac{P}{F} \tag{1}$$

wird. Diese Annahme kann aber niemals den Tatsachen entsprechen, denn die Schubspannungen sind am Querschnittsumfang immer tangential gerichtet (Heft I, S. 14), wenn dort durch äußere Kräfte ihre Richtung nicht geändert wird. Außerdem treten die Schubspannungen in Verbindung mit dem Biegemoment $P \cdot \delta$ auf, so daß die Spannungsverteilung und die größte Schubspannung τ_{max} nach den Angaben in Heft I, S. 37 berechnet werden kann. Daraus folgt, daß die größte Schubspannung in der neutralen Faserschicht

$$\tau_{\text{max}} = \frac{4}{3} \cdot \frac{P}{F},$$

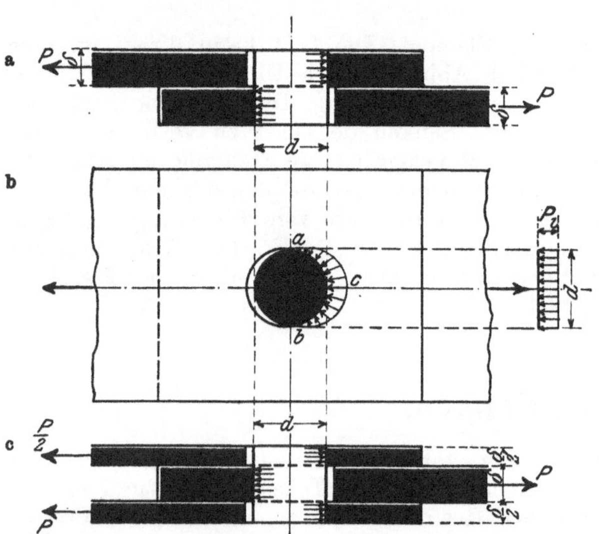

Abb. 100a bis c (nach Geusen, Eisenkonstruktion).

also $^1/_3$ größer ist als bei gleichmäßiger Spannungsverteilung über die ganze Querschnittsfläche. Diese maximale Schubspannung muß jedenfalls unterhalb der zulässigen Grenze bleiben, die für das weiche Nietmaterial etwa bei $\tau = 660$ at liegt, so daß

$$\frac{4}{3} \cdot \frac{P}{F} < 660 \text{ at} \quad \text{oder} \quad \frac{P}{F} < 500 \text{ at}$$

sein sollte. Auf Grund der Erfahrung halten die Nietverbindungen ohne schädliche Folgen aber doppelt so viel aus.

C. von Bach hat als erster (1892) versucht, diesen Widerspruch zwischen Theorie und Erfahrung aufzuklären: Das im heißen Zustand eingezogene Niet preßt beim Erkalten die Bleche fest zusammen, wodurch im Nietschaft Zugspannungen entstehen. Durch diese und durch die Abkühlung tritt Querkontraktion ein, so daß der Nietschaft selbst dann, wenn er sich in heißem Zustand an die Lochwand angelegt hätte, diese nach dem Erkalten nicht mehr berühren kann. Solange also kein Gleiten der Platten gegeneinander stattgefunden hat, werden keine Scherkräfte auf den Nietschaft übertragen. Das Gleiten wird durch die Reibung verhindert; es muß also

$$P < \mu Q$$

sein, wenn Q die Zugkraft im Niet ist. Die Kraft Q ist durch die Elastizitätsgrenze des Nietmaterials begrenzt, sie kann aber fast Null werden, wenn die Bleche nicht satt aufliegen (Abb. 101).

Für eine gute Nietverbindung muß also die Reibung möglichst groß werden. Gute Anpaß-
arbeit und Verstemmen der Kanten (Abb. 102) und Köpfe sind darum wichtig. Die Nietpressen
haben deshalb meist einen den Nietstempel umschließenden Blechschieber (Abb. 103), der vor
dem Nietstempel fest aufsetzt und die Bleche fest zusammendrückt. Aber auch die Temperatur

bei Beendigung des Nietens ist
für eine gute Nietverbindung
wichtig. Sie darf nicht zu hoch
sein, damit die Nietköpfe dem
Bestreben der Platten, auseinander zu gehen, nicht nachgeben
können. Nachdem der Kopf geformt ist, muß der Stempel der
Nietmaschine noch einige Zeit
(10 bis 15 Sekunden) auf den ge-
formten Kopf pressen. Durch
Kühlung des Nietstempels läßt
sich diese Zeit vermindern und
damit die Anzahl der Niete, die
in einer Stunde geschlagen werden können, vermehren.

Die Schließkraft der Nietmaschine darf nicht zu groß
sein, denn Versuche von Bach
und Baumann[1] haben gezeigt,
daß bei zu großer Pressung das
Blech unter den Köpfen über
die Quetschgrenze hinaus beansprucht wird. Dadurch entstehen
Risse, die zu Dampfkesselexplo-
sionen führen können. Auf Grund
dieser Versuche hat C. von Bach
empfohlen, mit der Schließkraft
der Nietmaschine nicht über
6500 bis 8000 kg auf 1 cm² Niet-

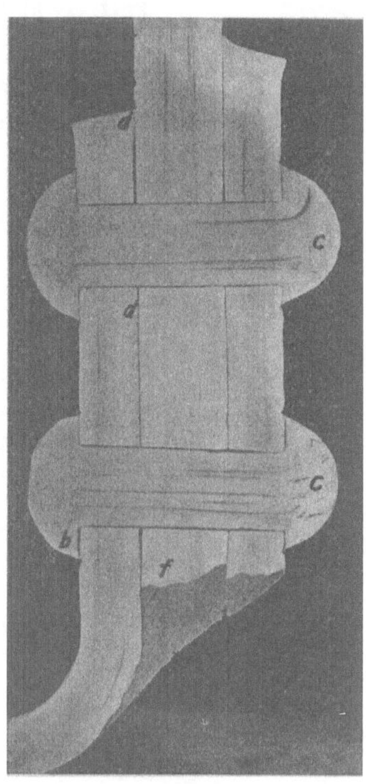

Abb. 101[2]. Nietverbindungen, die infolge ihrer mangelhaften Ausführung ihren
Zweck nicht erfüllen und zu weitgehender Schädigung des Bleches geführt haben.
Die Ausfüllung der Ecke mittels Schweißung ist als letztes Mittel versucht worden,
um die Undichtigkeit der Verbindung zu beseitigen.

querschnitt zu gehen. Diese Grenze wird von vielen Kesselbaufirmen als zu niedrig angesehen.
Sorgfältige, in der Eidg. Materialprüfanstalt in Zürich durchgeführte Untersuchungen (1929)
haben bei einer Schließkraft von 9500 kg/cm² Nietquerschnitt keine schädliche Blechbean-
spruchungen nachweisen können.

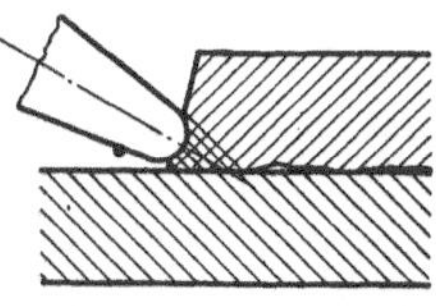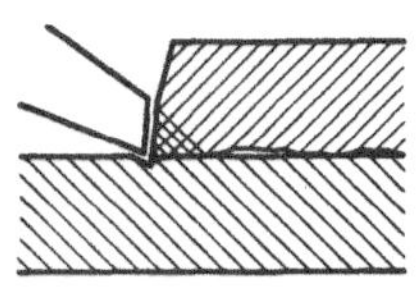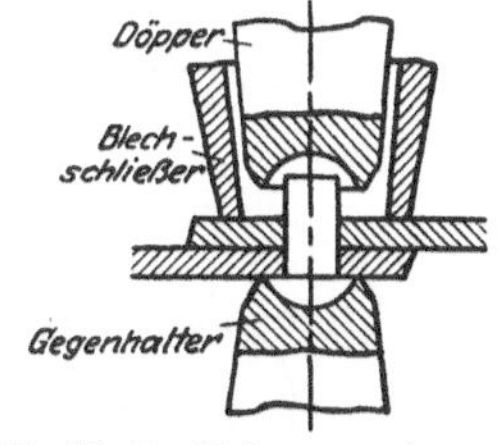

a   b

Abb. 102 a, b (nach Rötscher). a Richtiges, b Fehlerhaftes Verstemmen von
Blechen. Das Einkerben ist zu vermeiden.

Abb. 103. Blechschieber zum Anpressen der
Bleche (nach Pockrandt, Mech. Techn.).

Wenn die Reibung für die Sicherheit der Nietverbindung maßgebend wäre, so müßte

$$P < \mu Q = \mu \sigma_z \cdot F$$

sein. Aus den Bachschen Versuchen folgt, daß $\mu \sigma_z$ kleiner als 600 bis 700 kg/cm² sein muß,
damit kein Gleiten eintritt. Genauere Versuche des Verbandes Deutscher Brückenbauanstalten[3]
und von Ingenieur Preuß[4] zeigten, daß der Gleitwiderstand ganz erheblich kleiner ist, als auf
Grund der Bachschen Versuche angenommen werden und daß schon bei Belastungen unterhalb
der Nutzlast deutlich wahrnehmbare Verschiebungen der vernieteten Teile auftreten. Die Be-

---

[1] Stahleisen 1922, H. 50.

[2] Nach Untersuchungen der Materialprüfanstalt Stuttgart. Aus dem Aufsatz von Dr. Guilleaume: Zur
Sicherung des Dampfkesselbetriebes.

[3] Z. V. d. I. 1909, S. 1023.   [4] Z. V. d. I. 1912, S. 404.

rechnung auf Gleitwiderstand ist deshalb nicht angängig, sondern der Nietschaft ist auf Abscheren zu berechnen. Im Grunde ist es aber für die Berechnung ziemlich gleichgültig ob man
schreibt:

$$P = \tau \cdot F \quad \text{oder} \quad P = \mu\,\sigma_z \cdot F,$$

wenn nur $\tau = \mu\sigma_z$ genommen wird.

Wenn man, wie es in der Praxis gebräuchlich ist, $\tau = P/F$ setzt und für τ sehr hohe
Werte zuläßt (bis 1000 at für Eisenkonstruktionen), so will das keinesfalls sagen, daß
solche Schubspannungen wirklich auftreten,
denn die Kraft P wird durch die Reibungskraft R geschwächt auf den Nietschaft übertragen, so daß eigentlich

$$\tau = \frac{P - R}{F}$$

ist. Da die Reibungskraft aber nicht zuverlässig zu berechnen ist, wird ihr Einfluß dadurch berücksichtigt, daß höhere Werte von τ
als zulässig angesehen werden. Überall dort,
wo die Reibungskraft fehlt (wie bei der Bolzenverbindung in Abb. 105), oder wo diese durch
die Wirkung der äußeren Kräfte verkleinert
wird (wie beim Dampfdom, Abb. 104), müssen
die zulässigen Schubkräfte wesentlich kleiner
angenommen werden.

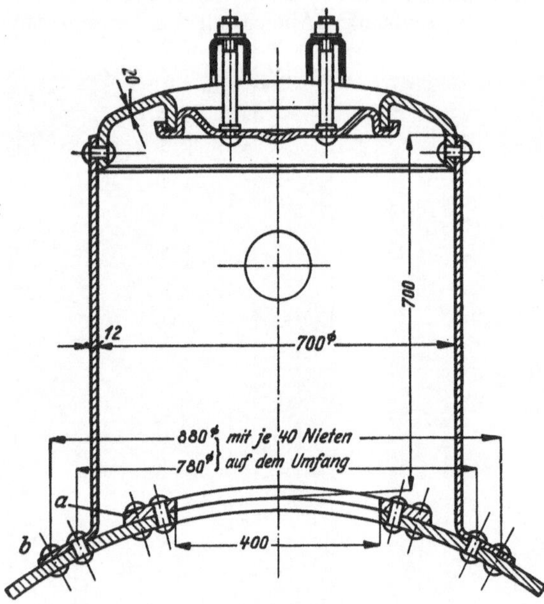

Abb. 104.　Dampfdom. Niete b werden auf Zug beansprucht
(nach Rötscher).

Beim Dampfdom werden die Niete b auf Zug beansprucht. Da im Nietschaft (durch die Abkühlung) schon sehr große Zugspannungen (fast bis zur Elastizitätsgrenze) vorkommen, so

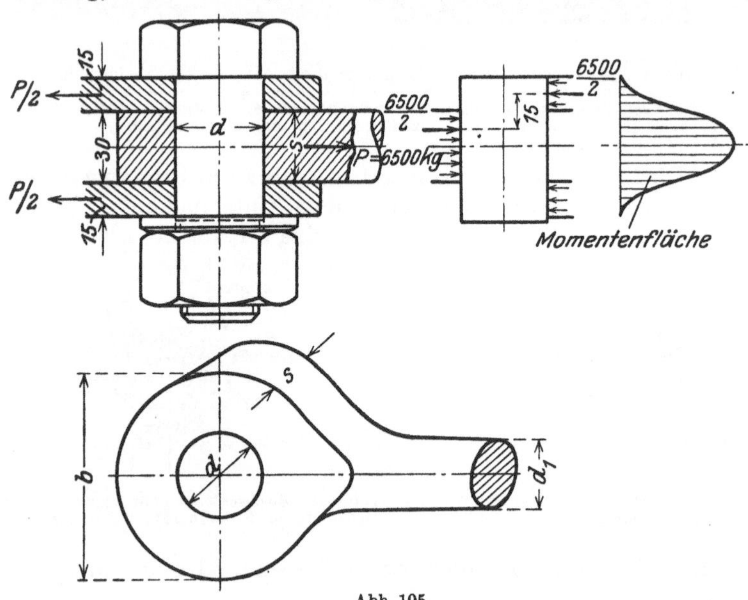

Abb. 105.

können auch kleine zusätzliche Zugkräfte zur Lockerung der Nietverbindung
führen. Im allgemeinen sollte
der Nietschaft nicht auf
Zug beansprucht werden. Wo
dies unvermeidlich ist, muß
die zusätzliche Zugspannung
(durch Anordnung einer großen Anzahl Niete) so klein
wie möglich gehalten wer-
den. Durch den Dampf-
druck von 12 at entsteht in
den Nieten b (Abb. 104) bei
25 mm Nietdurchmesser eine
zusätzliche Zugspannung
von

$$\sigma = \frac{\dfrac{\pi}{4} \cdot 70^2 \cdot 12}{80 \cdot \dfrac{\pi}{4} \cdot 2{,}5^2} \approx 120\ \text{at}.$$

Werden mehrere Bleche miteinander verbunden, so verteilt sich die Kraft P über mehrere
Nietquerschnitte. Abb. 100c zeigt eine zweischnittige Nietverbindung (Laschenvernietung),
bei der

$$P = 2F \cdot \tau_{\mathrm{zul}}$$

ist.

Zahlenbeispiel. Die Bolzenverbindung nach Abb. 105 ist zu berechnen. Der Zugstabdurch-
messer d folgt aus der Gleichung

$$\frac{\pi}{4} d_1^2 \sigma_z = 6500\ \text{kg}.$$

Wenn σ_z zu 900 at angenommen wird, so ist $d \approx 3$ cm. Für den durch die Bohrung geschwächten Querschnitt des Stangenkopfes ist:

$$(b - d)\,s \cdot \sigma_z' = 6500 \text{ kg}.$$

Wegen der ungleichmäßigen Spannungsverteilung in dem durchlochten Stab (Heft I, S. 20) wird $\sigma_2' = 450$ at angenommen. Da nur eine einzige Gleichung mit drei Unbekannten vorliegt, können zwei davon beliebig gewählt werden, z. B. $s = 30$ mm.

Das größte Biegemoment des Bolzen ist unter Annahme einer gleichmäßigen Auflage

$$M_{\max} = \frac{6500}{2} \cdot 1{,}5 = 5900 \text{ kg} \cdot \text{cm} = 0{,}1\, d^3 \sigma_b.$$

Daraus folgt $d = 38$ mm mit $\sigma_b = 900$ at. Damit wird

$$b - d = \frac{6500}{3 \cdot 450} \approx 4{,}8 \text{ cm}$$

und

$$b = 48 + 38 = 86 \text{ mm},$$

was auf die normale Flacheisenbreite von 90 mm aufgerundet wird.

Wird der Bolzen wie ein Niet auf Abscheren berechnet, so würde ein Durchmesser d ausreichen, der sich aus der Gleichung

$$\frac{\pi}{4}\, d^2 \cdot \tau \cdot 2 = 6500,$$

mit $\tau = 1000$ at, zu 20 mm ergibt. Die Biegespannung wäre dann:

$$\sigma_b = \frac{4900}{0{,}1 \cdot 2^3} \approx 6100 \text{ at},$$

d. h. der Bolzen wird krumm.

2. Berechnung auf Lochleibungsdruck. Die Kraft P (Abb. 100b) erzeugt einen ungleichmäßig über die halbe Nietschaftsoberfläche $\frac{\pi d}{2} \cdot \delta$ verteilten Druck. Um die Rechnung einfacher zu gestalten, nimmt man an, daß der Lochleibungsdruck p_l gleichmäßig über die projizierte Umfangsfläche $\delta \cdot d$ verteilt sei, und setzt:

$$P = p_l \cdot \delta \cdot d. \tag{3}$$

Diese Vereinfachung ist durchaus zulässig, weil die zulässige Grenze von p_l auf Grund der Erfahrung festgelegt wird, und zwar ist

$$p_l = 2\tau = 1500 \text{ bis } 2000 \text{ at}. \tag{4}$$

Diese Flächenpressung ist außerordentlich hoch, sie liegt jedenfalls schon oberhalb der Elastizitätsgrenze. Sie ist bei Nietverbindungen nur deshalb zulässig, weil durch die hemmende Wirkung der Reibung die wirklich auftretende Pressung viel kleiner ist.

Will man die Festigkeit des Nietschaftes gegen Abscheren und gleichzeitig auch den Lochleibungsdruck bis zur zulässigen Grenze ausnützen (wie es auch am wirtschaftlichsten wäre), so müßte für die einschnittige Verbindung

$$P = \frac{\pi}{4}\, d^2 \tau = 2\,\tau\,\delta\,d$$

sein, oder

$$\delta = \frac{\pi}{4}\, d \approx 0{,}4\, d$$

und für die zweischnittige Verbindung (Abb. 100c)

$$P = 2 \cdot \frac{\pi}{4}\, d^2 \tau = 2\,\tau\,\delta\,d$$

oder

$$\delta \approx 0{,}8\, d.$$

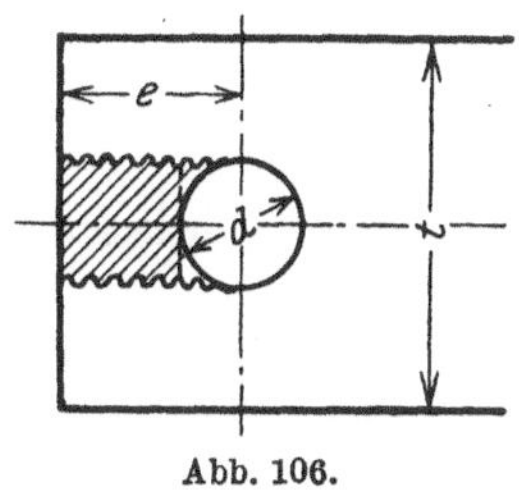

Abb. 106.

Die gebräuchliche Blechstärke δ ist für

$d =$	13	16	19	22	25	28	31	34	mm.
$\delta =$	5—6	7—8	9—10	11—13	14—16	17—20	21—24	25—29	mm.

Beide Festigkeitsbedingungen sind demnach nicht immer gleichzeitig bis zur zulässigen Grenze erfüllt, so daß bei der Berechnung der Vernietung sowohl die Zulässigkeit der Schubspannung τ als die der Flächenpressung nachgeprüft werden muß.

Die Nietverbindung kann auch durch das Aufreißen der Blechkante (Abb. 106) zerstört werden. Als Scherfläche pflegt man nicht $2 \cdot e \cdot \delta$ sondern $2\left(e - \dfrac{d}{2}\right)\delta$, zu nehmen. Wählt man die Sicherheit gegen Herausreißen des schraffierten Blechstückes gleich der Sicherheit gegen Abscheren des Nietschaftes, so ist

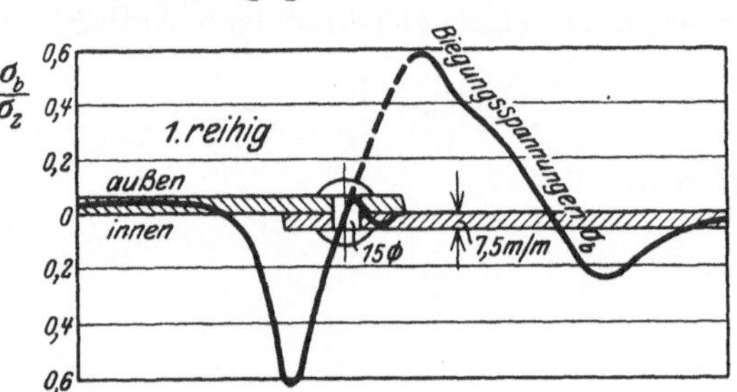

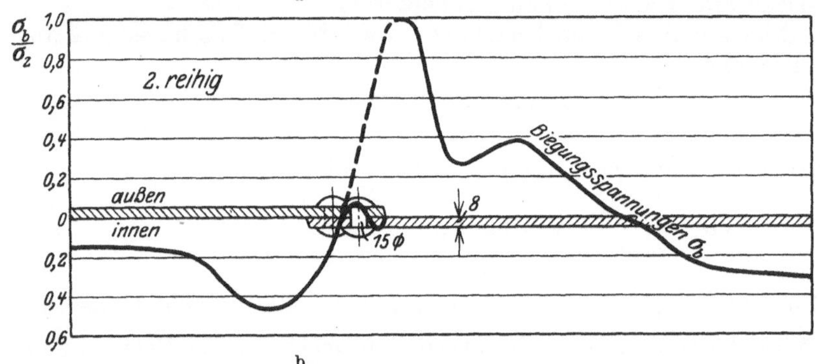

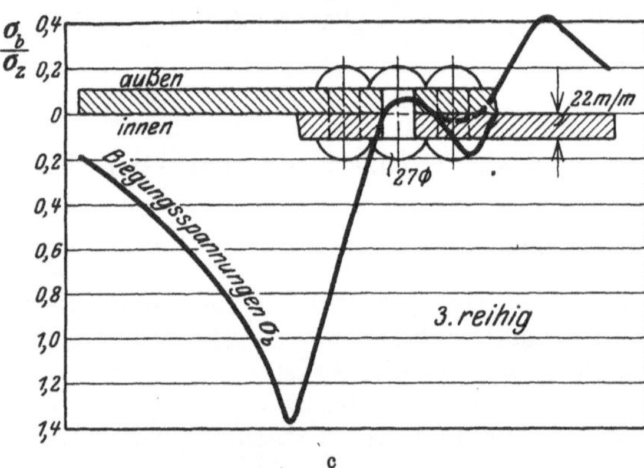

Abb. 107a bis c. Biegespannungen bei Überlappungsvernietung nach Versuchen von Dr.-Ing. Daiber.

für die einschnittige Verbindung (Abb. 100a)

$$2\left(e - \frac{d}{2}\right)\delta \cdot \tau_{\text{Blech}} = \frac{\pi}{4} d^2 \tau_{\text{Niet}},$$

und für die zweischnittige (Abb. 100b)

$$2\left(e - \frac{d}{2}\right)\delta\, \tau_{\text{Blech}} = 2 \cdot \frac{\pi}{4} d^2 \tau_n.$$

Mit $\tau_{\text{Blech}} = \tau_{\text{Niet}}$ wird

$$e = d\left(0,5 + \frac{\pi}{8} \cdot \frac{d}{\delta}\right)$$

resp.

$$e = d\left(0,5 + \frac{\pi}{4} \cdot \frac{d}{\delta}\right)$$

oder mit $s \approx \dfrac{d}{2}$

$$e \approx 1,3\, d$$

resp.

$$e \approx 2\, d.$$

3. Berechnung des Bleches. Durch die Kräfte P (Abb. 100a, b) wird das Blech auf Zug beansprucht. Es ist in der Praxis die Annahme gebräuchlich, daß die Zugspannungen sich gleichmäßig über den gelochten Stabquerschnitt verteilen. Dann ist die mittlere Zugspannung

$$\sigma_z = \frac{P}{(t - d)\delta}.$$

In Wirklichkeit ist die Spannungsverteilung derart ungleichmäßig (vgl. Heft I, S. 20), daß die größte Zugspannung etwa 2,5mal größer als die so berechnete ist.

Bei der Überlappvernietung (Abb. 100a) tritt außerdem durch das Moment $P \cdot \delta$ noch eine Biegespannung σ_b auf, die aus der Gleichung

$$\sigma_b = \frac{M_b}{W} = \frac{P \cdot \delta}{\frac{1}{6}(t - d)\delta^2} = 6\frac{P}{(t - d)\delta} = 6\,\sigma_z$$

berechnet werden kann. Die totale Normalspannung am Lochrand würde dann

$$\sigma_t = 2,5\,\sigma_z + 6\,\sigma_z = 8,5\,\sigma_z$$

betragen. Infolge der Reibung sind die Biegespannungen aber wesentlich kleiner als die obenstehende Rechnung ergibt. Versuche von Dr.-Ing. Daiber[1], der die Biegespannungen aus den Dehnungen berechnete, ergaben das in Abb. 107a, b, c dargestellte Resultat. Wenn die Biegespannungen demnach auch nicht so groß sind, so gilt doch die Regel:

[1] Z. V. d. I. 1913, S. 401.

„Überlappungsvernietung
ist nach Möglichkeit zu vermeiden."

Wenn mehrere Niete zur Übertragung der Kraft P erforderlich
sind, so können diese nach Abb. 108a
nebeneinander oder nach Abb. 108b
hintereinander angeordnet werden.

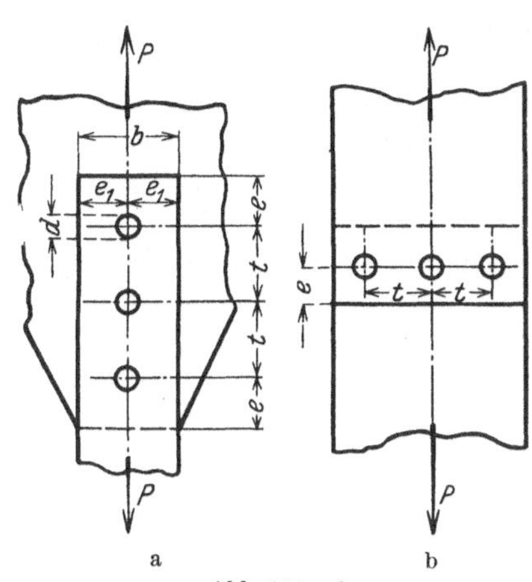

a

b

Abb. 108a, b.
a nebeneinander angeordnete Nieten,
b hintereinander angeordnete Nieten.

Es ist gebräuchlich, für die Rechnung in beiden Fällen anzunehmen,
daß alle Niete gleichviel tragen.
Bei der Anordnung nach Abb. 108b
wird dies praktisch wohl genügend
genau zutreffen, wenn die Niete
symmetrisch zur Stabachse angeordnet werden. Bei hintereinander
liegenden Nieten (Abb. 108a) dagegen trifft diese Voraussetzung
nicht zu und man berücksichtigt
das ungleichmäßige Tragen der Niete
dadurch, daß die zulässige Schubspannung bei mehrreihiger Vernietung niedriger gewählt wird.

Versuche des Schweiz. Dampf-
kesselvereins (Obering. E. Höhn[1])
geben interessanten Aufschluß über
die tatsächliche Verteilung der
Kraft auf mehrere hintereinander
liegende Niete. Eine Laschenverbindung (Abb. 109) wurde durch
eine Kraft von 20 t belastet; wenn
die dabei auftretenden Spannungen

____

[1] Nieten und Schweißen der Dampfkessel. Berlin: Julius Springer 1925.

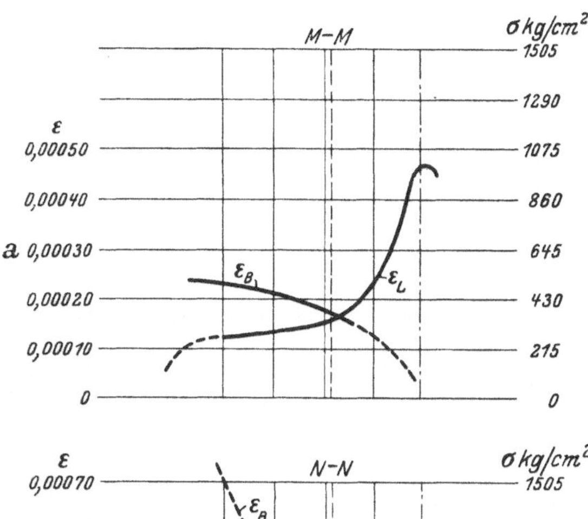

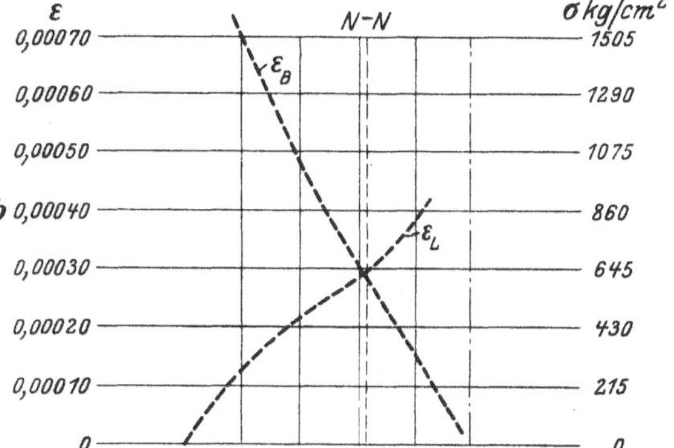

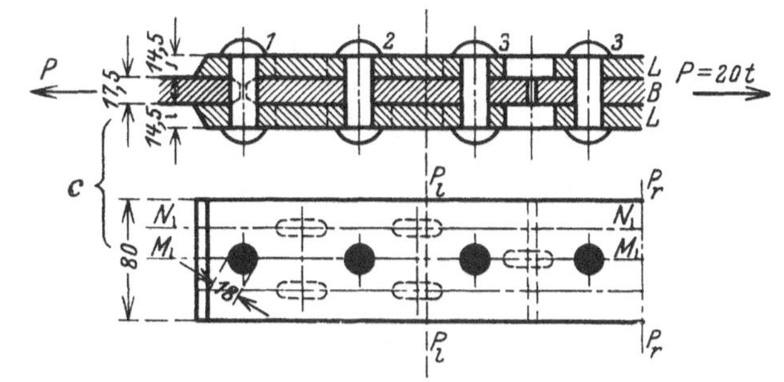

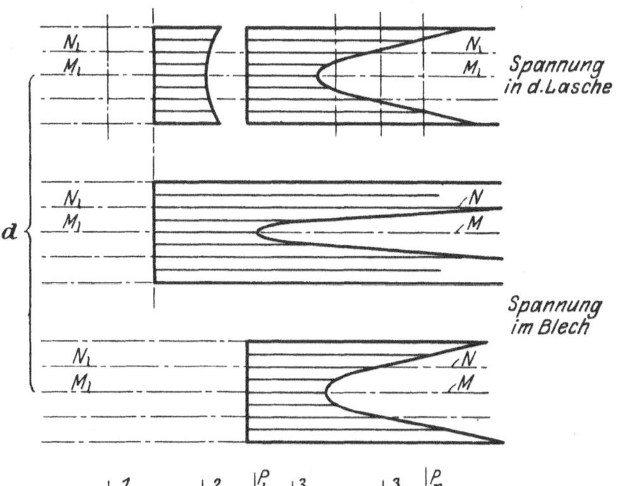

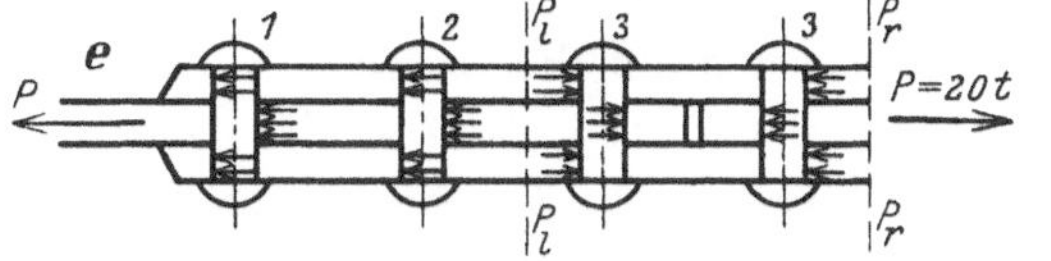

Abb. 109a bis e. Übertragung der Kräfte bei einer Laschenvernietung.
a, b Dehnungs- und Spannungsverlauf der genieteten Stäbe
nach Abb. c, d Spannungsverteilung in der Lasche und im
Blech, e Schema der von den Nieten aufgenommenen und
übertragenen Kräfte.

im Blech und in den Laschen gleichmäßig über die Querschnitte verteilt wären, so müßten folgende Spannungen und Dehnungen auftreten:

Stab im Vollen	$f = 14\,\text{cm}^2$,	$\sigma = 1429\,\text{at}$,	$\varepsilon = \dfrac{\sigma}{E} = 0{,}000664$
Stab durch Nietloch geschwächt	$f = 11{,}9\ \text{cm}^2$,	$\sigma = 1676\,\text{at}$,	$\varepsilon = 0{,}000780$
Laschen im Vollen	$f = 23{,}2\ \text{cm}^2$,	$\sigma = 863\,\text{at}$,	$\varepsilon = 0{,}000402$
Laschen durch Loch geschwächt	$f = 19{,}8\ \text{cm}^2$,	$\sigma = 1011\,\text{at}$,	$\varepsilon = 0{,}000470$
3 Niete à 18 mm Durchmesser	$F = 15{,}27\ \text{cm}^2$,	$\sigma = 1312\,\text{at}$	

Die beobachteten Dehnungen des Bleches und der Laschen sind in Abb. 109a, b eingetragen. Daraus folgt:

1. Die Spannungen in den Meßebenen MM und NN sind örtlich verschieden. Für die Laschen steigt die Spannung vom Rand bis zur Mitte zuerst rasch und dann langsam, während für das Blech die Spannung vom Rand bis zur Fuge zuerst rasch, dann langsamer abnimmt. Es muß demnach eine Querebene PP vorhanden sein, in der sich Blech und Lasche gleich dehnen (neutrale Ebene). Rechts und links von dieser Ebene sind die Dehnungen von Blech und Lasche verschieden, so daß beide sich gegenseitig verschieben müssen. Diese Verschiebungen bestimmen die Größe und die Richtung der Kräfte, die auf die einzelnen Niete übertragen werden, denn ohne Verschiebung entsteht auch keine Nietbeanspruchung. Rechts und links von der neutralen Ebene sind die Nietkräfte verschieden gerichtet (Abb. 109e). Unter den bei der Versuchsanordnung vorhandenen Verhältnissen überträgt die erste Nietreihe rd. 77%, die zweite 8% und die dritte 15% der totalen Kraft. Von einer gleichmäßigen Kraftverteilung kann demnach hier nicht gesprochen werden; eine Vergrößerung der Nietreihenzahl bedeutet demnach nicht immer eine wesentliche Verbesserung der Nietverbindung.

2. Je dicker die Lasche im Verhältnis zum Blech wird, um so niedriger liegen die ε_L-Kurven, ihre Schnittpunkte mit den ε_B-Kurven rücken also nach rechts. Die relative Verschiebung und damit die Beanspruchung der Niete (*1*) und (*2*) vergrößert sich. Man sollte deshalb die Lasche nicht wesentlich dicker als die halbe Blechstärke machen und die Niete nicht hintereinander, sondern versetzt anordnen[1].

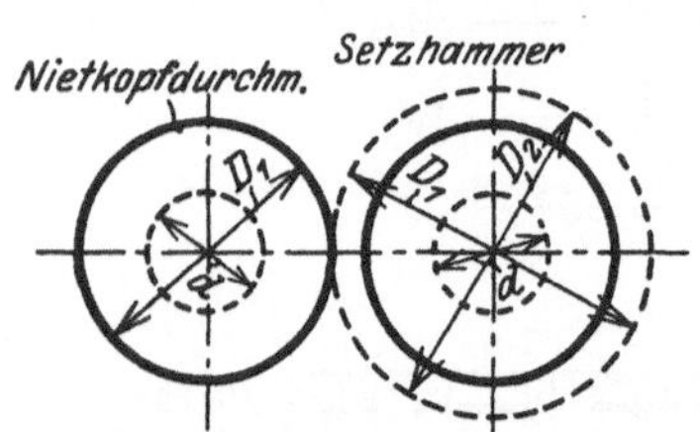

Abb. 110. Kleinste Nietteilung.

Die kleinste Nietteilung, d. i. die minimale Entfernung t_{min} zweier Niete ist durch die Herstellung der Nietköpfe bedingt (Abb. 110). Ist D_1 der Kopfdurchmesser und D_2 der Durchmesser des Setzhammers oder Döppers, so ist $t_{\text{min}} = \frac{1}{2}\,(D_1 + D_2)$. Nun ist für

$d =$	10	13	16	19	22	25	28 mm,
$D_1 =$	20	25	31	36	41	47	52 mm,
$D_2 =$	30	35	41	46	50	55	62 mm, und damit
$t_{\text{min}} =$	25	30	36	41	46	52	57 mm

oder allgemein $t_{\text{min}} \approx 2{,}5\,d$. Praktisch macht man $t_{\text{min}} \approx 3\,d$. Die größte Nietteilung ist $t_{\text{max}} \approx 6\,d$ bis höchstens $8\,d$.

Zahlenbeispiel. Es ist der Stoß eines Flacheisens zu berechnen und zu zeichnen, wenn die Verbindung eine Zugkraft von 20000 kg übertragen soll.

Die erste Schwierigkeit tritt schon auf bei der Wahl eines geeigneten Flacheisens. Es handelt sich um einen durchlochten Stab mit ungleichmäßiger Spannungsverteilung in dem gefährlichen Querschnitt (vgl. Heft I, S. 20). Bei der Vernietung wird allerdings die ungleichmäßige Verteilung durch die Reibung etwas gemildert, so daß mit einer zulässigen Zugspannung von etwa 1000 at gerechnet werden kann, wenn diese als gleichmäßig über den gelochten Querschnitt verteilt angenommen wird. Schätzen wir damit die Zugspannung im vollen Stabquerschnitt zu 750 at, so ergibt sich der Querschnitt des Flacheisens aus der Gleichung

$$F = \frac{20000}{750} \quad \text{zu} \quad \approx 26\ \text{cm}^2.$$

Man kann also ein Flacheisen von $200 \cdot 13$ mm wählen. Damit wird der Nietdurchmesser (S. 35) $d = 22$ mm, und die kleinste Nietteilung $t_{\text{min}} > 3\,d$ kann zu 60 mm angenommen werden. Da $e = 1{,}5\,d$ ist, können auf die Breite von 200 mm 3 Niete angeordnet werden, wie sich aus der Gleichung $(a - 1) \cdot 60 + 2 \cdot 1{,}5\,d = 200$ ergibt, wenn a die Anzahl der Niete bedeutet.

---

[1] Weitere Untersuchungen über die Spannungsverteilung bei Vernietungen: Mitt. Forscharb. Heft 221, 229, 252, 262.

Da die Niete womöglich versetzt hintereinander und symmetrisch zur Stabachse anzuordnen sind und da die Zahl der Nietreihen tunlichst nicht größer als zwei gemacht werden sollte, erhalten wir die in Abb. 111 gezeichnete Anordnung. Um Biegespannungen zu vermeiden, wählen wir Laschenvernietung mit einer Laschendicke von $\delta_1 \approx \frac{1}{2}\delta = 7$ mm.

Da nun alle Abmessungen festliegen, ist eine Nachrechnung auf Festigkeit leicht durchzuführen:

Da 5 zweischnittige Niete vorhanden sind und wenn alle Niete gleichviel tragen, folgt die Schubspannung im Nietschaft aus der Gleichung:

$$\tau = \frac{20\,000}{2 \cdot 5 \cdot \frac{\pi}{4} \cdot 2,2^2} = 550 \text{ at}$$

und der Lochleibungsdruck aus der Gleichung:

$$p_l = \frac{20\,000}{5 \cdot 2,2 \cdot 1,3} = 1400 \text{ at}.$$

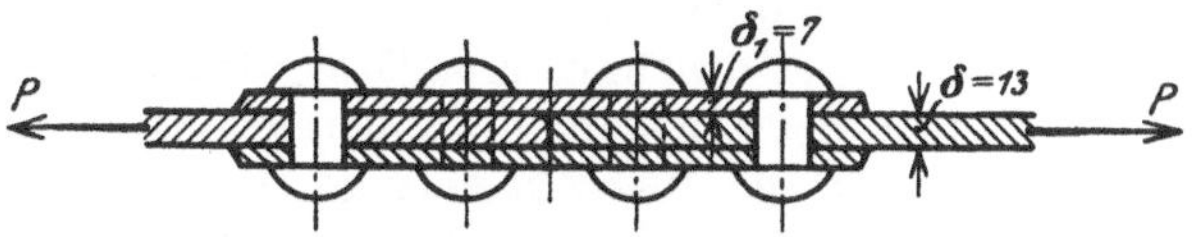
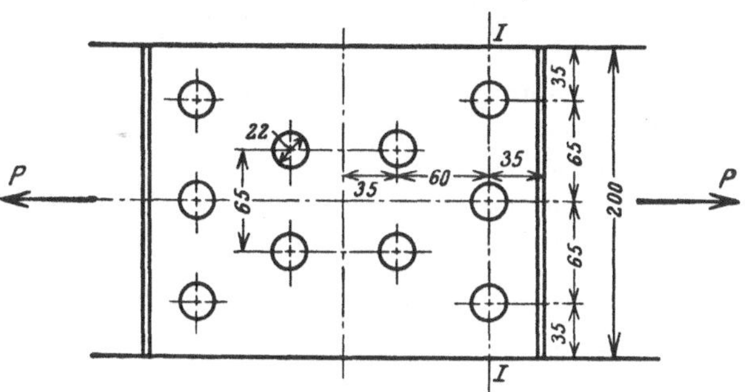

Abb. 111. Stoß eines Flacheisens.

Beide Werte sind zulässig. Berücksichtigt man, daß die drei Niete der ersten Reihe rd. 75% der Gesamtkraft übertragen, so wird

$$\tau = \frac{\frac{3}{4} \times 20\,000}{2 \cdot 3 \cdot \frac{\pi}{4} \cdot 2,2^2} \approx 660 \text{ at} \quad \text{und} \quad p_l = \frac{\frac{3}{4} \times 20\,000}{3 \cdot 2,2 \cdot 1,3} \approx 1700 \text{ at}.$$

Auch diese Werte sind zulässig.

Die größte Zugspannung im Blech (im Schnitt $I-I$) ist

$$\sigma_z = \frac{0,75 \cdot 20\,000}{(20 - 3 \cdot 2,2) \cdot 1,3} = 860 \text{ at} \quad \text{(zulässig)}.$$

Je nach den Anforderungen, die an eine Nietverbindung gestellt werden, bezeichnet man diese als:

feste Vernietung (Eisenkonstruktionen),
feste und dichte Vernietung (Dampfkessel) oder als
dichte Vernietung (Behälter).

b) **Feste Vernietungen (Eisenkonstruktionen).** Für Eisenkonstruktionen werden „Normalprofile" verwendet, deren gebräuchlichste Queschnittsformen in Abb. 112 dargestellt sind. Der Abstand w von der Winkelkante bis zur Lochmitte wird „Wurzelmaß" genannt; er ist,

wenn die Schenkelbreite b auf 0 ausgeht, $w = b/2 + 5$ mm, und
„ „ „ b „ 5 „ , $w = b/2 + 2,5$ mm.

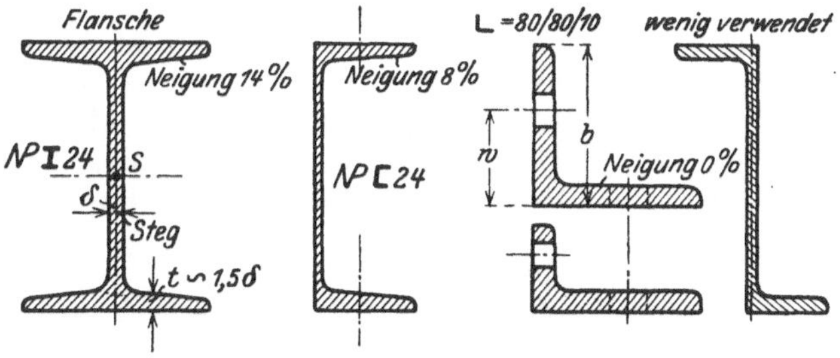

Abb. 112. Gebräuchlichste Normalprofile.

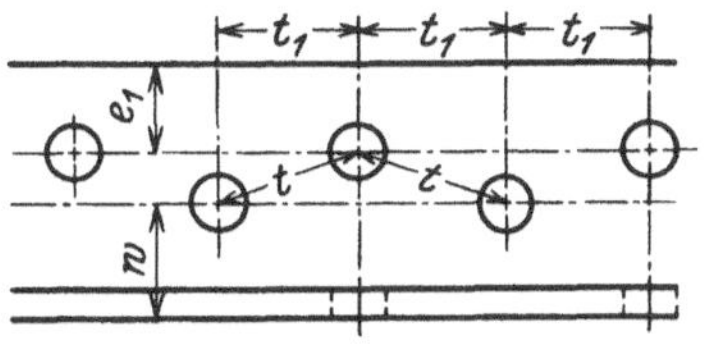

Abb. 113. Versetzt angeordnete Niete.

Ist die Breite b größer als $4\,d$, so sind die Niete versetzt anzuordnen (Abb. 113), wobei

$$e_1 = 1,5\,d,$$
$$w = e + 5 \text{ bis } 10 \text{ mm},$$
$$\text{und} \quad t > 2,5\,d \text{ ist}.$$

Bei Profileisen, wo die Niete in zwei zueinander senkrechten Ebenen anzuordnen sind, müssen folgende Regeln beachtet werden:

1. Jeder einzelne Teil des Profilquerschnittes ist mit so viel Nieten anzuschließen, wie der auf ihn entfallende Anteil der Gesamtkraft erfordert. Genau ist diese Regel wohl selten zu erfüllen, doch ist es durchaus unzulässig den ganzen Querschnitt eines Profileisens auszunützen, wenn nur eine Seite desselben vernietet wird. In allen Fällen, wo von dieser Regel abgewichen wird, handelt es sich um sehr geringe Belastung der Stäbe. So werden z. B. auf Knickung berechnete Stäbe aus ∟-Eisen meist nur in einer Fläche angenietet, da die Knickkraft nur einen Bruchteil der Kraft ausmacht, die der volle Querschnitt auf Druck zu tragen vermag.

2. Die Niete müssen in den beiden Ebenen um die halbe Teilung gegeneinander versetzt sein, damit die Köpfe gut geschlagen werden können.

Zahlenbeispiel. Ein auf Zug beanspruchtes ⌐NP 18 überträgt die Kraft auf ein Anschlußblech. Wie ist die Verbindung herzustellen?

Da die Eisenstärke des Profiles zwischen 8 mm (Steg) und 11 mm (Flansche) liegt, wird als Dicke des Anschlußbleches 10 mm gewählt. Der Nietdurchmesser beträgt (S. 35) $d = 22$ (eventuell 19 mm). Nach der Profiltabelle hat ⌐NP 18 eine Fläche von 28 cm². Wenn eine Zugspannung von 1000 at zugelassen wird, so ist die Kraft, die die Nietverbindung übertragen kann, $P = 28000$ kg.

Die Stegfläche ist $18,0 \cdot 0,8 = 14,4$ cm², abzüglich 2 Nietlöcher à $2,2 \cdot 0,8$ gibt 10,8 cm². Die Fläche der beiden Flanschen $2 \cdot 6,2 \cdot 1,1$ cm², abzüglich Nietlöcher $2 \cdot 2,2 \cdot 1,1$ gibt $2 \cdot 4,4$ cm². Die Stegfläche verhält sich zur Flanschfläche ungefähr wie $5 : 2$; in diesem Verhältnis müssen

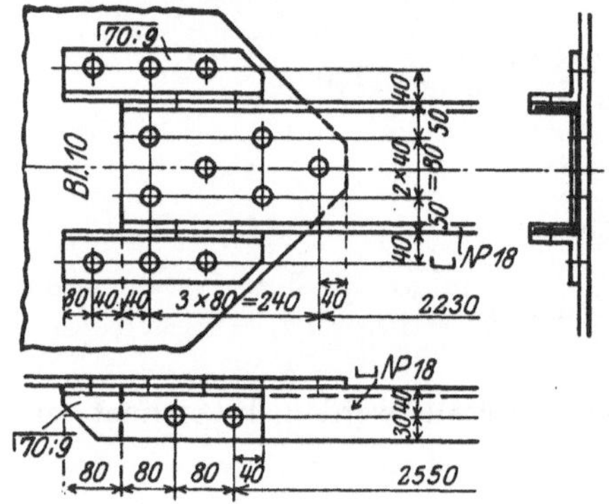

Abb. 114 (nach Geusen).

die Niete verteilt werden. Man zeichnet zuerst eine mögliche Lösung auf, z. B. im Steg 5 Niete und in jedem Flansch 2 Niete und kontrolliert dann, ob diese Lösung den Festigkeitsanforderungen genügt:

Abscheren des Nietschaftes $\tau = \dfrac{28000}{9 \cdot \dfrac{\pi}{4} \cdot 2,2^2} = 820$ at.

Dieser Wert ist wohl etwas zu hoch für mehrreihige Vernietung, da in Wirklichkeit nicht alle Niete gleichviel tragen. Deshalb 10 Niete wählen, 6 im Steg und je 2 in den Flanschen (Abb. 114), dann wird die Schubspannung

$$\tau = \frac{28000}{10 \cdot \dfrac{\pi}{4} \cdot 2,2^2} = 735 \text{ at} \quad \text{(zulässig).}$$

Lochleibungsdruck. Der Steg überträgt $\dfrac{10,8}{19,6} \cdot 28000 \approx 15000$ kg und jede Flansche 6500 kg. Für den Steg ist $p_l = \dfrac{15000}{6 \cdot 0,8 \cdot 2,2} = 1420$ at (zulässig) und für den Flansch, wenn das darin angenietete Winkeleisen 9 mm dick ist: $p_l = \dfrac{6500}{2 \cdot 2,2 \cdot 0,9} \approx 1600$ at. Dieser Wert ist wieder etwas zu hoch, so daß zu empfehlen ist, das nächstdickere Winkeleisenprofil 70/70/11 mm zu wählen.

Muß die Nietverbindung ein Biegemoment übertragen, was z. B. der Fall ist, wenn die Kraft P außerhalb des Schwerpunktes der Nietverbindung angreift (Abb. 115), so hat jedes der z vorhandenen Niete außer der Kraft P/z noch eine durch das Moment $P \cdot p$ erzeugte Zusatzkraft aufzunehmen. Da man mit hinreichender Genauigkeit annehmen kann, daß diese Zusatzkraft mit den Formänderungen, d. i. mit dem Abstande des Niets von der neutralen Faserschicht $n-n$ wächst, so folgt aus der Gleichgewichtsbedingung:

$$M_b = H_1 e_1 + H_2 e_2 + H_3 e_3 + \cdots + H_{max} e_{max}.$$

Mit $H_1 = H_{max} \dfrac{e_1}{e_{max}}, \quad H_2 = H_{max} \dfrac{e_2}{e_{max}}$ usw. wird

$$M_b = \frac{H_{max}}{e_{max}} (e_1^2 + e_2^2 + e_3^2 + \cdots + e_{max}^2) = \frac{H_{max}}{e_{max}} \sum e^2$$

oder

$$H_{max} = \frac{M_b e_{max}}{\sum e^2}. \tag{5}$$

Wenn die senkrechte Teilung der Niete gleich groß ist, so ist für die einreihige Vernietung (Abb. 116a)

$$\sum e^2 = t^2 \{1^2 + 3^2 + 5^2 + \cdots + (n-1)^2\} = t^2 \cdot \frac{n(n^2-1)}{6}.$$

Da $e_{\max} = (n-1)\,t$ oder $t = \dfrac{e_{\max}}{n-1}$ ist, wird

$$\sum e^2 = \frac{e_{\max}^2}{(n-1)^2} \cdot \frac{n(n^2-1)}{6} = e_{\max} \frac{n(n+1)}{6(n-1)}$$

und

$$H_{\max} = \frac{M_b}{e_{\max}} \cdot \frac{6(n-1)}{n(n+1)}. \tag{6}$$

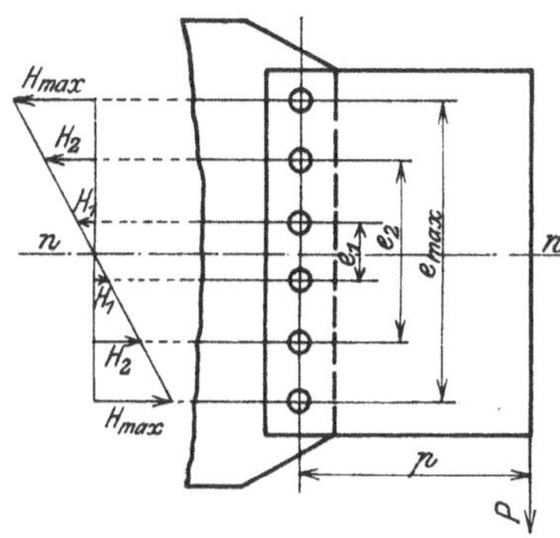

Abb. 115 (nach Geusen).

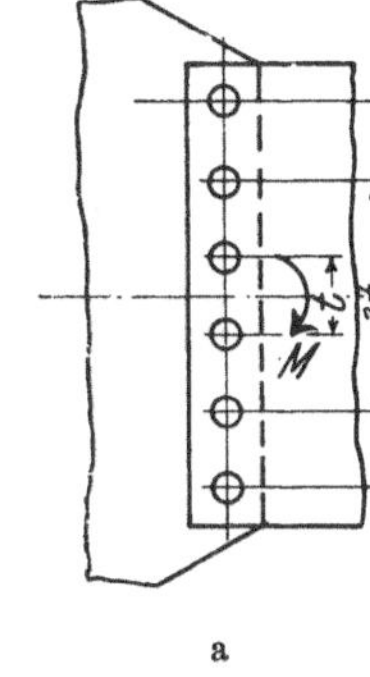

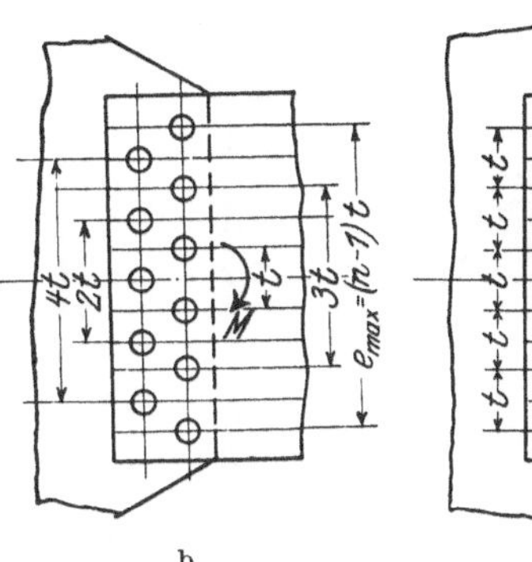

Abb. 116a bis c (nach Geusen).

Für die **zweireihige** Vernietung (Abb. 116b) wird, wenn n die Nietzahl in der ersten Reihe ist, $z = 2n - 1$, und

$$\sum e^2 = t^2 \{1^2 + 2^2 + 3^2 + \cdots + (n-1)^2\} = t^2 \frac{n(n-1)(2n-1)}{6}$$

und damit

$$H_{\max} = \frac{M_b}{e_{\max}} \cdot \frac{6(n-1)}{n(2n-1)}. \tag{7}$$

Für die **dreireihige** Vernietung (Abb. 116c) wird

$$H_{\max} = \frac{M_b}{e_{\max}} \cdot \frac{2(n-1)}{n^2}, \tag{8}$$

wenn n wieder die Nietzahl in der ersten Reihe ist.

Die größte auf ein Niet wirkende Kraft R ist

$$R = \sqrt{\left(\frac{P}{z}\right)^2 + H_{\max}^2}. \tag{9}$$

In vielen Fällen kann $\dfrac{P}{z}$ gegenüber $H_{\max}$ vernachlässigt werden.

Bei einem auf Biegung beanspruchten Vollwandträger (Heft I, S. 30) wird das Stehblech aus einzelnen Blechtafeln zusammengesetzt. Die Stoßstellen müssen dann Biegemomente übertragen, deren Größe je nach dem Belastungsfall nach den Angaben in Heft I, S. 30 bis 34 berechnet werden können.

Zahlenbeispiel. Der Stehblechstoß eines Blechträgers ist zu berechnen, wenn das größte Biegemoment an der Stoßstelle 68 tm beträgt.

Man zeichnet zuerst irgendeine mögliche Vernietung auf, z. B. das Stehblech mit zwei Laschen $600 \cdot 8$ und die Winkeleisen mit je zwei Laschen $90 \cdot 8$ (Abb. 117a). Damit sind alle Abmessungen bekannt, und man braucht nur durch Nachrechnung zu kontrollieren, ob der Entwurf den Festigkeitsbedingungen genügt.

Das Biegemoment von 68 tm wird durch das Widerstandsmoment des ganzen Trägers aufgenommen, während die Laschenverbindung nur den Teil des Momentes zu übertragen braucht, der durch das Stehblech aufgenommen wird. Aus der Biegungsgleichung:

$$M_{\text{total}} = \sigma_{\max} \frac{e}{J_{\text{total}}} = \sigma_{\max} \frac{e}{J_{\text{Stehbl}} + J_{\text{Laschen}} + J_{\text{Winkel}}}$$

folgt, daß das Stehblech ein Biegemoment

$$M_b = M_{\text{total}} \cdot \frac{J_{\text{Stehbl}}}{J_{\text{total}}}$$

übertragen kann.

$$J_{\text{Stehblech}} = \frac{1}{12} \cdot 1{,}2 \cdot 80^3 = \qquad 51\,200 \text{ cm}^4$$

$$J_{\text{Laschen}} \approx f \cdot c^2 = 4 \cdot 25 \cdot 1{,}2 \cdot 41{,}2^2 = \quad 204\,000 \text{ cm}^4$$

$$J_{\text{Winkel}} \approx 4 \cdot 19{,}2\,(40 - 2{,}9)^2 \quad = \quad 105\,600 \text{ cm}^4$$

$$J_{\text{total}} \quad 360\,800 \text{ cm}^4$$

so daß $M_b = \dfrac{512}{3608} \cdot 68 = 9{,}68 \text{ tm} = 968\,000 \text{ kg} \cdot \text{cm}$ ist.

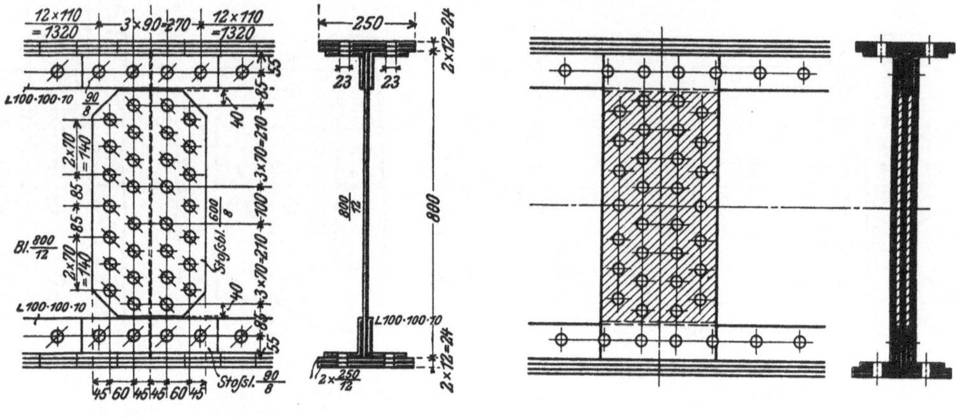

Abb. 117a (nach Geusen).   Abb. 117b.

Mit den in die Abbildung eingeschriebenen Maßen wird

$$\sum e^2 = 2 \cdot 69^2 + 52^2 + 45^2 + 38^2 + 31^2 + 24^2 + 17^2 + 10^2 = 17\,621 \text{ cm}^2$$

und nach Gleichung (5) mit $e_{\max} = 69$ cm

$$H_{\max} = 968\,000 \cdot \frac{69}{17\,621} = 3800 \text{ kg}.$$

Wenn die Scherkraft Q vernachlässigt werden kann, wird die Schubspannung im Nietschaft:

$$\tau = \frac{3800}{2 \cdot \frac{\pi}{4} \cdot 2{,}2^2} = 510 \text{ at} \quad \text{(zulässig)}$$

und der Lochleibungsdruck

$$p_l = \frac{3800}{2{,}2 \cdot 1{,}2} = 1450 \text{ at} \quad \text{(zulässig)}.$$

An Stelle von zwei verschiedenen Laschen kann auch eine über die Winkeleisen durchgehende Lasche mit darunterliegendem „Futterblech" angeordnet werden (Abb. 117b).

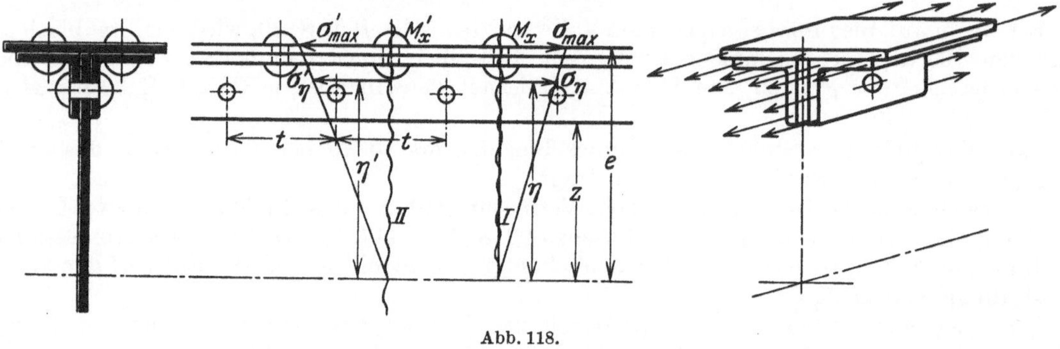

Abb. 118.

Berechnung der Teilung der Gurtwinkelvernietung bei einem Vollwandträger. Um die Kraft zu berechnen, die ein Niet übertragen muß, schneiden wir ein Stück heraus (Abb. 118) und bringen an den Schnittflächen die Spannungen an, die proportional mit der Entfernung von der neutralen Faserschicht zunehmen. Die Differenz der an den Schnittflächen des angenieteten Teiles wirkenden Kräfte muß das Niet auf das Stehblech übertragen.

Im Schnitt I wirkt die Kraft

$$\int_{\eta=z}^{\eta=e} \sigma_\eta \, df = \frac{\sigma_{\max}}{e} \int_z^e \eta \, df = \sigma_{\max} \frac{S_z}{e},$$

im Schnitt II die Kraft

$$\int_{\eta=z}^{\eta=e} \sigma'_\eta \, df = \frac{\sigma'_{\max}}{e} \int_z^e \eta \, df = \sigma'_{\max} \frac{S_z}{e},$$

wenn mit $S_z = \int_{\eta=z}^{\eta=e} \eta \, df$ das statische Moment des angenieteten Teiles in bezug auf die Biegeachse bezeichnet wird.

Das dazwischen liegende Niet überträgt dann die Kraft

$$H = \frac{S_z}{e} \left(\sigma_{\max} - \sigma'_{\max} \right).$$

Setzen wir den Wert von $\sigma_{\max}$ aus der allgemeinen Biegungsgleichung $\sigma_{\max} = \frac{M_x}{J_x} e$ in diese Gleichung ein, so wird

$$H = \frac{S_z}{e} \cdot \frac{e}{J} \left(M_x - M'_x \right) = \frac{S_z}{J} \Delta M.$$

Da bei einem auf Biegung beanspruchten Stab (Heft I, S. 25)

$$Q = \frac{dM}{dx} \approx \frac{\Delta M}{t}$$

ist, so wird

$$H = \frac{S_z}{J} Q \cdot t. \tag{10}$$

In dieser Gleichung ist J das Trägheitsmoment des ganzen Trägers.

Die Kraft H wird dort am größten, wo Q am größten ist, d. i. an den Auflagerstellen. Die Nietteilung wird aber über die ganze Trägerlänge gleich gehalten.

Knickgefahr des Vollwandträgers. Bei jedem auf Biegung beanspruchten Träger tritt mit den Druckspannungen auch die Gefahr des Ausknickens auf, indem die ursprünglich gerade Stabachse im Druckteil ausbiegt. Wenn der Träger nicht durch die gesamte Konstruktion (z. B. beim Deckenträger durch die Deckenfüllung oder im Brückenbau durch die Windverbände) gegen seitliches Ausbiegen gesichert ist (4- bis 5fache Sicherheit), so müssen besondere Vorkehrungen gegen Ausknicken des Druckgurtes getroffen werden.

Die Druckkraft N_x, die an einer Stelle x des Trägers wirkt, ist

$$N_x = \int_0^e \sigma_y \, df = \frac{\sigma_{\max}}{e} \int_0^e \eta \, df = \frac{\sigma_{\max}}{e} \cdot S = \frac{M_x}{J} S. \tag{11}$$

S ist das statische Moment der Querschnittshälfte, J das Trägheitsmoment des ganzen Querschnittes, beide in bezug auf die neutrale Achse.

Die Druckkraft ändert sich demnach von Ort zu Ort wie das Biegemoment und ist in den Auflagestellen des Trägers gleich Null. Diese Stellen haben demnach keine Neigung zum Ausbiegen, d. h. sie wirken bei Knickbeanspruchung ähnlich wie Einspannungsstellen[1]. In diesem Fall ist die freie Knicklänge (Heft I, S. 53) $l_0 = l/2$ und der Mittelwert N der Druckkraft für diese Länge:

$$N = \frac{1}{l/2} \int_{x=1/4\,l}^{x=3/4\,l} N_x \, dx = \frac{2}{l} \int_{1/4\,l}^{3/4\,l} \frac{M_x S}{J} \, dx.$$

Wenn S/J für die ganze Strecke konstant ist, so ist $N = \frac{2}{l} \cdot \frac{S}{J} \int_{1/4\,l}^{3/4\,l} M_x \, dx$. Dieser Wert kann direkt aus der Momentenfläche als Mittelwert bestimmt werden (Abb. 119). Bei einem

---

[1] Die praktische Zulässigkeit dieser Annahme wird durch Versuche von J. E. Brix bestätigt. Eisenbau 1912, S. 351.

verjüngten Träger muß zuerst die verzerrte Momentenfläche $M_x \dfrac{S_x}{J_x}$ gezeichnet und daraus dann der Mittelwert entnommen werden.

Infolge der im Verhältnis zu seiner Höhe sehr geringen Dicke des Stehbleches ist noch eine zweite Knickgefahr vorhanden, namentlich dort, wo Einzellasten wirken[1]. An diesen Stellen, mindestens aber in Abständen von je 1 bis 1,2 m, ist deshalb das Stehblech durch aufgenietete Profileisen zu versteifen. Die Profileisen sind so zu bestimmen, daß sie für sich knicksicher sind (Abb. 120).

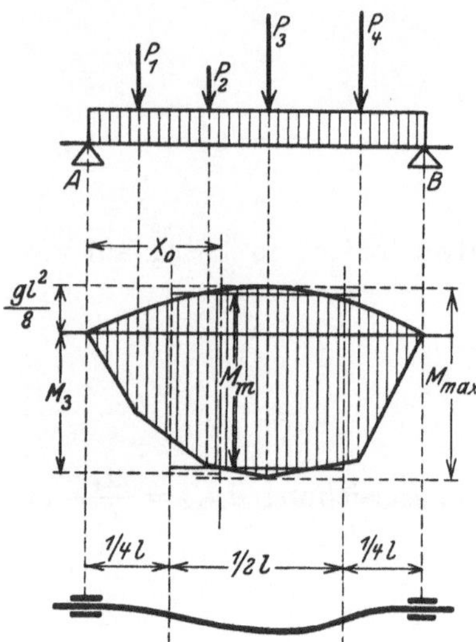

Abb. 119. Ausknicken eines auf Biegung beanspruchten Trägers.

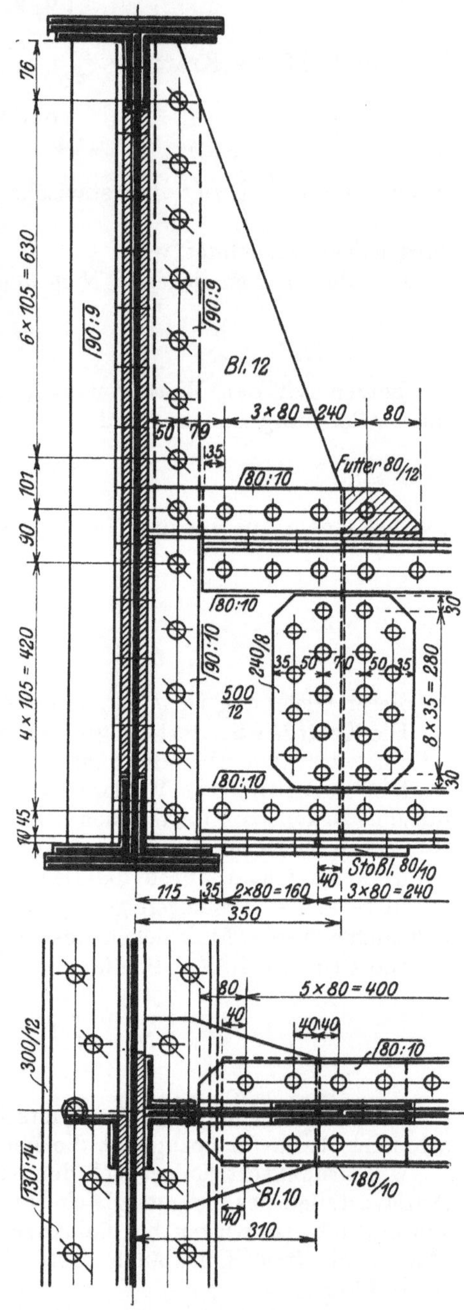

Fachwerkträger. Ein Fachwerk ist ein Gebilde aus einzelnen geraden Stäben, die in ihren Endpunkten, den sog. Knotenpunkten, miteinander verbunden sind. Die Fachwerke werden in ebene und räumliche eingeteilt. Das einfachste ebene Fachwerk ist das Dreieck mit drei Knotenpunkten und drei Stäben. Zum Anschluß eines neuen Knotenpunktes sind zwei nicht in derselben Linie liegende neue Stäbe erforderlich und ausreichend. Ein ebenes Fachwerk mit n Knotenpunkten ist daher durch $3 + 2\,(n-3) = 2\,n - 3$ Stäbe bestimmt (Abb. 122a).

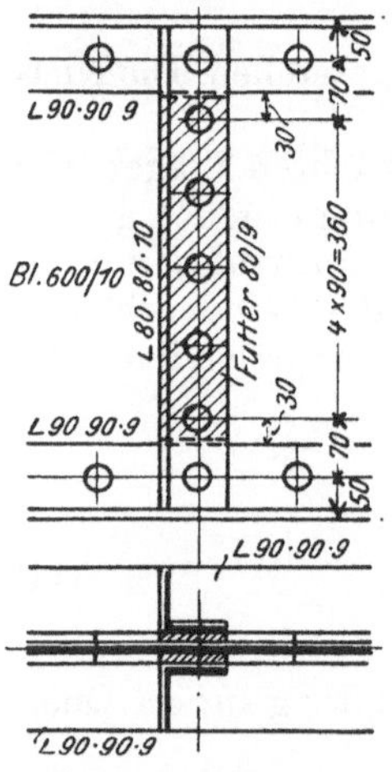

Wirken die Lasten nur in den Knotenpunkten des Fachwerkes, so wird jeder Stab entweder nur auf Zug oder nur auf Druck beansprucht. Greifen dagegen auch zwischen den Knotenpunkten Lasten an (wie z. B. bei einem Kranträger), so tritt noch eine Biegebeanspruchung hinzu.

Die Stabkräfte werden unter der Voraussetzung berechnet, daß alle Stäbe in den Knotenpunkten durch reibungslose (frei drehbare) Gelenke miteinander verbunden sind. Die gemäß dieser Annahme in den einzelnen Stäben erzeugten Spannungen nennt man die Hauptspannungen. Da die Verbindung in Wirklichkeit durch feste Vernietung mit mindestens zwei bis drei Nieten in jedem Knotenpunkt erfolgt, so ist freie Drehbarkeit der Stabenden nicht möglich. Es tritt eine Einspannung der Stäbe in den Knotenpunkten ein; die dadurch in den Stäben erzeugten zusätzlichen Biegespannungen werden Nebenspannungen genannt. Die Größe dieser Nebenspannungen wächst in erster Linie mit der Stabbreite, so daß folgende Regel gilt:

Die Breite der Stäbe in der Ebene des Fachwerkes soll nur so groß gewählt

Abb. 120 (nach Geusen).

Abb. 121. Anschluß eines Nebenträgers an einen Hauptträger (nach Geusen).

---

[1] Für die Berechnung dieser Knickgefahr sei auf die Literatur verwiesen, z. B. Love-Timpe: Elastizitätstheorie, Leipzig 1906, oder A. Reißner: Knicksicherheit ebener Bleche. Zentralbl. Bauverw.

werden, wie die Rücksicht auf ordnungsgemäße Vernietung und die erforderliche Knicksicherheit verlangen.

Für die Gurtungen, die als am stärksten beanspruchten Teile in den Knotenpunkten durchgehen, genügt eine Stabbreite

$b = 0{,}01$ bis $0{,}0075$ mal Spannweite.

Bei den Füllungsstäben ist die Querschnittsform des einen Stabes von den anderen unabhängig. Sie werden durch besondere Knotenbleche angeschlossen.

Die größten Gurtkräfte können sofort aus der maximalen Momentenfläche (Heft I, S. 33/34) berechnet werden (Abb. 122b), denn legen wir den Schnitt $I—I$, so muß (da Gleichgewicht vorhanden ist) die Summe der Momente in bezug auf den Knotenpunkte I gleich Null sein, d. h.

$$O \cdot h = M_\mathrm{I}.$$

Ebenso folgt aus dem Schnitt $II—II$

$$U \cdot h = M_\mathrm{II}.$$

Die größten in den Füllungsstäben auftretenden Kräfte folgen aus dem Diagramm der maximalen Querkräfte (Abb. 122c). Wenn das Stabgewicht jeweils in den Knotenpunkten konzentriert gedacht wird, so verlaufen die Schubkräfte, herrührend vom Eisengewicht, beim Fachwerkträger treppenförmig.

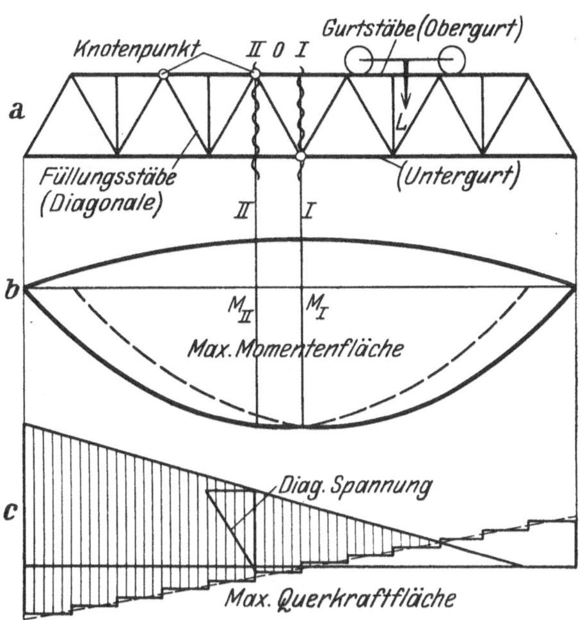

Abb. 122a bis c. Fachwerkträger.

Bei der Berechnung auf Knickung ist als freie Knicklänge die theoretische Stablänge, d. h. die Entfernung der beiden Knotenpunkte zu nehmen, unter der Voraussetzung, daß diese Punkte nicht nur in der Fachwerkebene, sondern auch senkrecht dazu hinreichend gegen Ausknicken gesichert sind. Ein Beispiel ungenügender Sicherung bildet der Knotenpunkt 1 in Abb. 123; die freie Knicklänge ist hier $s_1 + s_2$ mit der mittleren Knickkraft $\frac{1}{2}(P_1 + P_2)$.

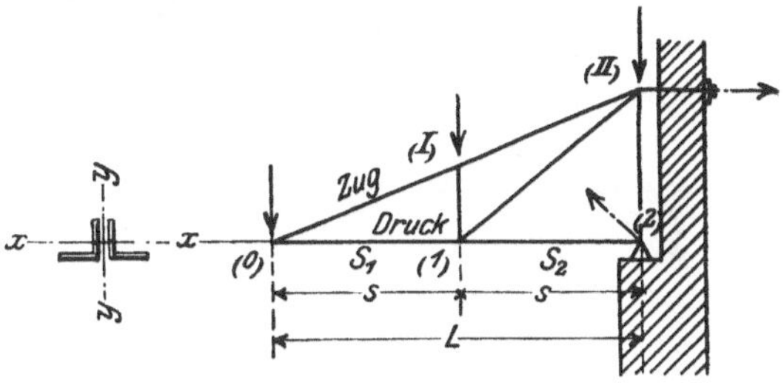

Bei der Ausbildung der Knotenpunkte sind folgende Regeln zu beachten:

1. Die Schwerpunkte der Querschnitte sämtlicher Stäbe müssen in einer Ebene (der Fachwerkebene) liegen. Aus dieser Bedingung folgt die Notwendigkeit, alle Stabquerschnitte symmetrisch zu dieser Ebene auszubilden. Geschieht das nicht, so werden die Nebenspannungen durch die dann auftretenden Drehmomente vergrößert.

Abb. 123 (nach Geusen).

2. Die Schwerachsen von sämtlichen an einem Knotenpunkt zusammentreffenden Stäbe müssen sich in einem und demselben Punkt (dem Knotenpunkt) schneiden, denn sonst sind die Stabkräfte nicht im Gleichgewicht; sie bilden ein Moment, das zusätzliche Spannungen erzeugt. Die Richtungslinie der Stabkraft geht nämlich durch den Schwerpunkt des Querschnittes, als Folge der Annahme einer gleichmäßigen Spannungsverteilung über den Querschnitt. Nur bei wenig beanspruchten Stäben darf man von dieser Regel abweichen.

3. Sämtliche Ecken des Knotenbleches müssen durch die Fachwerkstäbe verdeckt sein oder mit den Kanten derselben zusammenfallen (Abb. 124).

Durchbiegung. Um die Senkung irgendeines Punktes des Fachwerkträgers zu bestimmen, geht man am zweckmäßigsten von dem Satze von Castigliano aus (Heft I, S. 54):

$$q_i = \frac{\partial A}{\partial Q_i},$$

d. h. die Verschiebung irgendeines Punktes ist gleich der partiellen Ableitung der Formänderungsarbeit nach der dort angreifenden Kraft.

Greifen die äußeren Kräfte nur in den Knotenpunkten des Fachwerkes an, so treten in den einzelnen Stäben nur Zug- oder Druckkräfte S auf. In diesem Fall ist die Formänderungsarbeit (Heft I, S. 17):

$$A = \sum \frac{S^2}{2\,F E}\, s,$$

wenn s die Stablänge ist. Damit wird:

$$q_i = \frac{\partial A}{\partial Q_i} = \sum \frac{S\,s\,\dfrac{\partial S}{\partial Q_i}}{F\,E}.$$

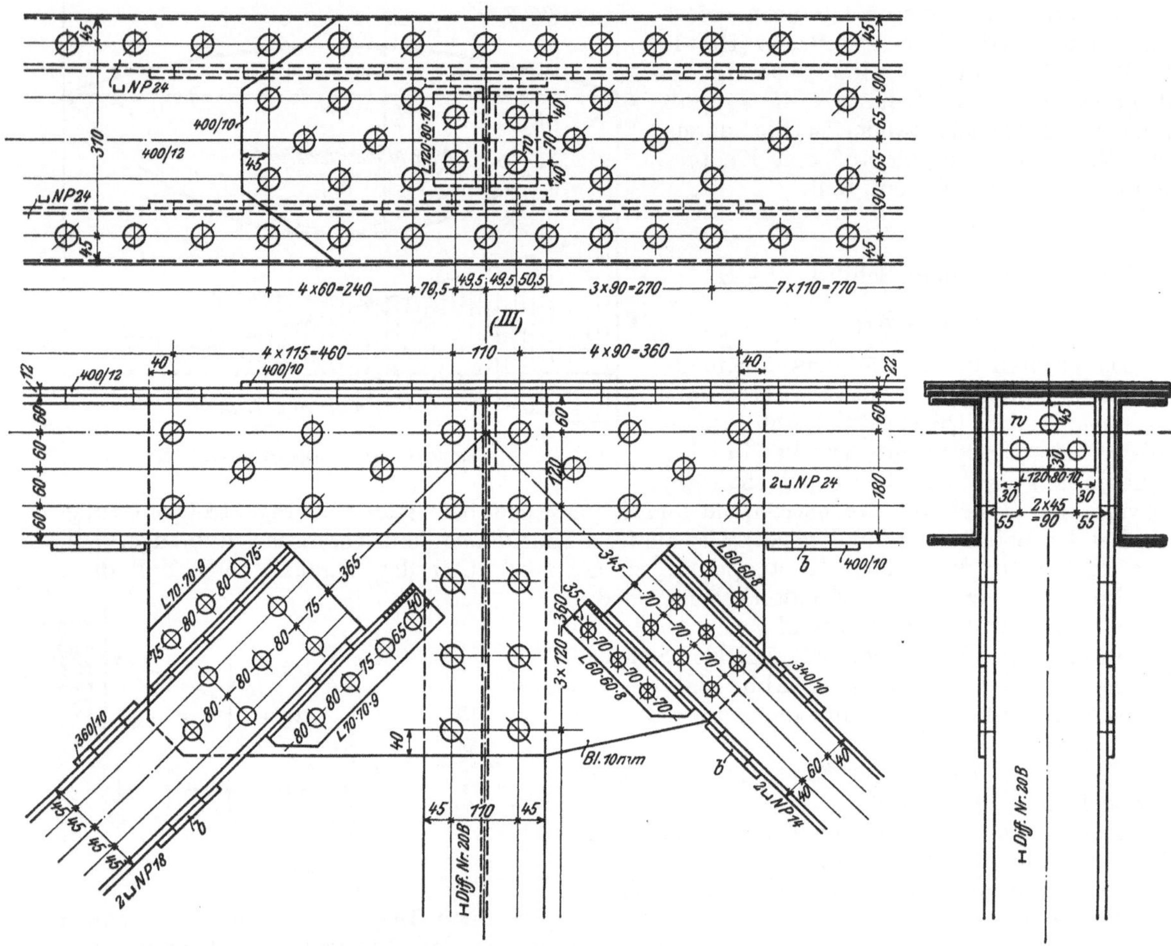

Abb. 124. Knotenpunkt eines Fachwerkträgers (nach Geusen).

Nun ist (nach Heft I, S. 58) $\dfrac{\partial S}{\partial Q_i} = \overline{S}$, gleich der Stabkraft, die durch die in dem Punkte i in der Richtung Q_i angreifende Krafteinheit erzeugt wird. Damit wird:

$$q_i = \frac{1}{E} \sum \frac{S\,s\,\overline{S}}{F}. \tag{12}$$

Die Kräfte S und $\overline{S}$ können aus dem Cremonaplan oder nach der Ritterschen Momentenmethode berechnet werden. Die Formel (12) gilt unverändert, wenn $Q_i = 0$ ist, d. h. wenn die Verschiebung eines Punktes bestimmt werden soll, in dem keine Kraft wirkt.

Anwendungsbeispiel: Es ist die Senkung q_3 des Knotenpunktes *3* des in Abb. 125a dargestellten statisch bestimmten Fachwerkträgers zu bestimmen.

Die Stabspannungen, die unter der Wirkung der äußeren Kräfte entstehen, sind in Abb. 125a eingetragen. Abb. 125b gibt diejenigen Kräfte $\overline{S}$, die entstehen, wenn im Knotenpunkt *3* nach der Richtung der gesuchten Verschiebung (d. i. im vorliegenden Fall senkrecht) eine Last von 1 t angreift. Die den einzelnen Stäben entsprechenden Produkte $\sum \frac{S\,s\,\bar{S}}{F}$ sind in der Zahlentafel zusammengestellt. Die Durchbiegung q_3 ist dann, mit $E = 2200$ t/cm²:

$$q_3 = \frac{1}{E} \sum \frac{S\,s\,\bar{S}}{F} = \frac{822}{2200} \approx 0,4 \text{ cm}.$$

Stab	S_t	s_{cm}	F_{cm^2}	$\bar{S}_t$	$\dfrac{S\,s\,\bar{S}}{F}$
0—1	− 13,75	500	30	− 0,625	143
0—2	+ 8,25	300	15	+ 0,375	62
1—2	+ 8,0	400	10	0	0
1—4	− 10,50	600	20	− 0,750	24
1—3	+ 3,75	500	10	+ 0,625	117
2—3	+ 8,25	300	15	+ 0,375	62
3—4	+ 6,25	500	10	+ 0,625	195
3—5	+ 6,75	300	15	+ 0,375	51
4—5	+ 4,00	400	10	0	0
4—6	− 11,25	500	30	− 0,625	117
5—6	+ 6,75	300	15	+ 0,375	51

$$\sum \frac{S\,s\,\bar{S}}{F} = 822 \text{ t/cm}$$

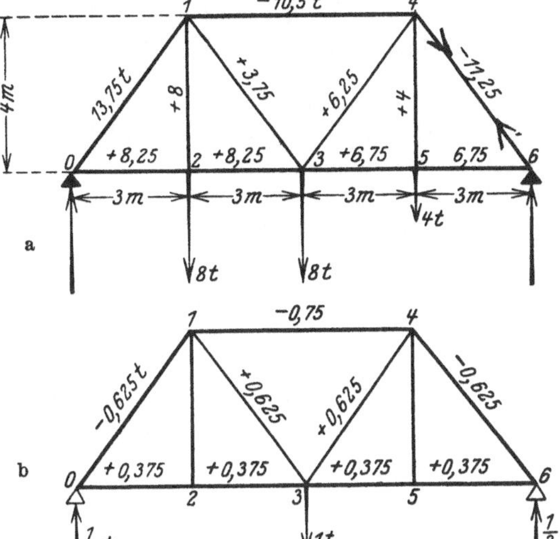

Abb. 125 a, b

c) Feste und dichte Vernietung (Dampfkessel). Die Blechstärke eines aus einem Stück hergestellten Zylinders folgt aus der „Kesselformel" (Heft I, S. 61) zu:

$$s = \frac{p\,D}{2\,\sigma_z},$$

p = Kesselüberdruck in atü,

D = Zylinderdurchmesser in cm,

$\frac{1}{2}\,p \cdot D$ = Kraft, die auf 1 cm der Längsnaht ausgeübt wird.

Nun ist der Kessel meist nicht aus einem Stück hergestellt, sondern einzelne Bleche werden durch Niete verbunden (Abb. 126). Die Querschnittsfläche der Längsnaht wird dann durch die Nietlöcher im Verhältnis $\varphi = \frac{t-d}{t}$ (Güteverhältnis genannt) geschwächt.

d = Nietdurchmesser,

t = Nietteilung.

Das Blech muß deshalb entsprechend dicker genommen werden. Außerdem ist nach den behördlichen Vorschriften für Dampfkessel noch ein Zuschlag von 1 mm zu machen, um Schwächungen durch Rosten usw. zu berücksichtigen. Die Blechstärke beträgt demnach:

$$s = \frac{p\,D}{2\,\varphi\,\sigma_z} + 0,1 \text{ cm}.$$

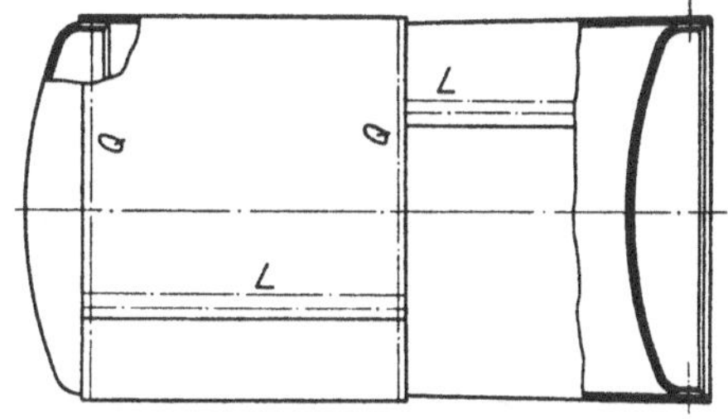

Abb. 126. Längs- und Quernähte an einem Kessel (nach Rötscher).

Die Quernaht wird durch die Kraft $\pi/4\,D^2 p$ auf Zug beansprucht; sie wirkt auf die Querschnittsfläche $\pi D s \varphi$, wenn mit φ_1 das Güteverhältnis der Quernaht bezeichnet wird. Dadurch entsteht eine Zugspannung

$$\sigma_z = \frac{\frac{\pi}{4}\,D^2\,p}{\pi D s\,\varphi_1} = \frac{p\,D}{4\,s\,\varphi_1}.$$

Wenn $\varphi_1 = \varphi$ ist, so ist die Zugspannung in der Quernaht nur halb so groß wie die in der Längsnaht. Für die Längsnähte wird man, um zusätzliche Biegespannungen zu vermeiden (vgl. S. 36), keine Überlappungsvernietung wählen; bei Quernähten dagegen können sie wohl zugelassen werden.

Im Dampfkesselbau dürfen die zulässigen Spannungen nicht nach eigenem Ermessen gewählt werden, sondern sie sind durch behördliche Vorschriften festgelegt. Das Kesselblech darf keine geringere Zugfestigkeit als 34 kg/mm² und in der Regel keine größere als 51 kg/mm² haben und soll folgende Dehnungen aufweisen:

$$
\begin{array}{llllllll}
 & \text{Feuerblech} & & \text{Mantelblech I} & & & \text{Mantelblech II} & \\
K_z = & 34\quad 35\quad 36 & 37{-}41 & 42 & 43 & 44 & 45 & 46{-}51\ \text{kg/mm}^2, \\
\text{Bruchdehnung} = & 28\quad 27\quad 26 & 25 & 24 & 23 & 22 & 21 & 20\ \ \%.
\end{array}
$$

Für Feuerblech ($K_z = 34$ bis 41 kg/mm²) darf nur mit 36 kg/mm², für Mantelblech I (40 bis 47 kg/mm²) nur mit 40 kg/mm² und für Mantelblech II (44 bis 51 kg/mm²) nur mit 44 kg/mm² gerechnet werden.

Die Angabe der Grenzwerte, die um je 7 kg/mm² auseinander liegen, ist dadurch bedingt, daß bei Blechtafeln von bedeutender Größe wesentliche Unterschiede in den Festigkeitseigenschaften vorkommen können.

$$\text{Der Sicherheitsfaktor} = \frac{\text{Bruchfestigkeit}}{\text{zulässige Spannung}} \text{ ist für}$$

	Handnietung	Maschinennietung
bei Überlappung	4,75	4,5
bei Laschen	4,25	4,0

Da einreihige Vernietungen nicht gut dicht zu halten sind, werden sie im Dampfkesselbau nicht verwendet. Dreireihige Überlappung ist wegen der großen Biegespannungen (Abb. 107 c) nicht zu empfehlen. Die mit Rücksicht auf ein gutes Dichthalten gebräuchlichen Abmessungen der Vernietungen sind in Zahlentafel 1 eingetragen. Weil das Verhältnis s/d immer groß ist, bleibt der Lochleibungsdruck stets unter den zulässigen Grenzen.

Zahlentafel 1.

	Überlappt, einschnittig	Laschen, zweischnittig	
Nietreihen	2	2	3
Nietdurchm. cm	$d = \sqrt{5s} - 0,4$	$d = \sqrt{5s} - 0,6$	$d = \sqrt{5s} - 0,7$
	$e = 1,5\,d$	$e = 1,5\,d$	$e = 1,5\,d$
	$e_1 = 0,6\,t$	$e_1 = 0,5\,t$	$e_1 = e_2 = {}^3\!/_8\,t$
Teilung cm	$t = 2,6\,d + 1\,\text{cm}$	$t = 3,5\,d + 1\,\text{cm}$	$t = 6\,d + 1\,\text{cm}$
Anzahl Niete je Teilung	2	2	5 resp. 6
$\varphi = \dfrac{t-d}{t}$	0,66 ÷ 0,68	0,75 ÷ 0,77	0,84
τ_{zul} at	550 ÷ 650	2 (475 ÷ 575)	2 (450 ÷ 550)
Für Werte pD bis	2000	3000	4600

¹ Abbildung aus Dubbel: Taschenbuch.

2. Keile. Die Wirkungsweise des Keiles beruht auf der schwachen Neigung der beiden kraftübertragenden Flächen. Durch die Kraft K (Abb. 127a) kann eine vielfach größere Kraft Q ausgeübt werden, die (bei Vernachlässigung der Reibung) aus der Gleichgewichtsbedingung in horizontaler Richtung folgt:

$$K = Q \operatorname{tg} \alpha .$$

Je kleiner α ist, um so größer wird Q. Der „Anzug" des Keiles — $\operatorname{tg}\alpha$ — ist je nach dem Verwendungszweck verschieden.

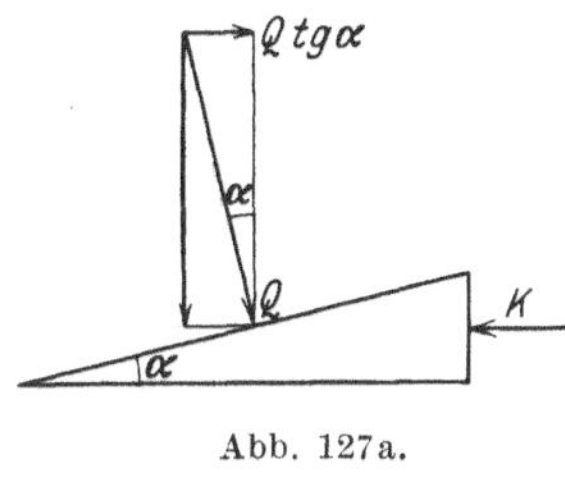

Abb. 127a.

Die Kraftverhältnisse unter Berücksichtigung der Reibung gehen aus Abb. 127b hervor. Die Reaktionen R_1 und R_2 wirken unter dem Reibungswinkel ϱ gegen die Flächennormalen. Wenn die viel kleineren Reibungskräfte an den Führungsstellen a vernachlässigt werden, so folgt aus der Gleichgewichtsbedingung in der Richtung von K:

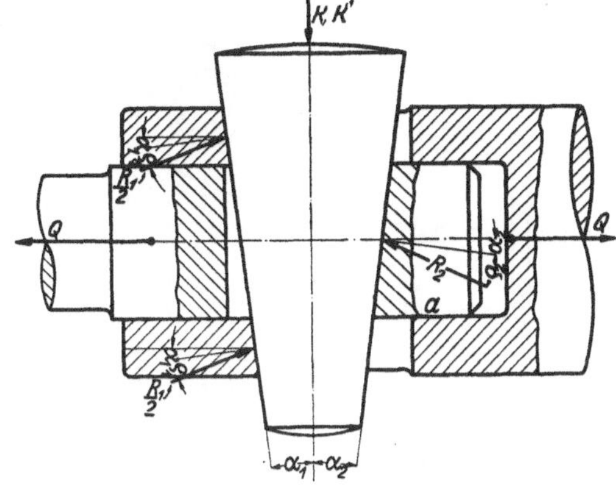

Abb. 127b. Kraftverhältnisse an einem Querkeil (nach Rötscher).

$$K = R_1 \sin (\alpha_1 + \varrho_1) + R_2 \sin (\alpha_2 + \varrho_2)$$

und senkrecht dazu:

$$Q = R_1 \cos (\alpha_1 + \varrho_1) = R_2 \cos (\alpha_2 + \varrho_2) .$$

Damit wird

$$K = Q \left\{ \operatorname{tg} (\alpha_1 + \varrho_1) + \operatorname{tg} (\alpha_2 + \varrho_2) \right\}. \tag{13}$$

Zum Lösen des Keiles ist eine Kraft

$$K' = Q \left\{ \operatorname{tg} (\alpha_1 - \varrho_1) + \operatorname{tg} (\alpha_2 - \varrho_2) \right\} \tag{13a}$$

erforderlich. Ist $\alpha_1 = \alpha_2 = \alpha$ und $\varrho_1 = \varrho_2 = \varrho$, so wird

$$K' = 2 Q \operatorname{tg} (\alpha - \varrho) . \tag{14}$$

Damit der Keil unter dem Einfluß von Q nicht herausgleitet, d. h. **selbstsperrend** wirkt, muß

$$\alpha < \varrho$$

sein, denn dann wird K' negativ, d. h. die Kraft ist entgegengesetzt gerichtet. Bei **einseitigem** Anzug des Keiles, d. h. für $\alpha_2 = 0$, $\alpha_1 = \alpha$ und $\varrho_1 = \varrho_2 = \varrho$ ist Selbsthemmung vorhanden, wenn

$$\operatorname{tg} (\alpha - \varrho) - \operatorname{tg} \varrho < 0 \quad \text{oder} \quad \alpha - \varrho < \varrho$$

oder wenn

$$\alpha < 2 \varrho$$

ist. Daraus folgt für beide Fälle, daß **Selbsthemmung vorhanden ist, wenn der Spitzenwinkel des Keiles kleiner als der doppelte Reibungswinkel ist.** Da beide Ausführungsformen in dieser Hinsicht gleichwertig sind, wird der einseitige Keil, weil leichter herstellbar, immer vorgezogen.

Keile werden dort verwendet, wo schnelles Lösen und doch genaues Passen, oder wo Nachstellbarkeit erforderlich ist (Abb. 128).

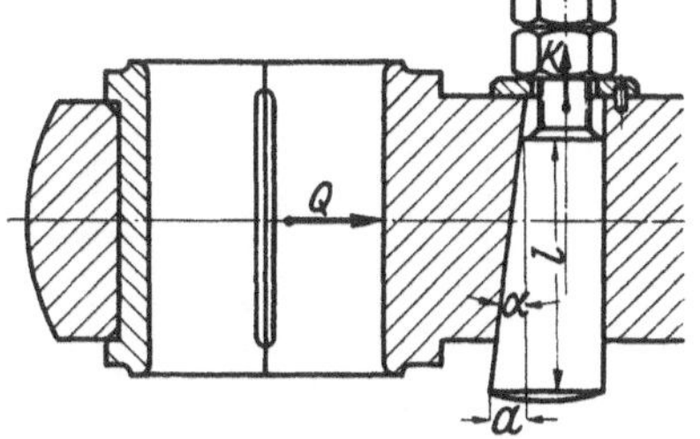

Abb. 128. Nachstellkeil an einem Schubstangenkopf (nach Rötscher).

Kegelstifte haben eine Kegelneigung von $1:50$; sie dienen entweder dazu, zwei Teile in der gegenseitigen Lage festzuhalten (Prisonstift, Abb. 129) oder zur Befestigung irgendeines Teiles auf einer Welle (Abb. 130). Der Neigungswinkel α muß kleiner als der Reibungswinkel sein; normal ist $\operatorname{tg}\alpha = 0,01$. Der Kegelstift muß sehr genau eingepaßt werden, damit er auf der ganzen Länge gleichmäßig aufliegt. Das Loch wird durch eine konische Reibahle ausgerieben. Die Kraft K am Ende des Stiftes erzeugt dann eine gleichmäßige Flächenpressung p zwischen

Stift und Wand. Die Flächenpressungen können nach der Kesselformel (Heft I, S. 61) zu Resultierenden zusammengefaßt werden, so daß (Abb. 131)

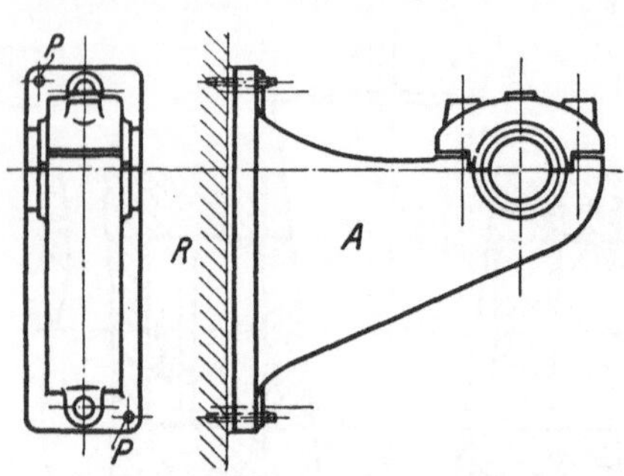
Abb. 129. Paßstifte zur Fixierung eines Lagers (nach Rötscher).

$$Q = p \cdot l \cdot d \, .$$

Beim Einschlagen ist

$$P = Q \, \mathrm{tg}\,(\alpha + \varrho);$$

somit

$$p = \frac{P}{l \cdot d \cdot \mathrm{tg}\,(\alpha + \varrho)} \, .$$

Dieser Wert muß unterhalb der Elastizitätsgrenze des Materials bleiben.

Man unterscheidet je nach Verwendungsart Querkeile und Längskeile.

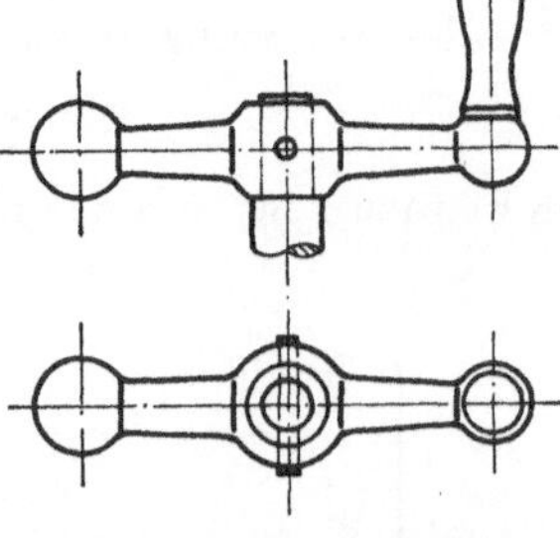
Abb. 130. Kegelstift zur Befestigung eines Handrades (nach Rötscher).

Die Querkeile werden auf Biegung und Flächenpressung berechnet, in ähnlicher Weise wie die Bolzenverbindung im Zahlenbeispiel auf S. 34.

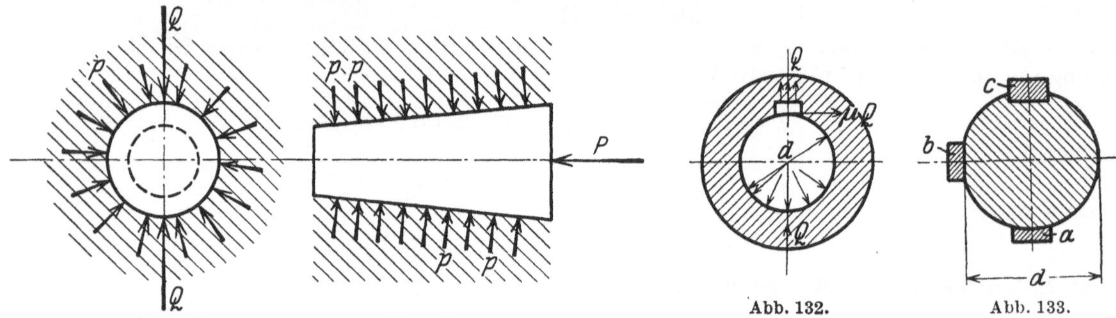
Abb. 131. Kraftwirkung beim Kegelstift.   Abb. 132.   Abb. 133.

Längskeile dienen zur Befestigung von Kupplungen, Zahnrädern, Riemenscheiben usw. auf Wellen; sie verspannen die Welle gegen den Maschinenteil (Abb. 132). Man unterscheidet:

a) Hohlkeile, Abb. 133 *a*, b) Flachkeile, Abb. 133 *b*, c) Nutenkeile (Treibkeile), Abb. 133 *c*.

Der Anzug der Längskeile ist immer $^1/_{100}$; die Querschnittsabmessungen sind durch Normen festgelegt.

Beim Hohlkeil wird die Nabe bzw. die Welle nur durch die Reibung zwischen Welle und Keil mitgenommen. Das Reibungsmoment $\mu\,Q\,d$ muß deshalb größer sein als das Dreh-

Scheibendurchmesser	Geteilte Riemenscheiben zum Klemmen gebohrt. Scheibenbreite mm						Ungeteilte Riemenscheiben Scheibenbreite mm			
	bis 100	über 100 bis 200	über 200 bis 300	über 300 bis 400	über 400 bis 500	über 500 bis 600	bis 100	über 100 bis 200	über 200 bis 300	über 300
bis 500					Flachkeil		Hohlkeil			
über 500 bis 630	Ohne Keil									
" 630 " 800								Flachkeil		
" 800 " 1000		Flachkeil								
" 1000 " 1250								Treibkeil		
" 1250 " 1600				Treibkeil						
" 1600 " 2000										
" 2000 mm										

Abb. 134. Verwendungsgebiete der Keilarten (nach DIN).

moment, das übertragen werden soll. Die Welle kann ein Drehmoment $M_d = 0,2\, d^3\, \tau$ kg/cm übertragen (Heft I, S. 51), so daß mit $\tau = 200$ at (Heft III, S. 2) und $\mu = 0,1$:

$$0,2\, d^3\, \tau = 40\, d^3 < 0,1\, Q\, d$$

sein sollte. Abgesehen davon, daß Naben so große Kräfte nicht ertragen können (für $d = 10$ cm wäre z. B. $Q > 40000$ kg), ist die Größe von Q durch die zulässige Flächenpressung zwischen Keil und Keilbahn (beim Einschlagen des Keiles) eingeschränkt. Außerdem ist Q von der meist kleinen Kraft P abhängig, mit der der Keil eingeschlagen $(Q < 100\ P)$ oder sonst befestigt wird (z. B. durch Klemmschrauben). Aus diesen Überlegungen folgt, daß ein **Hohlkeil das Drehmoment einer voll beanspruchten Welle nicht übertragen kann.** Das ist z. B. zu beachten beim Einzelantrieb von Maschinen (Elektromotoren, Hauptantriebscheiben einer Transmission usw.). Hohlkeile sind dagegen sehr gut geeignet für die Befestigung von Riemenscheiben auf Transmissionen, weil diese Befestigung keine besondere Bearbeitung erfordert. — In ähnlicher Weise kann für geteilte Riemenscheiben, die für

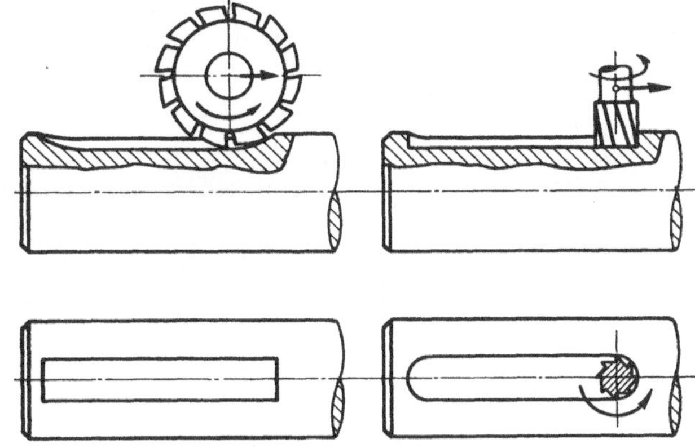

Abb. 135. Fräsen von Keilnuten (nach **Rötscher**).

Aufklemmen gebohrt werden, das übertragbare Drehmoment berechnet werden.

Auch beim **Flachkeil** erfolgt die Mitnahme durch Reibung. Hier können aber etwas größere Drehmomente zugelassen werden, denn reicht die erzeugte Pressung zur Übertragung des Dreh-

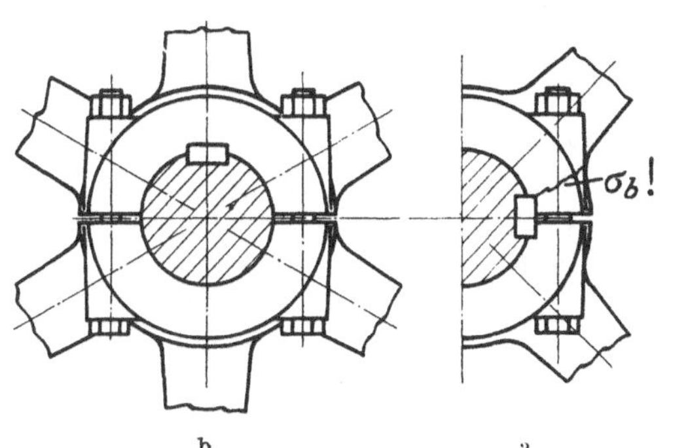

Abb. 136a, b. Keilanordnung bei geteilten Naben
(nach **Rötscher**).

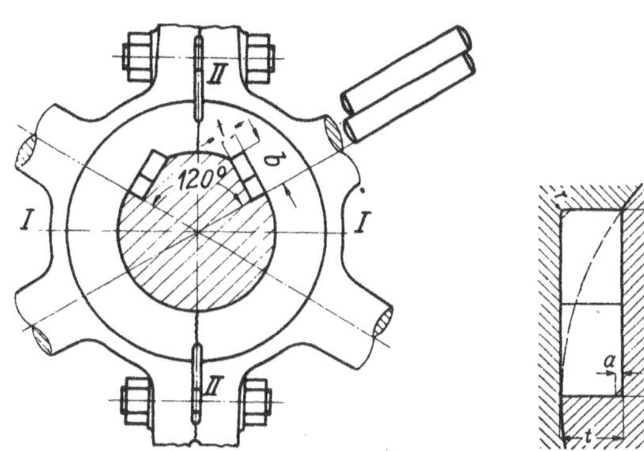

Abb. 137. Tangentialkeile (nach **Rötscher**).

momentes nicht aus, so verdreht sich die Welle gegenüber dem Keil und erzeugt dadurch eine größere Pressung. Die Grenze, bis zu welcher die Flachkeile für die Befestigung von Riemenscheiben auf Transmissionen verwendet werden können, ist durch den Normenausschuß auf Grund der Erfahrung festgelegt (Abb. 134).

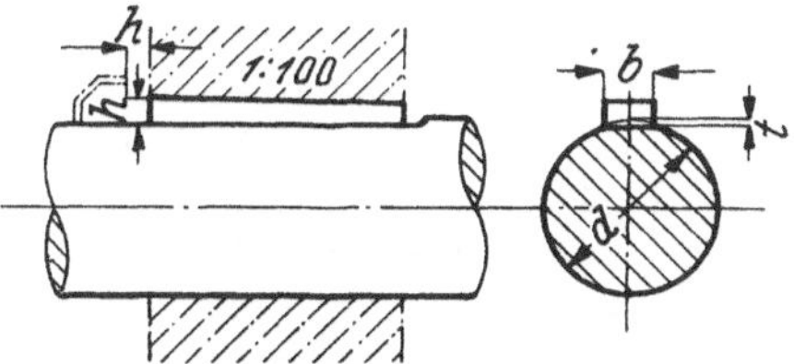

Abb. 138. Nasenkeil (nach **Rötscher**).

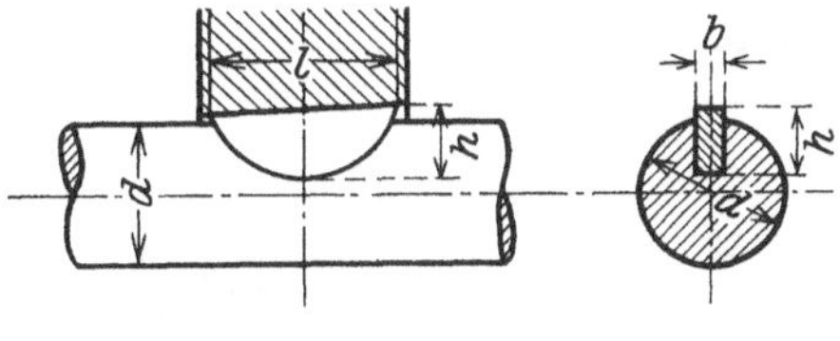

Abb. 139. Woodruff-Keil.

Für größere Drehmomente werden **Nutenkeile (Treibkeile)** verwendet. Die Mitnahme erfolgt durch die Seitenflächen, für die große Flächenpressungen zulässig sind weil keine Relativbewegung stattfindet. Die Keilnuten werden gefräst (Abb. 135). Bei stoßweisem Betrieb und wechselnder Drehrichtung werden zwei um 120^0 versetzte Nutenkeile verwendet, um Dreipunktauflage zu erreichen.

Bei zweiteiligen Naben (Abb. 136a) ist die Keilbahn in die Trennungsfläche zu legen, weil bei Anordnung nach Abb. 136b durch festes Einschlagen des Keiles die Verbindungsschrauben übermäßig stark beansprucht werden.

4*

Eine vorzügliche Befestigung bilden die sog. **Tangentialkeile** (Abb. 137), die Nabe und Welle in tangentialer Richtung verspannen.

Nasenkeile (Abb. 138) werden da angeordnet, wo man einen Ansatz (die Nase) braucht, um den Keil wieder herausziehen zu können. Die vorstehende Nase erhöht die Unfallsgefahr. Nasenkeile sollten deshalb nur für die Befestigung von solchen Teilen verwendet werden, die in geschlossenen Gehäusen laufen oder sonst eingekapselt werden.

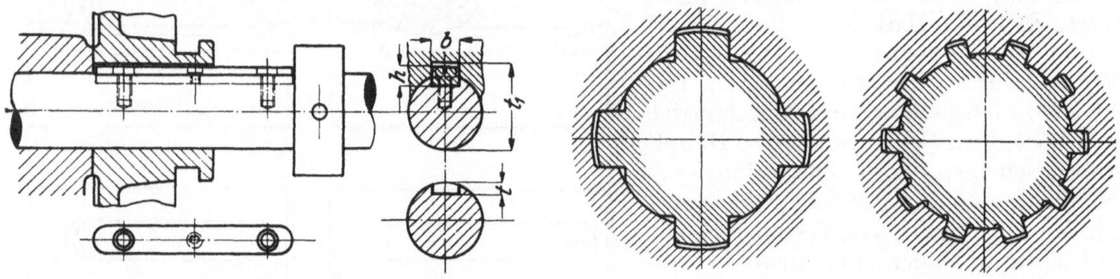

Abb. 140. Führungsfeder (nach Rötscher). Abb. 141. Keilwellen.

Im Automobilbau und bei Werkzeugmaschinen findet der **Woodruff-Keil** (Abb. 139) viel Verwendung. Er stellt sich von selbst nach der Neigung der Nute in der Nabe ein, hat aber eine erhebliche Schwächung der Welle zur Folge.

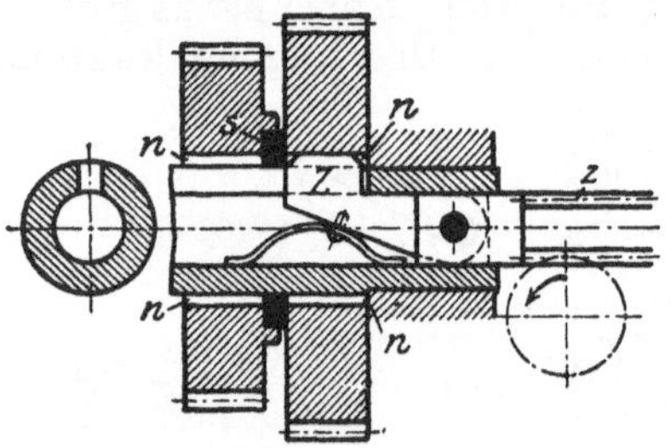

Abb. 142. Ziehkeil (nach Coenen, El. d. Werkzeugmasch.).

Nur Führungselement, ohne Verspannungswirkung, also nicht zur Befestigung und nicht zur Aufnahme wechselnder Drehmomente geeignet, sind die **Längsfedern** (auch Federkeile genannt), Abb. 140.

Keilwellen sind Wellen, die mit mehreren (2, 4, 6 oder 10) symmetrischen Keilen aus einem Stück bestehen (Abb. 141). Das zu übertragende Drehmoment wird dabei an mehreren symmetrisch angeordneten Stellen aufgenommen, so daß die Flächenpressung viel kleiner und auch die Beanspruchung der Welle günstiger ist. Die Keilwelle kann deshalb (namentlich in gehärtetem Zustand) ein Drehmoment übertragen, das ein Vielfaches von dem ist, das eine gewöhnliche Welle mit Keilen aufnehmen kann. Sie wird seit wenigen Jahren im Automobil-, Lokomotiv- und Werkzeugmaschinenbau in steigendem Maße verwendet.

Der **Ziehkeil** (Abb. 142) wird bei Wechselgetrieben verwendet (vgl. Heft IV, S. 41, Abb. 90). Die Ziehkeilwelle ist durchbohrt und auf einer Seite geschlitzt. Durch diesen Schlitz geht die Nase des Ziehkeils Z in die Nuten der Zahnräder. In der Bohrung kann eine Rundzahnstange z verschoben werden, an deren Ende der Ziehkeil drehbar befestigt ist. Zwischen den Rädern befinden sich Scheiben s, die den Ziehkeil zurückdrängen, wenn er von einem Rad zum andern geschoben wird.

3. Schrauben. Die Schraubenlinie entsteht durch die Aufwickelung einer geneigten Geraden auf einen Kreiszylinder (Abb. 143). Je nach der Richtung, in der aufgewickelt wird, entsteht eine rechtsgängige (nach rechts

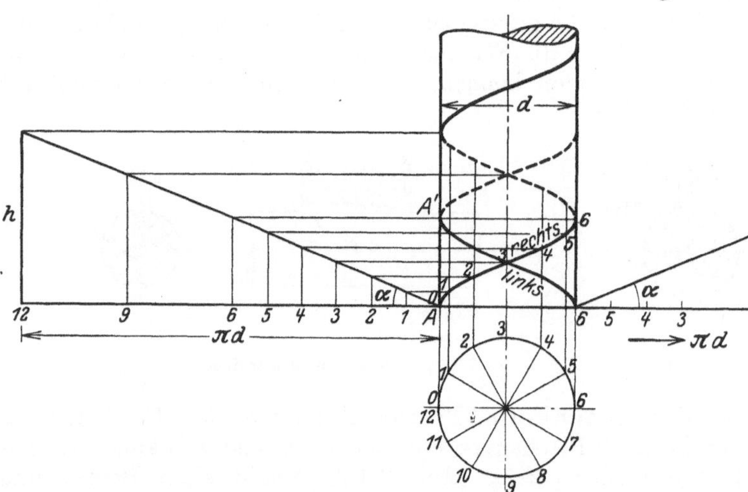

Abb. 143. Entstehung einer rechts- und linksgängigen Schraubenlinie.

steigende) oder linksgängige Schraubenlinie. Die Entfernung AA', d. i. die Entfernung zweier Schraubenlinien, heißt **Ganghöhe** oder **Steigung**; der Winkel α wird **Steigungswinkel** genannt.

a) **Gewinde.** Läßt man an Stelle eines Punktes A z. B. ein Dreieck efg auf dem Zylindermantel vorrücken, so daß die Punkte e und g gleiche Schraubenlinien beschreiben mit der Steigung $eg = h$, so entsteht eine scharfgängige Schraube. Statt des Dreiecks kann auch ein rechteckiges Profil auf den Zylinder auf-

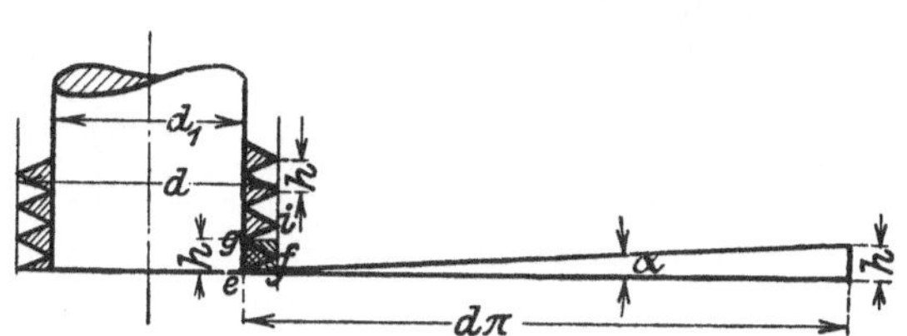
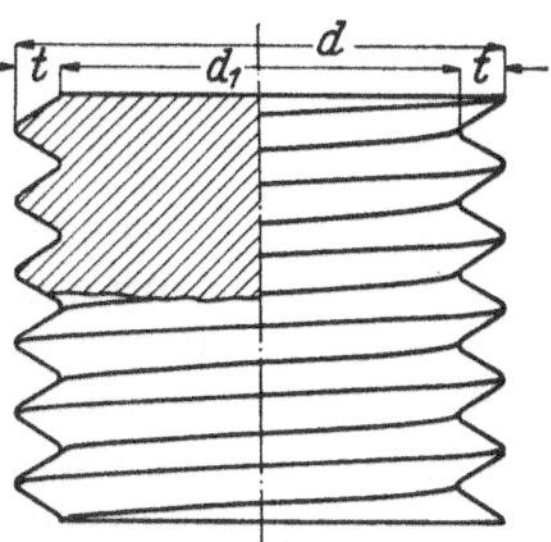

Abb. 144. Scharfgängiges Gewinde (nach Leuckert-Hiller und Rötscher).

gewickelt werden; dann entsteht die flachgängige Schraube (Abb. 144 und 145). Die Figur (Dreieck, Rechteck, Trapez usw.), die zur Erzeugung der Schraube dient, nennt man das **Profil.**

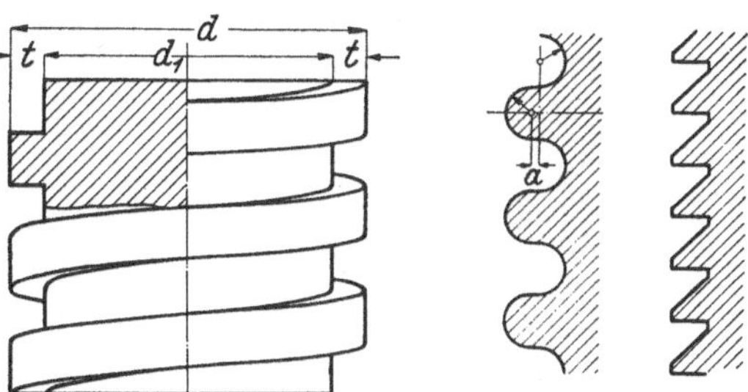
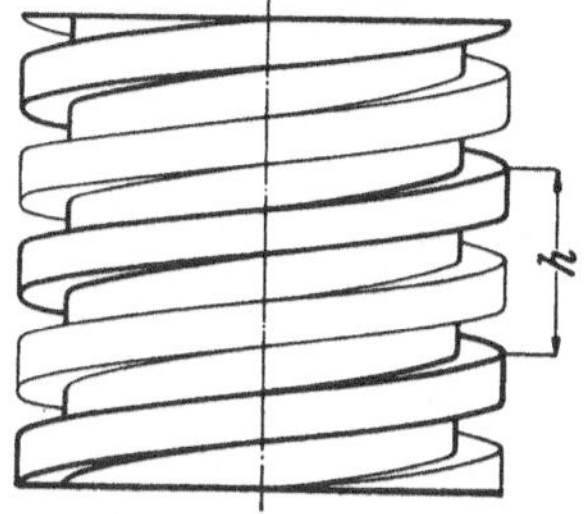

Abb. 145. Flach-, Rund- und Sägengewinde (nach Rötscher). Abb. 146. Doppelgängige Schraube (nach Rötscher).

Besteht das Profil einer Schraube aus einer einzigen Figur (Rechteck, Dreieck), so heißt die Schraube **eingängig. Mehrgängige** Schrauben entstehen durch die gleichzeitige Aufwicklung von mehreren gleichen Profilen (Abb. 146).

Der Steigungswinkel ist bei der Schraube für Innen- und Außendurchmesser verschieden (Abb. 147). Für die Berechnung wird der mittlere Steigungswinkel eingeführt.

Schrauben werden immer **paarweise** verwendet. Bei einem Teil (Bolzen genannt) liegt das Gewinde auf dem Mantel eines Vollzylinders; beim andern (Mutterschraube oder kurz Mutter genannt) liegt das Gewinde mit dem gleichen Profil und mit der gleichen Steigung auf dem Innnenmantel eines Hohlzylinders, so daß Bolzen und Mutter zusammenpassen.

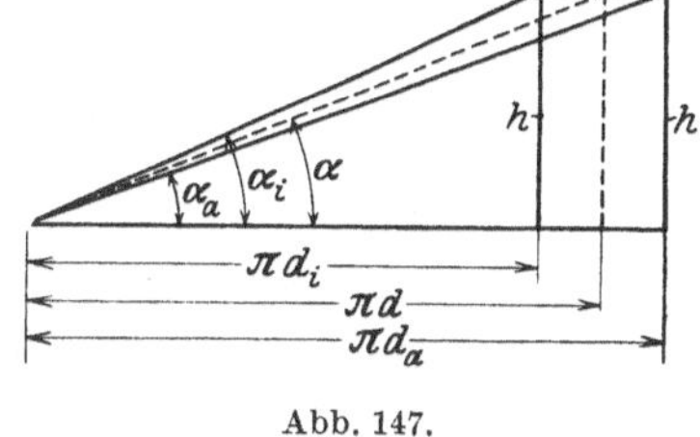

Abb. 147.

Wird die Mutter festgehalten, so führt der Bolzen mit der Drehung gleichzeitig eine **Parallel**verschiebung aus (Abb. 180 Schraubenwinde). Wird der Bolzen gedreht und die Mutter gegen Drehung gesichert, so erfährt die Mutter eine Parallelverschiebung. (Abb. 148 und beim Absperrventil, Heft V.)

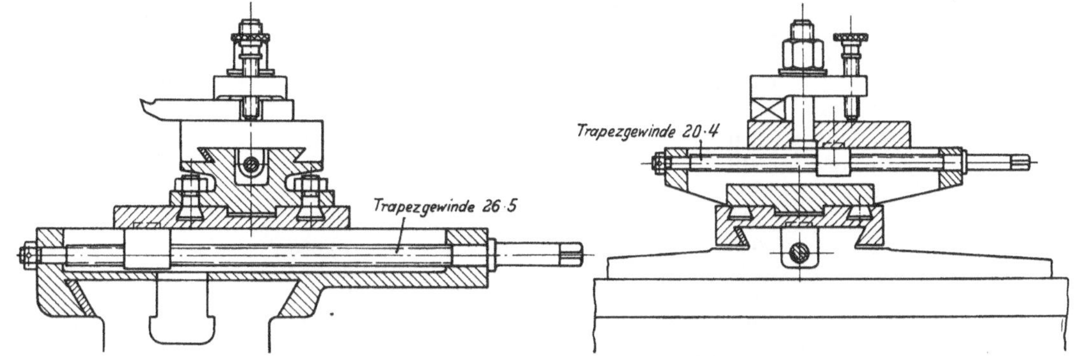

Abb. 148. Werkzeugschlitten einer Drehbank (nach Rötscher).

In den Anfängen des Maschinenbaues wählte jeder Fabrikant Profil und Steigungswinkel der Schrauben nach eigenem Gutdünken, so daß die Mutter des einen Fabrikanten nicht auf den

Bolzen des andern paßte. Der erste, der hier Ordnung schaffte, war der Engländer Whitworth (etwa 1845). Er verwendete für alle Schrauben das gleiche Profil, nämlich ein gleichschenkeliges Dreieck mit 55^0 Spitzenwinkel und auf $^1/_6$ der Höhe abgerundet (Abb. 149). Weiter normte er die Schraubendurchmesser (in englischem Zollmaß[1]) und stellte die Schrauben als austauschbare Handelsware her. Dieses System bürgerte sich rasch ein; es besteht heute noch in unveränderter Form. Seine Normungsbestrebungen wurden vielfach nachgeahmt, z. B. in Amerika durch Sellers, in Frankreich (nach Einführung des metrischen Systems), in Deutschland usw. Wie viele verschiedene Gewindesysteme dadurch entstanden, kann in dem großen Werk von Prof. Berndt[2] nachgelesen werden.

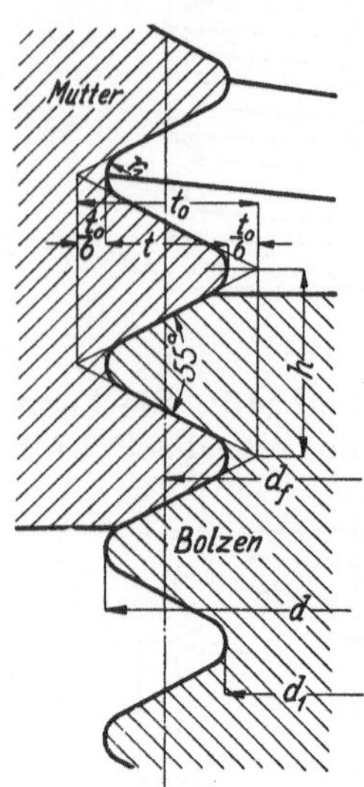

Abb. 149. Original-Whitworth-Gewinde (nach Rötscher).

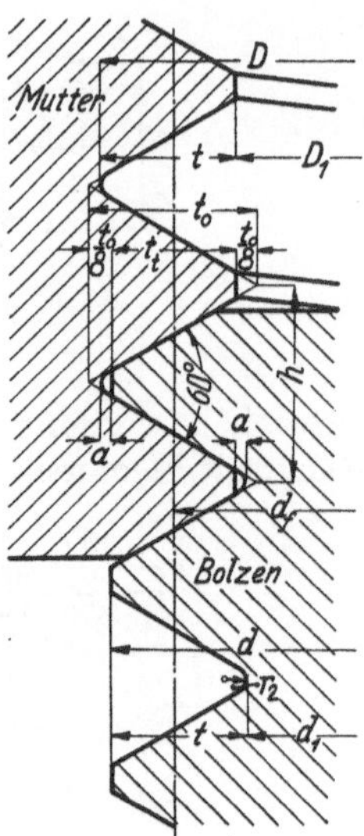

Abb. 150. Metrisches Gewinde (nach Rötscher).

Wiederholt sind Versuche gemacht worden, die Gewindesysteme zu vereinheitlichen, was schließlich (1897) zum internationalen Kongreß in Zürich führte. Als Maßsystem wurde dort das metrische angenommen, und als Schraubenprofil ein gleichseitiges Dreieck mit auf $^1/_8$ der Höhe geradlinig abgeschnittener Spitze (Abb. 150). Außerdem wurde ein Spitzenspiel a festgelegt, weil dadurch die Herstellung verbilligt wurde. Es ist nämlich eine unnötige Erschwerung der Herstellung, wenn verlangt wird, daß das Gewinde sowohl in den Spitzen als in den Flanken genau aufliegt. Das SI-Gewinde (System International) ist aber nie so international geworden wie sein Namen vermuten ließe. Wirtschaftliche Gründe wie die großen Kosten für die Anschaffung neuer Schneidwerkzeuge, Ersatzlieferungen, Erschwerung der Ausfuhr usw. stehen der Vereinheitlichung hemmend gegenüber. Bei den neuesten Normungsbestrebungen (1923) ist nur dadurch eine Einigung möglich geworden, daß zwei Systeme (das Whitworth-Gewinde ohne Spitzenspiel und das metrische Gewinde) als gleichberechtigt angenommen wurden (Zahlentafel 2 bis 5).

Das metrische und das Whitworth-Gewinde ist zu grob, um auf dünnwandige Rohre (Gasrohre) geschnitten zu werden. Man hat deshalb noch ein weiteres, feineres Gewindesystem eingeführt, das sog. Fein- oder Rohrgewinde[3]. Die Bezeichnung dieses Gewindes geht meist noch vom lichten Durchmesser des Gasrohres in englischen Zollen aus, seltener (wie die neuesten Normen vorschreiben) vom Außendurchmesser des Gewindes.

Zahlentafel 2. Original-Whitworth-Gewinde (Abb. 149).
Maße mm

Nenn-durchm. Zoll	Gewinde-durchmesser	Kern-durchmesser	Gangtiefe	Abrundung	Flanken-durchmesser	Ganghöhe	Gangzahl auf 1 Zoll
	d	d_1	t	r	d_f	h	z
$^3/_{16}$	4,762	3,406	0,678	0,145	4,084	1,058	24
$^1/_4$	6,350	4,724	0,813	0,174	5,537	1,270	20
$^5/_{16}$	7,938	6,131	0,904	0,194	7,034	1,411	18
$^3/_8$	9,525	7,492	1,017	0,218	8,509	1,588	16
$(^7/_{16})$	11,113	8,789	1,162	0,249	9,951	1,814	14
$^1/_2$	12,700	9,990	1,355	0,291	11,345	2,117	12
$^5/_8$	15,876	12,918	1,479	0,317	13,397	2,309	11
$^3/_4$	19,051	15,798	1,627	0,349	17,424	2,540	10
$^7/_8$	22,226	18,611	1,807	0,388	20,419	2,822	9
1	25,401	21,335	2,033	0,436	23,368	3,175	8
$1^1/_8$	28,576	23,929	2,324	0,498	26,253	3,629	7
$1^1/_4$	31,751	27,104	2,324	0,498	29,428	3,629	7
$1^3/_8$	34,926	29,505	2,711	0,581	32,215	4,233	6

Die eingeklammerten Gewinde sind zu vermeiden.

---

[1] 1 englischer Zoll $= 1''^e = 25,40095$ mm.

[2] Berndt, W.: Die Gewinde. Berlin: Julius Springer 1925. Erster Nachtrag 1927.

[3] In der Praxis häufig „Gasgewinde" genannt, als unzweckmäßige Abkürzung von Gasrohrgewinde.

Zahlentafel 2 (Fortsetzung).

Nenn-durchm. Zoll	Gewinde-durchmesser d	Kern-durchmesser d_1	Gangtiefe t	Abrundung r	Flanken-durchmesser d_f	Ganghöhe h	Gangzahl auf 1 Zoll z
$1^1/_2$	38,101	32,680	2,711	0,581	35,391	4,233	6
$(1^5/_8)$	41,277	34,771	3,253	0,698	38,024	5,080	5
$1^3/_4$	44,452	37,946	3,253	0,698	41,199	5,080	5
$(1^7/_8)$	47,627	40,398	3,614	0,775	44,012	5,645	$4^1/_2$
2	50,802	43,573	3,614	0,775	47,187	5,645	$4^1/_2$
$2^1/_4$	57,152	49,020	4,066	0,872	53,086	6,350	4
$2^1/_2$	63,502	55,370	4,066	0,872	59,436	6,350	4
$(2^3/_4)$	69,853	60,558	4,647	0,997	65,205	7,257	$3^1/_2$
3	76,203	66,909	4,647	0,997	71,556	7,257	$3^1/_2$
$(3^1/_4)$	82,553	72,544	5,005	1,073	77,548	7,816	$3^1/_4$
$3^1/_2$	88,903	78,894	5,005	1,073	83,899	7,816	$3^1/_4$
$(3^3/_4)$	95,254	84,410	5,422	1,163	89,832	8,467	3
4	101,604	90,760	5,422	1,163	96,182	8,467	3
$(4^1/_4)$	107,954	96,639	5,657	1,213	102,297	8,835	$2^7/_8$
$4^1/_2$	114,304	102,990	5,657	1,213	108,647	8,835	$2^7/_8$
$(4^3/_4)$	120,655	108,825	5,915	1,268	114,740	9,237	$2^3/_4$
5	127,005	115,176	5,915	1,268	121,090	9,237	$2^3/_4$
$(5^1/_4)$	133,355	120,963	6,196	1,329	127,159	9,677	$2^5/_8$
$5^1/_2$	139,705	127,313	6,196	1,329	133,509	9,677	$2^5/_8$
$(5^3/_4)$	146,055	133,043	6,506	1,395	139,549	10,160	$2^1/_2$
6	152,406	139,394	6,506	1,395	145,900	10,160	$2^1/_2$

Die eingeklammerten Gewinde sind zu vermeiden.

Zahlentafel 3. Metrisches Gewinde (Abb. 150).

Bolzen		Mutter		Flanken-durchmesser	Gang-höhe	Gang-tiefe	Trag-tiefe	Spiel-raum	Rundung
Gewinde-durchmesser d	Kern-durchmesser d_1	Außen-durchmesser D	Kern-durchmesser D_1	d_f	h	t	t_t	a	r
1	0,65	1,025	0,675	0,838	0,25	0,175	0,162	0,012	0,015
1,2	0,85	1,225	0,875	1,038	0,25	0,175	0,162	0,012	0,015
1,4	0,98	1,430	1,010	1,205	0,3	0,210	0,195	0,015	0,018
1,7	1,21	1,735	1,245	1,473	0,35	0,245	0,227	0,017	0,021
2	1,44	2,040	1,480	1,740	0,4	0,280	0,260	0,020	0,023
2,3	1,74	2,340	1,780	2,040	0,4	0,280	0,260	0,020	0,023
2,6	1,97	2,645	2,015	2,308	0,45	0,315	0,292	0,022	0,026
3	2,30	3,050	2,350	2,675	0,5	0,350	0,325	0,025	0,029
3,5	2,66	3,560	2,720	3,110	0,6	0,420	0,390	0,030	0,035
4	3,02	4,070	3,090	3,545	0,7	0,490	0,455	0,035	0,041
4,5	3,45	4,575	3,525	4,013	0,75	0,525	0,487	0,037	0,044
5	3,88	5,080	3,960	4,480	0,8	0,560	0,520	0,040	0,047
5,5	4,24	5,590	4,330	4,915	0,9	0,630	0,585	0,045	0,052
6	4,60	6,100	4,700	5,350	1	0,700	0,650	0,050	0,058
(7)	5,60	7,100	5,700	6,350	1	0,700	0,650	0,050	0,058
8	6,25	8,125	6,375	7,188	1,25	0,875	0,812	0,062	0,073
(9)	7,25	9,125	7,375	8,188	1,25	0,875	0,812	0,062	0,073
10	7,90	10,150	8,050	9,026	1,5	1,050	0,974	0,075	0,087
(11)	8,90	11,150	9,050	10,026	1,5	1,050	0,974	0,075	0,087
12	9,55	12,175	9,725	10,863	1,75	1,225	1,137	0,087	0,102
(14)	11,20	14,200	11,400	11,701	2	1,400	1,299	0,100	0,116
16	13,20	16,200	13,400	14,701	2	1,400	1,299	0,100	0,116
(18)	14,50	18,250	14,750	16,376	2,5	1,750	1,624	0,125	0,145
20	16,50	20,250	16,750	18,376	2,5	1,750	1,624	0,125	0,145
(22)	18,50	22,250	18,750	20,376	2,5	1,750	1,624	0,125	0,145
24	19,80	24,300	20,100	22,051	3	2,100	1,949	0,150	0,174
(27)	22,80	27,300	23,100	25,051	3	2,100	1,949	0,150	0,174
30	25,10	30,350	25,450	27,727	3,5	2,450	2,273	0,175	0,203
(33)	28,10	33,350	28,450	30,727	3,5	2,450	2,273	0,175	0,203

Beispiel für die Bezeichnung: 20 mm M. Gew.

Zahlentafel 3 (Fortsetzung).

| Bolzen | | Mutter | | Flanken-durch-messer | Gang-höhe | Gang-tiefe | Trag-tiefe | Spiel-raum | Rundung |
| Gewinde-durch-messer | Kern-durch-messer | Außen-durch-messer | Kern-durch-messer | | | | | | |
d	d_1	D	D_1	d_f	h	t	t_t	a	r
36	30,40	36,400	30,800	33,402	4	2,800	2,598	0,200	0,232
(39)	33,40	39,400	33,800	36,402	4	2,800	2,598	0,200	0,232
42	35,70	42,450	36,150	39,077	4,5	3,150	2,923	0,225	0,261
(45)	38,70	45,450	39,150	42,077	4,5	3,150	2,923	0,225	0,261
48	41,00	48,500	41,500	44,752	5	3,500	3,248	0,250	0,290
(52)	45,00	52,500	45,500	48,752	5	3,500	3,248	0,250	0,290
56	48,30	56,550	48,850	52,428	5,5	3,850	3,572	0,275	0,319
(60)	52,30	60,550	52,850	56,428	5,5	3,850	3,572	0,275	0,319
64	55,60	64,600	56,200	60,103	6	4,200	3,897	0,300	0,348
(68)	59,60	68,600	60,200	64,103	6	4,200	3,897	0,300	0,348
72	63,60	72,600	64,200	68,103	*6	4,200	3,897	0,300	0,348
(76)	67,60	76,600	68,200	72,103	*6	4,200	3,897	0,300	0,348
80	71,60	80,600	72,200	76,103	*6	4,200	3,897	0,300	0,348

Beispiel für die Bezeichnung: 20 mm M. Gew.

Zahlentafel 4. Metrisches Feingewinde.

| Bolzen | | Mutter | | Flanken-durch-messer | Gang-höhe | Gang-tiefe | Trag-tiefe | Spiel-raum | Rundung |
| Gewinde-durch-messer | Kern-durch-messer | Außen-durch-messer | Kern-durch-messer | | | | | | |
d	d_1	D	D_1	d_f	h	t	t_t	a	r
1	0,832	1,012	0,844	0,922	0,12	0,084	0,078	0,006	0,007
1,2	1,032	1,212	1,044	1,122	0,12	0,084	0,078	0,006	0,007
1,4	1,232	1,412	1,244	1,322	0,12	0,084	0,078	0,006	0,007
1,7	1,420	1,720	1,440	1,570	0,2	0,140	0,130	0,010	0,012
2	1,650	2,025	1,675	1,838	0,25	0,175	0,162	0,012	0,015
2,3	1,950	2,325	1,975	2,138	0,25	0,175	0,162	0,012	0,015
2,6	2,250	2,625	2,275	2,438	0,25	0,175	0,162	0,012	0,015
3	2,510	3,035	2,545	2,773	0,35	0,245	0,227	0,017	0,021
3,5	3,010	3,535	3,045	3,273	0,35	0,245	0,227	0,017	0,021
4	3,300	4,050	3,350	3,675	0,5	0,350	0,325	0,025	0,029
4,5	3,800	4,550	3,850	4,175	0,5	0,350	0,325	0,025	0,029
5	4,300	5,050	4,350	4,675	0,5	0,350	0,325	0,025	0,029
5,5	4,800	5,550	4,850	5,175	0,5	0,350	0,325	0,025	0,029
6	4,95	6,075	5,025	5,513	0,75	0,525	0,487	0,037	0,044
7	5,95	7,075	6,025	6,513	0,75	0,525	0,487	0,037	0,044
8	6,60	8,100	6,700	7,350	1	0,700	0,650	0,050	0,058
9	7,60	9,100	7,700	8,350	1	0,700	0,650	0,050	0,058
10	8,60	10,100	8,700	9,350	1	0,700	0,650	0,050	0,058
11	9,60	11,100	9,700	10,350	1	0,700	0,650	0,050	0,058
12	10,25	12,125	10,375	11,188	1,25	0,875	0,812	0,062	0,073
14	12,25	14,125	12,375	13,188	1,25	0,875	0,812	0,062	0,073
16	14,25	16,125	14,375	15,188	1,25	0,875	0,812	0,062	0,073
18	15,90	18,150	16,050	17,026	1,5	1,050	0,974	0,075	0,087
20	17,90	20,150	18,050	19,026	1,5	1,050	0,974	0,075	0,087
22	19,90	22,150	20,050	21,026	1,5	1,050	0,974	0,075	0,087
24	21,90	24,150	22,050	23,026	1,5	1,050	0,974	0,075	0,087
27	24,20	27,200	24,400	25,701	2	1,400	1,299	0,100	0,116
30	27,20	30,200	27,400	28,701	2	1,400	1,299	0,100	0,116
33	30,20	33,200	30,400	31,701	2	1,400	1,299	0,100	0,116
36	33,20	36,200	33,400	34,701	2	1,400	1,299	0,100	0,116
39	36,20	39,200	36,400	37,701	2	1,400	1,299	0,100	0,116
42	39,20	42,200	39,400	40,701	2	1,400	1,299	0,100	0,116
45	42,20	45,200	42,400	43,701	2	1,400	1,299	0,100	0,116
48	45,20	48,200	45,400	46,701	2	1,400	1,299	0,100	0,116
52	48,50	52,250	48,750	50,376	2,5	1,750	1,624	0,125	0,145
56	52,50	56,250	52,750	54,376	2,5	1,750	1,624	0,125	0,145
60	56,50	60,250	56,750	58,376	2,5	1,750	1,624	0,125	0,145
64	60,50	64,250	60,750	62,376	2,5	1,750	1,624	0,125	0,145
68	64,50	68,250	64,750	66,376	2,5	1,750	1,624	0,125	0,145
72	68,50	72,250	68,750	70,376	2,5	1,750	1,624	0,125	0,145

Zahlentafel 4 (Fortsetzung).

Bolzen		Mutter,		Flanken-durch-messer	Gang-höhe	Gang-tiefe	Trag-tiefe	Spiel-raum	Rundung
Gewinde-durch-messer	Kern-durch-messer	Außen-durch-messer	Kern-durch-messer						
d	d_1	D	D_1	d_f	h	t	t_t	a	r
76	72,50	76,250	72,750	74,376	2,5	1,750	1,624	0,125	0,145
80	76,50	80,250	76,750	78,376	2,5	1,750	1,624	0,125	0,145
84	80,5	84,25	80,75	82,376	2,5	1,75	1,624	0,125	0,145
89	85,5	89,25	85,75	87,376	2,5	1,75	1,624	0,125	0,145
94	90,5	94,25	90,75	92,376	2,5	1,75	1,624	0,125	0,145
99	95,5	99,25	95,75	97,376	2,5	1,75	1,624	0,125	0,145
104	100,5	104,25	100,75	102,376	2,5	1,75	1,624	0,125	0,145
109	105,5	109,25	105,75	107,376	2,5	1,75	1,624	0,125	0,145
114	110,5	114,25	110,75	112,376	2,5	1,75	1,624	0,125	0,145
119	115,5	119,25	115,75	117,376	2,5	1,75	1,624	0,125	0,145
124	120,5	124,25	120,75	122,376	2,5	1,75	1,624	0,125	0,145
129	125,5	129,25	125,75	127,376	2,5	1,75	1,624	0,125	0,145
134	129,8	134,30	130,10	132,051	3	2,10	1,949	0,150	0,174
139	134,8	139,30	135,10	137,051	3	2,10	1,949	0,150	0,174
144	139,8	144,30	140,10	142,051	3	2,10	1,949	0,150	0,174
149	144,8	149,30	145,10	147,051	3	2,10	1,949	0,150	0,174

Zahlentafel 5. Gasrohrgewinde (Whitworth).

Nenn-durchmesser (handelsüblich)		Gewinde-durch-messer (Lehr-durchm.)	Kern-durch-messer	Flanken-durch-messer	Gangzahl auf		Gang-tiefe	Nutzbare Gewinde-länge	Nenn-weite der Arma-turen
					1 engl. Zoll	127 mm Länge			
engl. Zoll	mm *	d	d_1	d_f	z	z_1	t	l_1 max.	
$^1/_8$	5— 10	9,729	8,567	9,148	28	140	0,58	8	6
$^1/_4$	8— 13	13,158	11,446	12,302	19	95	0,86	9	8
$^3/_8$	12— 17	16,663	14,951	15,807	19	95	0,86	11	10
$^1/_2$	15— 21	20,956	18,632	19,794	14	70	1,16	14	13
$(^5/_8)$	16— 23	22,912	20,588	21,750	14	70	1,16	14	16
$^2/_4$	20— 27	26,442	24,119	25,281	14	70	1,16	16	20
$(^7/_8)$	24— 31	30,202	27,878	29,040	14	70	1,16	16	
1	26— 34	33,250	30,293	31,771	11	55	1,48	19	25
$1^1/_4$	33— 42	41,912	38,954	40,433	11	55	1,48	21	32
$1^1/_2$	40— 49	47,805	44,847	46,326	11	55	1,48	21	40
$1^3/_4$	45— 55	53,748	50,791	52,270	11	55	1,48	24	
2	50— 60	59,616	56,659	58,137	11	55	1,48	24	50
$2^1/_4$	60— 70	65,712	62,755	64,234	11	55	1,48	27	60
$2^1/_2$	66— 76	75,187	72,230	73,708	11	55	1,48	27	70
$(2^2/_4)$	72— 82	81,537	78,580	80,058	11	55	1,48	30	
3	80— 90	87,887	84,930	86,409	11	55	1,48	30	80
$3^1/_2$	90—102	100,334	97,376	98,855	11	55	1,48	32	90
4	102—114	113,034	110,077	111,556	11	55	1,48	36	100
$4^1/_2$	115—127	125,735	122,777	124,256	11	55	1,48	36	110
5	127—140	138,435	135,478	136,957	11	55	1,48	38	125
6	152—165	163,836	160,879	162,357	11	55	1,48	42	150

* Die Angabe des Nenndurchmessers in zwei Millimeterzahlen ist besonders in Frankreich handelsüblich. Die erste Zahl entspricht ungefähr dem inneren Rohrdurchmesser, die zweite Zahl dem äußeren Rohrdurchmesser und zwar bei gleichen Stücken, z. B. 40—49 entsprechend 1½; reduzierte Stücke werden dagegen nur durch den ungefähren innern Rohrdurchmesser bezeichnet, z. B. 40—15 bis 26—15 entsprechend 1½″—½″ bis 1″—½″.
Die eingeklammerten Gewinde sind zu vermeiden.

b) Schraubensorten. Wenn man von einer Schraube ohne nähere Bezeichnung spricht, so meint man die Mutterschraube (Abb. 49, Seite 17). Zum Anziehen der Muttern dienen Schlüssel, meist als Doppelschlüssel mit zwei aufeinander folgenden Maulweiten ausgeführt. Ist der Griff unter 30⁰ geneigt oder gerade geführt, so verlangt eine Sechskantmutter zum Anziehen einen Schlüsselschlag von 60⁰ (Abb. 151). Versetzt man dagegen den Hebelarm um 15⁰ oder 45⁰ (wie die Normen vorschreiben), so genügt zum Anziehen ein Winkel von 30⁰ und ein nachfolgendes Umlegen des Schlüssels (Abb. 152). Muttern, die oft angezogen werden, sollte man härten (Einsatzhärtung), um eine Beschädigung der Kanten zu vermeiden.

Versenkt sitzende Muttern werden mit einem **Steckschlüssel** (Abb. 153) angezogen. Wo der Raum für den Normalschlüssel fehlt und es sich um Muttern handelt, die nur verhältnismäßig leicht angezogen werden (wie z. B. bei Kugellager-

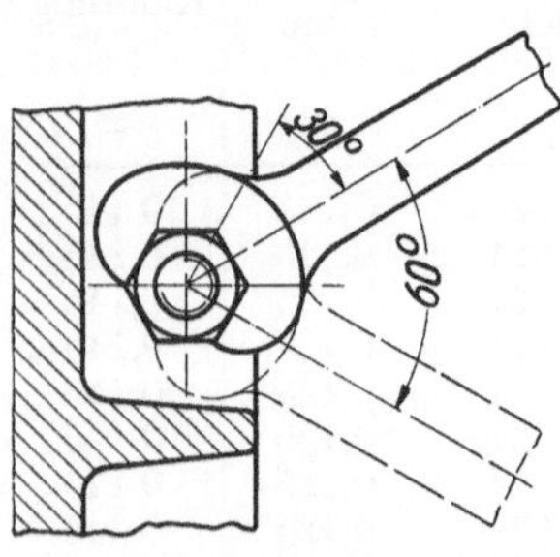
Abb. 151 (nach **Rötscher**).

befestigung), führt man Mutter und Schlüssel nach Abb. 154 aus. Für Verbindungen, die oft gelöst werden müssen (wie Deckelschrauben bei Kochpfannen und Vakuumbehältern, oder Spannschrauben bei Werkzeugmaschinen) verwendet man **Griffmuttern** oder **Flügelmuttern** (Abb. 155 und 156). Kleinere Muttern für untergeordnete Zwecke werden, weil billiger, vierkantig ausgeführt (Abb. 157).

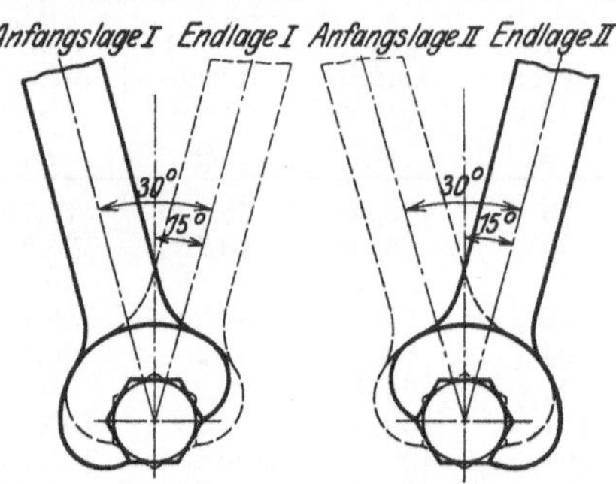

Abb. 152. NB. Anfangslage *II* wird erhalten, wenn der Schlüssel um 180° gedreht wird.

Bei der **Kopfschraube** (Abb. 158) sitzt die Mutter in einem Konstruktionsteil (meist aus Gußeisen). Bei häufigem Lösen leiert sich das Muttergewinde leicht aus, so daß der ganze Maschinenteil ersetzt oder Büchsen eingesetzt werden müßten (Abb. 159). Deshalb werden Kopfschrauben meist nur als Stellschrauben oder als Abdrückschrauben verwendet, oder

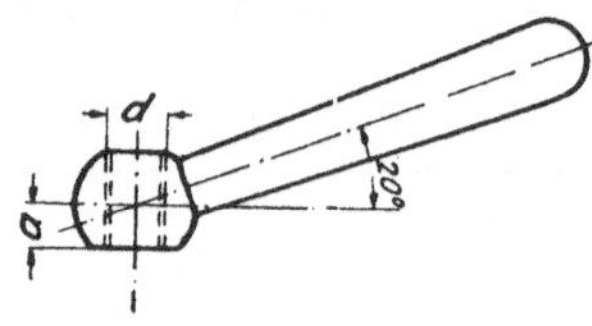

Abb. 155. Griffmutter (nach **Volk**).

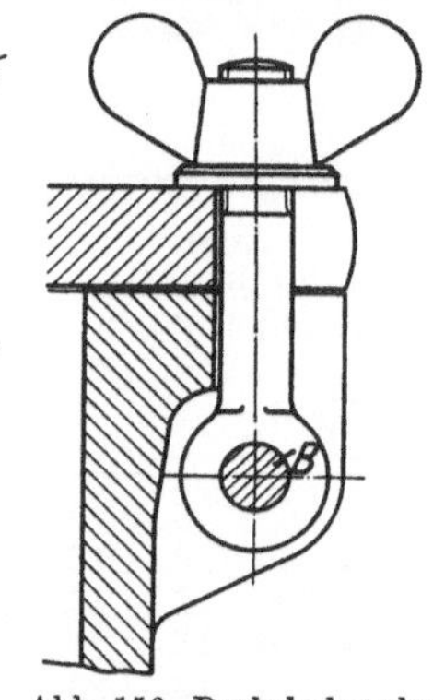

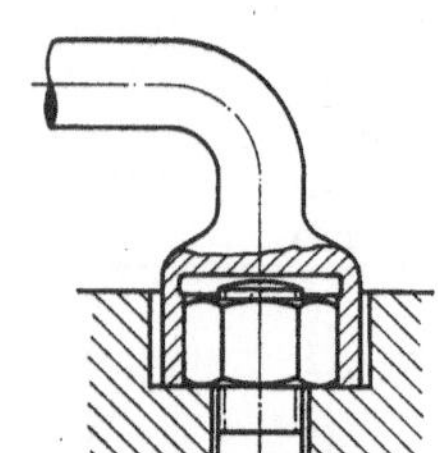

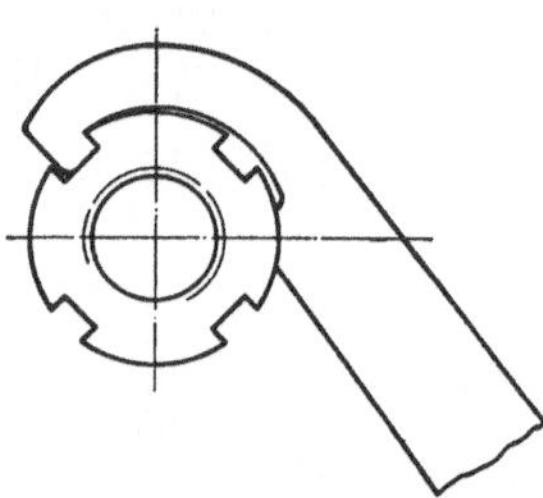

Abb. 153. Steckschlüssel   Abb. 154. Hakenschlüssel
(nach **Rötscher**).

Abb. 157. Torbandschraube mit Vierkantmutter.

Abb. 156. Deckelschraube mit Flügelmutter (nach **Rötscher**).

für Verbindungen, die nur selten gelöst werden. Viel besser ist die Verbindung durch **Stiftschraube** (Abb. 160). Das Einsetzen des Stiftes kann durch zwei aufeinanderliegende Muttern oder auch durch einen Stiftsetzer (Abb. 161) erfolgen.

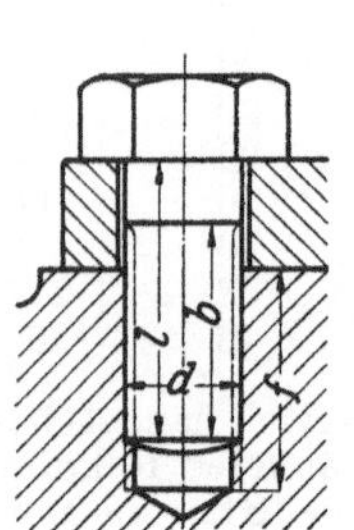

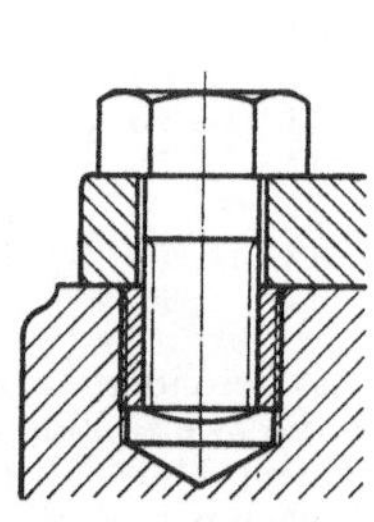

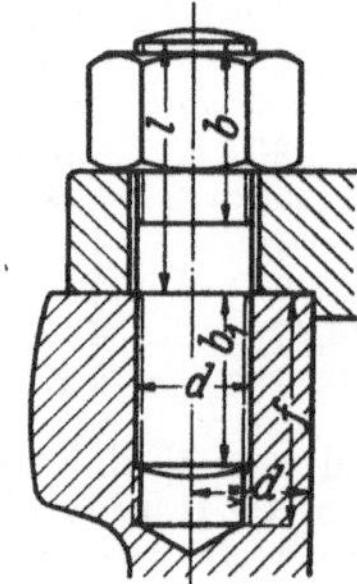

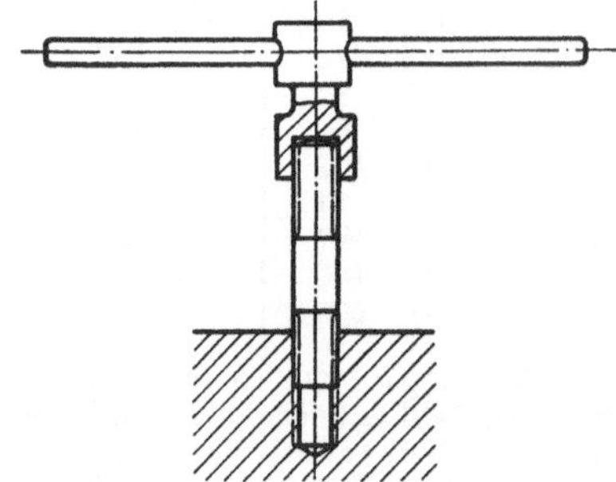

Abb. 158. Kopfschraube (nach **Rötscher**).

Abb. 159. Kopfschraube in einer Büchse sitzend (nach **Rötscher**).

Abb. 160. Stiftschraube.

Abb. 161. Stiftsetzer (nach **Rötscher**).

Ist auf keiner Seite der zu verbindenden Teile Raum zum Einbringen der Schraube, wie z. B. bei der zweiteiligen Riemenscheibe (Abb. 162), so setzt man auf beide Seiten Muttern.

Wenn vorstehende Köpfe nicht zulässig sind, werden **versenkte** Schrauben verwendet (Abb. 163).

Stehbolzen dienen dazu, zwei Maschinenteile in einer bestimmten Entfernung zu halten (Abb. 164).

Um das Mitdrehen des Kopfes beim Anziehen der Mutter zu verhindern, wird oft eine „Nase" angebracht (Abb. 165). Bei Lager- und Stopfbüchsen verwendet man Hammerschrauben

(Heft III, Abb. 43); bei Werkzeugmaschinen werden für die Befestigung des Werkstückes besondere Spannschrauben verwendet (Abb. 166).

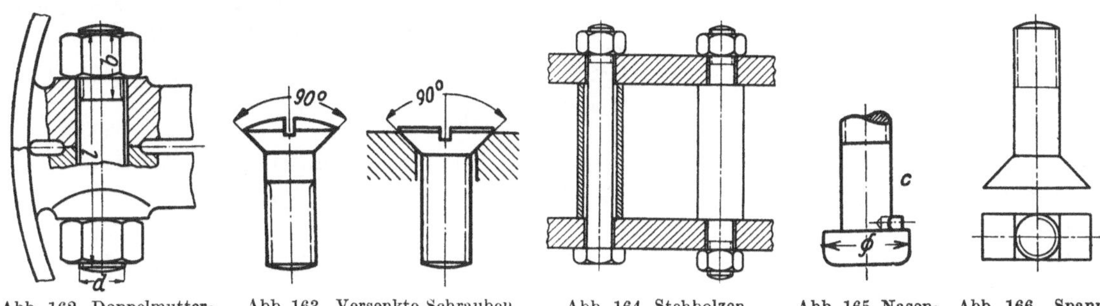

Abb. 162. Doppelmutter-schraube (nach Rötscher).

Abb. 163. Versenkte Schrauben (nach Rötscher).

Abb. 164. Stehbolzen.

Abb. 165. Nasen-schraube (nach Leuckert-Hiller).

Abb. 166. Spann-schraube für Werk-zeugmaschinen.

Fundamentschrauben (Abb. 167 bis 169) werden in Aussparungen des Fundamentes ein-gesetzt, die nachher mit Zement vergossen werden.

c) Schraubensicherungen. Das Drehen einer mit Q kg belasteten Mutter auf einer Schraube ent-spricht der Bewegung einer Last auf einer geneigten

Abb. 167 (nach Leuckert-Hiller).

Abb. 168 (nach Rötscher).

Abb. 169 (nach Leuckert-Hiller).

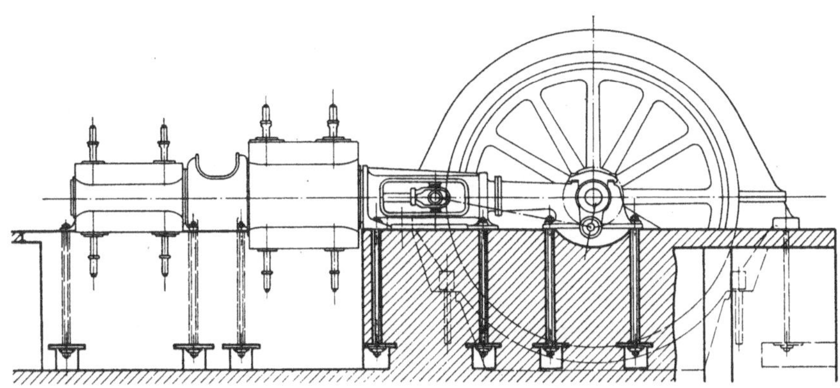

Abb. 169a (nach Rötscher).

Abb. 167 bis 169. Fundamentschrauben.

Ebene, deren Neigungswinkel gleich dem mittleren Steigungswinkel α der Schraube ist (Abb. 170).

Um die Last zu heben, ist eine horizontal wirkende Kraft H erforderlich, die sich aus den Gleichgewichtsbedingungen berechnen läßt. Die Kräfte Q und H werden in zwei Komponenten zerlegt, parallel und senkrecht zur geneigten Ebene. Die Normalkraft ist $N = Q \cos \alpha + H \sin \alpha$ und die dadurch verursachte Reibungskraft $= \mu N$. Im Gleichgewichtszustand muß die Kraft parallel zur Gleitfläche, $H \cos \alpha - Q \sin \alpha$ gleich der Reibungskraft sein, d. h.:

$$H (\cos \alpha - Q \sin \alpha) = \mu (Q \cos \alpha + \sin \alpha)$$

oder

$$H (\cos \alpha - \mu \sin \alpha) = Q (\mu \cos \alpha + \sin \alpha),$$

und mit $\mu = \operatorname{tg} \varrho$:

$$H = Q \frac{\operatorname{tg} \varrho \cos \alpha + \sin \alpha}{\cos \alpha - \operatorname{tg} \varrho \sin \alpha}$$

$$= Q \frac{\operatorname{tg} \varrho + \operatorname{tg} \alpha}{1 - \operatorname{tg} \varrho \operatorname{tg} \alpha} = Q \operatorname{tg} (\alpha + \varrho) . \quad (15)$$

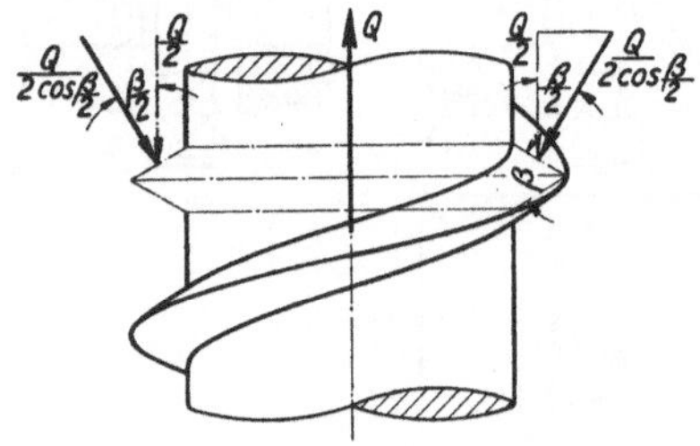

Abb. 170. Zur Schraubenberechnung.

Die Gleichung kann — ohne Zwischenrechnung — sofort daraus abgeleitet werden, daß infolge der Reibung die Reaktion unter dem Reibungswinkel ϱ gegen die Flächennormale wirkt. Für das Senken der Last folgt in ähnlicher Weise

$$H' = Q \operatorname{tg} (\alpha - \varrho) . \qquad (15a)$$

Bei der Schraube wird die Kraft H durch ein Drehmoment $M_d = H \cdot r$ erzeugt, so daß

$$M_d = Q \cdot r \operatorname{tg} (\alpha + \varrho) \qquad (16)$$

ist. Die Schraube ist selbsthemmend, wenn $\alpha < \varrho$ ist. Von Befestigungsschrauben verlangt man selbstverständlich, daß sie sich nicht von selbst lösen, so daß der Steigungswinkel α immer kleiner als der Reibungswinkel ϱ sein muß.

Die Gleichungen (15) und (15a) gelten für die flachgängige Schraube. Beim scharfgängigen Gewinde (Abb. 171) erzeugt die Kraft Q zwei Normalkräfte von je $\dfrac{1}{2} \dfrac{Q}{\cos \beta/2}$ kg, so daß die Reibung bei der scharfgängigen Schraube im Verhältnis $\dfrac{1}{\cos \beta/2}$ im Vergleich zur flachgängigen erhöht wird. Setzt man $\mu' = \dfrac{\mu}{\cos \beta/2}$ und $\operatorname{tg} \varrho' = \mu'$, so ist für die scharfgängige Schraube:

Abb. 171. Kraftwirkung an scharfgängigen Schrauben (nach Rötscher).

$$H = Q \operatorname{tg} (\alpha \pm \varrho') . \qquad (17)$$

Für Whitworth-Gewinde ist $\beta = 55^0$, so daß $\mu' = 1{,}12\,\mu$ ist; für das SI-Gewinde ist $\beta = 60^0$ und $\mu' = 1{,}17\,\mu$. Die Steigungswinkel der normalen Schrauben sind:

beim Whitworth-Gewinde für	$d = \,^3/_8''$	$1''$	$2''$	$3''$
	$\alpha = 2^0$	$2^0\,30'$	$2^0\,10'$	$1^0\,50'$
und beim metrischen Gewinde für	$d = 16$	20	42	64 mm
	$\alpha = 2^0\,30'$	$2^0\,30'$	$2^0\,5'$	$1^0\,50'$

Wenn keine Reibung vorhanden wäre, so würde die Kraft $H_0 = Q \operatorname{tg} \alpha$ zur Bewegung ausreichen, so daß der Wirkungsgrad einer Schraube

$$\eta = \frac{\operatorname{tg} \alpha}{\operatorname{tg} (\alpha + \varrho)} \qquad (18)$$

ist. Für den Grenzfall der Selbsthemmung ist $\alpha = \varrho$, und da $\operatorname{tg} 2\varrho = \dfrac{2 \operatorname{tg} \varrho}{1 - \operatorname{tg}^2 \varrho}$ ist, wird

$$\eta = \frac{1 - \operatorname{tg}^2 \varrho}{2} < 0{,}5 .$$

Der Wirkungsgrad einer selbsthemmenden Schraube ist demnach immer kleiner als 50%; die an und für sich notwendige Eigenschaft der Selbsthemmung von Befestigungsschrauben ist mit einem bedeutenden Aufwand an Reibungsarbeit beim Anziehen verbunden. Das zeigt, wie unzweckmäßig die selbsthemmende Schraube als Hebebock ist (Abb. 180).

Wenn Erschütterungen auftreten oder wenn die Kraft Q ihre Richtung wechselt, bietet die Selbsthemmung keine genügende Sicherheit gegen Lockerung; die Schraube muß dann besonders gesichert werden. Die Sicherung kann durch eine elastische Unterlegscheibe (Abb. 172) erzielt werden oder durch eine Gegenmutter, die kräftig gegen die erste verspannt wird (Abb. 173). Die beiden Muttern werden dann verschieden hoch gemacht; da nur die obere Mutter trägt, muß diese die normale Höhe erhalten. Oft genügt Feingewinde mit kleinem Steigungswinkel zur Sicherung.

Das sicherste Mittel besteht darin, die Drehung der Mutter überhaupt zu verhindern, z. B. durch Einlegen eines Stiftes oder Splintes (Abb. 174, Kronenmutter) oder bei großen Muttern durch Legeschlüssel (Abb. 175).

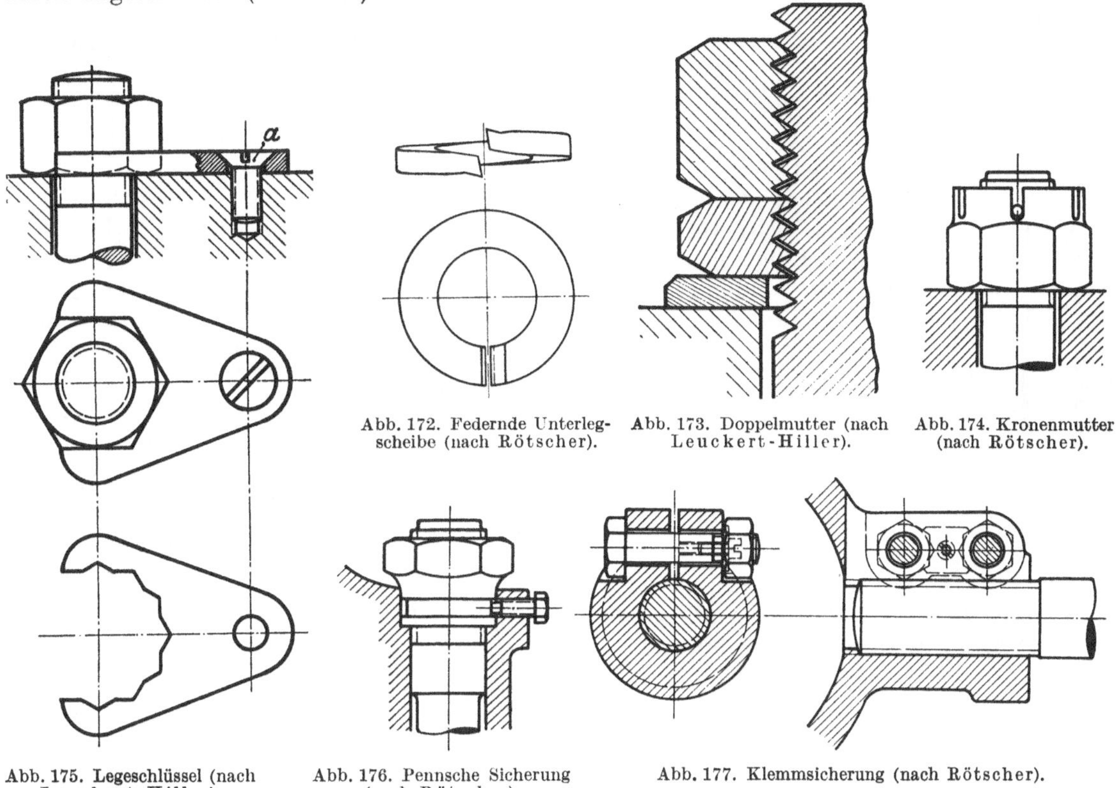

Abb. 172. Federnde Unterlegscheibe (nach Rötscher).

Abb. 173. Doppelmutter (nach
Leuckert-Hiller).

Abb. 174. Kronenmutter
(nach Rötscher).

Abb. 175. Legeschlüssel (nach
Leuckert-Hiller).

Abb. 176. Pennsche Sicherung
(nach Rötscher).

Abb. 177. Klemmsicherung (nach Rötscher).

Abb. 172 bis 177. Schraubensicherungen.

Bei Schubstangenköpfen ist die Pennsche Sicherung (Abb. 176) stark verbreitet. Für die Befestigung der Kolbenstange im Kreuzkopf verwendet man auch wohl eine geschlitzte Mutter mit Klemmschrauben (Abb. 177).

d) Berechnung. Die schwächste Stelle der Verschraubung (Abb. 178) ist im Kernquerschnitt zu suchen, der durch die Kraft Q auf Zug beansprucht wird:

$$Q = \frac{\pi}{4} d_1^2 \, \sigma \, .$$

Der Kerndurchmesser d_1 der Schraube kann nur mit Hilfe von Spezialmikrometern gemessen werden. Die Schrauben werden nach dem Außendurchmesser d bezeichnet; es ist deshalb wünschenswert, den Kerndurchmesser durch den Außendurchmesser auszudrücken.

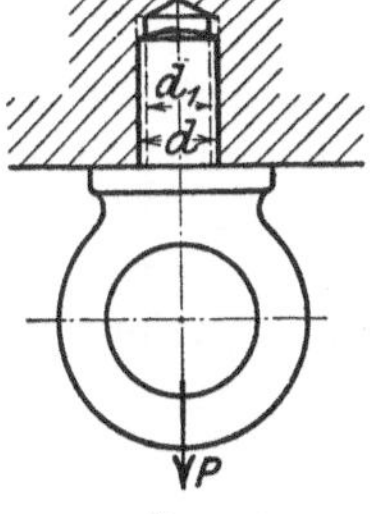

Abb. 178. Ösenschraube
(nach Leuckert-
Hiller).

$$Q = \frac{\pi}{4} \left(\frac{d_1}{d}\right)^2 d^2 \, \sigma \, .$$

Beim Whitworth-Gewinde ist für	$d =$	$\frac{1}{2}''$	$^5/_8''$	$1^1/_8''$	$1^5/_8''$
	$\left(\frac{d_1}{d}\right)^2 =$	0,62	0,66	0,70	0,77
beim metrischen Gewinde für	$d =$	12	16	28	40 mm
	$\left(\frac{d_1}{d}\right)^2 =$	0,63	0,66	0,69	0,70

Mit dem kleinen Wert $\left(\dfrac{d_1}{d}\right)^2 = 0{,}63$ wird

$$Q = \frac{\pi}{4} \cdot 0{,}63\, d^2\, \sigma \approx 0{,}5\, d^2\, \sigma \;. \tag{19}$$

Nach den Betrachtungen über die zulässigen Spannungen in Heft I, S. 25, darf für ruhende Belastung σ bis zur Elastizitätsgrenze, d. i. bis 1500 at gewählt werden. In der Praxis geht man mit der Beanspruchung von Schrauben niemals so hoch, sondern wählt $\sigma \leqq 600$ at. Damit wird

$$\text{oder} \quad \left.\begin{array}{l} Q = 300\, d^2 \;\; (d \text{ in cm}) \\[4pt] Q = 2000\, d^2 \;\; (d \text{ in engl. Zoll}) \end{array}\right\} \tag{20}$$

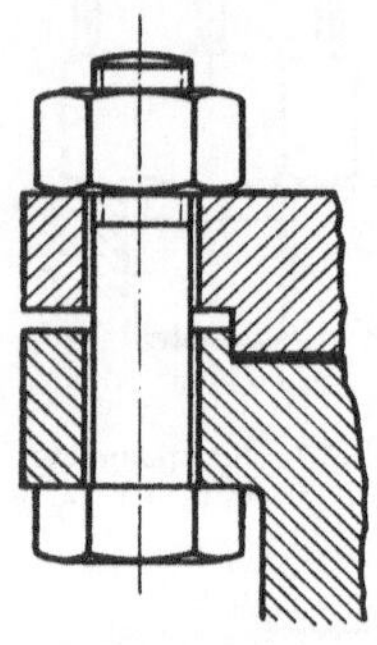

Abb. 179. Flanschverbindung (nach Leuckert-Hiller).

Man läßt hier so niedrige Werte von σ zu, weil Schrauben, die nur auf Zug beansprucht werden, im Maschinenbau selten vorkommen. Meist werden sie unter Belastung angezogen, z. B. Flanschverbindung (Abb. 179), oder Schraubenwinde (Abb. 180) und werden dann außer auf Zug oder Druck noch durch ein Moment M_d auf Drehung beansprucht. Das Moment folgt aus der Gleichung (17)

$$M_d = Q\, r\, \mathrm{tg}\,(\alpha + \varrho')\;.$$

Für $\alpha = 2^0\,30'$ bis 3^0 und $\mu = 0{,}1$ bis $0{,}12$ ergibt sich

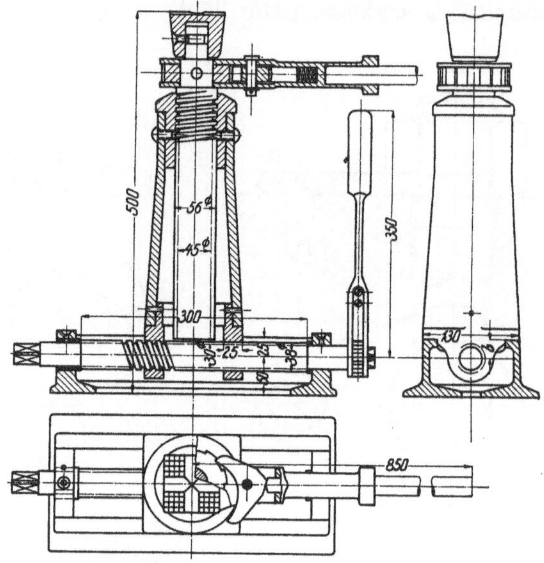

Abb. 180. Schraubenwinde (nach Rötscher).

mit $\mu' \approx 1{,}15\,\mu$: $\varrho' = 6^0\,30'$ bis 8^0, so daß $(\alpha + \varrho') < 11^0$ und $\mathrm{tg}\,(\alpha + \varrho) \approx 0{,}2$ wird. Da $r \approx 0{,}55\, d_1$ ist, wird das Drehmoment

$$M_d = Q \cdot 0{,}55\, d_1 \cdot 0{,}2 = 0{,}11\, Q\, d_1 \tag{21}$$

und die dadurch erzeugte Torsionsspannung im Kernquerschnitt:

$$\tau = \frac{0{,}11\, d_1\, Q}{\dfrac{\pi}{16}\, d_1^3} \approx 0{,}5\, \frac{Q}{\dfrac{\pi}{4}\, d_1^2} = 0{,}5\, \sigma\;. \tag{22}$$

Da Torsions- und Normalspannung gleichzeitig und an der gleichen Stelle auftreten, folgt die größte Beanspruchung (Heft I, S. 16) aus

$$\tau_{\max} = \tfrac{1}{2}\,\sqrt{\sigma^2 + 4\,\tau^2} = \tfrac{1}{2}\,\sigma\,\sqrt{2} = \tfrac{1}{2}\,\sigma_{\mathrm{zul}}\;.$$

Durch das Drehmoment treten also etwa um 40% größere Beanspruchungen auf als nach der Gleichung (19).

Der Hauptgrund, weshalb man bei den Schrauben mit der Normalspannung nicht über 600 at geht, liegt darin, daß beim Anziehen der Mutter die Schraubenflächen aufeinander gleiten. Die mittlere Pressung ist dabei

$$p = \frac{Q}{\dfrac{\pi}{4}\,(d^2 - d_1^2)\cdot a} = \frac{\dfrac{\pi}{4}\, d_1^2\, \sigma}{\dfrac{\pi}{4}\,(d^2 - d_1^2)\, a} = \frac{\left(\dfrac{d_1}{d}\right)^2}{1 - \left(\dfrac{d_1}{d}\right)^2} \cdot \frac{\sigma}{a}\;,$$

wobei angenommen ist, daß alle a Schraubengänge der Mutter gleich viel tragen.

Wenn ohne Belastung für alle Gänge eine vollkommene Flankenauflage vorhanden ist, so kann eine gleiche Kraftverteilung auf die einzelnen Gänge keinesfalls erfolgen, wenn die Kraft P wirkt, denn der auf Zug beanspruchte Bolzen wird bei der Belastung gedehnt, während die Mutter gedrückt wird. Die größte Kraft geht immer durch den ersten Gang, wobei die Anzahl der Gänge auf die Größe dieser Kraft keinen wesentlichen Einfluß hat. Gibt nun der erste Gang, infolge der elastischen Formänderung, etwas nach, so wird der folgende Gang mehr zum Tragen herangezogen. Für die Festigkeitsrechnung muß dennoch mit der einfachen Annahme einer gleichen Verteilung der Kraft auf sämtliche Gänge gerechnet werden. Mit $\left(\frac{d_1}{d}\right)^2 \approx 0{,}63$ wird

$$p = 1{,}7 \frac{\sigma}{a} \,. \tag{23}$$

Bevor die Flächenpressung aus dieser Gleichung berechnet werden kann, muß bestimmt werden, wieviel Schraubengänge zur Übertragung der Kraft Q erforderlich sind, d. h. es ist die Mutterhöhe zu berechnen. Wenn alle Gänge gleich viel tragen, wird das Profil durch das Moment $M_b = \frac{Q}{a} \cdot \frac{3}{8} t$ auf Biegung beansprucht (Abb. 181). Um das Widerstandsmoment des gefährlichen Querschnittes (am Kerndurchmesser) zu bestimmen, denken wir uns die Schraube abgewickelt. Man sieht dann deutlich, daß der Querschnitt ein Rechteck ist mit der Höhe $\frac{7}{8} t$ und mit der Breite πd_1. Damit wird die Biegungsgleichung:

$$M_b = W \cdot \sigma_b = \frac{Q}{a} \cdot \frac{3}{8} t = \frac{1}{6} \pi d_1 \left(\frac{7}{8} t\right)^2 \sigma_b$$

oder

$$Q = \frac{1}{6} \cdot \frac{49}{64} \cdot \frac{8}{3} \pi d_1 \, a \, t \, \sigma_b = \frac{\pi}{4} d_1^2 \, \sigma_z \,.$$

Für $\sigma_b = \sigma$ wird die Mutterhöhe

$$h = a \cdot t = 0{,}73 \, d_1 \,. \tag{24}$$

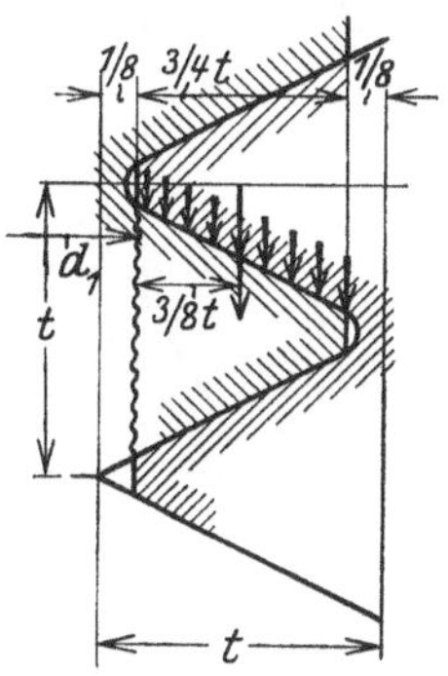

Abb. 181. Zur Berechnung der Mutterhöhe.

Nach den bestehenden Normen wird $h \approx d$ gemacht, womit berücksichtigt ist, daß dicht alle Schraubengänge gleich viel tragen. Die neuesten Normvorschläge setzen $h \approx 0{,}8 \, d$ fest; Zerreißversuche von Dr.-Ing. K. Mütze[1] haben nachgewiesen, daß — bei Einhaltung der genormten Gewindetoleranzen[2] — die $0{,}8 \, d$ hohe Mutter mit Rücksicht auf die Festigkeit stets ausreichend ist, d. h. daß der Bolzen eher zerreißt als daß das Gewinde zerstört wird. Die Anzahl der Gänge in einer normalen Mutter ist

$$\text{für } d = 13 \text{ mm}, \quad 25 \text{ mm},$$
$$a = \quad 7 \text{ Gänge}, \quad 11 \text{ Gänge}.$$

Mit Gleichung (24) wird dann

$$p = 0{,}24 \text{ bis } 0{,}155 \, \sigma_z$$

und mit $\sigma_z = 600$ at

$$p = 144 \text{ bis } 93 \text{ at} \,.$$

Die Beantwortung der Frage, ob diese Flächenpressungen zulässig sind, gehört zu den schwierigsten Problemen des Maschinenbaues. Wir werden uns bei der Berechnung der Zapfen und Gleitlager (Heft III) damit ausführlich beschäftigen. Hier kann nur gesagt werden, daß, je genauer die Bearbeitung der Gleitflächen, je besser die Schmierung und je kleiner die Gleitgeschwindigkeit ist, um so höhere Flächenpressungen zugelassen werden dürfen, ohne daß zu hohe Erwärmung oder „Fressen" des Materials eintritt. Für die meist ungeschmierten, oft auch unsorgfältig bearbeiteten Schraubengänge sind die Pressungen von 93 bis 144 at schon reichlich hoch, so daß es für Schrauben, die oft angezogen werden, zweckmäßiger ist, noch kleinere Werte als $\sigma = 600$ at zu wählen. Vgl. Abb. 182a, b worin die zulässigen Schraubenbeanspruchungen nach den Normen für die Verbindungen von Rohrleitungen eingezeichnet sind. Die Schrauben aus dem hochwertigen Material sind beidseitig mit einer zylindrischen Erhöhung versehen, gemäß Skizze in Abb. 182b.

Wenn Mutter und Bolzen nicht aus dem gleichen Material hergestellt sind ($\sigma_b \neq \sigma_z$), so lautet die Biegungsgleichung für die Mutter mit der Gangzahl a_1 und die Mutterhöhe h_1:

$$\frac{Q}{a} \cdot \frac{3}{8} t = \frac{1}{6} \pi d \left(\frac{7}{8} t\right)^2 (\sigma_b)_m \quad \text{oder} \quad Q = \frac{1}{6} \cdot \frac{49}{64} \cdot \frac{8}{3} \pi d \cdot a_1 \cdot t \, (\sigma_b)_m \,.$$

Für die Schraube fanden wir früher:

$$Q = \frac{1}{6} \cdot \frac{49}{64} \cdot \frac{8}{3} \pi d_1 \, a \, t \, (\sigma_b)_s \,.$$

---

[1] Mütze, Dr.-Ing. K.: Die Festigkeit der Schraubenverbindung in Abhängigkeit von den Gewindetoleranzen. Berlin: Julius Springer 1929.
[2] DIN 2244.

Durch Division der Gleichungen erhält man:

$$h_1 = h \frac{d_1}{d} \cdot \frac{(\sigma_b)_s}{(\sigma_b)_m}. \tag{25}$$

Für die Stiftschraube z. B. (Mutter aus Gußeisen, Bolzen aus Stahl) ist $(\sigma_b)_s/(\sigma_b)_m \approx 2$, so daß $h_1 = 1{,}6\,h$ wird. In der Praxis ist es gebräuchlich, $h_1 \approx 1{,}5\,h$ zu machen (vgl. S. 17)[1].

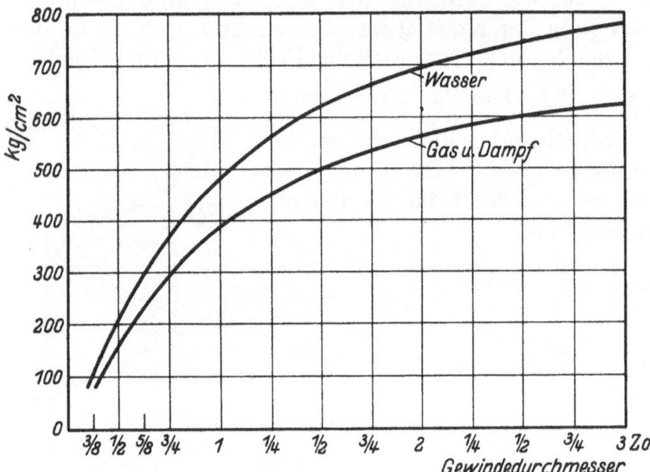

Abb. 182a. Zulässige Schraubenbelastung für St 38 nach den Rohrnormen.

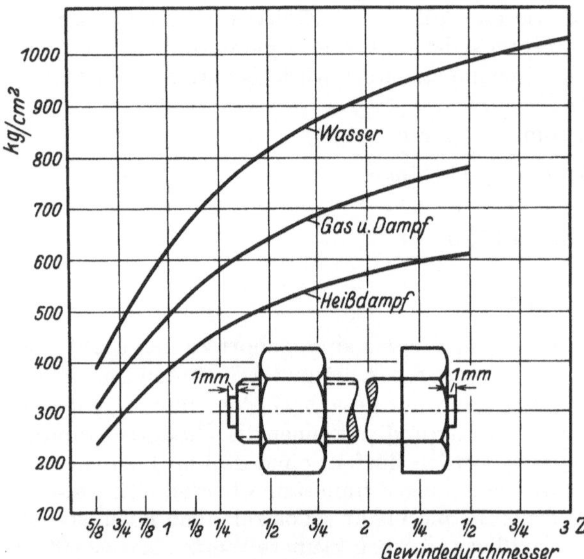

Abb. 182 b. Zulässige Schraubenbeanspruchung für die Verbindung von Rohrleitungen. Für St 50 vergütet.

Es ist im Maschinenbau üblich, Schrauben, die unter Belastung angezogen werden, nicht kleiner als $^5/_8''$ zu wählen. Die Notwendigkeit dieser Einschränkung folgt aus folgenden Überlegungen: Beim Anziehen der Mutter ist nicht allein das Drehmoment

$$M_d = 0{,}11\,Q \cdot d_1,$$

aus Gleichung (21), sondern auch noch das Reibungsmoment zwischen Mutter und Unterlage zu überwinden. Die Reibungskraft μQ wirkt dabei an einem Hebelarm, der gleich dem mittleren Radius der Auflagefläche der Mutter ist und ungefähr gleich d_1 gesetzt werden kann. Damit wird das Reibungsmoment zwischen Mutter und Unterlegscheibe

$$M_r = \mu\,Q\,d_1 = 0{,}12\,Q\,d_1$$

und das totale Moment, das beim Anziehen der Mutter überwunden werden muß:

$$M_t = M_d + M_r = (0{,}11 + 0{,}12)\,Q\,d_1$$
$$= 0{,}23\,Q\,d_1.$$

Das Moment M_r braucht bei der Festigkeitsberechnung des Bolzens nicht berücksichtigt zu werden, weil es nicht am Schraubenschaft wirkt.

Mit $Q = 300\,d^2$ und $d_1 \approx 0{,}8\,d$ folgt die Kraft H, die an einem mittleren Hebelarm des Schlüssels $l \approx 12\,d$ wirkt, aus der Gleichung

$$M_t = 0{,}23 \cdot 0{,}8 \cdot 300\,d^3 = 12\,H \cdot d$$

zu

$$H \approx 5\,d^2.$$

Für $d = 1{,}6$ cm wird $H \approx 13$ kg. Wenn der Arbeiter die Mutter kräftig anzieht, übt er leicht eine doppelt so große Kraft am Schlüssel aus, so daß die Schraube übermäßig beansprucht wird.

Verschiedene Schrauben, wie z. B. die Deckelschrauben eines Druckzylinders erfahren nach dem Anziehen durch den Betriebsdruck im Zylinder noch eine zusätzliche Beanspruchung, die durch folgende Überlegung berechnet werden kann: Die Schraube sei ursprünglich durch die Kraft P_0 belastet, die im Kernquerschnitt F_1 die Vorspannung $\sigma_0 = P_0/F_1$ erzeugt. Unterhalb der Elastizitätsgrenze sind die Formänderungen den Spannungen proportional, so daß die Formänderungen durch das Dreieck $A\,B\,C$ (Abb. 183) dargestellt werden können. Die gleiche Kraft P_0 preßt auch die Flanschen zusammen und bewirkt eine Verkürzung δ_f, die durch das Formänderungsdreieck $A\,B\,D$ dargestellt ist. Erhöht sich nun die Schraubenkraft, z. B. durch den Dampfdruck im Zylinder, so wird die Schraube noch weiter verlängert, z. B. um λ'. Um das gleiche Maß können sich aber die Flanschen wieder ausdehnen; sie stehen deshalb nicht mehr

---

[1] Nach den neuen Normen kann $h_1 = 1{,}6 \cdot 0{,}8\,d \approx 1{,}3\,d$ gemacht werden.

unter dem früheren Druck P_0, sondern üben nur noch eine Kraft P'' aus, die man aus dem Dreieck für die Verkürzung $\delta_f - \lambda'$ erhält. Als äußere Kraft, die die Verlängerung der Schraube um λ' hervorruft, muß demnach $P' - P'' = Q$ wirken (Abb. 183). Die Dichtung zwischen den Flanschen steht unter dem Druck P'' und muß bei diesem Druck noch genügend dicht halten.

Das Packungsmaterial sollte deshalb sehr elastisch sein (δ_f groß gegenüber λ_0); das hat aber zur Folge, daß die Schraube in diesem Fall fast durch die ganze Kraft $P_0 + Q$ beansprucht wird[1].

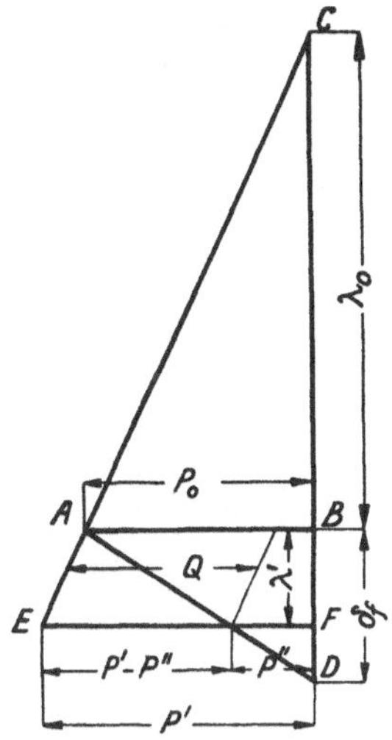

e) **Schraubenentlastungen.** Bei den meisten Schraubenverbindungen sitzt die Schraube mit Spiel im Loch, so daß keine Kräfte senkrecht zur Schraubenachse aufgenommen werden können. Treten solche Kräfte auf, so verschieben sich die verbundenen Teile und die Schraube stellt sich schief (Abb. 184). Mutter und Kopf liegen dann nicht mehr flach auf, und die Schraube

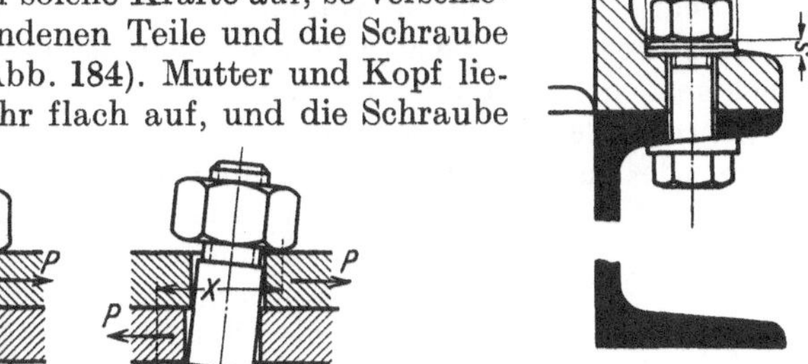

Abb. 183 (nach Rötscher).   Abb. 184. Kraftwirkung senkrecht zur Schraubenachse.

Abb. 185. Anormale Unterlegscheibe zur Verhinderung der Biegespannungen (nach Rötscher).

wird durch ein Moment $P \cdot x$ auf Biegung beansprucht. Der gleiche Fall tritt ein, wenn die beiden Begrenzungsflächen nicht genau parallel sind; durch Bearbeitung oder durch Anwendung anormaler Unterlegscheiben (Abb. 185) muß immer dafür gesorgt werden, daß kein Biegemoment auftritt, denn die dadurch entstehende zusätzliche Biegespannung kann sehr groß werden. Für $P = 300\,d^2$ und $x = 0,5\,d$ folgt die Biegespannung aus der Gleichung

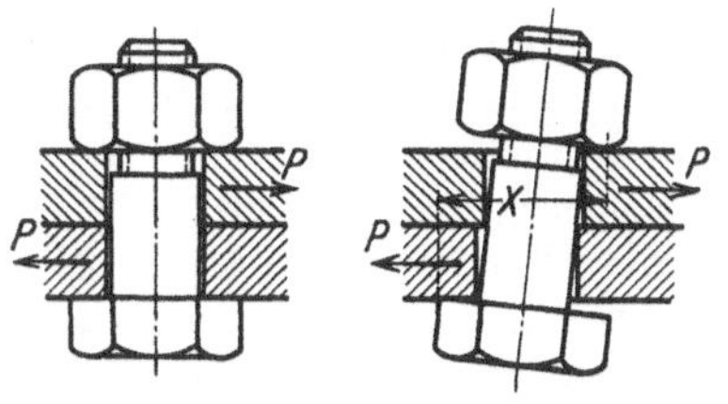

$$P \cdot x = 150\,d^3 = 0,1\,d^3\,\sigma_b$$

zu

$$\sigma_b = 1500\ \text{at} .$$

Derartig große zusätzliche Spannungen kann die Schraube niemals ertragen; sie muß daher entlastet werden.

Die einfachste Entlastung scheint eine genau eingepaßte Schraube (Paßschraube) zu sein. Wirklich genau, ohne Spiel in das Loch passende Schrauben sind sehr teuer in der Herstellung; etwas billiger sind Schrauben mit konischem Schaft, die nachgezogen werden können. Meist sieht man eine besondere Entlastung der Schrauben vor, und schlägt z. B. konische Stifte (Prisonstifte) ein (Abb. 129) oder verwendet Entlastungsringe (Abb. 186a), die auch durch konische Büchsen ersetzt werden können (Abb. 186b). In sehr vielen Fällen ist es auch möglich, die einzelnen Teile gegeneinander so abzustützen, daß kein Verschieben eintreten kann, d. h. man entlastet die Schrauben durch entsprechende Formgebung der Teile. Beim zweiteiligen Lager (Heft III, Abb. 37 und 38) oder beim Zylinderdeckel geschieht dies z. B. durch die Zentrierung (Abb. 179).

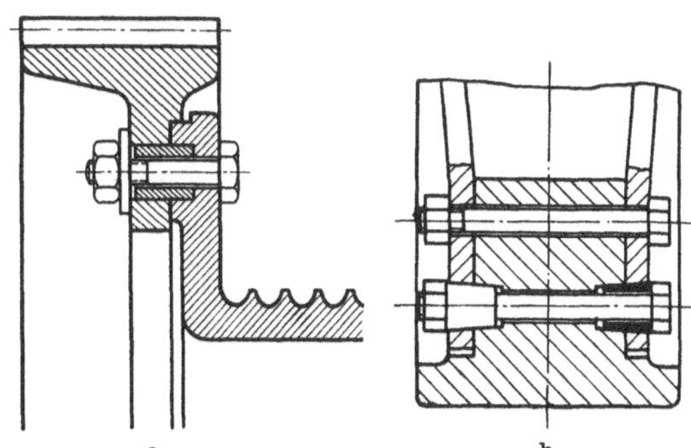

Abb. 186a, b. Schraubenentlastung (nach Rötscher). a durch Ringe, b durch konische Büchsen.

Konstruktionsregel: Wenn eine Schraube zur Übertragung der Kraft nicht ausreicht, oder wenn aus anderen Gründen mehrere Schrauben für die Verbindung notwendig sind (z. B. zum Dichthalten einer Flanschverbindung), so ist es immer empfehlenswert, nur eine Schraubensorte für die Verbindung zu verwenden. Dies bezieht sich nicht nur auf den Durchmesser der Schrauben, sondern auch auf ihre Länge. Die Beachtung dieser Regel ist bei stoßweiser Beanspruchung unbedingt erforderlich.

Der Deckel eines Zylinders, auf den normal 24000 kg wirken, sei mit 16 Schrauben von 22 mm Durchmesser befestigt; davon seien 15 Mutterschrauben mit 80 mm freier Bolzenlänge und eine

---

[1] Vgl. H. Kayser: Mitt. Forsch.-Arb. 1918, H. 207.

Stiftschraube von 40 mm Länge. Bei der Belastung von $24000/16 = 1500$ kg ist jede Schraube mit einer Spannung $\sigma = \dfrac{1500}{\pi/4\,d_1^2} = \dfrac{1500}{2,7} \approx 560$ at im Kern beansprucht. Dabei erfahren die Mutterschrauben eine Längenänderung $\lambda = \dfrac{\sigma}{E}\,l = \dfrac{560\cdot80}{2\,200\,000} = 0,02$ mm und die Stiftschraube eine solche von 0,01 mm. Hebt sich der Flansch infolge eines plötzlich auftretenden Stoßes gleichmäßig um 0,02 mm, so steigt die Belastung der Mutterschrauben um 100% und die der Stiftschraube um 300%, letztere wird also übermäßig beansprucht und kann reißen bzw. der Deckel kann an dieser Stelle ausbrechen. Kann man die Stiftschraube nicht vermeiden, dann muß man überall Stiftschrauben nehmen.

Wenn die Kraft durch mehrere Schrauben übertragen werden muß, so nimmt man immer an, daß alle Schrauben gleich viel tragen. Die gleichmäßige Verteilung wird aber niemals zutreffen, wenn die Schrauben ungleich weit vom Angriffspunkt der Kraft entfernt liegen, wie es z. B. bei rechteckigen oder unrunden Flanschverbindungen der Fall ist.

4. Schrumpfverbindungen. Eine einfache und gute Verbindung kann durch Aufpressen (Preßsitz) oder durch Warmaufziehen und nachherige Abkühlung erreicht werden. Die Schrumpfung ist besonders geeignet zur Verbindung großer und schwerer Teile oder wenn starke Stöße auftreten.

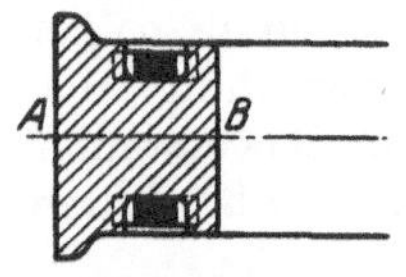

Abb. 187.
Schrumpfband.

Soll beim Schrumpfband (Abb. 187), das zur Verbindung zweier Radhälften dient, die Elastizitätsgrenze σ_e nicht überschritten werden, so folgt die durch die Abkühlung oder durch das Aufpressen erzwungene Längenänderung λ aus dem Hookeschen Gesetz:

$$\varepsilon = \frac{\lambda}{l} = \frac{\sigma_e}{E}.$$

Mit $\sigma_e = 1500$ at und $E = 2\,100\,000$ at wird $\dfrac{\lambda}{l} = \dfrac{1}{1400}$ oder für $l = 100$ mm ist $\lambda = 0,1$ mm.

Man erkennt daraus, daß Schrumpfverbindungen eine sehr große Genauigkeit bei der Herstellung erfordern, denn wäre bei der Ausführung $\lambda = 0,2$ mm, so würde $\sigma = 3000$ at betragen, d. h. es müßten bleibende Formänderungen auftreten.

Die Schrumpfbänder müssen außerdem noch die Fliehkraft einer Radhälfte übertragen. Die Gesamtspannung durch Aufschrumpfen und durch die Fliehkraft muß unterhalb der Elastizitätsgrenze bleiben, das Schrumpfmaß λ/l also wesentlich kleiner als $^1/_{1500}$ sein.

Beim Schrumpfring (Abb. 189) sowie beim Wellenstumpf (Abb. 188) wird die durch die Schrumpfung entstehende Pressung p sich gleichmäßig über die ganze Oberfläche verteilen. Solche ringförmige Schrumpfverbindungen sind demnach genau so zu berechnen wie dickwandige Rohre (vgl. Heft I, S. 61). Beim Schrumpfring trifft die dort gemachte Voraussetzung, daß der Zylinder unendlich lang ist, nicht zu. Die genaue Berechnung[1] hat aber gezeigt, daß die größte Beanspruchung in sehr geringem Maße von der Breite des Ringkörpers abhängt, so daß die Näherungsrechnung, unter Vernachlässigung der endlichen Ringbreite, praktisch durchaus zulässig ist.

Bei der Schrumpfung wird die Welle um den Betrag ϱ_1 zusammengepreßt und der Ring um den Betrag ϱ_2 gedehnt, so daß der Unterschied zwischen Welle und Bohrung (das Schrumpfmaß) $\varrho = \varrho_1 + \varrho_2$ beträgt. Die radiale Erweiterung ϱ_2 der Bohrung folgt aus Heft I, S. 63, Gleichung (88):

$$\frac{\varrho_2}{r_i}\,E_2 = p\left\{\frac{r_a^2 + r_i^2}{r_a^2 - r_i^2} + \frac{1}{m}\right\} \tag{26}$$

und die radiale Verkürzung der vollen Welle aus Heft I, S. 66, Gleichung (92):

$$\frac{\varrho_1}{r_i}\,E_1 = p\left\{1 - \frac{1}{m}\right\}. \tag{27}$$

Wenn Welle und Nabe aus dem gleichen Material hergestellt sind, ist $E_1 = E_2 = E$, und

$$\frac{\varrho_1 + \varrho_2}{r_i} = \frac{\varrho}{r_i} = \frac{p}{E}\cdot\frac{2\,r_a^2}{r_a^2 - r_i^2}. \tag{28}$$

Die im Ring entstehende größte Schubspannung ist (Heft I, S. 64, Gleichung (4)):

$$\tau_{\max} = p\,\frac{r_a^2}{r_a^2 - r_i^2}, \tag{29}$$

---

[1] Vgl. z. B. Jänicke: Schweiz. Bauzg. 1927, 3. Sept., S. 127.

so daß

$$\frac{\varrho}{r_i} = \frac{2\,\tau}{E} \qquad (30)$$

ist. Schrumpfverbindungen erfahren in der Praxis häufig eine rein empirische Behandlung, indem $\varrho/r = 0{,}001$ angenommen wird. Das ist aber in den meisten Fällen nicht richtig.

Zahlenbeispiel 1. Wie groß darf die Schrumpfung beim Einpressen von Wellen in Hartgußwalzen sein?

Mit den in Abb. 188 eingetragenen Maßen folgt aus den Gleichungen (26) und (27)

$$\text{für die volle Welle:} \qquad \frac{\varrho_1}{r_i} = 0{,}7\,\frac{p}{E_1}$$

$$\text{und für die Walze:} \qquad \frac{\varrho_2}{r_i} = 1{,}68\,\frac{p}{E_2}\,.$$

Damit wird

$$\frac{\varrho}{r_i} = p\left(\frac{0{,}7}{E_1} + \frac{1{,}68}{E_2}\right)$$

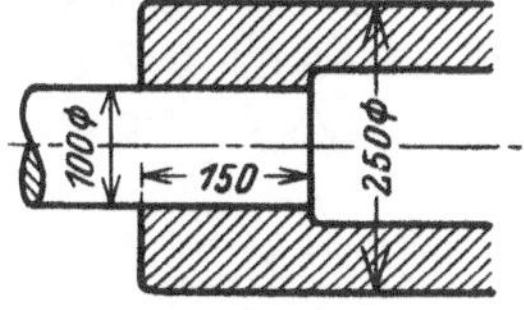
Abb. 188. Eingepreßte Welle.

und mit $E_1 = 2\,200\,000$ (Stahlwelle) und $E_2 = 1\,000\,000$ at (Hartgußwalze) wird

$$\frac{\varrho}{r_i} \approx \frac{p}{500\,000}\,.$$

Der höchstzulässige Wert von p ist durch die Festigkeit des Materials (hier Gußeisen) festgelegt. Die größte Tangentialspannung, die am Innenrand der Bohrung auftritt, ist (Heft I, S. 63, Gleichung (87)):

$$(\sigma_t)_{\max} = p\,\frac{r_a^2 + r_i^2}{r_a^2 - r_i^2} = 1{,}4\,p$$

und die dort wirkende radiale Spannung:

$$\sigma_r = -\,p\,.$$

Weil die Schubspannungen an der betrachteten Stelle gleich Null sind, kann der Spannungszustand durch den Spannungskreis in Abb. 188a dargestellt werden. Nehmen wir an, daß für Gußeisen die zulässige Spannung für Zug $= 350$ at und für Druck $= 1000$ at ist, so liegt der Spannungszustand ungefähr an der zulässigen Grenze, wenn $p = 200$ at ist. Damit wird

$$2\,\varrho = \frac{100\cdot 200}{500\,000} = 0{,}04\ \text{mm}\,.$$

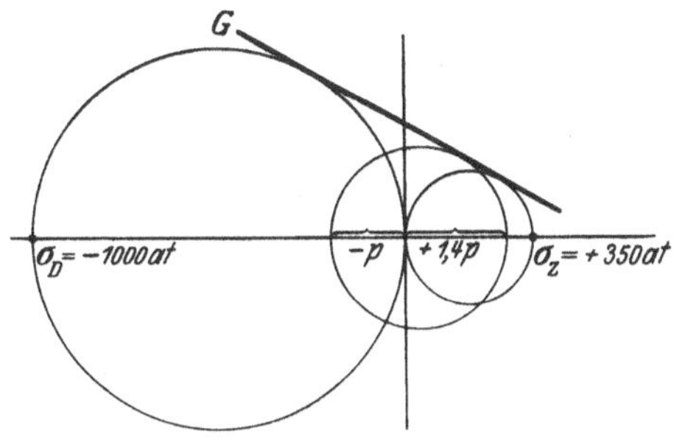
Abb. 188a. Spannungskreis (nach Mohr).

Hätte man $\dfrac{\varrho}{r_i} = 0{,}001$ gewählt, so würde $p = \dfrac{500\,000}{1000} = 500$ at betragen und die Walze würde zerreißen.

Das Drehmoment, das diese Verbindung übertragen kann, folgt daraus, daß die Umfangskraft kleiner als die Reibungskraft sein muß. Wenn Welle und Nabe auf der ganzen Fläche $\pi\cdot d\cdot l$ mit der Pressung p at zusammengepreßt werden, so ist die Reibungskraft $R = \mu\,\pi\,d\,l\,p$, so daß

$$P_u < \mu\,\pi\,d\,l\,p$$

sein muß.

Zahlenbeispiel 2[1]. Der Radstern des Läufers eines großen Drehstromgenerators ist aus Stahlguß hergestellt und hat $2\cdot 6$ Arme (Abb. 189). Um die bei einem so großen Stück unvermeidlichen Gußspannungen zu verkleinern, ist die Nabe an drei Stellen gesprengt und durch

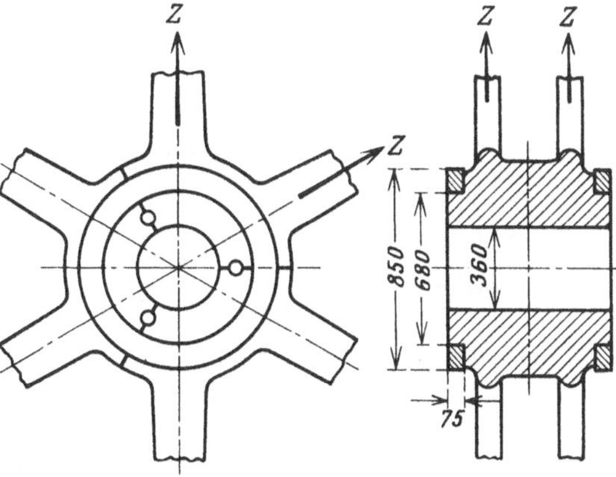
Abb. 189.

Schrumpfringe zusammengehalten. Während des Betriebes entsteht durch Fliehkraft und Magnetkräfte eine zusätzliche Zugkraft in jedem Arm von 50 t. Die Schrumpfverbindung wird

---

[1] Z. Masch.-Bau 1923/24, S. 528.

somit durch die am Umfang des Ringes wirkende gleichmäßige Pressung p_1

$$p_1 = \frac{12 \cdot 50000}{2 \cdot \pi \cdot 68 \cdot 7{,}5} = 188 \text{ at}$$

entlastet. Das Schrumpfmaß $2\,\varrho$ wurde nach der Faustregel $2\,\varrho = 0{,}001\,D$ festgelegt.

Da für das Stahlgußrad und für den Stahlring $E_1 = E_2 = E = 2150000$ at gesetzt werden kann, folgt die bei der Schrumpfung erzeugte Flächenpressung aus der Gleichung (28) mit $r_a/r_i = 85/68 = 1{,}25$ zu $p = 380$ at.

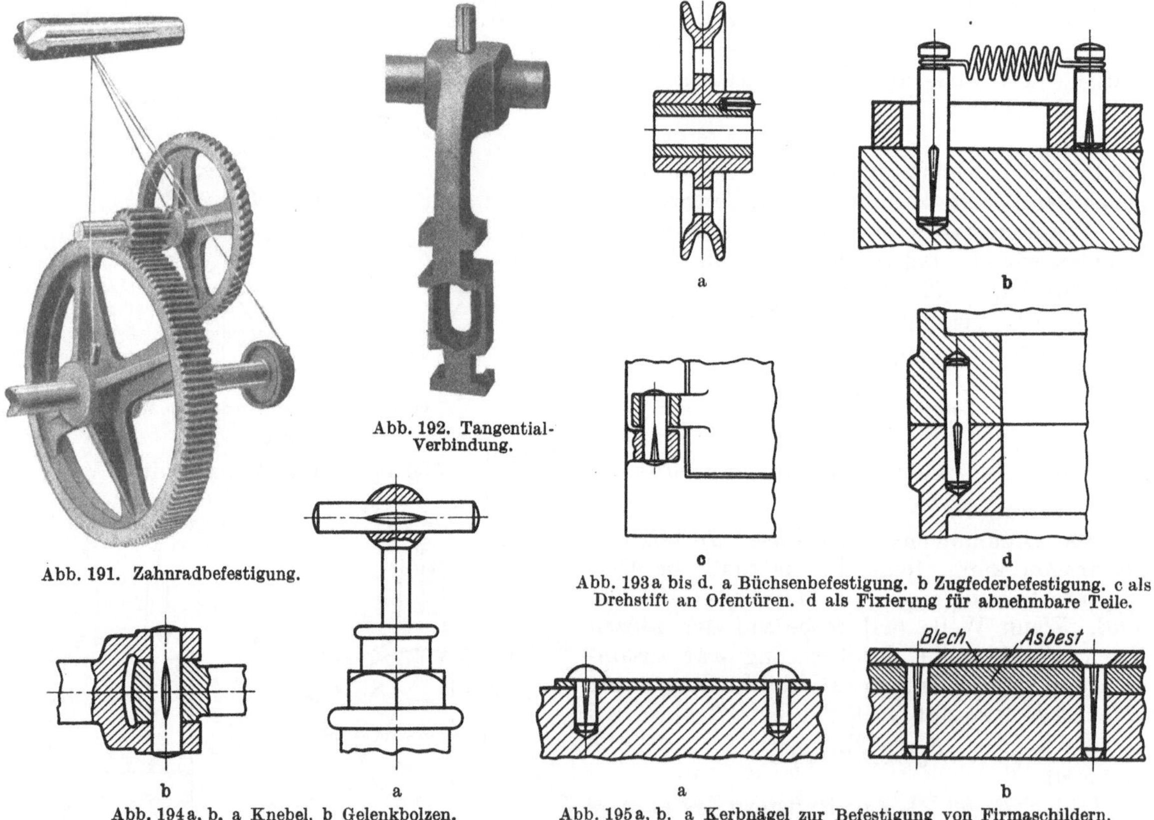

Während des Betriebes wird durch die zusätzliche Pressung von 188 at der Ring mit $380 + 188 = 568$ at belastet, während die Nabe nur mit $380 - 188 = 192$ at beansprucht ist.

Die größte Spannung im Ring ist, nach Gleichung (29):

$$\tau_{\max} = p\,\frac{r_a^2}{r_a^2 - r_i^2} = 1600 \text{ at}.$$

Abb. 190 a, b. Querschnitte des Kerbstiftes. a vor dem Einschlagen, b nach dem Einschlagen.

Dieser Wert liegt oberhalb der Elastizitätsgrenze, so daß eine bleibende Formänderung und Lockerung der Verbindung auftreten muß. Während des Betriebes trat auch ein deutlich wahrnehmbares Klopfen ein. Durch Aufbringen von dickeren und breiteren Ringen konnte die Verbindung verbessert werden.

Auch Kurbelzapfen werden oft durch Schrumpfung befestigt (Heft III, Abb. 116). Reicht die Schrumpfung zur Übertragung des Drehmomentes nicht aus, so müssen Abscherbolzen eingesetzt werden. Die Zapfen werden dann mit „Paßsitz" und nicht mit „Schrumpfsitz" eingesetzt.

Abb. 191. Zahnradbefestigung.

Abb. 192. Tangential-Verbindung.

Abb. 193 a bis d. a Büchsenbefestigung. b Zugfederbefestigung. c als Drehstift an Ofentüren. d als Fixierung für abnehmbare Teile.

Abb. 194 a, b. a Knebel. b Gelenkbolzen.

Abb. 195 a, b. a Kerbnägel zur Befestigung von Firmaschildern. b Blechbefestigung.

Abb. 191 bis 195. Verschiedene Anwendungsbeispiele mit Kerbstiften.

Kerbstifte. Vor wenigen Jahren wurde ein neues Verbindungselement auf den Markt gebracht, der Kerbstift[1], der eine recht vielseitige Anwendung als Ersatz für Keil, Niet, Schraube, Kegelstift gestattet (Abb. 191 bis 195).

Der Kerbstift ist ein zylindrischer Stift, in dessen Umfang drei um 120^0 versetzte Kerben eingepreßt (nicht eingeschnitten) werden (Abb. 190). Dadurch wird Material verdrängt und es

---

[1] Kerb-Konus G. m. b. H. in Dresden.

entstehen „Kerbwulste“. Der Stift wird in ein ebenfalls zylindrisches Loch eingeschlagen, dessen Durchmesser dem Durchmesser des ungekerbten Stiftes entspricht. Beim Einschlagen werden die Kerbe verformt (Abb. 190b), der Stift legt sich mit hoher Pressung an die Lochwand an und sitzt sehr fest. Verbindungen durch Kerbstifte sind also auch Schrumpfverbindungen. Durch die Anwendung von drei Kerben zentriert er sich von selbst im Bohrloch. Die Verformungen der Kerben sind zum größten Teil elastisch (federnd), denn die Erfahrung hat gezeigt, daß der gleiche Kerbstift rund 25mal wiederverwendet werden kann. Der Kerbstift ist wesentlich billiger als der Kegelstift. Außerdem erspart er Lohn- und Werkzeugkosten, weil das Ausreiben des Loches vollständig wegfällt, so daß der Kerbstift den Kegelstift vorteilhaft ersetzt.

Der Kerbstift besitzt noch einen weiteren Vorteil. Beim festsitzenden Kegelstift bewirkt eine kleine Verschiebung von 2 bis 3 mm in der Längsachse des Stiftes vollständiges Aufheben des Anpressungsdruckes. Beim Kerbstift dagegen haben zehnmal größere Verschiebungen noch keine Lösung der Federwirkung zur Folge. Diese Eigenschaft (Rüttelfestigkeit genannt) ist dort sehr wichtig, wo Erschütterungen und Stöße auftreten.

Der Kegelstift verlangt außerdem eine genaue Paßarbeit, ist deshalb ziemlich teuer und für die Verwendung bei beliebig austauschbaren Teilen wenig geeignet.

Auch das beim Kesselbau, bei Kondensatoren usw. gebräuchliche Einwalzen von Rohren stellt eine Schrumpfverbindung dar. Die Rohrenden werden durch Auswalzen gewaltsam erweitert, so daß bleibende Formänderungen und Zugspannungen oberhalb der Fließgrenze im Rohr auftreten ($\sigma_1 > +3200$ at für St 37). Das Rohr wird dabei mit einem Druck p an die Oberfläche der Bohrung gepreßt. Die Größe dieses Druckes ist dadurch begrenzt, daß als resultierende Spannung die Elastizitätsgrenze des Rohrmaterials ($\sigma_e = -1800$ at) dauernd nicht überschritten werden kann. Da es sich dabei immer um dünnwandige Rohre handelt, kann die Beanspruchung nach der Kesselformel (Heft I, S. 61) berechnet werden:

$$\sigma = \frac{p\,d}{2\,\delta}\,, \tag{31}$$

worin d der Rohrdurchmesser und δ die Rohrwandstärke ist. Zur Berechnung des äußeren Druckes p muß in dieser Gleichung diejenige Spannung σ eingesetzt werden, die mit der vom Aufwalzen herrührenden Zugspannung von 3200 at die resultierende Druckspannung von 1800 at erzeugt, d. i. $\sigma = 3200 + 1800 = 5000$ at. Damit wird

$$p = 10000\ \delta/d \text{ at.} \tag{32}$$

Im allgemeinen wird nur ein Bruchteil $1/n$ der Oberfläche wirklich angepreßt. Er ist um so größer, je sorgfältiger das Einwalzen durchgeführt wird. Die theoretische Abstreifkraft, d. i. die Kraft, welche auf Grund dieser Überlegungen zur Lösung der Verbindung, d. h. zur Überwindung der Reibung erforderlich ist, wird

$$P_{\max} = \frac{1}{n}\,\mu\,\pi\,d\,s\,p \text{ kg},$$

worin s die Dicke der Rohrplatte und μ die Reibungszahl zwischen Rohr und Platte ist. Setzt man den Wert von p aus Gleichung (32) darin ein, so erhält man:

$$P_{\max} = \frac{10000}{n}\,\pi\,\mu\,s\,\delta \text{ kg}. \tag{33}$$

Die Versuche von Dr.-Ing. E. Siebel[1] bestätigen die Richtigkeit dieser Überlegungen (Abb. 196). Er fand als Resultat seiner Untersuchungen, daß die Abstreifkraft 35 kg je mm² Stützfläche beträgt, wenn mit Stützfläche die Fläche $2 \cdot s \cdot \delta$ bezeichnet wird. Der Proportionalitätsfaktor in Gleichung (33) ist nach diesen Versuchen

$$\frac{10000}{n}\,\pi\,\mu = 7000. \tag{34}$$

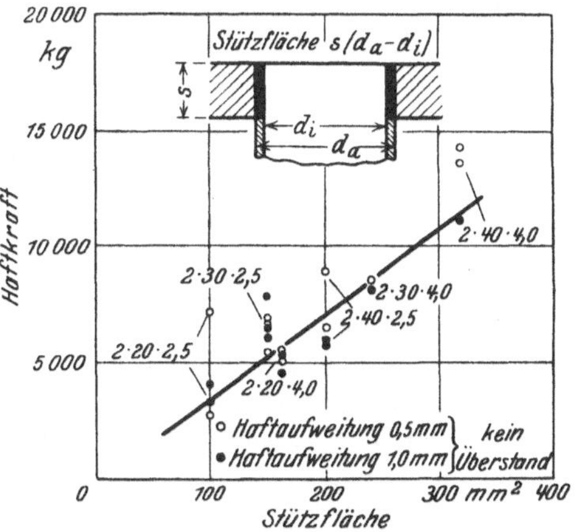

Abb. 196. Haftkraft nach den Versuchen von E. Siebel.

Für sorgfältig eingewalzte Rohre kann demnach $n = 1$ und $\pi\,\mu = 0,7$ ersetzt werden. Die Versuche wurden mit Rohren von 83,7 mm äußerem Durchmesser und Wandstärken von 2,5 resp. 4 mm, sowie mit Rohrplattendicken s von 2,3 und 4 cm durchgeführt. Abpreßversuche bei

---

[1] Siebel, Dr.-Ing. E.: Mitt. Eisenforsch. Bd. 9, S. 295. 1927.

350⁰ C ergaben weiter, daß die Haftfestigkeit der Verbindungen nicht geringer, sondern meist sogar noch höher als bei 20⁰ C war. Bei ungleichmäßiger Erwärmung (vgl. Heft V, Rohrflansch für Heißdampfleitungen) lockert sich die Schrumpfverbindung.

Die tatsächliche Beanspruchung muß natürlich kleiner bleiben; man rechnet mit einer vier- bis fünffachen Sicherheit gegen Abstreifen. Durch Umbördeln (Abb. 197a) oder durch kegelförmige Erweiterung der vorstehenden Rohrenden (Abb. 197b), oder durch Eindrehen von Rillen in die Rohrwand (Abb. 197c) kann die Abstreifkraft vergrößert werden.

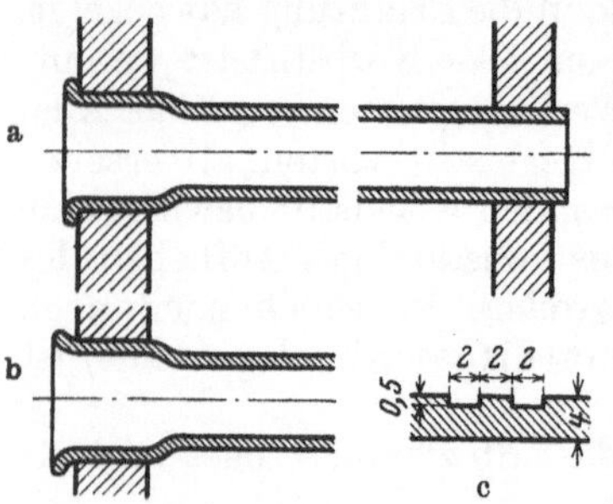

Abb. 197a bis c.

5. Schweißen. Durch Schweißen werden Teile aus dem gleichen Metall derart zu einem Ganzen vereinigt, daß die Molekeln der Berührungsflächen durch Kohäsion aneinander haften.

Rein metallische Berührung an der Schweißstelle ist also erste Vorbedingung für das Gelingen der Schweißung. Fremde Stoffe, wie Oxyde oder Schlacken, verhindern die Verbindung durch Kohäsion; sie haften nur infolge der Adhäsion. Die Oxydation muß also entweder verhindert oder die vorhandenen Oxyde müssen aufgelöst und unschädlich gemacht werden. Das letztere erreicht man durch Anwendung von Schweißpulvern (Borax, Kolophonium, Blutlaugensalz usw.), die eine leichtflüssige Schlacke bilden. Außer der metallischen Berührung ist noch ein Druck notwendig, um die Molekel so nahe zusammenzubringen, daß die Kohäsionskräfte wirksam werden. Das Schweißen gelingt nur bei einer bestimmten Temperatur, der Schweißtemperatur, die mit dem Kohlenstoffgehalt des Stahles wechselt.

1. Bei der **Wassergasschweißung** wird die Schweißstelle auf beiden Seiten gleichzeitig durch eine Stichflamme (Wassergas mit Gebläsewind) auf Schweißhitze erwärmt und durch Hämmern die Verbindung erzielt. Da die Flamme durch die geringe Luftzufuhr (Wassergas: Luft $\approx 1:2,5$) reduzierend wirkt, ist Schweißpulver entbehrlich. Diese Schweißart ist namentlich bei Kesselblechen oder bei Rohren gebräuchlich. Bleche bis 40 mm Stärke lassen sich überlappt schweißen (Abb. 198a); bei dickeren Blechen wird Keilschweißung angewandt (Abb. 198b), wobei in die durch abgeschrägte Blechränder gebildete Keilrinne Quadrat- oder Rundeisenstäbe eingeschweißt werden.

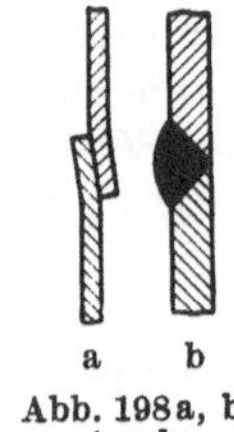

Abb. 198a, b (nach Pockrandt).

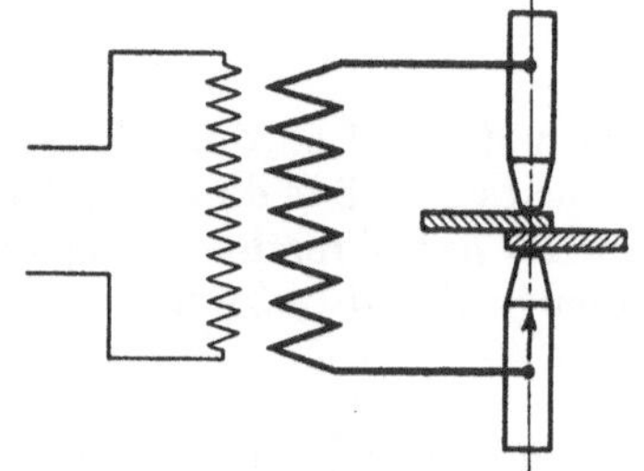

Abb. 199. Punktschweißung (nach Pockrandt, Mech. Technologie).

2. Bei der **elektrischen Widerstandsschweißung** werden die Teile durch den hindurchgeleiteten Strom (bis 100000 Ampere und Spannungen von rd. 10 Volt) erwärmt. Sie hat als **Punktschweißung** eine große Verbreitung gefunden. Die zu verschweißenden Teile werden zwischen zwei stiftförmigen Elektroden (Abb. 199) an eng begrenzten Stellen auf Schweißhitze erwärmt und dann durch Anpressen einer Elektrode verschweißt. Durch Nebeneinandersetzen solcher Schweißpunkte (enger oder weiter, geradlinig oder zickzackförmig) entsteht eine nietähnliche Verbindung.

3. Bei der **Schmelzschweißung** werden die zu verbindenden Flächen geschmolzen, und zwar entweder mit einer Gasstichflamme (autogene Schweißung) oder durch einen Lichtbogen. Die Schweißstelle wird durch das flüssige Metall des Schweißdrahtes (oder der Elektrode) ausgefüllt. Weil die Verbindung der Molekeln in flüssigem Zustande erfolgt, ist kein äußerer Druck notwendig. Zur Aufnahme des Verbindungsmetalles muß die Schweißstelle entsprechend vorbereitet werden (Abb. 198b). Die Güte der Schweißstelle ist bei der Schmelzschweißung fast ausschließlich von der Zusammensetzung des Schweißdrahtes (oder der Elektroden) abhängig. Die Schweißnaht hat demnach die Eigenschaften von Stahlguß.

Das Gelingen einer guten Schweißung ist in erster Linie eine technologische Aufgabe, weil eine bestimmte Materialzusammensetzung dazu notwendig ist. Durch Ausglühen und Hämmern können die Festigkeitseigenschaften der Schweißnaht wesentlich verbessert werden. Dazu ist natürlich erforderlich, daß die Schweißstelle vorher etwas dicker ist als das ungeschweißte Blech, und daß die Naht an einer Stelle angebracht wird, wo sie gehämmert werden kann.

Die Güte der Schweißverbindung ist auch in hohem Maße von der Geschicklichkeit des Arbeiters abhängig und von der Sorgfalt, die er auf die Ausführung verwendet. Es ist daher begreiflich, daß eine solche Verbindung lange Zeit mit dem größten Mißtrauen betrachtet wurde. Heute ist man soweit, daß einwandfrei geschweißte Nähte hergestellt werden können. Die

Schweißverbindungen finden deshalb in allen Zweigen des Maschinenbaues zunehmende Verwendung (vgl. S. 20 u. 21).

Wenn bei stark beanspruchten Schweißstellen oft Mißerfolge auftreten, so ist daran zum größten Teil der Konstrukteur schuld. Er sollte auch bei Schweißverbindungen die allgemeine Konstruktionsregel beachten: nur so zu entwerfen, daß eine klare und eindeutige Festigkeitsrechnung möglich ist. Die Anordnung von Schweißnähten an Stellen, wo durch Formänderungen unberechenbare Spannungen auftreten können, ist immer unrichtig. Aus dieser Überlegung heraus hätte man auch ohne Versuch sofort sagen können, daß die Schweißung nach Abb. 200c die beste sein muß. Wenn diese allgemeine Regel mehr beachtet wird, und wenn man außerdem dafür sorgt, daß hochbeanspruchte Schweißstellen ausgeglüht und gehämmert werden können, so werden sicher weniger Klagen über Verschweißungen auftreten. Bei wechselnder oder stoßweiser Belastung ist das Ausglühen und Hämmern besonders zu empfehlen.

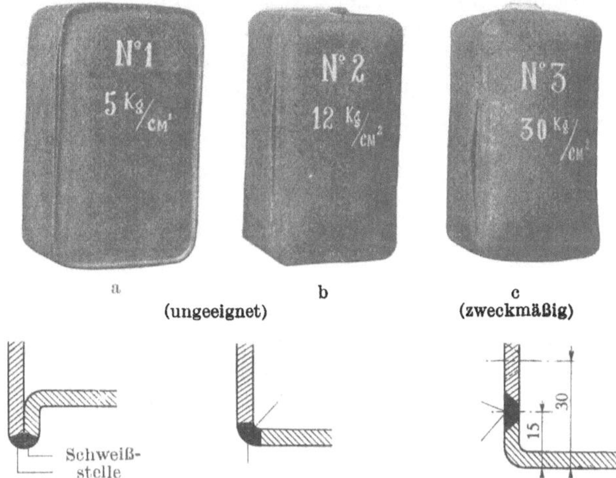

Abb. 200a bis c (nach Brown, Boveri & Cie.).

6. Elastische Verbindungen (Federn). Alle Verbindungen sind in gewissem Grade federnd, weil sie unter der Einwirkung der Kräfte elastische Formänderungen erleiden. Federn nennt man solche Maschinenteile, die durch die Belastung große Formänderungen ohne schädliche Beanspruchung erfahren.

Federnde Verbindungen werden verwendet, wenn eine große Stoßenergie aufgenommen werden muß, z. B. bei Eisenbahnwagen, Automobilen usw. Die durch einen Stoß übertragene Kraft ist um so kleiner, je größer die dadurch bedingte Formänderung der Feder ist, ohne daß die Elastizitätsgrenze überschritten wird. Das Federmaterial ist meist hochwertiger Stahl mit einer Elastizitätsgrenze zwischen 35 und 70 kg/mm².

Federnde Verbindungen werden auch zur Aufspeicherung von Energie und zur Erzielung einer zwangläufigen Bewegung von Maschinenteilen verwendet (z. B. bei Ventilen, Nockensteuerungen usw.).

a) **Blattfeder (Biegungsfeder).** Um bei geringem Materialverbrauch eine große Formänderungsarbeit A zu erhalten, muß ein Körper gleicher Biegefestigkeit gewählt werden (Heft I, S. 38). Dafür ist

$$A = \frac{\sigma_{\max}^2}{2\,E}\, i \cdot V\,,$$

worin i ein nur von der Querschnittsform abhängiger Zahlenfaktor ist; für das Rechteck ist z. B. $i = \frac{1}{3}$ und für den Kreis $i = \frac{1}{4}$. V ist das Stabvolumen. Für Biegungsfeder sind demnach rechteckige Querschnitte vorteilhafter als runde, weil bei gleicher Formänderungsarbeit das Federvolumen kleiner, die Feder billiger wird.

Die Form eines Körpers gleicher Biegefestigkeit ist durch die Gleichung

$$\sigma_{\max} = \frac{M_x}{J_x}\, e_x = \text{konstant}$$

festgelegt. Für rechteckige Querschnitte ist

$$\frac{J_x}{e_x} = \frac{1}{6}\, b_x h_x^2\,.$$

Wenn der Körper in zwei Punkten unterstützt und in der Mitte durch eine Einzelkraft P belastet wird, so ist:

$$M_x = \frac{P}{2}\, x\,,$$

so daß

$$\sigma_{\max} = \frac{6\, P\, x}{2\, b_x\, h_x^2} = \text{konstant}$$

und

$$b_x h^2 = K \cdot x \tag{35}$$

sein muß.

Diese eine Gleichung mit zwei Unbekannten reicht zur eindeutigen Bestimmung des Körpers gleicher Biegefestigkeit nicht aus, so daß irgendeine weitere, beliebige Bedingung aufgestellt werden kann, z. B. $h_x = $ konst., dann ist $b_x = k_1 x$ (Abb. 201) oder $b_x = $ konst., dann ist $h_x^2 = k_2 x$ (Abb. 202). Bei der praktischen Ausführung kann die Feder natürlich nicht in eine Spitze auslaufen, sondern sie muß eine endliche Breite an den Enden erhalten (Abb. 203); die oben festgelegte Beziehung $b_x = k_1 x$ trifft dann nicht mehr zu.

Bei großer Formänderungsarbeit kann die Breite b_x sehr groß werden. Wenn man aber die Dreieckfeder I

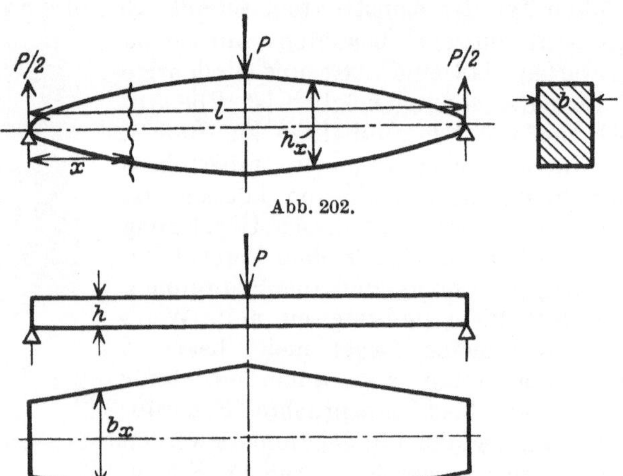

Abb. 202.

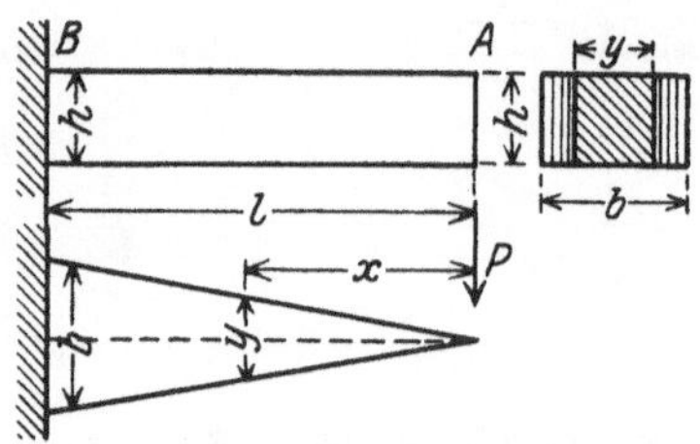

Abb. 201 (nach Winkel, Festigkeitslehre).

Abb. 203.

(Abb. 204) in eine gerade Anzahl ($2\,n$) gleich breiter Streifen von der Breite $b/2$ zerschneidet und diese Streifen so zusammenfügt, daß sie den Körper II bilden, so erhält man ein Blatt-
federwerk, das dieselbe Tragfähigkeit hat wie die Dreieckfeder, wenn dafür gesorgt wird, daß die einzelnen Blätter bei der Biegung sich nicht voneinander entfernen können.

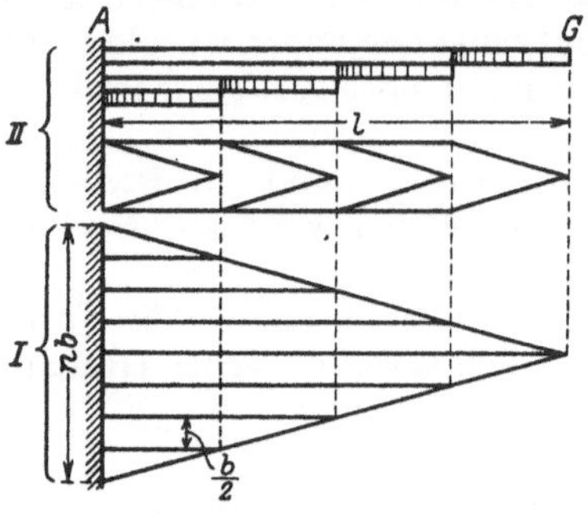

Aus der Gleichung der elastischen Linie:

$$\frac{d^2 y}{d x^2} = \frac{M_x}{J_x E}$$

und aus der Biegungsgleichung:

$$M_x = \frac{J_x}{e_x} \sigma_{\max}$$

folgt

$$\frac{d^2 y}{d x^2} = \frac{2\,\sigma_{\max}}{h \cdot E}, \qquad (36)$$

d. h. mit $h = $ konst. ist die elastische Linie immer ein Kreisbogen. Durch Integration der Gleichung (36) erhält man:

$$y = \frac{2\,\sigma_{\max}}{h \cdot E}\,\frac{x^2}{2} + C_1 x + C_2.$$

Abb. 204 (nach Winkel).

Die Integrationskonstanten C_1 und C_2 werden gleich Null, wenn der Koordinatenanfangspunkt in die Mitte der Feder verlegt wird, weil dort sowohl dx/dy als x gleich Null wird. Die größte Durchbiegung f erhält man für $x = l/2$:

$$f = \frac{\sigma_{\max}}{E} \cdot \frac{l^2}{4\,h}. \qquad (37)$$

Zahlenbeispiel. Die Spannweite l einer Feder gleicher Höhe ist zu bestimmen, wenn die größte Durchbiegung 30 mm betragen darf.

Nimmt man $\dfrac{\sigma_{\max}}{E} = \dfrac{7000}{2\,100\,000} = \dfrac{1}{300}$ an, so folgt aus der Gleichung (37)

$$l^2 = 1200\,f \cdot h = 3600\,h,$$

$$l_{\mathrm{cm}} = 60\,\sqrt{h}.$$

b) Die ebene Spiralfeder (Abb. 205) wird durch die Kraft P auch auf Biegung beansprucht, Da die Banddicke der stark gekrümmten Feder klein im Verhältnis zum Krümmungsradius ist, so darf $Z = J$ gesetzt werden (vgl. Heft I, S. 45).

Aus der Gleichung der elastischen Linie folgt durch einmalige Integration:

$$\frac{d^2 y}{d x^2} = \frac{d\varphi}{d s} = \frac{M_x}{J E} = \frac{P y}{J E},$$

$$\varDelta \varphi = \frac{P}{J E} \int y\, d s,$$

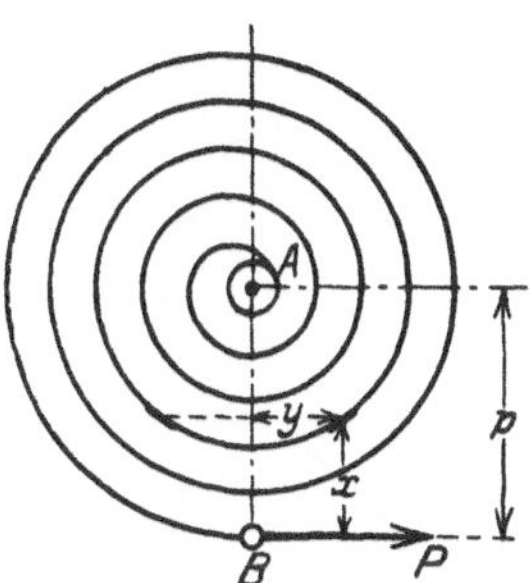

worin $\int y\, ds$ das statische Moment der Mittellinie in bezug auf die Richtungslinie der Kraft P ist, d. h. gleich der Länge der Mittellinie l mal dem Abstand des Schwerpunktes. Der Schwerpunkt der Mittellinie fällt mit dem Mittelpunkt der Feder zusammen, so daß $\int y\, ds = l \cdot p$ ist. Damit wird der Verdrehungswinkel

$$\varDelta \varphi = \frac{P \cdot p \cdot l}{J E}. \tag{38}$$

Die aufgespeicherte Formänderungsarbeit ist

Abb. 205. Ebene Spiralfeder
(nach Winkel).

$$A = M_{\max} \frac{\varDelta \varphi}{2} = \frac{(P p)^2 \, l}{2\, J E}.$$

Führen wir die größte Spannung ($\sigma_{\max}$) ein, die in der äußersten Windung diametral der Befestigungsstelle auftritt, so ist

$$\sigma_{\max} = \frac{2\, P p}{J}\, e$$

und damit

$$A = \frac{\sigma_{\max}^2 \, J}{8\, e^2\, E}\, l.$$

Mit $e = h/2$ und $J = \frac{1}{12}\, b h^3$ wird

$$A = \frac{\sigma_{\max}^2 \, b \cdot h \cdot l}{24\, E} = \frac{\sigma_{\max}^2}{24\, E}\, V, \tag{39}$$

wenn mit $V = b \cdot l \cdot h$ wieder das Federvolumen bezeichnet wird. Daraus folgt, daß die Formänderungsarbeit nur vom Volumen der Feder abhängig ist und nicht von der Zusammensetzung des Volumens aus den drei Faktoren l, b und h.

Für den kreisförmigen Querschnitt mit dem Radius e ist $J = \frac{\pi}{4}\, e^4$ und

$$A = \frac{\sigma_{\max}^2}{32\, E}\, \pi\, e^2\, l = \frac{\sigma_{\max}^2}{32\, E}\, V. \tag{40}$$

Aus dem Vergleich der Beziehungen (39) und (40) folgt, daß auch hier der rechteckige Querschnitt günstiger ist als der Kreisquerschnitt.

c) Die Schraubenfeder (Abb. 205). Ein schraubenförmig gewickelter Draht werde durch zwei Kräfte P, deren Richtung mit der Zylinderachse zusammenfällt, entweder auseinander gezogen oder zusammengepreßt. Schneidet man die Feder an irgendeiner Stelle durch, so müssen die dort übertragenen Spannungen mit der äußeren Kraft P im Gleichgewicht stehen. Bei der Verlegung der Kraft P in den Schwerpunkt des Querschnittes tritt ein Kräftepaar $P \cdot r$ auf. Wenn die Steigung der Schraubenlinie gering ist, so steht die Ebene des Kräftepaares fast senkrecht zur Schraubenlinie, der Draht mit dem Durchmesser a wird dann nur auf Verdrehung beansprucht. Es entsteht eine größte Spannung

$$\tau = \frac{P\, r}{\frac{\pi}{16}\, d^3} = \frac{5\, P \cdot r}{d^3}.$$

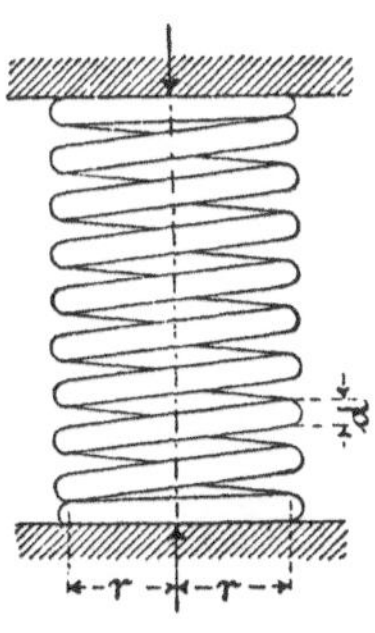

Für den rechteckigen Querschnitt ist (vgl. Heft I, S. 51)

$$\tau \approx \frac{9\, P \cdot r}{2\, a^2\, b},$$

Abb. 206. Schraubenfeder (nach Winkel).

worin a die kleinere und b die größere Rechteckseite ist.

Die Streckung oder die Zusammendrückung der Feder folgt aus dem Verdrehungswinkel ϑ. Durch die Verdrehung eines Längenelementes ds der Feder, gemessen längs der Schraubenlinie (Abb. 207) um den Winkel $\vartheta\, ds$, entsteht eine vertikale Verschiebung

$$d f = r\, \vartheta\, d s = r^2\, \vartheta\, d\varphi$$

der Kraft P. Die totale Streckung bzw. Zusammendrückung der Feder erhält man durch die Summierung der Teilverschiebungen über die ganze Federlänge entsprechend dem Winkel $2\pi i$, wenn mit i die Anzahl der Windungen bezeichnet wird.

$$f = \int_0^{2\pi i} r^2\,\vartheta\,d\varphi .$$

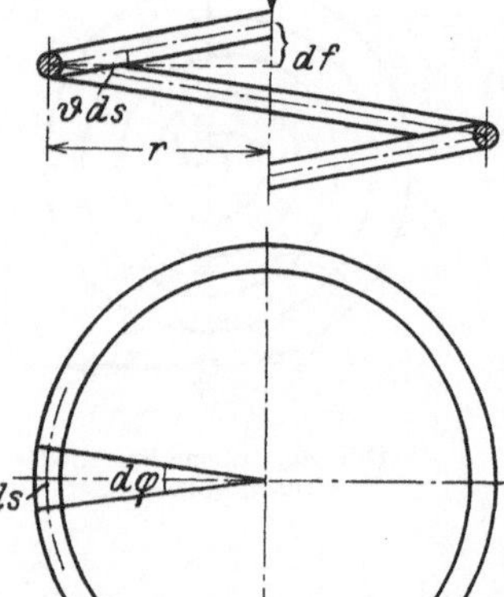

Die Werte von ϑ sind für die gebräuchlichsten Querschnittsformen aus Heft I, S. 51 zu entnehmen. Für den kreisförmigen Querschnitt ist

$$\vartheta = \frac{M_d}{\frac{\pi}{32} d^4\,G} = \frac{32\,P\cdot r}{\pi\,d^4\cdot G}$$

oder mit $P\cdot r = \frac{\pi}{16} d^3\,\tau$:

$$\vartheta = \frac{2\,\tau}{G\cdot d}.$$

Wenn $r = \text{konst.}$ ist, so ist

$$f = \frac{2\,\tau\,r^2}{G\cdot d}\int_0^{2\pi i} d\varphi = \frac{4\,\pi\,i\,\tau\,r^2}{G\cdot d}. \tag{41}$$

Abb. 207.

Die Formänderungsarbeit der Feder ist

$$A = P\,\frac{f}{2} = \frac{1}{2}\,\frac{\pi d^3}{16}\cdot\frac{\tau}{r}\cdot\frac{4\,\pi\,i\,\tau\,r^2}{G\cdot d} = \frac{1}{4}\cdot\frac{\pi}{4}\,d^2\cdot 2\,\pi\,r\cdot i\cdot\frac{\tau^2}{G} = \frac{1}{4}\,V\,\frac{\tau^2}{G}. \tag{42}$$

Für rechteckige Querschnitte und für kegelförmig gewundene Feder kann die Rechnung in ähnlicher Weise durchgeführt werden[1].

---

[1] Ausführliche Federtabellen sind z. B. in der Hütte, Taschenbuch des Ingenieurs, 25. Aufl., Bd. 1, S. 664 bis 670 enthalten. Vgl. auch C. Reynal: Federn und ihre schnelle Berechnung. Deutsche Übersetzung von C. Koch. 1929.

Vorlesungen über Maschinenelemente

von

Dipl.-Ing. M. ten Bosch
Professor an der Eidgenössischen Technischen Hochschule
Zürich

III. Heft

Wellen und Lager

Mit 141 Textabbildungen

Springer-Verlag Berlin Heidelberg GmbH 1929

Inhaltsverzeichnis.

III. Wellen und Lager.

A. Gerade Wellen.

Wellen sind meist glatte, zylindrisch gedrehte Körper. Kalt gezogene Wellen eignen sich nur für untergeordnete Zwecke, da sie ungenau im Durchmesser sind und sich stark verziehen, wenn Keilbahnen eingefräst werden. Nach Versuchen von Bach war

eine kalt gezogene Welle 50·3420 um 3,1 mm krumm nach Einfräsen der Nute.
,, ,, ,, ,, 70·3420 ,, 1,3 ,, ,, ,, ,, ,, ,,
,, gedrehte ,, ,, 70·3420 ,, 0,37 ,, ,, ,, ,, ,, ,,

Auch die gedrehte Welle verzieht sich demnach etwas, so daß es als praktische Regel gilt, den letzten Schlichtspan nach dem Einfräsen der Nute abzunehmen. Kaltgezogene Wellen darf man nur dort verwenden, wo die Riemenscheiben durch Klemmen oder mit Hohlkeilen befestigt werden.

Formwellen werden bei Hauptantrieben verwendet, wenn größere Biegemomente auftreten.

Hohle Wellen mit dünner Wandstärke (Rohrwellen) eignen sich besonders für große Lagerentfernungen (z. B. für Transportschnecken) und überall dort, wo Gewichtsersparnis notwendig ist. Das Ausbohren auf $d_i = 0,5\, d_a$ verringert das Widerstandsmoment nur um 4 %, das Gewicht dagegen um 25 %. Hohlwellen in Verbindung mit Reibungskupplungen werden auch zum Ausrücken von größeren Maschinen verwendet. (Vgl. Heft IV, Riementrieb.)

Wellen werden im allgemeinen auf Biegung und Verdrehung beansprucht. Bei der Berechnung muß sowohl die Festigkeit als auch die Formänderung berücksichtigt werden.

1. Festigkeit. Für volle runde Wellen folgt die Biegungsspannung σ_b (Heft I, Seite 29) aus der Gleichung:

$$M_b = 0,1\, d^3 \sigma_b, \tag{1}$$

die Torsionsspannung τ (Heft I, Seite 49) aus der Gleichung:

$$M_d = \frac{1}{5}\, d^3 \tau. \tag{2}$$

Nun ist das Drehmoment meist nicht gegeben, sondern es wird vorgeschrieben, daß die Welle N PS bei n Uml./min übertragen soll. Da

$$\text{Leistung} = \text{Drehmoment} \times \text{Winkelgeschwindigkeit}$$

und die Winkelgeschwindigkeit $\frac{\pi n}{30}$ ist, wird

$$7500\, N\, \text{kgcm/s} = M_d \cdot \frac{\pi n}{30},$$

$$M_d = \frac{7500 \cdot 30}{\pi} \cdot \frac{N}{n} = 71\,620\, \frac{N}{n}\, \text{kgcm}. \tag{3}$$

Mit Hilfe der Momentenfläche für Biegung und Verdrehung (Heft I, Seite 30/33 und 49) läßt sich der Verlauf der Momente über die Welle leicht überblicken. Bei gleichzeitigem Auftreten von Torsion und Biegung an der gleichen Stelle der Welle tritt in der äußersten Faser eine maximale Schubspannung auf:

$$\tau_{\max} = \frac{1}{2}\, \sqrt{\sigma^2 + 4\,\tau^2}. \tag{4}$$

Als zulässige Schubspannung kann (nach den Erläuterungen in Heft I, Seite 25) für sehr langsam laufende Wellen eine Spannung nahe an der Elastizitätsgrenze genommen werden, die — je nach der Güte des Stahles — bei $\tau = 750$ bis 900 at liegt; für sehr rasch laufende nur die Hälfte dieser Werte. Diese Zahlen gelten aber für unverletzte Querschnitte. Wenn

Scheiben oder Räder aufgekeilt werden, wird die Welle durch die Keilnute geschwächt, und zwar gerade in den meist beanspruchten Fasern. Durch die Kerbwirkung (Heft I, Seite 20) entsteht eine schätzungsweise doppelt so hohe Spannung, so daß der zulässige Wert nur halb so groß genommen werden darf. Man pflegt deshalb oft die Wellen bei Keilbahnen um die Nutentiefe zu verstärken.

Zulässige Schubspannungen für Wellen	ohne	mit
	Keilbahn	
sehr langsam laufend	$\tau = 750 \div 900$	$\tau = 375 \div 450$
sehr rasch laufend	$\tau = 375 \div 450$	$\tau = 185 \div 225$

Oft muß, mit Rücksicht auf die Formänderung, die Spannung weit unterhalb dieser zulässigen Grenzen bleiben. Um das von Anfang an zu berücksichtigen, nimmt man τ nur zu 120 at an und vernachlässigt dafür die Biegungsbeanspruchung. Mit Gl. (2) und (3) wird dann:

$$71620\,\frac{N}{n} = \frac{1}{5}\,d^3 \cdot 120$$

oder

$$d_{\mathrm{cm}} = 14{,}4\,\sqrt[3]{\frac{N}{n}}. \tag{5}$$

Diese Gleichung leistet für Überschlagsrechnungen gute Dienste, gibt aber für manche Fälle zu dicke Wellen.

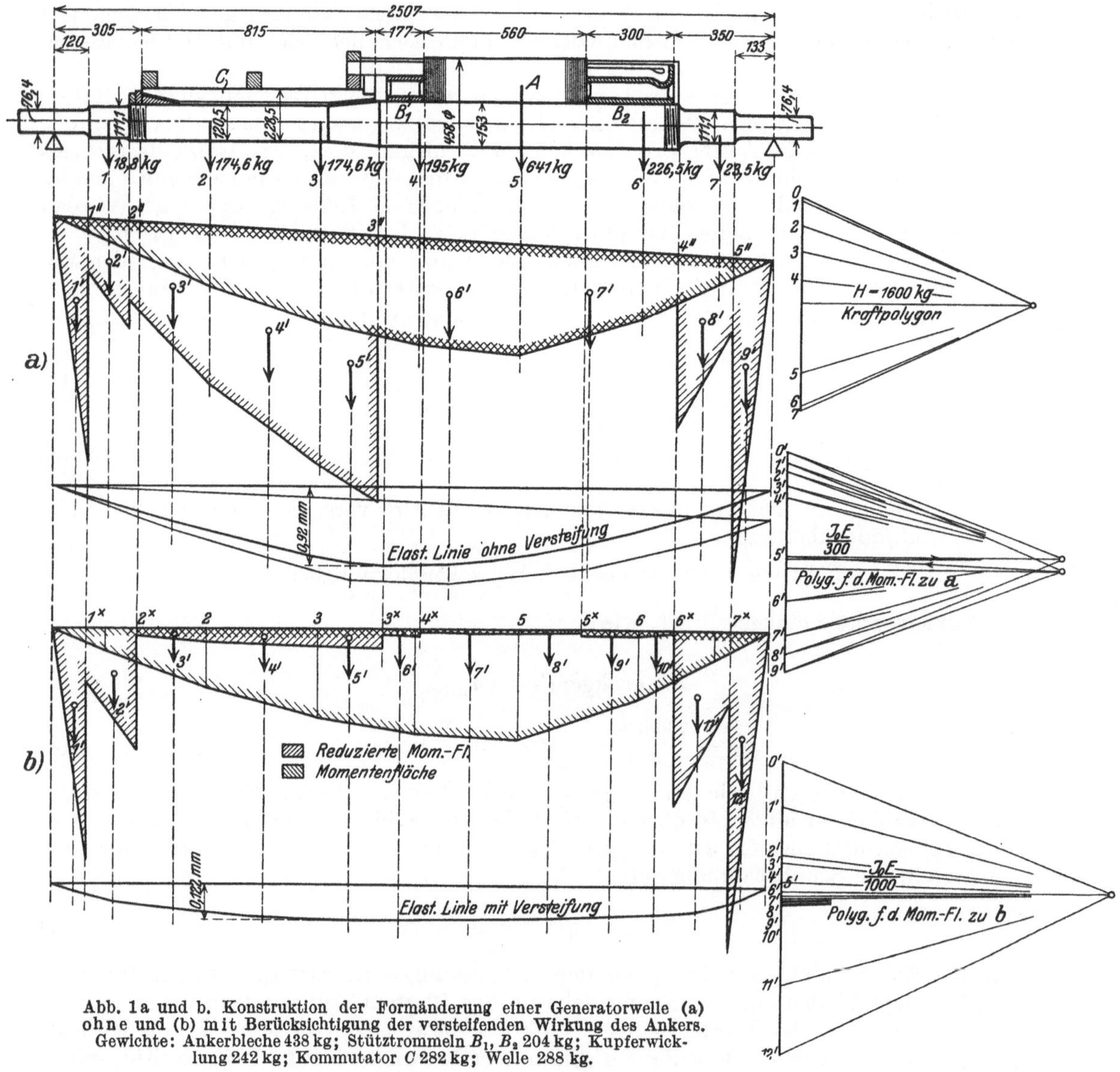

Abb. 1a und b. Konstruktion der Formänderung einer Generatorwelle (a) ohne und (b) mit Berücksichtigung der versteifenden Wirkung des Ankers. Gewichte: Ankerbleche 438 kg; Stütztrommeln B_1, B_2 204 kg; Kupferwicklung 242 kg; Kommutator C 282 kg; Welle 288 kg.

Es ist zweckmäßig, die Wellendurchmesser weitgehend zu normen (vgl. Heft II, Passungen). Zwischen 40 und 110 mm Durchmesser sollte man mit einer Abstufung von 10 mm auskommen, dann folgen 125, 140 mm Durchmeser und weiter mit je 20 mm Intervall.

2. Formänderung. Mit den Angaben in Heft I (Seite 27) ist es leicht möglich, für jede Welle und für jede Belastung die Momentenfläche zu zeichnen und daraus (nach dem Verfahren von Mohr) die elastische Linie zu konstruieren (Abb. 1a). Damit ist auch die größte Durchbiegung und die Neigung der Welle in den Auflagerstellen bestimmt. Dabei ist aber vorausgesetzt, daß die Welle sich frei durchbiegen kann und nicht durch aufgesetzte Teile an der freien Formänderung gehindert ist. Das ist bei nicht zu breiten Scheiben wohl meistens der Fall, da die Durchbiegung innerhalb des Spielraumes der Sitze bleibt. Wenn aber eine lange

Zahlentafel 1 (zu Abb. 1a und b).

Punkt	Wellen-durchmesser cm	J cm⁴	$\dfrac{J_0}{J_x}$	M_x mkg	$M_{x,\,reduz}$ mkg	Feld	Inhalt kg·m²
1″	7,64 11,11	167 746	16,07 3,596	80	1284 287,5	1′	76,8
2″	11,11 12,05	746 1037	3,596 2,585	165	594 426,5	2′	60,3
3″	12,05 15,30	1037 2682	2,585 1	547	1415 547	3′	181,5
4″	15,30 11,11	2682 746	1 3,596	264	264 949	4′	417,5
5″	11,11 7,64	746 167	3,596 16,07	112	403 1800	5′	289,0
						6′	289,0
						7′	238,0
						8′	132
						9′	119,9

$J_0 = 2682$ cm⁴, $J_0 E = 5{,}7 \cdot 10^5$ kg·m²
Max. Durchbiegung $= 0{,}92$ mm ohne Versteifung

Punkt	Durch-messer cm	J cm⁴	$\dfrac{J_0}{J_x}$	M_x mkg	$M_{x,\,reduz}$ mkg	Feld	Inhalt kg·m²
1*	7,64 11,11	167 746	16,07 3,596	80	1284 287,5	1	77,0
2*	11,11 22,85	746 13380	3,59 0,2	187	672 37,4	2	84,0
2	22,85	13380	0,2	336	67,2	3	12,72
3	22,85	13380	0,2	493	98,6	4	32,46
3*	22,85 31,40	13380 47540	0,2 0,0565	550	110 31,05	5	23,45
4*	31,40 45,80	47540 214000	0,0565 0,0125	576	32,54 7,24	6	4,62
5	45,80	214000	0,0125	604,5	7,58	7	2,56
5*	45,80 31,40	214000 47540	0,0125 0,0565	480	6,04 27,1	8	1,48
6	31,40	47540	0,0565	372,6	21,05	9	4,70
6*	31,40 11,11	47540 746	0,0565 3,596	264	14,9 940	10	2,32
7*	11,11 7,64	746 167	3,596 16,07	112	403 1800	11	135,8
					$f_{max} = 0{,}122$ mm mit Ankerversteifung	12	115,8

Trommel auf der Welle sitzt (Abb. 2), so kann diese sich nicht durchbiegen, ohne entsprechende Formänderung der Trommel. In solchen Fällen muß beim Aufzeichnen der „verzerrten" Momentenfläche an Stelle des Trägheitsmomentes der Welle das der Trommel eingesetzt

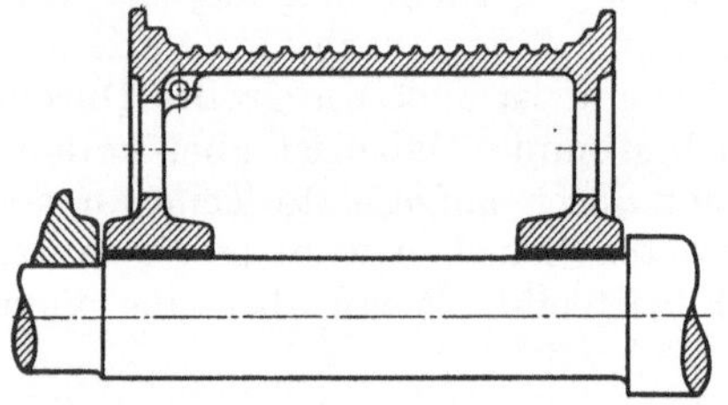

werden. Eine Versteifung der Welle ist immer vorhanden, wenn Teile fest aufgepreßt oder warm aufgezogen werden, Abb. 1b (Zahlentafel 1).

Was die zulässige Formänderung anbelangt, so stellt man zwei Forderungen:

1. Die höchstzulässige Durchbiegung darf ⅓ mm auf 1 m Wellenlänge nicht überschreiten, also $\dfrac{f}{l} < \dfrac{1}{3000}$.

2. Die Neigung in den Auflagerstellen darf nicht größer als 0,001 sein, oder $\operatorname{tg}\alpha < 0{,}001$, damit kein Klemmen in den Lagern auftritt.

Abb. 2. Versteifung der Welle durch eine Trommel.

Für eine gleichmäßig belastete Welle fallen beide Forderungen zusammen, da (Heft I, S. 32)

$$f = \frac{5}{384}\,\frac{p\,l^4}{J\,E} = \frac{5}{24\cdot 16}\,\frac{p\,l^4}{J\,E}$$

und

$$\operatorname{tg}\alpha = \frac{1}{24}\,\frac{p\,l^3}{J\,E} = 3{,}2\,\frac{f}{l},$$

so daß für $\dfrac{f}{l} = \dfrac{1}{3000}$

$$\operatorname{tg}\alpha = \frac{3{,}2}{3000} \approx 0{,}001$$

wird. Diese Angaben sind nur Anhaltspunkte, deren Zulässigkeit von Fall zu Fall näher untersucht werden sollte. Ein Zapfen von 100 mm Durchmesser und 200 mm Länge würde mit $\operatorname{tg}\alpha = 0{,}001$ außen um $200\cdot 0{,}001 = 0{,}2$ mm von der Lagerschale

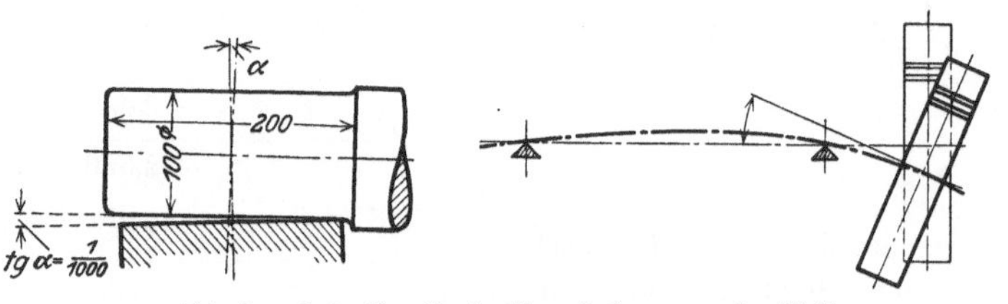

abstehen und ohne Selbsteinstellung des Lagers jedenfalls zu Heißlaufen oder Anfressen Anlaß geben (vgl. S. 24). Besonders sorgfältig sind fliegend angeordnete Zahnräder zu untersuchen, da gleichmäßiges Aufliegen der Zähne verlangt werden muß.

Abb. 3 und 4. Unzulässige Formänderungen der Welle.

Für Wellen, auf denen Körper sitzen, die mit geringem, radialen Spiel in Gehäusen laufen (elektrische Maschinen, Turbinenlaufräder), muß die Durchbiegung unbedingt innerhalb des vorgeschriebenen Spielraumes bleiben.

Da die Werte von E für Eisen und Stahl nur unbedeutend voneinander abweichen, so folgt aus der Gleichung der elastischen Linie $\dfrac{d^2 y}{d x^2} = \dfrac{M_b}{J\,E}$, daß die Formänderung bei einer Welle aus hochwertigem Stahl ebenso groß ausfällt wie bei einer Welle aus gewöhnlichem S.M.-Stahl. Wenn die Abmessungen durch die zulässige Formänderung festgelegt sind, so hat es keinen Sinn, hochwertige Stahlsorten zu wählen.

Die Formänderung durch Torsion ist durch den verhältnismäßigen Verdrehungswinkel ϑ (Heft I, S. 51) festgelegt.

$$\tau_{\max} = G\,r_a\,\vartheta. \tag{6}$$

Da G und τ die gleiche Dimension haben, so folgt aus der Gleichung, daß ϑ im Bogenmaß gemessen ist. In der Literatur findet man nun die Angabe, daß eine Verdrehung von ¼° pro Meter als zulässig anzusehen ist, also

$$\vartheta < \frac{1}{4}\cdot\frac{\pi}{180}\cdot\frac{1}{100}. \tag{7}$$

Da

$$\tau_{\max} = \frac{M_d}{\dfrac{1}{5}\,d^3} = \frac{5\cdot 71620\,\dfrac{N}{n}}{d^3}$$

ist, folgt aus Gl. (6) und (7), mit $r_a = \dfrac{d}{2}$:

$$G\,\frac{d}{2}\cdot\frac{1}{400}\cdot\frac{\pi}{180} = \frac{5\cdot 71620\,\dfrac{N}{n}}{d^3}$$

oder mit $G = 800\,000$ at

$$d_{\text{cm}} = 12 \sqrt[4]{\frac{N}{n}} \, . \tag{8}$$

Die Einschränkung: $\vartheta < \frac14\,^0/\text{m}$ ist aber ganz willkürlich. In manchen Fällen darf ohne Schaden darüber hinausgegangen werden; in anderen dagegen ist $\frac14\,^0/\text{m}$ schon viel zu groß.

In der Bindfadenfabrik Schaffhausen z. B. führte eine Welle von 149,1 m Länge und 122 mm Durchmesser von der Turbinenanlage am Rhein schräg unter 23^0 am Ufer hinauf zur Fabrik. Diese Welle übertrug jahrzehntelang eine Leistung von $N = 200$ PS bei $n = 120$ Uml./min ohne die geringste Störung. Dabei war

$$\tau_{\text{max}} = \frac{5 \cdot 71620 \cdot \dfrac{200}{120}}{12{,}2^3} = 330 \text{ at}$$

und

$$\vartheta = \frac{\tau_{\text{max}}}{r_a \cdot G} = \frac{330}{6{,}1 \cdot 800\,000} \cdot \frac{180}{\pi} \cdot 100 \approx 0{,}4\,^0/\text{m} \, .$$

Die totale Verdrehung betrug demnach rund 60^0. Wenn das Drehmoment konstant bleibt, wie es hier der Fall war, so ist die Welle einfach als eine gespannte Feder aufzufassen, die gleichmäßig rotiert und dabei unter einer unveränderlichen Spannung steht. Die Sachlage ändert sich aber sofort, wenn das Drehmoment periodisch wechselt. Dann treten ebenfalls Schwankungen im Drehwinkel auf, wodurch Schwingungen entstehen, die zum Bruch führen können (vgl. Abschnitt „Kritische Drehzahlen").

Der Verdrehungswinkel von $\frac14\,^0/\text{m}$ ist immer zu groß, wenn von zwei Punkten einer Welle genau gleiche Verdrehungen verlangt werden müssen, z. B. beim Kranfahren (bei einseitigem Antrieb oder bei ungleichen Raddrücken könnte sonst nicht geradeaus gefahren werden) oder beim Papiervorschub einer Zeitungsdruckmaschine (die Zeilen würden sonst schräg liegen).

Die Formänderung der Welle darf demnach niemals nach Gl. (8) beurteilt werden, sondern von Fall zu Fall sollten die Folgen der Verdrehung und deren Zulässigkeit geprüft werden.

Mehrfach gelagerte Wellen können nach den Angaben in Heft I, S. 54/60 berechnet werden. Wirken die Kräfte nicht alle in einer Ebene, so kann man sie immer in zwei Richtungen, horizontal und vertikal, zerlegen. Die Beanspruchungen und Formänderungen müssen dann für beide Richtungen getrennt untersucht werden, woraus dann auch die Gesamtbeanspruchung und die wirkliche Formänderung folgt.

In Abb. 5 ist die Formänderung der dreifachgelagerten Welle eines 150-PS-Elektromotors in horizontaler und in vertikaler Richtung bestimmt. Die Gesamtformänderung findet man durch geometrische Addition der Komponenten.

3. Lagerentfernung für Transmissionswellen. Transmissionswellen sind meist mehrfach gelagert und können in sehr verschiedener Weise belastet sein (Abb. 6). Um eine allgemein gültige Beziehung für die Lagerentfernung abzuleiten, machen wir folgende Annahmen:

1. Wir heben die Kontinuität auf, wodurch die Biegungsspannungen und auch die Neigungen in den Auflagerstellen etwas überschätzt werden (vgl. Heft I, S. 60).

2. Die unregelmäßig geformte Momentenfläche für die Einzelbelastungen ersetzen wir durch eine möglichst anschließende Parabel, der eine gleichmäßig verteilte Belastung von p kg/Längeneinheit entsprechen würde. Weiter nehmen wir $p = 3\,g$, wenn mit g die gleichmäßige Belastung der Welle durch das Eigengewicht bezeichnet wird. Es sind also keine schweren Riemenscheiben vorgesehen oder diese sitzen nahe an den Lagerstellen. Das maximale Biegungsmoment ist dann (Heft I, S. 32):

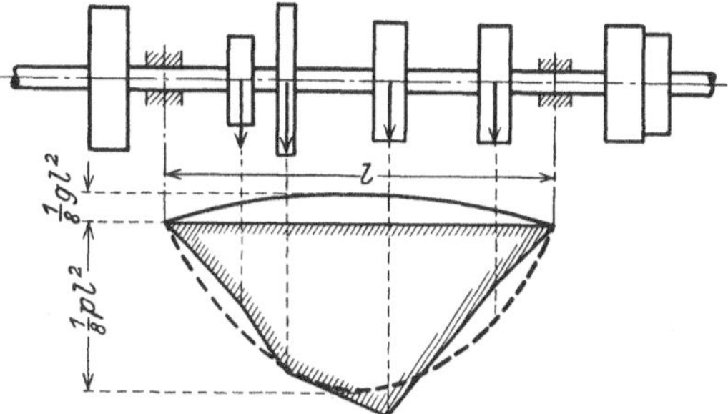

Abb. 6. Belastung einer Transmissionswelle.

$$(M_b)_{\text{max}} = \frac{1}{8}(g + p)\,l^2 = \frac{4}{8}\,g\,l^2 = \frac{4}{8} \cdot \frac{\pi}{4}\,d^2 \cdot \gamma\,l^2,$$

worin $\gamma = 0{,}00785$ kg/cm³.

3. Setzt man noch $M_b = M_d$, dann ist:

$$\sigma_b = \frac{M_b}{0{,}1\,d^3} \quad \text{und} \quad \tau = \frac{M_d = M_b}{\frac{1}{5}\,d^3} = \frac{\sigma_b}{2} \, ,$$

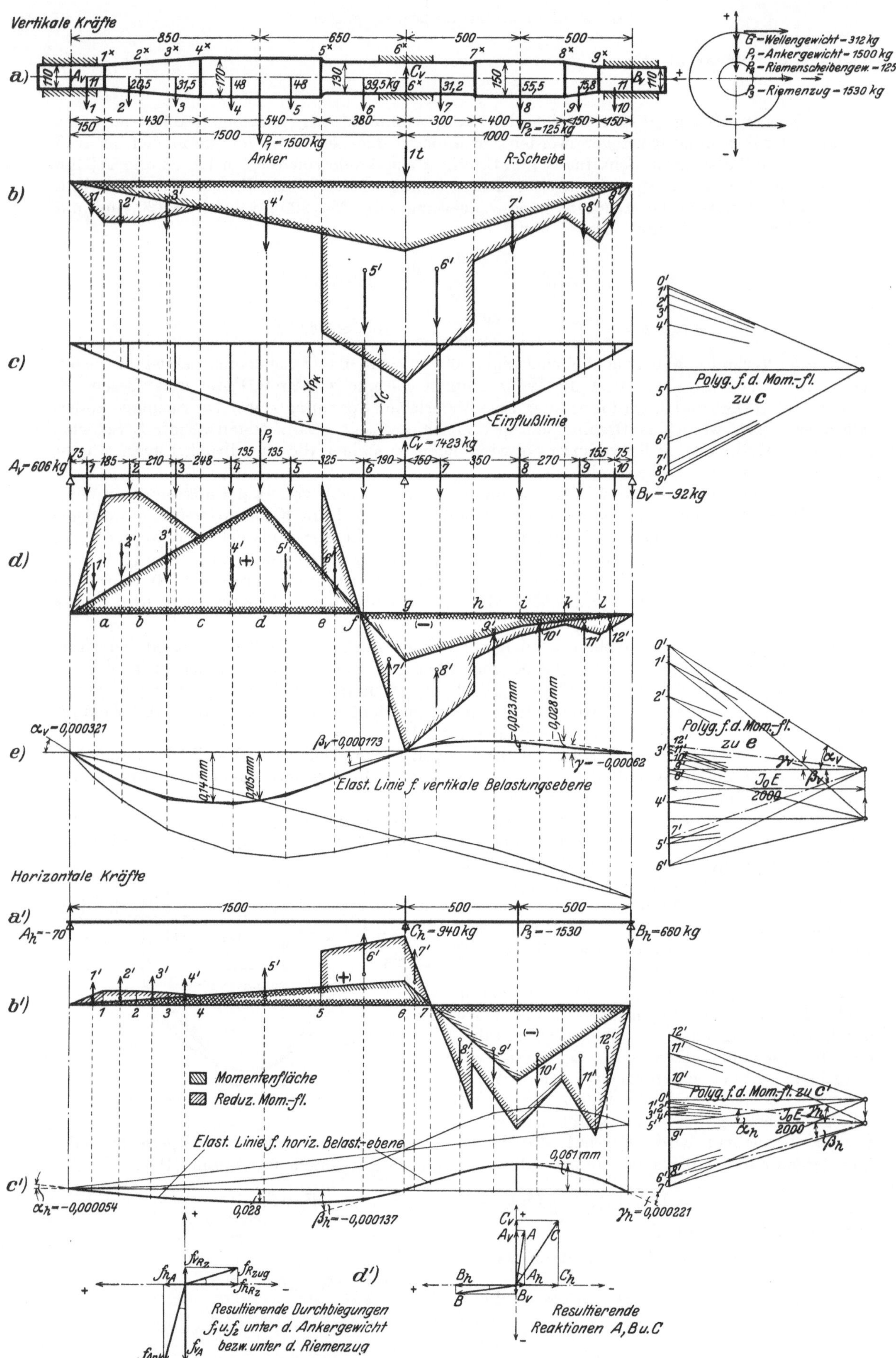

Abb. 5. Formänderung der dreifach gelagerten Welle eines 150-PS-Elektromotors.

Zahlentafel 2 (zu Abb. 5a, b, c).

Punkt	Durchmesser cm	J_x cm^4	$\dfrac{J_0}{J_x}$	M_x kgm	$M_x \dfrac{J_0}{J_x}$ kgm	Strecke	Inhalt kg·m^2
1*	11	718,7	5,71	60	342	1	25,64
2*	13	1402	2,924	120	350,8	2	49,60
3*	15	2485	1,65	176	290	3	82,8
4*	17	4100	1	226	226	4	181,1
5*	17 / 13	4100 / 1402	1 / 2,924	446	446 / 1307	5	581
6*	13	1402	2,924	600	1754	6	448
7*	13 / 15	1402 / 2485	2,924 / 1,65	422	1232 / 696	7	198
8*	15	2485	1,65	180	297	8	60,9
9*	11	718,7	5,71	90	514	9	38,6

<table>
<tr><td rowspan="13" style="writing-mode:vertical-lr">Einflußlinie</td><td>Punkt</td><td>y_p</td><td>P</td><td>Py</td><td></td></tr>
<tr><td>1</td><td>0,3</td><td>11</td><td>3,3</td><td rowspan="7">Vertikal:
$\Sigma Py = 5792,09 = 4,07\,C_v$
$C_v = 1423$ kg
Und mit den Gleichgewichtsbedingungen:
$A_v = 606,05$ kg
$B_v = -\,92,05$ kg</td></tr>
<tr><td>2</td><td>1,09</td><td>20,5</td><td>22,17</td></tr>
<tr><td>3</td><td>1,85</td><td>31,5</td><td>58,25</td></tr>
<tr><td>4</td><td>2,68</td><td>48,0</td><td>128,6</td></tr>
<tr><td>5</td><td>3,10</td><td>1500</td><td>4650,0</td></tr>
<tr><td>6</td><td>3,48</td><td>48</td><td>167,0</td></tr>
<tr><td>7</td><td>4,10</td><td>39,5</td><td>161,9</td></tr>
<tr><td>8</td><td>4,07</td><td>C</td><td></td><td rowspan="5">Horizontal: $\Sigma Py = 1530\cdot2,5 = 4,07\,C_h$
$C_h = 940$ kg
$A_h = -\,70$ kg
$B_h = 660$ kg</td></tr>
<tr><td>9</td><td>3,80</td><td>31,2</td><td>118,5</td></tr>
<tr><td>10</td><td>2,50</td><td>180,5</td><td>451,0</td></tr>
<tr><td>11</td><td>1,75</td><td>15,8</td><td>27,65</td></tr>
<tr><td>12</td><td>0,42</td><td>11,0</td><td>4,62</td></tr>
</table>

Zahlentafel 2a.

	Vertikale Kräfte (Abb. 5a)						Horizontale Kräfte (Abb. 5b′)				
Punkt	$\dfrac{J_0}{J}$	M_x mkg	$M_x \dfrac{J_0}{J_x}$ mkg	Feld	Inhalt kg·m^2	Punkt	$\dfrac{J_0}{J_x}$	M_x kgm	$M_x \dfrac{J_0}{J_x}$ kgm	Feld	Inhalt kg·m^2
a	5,71	90	514	1	38,55	1	5,71	10,5	60	1′	4,5
b	2,924	180	526	2	74,5	2	2,924	20,53	60,0	2′	8,6
c	1	335	335	3	123,4	3	1,65	30,56	50,4	3′	7,85
d	1	476,1	476,1	4	109,2	4	1	40,59	40,59	4′	7,01
e	1 / 2,924	187,0	187,0 / 546	5	89,5	5	1 / 2,924	78,4	78,4 / 239,4	5′	32,1
f		0		6	49,1	6	2,924	105	307,2	6′	103,8
g	2,924	−209,3	−611	7	−61,1	7		0		7′	18,14
h	2,924 / 1,65	−118	−345 / −194,7	8	−143,4	8	2,924 / 1,65	−156	−456 / −257,4	8′	−41,5
i	1,65	−55	−90,7	6	−28,54	9	1,65	−330	−545	9′	−80,24
k	1,65	−30	−49,5	10	−14,02	10	1,65	−198	−326,5	10′	−97,12
l	5,71	−16	−91,4	11	−10,56	11	5,71	−99	−565	11′	−66,75
				12	−6,86					12′	−42,40

so daß die größte Beanspruchung (Heft I, S. 14):

$$\tau_{max} = \frac{1}{2}\sqrt{\sigma^2 + 4\tau^2} = \frac{\sqrt{2}}{2}\sigma_b = \frac{1}{2}\sigma_{zul},$$

woraus mit $\sigma_{zul} = 450$ at: $\qquad 0{,}1\,d^3\,\sigma_{zul} = 1{,}4 \cdot \frac{1}{2} \cdot \frac{\pi}{4}\,d^2\,\gamma\,l^2$

oder

$$\frac{l^2}{d} = 11\,000$$

und

$$l_{cm} \sim 100\sqrt{d}\,. \tag{9}$$

Will man freier in der Anordnung der Riemenscheiben sein, was von Vorteil ist, wenn neue Maschinen von der vorhandenen Transmission angetrieben werden sollen, so geht man zweckmäßig von der zulässigen Neigung in den Lagerstellen aus:

$$\alpha = \frac{1}{24}\frac{g'\,l^3}{J\,E} = 0{,}001 \qquad \text{(Heft I S. 32)}\,.$$

Mit $J = \dfrac{\pi}{64}\,d^4$ und $g' = g + p = 4\,g = 4\,\dfrac{\pi}{4}\,d^2\gamma$ wird

$$\frac{1}{1000} = \frac{64}{24} \cdot \frac{\gamma}{E} \cdot \frac{l^3}{d^2},$$

woraus:

$$l^3 = 105\,000\,d^2$$

oder

$$l \approx 50\sqrt[3]{d^2}\,. \tag{9a}$$

Beide Formeln sind in der Praxis gebräuchlich; sie geben nur Anhaltspunkte, da die mögliche Lagerentfernung meist durch die örtlichen Verhältnisse (Säulen- oder Trägerentfernung, Fenstereinteilung usw.) bestimmt wird.

Für $d =$	4	5	6	7	8	10	12	15 cm
$l = 100\sqrt{d}$	200	220	240	260	280	300	350	370 cm
$l = 50\sqrt[3]{d^2}$	130	150	165	180	200	230	260	300 cm

B. Kupplungen.

Wegen der Gefahr des Verbiegens beim Transport wählt man die Wellen nicht zu lang, sondern nur 4 bis 6 m für Wellen von 30 bis 50 mm Durchmesser und höchstens 7 m für dickere Wellen. Zwei Wellenstücke werden durch Kupplungen verbunden, die je nach dem Zwecke in:

1. feste,   3. ausrückbare,
2. bewegliche,   4. selbsttätige

Kupplungen unterteilt werden.

Die Kupplungen sollen immer dicht neben einem Lager sitzen und so angeordnet sein, daß jedes Wellenstück mindestens in zwei Lagern ruht. Auch ist die Kupplung — von der Antriebseite gesehen — hinter dem Lager anzubringen, damit im ausgerückten Zustand die Welle betriebsfähig bleibt.

Zur Verbindung zweier Wellen von verschiedenem Durchmesser wird das Ende der stärkeren Welle abgedreht und eine dem Durchmesser der schwächeren Welle entsprechende Kupplung aufgesetzt.

1. Feste Kupplungen verbinden zwei Wellen starr miteinander.

a) Scheibenkupplung. Auf jedem der beiden Wellenenden sitzt, durch Keil befestigt, eine gußeiserne Scheibe (Abb. 7); beide sind durch Schrauben miteinander verbunden. Damit die Mittellinien der Wellen zusammenfallen, greift die eine Welle mit einem Ansatz (Zentrierung) in die andere ein. Damit ist der Nachteil verbunden, daß die einzelnen Wellen sich erst nach einer Längsverschiebung um die Höhe des zentrierenden Ansatzes herausnehmen lassen. Durch Anwendung eines geteilten Zwischenringes, dessen Hälften beim Abkuppeln quer zur Welle herausgenommen werden, läßt sich dieser Nachteil beseitigen.

Die Schrauben übertragen das Drehmoment von der einen Scheibe auf die andere, und zwar zunächst vermittelst der Reibung, indem die Scheiben stark zusammengepreßt werden. Bei Erschütterungen wird die Reibung aber teilweise aufgehoben, so daß die Schrauben das Drehmoment dann direkt übertragen müssen; darum müssen genau in die Löcher eingepaßte Schrauben verwendet werden (Paßschrauben, Heft II). Zum Schutz gegen Unfälle sollte man alle vorstehenden Teile vermeiden, also Schraubenköpfe und Muttern versenken und keine Nasenkeile verwenden.

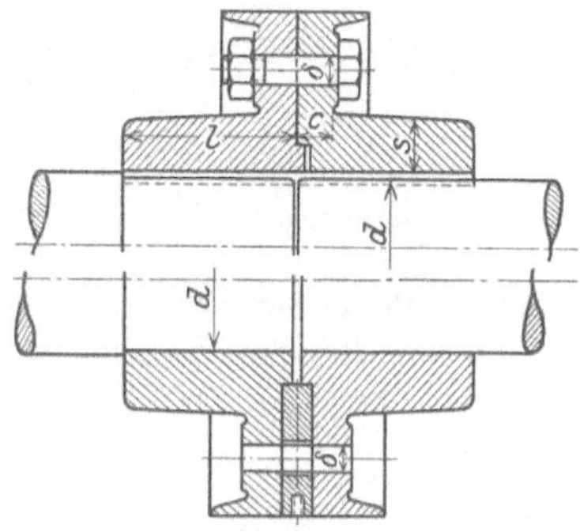

Abb. 7 und 7a. Scheibenkupplung. (Bauart Wülfel) ohne und mit herausnehmbarer Zwischenscheibe.

$$l = 1,5\ d$$
$$s = 0,3\ d + 1\ \text{cm}$$
$$c = 1,25\ d$$

Erfahrungsgemäß verlieren die Stirnflächen der Scheiben durch das Aufkeilen die genau senkrechte Lage zur Wellenachse, so daß ein nochmaliges Abdrehen der Scheiben, nach dem Aufkeilen, erforderlich ist. Eine sehr gute, aber schwer lösbare Verbindung ist das Aufpressen der Scheiben (vgl. Heft II, Schrumpfverbindungen). Darum müssen bei Verwendung von Scheibenkupplungen alle Scheiben und Räder, die auf die Wellen aufgebracht werden, zweiteilig sein, so daß diese Anordnung teuer ist. Schwere Wellen kuppelt man durch unmittelbar angeschmiedete Flansche (Abb. 7b).

b) Die Schalenkupplung (Abb. 8) ist wesentlich billiger und vermeidet diese Nachteile. Zwei gußeiserne Schalen werden durch Schrauben fest auf die Wellenenden geklemmt und bewirken eine genau zentrische Verbindung. Ein eingelegter Keil verhindert die gegenseitige Verdrehung der Wellenenden.

Für die Verwendung in feuchten Betrieben (Bleichereien, Färbereien, Papierfabriken) wird die Konstruktion etwas geändert, indem zwei konisch ausgedrehte, schmiedeeiserne Ringe von beiden Seiten auf die schwach konisch gedrehten Schalen aufgetrieben werden (Abb. 9). Diese sind, trotz des Rostens, leicht lösbar (Hülsenkupplung).

Für eine gute Verbindung der beiden Wellen ist es erforderlich, daß sie genau gleiche Durchmesser haben.

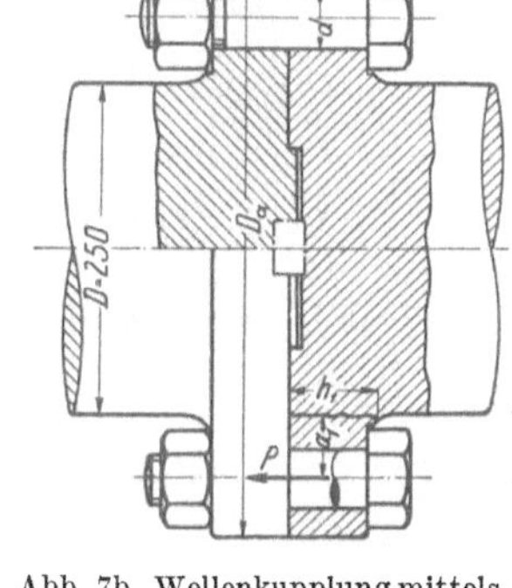

Abb. 7b. Wellenkupplung mittels angeschmiedeter Flanschen (nach Rötscher).

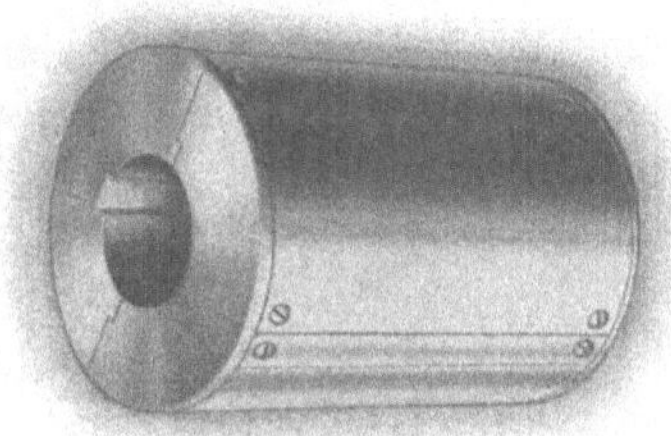

Abb. 8. Schalenkupplung (Eisenwerk Wülfel).

c) Die Sellerskupplung verbindet auch zwei Wellen gut miteinander, deren Durchmesser etwas verschieden sind (Abb. 10). In einem außen zylindrisch, innen doppelkegelförmig ausgedrehten Gehäuse stecken zwei aufgeschlitzte Kegel, die durch drei eingelegte

Schrauben zusammengezogen und so zentrisch auf die Wellen gepreßt werden. Zur Sicherung gegen Verdrehung der Wellen in den Kegeln dienen zwei Paßfedern, während die Kegel in dem Gehäuse durch die Schrauben, die zum Teil in das Gehäuse, zum Teil in die Kegel hineinragen, gegen Verdrehung gesichert werden. Diese Kupplung hat an Bedeutung verloren, seit es durch Anwendung von Toleranzen (vgl. Heft II) leicht möglich geworden ist, die Wellendurchmesser genau gleich groß zu machen.

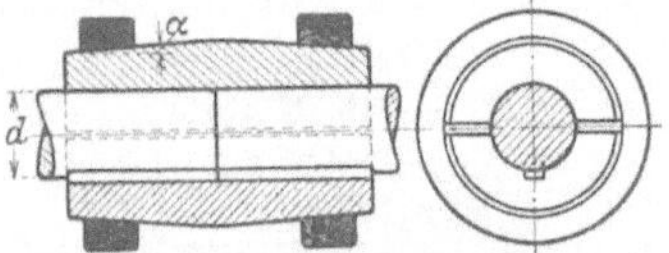

Abb. 9. Hülsenkupplung (nach Jellinek).

2. Nachgiebige Kupplungen lassen eine kleine Verschiebung der Wellenenden zueinander zu, und zwar entweder in axialer oder in radialer Richtung, oder auch so, daß die Wellenmittel einen kleinen Winkel bilden können.

a) **Ausdehnungskupplung** (Abb. 11). Jede Kupplungshälfte ist mit drei Klauen versehen, die ineinander greifen. Zur Zentrierung ist ein Ring eingelegt. Der Einbau einer Ausdehnungskupplung empfiehlt sich in der Mitte von langen Wellensträngen, um die durch die Temperaturunterschiede hervorgerufenen Längenänderungen auszugleichen. Da die Ausdehnungszahl für Eisen $= 0,000011$ ist, dehnt sich z. B. eine Welle von 20 m Länge bei 25° C Temperaturunterschied

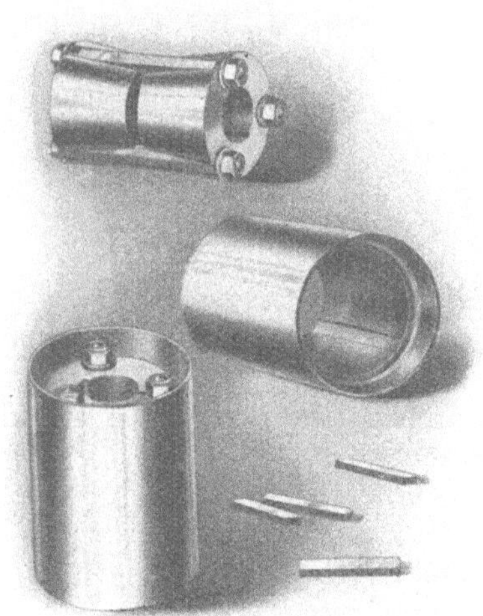

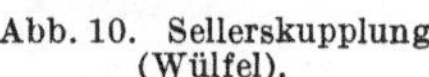

Abb. 10. Sellerskupplung (Wülfel).

Abb. 11. Ausdehnungkupplung (Wülfel, Hannover).

um $20000 \cdot 25 \cdot 0,000011 = 5,5$ mm. Die Klauen sollten von Zeit zu Zeit geschmiert werden, um ein leichtes Verschieben zu ermöglichen.

b) **Elastische Kupplungen** werden für die direkte Verbindung mit elektrischen Maschinen verwendet. Sie gestatten das Einspielen des Ankers und gleichen kleine Ungenauigkeiten in der gegenseitigen Wellenlage der zu kuppelnden Maschinen aus. Abb. 12 zeigt eine Konstruktion ähnlich wie die Scheibenkupplung. Die Schrauben sitzen aber nur in der einen Kupplungshälfte fest; das andere Schraubenende trägt ein Bündel Lederscheiben, das mit etwas Spiel in das entsprechende Loch der anderen Kupplungshälfte eingreift.

Bei der Kupplung nach Abb. 13 wird die Umfangskraft auf einen endlosen Riemen übertragen. Ein Wechsel in der Kraftrichtung zerstört den Riemen rasch.

Abb. 12. Elastische Kupplung (v. Roll, Clus).

c) Die **Kreuzgelenkkupplung** (Cardangelenk) dient zur Verbindung von Wellen, deren Achsen einen kleinen Winkel (5 bis 8°) zueinander bilden und ist im Automobilbau gebräuchlich. Auf den beiden Wellen sitzen Naben, die je zwei Zapfen tragen (Abb. 14). Die vier Zapfen sind in Bronzebüchsen gelagert und durch einen geteilten Ring zusammengehalten, worin sie kreuzweise drehbar sind. Wenn die eine Welle eine gleichförmige Bewegung hat, so erhält die zweite Welle durch die Kupplung Beschleunigungen und Verzögerungen, die um so größer werden, je größer der Ablenkungswinkel ist.

3. Ausrückbare Kupplungen. Sie sollen ein rasches Ein- und Ausrücken gestatten.

a) **Klauenkupplung** (Abb. 15). Auf beiden Wellenenden sitzt je eine Kupplungshälfte, die mit Klauen ineinander greifen. Während die eine Kupplungshälfte fest aufgekeilt wird, ist die andere — auf der treibenden Welle — verschiebbar und mit einer eingedrehten Rille für den Schleifring des Ausrückbügels versehen. Das Einrücken der Kupplung ist nur im Ruhezustand möglich, wenn die Klauen sich gegenseitig in der richtigen Lage befinden. Ein bekannter

Übelstand der Klauenkupplung ist, daß für das Ausrücken während des Betriebes eine große Kraft erforderlich ist. Die Verschiebungskraft ist $P = \mu N$, worin μ die Reibungszahl und N die Kraft ist, mit der die zu verschiebenden Teile zusammengepreßt werden. Beim Ausrücken verschiebt sich die eine Kupplungshälfte gegen die Klauen der anderen, und außerdem längs der Führungsfeder am Wellenumfang. Die Klauenkupplung für eine Welle von 100 mm Durchmesser hat einen Durchmesser in der Klauenmitte von rd. 28 cm. Wenn das Drehmoment $M_d = \dfrac{1}{5} d^3 \tau$ zu 28000 kg·cm angenommen wird, wirkt zwischen den Klauen eine Umfangskraft von $\dfrac{28\,000}{14} = 2000$ kg, und am Wellenumfang eine Kraft von $\dfrac{28\,000}{5} = 5600$ kg, so daß $N = 7600$ kg wird. Da die gleitenden Teile nur wenig oder gar nicht geschmiert sind, ist $\mu = 0,1$ und größer, so daß die Ausrück-

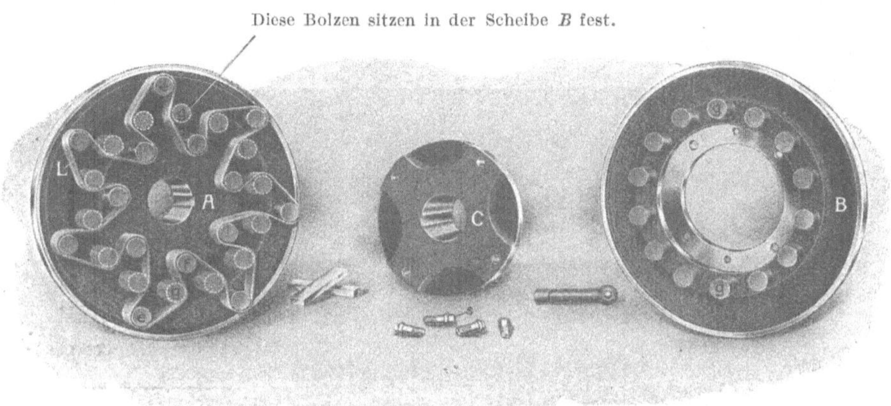

Abb. 13 und 13a. Elastische Kupplung (Cachin-Kupplung, Wülfel, Hannover).

kraft mindestens 760 kg wird. Darum muß der Ausrücker kräftig gelagert sein und eine große Übersetzung haben (Spindelausrücker, Abb. 16). Ungefähr ¾ der totalen Ausrückkraft ist erforderlich, um die Kupplungshälfte auf der Welle zu verschieben.

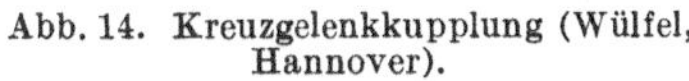

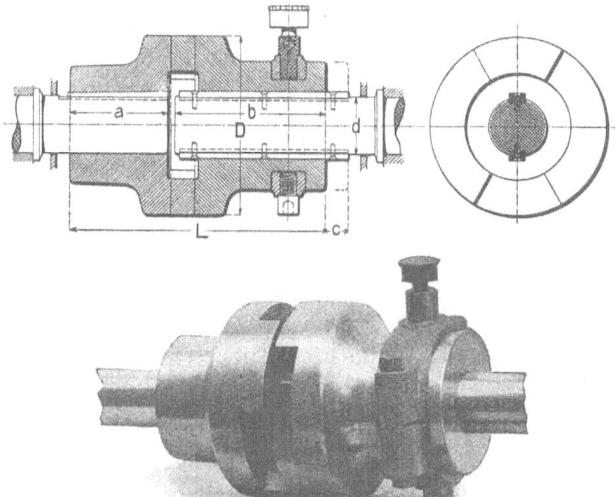

Abb. 14. Kreuzgelenkkupplung (Wülfel, Hannover).

Abb. 15a und 15b. Klauenkupplung (v. Roll, Clus).

b) Die Hildebrandtsche Zahnkupplung vermeidet diesen Übelstand (Abb. 17a u. b). Auf dem einen Wellenende ist der Kupplungsteil A, auf dem anderen der Teil B fest aufgekeilt. Beide sind mit der gleichen Anzahl Zähne versehen. Auf der Nabe des Teiles B sitzt eine verschiebbare Muffe C mit gleichviel Zähnen und mit einer eingedrehten Rille für den Schleifring. Bei ausgerückter Kupplung füllen die Zähne der Muffe stets die Zahnlücken des Teiles B aus. Beim Einrücken schieben sich die Muffenzähne auch in die Lücken des Teiles A und verbinden so die beiden Teile miteinander. Da die Kupplung für die gleiche Welle meist einen größeren Durchmesser hat, wird die Ausrückkraft bedeutend kleiner.

Um in ausgerücktem Zustand unnötige Reibung zu vermeiden, ist der Kupplungsteil B auf die getriebene Welle zu setzen. Für hohe Drehzahlen ist der Schleifring mit seitlichen, leicht auswechselbaren Bronzeringen zu versehen. Wenn das Ausrücken während des Betriebes nicht erforderlich ist, so

Abb. 16. Klauenkupplung mit Spindelausrücker (v. Roll, Clus).

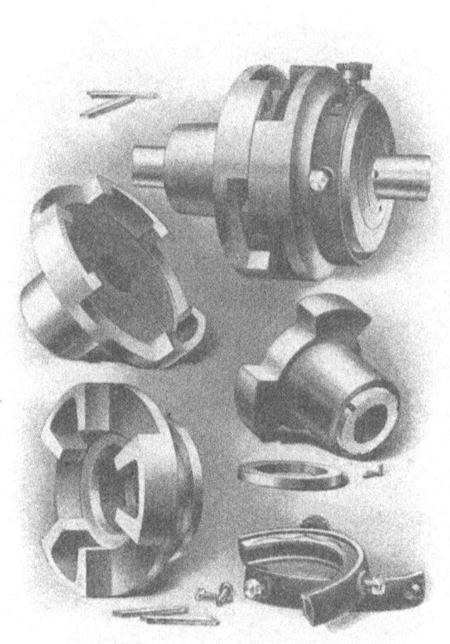

Abb. 17 (Wülfel, Hannover).

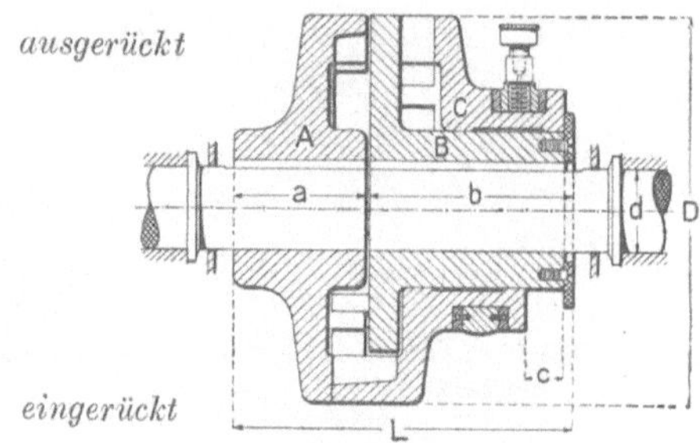

Abb. 17a (v. Roll, Clus).

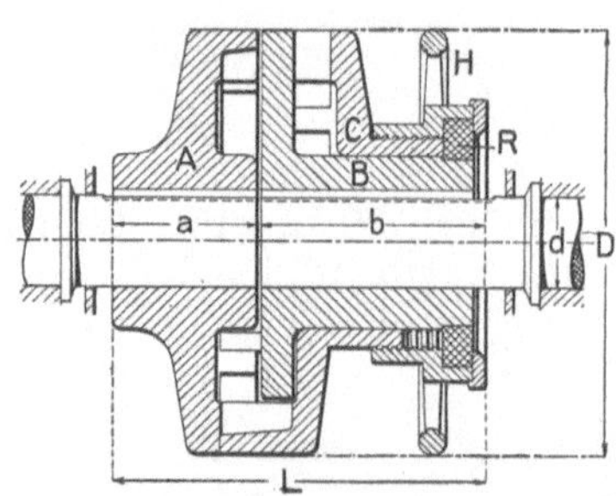

Abb. 17b. Ohne Schleifring (v. Roll, Clus).

Abb. 17 bis 17b. Hildebrandtsche Zahnkupplung.

wird die Verschiebung am besten durch ein Handrad bewirkt, das mit Gewinde direkt auf Muffe C sitzt (Abb. 17b).

c) Reibungskupplungen. Die Verbindung einer stillstehenden Welle mit einer drehenden muß allmählich erfolgen. Ein plötzliches Mitnehmen würde sehr große Beschleunigungskräfte hervorrufen, die (vgl. Heft IV, Verhältnisse beim Anlauf von Maschinen), wenn große Massen in Bewegung zu setzen sind, Welle und Kupplung zum Bruch bringen können. Nur für Antriebe, die langsam laufen und kleine Massen haben, kann ein plötzliches Einschalten zulässig sein, z. B. bei der Kupplung des Zahnrades mit der Stufenscheibe einer Drehbank (Abb. 18). Hier dient auch der Antriebsriemen als elastisches Zwischenglied, um den Stoß zu mildern.

Um die Welle während des Betriebes rasch ein- und ausrücken zu können, werden Reibungskupplungen verwendet. Nach der einfachen Reibungsgleichung: $R = \mu N$, ist die Reibungskraft dem Anpressungsdruck direkt proportional. Die Reibungszahlen für trockene Gleitflächen sind:

$$\text{für Gußeisen auf Gußeisen} \quad \mu = 0{,}1 \quad \text{bis } 0{,}15,$$
$$\text{für Gußeisen auf Leder} \quad \mu = 0{,}15 \quad \text{bis } 0{,}3,$$
$$\text{für Gußeisen auf Holz} \quad \mu = 0{,}2 \quad \text{bis } 0{,}5,$$

also verhältnismäßig groß, so daß kein stoßfreies Einrücken erreicht werden kann und auch die Abnutzung ziemlich stark ist. Darum werden die Reibflächen immer geschmiert. Die

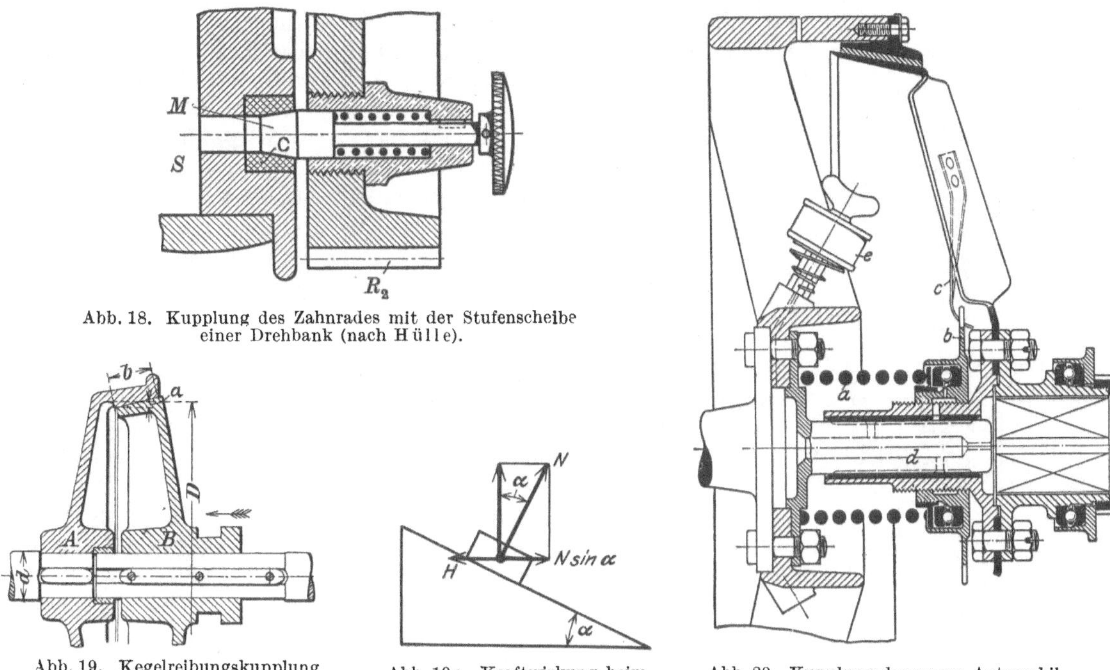

Abb. 18. Kupplung des Zahnrades mit der Stufenscheibe einer Drehbank (nach Hülle).

Abb. 19. Kegelreibungskupplung (nach Jellinek).

Abb. 19a. Kraftwirkung beim Einrücken der Kupplung.

Abb. 20. Kupplung der neuen Automobil-gesellschaft Berlin.

Reibungszahlen geschmierter Flächen sind von einer großen Anzahl Faktoren abhängig (vgl. S. 28, Reibungstheorie). Damit das Öl nicht zu schnell zwischen den Reibflächen weggepreßt wird, sollten diese reichlich groß bemessen werden. Die Einrückzeit der Kupplung ist durch

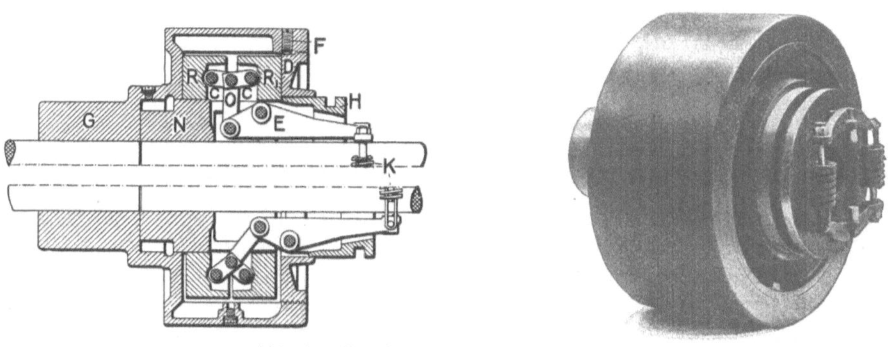

Abb. 21. Bennkupplung (v. Roll, Clus).

die Erwärmung des Öles begrenzt; bei zu langsamem Einrücken kann das Öl so dünnflüssig werden, daß es weggepreßt wird, so daß die letzte Einrückperiode doch bei trockenen Gleitflächen, also mit Stoß, erfolgt. Gute Reibungskupplungen müssen nachstellbare Reibflächen haben, um die unvermeidliche Abnutzung ausgleichen zu können.

Die einfachste Bauart einer Reibungskupplung ist die Kegelkupplung (Abb. 19). Die hori

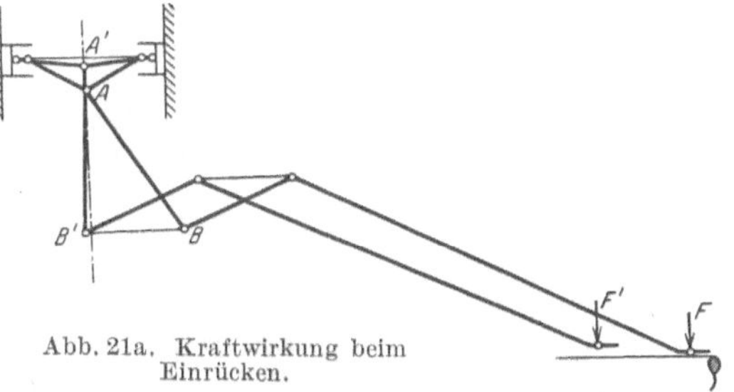

Abb. 21a. Kraftwirkung beim Einrücken.

zontale Einrückkraft H erzeugt am ganzen Umfang der Reibflächen einen gleichmäßigen Druck p, der (nach der Kesselformel Heft I, S. 61) für jede Kupplungshälfte zu einer Resultierenden $N = pDb$ zusammengesetzt werden kann. Dann ist $H = N \sin \alpha$, denn die Reibung in der Richtung der geneigten Fläche kann vernachlässigt werden, da die Hauptbewegung (eine Drehung um die Wellenachse) senkrecht dazu erfolgt. Wenn P die übertragbare Umfangskraft ist, dann ist $N = \dfrac{P}{\mu}$ und $H = \dfrac{P}{\mu}\sin\alpha\,{}^*$.

Eine geringe Schrägstellung des einen Konus gegen den anderen führt zu einem einseitigen Anliegen und so zum stoßweisen Einrücken. Der Hauptnachteil dieser Kupplung liegt jedoch

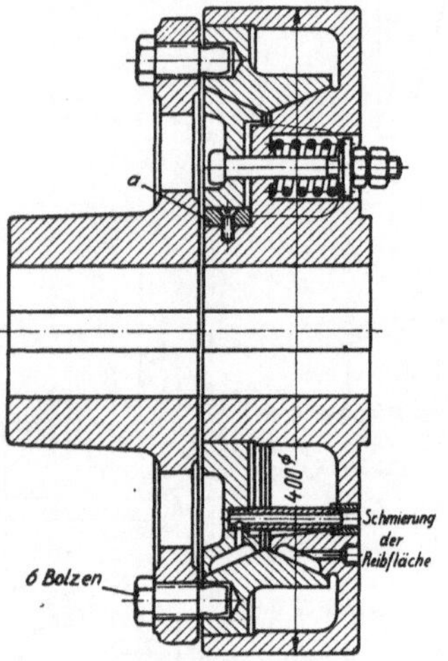

Abb. 22. Rutschkupplung (Stückenholz, nach Rötscher).

darin, daß die Muffe während der ganzen Betriebszeit angepreßt bleiben muß. Um die Abnützung an der Muffe zu verringern, verwendet man dann Kugellager. Diese Kupplung kommt heute noch im Automobilbau vor (Abb. 20), denn es gibt keine Reibungskupplung, die auch nur annähernd so kurz gebaut werden kann, wie die Kegelkupplung. Die Spiralfeder a preßt die beiden Kupplungshälften während des Fahrens zusammen; beim Ausschalten muß die Federkraft überwunden werden. Um ein möglichst gleichmäßiges Anliegen zu erreichen, werden die Gleitflächen federnd angeordnet.

Um eine dauernde Kraftaufwendung an der Muffe zu erübrigen, führt man alle Reibungskupplungen so aus, daß sie sich selbst geschlossen halten. Abb. 21a zeigt an der Bennkupplung, wie durch die Federkraft F der Hebel $A'B'$ nach Überschreiten der vertikalen Stellung in seiner Lage festgehalten wird. Die Kupplung hat eine vollständig glatte äußere Form; die Reibflächen werden durch Öl selbsttätig geschmiert und die Abnützung kann durch Nachstellen des Deckels ausgeglichen werden.

Reibungskupplungen werden gelegentlich auch als Sicherung gegen Überlastungen verwendet, um Brüche zu verhindern (Kranbau, Antrieb von Kettenrosten usw.). Die Kupplungsflächen gleiten, wenn die Umfangskraft eine bestimmte, durch Federn einstellbare Größe überschreitet (Rutschkupplung, Abb. 22). An Stelle der teuren Kupplungen werden manchmal auch Abscherbolzen eingesetzt, um den Bruch wichtiger Teile zu verhindern (z. B. bei Blechscheren).

C. Zapfen und Gleitlager.

Die Lager dienen zum Stützen der Welle; der im Lager ruhende Wellenteil wird Zapfen genannt. Je nachdem die Welle in der Quer- oder in der Längsrichtung gestützt wird, unterscheidet man:

Querlager (Traglager, Radiallager),
Längslager (Spurlager, Drucklager, Stützlager, Axiallager).

Wenn Zapfen und Lagerkörper sich direkt berühren, spricht man von Gleitlagern, in Gegenüberstellung zu den Wälzlagern, bei denen die Auflagerkräfte durch eine Reihe von Kugeln oder Rollen übertragen werden.

1. Schmiermittel und Schmiermethoden. Die Schmiermittel dienen zur Verminderung der Reibung; man unterscheidet Öle und Fette (Starrschmiere), je nachdem sie bei Zimmertemperatur flüssig oder fest sind. Nach dem Ursprung trennt man sie weiter in pflanzliche und tierische Öle (kurz fette Öle genannt) und Mineralöle.

Bei den pflanzlichen Produkten wird das Öl aus der Saat durch Mahlen und Pressen gewonnen, Olivenöl, Erdnußöl (Arachisöl), Rizinusöl, Rüböl (aus Raps). Die tierischen Produkte gewinnt man durch Auskochen und Schmelzen (Klauenöl, Tran, Talg). Die so gewonnenen Öle müssen natürlich noch (durch Zentrifugen und Filterpressen) gereinigt und von Fettsäuren befreit werden.

---

* Wenn die Reibungsverhältnisse beim Einrücken von Kegelreibkupplungen auch durchaus klar liegen, scheint doch heute noch keine Einigkeit darüber zu bestehen. Bach sowie das neueste Werk von Rötscher über Maschinenlemente und verschiedene Handbücher berücksichtigen noch die zusätzliche Reibung in der axialen Richtung und schreiben:

$$H = \frac{P}{\mu}(\sin\alpha + \mu\cos\alpha),$$

obschon H. Bonte (Z. V. d. I. 1915, S. 1030) durch Versuche den Nachweis gebracht hat, daß die Formel $H = \dfrac{P}{\mu}\sin\alpha$ die richtige ist.

Ursprünglich wurden zur Schmierung ausschließlich pflanzliche und tierische Öle und Fette verwendet. Seit 1860, nachdem die ersten Petrolquellen erbohrt wurden, hat man gelernt, aus Erdöl hervorragend geeignete Schmiermittel zu gewinnen (die Mineralöle), die die fetten Öle fast vollständig verdrängt haben. Das Roherdöl, ein Gemisch von verschiedenen Kohlen-

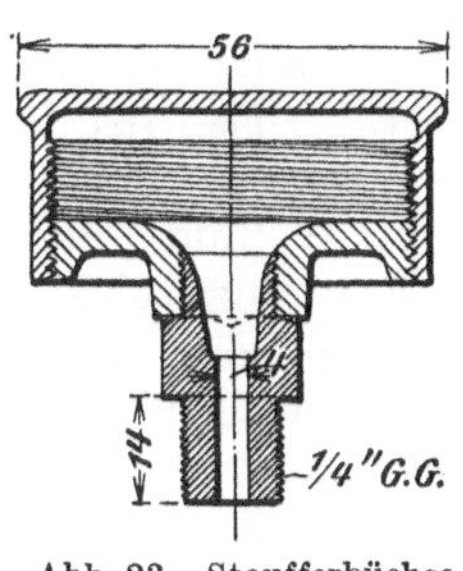

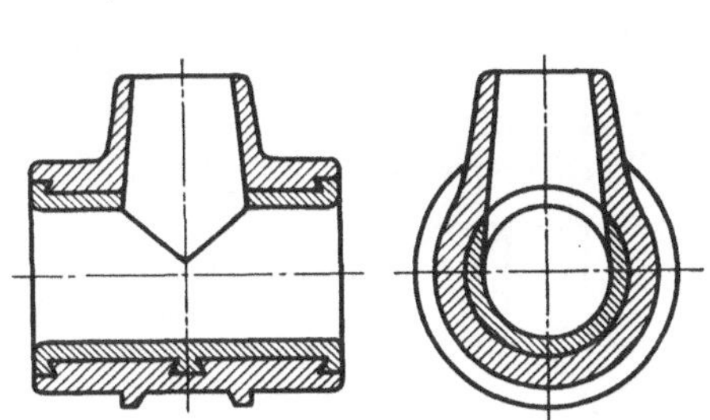

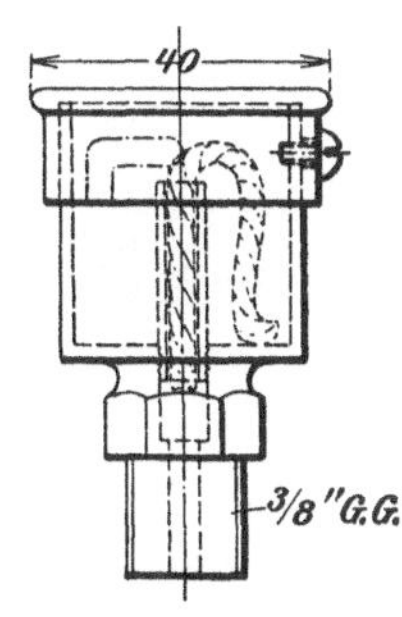

Abb. 23. Staufferbüchse (nach Jellinek).

Abb. 24. Fettkammerschmierung.

Abb. 25. Dochtöler (nach Jellinek).

wasserstoffverbindungen, wird in den Raffinerien auf die mannigfaltigsten Produkte verarbeitet. Die Aufbereitung geschieht zunächst durch Destillation in den drei Hauptfraktionen:

Rohbenzin (bis 150° C siedend),
Leuchtpetrol (von 150 bis 300° C siedend),
Petrolrückstände (Masut), über 300° C siedend.

Aus den letzteren werden durch weitere fraktionierte Destillation Schmieröle verschiedener Zähigkeit gewonnen: Gasöl, Spindelöl, leichte bis schwere Maschinenöle, Zylinderöl und als letztes das natürliche Vaselin.

Die Destillate sind meist undurchsichtig, in der Draufsicht braun bis grünschwarz; die Färbung rührt von den in Öl gelösten Asphaltteilchen her. Sie enthalten auch noch sauerstoff- und schwefelhaltige Verbindungen und organische Säure. Solche Öle erleiden an der Luft und bei der Berührung mit Metallen wesentliche Änderungen (verharzen), so daß sie für dauernde Schmierung unbrauchbar sind. Darum müssen sie noch durch Schwefelsäure raffiniert werden, worauf eine Nachbehandlung mit alkalischen Mitteln (Natronlauge oder Sodalösung) folgt. Bei der Raffination entstehen nicht unbeträchtliche Verluste, wodurch der höhere Preis der Raffinate erklärt ist.

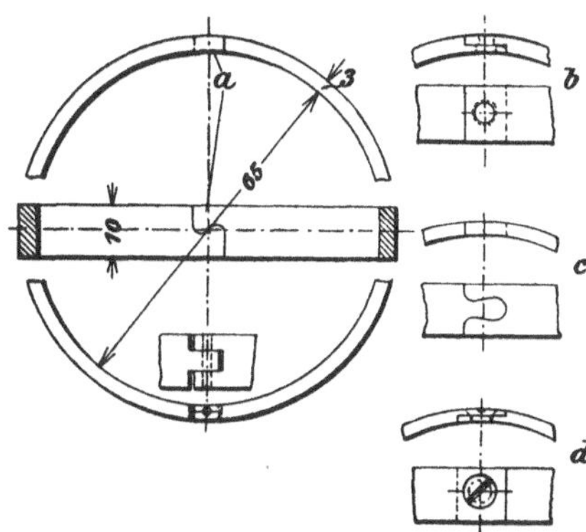

Um Öle von höherer Zähigkeit herzustellen, gibt es zwei Verfahren:

1. Durch Einblasen von Luft in fette Öle bei 70 bis 120° C wird ein Teil der ungesättigten Fettsäuren oxydiert und ein andrer Teil tritt zu größeren Molekülgruppen zusammen, wodurch eine Steigerung der Zähflüssigkeit erreicht wird, bis 50° E* bei 50° C (geblasene oder kondensierte Öle).

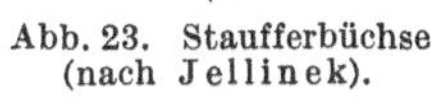

Abb. 26. Tropföler (nach Jellinek).

Abb. 27. Loser Schmierring, zweiteilig mit Verbindungen (nach Jellinek).

2. Die Öle werden unter vermindertem Druck (etwa 65 mm Hg) und in einer Wasserstoffatmosphäre den Einwirkungen elektrischer Glimmentladungen ausgesetzt, wodurch Zähigkeiten bis 170° E bei 100° C erreicht werden können. (Voltolisierungsverfahren der Ölwerke Stern-Sonneborn A.-G. in Hamburg.)

Die Starrschmiere (konsistentes Fett, Staufferfett) wird durch Verrühren von Öl mit Kalkseife (zur Verdickung) hergestellt. Die Schmierwirkung muß man sich so vorstellen, daß

---

* Die Zähigkeit wird in Englergraden gemessen. Vgl. S. 29.

bei Überwindung der Reibung eine Temperaturerhöhung eintritt, die das Fett zum Erweichen
bringt. Der Schmelzpunkt darf also nicht zu hoch liegen, da sonst die Lager unnötig warm
werden, aber auch nicht zu tief, weil dann im Sommer das Fett von selbst wegfließt. Durch
richtige Wahl der Rohstoffe kann das Fett mit der für jeden Zweck gewünschten Konsistenz
hergestellt werden.

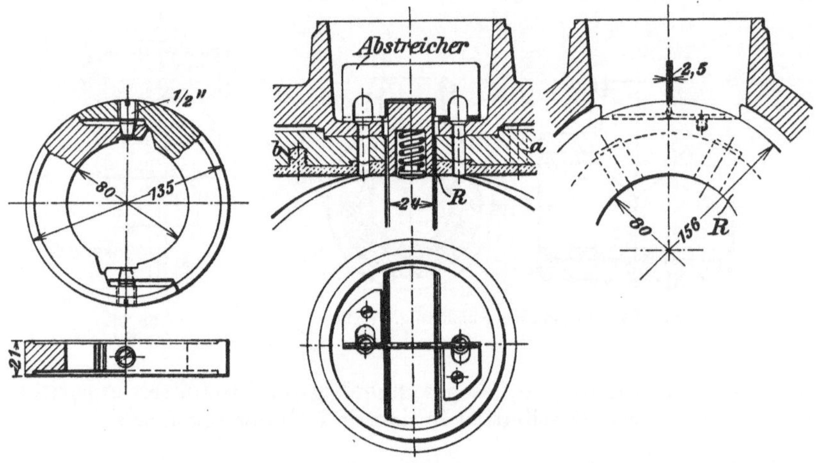

Graphit wird oft den Schmiermitteln zugesetzt. Es wird bergmännisch gewonnen
(Ceylon) und kommt als Flockengraphit oder Pulvergraphit in verschiedenen Feinheitsgraden
in den Handel. Die Reinheit (Aschengehalt) ist für die Güte maßgebend; kleine Beimengungen
von Quarz wirken außerordentlich schädlich. In jüngster Zeit ist es gelungen, Graphit künstlich in

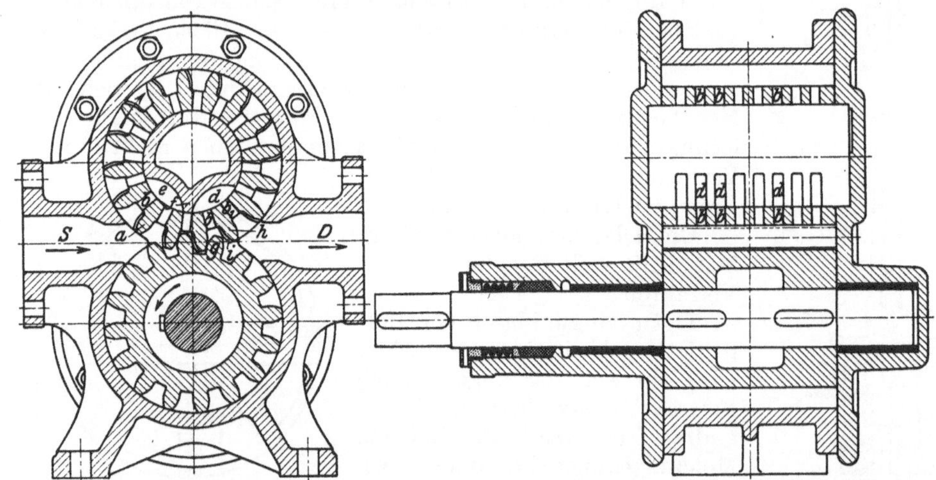

Abb. 28 und 28a. Fester Schmierring mit Abstreicher (nach Jellinek).

sehr großer Reinheit und äußerst fein herzustellen. Die Wirkung von Graphit beruht darauf,
daß es die Gleitflächen wesentlich glättet (vgl. S. 26) und außerdem, bei ungenügender Schmierung, das Anfressen verhindert.

Für die Fettschmierung werden hauptsächlich Staufferbüchsen (Abb. 23) verwendet,
mit denen die Schmierung recht unregelmäßig und nur dann wirksam ist, wenn rechtzeitig,
durch Nachdrehen des Deckels, etwas Fett herausgepreßt wird. Trotzdem die Schmiernuten
einen Fettvorrat enthalten, schwanken die Reibungszahlen stark. Bedeutend besser ist die

Abb. 29. Zahnrad-Ölpumpe von Neidig (Mannheim) für konstante Drehrichtung (nach Dubbel, Ölmaschinen).

Fettkammerschmierung (Abb. 24). Das Fett ruht mit einer breiten Fläche auf der Welle; wenn
der Schmelzpunkt richtig gewählt ist, ist diese Schmierung auch sparsam im Gebrauch. Es sind
dabei viel höhere Belastungen und Gleitgeschwindigkeiten zulässig als bei der Staufferschmierung.

Bei der Ölschmierung unterscheidet man zwei grundverschiedene Methoden:

a) Dem Lager wird nur so wenig Öl zugeführt, wie mit Rücksicht auf das Warmlaufen noch
gerade zulässig ist (Dochtschmierung, Abb. 25, und regulierbarer Tropföler, Abb. 26). Der
Dochtschmierung verwandt ist die bei Eisenbahnfahrzeugen gebräuchliche Polsterschmierung,
bei der ein Ölkissen durch Federn gegen den Zapfen gedrückt wird. Das verbrauchte Öl tritt
an den Endflächen des Lagers aus. Während des Stillstandes der Maschine muß die Ölzufuhr
abgestellt werden. Gleitstellen, die durch eine gelegentliche Zuführung von wenigen Öltropfen
mit der Kanne ausreichend geschmiert werden, erhalten keine eigentlichen Schmierapparate,

sondern nur eine erweiterte Bohrung; diese sollte aber durch kleine Klappenöler gegen Eindringen von Staub geschützt werden.

b) Dem Lager wird Öl im Überfluß zugeführt: es schwimmt im Öl. Man trägt aber Sorge,

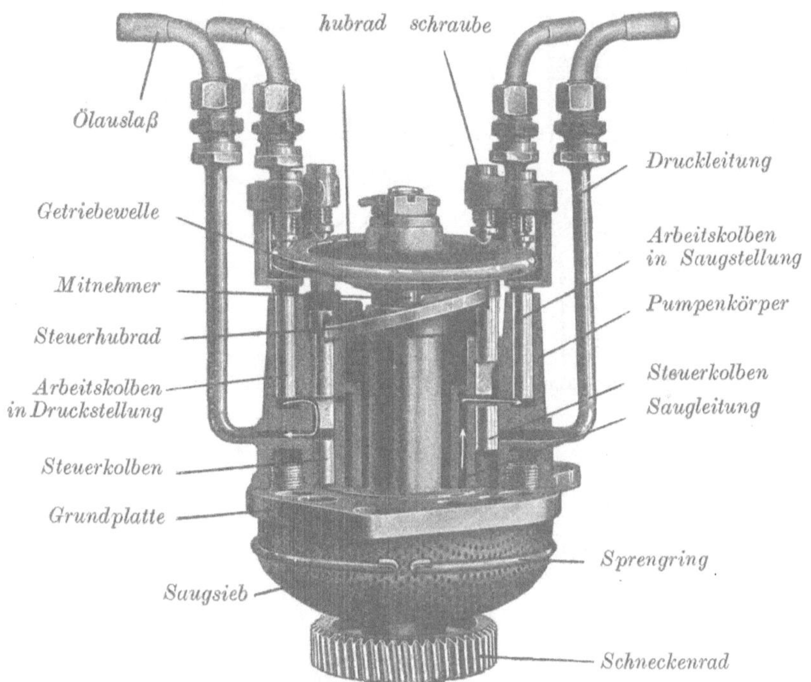

Abb. 30. Getriebe eines Bosch-Ölers mit zwei Pumpenkörpern im Schnitt. Durch Rechtsdrehen der Verstellschraube wird der Kolbenhub und damit die Ölmenge verringert.

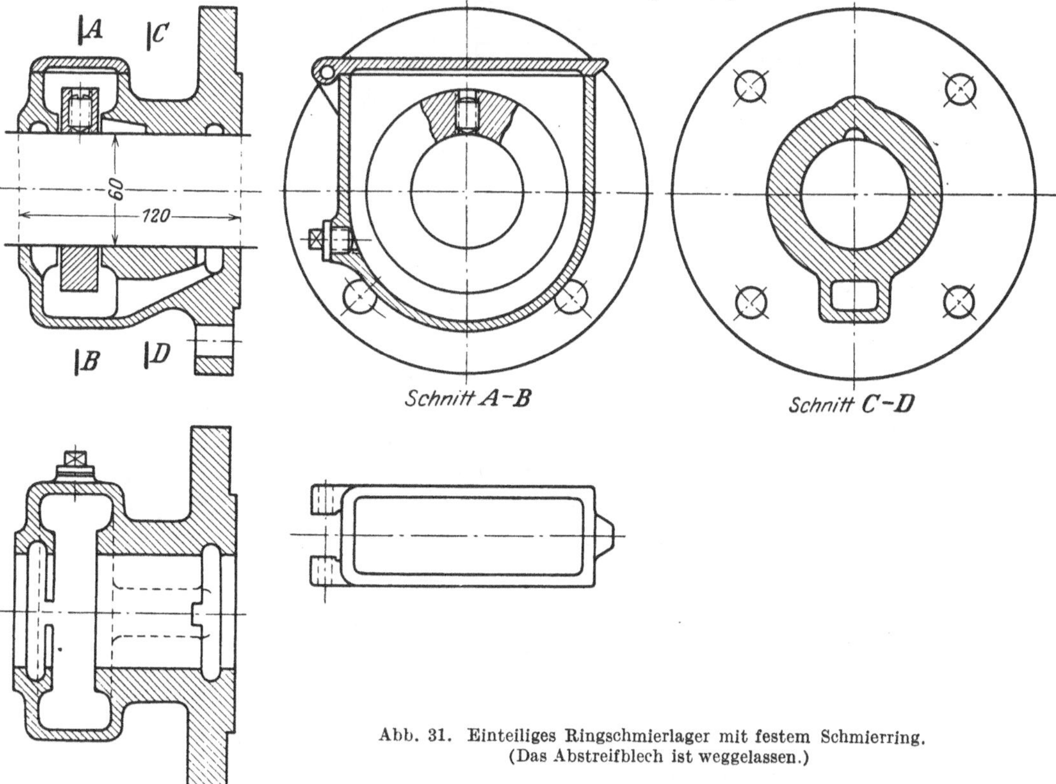

Abb. 31. Einteiliges Ringschmierlager mit festem Schmierring.
(Das Abstreifblech ist weggelassen.)

daß kein Tropfen Öl aus dem Lager verloren geht (Spülschmierung). Die Schmierung erfolgt durch Ringe oder durch Pumpen. Der lose Ring wird durch Reibung von der drehenden

125
60

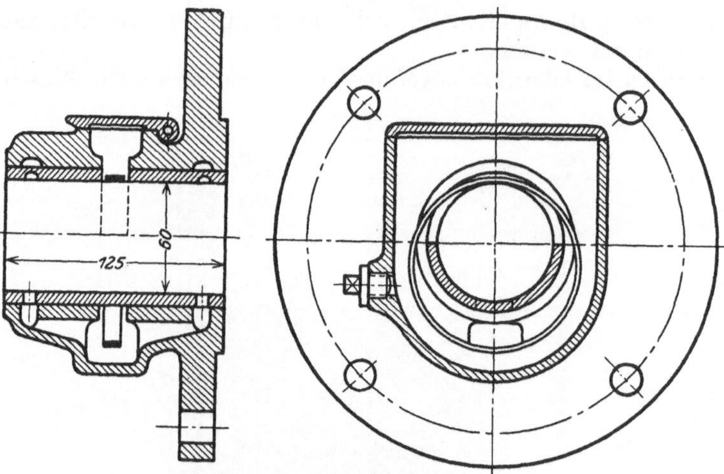

Abb. 32. Einteiliges Ringschmierlager mit losem Schmierring und Bronzebüchse.

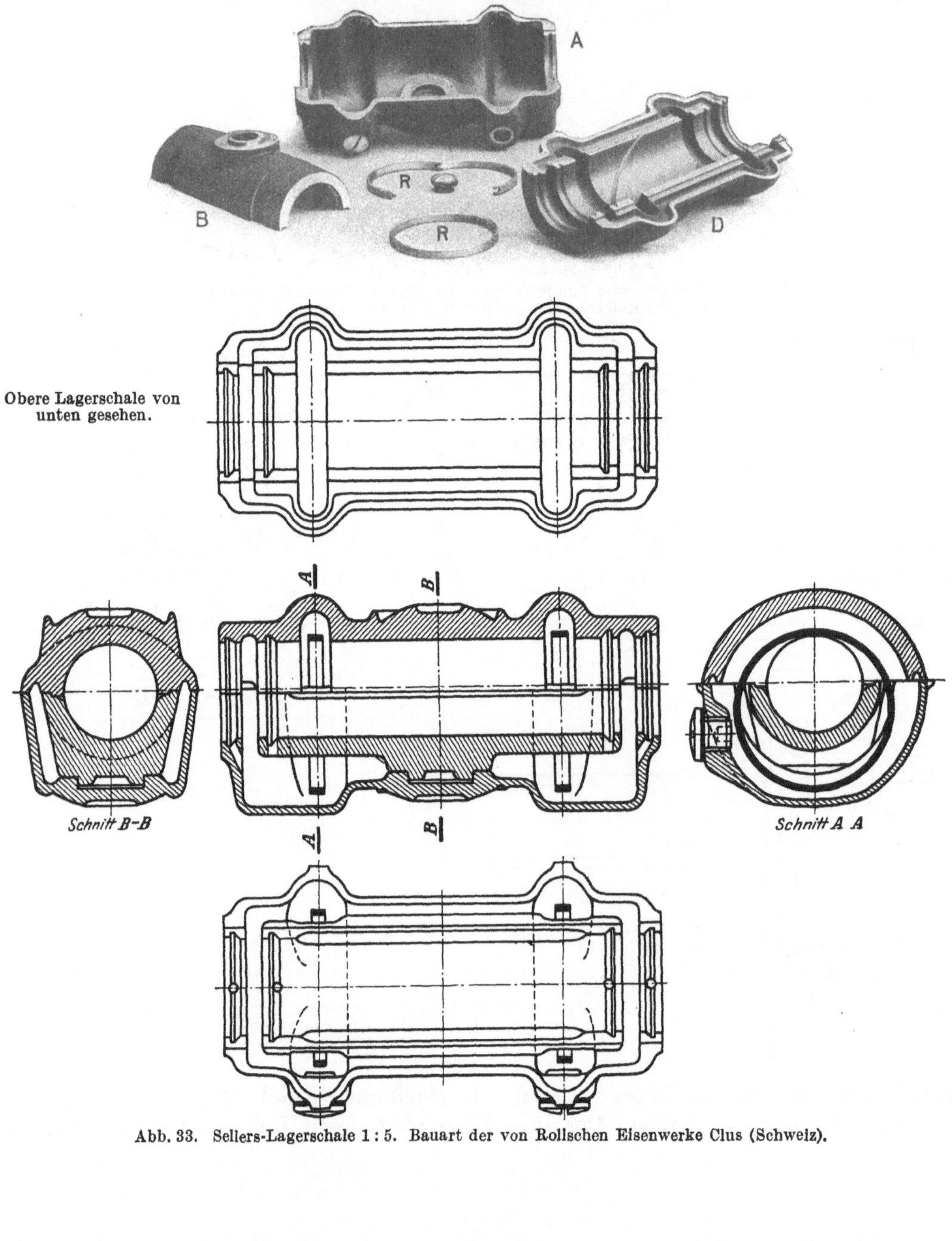

A
B
R
R
D
Obere Lagerschale von unten gesehen.
A
B
Schnitt B-B
Schnitt A A

Abb. 33. Sellers-Lagerschale 1 : 5. Bauart der von Rollschen Eisenwerke Clus (Schweiz).

Welle mitgenommen (Abb. 27), hebt das daran haftende Öl aus dem Ölbehälter und führt es der Welle zu. Die Ringe müssen genau rund sein und dürfen keine Vorsprünge haben (z. B. an den Verbindungsstellen), da sie sonst hängen bleiben. Der feste Ring (Abb. 28 u. 28a) ist durch Federn oder durch Stellschraube mit der Welle verbunden, dreht sich zwangläufig mit der Welle und fördert bedeutend mehr Öl, namentlich auch bei kleinen Drehzahlen. Die Laufflächen werden also, solange die Welle sich dreht, selbsttätig geschmiert; mit dem Stillstand der Maschine hört auch die Schmierung auf.

Für niedere Drücke (Lagerschmierung) wird hauptsächlich die Zahnradpumpe (Abb. 29) verwendet, die

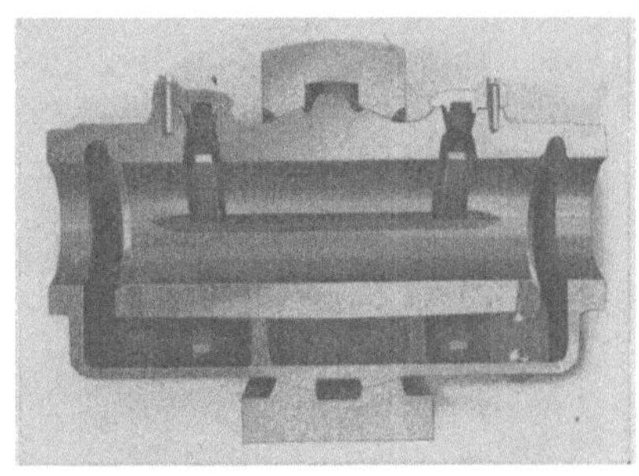

Abb. 34. Sellers-Lager (Bauart Bamag).

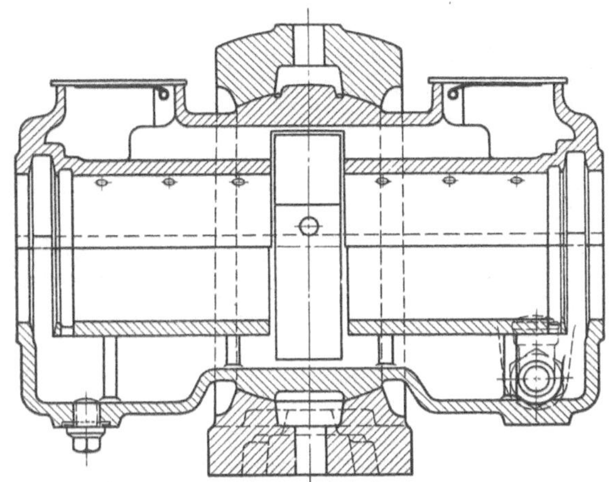

äußerst einfach in ihrem Aufbau. (billig) ist und doch zuverlässig arbeitet. Die Förderung erfolgt der Gehäusewand entlang durch Mitnahme von Öl in den Zahnlücken. Die Berührung der Zahnräder an der Eingriffstelle bildet die Abdichtung zwischen Saug- und Druckraum. Der Hohlzapfen des oberen Zahnrades, in dessen Lücken sich Bohrungen b befinden, ist mit zwei Kammern d und e versehen. Diese Einrichtung bezweckt, dem zwischen den eingreifenden Zähnen befindlichen Öl den Weg zum Druck-, resp. Saugraum frei zu legen, da das inkompressible Öl sonst sehr starke Belastungen der Zapfen verursachen würde. Eine Schmierpumpe für hohe Drücke (Zylinderschmierung) zeigt Abb. 30. Meist sind mehrere Schmierstellen an einen Zentralapparat angeschlossen.

Abb. 35 u. 35a. Sellers-Ringschmierlager mit festem Schmierring (Bauart Eisenwerk Wülfel).

Abb. 36. Festes Stehlager (Bauart v. Roll, Clus). Verbindungsschrauben durchgehend, da durch die höher liegende Trennfläche gehend.

2. Formgebung der Ringschmierlager. Die einfachste und billigste Ausführung ist das einteilige Lager (Abb. 31). Bei allen Ringschmierlagern muß darauf geachtet werden, daß kein Tropfen Öl aus dem Lager entweichen kann. Darum sollte man keine Ölablaßschrauben vorsehen, die, wenn sie nicht sehr sorgfältig ausgeführt werden, fast immer tropfen. Dagegen sind Öffnungen zur Kontrolle des Ölstandes im Lager immer notwendig. Durch diese Öffnungen kann das Lager mittels einer Pumpe mit Öl gefüllt und auch entleert werden. Damit kein Öl der Welle entlang laufen kann, sind an den Enden der Gleitflächen scharfe Abstreichkanten anzuordnen.

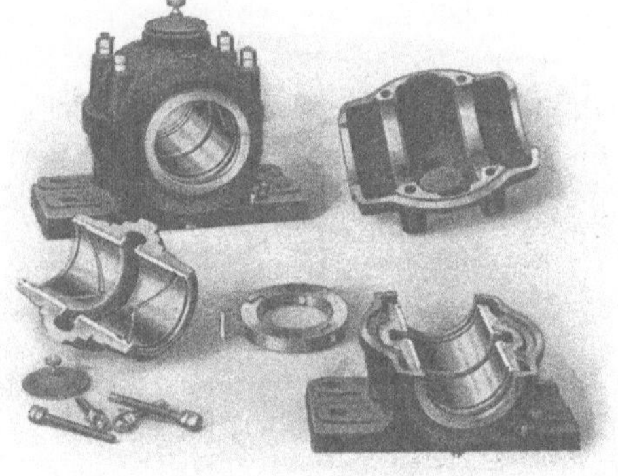

Abb. 37. Stiftschrauben als Verbindungsschrauben.

Abb. 38 und 38a. Im Ölraum endende Verbindungsschrauben.

Abb. 37 und 38. Festes Stehlager (Bauart Wülfel).

Bei der Formgebung ist darauf zu achten, daß die Kerne möglichst einfache Formen erhalten und nirgends schwächer als etwa 8 mm werden. Die Eisenstärke des Lagers soll mit Rücksicht auf die Wärmeableitung (vgl. S. 50) kräftig gewählt werden.

Um nach der Abnutzung nicht das ganze Lager erneuern zu müssen, wird eine auswechselbare Bronzebüchse als Lauffläche eingebaut (Abb. 32). Die Büchse wird mit Preßsitz eingepaßt oder durch Schrauben gegen Verdrehung gesichert.

Einteilige Lager sind nur dann brauchbar, wenn die Welle oder die Lager von der Seite angebracht werden können. Das ist der Fall bei kleineren Maschinen, die nur zwei Lager haben (Elektromotoren, Pumpen, Ventilatoren usw.). Andernfalls müssen geteilte Lager verwendet werden, die in der Herstellung und in der Bearbeitung natürlich teurer sind. Die beiden Lagerhälften werden durch eine Paßkante in der gegenseitigen Lage genau festgehalten. Um zu verhindern, daß das Öl der Trennfläche entlang laufen kann, darf die Lauffläche an keiner Stelle direkt mit dem Außenraum in Verbindung stehen, sondern muß durch Hohlräume oder durch eine hochstehende Kante davon getrennt bleiben. Die Abbildungen 33 bis 40 zeigen einige gute Ausführungsformen.

Wenn die Löcher für die Verbindungsschrauben im erhöhten Teil der Trennfläche liegen, dann ist keine Gefahr vorhanden, daß Öl den Schrauben entlang verloren geht. Es können dann durchgehende Schrauben

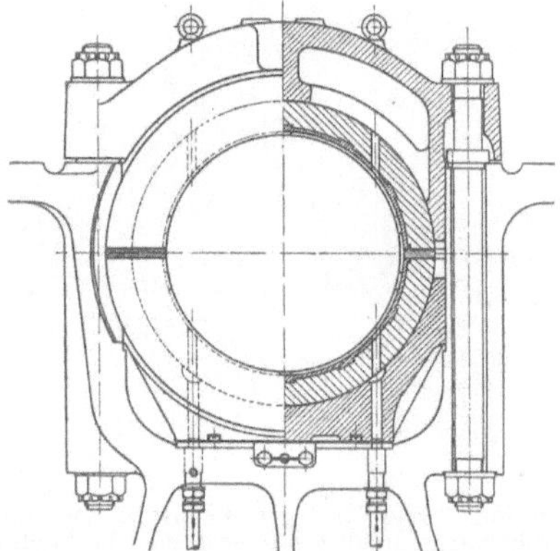

Abb. 39. Hauptlager eines Dieselmotors mit Druckölschmierung. Gebr. Sulzer, Winterthur (nach Dubbel, Ölmaschinen).

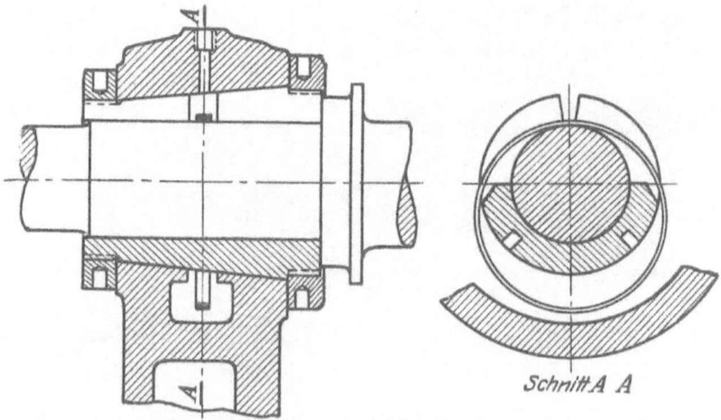

Abb. 40. Nachstellbares Drehbanklager. Das Wellenmittel bleibt in gleicher Höhe.

verwendet werden (Abb. 36). Liegen die Löcher in der tiefer liegenden Trennfläche, dann dürfen sie nicht mit dem Außenraum in Verbindung stehen (Abb. 37 Stiftschrauben, und Abb. 38, die Öffnungen enden im Ölraum).

Die Lagerschalen werden entweder fest angeordnet, Abb. 36 bis 40, oder sind in einer Kugelkalotte beweglich gelagert (Sellers-Lager), Abb. 33 bis 35.

Abb. 41 und 41a. Bundlager (v. Roll, Clus).

Abb. 33 und 34 zeigen zwei verschiedene Ausführungsformen der Sellers-Lagerschalen. In Abb. 33 sind untere Lagerschale und Ölbehälter getrennt und passen durch eine bearbeitete Ringfläche aufeinander. Man erreicht damit, daß die Schalen ohne Kern zu formen sind und keine Verunreinigung des Schmieröles durch zurückbleibenden Kernsand möglich ist. Dagegen ist die direkte Wärmeableitung von der Lauffläche nach außen etwas ungünstiger, was aber für schwach belastete Transmissionslager nicht von großer Bedeutung ist.

Sämtliche Wellen müssen gegen axiale Verschiebung gesichert werden. Wenn ein fester Schmierring vorhanden ist, so kann dieser gleichzeitig als Stellring dienen (Abb. 35). Beim losen Schmierring werden Wellenbunde verwendet, die warm aufgezogen werden. Einen Bund, der in einer eingefrästen Nute in der Mitte der Lagerschale läuft, erhalten Sellers-Lager (Abb. 41), zwei Bunde an den Stirnflächen der Lagerschalen erhalten die Lager mit festen Schalen (Abb. 41a).

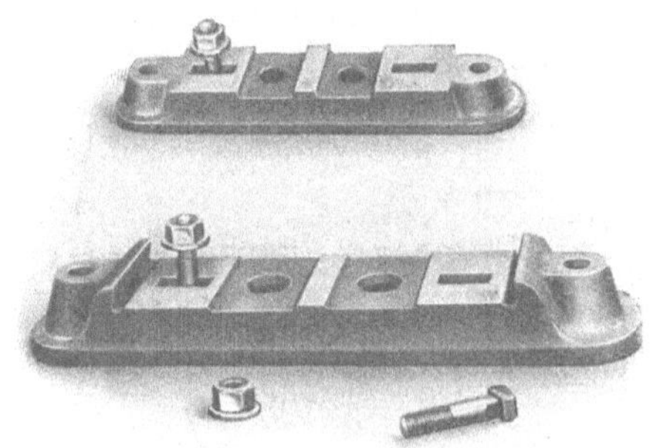

Abb. 42. Sohlplatten.

Zur Unterstützung des Lagers dienen Sohlplatten, Abb. 42. Bis 90 mm Lager ohne seitliche Nasen, da die Erfahrung gezeigt hat, daß die Verschraubung zur Sicherung gegen Querverschiebung ausreicht.

Normale Fußschrauben (Hammerschrauben mit Nasen) nach Abb. 43 lassen sich nach einer Drehung um 90⁰ in Aussparungen des Lagerkörpers hineinziehen, so daß die Lager ohne Hochheben der Welle seitlich abgezogen werden können.

Hängelager für Deckentransmissionen sind auch in umgekehrter Anordnung auf Fußboden verwendbar. Die normalen Ausladungen sind auf 300, 400, 500, 600 und 700 mm beschränkt. Durch Verstellen

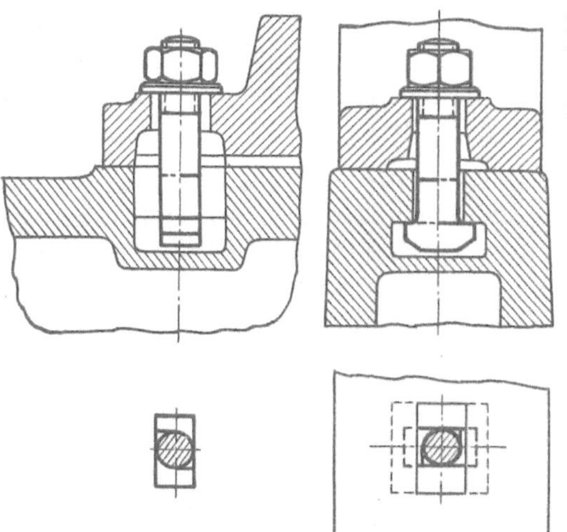

Abb. 43. Normale Fußschraube.

Abb. 44. Mauerkasten für die Durchführung einer Welle durch die Wand (v. Roll, Clus).

der Lagerschalen mittels Gewindespindeln können Unebenheiten der Decke ausgeglichen werden. Der Bügel ist als stark gekrümmter Träger nach den Angaben in Heft I, Seite 43 zu berechnen. Der vorgelegte Riegel (Abb. 46a) dient zur Verstärkung.

3. Allgemeine Rechnungsgrundlagen. Zapfen und Gleitlager sind gemeinsam, und zwar nach folgenden Gesichtspunkten zu berechnen:

a) Auf Festigkeit und Formänderung. Weder die größte Beanspruchung noch die Formänderung darf bestimmte Grenzen überschreiten.

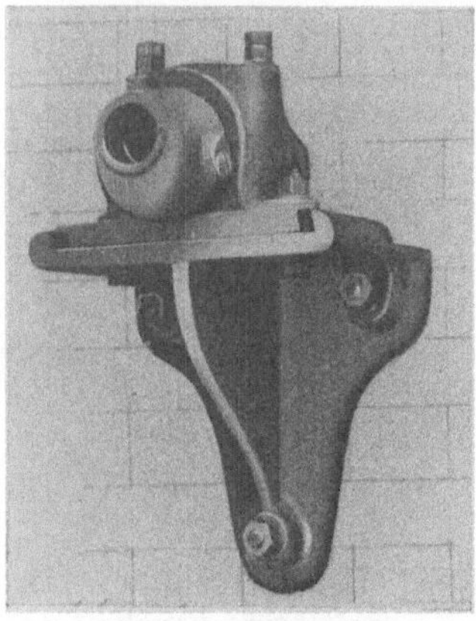

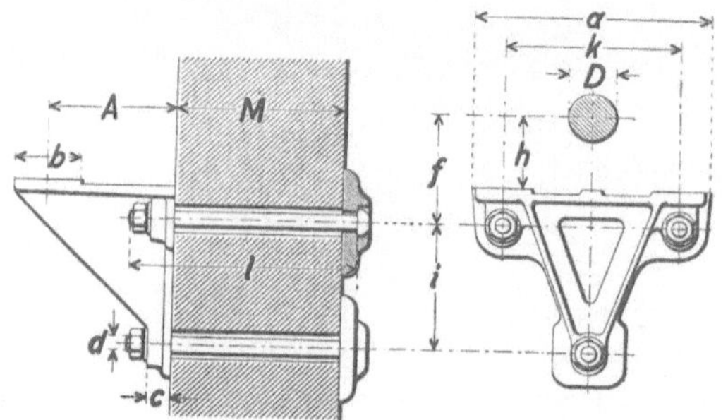

Abb. 45. Bauart Clus.   Abb. 45a. Bauart Wülfel.

Abb. 45 und 45a. Winkelarme.

b) Auf Flächenpressung. Die Pressung zwischen Zapfen und Lagerschale darf an keiner Stelle so groß werden, daß das Öl dazwischen weggepreßt wird.

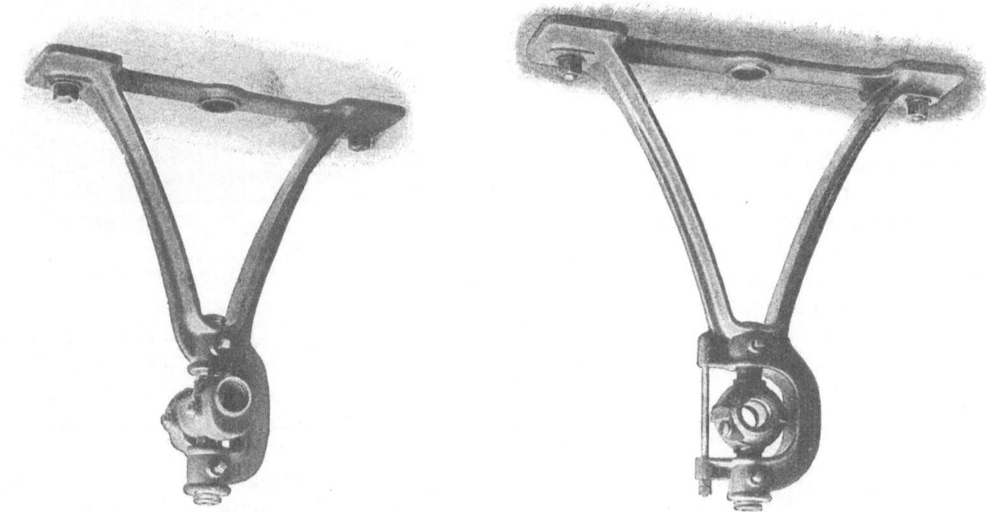

Abb. 46 und 46a. Hängelager (v. Roll, Clus).

c) Auf Erwärmung. Die in Wärme umgesetzte Reibungsarbeit muß ohne schädliche Erhöhung der Lagertemperatur abgeleitet werden.

Die drei Gesichtspunkte sind eng miteinander verknüpft und können nur im Zusammenhang richtig beurteilt werden.

a) Die Festigkeitsrechnung und die Bestimmung der Formänderung sind schon bei der Wellenberechnung behandelt worden. Es bleibt noch zu untersuchen, ob die Berechnung auf Biegung und Schub keine höhere Beanspruchung oder größere Formänderung ergibt als die übliche Berechnung auf Biegung allein.

Abb. 47. Wandgabellager (in zwei Richtungen einstellbar), (v. Roll, Clus).   Abb. 47a. Wandarm (nur in einer Richtung einstellbar).

Wenn eine gleichmäßig verteilte Lagerbelastung angenommen wird, ist die Biegungsspannung in der Entfernung η:

$$\sigma_b = \frac{M_b}{J}\,\eta = \frac{\dfrac{P\,l}{2}}{\dfrac{\pi}{4}\,r^4}\cdot r\sin\varphi = \frac{2\,P\,l}{\pi\,r^3}\sin\varphi\,.$$

Die Schubspannung am Umfang (Heft I, S. 37) des kreisförmigen Querschnittes:

$$\tau = \frac{4}{3}\frac{P}{f}\cos\varphi = \frac{4\,P}{3\,\pi\,r^2}\cos\varphi = \frac{2\,P\,l}{\pi\,r^3}\cdot\frac{2\,r}{3\,l}\cos\varphi\,.$$

Damit wird die maximale Schubspannung (Heft I, S. 14)

$$\tau_{\max} = \frac{1}{2}\sqrt{\sigma_b^2 + 4\,\tau^2} = \frac{1}{2}\sigma_{\mathrm{zul}} = \frac{P\,l}{\pi\,r^3}\sqrt{\sin^2\varphi + \left(\frac{4\,r}{3\,l}\cos\varphi\right)^2}\,.$$

Sobald $\sin^2\varphi + \left(\dfrac{4\,r}{3\,l}\cos\varphi\right)^2 > 1$ ist, muß der Zapfen auf zusammengesetzte Festigkeit berechnet werden. Das ist immer der Fall, wenn

$$\frac{4\,r}{3\,l} > 1 \quad\text{oder}\quad l < \frac{2}{3}\,d \quad\text{ist.}$$

Solche kurze Zapfen kommen selten vor.

Bei der Formänderung ist neben der Schiefstellung auch die Krüm-

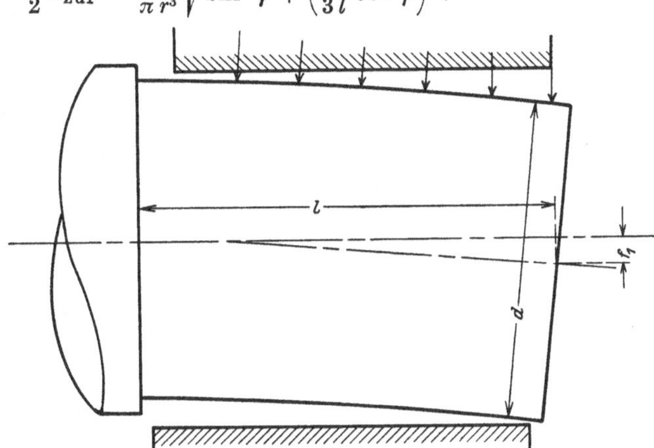

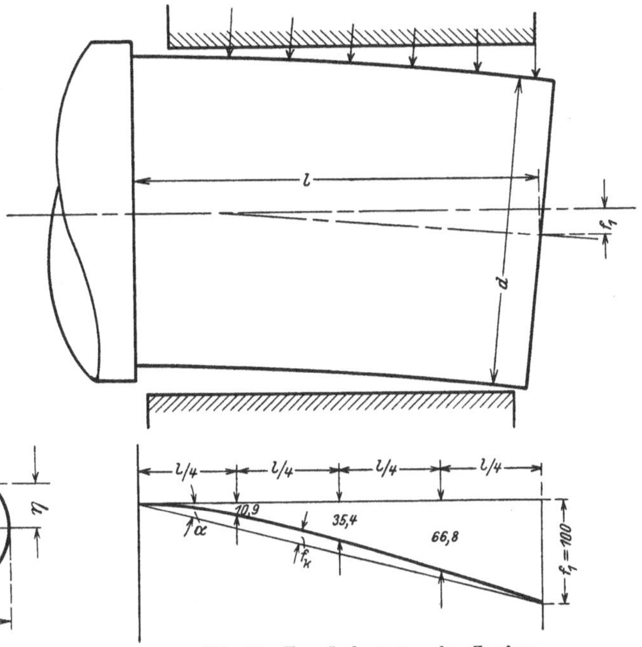

Abb. 49. Formänderungen des Zapfens.

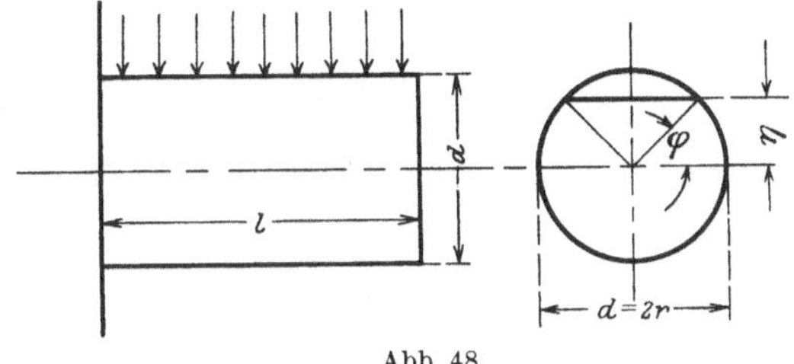

Abb. 48.

mung des Zapfens zu berechnen. Nach Heft I, S. 31 ist:

$$f_1 = \frac{p\,l^4}{8\,J\,E} = \frac{P\,l^3}{8\,J\,E} = \frac{P\,l^3}{8\cdot\dfrac{\pi}{4}\,r^4} = \frac{2{,}5\,P\,l^3}{E\,d^4}\,,\quad\text{da}\quad J = \frac{\pi}{64}\,d^4 = \frac{\pi}{4}\,r^4\ \text{ist,}$$

$$\tag{10}$$

und

$$\operatorname{tg}\alpha = \frac{p\,l^3}{6\,J\,E} = \frac{P\,l^2}{6\,J\,E}\,.$$

Die Verbindung der beiden Endpunkte der elastischen Linie (Abb. 49) gibt die mittlere Schrägstellung gegenüber dem Wellenende, während die größte Krümmung durch f_k dargestellt ist. Aus der Konstruktion der elastischen Linie folgt: $f_k = 0{,}16\,f_1 = 0{,}4\,\dfrac{P\,l^3}{E\,d^4}$.

Durch die Schubkraft entsteht noch eine zusätzliche Senkung ζ (Heft I, S. 38):

$$\zeta = \frac{1}{G}\int_0^l\frac{d\,x}{Q}\int_{Fl}\tau_z^2\,d f\,,$$

worin τ_z die vertikale Komponente der Schubspannung ist. Für eine kreisförmige Welle (Heft I, S. 37) ist:

$$\tau_z = \tau\cos\varphi = \frac{4}{3}\frac{Q}{\pi\,r^2}\cos^2\varphi\,.$$

Mit $\eta = r \sin \varphi$ und $d\eta = r \cos \varphi \, d\varphi$ wird $df = 2r \cos \varphi \, d\eta = 2r^2 \cos^2 \varphi \, d\varphi$. Damit wird:

$$\int\limits_{Fl} \tau_z^2 \, df = 2 \left(\frac{4}{3}\right)^2 \frac{Q^2}{(\pi r^2)^2} \cdot r^2 \int\limits_0^{\frac{\pi}{2}} \cos^6 \varphi \, d\varphi \, .$$

Das bestimmte Integral hat den Wert $\dfrac{1 \cdot 3 \cdot 5}{2 \cdot 4 \cdot 6} \cdot \dfrac{\pi}{2}$*, so daß

$$\zeta = \frac{1}{G} \cdot \frac{5}{9 \pi r^2} \int\limits_0^l Q \, dx \, .$$

Für einen gleichmäßig belasteten Zapfen (Heft I, S. 31) ist die Scherkraft $Q = p \cdot x$, wenn mit p die Belastung für die Längeneinheit bezeichnet wird. Damit wird

$$\zeta = \frac{1}{G} \cdot \frac{5}{9 \pi r^2} \cdot \frac{p \, l^2}{2}$$

und mit $G = 0{,}385 \, E$ (Heft I, S. 18) und $P = p \cdot l$:

$$\zeta = \frac{5}{3{,}465 \, E} \cdot \frac{P \cdot l}{2 \pi r^2} \, .$$

Die totale Durchbiegung mit Berücksichtigung der Scherkraft wird:

$$f_t = f_1 + \zeta = \frac{P \cdot l}{2 \pi r^2 E} \left(\frac{l^2}{r^2} + \frac{5}{3{,}465}\right), \quad \text{da} \quad J = \frac{\pi}{4} r^4 \text{ ist.}$$

Für $l = d$ ist

$$f_t = \frac{P \cdot l}{2 \pi r^2 E} (4 + 1{,}45),$$

also 36% größer als bei Vernachlässigung der Querkräfte. Für $l = 2d$ beträgt der Fehler immer noch 9%. Der Zapfen stellt sich demnach bedeutend schräger, und auch die Krümmung ist größer als die Gleichung (10) ergibt. Man kann ungefähr setzen:

$$f'_k \approx 0{,}6 \, \frac{P \, l^3}{E \cdot d^4} \, . \tag{11}$$

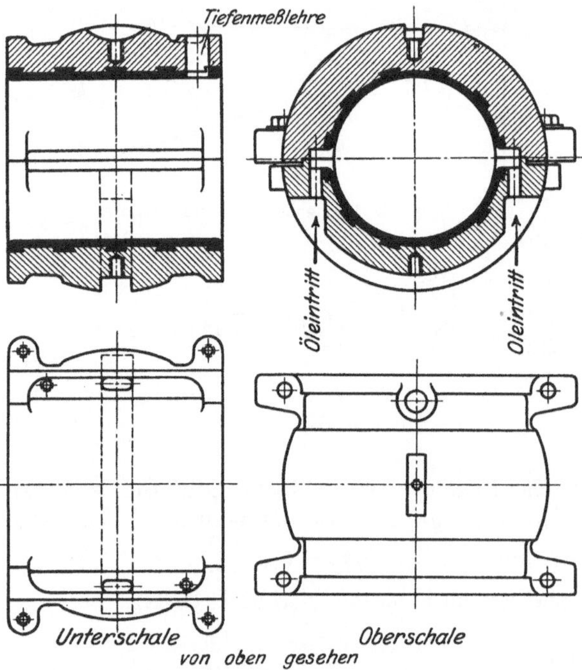

Abb. 50. Dampfturbinenlager der AEG Berlin.
(Schalen drehbar gelagert.)

Zu der mittleren Schrägstellung des Zapfens kommt noch die Schiefstellung der Welle, die — mit $\operatorname{tg} \alpha = 0{,}001$ konstruiert — meist beträchtlich größer ist. Die zweifache Formänderung des Zapfens hat zur Folge, daß er in der Lagerschale nur dann gleichmäßig aufliegen kann, wenn die Schale die gleiche Formänderung erfährt. Die Schrägstellung kann durch frei einstellbare Lagerschalen unschädlich gemacht werden (z. B. Sellers-Lager); stark belastete Zapfen sollten immer so ausgeführt werden (Abb. 50), da sonst örtliche Klemmungen auftreten, die ein Heißlaufen zur Folge haben. Die unvermeidliche Krümmung kann durch eine geeignete Unterstützung der Lagerschale gemildert werden (vgl. Abb. 51), aber immer muß mit einem ungleichmäßigen Aufliegen gerechnet werden, und bevor der Zapfen in Dauerbetrieb genommen werden kann, muß er einlaufen. Die härtere Oberfläche der Welle glättet und schabt dabei die weichere Lagerschale, bis diese sich der deformierten Zapfenform angepaßt hat. Das Einlaufen ist demnach nichts anderes als eine Korrektur mangelhafter Bearbeitung oder ungenauer Wellenlage, die man kaum auf andere Weise erreichen könnte.

* Madelung, E.: Die mathematischen Hilfsmittel des Physikers. Berlin: Julius Springer 1922.

Man hat sich dann auch in der Praxis damit als mit etwas Unvermeidlichem abgefunden. Ob nun ein Lager leicht oder schnell einläuft, hängt hauptsächlich von den physikalischen Eigenschaften der Schale ab. Bei gußeisernen Schalen erfolgt das Einlaufen außerordentlich langsam. Man kann sie durch allmähliche Steigerung der Belastung und durch Einschaben für höhere Belastungen tragfähig machen. Am besten und unter größter Schonung der Welle laufen Schalen aus Weißmetall ein, weil das Anpassen der Schale an die Welle dabei durch einen Fließvorgang erzielt wird. Die untere Grenze für die Härte des Metalls ist dadurch gezogen, daß das Metall zu fließen aufhören muß, bevor die ganze Tragfläche der Welle angepaßt ist. Sind höhere Flächenpressungen erforderlich, so wählt man Bronze; beim Einlaufen kommt dabei kein Fließen vor, sondern die Welle schabt die Schale, wobei die Welle selbst auch angegriffen wird.

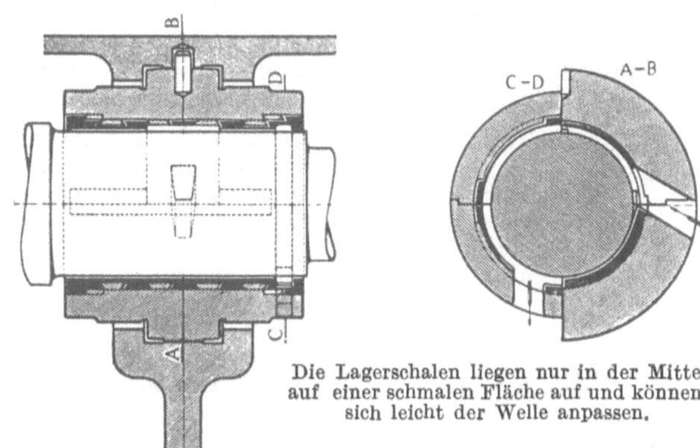

Die Lagerschalen liegen nur in der Mitte auf einer schmalen Fläche auf und können sich leicht der Welle anpassen.

Abb. 51. Dampfturbinenlager von BBC Baden (Schweiz).

Die Weißmetallager haben im Betrieb noch den weiteren Vorteil, daß beim Heißlaufen nur die Lagerschale und nicht die Welle angegriffen wird, so daß der Ersatz wenig Kosten und Zeitverlust verursacht. Laufen Bronzeschalen heiß, so wird auch die Lauffläche des Zapfens schadhaft. Am ungünstigsten sind in dieser Beziehung gußeiserne Lagerschalen: Welle und Lager schweißen dann zusammen und die Maschine steht mit einem Ruck still, wodurch — wenn größere Schwungmassen in Bewegung sind — Wellenbrüche oder Maschinenbrüche verursacht werden.

b) **Flächenpressung.** Zapfen und Lagerschale sind durch eine Ölschicht getrennt. Nach dem Gesetze von Pascal herrscht in einer allseitig begrenzten, gepreßten Flüssigkeit überall der gleiche Druck (Abb. 52a), so daß nach der Kesselformel (Heft I, S. 61) die totale Lagerbelastung

$$P = p \cdot l \cdot d \qquad (12)$$

ist. Nun kann aber das Öl an den Stirnflächen abfließen, so daß wir es nicht mit einer vollständig eingeschlossenen Flüssigkeit zu tun haben. Auch entsteht durch die Drehung des Zapfens, wie Versuche zeigen (Abb. 52b), eine ganz andere Druckverteilung. Ausführliche Versuche zur Bestimmung des

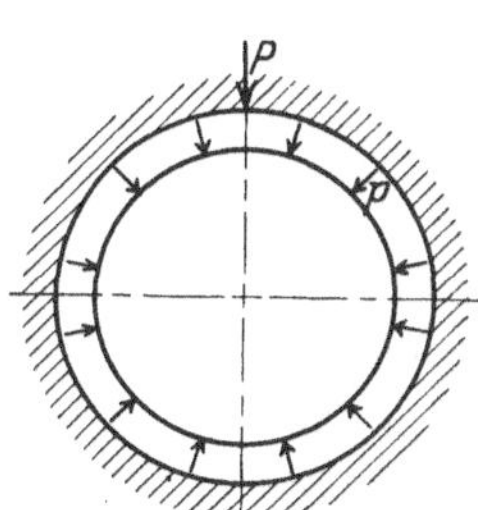

Abb. 52a. Gleichmäßige Druckverteilung in einem vollständig geschlossenen Lager.

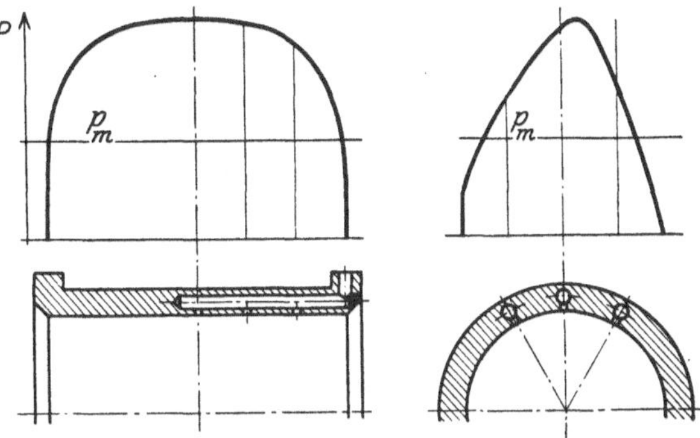

Abb. 52b. Druckverteilung nach Versuchen.

Druckverlaufes über die Zapfenfläche hat O. Lasche[1] durchgeführt. Die Druckverteilung ist natürlich von den Formänderungen von Zapfen und Lagerschale abhängig, aber auch von der Gleitgeschwindigkeit und von der Art der Ölzuführung (vgl. Lasche-Kieser, Konstruktion und Material von Dampfturbinen). Die größten Pressungen sind 2-, 4- bis 6mal größer als die mittleren nach Gleichung (12). Dennoch ist es bei der Berechnung von Lagern allgemein üblich, eine mittlere Flächenpressung nach Gleichung (12) anzunehmen. Durch die Erfahrung wird dann die zulässige Höhe dieser Pressung festgelegt. Die Erfahrungswerte weichen aber sehr stark voneinander ab. Sie liegen zwischen 3 (für Sellers-Lager) und 380 (für den Kreuzkopfzapfen einer Lokomotive), ohne daß man eine hinreichende Erklärung dafür gibt.

---

[1] Lasche-Kieser: Konstruktion und Material im Bau von Dampfturbinen. 3. Auflage. Berlin: Julius Springer 1925.

Die untere Grenze der Schmierschichtdicke ist durch die Rauheit der Gleitflächen bedingt, weil eine zusammenhängende Ölschicht bestehen bleiben muß. Öl auf Wasser bildet eine Haut von 0,000001 mm Dicke und weniger. Zwischen Glasplatten kann die Schicht dünner als 0,0001 mm werden. Die Unebenheiten der Metalloberflächen sind viel größer (Zahlentafel 3), so daß, bevor die Ölhaut infolge zu geringer Dicke zerreißt, metallische Berührung zwischen Zapfen und Schale stattfinden wird.

Zahlentafel 3. Höhe der Unebenheiten bearbeiteter Flächen aus ungehehärtetem S. M.-Stahl
(nach Prof. Dr. Berndt, Löwe-Notizen, Jan.—März 1924).

1. Gedreht . . . . 0,03 bis 0,04 mm
2. Gedreht und mit Halbschlichtfeile geschlichtet . . . . 0,02 „ 0,03 „
3. Gedreht und mit Schlichtfeile geschlichtet . . . . 0,01 „ 0,02 „
4. Geschlichtet und mit Schmirgelleinen Nr. 1 abgezogen . . . . . 0,006 „ 0,007 „
5. Mit Schmirgelscheibe geschliffen . . . . 0,004 „ 0,005 „
6. Geschlichtet und mit Schmirgelleinen Nr. 00 abgezogen . . . . 0,003 „ 0,004 „
7. Gehärtet und geschliffen . . . . 0,003 „ 0,004 „
      Nur für ebene Flächen:
8. Auf Gußplatte sauber abgezogen. . . . . 0,001 „ 0,003 „
9. Gehärtet und ff. sauber auf Gußplatte abgezogen . . . . bis 0,0001 mm.

Um gut geschmierte Lager zu erhalten, muß metallische Berührung unbedingt vermieden werden, so daß die Ölschicht nicht dünner werden darf als die Summe der Unebenheiten der beiden Gleitflächen:

$$h_{\mathrm{min}} > h_1 + h_2 > 0,01 \text{ mm}. \tag{13}$$

Für Lagerzapfen kann, nach Zahlentafel 3, als Mittelwert der Unebenheiten etwa 0,005 mm angenommen werden, so daß für gute Lager $h_{\mathrm{min}} > 0,01$ mm sein muß. Eine Verfeinerung der Oberfläche kann durch kolloidalen Graphit erreicht werden (Abb. 53). Oildag ist eine Mischung von gutem Mineralöl mit kolloidalem Kunstgraphit, der sich in so feiner Verteilung befindet, daß er schwebt. Der Graphit saugt sich in die mikroskopisch feinen Poren des Lager- und Wellenmetalles ein, und verleiht beiden Teilen die höchsterreichbare Glätte der Oberfläche. Die Welle bekommt einen schwärzlich schimmernden, harten Graphitspiegel, der auch durch Abwaschen nicht mehr entfernt

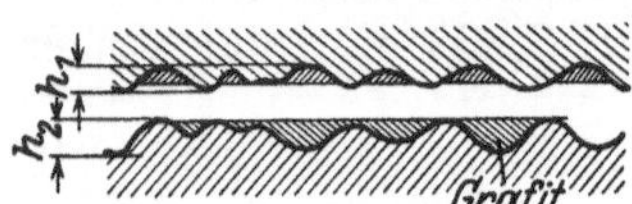
Abb. 53. Unebenheiten der Gleitflächen und glättende Wirkung von kolloidalem Graphit.

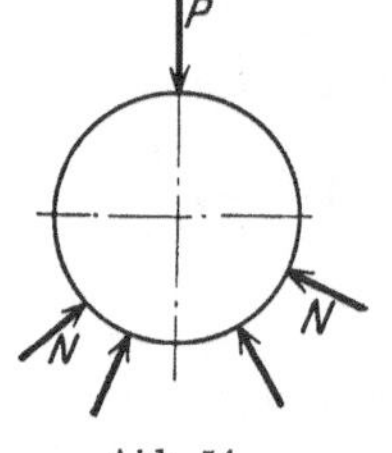
Abb. 54.

werden kann. Die glättende Wirkung von Oildag ist um so größer, je rauher die Oberfläche ursprünglich ist.

c) Erwärmung. Durch die Kraft P entstehen auf den Lagerflächen Normaldrücke, die von Stelle zu Stelle verschieden sind (Abb. 54). Ist μ' die Reibungszahl, dann ist die Reibungskraft $\mu' N$ und die Reibungsleistung für ein Flächenelement:

$$\Delta L = \mu' N v,$$

worin die Gleitgeschwindigkeit $v = \dfrac{\pi d n}{60}$ m/s ist. Die totale Reibungsleistung ist, wenn μ über die ganze Fläche als unveränderlich angenommen werden kann:

$$L = \mu' v \sum N .$$

Nun ist jedenfalls $\sum N > P$, da die Summe der vertikalen Komponenten von N gleich P sein muß. Setzt man $\sum N = \alpha P$, dann ist $\alpha > 1$, und

$$L = \alpha \mu' P v = \mu P v . \tag{14}$$

Da weder α^* noch μ' bekannt ist, vereinigen wir beide zu μ, d. i. die Zapfenreibungszahl. Die Reibungsarbeit wird zum Teil durch die Abnutzung der Lageroberfläche aufgebraucht, zum anderen Teil in Wärme umgesetzt. Da die Abnutzung so klein wie möglich zu halten ist, nehmen wir für die Berechnung der Erwärmung an, daß die Reibungsarbeit vollständig in Wärme um-

---

* Es gibt eine Theorie (von Th. Reye, 1860), die die Abnutzung senkrecht zur Schalenfläche der spezifischen Reibungsarbeit proportional setzt. Daraus folgt dann $\alpha = 4/\pi$ und $A = 4/\pi \cdot \mu' \cdot P \cdot v$. Man findet diese Formel noch hier und da in der Literatur.

gesetzt wird. Mit 1 kcal $= 427$ kgm wird:

$$L = \frac{\mu P v}{427} \text{ kcal/s} . \qquad (15)$$

Die Wärme geht nun durch die Lagerschale und den Lagerkörper an die Oberfläche, um dort an die umgebende Luft abgegeben zu werden. Die Wärmeabgabe muß ohne schädliche Temperaturerhöhung geschehen können.

Die Gesetze der Wärmeübertragung sind bekannt. Schwierigkeiten entstehen nur in der Anwendung derselben auf einen so unregelmäßigen Körper, wie das Lager im allgemeinen ist. Um die etwas umständliche Berechnung der Wärmeströmungen zu umgehen, hat Professor v. Bach die Annahme gemacht, daß die abgegebene Wärme proportional $l \times d$ gesetzt werden darf. Die Bedingung für die unschädliche Lagererwärmung vereinfacht sich dann zu der Forderung, daß die auf 1 cm^2 projizierte Lagerfläche erzeugte Reibungsleistung einen bestimmten Wert nicht überschreiten darf:

$$\frac{L}{l \cdot d} = \frac{\mu P v}{l \cdot d} = \mu p v < X ,$$

woraus

$$p v < \frac{X}{\mu} , \qquad (16)$$

oder auch, wenn d in cm eingesetzt wird:

$$\frac{\mu P \dfrac{\pi d n}{6000}}{l \cdot d} < X ,$$

woraus $\quad l > \dfrac{\pi \mu}{6000\,X} P n .$

Mit $\quad w = \dfrac{6000\,X}{\pi \mu} \quad$ wird

$$l > \frac{P n}{w} . \qquad (17)$$

Für Spurlager (Längszapfen) findet man in ähnlicher Weise:

$$r_a - r_i = b > \frac{P n}{w} .$$

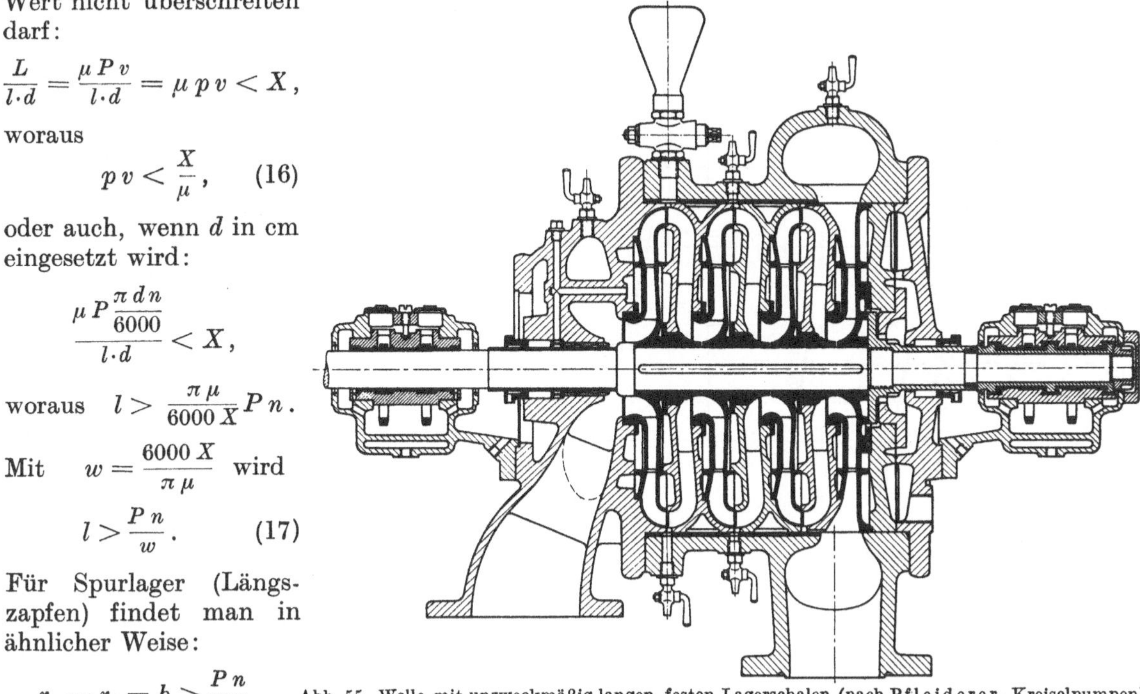

Abb. 55. Welle mit unzweckmäßig langen, festen Lagerschalen (nach Pfleiderer, Kreiselpumpen).

Die Erfahrungszahl w hängt nun aber von vielen Faktoren ab. Bach hat diese Werte für verschiedene Lager zusammengestellt. Zahlentafel 4 gibt einen kleinen Auszug davon.

Zahlentafel 4.

Erfahrungswerte für	w	pv kg/cm$^2 \cdot$m/s
Kurbelzapfen-Dampfmaschine.	90 000	47
„ Stirnkurbel.	70 000	40
„ Dieselmotor	48 bis 67 000	26 bis 35
„ Lokomotive	250 000	
Schwungradzapfen, Dampfmaschine	40 000	21
„ Dieselmotor.	29 000	15
Exzenter		10
Achsen von Eisenbahnwagen	190 000	100
Vertikale Zapfen	80 bis 200 000	

Die Wahl von w für andere Verhältnisse, als hier angegeben, ist äußerst schwer und nur an Hand von Versuchen möglich. Auch führt die Rechnung mit $l > \dfrac{P n}{w}$ auf lange Zapfen, die sich leicht verbiegen, und dann erst recht zu Heißlaufen Anlaß geben (Abb. 55). Eine bessere Einsicht in die tatsächlichen, einschränkenden Verhältnisse ist nur durch eine genauere Untersuchung der Wärmeabgabe und der Reibungszahlen zu erhalten.

Die Theorie der Reibung geschmierter Flächen war seit Reynolds (1885) eigentlich nur den Mathematikern bekannt. Der erste, der die praktische Bedeutung der Keilkraftschmierung erkannt und konstruktiv verwirklicht hat, war Michell (1905). Mit seinem Lager hat er Flächendrücke bis 500 at aufgenommen und Reibungszahlen von 0,0008 erreicht, wie man sie früher für niemals möglich gehalten hat. Die neueren Anschauungen werden in der Praxis noch lange nicht allgemein verwertet. Die theoretischen Grundlagen gehören aber heute sicher zu den wichtigsten Elementen des Maschinenbaues.

4. Die Reibungstheorie. Werden zwei feste Körper gegeneinander verschoben, so ist die Verschiebungskraft dem Normaldruck proportional:

$$R = \mu_0 N. \tag{18}$$

Die Reibungszahl der trockenen Reibung μ_0 ist demnach unabhängig von der Größe der Belastung. Dieses zuerst von Coulomb (1779) aus seinen Versuchen abgeleitete Gesetz gilt, nach den sehr sorgfältig durchgeführten Untersuchungen von Ch. Jakob (1911), für absolut reine, trockene und gasfreie Flächen in sehr weiten Grenzen. Bei diesen Versuchen ergab eine Vergrößerung des Flächendruckes von 0,009 auf 60 at bei Messing auf Messing oder Stahl auf Messing keine über die Fehlergrenze hinausgehende Veränderung der Reibungszahl μ_0[1].

Dieser Reibungsvorgang ist bedingt durch elastische Formänderungen der Unebenheiten der aufeinander gleitenden Flächen. Wird die Flächenbelastung gesteigert, bis an irgend einem Vorsprung die Elastizitätsgrenze des weicheren Stoffes überschritten wird, so treten bleibende Formänderungen auf: das Material wird geritzt und nützt sich ab (ritzende Reibung). Da die Unebenheiten ungleich hoch und in den Flächen ungleichmäßig verteilt sind, so wird im allgemeinen ein Teil der Vorsprünge elastisch, der Rest unelastisch verformt, bis der Druck so groß geworden ist, daß sämtliche Unebenheiten unelastisch deformiert werden. Für diesen Endzustand gilt das Coulombsche Gesetz wieder, natürlich mit einer

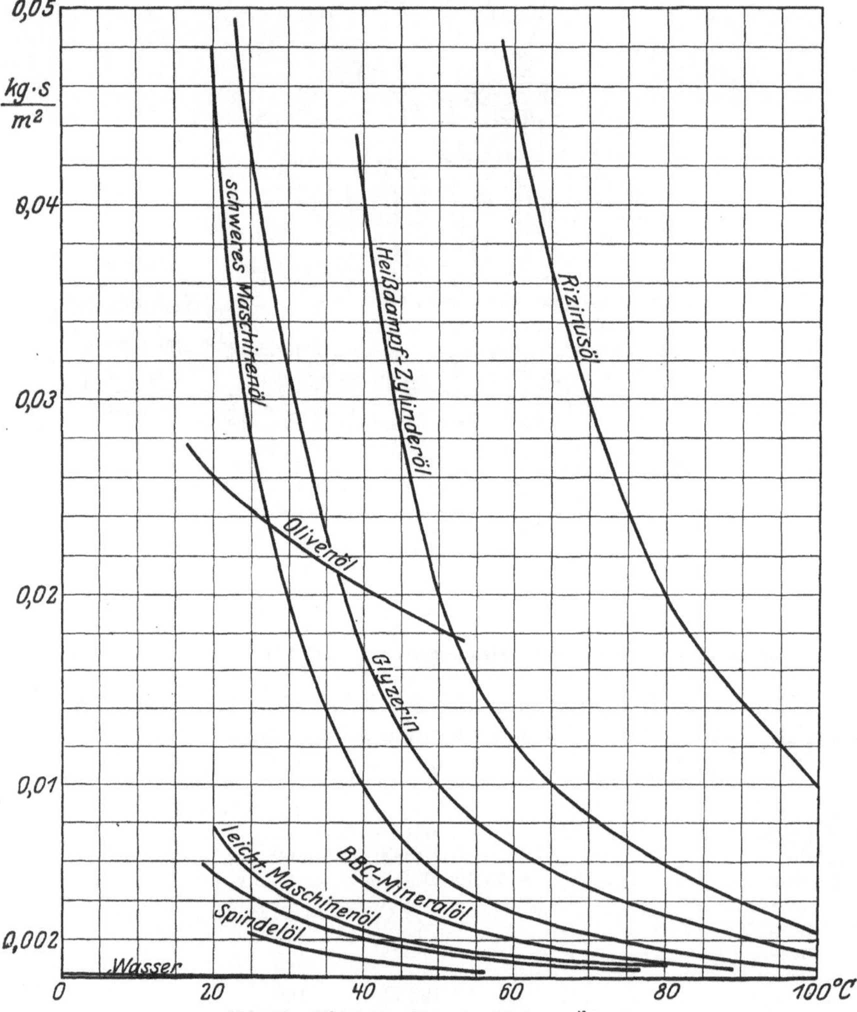

Abb. 56. Zähigkeitszahlen verschiedener Ölsorten.

höheren Reibungszahl. Für den Zwischenzustand ist die Reibungszahl aber von der Flächenpressung und von der Gleitgeschwindigkeit abhängig.

Das Eintreten der Abnutzung ist also bei unmittelbarer Berührung zweier gleitenden Flächen immer zu erwarten. Bei plastischen Körpern (Weißmetall) kann dadurch die Oberfläche geglättet werden. Bei anderen werden die abgeriebenen Teilchen erhöhte Reibung verursachen, die so groß werden kann, daß die Schweißtemperatur erreicht wird und die Metalle bei genügender Affinität zusammenschweißen (Anfressen).

---

[1] Jahn: Z. V. d. I. 1918, S. 121.

Die Abnutzung läßt sich wesentlich verringern und oft auch vollständig vermeiden, wenn zwischen die Flächen eine Flüssigkeitsschicht (Schmierschicht) gebracht wird. Die Schmierstoffe sollen die direkte Berührung der Gleitflächen verhindern, so daß im Maschinenbau die Reibung ein hydrodynamisches Problem ist.

a) Die hydrodynamischen Grundgleichungen. Alle physikalischen Flüssigkeiten (tropfbare und elastische) haben die Eigenschaft der Zähigkeit; diese äußert sich darin, daß in der strömenden Flüssigkeit Schubspannungen auftreten. Man nimmt an (Hypothese von Newton), daß die Schubspannungen unabhängig vom Druck, aber dem Geschwindigkeitsgefälle proportional sind:

$$\tau = \eta \frac{dw}{dy} \qquad (19)$$

η ist die Zähigkeitszahl[1] $[\mathrm{kg}\cdot\mathrm{s/m^2}]$;

$$\eta_{\text{techn}} = \frac{\eta_{\text{cgs}}}{98,1}.$$

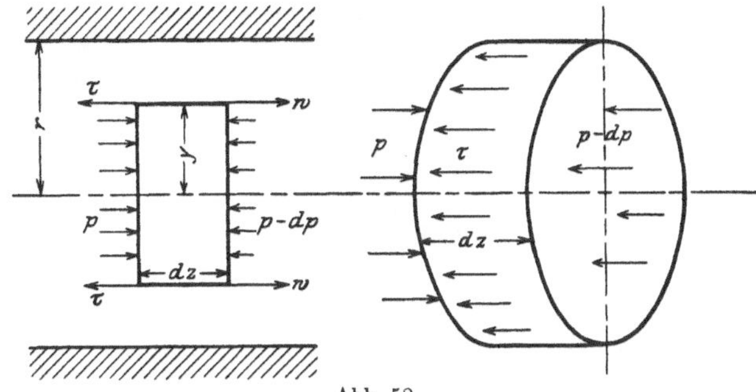

Abb. 58.

Die Zähigkeit von Öl ist in hohem Maße von der Temperatur abhängig (Abb. 56). Die Kurven haben einen hyperbolischen Verlauf und können ungefähr durch die Gleichung $\eta\,\vartheta^n = C$ dargestellt werden, worin ϑ die Öltemperatur in ^{0}C ist. Die Zähigkeit nimmt auch mit wachsendem Druck zu: $\eta_p = \eta_1\,a^p$, worin $a = 1{,}002$ bis $1{,}004$ und p der Druck in at ist[2].

Infolge der Adsorption, d. i. die Wirkung der molekularen Kräfte eines festen Körpers auf die Flüssigkeit in der unmittelbaren Nähe der Grenzfläche, ist ein völliges Loslösen der Flüssigkeitsschicht von dem festen Körper durch äußere Kräfte wohl überhaupt nicht möglich. Wir müssen demnach annehmen, daß die Flüssigkeitsschicht auch bei der Strömung an der Grenzfläche haftet.

Nur die Erfahrung kann entscheiden, ob die Newtonsche Hypothese richtig ist. Die bekannteste Anwendung davon ist die Untersuchung der strömenden Bewegung einer Flüssigkeit in einem Rohr. In einem geraden, kreisförmigen Rohr kann aus Symmetriegründen die Geschwindigkeit w nur von der Entfernung y von der Rohrachse abhängig sein. Auf ein Volumenelement (Abb. 58) wirken am Umfang die Schubspannungen τ und an den beiden Endflächen die Pressungen p und $p-dp$, so daß die resultierende Kraft:

$$\tau \cdot 2\,\pi\,y\,dz + \pi\,y^2\,dp$$

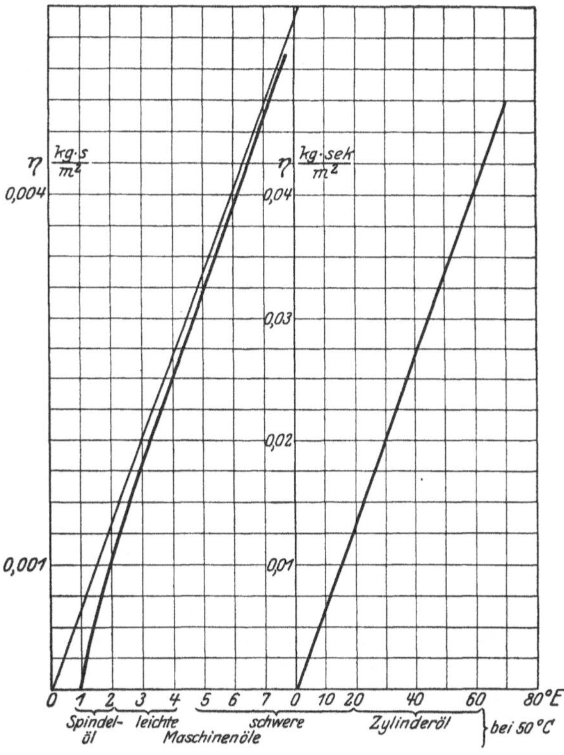

Abb. 57. Zusammenhang zwischen absoluter Zähigkeit und Engler-Graden.

---

[1] Die Zähigkeit oder Viskosität wird in der Praxis noch selten absolut in cgs-Einheiten oder im technischen Maßsystem gemessen, sondern man bestimmt diese mit dem Englerschen Viskosimeter als:

$$\frac{\text{Auslaufzeit von 100 cm}^3 \text{ Öl}}{\text{Auslaufzeit von 100 cm}^3 \text{ Wasser bei 20}^0} = E^0$$

$$= \text{Engler-Grade.}$$

Um die Umrechnung von Engler-Graden auf die absolute Zähigkeit zu ermöglichen, hat Ubbelohde eine empirische Formel (Abb. 57) aufgestellt, und zwar:

μ_{spez} (d. h. bezogen auf Wasser von $0^0 = 1$)

$$= \left(4{,}072\,E - \frac{3{,}513}{E}\right)\gamma.$$

[2] Kiesskalt, Dr. S.: Einfluß des Druckes auf die Zähigkeit von Ölen und seine Bedeutung für die Schmiertechnik. Mitt. Forsch. Arb. Heft 291. 1927.

der Masse des Elementes $\dfrac{\pi\, y^2\, dz\, \gamma}{g}$ die Beschleunigung $\dfrac{dw}{dt}$ erteilt:

$$\tau \cdot 2\,\pi\, y\, dz + \pi\, y^2\, dp = \frac{\pi\, y^2\, dz\, \gamma}{g}\,\frac{dw}{dt}\,.$$

Im Beharrungszustand ist $\dfrac{dw}{dt} = 0$, und mit $\tau = \eta\,\dfrac{dw}{dy}$ wird:

$$-2\,\pi\, y\, dz\, \eta\,\frac{dw}{dy} = \pi\, y^2\, dp$$

oder

$$\frac{dw}{dy} = -\frac{y}{2\,\eta}\,\frac{dp}{dz}\,.$$

Da nun die Geschwindigkeit w an jeder Rohrstelle gleich groß, also unabhängig von z ist, so ist

$\dfrac{p}{dz} = \text{konstant} = \text{dem Druckverlust pro Längeneinheit} = \dfrac{\varDelta p}{l}$.

Damit wird:

$$\frac{dw}{dy} = -\frac{\varDelta p}{2\,l\,\eta}\,y$$

und durch Integration:

$$w = C - \frac{\varDelta p}{4\,l\,\eta}\,y^2\,.$$

Die Integrationskonstante C ist aus der Grenzbedingung zu ermitteln, daß für $y = r$, $w = 0$ ist.

$$0 = C - \frac{\varDelta p}{4\,l\,\eta}\,r^2$$

so daß

$$w = \frac{\varDelta p}{4\,l\,\eta}\,(r^2 - y^2) \tag{20}$$

d. h.: die Geschwindigkeitsverteilung über den Querschnitt hat einen **parabolischen Verlauf** (Abb. 59).

Die durch das Rohr strömende Flüssigkeitsmenge ist:

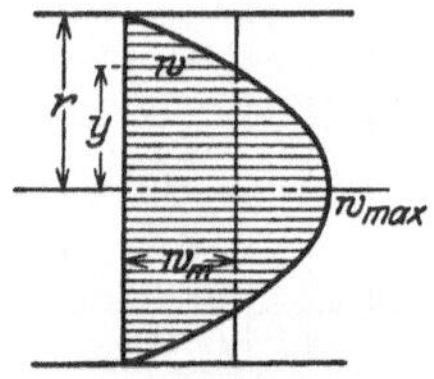

Abb. 59. Geschwindig-
keitsverlauf bei
Laminarströmung.

$$G = \int_0^r w \cdot 2\,\pi\, y\, dy = \frac{2\,\pi\, \varDelta p}{4\,l\,\eta}\int_0^r (r^2\, y - y^3)\, dy$$

$$= \frac{\pi \cdot r^4}{8\,l\,\eta}\,\varDelta p$$

und die mittlere Geschwindigkeit

$$w_m = \frac{G}{\pi\, r^2} = \frac{r^2}{8\,l\,\eta}\,\varDelta p\,.$$

Die maximale Geschwindigkeit für $y = 0$ folgt aus Gleichung (20) zu $w_{\max} = \dfrac{r^2}{4\,l\,\eta}\,\varDelta p$, ist also doppelt so groß wie die mittlere Geschwindigkeit. Weiter folgt aus Gleichung (20) die als Poiseuillesche Gleichung bekannte Beziehung:

$$\varDelta p = \frac{8\,\eta}{r^2} \cdot w_m \cdot l\,. \tag{21}$$

Durch die Messung des Druckverlustes haben wir also einen sehr einfachen Weg, die Gültigkeit der Newtonschen Hypothese zu kontrollieren. Diese Versuche sind von Osborne Reynolds durchgeführt worden, und er hat gefunden, daß, solange die Geschwindigkeit klein ist und eine bestimmte Grenze, die sog. kritische Geschwindigkeit, nicht überschreitet, der Druckverlust tatsächlich dem obenstehenden Gesetz folgt. Oberhalb dieser Grenzgeschwindigkeit ändert sich jedoch plötzlich der Charakter der Flüssigkeitsströmung, d. h. die geordnete (laminare) Strömung geht in eine (turbulente) Wirbelbewegung über, und der Druckverlust befolgt ganz andere Gesetze, so daß die Newtonsche Hypothese dann praktisch vollständig unbrauchbar wird.

Nach den Untersuchungen von Reynolds ist die kritische Geschwindigkeit

$$w_{\mathrm{krit}} = K\,\frac{\eta\, g}{\gamma\, d}\,, \tag{22}$$

worin $g =$ Erdbeschleunigung $= 9{,}81 \, \dfrac{\text{m}}{\text{s}^2}$,

$\quad d =$ Rohrdurchmesser in m,

$\quad \gamma =$ spezifischem Gewicht $\left[\dfrac{\text{kg}}{\text{m}^3}\right]$,

$\quad K =$ einer absoluten Zahl, für die Reynolds ungefähr 2000 fand.

Da bei den Lagern von Turbomaschinen Gleitgeschwindigkeiten von 40 m/s vorkommen, muß zuerst untersucht werden, ob die Flüssigkeitsströmung dort unterhalb der kritischen Grenze bleibt. Das Öl strömt bei den Lagern in einem engen Spalt zwischen Welle und Lagerschale. Aus den Versuchen von Becker[1] folgt nun, daß in bezug auf die kritische Geschwindigkeit ein Ringspalt sich ungefähr so verhält wie ein Rohr mit vollem Kreisquerschnitt vom Durchmesser gleich der Spaltbreite s, also:

$$w_{\text{krit}} = K \cdot \frac{\eta \cdot g}{\gamma \cdot s}.$$

Mit $\quad s = 0{,}1$ mm $= 0{,}0001$ m, $\quad g = 9{,}81$ m/s^2, $\quad \gamma = 950$ kg/m^3, $\quad \eta = 0{,}002$ kg $\cdot$ s/m^2 wird $K \dfrac{\eta\, g}{\gamma\, s} = w_{\text{krit}} =$ rund 400 m/s, so daß die Strömung innerhalb des laminaren Gebietes bleibt, für welches die Newtonsche Hypothese gültig ist.

Betrachten wir nun zwei Flächen, die durch eine Flüssigkeitsschicht getrennt sind, und von denen die eine mit der Geschwindigkeit $- U$ verschoben wird. Für die Verschiebung der Fläche ist eine Kraft R erforderlich, die wir berechnen wollen. Wir vereinfachen dazu die allgemeine Aufgabe durch die Beschränkung auf eindimensionale Strömungen (Abb. 60). Wenn die Fläche senkrecht zur Zeichnungsebene unendlich groß ist, so findet in dieser Richtung keine Bewegung der Flüssigkeit statt. Auch die Bewegung in der Y-Richtung kann infolge der sehr kleinen Ölschicht-dicken (0,1 mm und kleiner) vernachlässigt werden, so daß nur eine Strömung in der X-Richtung vorhanden ist. Betrachten wir nun ein Volumenelement $dx \cdot dy \cdot 1$, so sind die darauf wirkenden Kräfte im Beharrungszustand im Gleichgewicht:

$$dp \cdot dy \cdot 1 = d\tau \cdot dx \cdot 1.$$

Mit $\quad \tau = y \dfrac{dw}{dy}$ oder $\dfrac{d\tau}{dy} = \eta \dfrac{d^2 w}{dy^2}$, $\quad$ wird

$$\frac{d^2 w}{dy^2} = \frac{1}{\eta} \frac{dp}{dx}.$$

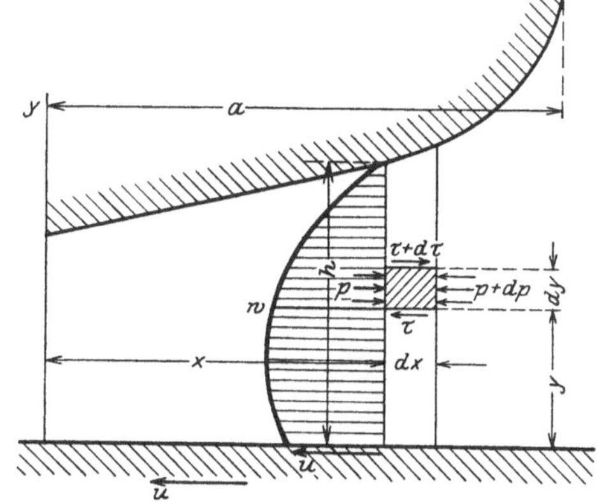

Abb. 60. Geschwindigkeitsverlauf zwischen zwei Gleitflächen.

Da die Bewegung in der Y-Richtung vernachlässigt wird, ist p von y unabhängig, und wir können die Gleichung partiell nach y integrieren. Wir bleiben dabei in der Y-Ebene, in welcher $\dfrac{dp}{dx}$ konstant ist. Nehmen wir weiter eine unveränderliche Zähigkeit an, so erhalten wir nach zweimaliger Integration:

$$w = \frac{1}{\eta} \frac{dp}{dx} \frac{y^2}{2} + C_1 y + C_2.$$

Die Integrationskonstanten C_1 und C_2 werden durch die Grenzbedingungen bestimmt.

Für $\quad y = h$ ist $w = 0 = \dfrac{h^2}{2\eta} \dfrac{dp}{dx} + C_1 h + C_2 = 0$.

Für $\quad y = 0$ ist $w = - U = C_2$.

Damit wird:

$$w = \frac{1}{2\eta} \frac{dp}{dx} (y - h)\, y - \frac{U}{h}(h - y), \tag{23}$$

d. i. die Gleichung einer Parabel.

---

[1] Z. V. d. I. 1907, S. 1137.

Die Schubspannung ist

$$\tau = \eta\,\frac{dw}{dy} = \frac{1}{2}\,\frac{dp}{dx}\,(2y - h) + \frac{U}{h}\,\eta$$

und für $y = h$:

$$\tau_0 = \frac{h}{2}\cdot\frac{dp}{dx} + \frac{U}{h}\,\eta\,. \tag{24}$$

Die zur Verschiebung der Fläche erforderliche Kraft für die Breite 1:

$$R_{b=1} = \int_0^a \tau_0\,dx\,. \tag{25}$$

Die Flüssigkeitsmenge, die durch einen Querschnitt von der Breite 1 strömt, beträgt:

$$G_{b=1} = \int_0^h w\,dy = -\left(\frac{1}{2\eta}\,\frac{dp}{dx}\cdot\frac{h^3}{6} + \frac{Uh}{2}\right) \tag{26}$$

und ist wegen der Kontinuität der Strömung unabhängig von x, so daß

$$\frac{dG}{dx} = 0 = \frac{d}{dx}\left(\frac{h^3}{6\eta}\,\frac{dp}{dx} + Uh\right).$$

Durch Integration folgt daraus:

$$\frac{h^3}{6\eta}\,\frac{dp}{dx} = -Uh + \text{konst.}$$

An Stelle der Konstanten wird $U\cdot h^*$ geschrieben. Dann ist h^* diejenige Höhe, für die $\dfrac{dp}{dx} = 0$ wird.

Aus

$$\frac{dp}{dx} = -6\eta\,U\,\frac{h - h^*}{h^3} \tag{27}$$

folgt durch Integration:

$$p_x = \int dp \quad \text{und} \quad P = \int_0^a p_x\,dx\,. \tag{28}$$

Den Wert von $\dfrac{dp}{dx}$ in die Gleichung für G eingesetzt, ergibt:

$$G_{b=1} = -U\,\frac{h^*}{2}\,. \tag{29}$$

Wenn die Reibungszahl als Verhältnis der Verschiebungskraft zur normalen Belastung definiert wird, ist

$$\mu = \frac{R}{P} = \frac{\displaystyle\int_0^a \tau_0\,dx}{\displaystyle\int_0^a p_x\,dx}\,. \tag{30}$$

Die Gleichungen (27) bis (30) sind die Hauptgleichungen für die Berechnung der Flüssigkeitsreibung.

b) **Parallele Gleitflächen**, d. h. $h = \text{konstant}$. Wenn $\eta = \text{konstant}$ ist, folgt aus Gleichung (27), daß $\dfrac{dp}{dx} = k_1$ oder:

$$p = k_1 x + k_2\,. \tag{31}$$

Wenn nun das Öl nicht unter Druck zugeführt wird und auch ohne Überdruck abfließen kann, ist an den Rändern $p = 0$, und zwar sowohl für $x = 0$ als auch für $x = a$, d. h. $k_1 = k_2 = 0$, oder $p = 0$. Wenn die Flächen parallel sind und das Öl nicht unter Druck zugeführt wird, ist die Fläche nicht tragfähig. Um eine tragfähige Fläche zu erhalten, muß also das Öl unter Druck zugeführt werden, oder die Dicke des Ölbandes muß veränderlich sein.

1. **Öl wird unter Druck zugeführt.** Der praktisch wichtigste Fall paralleler Gleitflächen, bei denen das Öl unter Druck zugeführt wird, liegt vor bei der Lagerung vertikaler Wellen. Die Untersuchung wird am einfachsten, wenn wir das Problem in zwei Teile zerlegen:

a) Bestimmung der Tragfähigkeit eines ruhenden Zapfens, wenn eine bestimmte Ölmenge, G m³/s, zugeführt wird.

b) Berechnung der Reibungskraft eines drehenden, aber unbelasteten Zapfens.

Durch Superposition beider Fälle erhält man den allgemeinen Fall eines sich drehenden und belasteten Zapfens. Diese Superposition ist zulässig, weil — nach der Newtonschen Hypothese — die Reibungskraft unabhängig von der Belastung ist.

a) Die allgemeine Gleichung (26) kann auf den Ringzapfen angewandt werden, indem an Stelle der Breite 1 die veränderliche Breite $2\pi r$ gesetzt wird. Dann ist, da $U = 0$,

$$G = -\frac{h^3}{12\,\eta}\frac{dp}{dr}\cdot 2\,\pi\,r$$

oder

$$dp = -\frac{6\,\eta}{\pi\,h^3}\cdot G\,\frac{dr}{r}$$

und

$$p_r = -\frac{6\,\eta\,G}{\pi\,h^3}\ln r + C\,.$$

Wenn das Öl ohne Überdruck außen abfließen kann, ist für $r = r_a$, $p_r = 0$:

oder

$$0 = -\frac{6\,\eta\,G}{\pi\,h^3}\ln r_a + C$$

und damit durch Subtraktion:

$$p_r = \frac{6\,\eta\,G}{\pi\,h^3}\ln\frac{r_a}{r}\,.$$

Für $r = r_i$ ist

$$p_r = p = \frac{6\,\eta\,G}{\pi\,h^3}\ln\frac{r_a}{r_i}\,. \tag{32}$$

Damit wird

$$p_r = p\,\frac{\ln\dfrac{r_a}{r}}{\ln\dfrac{r_a}{r_i}}$$

und die Tragfähigkeit P des Lagers:

$$P = p\,\pi\,r_i^2 + \int_{r_i}^{a} 2\,\pi\,r\,p_r\,dr = p\,\pi\,r_i^2 + \frac{2\,\pi\,p}{\ln\dfrac{r_a}{r_i}}\int_{r_i}^{r_a} r\ln\frac{r_a}{r}\,dr$$

$$= \frac{\pi\,p}{\ln\dfrac{r_a}{r_i}}\left\{r_i^2\ln\frac{r_a}{r_i} + 2\left(\int\ln r_a\cdot r\,dr - \int r\ln r\,dr\right)\right\}$$

$$\frac{\pi\,p}{\ln\dfrac{r_a}{r_i}}\left\{r_i^2\ln\frac{r_a}{r_i} + 2\ln r_a\left(\frac{r_a^2}{2} - \frac{r_i^2}{2}\right) - 2\left(\frac{r^2}{2}\ln r - \frac{r^2}{4}\right)_{r_i}^{r_a}\right\}$$

$$P = \frac{\pi}{2}\,p\,\frac{r_a^2 - r_i^3}{\ln\dfrac{r_a}{r_i}}\,. \tag{33}$$

Wenn p aus Gleichung (32) eingesetzt wird:

$$P = \frac{3\,\eta\,G}{h^3}\,(r_a^2 - r_i^2)\,. \tag{34}$$

b) Wenn der Ringzapfen sich unbelastet dreht, ist $\dfrac{dp}{dr} = 0$, da $G = 0$ ist, so daß nach Gleichung (23): $w = -\dfrac{U\cdot y}{h}$, ein lineares Geschwindigkeitsgefälle vorhanden ist. Setzen wir $U = \omega\cdot r$, so folgt die Schubspannung aus Gleichung (24)

$$\tau = \eta\,\frac{dw}{dy} = \frac{\eta\,\omega\,r}{h}\,.$$

Die Reibungskraft für ein Flächenelement $2\,\pi\,r\,dr$ beträgt:

$$dR = \frac{\eta\,\omega\,r}{h}\cdot 2\,\pi\,r\,dr\,,$$

oder

$$R = \frac{2\,\pi\,\eta\,\omega}{h}\int_{r_i}^{r_a} r^2\,dr = \frac{2\,\pi\,\eta\,\omega}{3\,h}\,(r_a^3 - r_i^3) \tag{35}$$

und das Reibungsmoment:

$$M_r = \frac{2\,\pi\,\eta\,\omega}{h} \int\limits_{r_i}^{r_a} r^3\,dr = \frac{\pi\,\eta\,\omega}{2\,h}\,(r_a^4 - r_i^4). \tag{36}$$

c) Für den drehenden und belasteten Zapfen erhält man durch Superposition von a) und b) die Reibungszahl:

$$\mu = \frac{R}{P} = \frac{\dfrac{2\,\pi\,\eta\,\omega}{3\,h}\,(r_a^3 - r_i^3)}{\dfrac{3\,\eta\,G}{h^3}\,(r_a^2 - r_i^2)}\,.$$

Für die Förderung von G m³/s Öl gegen eine Pressung von p kg/m² beträgt die Pumpleistung:

$$L_p = \frac{G \cdot p}{\varepsilon} = \frac{p\,P\,h^3}{3\,\eta\,\varepsilon\,(r_a^2 - r_i^2)}\ \text{kgm/s}, \tag{37}$$

wenn mit ε der Wirkungsrad der Ölpumpe bezeichnet wird.

Die Reibungsleistung beträgt $\qquad L_r = M_r\,\omega$ kgm/s

$$L_r = \frac{\pi\,\eta\,\omega^2}{2\,h}\,(r_a^4 - r_i^4)\,, \tag{38}$$

so daß die totale aufgewandte Leistung $L = L_p + L_r$ ist. Diese wird ein Minimum für $\dfrac{d\,L}{d\,h} = 0$

$$\frac{\partial L}{\partial h} = \frac{p\,P}{3\,\eta\,\varepsilon\,(r_a^2 - r_i^2)}\,3\,h^2$$
$$- \frac{\pi\,\eta\,\omega^2}{2\,h^2}\,(r_a^4 - r_i^4) = 0$$

oder

$$h = \sqrt[4]{\frac{\pi\,\eta^2\,\omega^2\,\varepsilon\,(r_a^2 - r_i^2)\,(r_a^4 - r_i^4)}{2\,p\,P}}\,. \tag{39}$$

Zahlenbeispiel: Die Reibungszahl, die Ölmenge und die totale Leistung sollen für einen mit 10 t belasteten Ringzapfen berechnet werden, wenn Preßöl von 20 at mit einer Zähigkeit $\eta = 0{,}002$ kg·s/m² zugeführt wird, $\dfrac{r_i}{r_a} = 0{,}5$ und $\omega = 50$/s ist.

Lösung: Aus Gleichung (33) folgt:

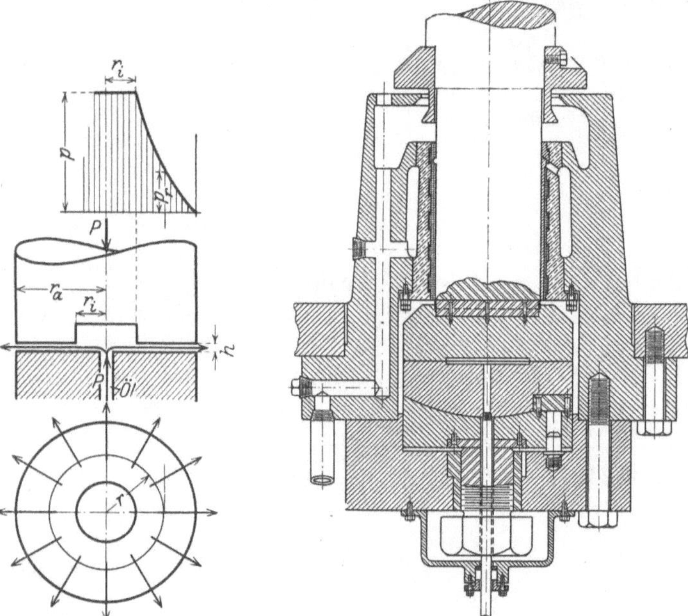

Abb. 61. Druckverteilung in einem Längslager.

Abb. 61a. Spurlager der General Electric Co. (nach Stodola).

$$P = \frac{\dfrac{\pi}{2}\,r_a^2\left\{1 - \left(\dfrac{r_i}{r_a}\right)^2\right\}}{\ln\dfrac{r_a}{r_i}}\,p = \frac{\dfrac{\pi}{2}\,(1 - 0{,}25)}{0{,}693}\,p\,r_a^2 = 1{,}68\,r_a^2\,p = 33{,}6\,r_a^2$$

oder $r_a = \sqrt{\dfrac{10000}{33{,}6}} = 17{,}2$ cm und damit $r_i = 8{,}6$ cm. Die günstigste Spalthöhe folgt aus Gleichung (39) zu:

$$h = \sqrt[4]{\frac{\pi \cdot 0{,}002^2 \cdot 2500 \cdot 0{,}7\,(1 - 0{,}25)\left(1 - \dfrac{1}{16}\right) \cdot 0{,}172^6}{2 \cdot 200000 \cdot 10000}} = 0{,}0001\ \text{m} = 0{,}1\ \text{mm}.$$

Damit wird die hindurchgehende Ölmenge aus Gleichung (34):

$$G = \frac{P\,h^3}{3\,\eta\,(r_a^2 - r_i^2)} = \frac{10000 \cdot 0{,}0001^2}{3 \cdot 0{,}002\left(1 - \dfrac{1}{4}\right) \cdot 0{,}172^2} = 0{,}074 \cdot 10^{-3}\ \text{m³/s}$$

und die Pumpleistung, mit $\varepsilon = 0{,}7$:

$$L_p = \frac{0{,}074 \cdot 10^{-3} \cdot 200\,000}{0{,}7} = 21 \text{ kgm/s}.$$

Die Reibungskraft ist nach Gleichung (35)

$$R = \frac{2\,\pi \cdot 0{,}002 \cdot 50}{3 \cdot 0{,}0001}\left(1 - \frac{1}{8}\right) \cdot 0{,}172^3 = \text{rund } 10 \text{ kg},$$

so daß

$$\mu = \frac{R}{P} = \frac{10}{10\,000} = 0{,}001 .$$

Die Reibungsleistung (Gl. 38) ist

$$L_r = \frac{\pi \cdot 0{,}002 \cdot 2500 \left(1 - \dfrac{1}{16}\right) \cdot 0{,}172^4}{2 \cdot 0{,}0001} \approx 67 \text{ kgm/s} = 0{,}9 \text{ PS},$$

entsprechend $0{,}9 \cdot 632 = 565$ kcal/h. Die totale Leistung ist $21 + 67 = 88$ kgm/s $= 1{,}18$ PS.

2. Förderung des Öles durch Nuten. a) Schraubennute. Für die Schmierung vertikaler Wellen wird oft die in Abb. 62 dargestellte Anordnung gewählt. Bei der Drehung steigt das Öl in die Nute. Die Verschiebungsgeschwindigkeit der Welle in der Richtung der Nut beträgt

$$\omega\,r\cos\beta .$$

Die Druckzunahme in der gleichen Richtung

$$dp = \frac{m\,g\sin\beta}{b\,h} = \frac{b\,h\,d\,x\,\gamma}{b\,h}\sin\beta = dx\,\gamma\sin\beta,$$

so daß mit Gleichung (26) folgt:

$$G_{b=1} = \frac{h \cdot \omega\,r\cos\beta}{2} - \frac{h^3}{12\,\eta}\gamma\sin\beta .$$

Damit gefördert wird, muß $G > 0$ sein, oder

$$h^2\,\gamma\,\operatorname{tg}\beta \leqq 6\,\eta\,\omega\,r .$$

Zahlenbeispiel: Bei welcher Winkelgeschwindigkeit wird 0,01 l/s Öl gefördert, wenn $r = 5$ cm, $\beta = 45^0$, $h = 2$ mm, $b = 1$ cm, $\eta = 0{,}002$ kg·s/m² und $\gamma = 920$ kg/m³ ist?

$$G_{b\,=\,1\,\text{cm}} = 0{,}00001 \text{ m}^3/\text{s}$$

$$= \frac{1}{100}\left(\frac{0{,}002\,\omega \cdot 0{,}05\cos 45}{2} - \frac{0{,}002^3 \cdot 920}{12 \cdot 0{,}002}\sin 45\right),$$

woraus $\qquad \omega = 34{,}2/\text{s}$.

Die Rechnung setzt ein vollständig dichtes Abschließen der Nute voraus. Für die Schmierung der Welle wird die Nute aber gut abgerundet, damit das Öl zwischen Welle und Lagerschale gelangen kann.

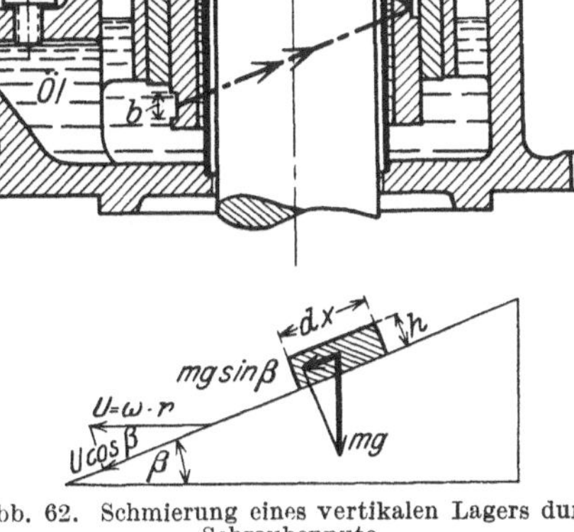

Abb. 62. Schmierung eines vertikalen Lagers durch Schraubennute.

In diesem Fall ist natürlich eine viel größere Winkelgeschwindigkeit erforderlich.

b) Logarithmische Spirale. In eine Scheibe eines Spurzapfens (Abb. 63) sei eine logarithmische Spirale von der Tiefe h eingeschnitten ($r = r_a e^{-\operatorname{ctg}\beta\cdot\varphi}$) von r_a nach innen gehend. Die Scheibe drehe sich so, daß das Öl von außen nach innen bewegt wird. Da es innen nicht abfließen kann, ist $G = 0$, oder nach Gleichung (26):

$$\frac{1}{2\,\eta} \cdot \frac{dp}{dx} \cdot \frac{h^3}{6} = \frac{U\,h}{2}$$

oder

$$dp = \frac{6\,U\,\eta}{h^2}\,dx .$$

Die Verschiebungsgeschwindigkeit U in der Richtung der Nute beträgt.

$$U = r\,\omega\sin\beta .$$

Die unendlich kleine Länge der Nute ist $dx = \dfrac{r\,d\varphi}{\sin\beta}$, so daß

$$dp = \frac{6\,\eta}{h^2}\, r^2\,\omega\,d\varphi,$$

und

$$p = \frac{3\,\eta\,\omega}{h^2} \cdot \frac{r_a^2 - r^2}{\operatorname{ctg}\beta} \tag{40}$$

wird. Auch hier besteht keine vollständige Abdichtung zwischen den beiden Flächen. Der erzeugte Druck soll eben dazu dienen, das Öl zwischen die Gleitflächen zu bringen; darum muß die Nute gut abgerundet werden.

c) Teilweise Absperrung des Querschnittes (Abb. 64). Wird der Querschnitt am Ende so abgesperrt, daß eine bestimmte Ölmenge $G\ \mathrm{m^3/s}$ durchgeht, und setzt man $G = \alpha\dfrac{U\,h}{2}$, dann wird $h^* = \alpha\,h$, und aus Gleichung (27):

$$\frac{dp}{dx} = 6\,\eta\,U\,\frac{1-\alpha}{h^2}$$

folgt:

$$p_x = 6\,\eta\,U\,\frac{1-\alpha}{h^2}\,x. \tag{41}$$

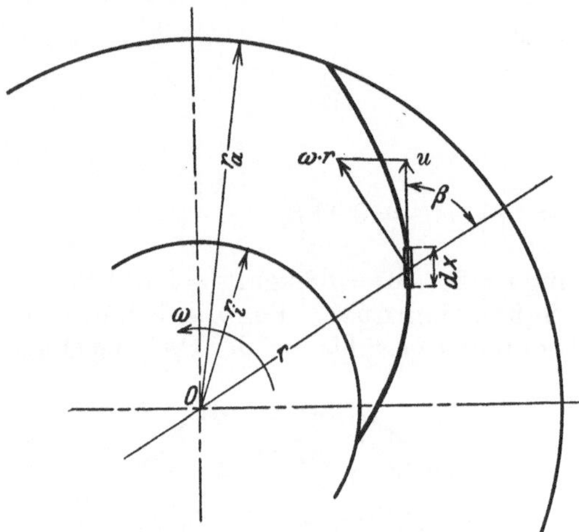

Abb. 63. Schmierung einer Sperrplatte durch Spiralnuten.

Von dieser (geradlinigen) Drucksteigerung wird wiederholt Gebrauch gemacht, um kleine Ölmengen nach höher liegenden Stellen zu fördern (z. B. Kolbenbolzen).

d) Veränderliche Dicke des Ölbandes. Osborne Reynolds[1] hat die Integration der Gleichung (27):

$$\frac{dp}{dx} = -6\,\eta\,U\,\frac{h - h^*}{h^3} \tag{27}$$

für eine schräge (Abb. 65) Fläche durchgeführt. Er setzt:

$$h = h_0\left(1 + m\,\frac{x}{a}\right), \tag{42}$$

worin h_0 die kleinste Spalthöhe und $m = \dfrac{h_1 - h_0}{h_0}$ ein Maß für die Schrägstellung ist. Aus Gleichung (42) folgt:

$$dh = \frac{h_0\,m}{a}\,dx,$$

so daß

$$\frac{dp}{dh} = -\frac{6\,\eta\,U\,a}{m\,h_0} \cdot \frac{h - h^*}{h^3}$$

und

$$p_x = \frac{6\,\eta\,U\,a}{m\,h_0} \cdot \frac{1}{h} - \frac{3\,\eta\,U\,a}{m\,h_0} \cdot \frac{h^*}{h^2} + C_1$$

wird. Wenn das Öl ohne Druck zu- und abfließen kann, dann lauten die Grenzbedingungen: $p = 0$ für $x = 0$ und für $x = a$, womit die Integrationskonstanten h^* und C_1 bestimmt sind. Wir erhalten damit:

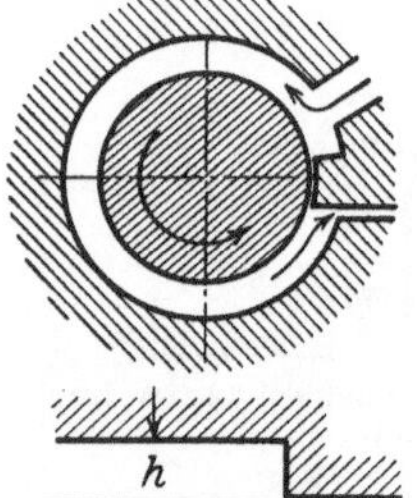

Abb. 64. Drucksteigerung durch teilweise Absperrung des Querschnittes.

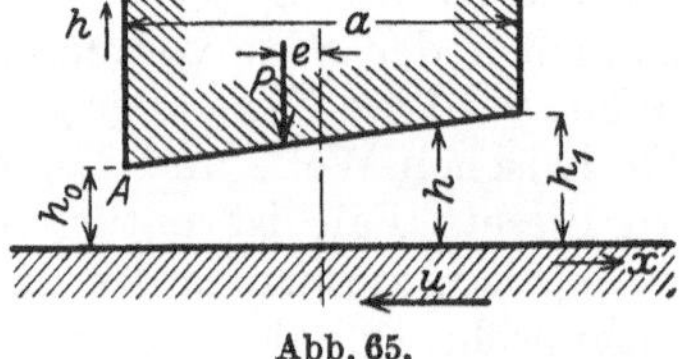

Abb. 65.

$$C_1 = -\frac{6\,\eta\,U\,a}{m\,(m+2)\,h_0^2}\cdot \quad \text{und}\quad h^* = \frac{2\,(m+1)}{m+2}\,h_0 \tag{43}$$

und zwar im Abstande

$$x^* = \frac{a}{m+2}. \tag{43a}$$

Das Maximum des Druckes liegt also zwischen $x = 0$ und $x = \dfrac{a}{2}$.

---

[1] Phil. Trans. Roy. Soc. Bd. 177, S. 157. London 1886.

Damit wird:

$$p_x = \frac{6\,\eta\,U}{h_0^2}\left\{\frac{m\,\dfrac{x}{a}\left(1-\dfrac{x}{a}\right)}{(m+2)\left(1+m\,\dfrac{x}{a}\right)^2}\right\} = \frac{6\,\eta\,U}{h_0^2}\,f\left(m_1\,\frac{x}{a}\right). \qquad (44)$$

Der Klammerausdruck ist **nur** vom Maße der Schrägstellung m und vom Verhältnis $\dfrac{x}{a}$ abhängig, welche Abhängigkeit in Abb. 66 dargestellt ist.

Resultierender Druck:

$$P_{b=1} = \int\limits_0^a p_x\,dx = \frac{6\,\eta\,U\,a^2}{h_0^2\,m^2}\left\{\ln(m+1) - \frac{2\,m}{m+2}\right\} = \frac{6\,\eta\,U\,a^2}{h_0^2}\,\psi(m). \qquad (45)$$

Der Verlauf von $\psi(m)$ ist in Abb. 67 eingetragen und zeigt ein Maximum für $m = 1{,}175$.

Wichtig ist, daß P exzentrisch angreift. Die Exzentrizität e folgt aus der Momentengleichung für die Kante A (Abb. 65):

$$P\left(\frac{a}{2} - e\right) = \int\limits_0^a p_x\,x\,dx\,,$$

woraus die Abhängigkeit der Exzentrizität $\dfrac{e}{a}$ vom Maß der Schrägstellung m folgt (Abb. 67).

Setzt man $P_{b=1} = p \cdot a$, worin p die mittlere Flächenpressung ist, so folgt aus Gleichung (45):

$$\frac{h_0}{a} = \sqrt{6\,\psi\,\frac{\eta\,U}{p\,a}}\,. \qquad (46)$$

Die Reibungskraft ist nach den Gleichungen (24) und (25):

$$R = \int\limits_0^a \tau_0\,dx = \int\limits_0^a\left(\frac{h}{2}\cdot\frac{dp}{dx} + \frac{U\,\eta}{h}\right)dx\,.$$

Nach Ausführung der Integration wird:

$$R = \frac{\eta\,U\,a}{h_0}\,\vartheta(m)$$

und damit die Reibungszahl:

$$\mu = \frac{R}{P} = \frac{h_0\cdot\vartheta(m)}{6\,a\cdot\psi(m)}$$

und mit Gleichung (46):

$$\mu = k(m)\,\sqrt{\frac{\eta\,U}{p\,a}}\,. \qquad (47)$$

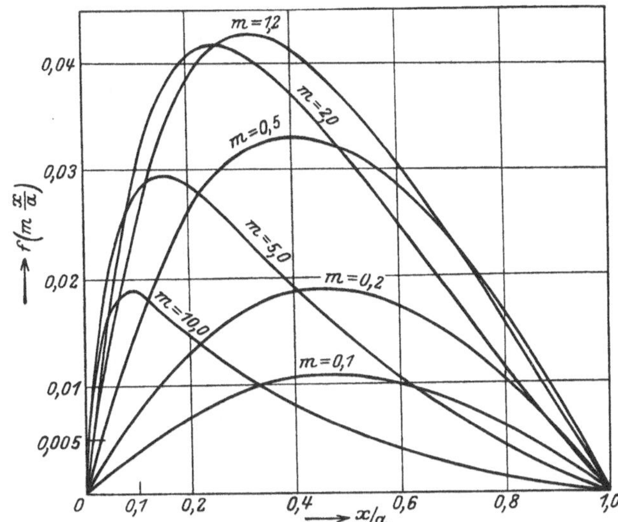

Abb. 66. Druckverteilung bei geneigten Gleitflächen.

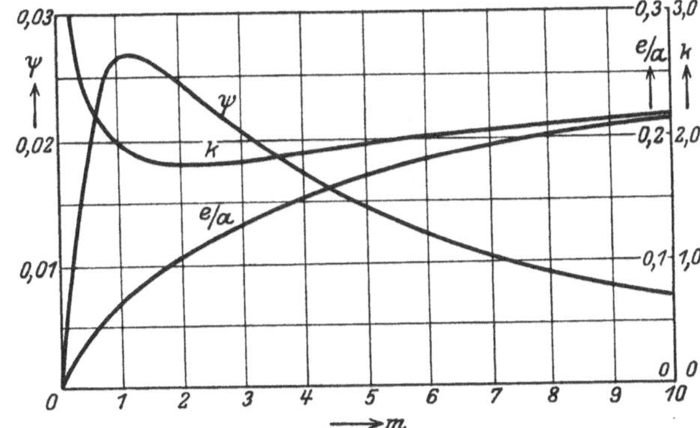

Abb. 67. Funktionen zur Berechnung der Reibung bei geneigten Gleitflächen.

Der Beiwert $k(m)$ ist zwischen $m=5$ und $m=1{,}2$ nur wenig veränderlich (Abb. 67). Als Mittelwert kann $k(m) = 1{,}9$ gesetzt werden, so daß:

$$\frac{p\,\mu^2}{\eta} = \frac{k^2\,U}{a} = \text{konstant}. \qquad (48)$$

Man hat, wegen der günstigen Wirkung der geneigten Flächen, dafür die treffende Bezeichnung „Keilkraftschmierung" gewählt.

Der zulässige Flächendruck ist durch Gleichung (46) mit $h_{\min} = 0{,}01$ mm für jede Ölsorte und für jede Gleitgeschwindigkeit festgelegt. Durch diese Gleichung erhält die allgemeine Bedingung, daß das Öl zwischen den Gleitflächen nicht weggepreßt werden darf, die mathematische Formulierung.

Zahlentafel 5.

Für $m =$	1	2	4	5	10
ist $\psi =$	0,027	0,025	0,017	0,015	0,008
und $\dfrac{h_{\mathrm{min}}}{a} =$	$0,40\,\sqrt{}$	$0,39\,\sqrt{}$	$0,37\,\sqrt{}$	$0,30\,\sqrt{}$	$0,21\,\sqrt{\dfrac{\eta\,U}{p\cdot a}}$

Wir können nun m beliebig wählen, und da μ in weiten Grenzen von m unabhängig ist, wählen wir $m \approx 1$, da dann die Tragfähigkeit (Betriebssicherheit) am größten ist.

Zahlenbeispiel. Die 50 mm langen Tragflächen eines Gleitschuhes von 200 mm Breite, der sich bei 10 at mittlerem Flächendruck mit einer Gleitgeschwindigkeit von 8 m/s auf einer ebenen Gleitbahn bewegt, seien mit $m = 1$ ausgeführt. Wie groß wird h_{min} und μ, wenn $\eta = 0,003 \, \mathrm{kg \cdot s/m^2}$ ist?

Mit $\sqrt{\dfrac{\eta\,U\,a}{p}} = 0,110 \, \mathrm{mm}$ ist $h_{\mathrm{min}} = 0,4 \times 0,110 = 0,044 \, \mathrm{mm}$

und

$$\mu = 1,9 \cdot \frac{1}{a} \sqrt{\frac{\eta\,U\,a}{p}} = 0,0042 \, .$$

Die Neigung von 0,055 mm auf 50 mm ist durch Schaben herzustellen.

Bei langsamlaufenden Gleitflächen (z. B. Werkzeugmaschinen) ist die Flüssigkeitsreibung viel schwieriger zu verwirklichen, da h_0 mit $\sqrt{U}$ abnimmt. Es ist dort aber üblich, die Laufflächen in bestimmter Weise zu schaben. Die Werkstatt benützt hier, mehr oder weniger bewußt, die Bildung einzelner Keilflächen, ohne welche Druckübertragung nicht möglich ist.

Schon lange sind in der Praxis gut abgerundete Kanten an Schmierstellen gebräuchlich. Die Berechnung der Tragfähigkeit solcher Flächen ist wegen der einfachen Form der Differentialgleichung (27)

$$\frac{dp}{dx} = -\,6\,\eta\,U\,\frac{h - h^*}{h^3}$$

durch graphische Integration leicht möglich, wobei auch die Veränderlichkeit von η berücksichtigt werden kann.

$$p_x = h^* \int\limits_0^x 6\,\eta\,U\,\frac{dx}{h^3} - \int\limits_0^x 6\,\eta\,U\,\frac{dx}{h^2} \,,$$

$$p_x = h^*\,f_1(x) - f_2(x)$$

und $\qquad P = \int\limits_0^x p_x\,dx \,,$

worin $f_1(x)$ und $f_2(x)$ die „Integralkurven" der in Abb. 68 aufgetragenen Funktionen $\dfrac{6\,\eta\,U}{h^3}$ und $\dfrac{6\,\eta\,U}{h^2}$ sind. Die Integrationskonstante h^* folgt aus der Bedingung, daß für $x = a$, $p = 0$ ist, also $\qquad h^* = \dfrac{f_2(a)}{f_1(a)} \,.$

Abb. 68. Graphische Integration (nach Stodola).

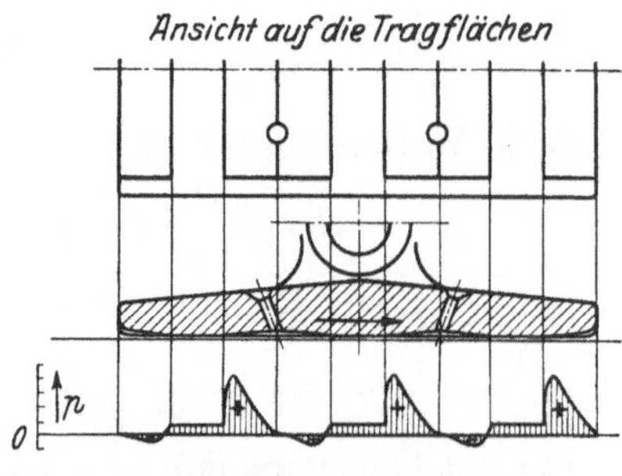

Abb. 69. Drucksteigerung durch abgerundete Keilflächen (nach Falz).

In ähnlicher Weise kann die Reibungskraft R bestimmt werden und damit μ.

Um z. B. einen Kreuzkopf tragfähig zu machen, genügen meist einige Abrundungen für beide Bewegungsrichtungen (Abb. 69). Beim Anlauf läßt sich eine unmittelbare Berührung der Gleitflächen gar nicht vermeiden, da $U = 0$ ist (Richtungswechsel). Darum sind zwischen die Abrundungen parallele Tragflächen einzuschalten, um die Flächenbelastung herabzusetzen.

Die konstruktive Schwierigkeit der schrägen Flächen liegt hauptsächlich in der Verwirklichung der sehr kleinen Keilwinkel.

Wie wir gesehen haben, greift die resultierende Kraft exzentrisch an, und die Exzentrizität $\dfrac{e}{a}$ nimmt mit zunehmender Schräge m (Abb. 67) zu. Unterstützen wir die eine Fläche in irgendeinem Punkte, so stellt sich eine bestimmte Schräge ein. Wird die Neigung aus irgendeinem Grunde vergrößert, so vergrößert sich e und stellt die ursprüngliche Lage wieder her.

Die Lage der Platte ist demnach stabil. Von dieser Eigenschaft hat Michell bei der Konstruktion seines Lagers Gebrauch gemacht (Abb. 70).

Endliche Lagerbreite. Alle wirklichen Lager haben eine endliche Breite, so daß das seitliche Abfließen des Öles berücksichtigt werden sollte. Eine strenge Lösung dafür ist bis heute noch nicht ermittelt. Michell[1] gab eine Näherungslösung für die rechteckige Platte, und fand für $m = 1$:

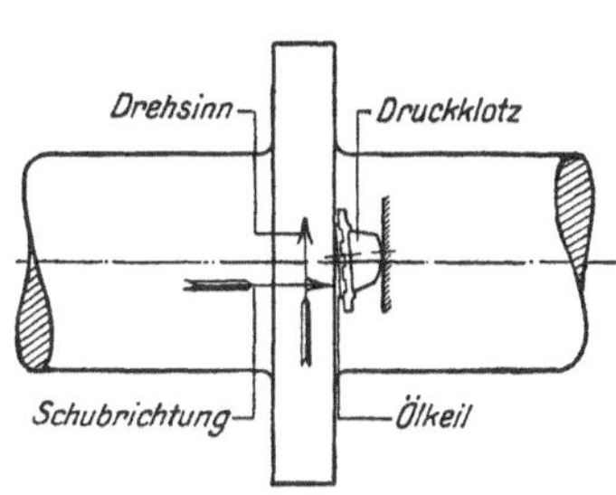

Abb. 70. Prinzip der Keilkraftschmierung (nach Michell).

Abb. 71a. Drucklager von Brown, Boveri & Cie.

$$\text{Für} \quad \frac{b}{a} = \infty \qquad 1 \qquad \frac{1}{3}$$
$$\mu = \mu_\infty \qquad 2{,}2\,\mu_\infty \qquad 9{,}8\,\mu_\infty\,.$$

Gümbel[2] gibt eine andere Näherungsmethode, und findet, daß μ in weiten Grenzen, bis $\frac{b}{a} = 1$, nur wenig vom Seitenverhältnis und von der Neigung abhängt.

Dir Firma Brown, Boveri & Cie (v. Freudenreich) hat ausgedehnte Versuche mit zwei Segmenten von $4{,}5 \times 4{,}5$ cm Seitenlänge durchgeführt zur Bestimmung der Reibungszahlen bei verschiedenen Geschwindigkeiten ($U = 6{,}5$ bis $35{,}7$ m/s) und Flächenpressungen bis 100 at. Die Segmente wurden gegen eine um ihre Achse rotierende Scheibe gepreßt, so daß die Gleitgeschwindigkeit dabei nach der Scheibenachse hin abnimmt. Bei der Umrechnung wurde die mittlere Geschwindigkeit angenommen. Aus der Zahlentafel 6, in der ein Teil der Versuche eingetragen ist, folgt, daß die wirkliche Reibungszahl größer ist als die theoretische für unendlich lange Lagerbreite. Das Verhältnis $\frac{\mu}{\mu_{th}}$ nimmt mit abnehmender Umfangsgeschwindigkeit zu und scheint durch die Höhe der Flächenpressung nicht wesentlich beeinflußt zu werden. Für $u = 6{,}55$ m/s, $p = 50$ at, $a = 0{,}045$ m und $\frac{b}{a} = 1$ wird nach Gleichung (46) und Zahlentafel 7:

$$h_0 = \sqrt{6 \cdot 0{,}5 \cdot 0{,}027}\,\sqrt{\frac{0{,}0014 \cdot 6{,}55 \cdot 0{,}045}{500{,}000}} \approx 0{,}008 \text{ mm}.$$

Berücksichtigt man noch die unvermeidlichen Formänderungen der Platte, so liegt diese Geschwindigkeit wahrscheinlich schon außerhalb des Geltungsbereiches der Theorie für Flüssigkeitsreibung. Bis weitere Versuche vorliegen, kann man mit reichlicher Sicherheit

$$\mu_{l=d} \approx 1{,}7\,\mu_\infty$$

setzen. Für endliche Lagerbreiten ändert sich auch die Funktion $\psi(m)$, und zwar kann (nach Gümbel) für $m = 0{,}5$ bis 10 die Änderung durch folgende Korrekturfaktoren berücksichtigt werden:

Zahlentafel 7.

Für $\frac{b}{a} = \infty$	5	3,3	2	1	0,5
Korrekturfaktor = 1	0,98	0,92	0,8	0,5	0,2

Lager mit endlicher Breite sind demnach weniger tragfähig. und haben größere Reibungszahlen.

Zahlenbeispiel: Eine ebene Fläche von 0,1 m Breite und 0,1 m Länge gleitet mit der Neigung $m = 1$, mit 6 at belastet, mit einer Geschwindigkeit $U = 5$ m/s längs einer zweiten Ebene. $\eta = 0{,}002$ kg·s/m². An welchem Punkt der Fläche muß die Kraft angreifen, und wie groß sind h_0 und μ?

Für $m = 1$ ist nach Abb. 67 $\frac{e}{a} = 0{,}07$ und $\psi_\infty = 0{,}027$. Für $b = \infty$ ist $\frac{h_0}{a} = \sqrt{6\,\psi_\infty \frac{\eta\,U}{p\,a}}$; und für $\frac{b}{a} = 1$ wird $\psi = 0{,}5\,\psi_\infty$, so daß

$$\frac{h_0}{a} = \sqrt{3 \cdot 0{,}027\,\frac{0{,}002 \cdot 5}{60\,000 \cdot 0{,}1}} = 0{,}000\,365$$

[1] Z. Math. u. Physik Bd. 52, S. 123.
[2] Gümbel-Everling: Reibung und Schmierung im Maschinenbau, S. 148. Verlag M. Krayn 1925.

Zahlentafel 6. Versuche von Brown, Boveri & Cie.

$U = 6,55$ m/s

Lagerbelastung P kg	217	665	454	832	1000	1237	1438	1636	304	88
Flächenpressung p at	10,85	33,25	22,7	41,6	50,0	61,85	71,9	81,8	15,2	4,4
Temperatur, Anfang t_1 °C	44,6	47,7	47,3	48,2	48,5	49,2	51,4	51,9	45,8	44,4
Mitte t_2 °C	46,6	51,0	50,2	52,0	52,2	53,2	55,5	56,1	48,4	46,0
Ende t_3 °C	48,0	52,4	51,9	53,5	53,8	54,4	56,7	57,3	50,0	47,3
Mittelwert t_m °C	46,5	50,7	50,0	51,6	51,8	52,7	55,0	55,5	48,2	45,9
Mittlere Zähigkeit $\sqrt{\eta_m}$ $\sqrt{\text{kg·s/m}^2}$	0,0428	0,0391	0,0396	0,0383	0,381	0,0375	0,0358	0,0354	0,0411	0,0434
Reibungskraft R	0,915	1,825	1,41	2,075	2,39	2,80	3,03	3,26	1,10	0,610
Reibungszahl $\frac{R}{P} = \mu$	0,0042	0,00274	0,00311	0,00250	0,00239	0,00226	0,00210	0,00199	0,00362	0,00693
theoretisch μ_{th}	0,00238	0,00136	0,00165	0,00122	0,00111	0,00100	0,00093	0,00087	0,00200	0,00375
μ/μ_{th}	1,76	2,00	1,9	2,05	2,15	2,26	2,25	2,28	1,81	1,85

$U = 13,16$ m/s

Lagerbelastung P kg	70	166	322	502	649	910	1132	1426	1816
Flächenpressung p at	3,5	8,8	16,1	25,1	32,45	45,5	56,6	71,3	90,8
Temperatur, Anfang t_1 °C	45,9	47,2	48,6	50,3	50,5	52,4	53,7	55,9	59,2
Mitte t_2 °C	47,5	50,0	53,6	57,2	58,8	61,8	64,4	67,2	71,3
Ende t_3 °C	49,8	53,8	58,4	62,6	64,2	66,8	69,0	71,2	74,4
Mittelwert t_m °C	47,7	50,2	53,6	56,9	58,3	61,1	63,4	66,0	69,8
Mittlere Zähigkeit $\sqrt{\eta_m}$ $\sqrt{\text{kg·s/m}^2}$	0,0417	0,0396	0,0368	0,0343	0,0333	0,0316	0,0302	0,0288	0,027
Reibungskraft R	0,63	1,01	1,42	1,795	2,075	2,49	2,81	3,23	3,73
Reibungszahl $\frac{R}{P} = \mu$	5,0090	0,00608	0,00441	0,00358	0,00320	0,00274	0,00248	0,00226	0,00205
theoretisch μ_{th}	0,00593	0,00386	0,00278	0,00222	0,00195	0,00165	0,00148	0,00131	0,00116
μ/μ_{th}	1,5	1,56	1,6	1,62	1,64	1,66	1,66	1,73	1,76

$U = 19,4$ m/s

Lagerbelastung P kg	114	283	516	737	1003	1258	1537	1774	1231	134	68
Flächenpressung p at	5,7	14,15	25,8	36,85	50,15	62,9	76,85	88,7	61,55	6,7	3,4
Temperatur, Anfang t_1 °C	45,2	48,1	52,3	54,7	58,0	61,7	65,5	67,0	61,6	46,6	44,3
Mitte t_2 °C	47,9	54,7	62,2	66,9	72,1	77,8	82,5	85,3	77,6	50,3	46,8
Ende t_3 °C	51,6	62,4	70,7	75,7	80,6	85,0	88,3	90,4	84,9	55,0	49,9
Mittelwert t_m °C	48,1	54,9	61,8	66,4	71,2	76,4	80,7	83,1	76,2	50,5	46,9
Mittlere Zähigkeit $\sqrt{\eta_m}$ $\sqrt{\text{kg·s/m}^2}$	0,0412	0,0358	0,0312	0,0285	0,0264	0,0243	0,0228	0,0220	0,0245	0,0392	0,0424
Reibungskraft R	0,97	1,545	2,035	2,34	2,72	3,02	3,325	3,59	2,92	1,015	0,77
Reibungszahl $\frac{R}{P} = \mu$	0,0085	0,00545	0,00314	0,00317	0,00271	0,00240	0,00216	0,00202	0,00237	0,00758	0,0113
theoretisch μ_{th}	0,00565	0,00360	0,00266	0,00222	0,00190	0,00170	0,00154	0,00144	0,00172	0,00522	0,00730
μ/μ_{th}	1,5	1,52	1,187	1,43	1,43	1,41	1,40	1,40	1,38	1,45	1,54

Zahlentafel 6. (Fortsetzung.)

$U = 26{,}75$ m/s

Lagerbelastung . . . . . P kg	85	144	268	403	559	757	1000	1261	1396	1660	169
Flächenpressung . . . . p at	4,25	7,2	13,4	20,15	27,95	37,85	50,0	63,05	69,8	83,0	8,45
Temperatur, Anfang . . t_1 °C	45,7	47,3	51,0	53,5	57,6	61,2	64,6	68,9	70,0	73,5	48,9
Mitte . . . t_2 °C	48,5	51,7	57,4	62,9	69,1	75,5	80,2	84,9	88,0	93,6	54,5
Ende . . . t_3 °C	52,9	57,2	64,6	71,6	78,7	85,5	89,8	93,0	95,3	99,3	60,9
Mittelwert . t_m °C	48,7	51,8	57,6	62,5	68,8	74,7	79,2	83,4	86,3	91,2	54,6
Mittlere Zähigkeit $\sqrt{\eta_m}\,\sqrt{\mathrm{kg}\cdot\mathrm{s}/\mathrm{m}^2}$	0,0408	0,0382	0,0339	0,0308	0,0274	0,0250	0,0233	0,0220	0,0210	0,0197	0,0360
Reibungskraft . . . . . R	0,945	1,21	1,63	1,96	2,18	2,485	2,875	3,135	3,30	3,580	1,28
Reibungszahl $\frac{R}{P}$ . . . . $= \mu$	0,0111	0,0084	0,00608	0,00486	0,00390	0,00328	0,00288	0,00248	0,00236	0,00216	0,0076
theoretisch . μ_{th}	0,00770	0,00590	0,00437	0,00355	0,00301	0,00258	0,00225	0,00199	0,00191	0,00175	0,00546
μ/μ_{th}	1,44	1,43	1,39	1,37	1,3	1,27	1,28	1,25	1,23	1,23	1,39

$U = 35{,}7$ m/s

Lagerbelastung . . . . . P kg	40	88	246	376	556	766	1006	1249	1489	1636	232
Flächenpressung . . . . p at	2,0	4,4	12,3	18,8	27,8	38,3	50,3	62,45	74,45	81,8	11,6
Temperatur, Anfang . . t_1 °C	45,4	47,5	49,0	51,6	55,5	57,9	61,5	65,8	69,6	72,4	47,5
Mitte . . . t_2 °C	48,6	51,0	54,7	60,6	68,0	75,1	82,0	89,1	95,7	99,2	54,6
Ende . . . t_3 °C	52,9	56,2	62,1	71,2	80,6	88,1	96,3	102,1	107,4	109,7	62,2
Mittelwert . t_m °C	48,8	51,4	54,9	60,9	68,0	74,4	81,0	89,2	92,8	96,4	54,8
Mittlere Zähigkeit $\sqrt{\eta_m}\,\sqrt{\mathrm{kg}\cdot\mathrm{s}/\mathrm{m}^2}$	0,0407	0,0385	0,0358	0,0317	0,0278	0,0251	0,0227	0,0203	0,0197	0,0186	0,0359
Reibungskraft . . . . . R	0,725	1,065	1,890	2,25	2,57	2,94	3,25	3,40	3,72	3,84	1,80
Reibungszahl $\frac{R}{P}$ . . . . $= \mu$	0,0181	0,0121	0,00768	0,0060	0,00462	0,00383	0,00323	0,00273	0,00250	0,00234	0,00775
theoretisch . μ_{th}	0,0130	0,00875	0,00523	0,00424	0,00348	0,00297	0,00259	0,00232	0,00213	0,00203	0,00540
μ/μ_{th}	1,39	1,39	1,48	1,42	1,33	1,29	1,25	1,18	1,17	1,15	1,43

$U = 46{,}6$ m/s

Lagerbelastung . . . . . P kg	121	229	373	532	712	910	1120	1420
Flächenpressung . . . . p at	6,05	11,45	18,65	26,6	35,6	45,5	56,0	71,0
Temperatur, Anfang . . t_1 °C	44,4	46,4	47,9	51,5	52,9	55,0	59,2	62,0
Mitte . . . t_2 °C	50,7	53,3	57,2	63,4	70,6	78,5	85,0	96,1
Ende . . . t_3 °C	57,4	63,5	68,2	78,5	89,0	97,5	104,4	115,8
Mittelwert . t_m °C	50,8	53,7	57,6	63,9	70,8	77,6	84,0	93,6
Mittlere Zähigkeit $\sqrt{\eta_m}\,\sqrt{\mathrm{kg}\cdot\mathrm{s}/\mathrm{m}^2}$	0,0389	0,0367	0,0338	0,0298	0,0265	0,0238	0,0217	0,0192
Reibungskraft . . . . . R	1,50	2,12	2,77	3,05	3,27	3,58	3,80	4,00
Reibungszahl $\frac{R}{P}$ . . . . $= \mu$	0,0124	0,00925	0,00743	0,00573	0,00460	0,00394	0,00339	0,00281
theoretisch . μ_{th}	0,00852	0,00617	0,00485	0,00404	0,00351	0,00311	0,00279	0,00242
μ/μ_{th}	1,48	1,5	1,53	1,42	1,31	1,27	1,22	1,16

wird, und $$h_0 = 0{,}0365 \text{ mm}.$$

Weiter ist: $$\mu = 1{,}7\,\mu_\infty = 1{,}7 \cdot 1{,}9\,\sqrt{\frac{\eta\,U}{p\,a}} \approx 0{,}004\,.$$

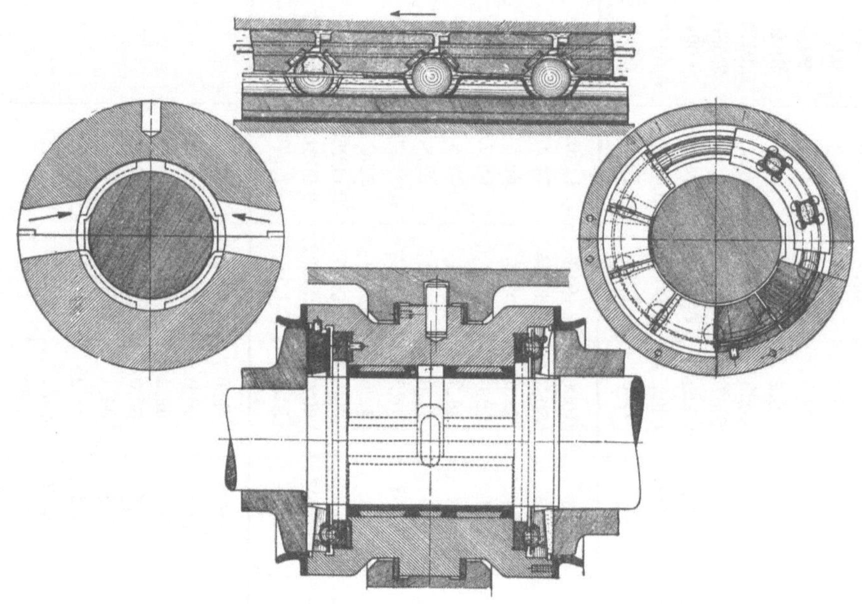

Abb. 71 b. Vereinigtes Längs- und Querlager von Brown, Boverie & Cie mit Druckausgleichvorrichtung.

Wenn mehrere Segmente vorhanden sind und weil die Dicke der Ölschicht nur einige Hundertstelmillimeter beträgt, ist es besonders wichtig, daß alle Segmente gleichmäßig tragen, um ein einseitiges Heißlaufen zu vermeiden. Die A.-G. Brown, Boveri & Cie lagert deshalb die Tragsegmente auf Stahlkugeln. Wird eine der Tragflächen stärker belastet als die übrigen, so drücken die unter diesen liegenden Kugeln auf die benachbarten, weniger belasteten Segmente (Abb. 71a u. b).

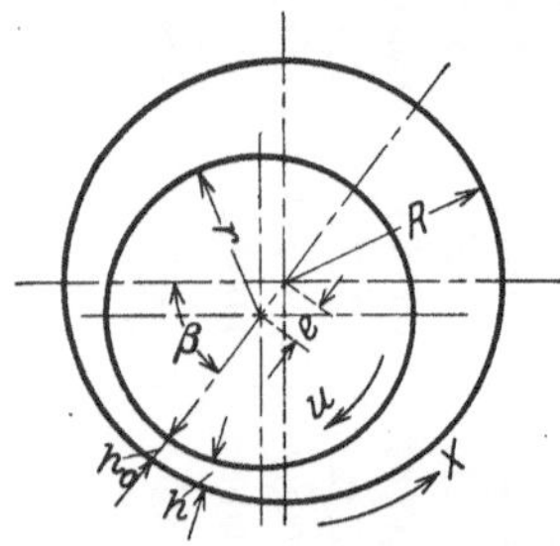

Abb. 72. Exzentrische Lage des Zapfens bei Flüssigkeitsreibung.

Schmiernuten. Die Theorie der Flüssigkeitsreibung gibt auch klaren Aufschluß über die Unzweckmäßigkeit von Schmiernuten. Werden zwei Punkte der Gleitflächen mit verschiedenen Drücken durch eine Nute verbunden, so tritt ein Druckausgleich ein, d. h. der Druck in der Ölschicht wird kleiner und das Lager weniger tragfähig. Aber auch die Verbindung zweier Punkte gleichen Öldruckes, also Schmiernuten senkrecht zur Bewegungsrichtung, sind schädlich, da das seitliche Abfließen dadurch erleichtert wird. Die eigentliche Tragfläche soll demnach keine Schmiernuten enthalten, da das Ölband dadurch unterbrochen oder geschwächt wird.

Das Öl muß grundsätzlich an einer Stelle zugeführt werden, wo kein Druck herrscht. Dort können Quernuten zur Verteilung des Öles über die ganze Breite zweckmäßig sein.

d) Zapfenlager. Die Betrachtungen über zwei ebene Gleitflächen gelten auch für die Bewegung einer Welle in der Lagerschale, wenn die Kräfte infolge der Krümmung (Zentrifugalkräfte) vernachlässigt werden. Die gleichachsige Lage kann demnach niemals die Gleichgewichtslage einer belasteten und sich drehenden Welle sein. Die Vorbedingungen für die Flüssigkeitsreibung sind hier nur dann erfüllt, wenn die Welle sich so einstellt, daß der Querschnitt des Ölbandes sich im Sinne der Drehung verkleinert. Bei trockener Reibung klettert die Welle entgegen der Drehrichtung an der Schale hoch, denn Gleichgewicht der Kräfte ist nur dann vorhanden, wenn die Gegenkraft des Lagers um den Reibungswinkel ϱ gegenüber der Lagerbelastung verschoben ist.

Es muß also vorausgesetzt werden, daß der Zapfendurchmesser etwas kleiner als der Schalendurchmesser ist, so daß Lagerspiel vorhanden ist. Die Rechnung wird immer für die halbumschließende Lagerschale durchgeführt, da in der oberen Schalenhälfte hohe negative Drücke, also Zugspannungen entstehen, die das Ölband zerreißen. Da r und R gegenüber der Dicke h des Ölbandes als unendlich groß zu betrachten sind, bleibt die Differentialgleichung (27):

$$\frac{dp}{dx} = -\,6\,\eta\,U\,\frac{h - h^*}{h^3}\,.\tag{27}$$

Nach Durchführung der Integration läßt sich das Resultat ähnlich wie für ebene Gleitflächen in der Form schreiben[1]:

$$h_0 = \Delta r - e = \sqrt{\varphi\,(\beta)\,\frac{\eta\,U\,d}{p}}\tag{50}$$

und

$$\mu = k\,(\beta)\,\sqrt{\frac{\eta\,U}{p\,d}}\,.\tag{51}$$

Die exzentrische Lage des Zapfens ist durch den Verlagerungswinkel und durch die Exzentrizität e festgelegt. Um allgemeine, von der Lagergröße unabhängige Beziehungen zu erhalten, führen wir dimensionslose Größen ein, nämlich:

das relative Lagerspiel
$$\varrho = \frac{R - r}{r} = \frac{\Delta r}{r}$$

und die relative Exzentrizität
$$\varepsilon = \frac{e}{R - r} = \frac{e}{\Delta r}\,.$$

Damit wird die Ölschichtdicke an der engsten Stelle

$$h_0 = (1 - \varepsilon)\,\Delta r = (1 - \varepsilon)\,\varrho\,\frac{d}{2}\tag{52}$$

oder mit Gleichung (50) und $U = \omega r$:

$$\frac{h_0}{r} = \frac{1}{r}\sqrt{\varphi}\,\sqrt{\frac{\eta\,U\,d}{p}} = \sqrt{2\,\varphi}\,\sqrt{\frac{\eta\,\omega}{p}} = (1 - \varepsilon)\,\varrho\,,$$

oder

$$\varrho = \frac{\sqrt{2\,\varphi}}{1 - \varepsilon}\,\sqrt{\frac{\eta\,\omega}{p}}\,.$$

Setzt man weiter:

$$\Phi = \frac{2\,p\,\varrho^2}{\eta\,\omega}\,,\tag{53}$$

so wird auch:

$$\varrho = \sqrt{\frac{\Phi}{2}}\,\sqrt{\frac{\eta\,\omega}{p}}\,,$$

so daß zwischen Φ und φ folgende Beziehung besteht:

$$\Phi = \frac{4\,\varphi}{(1 - \varepsilon)^2}\,.\tag{54}$$

Zahlentafel 8.

	$\varepsilon =$	0,2	0,3	0,4	0,5	0,6	0,7	0,8	0,9	0,95
$l = 8$	$\Phi(\beta)$	1,7	2,4	3,2	4,1	5,3	7,2	10,5	20,5	39,6
	β	12,4°	17,7°	23,4°	29,2°	35,5°	41,8°	49,0°	59,7°	67,4°
	$k(\beta)$	2,47	2,22	2,08	2,05	2,09	2,17	2,31	2,61	2,67
$l = d$	ϱ	$0{,}65\,\sqrt{\ }$	$0{,}77\,\sqrt{\ }$	$0{,}9\,\sqrt{\ }$	$1{,}01\,\sqrt{\ }$	$1{,}15\,\sqrt{\ }$	$1{,}35\,\sqrt{\ }$	$1{,}62\,\sqrt{\ }$	$2{,}26\,\sqrt{\ }$	$3{,}15\,\sqrt{\frac{\eta\omega}{p}}$
	$\dfrac{h_0}{d}$	$0{,}26\,\sqrt{\ }$	$0{,}27\,\sqrt{\ }$	$0{,}27\,\sqrt{\ }$	$0{,}25\,\sqrt{\ }$	$0{,}23\,\sqrt{\ }$	$0{,}20\,\sqrt{\ }$	$0{,}162\,\sqrt{\ }$	$0{,}113\,\sqrt{\ }$	$0{,}079\,\sqrt{\frac{\eta\omega}{p}}$
	C	3,9	3,3	2,8	2,5	2,2	1,85	1,55	1,35	1,0
	C_1	10	10	10	10	11	12,5	15,5	22	32

Die exzentrische Lage des Wellenmittels ist nun durch die dimensionslose Größe Φ eindeutig bestimmt. Die Zahlenwerte sind in der Zahlentafel 8 eingetragen. Trägt man die Werte von ε und β graphisch auf (Abb. 73), so erhält man die Bahn des Wellenmittels, die mit roher Annäherung als Halbkreis verläuft.

Durch Veränderung von Φ, d. h. der Faktoren p, ϱ, η und ω haben wir es in der Hand, der Welle eine beliebige Relativlage zu geben. Aus der Zahlentafel folgt weiter, daß $k(\beta)$ und damit

---

[1] Vgl. z. B. Duffing: Z. f. angewandte Math. u. Mech. 1924, S. 296.

die Reibungszahl μ in weiten Grenzen ($\varepsilon = 0,3$ bis $0,75$) von der Lage der Welle fast unabhängig ist, so daß ungefähr:

$$\mu_\infty = 2,2 \sqrt{\frac{\eta U}{p d}} = \frac{2,2}{\sqrt{2}} \sqrt{\frac{\eta \omega}{p}} \tag{55}$$

ist.

Bei den Zahlenrechnungen muß immer beachtet werden, daß $\Phi = \dfrac{2 p \varrho^2}{\eta \omega}$ eine dimensionslose Größe ist.   Da auch ϱ eine dimensionslose Zahl und die Dimension von $\omega = 1/\mathrm{s}$ ist, muß, wenn η in $\mathrm{kg \cdot s/m^2}$ gemessen wird, p in $\mathrm{kg/m^2}$ eingesetzt werden.

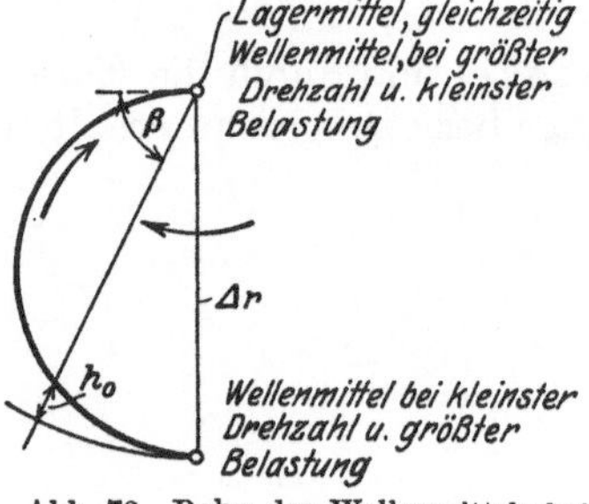

Abb. 73. Bahn des Wellenmittels bei Flüssigkeitsreibung nach Gümbel.

Zahlenbeispiel: Ein Turbogeneratorenlager von 125 mm Durchmesser sei mit 2,3 at belastet. Welche Lage wird die Welle bei $n = 3000$ einnehmen, wenn $\varrho = 0,5\%$, $\eta = 0,001\ \mathrm{kg \cdot s/m^2}$ und $l = \infty$ angenommen wird?

Mit $\omega = \dfrac{\pi n}{30} = 314$, $p = 2,3\ \mathrm{at} = 23000\ \mathrm{kg/m^2}$ und $\varrho = \dfrac{1}{200}$ wird $\Phi = \dfrac{2 \cdot 23000}{200^2 \cdot 0,001 \cdot 314} = 3,7$.   Aus der Zahlentafel folgt $\beta \sim 26,6^{\,0}$ und $\varepsilon = 0,45$, so daß $e = \varepsilon \cdot \Delta r = 0,45 \cdot \dfrac{1}{200} \cdot \dfrac{125}{2} = 0,14\ \mathrm{mm}$ wird.

Diese Werte gelten für unendlich lange Lager.   Für endliche Lagerlängen können die gleichen Korrekturfaktoren eingeführt werden wie für die ebene Platte (vgl. S. 39), so daß z. B. für $l = d$

$$\Phi_{l=d} = \frac{2 p \varrho^2}{\eta \omega} = \frac{1}{2}\, \Phi \quad \text{oder} \quad \Phi \text{ wird nun gleich } \frac{4 p \varrho^2}{\eta \omega},$$

woraus

$$\varrho = \frac{1}{2} \sqrt{\Phi_\infty} \sqrt{\frac{\eta \omega}{p}} \tag{56}$$

und

$$\mu_{l=d} \approx 1,7\, \mu_\infty = 1,7\, \frac{k(\beta)}{\sqrt{2}} \sqrt{\frac{\eta \omega}{p}}. \tag{57}$$

Durch Verbindung der Gleichungen (56) und (57) erhält man:

$$\mu_{l=d} = C(\Phi)\, \varrho \tag{58}$$

und mit Gleichung (52):

$$\mu_{l=d} = \frac{2 C(\Phi)}{1 - \varepsilon} \cdot \frac{h_0}{d} = C_1(\Phi)\, \frac{h_0}{d}. \tag{59}$$

Die Werte von ϱ, $\dfrac{h_0}{d}$, $C(\Phi)$ und $C_1(\Phi)$ sind ebenfalls in der Zahlentafel eingetragen, woraus für jeden Wert von Φ_∞ die relative Lage, die Reibungszahl μ und die minimale Schmierschichtdicke h_0 sofort zu entnehmen sind, und zwar unter der Voraussetzung, daß $l = d$, und daß tatsächlich Flüssigkeitsreibung vorhanden ist.

Durch den Wert $\Phi = \dfrac{2 p \varrho^2}{\eta \omega}$ ist die exzentrische Lage des Zapfens vollständig festgelegt. Nun hängt Φ bei gegebener Lagerbelastung p, Drehzahl n und Ölzähigkeit η nur vom Lagerspiel ϱ ab. Aus Gleichung (38) folgt aber, daß die Reibungszahl dem Lagerspiel direkt proportional ist, so daß das Lagerspiel niemals größer gemacht werden sollte als unbedingt erforderlich ist. Weiter folgt aus Gleichung (59) daß die Reibungszahl auch direkt h_0 proportional ist. Um kleine Reibungszahlen zu erreichen, muß die Oberfläche von Zapfen und Schale so glatt wie möglich gemacht werden (Zapfen härten und schleifen).

Zahlenbeispiel. Wie ändert sich die Lage des Zapfens im vorhergehenden Zahlenbeispiel, wenn der Zapfen 260 mm lang ist und die Flächenbelastung von 2,3 at beibehalten wird?

Mit $\dfrac{l}{d} = \dfrac{260}{125} = 2,1$ ist (nach S. 39)

$$\Phi_{l=2,1\,d} = 0,81\, \Phi_\infty = \frac{2 p \varrho^2}{\eta \omega},$$

so daß

$$\Phi_\infty = \frac{1}{0,81} \frac{2 \cdot 23000}{200^2 \cdot 0,001 \cdot 314} = 4,6.$$

Nach Zahlentafel 8 ist $\varepsilon = 0{,}54$ und $\beta = 31{,}7^0$, so daß die Welle etwas tiefer liegt.

$$\mu = 2{,}5\,\sqrt{\frac{\eta\,\omega}{p}} = 0{,}009 \ \text{(ziemlich hoch)},$$

Aus Gleichung (52) folgt weiter:

$$h_0 = (1-0{,}54)\cdot\frac{1}{200}+\frac{125}{2} = 0{,}15 \ \text{mm}.$$

Da die Summe der Unebenheiten der Oberflächen rund 0,01 mm beträgt, scheint h_0 reichlich hoch zu sein. Ist die Welle aber mit tg $\alpha = 0{,}001$ konstruiert und hat das Lager keine Selbsteinstellung, dann ist die größte vertikale Durchbiegung $= 0{,}001 \times 260 = 0{,}26$ mm. Durch die dadurch bedingte Schräglage des Zapfens wird das Öl seitlich herausgepreßt, und an der engsten Stelle tritt metallische Berührung auf (Abb. 74). Das Lager kann verbessert werden:

1. durch Selbsteinstellung,
2. indem $l = d$ gemacht wird, dann wird bei gleicher

Lagerbelastung $p = \dfrac{2{,}3\cdot 26}{12{,}5} = 4{,}8$ at und für $\varepsilon = 0{,}5$, ist (nach Zahlentafel 8):

$$\varrho = \sqrt{\frac{\eta\,\omega}{p}} = 0{,}0026\,,$$

$$\mu = 2{,}5\,\sqrt{\frac{\eta\,\omega}{p}} = 0{,}0065\,,$$

$$h_0 = \frac{\mu\,d}{c_1} = \frac{0{,}0065\cdot 125}{10} = 0{,}08 \ \text{mm (reichlich)}.$$

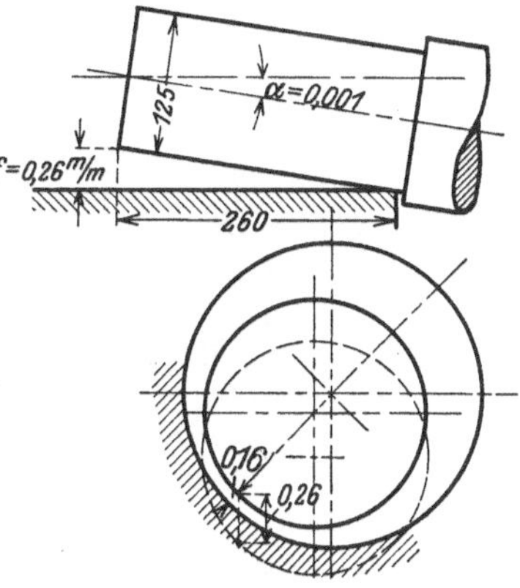

Abb. 74a und b.

3. Zapfen 100×100 mm machen, dann wird $p = 7{,}5$ at.
4. Dünnflüssigeres Öl nehmen, z. B. $\eta_{80} = 0{,}0007$. Dann wird

$$\mu = 2{,}5\,\sqrt{\frac{\eta\,\omega}{p}} = 0{,}0043 \quad \text{und} \quad \varrho = \frac{0{,}0043}{2{,}5} = 0{,}0017$$

oder $\varDelta d = 0{,}17$ mm, was noch leicht herzustellen ist.

Da die Reibungszahl in weiten Grenzen von ε unabhängig ist, kann ε so gewählt werden, daß die Betriebssicherheit am größten wird, d. i. wenn h_0 am größten ist, oder für $\varepsilon = 0{,}35$. Für $\varepsilon = 0{,}5$ wird h_0 nur um 8% kleiner, ϱ dagegen um rund 20% größer (Zahlentafel 8), so daß wir ein praktisch leichter herstellbares Lagerspiel erhalten.

Wie stellt sich nun die Erfahrung gegenüber dem theoretischen Resultat? Bevor wir diese Frage beantworten, sei zunächst untersucht, inwieweit die Voraussetzungen der Theorie bei den gebräuchlichen Lagern erfüllt sind.

1. In erster Linie ist vorausgesetzt, daß das Öl an der Einrittstelle in genügender Menge vorhanden ist und am Ende der Tragfläche ohne Widerstand abfließen kann. Bei der Fettschmierung wird immer nur so viel Fett geschmolzen, als der Reibungswärme entspricht. Bei den Tropfölern wird das Öl nur tropfenweise zugeführt. In diesen beiden Fällen kann von einer reichlichen Ölmenge an der Eintrittstelle keine Rede sein. Die lose Ringschmierung bringt im Vergleich zu den Tropfölern sehr viel Öl hoch, 0,1 bis 0,6 l/min, je nach der Drehzahl. Noch reichlicher ist die Schmierung mit festem Schmierring. Bei der Druckölschmierung wird das Öl durch eine Pumpe zugeführt. Die durch den Spalt fließende Ölmenge ist aber beschränkt, nach der Gleichung (29): $G = U\,\dfrac{h^*}{2}$. Das übrige Öl fließt durch die obere Lagerschale ab. Bei den drei zuletzt genannten Schmiermethoden sind die theoretischen Voraussetzungen genügend erfüllt.

2. Die Theorie setzt genügendes Lagerspiel voraus, damit sich der Zapfen frei einstellen kann. Die Praxis hat erst in der letzten Zeit die Bedeutung des Lagerspieles für eine gute Schmierung anerkannt.

3. Die Theorie setzt voraus, daß Zapfen und Lagerschale starr und über die ganze Lagerlänge parallel sind, während in Wirklichkeit die Welle sich schräg stellt und verbiegt (vgl. S. 23).

4. Die Theorie setzt ein ununterbrochenes Ölband voraus, also ohne Schmiernuten, während die ausgeführten Lager meist ganz willkürlich angebrachte Nuten haben. Mit solchen Lagern kann Flüssigkeitsreibung selten erreicht werden.

5. Die Theorie setzt vollkommen glatte Gleitflächen voraus, während die wirklichen Gleitflächen immer uneben sind. Dadurch ändert sich das relative Lagerspiel, Abb. 75.

6. Bei der Rechnung wird η als unveränderlich angenommen, während mit der Abnahme von h eine Temperaturerhöhung, also eine Verminderung der Zähigkeit zu erwarten ist.

Eine vollständige Übereinstimmung zwischen Theorie und Versuch ist demnach nicht zu erwarten.

Versuche von Stribeck[1]. Daß das Reibungsproblem kein einfaches Problem ist, zeigt Abb. 76, in der die Abhängigkeit der Reibungszahl von Druck und Gleitgeschwindigkeit für ein Sellerslager von 70 mm Bohrung nach den Versuchen von Professor Stribeck (1901) dargestellt ist. Es war nicht leicht, ohne theoretische Grundlage, daraus allgemeine Schlußfolgerungen zu ziehen. Um den Einfluß der verschiedenen Faktoren einzeln untersuchen zu können, hat Stribeck für sämtliche Versuche das gleiche Lager und auch das gleiche Schmieröl (Gasmotorenöl) verwendet, und außerdem die Lagertemperatur von 25° C als unveränderliche Grundlage für seine Versuche angenommen. Diese Temperatur von 25° wurde gewählt, um die Kurven sowohl für kleine als für große Geschwindigkeiten vergleichen zu können. Für kleine Umdrehungszahlen ist 25° schon eine hohe Temperatur, die nur im Sommer erreicht wird, während für große Geschwindigkeiten die Temperatur so rasch ansteigt, daß die erste einigermaßen zuverlässige Bestimmung von μ bei einer kleineren Temperatur praktisch kaum durchführbar ist. Dabei ist aber zu bedenken, daß der Beharrungszustand nicht immer erreicht wird, so daß bei 25° Schalentemperatur doch verschiedene Öltemperaturen vorkommen können. Der Einfluß der Zähigkeit ist bei diesen Versuchen also doch nicht ganz ausgeschaltet.

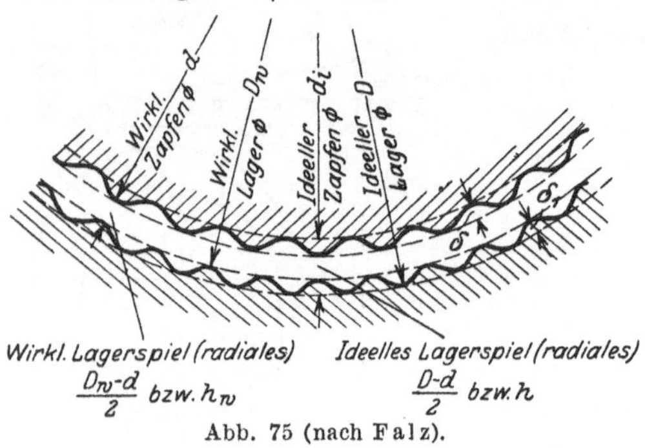

$$\frac{D_w - d}{2} \ bzw. \ h_w \qquad \frac{D - d}{2} \ bzw. \ h$$

Abb. 75 (nach Falz).

Aus der Abbildung (77) ist zu entnehmen, daß sämtliche Reibungskurven von demselben Punkte der Ordinatenachse ausgehen, d. h. die Haftreibungszahl ist unabhängig von der Pressung $= 0{,}14$, für $p = 0{,}42$ bis 22,6 at. Dann nimmt die Reibungszahl rasch ab, um von einem Kleinstwert ($\mu = 0{,}0035$ beim Sellers- und 0,0017 beim Weißmetallager) wieder langsam zu steigen, und zwar ungefähr parabolisch nach dem theoretischen Gesetz: $p\,\mu^2 = \text{konstant}$ [Gl. (48)]. Die Übereinstimmung mit der Theorie ist beim kurzen Weißmetallager ($l = d$) besser als beim langen Sellerslager ($l = 4d$), was leicht durch das ungleichmäßige Anliegen der langen Lagerschale zu erklären ist.

Das Minimum der Reibungszahl ist dadurch festgelegt, daß an dieser Stelle die Flüssigkeitsreibung anfängt, d. h. die Ölschichtdicke wird größer als die Summe der Unebenheiten (Ausklinkzustand). Nach Gleichung (46) und Zahlentafel 8 ist in weiten Grenzen unabhängig vom Lagerspiel:

$$\mu_{l=d} \approx 10\,\frac{h_0}{d}\,.$$

Für das Weißmetallager war $\mu = 0{,}0017$, $d = 70$ mm, so daß $h_0 = \dfrac{0{,}0017 \cdot 70}{10} = 0{,}012$ mm gewesen ist. Dieser Wert stimmt mit dem früher angegebenen von 0,01 mm gut überein. Auch die verwendete Ölsorte läßt sich daraus bestimmen: Aus Gleichung

$$\frac{h_0}{d} = 0{,}25\,\sqrt{\frac{\eta\,\omega}{p}} = \frac{0{,}012}{70} \qquad \text{folgt:} \qquad \frac{\eta\,\omega}{p} = \frac{1}{2{,}1 \cdot 10^6}\,.$$

Mit $\omega = \dfrac{\pi\,n}{30} = 1{,}5$ und $p = 10$ at $= 100000$ kg/m² wird $\eta = 0{,}03$ kg·s/m² bei 25° C. Das ist die Zähigkeit von einem schweren Maschinenöl (vgl. Abb. 56); Stribeck verwendete Gasmotorenöl ohne nähere Bezeichnung.

Nach Gleichung (58) ist, solange C unveränderlich ist, die Reibungszahl dem Lagerspiel ϱ direkt proportional. Die Versuche von Brown, Boveri & Cie (v. Freudenreich[2]), Abb. 78, und von Kammerer, Welter und Weber[3], Abb. 79, zeigen gerade das Gegenteil, nämlich, daß die Reibungszahl durch Vergrößerung des Lagerspieles vermindert wird. Der krasse Unterschied zwischen Theorie und Erfahrung läßt sich aber durch die Schrägstellung der Welle bei den Versuchen erklären und zeigt von neuem, wie wichtig die Selbsteinstellung des Lagers ist.

---

[1] Stribeck: Die wesentlichen Eigenschaften der Gleit- und Rollenlager. Z. V. d. I. 1901, S. 1341.

[2] v. Freudenreich: Untersuchungen an Lagern. BBC-Mitteilungen 1917.

[3] Versuchsergebnisse des Versuchsfeldes für Maschinenelemente a. d. T. H. zu Berlin, Heft 2 (R. Oldenbourg 1920).

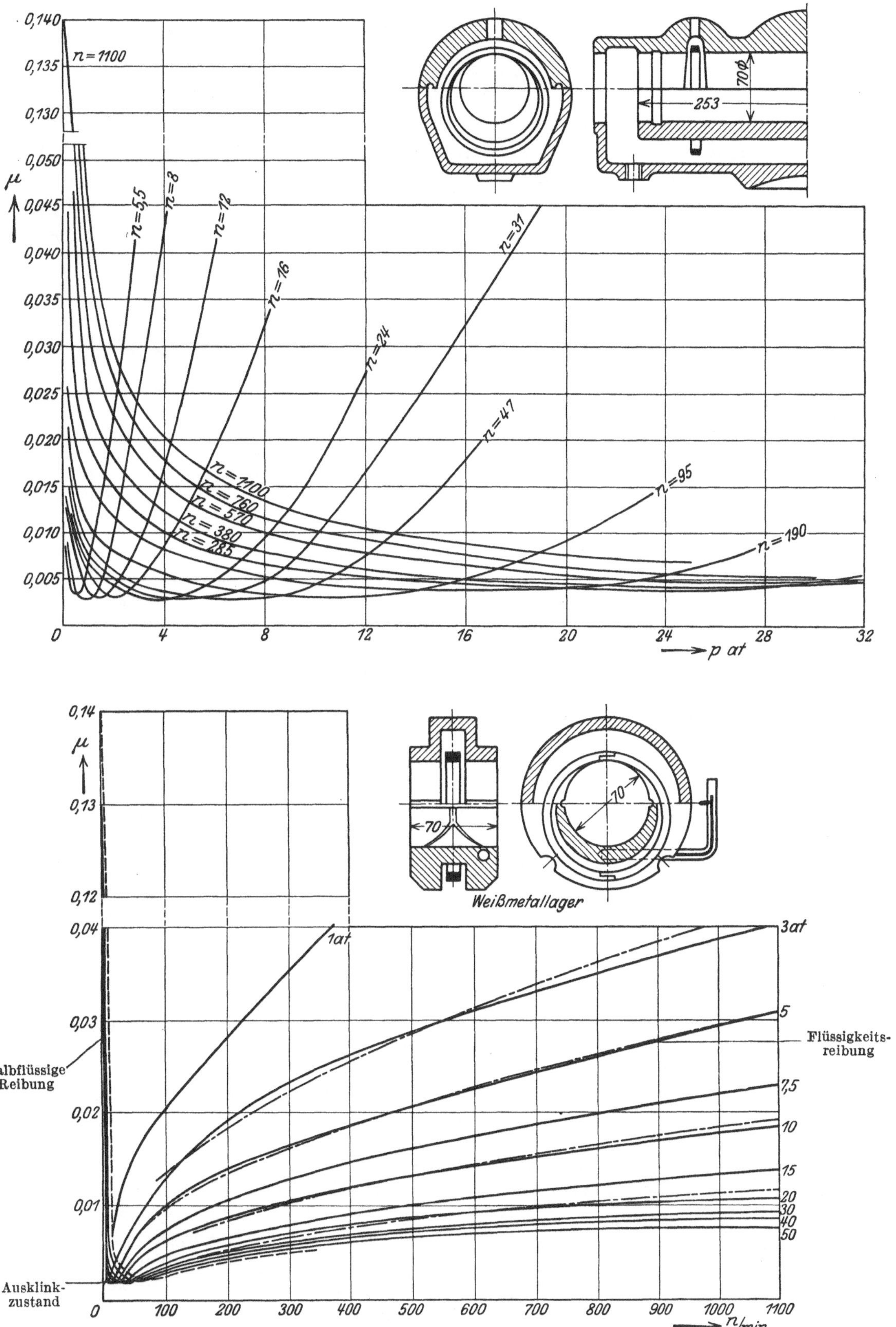

Abb. 76 u. 77. Reibungszahlen nach den Versuchen von Stribeck.
Die strichpunktierten Kurven zeigen den Verlauf der theoretischen Gleichung (48): $p\,\mu^2 = \text{konst.}$ (S. 37).

ten Bosch, Maschinenelemente. 3.

4

Aus der Gleichung: $\mu = k \sqrt{\dfrac{\eta\, U}{p\, d}}$ folgt mit $P = p \cdot l \cdot d$:

$$\mu = k \sqrt{\frac{\eta\, U}{P}} \cdot \sqrt{l}. \tag{60}$$

Für eine bestimmte Belastung und wenn η sich nicht ändern würde, wäre die Reibungszahl proportional $\sqrt{l}$, d. h. je kürzer das Lager, um so kleiner ist die Reibungszahl.

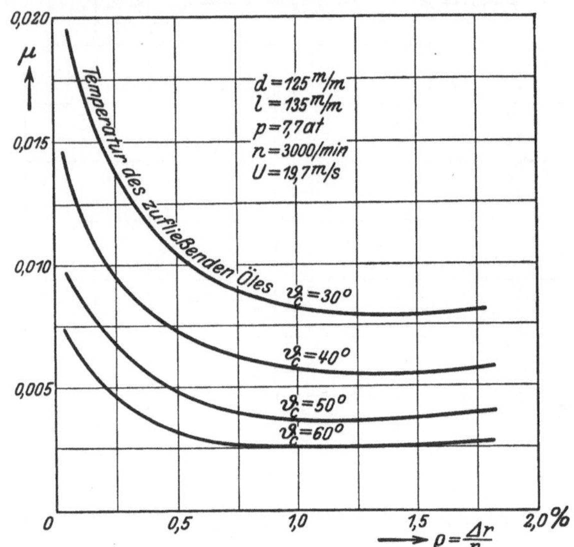

Abb. 78. Einfluß des Lagerspieles nach den Versuchen von v. Freudenreich (BBC).

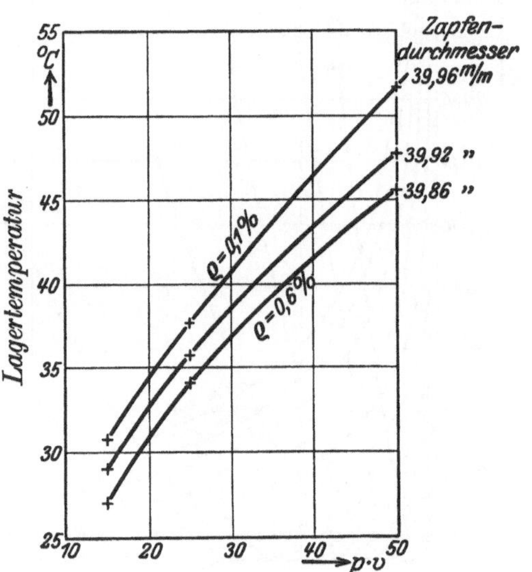

Abb. 79. Einfluß des Lagerspieles nach den Versuchen von Welter und Weber.

Bei den Versuchen von Brown, Boveri & Cie wurde ein Lager von 125 mm Durchmesser und 200 mm ursprünglicher Länge allmählich bis auf 62,5 mm verkürzt. Die Flächenpressung stieg dabei von 4,2 auf 14 at. Das Versuchsresultat ist in Abb. 80 dargestellt. Man erkennt daraus,

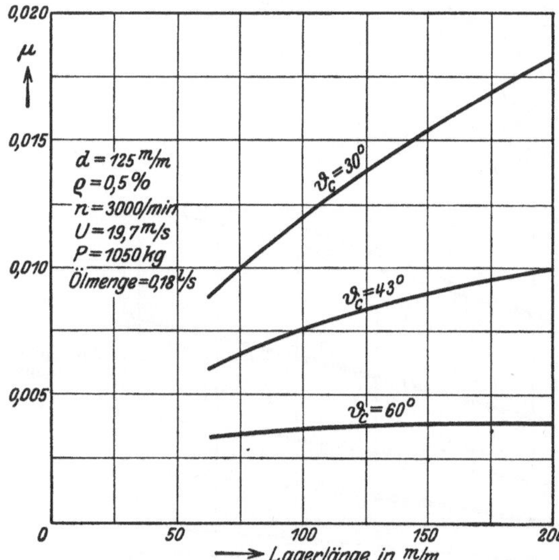

Abb. 80. Einfluß der Zapfenlänge nach den Versuchen von v. Freudenreich (BBC).

daß die Reibungszahl, und damit auch die Reibungsarbeit, tatsächlich mit der Lagerlänge abnimmt. Allerdings nicht genau proportional $\sqrt{l}$, da auch die Öltemperatur und damit η sich mit zunehmender Belastung ändert.

Wenn eine vollständige Übereinstimmung zwischen Theorie und Erfahrung bei den Versuchen nicht erreicht wurde, so liegt das hauptsächlich darin, daß die Voraussetzungen der Theorie bei den Ausführungen nicht genügend erfüllt waren. Die Theorie liefert aber im großen ganzen praktisch recht brauchbare Werte.

Die Untersuchung der Reibungsverhältnisse bei schwingenden Zapfen wird in Heft V bei den Elementen der Kolbenmaschinen behandelt.

e) Die Gesetze der halbflüssigen Reibung. Ist die Schmierschichtdicke kleiner als die Summe der Unebenheiten, so kann der Druck nicht mehr ausschließlich durch die Flüssigkeit übertragen werden, sondern ein Teil des Druckes wird unmittelbar durch Berühren der festen Flächen aufgenommen.

$$\frac{P = P_f + P_t}{\text{Fläche}} = p = p_t + p_f,$$

worin, nach Gleichung (44), $p_f = \dfrac{6\,\eta\,U}{h_0^2}\,f(m)$ ist. Der Gleitwiderstand setzt sich ebenfalls aus der Summe der Widerstände für trockene und flüssige Reibung zusammen, wobei, nach Seite 37, $R_f = \vartheta\,\dfrac{\eta\,U\,a}{h_0}$ für die Breite 1. ist.

$$\frac{R = R_f + R_t}{\text{Fläche}} = p\,\mu = \vartheta\,\frac{\eta\,U}{h_0} + p_t\,\mu_0\,.$$

$$p\,\mu = \left\{\vartheta\,\frac{\eta\,U}{h_0} + \mu_0\left(p - 6\,f\,\frac{\eta\,U}{h_0^2}\right)\right\}$$

oder

$$\mu = \mu_0 - \frac{\eta\,U}{p\,h_0}\left(\frac{6\,f\,\mu_0}{h_0} - \vartheta\right) = \mu_0 - C\,\frac{\eta\,U}{p}\,. \tag{61}$$

Daraus folgt, daß, solange f und ϑ unverändert bleiben, die Reibungszahl der halbflüssigen Reibung mit zunehmender Geschwindigkeit geradlinig abnehmen muß. Dieses Resultat steht mit den Versuchen von Stribeck, Abb. 76 und 77, in guter Übereinstimmung.

Aus dem steilen Verlauf der Geraden folgt der überwiegende Einfluß der Gleitgeschwindigkeit U. Wenn auch die Gesetze der halbflüssigen Reibung für Zapfen noch wenig erforscht sind, so daß die Konstante C in der Gleichung (61) zum voraus nicht zuverlässig bestimmt werden kann, so können doch einige allgemein gültige Schlußfolgerungen daraus gezogen werden.

Jedenfalls ist anzustreben, in die Nähe des Ausklinkzustandes zu kommen. Dann sind Reibungszahlen möglich, die nicht größer zu sein brauchen als die bei der Flüssigkeitsreibung. Auch bei der halbflüssigen Reibung müssen die Oberflächen der Gleitflächen möglichst glatt gehalten werden und sind Schmiernuten zu vermeiden. In Gegensatz zur Flüssigkeitsreibung sollen kleine Flächenpressungen vorgesehen, also dicke Zapfen verwendet werden, die bei der gleichen Drehzahl noch den Vorteil größerer Gleitgeschwindigkeit haben.

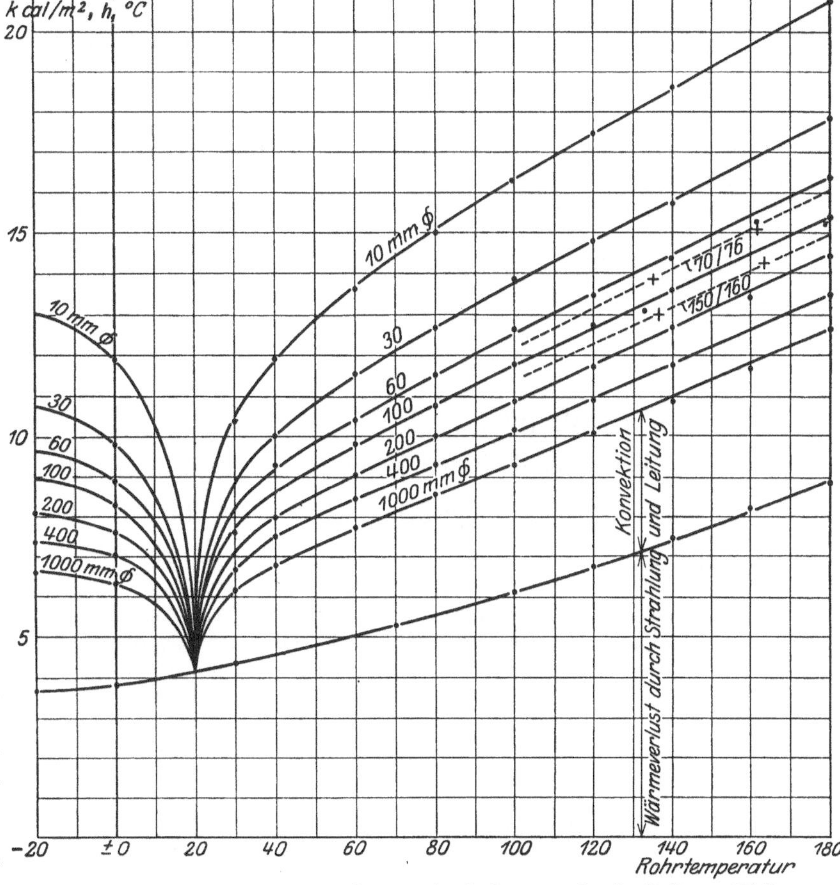

Abb. 81. Wärmeabgabe eines horizontalen Rohres an ruhender Luft von 20° C.

5. Abkühlung des Lagers. Die Wärmeabgabe irgendeines Körpers wird aus dem Newtonschen Abkühlungsgesetz für den Beharrungszustand berechnet:

$$Q = \alpha \cdot F \cdot \varDelta\vartheta \ \text{kcal/h}. \tag{62}$$

F = Oberfläche des Körpers in m²,

$\varDelta\vartheta$ = Unterschied zwischen der gleichmäßigen Oberflächentemperatur und der Temperatur der Umgebung.

α = Wärmeübergangszahl, d. i. die Wärmemenge, die in der Zeiteinheit von der Flächeneinheit bei 1° C Temperaturunterschied abgegeben wird (kcal/m² h °C).

Durch diese Definition sind die gesamten Erscheinungen der Wärmeübertragung (Strahlung, Konvektion und Leitung) in der Wärmeübergangszahl enthalten[1].

Die vom Lagerkörper durch Strahlung abgegebene Wärme ist:

$$Q_s = C\,F\left\{\left(\frac{T_1}{100}\right)^4 - \left(\frac{T_2}{100}\right)^4\right\} = \alpha_s \cdot F \cdot \Delta\vartheta\,. \tag{63}$$

In dieser Gleichung ist C die Strahlungszahl, z. B. für rauhes Eisen $C = 4{,}5$,
T_1 die absolute Temperatur der Lageroberfläche,
T_2 die absolute Temperatur der Umgebung,
so daß (nach Abb. 81) $\alpha_s \approx 5$ bis 6 kcal/m² h °C wird.

Die Gesetze der Wärmeübertragung durch Konvektion und Leitung sind weit verwickelter, da eine sehr große Anzahl Faktoren dabei eine Rolle spielen. Nur für wenige, einfache Fälle sind sie genügend bekannt, so z. B. für ein einzelnes horizontales Rohr in ruhender Luft, Abb. 81. Für vertikale, resp. horizontale Flächen sind, unter sonst gleichen Verhältnissen, die Wärmeübergangszahlen für Konvektion und Leitung mit 1,6 bzw. 2 zu multiplizieren.

Für senkrecht zur Rohrfläche bewegte Luft ist für Rohre von 100 bis 200 mm Durchmesser:

$$\alpha_{k+l} = 8 \text{ bis } 9\,w^{0{,}56} \text{ kcal/m² h °C}\,. \tag{64}$$

Da Luftgeschwindigkeiten unter 1 m/sek kaum spürbar sind, kann man für α etwa folgende Werte nehmen:

Für Lager in vollständig ruhender Luft $\alpha = 13$ kcal/m² h °C.

Für Lager an Maschinen mit bewegten Teilen $\alpha = 18$ bis 22 kcal/m² h °C.

Für Eisenbahnachslager, je nach der Geschwindigkeit, $\alpha = 100$ bis 150.

Für andere Verhältnisse muß die Wärmeübergangszahl von Fall zu Fall geschätzt werden.

Die an der Lauffläche erzeugte Wärme muß aber zuerst durch Leitung an die Oberfläche gelangen. Das Fouriersche Grundgesetz der Wärmeleitung lautet:

$$dQ = -\lambda\,df\,\frac{d\vartheta}{ds}\text{ kcal/h}\,. \tag{65}$$

Darin ist
λ die Wärmeleitzahl (kcal/m h °C),
$-\dfrac{d\vartheta}{ds}$ das Temperaturgefälle in der Richtung der Wärmeströmung. Das negative Vorzeichen ist dadurch begründet, daß allgemein $\dfrac{d\vartheta}{ds}$ in der Richtung der zunehmenden Temperatur als positiv bezeichnet wird und die Wärme in der Richtung der abnehmenden Temperatur strömt.

Wird das Lager in erster Annäherung als ein Hohlzylinder betrachtet, Abb. 82, dann ist die durch die Innenfläche in der Zeiteinheit eintretende Wärme:

$$dQ_1 = -\lambda\,2\,\pi\,r\,l\,\frac{d\vartheta}{dr}\,.$$

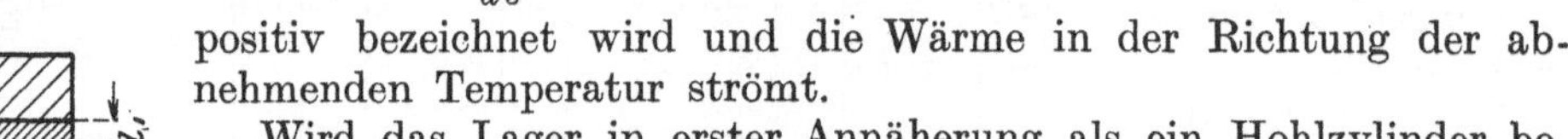

Abb. 82. Wärmeströmung in einem Hohlzylinder.

Die in der gleichen Zeit durch die Außenfläche austretende Wärme:

$$dQ_2 = -\lambda\,2\,\pi\,(r+dr)\,l\,\frac{d}{dr}(\vartheta + d\vartheta) = -\lambda\,2\,\pi\,r\,l\left(\frac{d\vartheta}{dr} + \frac{d^2\vartheta}{dr}\right) - \lambda\,2\,\pi\,dr\,l\left(\frac{d\vartheta}{dr} + \frac{d^2\vartheta}{dr}\right)\,.$$

Für den Beharrungszustand muß $d\,Q_1 = d\,Q_2$ sein, oder

$$dQ_1 - dQ_2 = \lambda\,2\,\pi\,l\left\{r\,\frac{d^2\vartheta}{dr} + d\vartheta + \underbrace{\frac{d^2\vartheta}{0}}\right\} = 0\,,$$

woraus

$$\frac{d^2\vartheta}{dr^2} + \frac{1}{r}\,\frac{d\vartheta}{dr} = 0\,.$$

Setzt man $\dfrac{d\vartheta}{dr} = U$, dann wird $\dfrac{dU}{dr} + \dfrac{U}{r} = 0$, oder $\dfrac{dU}{U} = -\dfrac{dr}{r}$

Durch Integration wird:

$$\ln U = -\ln r + \ln A\,,$$

[1] Ausführlichere Angaben sind in meinem Buche über die Wärmeübertragung (2. Auflage, Berlin: Julius Springer 1927) enthalten.

oder
$$\ln U \cdot r = \ln A ,$$

oder auch
$$U r = A = r \frac{d\vartheta}{dr}$$

und
$$A \frac{dr}{r} = d\vartheta .$$

Durch nochmalige Integration folgt:
$$\vartheta = A \ln r + B . \tag{66}$$

Der Temperaturverlauf in einem Zylinder ist im Beharrungszustand eine logarithmische Kurve.

Die Integrationskonstanten A und B sind aus den Grenzbedingungen zu bestimmen:

1. Für $r = r_a$, $\quad Q = - \lambda F_a \left(\dfrac{d\vartheta}{dr}\right)_{r = r_a} = \alpha F_a (\vartheta_2 - \vartheta_0) ,$

$$\left(\frac{d\vartheta}{dr}\right)_{r = r_a} = - \frac{\alpha}{\lambda} (\vartheta_2 - \vartheta_0) = \frac{A}{r_a} . \tag{67}$$

2. Für $r = r_i$, $\quad Q = - \lambda F_i \left(\dfrac{d\vartheta}{dr}\right)_{r = r_i}$

oder $\quad -\dfrac{Q}{\lambda F_i} = \dfrac{A}{r_i} \quad$ und $\quad A = -\dfrac{Q}{\lambda \cdot 2 \pi l} . \tag{68}$

Damit folgt aus Gleichung (67):
$$A = - \frac{\alpha r_a}{\lambda} (\vartheta_2 - \vartheta_0) = - \frac{\alpha r_a}{\lambda} \varDelta \vartheta = - \frac{Q}{\lambda \cdot 2 \pi l}$$

und die Übertemperatur $\varDelta \vartheta$ wird:
$$\varDelta \vartheta = \frac{Q}{2 \pi l \alpha r_a} .$$

Da, nach Gl. (15), die erzeugte Wärme $Q = \dfrac{\mu P v}{427}$ kcal/s oder $Q = \dfrac{3600}{427} \mu P v = 8{,}45 \mu P v$ kcal/h ist, wird die Übertemperatur
$$\varDelta \vartheta = \frac{8{,}45 \mu P v}{2 \pi l \alpha r_a} .$$

Hierin ist P in kg, v in m/s, r_a und l in m einzusetzen.

Führen wir in dieser Gleichung $P = p l d$ ein, dann muß, weil l und d in m einzusetzen sind, p in kg/m² gemessen werden. Rechnen wir, wie gebräuchlich, p in at, so wird:
$$P = 10000\, p l d$$

und damit
$$\varDelta \vartheta = 27000 \frac{\mu p v}{\alpha} \cdot \frac{r_i}{r_a} . \tag{69}$$

Um die Gleichung nun auch für Lager zu verwenden, die im allgemeinen keine genau zylindrische Form haben, machen wir folgende Überlegung:

Die Oberflächentemperatur ist: $\vartheta_2 = A \ln r_a + B$,

die Innentemperatur: $\qquad \vartheta_1 = A \ln r_i + B$,

der Temperaturunterschied: $\quad \vartheta_2 - \vartheta_1 = A \ln \dfrac{r_a}{r_i} .$

Mit $A = -\dfrac{Q}{2 \pi l \cdot \lambda}$ wird $\qquad \vartheta_1 - \vartheta_2 = \dfrac{Q}{\lambda \cdot 2 \pi l} \ln \dfrac{r_a}{r_i} ,$

die abgegebene Wärme ist: $\qquad Q = \alpha \cdot 2 \pi r_a \cdot l \varDelta \vartheta ,$

so daß
$$\vartheta_1 - \vartheta_2 = \frac{\alpha 2 \pi r_a l \varDelta \vartheta}{\lambda \cdot 2 \pi l} = \frac{\alpha r_a \varDelta \vartheta}{\lambda} \ln \frac{r_a}{r_i} .$$

Für Eisen ist $\lambda = 50$ kcal/m h °C. Wenn $\dfrac{r_a}{r_i} = 2$ ist, so wird $\ln \dfrac{r_a}{r_i} = 0{,}693$, und mit $\alpha = 15$ kcal/m² h °C und $\varDelta \vartheta = 60°$ C ist
$$\vartheta_1 - \vartheta_2 = 10\, r_a .$$

Für $r = 20$ cm $= 0{,}2$ m, d. h. bei 10 cm Eisenstärke, wird $\vartheta_1 - \vartheta_2 = 2°$ C.

Der Temperaturunterschied zwischen der Innen- und Außenfläche ist demnach nicht bedeutend, und es macht auch wenig aus, wenn das Lager eine unregelmäßigere Form hat (wie in Abb. 82 angedeutet), so daß man allgemein die Temperaturerhöhung aus der Gleichung

$$\varDelta\vartheta = 27\,000\,\frac{\mu\,p\,v}{\alpha}\cdot\frac{J}{O} \tag{70}$$

berechnen kann, wenn:

J die innere Fläche, wo die Wärme erzeugt wird, und

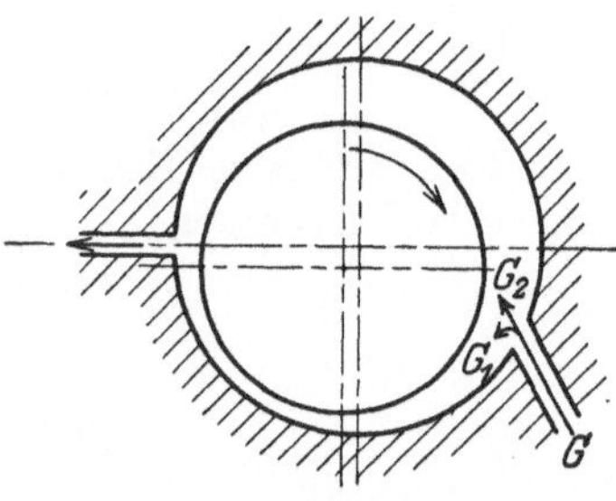

Abb. 83. Kühlung des Lagers durch Spülöl.

O die äußere Oberfläche ist, wo die Wärme abgegeben wird, soweit sie die gleichmäßige Temperatur ϑ_2 hat.

Um bei gegebenen Werten von μ, p und v die Lagertemperatur klein zu halten, besteht nur die eine Möglichkeit, nämlich das Verhältnis O/J groß zu machen, d. h. das Lager muß eine möglichst große, durch die Außenluft gekühlte Oberfläche haben. Dabei ist stillschweigend vorausgesetzt, daß die Oberfläche durch kräftige Eisenquerschnitte mit der Lauffläche verbunden ist. Gute Lager sind demnach recht schwer. Für Lager, die immer in der gleichen Richtung belastet sind, wobei also die Reibung nur in einer Schalenhälfte auftritt, ist das Verhältnis O/J fast doppelt so groß wie für Lager, die durch Zentrifugalkräfte belastet sind, so daß in dem ganzen Schalenumfang Reibungswärme erzeugt wird.

Außer der Oberfläche des Lagerkörpers gibt auch die Welle, wenn sie die Außenluft berührt, Wärme ab. Die Berechnung dieser meist kleinen Wärmemenge ist in meinem Buche über die Wärmeübertragung, 2. Aufl., S. 66, durchgeführt.

Reicht die natürliche Wärmeabgabe an die umgebende Luft nicht aus, die Lagertemperatur in unschädlicher Höhe zu halten, dann muß das Lager künstlich gekühlt werden, und zwar am besten durch Spülöl. Das Öl wird dann unter Druck zugeführt und verteilt sich in zwei Strömen G_1 und G_2. Die Ölmenge G_1 (Abb. 83) folgt aus der Gleichung (29) $G_{b=1} = \dfrac{U\,h^*}{2}$. Diese durch die Lage der Welle festgelegte Ölmenge läßt sich nicht wesentlich durch die zugeführte Ölmenge G ändern, da nur das seitliche Abfließen dadurch etwas erhöht wird. Die Ölmenge G_2 kühlt das Lager, und zwar am zweckmäßigsten so, daß die an der Welle haftende warme Ölschicht weggespült wird. Das Öl sollte deshalb in einem dünnen Strahl zugeführt werden, dessen Richtung der Wellendrehung entgegengesetzt ist, und zwar mit einer Geschwindigkeit, die etwas größer ist als die Umfangsgeschwindigkeit der Welle. Die umlaufende Ölmenge G wird entweder in Ölkühlern oder durch natürliche Wärmeabgabe an die Umgebung abgekühlt.

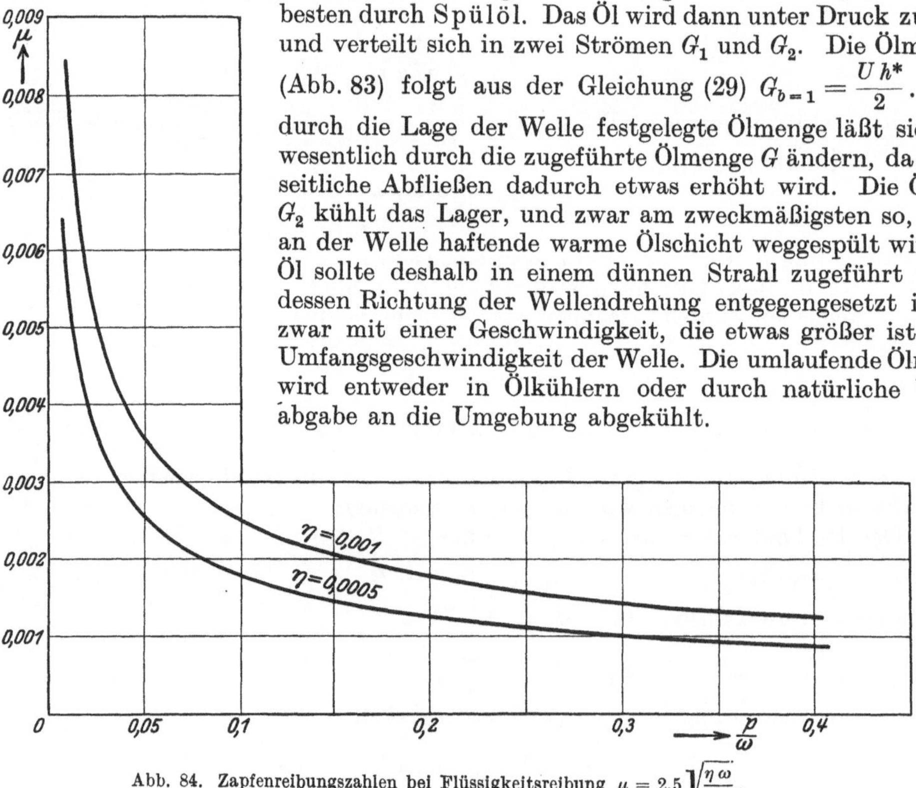

Abb. 84. Zapfenreibungszahlen bei Flüssigkeitsreibung $\mu = 2{,}5\sqrt{\dfrac{\eta\,\omega}{P}}$.

6. Lagerberechnung. Die Vorausberechnung eines Lagers auf Erwärmung ist nur dann möglich, wenn die Reibungszahl μ bekannt ist. Diese läßt sich nur dann einigermaßen zuverlässig bestimmen, wenn Flüssigkeitsreibung vorhanden ist. Flüssigkeitsreibung sollte demnach nach Möglichkeit verwirklicht werden, weil dann außerdem die Abnutzung vollständig vermieden wird. Um sie zu erreichen, sind folgende Bedingungen zu erfüllen:

Zahlentafel 9. Belastungen und Reibungszahlen für Zapfen, $l = d$.

	Leichter Laufsitz $\dfrac{s\,d}{d} = \varrho$	Weiter Laufsitz $\dfrac{s\,d}{d} = \varrho$	$\dfrac{p^{\mathrm{at}}}{\omega} = 0{,}01$	0,03	0,05	0,10	0,2	0,3
40	$\dfrac{0{,}085}{40} = \dfrac{1}{470}$	$\dfrac{0{,}119}{40} = \dfrac{1}{336}$	$\Phi = 3{,}5$ $h_0 = 0{,}032$ $\mu = 0{,}0081$	$\Phi = 5{,}4$ $h_0 = 0{,}017$ $\mu = 0{,}0047$				
50	$\dfrac{0{,}092}{50} = \dfrac{1}{540}$	$\dfrac{0{,}128}{50} = \dfrac{1}{390}$	$\Phi = 2{,}6$ $h_0 = 0{,}041$ $\mu = 0{,}0082$	$\Phi = 4{,}14$ $h_0 = 0{,}023$ $\mu = 0{,}0047$	$\Phi = 6{,}9$ $h_0 = 0{,}015$ $\mu = 0{,}0036$			
60	$\dfrac{0{,}098}{60} = \dfrac{1}{610}$	$\dfrac{0{,}137}{60} = \dfrac{1}{440}$	$\Phi = 2{,}1$ $h_0 = 0{,}050$ $\mu = 0{,}0082$	$\Phi = 4{,}12$ $h_0 = 0{,}024$ $\mu = 0{,}0041$	$\Phi = 5{,}2$ $h_0 = 0{,}020$ $\mu = 0{,}0036$			
70	$\dfrac{0{,}102}{70} = \dfrac{1}{685}$	$\dfrac{0{,}143}{70} = \dfrac{1}{495}$	$\Phi = 1{,}65$ $h_0 = 0{,}056$ $\mu = 0{,}0082$	$\Phi = 2{,}6$ $h_0 = 0{,}031$ $\mu = 0{,}0047$	$\Phi = 4{,}3$ $h_0 = 0{,}025$ $\mu = 0{,}0036$	$\Phi = 8{,}6$ $h_0 = 0{,}012$ $\mu = 0{,}0024$	leichter	
80	$\dfrac{0{,}107}{80} = \dfrac{1}{745}$	$\dfrac{0{,}150}{80} = \dfrac{1}{535}$		$\Phi = 4{,}2$ $h_0 = 0{,}037$ $\mu = 0{,}0047$	$\Phi = 3{,}6$ $h_0 = 0{,}029$ $\mu = 0{,}0036$	$\Phi = 7{,}2$ $h_0 = 0{,}014$ $\mu = 0{,}0025$	Laufsitz	
90	$\dfrac{0{,}111}{90} = \dfrac{1}{810}$	$\dfrac{0{,}156}{90} = \dfrac{1}{580}$	weiter	$\Phi = 3{,}6$ $h_0 = 0{,}043$ $\mu = 0{,}0046$	$\Phi = 3{,}05$ $h_0 = 0{,}032$ $\mu = 0{,}0036$	$\Phi = 6{,}1$ $h_0 = 0{,}019$ $\mu = 0{,}0025$		
100	$\dfrac{0{,}115}{100} = \dfrac{1}{870}$	$\dfrac{0{,}161}{100} = \dfrac{1}{620}$	Laufsitz	$\Phi = 3{,}3$ $h_0 = 0{,}046$ $\mu = 0{,}0046$	$\Phi = 2{,}7$ $h_0 = 0{,}037$ $\mu = 0{,}0037$	$\Phi = 5{,}4$ $h_0 = 0{,}023$ $\mu = 0{,}0025$		
125	$\dfrac{0{,}122}{125} = \dfrac{1}{1020}$	$\dfrac{0{,}170}{125} = \dfrac{1}{735}$		$\Phi = 2{,}2$ $h_0 = 0{,}055$ $\mu = 0{,}0045$	$\Phi = 3{,}7$ $h_0 = 0{,}045$ $\mu = 0{,}0036$	$\Phi = 3{,}85$ $h_0 = 0{,}030$ $\mu = 0{,}0025$	$\Phi = 7{,}7$ $h_0 = 0{,}016$ $\mu = 0{,}0018$	
150	$\dfrac{0{,}127}{150} = \dfrac{1}{1180}$	$\dfrac{0{,}178}{150} = \dfrac{1}{840}$			$\Phi = 2{,}85$ $h_0 = 0{,}052$ $\mu = 0{,}0036$	$\Phi = 2{,}9$ $h_0 = 0{,}038$ $\mu = 0{,}0025$	$\Phi = 5{,}8$ $h_0 = 0{,}024$ $\mu = 0{,}0017$	$\Phi = 8{,}7$ $h_0 = 0{,}015$ $\mu = 0{,}0014$

a) Zapfen und Lagerschale müssen parallel liegen, damit die Ölschichtdicke über die ganze Lagerbreite unverändert bleibt. Diese Bedingung läßt sich am besten durch kurze, einstellbare Lagerschalen erfüllen; außerdem sollten Schale und Zapfen sich ähnlich verbiegen (vgl. Seite 23).

Für Neukonstruktion kann $l = d$ gewählt werden.

b) Die minimale Ölschichtdicke muß größer als die Summe der Unebenheiten beider Gleitflächen sein, also $h_0 > 0,01$ mm für die gebräuchliche Bearbeitungsgenauigkeit.

Nun ist $\dfrac{h_0}{d}$, nach Zahlentafel 8, durch die exzentrische Lage des Zapfens, d. h. durch den Wert $\Phi_\infty = \dfrac{4\,p\,\varrho^2}{\eta\,\omega}$, also auch durch das relative Lagerspiel ϱ bestimmt. Als Lagerspiele, die bei allen Zapfen ohne Schwierigkeit ausführbar sind, können die normalisierten Laufsitzpassungen des N. D. I. angenommen werden. Die Toleranzen betragen für den leichten Laufsitz im Mittel 5 P.-E. (Paßeinheiten), und für den weiten Laufsitz 7 P.-E., wobei 1 P.-E. $= 0,005\ \sqrt[3]{d}$ mm ist. (Vgl. Heft II, Passungen.) Damit sind die Mittelwerte von ϱ für jeden Zapfendurchmesser festgelegt.

Wenn auch die Wahl der Ölsorte ziemlich frei steht, so wird man doch für die meisten Zapfen eine bestimmte Ölsorte verwenden, z. B. mit einer Zähigkeit $\eta = 0,001$ kg·s/m² bei 70⁰ C Lagertemperatur. Nach der Wahl von ϱ und η ist Φ_∞ nur noch vom Verhältnis $\dfrac{p}{\omega}$ abhängig. In Zahlentafel 9 sind für verschiedene Werte von $\dfrac{p}{\omega}$ die Werte von h_0 und μ eingetragen, und zwar nur für Werte von $h_0 > 0,01$ mm.

Aus der Zahlentafel folgt, daß für kleine Werte von $\dfrac{p}{\omega}$ (z. B. $p = 3$ at, $\omega = 300$) und für große Bohrungen die Laufsitzpassungen nicht ausreichen, um Flüssigkeitsreibung zu verwirklichen. Raschlaufende, schwachbelastete und dicke Zapfen müssen also mit größeren Toleranzen hergestellt werden, die aus der Gleichung:

$$\Phi_\infty = \frac{4 \cdot p\,\varrho^2}{\eta\,\omega} = 4,1$$

bestimmt werden können. Aus der Gleichung

$$\mu = 2,5\,\sqrt{\frac{\eta\,\omega}{p}}$$

folgt weiter, daß die Reibungszahlen unabhängig vom Zapfendurchmesser sind. Um kleine Reibungszahlen zu erhalten, muß $\dfrac{p}{\omega}$ groß und η klein gewählt werden.

Die zulässige Flächenpressung ist durch die Erwärmung des Lagers eingeschränkt, da

$$\varDelta\vartheta = 27\,000\,\frac{\mu\,p\,v}{\alpha}\cdot\frac{J}{O}$$

ist. Setzt man darin den Wert von $\mu = 2,5\,\sqrt{\dfrac{\eta\,\omega}{10\,000\,p}}$ (worin p in at einzusetzen ist) und $v = \dfrac{\omega\,r}{100}$ (worin r in cm gemessen ist), so wird:

$$\varDelta\vartheta = \frac{2,7 \cdot 2,5\,r\,\sqrt{\eta\,p\,\omega^3}}{\alpha}\cdot\frac{J}{O}$$

oder

$$\sqrt{p\,\omega^3} = \frac{\varDelta\vartheta \cdot \alpha \cdot \dfrac{O}{J}}{6,75\,r\,\sqrt{\eta}}. \tag{71}$$

Die Übertemperatur $\varDelta\vartheta$ ist meist auf 50⁰ C beschränkt. Die Wärmeübergangszahl α ist von der Bewegung der umgebenden Luft abhängig. Das Verhältnis O/J kann bei der Konstruktion etwa zwischen den Grenzen 6 bis 10 gewählt werden; wird eine bestimmte Ölsorte angenommen, so ist durch die Gleichung (71) die zulässige Grenze der Flächenpressung p festgelegt.

D. Wälzlager (Kugel- und Rollenlager).

Die Wälzlager werden immer fertig von Spezialfabriken bezogen; es sollen deshalb nur normale Lager bei den Konstruktionen verwendet werden. Abb. 85 zeigt ein Quer- oder Radiallager, Abb. 86 ein Längs- oder Axiallager. Die Benennung der Einzelteile ist aus der Zusammenstellung

Kugellager. Übersichtsblatt (DIN 619).

Kugellager				Bild	DIN	Einzelteile — Benennung	Bild
Querlager	Querlager	Einreihige	leichte	ohne / mit Einstellring	612	Innenring	
			mittelschwere	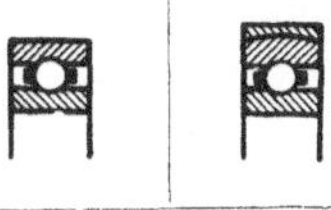	613	Kegel-Innenring	
			schwere		614	Zweireihiger Innenring	
		Zweireihige	leichte	ohne / mit Einstellring	622	Zweireihiger Kegel-Innenring	
			mittelschwere	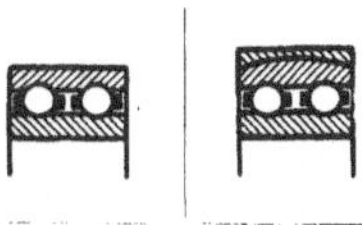	623	Außenring	
			schwere		624	Balliger Außenring	
	Spannhülsenlager	Einreihige	leichte	ohne / mit Einstellring	632	Zweireihiger Außenring	
			mittelschwere	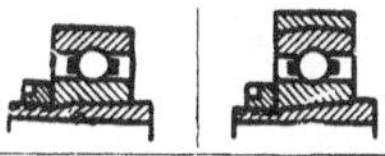	633	Zweireihiger balliger Außenring	
		Zweireihige	leichte	ohne / mit Einstellung	642	Einstellring	
				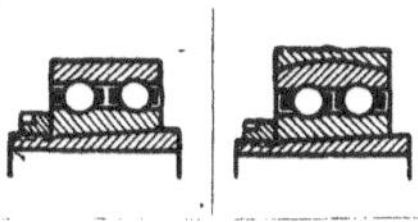		Spannhülse mit Mutter	
						Ringkäfig[1]	
	Pendellager					Pendellager-Innenring	
						Pendellager-Außenring	
	Schulterlager					Schulterlager-Außenring	
Längslager	Längslager					Enge Scheibe	
	Ballige Längslager					Weite Scheibe	
	Längslager mit Einstellscheibe					Ballige Scheibe	
	Wechsellager					Einstellscheibe	
	Ballige Wechsellager					Mittelscheibe	
	Wechsellager mit Einstellscheiben					Scheibenkäfig[1])	
	Einreihige Wechsellager					Kugel	

[1] Außer den abgebildeten bestehen noch weitere Bauarten von Käfigen.

auf Seite 55 zu entnehmen. Einstellringe und Pendellager werden verwendet, um bei Verbiegung der Welle ein Klemmen der Kugeln zu verhindern.

Die Kugeln dürfen nicht ohne Führung laufen, da zwei aufeinander folgende Kugeln an der Berührungsstelle entgegengesetzte Geschwindigkeiten hätten (Abb. 87), was zum raschen Verschleiß führen müßte. Außerdem werden die Kugeln durch die Zentrifulgalkraft an die Oberfläche geschleudert, da sie auf der entlasteten Seite des Ringes ebensoviel Spiel haben, wie auf der belasteten die elastische Zusammendrückung beträgt. Die Käfige (Führungsringe) sollen das verhindern, indem sie die Kugeln an den Drehpolen fassen (Abb. 87a). Sie sind aus weicherem Material (Messing, Eisen) hergestellt, so daß nur diese sich beim Verschleiß abnützen. Bei einem Kugellager tritt demnach nicht allein rollende Reibung, sondern auch gleitende Reibung an den Käfigwänden auf.

Die Kugeln können in verschiedener Weise eingebracht werden. Zunächst kann (Abb. 88a) bei der exzentrischen Lage der Ringe eine Anzahl Kugeln eingelegt werden.

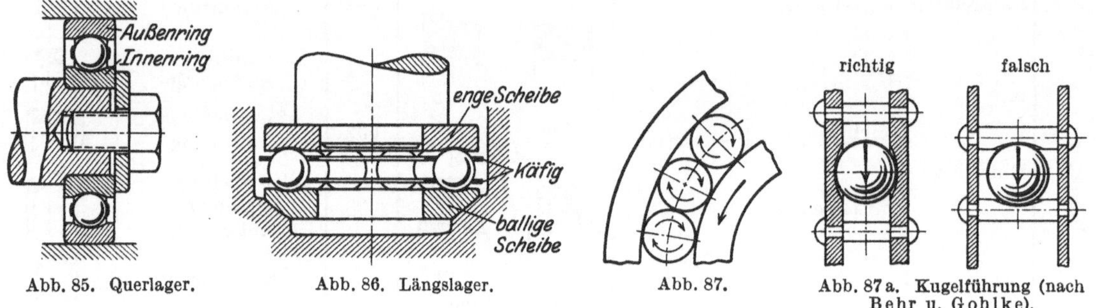

Abb. 85. Querlager.   Abb. 86. Längslager.   Abb. 87.   Abb. 87a. Kugelführung (nach Behr u. Gohlke).

Während der Verschiebung des Innenringes werden mit Gewalt noch zwei Kugeln in die Laufbahn eingepreßt; der Außenring wird dabei etwas gedehnt. Dann kann auch eine besondere Einfüllöffnung (Abb. 88b) vorgesehen werden, wodurch etwas mehr Kugeln eingebracht werden

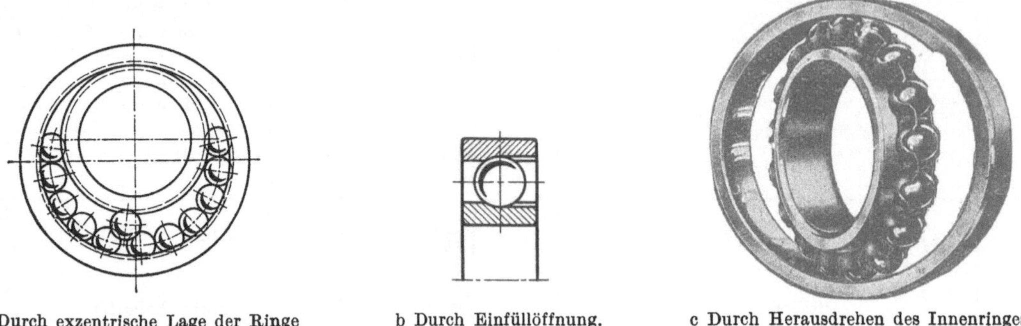

a Durch exzentrische Lage der Ringe   b Durch Einfüllöffnung.   c Durch Herausdrehen des Innenringes.
(nach Behr-Gohlke).

Abb. 88a bis c. Das Einbringen der Kugeln.

können. Beim Pendellager (Abb. 88c) können die Kugeln durch Herausdrehen des Innenringes leicht eingesetzt werden.

1. Beanspruchung und Formänderung. Die Beanspruchung homogener Körper, die sich in kleinen Teilen ihrer Oberfläche berühren, hat zuerst H. Hertz († 1894) untersucht. Für die Ableitung der Hertzschen Gleichungen sei auf die Literatur verwiesen (z. B. A. Föppl: Technische Mechanik Bd. 5, oder A. und O. Föppl, Drang und Zwang Bd. 2).

Für Kugelflächen ist das Resultat sehr einfach:

Der Radius der Druckfläche, die zu einer gegebenen Belastung P gehört, ist

$$a = 1{,}1 \sqrt[3]{\frac{P\varrho}{E}} \text{ cm} . \tag{72}$$

Wenn r_1 und r_2 die Kugelradien sind, ist

$$\frac{1}{\varrho} = \frac{1}{r_1} \pm \frac{1}{r_2} \quad \text{oder} \quad \varrho = \frac{r_1 r_2}{r_2 \pm r_1} . \tag{73}$$

Das Pluszeichen gilt für Vollkugel, das Minuszeichen für Hohlkugel. Die Druckspannung p ist am Rande der Druckfläche gleich Null und wächst nach der Mitte zu, wie die Ordinaten einer über die Druckfläche konstruierten Halbkugel (Abb. 89)

$$p_{max} = 0,388 \sqrt[3]{\frac{P E^2}{\varrho^2}} . \tag{74}$$

Die mittlere Flächenpressung ist

$$p_m = \frac{2}{3} p_{max} . \tag{75}$$

Die Kugeln nähern sich infolge der elastischen Zusammendrückung um den Betrag

$$\delta = 1,23 \sqrt[3]{\frac{P^2}{E^2 \varrho}} \ \text{cm} . \tag{76}$$

Daraus folgt, daß

$$\frac{P^2}{\delta^3} = \text{konstant} \tag{77}$$

ist. In einem Kugellager liegen die Verhältnisse nun nicht so einfach, indem nur der eine Körper eine Kugel ist, während der Krümmungsradius des zweiten Körpers für zwei zueinander senkrechte Richtungen verschieden ist (Abb. 90).

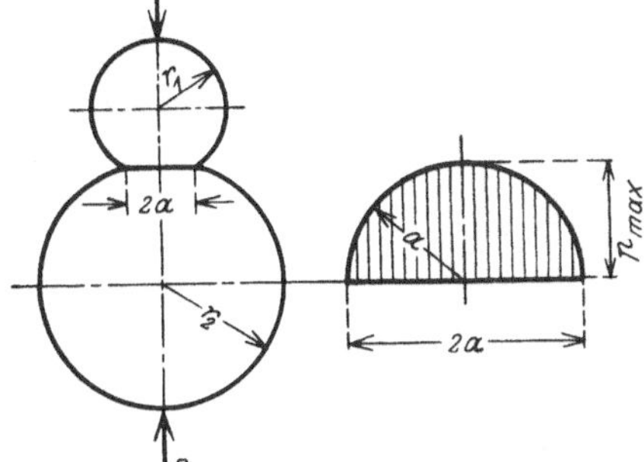

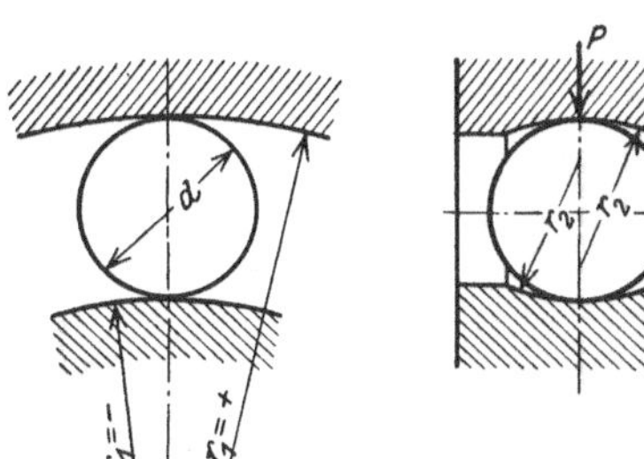

Abb. 89.

Abb. 90.

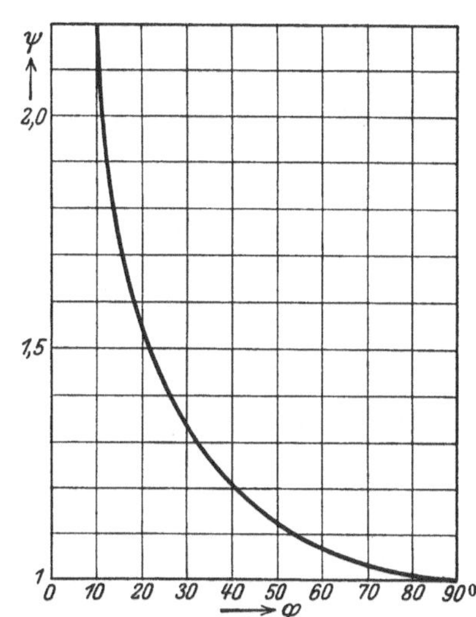

Abb. 91. Werte der Funktion $\psi = f(\varphi)$ zur Berechnung der Beanspruchung in Kugellagern.

Hertz hat auch diesen allgemeinen Fall untersucht. Er führt eine Hilfsgröße

$$\cos \varphi = \frac{\dfrac{1}{r_1} - \dfrac{1}{r_2}}{\dfrac{4}{d} + \dfrac{1}{r_1} + \dfrac{1}{r_2}} \tag{78}$$

ein, und findet, daß

$$p_m = \frac{P}{\text{Fläche der Druckellipse}} = \frac{1}{\pi} \left[\frac{E \, m^2}{3 \, (m^2 - 1)} \right]^{\frac{2}{3}} \frac{\left(\dfrac{4}{d} + \dfrac{1}{r_1} + \dfrac{1}{r_2} \right)^{\frac{2}{3}}}{\psi} \sqrt[3]{P} \tag{79}$$

ist, worin ψ folgende Werte hat (Zahlentafel 10 und Abb. 91):

Zahlentafel 10.

Für $\varphi =$	90	80	70	60	50	40	30	20	10	0^0
$\psi =$	1,00	1,008	1,030	1,065	1,124	1,172	1,346	1,561	2,193	∞

Mit $E = 2\,150\,000$ at und $m = \dfrac{10}{3}$, wird

$$p_m = 2670 \frac{\left(\dfrac{4}{d} + \dfrac{1}{r_1} + \dfrac{1}{r_2} \right)^{\frac{2}{3}}}{\psi} \sqrt[3]{P} \tag{80}$$

und

$$p_{\max} = 1{,}5\,p_m = 4000\,\frac{\left(\dfrac{4}{d}+\dfrac{1}{r_1}+\dfrac{1}{r_2}\right)^{\frac{2}{3}}}{\psi}\,\sqrt[3]{P}\,. \tag{81}$$

Professor Stribeck[1] hat die Bruchfestigkeit der Kugeln mit der in Abb. 92 dargestellten Einrichtung bestimmt. Bei zunehmender Belastung bricht die mittlere Kugel diametral durch.

$$\text{Bruchlast} = 3500 \ \text{bis} \ 8000\,d^2.$$

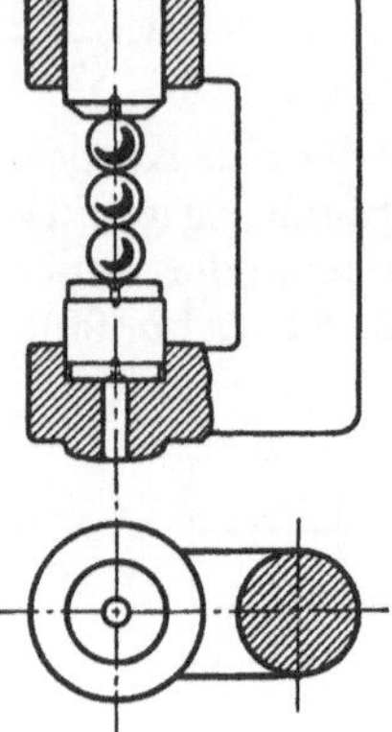

Die Bruchfestigkeit der Kugeln ist aber für die Beurteilung der Tragfähigkeit eines Kugellagers nicht maßgebend, denn diese werden schon durch das Abspringen kleiner Splitter zerstört. Der erste Sprung tritt am Umfange der Druckfläche auf und kann nur nachgewiesen werden, wenn die Kugeln mit verdünnter Säure geätzt werden.

$$\text{Sprunglast} = 550 \ \text{bis} \ 700\,d^2.$$

Diese Beobachtungstatsache steht in voller Übereinstimmung mit der Theorie. Der Spannungszustand bei zwei aufeinandergepreßten Kugeln ist nämlich räumlich, und $p_{\max}$ ist nur eine der Hauptspannungen. Die beiden andren sind aus Symmetriegründen gleich groß, und zwar (Föppl, A. und O.: Drang und Zwang, § 89) ist in der Mitte der Druckfläche:

$$\sigma_2 = \sigma_3 = 0{,}8\,p_{\max}.$$

Am Rande der Druckfläche ist die eine Hauptspannung gleich Null, während die bei den andren entgegengesetzt gleich sind, und zwar:

$$\sigma_2 = -\sigma_3 = 0{,}133\,p_{\max}.$$

Abb. 92.

Da die größte Schubspannung $\tau_{\max} = \dfrac{1}{2}\,(\sigma_1 - \sigma_2)$ als Bruchursache zu betrachten ist (Heft I, S. 13 u. 23), wird in der Mitte der Druckfläche:

$$\tau_{\max} = 0{,}1\,p_{\max}$$

und am Rande, da die mittlere Hauptspannung gleich Null ist:

$$\tau_{\max} = 0{,}266\,p_{\max}.$$

Die gefährlichste Beanspruchung tritt demnach tatsächlich am Rande der Druckfläche auf. Die Belastung der Kugeln in einem Kugellager muß natürlich unter der Sprunglast bleiben. Außerdem darf keine bleibende Formänderung auftreten, die sicher zu erwarten ist, wenn die mittlere Pressung der Druckfläche größer als die Härtezahl h wird (vgl. Heft I, S. 22).

Aus den Gleichungen (74) und (75) folgt:

$$p_m = \frac{2}{3}\cdot 0{,}388\,\sqrt[3]{\frac{P\,E^2}{\varrho^2}} < h \ \text{(at)}.$$

Die Belastbarkeit der Kugeln hängt also von ϱ ab. Je größer ϱ, um so höher darf P werden, ohne daß p_m sich ändert.

$$\text{Für } r_1 = r_2 = \frac{d}{2} \quad \text{ist} \quad \varrho = \frac{d}{4}.$$

$$\text{Für } r_2 = \infty \quad \text{wird} \quad \varrho = r_1 = \frac{d}{2}.$$

$$\text{Für } r_2 = -2\,r_1 = -d \quad \text{ist} \quad \varrho = d.$$

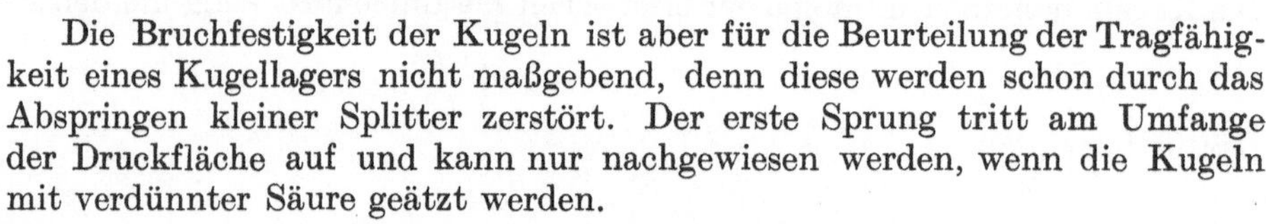

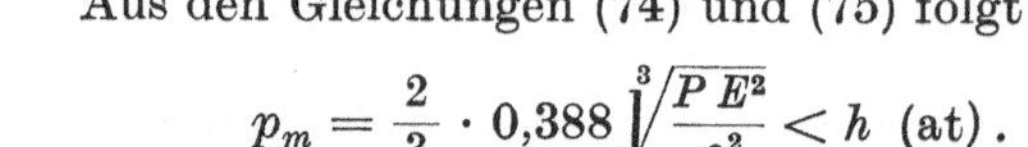

Abb. 93.

Im zweiten Fall ist die zulässige Belastung 4 mal, im dritten 16 mal größer als im ersten. Setzt man allgemein $r_2 = \beta\,r_1$, so wird

$$\varrho = \frac{r_1\,r_2}{r_2 \pm r_1} = \frac{\beta\,r_1^2}{(\beta \pm 1)\,r_1} = \frac{\beta}{\beta \pm 1}\,r_1. \tag{82}$$

Man nennt, nach Stribeck, $\dfrac{\beta}{\beta \pm 1}$ den Anschmiegungsfaktor, und die Belastung darf um so größer sein, je größer der Anschmiegungsfaktor ist.

---

[1] Z. d. V. D. I. 1901, S. 73.

Bei gleichen Werten von ϱ ist P proportional mit h^3. Eine Kugel aus Chromstahl mit $h = 600 \, \mathrm{kg/mm^2}$ kann gegenüber einer Kugel aus weichem Stahl mit $h = 190 \, \mathrm{kg/mm^2}$, $\left(\dfrac{6}{1,9}\right)^3 = 32$ mal stärker belastet werden.

In einem Querlager sind die einzelnen Kugeln verschieden stark belastet. Nennt man P_0, P_1, P_2, ..., P_n die einzelnen Belastungen (Abb. 93), so ist die totale Belastung gleich der Summe der vertikalen Komponenten:

$$P = P_0 + 2 P_1 \cos \alpha + 2 P_2 \cos 2 \alpha + \cdots + 2 P_n \cos n \alpha .$$

Wenn z = Anzahl Kugeln im Lager ist, wäre $\alpha = \dfrac{360}{z}$, so daß in einem Quadranten $n \leqq \dfrac{z}{4}$ Kugeln sind.

Durch die Belastungen P_0 bis P_n deformieren sich die Kugeln. δ_0 ist die der Belastung P_0 entsprechende Annäherung der beiden Laufringe in radialer Richtung. δ_1, δ_2, ..., δ_n die zu P_1, P_2, ..., P_n gehörigen Annäherungen. Wenn die Kugeln gleich groß sind und zwischen Kugeln und Ringen vor der Belastung kein Spiel vorhanden war und wenn die Ringe starr sind, also unter der Einwirkung der Kräfte keine Formänderung erleiden, dann ist

$$\delta_1 = \delta_0 \cos \alpha ,$$
$$\delta_2 = \delta_0 \cos 2 \alpha , \quad \text{usw.}$$

Da, nach Gleichung (77):

$$\frac{P_0^2}{\delta_0^3} = \frac{P_1^2}{\delta_1^3} = \frac{P_2^2}{\delta_2^3} = \cdots = \frac{P_n^2}{\delta_n^3} = \text{konst.}$$

ist, wird

$$P_1 = P_0 \left(\frac{\delta_1}{\delta_0}\right)^{\frac{3}{2}} = P_0 \cos^{\frac{3}{2}} \alpha , \quad \text{oder} \quad 2 P_1 \cos \alpha = 2 P_0 \cos^{\frac{5}{2}} \alpha$$

$$P_2 = P_0 \left(\frac{\delta_2}{\delta_0}\right)^{\frac{3}{2}} = P_0 \cos^{\frac{3}{2}} 2 \alpha , \quad \text{oder} \quad 2 P_2 \cos 2 \alpha = 2 P_0 \cos^{\frac{5}{2}} 2 \alpha$$

$$\cdots \cdots \cdots \qquad \cdots \cdots \cdots$$

$$P_n = P_0 \cos^{\frac{3}{2}} n \alpha , \qquad \text{oder} \qquad 2 P_n \cos n \alpha = 2 P_0 \cos^{\frac{5}{2}} n \alpha .$$

Damit wird:

$$P = P_0 \left(1 + 2 \cos^{\frac{5}{2}} \alpha + 2 \cos^{\frac{5}{2}} 2 \alpha + \cdots + 2 \cos^{\frac{5}{2}} n \alpha\right).$$

Für $\quad z = 10 \qquad\qquad 15 \qquad\qquad 20$ Kugeln

ist $\quad \alpha = \dfrac{360}{10} = 36^0 \qquad 24^0 \qquad\quad 18^0$

und $\quad \dfrac{P}{P_0} = 2,28 \qquad\qquad 3,44 \qquad\quad 4,58$

oder $\quad \dfrac{P}{P_0} = \dfrac{z}{4,38} \qquad\qquad \dfrac{z}{4,36} \qquad\quad \dfrac{z}{4,37}$

also $\quad P_0 = P_{\max}/\text{Kugel} = \dfrac{4,38}{z} P .$

Die Voraussetzungen, daß die Kugeln gleich groß sind und die Ringe sich nicht verbiegen, sind tatsächlich nicht erfüllt, so daß die größte Belastung einer Kugel etwas größer wird. Stribeck setzt:

$$P_0 = \frac{5}{z} P \quad \text{oder} \quad P = 0,2 z P_0 . \tag{83}$$

Bei ruhender, stoßfreier Belastung (Kranhaken) geht man bis

$$P_0 = 250 d^2 . \tag{84}$$

Für ein Längslager mit $r_1 = \infty$ und $r_2 = -0,55 \, d$ wird $\cos \varphi = \dfrac{\dfrac{1}{0,55 \, d}}{\dfrac{4}{d} - \dfrac{1}{0,55 \, d}} = 0,835$, so daß $\varphi = 33^0$

und $\psi = 1,3$ ist (Abb. 91). Damit wird

$$p_{\max} = 4000 \cdot \frac{1,68}{1,3} \sqrt[3]{\frac{P}{d^2}} = 5150 \sqrt[3]{\frac{P}{d^2}}$$

und mit $P = 250\,d^2$

$$p_{max} = 32\,500 \text{ kg/cm}^2 .$$

Der Spannungszustand ist wieder dreiachsig, doch sind die beiden anderen Hauptspannungen für diesen allgemeinen Fall mit elliptischer Druckfläche noch nicht berechnet worden. Nehmen wir — wie bei Kugelflächen — $\tau_{max} = 0{,}266\,p_{max}$, was wohl zu hoch ist, so würde

$$\tau_{max} = 0{,}266 \cdot 32\,500 = 8700 \text{ at}$$

werden. Die Beanspruchung ist demnach recht hoch, liegt jedenfalls schon oberhalb der Elastizitätsgrenze, und muß wohl als äußerst zulässige Grenze betrachtet werden.

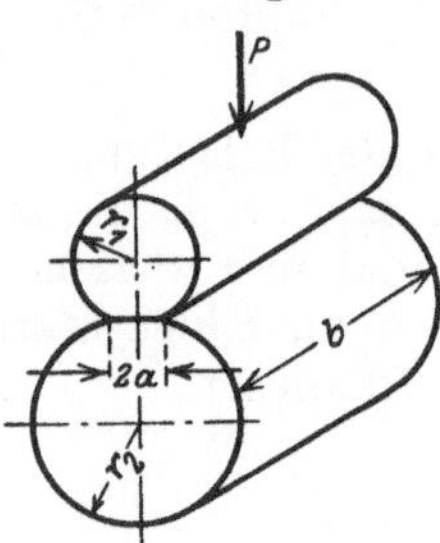

Abb. 94.

Bei drehenden Kugeln wechselt die Spannung fortwährend. Außerdem treten Erschütterungen und Stöße auf, so daß die zulässige Belastung wesentlich kleiner angenommen werden muß. Wenn mit n die Drehzahl/min und mit t die Anzahl Betriebsstunden/Jahr bezeichnet wird, dann ändert sich die Belastungsfähigkeit eines Lagers bei stoßfreier Belastung ungefähr nach der empirischen Gleichung:

$$P = P_{n=0}\sqrt[3]{\frac{n_0\,t_0}{n\,t}}, \qquad (85)$$

wobei $n_0\,t_0$ etwa gleich 600 zu setzen ist.

Da wo kein stoßfreier Betrieb vorliegt (Eisen- und Straßenbahnen, Autos usw.), ist die Wahl der zulässigen Belastung äußerst schwierig. Nur die Erfahrung im Dauerbetrieb (länger als 1 Jahr) kann darüber entscheiden, denn eine einmalige Überbelastung genügt, um das Lager zu zerstören. Die Zahlenwerte in den Kugellagerkatalogen sind als Maximalwerte zu betrachten, die für besonders günstige Verhältnisse eingehalten werden können.

Da es bei zweireihigen Kugellagern praktisch unmöglich ist, zwei Kugellaufbahnen in einem Ring so herzustellen, daß beide Reihen gleich viel tragen, wird eine Reihe stets überlastet, während die Tragfähigkeit der andren Reihe nur zum Teil ausgenützt wird. Die Belastbarkeit zweireihiger Lager erreicht demnach niemals den doppelten Wert des gleich großen einreihigen Lagers, sondern im Mittel etwa den 1,5 fachen Wert.

Bei Rollenlagern ist die Berührung zwischen Rolle und Lauffläche größer als bei Kugellagern. Um die Pressung an der Druckfläche klein zu halten, hat man die ersten Rollenlager sehr lang gemacht. Diese haben sich aber nicht bewährt, da die langen Rollen sich sehr leicht schräg stellen und dann klemmen. Heute baut man die Rollenlager kurz, und zwar nimmt man $b = d$ und kleiner. Die größte Flächenpressung p_{max}

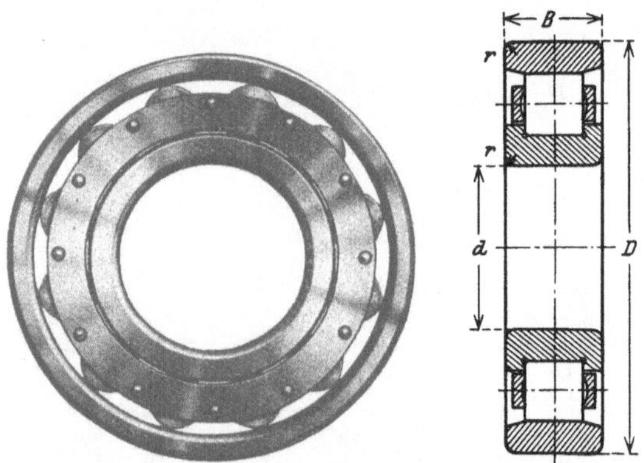

Abb. 95. Rollenlager mit schwach gewölbtem Außenring.

und die Abplattung 2a (Abb. 94) folgen aus den Gleichungen:

$$p_{max} = 0{,}418\sqrt{\frac{P\,E}{b\,\varrho}}, \qquad (86)$$

$$2\,a = 3{,}046\sqrt{\frac{P\,\varrho}{b\,E}}. \qquad (87)$$

Da für die Beanspruchung die größte Schubspannung maßgebend ist, und die Hauptspannung in der Richtung der Zylinderachse gleich Null ist, wird

$$\tau_{max} = \frac{1}{2}\,p_{max},$$

also fast doppelt so groß wie die größte Beanspruchung beim Kugellager.

Meist sind die Laufbahnen (Abb. 95) oder die Rollen (Abb. 96, Tonnenlager) etwas gewölbt, so daß die Voraussetzungen der Rechnung nicht erfüllt sind. Man rechnet in der Praxis allgemein, daß ein zylindrisches Rollenlager 1,75 und ein Tonnenlager 2mal so große Belastung aushält, wie ein gleich großes, einreihiges Kugellager. Abb. 96a zeigt ein zweireihiges Pendelrollenlager der S. K. F.

Dauernd auftretende Längskräfte sind durch Längslager aufzunehmen. Es ist aber nicht immer zu vermeiden, daß Querlager auch kleine Längsdrücke aufnehmen müssen. Dadurch werden die Ringe gegenseitig verschoben (Abb. 97), und zwar soweit es der Spielraum zwischen Kugeln und Ringen zuläßt. Ist P die axiale Kraft und z die Anzahl Kugeln im Lager, so entfällt auf eine Kugel die Kraft $p = \dfrac{P}{z}$. Diese Kraft kann in zwei Komponenten zerlegt werden:

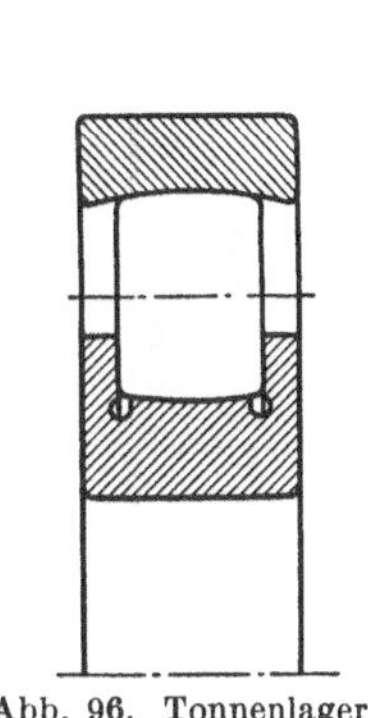

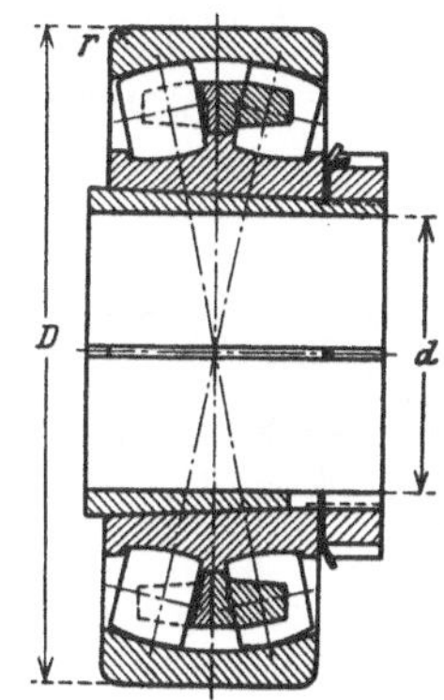

Abb. 96. Tonnenlager.   Abb. 96a. Doppeltes Pendelrollenlager (S.K.F.).

p' ist der Druck, dem die Kugel zwischen den Ringen ausgesetzt ist, und p_r die Spannkraft in den Ringen, durch welche diese auf Zersprengen beansprucht werden:

$$p' = \frac{p}{\cos \alpha}. \tag{88}$$

Aus Abb. 97 folgt, daß $\cos \alpha = \dfrac{a}{R - r}$, so daß

$$p' = p\,\frac{R - r}{a} = e \cdot p. \tag{89}$$

$\dfrac{R}{r} = 1{,}05$	1,2	1,5	1,8
$\dfrac{a}{r} = 0{,}01$ $e = 5$	$e = 20$	$e = 50$	$e = 80$
0,02 2,5	10	25	40
0,05 1	4	10	16

Die Kraft p' kann demnach recht groß werden, z. B. für $\dfrac{a}{r} = 0{,}01$ und $\dfrac{R}{r} = 1{,}5$, $p' = 50\,p = 50\,\dfrac{P}{z}$. Die größte Belastung einer Kugel durch eine radiale Kraft war $P_0 = 5\,\dfrac{P}{z}$, so daß die axiale Kraft die Kugel in diesem Fall 10 mal so stark beansprucht wie eine gleich große radiale Kraft.

Will man größere axiale Kräfte durch ein Querlager aufnehmen lassen, so müssen die Radien und das Lagerspiel sehr sorgfältig gewählt werden (Schulterlager, Radiaxlager), und zwar muß $\dfrac{R}{r}$ klein und

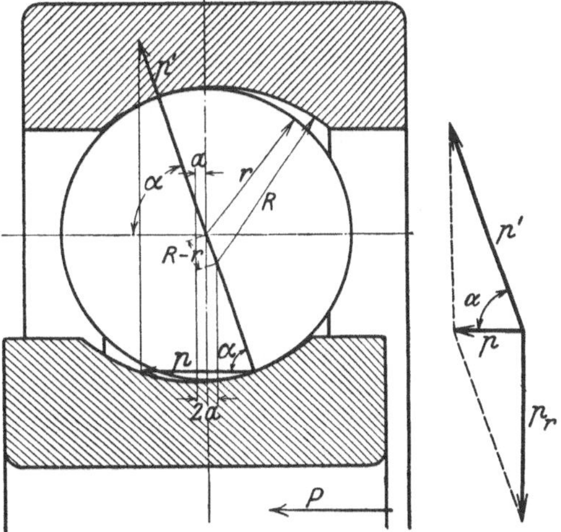

Abb. 97 und 97a. Einfluß der Längsbelastung eines Querlagers (nach Behr-Gohlke).

$\dfrac{a}{r}$ groß werden. Durch Verwendung solcher Lager kann u. U. ein besonderes Längslager gespart werden.

2. Reibungsverhältnisse. Die Bewegung einer Kugel zwischen den Umdrehungsflächen zweier Laufringe (Abb. 98) besteht in Drehungen um die Momentanachsen $A_1 A_2$ und $B_1 B_2$. Soll die Kugel nicht gleiten, sondern nur rollen, so müssen sich die Achsen $A_1 A_2$, $B_1 B_2$ und W in einem Punkte treffen oder parallel sein. Diese Bedingung ist bei radialer Belastung der

Rillenquerlager erfüllt, beim Pendellager nicht. Muß ein Querlager auch axiale Kräfte aufnehmen, so tritt immer gleitende Reibung auf (vgl. Abb. 97 u. 98).

Professor Stribeck hat durch Versuche die tatsächliche Reibungsarbeit der Kugellager bestimmt. Um einen direkten Vergleich mit Gleitlagern zu ermöglichen, führt er eine ideelle Reibungszahl μ_i ein und legt nicht den Kugellaufkreis r_k (Abb. 99), sondern den Wellendurchmesser $2r$ für die Berechnung des Reibungsmomentes zugrunde:

$$M_r = P\,\mu_i\,r\,.$$

Dieses Verfahren bringt aber mit sich, daß die von Stribeck ermittelten Werte nicht genau für andere Lagerabmessungen zutreffen, weil das Verhältnis $\frac{r_k}{r}$ für verschiedene Lager verschieden ist. Seine Versuchsergebnisse sind in Zahlentafel 11 zusammengefaßt.

Zahlentafel 11.

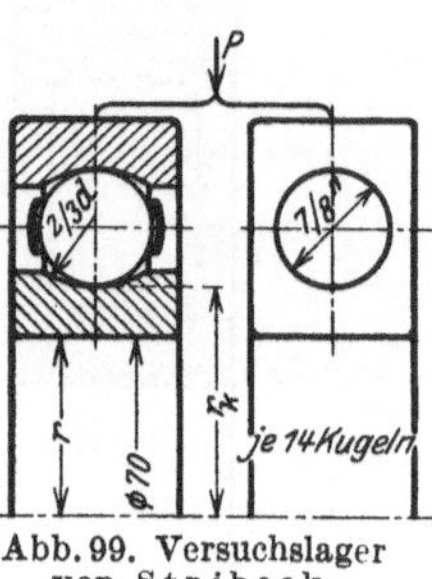

Abb. 98. Gleitverhältnisse in einem Kugellager.

Abb. 99. Versuchslager von Stribeck.

kg	$n = 65$	385	780	$P = 2 \cdot 0{,}2\,z\,k\,d^2$
$P = \ \ \ 380$	$\mu_i = 0{,}0033$	$\mu_i = 0{,}0035$	$\mu_i = 0{,}0037$	$k = \ \ 13{,}6$
$P = \ \ \ 850$	$\mu_i = 0{,}0020$	$\mu_i = 0{,}0021$	$\mu_i = 0{,}0022$	$k = \ \ 30$
$P = 1100$	$\mu_i = 0{,}0017$	$\mu_i = 0{,}0018$	$\mu_i = 0{,}0019$	$k = \ \ 40$
$P = 1580$	$\mu_i = 0{,}0016$	$\mu_i = 0{,}0016$	$\mu_i = 0{,}00165$	$k = \ \ 56$
$P = 2050$	$\mu_i = 0{,}0015$	$\mu_i = 0{,}0015$	$\mu_i = 0{,}0015$	$k = \ \ 74$
$P = 3000$	$\mu_i = 0{,}0015$	$\mu_i = 0{,}0013$	$\mu_i = 0{,}0013$	$k = 107$
$P = 4900$	$\mu_i = 0{,}0013$	$\mu_i = 0{,}0012$	$\mu_i = 0{,}0011$	$k = 175$

Da für diese Drehzahlen etwa $k = 100$ als maximal zulässige Belastungsgrenze anzusehen ist, folgt daraus:

1. Bei Belastungen von $k = 40$ bis 100 kg ist die Reibungszahl unabhängig von der Geschwindigkeit, von der Belastung und auch von der Temperatur. $\mu_i = 0{,}0016$ bis $0{,}0018$.

2. Im Gegensatz zu Gleitlagern ist die Reibungszahl der Ruhe die gleiche wie für den Zustand der Bewegung.

3. Für kleinere Belastungen, $k < 30$, nimmt die Reibungszahl mit abnehmender Belastung erheblich zu und erreicht Zahlenwerte ($\mu_i = 0{,}0035$), die auch mit Gleitlagern — im Beharrungszustand — leicht erreichbar sind.

3. Einfluß der Fliehkraft. Durch die Fliehkraft $F = \dfrac{G}{g}\dfrac{v^2}{\varrho}$ kg entsteht eine zusätzliche Belastung an der Berührungsstelle jeder Kugel in einem Querlager.

$G =$ Gewicht einer Kugel $= \dfrac{\pi}{6}\,d^3\,\gamma$ kg.

$g =$ Beschleunigung der Erdschwere $= 981$ cm/s².

$\gamma =$ Spezifisches Gewicht $= 0{,}00785$ kg/cm³.

$\varrho =$ Entfernung des Kugelmittelpunktes vom Wellenmittel in cm.

$v = \dfrac{\pi\,\varrho\,n_k}{30} =$ Umfangsgeschwindigkeit der Kugel in cm/s.

$n_k =$ Käfigdrehzahl. Nach Heft IV (Umlaufgetriebe) ist $n_k = n_1 \dfrac{d_i}{d_i + d_a}$ bei stillstehendem Außenring.

$n_l =$ Drehzahl der Welle.

$d_i =$ Außendurchmesser des Innenringes.

$d_a =$ Innendurchmesser des Außenringes, so daß $d_i + d_a = 4\varrho$ ist.

Die Fliehkraft einer Kugel:

$$F = \frac{\pi\,d^3\,\gamma}{981}\,\frac{\pi^2}{900}\,n_1^2\,\frac{\varrho^2}{\varrho}\,\frac{d_i^2}{16\,\varrho^2} = \frac{d^3\,d_i^2\,n_1^2}{347 \cdot 10^6\,\varrho}\ \text{kg}$$

ist auch bei hohen Drehzahlen meist klein. Von viel größerer Bedeutung sind dagegen die Kräfte, die infolge ungenügenden Auswuchtens der mit der Welle rotierenden Teile entstehen. Deshalb sind für sehr hohe Drehzahlen ($n > 3000$/min) meistens die geräuschlosen Gleitlager vorzuziehen, bei denen dann auch fast immer Flüssigkeitsreibung zu erreichen ist.

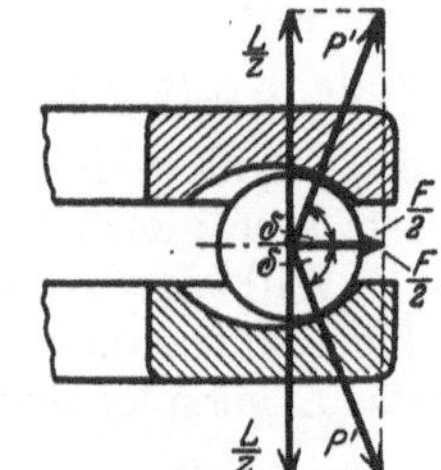

Abb. 100. Einfluß der Fliehkraft auf Längslager (nach Stellrecht).

Bei Längslagern verschiebt sich der Mittelpunkt einer Kugel infolge der Fliehkraft nach außen (Abb. 100). Die Laufringe werden dadurch etwas auseinander gedrückt, wodurch die totale Belastung einer Kugel etwas größer ausfällt. Außerdem tritt dann immer gleitende Reibung auf, die zu Wärmeentwicklung und Verschleiß führt.

Wälzlager sind für folgende Verhältnisse mit Vorteil zu verwenden:

a) Wenn die Flüssigkeitsreibung nicht erreicht werden kann (vertikale Wellen, viele Arbeitsmaschinen, Leerlaufbüchsen).

b) Wenn die Reibungszahl der Ruhe eine bedeutende Rolle spielt (alle Wagenantriebe, Automobile, Eisenbahn und Hebezeuge usw.).

c) Wenn die Abnützung vermieden werden soll, z. B. elektrische Maschinen (wegen dem kleinen Ankerspiel), Werkzeugmaschinen (da die Genauigkeit der Maschine sonst verloren geht) usw.

Als Nachteil ist die oft geringe Betriebssicherheit namentlich bei stoßweiser Belastung

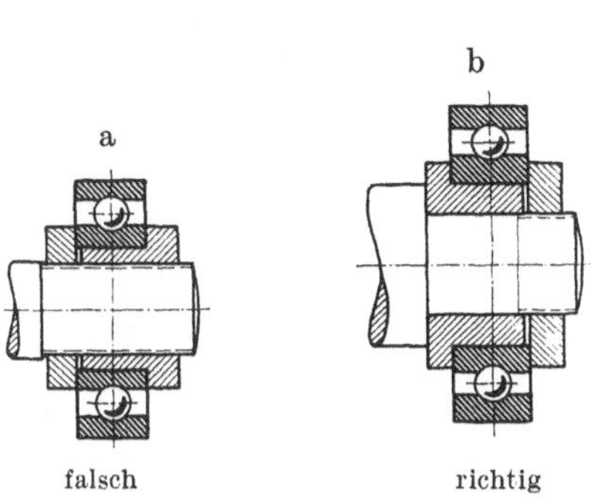

Abb. 101. Zentrierung durch Gewinde ist falsch (nach Behr-Gohlke).

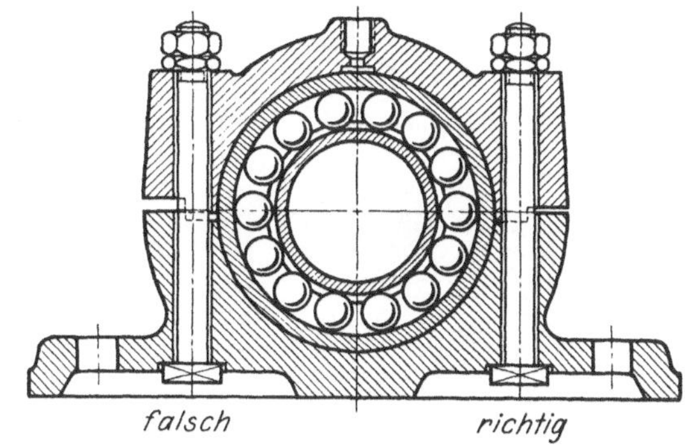

Abb. 102. Zweiteiliges Gehäuse mit klaffender Fuge ist falsch.

zu nennen, denn eine einmalige Überbelastung kann das Lager zerstören. Die einteilige Konstruktion erschwert auch die Verwendung bei mehrfachgelagerten Wellen.

4. Einbau. Die Lager sind aus hartem Chromstahl hergestellt, der leicht oxydiert; sie sollten in mit säurefreiem Fett getränktes Papier eingewickelt und in Pappschachteln verpackt aufbewahrt werden.

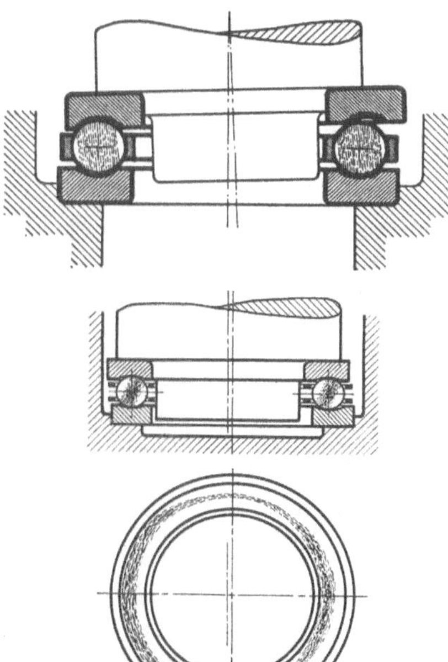

Die Innen- und Außendurchmesser sind nach engen Toleranzen bearbeitet (noch enger als die der Edelpassung, vgl. Heft II). Die Wellen und Bohrungen der Lagerkörper müssen demnach mit den gleichen Toleranzen hergestellt werden und genau zentrisch sein. Zentrierung durch Gewinde ist falsch, da zu ungenau (Abb. 101a, b).

Die Steifigkeit der Laufringe ist eine Grundbedingung für den genauen Lauf der Kugeln; eine Formänderung der Ringe führt zum Klemmen und damit zur Zerstörung der Kugeln. Darum müssen auch die

Abb. 103 u. 104. Schiefe Auflage des stillstehenden Ringes oder exzentrische Lage der beiden Ringe zueinander führen zu Verklemmungen (nach Behr-Gohlke).

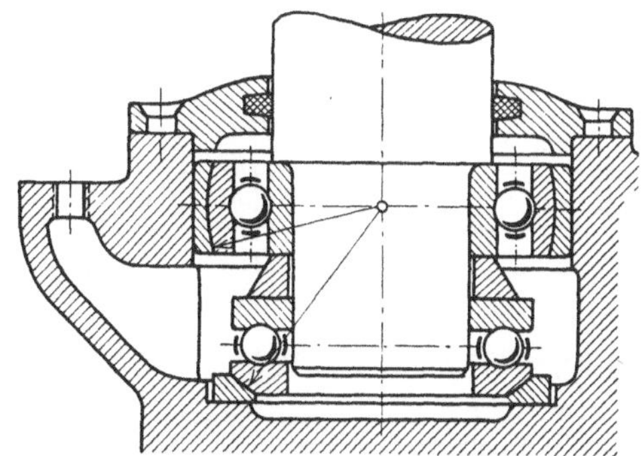
Abb. 105. Richtiger Einbau eines Längslagers.

Ringe genau in das Gehäuse passen. Jedes Klemmen oder Zwängen ist beim Einbau zu vermeiden. Deshalb ist es auch unrichtig, Wälzlager in ein zweiteiliges Gehäuse mit klaffender Fuge einzubauen (Abb. 102 links); der Lagerdeckel muß fest aufliegen (Abb. 102 rechts).

Abb. 103 und 104 zeigen Einbaufehler bei Längslagern, die wegen der einseitigen Belastung der Kugeln rasch zerstört werden. Abb. 105 zeigt ein richtig eingebautes Längslager. Beim Einbau eines Längs- und Querlagers ist darauf zu achten, daß die freie Einstellung nur auf einer Kugelfläche oder auf konzentrischen Kugelflächen möglich ist (Abb. 105, 113 und 115).

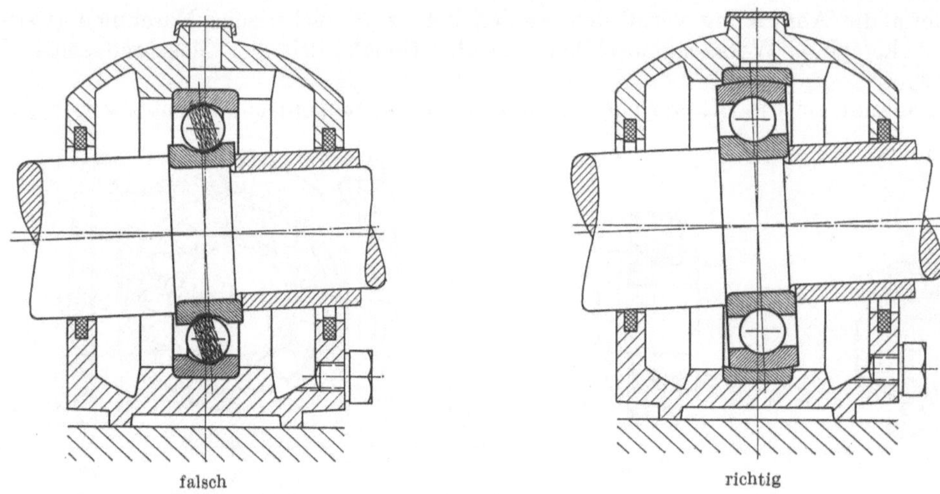

Abb. 106. Einbaufehler.

Von mehreren auf der Welle sitzenden Querlagern darf nur eines im Gehäuse in der Längsrichtung festgelegt werden; alle übrigen Lager müssen seitliches Spiel erhalten (Abb. 107 und 108).

Als Einbauregel gilt allgemein:

Für Querlager: Innenring — Festsitz,
Außenring — Schiebesitz.

Für Längslager: die sich drehende Scheibe — Festsitz,
die stillstehende Scheibe — Gleitsitz.

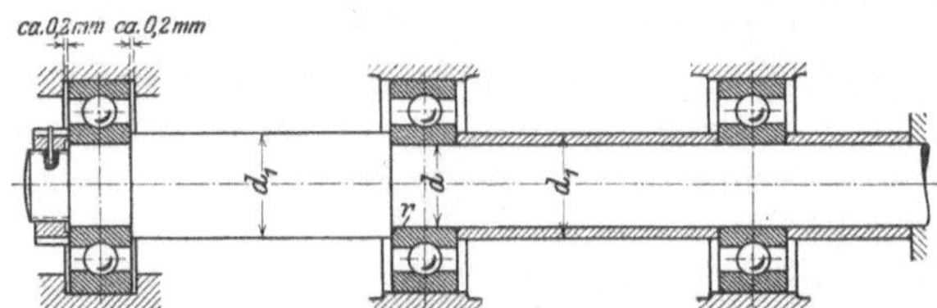

Abb. 107. Nur ein Festlager; alle übrigen mit seitlichem Spiel (nach Behr-Gohlke).

Der Innenring soll unbedingt mit der Welle mitlaufen und auch deren etwaige axiale Verschiebung mitmachen. Der Außenring soll sich von selbst einstellen; ein langsames Mitdrehen ist nicht unerwünscht.

Früher war das Warmaufziehen des Innenringes gebräuchlich; er wurde in warmes Öl gelegt und dann auf die Welle geschoben. Eine solche Verbindung ist aber schwer wieder lösbar. Darum werden die Innenringe mit Muttern oder Rohrstücken seitlich gegen einen Wellenbund gespannt. Die Muttern sind gegen Lockern zu sichern. Für kleine Bohrungen genügt auch der Einbau mit Festsitz ohne besondere Sicherung.

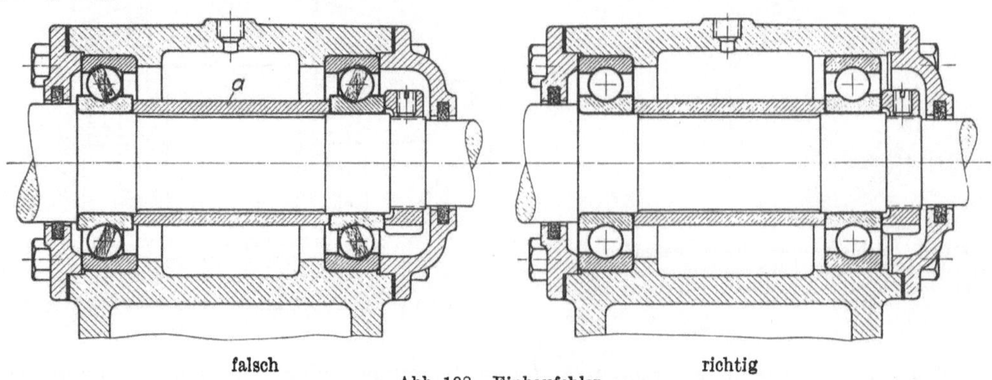

Abb. 108. Einbaufehler.

Die axiale Befestigung durch Muttern erfordert das Schneiden von Gewinde auf die Welle. Bei Massenfabrikation (z. B. Elektromotoren) werden die Wellen auf einfachen Drehbänken hergestellt, die meist keine Vorrichtung zum Gewindeschneiden haben. In solchen Fällen ist die in Abb. 109 angedeutete Befestigung zu empfehlen. Ein aufgeschnittener, außen mit

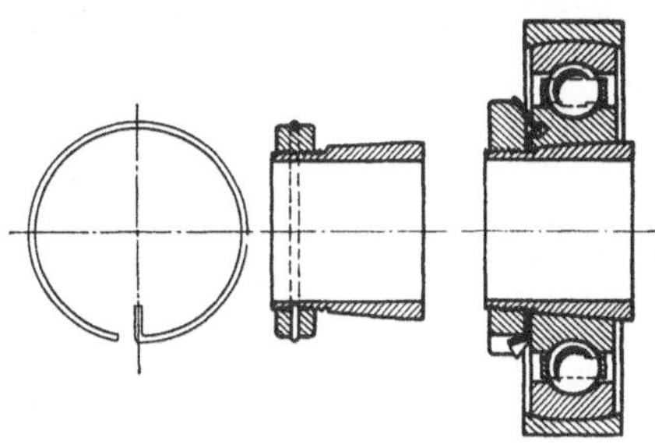

Abb. 110. Befestigung durch Spannhülse (nach Behr-Gohlke).

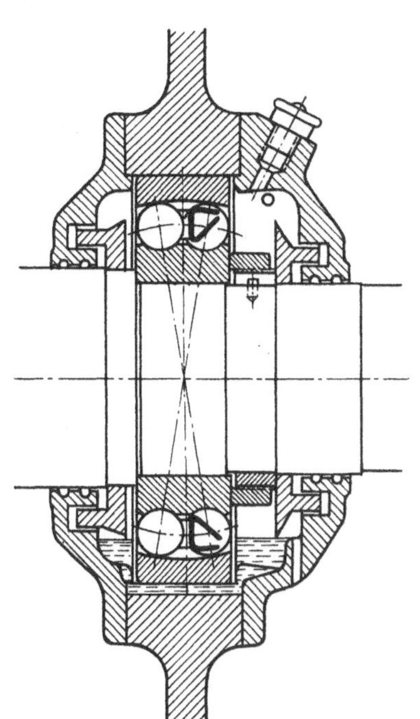

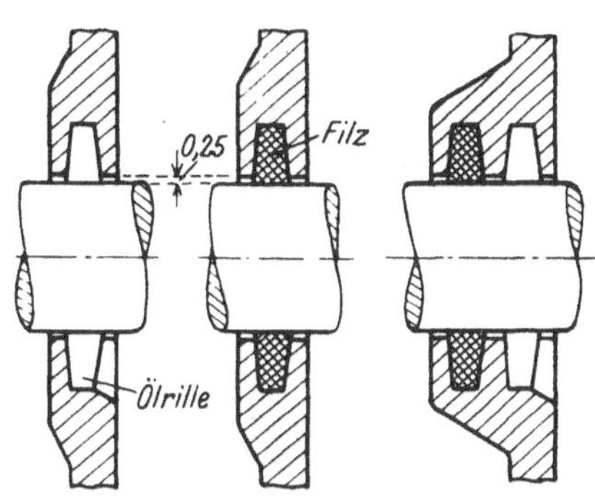

Abb. 109. Befestigung des Querlagers ohne Verschraubung.

Abb. 111. Staubabdichtungen (nach Behr-Gohlke).

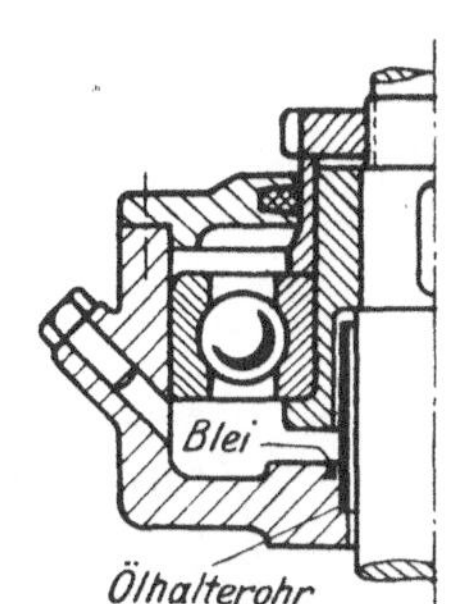

Abb. 112. Querlager für vertikale Wellen (nach Behr-Gohlke).

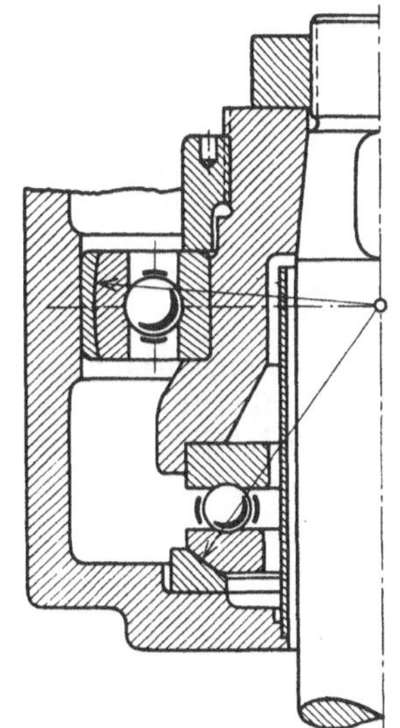

Abb. 113. Längs- und Querlager für vertikale Wellen.

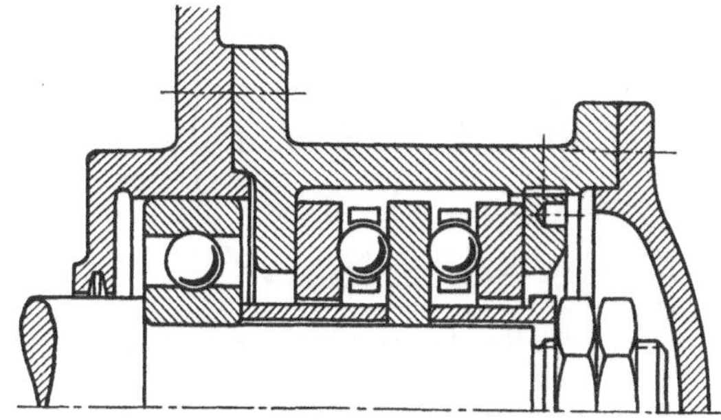

Abb. 114. Schnecken-Endlager.

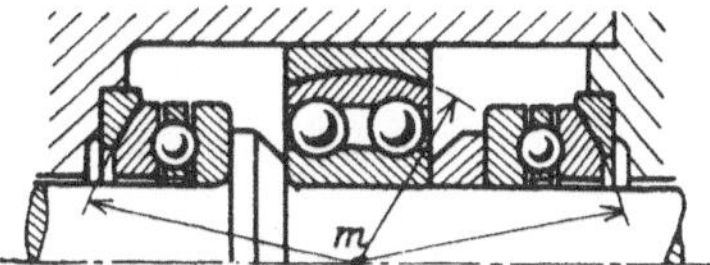

Abb. 115. Lager für Quer- und wechselseitige Längsbelastung (nach Behr-Gohlke).

Gewinde versehener Ring, dessen Bohrung etwa ½ mm kleiner als der Wellendurchmesser ist, kann leicht über die Welle geschoben werden und paßt genau in eine Eindrehung. Darüber wird die Verschlußmutter geschraubt.

Um das Aufbringen auch auf nicht kalibrierte Wellen zu ermöglichen, rüstet man die Laufringe mit Spannhülsen aus (Abb. 110). Die Muttern sind so anzubringen, daß sie entgegen der Wellendrehrichtung angezogen werden.

Um das Eindringen von Staub zu verhindern, sind die Lager gut abzudichten (Abb. 109 und 111). Die Abb. 112 bis 115 zeigen noch einige Einbaubeispiele.

E. Kurbelwellen.

Die Kurbelwellen werden aus zähem S.M.-Stahl geschmiedet; in neuester Zeit und für kleine Maschinen auch wohl aus Stahlguß hergestellt. Zur Vermeidung der Kerbwirkung sind

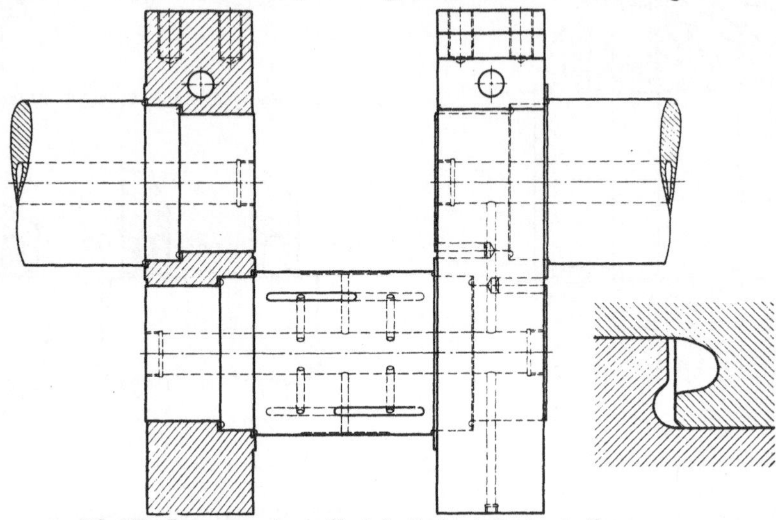

Abb. 116. Zusammengebaute Kurbelwelle (nach Dubbel, Ölmaschinen).

die Abrundungen an den Übergangsstellen mit möglichst großem Halbmesser auszuführen. Bei großen Maschinen werden die Kurbelwellen aus Einzelteilen zusammengebaut (Abb. 116), die aber weniger steif sind als einstückige Wellen. Wellen und Zapfen werden durchbohrt und die Bohrung für die Schmierung verwendet.

1. Festigkeitsrechnung. Die Beanspruchung ist je nach der Kurbelstellung verschieden. Die Stangenkraft S (Abb. 117) kann aber immer in zwei Komponenten, radial und tangential zum Kurbelkreis, zerlegt werden[1]. Für die in Abb. 118 gezeichnete Stirnkurbel verursacht die radiale Komponente R

1. eine gleichmäßige Zugbeanspruchung über den ganzen Armquerschnitt:

$$\sigma_z = \frac{R}{b \cdot h}.$$

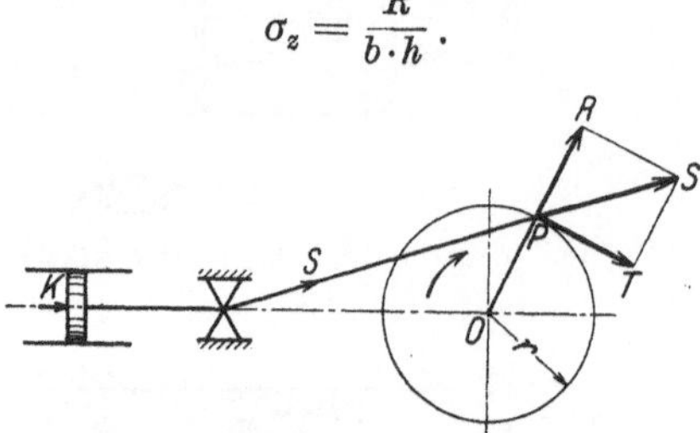

Abb. 117. Kräfte beim Kurbeltrieb.

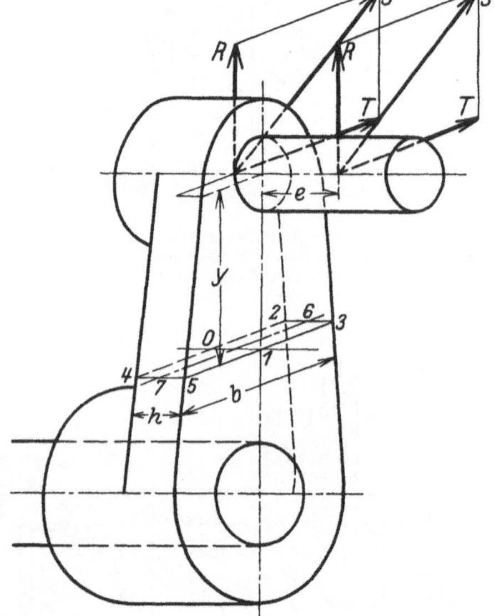

Abb. 118. Beanspruchung einer Stirnkurbel.

2. Biegung durch das Moment $R \cdot e$. Dadurch entsteht eine größte Zugspannung in der Linie 3 bis 5 und zwar ist dort

$$\sigma_b = \frac{R \cdot e}{\frac{1}{6} b h^2}.$$

---

[1] Ausführlicher in: Elemente der Kolbenmaschinen, Heft 5.

Die tangentiale Komponente T verursacht:

1. Biegung durch das Moment $T \cdot y$. Die größte Zugspannung tritt in der Linie 4 bis 5 auf und ist

$$\sigma_b' = \frac{T \cdot y}{\frac{1}{6} h\, b^2}\,.$$

2. In der neutralen Faserschicht eine Schubspannung:

$$\tau = \frac{T}{\frac{2}{3} b \cdot h}\,.$$

3. Verdrehung durch das Moment $T \cdot e$. Die größten Werte der Schubspannungen (Heft I, S. 51) liegen in den Punkten 0 und 1:

$$\tau_a = \frac{T \cdot e}{\frac{2}{9} h\, b^2}$$

und in 6 und 7:

$$\tau_b = \frac{T \cdot e}{\frac{2}{9} b\, h^2}\,.$$

Die größte Beanspruchung durch die maximale Schubspannung folgt aus der Gleichung:

$$\tau_{\max} = \sqrt{\sigma^2 + 4\,\tau^2}\,,$$

und ist von Stelle zu Stelle verschieden. In dieser Gleichung ist σ die an einer Stelle auftretende Normalspannung, z. B. für Punkt 1:

$$\sigma = \frac{R}{b \cdot h} + \frac{R \cdot e}{\frac{1}{6} b\, h^2}\,,$$

und τ die an der gleichen Stelle wirkende Schubspannung, z. B. für Punkt 1:

$$\tau = \frac{T}{\frac{2}{3} b\, h} + \frac{T \cdot e}{\frac{2}{9} h\, b^2}\,.$$

Im allgemeinen berechnet man die Kurbelwelle nur für zwei Hauptstellungen der Stange:

a) Für die Totpunktlage; die Kräfte wirken dann in der Kröpfungsebene ($T = 0$).

b) In der Tangentialstellung; die Kräfte stehen dann senkrecht zur Kröpfungsebene ($R = 0$).

Gebräuchliche Abmessungen des Kurbelarmes sind:

$$h \approx 0{,}75\, d$$
$$b \approx 1{,}25 \text{ bis } 1{,}3\, d.$$

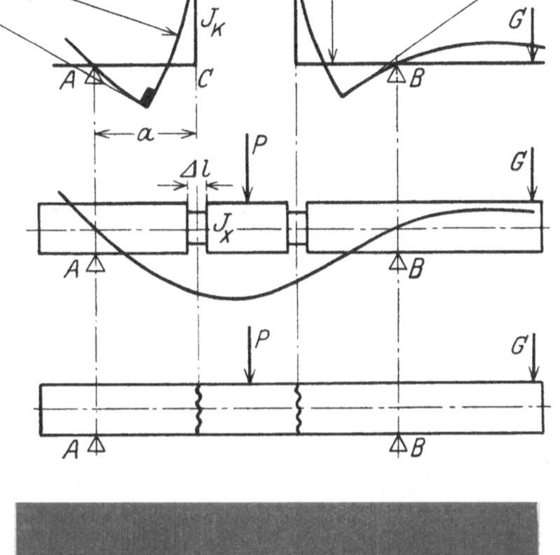
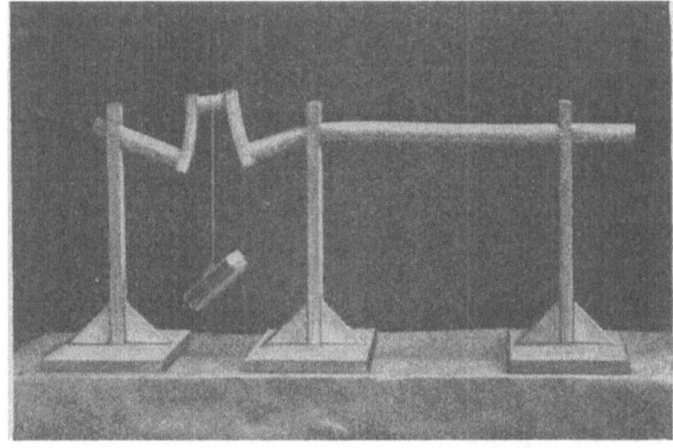

Abb. 119. Formänderungen der Kurbelwelle, wenn die Kräfte in der Kröpfungsebene wirken (Abb. 119 d nach Enßlin: Kurbelwellen).

2. Formänderung. a) Die Kraft P wirkt in der Ebene der Kurbelarme (Kröpfungsebene). Der Kurbelarm CD ist dann durch ein konstantes Biegungsmoment $M_k = A \cdot a$ (Abb. 119 a) beansprucht und biegt sich deshalb nach einem Kreisbogen vom Halbmesser ϱ, der aus der Gleichung der elastischen Linie:

$$\frac{d^2 y}{d x^2} \approx \frac{1}{\varrho} = \pm \frac{M_k}{J_k E} \tag{90}$$

bestimmt werden kann. Wenn angenommen wird, daß die rechten Winkel zwischen Kurbelarm, Zapfen und Welle bei der Formänderung erhalten bleiben, so erfährt der Zapfen dadurch gegen die anschließende Welle eine kleine Neigung:

$$\varphi = \frac{r}{\varrho} = \frac{r\, M_k}{J_k E}\,. \tag{91}$$

Eine gleich große Neigung des Zapfens könnte auch bei einer geraden Welle erhalten

werden, wenn an Stelle des Kurbelarmes ein Stück von entsprechender Nachgiebigkeit ein-
geschaltet wäre (Abb. 119b). Die gerade Welle ist so aus der Kurbelwelle entstanden,
daß der Kurbelzapfen in das Wellenmittel verschoben und der Kurbelarm durch ein elastisches Glied von der Länge Δl und dem Trägheitsmoment J_x ersetzt worden ist. Die
Winkeländerung erhält man durch Integration der Gleichung der elastischen Linie, wobei
angenommen wird, daß Δl so klein ist, daß das Biegungsmoment M_k für die ganze Länge Δl
als unveränderlich angenommen werden kann.

$$\frac{d^2 y}{d x^2} = \frac{M_k}{J_x E},$$

$$\frac{d y}{d x} = \operatorname{tg} \varphi_1 \approx \varphi_1 = \int_0^{\Delta l} \frac{M_k}{J_x E} dx = \frac{M_k}{J_x E} \Delta l. \tag{92}$$

Die Winkel φ und φ_1 werden gleich, wenn:

$$\frac{r M_k}{J_k E} = \frac{M_k}{J_x E} \Delta l$$

oder

$$J_x = \frac{\Delta l}{r} J_k \tag{93}$$

ist. Die Kurbelwelle ist damit — was die Formänderung anbelangt — durch eine vollständig gleichwertige gerade Welle ersetzt, für welche die elastische Linie, nach
dem Verfahren von Mohr, konstruiert werden kann. Für das elastische Glied muß
also die verzerrte Momentenfläche $\dfrac{J_0}{J_x} M_k$ und dann der Inhalt $f = M_k \dfrac{J_0}{J_x} \Delta l$
bestimmt werden, um die Größe der Belastungsfläche f zu erhalten

$$f = M_k \frac{J_0}{J_x} \Delta l = M_k \frac{J_0 r}{J_k \Delta l} \Delta l = M_k \frac{J_0}{J_k} \cdot r. \tag{94}$$

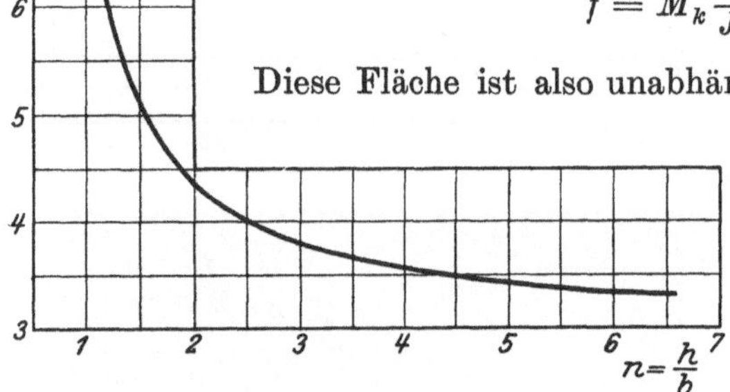

Abb. 120. Werte von ψ_0 zur Berechnung des Verdrehungs-
winkels eines rechteckigen Stabes.

Diese Fläche ist also unabhängig von Δl. Denken wir Δl unendlich schmal, so
wird die Fläche f in der Senkrechten durch C zusammengedrängt und beim Aufzeichen von Kräfte- und Seilpolygon als eine in der Mittellinie des Kurbelarmes wirkende Einzellast berücksichtigt.

Bei dieser Überlegung war angenommen, daß der Kurbelarm sich um die ganze Länge r der Mittellinie verbiegt. In Wirklichkeit kann sich der Arm dort, wo die Welle oder der Kurbelzapfen anschließt, nicht mehr frei verbiegen, so daß etwas kleinere Werte von r einzusetzen wären. Nur Versuche, die allerdings bis heute nicht vorliegen, können darüber entscheiden, welcher Teil von r wirksam ist. Wenn man annimmt, daß die ganze Armlänge an der Formänderung teilnimmt, so erscheinen die Verbiegungen und damit die Neigungswinkel in den Lagerstellen etwas zu groß. Ein solcher Fehler liegt meist im Interesse der technischen Rechnungen.

b) Kraft P senkrecht zur Kröpfungsebene. Damit die Welle im Gleichgewicht ist, müssen nicht nur die Reaktionen A und B, sondern auch das Drehmoment $M_d = P \cdot r$ als Reaktion angebracht werden.

Welle, Zapfen und Arme werden, wenn man von dem Stück $A C$ absieht, auf Biegung und Verdrehung beansprucht. Das Torsionsmoment $A \cdot a = M_k$ verdreht den Arm $C D$ um den Winkel $\varphi = \vartheta \cdot r$, worin $\vartheta = $ verhältnismäßiger Verdrehungswinkel ist. Für rechteckige Querschnitte ist (Heft I, S. 51)

$$\vartheta = \frac{M_d}{\psi \psi_1 h b^3 G} = \psi_0 \frac{M_d}{b h^3 G}. \tag{95}$$

Für $m = \dfrac{h}{b} = 1$	1,5	2	3	4	6
ist $\psi_0 = 7{,}14$	5,13	4,37	3,80	3,56	3,34

Zwischenwerte von ψ_0 können aus Abb. 120 entnommen werden.
Dieselbe Neigung zwischen Zapfen und Wellenstück $A C$ kann auch bei einer geraden

Welle hervorgerufen werden, wenn wieder an Stelle des Armes ein elastisches Glied mit dem Trägheitsmoment J_y und der Länge Δl eingesetzt wird.

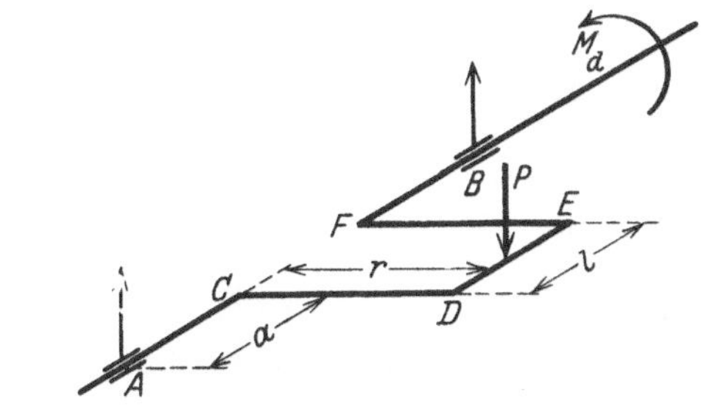

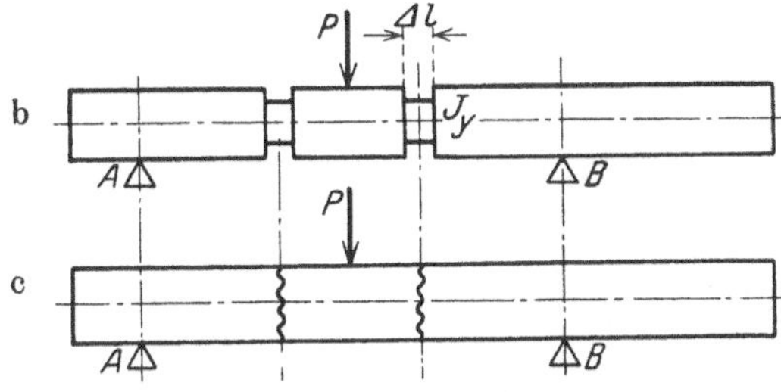

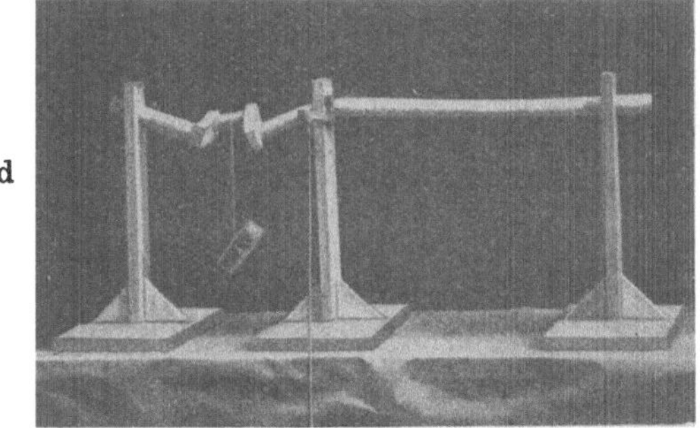

Abb. 121. Formänderungen der Kurbelwelle, wenn die Kräfte senkrecht zur Kröpfungsebene wirken (Abb. 121 d nach Enßlin: Kurbelwellen).

$$\frac{d^2 y}{d x^2} = \frac{M_k}{J_y E}.$$

$$\frac{d y}{d x} = \operatorname{tg} \varphi_1 = \frac{M_k}{J_y E} \Delta l \approx \varphi_1.$$

Die Winkel φ und φ_1 werden gleich, wenn

$$\vartheta \cdot r = \frac{M_k}{J_y E} \Delta l \qquad \text{oder} \qquad J_y = \frac{M_k}{\vartheta E} \cdot \frac{\Delta l}{r}$$

ist. Dadurch ist — was die Neigung durch die Verdrehung der Arme anbelangt — die Kurbelwelle wieder auf eine gerade Welle zurückgeführt. Auch hier kann Δl wieder unendlich schmal gedacht werden, da der Inhalt der verzerrten Momentenfläche:

$$f = M_k \frac{J_0}{J_y} \Delta l = \frac{M_k J_0}{M_k \Delta l} \vartheta E \cdot r \, \Delta l = J_0 \vartheta E r \qquad (96)$$

unabhängig von Δl ist.

Die Verbiegung der Kurbelarme und die Verdrehung des Zapfens bewirken außerdem ein Heraustreten der Stücke AC und BF aus der ursprünglichen Ebene der Kurbelarme. Die elastische Linie ist nun keine stetige Kurve mehr, sondern es treten in den Stellen C und F Sprünge auf, deren Gesamtgröße mit Δ bezeichnet sei. Dadurch ändern sich auch die Nei-

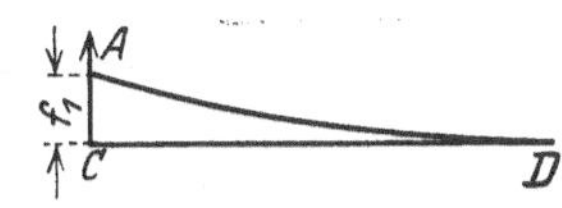

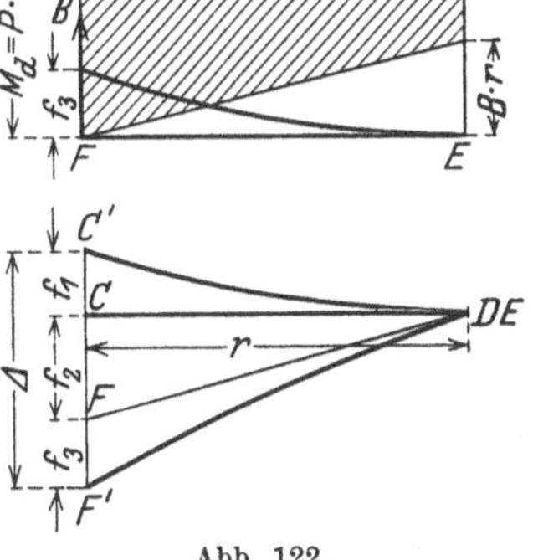

Abb. 122.

gungswinkel der elastischen Linie in den Auflagerstellen um eine kleine — oft vernachlässigbare — Größe.

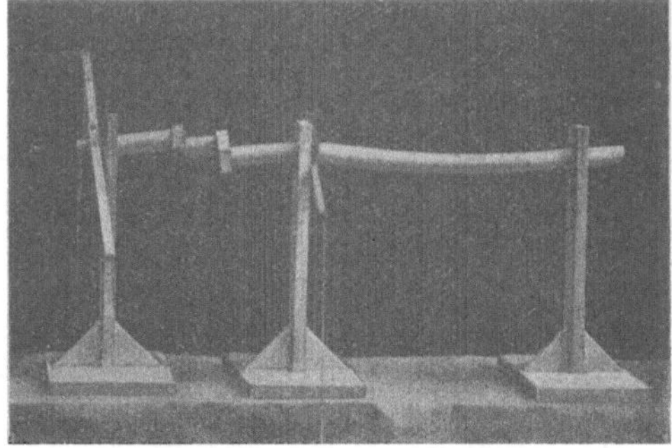

Abb. 123a, b. Formänderungen der Kurbelwelle, wenn durch die Kröpfung ein Drehmoment geht (nach Enßlin).

1. Der Arm CD (Abb. 122) verbiegt sich durch die Kraft A, so daß die Punkte C und D um den Betrag (Heft I, S. 30)

$$f_1 = \frac{A r^3}{3 J_k E}$$

gegenseitig verschoben werden.

2. Durch die Verdrehung des Zapfens DE um den Winkel $\vartheta' l$ entsteht eine Senkung des Punktes F gegenüber dem Punkte C von der Größe:

$$f_2 = \vartheta' l \cdot r, \qquad \text{worin} \quad \vartheta' = \frac{A r}{0{,}1 \, d^4 \cdot G} \quad \text{[Heft I, S. 51] ist.}$$

3. Der Arm EF wird durch das Moment $M_d = P \cdot r$ und außerdem durch die Kraft B verbogen; beide Verbiegungen wirken in entgegengesetzter Richtung. Nach den Formeln in Heft I, S. 30 ist die dadurch verursachte Senkung:

$$f_3 = \frac{P\,r^3}{2\,J_k\,E} - \frac{B\,r^3}{3\,J_k\,E}.$$

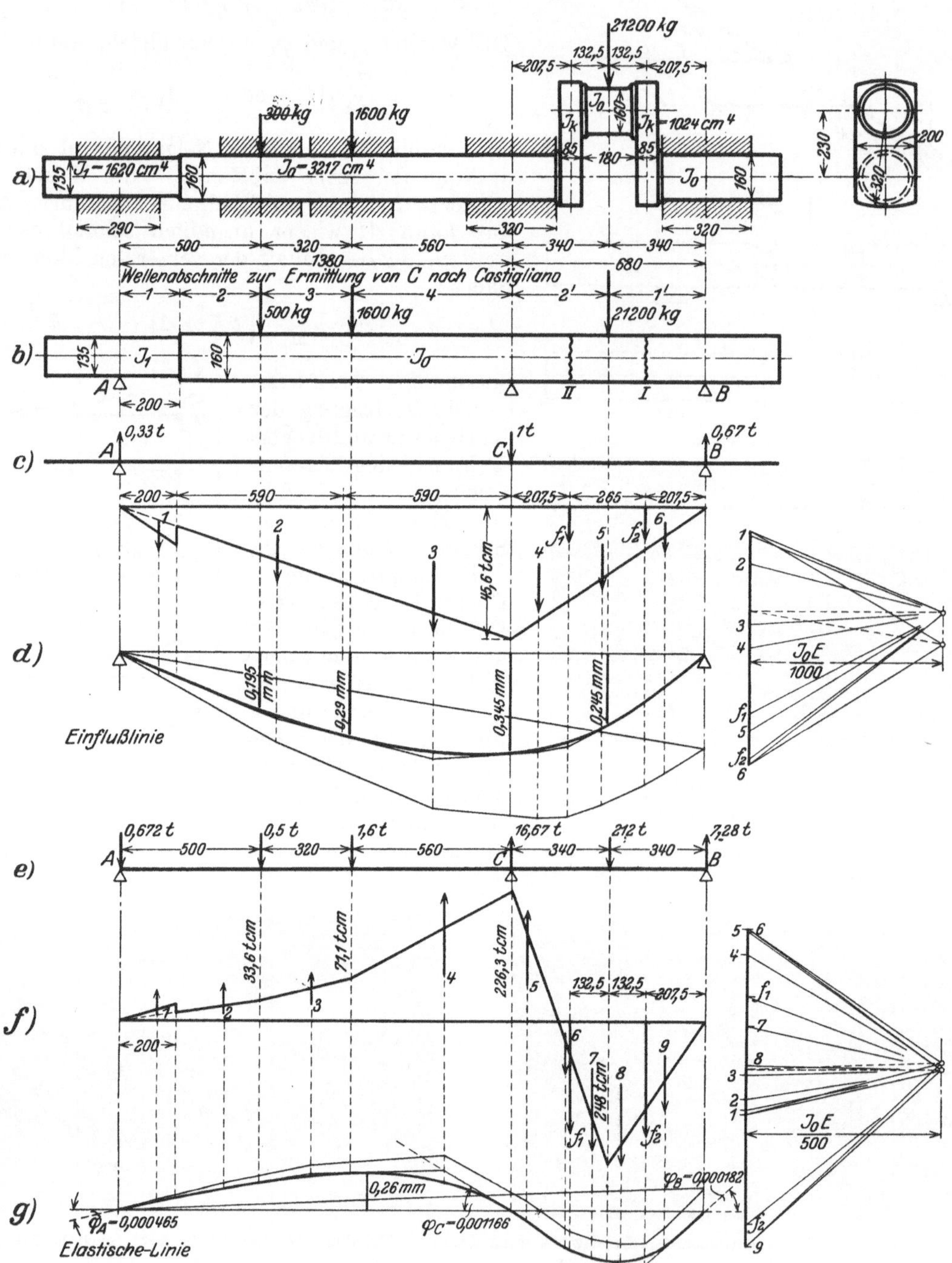

Abb. 124. Formänderung einer dreifach gelagerten Kurbelwelle. Kräfte in der Kröpfungsebene.

Der Gesamtsprung ist:

$$\varDelta = f_1 + f_2 + f_3.$$

3. Mehrfach gelagerte und mehrfach gekröpfte Wellen. Jede Kröpfung kann, wie vorher abgeleitet, durch elastische Glieder ersetzt werden, so daß die Kurbelwelle immer auf eine gerade Welle zurückgeführt werden kann. Die Formänderung der Kurbelarme durch das Drehmoment M_d darf dabei nicht übersehen werden. Dieses Drehmoment, das bei mehrfach gekröpften Wellen im allgemeinen zwischen je zwei Kurbeln verschieden ist, erzeugt eine parallele Verschiebung der rechts und links der Kurbelarme liegenden Wellenstücke aus der Ebene der Kröpfung heraus (Abb. 123a, b).

Als Anwendungsbeispiel ist die Formänderung der in Abb. 124a gezeichneten dreifach gelagerten Kurbelwelle, für zwei Kurbelstellungen, untersucht worden. Zuerst muß die statisch unbestimmte Auflagerreaktion C, nach einer der im Heft I, Abschnitt E angegebenen Methoden, bestimmt werden.

a) Die Kräfte wirken in der Kröpfungsebene. Aus den Gleichgewichtsbedingungen erhalten wir die Gleichungen:

$$A + B + C = P, \quad \text{oder} \quad 500 + 1600 + 21\,200 = 23\,300 = A + B + C.$$

Die Summe der Momente in bezug auf C muß gleich Null sein:

$$138\,A - 0,5 \cdot 88 - 1,6 \cdot 56 = 68\,B - 21,2 \cdot 34 \quad \text{oder} \quad 138\,A = 68\,B - 586,5.$$

Aus diesen beiden Gleichungen folgt:

$$A = 4,85 - 0,33\,C,$$
$$B = 18,45 - 0,67\,C.$$

Kontrolle: $A + B + C = 4,85 + 18,45 = 23\,300$ t.

Nach dem Satze von Castigliano muß für die ganze Welle $\dfrac{\partial A}{\partial C} = 0$ sein. Da für einen geraden, auf Biegung beanspruchten Träger (Heft I, S. 54)

$$A = \int\limits_0^l \frac{M_x^2}{2\,J_x\,E}\,dx$$

ist, muß

$$\frac{\partial A}{\partial C} = \int\limits_0^l \frac{M_x}{J_x\,E}\,\frac{\partial M}{\partial C}\,dx = 0$$

werden. Da das Trägheitsmoment der Welle unveränderlich ist, formen wir die Gleichung etwas um:

$$\frac{\partial A}{\partial C} = \frac{1}{J_0\,E} \int\limits_0^l M_x\,\frac{J_0}{J_x}\,\frac{\partial M_x}{\partial C}\,dx = 0. \tag{97}$$

Für die elastischen Glieder ist $A = \int\limits_0^{1l} \dfrac{M_k^2}{2\,J_x\,E}\,dx$, worin nach Gleichung (93) $J_x = J_k\,\dfrac{\Delta l}{r}$ ist, so daß $A = \dfrac{M_k^2\,r}{2\,J_k\,E}$ wird, und

$$\frac{\partial A}{\partial C} = \frac{M_k \cdot r}{J_k\,E} \cdot \frac{\partial M_k}{\partial C} = \frac{1}{J_0\,E} \cdot M_k\,\frac{J_0}{J_k}\,r\,\frac{\partial M_k}{\partial C}. \tag{98}$$

Um den Wert $\dfrac{\partial A}{\partial C}$ für die ganze Welle zu berechnen, wird diese in eine Anzahl Teile geteilt (Abb. 124b). Da die Summe gleich Null ist, kann der für alle Teilstrecken gemeinsame Faktor $J_0\,E$ bei der Berechnung weggelassen werden.

Strecke 1, von A ausgehend, für $x = 0$ bis $x = 20$ cm.

$$M_x = A \cdot x = (4,85 - 0,33\,C)\,x, \qquad \frac{\partial M}{\partial C} = -0,33\,x, \qquad J_0 = 3217 \text{ cm}^4, \qquad J_x = 1620 \text{ cm}^4,$$

$$\frac{\partial A}{\partial C} = \frac{J_0}{J_x} \int\limits_0^{20} (0,33\,C - 4,85)\,0,33\,x^2\,dx$$

$$= 0,33 \cdot \frac{3217}{1620} (0,33\,C - 4,85) \frac{20^3}{3} \qquad\qquad = 576\,C - 8560$$

Strecke 2, für $x = 20$ bis $x = 50$ cm. $\dfrac{J_0}{J_x} = 1$.

$$M_x = A\,x \quad \text{und} \quad \frac{\partial M}{\partial C} = -\,0{,}33\,x\,.$$

$$\frac{\partial A}{\partial C} = 0{,}33\,(0{,}33\,C - 4{,}85)\,\frac{50^3 - 20^3}{3} \qquad\qquad = 4250\,C - 62400\,.$$

Strecke 3, für $x = 50$ bis $x = 82$ cm. $\dfrac{J_0}{J_x} = 1$.

$$M_x = A\,x - 0{,}5\,(x - 50) = 4{,}35\,x - 0{,}33\,C\,x + 25\,.$$

$$\frac{\partial M_x}{\partial C} = -\,0{,}33\,x\,.$$

$$\frac{\partial A}{\partial C} = \int\limits_{50}^{82} (1{,}09\,C\,x^2 - 1{,}436\,x^2 + 8{,}25\,x)\,dx$$

$$= (1{,}09\,C - 1{,}436)\,\frac{82^3 - 50^3}{3} + 8{,}25\,\frac{82^2 - 50^2}{2} \qquad = 15480\,C - 221400\,.$$

Strecke 4, für $x = 82$ bis $x = 138$ cm. $\dfrac{J_0}{J_x} = 1$.

$$M_x = A\,x - 0{,}5\,(x - 50) - 1{,}6\,(x - 82)$$

$$= 2{,}75\,x - 0{,}33\,C\,x + 156{,}2\,; \qquad \frac{\partial M}{\partial C} = -\,0{,}33\,x\,.$$

$$\frac{\partial A}{\partial C} = \int\limits_{82}^{138} (1{,}09\,C\,x^2 - 0{,}9075\,x^2 + 51{,}55\,x)\,dx$$

$$= (1{,}09\,C - 0{,}9075)\,\frac{138^3 - 82^3}{3} + 51{,}5\,\frac{138^2 - 82^2}{2} \qquad = 75540\,C - 946000\,.$$

Strecke $1'$, von B aus, für $x = 0$ bis $x = 34$ cm. $\dfrac{J_0}{J_x} = 1$.

$$M_x = B\,x = (18{,}45 - 0{,}67\,C)\,x\,.$$

$$\frac{\partial M_x}{\partial C} = -\,0{,}67\,x\,.$$

$$\frac{\partial A}{\partial C} = -\int\limits_{0}^{34} (12{,}39 - 0{,}449\,C)\,x^2\,dx = -\,(12{,}39 - 0{,}449\,C)\,\frac{34^3}{3} = 5880\,C - 162000\,.$$

Strecke $2'$, für $x = 34$ bis $x = 68$. $\dfrac{J_0}{J_x} = 1$.

$$M_x = B\,x - 21{,}2\,(x - 34) \quad \text{und} \quad \frac{\partial M}{\partial C} = -\,0{,}67\,x\,.$$

$$\frac{\partial A}{\partial C} = \int\limits_{34}^{68} (1{,}83\,x^2 + 0{,}4489\,C\,x^2 - 483\,x)\,dx$$

$$= (1{,}83 + 0{,}4489)\,\frac{68^3 - 34^3}{3} - 483\,\frac{68^2 - 34^2}{2} \qquad = 41100\,C - 669300\,.$$

Elastisches Glied I: $J_k = 1024$ cm^4; $r = 23$ cm.

$$M_k = B \cdot 20{,}75\,; \qquad \frac{\partial M_k}{\partial C} = -\,0{,}67 \cdot 20{,}75 = -\,13{,}9\,.$$

$$\frac{\partial A}{\partial C} = (0{,}67\,C - 18{,}45) \cdot 20{,}75 \cdot \frac{3217}{1024} \cdot 23 \cdot 13{,}9 \qquad = 13900\,C - 383000\,.$$

Elastisches Glied II: $M_k = B \cdot 47{,}25 - 13{,}25 \cdot 21{,}2$

$$= 592 - 31{,}66\,C\,.$$

$$\frac{\partial A}{\partial C} = (31{,}66\,C - 592)\,\frac{3217}{1024} \cdot 23 \cdot 31{,}66 \qquad\qquad = 72250 - 1357000\,.$$

$$\sum \frac{\partial A}{\partial C} = 228936\,C - 3801996 = 0\,,$$

woraus $C = 16{,}60$ t. Damit wird $A = 4{,}85 - 0{,}33\,C = -\,0{,}64$ t und $B = 18{,}45 - 0{,}67\,C = 7{,}34$ t.

Als zweite Methode zur Bestimmung der Auflagerreaktion C ist in Abb. 124c, d die Einflußlinie (für $C = 1$ t) konstruiert (vgl. Heft I, S. 59).

Belastungsfläche . .	1	2	3	4	f_1	5	f_2	6
Inhalt . . . . . cm²	132	963	2115	802	2290	603	1005	145

Die zusätzlichen Belastungen f_1 und f_2 durch die elastischen Glieder sind nach Gl. (94) berechnet worden. Da die drei Lager in der gleichen Höhe liegen, spielt der Maßstab der konstruierten elastischen Linie keine Rolle.

Aus der Gleichung: $P \cdot y = C \cdot y_0$ oder $19,5 \cdot 0,5 + 29 \cdot 1,6 + 24,5 \cdot 21,2 = C \cdot 34,5$ folgt $C = 16,67$ t.

Um die Reaktion C mit genügender Genauigkeit zu erhalten, muß die Einflußlinie in großem Maßstab gezeichnet werden.

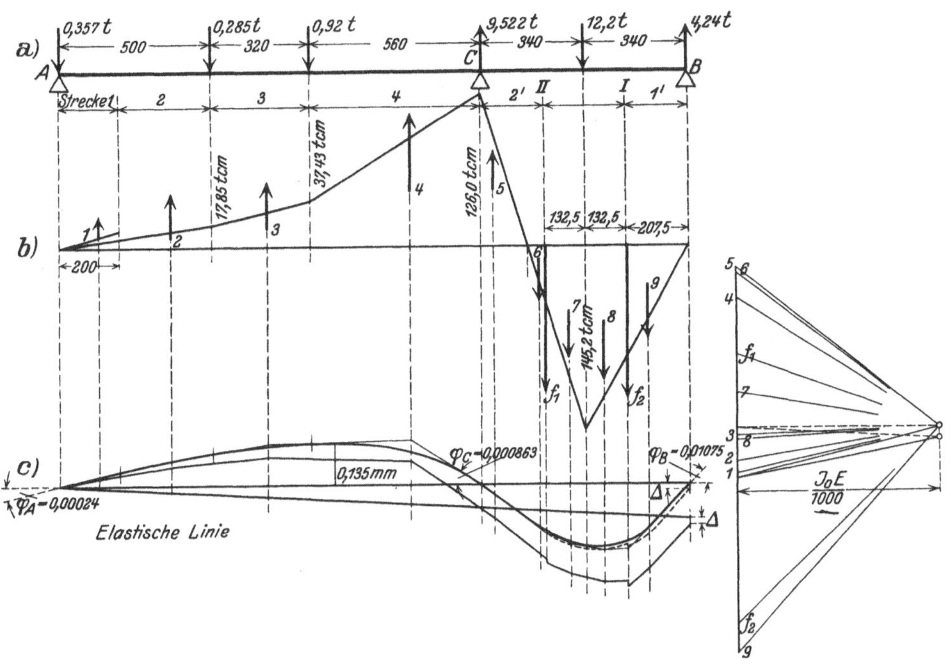

Abb. 125. Formänderung einer dreifach gelagerten Kurbelwelle (Kräfte stehen senkrecht zur Kröpfungsebene).

Nachdem C bekannt ist, kann die Momentenfläche berechnet oder konstruiert werden und daraus (nach Mohr) die elastische Linie.

Belastungsfläche . . .	1	2	3	4	5	
Inhalt . . . . . cm²	− 266,8	− 705,6	− 1675	− 8325	− 1835	

Belastungsfläche . . .	6	f_1	7	8	f_2	9
Inhalt . . . . . cm²	143,4	4565	2062	2648	10950	1573

Die Flächen f_1 und f_2 sind nach Gleichung (94) berechnet.

Eine scharfe Kontrolle für die Richtigkeit der berechneten Reaktion C ist die Bedingung, daß die Stützpunkte der elastischen Linie in einer Linie liegen müssen.

b) Die Kräfte stehen senkrecht zur Kröpfungsebene. (Abb. 125.) Aus den Gleichgewichtsbedingungen folgt:

$$A + B + C = 12,2 + 0,92 + 0,285 = 13,405 \text{ t}$$

und

$$138\,A - 83 \cdot 0,285 - 56 \cdot 0,92 = 68\,B - 34 \cdot 12,2$$

oder $138\,A = 68\,B - 338,4$.

Damit wird: $A = 2,785 - 0,33\,C$ und $B = 10,62 - 0,67\,C$.

Kontrolle $A + B + C = 13,405$.

Strecke 1, von A ausgehend, für $x = 0$ bis $x = 20$ cm.

$$M_x = A x = (2{,}785 - 0{,}33\, C)\, x; \qquad \frac{\partial M}{\partial C} = + 0{,}33\, x\,.$$

$$\frac{\partial A}{\partial C} = - 0{,}33\,\frac{3217}{1024} \int\limits_0^{20} (0{,}33\, C - 2{,}785)\, dx = \qquad\qquad 576\, C - 4850\,.$$

Da der Koeffizient von C in den Reaktionen A und B gleich groß ist, wie im Belastungsfall a), ändern sich auch die Koeffizienten von C in den Ausdrücken $\dfrac{\partial A}{\partial C}$ nicht. Es sind also nur die konstanten Glieder neu zu berechnen.

Strecke 2, für $x = 20$ bis $x = 50$ cm. $\dfrac{J_0}{J_x} = 1$.

$$K = - 0{,}33 \cdot 2{,}785\,\frac{50^3 - 20^3}{3} = - 35900; \qquad\qquad \frac{\partial A}{\partial C} = 4250\, C - 35900\,.$$

Strecke 3, für $x = 50$ bis $x = 82$ cm. $\dfrac{J_0}{J_x} = 1$.

$$M_x = A x - 0{,}285\,(x - 50) = (2{,}785 - 0{,}33\, C)\, x - 0{,}285\,(x - 50).$$

$$K = - (2{,}785 - 0{,}285) \cdot 0{,}33\,\frac{83^3 - 50^3}{3} - 2{,}85 \cdot 50 \cdot 0{,}33 \cdot \frac{83^2 - 50^2}{2}$$

$$= - 127300; \qquad\qquad \frac{\partial A}{\partial C} = 15480\, C - 127300\,.$$

Strecke 4.

$$K = - (2{,}785 - 0{,}285 - 0{,}92) \cdot 0{,}33\,\frac{138^3 - 82^3}{3}$$

$$- (0{,}285 \cdot 50 + 0{,}92 \cdot 82) \cdot 0{,}33\,\frac{138^2 - 82^2}{2}$$

$$= - 544500; \qquad\qquad \frac{\partial A}{\partial C} = 75540\, C - 544500\,.$$

Strecke 1', von B aus.

$$K = - 0{,}67 \cdot 10{,}62 \cdot \frac{34^3}{3} = - 93200; \qquad\qquad \frac{\partial A}{\partial C} = 5880\, C - 93200\,.$$

Strecke 2'.

$$K = - (10{,}62 - 12{,}2) \cdot 0{,}67\,\frac{68^3 - 34^3}{2} - 12{,}2 \cdot 34 \cdot 0{,}67\,\frac{68^2 - 34^2}{2}$$

$$= - 385000; \qquad\qquad \frac{\partial A}{\partial C} = 41100\, C - 385000\,.$$

Die Kurbelarme werden auf Verdrehung beansprucht mit dem Moment M_k, so daß die Formänderungsarbeit (Heft I, S. 52)

$$A = \frac{1}{2}\, M_k \cdot \vartheta \cdot r\,.$$

Mit $\vartheta = \psi_0\,\dfrac{M_k}{h\, b^3\, G}$ wird

$$A = \frac{\psi_0}{2\, h\, b^3\, G}\, M_k^2\, r \quad \text{und} \quad \frac{\partial A}{\partial C} = \frac{\psi_0}{h\, b^3\, G}\, M_k\, \frac{\partial M_k}{\partial C}\, r\,.$$

Um wieder den Faktor $\dfrac{1}{J_0 E}$ ausklammern zu können, wird die Gleichung noch etwas umgeformt. Mit $G = 0{,}385\, E$ (Heft I, S. 18) und $J_k = \dfrac{1}{12}\, h b^3$ wird:

$$\frac{\partial A}{\partial C} = \frac{1}{J_0 E} \cdot \frac{J_0}{J_k} \cdot \frac{\psi_0\, r}{4{,}62}\, M_k\, \frac{\partial M_k}{\partial C}\,.$$

Für den Arm I ist: $h = 20$ cm, $b = 8{,}5$, $\dfrac{h}{b} = 2{,}36$; ψ_0 (Abb. 120) $= 4{,}09$.

$$M_k = (10{,}62 - 0{,}67\, C) \cdot 20{,}75\,.$$

$$\frac{\partial A}{\partial C} = - \frac{4{,}09 \cdot 23}{4{,}62} \cdot \frac{3217}{1024}\,(10{,}62 - 0{,}67\, C) \cdot 20{,}75^2 \cdot 0{,}67 = \qquad\qquad 12370\, C - 196000\,.$$

Für den Arm II ist

$$M_k = 47,25\,(10,62 - 0,67\,C) - 13,25 \cdot 12,2$$
$$= 340,4 - 31,65\,C\,.$$

$$\frac{\partial A}{\partial C} = -\frac{4,09 \cdot 23}{4,62} \cdot \frac{3217}{1024}\,(340,4 - 31,65\,C) \cdot 31,65 \qquad\qquad = \underline{64\,100\,C - 600\,000} +$$

$$\sum \frac{\partial A}{\partial C} = 219\,296\,C - 2\,076\,750\,,$$

woraus $C = 9,47$ t. Damit wird $A = -0,341$ t und $B = 4,28$ t.

Für eine genaue Untersuchung sind noch die Formänderungen der Arme und des Zapfens zu berücksichtigen, wodurch Sprünge in der elastischen Linie entstehen.

Für die Biegung des Armes I ist:

$$\frac{\partial A}{\partial C} = \frac{1}{J_k E} \int_0^r M_x \frac{\partial M_x}{\partial C}\,dx = \frac{1}{J_0 E} \frac{J_0}{J_k} \int_0^r M_x \frac{\partial M_x}{\partial C}\,dx\,.$$

$$M_x = B\,x = (10,62 - 0,67\,C)\,x\,.$$

$$\frac{\partial M_x}{\partial C} = -0,67\,x; \qquad J_k = \frac{1}{12} \cdot 8,5 \cdot 20^3 = 5700 \text{ cm}^4.$$

$$\frac{\partial A}{\partial C} = -\frac{J_0}{J_k} \int_0^{23} (10,62 - 0,67\,C) \cdot 0,67\,x^2\,dx \qquad\qquad = 1000\,C - 15\,900\,.$$

Für die Verdrehung des Kurbelzapfens:

$$A = \frac{1}{2}\,M_x\,\vartheta \cdot l = \frac{M_d^2\,l}{2\,J_p\,G}\,.$$

$$\frac{\partial A}{\partial C} = \frac{l}{J_p\,G}\,M_d\,\frac{\partial M_d}{\partial C} = \frac{1}{J_0 E} \cdot \frac{l \cdot J_0\,E}{J_p\,G}\,M_d\,\frac{\partial M_d}{\partial C}\,,$$

worin $J_p = \frac{\pi}{32}\,d^4 = 6450$, $l = \text{Zapfenlänge} = 26,5$ cm, $G = 0,385\,E$ ist.

$$M_d = B \cdot r = (10,62 - 0,67)\,r\,.$$

$$\frac{\partial M_d}{\partial C} = -0,67 \cdot 23\,.$$

$$\frac{\partial A}{\partial C} = \frac{26,5 \cdot 3217 \cdot 23^3 \cdot 0,67}{6450 \cdot 0,385}\,(10,62 - 0,67\,C) \qquad\qquad = 7950\,C - 121\,000\,.$$

Für die Biegung des Armes II:

$$M_x = P\,r - (P - B)\,x$$
$$= 12,2 \cdot 23 - (12,2 - 10,62 + 0,67\,C)\,x = 280 - 1,58 - 0,67\,C\,.$$

$$\frac{\partial M_x}{\partial C} = -0,67\,x\,.$$

$$\frac{\partial A}{\partial C} = -\frac{3217}{5700} \cdot 0,67 \left\{ 280 \cdot \frac{23^2}{2} - (1,58 + 0,67\,C)\,\frac{23^3}{3} \right\} \qquad = 1010\,C - 25\,000\,.$$

Mit Berücksichtigung dieser Glieder wird:

$$\sum \frac{\partial A}{\partial C} = 229\,256\,C - 2\,238\,650\,,$$

woraus $C = 9,75$ t und damit $A = -0,435$ t und $B = 4,09$ t.

Für die Bestimmung der Neigungswinkel ist die Konstruktion der elastischen Linie in Abb. 125 durchgeführt, wobei wieder, als Kontrolle der Genauigkeit, die drei Punkte A, B und C in einer Linie liegen müssen.

F. Kritische Drehzahlen.

Aus der Leistungsgleichung $N = P \cdot v$ folgt, daß je größer die Geschwindigkeit v wird, um so kleiner die zur Übertragung einer bestimmten Leistung erforderlichen Kräfte werden. Darum strebt der Maschinenbau zu immer höheren Drehzahlen, wofür Riedler das treffende Wort „Schnellbetrieb" geprägt hat. Welche Ersparnisse an Material und Platzbedarf damit erreicht werden können, erkennt man aus der Gegenüberstellung der 2000-PS-Dampfmaschine (mit $n = 95$) auf der Weltausstellung in Paris (1900), die bei einer Grundfläche von $7,5 \times 10$ m² eine Höhe von 12 m beanspruchte (das Schwungrad allein wog 40 t), und einer Dampfturbine von der gleichen Leistung, die bei $n = 1500$ Uml./min leicht auf einer Grundfläche von 1×2 m² untergebracht werden kann.

Solange die Mittellinie der Welle eine freie Achse der darauf sitzenden Teile ist und bleibt, ist kein Grund vorhanden zu befürchten, daß die Welle eine schädliche Formänderung durch eine hohe Drehzahl erfahren könnte. Man ist daher immer bestrebt, die umlaufenden Teile nach Möglichkeit so auszubalancieren, daß der Gesamtschwerpunkt mit der Wellenmittellinie zusammenfällt.

Abb. 126. Vorrichtung für die statische Ausbalancierung (Trebelwerk G. m. b. H., Düsseldorf.)

1. Ausbalancierung. Die Welle mit den darauf sitzenden Teilen wird auf besonders ausgebildeten Stützen (Abb. 126) frei drehbar gelagert. Wenn sie bei Drehung um 360⁰ in keiner Lage irgendeine Neigung zur Drehung zeigt, nennt man sie statisch ausbalanciert. Diese Ausbalancierung ist aber für den vollständigen Massenausgleich drehender Teile nicht ausreichend. Die Fliehkräfte (Abb. 127) können nämlich ein Kräftepaar bilden, das um so kräftiger wirkt, je höher die Drehzahl ist. Es muß daher noch die Bedingung gestellt werden, daß die Momente der Fliehkräfte verschwinden. Diese sind durch zwei gleich große Massen auszugleichen, die zentrisch symmetrisch zur Stabachse und in der Ebene des Kräftepaares anzubringen sind. Die Massen können übrigens in zwei beliebigen Ebenen senkrecht zur Stabachse liegen. Die Schwierigkeit besteht nun darin, die Ebene der unausgeglichenen Fliehkräfte zu bestimmen. Dazu dient die dynamische Auswuchtung. Die Lagerstellen werden durch Federn in einer Mittelstellung gehalten. Durch die Fliehkräfte entstehen veränderliche Auslenkungen ξ (Abb. 128), wodurch die Feder gespannt wird mit einer Kraft

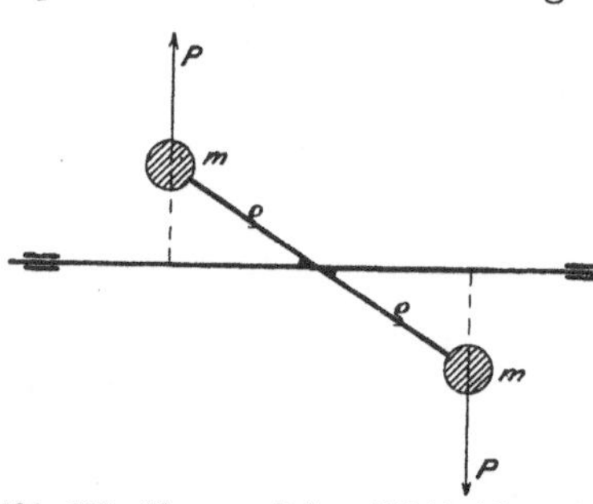

Abb. 127. Unausgeglichene Fliehkräfte trotz in der Achse liegendem Schwerpunkt (nach Stodola).

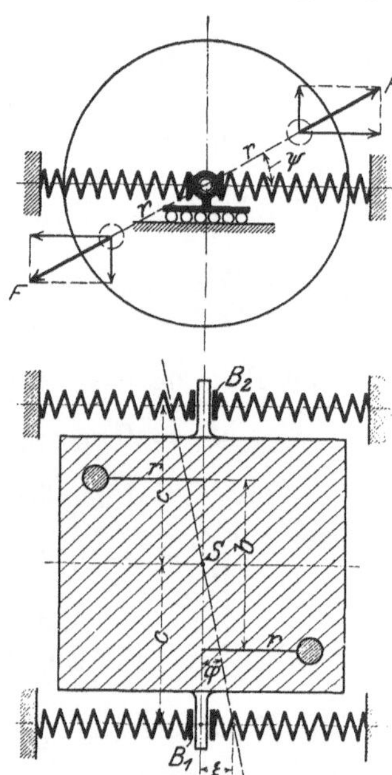

Abb. 128. Prinzip der Auswuchtvorrichtung (nach Stodola).

$$P = a \cdot \xi.$$

Die Fliehkräfte zerlegen wir in zwei Komponenten, horizontal und vertikal, von welchen die letzteren durch die Lager unmittelbar aufgenommen werden, während die horizontalen ein Moment $M_h = m\, r\, \omega^2\, b\, \cos \psi$ ergeben. Durch dieses Moment wird die Achse um den Winkel φ

schiefgestellt, so daß die Federn mit einem Moment

$$M_v = 2\,P\,c = 2\,a\,c\,\xi = 2\,a\,c^2\,\varphi$$

zurückwirken. Dazu kommt noch das Moment der Luftreibung, soweit diese durch die horizontale Schwingung verursacht wird, das der Einfachheit halber der Schwingungsgeschwindigkeit proportional gesetzt werden kann

$$M_r = R\frac{d\varphi}{dt}.$$

Wird das Massenträgheitsmoment der Trommel, bezogen auf die durch S gehende Senkrechte mit Θ bezeichnet, so lautet die Bewegungsgleichung:

$$\Theta\frac{d^2\varphi}{dt^2} = M_h - M_v - M_r$$

oder mit $\psi = \omega\,t$, worin ω die unveränderliche Winkelgeschwindigkeit ist,

$$\Theta\frac{d^2\varphi}{dt^2} + R\frac{d\varphi}{dt} + 2\,a\,c^2\,\varphi = m\,b\,r\,\omega^2\cos\omega\,t. \tag{99}$$

Von dieser bekannten Differentialgleichung ist

$$\varphi = C\cos(\omega\,t - \alpha)$$

eine Lösung. Setzt man die Werte

$$\frac{d\varphi}{dt} = -\,C\,\omega\sin(\omega\,t - \alpha)$$

und

$$\frac{d^2\varphi}{dt^2} = -\,C\,\omega^2\cos(\omega\,t - \alpha)$$

darin ein, so erhält man:

$$-\,\Theta\,C\,\omega^2\cos(\omega\,t - \alpha) - R\,C\,\omega\sin(\omega\,t - \alpha) + 2\,a\,c^2\,C\cos(\omega\,t - \alpha) = m\,b\,r\,\omega^2\cos\omega\,t$$

oder:

$$\cos\omega\,t\,\{-\,\Theta\,C\,\omega^2\cos\alpha + 2\,a\,c^2\,C\cos\alpha + R\,\omega\,C\sin\alpha - m\,b\,r\,\omega^2\}$$
$$+\,\sin\omega\,t\,\{-\,\Theta\,C\,\omega^2\sin\alpha + 2\,a\,c^2\,C\sin\alpha - R\,\omega\,C\cos\alpha\} = 0.$$

Damit diese Gleichung für beliebige Zeiten erfüllt ist, müssen beide Klammerausdrücke zu Null werden:

$$-\,\Theta\,C\,\omega^2\cos\alpha + 2\,a\,c^2\,C\cos\alpha + R\,\omega\,C\sin\alpha = m\,b\,r\,\omega^2$$

und

$$(-\,\Theta\,\omega^2 + 2\,a\,c^2)\sin\alpha = R\,\omega\cos\alpha.$$

Daraus folgt:

$$\operatorname{tg}\alpha = \frac{R\,\omega}{-\,\Theta\,\omega^2 + 2\,a\,c^2} \tag{100}$$

und

$$C = \frac{m\,b\,r\,\omega^2}{(-\,\Theta\,\omega^2 + 2\,a\,c^2)^2 + R^2\,\omega^2}\,\sqrt{(-\,\Theta\,\omega^2 + 2\,a\,c^2)^2 + R^2\,\omega^2}. \tag{101}$$

Das Lager erhält also eine schwingende Bewegung mit dem größten Ausschlag C, der auftritt, wenn $\cos(\omega\,t - \alpha) = 1$ wird, d. i. für $\omega\,t - \alpha = 0$ oder $\alpha = \omega\,t = \psi$. Der größte Ausschlag, der z. B. durch Ankreiden leicht zu bestimmen ist, fällt demnach nicht damit zusammen, daß die Ebene der Fliehkräfte mit der Ebene der Federkräfte übereinstimmt, sondern ist um den Winkel α dagegen verschoben ($\alpha = $ Phasenverschiebung), und zwar eilt die Ebene der Fliehkräfte um den Winkel α vor.

Besonders große Ausschläge sind zu erwarten, wenn Resonanz auftritt, d. h. wenn die Schwingungszahl mit der Eigenschwingungszahl der untersuchten Welle zusammenfällt. Diese letzte Schwingung ist durch die Gleichung

$$\Theta\frac{d^2\varphi}{dt^2} + 2\,a\,c^2\,\varphi = 0 \tag{102}$$

gekennnzeichnet, wovon

$$\varphi = C_1\cos\omega\,t$$

eine Lösung ist. Setzt man

$$\frac{d\varphi}{dt} = - C_1\,\omega \sin \omega\,t$$

und

$$\frac{d^2\varphi}{dt^2} = - C_1\,\omega^2 \cos \omega\,t$$

darin ein, so erhält man:

$$-\Theta\,C_1\,\omega^2 \cos \omega\,t + 2\,a\,c^2\,C_1 \cos \omega\,t = 0\,.$$

Diese Gleichung ist nur dann für alle Zeiten erfüllt, wenn

$$\Theta\,\omega^2 = 2\,a\,c^2 \tag{103}$$

ist. Damit ist die Eigenschwingungszahl der Welle festgelegt. Für diese Drehzahl wird nach Gleichung (100): $\operatorname{tg}\alpha = \infty$ oder $\alpha = \frac{\pi}{2}$, und der größte Ausschlag liegt genau um 90^0 hinter dem Ort, wo sich die Überwucht befindet.

In der Praxis wird die Auswuchtung meist so gemacht, daß die Lage des größten Ausschlages bei einer bestimmten Drehzahl festgelegt wird. Dann läßt man die Welle in entgegengesetzter Richtung laufen und bestimmt bei der gleichen Drehzahl wieder die Lage des größten Ausschlages. Die Gegengewichte müssen dann in der Halbierungsebene des durch die beiden Marken bestimmten Winkels liegen, den Marken in bezug auf den Drehsinn nacheilend. Die Richtigkeit dieser Methode folgt sofort aus der Gleichung (100), da $\alpha_1 = -\alpha_2$ ist.

Aus der Gleichung (101) folgt, daß der größte Ausschlag auch im Falle der Resonanz endlich bleibt.

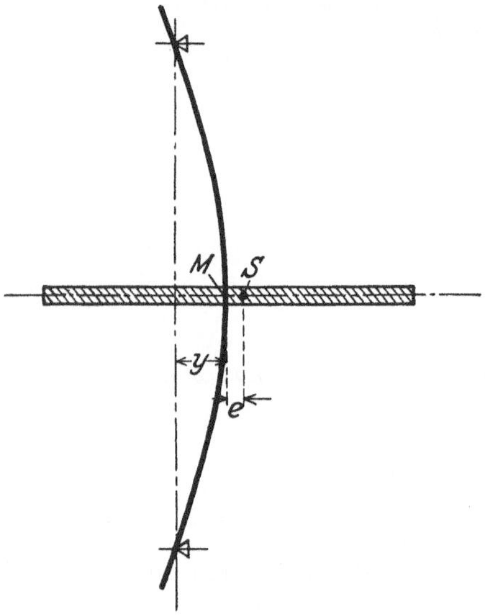

2. Kritische Drehzahl für Biegungsschwingungen. Auch bei sorgfältiger Ausbalancierung bleibt immer eine kleine freie Fliehkraft übrig, die mit dem Quadrat der Umfangsgeschwindigkeit steigt, also beim Übergang von 100 auf 1000 Umdrehungen den 100fachen Wert erreicht.

Eine sonst symmetrische Scheibe sei mit einem um den Betrag e exzentrisch liegenden Schwerpunkt auf einer gewichtlos gedachten, senkrechten Welle so befestigt, daß sie bei einer Biegung der Welle der ursprünglichen Lage parallel bleibt (Abb. 129). Bei der Drehung wird die Welle durch die Fliehkraft F um einen Betrag y durchgebogen. Wenn $m =$ Masse der Scheibe, dann ist

Abb. 129. Schwerpunktlage unterhalb der kritischen Drehzahl.

$$F = m\,(y + e)\,\omega^2\,. \tag{104}$$

Wenn die Welle keine Biegungssteifigkeit hätte, würde auch die kleinste Exzentrizität e unendlich große Durchbiegungen verursachen. Die Biegungsspannungen beschränken aber die Durchbiegung, so daß im Beharrungszustand Gleichgewicht zwischen der Fliehkraft und den elastischen Kräften vorhanden ist. Innerhalb des Hookeschen Gesetzes ist die Kraft mit der Durchbiegung proportional:

$$P = a \cdot y\,,$$

worin also a die Biegungskraft für $y = 1$ ist. Die Werte von a können für verschiedene Belastungsfälle aus der Zusammenstellung in Heft I, S. 30 bis 34 entnommen werden. So ist z. B., wenn eine Einzelkraft in der Mitte wirkt:

$$y = f = \frac{P\,l^3}{48\,J\,E} \quad \text{oder} \quad a = \frac{48\,J\,E}{l^3}\,, \quad \text{usw.}$$

Die Gleichgewichtsbedingung lautet also:

$$m\,(f + e)\,\omega^2 = a\,f$$

oder

$$f = \frac{m\,\omega^2\,e}{a - m\,\omega^2}\,. \tag{105}$$

Steigern wir die Winkelgeschwindigkeit bis $a - m\,\omega^2 = 0$, also

$$\omega = \omega_k = \sqrt{\frac{a}{m}}\,, \tag{106}$$

so wird $f = \infty$, d. h. die Welle müßte zerbrechen. Dieser Betrag von ω wird als kritische Winkelgeschwindigkeit bezeichnet, und die entsprechende Drehzahl als kritische Drehzahl.

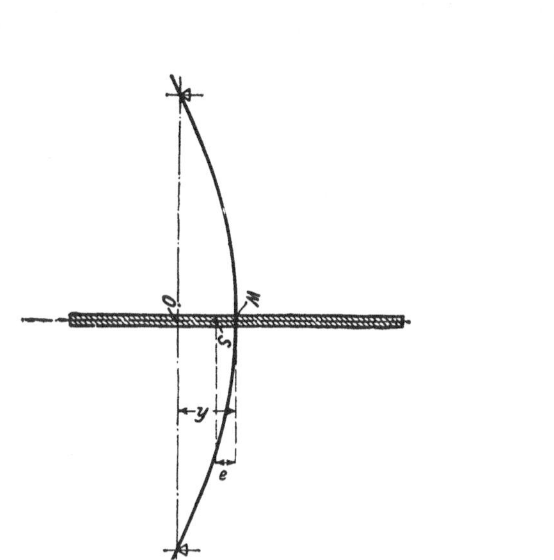

Abb. 130. Schwerpunktlage oberhalb der kritischen Drehzahl (nach Stodola).

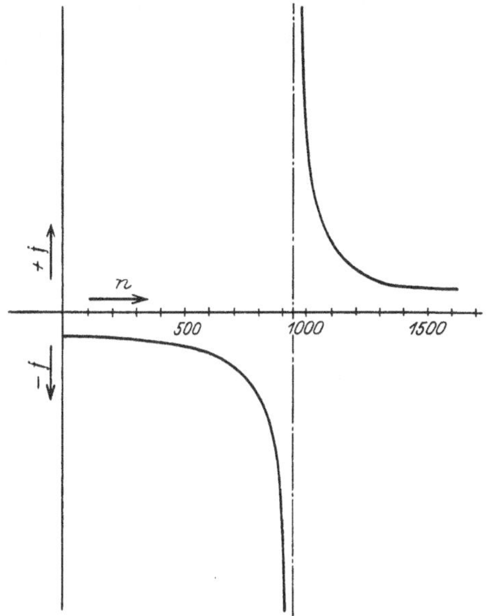

Abb. 131. Durchbiegungen in Abhängigkeit der Drehzahl (nach Geiger).

Bezeichnet man mit G das Gewicht der Welle in kg, dann ist $m = \dfrac{G}{981}$ kg · s²/cm, und da $\omega_k = \dfrac{\pi\, n_k}{30}$ ist, wird

$$n_k = 300 \sqrt{\frac{a}{G}} \, . \qquad (107)$$

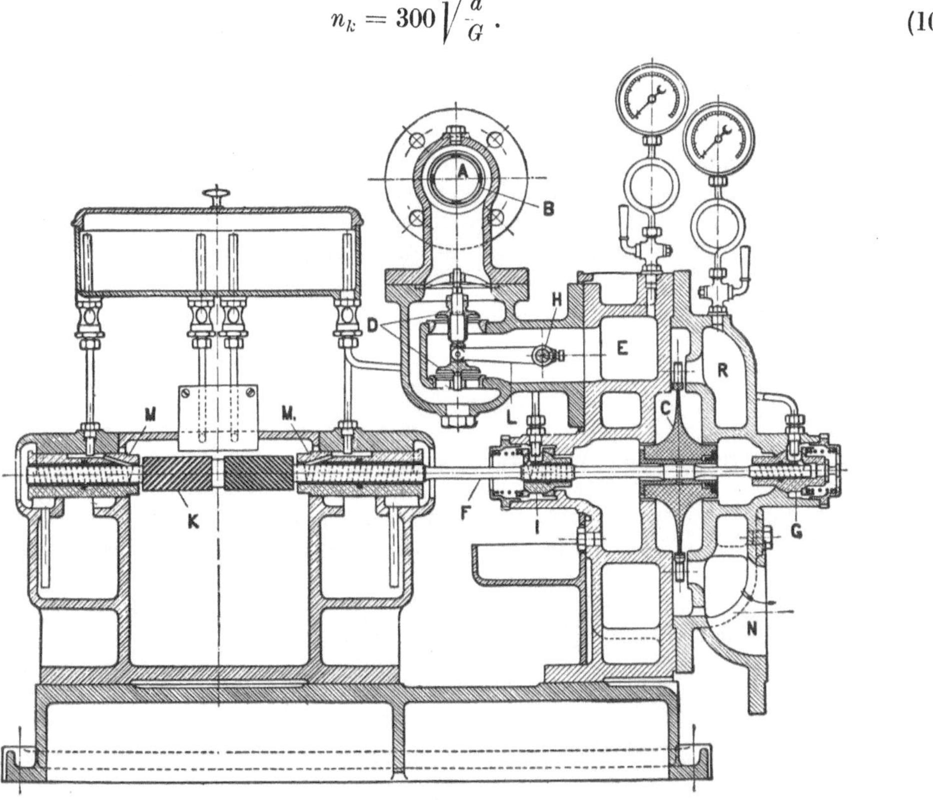

Abb. 132. Biegsame Welle von de Laval (nach Stodola).

Der schwedische Ingenieur de Laval war der erste, der durch praktische Versuche nachwies, daß man eine Welle auch schneller als mit der kritischen Drehzahl laufen lassen kann.

Praktisch kann man die kritische Drehzahl ohne Bruchgefahr überschreiten, wenn Führungen vorhanden sind, die eine zu große Durchbiegung verhindern. Die Erfahrung und nachher auch die Theorie (durch Stodola und A. Föppl) beweisen übereinstimmend die überraschende Tatsache, daß nach Überschreiten der kritischen Drehzahl ein neuer und zwar stabiler Gleichgewichtszustand sich einstellt, bei dem der Wellenmittelpunkt W und der Schwerpunkt S ihre Lagen vertauschen (Abb. 130). Die Gleichgewichtsbedingung lautet nun:

$$m\,(y - e)\,\omega^2 = a\,y$$

oder

$$y = \frac{m\,\omega^2\,e}{m\,\omega^2 - a} = \frac{e}{1 - \dfrac{a}{m\,\omega^2}}. \tag{108}$$

Je mehr man ω steigert, desto kleiner wird $f = y + e$ (Abb. 131), um bei unendlich rascher Drehung mit e zusammenzufallen. Führen wir in der Gleichung (108) die kritische Winkelgeschwindigkeit $\omega_k^2 = \dfrac{a}{m}$ ein, so wird

$$y = \frac{e}{1 - \left(\dfrac{\omega_k}{\omega}\right)^2}. \tag{109}$$

Durch geeignete Wahl von $\dfrac{\omega_k}{\omega}$ kann y beliebig verkleinert werden, bis $y = e$. Das war der Weg, den de Laval mit seiner berühmten „biegsamen Welle" beschritten hat (Abb. 132), die bei knappstem Durchmesser eine so weite Lagerung erhielt, daß die Winkelgeschwindigkeit des Betriebes den 7fachen Wert von ω_k erreichte.

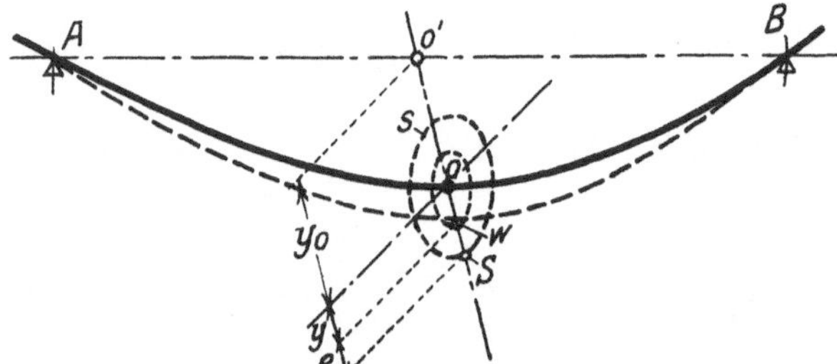

Abb. 133. Einfluß der Schwerkraft.

Ist die Welle horizontal gelagert, so entsteht durch das Eigengewicht der Scheibe und der Welle eine Verbiegung y_0 (Abb. 133). Die hinzutretende Fliehkraft vergrößert diese Biegung um den Betrag y, der so zu berechnen ist, als ob die Schwere nicht vorhanden wäre. Der Schwerpunkt S beschreibt einen Kreis um den ursprünglichen Wellenmittelpunkt O und nicht um den vermeintlichen Drehpunkt O'. Für jene von O aus gerechnete Verbiegung y bleibt die gefundene Beziehung für die kritische Drehzahl unverändert. Die Verbiegung der Welle durch das Gewicht der Scheibe beeinflußt also die kritische Drehzahl nicht. Ob die Welle horizontal, vertikal oder schief steht, die kritische Drehzahl bleibt unverändert.

Bei horizontaler Aufstellung ist $G = a f_0$ oder $f_0 = \dfrac{G}{a}$. Da aber $G = mg$ und $a = m\,\omega_k^2$ ist, so wird

$$f_0 = \frac{m\,g}{m\,\omega_k^2} = \frac{g}{\omega_k^2}. \tag{110}$$

Bei einer neu zu berechnenden Welle, für die die kritische Drehzahl vorgeschrieben ist, ist also auch die Durchbiegung durch das Eigengewicht schon bestimmt, unabhängig davon, welche Abmessungen die Welle erhält. Um die Durchbiegung f_0 klein zu halten, muß die kritische Winkelgeschwindigkeit groß sein; kleine kritische Drehzahlen ($n < 1000$) sind demnach praktisch unzulässig.

Erteilt man der stillstehenden Welle senkrecht zur Achse einen Stoß, so wird sie in Schwingungen geraten. Die Bewegungsgleichung dafür ist:

$$m\frac{d^2 y}{d t^2} = -P = -a\,y,$$

worin y die veränderliche Auslenkung ist. Die allgemeine Lösung dieser Differentialgleichung ist:

$$y = A\cos\alpha\,t + B\sin\alpha\,t.$$

Wird wieder

$$\frac{d^2 y}{d t^2} = -A\,\alpha^2\cos\alpha\,t - B\,\alpha^2\sin\alpha\,t$$

eingesetzt, so erhält man:

$$-m\,\alpha^2\,(A\cos\alpha\,t + B\sin\alpha\,t) = -a\,(A\cos\alpha\,t + B\sin\alpha\,t)$$

oder

$$\alpha = \sqrt{\frac{a}{m}}\,. \tag{111}$$

Aus der Anfangsbedingung, daß $y = y_0$ und $\dfrac{dy}{dt} = 0$ für $t = 0$ ist, folgt

$$A = y_0 \quad\text{und}\quad B = 0\,,$$

so daß

$$y = y_0 \cos\sqrt{\frac{a}{m}}\,t\,. \tag{112}$$

Die Schwingungsdauer T, d. i. die Zeitspanne für eine volle Hin- und Herschwingung, erhält man, wenn der Winkel um den Betrag $2\,\pi$ zunimmt:

$$2\,\pi = \sqrt{\frac{a}{m}}\cdot T \quad\text{oder}\quad T = 2\,\pi\sqrt{\frac{m}{a}}\,;$$

und die Schwingungszahl in einer Sekunde:

$$n = \frac{1}{T} = \frac{1}{2\,\pi}\sqrt{\frac{a}{m}} \tag{113}$$

stimmt nach Gleichung (106) genau mit der kritischen Drehzahl der Welle überein.

Wenn mehrere Massen auf einer Welle mit veränderlichen Durchmessern angeordnet sind, wird die Berechnung der kritischen Drehzahl sehr umständlich. Die Aufgabe kann aber leicht graphisch gelöst werden. Aus der Gleichung:

$$m\,(y + e)\,\omega^2 = a\cdot y$$

folgt mit $\omega_k^2 = \dfrac{a}{m}$, daß für die kritische Drehzahl die Fliehkräfte mit den elastischen Kräften in Gleichgewicht sind, wenn $e = 0$ ist. Nun sind aber weder die Auslenkungen y bekannt, noch die davon herrührenden Fliehkräfte. Das Verfahren (von Prof. A. Stodola) besteht nun darin, daß die elastische Linie der in ihren Abmessungen gegebenen Welle schätzungsweise aufgezeichnet wird. Man geht dabei zweckmäßig von der elastischen Linie der Welle in Ruhezustand infolge der Gewichtsbelastung aus. Mit einer willkürlichen Winkelgeschwindigkeit ω (z. B. gleich 100) können aus den angenommenen Durchbiegungen y die Fliehkräfte berechnet werden. Mit Hilfe dieser Kräfte läßt sich in bekannter Weise (nach Mohr) eine elastische Linie konstruieren. Ihre Ordinaten y' werden sich von den ursprünglich angenommenen Werten unterscheiden. Man kann indessen einen davon, z. B. den in der Mitte, dessen Größe y_m' sei, mit dem ursprünglichen Wert y_m in Übereinstimmung bringen, indem statt ω eine neue Winkelgeschwindigkeit

$$\omega' = \omega\sqrt{\frac{y_m}{y_m'}} \tag{114}$$

angenommen wird. Ändert man alle Ordinaten in diesem Verhältnis, so müßte die so erhaltene „berichtigte", elastische Linie mit der angenommenen übereinstimmen, wenn diese die richtige wäre. In diesem Falle wäre ω' die kritische Geschwindigkeit. In Wirklichkeit werden die beiden Linien etwas voneinander abweichen, so daß das Verfahren wiederholt werden muß, indem die „berichtigte" elastische Linie als zweite Annahme gelten kann. Eine mehr als zweimalige Wiederholung ist selten erforderlich.

In Abb. 134 ist als Zahlenbeispiel die Konstruktion der kritischen Drehzahl für die Welle in Abb. 1 durchgeführt, und zwar unter Berücksichtigung der Versteifung durch den Anker. Dabei ist $y_m = 13{,}1$ mm und $y_m' = 1{,}5$ mm, so daß $\omega' = 100\sqrt{\dfrac{13{,}1}{1{,}5}} = 296$ wird und $n_k = 2820$. Die durch den Versuch bestimmte kritische Drehzahl lag zwischen $n = 2600$ und 2900, so daß tatsächlich die versteifende Wirkung des Ankers vorhanden war, denn ohne Versteifung ist $n_k = 1000$.

Für Überschlagsrechnungen ist ein abgekürztes Verfahren zur Bestimmung der kritischen Drehzahl erwünscht. Nach Gleichung (110) besteht zwischen der Durchbiegung f_0 durch das Eigengewicht der Scheibe auf gewichtsloser Welle die Beziehung (110):

$$\omega_k^2 = \frac{g}{f_0}.$$

In ähnlicher Weise findet Stodola für eine glatte, frei aufliegende Welle unter dem Einfluß ihrer Eigenmasse:

$$\omega_k^2 = 1{,}275\,\frac{g}{f_0}, \tag{115}$$

wenn f_0 die größte Durchbiegung bedeutet. Bei den meisten Maschinen liegt die Belastung zwischen diesen beiden Grenzfällen. Schreibt man allgemein:

$$\omega_k^2 = A\,\frac{g}{f_0}, \tag{116}$$

so wird der Zahlenwert A um so größer, je gleichmäßiger die Massen verteilt sind, z. B. für mehrstufige Turbokompressoren, Zentrifugalpumpen, Gleichdruckdampfturbinen ist $A = 1{,}07$ bis

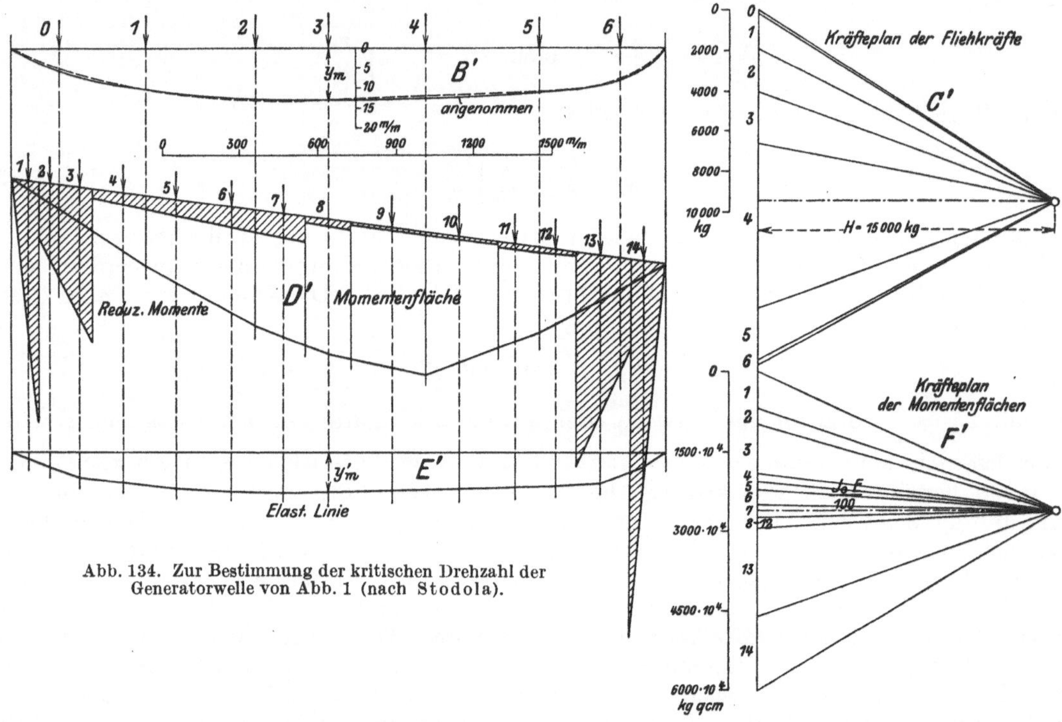

Abb. 134. Zur Bestimmung der kritischen Drehzahl der Generatorwelle von Abb. 1 (nach Stodola).

1,08 und für turboelektrische Maschinen $A = 1{,}2$. Für die überschlagsweise Bestimmung der kritischen Drehzahl reicht also die Bestimmung der statischen Durchbiegung durch das Eigengewicht aus.

Genauere Werte liefert das Verfahren von G. Kull[1], bei dem an Stelle von f_0 eine reduzierte Durchbiegung

$$f_0 = \frac{G_1 f_1^2 + G_2 f_2^2 + G_3 f_3^2 + \cdots}{G_1 f_1 + G_2 f_2 + G_3 f_3 + \cdots} = \frac{\Sigma (G f^2)}{\Sigma (G f)} \tag{117}$$

eingesetzt wird, wobei f_1, f_2, $f_3 \ldots$ die statischen Durchbiegungen unter den Gewichten G_1, G_2, $G_3 \ldots$ bedeuten. Es wird demnach:

$$\omega_k = \sqrt{\frac{g\,\Sigma G f}{\Sigma G f^2}} \tag{118}$$

Aus der Gleichung (110) folgt weiter, daß die Durchbiegung f_0 um so größer wird, je kleiner die kritische Geschwindigkeit ω_k ist. Daraus ergibt sich, daß für alle Maschinen, die in eng anschließenden Gehäusen laufen (Zentrifugalpumpen und Gebläse, Turbinen, elektrische Generatoren und Motoren usw.) und für die die größtzulässige Durchbiegung f_0 eingeschränkt ist, hohe kritische Drehzahlen erforderlich sind, und daß die Betriebsdrehzahl unterhalb der kritischen

---

[1] Z. V. d. I. 1918, S. 249.

liegen muß. Läßt man z. B. eine größte Durchbiegung von 0,2 mm zu, so wird die kleinste kritische Drehzahl, unabhängig von der Wellenlänge,

$$(\omega_k)_{\mathrm{min}} = \sqrt{\frac{A \cdot 981}{0,02}} = 230 \div 240$$

oder

$$(n_k)_{\mathrm{min}} = 2200 \div 2300/\mathrm{min}.$$

Wenn mehrere Massen auf der Welle angeordnet sind, ist es aber keinesfalls notwendig, daß — wie bisher angenommen wurde — alle Exzentrizitäten nach einer und derselben Richtung liegen. Sobald sie aber entgegengesetzt liegen, bildet die elastische Linie sinusförmige Kurven mit 1, 2, 3 . . . Zwischenknotenpunkten (Abb. 135), die anderen, höheren kritischen

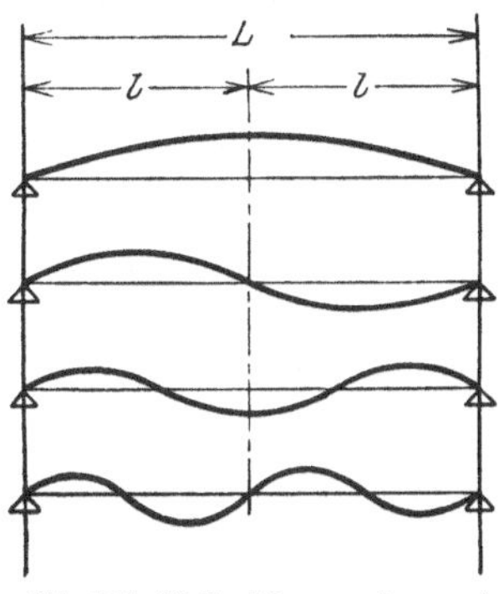

Abb. 135. Wellenbiegungsformen bei freier Auflage (nach Stodola).

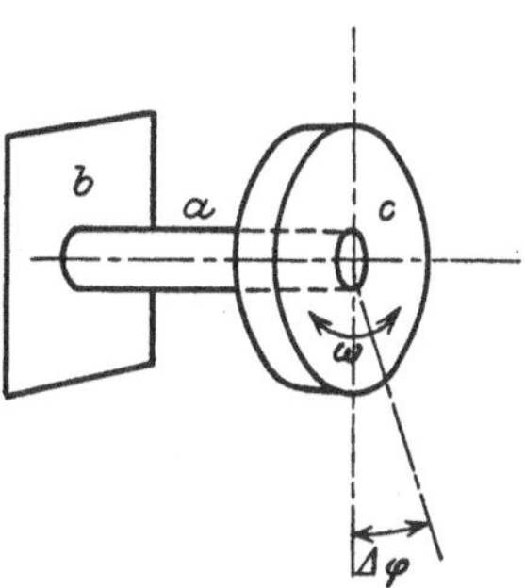

Abb. 136. Drehschwingungen (nach Geiger).

Drehzahlen entsprechen. Wenn Belastung und Körperform symmetrisch in bezug auf die Mittellinie zwischen den Stützpunkten ist, so ist die kritische Drehzahl zweiter Ordnung leicht zu bestimmen. Das Symmetriezentrum kann dann als freie und feste Stütze des halben Läufers angesehen werden, womit die Aufgabe auf die Bestimmung der kritischen Drehzahl erster Ordnung zurückgeführt ist.

3. Kritische Drehzahl für Verdrehungsschwingungen. Wenn das Drehmoment sich periodisch ändert (wie z. B. bei Kolbenmaschinen) und wenn die Periodenzahl mit der Eigenschwingungszahl der Welle übereinstimmt, sind gefährlich große (kritische) Verdrehungen zu erwarten. Die weiteren Untersuchungen sind auf die Bestimmung der kritischen Eigenschwingungszahl beschränkt. Die Größe der Verdrehungen und damit der Beanspruchungen läßt sich nur dann berechnen, wenn die Kolbenkräfte und die dämpfenden Kräfte bekannt sind.

Eine Welle sei am einen Ende festgehalten, während das andere Ende eine Schwungscheibe trägt (Abb. 136). Wird die Schwungmasse um einen Winkel φ gedreht, so spannt sich die Welle wie eine Feder und sucht die Drehung rückgängig zu machen. Die Bewegungsgleichung lautet:

$$\Theta \frac{d^2\varphi}{dt^2} = -M_d$$

Θ = polares Massenträgheitsmoment der Schwungscheibe = $m\varrho^2$ (kgm·s²),
ϱ = Trägheitsradius.

In der Praxis rechnet man meist nicht mit dem Trägheitsmoment, sondern mit dem sog. Schwungmoment GD^2, worin G das Scheibengewicht und D der Trägheitsdurchmesser ist.

$$GD^2 = m\,g \cdot 4\,\varrho^2 = 4\,\Theta\,g \quad \text{oder} \quad \Theta = \frac{GD^2}{4\,g}. \tag{119}$$

Man kann aber auch schreiben: $\Theta = m'R^2$, wenn mit R irgendein Halbmesser bezeichnet wird. Dann nennt man m' die auf den Radius R reduzierte Masse. Für $R = 1$ wird $\Theta = m'$, d. h. das Trägheitsmoment ist gleich der auf einen Punkt in der Entfernung 1 von der Wellenmitte reduzierten Masse.

Innerhalb des Hookeschen Gesetzes ist die Verdrehung dem Drehmoment proportional:

$$M_d = c\,\varphi,$$

so daß c das Drehmoment ist, das den Verdrehungswinkel $\varphi = 1$ erzeugt. Für kreisförmige Querschnitte ist der Verdrehungswinkel (Heft I, S. 49):

$$\varphi = \vartheta \cdot l = \frac{M_d}{J_p\,G} \cdot l,$$

so daß

$$c = \frac{J_p \cdot G}{l}. \tag{120}$$

Hierin ist $J_p = \frac{\pi}{32}\,d^4$ das polare Trägheitsmoment der kreisförmigen Querschnittsfläche.

Damit wird die Bewegungsgleichung:

$$m' \frac{d^2\varphi}{dt^2} = -c\,\varphi\,,$$

wovon

$$\varphi = A\cos\sqrt{\frac{c}{m'}}\,t$$

eine Lösung ist, so daß die minutliche Schwingungszahl der Welle:

$$n = \frac{60}{T} = \frac{30}{\pi}\sqrt{\frac{c}{m'}} \tag{121}$$

ist. Tragen die Wellen zwei Schwungscheiben mit den reduzierten Massen m_1' und m_2' (Abb. 137), so können beide nur gegeneinander schwingen. Die Schwingungsform ist ersten Grades, dem einen Knotenpunkt zwischen beiden Massen entsprechend. Da die Schwingungszahlen beider Massen gleich sein müssen, so ist:

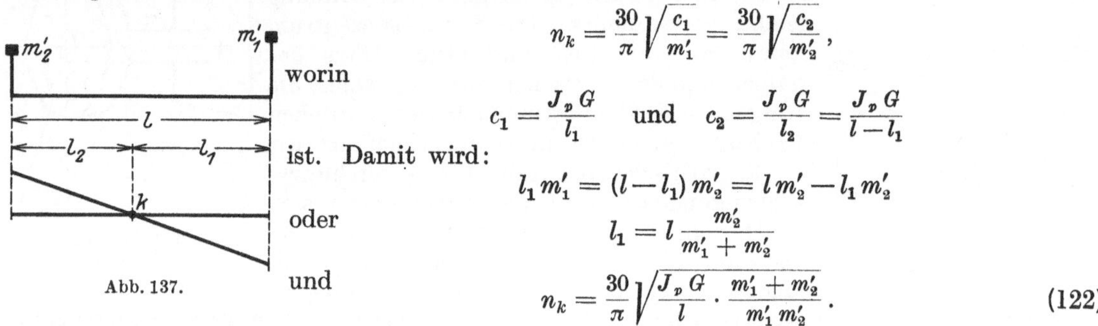

Abb. 137.

$$n_k = \frac{30}{\pi}\sqrt{\frac{c_1}{m_1'}} = \frac{30}{\pi}\sqrt{\frac{c_2}{m_2'}}\,,$$

worin

$$c_1 = \frac{J_p\,G}{l_1} \quad \text{und} \quad c_2 = \frac{J_p\,G}{l_2} = \frac{J_p\,G}{l-l_1}$$

ist. Damit wird:

$$l_1 m_1' = (l-l_1)\,m_2' = l\,m_2' - l_1 m_2'$$

oder

$$l_1 = l\,\frac{m_2'}{m_1' + m_2'}$$

und

$$n_k = \frac{30}{\pi}\sqrt{\frac{J_p\,G}{l}\cdot\frac{m_1' + m_2'}{m_1'\,m_2'}}\,. \tag{122}$$

Ist der Wellendurchmesser veränderlich, so kann die verjüngte oder abgesetzte Welle immer durch eine gleichwertige glatte Welle ersetzt werden (reduzierte Welle). Ein Wellenstück vom Durchmesser d und der Länge l ist mit einer Welle vom Durchmesser D_0 und der Länge L_0 gleichwertig, wenn beide durch ein gleiches Drehmoment um den gleichen Winkel verdreht werden:

$$\varphi = \frac{M_d}{J_p\,G}\,l = \frac{M_d}{J_{p_0}\,G}\,L_0\,,$$

so daß mit

$$J_p = \frac{\pi}{32}\,d^4 \quad \text{und} \quad J_{p_0} = \frac{\pi}{32}\,D_0^4$$

$$L_0 = \frac{D_0^4}{d^4}\,l \tag{123}$$

wird. Für kegelförmige Wellenabsätze wird:

$$L_0 = D_0^4 \int_0^l \frac{dl}{d^4}\,. \tag{124}$$

Die reduzierte Länge von Kurbelkröpfungen ist genau nur auf Grund von Versuchen festzulegen. Dr. Geiger gibt eine empirische Formel:

$$L_0 = l_1 + l_2 + l_3\,.$$

worin $l_1 = $ Wellenzapfenlänge $+\ 0{,}4\,h\,,$

$l_2 = 0{,}773\,(r - z\cdot d)\cdot\dfrac{J_{pw}}{J}\,,$

$l_3 = $ (Kurbelzapfenlänge $+\ 0{,}4\,h$) $\cdot\dfrac{J_{pw}}{J_{pk}}\,,$

$r = $ Kurbelradius in cm,

$d = $ Durchmesser des Wellenzapfens in cm,

$b = $ Breite des Kurbelarmes in cm,

$h = $ Dicke des Kurbelarmes in cm,

$J_{pw} = \dfrac{\pi}{32}\,(d^4 - d_0^4)$ das polare Trägheitsmoment des Wellenzapfens,

$J_{pk} = $ Trägheitsmoment des Kurbelzapfens in cm^4,

$J = \dfrac{1}{12} b^3 h$ das Trägheitsmoment des Kurbelarmes in cm^4. NB. Nicht mit $h^3 b$ verwechseln!

$$z = 0 \text{ für } \frac{b}{d} = 1{,}6 \text{ bis } 1{,}63 \quad \text{und} \quad \frac{r}{d} = 1{,}2 \text{ bis } 0{,}92,$$

$$= 0{,}4 \text{ für } \frac{b}{d} = 1{,}49 \quad \text{und} \quad \frac{r}{d} = 0{,}84.$$

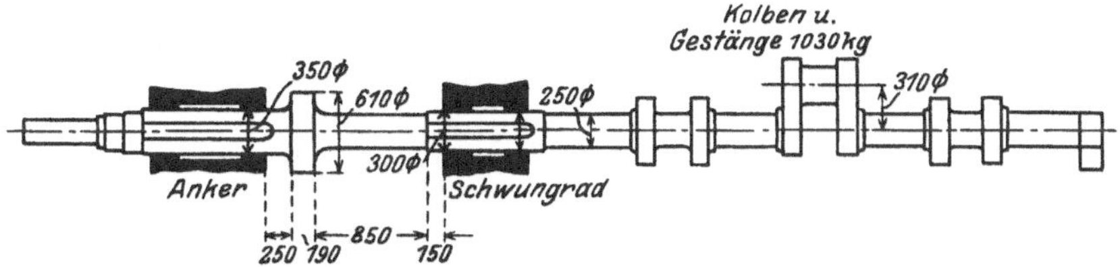

Abb. 138. Welle eines 300-PS-Dieselmotors.

Voraussetzung für die Anwendung dieser Formeln ist, daß die Kurbelkröpfung zur Mitte des Kurbelzapfens symmetrisch ist. Ist das nicht der Fall, so muß man die Kröpfung in eine rechte und eine linke Hälfte zerlegen und für jede Hälfte die reduzierte Länge rechnen.

Im allgemeinen weicht die reduzierte Länge L_0 nur wenig vom Kurbelradius r ab.

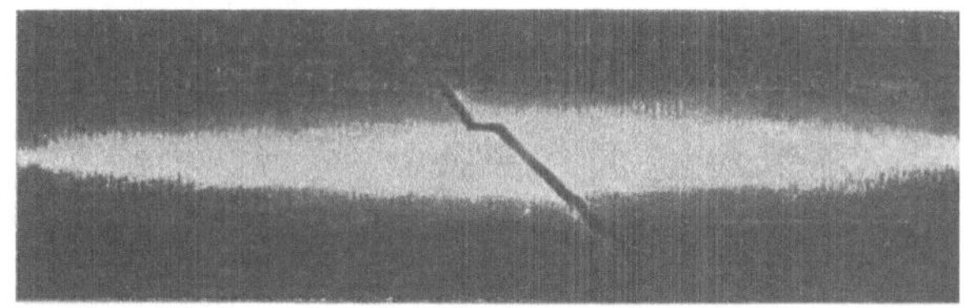
Abb. 139. Wellenbruch infolge von Drehschwingungen (nach O. Föppl).

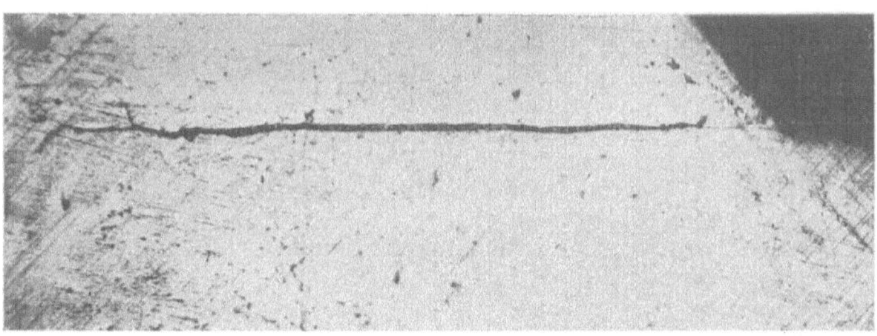
Abb. 140. Bruchstelle 60fach vergrößert (nach O. Föppl).

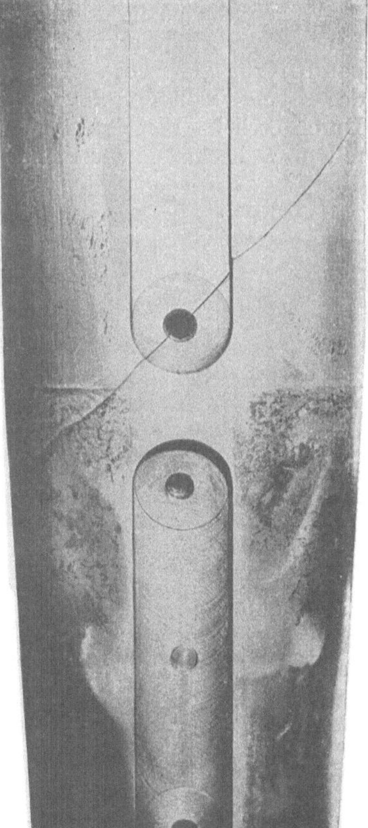
Abb. 141. Bruch durch das Schraubenloch (nach O. Föppl).

Anwendungsbeispiel. In Abb. 138 ist die Welle eines 300-PS-Dieselmotors mit 3 unter 240^0 gegeneinander versetzten Kurbeln, gekuppelt mit einer Dynamomaschine, gezeichnet. Das Schwungmoment des Läufers ist

$$= GD_1^2 = 109\,700 \text{ kg} \cdot \mathrm{m}^2, \text{ so daß } m_1' = \frac{109\,700 \cdot 100^2}{4 \cdot 981} \text{ kgcm/s}^2$$

wird; das Schwungmoment des Schwungrades

$$= GD_2^2 = 93\,000 \text{ kg} \cdot \mathrm{m}^2.$$

Diesen Zahlen gegenüber treten die Massen der Welle und selbst der hin- und hergehenden Teile ($GD^2 = 950$ kg $\cdot \mathrm{m}^2$) völlig zurück, so daß diese Massen durch einfache Addition ihrer Trägheitsmomente zu dem Schwungradträgheitsmoment berücksichtigt werden dürfen.

Dadurch ist das ganze System genügend genau auf zwei Schwungscheiben zurückgeführt. Die Welle innerhalb der Naben kann als starr angesehen werden. Das auf eine Welle von

250 mm Durchmesser reduzierte Wellenstück 1. hat eine Länge

$$(L_0)_1 = \left(\frac{25}{35}\right)^4 \cdot 205 = 46\ \text{mm}\ .$$

Strecke 2 ist

$$(L_0)_2 = \left(\frac{25}{61}\right)^4 \cdot 190 = 5{,}3\ \text{mm}\ ,$$

Strecke 3 ist

$$(L_0)_3 = \left(\frac{25}{30}\right)^4 \cdot 150 = 74\ \text{mm}$$

lang, so daß die abgesetzte Welle auf eine glatte Welle von 250 mm Durchmesser und eine
Länge von $46 + 5{,}3 + 850 + 74 = 975$ mm Länge zurückgeführt ist.

Damit ergibt sich nach Gleichung (122) als Eigenschwingungszahl:

$$n_k = \frac{30}{\pi}\sqrt{\frac{\pi \cdot 25^4}{32} \cdot \frac{820\,000}{975} \cdot \frac{202\,700 \cdot 100^2}{4 \cdot 981} \cdot \frac{4^2 \cdot 981^2}{109\,700 \cdot 93\,000 \cdot 100^3}} \approx 476\ .$$

Diese Schwingungszahl fällt genügend genau mit der Anzahl der von den drei Zylindern aus-
geübten Impulse ($3 \cdot 142$ bis $3 \cdot 158 = 426$ bis 474) zusammen, so daß Resonanzgefahr vorhanden
ist. Die Welle ist auch nach kurzer Betriebszeit bei der Nabe des Kuppelflansches gebrochen.

Man kann die Bruchgefahr vermeiden, indem man die Eigenschwingungszahl etwa 25%
über die Betriebsdrehzahl legt ($n_k = 1{,}25 \cdot 474$). Dazu muß der Wellendurchmesser statt 250 mm
$\sqrt[3]{1{,}25} \cdot 250 = \text{rd.}\ 290$ mm werden.

Wellenbrüche, die durch Torsionsschwingungen entstehen, sind fast immer am Verlauf der
Bruchfläche leicht erkenntlich. Der erste Einriß entsteht durch zu große Schubspannungen
parallel zur Stabachse (Abb. 139). Mit dem Mikroskop kann die Rißlinie zu beiden Seiten
des Bruches weiter verfolgt werden (Abb. 140). Dann schreitet der Riß unter 45^0 weiter fort.
Durch örtliche Verschwächungen, z. B. Löcher (Abb. 141), kann der Bruch auch anders ausfallen. Bei scharfen Querschnittsänderungen erfolgt der Bruch immer an der Übergangsstelle.

Ergänzende Lehrbücher.

Zu Abschnitt C:
    Ascher, R.: Die Schmiermittel. Berlin: Julius Springer 1922.
    Gümbel-Everling: Reibung und Schmierung im Maschinenbau. M. Krayn 1925.
    Falz, E.: Grundzüge der Schmiertechnik. Berlin: Julius Springer 1926.
Zu Abschnitt D:
    Behr, H. und M. Gohlke: Wälzlager. Berlin: Julius Springer 1925.
    Stellrecht, H.: Die Belastbarkeit der Wälzlager. Berlin: Julius Springer 1928.
Zu Abschnitt E:
    Ensslin, M.: Mehrfach gelagerte Kurbelwellen. Stuttgart: A. Bergsträsser 1902.
    Geßner, A.: Mehrfach gelagerte Kurbelwellen. Berlin: Julius Springer 1926.
Zu Abschnitt F.:
    Föppl, O.: Grundzüge der Schwingungslehre. Berlin: Julius Springer 1923.
    Geiger, J.: Mechanische Schwingungen. Berlin: Julius Springer 1927.
    Stodola, A.: Dampfturbinen. Berlin: Julius Springer 1924.
    Wydler, H.: Drehschwingungen in Kolbenmaschinenanlagen. Berlin: Julius Springer 1922.
    Holzer, H.: Die Berechnung von Drehschwingungen. Berlin: Julius Springer 1921.

Vorlesungen über Maschinenelemente

von

Dipl.-Ing. M. ten Bosch

Professor an der Eidgenössischen Technischen Hochschule
Zürich

IV. Heft

Reib- und Rädertriebe

Mit 196 Textabbildungen

Springer-Verlag Berlin Heidelberg GmbH 1929

Inhaltsverzeichnis.

IV. Reib- und Rädertriebe.

A. Reibräder.

Um die drehende Bewegung von einer Welle auf eine dazu parallele zu übertragen, können auf beide Wellen runde Scheiben so angeordnet werden (Abb. 1), daß die Summe der Radien gleich der Entfernung der Wellenmittel ist. Die zweite Scheibe wird dann durch Reibung mitgenommen und erhält eine Drehbewegung in entgegengesetzter Richtung. Tritt an der Berührungsstelle beider Scheiben kein Gleiten auf, so haben die Umfänge gleiche Geschwindigkeiten:

$$u = r_1\omega_1 = r_2\omega_2.$$

$\omega_1 = \dfrac{\pi n_1}{30}$ und $\omega_2 = \dfrac{\pi n_2}{30}$ sind die Winkelgeschwindigkeiten der Wellen; n_1 und n_2 die Drehzahlen in der Minute.

Daraus folgt:

$$\frac{r_1}{r_2} = \frac{\omega_2}{\omega_1} = \frac{n_2}{n_1}, \tag{1}$$

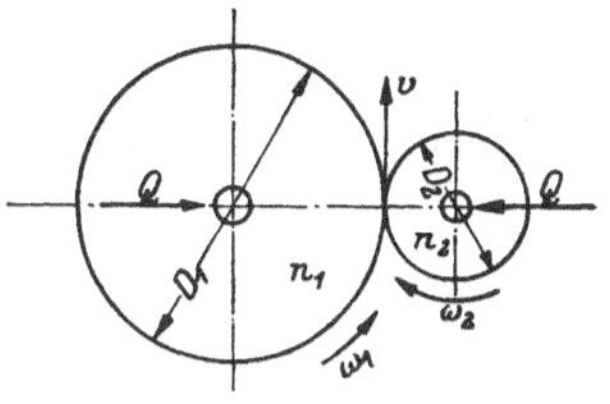

Abb. 1. Reibradgetriebe (nach R ö t - s c h e r, Maschinenelemente II).

d. h. die Drehzahlen verhalten sich umgekehrt wie die Radien der Scheiben.

Die Bedingung, daß kein Gleiten eintritt, ist erfüllt, wenn die zu übertragende Umfangskraft P kleiner als die Reibungskraft μQ ist:

$$P \leqq \mu Q. \tag{2}$$

Q ist der Druck, mit dem beide Scheiben zusammengepreßt werden und der durch die Lager aufgenommen wird, μ die Reibungszahl. Je nach der Oberflächenbeschaffenheit[1] ist

für Gußeisen auf Gußeisen . $\mu = 0,1$ bis $0,15$
  „   „   „ Leder . . $\mu = 0,15$ „ $0,3$
  „   „   „ Holz . . . $\mu = 0,2$ „ $0,5$.

Es ist zweckmäßig, mit den kleineren Werten von μ zu rechnen, damit auch bei leicht gefetteten Oberflächen noch genügende Sicherheit für die Übertragung der Leistung vorhanden ist. Damit wird aber die Anpreßkraft Q recht groß, so daß nicht nur große Lagerbelastungen entstehen, sondern die Scheiben (ähnlich wie bei Rollenlagern) an der Berührungsstelle stark beansprucht werden (vgl. Heft III, S. 60).

Beim Einrücken, während der Drehung der einen Welle, ist das Gleiten der Scheiben und damit die Abnutzung unvermeidlich. Deshalb wird oft ein geschlossener, gleichmäßig dicker Lederriemen zwischengelegt, der leicht ersetzt werden kann. Das weiche Ledermaterial erträgt nur kleine Pressungen, so daß

Abb. 2. Reibradgetriebe für stetige Änderung der Drehzahl (Eisenwerk Wülfel).

diese Anordnung nur für kleine Leistungen geeignet ist. Abb. 2 zeigt ein solches Getriebe mit konischen Walzen für die stetige Änderung der Drehzahlen.

---

[1] Klein: Mitt. Forsch.-Arb. Heft 10.

Eine andere Ausführungsform, das Tellerreibrad- und Wendegetriebe, zeigt Abb. 3 (Schwungradpresse). Die mit unveränderlicher Drehzahl laufende Antriebwelle trägt zwei Reibscheiben, die abwechslungsweise gegen ein Schwungrad gepreßt werden. Das Schwungrad ist in einer Schraubenspindel geführt und bewegt sich mit zunehmender Geschwindigkeit abwärts. Die kinetische Energie des Rades wird durch einen Schlag in Formänderungsarbeit umgesetzt. — Die Reibung wird wesentlich erhöht, wenn die Berührungsflächen

Abb. 3. Reibradwendegetriebe bei einer Schwungradpresse (Demag.).

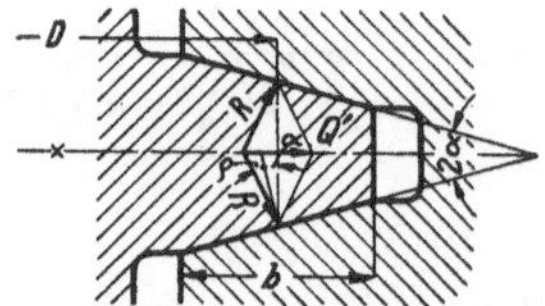

Abb. 4. Kraftwirkung bei keilförmigen Reibungsflächen (nach Rötscher).

beider Scheiben keilförmig angeordnet sind (Abb. 4). Die Anpressungskraft Q erzeugt dann Normaldrücke $R = Q/\sin\alpha$ an den Berührungsstellen, so daß

$$P \leqq Q\,\frac{\mu}{\sin\alpha}$$

wird. Für den gebräuchlichen Winkel $\alpha = 15^0$ wird die **Keilreibungszahl** $\dfrac{\mu}{\sin\alpha} = \dfrac{\mu}{0{,}26} = 3{,}9\,\mu$, also $3{,}9$mal größer als bei zylindrischen Reibrädern. Dabei tritt allerdings der Nachteil auf, daß nur in einem durch das Übersetzungsverhältnis festgelegten Berührungspunkt Rollung auftreten kann, während in allen anderen Punkten Gleiten auftreten muß, wodurch Erwärmung und Abnutzung entstehen. Deshalb macht man die Tiefe b der Keilflächen möglichst klein, und zwar 5 bis höchstens 10 mm. Solche Reibscheiben sind für dauernde Kraftübertragung wenig geeignet; sie kommen (meist mit mehreren Rillen) bei einfachen Aufzugwinden vor, um das Windwerk allmählich von der Transmission mitzunehmen, und sind dann eigentlich nur unvollkommene Reibkupplungen.

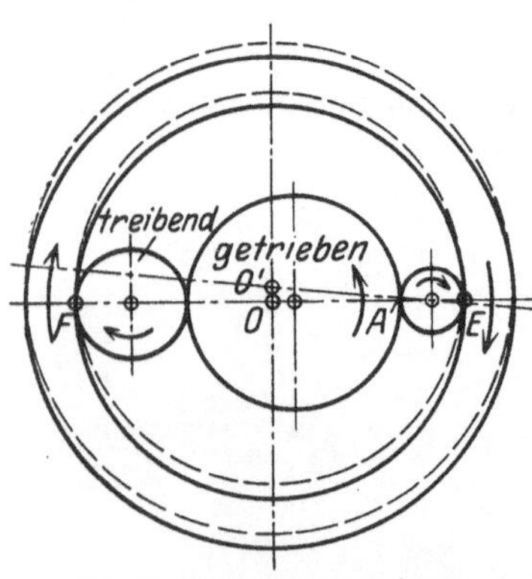

Abb. 5. Reibradgetriebe (Krupp).

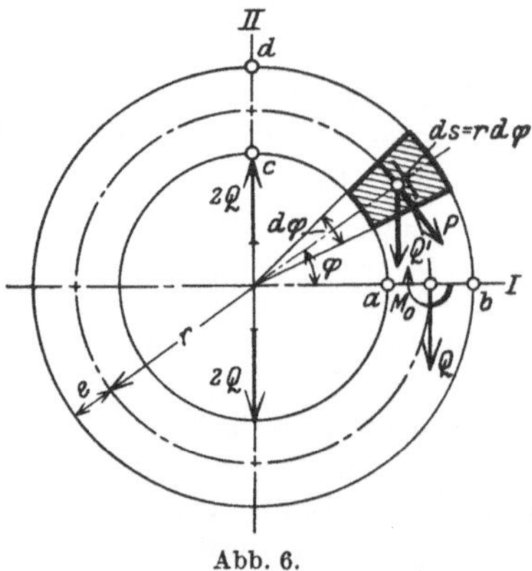

Abb. 6.

Beim Reibradgetriebe der Firma F. Krupp A. G. in Essen (Abb. 5), wird der Anpreßdruck durch die Spannung in einem geschlossenen Ring erzeugt, so daß die Lager entlastet sind. Wird die treibende Rolle in Pfeilrichtung gedreht, so bleibt die getriebene Rolle zunächst in Ruhe, weil die Vorspannung des Ringes zur Übertragung des Drehmomentes nicht ausreicht. Der Ring wird dadurch bei F etwas gehoben, und die Berührungspunkte fallen nun in eine Sehne des Ringes. Die Folge ist, daß die Anpressung der Rollen sich selbsttätig vergrößert, und zwar so lange, bis sie zur Übertragung der in Frage kommenden Leistung genügt. Die Kraft, mit der der Ring die drei Rollen zusammenpreßt, ist beschränkt durch die Stärke des Ringes.

Wenn von der kleinen Abweichung der Verbindungslinie EF von der Mittellinie des Ringes abgesehen wird, so liegt eine symmetrische Belastung vor, so daß die Untersuchung auf ¼ Kreis beschränkt werden kann. Das statisch unbestimmte Einspannungsmoment M_0 erhält man aus der Bedingung, daß im Querschnitt I (Abb. 6) — aus Symmetriegründen — die Verdrehung gleich Null ist, also nach dem Satz von Castigliano (Heft I, S. 54), $\dfrac{\partial A}{\partial M_0} = 0$ wird.

Für einen stark gekrümmten Stab ist die Formänderungsarbeit (Heft I, S. 47)

$$A = \int \frac{P_0^2}{2\,F\,E}\,ds + \int \frac{M^2}{2\,Z\,E}\,ds,$$

so daß

$$\frac{\partial A}{\partial M_0} = \int \frac{P_0 \frac{\partial P_0}{\partial M_0}}{FE}\, ds + \int \frac{M \frac{\partial M}{\partial M_0}}{ZE}\, ds = 0$$

werden muß. Für einen beliebigen Schnitt unter dem Winkel φ ist

$$P = Q \cos \varphi \quad \text{und} \quad M = Qr(1 - \cos \varphi) + M_0,$$

so daß

$$P_0 = P + \frac{M}{r} = Q \cos \varphi + Q - Q \cos \varphi + \frac{M_0}{r} = Q + \frac{M_0}{r}$$

wird. Damit wird

$$\frac{\partial P_0}{\partial M_0} = \frac{1}{r} \quad \text{und} \quad \frac{\partial M}{\partial M_0} = 1$$

und mit $ds = r\, d\varphi$:

$$\frac{\partial A}{\partial M_0} = \frac{1}{FE} \int_0^{\frac{\pi}{2}} \left(Q + \frac{M_0}{r}\right) \cdot \frac{1}{r}\, r\, d\varphi + \frac{1}{ZE} \int_0^{\frac{\pi}{2}} \{Qr(1 - \cos \varphi) + M_0\}\, r\, d\varphi = 0$$

$$= \frac{1}{FE}\left\{Q \frac{\pi}{2} + \frac{M_0}{r}\frac{\pi}{2}\right\} + \frac{1}{\lambda F r^2 E}\left\{Qr^2 \frac{\pi}{2} - Qr^2 + M_0 r \frac{\pi}{2}\right\}$$

$$= \frac{1}{FE}\left\{\frac{1 + \lambda}{\lambda}\left(Q + \frac{M_0}{r}\right)\frac{\pi}{2} - \frac{Q}{\lambda}\right\} = 0,$$

oder

$$M_0 = -Qr\left\{1 - \frac{2}{(1 + \lambda)\pi}\right\}. \tag{3}$$

Die Spannung folgt aus der Gleichung (Heft I, S. 44)

$$\sigma = \frac{P_0}{F} + \frac{M}{Fr\lambda} \cdot \frac{\eta}{r + \eta}. \tag{4}$$

Die Werte von λ sind für rechteckige Querschnitte aus Heft I, S. 45 zu entnehmen.

In Querschnitt I ist

$$M = M_0 \quad \text{und} \quad P_0 = Q + \frac{M_0}{r}.$$

$\dfrac{e}{r}$	λ	$\dfrac{2}{(1 + \lambda)\pi}$	M_0	P_0
0,1	0,00335	0,633	$-\,0,367\,Q\,r$	$0,633\,Q$
0,2	0,01366	0,628	$-\,0,372\,Q\,r$	$0,628\,Q$
0,4	0,0591	0,601	$-\,0,399\,Q\,r$	$0,601\,Q$
0,8	0,3733	0,463	$-\,0,537\,Q\,r$	$0,463\,Q$

Die Spannung wird am größten für $\eta = \pm\, e$

Punkt b				Punkt a			
$\dfrac{e}{r}$	$\dfrac{e}{r + e}$	$\dfrac{M}{Fr\lambda} \cdot \dfrac{e}{r + e}$	σ	$\dfrac{e}{r}$	$\dfrac{-\,e}{r - e}$	$\dfrac{M}{Fr\lambda} \cdot \dfrac{-\,e}{r - e}$	σ
$+\,0,1$	0,0909	$-\,9,95\,\dfrac{Q}{F}$	$-\,9,316\,\dfrac{Q}{F}$	$-\,0,1$	$-\,0,111$	$+\,12,1\,\dfrac{Q}{F}$	$+\,12,73\,\dfrac{Q}{F}$
$+\,0,2$	0,167	$-\,4,55\,\dfrac{Q}{F}$	$-\,3,922\,\dfrac{Q}{F}$	$-\,0,2$	$-\,0,250$	$+\,6,81\,\dfrac{Q}{F}$	$+\,7,44\,\dfrac{Q}{F}$
$+\,0,4$	0,286	$-\,1,93\,\dfrac{Q}{F}$	$-\,1,329\,\dfrac{Q}{F}$	$-\,0,3$	$-\,0,667$	$+\,4,5\,\dfrac{Q}{F}$	$+\,5,10\,\dfrac{Q}{F}$
$+\,0,8$	0,444	$-\,0,64\,\dfrac{Q}{F}$	$-\,0,177\,\dfrac{Q}{F}$	$-\,0,4$	$-\,4,0$	$+\,5,77\,\dfrac{Q}{F}$	$+\,6,23\,\dfrac{Q}{F}$

Im Querschnitt II ist $\quad M = M_0 + Qr \quad \text{und} \quad P_0 = Q + \dfrac{M_0}{r}.$

Die Spannungen sind in Abb. 6a zeichnerisch dargestellt. Die Abmessungen (Breite und Höhe) des Ringquerschnittes folgen aus der Bedingung, daß die größte Spannung (in c) die Elastizitätsgrenze des Ringmaterials nicht überschreiten darf.

Die zu übertragende Umfangskraft (Leistung) wird durch die größte Flächenpressung zwischen den Rollen (Punkt A in Abb. 5)

M	Punkt d		Punkt c	
	$\dfrac{e}{r}$	σ	$\dfrac{e}{r}$	σ
$0,633\,Q\,r$	$+\,0,1$	$+\,17,78\,\dfrac{Q}{F}$	$-\,0,1$	$-\,20,37\,\dfrac{Q}{F}$
$0,628\,Q\,r$	$+\,0,2$	$+\,8,31\,\dfrac{Q}{F}$	$-\,0,2$	$-\,10,87\,\dfrac{Q}{F}$
$0,601\,Q\,r$	$+\,0,4$	$+\,3,51\,\dfrac{Q}{F}$	$-\,0,4$	$-\,6,19\,\dfrac{Q}{F}$
$0,463\,Q\,r$	$+\,0,8$	$+\,1,01\,\dfrac{Q}{F}$	$-\,0,8$	$-\,4,50\,\dfrac{Q}{F}$

begrenzt, die ähnlich wie für Rollenlager berechnet wird. [Vgl. Heft III, S. 60, Gleichung (86.)] Da die Oberflächen der Rollen glatt bearbeitet sind, darf für die Reibungszahl μ in Gleichung (2) höchstens der Wert 0,08 eingesetzt werden.

Abb. 7 zeigt ein Reibgetriebe der Firma Escher, Wyss & Cie. in Zürich für stetig veränderliche Drehzahlen. Es ist ein **Umlaufgetriebe** (vgl. S. 41). Die Wirkungsweise beruht auf dem Abrollen von gehärteten Stahlkugeln auf ebensolchen Bahnen. Durch Verlegen der gegenseitigen Berührungspunkte ist eine stetige Drehzahländerung innerhalb bestimmter Grenzen während des Betriebes moglich[1].

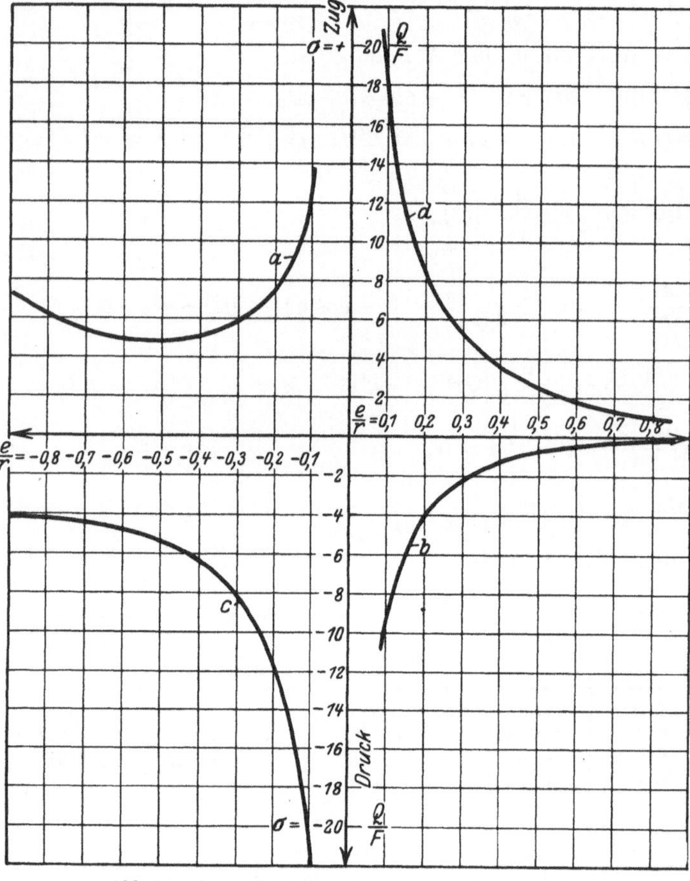
Abb. 6a. Spannungsverlauf in einem geschlossenen Ring.

B. Zahnräder.

1. Form der Zahnprofile. Die Drehbewegung einer Welle M_1 soll durch Zähne so auf eine zweite Welle M_2 übertragen werden, daß das Verhältnis der Winkelgeschwindigkeiten $\dfrac{\omega_1}{\omega_2}$ konstant bleibt (Abb. 8).

A ist der Berührungspunkt beider Zähne. Die Geschwindigkeit, mit der sich der zum Zahn 1 gehörende Punkt A bewegt, $u_1 = \omega_1 R_1$, steht senkrecht zu

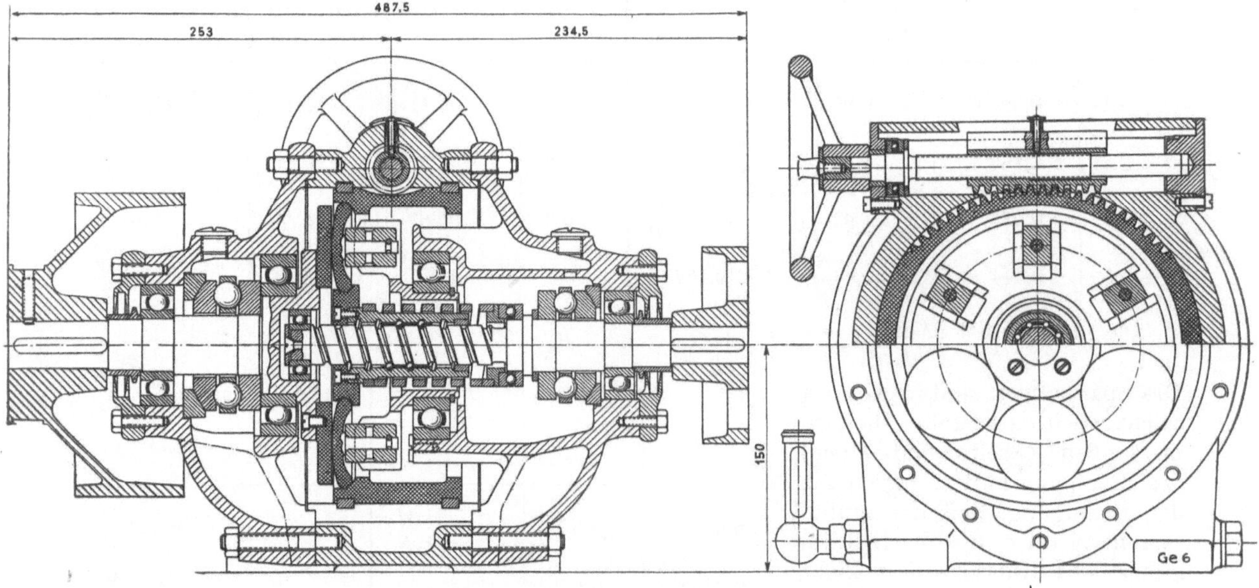
Abb. 7. Reibradgetriebe der Firma Escher, Wyss & Cie., Zürich.

$A\,M_1$; diejenige, mit der sich der zum Zahn 2 gehörende Punkt A bewegt, $u_2 = \omega_2 R_2$, steht senkrecht zu $\dot{A}\,M_2$. Beide Geschwindigkeiten werden in zwei Komponenten zerlegt,

---

[1] Ausführliche Beschreibung in Escher-Wyss-Mitteilungen Juli 1928.

und zwar in Richtung der gemeinschaftlichen Profilnormalen (c_1 und c_2) und senkrecht dazu (v_1 und v_2).

Aus der Abb. 8 folgt dann:

$$\sin\alpha = \frac{c_1}{u_1} = \frac{\varrho_1}{R_1} \quad \text{oder} \quad c_1 = \frac{u_1}{R_1}\varrho_1 = \omega_1\varrho_1$$

und

$$\sin\beta = \frac{c_2}{u_2} = \frac{\varrho_2}{R_2} \quad \text{oder} \quad c_2 = \frac{u_2}{R_2}\varrho_2 = \omega_2\varrho_2.$$

Da sich beide Zähne in A berühren, muß $c_1 = c_2$ sein, denn wäre $c_2 > c_1$, so müßte sofort eine Trennung der Zähne eintreten, die unmöglich ist, weil Zahn *2* seine Bewegung von Zahn *1* empfängt. Wäre $c_2 < c_1$, so müßte Zahn *1* in Zahn *2* eindringen, was ebenfalls unmöglich ist, solange die Materialien genügend fest sind, was hier vorausgesetzt ist.

Aus $c_1 = c_2$ folgt:

$$\omega_1\varrho_1 = \omega_2\varrho_2$$

oder

$$\frac{\omega_1}{\omega_2} = \frac{\varrho_2}{\varrho_1} = \text{konst.} \tag{5}$$

Da die eingeschlossenen Winkel γ gleich sind, folgt aus der Abb. 8 weiter:

$$\sin\gamma = \frac{\varrho_1}{r_1} = \frac{\varrho_2}{r_2} \quad \text{oder} \quad \frac{\varrho_2}{\varrho_1} = \frac{r_2}{r_1} = \frac{\omega_1}{\omega_2} = \text{konst.}$$

Das gilt für jeden beliebigen Berührungspunkt A der beiden Zähne, und da vorausgesetzt wurde, daß $\frac{\omega_1}{\omega_2} =$ konstant ist, muß auch $\frac{r_1}{r_2}$ konstant sein.

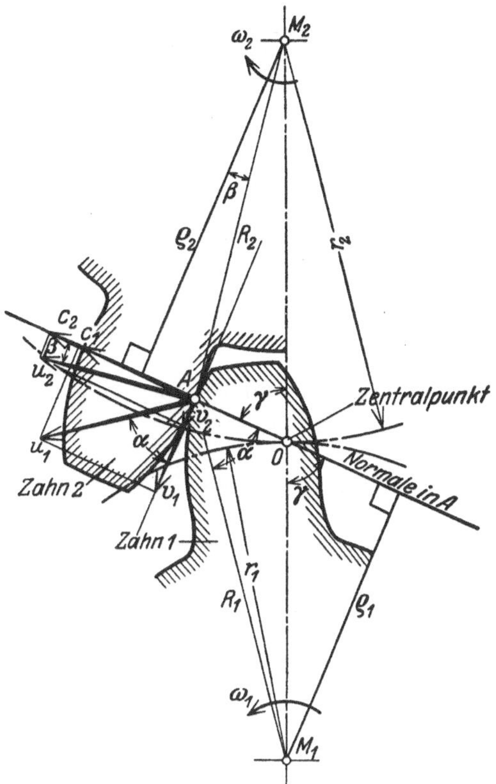

Abb. 8. Zum allgemeinen Verzahnungsgesetz.

Daraus folgt das allgemeine Verzahnungsgesetz: **Die gemeinschaftliche Normale im jeweiligen Berührungspunkt zweier Zahnprofile geht immer durch einen und denselben Punkt der Verbindungslinie der Drehpunkte.** Diesen Punkt 0 nennt man den Wälzpunkt (Zentralpunkt).

Die Kreise, die aus den Mittelpunkten M_1 und M_2 durch 0 gezogen werden, sind also in der Größe unveränderlich; man nennt sie Wälzkreise. Dieses allgemeine Gesetz gilt nur, wenn $\frac{\omega_1}{\omega_2} =$ konst. ist, also **nicht für unrunde Räder.**

Die Entfernung zweier Zähne, auf dem Wälzkreis gemessen, nennt man die Teilung. Deshalb werden die Wälzkreise auch Teilkreise genannt. Für beide Räder müssen die Teilungen natürlich gleich groß sein. Die Zahndicke s (Abb. 9) und die Lückenweite w sind im Teilkreis gemessen gleich, nämlich:

$$s = w = \frac{t}{2},$$

Abb. 9. Benennung der Zahnteile.

so daß kein Flankenspiel vorhanden ist.

Sind z_1 und z_2 die Zähnezahlen und d_1 und d_2 die Teilkreisdurchmesser der Räder, so ist der Umfang des ersten Teilkreises $\pi d_1 = z_1 t$ und der Umfang des zweiten $\pi d_2 = z_2 t$. Daraus folgt:

$$\frac{d_1}{d_2} = \frac{z_1}{z_2}. \tag{6}$$

Die Durchmesser verhalten sich wie die Zähnezahlen.

Aus praktischen Gründen (vgl. S. 12) macht man die Teilung:

$$t = \pi m \; [\mathrm{mm}] \tag{7}$$

und nennt m (immer in mm gemessen) den **Modul**. Damit wird:

$$\pi d = z t = z \pi m$$

oder
$$d = z m, \tag{8}$$

d. h. **Teilkreisdurchmesser ist gleich Zähnezahl mal Modul.**

Da die Kopfhöhe k des Zahnes meist gleich m gemacht wird, ist der Außendurchmesser

$$d_a = (z + 2) m. \tag{9}$$

Der Fußkreisdurchmesser ist, unter Voraussetzung eines normalen Kopfspieles von $\frac{1}{6} m$,

$$d_f = (z - \tfrac{7}{3}) m. \tag{10}$$

und der Achsabstand bei spielfreiem Eingriff:

$$a = (z_1 + z_2) \frac{m}{2}. \tag{11}$$

Die Umfangsgeschwindigkeiten beider Räder, am Wälzkreis gemessen, sind:

$$\omega_1 r_1 = \omega_2 r_2. \tag{12}$$

Da $\omega = \dfrac{\pi n}{30}$ ist, wird:
$$\frac{\pi n_1 r_1}{30} = \frac{\pi n_2 r_2}{30}$$

oder
$$n_1 r_1 = n_2 r_2$$

und
$$\frac{n_1}{n_2} = \frac{r_2}{r_1} = \frac{z_2}{z_1}. \tag{13}$$

Die Drehzahlen verhalten sich umgekehrt wie die Radien und die Zähnezahlen.

Für die Berechnung des Übersetzungsverhältnisses ist es oft vorteilhaft, diesen Zusammenhang zwischen Drehzahl und Zähnezahl in folgender Form dem Gedächtnis einzuprägen: Das Produkt $n \cdot z$ ist die Zähnezahl, die in der Minute zum Eingriff kommt, und diese Zahl bleibt für ineinander greifende Räder unverändert.

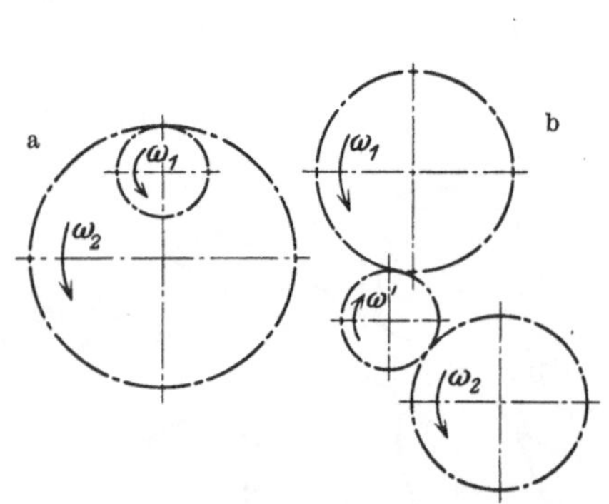

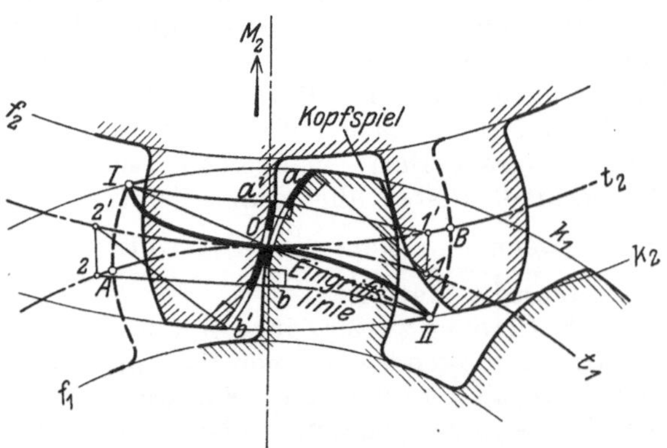

Abb. 10a und b. Rädertrieb für gleiche Drehrichtungen.
a) Innenverzahnung, b) mit Zwischenrad.

Abb. 11. Konstruktion der Zahnflanken aus dem allgemeinen
Verzahnungsgesetz.

Bei der Anordnung nach Abb. 8 haben beide Räder entgegengesetzte Drehrichtungen. Sollen beide Wellen im gleichen Sinne laufen, so wählt man Innenverzahnung (Abb. 10a). Das kann man aber auch, wie Abb. 10b zeigt, durch Einschalten eines Zwischenrades erreichen. Das Übersetzungsverhältnis wird dadurch gar nicht beeinflußt, da die Umfangsgeschwindigkeiten der Räder *1, 2* und *3* gleich sind.

Das allgemeine Verzahnungsgesetz gestattet, zu einem gegebenen Profil aOb (Abb. 11) das zugehörige Profil des zweiten Zahnes zu konstruieren, wenn die beiden Teilkreise gegeben sind: Man ziehe die Profilnormale, z. B. $a1$, wobei *1* der Schnittpunkt mit dem eigenen Teilkreis ist. Die Normale gelangt in die Eingriffstellung, wenn sie durch den Wälzpunkt O geht. Da nur eine Drehung um M_1 möglich ist, dreht man die Normale so weit, bis der Punkt *1* mit O zusammenfällt. Der Punkt a wandert dabei nach I und da die Länge der Normale unverändert bleibt, ist $a1 = 10$. Nur in diesem Punkt I, dem Eingriffspunkt, kann der Zahnpunkt a in Berührung mit dem zweiten Rade stehen. Auf diese Weise kann Punkt für Punkt die Eingriffslinie $I 0 II$ aus der Zahnflanke gefunden werden.

Die Profilnormale mußte im Wälzkreis um den Betrag 01 gedreht werden, damit sie in die Eingriffstellung gelangte. Da die Geschwindigkeiten der beiden Räder im Wälzkreis gleich sind, dreht man das Rad 2 um den gleichen Betrag $01' = 01$ zurück. Der Punkt I bewegt sich dabei auf einem Kreis um M_2 nach a', so daß $1a = 1'a'$. Die Linie $a'1'$ steht senkrecht zur Zahnflanke 2. Der Teilkreisbogen 102, Eingriffsbogen genannt, muß größer als die Teilung sein, da der Eingriff zweier Flanken nicht aufhören darf, bevor ein folgendes Paar in Eingriff kommt.

Dieses zuerst von Reuleaux angegebene Verfahren hat Poncelet vereinfacht: Man mache $01 = 01'$ und beschreibe mit der Normalen $a1$ im Zirkel einen Kreisbogen aus $1'$. Die Zahnkurve entsteht dann als Umhüllende der Kreisbögen.

Aus der Konstruktion der Zahnflanken folgt, daß

1. die Zahnköpfe des Rades 1 mit den Fußflanken des Gegenrades 2 zusammenarbeiten,

2. der Eingriff beginnt, wenn die Fußflanke des treibenden Rades die Kopfflanke des getriebenen erfaßt,

3. die Eingriffslinie durch eine Flanke bestimmt ist und zur Konstruktion der zweiten Zahnflanke ausreicht, wenn die Radien der Räder gegeben sind. Die Zahnprofile sind demnach für verschiedene Zähnezahlen verschieden.

Da die Wahl des einen Profils vollständig frei steht, wird man eines wählen, das leicht herzustellen ist. Bei der Triebstockverzahnung sind die Zähne des einen Rades zylindrische

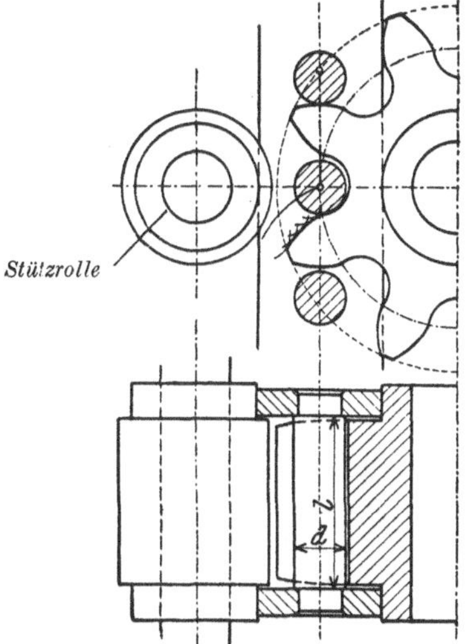

Abb. 12. Triebstockverzahnung. Zahnstange für Schützenzüge (nach Dubbel, Taschenbuch).

Bolzen (Abb. 12). Solche Zahnräder werden oft bei Drehkranen für die langsame Schwenkbewegung verwendet oder auch als Zahnstangen bei Schleusenzügen. Das Grissongetriebe (Abb. 13), eine Triebstockverzahnung für große Übersetzungen, hat durch die Entwicklung der Zahnräder mit gefrästen Zähnen an Bedeutung verloren.

In der Praxis wird oft gewünscht, Räder mit verschiedenen Zähnezahlen beliebig miteinander in richtigen Eingriff zu bringen (z. B. bei der Drehbank, Abb. 80). Solche Räder nennt man Satzräder.

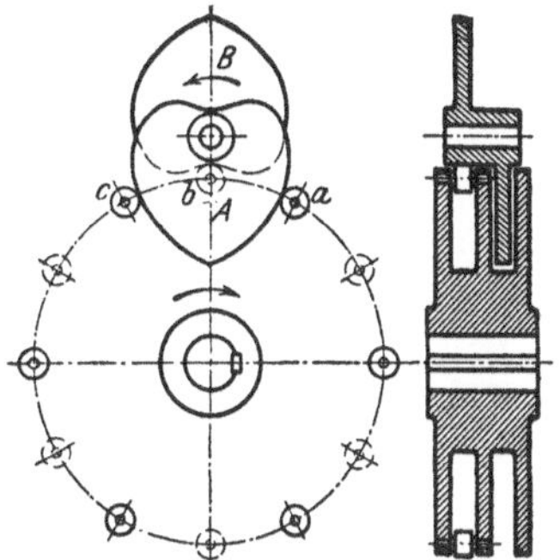

Abb. 13. Grissongetriebe (nach Dubbel, Taschenbuch).

Aus der Konstruktion des Profiles folgt, daß dies nur dann erreichbar ist, wenn die Zahnflanken sich deckende Eingriffslinien haben. Diese Bedingung ist aber noch nicht ausreichend, denn denken wir uns Rad 2 in die Lage von 1 gebracht, so dreht sich die Eingriffslinie um $180°$. Soll nun die Eingriffslinie dieses Rades mit der des Rades 1 übereinstimmen, so muß sie noch zentrisch symmetrisch in bezug auf den Wälzpunkt 0 sein. Dadurch erhält die Eingriffslinie erhöhte praktische Bedeutung, denn wir werden nur solche einfache Formen der Eingriffslinie wählen, die immer genau zu zeichnen sind, z. B. eine

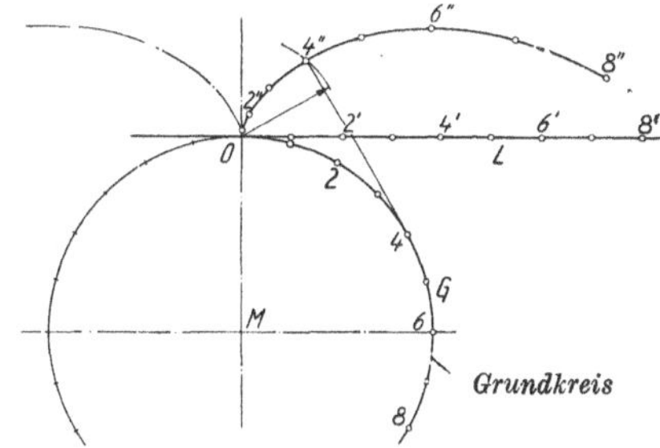

Abb. 14. Entstehung der Evolvente (nach Rötscher).

Gerade (Evolventenverzahnung) oder zwei Kreisbogen (Zykloidenverzahnung).

Die Frage, ob Evolventen- oder Zykloidenverzahnung vorzuziehen ist, wurde früher in der technischen Literatur vielfach erörtert und aus theoretischen Gründen meist zugunsten der Zykloidenverzahnung entschieden. Die Praxis verwendet aber ausschließlich Evolventenverzahnung, weil die (doppelt gekrümmte) Zykloidenflanke sehr schwer genau herzustellen ist.

Die Evolvente wird durch einen Punkt O einer auf einem festen Kreis (Grundkreis) abrollenden Geraden erzeugt (Abb. 14). Der Berührungspunkt mit dem Grundkreis ist dabei Momentanzentrum der rollenden Bewegung, so daß die erzeugende Gerade gleichzeitig Profilnormale ist. Aus der Konstruktion der Eingriffslinie folgt weiter, daß bei der Evolventenverzahnung Eingriffslinie und gemeinsame Profilnormale zusammenfallen.

Die Zahnprofile entstehen durch Abwälzen der erzeugenden Geraden auf den beiden Grundkreisen (Abb. 15). Es ist gebräuchlich, die Räder so zu zeichnen, daß die Zahnflanken sich im Wälzpunkt berühren. Die Grundkreise, deren Radien $r_1 \sin \alpha$ und $r_2 \sin \alpha$ sich nur durch den konstanten Faktor $\sin \alpha$ von den Wälzkreisradien unterscheiden, haben demnach gleiche Umfangsgeschwindigkeiten. Die Teilung auf den Grundkreisen ist:

$$t_g = t \sin \alpha\,,$$

Verschiebt man das eine Rad etwas (Abb. 16), so ändert sich der Winkel α, während die Teilungen auf den Grundkreisen gleich bleiben. Da zu jedem Grundkreis nur eine einzige Evolvente gehört, unabhängig von der Lage der Erzeugenden, bleibt ein richtiger Eingriff erhalten, während sich mit dem Winkel α, die Lage des Wälzpunktes O und die Wälzkreisradien verändern. Daraus läßt sich der praktisch wichtige Schluß ziehen, daß man zwei Evolventenräder etwas auseinander rücken darf, ohne den richtigen Eingriff zu stören. Deshalb sind Evolventenräder auch Satzräder, wenn die Teilungen auf den Grundkreisen gleich sind.

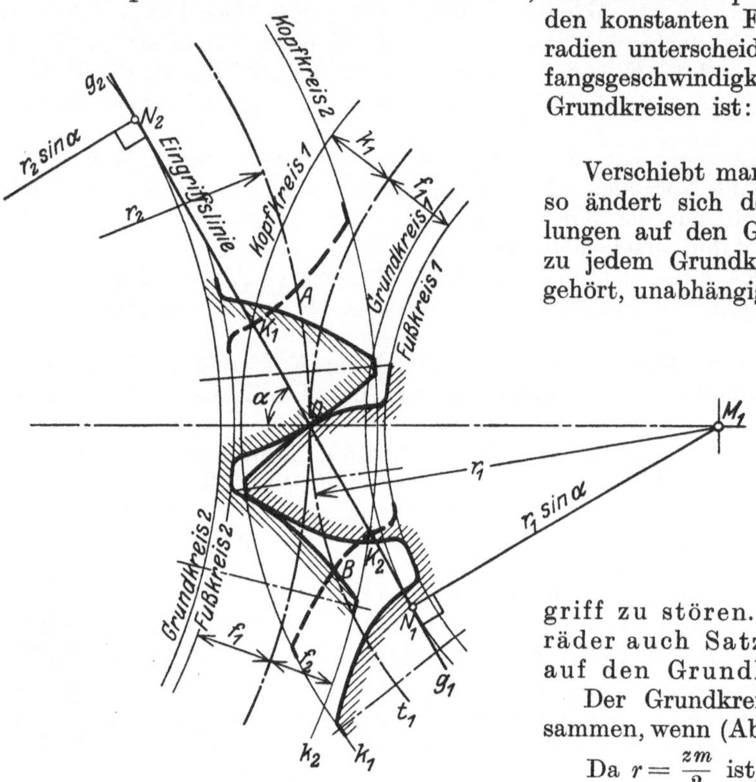

Der Grundkreis fällt mit dem Fußkreis zusammen, wenn (Abb. 15): $f = r - r \sin \alpha = 1\tfrac{1}{6} m$ ist. Da $r = \dfrac{z m}{2}$ ist, wird $\dfrac{z m}{2}(1 - \sin \alpha) = 1\tfrac{1}{6} m$ oder

$$z = \frac{7}{3\,(1 - \sin \alpha)}\,. \tag{14}$$

Abb. 15. Evolventen-Verzahnung.

Für $\alpha = 75^0$ wird $z \approx 70$. Der Grundkreis liegt also für alle Zähnezahlen kleiner als 70 außerhalb des Fußkreises. Der Anschluß des Profils an den Radboden erfolgt dann durch eine radiale Gerade. Für diese Gerade gilt natürlich das allgemeine Verzahnungsgesetz nicht; wir müssen deshalb dafür sorgen, daß die geradlinige Verlängerung nicht in Eingriff kommt. Nur innerhalb der Kopfkreise (Abb. 15) k_1 und k_2 treten Zahnprofile miteinander in Berührung. Die Strecke $K_1 O K_2$ nennt man die Eingriffstrecke. Der während des Eingriffes zweier Zahnflanken durchlaufene Teilkreisbogen $A O B$ wird Eingriffsbogen genannt. Um zu verhindern, daß die geradlinige Verlängerung in Eingriff kommt, müssen die Kopfpunkte K_1 und K_2 innerhalb der Grundkreispunkte $N_1 N_2$ liegen, denn in diesen Punkten kommen die Evolventenendpunkte außer Eingriff. Im äußersten Fall darf also K_1 oder K_2 mit N_2 resp. N_1 zusammenfallen. Aus der Abb. 17 folgt sofort, daß der Punkt N_1 maßgebend ist, wodurch die Kopfhöhe k_2 des großen Rades festgelegt ist.

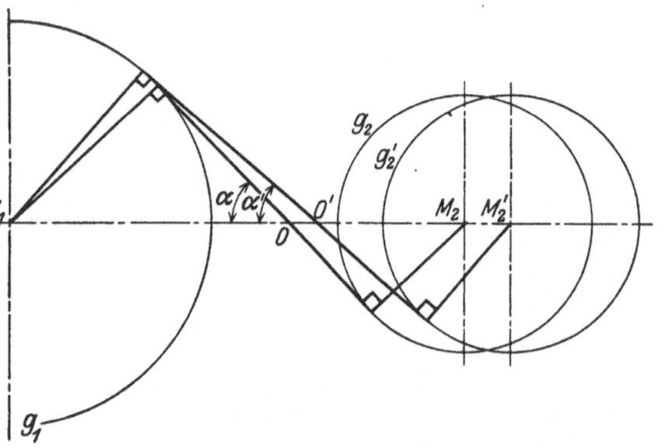

Abb. 16. Auseinanderrücken von Evolventenrädern.

Für das Dreieck $M_1 M_2 N_1$ lautet der Kosinussatz:

$$(M_2 N_1)^2 = (M_1 M_2)^2 + (M_1 N_1)^2 - 2\, M_1 M_2 \cdot M_1 N_1 \cos (90 - \alpha)\,.$$

Nun ist:
$$M_2 N_1 = r_2 + k_2 = \frac{m\, z_2}{2} + m = m \left(\frac{z_2}{2} + 1\right),$$

$$M_1 M_2 = r_1 + r_2 = m\,\frac{z_1 + z_2}{2}$$

und
$$M_1 N_1 = r_1 \sin\alpha = m\,\frac{z_1}{2}\sin\alpha\,.$$

Durch Einsetzen dieser Werte erhalten wir:
$$\left(\frac{z_2}{2}+1\right)^2 = \left(\frac{z_1+z_2}{2}\right)^2 + \left(\frac{z_1}{2}\sin\alpha\right)^2 - 2\,\frac{z_1\sin\alpha}{2}\cdot\frac{z_1+z_2}{2}\sin\alpha\,,$$

woraus, durch Auflösen nach z_2, die Zähnezahl des großen Rades

$$z_2 \gtrless \frac{\left(\dfrac{z_1}{2}\cos\alpha\right)^2 - 1}{1 - \dfrac{z_1}{2}\cos^2\alpha} \tag{15}$$

wird. Aus dieser Gleichung sind mit $\alpha = 75^0$ die in Zahlentafel 1 eingetragenen minimalen Zähnezahlen berechnet. Aus ihr ist ersichtlich, daß bei 75^0 Evolventenverzahnung die minimale Zähnezahl $z_1 = 21$ bis 30 sein muß, um zu verhindern, daß die geradlinige Verlängerung in Eingriff kommt.

Zahlentafel 1.

Minimale Zähnezahl z_1	z_2	$i = \dfrac{z_2}{z_1}$	Überdeckung ε	
			für $\dfrac{z_2}{z_1}$	für $\dfrac{z_1}{z_1}$
21	21	1	1,78	1,78
22	27	1,23	1,83	1,80
23	34	1,48	1,88	1,81
24	44	1,83	1,93	1,82
25	58	2,32	1,99	1,83
26	80	3,08	2,04	1,84
27	116	4,30	2,08	1,85
28	195	6,97	2,14	1,86
29	451	15,54	2,19	1,87
30	∞	∞	2,23	1,87

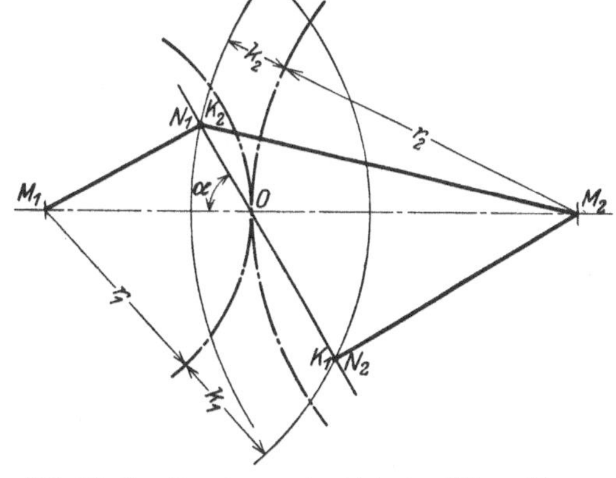

Abb. 17. Zur Berechnung der kleinsten Zähnezahl.

Das Verhältnis $\varepsilon = \dfrac{\text{Eingriffsbogen } AOB}{\text{Teilung}}$ (Abb. 15), Überdeckung oder Eingriffsdauer genannt, läßt sich bei Evolventenverzahnung leicht berechnen. Die Geschwindigkeit $v\sin\alpha$ im Grundkreis ist nämlich gleich der Geschwindigkeit, mit der der Eingriff in der Eingriffsgeraden fortschreitet. Die Eingriffstrecke $K_1 K_2$ wird also in der Zeit $\dfrac{K_1 K_2}{v\sin\alpha}$ zurückgelegt. In der gleichen Zeit wird der Eingriffbogen mit der Geschwindigkeit v durchlaufen, so daß

$$\frac{\text{Eingriffsbogen}}{v} = \frac{K_1 K_2}{v\sin\alpha}$$

oder der Eingriffsbogen gleich $\dfrac{K_1 K_2}{\sin\alpha}$ ist. Damit wird die Überdeckung (Eingriffsdauer):

$$\varepsilon = \frac{K_1 K_2}{t\sin\alpha} \tag{16}$$

Der Wert $K_1 K_2$ kann aus der Zeichnung abgemessen oder genauer wie folgt berechnet werden (Abb. 18a):
$$K_1 K_2 = K_1 O + O K_2 = (N_1 K_1 - N_1 O) + (N_2 K_2 - N_2 O)$$
$$= \sqrt{(r_1 + k_1)^2 - (r_1\sin\alpha)^2} - r_1\cos\alpha + \sqrt{(r_2 + k_2)^2 - (r_2\sin\alpha)^2} - r_2\cos\alpha$$

Mit $r = \dfrac{z\,m}{2}$ und $k_1 = k_2 = m$ wird

$$\varepsilon = \frac{K_1 K_2}{t\sin\alpha} = \frac{\sqrt{(z_1+2)^2 - z_1^2\sin^2\alpha} + \sqrt{(z_2+2)^2 - z_2^2\sin^2\alpha} - (z_1+z_2)\cos\alpha}{2\pi\sin\alpha}$$

oder

$$\varepsilon = \frac{1}{2\pi}\left\{\sqrt{\left(\frac{z_1+2}{\sin\alpha}\right)^2 - z_1^2} + \sqrt{\left(\frac{z_2+2}{\sin\alpha}\right)^2 - z_2^2} - (z_1+z_2)\operatorname{ctg}\alpha\right\} \tag{17}$$

In Zahlentafel 1 sind die Werte von ε für verschiedene Zähnezahlen eingetragen.

Werden die Räder um den Betrag $M_2 M_2' = \Delta m$ auseinandergezogen, so ändert sich der Winkel α und damit die Eingriffstrecke und die Überdeckung. Der neue Winkel α' folgt (Abb. 18b) aus:

$$\sin \alpha' = \frac{M_1 P}{M_1 M_2'} = \frac{(r_1 + r_2) \sin \alpha}{r_1 + r_2 + \Delta m}$$

oder

$$\frac{\sin \alpha}{\sin \alpha'} = 1 + \frac{\Delta m}{r_1 + r_2} = 1 + \frac{2 \Delta}{z_1 + z_2}. \qquad (18)$$

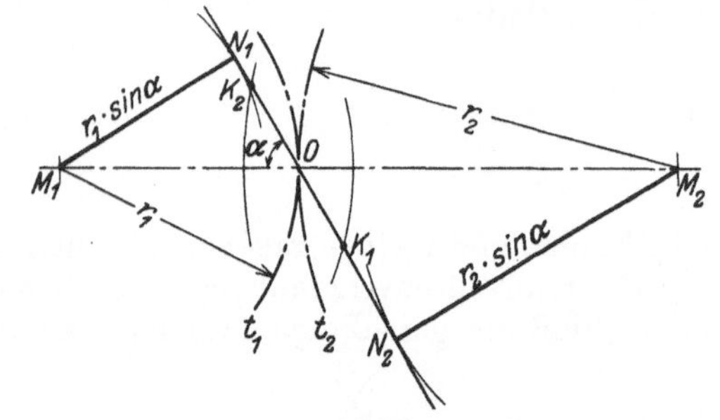

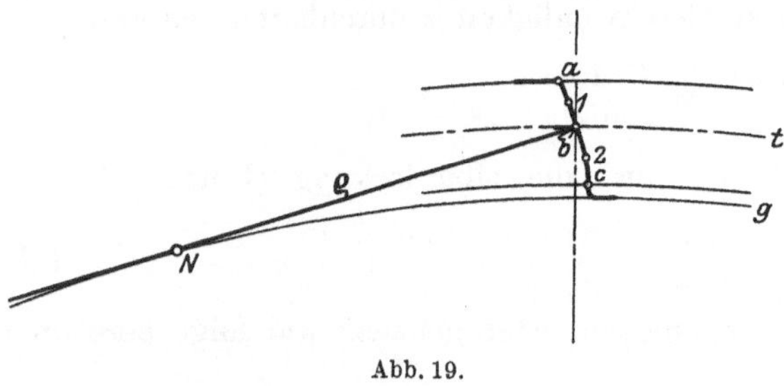

Abb. 18a. 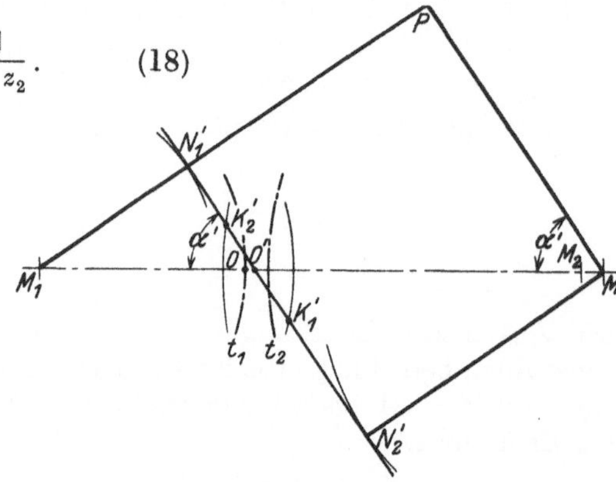   Abb. 18b.
Abb. 18a und b. Berechnung der Eingriffsdauer. a) Wenn die Teilkreise sich im Wälzpunkt O berühren,
b) bei auseinandergerückten Rädern.

Der größte Wert der Eingriffstrecke ist durch die Endpunkte N_1 und N_2 (Abb. 17) begrenzt. Nützen wir diese Strecke vollständig aus, d. h. machen wir die Kopfhöhe beider Räder verschieden groß und beschränken uns auf die minimale Überdeckung $\varepsilon = 1$, so wird

$$\varepsilon = \frac{N_1 N_2}{t \sin \alpha} = 1.$$

Nun ist $N_1 N_2 = (r_1 + r_2) \cos \alpha$ und $2\pi (r_1 + r_2) = (z_1 + z_2)t$, so daß

$$(r_1 + r_2) \cos \alpha = t \sin \alpha$$

oder

$$(z_1 + z_2)_{\min} = 2\pi \operatorname{tg} \alpha \qquad (19)$$

wird. Für $\alpha = 75^0$ ist $\operatorname{tg} \alpha = 3{,}73$, und die kleinste Zähnesumme einer Paarung beträgt dann 24.

2. Die praktische Herstellung der Profile. Wie empfindlich das Verhältnis $\frac{\omega_1}{\omega_2}$ in Bezug auf die Genauigkeit der Zahnform ist, zeigt eine Untersuchung von Ing. Hartmann in der Z.V.d.I. 1905, S. 163. Man kann die Evolvente, soweit sie für die Zahnform verwendet wird, mit großer Genauigkeit durch einen Kreisbogen ersetzen (Abb. 19), der durch die Punkte a, b und c geht. Der Unterschied ist so klein, daß die Abweichungen auch bei 5facher Vergrößerung kaum merkbar sind. Rechnerisch weichen z. B. die Punkte 1 und 2 um 0,07 resp. 0,05 mm von der genauen Evolvente ab. Der Fehler ist also derart klein, daß er innerhalb der Bearbeitungsgenauigkeit der Zahnräder liegt, da diese nicht geschliffen, sondern gefräst oder gestoßen werden.

Abb. 19.

den. Hartmann rechnet nun für das kreisförmige Zahnprofil die jeweiligen Geschwindigkeiten aus unter der Voraussetzung, daß das eine Rad mit der gleichförmigen Umfangsgeschwindigkeit $u = 2$ m/s rotiert, und findet, daß das zweite Rad keine gleichförmige Geschwindigkeit mehr hat, sondern daß starke Verzögerungen und Beschleunigungen auftreten, und zwar eine maximale Beschleunigung von 2,4 m/s² und eine größte Verzögerung von 8,8 m/s². Dadurch entstehen bei schweren Zahnrädern bedeutende zusätzliche Zahndrücke. Außerdem fangen die Zähne an zu schwingen, wodurch Geräusche entstehen. Wenn dies schon bei gut geschnittenen Zähnen der Fall ist, wie ungünstig müssen sich dann erst ungenaue Zahnformen auswirken.

Gegossene Zahnräder können deshalb, auch bei Verwendung von guten Formmaschinen, nur für langsam laufende Getriebe verwendet werden. Sie haben den Vorteil, weniger rasch zu rosten, da die harte Gußhaut erhalten bleibt. (Handkrane im Freien, Ziegeleimaschinen usw.)

Für größere Geschwindigkeiten muß die Zahnform auf Werkzeugmaschinen genau hergestellt werden, wofür zwei Hauptwege möglich sind:

a) Man bestimmt zeichnerisch die zusammenpassenden Zahnprofile und überträgt sie auf die betreffenden Räder. (Das zeichnerische oder Formverfahren, auch Teilverfahren genannt.)

b) Das Zahnprofil wird mechanisch aus einem Bezugsprofil erzeugt. (Das mechanische oder Abwälzverfahren.)

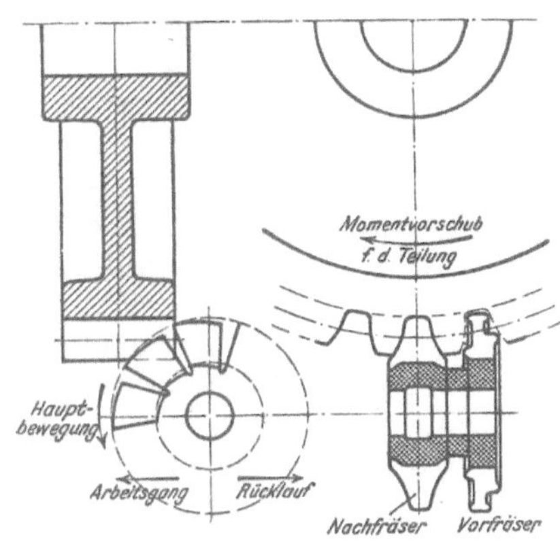

Abb. 20a (nach Freytag, Hilfsbuch). Abb. 20b.

Abb. 20a und b. Das Formfräsverfahren. a) Prinizipskizze, b) Universalfräsmaschine mit Teilkopf beim Fräsen eines Stirnrades.

a) Beim Formverfahren (Abb. 20) wird hauptsächlich der Formfräser (Abb. 21) verwendet. Dieser erhält die genaue Form der Zahnlücke und fräst aus dem genau auf Kopfkreis abgedrehten Rad eine Lücke aus. Um die nächste Lücke zu fräsen, muß das Rad genau um die Teilung weiter gedreht werden. Dazu verwendet man die sog. Teilköpfe mit Teilscheiben, die durch Löcher eingeteilt sind (Abbildung 20b). Meist sind folgende Lochkreise vorhanden:

24, 25, 28, 30, 34, 37, 38, 39, 41, 42, 43, 46, 47, 49, 51, 53, 54, 57, 58, 62, 66,

womit alle Teilungen für Zähnezahlen

von 2 bis 60 mit 1 Zahn Intervall,
von 62 bis 120 mit 2 Zähnen Intervall
und auf 5 ausgehend,
sowie 124, 125, 130, 132, 135, 136, 140, usw.

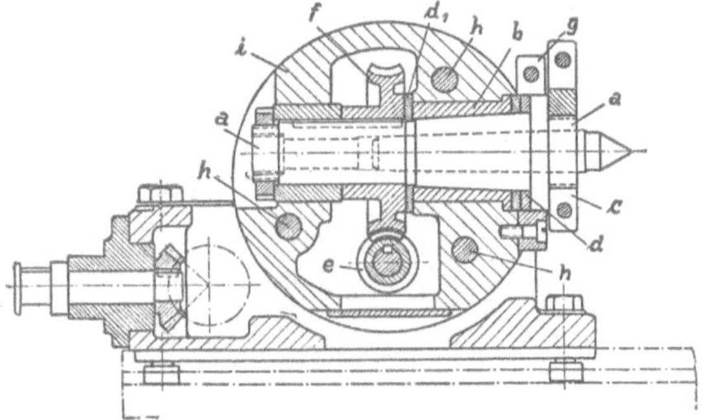

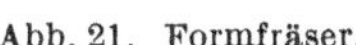

Abb. 21. Formfräser. Abb. 22. Teilkopf.

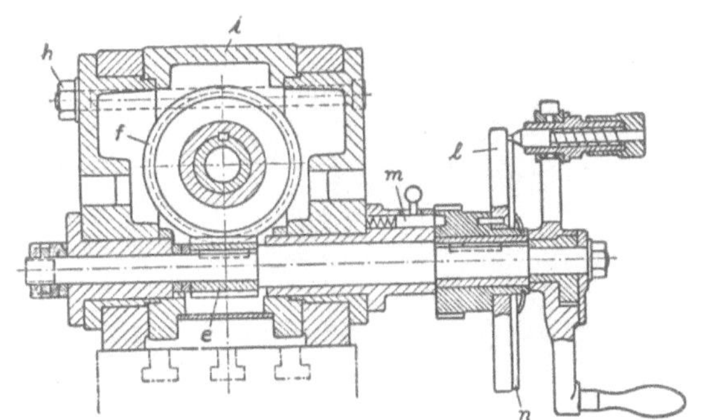

gemacht werden können[1]. Um eventuelle kleine Fehler in der Lochkreisunterteilung stark verkleinert auf die Teilung des Zahnrades zu übertragen, wird das Rad nicht direkt mit der Teilscheibe gekuppelt, sondern es wird ein Schneckengetriebe (meist mit der Übersetzung 1:40)

---

[1] Vgl. Werkstattbücher, H. 6, Teilkopfarbeiten. Berlin: Julius Springer.

zwischengeschaltet, Abb. 22. Die Teilköpfe müssen mit großer Genauigkeit und ohne toten Gang hergestellt werden. Zurückdrehen der Teilkurbel ist beim Teilen zu vermeiden.

Nach diesem Verfahren braucht man für jeden Eingriffswinkel, für jede Teilung und für jede Zähnezahl einen besonderen Fräser. Um die Fräserzahl zu verringern, macht man folgende Einschränkungen:

1. Alle Räder erhalten den gleichen Eingriffswinkel, und zwar in Europa 15^0 und in Amerika $14^0\,30'$, in Anlehnung an das dort übliche Trapezgewinde. Damit erreicht man den Vorteil, daß alle Räder gleicher Teilung Satzräder sind. (15^0 Normverzahnung[1].)

Zahlentafel 2. Genormte Modul-Teilungen m in mm (aus DIN 780).

				0,3	0,4	0,5	0,6	0,7	0,8	0,9	1
1,25	1,5	1,75	2,0	2,25	2,5	2,75	3	3,25	4	4,5	
5	5,5	6	6,5	7	8	9	10				
11	12	13	14	15	16	18	20	22	24	27	30

2. Nur bestimmte Teilungen werden als normal angenommen, und zwar die Modulteilungen $t = \pi m$, worin $m = 1, 2, 3 \ldots$ bis 30 ist. Da für jede Zähnezahl dann immer noch ein Fräser notwendig ist, werden

3. nur bestimmte Zähnezahlen als normal festgelegt. Dagegen ist natürlich nichts einzuwenden, doch kommt man in der Praxis mit diesen „normalen" Zähnezahlen nicht aus. Über diese Schwierigkeit hilft man sich in der nicht ganz einwandfreien Weise hinweg, daß der für eine bestimmte Zähnezahl konstruierte Fräser auch für die nächstgrößeren Zähnezahlen verwendet wird.

Folgende Fräsersätze (8- oder 15 teilig) sind im Handel für jede Modulteilung erhältlich:

Fräser Nr. .	1	2	3	4	5	6	7	8
für z . . .	12	14	17	21	26	35	55	135

Fräser Nr. .	1½	2½	3½	4½	5½	6½	7½
für z . .	13	15	19	23	30	42	80

Wenn aber schon bei einwandfrei geschnittenen Zähnen starke Verzögerungen und Beschleunigungen auftreten, so vervielfachen sich diese, wenn der Fräser für größere Zähnezahlen verwendet wird. So hergestellte Räder können daher für große Geschwindigkeiten nicht verwendet werden.

Abb. 23. Das Fräsen von Innenverzahnungen nach dem Formverfahren.

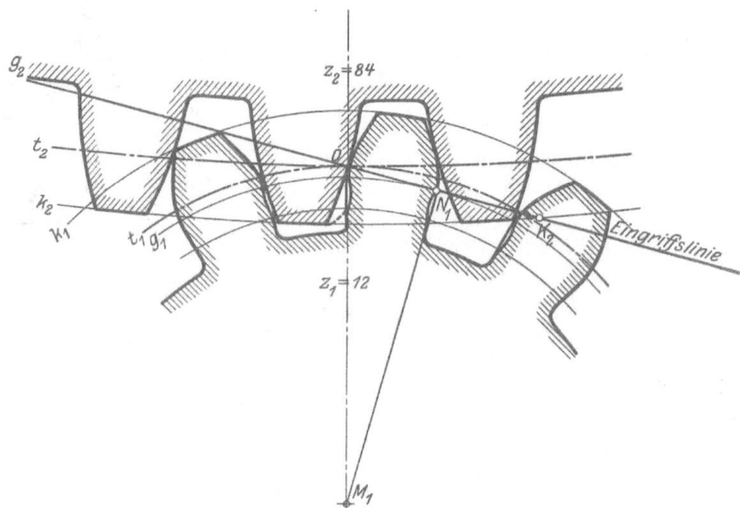

Abb. 24. Fehlerhafter Eingriff bei kleinen Zähnezahlen.

Aber auch bei der richtigen Zahnform muß noch besondere Sorgfalt angewandt werden, denn erstens nützen sich die Fräser rasch ab, und dann entsteht bei der Bearbeitung Wärme, womit Formänderungen des Werkzeuges und des Rades verbunden sind. Um diese Fehler

---

[1] DIN 867 legt 20^0 Eingriffswinkel fest.

klein zu halten, verwendet man Vor- und Nachfräser (Abb. 20a), und schaltet je um etwa 5 Zähne, damit die Erwärmung sich gleichmäßiger über das Rad verteilt.

Auch Innenverzahnungen können nach diesem Verfahren gefräst werden (Abb. 23). Damit die Zähne gefräst werden können, muß der Zahnkranz als Ring ausgebildet sein, der in den eigentlichen Radkörper eingesetzt wird.

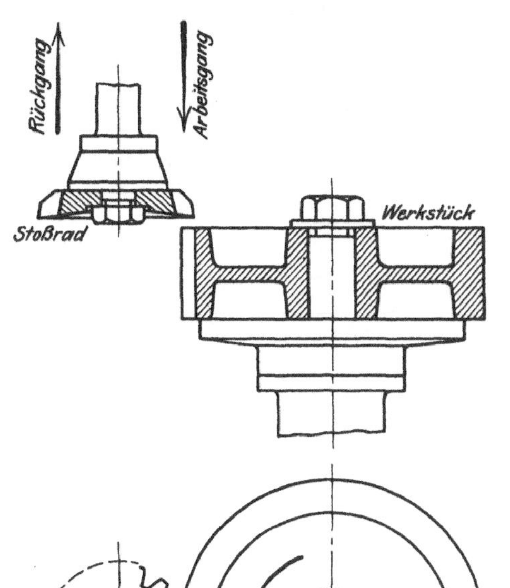

Abb. 26. Entstehen der Zahnflanken nach dem Abwälzverfahren (Fellow) (nach Rötscher).

Abb. 25. Prinzip der „Fellow"-Stirnrad-Stoßmaschine (nach Schiebel).

Unter 21 bzw. 30 Zähnen kommt die radiale Verlängerung des Zahnprofiles zwischen Grund- und Fußkreis zum Eingriff, womit große Ungleichmäßigkeit im Übersetzungsverhältnis $\frac{\omega_1}{\omega_2}$, also unregelmäßiger Gang, verbunden ist. Das kann bei kleinen Umfangsgeschwindigkeiten in Kauf genommen werden. Bei kleinen Zähnezahlen tritt aber außerdem ein Klemmen der Zahnflanken ein (Abb. 24). Da die Praxis auf diese kleinen Zähnezahlen nicht gut verzichten kann, wird entweder das Profil des Fräsers in

Abb. 27. Die „Fellow"-Stirnrad-Stoßmaschine.

der Nähe des Grundkreises so geändert, daß wenigstens das Klemmen verhindert wird, oder die Kopfhöhe des Zahnes wird entsprechend verkürzt.

Schlußfolgerung: Das Formfräsverfahren ist für Zahnräder mit großen Umfangsgeschwindigkeiten ungeeignet.

b) Das Abwälzverfahren. Der Grundgedanke des Abwälzverfahrens ist am besten an der „Fellow"-Stirnradhobelmaschine zu erklären (Abb. 25 bis 27). Die Schneide des Werkzeuges dieser Maschine entspricht einem mit regelrecht profilierten Zähnen versehenen Rad,

Abb. 28. Stoßen einer Innenverzahnung nach dem Fellow-Verfahren.

Abb. 30. Das Werkzeug der Maagschen Maschine.

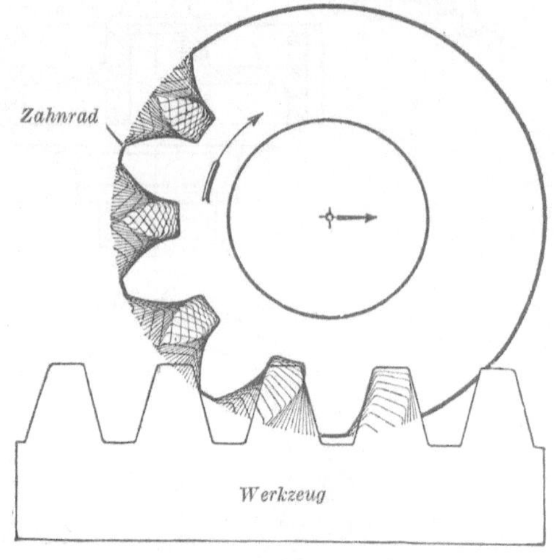

Abb. 31. Entstehen der Zahnflanken nach dem Abwälzverfahren (Maag).

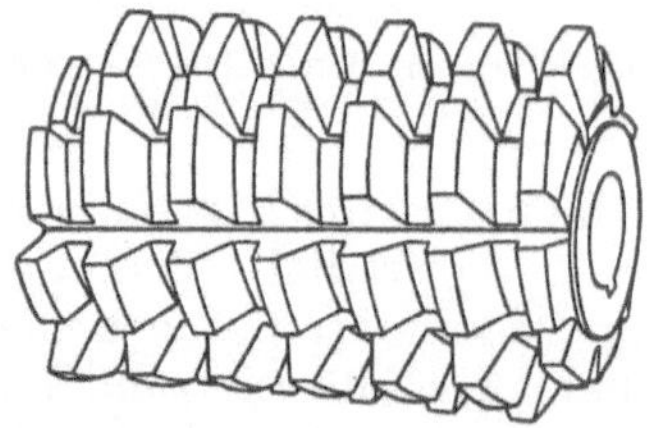

Abb. 32. Schneckenfräser (nach Jurthe-Mietzschke, Fräserei).

Abb. 29. Maschine der Maag-Zahnräder-A.-G. in Zürich beim Stoßen eines Stirnrades.

das mit dem Stößel einer Stoßmaschine auf- und abgeht. Der Stößel ist außerdem um das Zentrum des Werkzeugrades drehbar. Das zu schneidende Rad ist auf einen ebenfalls drehbaren Tisch aufgespannt. Stößel und Rad drehen sich jeweils um einen kleinen Betrag beim Leerhub des Stößels, und zwar so, daß das Werkzeugrad und das zu schneidende Rad eine langsame Zahnradbewegung ausführen. Sowohl Werkzeug als Werkstück müssen also zwangläufig im gegebenen Übersetzungsverhältnis angetrieben werden. Das Zahnprofil geht dabei aus den aufeinanderfolgenden Lagen der Profilschneide hervor, denn diese schneidet aus dem Werkstück gerade so viel Material heraus, wie für das ungehinderte Abrollen eines dem Werkzeugrad ähnlichen Rades erforderlich ist. — Die Genauigkeit der erzeugten Zahnkurve hängt vollständig von der Genauigkeit des Profils des Werkzeuges ab, so daß ein möglichst einfaches Profil erwünscht ist. Bei der Evolventenverzahnung erhält nur die Zahnstange gerade Profile. Die Verwendung der Zahnstange als Stoßwerkzeug hat Max Maag (Zürich) eingeführt. Die Nachahmung der Wälzbewegung zwischen Zahnstange und Rad wird dadurch erreicht, daß dem Rad gleichzeitig eine fortschreitende und eine drehende Bewegung erteilt wird (Abb. 29 bis 31).

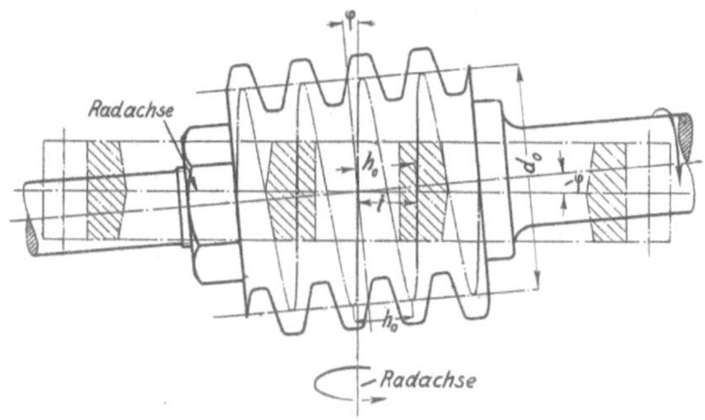

Abb. 33a.

In einer andern Form hat die Zahnstange eine viel ausgedehntere Verwendung gefunden. Um an Stelle der hin- und hergehenden Bewegung der Zahnstange eine kontinuierliche Drehbewegung zu erhalten, formt man die Zahnstange derart in einen Zylinder um, daß ihre trapezförmigen Zähne in einer Schraubenlinie verlaufen. Das Werkzeug erhält demnach die Form einer Schnecke (Abb. 32), in der Schneidflächen angebracht sind.

Man bringt nun den Fräser so mit dem zu bearbeitenden Rad zusammen, daß die Schraubengänge parallel zur Radachse liegen (Abb. 33a) und erteilt dem Fräser und dem Rad je eine zwangläufige Bewegung derart, daß nach einer Fräserumdrehung das Rad sich um eine Teilung weitergedreht hat. Dann räumen, wie beim Stoßverfahren, die Fräserzähne aus dem Radkranz die Lücken der Evolventenverzahnung aus.

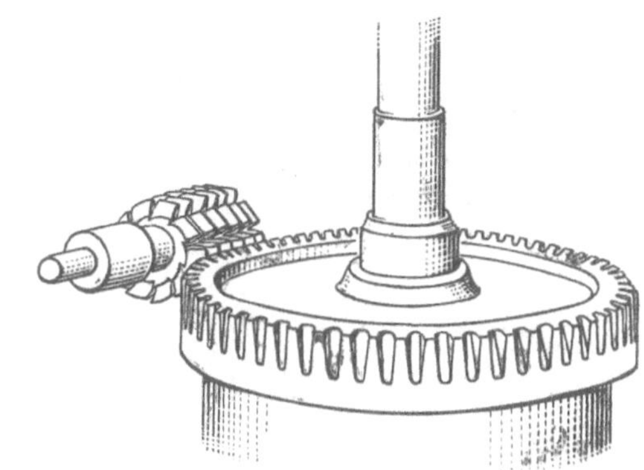

Abb. 33b.

Zwischen der Teilung t des Rades und der Ganghöhe h_0 der Fräserschnecke besteht die Beziehung (Abb. 33a):

$$\cos \varphi = \frac{\text{Teilung } t}{\text{Ganghöhe } h_0}.$$

Auch ist:

$$\operatorname{tg} \varphi = \frac{h_0}{\pi d_0} = \frac{\sin \varphi}{\cos \varphi},$$

so daß

$$t = \pi d_0 \sin \beta$$

oder

$$m = d_0 \sin \beta$$

ist. Dieser Bedingung müssen die Abmessungen des Schneckenfräsers genügen, wenn er

Abb. 33c.

Abb. 33a bis d. Das Abwälzverfahren (nach Rötscher). a) Prinzipskizze. b) Fräsvorgang. c) Maschine mit Abwälzfräser. d) Entstehung zweier Zahnflanken.

zum Schneiden einer Zahnteilung $t = \pi m$ geeignet sein soll. Der Fräser erhält schließlich noch eine Vorschubbewegung in der Richtung der Radachse zum Durchschneiden der ganzen Radbreite (Abb. 33b).

Der Hauptvorteil des Abwälzverfahrens gegenüber dem Teilverfahren besteht darin, daß immer richtige Profile erzeugt werden, und daß für sämtliche Zähnezahlen derselben Teilung nur ein einziges Werkzeug notwendig ist. — Ein weiterer Vorteil ist, daß die Fußprofile nicht durch radiale Verlängerungen gebildet, sondern durch den Fräser geschnitten

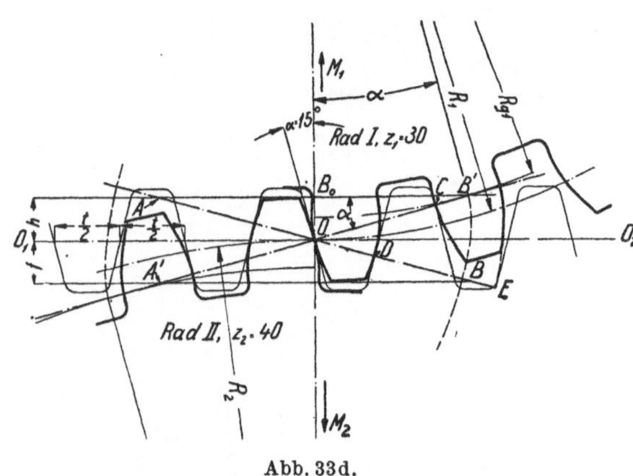

Abb. 33d.

werden, wobei der äußerste Schneidenpunkt den Fußanschluß ausarbeitet. Die Kopfgerade k_2 des Fräsers schneidet die Eingriffslinie in N' (Abb. 34). Liegt dieser Punkt außerhalb des Endpunktes N_1 der Evolvente, so wird das Fußprofil „unterschnitten“. Das ist immer der Fall, wenn

$$k_2 > r \cos^2 \alpha$$

ist. Wird die Kopfhöhe des Fräsers gleich $1\tfrac{1}{6}\,m$ gemacht und $r = \dfrac{z\,m}{2}$ eingesetzt, so ist

$$1\tfrac{1}{6}\,m > \frac{z\,m}{2}\cos^2 \alpha.$$

Mit $\alpha = 75^0$ wird $z_{\min} = 35$. Bei sehr kleinen Zähnezahlen wird das Unterschneiden so stark, daß der Zahnfuß wesentlich geschwächt wird (Abb. 35). Auch schneidet der Fräser ein Stück der Evolvente weg, so daß die erforderliche minimale Zähnesumme (vgl. S. 10) (um die Überdeckung $\varepsilon = 1$ zu erreichen) mindestens gleich 40 wird. Daher sollen auch hier kleine Zähnezahlen vermieden werden.

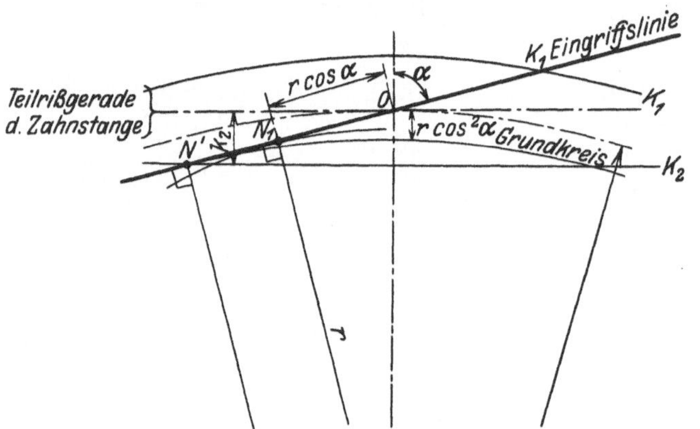

Abb. 34. Das Unterschneiden der Fußprofile.

Bei den vollständig geraden Schneidflanken des Fräsers wird das Fußprofil unnötig weit ausgeräumt, weil die Fräserkopfhöhe gleich $1\tfrac{1}{6}\,m$ ist, während die Kopfhöhe des Gegenrades nur gleich m ist. Man kann das Unterschneiden etwas mildern, indem die Kopfhöhe des geraden Teiles des Fräsers gleich m gemacht und die Spitze leicht abgerundet wird. Damit ist die minimale Zähnezahl für $\alpha = 75^0$

$$z_0 = \frac{2}{\cos^2 \alpha} = 30. \qquad (20)$$

Es ist auch hier zweckmäßig, das Zahnprofil in zwei Fräsgängen herzustellen, so daß für den Fertigschnitt nur eine geringe Spanstärke genommen werden muß. Da bei Rädern mit großem Durchmesser und großer Zahnbreite die Zeit für den einmaligen Durchgang des Fräsers bis zu 350 Stunden betragen kann und beim Fertigschnitt eine Unterbrechung

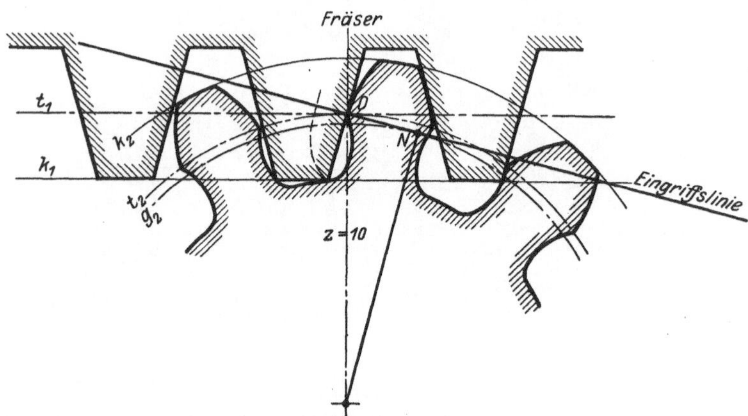

Abb. 35. Schwächung der Zähne bei kleiner Zähnezahl.

zu vermeiden ist, werden an den Fräser sehr hohe Anforderungen gestellt.

3. Räder mit kleinen Zähnezahlen. Um das Unterschneiden bei kleinen Zähnezahlen zu vermeiden, gibt es zwei Hilfsmittel, die unter dem Namen „korrigierte“ Verzahnung bekannt sind. Aus der Abb. 17 (S. 9) folgt, daß die Kopfhöhe des kleinen Rades k_1 viel größer sein darf als die Kopfhöhe k_2 des großen Rades, ohne Gefahr zu laufen, daß die Evolventenendpunkte in Eingriff kommen. Man kann also die Kopfhöhen beider Räder verschieden groß machen, aber so, daß $k_1 + k_2 = 2\,m$ bleibt (AEG-Korrektur von Lasche).

Das zweite Hilfsmittel beruht auf der Änderung des Eingriffswinkels. Aus der Gleichung (15)

$$z_2 = \frac{\left(\dfrac{z_1}{2}\cos\alpha\right)^2 - 1}{1 - \dfrac{z_1}{2}\cos^2\alpha}$$

folgt z. B. für $\alpha = 70^0$:

$z_1 =$	$z_2 =$	und $i =$
11	11	1
14	28	2
15	45	3
16	112	7
17	∞	∞

In allen Fällen, in denen nicht vollständige Spielfreiheit notwendig ist, kann durch die bei Evolventenverzahnung zulässige Vergrößerung des Achsabstandes schon eine kleinere Grenzzähnezahl erreicht werden, denn aus Abb. 18b (S. 10) folgt, daß dadurch ebenfalls der Eingriffswinkel geändert wird. Der Betrag $M_2 M'_2 = \Delta m$ wird „Achsabrückung" genannt. Durch eine Achsabrückung $\Delta m = 0{,}2\,m$ sind beim Übersetzungsverhältnis 1:1 schon 14 statt 21 Zähne zulässig, wobei allerdings die Überdeckung kleiner geworden ist, nämlich $\varepsilon = 1{,}4$ statt 1,78.

Für die Herstellung solcher „korrigierten" Zähne müßten nach dem Formverfahren besondere Fräser hergestellt werden, was praktisch kaum durchführbar wäre. Nach dem Abwälzverfahren dagegen können beide Räder mit der normalen Zahnstange für $\alpha = 15^0$ gestoßen oder durch den normalen Fräser gefräst werden. Die mittlere Teilrißgerade $O_1 O_2$ (Profilmittenlinie) der Zahnstange oder des Fräsers wird dabei gegen den Teilkreis des Rades um einen Betrag $V = xm$ verschoben (Abb. 36). Solche Räder nennt man[1] V-Räder (sprich: Vau-Räder) gegenüber Nullrädern (die Satzräder sind) ohne Profilverschiebung. Bedingung für den richtigen Eingriff zweier Zahnräder bleibt aber, daß das eine Rad auf der einen Seite, das zweite auf der anderen Seite der erzeugenden Zahnstange abgerollt wird, so daß die Verschiebung V für das eine Rad positiv und für das andere negativ ist. Bei V_+-Rädern werden Zahnstärke (auf dem Wälzkreis gemessen), Kopfhöhe und Kopfkreisdurchmesser größer, bei V_--Rädern kleiner als bei Nullrädern.

Macht man die Kopfhöhe des großen Rades $k_2 = \zeta m$, so tritt kein Unterschneiden ein (Abb. 34), wenn

$$\zeta m = r_1 \cos^2\alpha = \frac{z_1 m}{2}\cos^2\alpha$$

oder mit Gleichung (20), wenn $\zeta = \dfrac{z_1}{z_0}$ ist.

Damit wird für das kleine Rad:

$$x_1 m = m - \frac{z_1}{z_0}m$$

oder

$$x_1 = 1 - \frac{z_1}{z_0} \qquad (21)$$

und für das große

$$x_2 = -x_1.$$

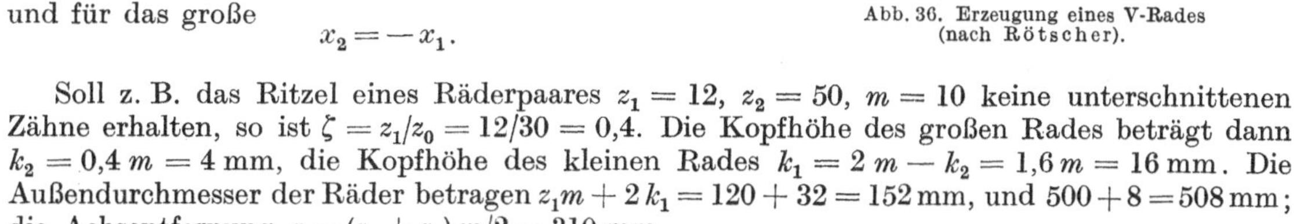

Abb. 36. Erzeugung eines V-Rades (nach Rötscher).

Soll z. B. das Ritzel eines Räderpaares $z_1 = 12$, $z_2 = 50$, $m = 10$ keine unterschnittenen Zähne erhalten, so ist $\zeta = z_1/z_0 = 12/30 = 0{,}4$. Die Kopfhöhe des großen Rades beträgt dann $k_2 = 0{,}4\,m = 4$ mm, die Kopfhöhe des kleinen Rades $k_1 = 2\,m - k_2 = 1{,}6\,m = 16$ mm. Die Außendurchmesser der Räder betragen $z_1 m + 2 k_1 = 120 + 32 = 152$ mm, und $500 + 8 = 508$ mm; die Achsentfernung $a = (z_1 + z_2)\,m/2 = 310$ mm.

Die Verschiebung des Teilkreises gegen die Teilrißgerade des Fräsers hat allerdings eine fehlerhafte Bearbeitung zur Folge. Der eigentliche Fräserteilriß kommt nicht mehr mit dem Teilriß des zu fräsenden Rades in Berührung, sondern eine weiter innen oder außen liegende Linie übernimmt die Rolle des Teilrisses. Dort ist aber der Steigungswinkel des Fräsergewindes anders als im Teilriß, so daß etwas verzerrte Profile erzeugt werden. Das kann bei kleinen und mittleren Umfangsgeschwindigkeiten in Kauf genommen werden, ist aber für rasch laufende Zahnräder unzulässig. Um den Profilfehler so klein als möglich zu halten, macht man

---

[1] Nach Fölmer: Betrieb 1919, S. 109.

den Steigungswinkel der Schnecke klein, z. B. 5^0, wodurch dann der Fräserdurchmesser festgelegt ist. Bei der Stoßmaschine von Maag ist dieser Fehler nicht vorhanden.

Nicht so einfach ist es, Unterschnittfreiheit zu erreichen, wenn sowohl z_1 als auch z_2 kleiner als die Grenzzähnezahl z_0 sind. Die notwendigen Korrekturen $x_1 = 1 - z_1/z_0$ und $x_2 = 1 - z_2/z_0$ werden dann für beide Räder positiv. Stellen wir nun jedes Rad unabhängig vom andern mit diesen Korrekturen her, so werden die Zahnflanken (wenn man die Räder in das Bezugsprofil hineinlegt) sich nicht mehr berühren, sondern ein Flankenspiel aufweisen. Der Achsabstand der beiden Räder ist dabei gegenüber dem normalen um $(x_1 + x_2)$ m größer. Wenn ein spielfreier Eingriff der Zahnflanken gefordert wird, so ist ein zusätzliches Näherrücken der beiden Räder notwendig. Spielfreiheit ist immer erforderlich, wenn die Umfangskraft während des Betriebes die Richtung wechselt, da sonst Stöße auftreten.

Eine einfache Ableitung der Bedingung für die Spielfreiheit, unter Berücksichtigung der praktischen Herstellung durch die Zahnstange, hat H. Brandenberger[1] gegeben: In Abb. 17 ist $B_1 B_2$ die gerade Flanke der erzeugenden Zahnstange. Die Gerade f ist die Profilmittenlinie, für die Zahnlücke und Zahnstärke gleich groß sind. Die Geraden g_1 und g_2, in den Entfernungen $CC_1 = x_1 m$ und $CC_2 = x_2 m$ von der Profilmittellinie sind die Wälzgeraden, auf denen die Teilkreise bei der Erzeugung der Zahnflanken zur Abwälzung gelangen. $C_1 N_1$ und $C_2 N_2$ sind die normalen Eingriffsgeraden mit dem Eingriffswinkel $90 - \alpha' = 75^0$. Durch Verwendung der verschiedenen Wälzgeraden g_1 und g_2 erhalten die Zahnflanken Spiel, so daß ein zusätzliches Näherrücken der Räder um $B_1' B_2' = \varrho m$ notwendig wird. $x_1 m + x_2 m - \varrho m = \lambda m$ ist also die Vergrößerung der Achsenentfernung für spielfreie Flanken. Die sich dadurch einstellende neue Eingriffslinie $N_1' B_1' B_2' N_2'$ weist einen um $\varDelta \alpha$ geänderten Eingriffswinkel auf.

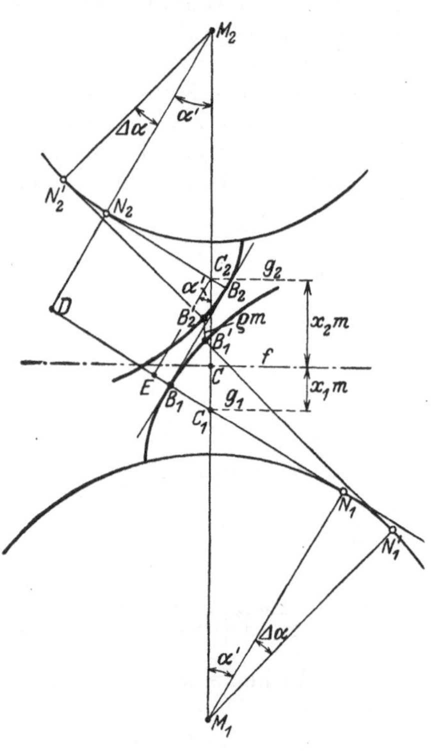

Abb. 37. Spielfreiheit bei kleinen Zähnezahlen.

Nun ist:

$$N_1' B_1' + B_2' N_2' = (M_1 M_2 - B_1' B_2') \sin(\alpha' + \varDelta \alpha).$$

Auch folgt aus der Entstehung der Evolvente:

$$N_1' B_1' + B_2' N_2' = N_1 B_1 + B_2 N_2 + \widehat{N_1 N_1'} + \widehat{N_2 N_2'}$$

$$= N_1 D + \frac{m}{2}(z_1 + z_2) \varDelta \alpha \cos \alpha'$$

$$= N_1 C_1 + C_1 E + E D + \frac{m}{2}(z_1 + z_2) \varDelta \alpha \cos \alpha'.$$

$$= \frac{m}{2}(z_1 + z_2) \sin \alpha' + (x_1 + x_2) m \sin \alpha'$$

$$+ \frac{m}{2}(z_1 + z_2) \varDelta \alpha \cos \alpha'.$$

Wird zur Abkürzung $\dfrac{z_1 + z_2}{2} = z_m$ und $x_1 + x_2 = 2 x_m$ gesetzt, dann ist

$$z_m \sin \alpha' + 2 x_m \sin \alpha' + z_m \varDelta \alpha \cos \alpha'$$
$$= (z_m + 2 x_m - \varrho) \sin(\alpha' + \varDelta \alpha)$$

oder

$$0 = z_m [\sin \alpha' + \varDelta \alpha \cos \alpha' - \sin(\alpha' + \varDelta \alpha)]$$
$$+ 2 x_m [\sin \alpha' - \sin(\alpha' + \varDelta \alpha)] + \varrho \sin(\alpha' + \varDelta \alpha).$$

Daraus folgt:

$$- \varrho = z_m \left[\frac{\sin \alpha' + \varDelta \alpha \cos \alpha'}{\sin(\alpha' + \varDelta \alpha)} - 1 \right] + 2 x_m \left[\frac{\sin \alpha'}{\sin(\alpha' + \varDelta \alpha)} - 1 \right].$$

Weiter folgt aus Abb. 37:

$$M_1 N_1' + M_2 N_2' = (M_1 M_2 - B_1' B_2') \cos(\alpha' + \varDelta \alpha) = M_1 N_1 + M_2 N_2 = \frac{m}{2}(z_1 + z_2) \cos \alpha'$$

oder

$$z_m \cos \alpha' = (z_m + 2 x_m - \varrho) \cos(\alpha' + \varDelta \alpha)$$

$$z_m [\cos \alpha' - \cos(\alpha' + \varDelta \alpha)] - 2 x_m \cos(\alpha' + \varDelta \alpha) + \varrho \cos(\alpha' + \varDelta \alpha) = 0,$$

woraus

$$\varrho = z_m \left[1 - \frac{\cos \alpha'}{\cos(\alpha' + \varDelta \alpha)} \right] + 2 x_m.$$

---

[1] Brandenberger, Dr.-Ing. H.: Schweiz. Bauzg. Bd. 92, Nr. 13/14. 1928.

Da $\lambda = 2x_m - \varrho$, so ist:
$$\frac{\lambda}{z_m} = \frac{\cos\alpha'}{\cos(\alpha' + \varDelta\alpha)} - 1 \qquad (22)$$

Weiter folgt durch Gleichsetzen beider ϱ-Werte:
$$z_m\left[\operatorname{ctg}\alpha' \operatorname{tg}(\alpha' + \varDelta\alpha) - 1 - \varDelta\alpha\,\operatorname{ctg}\alpha'\right] = 2x_m = x_1 + x_2$$

oder
$$\frac{x_1 + x_2}{z_m} = \operatorname{ctg}\alpha'\left[\operatorname{tg}(\alpha' + \varDelta\alpha) - \varDelta\alpha\right] - 1. \qquad (22\,\mathrm{a})$$

In Zahlentafel 3 und Abb. 38 sind (nach Brandenberger) die Werte von $\dfrac{x_1 + x_2}{z_m}$ und $\dfrac{\lambda}{z_m}$ in Abhängigkeit von $\varDelta\alpha$ eingetragen, für $\alpha' = 15^\circ$.

Zahlentafel 3.

$\varDelta\alpha$	$\alpha' + \varDelta\alpha$	$\dfrac{x_1 + x_2}{z_m}$	$\dfrac{\lambda}{z_m}$	$\varDelta\alpha$	$\alpha' + \varDelta\alpha$	$\dfrac{x_1 + x_2}{z_m}$	$\dfrac{\lambda}{z_m}$
-7°	8	$-0{,}0195$	$-0{,}0246$	$+5^\circ$	20	$+0{,}0327$	$+0{,}0279$
6	9	$-0{,}0181$	$-0{,}0220$	6	21	$0{,}0418$	346
5	10	$-0{,}0163$	$-0{,}0192$	7	22	$0{,}0519$	417
4	11	$-0{,}0140$	$-0{,}0160$	8	23	$0{,}0631$	493
3	12	$-0{,}0113$	$-0{,}0125$	9	24	$0{,}0754$	573
2	13	$-0{,}0081$	$-0{,}0087$	10	25	$0{,}0889$	658
-1	14	$-0{,}0044$	$-0{,}0045$	11	26	$0{,}1037$	747
0	15	0	0	12	27	$0{,}1199$	841
$+1$	16	$+0{,}0050$	$+0{,}0049$	13	28	$0{,}1376$	0940
2	17	$+0{,}0107$	$+0{,}0101$	14	29	$0{,}1568$	1044
3	18	$+0{,}0172$	$+0{,}0156$	15°	30	$+0{,}1777$	$+0{,}1154$
$+4^\circ$	19	$+0{,}0245$	$+0{,}0216$				

Das Zusammenrücken der beiden Räder bewirkt aber eine Verkleinerung des Kopfspieles um den gleichen Betrag ϱm. Soll das normale Kopfspiel aufrechterhalten bleiben, so müssen die Kopfhöhen beider Räder um den Betrag ϱm gekürzt werden. Die Kopfhöhen betragen dann:

$$\left.\begin{aligned} k_1 &= (1 + x_1 - \varrho)\,m \\ \text{und} \\ k_2 &= (1 + x_2 - \varrho)\,m. \end{aligned}\right\} \qquad (23)$$

Soll z. B. ein Räderpaar mit 10 und 15 Zähnen erzeugt und spielfrei eingebaut werden, so sind die Korrekturen für unterschnittfreie Zähne

$$x_1 = 1 - \frac{z_1}{z_0} = 1 - \frac{10}{30} = 0{,}667$$

und

$$x_2 = 1 - \frac{z_2}{z_0} = 1 - \frac{15}{30} = 0{,}5.$$

Da $z_m = \dfrac{1}{2}(z_1 + z_2) = 12{,}5$ ist, wird

$$\frac{x_1 + x_2}{z_m} = \frac{1{,}167}{12{,}5} = 0{,}0935.$$

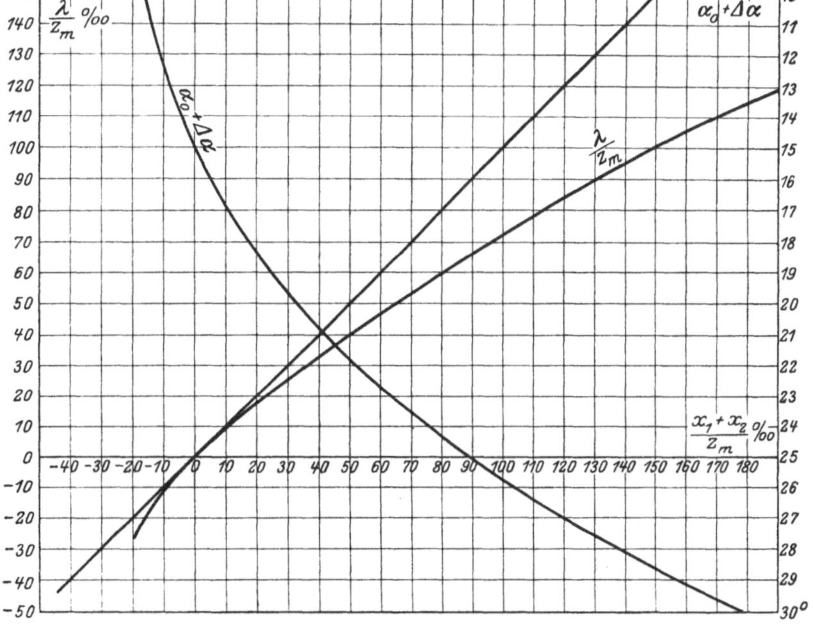

Abb. 38. Zur korrigierten Verzahnung.

Nach Abb. 38 wird damit $\dfrac{\lambda}{z_m} = 0{,}068$ und

$$\lambda = 0{,}068 \cdot 12{,}5 = 0{,}85$$
$$\varrho = x_1 + x_2 - \lambda = 1{,}167 - 0{,}85 = 0{,}317.$$

Die Kopfhöhen der Räder werden:

$$k_1 = (1 + 0{,}667 - 0{,}317)\,m = 1{,}350\,m$$

und

$$k_2 = (1 + 0{,}5 \quad - 0{,}317)\,m = 1{,}183\,m$$

und damit die Außendurchmesser:

$$z_1 m + 2 k_1 = (10 + 2{,}70\ ) m = 12{,}70\ m$$

und

$$z_2 m + 2 k_2 = (15 + 2{,}366) m = 17{,}366\ m$$

und die Achsenentfernung:

$$a = \left(\frac{z_1 + z_2}{2} + \lambda\right) m = (12{,}5 + 0{,}85)\, m = 13{,}35\, m\,.$$

4. Berechnung der Zahnräder. Die Zahnräder müssen auf

a) Festigkeit,
b) Abnützung (Lebensdauer),
c) Erwärmung (nur für große Leistungen)

berechnet werden.

a) **Festigkeitsrechnung.** Wenn ein Zahnrad N PS bei n Uml./min übertragen soll, so ist die Umfangskraft P_u aus der Leistungsgleichung

$$75\,N = P_u\, v \tag{24}$$

zu berechnen, worin die Umfangsgeschwindigkeit

$$v = \frac{\pi\, d\, n}{60} = \frac{\pi\, r\, n}{30}$$

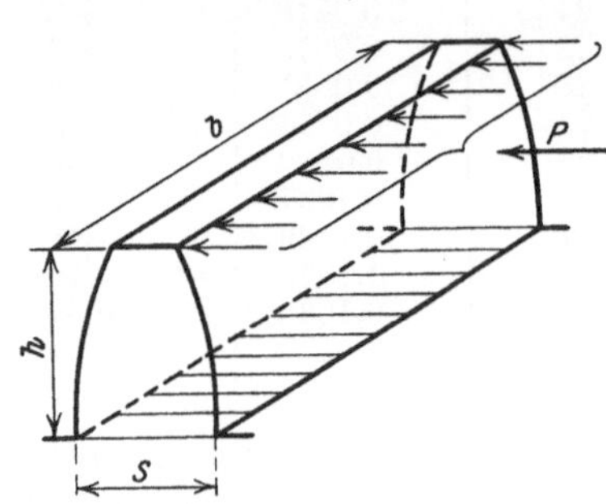

Abb. 39a (nach Schiebel).

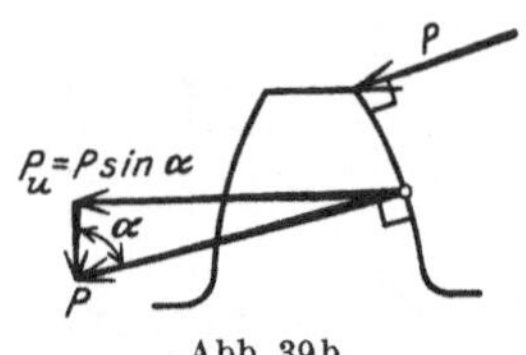

Abb. 39b.

Abb. 39a und b. Festigkeitsrechnung der Zähne.
a) Übliche Annahme bei der Rechnung,
b) Tatsächliche Wirkung der Zahnkraft.

ist. Diese tangential im Teilkreis wirkende Kraft denken wir uns im ungünstigsten Fall oben am Kopfrand angreifend (Abb. 39a). Dann folgt aus der Biegungsgleichung:

$$P_u\, h = \frac{1}{6}\, b\, s^2\, \sigma_b\,. \tag{25}$$

Der Zahndruck ist aber immer senkrecht zum Profil gerichtet (Abb. 39b). Außerdem muß, wenn der Zahn am Kopfrand angreift, der zweite Zahn schon im Eingriff sein, da die Eingriffsdauer immer größer als 1 ist. Die Beanspruchung wird demnach viel zu ungünstig angenommen, und kann dadurch wieder etwas ausgeglichen werden, daß höhere Biegungsspannungen als sonst üblich noch als zulässig angesehen werden.

Diese rohe Rechnungsweise ist deshalb zulässig, weil die Zähne nur ganz ausnahmsweise durch Abbrechen und meist durch die allmähliche Abnutzung unbrauchbar werden. In Ausnahmefällen, wenn tatsächlich die Bruchgefahr ausschlaggebend wird, sollte auch die genauere Festigkeitsrechnung durchgeführt werden.

Anderseits ist die größte Umfangskraft P meist größer als die aus der Motorleistung berechnete Kraft P_u, z. B. $P = \xi P_u$, worin $\xi > 1$ ist. Wenn große Massen in Bewegung gesetzt werden (Drahtseilbahn, elektrische Lokomotive, Walzwerk, Kranfahren usw.), und das Anlaßmoment des Motors das dreifache des normalen Motordrehmoment ist, so wird $\xi = 3$. Auch während des Betriebes können zusätzliche Kräfte auftreten, z. B. beschleunigende Kräfte infolge ungenauer

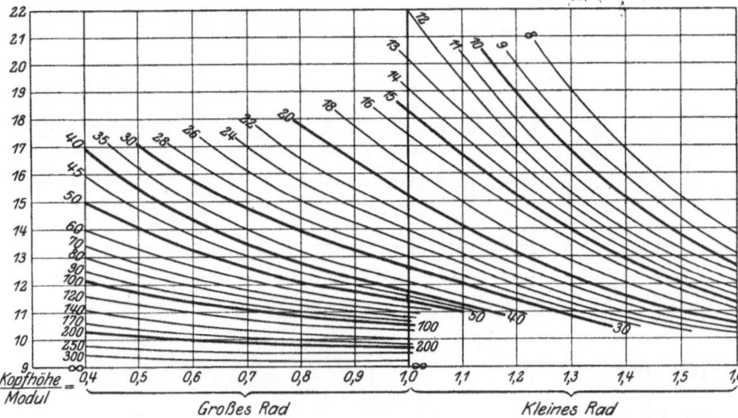

Abb. 40. γ-Werte für die Festigkeitsrechnung von Zahnrädern (nach Freytag, Hilfsbuch f. d. Maschinenbau).

Zahnform, oder Zusatzkräfte infolge ungleichmäßig auftretender Belastung der Arbeitsmaschine (z. B. Blechschere). Diese Kräfte müssen von Fall zu Fall zum Voraus geschätzt und durch die passende Wahl von ξ berücksichtigt werden.

Die Abmessungen h und s sind durch die Zahnform festgelegt. Setzt man: $h = \alpha t$, $s = \beta t$ und $\dfrac{6\alpha}{\beta^2} = \gamma$, so ist γ von der Teilung unabhängig.

Damit wird:

$$P = \frac{1}{\xi}\,\frac{\sigma_b}{\gamma}\,b\,t\,. \tag{26}$$

Für nach dem Abwälzverfahren hergestellte Räder sind die γ-Werte in Abb. 40 eingetragen. Für roh gegossene, also unbearbeitete Räder, ist $\alpha = 0{,}7$, $\beta = 0{,}5$ und $\gamma = \dfrac{6\alpha}{\beta^2} \approx 17$.

In der Gleichung (26) ist noch die Zahnbreite b als weitere Unbekannte enthalten. Die günstigste Zahnbreite wurde früher durch folgende Überlegung bestimmt: Als ungünstigster Fall kann angenommen werden, daß die Kraft P oben in einer Ecke angreift (Abb. 41). Dann wird der Bruch in einer bestimmten Richtung unter dem Winkel φ erfolgen, und die Biegungsgleichung lautet nun:

$$P\cdot h\cos\varphi = \frac{1}{6}\,\frac{h}{\sin\varphi}\,s^2\,\sigma_b\,,$$

woraus:

$$P = \frac{s^2}{3\sin 2\varphi}\,\sigma_b\,.$$

Die Kraft P wird am kleinsten für $\sin 2\varphi = 1$, d. h. für $\varphi = 45^0$:

$$P_{\min} = \frac{1}{3}\,s^2\,\sigma_b\,.$$

Bei gleichmäßiger Verteilung am Kopfrand war

$$P = \frac{1}{6}\,\frac{b}{h}\,s^2\,\sigma_b\,.$$

Beide Kräfte werden gleich, wenn $\dfrac{1}{3} = \dfrac{1}{6}\,\dfrac{b}{h}$
oder wenn

$$b = 2h = 1{,}4\,t$$

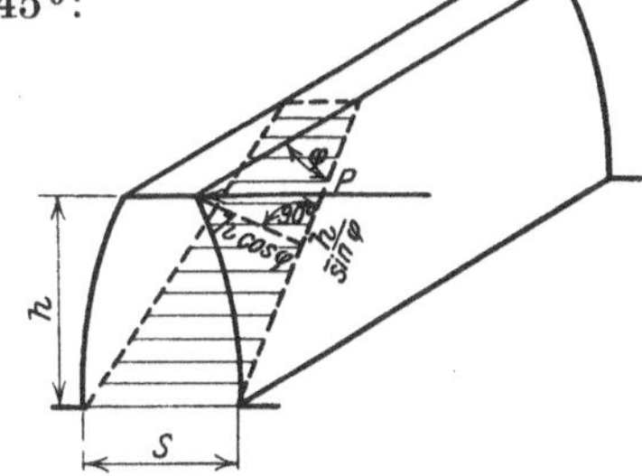

Abb. 41. Die Zahnkraft greift in einer Ecke an (nach Schiebel).

ist. Da bei nur einigermaßen richtig zusammenpassenden Rädern dieser ungünstigste Fall nicht vorkommt, macht man die Räder meist breiter, und setzt

$$\psi = \frac{b}{t}\,,\ \text{für unbearbeitete Räder} = 2 \text{ bis } 2{,}5\,,$$
$$\text{für bearbeitete Räder} \quad = 3 \text{ bis } 12\ (\text{bis } 40)\,.$$

Die richtige Wahl von ψ ist nicht immer leicht zu treffen, da diese von der Genauigkeit der Herstellung und von der Güte der gegenseitigen Lagerung der Räder abhängig ist. Je größer b gewählt wird, um so sorgfältiger muß die Ausführung sein. Für in geschlossenen Gehäusen laufende Räder muß ψ groß gewählt werden, da sonst die Zahnräder und damit die Gehäuseabmessungen und die Kosten unverhältnismäßig groß werden. Sicher darf in solchen Fällen als Minimalwert $\psi = 6$ gesetzt werden, und man kann ohne wesentliche Schwierigkeiten wohl bis $\psi = 10$ bis 12 gehen. Je breiter das Rad aber wird, um so sorgfältiger muß auch untersucht werden, ob infolge der Verbiegung der Welle oder der Verdrehung des Ritzels die Zahnflanken nicht einseitig aufliegen. Als Höchstwert der Zahnbreite kann etwa $2{,}5$ bis 3 mal Ritzeldurchmesser genommen werden. Durch das regelmäßige Aufschlagen der Zähne an einer Eckkante entstehen Geräusche, die, mit Radkörper und Gehäuse als Resonanzboden, sehr stark werden und deshalb äußerst störend wirken. Geräusche können auch durch ungenaue Zahnform oder durch Teilungsfehler entstehen. Die Stärke des auftretenden Geräusches ist ein guter Maßstab für die Güte der Ausführung. Aus der Periodenzahl der Schwingungen kann auf die Ursache des Geräusches geschlossen werden.

Aus der Gleichung (26) folgt mit $b = \psi t$:

$$\xi P = \frac{\sigma_b}{\gamma}\,\psi\,t^2\,. \tag{27}$$

Je größer die Überdeckung ε ist, um so weniger trifft die bei der Festigkeitsrechnung gemachte Annahme zu, daß die ganze Umfangskraft am Kopfrande eines Zahnes angreift. Wenn angenommen werden darf, daß der Zahndruck sich zu gleichen Teilen auf beide

Zähne verteilt und weil bei größerer Überdeckung der größte Hebelarm für die auf einen Zahn wirkende Umfangskraft wesentlich kleiner als die Kopfhöhe wird, kann

$$\frac{\xi P}{\varepsilon} = \frac{\sigma_b}{\gamma}\,\psi\, t^2 \tag{28}$$

gesetzt werden. Da aber die Größe der Überdeckung von der genauen Einhaltung der Zahnform und der Achsentfernung abhängt, ist es zweckmäßig, für ε nicht den theoretischen sondern einen 10 bis 20 % kleineren Wert einzusetzen.

Aus dieser Gleichung folgt, da $t = \frac{\pi\, m}{10}$ cm:

$$m^2 = \frac{10\, P\, \xi\, \gamma}{\sigma_b\, \psi\, \varepsilon}\,. \tag{29}$$

Führt man das größte Drehmoment $\xi M_d = \xi P \cdot r$ ein, und setzt $r = \frac{z\, m}{20}$ cm, so ist:

$$\xi P = \frac{20\, M_d \cdot \xi}{z\, m} \approx \frac{\sigma_b}{\gamma}\,\psi\,\frac{m^2}{10}\,\varepsilon\,,$$

woraus:

$$m = 5{,}85 \sqrt[3]{\frac{\xi\, M_d\, \gamma}{z\, \psi\, \sigma_b\, \varepsilon}}\ \text{mm}\,. \tag{30}$$

Aus der Gleichung (30) folgt, daß der Modul m und damit der Raddurchmesser nur mit $\sqrt[3]{\dfrac{1}{\psi\, \sigma_b}}$ abnimmt, d. h. doppelt so große Biegespannungen oder Radbreiten verkleinern den Durchmesser nur um etwa 20 %.

Zwischen der Leistung N (in PS) und dem Drehmoment M_d (in kgcm) besteht die Beziehung (Heft III, S. 1):

$$M_d = 71620\,\frac{N}{n}\ \text{kgcm}\,,$$

wenn n die Drehzahl in der Minute ist. Damit wird

$$m = 242{,}8 \sqrt[3]{\frac{\xi\, N\, \gamma}{z\, n\, \sigma_b\, \psi\, \varepsilon}}\ \text{mm}\,. \tag{31}$$

Für die größte Umfangskraft $P = \xi P_u$ kann als zulässige Biegespannung die Elastizitätsgrenze gewählt werden. In Zahlentafel 4 sind praktisch bewährte Werte von σ für die gebräuchlichsten Werkstoffe eingetragen.

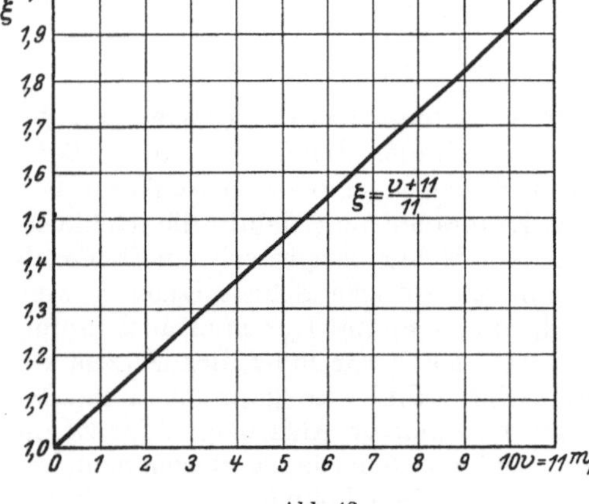

Abb. 42.

Zahlentafel 4.

Werkstoff	σ_b in at
Gußeisen	bis 430
Stahlguß	bis 900
SM-Stahl	1300
Spezialbronze, überschmiedet . .	1040
Phosphorbronze	750
Rotguß	560
Rohhaut	430
Holz (Weißbuche)	220

Die Sicherheit der Berechnung liegt dann in der richtigen Wahl von ξ. Für sehr langsam laufende Räder (z. B. Handhebezeuge) kann $\xi = 1$ gewählt werden. Mit wachsender Umfangsgeschwindigkeit nehmen die durch die ungenaue Zahnform entstehenden Beschleunigungen rasch zu. Auf Grund der Erfahrung ist es zulässig, Zahnräder bis $v = 11$ m/s Umfangsgeschwindigkeit nur auf Festigkeit zu berechnen, wenn

$$\xi = \frac{v + 11}{11} \tag{32}$$

eingesetzt wird (Abb. 42), obschon die Nachrechnung auf Abnutzung auch hier zu empfehlen ist.

Nimmt man an, daß die Zähne infolge der ungenauen Zahnform Sinusschwingungen ausführen, so ist der größte Beschleunigungsdruck

$$P_b = m\, a\, \omega^2\,. \tag{33}$$

Hierin ist m die auf den Teilkreis reduzierte Masse des Rades (vgl. Heft III, S. 83),

a der größte Schwingungsausschlag,

$\omega = \dfrac{2\pi}{T}$ die Winkelgeschwindigkeit der Schwingung,

$T = \dfrac{60}{n\,i}$ die Dauer der ganzen Sinusschwingung, wenn der i-te Teil einer Umdrehung der Dauer einer Teilschwingung entspricht. Der Wert von i kann zwischen der Zähnezahl z und 1 liegen.

$$\omega = \frac{2\pi}{T} = \frac{2\pi n i}{60} = \frac{n i}{9,6}. \quad (34)$$

Die Schwierigkeit bei der Anwendung der Gleichung (33) liegt in der Wahl von a. Für sorgfältig gefräste Zähne ist $a \approx 0,01$ mm; für ungenaue Ausführung kann a bis 0,1 mm steigen.

Da die beiden zusammenarbeitenden Zähne gemeinsam Schwingungen ausführen, ist es am einfachsten, eine mittlere reduzierte Masse m_0 der Rechnung zugrunde zu legen (vgl. Heft III, S. 84, Gleichung (122)) derart, daß

$$\frac{1}{m_0} = \frac{m_1 + m_2}{m_1 m_2} = \frac{1}{m_1} + \frac{1}{m_2} \quad (35)$$

ist. Kritisch werden die Beschleunigungsdrücke, wenn

Abb. 43. Federnde Verbindung zwischen Zahnkranz und Radkörper (Brown, Boveri & Cie.).

sie so groß werden, daß sie ein Abheben der Zahnflanken verursachen ($P_b > P_u$), da beim Wiederzusammentreffen der Flanken Stöße auftreten. Die Beschleunigungsdrücke können verkleinert werden:

1. dadurch, daß man a klein macht, d. h. die Zähne sorgfältig schleift. (Zahnradschleifmaschinen nach dem Abwälzverfahren und für gerade Zähne werden durch die Maag-Zahnräder AG. in Zürich und durch die AG. Reinecker in Chemnitz hergestellt.)

2. dadurch, daß man die Masse m_0 verkleinert, d. h. keine starre, sondern eine federnde Verbindung zwischen Radkranz und Radkörper anbringt (Abb. 43 und 44). Dabei genügt es (nach Gleichung (35)), eine der beiden reduzierten Massen, z. B. die des Ritzels, möglichst klein zu machen.

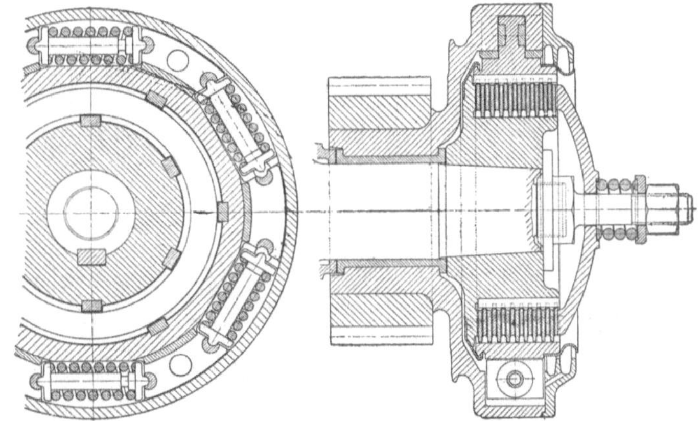

Abb. 44. Zahnrad in Verbindung mit Rutschkupplung (nach Sachs, Elektr. Vollbahnlok.).

Mit dem Ritzel und dem Rade sind durch die Wellen noch andere Massen verbunden. Sie bilden zwei federnd miteinander gekuppelte Pendel, deren kritische Eigenschwingungszahl nach Heft III, S. 83 u. f., berechnet werden kann.

Damit die Schwingungen an der Eingriffstelle nur den Rädern, nicht aber den damit gekuppelten Teilen mitgeteilt werden, muß deren Eigenschwingungszahl wesentlich kleiner als die Schwingungszahl des Rades sein (z. B. für $i = 1$). Das erreicht man durch Abfederung. Zu weich kann die Federung nie sein, wohl aber nicht weich genug. Federnde Kupplungen in der Form eines langen und hochbeanspruchten Wellenstückes findet man heute allgemein.

Um eine genügend lange Welle unterzubringen, führt man sie durch das hohlgebohrte Ritzel hindurch (Abb. 62, S. 32 und Abb. 85, S. 40).

    b) **Abnutzung.** Es ist eine bekannte Tatsache, daß Zahnräder meist nicht durch Abbrechen der Zähne, sondern fast immer durch Abnutzung unbrauchbar werden. Die Abnutzung kann sowohl durch das relative Gleiten der Zahnprofile (Reibung) als auch (und zwar hauptsächlich) durch zu hohe Flächenpressungen verursacht werden.

    1. **Die Zahnreibung.** Die relative Bewegung der beiden Räder entspricht einem Abrollen der beiden Teilrißzylinder aufeinander. Sie ist eine momentane Drehbewegung um die Berührungsgerade (durch den Zentralpunkt O) der beiden Zylinder als Momentanachse mit der Winkelgeschwindigkeit

$$\omega = \omega_1 \pm \omega_2,$$

worin das $+$-Zeichen für Außen-, das $-$-Zeichen für Innenverzahnung gilt.

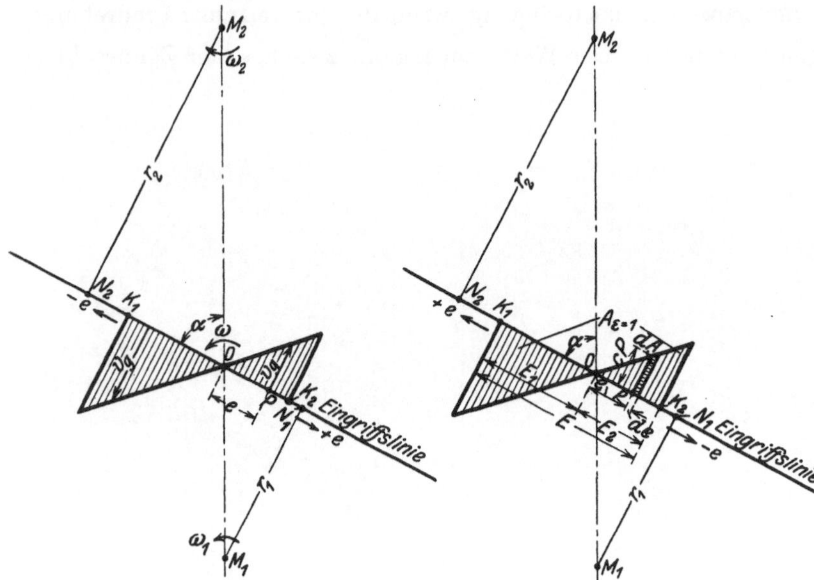

Abb. 45. Gleitgeschwindigkeit der Zahnflanken.

Abb. 46. Reibungsarbeit zweier Zähne für $\varepsilon = 1$.

Abb. 47a. $\varepsilon = 1,2$.   Abb. 47b. $\varepsilon = 2,5$.

Abb. 47a und b. Reibungsarbeit bei verschiedener Überdeckung.

In einem Eingriffspunkt, der in der Entfernung e von der Momentanachse liegt, haben die zwei sich berührenden Zahnflanken gegeneinander eine Gleitgeschwindigkeit (Abb. 45)

$$v_g = \omega \cdot e = e(\omega_1 \pm \omega_2).$$

Bezeichnet man die Zahnflanken innerhalb und außerhalb des Teilkreises als **Fußflanke** und **Kopfflanke**, so ist jedesmal die Kopfflanke der rascher bewegte Teil. Vor dem Wälzpunkt „stemmt" die Kopfflanke des getriebenen Rades die Fußflanke des treibenden, hinter dem Wälzpunkt „streicht" die Kopfflanke des treibenden Rades die Fußflanke des getriebenen. Die Reibungsarbeit für ein Flankenelement df ist:

$$dA_r = \mu P v_g dt$$
$$= \mu P e (\omega_1 \pm \omega_2) dt.$$

Da $\omega_1 r_{g_1}$ die Geschwindigkeit im Grundkreis ist, d. i. die Geschwindigkeit, mit der der Eingriff in der Eingriffsgeraden fortschreitet, so ist $dt = \dfrac{de}{\omega_1 r_{g_1}}$ und damit (Abb. 46)

$$dA_r = \mu P \frac{\omega_1 \pm \omega_2}{\omega_1 r_{g_1}} e\, de = c P\, de,$$

wenn zur Abkürzung $\mu \dfrac{\omega_1 \pm \omega_2}{\omega_1 r_{g_1}} \cdot e = c$ gesetzt wird.

    Da das Übersetzungsverhältnis $\dfrac{\omega_1}{\omega_2} = \dfrac{r_{g_2}}{r_{g_1}}$ und $r_g = r \sin \alpha$ ist, so wird:

$$dA_r = \mu P \left(1 \pm \frac{r_1}{r_2}\right) \frac{e\, de}{r_1 \sin \alpha}.$$

Durch Integration zwischen den Kopfkreisen erhält man:

$$A_r = \mu P \left(\frac{1}{r_1} \pm \frac{1}{r_2} \right) \frac{1}{\sin \alpha} \cdot \frac{E_1^2 + E_2^2}{2}. \tag{36}$$

Diese Betrachtung gilt für ein Zähnepaar, d. h. für eine Eingriffsdauer $\varepsilon = 1$. Da bei allen Zahnrädern $\varepsilon > 1$ sein muß und wenn beim gleichzeitigen Eingriff zweier Flankenpaare auf einen Zahn ungefähr die Hälfte der Umfangskraft entfällt, so erfährt das Diagramm der Reibungsarbeit die in Abb. 47 dargestellte Änderung. Die Reibungsarbeit eines Zahnes wird also kleiner, und zwar ist:

$$A_r \approx \mu P \left(\frac{1}{r_1} \pm \frac{1}{r_2} \right) \frac{E_1^2 + E_2^2}{2\,\varepsilon \sin \alpha}.$$

Wenn z_1 die Zähnezahl des einen Rades ist, so ist die Reibungsarbeit je Umdrehung gleich $z_1 A_r$, und die Reibungsleistung, d. i. die Reibungsarbeit in einer Sekunde:

$$L_r = \frac{z_1 n_1}{60} A_r \text{ kgm/s} \approx \frac{z_1 n_1}{60} \mu P \left(\frac{1}{r_1} \pm \frac{1}{r_2} \right) \frac{E_1^2 + E_2^2}{2\,\varepsilon \sin \alpha}. \tag{37}$$

Führt man an Stelle des Zahndruckes die übertragene Leistung (vgl. Abb. 39 b) ein:

$$N = \frac{P_u \cdot r_1 \omega_1}{75} = \frac{P \sin \alpha \, r_1 \omega_1}{75}$$

und berücksichtigt man weiter, daß $z_1 = \dfrac{2 \pi r_1}{t}$ und, nach der Definition der Eingriffsdauer, $\varepsilon = \dfrac{E}{t \cdot \sin \alpha}$ ist, so wird:

$$L_R \approx 75 \mu N \left(\frac{1}{r_1} \pm \frac{1}{r_2} \right) \frac{E_1^2 + E_2^2}{2 E \sin \alpha} \text{ kgm/s}. \tag{38}$$

Für normale Zahnräder mit der Kopfhöhe $= m$, bei denen

$$E_1 = E_2 = \frac{E}{2} < \frac{m}{\cos \alpha}$$

ist, wird für $\alpha = 75^0$, da $\sin 2\alpha = 0,5$ ist:

$$\frac{E_1^2 + E_2^2}{2 E \sin \alpha} < \frac{m}{2 \sin \alpha \cos \alpha} = 2\,m \; [\text{mm}]$$

und damit

$$L_r < 150 \mu N m \left(\frac{1}{r_1} \pm \frac{1}{r_2} \right) \text{kgm/s}. \tag{39}$$

Aus der Gleichung (38) folgt, daß die Reibungsarbeit ein Minimum für $E_1 = E_2$ und am größten für $E_1 = E$ und $E_2 = 0$ wird, da dann $E_1^2 + E_2^2 = E^2$ ist (Abbildung 48 a). Hinsichtlich der Verlustarbeit ist also eine Zahnkorrektur, bei der am kleinen Rad das Kopfstück auf Kosten des Fußstückes vergrößert wird, zu verwerfen (Abb. 48 b). Allerdings ist die Reibungsarbeit gut geschmierter Zähne so klein, daß dieser Gesichtspunkt in den meisten Fällen nicht ausschlaggebend ist. Ungünstig ist, daß die Abnutzung hauptsächlich auf die kurzen Fußprofile entfällt.

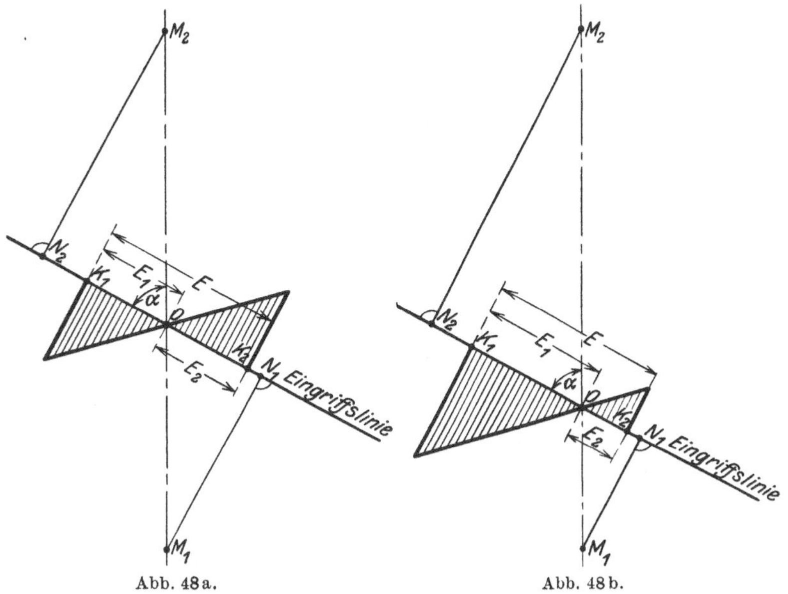

Abb. 48 a.   Abb. 48 b.

Abb. 48 a und b. Reibungsarbeit zweier Zahnflanken. a) bei gleichen Kopfhöhen, b) bei ungleichen Kopfhöhen.

Lassen wir E_1 und E_2 unverändert, so folgt aus Gleichung (38), daß die Reibungsarbeit proportional $\dfrac{1}{\sin \alpha}$ ist; wenn

$\alpha =$	60^0	65^0	70^0	75^0
ist, wird $\dfrac{1}{\sin \alpha} =$	2	1,56	1,31	1,16,

d. h. die Reibungsarbeit nimmt zu, wenn α kleiner wird.

Diese Untersuchungen haben weniger Bedeutung für die Bestimmung des Wirkungsgrades als für die Berechnung der Erwärmung der Zahnräder, wenn große Leistungen zu übertragen sind (vgl. S. 30).

Die Gleitverhältnisse lassen sich gut übersehen, wenn das eine Zahnprofil in eine Anzahl gleicher Teile geteilt wird und (mit Hilfe der Eingriffslinie) die entsprechenden Profilteile am andern Rad konstruiert werden (Abb. 11, S. 6).

Die Abnutzung kann bei gleicher Flächenpressung der spezifischen, d. i. der auf die Flächeneinheit bezogenen, Reibungsarbeit $\dfrac{dA_r}{df}$ proportional gesetzt werden

$$\frac{dA_r}{df_1} = P\,\mu\left(\frac{1}{r_1} \pm \frac{1}{r_2}\right)\frac{e}{\sin\alpha}\frac{de}{df_1}. \quad (40)$$

Zeichnen wir die zu de gehörenden Profilstücke, die in der Eingriffstellung gezeichnet senkrecht zur Eingriffslinie stehen müssen, so ist aus Abb. 49 ersichtlich, daß $e\dfrac{de}{df_1} = e\operatorname{tg}\delta_1$ ist.

Da für eine gegebene Verzahnung alle anderen Faktoren in der Gleichung (40) unverändert bleiben, so wird die Abnutzung durch den Faktor $e\operatorname{tg}\delta_1$ dargestellt. Der Wert $e\operatorname{tg}\delta_1$, für jeden Punkt der Eingriffstrecke aufgetragen, ergibt eine Kurve, Abnutzungscharakteristik genannt (Abb. 49).

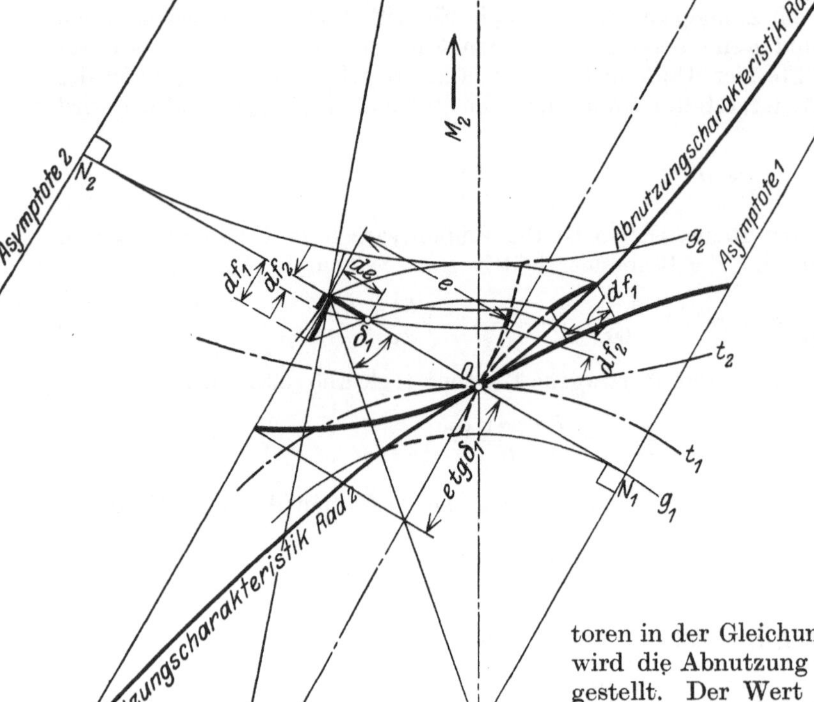

Abb. 49. Konstruktion der Abnutzungscharakteristik.

Im Wälzpunkt O ist die Abnutzung gleich Null, weil dort die Gleitgeschwindigkeit gleich Null ist, während in den Grundkreispunkten N_1 und N_2 der Evolventen die Abnutzung unendlich groß wird. Die Endpunkte der Evolventen kommen nun bei der $15°$-Normverzahnung, je nach dem Übersetzungsverhältnis, für alle Zähnezahlen kleiner als 21 bis 30 in Eingriff, so daß für raschlaufende Räder solche kleine Zähnezahlen zu vermeiden sind.

In Abb. 50 ist für ein Übersetzungsverhältnis 1:7 und in Abb. 51 für $i \approx 2:5$ und für eine Zähnezahl $z_1 = 42$ resp. 43 die Abnutzungscharakteristik für das kleine Rad konstruiert. Aus diesen Abbildungen ist zu erkennen, daß auch bei dieser Zähnezahl die Abnutzung des Fußprofiles wesentlich größer als die des Kopfprofiles ist.

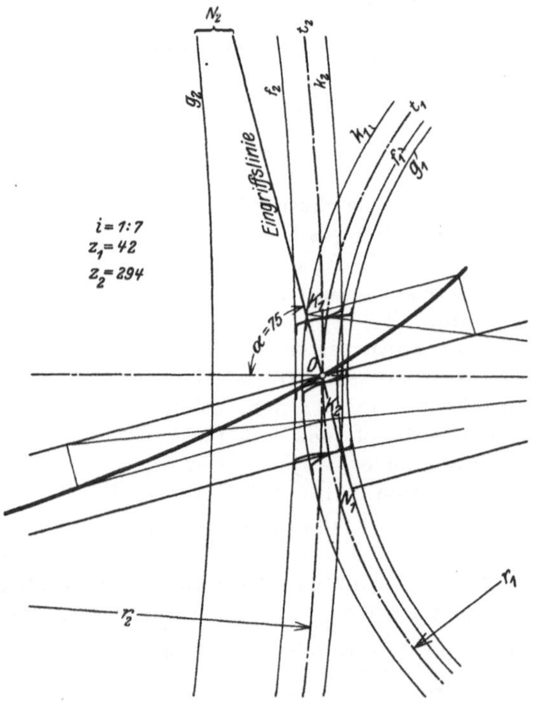

Diese aus der Reibungsarbeit abgeleiteten Schlußfolgerungen gelten unter der ausdrücklichen Voraussetzung, daß $\varepsilon = 1$ und die Reibungszahl überall gleich ist und daß keine Abnutzung durch zu große Flächenpressungen entsteht (vgl. S. 29).

Abb. 50. Abnutzungscharakteristik für $i = 1:7$.

Der prozentuale Verlust durch Zahnreibung folgt aus Gleichung (39) zu:

$$100 \frac{L_R}{75 N} = 400 \mu \left(\frac{1}{z_1} \pm \frac{1}{z_2} \right). \tag{41}$$

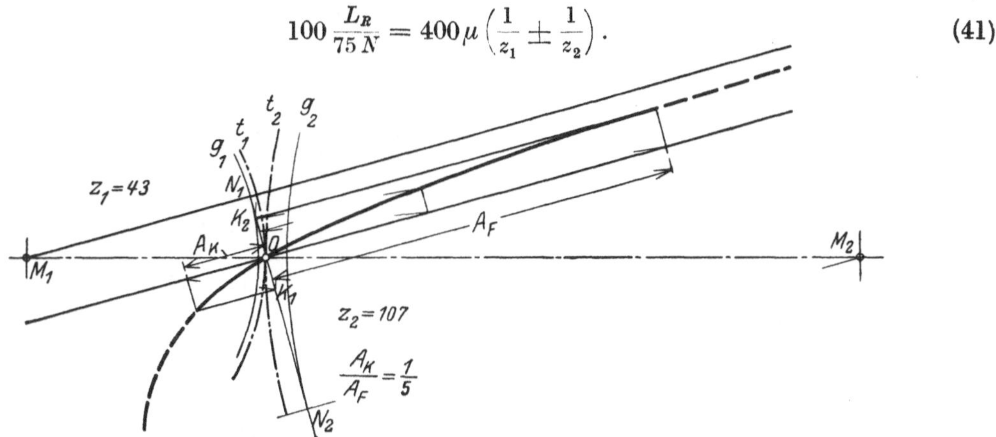

Abb. 51. Abnutzungscharakteristik für $i \approx 2 : 5$.

Um diesen Verlust, und damit auch die Abnutzung, klein zu halten, gibt es zwei Mittel:

1. Große Zähnezahlen.
2. Kleine Werte von μ, d. h. gut geschmierte Zahnflanken.

Da bei Evolventenverzahnung die Gleitgeschwindigkeit im Wälzpunkt gleich Null und beim Kopf- und Fußprofil entgegengesetzt gerichtet ist (vgl. Abb. 45), so ist eine gute Schmierung der Flanken nicht leicht durchzuführen und Flüssigkeitsreibung jedenfalls nicht erreichbar.

Für Umfangsgeschwindigkeiten bis etwa 12 m/s kann durch Eintauchen des großen Rades in Öl geschmiert werden (Abb. 52). Bei größeren Geschwindigkeiten wird das Öl abgeschleudert. Dann wird durch Drucköl geschmiert,

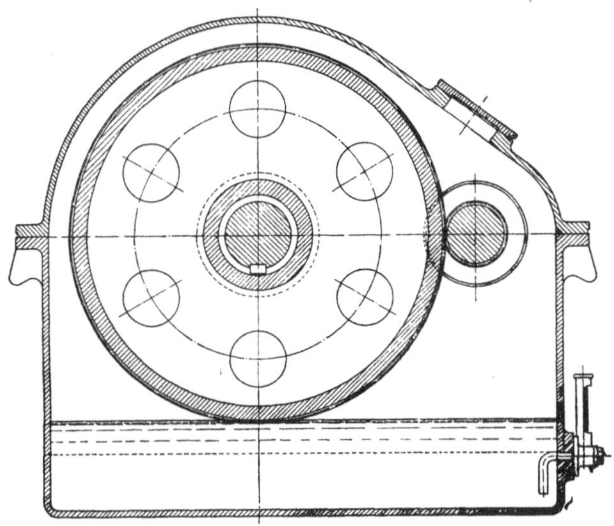

Abb. 52. Schmierung der Zähne durch Eintauchen in Öl.

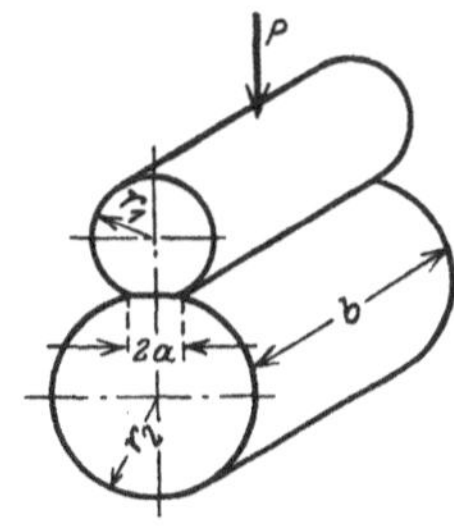

Abb. 53.

das durch ein Spritzrohr zugeführt wird (Abb. 83). — Aus der Gleichung (41) folgt durch Einsetzen von Zahlenwerten, daß der Reibungsverlust gut geschmierter Zahnräder mit großen Zähnezahlen nur wenige Zehntel Prozent beträgt[1].

2. Die maximale Flächenpressung zwischen zwei Zylinderflächen (Abb. 53) ist (nach Heft III, S. 60):

$$p_{\max} = 0,418 \sqrt{\frac{PE}{b \varrho}} \text{ at} \tag{42}$$

und die Abplattung:

$$2a = 3,046 \sqrt{\frac{P}{b} \frac{\varrho}{E}} \text{ cm},$$

worin $\dfrac{1}{\varrho} = \dfrac{1}{r_1} \pm \dfrac{1}{r_2}$ ist. Diese Gleichungen gelten auch für zwei aufeinandergepreßte Zahnflanken, und zwar bei Evolventenzähnen $+$ für Außen- und $-$ für Innenverzahnung. Die jeweiligen Krümmungsmittelpunkte der Evolventenprofile liegen — gemäß der Entstehung der Evolvente — auf dem Grundkreis in N. Für irgendeinen Eingriffspunkt P (Abb. 54a) sind

---

[1] Methode zur Bestimmung des Wirkungsgrades von Zahnrädern (siehe Rikli: Z. V. d. I. 1911, S. 1436).

$PN_1 = r_1$ und $PN_2 = r_2$ die Krümmungsradien der Zahnflanken. Damit ist

$$\varrho = \frac{r_1 r_2}{r_1 + r_2} = \frac{r_1 r_2}{N_1 N_2} \qquad (43)$$

für jede Eingriffstellung bekannt. In den Evolventenendpunkten N_1 und N_2 ist der Krümmungsradius gleich Null, so daß dort theoretisch die Flächenpressung immer unendlich groß wird.

Schon aus der Abnutzungskurve (Abb. 49) folgte, daß für die Punkte N_1 und N_2 die aus der Gleitung entstehende Abnutzung theoretisch unendlich groß würde. Diese Punkte sollten deshalb möglichst nicht in Eingriff kommen, und zwar um so weniger, je rascher die Räder laufen, wenn auch durch das Eingreifen des zweiten Flankenpaares die Flächenpressung sofort kleiner wird.

Aber auch in der Nähe der Punkte N_1 und N_2 wird der eine Krümmungsradius sehr klein, d. h. die Flächenpressung recht groß, so daß auch mit Rücksicht auf die zulässige Flächenpressung eine möglichst große Zähnezahl erwünscht ist.

Aus diesen Überlegungen folgt, daß für raschlaufende Zahnräder die minimale Zähnezahl etwa 42 betragen soll, damit eine zu rasche Abnutzung der Zähne durch zu große Flächenpressung oder durch Zahnreibung vermieden wird.

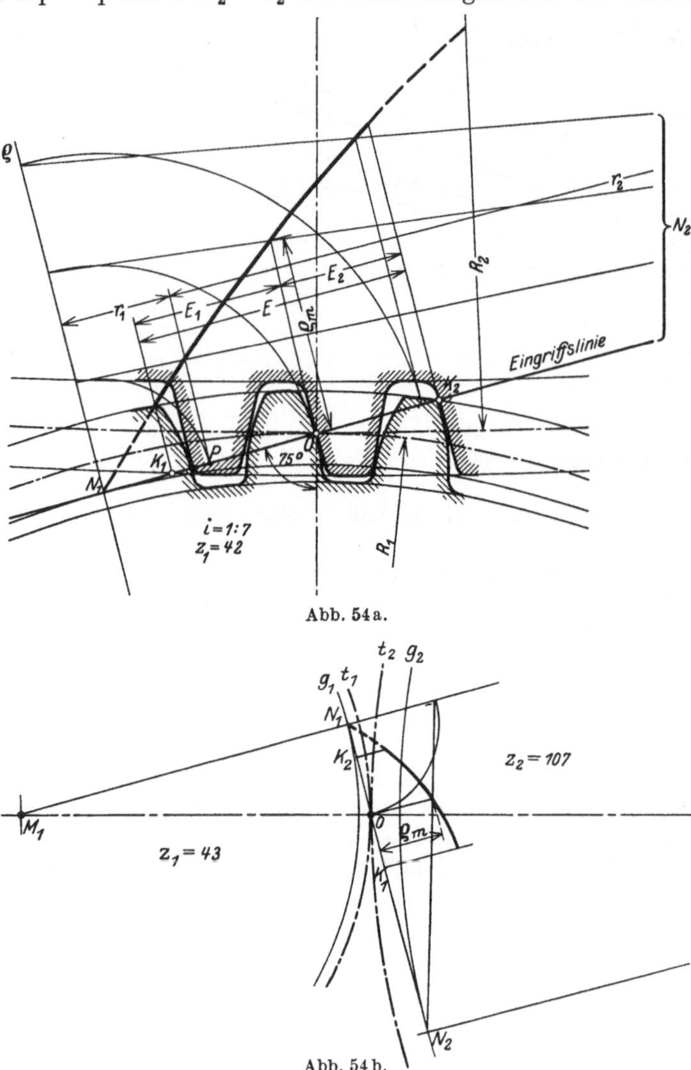

Abb. 54a.

Abb. 54b.

Abb. 54a und b. Werte von ϱ und ϱ_m für verschiedene Übersetzungsverhältnisse.

Aus Abb. 54a, b ist zu ersehen, daß die Krümmungsradien an verschiedenen Stellen der Zahnprofile stark verschieden sind. Als guter Mittelwert kann für Übersetzungen größer als $1:2$ der Wert im Wälzpunkt O genommen werden. Für diesen Punkt stehen die Krümmungsradien der Flanken in einer einfachen Beziehung zu den Teilkreisradien, nämlich:

$$r_1 = R_1 \cos \alpha \quad \text{und} \quad r_2 = R_2 \cos \alpha \; *.$$

Der Normaldruck P wirkt in der Richtung der Eingriffslinie (Abb. 39b, S. 20), so daß $P = \dfrac{P_u}{\sin \alpha}$ ist. Mit diesen Werten wird

$$p_{\max} = 0{,}418 \sqrt{\frac{P_u E}{b \sin \alpha} \left(\frac{1}{R_1 \cos \alpha} \pm \frac{1}{R_2 \cos \alpha} \right)}. \qquad (44)$$

Da die Abnutzung weniger durch die nur vereinzelt auftretende größte Umfangskraft ξP_u als durch die mittlere Dauerbelastung des Zahnes bedingt wird, kann $P_u = \dfrac{M_d}{R_1}$ gesetzt werden.

Für den normalen Winkel von 75^0 ist $\sin 2\alpha = 0{,}5$. Wenn außerdem die Zähnezahlen an Stelle der Radien eingeführt werden:

$$R_1 = \frac{z_1 m}{20} \text{ cm} \quad \text{und} \quad R_2 = \frac{z_2 m}{20} \text{ cm},$$

---

* Um Verwechslungen mit den Krümmungsradien der Zahnflanken zu vermeiden, werden die Teilkreisradien mit R_1 und R_2 bezeichnet.

so erhält man, da

$$\sqrt{\frac{1}{R_1}\left(\frac{1}{R_1}+\frac{1}{R_2}\right)}=\frac{20}{z_1\,m}\sqrt{\frac{z_1+z_2}{z_2}}$$

ist:

$$p_{\max}=\frac{16{,}72}{z_1\,m}\sqrt{\frac{M_d\,E}{b}\cdot\frac{z_1+z_2}{z_2}}\ \text{at}\,.\tag{45}$$

Wenn die Eingriffsdauer größer als 1 ist und wenn angenommen wird, daß der Zahndruck sich auf beide Zähne gleich verteilt, so ist

$$p_{\max}=\frac{16{,}72}{z_1\,m}\sqrt{\frac{M_d\,E}{\varepsilon\,b}\cdot\frac{z_1+z_2}{z_2}}\ \text{at}\,.\tag{46}$$

Für $b=\psi\,t=\dfrac{\psi\,\pi\,m}{10}$ cm und $E=2\,150\,000$ at, wird

$$p_{\max}=\frac{43\,650}{z_1\,m}\sqrt{\frac{M_d}{\varepsilon\,\psi\,m}\cdot\frac{z_1+z_2}{z_2}}\ \text{at}\,.\tag{47}$$

Aus der Gleichung (30) folgt:

$$M_d=\frac{m^3\,z_1\,\sigma_b\,\psi\,\varepsilon}{200\,\gamma\,\xi}$$

und aus der Gleichung (47):

$$M_d=\left(\frac{p_{\max}}{43\,650}\right)^2 z_1^2\,\psi\,m^3\,\varepsilon\,\frac{z_2}{z_1+z_2}\,.$$

Durch Gleichsetzen beider Werte für M_d erhält man:

$$\sigma_b=\left(\frac{p_{\max}}{3100}\right)^2\cdot\xi\,\gamma\,z_1\,\frac{z_2}{z_1+z_2}\ \text{kg/cm}^2,\tag{48}$$

einen interessanten Zusammenhang zwischen der maximalen Flächenpressung der Zahnflanken $p_{\max}$ und der zulässigen Biegespannung σ_b. Damit bleibende Formänderungen vermieden werden, sollte $p_{\max}$ jedenfalls unterhalb der Elastizitätsgrenze bleiben. Diese ist für verschiedene Werkstoffe in Heft 1, S. 7/8 angegeben.

In Abb. 55 ist

$$\sigma_b'=\left(\frac{p_{\max}}{3100}\right)^2 \gamma\,z_1$$

für verschiedene Grenzwerte von $p_{\max}$ in Abhängigkeit von der Zähnezahl dargestellt. Auffallend sind die sehr kleinen zulässigen Biegespannungen für weiche Stahlsorten (z. B. für St. 34[1] und $z=21$, $\xi=3$ folgt $\sigma_b=120$ at), die deutlich zeigen, daß diese für raschlaufende Zahnräder vollständig ungeeignet sind, weil sie „schmieren“.

Für raschlaufende Zahnräder dürfen nur sehr harte Materialien und große Zähnezahlen verwendet werden.

Da so harte Werkstoffe meist spröde sind, verwendet man im Einsatz gehärtete Räder, die einen zähen Kern behalten (Abb. 56) und deshalb für stoßweise Beanspruchung besser geeignet sind.

Es ist in der Praxis gebräuchlich, zulässige Werte von $\dfrac{P}{b}$ in Abhängigkeit vom Ritzeldurchmesser festzulegen (Abb. 57). Wie aber aus der Gleichung (44) folgt, hängt der zulässige Wert von $\dfrac{P}{b}$ nicht nur vom Ritzeldurchmesser, sondern auch vom Raddurchmesser ab, so daß die Berechnung nach Gleichung (48) zweckmäßiger ist.

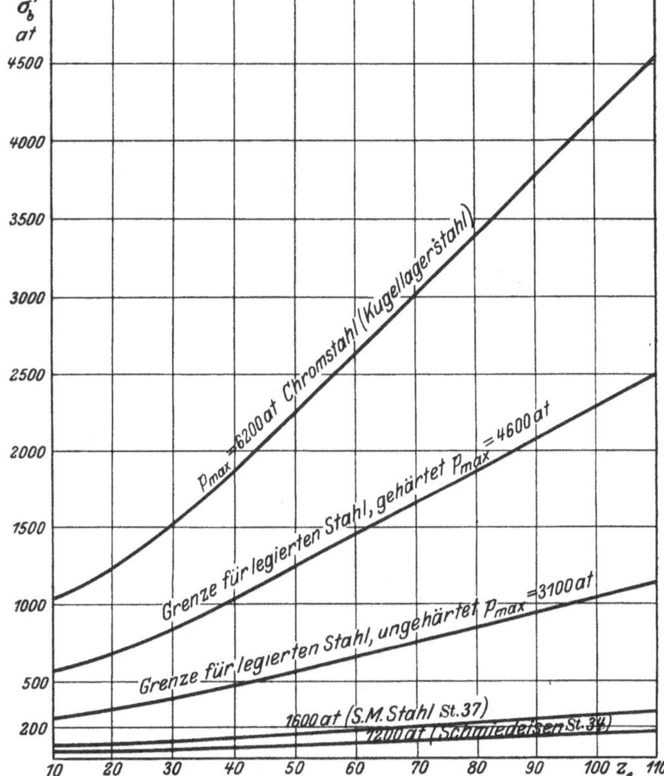

Abb. 55. Zur Berechnung schnellaufender Zahnräder. $\sigma_b=\xi\,\sigma_b'\,\dfrac{z_2}{z_1+z_2}$.

Da die zulässige Zahnbelastung für eine gegebene Übersetzung ungefähr proportional dem Ritzeldurchmesser wächst und die maximale Zahnbreite ebenfalls in konstantem Verhältnis

---

[1] Heft I, S. 8.

zum Durchmesser ausgeführt wird (vgl. S. 24), so steigt das zulässige Drehmoment angenähert mit der dritten Potenz des Ritzeldurchmessers.

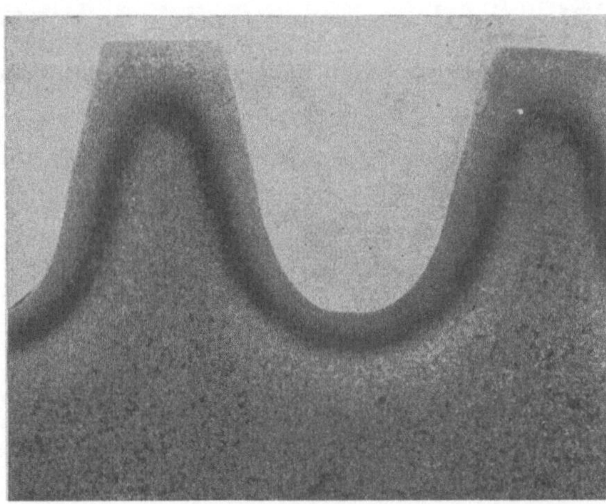

Abb. 56. Im Einsatz gehärtete Zahnflanken (nach „Krupps Monatshefte").

c) **Erwärmung.** Wenn die ganze Reibungsarbeit, die sich auf beide Räder verteilt, in Wärme umgesetzt wird, so ist (da $1\,\text{mkg} = \dfrac{1}{427}\,\text{kcal}$ ist) die Reibungswärme nach Gleichung (39):

$$Q = \frac{150 \cdot 3600}{427} \mu\,N\,m \left(\frac{1}{R_1} \pm \frac{1}{R_2}\right) \text{kcal/h} ,$$

oder mit $R = \dfrac{zm}{2}$:

$$Q = 1254\,\mu\,N \left(\frac{1}{z_1} \pm \frac{1}{z_2}\right) \text{kcal/h} . \qquad (49)$$

Die Räder laufen meist in einem geschlossenen Gehäuse. Die Wärmeabgabe an die Gehäusewand erfolgt deshalb

1. durch Strahlung, und
2. (zum größten Teil) durch das Öl, das zur Schmierung der Zähne verwendet wird, und sich dabei erwärmt.

Reicht die Oberfläche des Gehäuses für die Abgabe der Wärme nach außen ohne sehr starke Temperaturerhöhung nicht mehr aus, so muß das Öl künstlich gekühlt werden, indem z. B. eine Kühlschlange in den Ölbehälter eingebaut oder ein besonderer Kühler für das umlaufende Öl vorgesehen wird. Auch eine Durchlüftung des Gehäuses kann für die Kühlung der Zahnräder sehr zweckmäßig sein.

Das kleine Rad muß sich wesentlich stärker erwärmen als das große. Damit nun ein Klemmen der Zähne durch die ungleichen Ausdehnungen vermieden wird, müssen die Zähne in kaltem Zustande etwas Flankenspiel haben.

Zahlenbeispiel. Welche Abmessungen müssen die Zahnräder einer Lokomotive erhalten bei Einzelachsenantrieb durch Elektromotor von $N = 700\,\text{PS}$ bei $n = 500$ Uml./min, wenn das Übersetzungsverhältnis $i = 2:5$ ins Langsame ist?

Es handelt sich hier um raschlaufende Räder, die eine möglichst lange Lebensdauer haben sollen, so daß die Zähne auf Abnutzung zu berechnen sind. Unter diesen Verhältnissen kann als kleinste Zähnezahl 42 angenommen werden. Die Abnützungscharakteristik ist in Abb. 51 dargestellt. Wird als zulässige Flächenpressung für legierten, gehärteten Stahl $p_{\text{max}} = 4000$ at angenommen, so folgt die zulässige Biegespannung aus der Gleichung (48) zu:

$$\sigma_b = \left(\frac{4000}{3100}\right)^2 \cdot \xi \cdot 11{,}5 \cdot 42\,\frac{105}{42 + 105} = 574\,\xi \text{ at} .$$

Damit wird die Teilung, nach Gleichung (31):

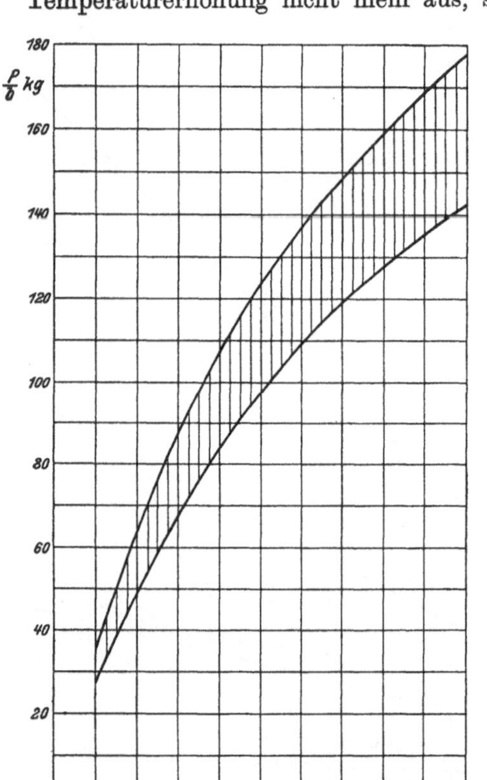

Abb. 57. Erfahrungswerte von $\dfrac{P}{b}$ (Brown, Boveri & Cie.).

$$m = \frac{t}{\pi} = 242{,}8 \sqrt[3]{\frac{\xi \cdot 700 \cdot 11{,}5}{42 \cdot 500 \cdot 574\,\xi \cdot 6 \cdot 2}} = 11{,}67 \approx 12 .$$

Dieser Wert ist der Ausführung zugrunde gelegt; die Zahnräder bewähren sich im Dauerbetrieb ausgezeichnet.

5. Zahnräder mit schrägen Zähnen (Schraubenzähnen). Der Nachteil der parallel zur Welle angeordneten (geraden) Zähne liegt darin, daß sie plötzlich belastet bzw. entlastet werden. Sind nun geringe Teilungs- oder Zahnformfehler vorhanden, so schlagen die Zähne aufeinander, wodurch zusätzliche Beanspruchungen und störende Geräusche entstehen.

Zerlegt man aber den geraden Zahn der Breite nach in i gleiche Teile und versetzt diese im Teilkreis je um $\frac{t}{i}$ (Abb. 58), so vergrößert sich der Eingriff eines Zahnes um den Betrag t. Die Schraubenzähne entstehen nun durch stetige Versetzung des Zahnprofiles über die ganze Breite des Rades derart, daß aus einer geraden Mantellinie des zylindrischen Rades eine Schraubenlinie mit dem unveränderlichen Steigungswinkel β entsteht (Abb. 59). Die Einwirkung zweier Zähne aufeinander beginnt im Punkte A und endet in E. Die Berührung findet bei Evolventenverzahnung in geraden Linien statt, die in Abb. 60 eingezeichnet sind. Die Dauer der Einwirkung wird also um den Sprung $t_s = b \operatorname{ctg} \beta$ (im Teilkreis gemessen) vergrößert. Wenn mit ε_0 die Eingriffsdauer der geraden Zähne bezeichnet wird, so ist sie für die Schraubenzähne

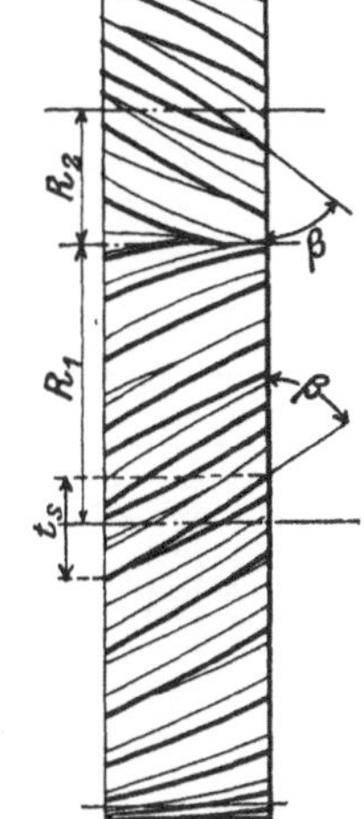

$$\varepsilon = \varepsilon_0 + \frac{t_s}{t} = \varepsilon_0 + \frac{b}{t} \operatorname{ctg} \beta. \tag{50}$$

Mit $\beta = 45^0$ und $b = \psi t$ wird

$$\varepsilon = \varepsilon_0 + \psi.$$

Man braucht die Räder nur recht breit zu machen, um eine sehr große Eingriffsdauer zu erhalten. Weil die Zähne allmählich eingreifen und immer mehrere Zähne

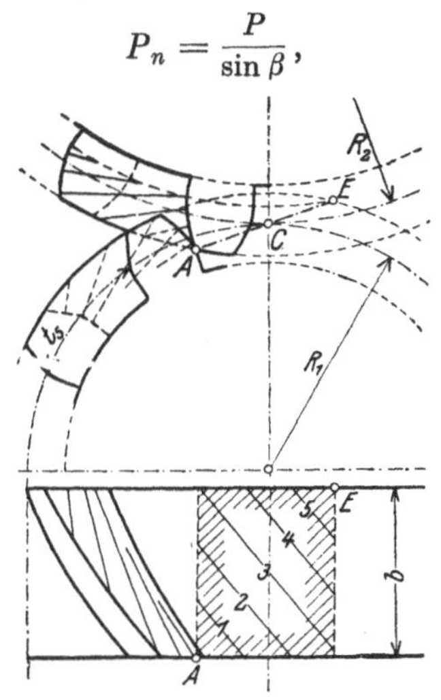

Abb. 58. Staffelzähne (nach Schiebel).

Abb. 59. Schraubenzähne (nach Schiebel).

gleichzeitig in Eingriff stehen, so werden sie nur allmählich belastet und entlastet, so daß Räder mit Schraubenzähnen einen viel ruhigeren Gang erhalten als Räder mit geraden Zähnen. Die Schrägverzahnung ist aus dem gleichen Grunde auch wesentlich unempfindlicher gegen Verzahnungsfehler als die Geradflankenverzahnung.

Wenn P die Umfangskraft ist, so wird, infolge der Schrägstellung der Zähne, die Normalkraft (Abb. 61)

$$P_n = \frac{P}{\sin \beta}, \tag{51}$$

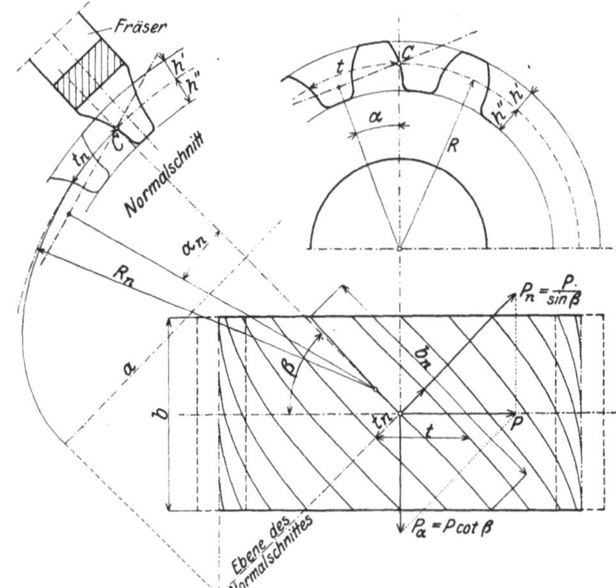

Abb. 60. Eingriffsbild des Schraubenzahnes (nach Dubbel, Taschenbuch).

Abb. 61. Flankenermittlung des Schraubenzahnes (nach Schiebel).

wodurch die Zahnreibung bei sonst gleichen Verhältnissen gegenüber den geraden Zähnen um den Betrag $\frac{1}{\sin \beta}$ erhöht wird. Auch tritt eine axial wirkende Kraft

$$P_a = P \operatorname{ctg} \beta \tag{52}$$

auf, die durch ein Längslager (Abb. 62) oder auch durch Pfeilzähne (Abb. 63 a, b) aufgenommen werden kann. Die axiale Einstellung der beiden zusammenarbeitenden Pfeilräder ist dadurch genau festgelegt. Um jedoch kleine Abweichungen in der Verzahnung, wie sie auch bei guten Ausführungen nicht immer zu vermeiden sind, auszugleichen, wird das Ritzel oft durch eine längsbewegliche Kupplung verbunden. Es pendelt dann hin und her, wodurch bei hohen Umfangsgeschwindigkeiten (Dampfturbinen) starke Geräusche verursacht werden. Die Firma

Brown, Boveri & Co. in Baden verwendet deshalb neuerdings nur einfache Schrägräder. Der Zahndruck wird dabei in eigenartiger Weise unmittelbar ausgeglichen (Abb. 64), so daß keine Übertragung auf die Welle oder auf das Gehäuse stattfindet. Die schwach geneigten Kegel-

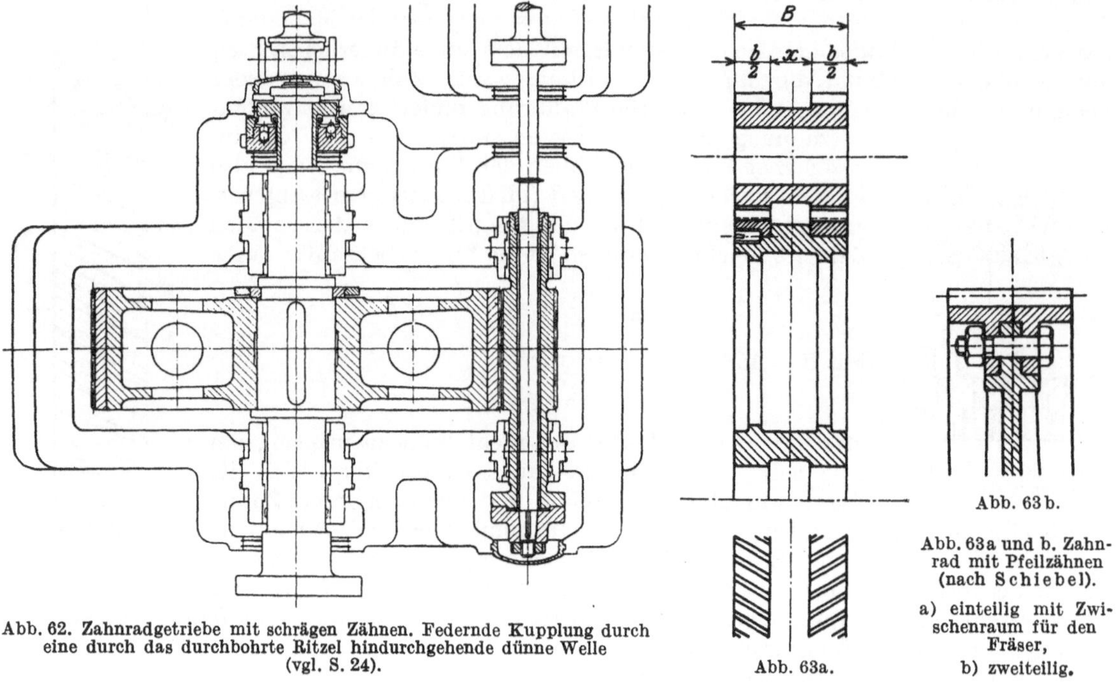

Abb. 62. Zahnradgetriebe mit schrägen Zähnen. Federnde Kupplung durch eine durch das durchbohrte Ritzel hindurchgehende dünne Welle (vgl. S. 24).

Abb. 63a.

Abb. 63b.

Abb. 63a und b. Zahnrad mit Pfeilzähnen (nach Schiebel).

a) einteilig mit Zwischenraum für den Fräser,

b) zweiteilig.

flächen, die sich nur auf einer Linie berühren, können ähnlich wie das schwach geneigte Michell-Lager große Drücke aufnehmen.

Die Zahnschräge wird sehr verschieden ausgeführt; der Neigungswinkel $90 - \beta$ wechselt etwa zwischen 10 und 45°. Kleinere Zahnschräge geben kleinere axiale Kräfte; bei größerer Neigung ist der Gang ruhiger, da mehr Zähne gleichzeitig im Eingriff stehen. Die Neigung

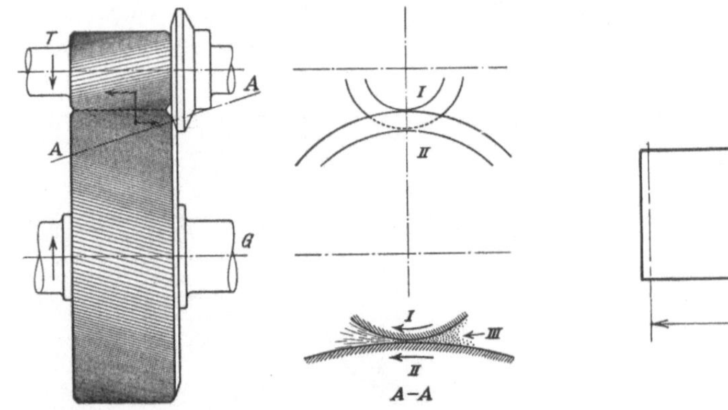

Abb. 64. Zahnräder mit schrägen Zähnen und Druckausgleich durch schwach geneigte Kegelflächen (BBC).

$T =$ Treibend, $G =$ Getrieben, $I =$ Ritzel, $II =$ Rad, $III =$ Öl.

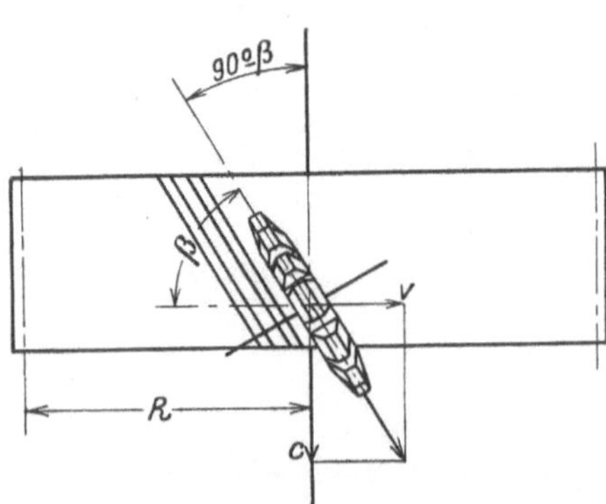

Abb. 65a. Herstellung der Schraubenzähne mit dem Formfräser, Prinzipskizze (nach Schiebel),

sollte jedenfalls mindestens so groß sein, daß, linear auf einer Mantellinie gemessen, mindestens zwei Zähne gleichzeitig im Eingriff bleiben.

Die Zahnteilung t_n im Normalschnitt (Abb. 61) wird im Gegensatz zur Umfangsteilung t als „Normalteilung" bezeichnet:

$$t_n = t \sin \beta .$$

Durch die Normalkraft P_n wird der Zahn in ähnlicher Weise beansprucht wie bei den geraden Zähnen. Da immer mehrere Zähne im Eingriff stehen, so ist mit der Annahme, daß alle Zähne gleichviel tragen,

$$\xi P_n = \frac{\sigma_b}{\gamma} b_n t_n \varepsilon_0 .$$

Mit $b_n = \dfrac{b}{\sin \beta}$ und $P_n = \dfrac{P}{\sin \beta}$ wird:

$$\xi P = \frac{\sigma_b}{\gamma} \, b \, t_n \, \varepsilon_0. \tag{53}$$

Die früher abgeleiteten Gleichungen für die Festigkeitsberechnung von geraden Zähnen (S. 22) können demnach auch für schräge Zähne verwendet werden, wenn an Stelle der Umfangsteilung die Normalteilung eingesetzt wird.

Abb. 65 b. Fräsmaschine mit Teilkopf und Formfräser bei der Herstellung von Schraubenzähnen.

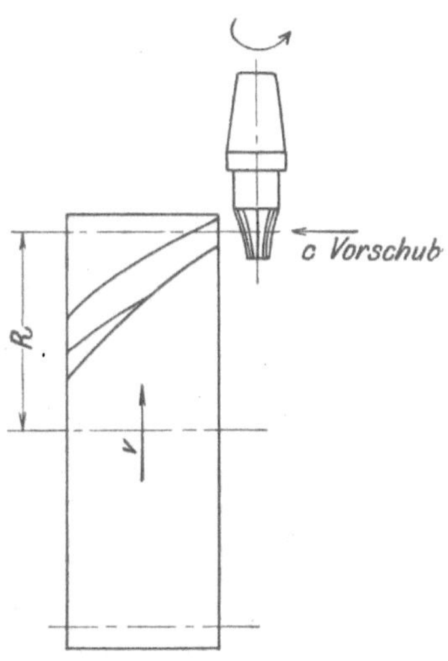

Abb. 66a (nach Schiebel).

Auch die Gleichungen für die größte Flächenpressung $p_{\max}$ bleiben für gerade und schräge Zähne gleich, wenn für z_1 und z_2 nur die Zähnezahlen für den Normalschnitt eingesetzt werden. Der Normalschnitt schneidet den Teilrißzylinder in einer Ellipse (Abb. 61), deren Achsen $a = \dfrac{R}{\sin \beta}$ und $b = R$ sind. Ihr Krümmungsradius im Punkte C

$$\varrho = \frac{a^2}{b} = \frac{R}{\sin^2 \beta} \tag{54}$$

Abb. 66 b.

Abb. 66 c.

Abb. 66a bis c. Herstellung der Schraubenzähne mit dem Fingerfräser. a) Prinzipskizze, b) Fräsen von Pfeilzähnen, c) Fräserkopf für Innenverzahnung.

kann angenähert als Teilkreisradius des Normalschnittes angesehen werden, dessen Zähnezahl

$$z_n = \frac{2\pi\varrho}{t_n} = \frac{2\pi R}{\sin^2 \beta \, t \sin \beta} = \frac{2\pi R}{t} \cdot \frac{1}{\sin^3 \beta}$$

$$z_n = \frac{z}{\sin^3 \beta} \tag{55}$$

ist.

Die Zähnezahl z_n darf nun für raschlaufende Zahnräder aus den auf S. 26 bis 29 angegebenen Gründen den Grenzwert 42 nicht unterschreiten, so daß die Zähnezahl z_1 bei Schrägverzahnung wesentlich kleiner als 42 werden darf.

Für die Berechnung auf Abnutzung aus der zulässigen Flächenpressung p_{max} kann in Gleichung (48) die Zähnezahl z_n eingesetzt werden.

Herstellungsmethoden. In einfachster Weise können die Schraubenräder auf der Universalfräsmaschine hergestellt werden (Abb. 65). Bei einem Steigungswinkel β wird der Aufspanntisch zum Rade mit dem Winkel $90-\beta$ schräg gestellt. Die Teilkopfspindel muß dann

Abb. 67. „Maag“-Zahnradhobelmaschine bei der Herstellung von schrägen Zähnen.

während des Fräsens mit dem Werkstück gleichmäßig um ihre Achse gedreht werden und zwar derart, daß

$$\frac{c}{v} = \operatorname{tg} \beta,$$

worin
$$v = \text{Umfangsgeschwindigkeit des Zahnrades im Teilkreis,}$$
$$c = \text{Vorschubgeschwindigkeit des Tisches.}$$

Während beim Fräsen gerader Zähne der Teilkopf stillsteht und nur von Zahn zu Zahn geschaltet werden muß, muß die Spindel jetzt eine zwangläufige Drehbewegung erhalten (Abb. 65b).

Maßgebend für die Wahl des Fräserprofiles ist die Normalteilung t_n, die also einer Modulteilung entsprechen muß. Die Zähnezahl, für die der Fräser konstruiert werden soll, ist gleich der Zähnezahl im Normalschnitt $z_n = \dfrac{z}{\sin^3 \beta}$. Dem Schneiden der Schraubenzähne mit dem Scheibenfräser haften aber Ungenauigkeiten an, weil der Scheibenfräser nicht seine eigene Form ausschneidet, sondern ein etwas abweichendes Profil, denn die Beziehung $\operatorname{tg} \beta = \dfrac{c}{v}$ ist nur für den Teilkreis erfüllt. Der Fehler wird um so größer, je kleiner β ist, so daß β möglichst größer als 70^0 sein sollte. Trotz dieses Mangels ist das Verfahren wegen seiner Einfachheit und allgemeinen Verwendbarkeit sehr beliebt.

Eine genaue Profilierung erhält man durch den Fingerfräser, der in gleicher Relativbewegung zum Werkstück geführt wird (Abb. 66). Der Fingerfräser arbeitet aber langsamer, nützt sich rasch ab und ist auch umständlicher nachzuschleifen, so daß er in der Praxis wenig verwendet wird.

Das Abwälzverfahren ist ohne weiteres für Schraubenzähne verwendbar (Abb. 67 und 68). Die Schaltbewegung steht auch bei diesem Verfahren immer unter dem Arbeitsdruck, und die Genauigkeit der Herstellung der Zahnform ist hauptsächlich von der Genauigkeit der Fräsmaschine abhängig.

Räder mit Winkelzähnen (Pfeilräder) erhalten entweder einen freien Zwischenraum x (Abb. 63a) zum Ausschneiden der Zähne, oder sie werden aus zwei Kranzteilen zusammengestellt, die in entgegengesetzter Richtung geschnitten sind (Abb. 63b).

Zahlenbeispiel. Welche Abmessungen müssen die Zahnräder einer Schiffsturbine erhalten, wenn eine Leistung $N = 5000\,\text{PS}$ von $n_1 = 4180$ Uml/min. auf $n_2 = 475$ übertragen werden soll?

Wegen der hohen Umfangsgeschwindigkeit ist Schrägverzahnung vorzusehen, z. B. Pfeilverzahnung mit $\beta = 45^0$ nach Abb. 63a mit einer Zähnezahl des kleinen Rades $z_1 = 35$. Dann ist

$$z_2 = \frac{4180}{475} \times 35 = 308,$$

und die Zähnezahlen im Normalschnitt werden:

$$(z_n)_1 = \frac{35}{\sin^3 45} = 99$$

und

$$(z_n)_2 = \frac{308}{\sin^3 45} = 870.$$

Abb. 68. Herstellung der Schraubenzähne mit dem Schneckenfräser.

Wenn die zulässige Flächenpressung $p_{\max} = 4000$ at angenommen wird, so folgt aus Gleichung (48):

$$\sigma_b = \left(\frac{4000}{3100}\right)^2 \cdot 10{,}5\,\xi \cdot 99\,\frac{870}{870 + 99} = 1555\,\xi.$$

Für den Propellerantrieb muß mit Rücksicht auf die sehr ungleichmäßige Belastung bei hohem Wellengang $\xi = 5$ bis 6 gesetzt werden, so daß $\sigma_b = 6 \times 1555 = 9330$ at wird. Dieser Wert ist natürlich viel zu groß, so daß die Zahnräder auf Festigkeit zu berechnen sind mit $\sigma_b = 4000$ at. Dann folgt aus Gleichung (31) mit $\varepsilon_0 = 2$ und $\psi = 2 \times 12$:

$$m_n = \frac{t_n}{\pi} = 242{,}8 \sqrt[3]{\frac{6 \times 5000 \times 10{,}5}{99 \times 4180 \times 4000 \times 2 \times 12 \times 2}} \approx 4.$$

Damit wird

$$D_1 = 35 \times \frac{4}{\sin 45} = 178\,\text{mm},$$

$$D_2 = \frac{4180}{475} \times 178 = 1570\,\text{mm}$$

und $\qquad b = \psi t = 2 \times 12 \times \frac{4}{\sin 45} = 2 \times 225\,\text{mm}.$

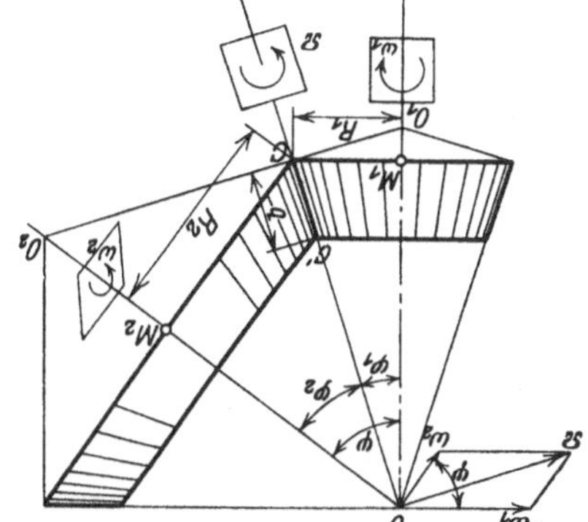

Abb. 69. Relativgeschwindigkeit und Übersetzungsverhältnis bei Kegelrädern (nach Schiebel).

6. Räder für nicht parallele Wellen. Für zwei sich schneidende Achsen gehen die zylindrischen Räder in Kegelräder oder konische Räder über. Als Grundform haben wir hier zwei aufeinander abwälzende Kegelflächen, Teilrißkegel genannt. Die relative Bewegung der Kegel entspricht einer Drehung um die Momentanachse OC (Abb. 69) mit der Winkelgeschwindigkeit

$$\Omega = \sqrt{\omega_1^2 + \omega_2^2 + 2\,\omega_1\omega_2\cos\varphi}\,.$$

Die Zahnflanken sind ebenfalls Kegelflächen, deren Spitzen mit der gemeinsamen Spitze der Teilrißkegel zusammenfallen (Abb. 71). Die Verzahnung der Kegelräder erfolgt zeichnerisch immer auf dem sog. „Ergänzungskegel" (Abb. 70).

Im übrigen können alle bei den Stirnrädern gemachten Untersuchungen sinngemäß auf die Kegelräder übertragen werden.

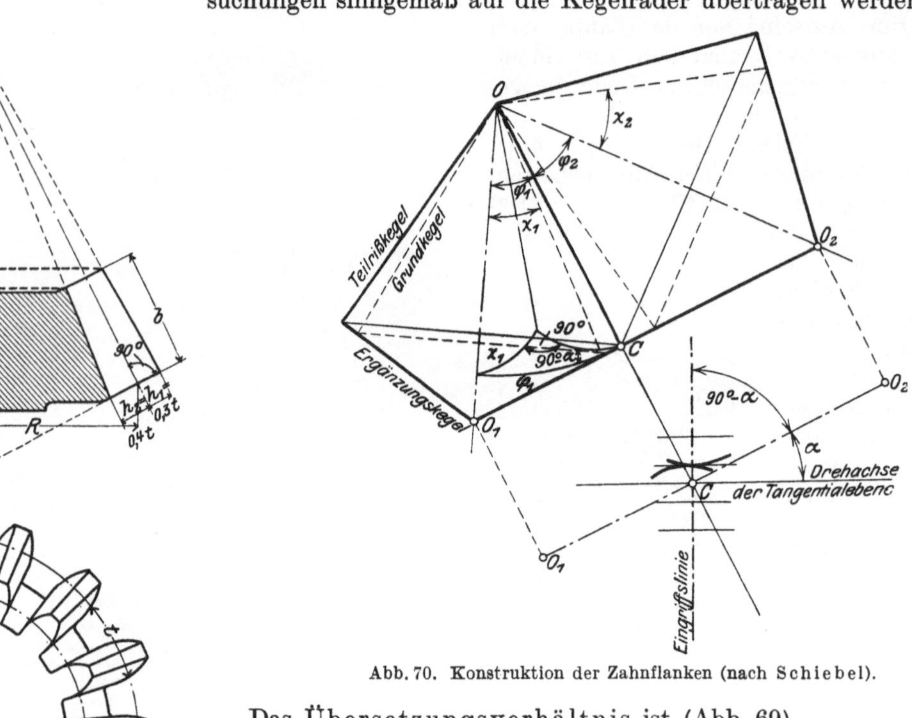

Abb. 70. Konstruktion der Zahnflanken (nach Schiebel).

Das Übersetzungsverhältnis ist (Abb. 69)

$$i = \frac{\sin \varphi_1}{\sin \varphi_2} = \frac{R_1}{R_2} = \frac{z_1}{z_2} = \frac{\omega_2}{\omega_1}.$$

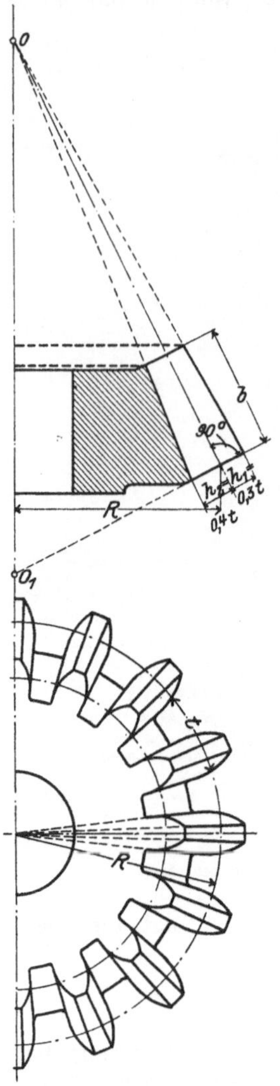

Die Bearbeitung der Kegelräder geschieht durch Hobeln, wobei die Stichelführung durch Schablonen gelenkt wird, oder nach dem Abwälzverfahren (Bilgram, Gleason, Brandenberger). Abbildung 72 zeigt Kegelräder mit Schraubenzähnen.

Abb. 71. Zahnform der Kegelräder (nach Schiebel).

Die Festigkeitsrechnung wird mit einem mittleren Zahndruck, entsprechend einem mittleren Radius des Teilrißkegels, durchgeführt.

Zur Übertragung der Drehbewegung bei sich kreuzenden Achsen eignen sich auch Stirnräder mit Schraubenzähnen, sog. „Schraubenräder". Meist kreuzen sich die Achsen unter einen Winkel von 90°, so daß (Abb. 73), wenn die Zahnschrägen mit φ_1 und φ_2 bezeichnet werden,

$$\varphi_1 + \varphi_2 = 90°$$

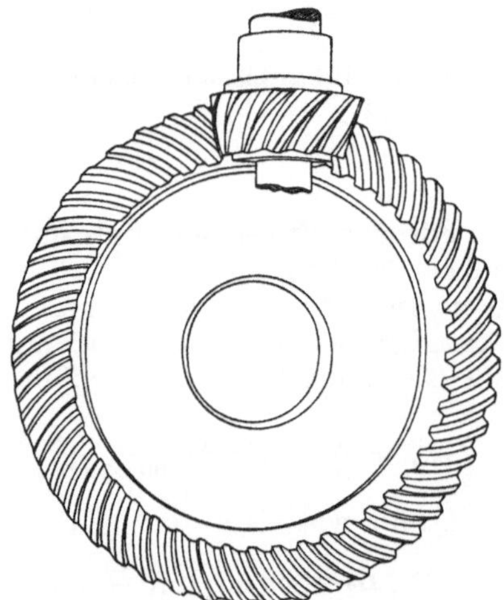

Abb. 72. Kegelräder mit Schraubenzähnen (nach Jurthe-Mietzschke).

ist. Im Wälzpunkt O findet während der Bewegung ein Gleiten der Zähne in der Richtung der gemeinsamen Tangente T statt. Hat sich das Rad mit dem Neigungswinkel φ_1 um den Betrag x auf dem Teilkreisumfang gedreht, so muß der Umfang des andern Rades um den Betrag $x \operatorname{ctg} \varphi_1$ fortgeschritten sein, so daß das Verhältnis der in der gleichen Zeit durchlaufenen Winkel, also das Übersetzungsverhältnis,

$$\frac{\dfrac{x \operatorname{ctg} \varphi_1}{D_2}}{\dfrac{x}{D_1}} = \frac{D_1}{D_2 \operatorname{tg} \varphi_1} \tag{56}$$

ist. Die Raddurchmesser können also für ein gegebenes Übersetzungsverhältnis beliebig gewählt werden, womit dann der Neigungswinkel festgelegt ist. Nur für $\varphi_1 = \varphi_2 = 45^0$ wird

$$i = \frac{r_1}{r_2}.$$

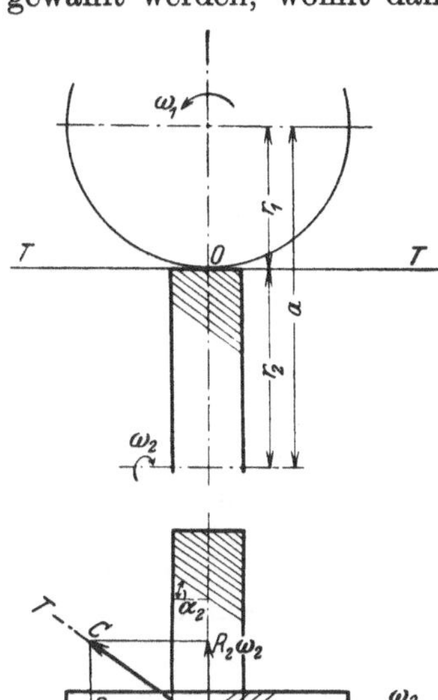

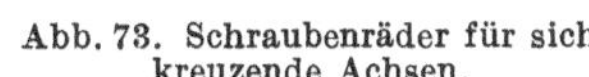

Abb. 73. Schraubenräder für sich kreuzende Achsen.

Bei der Kraftverteilung auf die beiden Räder kann die eigentliche Zahnreibung gegenüber der Reibung beim Gleiten in der Längsrichtung der Zähne vernachlässigt werden. Der Normaldruck N (Abb. 74) steht senkrecht zur Zahnrichtung, und die Reibung μN ist entgegengesetzt zur Gleitrichtung gerichtet. Die resultierende Kraft $\dfrac{N}{\cos \varrho}$ ist unter dem Reibungswinkel ϱ gegen N geneigt. Die senkrecht auf den Drehachsen stehenden Komponenten dieser Resultierenden geben die Umfangskräfte P_1 und P_2, während A_1 und A_2 die Komponenten in der Achsrichtung sind.

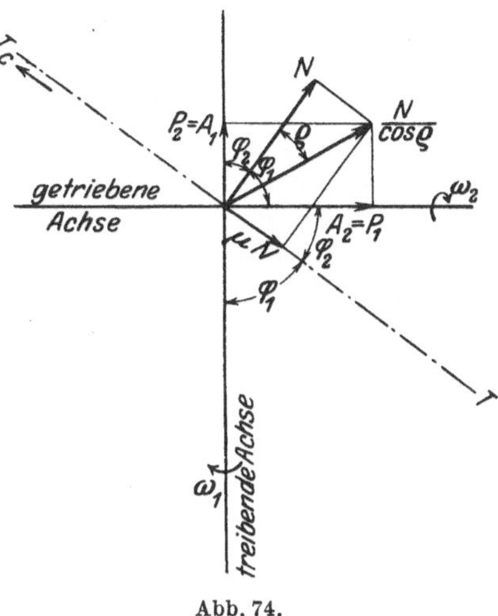

Abb. 74.

Aus der Abb. 74 folgt für das treibende Rad

die Umfangskraft

$$P_1 = \frac{N \cos (\varphi_1 - \varrho)}{\cos \varrho},$$

der Axialschub

$$A_1 = \frac{N \sin (\varphi_1 - \varrho)}{\cos \varrho}$$

und für das getriebene Rad:

die Umfangskraft

$$P_2 = \frac{N \cos (\varphi_2 + \varrho)}{\cos \varrho},$$

der Axialschub

$$A_2 = \frac{N \sin (\varphi_2 + \varrho)}{\cos \varrho}.$$

Daraus folgt, mit

$$\varphi_1 + \varphi_2 = 90^0$$

$$P_1 = P_2 \frac{\cos (\varphi_1 - \varrho)}{\cos (\varphi_2 + \varrho)} \quad (57)$$

$$\left.\begin{aligned} A_1 &= P_2 \frac{\sin (\varphi_1 - \varrho)}{\cos (\varphi_2 + \varrho)} = P_2 \\ A_2 &= P_2 \operatorname{tg}(\varphi_2 + \varrho) = P_1 \end{aligned}\right\} \quad (58)$$

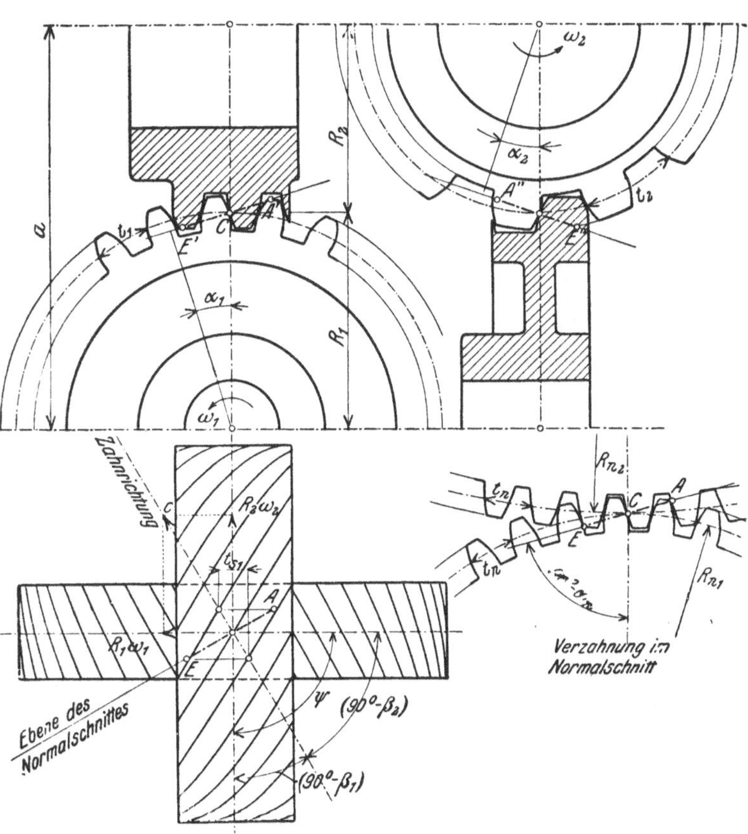

Abb. 75. Eingriffsverhältnisse der Schraubenräder (nach Dubbel, Taschenbuch).

Wird der Wert von P_1 in der Gleichung für den Wirkungsgrad des Getriebes

$$\eta = \frac{P_2 \, v_2}{P_1 \, v_1} = \frac{P_2 \, r_2 \, \omega_2}{P_1 \, r_1 \, \omega_1}$$

eingesetzt, so erhält man, mit Gleichung (57) und (58),

$$\eta = \frac{\cos(\varphi_2 + \varrho)}{\cos(\varphi_1 - \varrho)} \cdot \frac{1}{\operatorname{tg}\varphi_1},$$

oder, da $\varphi_1 = 90 - \varphi_2$ ist,

$$\eta = \frac{\operatorname{tg}\varphi_2}{\operatorname{tg}(\varphi_2 + \varrho)}. \tag{59}$$

In Abb. 104 ist für verschiedene Werte von μ der Wirkungsgrad in Abhängigkeit von der Zahnschräge φ_2 aufgetragen. Aus der Abbildung folgt, daß zwischen 30^0 und 60^0 die Zahnschräge keinen nennenswerten Einfluß auf den Wirkungsgrad hat.

Für die Herstellung der Schraubenzähne ist der Normalschnitt maßgebend: die Zähne beider Räder müssen gleiche Normalteilung t_n haben.

Bei der Evolventenverzahnung bleibt der Eingriff im Normalschnitt auf die innerhalb der beiden Kopfkreise liegende Eingriffstrecke $A\,E$ (Abb. 75) beschränkt. Die beiden Eingriffsebenen der Räder I und II haben nur diese Eingriffsgerade gemeinsam, so daß die Einwirkung der Schraubenzähne nur in den einzelnen Punkten dieser Geraden erfolgen kann. **Die Zahnflanken berühren sich immer nur in einem Punkt.** Die nacheinander zur Berührung gelangenden Punkte liegen in den schrägen Linien $A'E'$ und $A''E''$. Eine Vergrößerung der Zahnbreite über das Eingriffsgebiet $A\,E$ hinaus ist also zwecklos. Man wählt deshalb die Zahnbreite $b \approx t$.

Die punktweise Berührung der Zähne, verbunden mit der starken gleitenden Reibung an der Berührungsstelle, verursacht eine rasche Abnützung, so daß **die Schraubenräder zur Kraftübertragung wenig geeignet sind.** Auch bei harten Materialien können nur kleine Umfangskräfte übertragen werden.

7. Formgebung und Anordnung der Räder. Kleine Räder werden aus einem Stück mit der Welle (Abb. 76a) oder aus vollen Scheiben her-

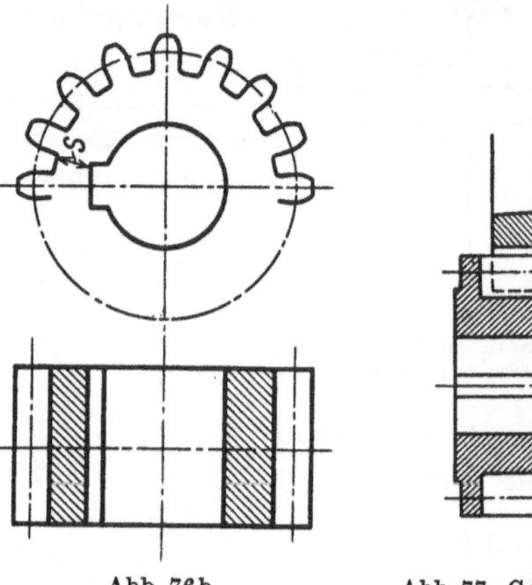

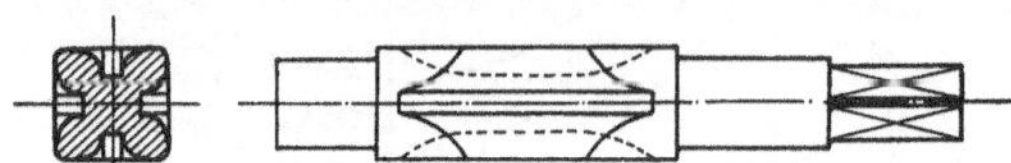

Abb. 76a. Ritzel aus der Welle herausgefräst (nach Schiebel).

Abb. 76b.
$s>0{,}6\,t$ für S.E. und Stahlguß,
$s>0{,}8\,t$ für Gußeisen.

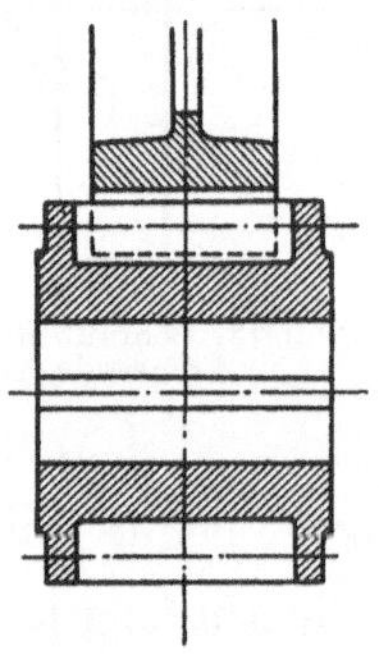

Abb. 77. Gegossenes Ritzel mit Bordscheiben (nach Schiebel).

gestellt (Abb. 76b). Gegossene Räder mit Bordscheibe (Abb. 77) werden heute selten verwendet, weil schwer bearbeitbar. Etwas größere Räder (bis Mod. 6) werden als volle Scheiben gegossen; bei großen Durchmessern macht man Aussparungen und Rippen (Abb. 78).

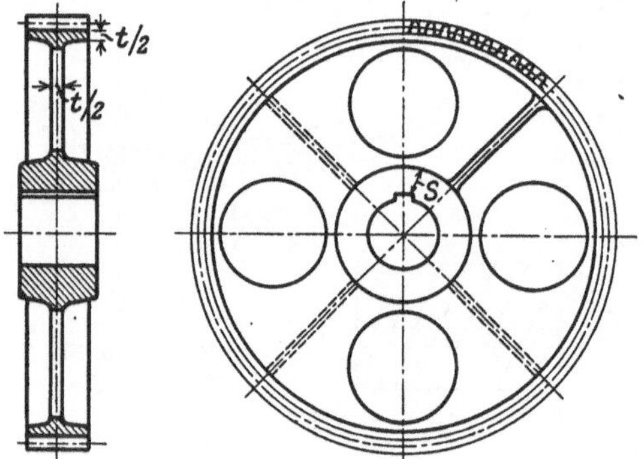

Abb. 78. Volle Scheiben, evtl. mit Aussparungen und Rippen.
Kranzstärke $t/2$ für $t>6\pi$.

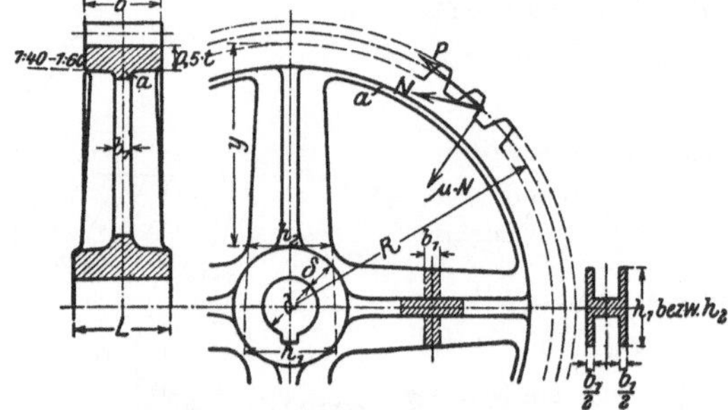

Abb. 79. Große Zahnräder mit Armen (nach Dubbel, Taschenbuch).

Die übrigen Räder werden als Speichenräder ausgeführt (Abb. 79), Armzahl $i = \dfrac{1}{7}\sqrt{D_{\mathrm{mm}}}$. Es ist gebräuchlich, die Festigkeit der Arme so zu berechnen, als ob die größte Umfangskraft $\dfrac{i}{3}$ der Arme auf Biegung beanspruchen würde.

Nabenstärke, wenn das Rad das volle Drehmoment der Welle übertragen muß:

für Gußeisen: $\delta = 0{,}4\,d + 1$ cm,   für Stahlguß: $\delta = 0{,}3\,d + 1$ cm.

Die Nabenlänge wird etwa gleich der Zahnbreite b gemacht oder auch etwas größer. Damit das Rad beim Aufkeilen sich nicht zu leicht schräg stellt, sollte die Nabenlänge auch größer als der Wellendurchmesser sein. Große Naben sind hohl auszubilden, erhalten aber durchgehende Bahn für den Keil.

Wenn das Rad nicht axial auf die Welle geschoben werden kann, ist eine Teilung in zwei Hälften erforderlich. Auch Guß- oder Transportrücksichten erfordern oft die Zweiteilung. Die

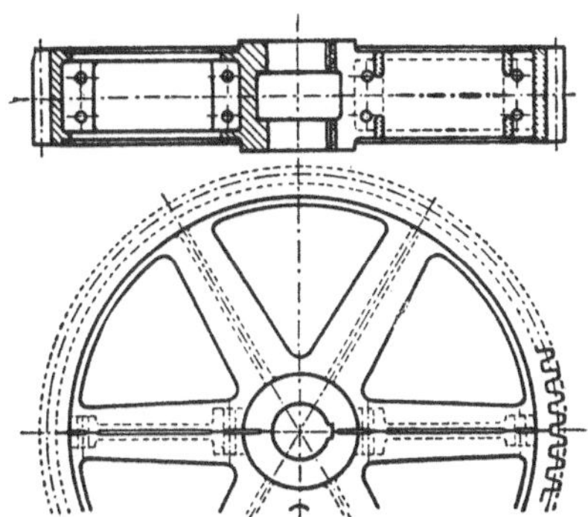

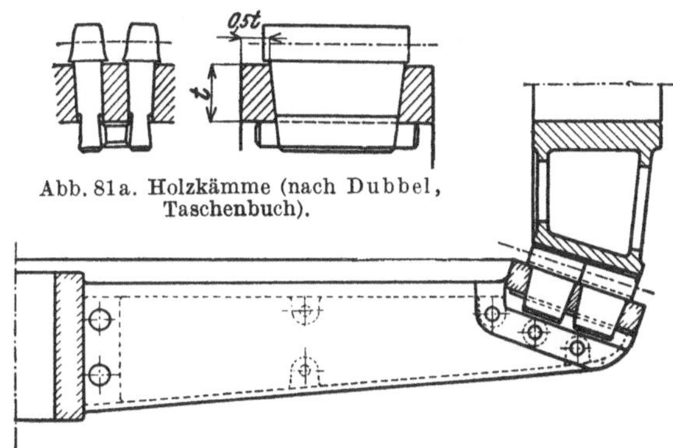

Abb. 81a. Holzkämme (nach Dubbel, Taschenbuch).

Abb. 80. Zweiteiliges Rad mit Teilung durch die Zahnlücken (nach Dubbel, Taschenbuch).

Abb. 81b. Zweiteiliges Kegelrad mit eingesetzten Holzzähnen (nach Dubbel, Taschenbuch).

Teilung wird zweckmäßig auf Armmitte gelegt und soll durch eine Zahnlücke gehen. Die Schrauben zur Verbindung der Radhälften sind möglichst nahe an Kranz und Nabe anzubringen (Abb. 80).

Durch Einsetzen von Holzzähnen (Kämmen), Abb. 81a, b, wird der Lärm, den Zahnräder sonst verursachen, gedämpft. (Holzzahnstärke, im Teilkreis gemessen, 0,6 t, Eisenzahn 0,4 t). Aus dem gleichen Grunde wird das kleine Rad auch aus Rohhaut hergestellt. Rohhauträder müssen gegen Hitze und Nässe geschützt werden und können deshalb nicht im Freien laufen. Das Austrocknen führt zu einem Schrumpfen der einzelnen Lagen, die Nässe zu einem derartigen Aufquellen, daß mitunter die Armatur gesprengt wird. Gutes Durchtränken mit Leinöl ist wohl das beste. Vom Standpunkt der Abnutzung aus sind die kleinen Rohhauträder eine verfehlte Konstruktion, weil die ohnehin größere Abnutzung des Ritzels nun noch in weiches Material verlegt wird.

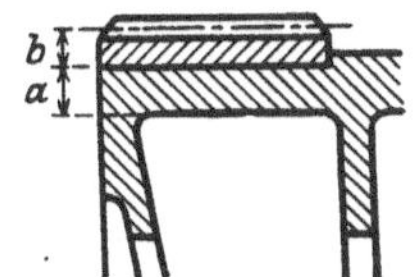

Abb. 82. Aufgeschrumpfter Kranz.

Mit Vorteil können auch die gepreßten (schwach tönenden) Isolierstoffe der Elektrotechnik (Backelit, Novotext usw.) zur Herstellung geräuschloser Zahnräder verwendet werden.

Ist Gußeisen als Material für die Zähne zu schwach, so wird ein Stahlkranz aufgeschrumpft (Abb. 82). Für die Berechnung siehe Heft II, Schrumpfverbindungen.

Abb. 83. Zahnradgetriebe mit angeflanschter Ölpumpe (Demag).

Abb. 84. Zweiseitiges Getriebe (Demag).
Dieselmotor $N = 300$, $n = 225$ treibt zwei Zentrifugalpumpen $N = 240$, $n = 1480$ bzw. $N = 60$, $n = 955$.

Um eine zuverlässige Lagerung und gute Schmierung zu erhalten, werden die Zahnräder in geschlossenen Gehäusen gelagert (Abb. 83 bis 86). Ungenügende Steifigkeit der Lagerung ist vielfach Ursache des schlechten Zahneingriffs. Die bei Straßenbahnmotoren gebräuchliche fliegende Anordnung des Ritzels ist ein typisches Beispiel für unzweckmäßige Zahnradlagerung. Dadurch sowie durch die fast immer zu kleine Zähnezahl ist die sehr rasche Abnutzung dieser Räder zu erklären.

Wenn Radgewicht und Umfangskraft ungefähr gleich groß sind, muß die Anordnung so gewählt werden, daß der Zahndruck die Wirkung des Radgewichtes unterstützt. Sonst könnte bei Belastungsschwankungen ein labiler Zustand der Lagerreaktion eintreten.

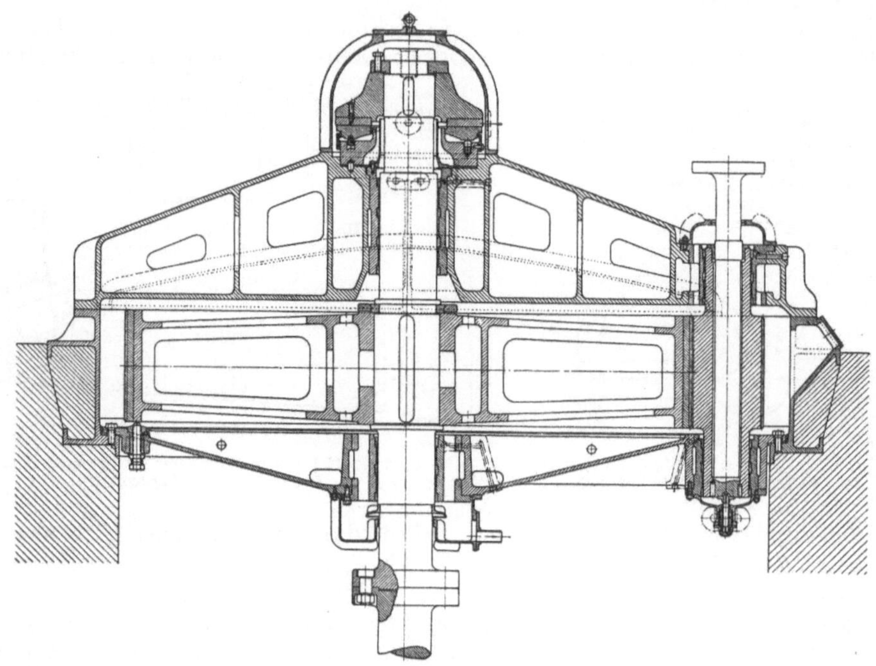

Abb. 85. Vertikalgetriebe für den Antrieb eines Generators durch eine Wasserturbine (BBC). $N = 2100$ kW, $n = 94/750$, Ritzeldurchmesser = 400 mm, Raddurchmesser = 3525 mm, Zahnbreite = 700 mm.

Abb. 86. Sondergetriebe mit Zwischenrad, um den vorgeschriebenen Achsabstand einzuhalten (Demag). $N = 250$ PS, $n = 1470/213$.

Abb. 85 zeigt ein Vertikalgetriebe für den Antrieb eines Generators durch eine Wasserturbine. Das in der Regel einbetonierte, öldicht ausgeführte Gehäuse trägt oben eine Brücke oder einen Lagerstern zur Aufnahme des Hauptdrucklagers. Das Ritzel ist über eine Torsionswelle mit dem Generator verbunden (vgl. S. 24). Die Ölpumpe für die Schmierung der Lager und der Zähne ist am unteren Ende der Ritzelwelle angeordnet. Die Lager sind als Segmentlager mit selbsttätigem Druckausgleich ausgeführt (vgl. Heft III, Abb. 71 b, S. 42). — Abb. 86 zeigt ein Sondergetriebe, in das ein Zwischenrad eingebaut wurde, um den vorgeschriebenen Achsabstand zu erzielen.

Wenn eine Änderung der Drehzahl gewünscht wird, so werden Wechselgetriebe verwendet. Die Anordnung nach Abb. 87 a, bei der jedes Rad B einzeln geschaltet wird, gibt die kürzeste, aber auch teuerste Bauart. Die Steuerung der einzelnen Räder muß gegenseitig verriegelt werden, damit immer nur ein Räderpaar in Eingriff ist. Bei der Anordnung nach Abb. 87 b ist eine besondere Verriegelung nicht notwendig; der Getriebekasten wird aber wesentlich breiter. Abb. 88 zeigt ein Wechsel- und Wende-

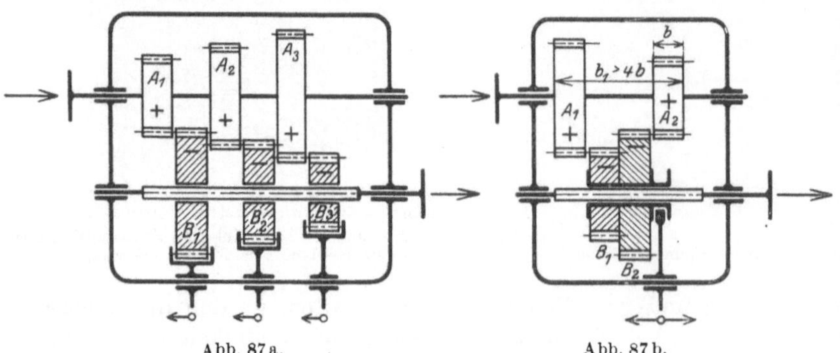

Abb. 87 a.   Abb. 87 b.

Abb. 87 a und b. Wechselgetriebe.

getriebe; Abb. 89 das bei Drehbänken vielfach verwendete Norton-Getriebe; Abb. 90 ein Wechselgetriebe mit Ziehkeil.

Wenn eine größere Anzahl Umlaufzahlen erforderlich sind (z. B. beim Drehbankantrieb), so stuft man die Drehzahlen nach einer geometrischen Reihe ab. Sind z verschiedene Stufen geplant, so sind die Drehzahlen:

$$n_1, \qquad n_2 = n_1\,\varphi, \qquad n_3 = n_2\,\varphi = n_1\,\varphi^2 \dots n_z = n_1\,\varphi^{z-1}.$$

Gewöhnlich ist die größte und die kleinste Drehzahl (n_z und n_1) vorgeschrieben. Dann folgt φ aus der Gleichung:

$$\varphi = \sqrt[z-1]{\frac{n_z}{n_1}} \qquad (60)$$

oder, wenn φ angenommen wird, so ist die erforderliche Stufenzahl z

$$z = 1 + \frac{\log \dfrac{n_z}{n_1}}{\log \varphi}. \qquad (61)$$

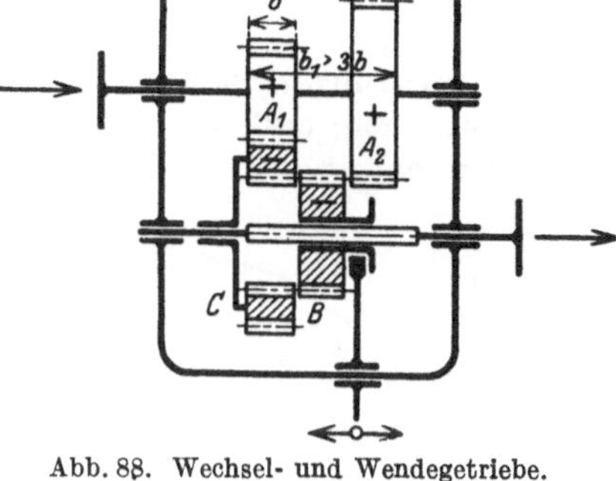
Abb. 88. Wechsel- und Wendegetriebe.

8. Umlaufgetriebe. Die Räder a und c sowie der Arm $A\,B$ (Abb. 91) sind um eine durch A gehende Achse drehbar, während das Rad b sich um B drehen kann. Die Frage nach dem

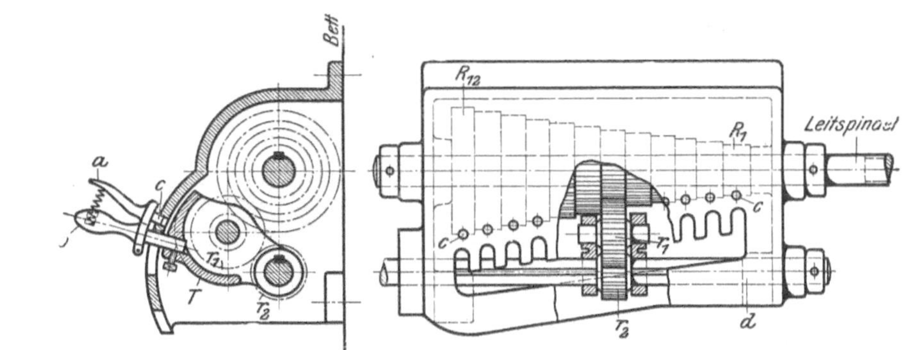
Abb. 89. Nortongetriebe (nach Hülle).

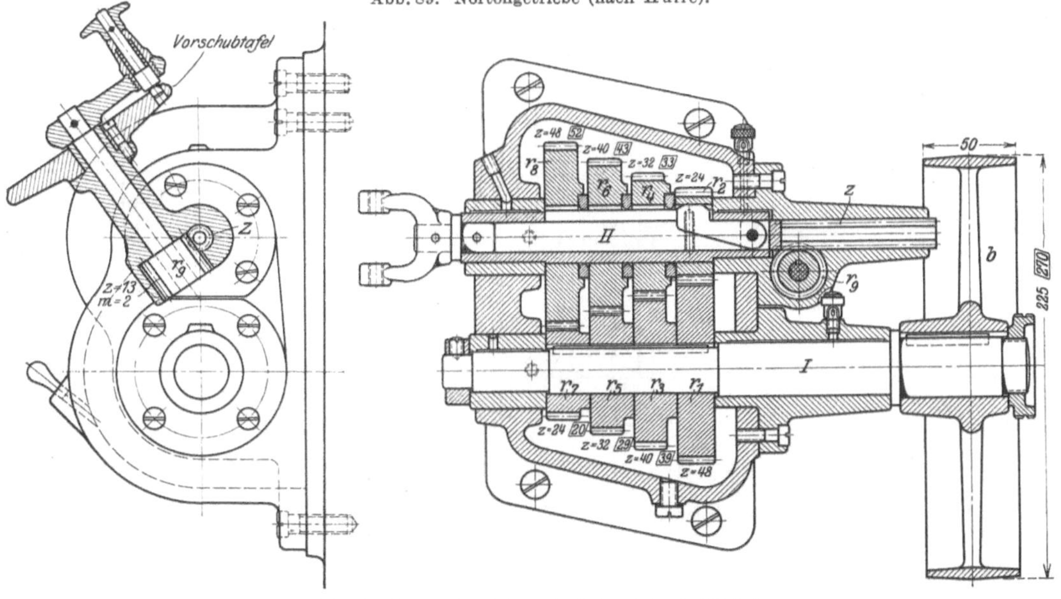
Abb. 90. Wechselgetriebe mit Ziehkeil (nach Hülle).

Zusammenhang zwischen den einzelnen Drehzahlen ist am einfachsten durch folgende Überlegungen zu beantworten: Das Übersetzungsverhältnis ist unabhängig von der Bewegung, die das System als Ganzes macht.

Die Drehzahlen um die Achse durch A seien wie folgt bezeichnet:

	Rad a	Arm $A\,B$	Rad c
Drehzahl	n_1	n_2	n_3

Geben wir dem ganzen System eine zusätzliche Drehzahl $-n_2$, so steht der Arm AB still. Die Drehzahlen um die Achse durch A sind nun:

$$\text{Rad } a \qquad\qquad \text{Arm } AB \qquad\qquad \text{Rad } c$$
$$n_1 - n_2 \qquad\qquad\quad 0 \qquad\qquad\quad n_3 - n_2$$

Das Übersetzungsverhältnis zwischen Rad a und Rad c läßt sich nun in bekannter Weise daraus bestimmen, daß für ineinander greifende Räder die Zähnezahl, die in der Minute in Eingriff kommt, nz (vgl. S. 6) unverändert bleibt:

$$(n_1 - n_2)\, z_1 = - (n_3 - n_2)\, z_3 .$$

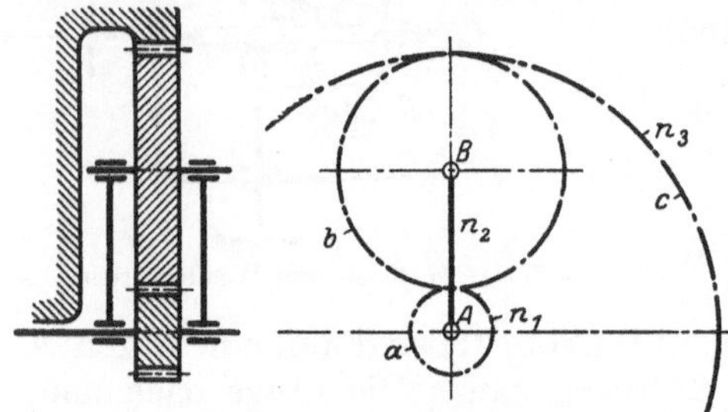

Abb. 91. Umlaufgetriebe.

Dabei muß der Drehsinn beachtet werden; die Räder a und c drehen sich (bei stillstehendem Arm AB) in entgegengesetzter Richtung, was in obenstehender Gleichung durch das $-$-Zeichen zum Ausdruck kommt.

Aus dieser Gleichung folgt:

$$n_1 z_1 - n_2 z_1 = - n_3 z_3 + n_2 z_3$$

oder

$$n_1 z_1 + n_3 z_3 = n_2 (z_1 + z_3) \qquad (62)$$

Die relative Drehzahl n_b' des Rades b um die eigene Achse folgt — wenn der Arm AB still steht — aus den Gleichungen:

$$z_2 n_b' = z_3 (n_3 - n_2) = - z_1 (n_1 - n_2)$$

zu

$$n_b' = \frac{z_3 (n_3 - n_2)}{z_2} = - \frac{z_1 (n_1 - n_2)}{z_2} . \qquad (63)$$

Die absolute Drehzahl n_b wird mit der zusätzlichen Drehzahl n_2:

$$n_b = n_b' + n_2 = \frac{z_3 (n_3 - n_2) + n_2 z_2}{z_2} = \frac{n_2 z_2 - z_1 (n_1 - n_2)}{z_2} \qquad (64)$$

Das Umlaufgetriebe in Abb. 91 ist nur ein Spezialfall der allgemeinen Anordnung nach Abb. 92.

Die Drehzahlen sind wieder $\qquad\qquad n_1 \qquad\quad n_2 \qquad\quad n_3$

und mit der zusätzlichen Drehzahl $-n_2$: $\qquad n_1 - n_2 \qquad 0 \qquad n_2 - n_2$

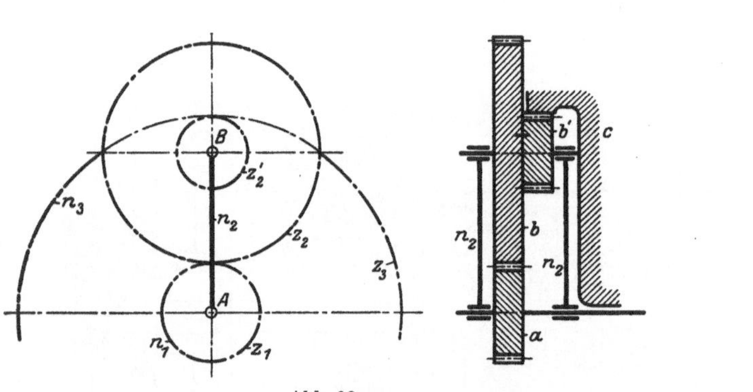

Abb. 92.

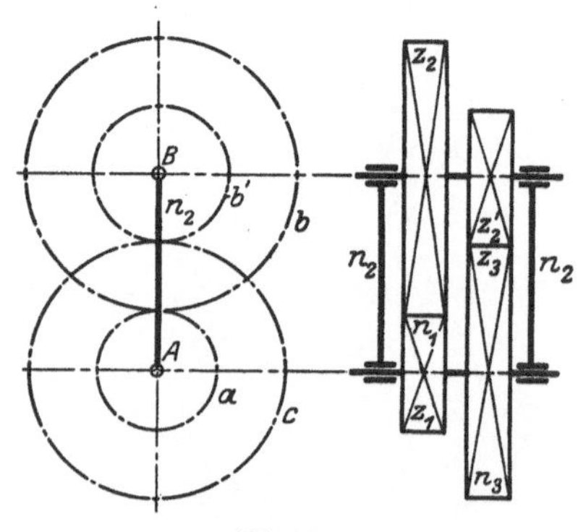

Abb. 93.

Da nun der Arm AB stillsteht und der Drehsinn der Räder a und c entgegengesetzt ist, wird:

$$z_1 (n_1 - n_2) = - (n_3 - n_2) \frac{z_3}{z_2'} \cdot z_2$$

oder

$$n_1 - n_2 = n_2 \frac{z_3 z_2}{z_2' z_1} - n_3 \frac{z_3 z_2}{z_2' z_1}$$

oder

$$n_1 + k\, n_3 = n_2 (1 + k),$$

worin $k = \dfrac{z_3 z_2}{z_2' z_1}$ das Übersetzungsverhältnis zwischen den Rädern a und c, bei stillstehendem Arm AB, ist.

Die Räder können auch so zusammenarbeiten, wie in Abb. 93 angedeutet. Dann drehen sich die Räder a und c — bei stillstehendem Arm AB — in gleicher Richtung, so daß:

$$(n_1 - n_2) = (n_3 - n_2)\, k$$

und

$$n_1 - k n_3 = n_2 (1 - k). \tag{65}$$

Die Gleichung (65) gilt allgemein, d. h. sowohl für Abb. 92 als auch für Abb. 93, wenn

$$\left.\begin{array}{l} k = +\ \text{für Außen-} \\ \, = -\ \text{für Innen-} \end{array}\right\}\ \text{Verzahnung}$$

gesetzt wird. Daraus folgt:

$$n_1 - n_2 = k(n_3 - n_2)$$

oder:

$$k = \frac{n_1 - n_2}{n_3 - n_2} \tag{66}$$

Der Zusammenhang zwischen den Drehzahlen n_1, n_2 und n_3 läßt sich sehr übersichtlich zeichnerisch darstellen, denn aus Abb. 94 folgt, daß:

$$\frac{n_1 - n_2}{n_3 - n_2} = \frac{FG}{DE} = \frac{HG}{HE} = \frac{AC}{AB} = k \,.$$

Die Neigung der Geraden ist dadurch festgelegt, daß für $n_2 = 0$, $n_1 = k n_3$ ist. Wenn zwei Drehzahlen und k gegeben sind, dann ist die dritte Drehzahl eindeutig bestimmt.

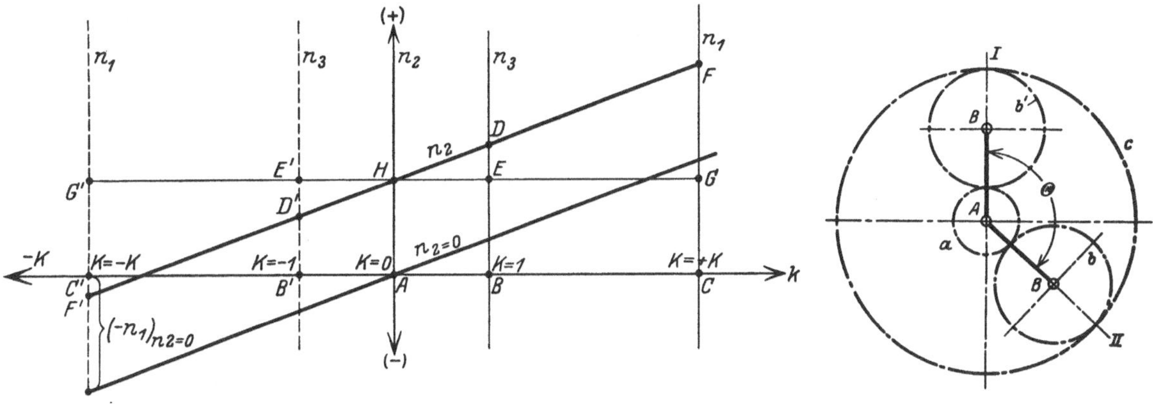

Abb. 94. Zusammenhang der Drehzahlen für Umlaufgetriebe.

Abb. 95.

Für die Montage von Planetengetrieben mit mehr als einem Planetenrad muß noch die Bedingung erfüllt sein, daß alle Planetenräder gleichzeitig in richtigem Eingriff stehen. Wenn also die drei Räder (Abb. 95) in der Stellung I richtig eingreifen, so muß das auch in der um den Winkel $\Theta = \dfrac{2\,\pi}{N}$ verdrehten Stellung II der Fall sein, wenn $\dfrac{2\,\pi}{\Theta} = N$ die Anzahl der Planetenräder, also eine ganze Zahl ist.

Wird das Rad a festgehalten und der Arm AB um den Winkel Θ gedreht, dann dreht sich das Rad c um einen Winkel Θ', der aus der allgemeinen Gleichung:

$$n_1 z_1 + n_3 z_3 = n_2 (z_1 + z_3)$$

mit $n_1 = 0$, $n_2 = \Theta$ und $n_3 = \Theta'$ zu

$$\Theta' = \Theta\, \frac{z_1 + z_3}{z_3}$$

folgt. Ist das Planetenrad in der Stellung II angekommen, so muß ein anderes Planetenrad in I wieder richtig eingelegt werden können. Das ist der Fall, wenn der durchlaufene Bogen $\Theta' \cdot r_3$ ein Vielfaches der Teilung t ist, z. B. $X \cdot t$, wo X eine ganze Zahl ist. Daraus folgt:

$$\frac{2\,\pi}{N}\, r_3\, \frac{z_1 + z_3}{z_3} = X t = X\, \frac{2\,\pi\, r_3}{z_3}$$

oder

$$X = \frac{z_1 + z_3}{N}\,. \tag{67}$$

d. h.: **Die Summe der Zähnezahlen der konzentrischen Räder muß durch die Anzahl der Planetenräder teilbar sein.**

Um die Umfangskräfte und damit die Teilungen der Räder zu bestimmen, setzen wir voraus, daß außer den Drehmomenten keine äußeren Kräfte wirken. Dann gelten folgende Beziehungen:

1. Bei Vernachlässigung der Reibungsverluste muß die Summe der Leistungen gleich Null sein:

$$L_1 + L_2 + L_3 = 0. \tag{68}$$

Dabei muß noch grundsätzlich unterschieden werden, welche Wellen als treibend und welche als getrieben zu betrachten sind. Zur Entscheidung dieser Frage dient folgende Regel:

Beim angetriebenen Rad stimmen Umlaufsinn und Richtung der Umfangskraft überein; beim treibenden Rad sind sie entgegengesetzt.

2. Da die Wellen konzentrisch gelagert sind, muß auch die Summe der Drehmomente gleich Null sein.

$$M_1 + M_2 + M_3 = 0. \tag{69}$$

Da Leistung = Drehmoment $\times$ Winkelgeschwindigkeit ist, wird L proportional $M \cdot n$, so daß die Gleichung (68) auch wie folgt geschrieben werden kann:

$$n_1 M_1 + n_2 M_2 + n_3 M_3 = 0.$$

Mit $M_2 = -M_1 - M_3$ wird

$$n_1 M_1 - n_2 M_1 - n_2 M_3 + n_3 M_3 = 0$$

oder

$$M_1 (n_1 - n_2) + M_3 (n_3 - n_2) = 0$$

und

$$\frac{n_1 - n_2}{n_3 - n_2} = -\frac{M_3}{M_1} = k. \tag{70}$$

Aus Gleichung (69) folgt:

$$1 + \frac{M_2}{M_1} + \frac{M_3}{M_1} = 0 = 1 + \frac{M_2}{M_1} - k$$

oder

und

$$\left.\begin{array}{l} \dfrac{M_2}{M_1} = k - 1 \\[2ex] \dfrac{M_3}{M_2} = \dfrac{k}{1-k}. \end{array}\right\} \tag{71}$$

Durch die eine Konstante k sind also sowohl die Drehzahlen als auch die Momente eindeutig festgelegt.

Der Wirkungsgrad von Planetengetrieben[1]. Wenn L_1 und L_2 Antriebsleistungen sind und L_3 der Abtrieb ist, so ist der Wirkungsgrad η des Planetengetriebes durch die Gleichung

$$\eta (L_1 + L_2) = L_3$$

festgelegt. Der Leistungsverlust des Getriebes ist Antrieb — Abtrieb:

$$L_1 + L_2 - L_3 = L_3 \left(\frac{1}{\eta} - 1\right) \quad \text{oder proportional} \quad M_3 n_3 \left(\frac{1}{\eta} - 1\right). \tag{72}$$

Wenn die Drehmomente gleich bleiben, ist dieser Verlust unabhängig davon, welche Bewegung das Getriebe als Ganzes macht, da er nur durch die Relativbewegungen der Räder verursacht wird.

Wir geben deshalb dem ganzen System eine zusätzliche Drehzahl $-n_2$. Dann steht der umlaufende Arm still, und wir haben ein einfaches Vorgelege mit dem Wirkungsgrad η_v.

Die Momente bleiben gleich:

	M_1	M_2	M_3
Die Drehzahlen sind nun:	$n_1 - n_2$	0	$n_3 - n_2$,
folglich werden die Leistungen proportional	$M_1 (n_1 - n_2)$ (Antrieb)	0 und	$M_3 (n_3 - n_2)$. (Abtrieb)

Damit wird der Wirkungsgrad

$$\eta_v = \frac{M_3 (n_3 - n_2)}{M_1 (n_1 - n_2)} \tag{73}$$

und der Energieverlust:

$$M_1 (n_1 - n_2) - M_3 (n_3 - n_2)$$

---

[1] Dr.-Ing. H. Brandenberger hat in der Zeitschrift Maschinenbau 1928, S. 249, eine systematische Untersuchung des Wirkungsgrades der Umlaufgetriebe veröffentlicht.

oder mit η_v aus Gleichung (73):

$$M_3\,(n_3 - n_2)\left(\frac{1}{\eta_v} - 1\right) \tag{74}$$

Dieser Verlust ist derselbe wie beim Planetengetriebe. Durch Gleichsetzen der Ausdrücke (72) und (74) erhält man:

$$M_3\,(n_3 - n_2)\left(\frac{1}{\eta_v} - 1\right) = M_3\,n_3\left(\frac{1}{\eta} - 1\right)$$

oder:

$$\left(\frac{1}{\eta} - 1\right) = \frac{n_3 - n_2}{n_3}\left(\frac{1}{\eta_v} - 1\right).$$

Umlaufgetriebe werden in vielen Gebieten des Maschinenbaus verwendet (Hebezeuge, Spinn- und Flechtmaschinen, Automobilbau usw.). Eine konstruktive Schwierigkeit liegt in der zuverlässigen Lagerung und Schmierung der um-laufenden Teile.

Schon James Watt verwendete bei seiner ersten Dampfmaschine ein Umlaufgetriebe zur Umsetzung der hin- und hergehenden Kolbenbewegung in eine drehende Bewegung (Abb. 96), da das Kurbelgetriebe patentiert war. Das Zahnrad b ist durch prismatische Bolzen mit der Schubstange verbunden und kann daher keine Drehbewegung um die eigene Achse ausführen. In der allgemeinen Gleichung (64) wird also die Drehzahl $n_b = 0$.

$$n_b = \frac{-\,n_1 z_1 + n_2 z_1 + n_2 z_2}{z_2} = 0$$

oder

$$n_1 = n_2\,\frac{z_1 + z_2}{z_1}.$$

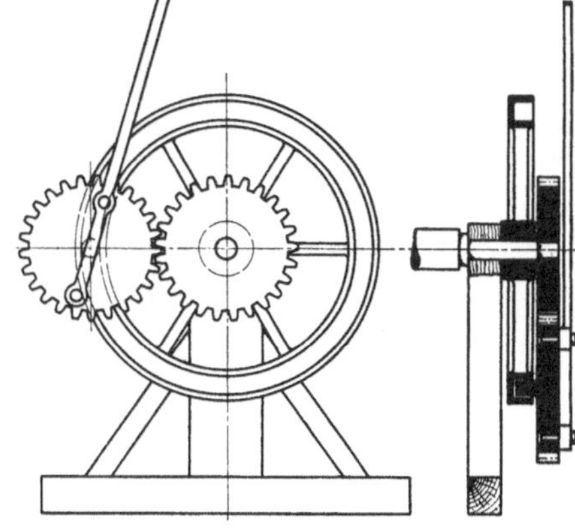

Abb. 96. Planetenradgetriebe nach Watts Patentzeichnung 1781 (nach Matschoß).

Die abgeleiteten Beziehungen können auch verwendet werden, um in einem Kugellager die Käfigdrehzahl und die Drehzahl der Kugeln um ihre eigene Achse zu bestimmen. Wenn nämlich kein Gleiten zwischen den Kugeln und den Ringen auftritt, so arbeiten diese Teile wie Zahnräder zusammen. Die allgemeine Gleichung (65)

$$n_1 + k\,n_3 = n_2\,(1 + k)$$

bleibt demnach auch für diesen Fall gültig, und zwar ist $k = \dfrac{d_a}{d_i}$.

Steht der Innenring still ($n_1 = 0$), so wird die Käfigdrehzahl

$$n_2 = n_3\,\frac{k}{1 + k} = n_3\,\frac{d_a}{d_i + d_a}$$

Steht der Außenring still ($n_3 = 0$), so ist die Käfigdrehzahl:

$$n_2 = \frac{n_1}{1 + k} = n_1\,\frac{d_i}{d_i + d_a}.$$

Die relative Drehzahl der Kugeln um ihre eigene Achse folgt aus Gleichung (63) zu.

$$n_b'' = -\,\frac{d_i}{d}\,(n_1 - n_2).$$

Zahlenbeispiel. Für $d_i = 40$, $d = 10$ und $d_a = 60$ mm wird $n_2 = 0{,}4\,n_1$ und

$$n_b' = -\,4\,n_1\,(1 - 0{,}4) = -\,2{,}4\,n_1$$

und

$$n_b = n_b' + n_2 = -\,2\,n_1.$$

Anwendungsbeispiel 1. Handflaschenzug für 1000 kg Tragkraft (Abb. 97). Die Übersetzung zwischen Haspel- und Lastkettenrad soll 1 : 9,4 werden. Das Haspelrad hat einen Durchmesser von 20 cm; die größte Kraft, die an die Haspelkette wirkt, sei 25 kg.

Da Innenverzahnung (nach Abb. 92) vorliegt, lautet die Hauptgleichung (65):

$$n_1 + k\,n_3 = n_2(1 + k)$$

Mit $n_3 = 0$ wird

$$\frac{n_1}{n_2} = (1 + k) = 9{,}4 \,,$$

so daß

$$k = 8{,}4 = \frac{c}{b'} \cdot \frac{b}{a}$$

ist. Wegen dem richtigen Zusammenpassen der vier Räder besteht weiter die Bedingungsgleichung:

$$a + b + b' = c * .$$

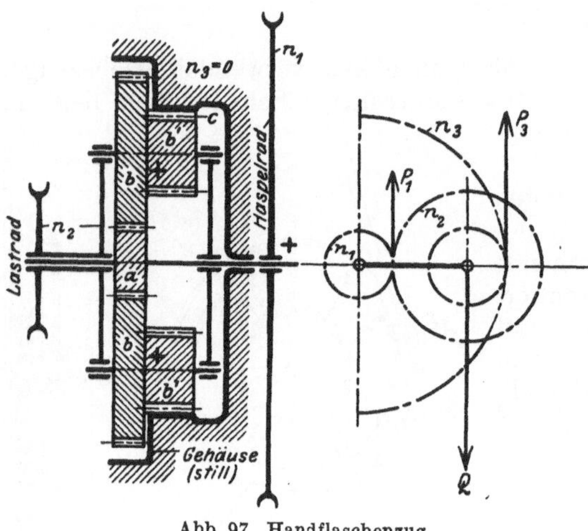

Abb. 97. Handflaschenzug.

In diesen zwei Gleichungen sind vier Unbekannte, so daß zwei beliebig gewählt werden dürfen. Es ist zweckmäßig, die Durchmesser des kleinen Rades a und des innen verzahnten Rades c möglichst klein zu wählen, um einen kleinen und leichten Flaschenzug zu erhalten. Es sei z. B. $a = 18$ mm und $c = 90$ mm.

Die Leistungsgleichung (68)

$$L_1 + L_2 + L_3 = 0$$

vereinfacht sich hier, da n_3 und damit L_3 gleich Null ist, zu

$$L_1 + L_2 = 0$$

oder

$$M_1 n_1 + M_2 n_2 = 0 \,,$$

woraus

$$M_2 = - \frac{n_1}{n_2} M_1 = - 9{,}4 \, M_1 \,.$$

Aus $M_1 + M_2 + M_3 = 0$ folgt $M_3 = - (M_1 + M_2) = 8{,}4 \, M_1$. Mit einem Haspelraddurchmesser von 20 cm und $P_0 = 25$ kg ist $M_1 = 250$ kgcm. Damit wird

$$P_1 = \frac{M_1}{a} = \frac{250}{1{,}8} = 140 \,\text{kg}$$

und

$$P_3 = \frac{M_3}{c} = \frac{8{,}4 \times 250}{9} = 233 \,\text{kg} \,.$$

Da es sich um sehr langsam laufende Räder handelt, sind sehr kleine Zähnezahlen zulässig, und die Zähne brauchen nur auf Festigkeit berechnet zu werden.

$$m_1 = \sqrt{\frac{10 \, P_1 \, \gamma}{\psi \cdot \sigma_b}} = \sqrt{\frac{10 \times 140 \times 24}{3 \times 1000}} \approx 3 \,,$$

$$m_3 = \sqrt{\frac{10 \, P_3 \, \gamma}{\psi \cdot \sigma_b}} = \sqrt{\frac{10 \times 233 \times 24}{3 \times 1000}} = \sqrt{17{,}4} \approx 4 \text{ oder } 4{,}5 \,.$$

Aus $a + b + b' = c = 90 = 18 + b + b'$ folgt $b + b' = 72$.

Aus $k = 8{,}4 = \frac{c}{b'} \cdot \frac{b}{a} = \frac{90}{18} \cdot \frac{b}{b'}$ folgt $\frac{b}{b'} = 1{,}68$.

Damit wird $b' = 26{,}8$ und $b = 45{,}2$ mm, und wir erhalten als Zähnezahlen der Räder: Mit

$$m_3 = 4 : \quad z_3 = \frac{180}{4} = 45 \qquad\qquad m_3 = 4{,}5 : \quad z_3 = \frac{180}{4{,}5} = 40$$

$$z_2' = \frac{53{,}6}{4} = 13{,}4 \qquad\qquad z_2' = \frac{54}{4{,}5} = 12$$

$$m_1 = 3 : \quad z_2 = \frac{90{,}4}{3} = 30{,}1 \qquad \text{und mit} \qquad m_1 = 3 : \quad z_2 = \frac{90}{3} = 30$$

$$z_1 = \frac{36}{3} = 12 \qquad\qquad z_1 = \frac{36}{3} = 12 \,.$$

Die Kontrolle $a + b + b' = c$ für $m = 4{,}5 : 180 = 54 + 90 + 36$, stimmt.

---

* Diese Beziehung gilt für die Normverzahnung. Durch Anwendung der Zahnkorrekturen (vgl. S. 18) kann die Achsentfernung in gewissen Grenzen geändert werden.

Bestimmung des Wirkungsgrades:

$$L_1 \text{ (Antrieb)} \qquad L_2 \text{ (Abtrieb)} \qquad L_3 = 0.$$

Wirkungsgrad:

$$\eta = \frac{L_2}{L_1}.$$

Der Reibungsverlust: $L_1 - L_2 = L_1(1 - \eta)$ bleibt unverändert, wenn dem ganzen System eine zusätzliche Drehzahl $- n_2$ gegeben wird und die Drehmomente gleich bleiben. Wir erhalten dann als

Momente	M_1	M_2	M_3
Drehzahlen	$n_1 - n_2$	0	$n_3 - n_2$
und Leistungen	$M_1(n_1 - n_2)$	0	$M_3(n_3 - n_2)$
	(Antrieb)		(Abtrieb)

Der Wirkungsgrad des Vorgeleges wird dann:

$$\eta_v = \frac{M_3\,(n_3 - n_2)}{M_1\,(n_1 - n_2)}$$

und der Reibungsverlust:

$$M_1\,(n_1 - n_2) - M_3\,(n_3 - n_2) = M_1\,n_1\,(1 - \eta).$$

Damit wird:

$$M_1\,(n_1 - n_2)\,(1 - \eta_v) = M_1\,n_1\,(1 - \eta)$$

oder

$$\eta = 1 - \frac{n_1 - n_2}{n_1}\,(1 - \eta_v).$$

Da $n_1 = n_2\,(1 + k)$ und $n_1 - n_2 = n_2 k$ ist, wird

$$\eta = 1 - \frac{k}{k + 1}\,(1 - \eta_v).$$

Anwendungsbeispiel 2. Berechnung des Antriebes eines Elektroflaschenzuges nach Abb. 98 (Bauart Demag) für 1000 kg Tragkraft. Motorleistung 1,7 PS bei 960 Uml./min. Trommeldrehzahl $n_3 = 16,5$/min.

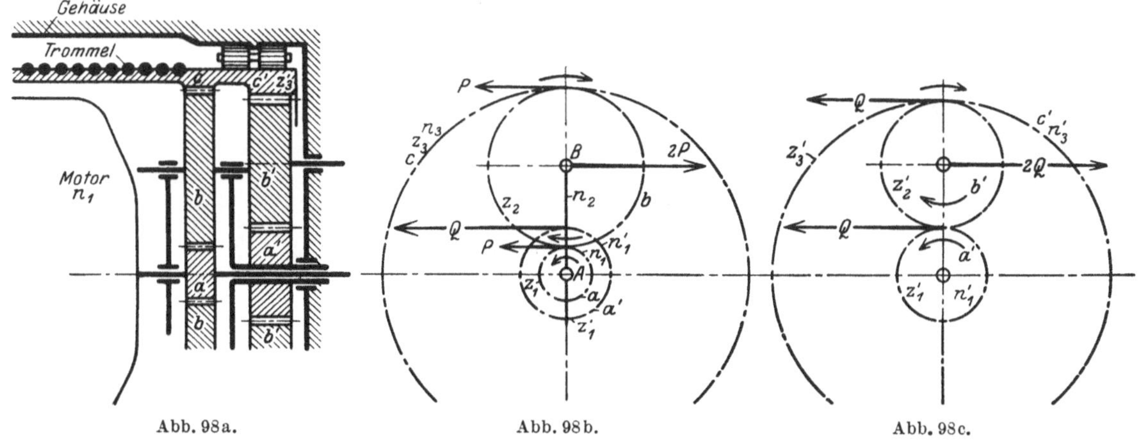

Abb. 98a bis d. Elektroflaschenzug.

Die Drehzahlen der Räder a, b, c seien:

$$n_1 \qquad n_2 \qquad n_3,$$

und nach Erteilung einer zusätzlichen Drehzahl $-n_2$

$$n_1 - n_2 \qquad 0 \qquad n_3 - n_2.$$

Der Arm $A\,B$ steht nun still, so daß zwischen Drehzahlen und Zähnezahlen folgende Beziehung besteht:

$$(n_1 - n_2)\,z_1 = -\,(n_3 - n_2)\,z_3.$$

Das $-$-Zeichen kommt daher, daß Trommel und Motor entgegengesetzte Drehrichtungen haben. Durch Umformung erhält man:

$$n_1 z_1 + n_3 z_3 = n_2\,(z_1 + z_3).$$

Der Arm AB wird durch ein gewöhnliches Vorgelege a', b', c' (mit Innenverzahnung) angetrieben, so daß

$$n_2 = - n_3 \frac{z_3'}{z_1'}.$$

Damit wird:

$$- \frac{n_1}{n_3} = \frac{z_3}{z_1} + \frac{z_1 + z_3}{z_1} \cdot \frac{z_3'}{z_1'}. \tag{a}$$

Für das richtige Ineinandergreifen der Zahnräder müssen noch folgende Bedingungsgleichungen erfüllt seien:

$$a + 2b = c \quad \text{und} \quad a' + 2b' = c' \quad \text{oder} \quad z' + 2z_2' = z_3' \quad \text{und} \quad z_1 + 2z_2 = z_3.$$

Da drei Gleichungen mit den 6 Unbekannten z_1, z_2, z_3, z_1', z_2' und z_3' vorhanden sind, dürfen drei beliebige Annahmen gemacht werden:

1. Der Durchmesser $2a$ des Motorritzels sei $= 32$ mm.
2. Der Durchmesser $2c$ des innen verzahnten Rades c ist durch den Trommeldurchmesser eingeschränkt und sei 280 mm.
3. Der Ritzeldurchmesser $2a'$ sei 60 mm.

Festigkeitsrechnung der beiden Ritzel: Das Drehmoment der Motorwelle ist:

$$M_1 = 71\,620 \frac{1,7 \cdot}{960} = 127 \text{ kgcm},$$

die Umfangskraft

$$p_1 = \frac{127}{1,6} = \text{rd. } 80 \text{ kg},$$

und die Umfangsgeschwindigkeit des Ritzels:

$$v_1 = \frac{\pi \times 0,032 \times 960}{60} = 1,61 \text{ m/s}.$$

Da der Flaschenzug möglichst klein ausfallen soll, wird das kleine Rad a aus gehärtetem Stahl hergestellt ($\sigma_{zul} \sim 1400$ at). Damit wird:

$$m = \sqrt{\frac{10 \cdot P_1 \gamma}{\psi \cdot \sigma_b}} = \sqrt{\frac{10 \times 80 \times 24}{4 \times 1400}} = 1,85 \approx 2$$

und $z_1 = \dfrac{32}{2} = 16$, $\quad z_3 = \dfrac{280}{2} = 140$, $\quad b = \dfrac{140 - 16}{2} = 62$ mm, $\quad z_2 = 62$.

Diese Werte sind in Gleichung (a) einzusetzen:

$$\frac{960}{16,5} = \frac{140}{16} + \frac{140 + 16}{16} \cdot \frac{z_3'}{z_1'}$$

oder

$$\frac{z_3'}{z_1'} = 5,06 = \frac{c'}{a'}.$$

Damit wird $c' = 5,06 a' = 5,06 \times 30 = 151,8$ mm.

Das Moment M_2 folgt aus der Gleichgewichtsbedingung für den Arm AB:

$$M_2 = 2P \cdot (a + b) = Q \cdot a'.$$

Daraus

$$Q = \frac{(16 + 62) \cdot 2 \cdot 80}{30} = 415 \text{ kg}$$

und

$$m' = \sqrt{\frac{10 \times 415 \times 24}{4 \times 1000}} \approx 5,$$

so daß $z_1' = \dfrac{60}{5} = 12$ Zähne.

Wirkungsgrad des Flaschenzuges.

Die Leistungen sind: $\quad\quad L_1 \quad\quad\quad\quad\quad L_2 \quad\quad\quad\quad\quad\quad L_3$
(Antrieb) $\quad\quad\quad\quad\quad\quad\quad\quad\quad\quad\quad$ (Nutzleistung)

der Wirkungsgrad:

$$\eta = \frac{L_3}{L_1}$$

der Verlust:

$$L_1 - L_3 = L_1(1 - \eta). \tag{b}$$

Wir geben dem ganzen System eine zusätzliche Drehzahl $- n_2$ und lassen die Drehmomente unverändert:

$$
\begin{array}{ccc}
n_1 - n_2 & 0 & - n_3 - n_2 \\
M_1 & M_2 & M_3
\end{array}
$$

Dann sind die Leistungen $\qquad M_1(n_1 - n_2) \qquad 0 \qquad M_3(-n_3 - n_2),$

der Wirkungsgrad des Vorgeleges:

$$\eta_v = \frac{n_3 - n_2}{n_1 - n_2} \cdot \frac{M_3}{M_1}$$

und der Verlust im Umlaufgetriebe:

$$M_1(n_1 - n_2) - M_3(-n_3 - n_2) = (n_1 - n_2)(1 - \eta_v) M_1.$$

Dazu kommt noch der Verlust im Armantrieb. Wenn η_1 der Wirkungsgrad des umlaufenden Armes und η_2 der Wirkungsgrad des Vorgeleges ist, das den Arm AB antreibt, so geht von dem Moment M_2 der $(1 - \eta_1\eta_2)$-te Teil verloren, so daß der Leistungsverlust

$$M_2 n_2 (1 - \eta_1 \eta_2) = M_1 \frac{2(a+b)}{a} n_2 (1 - \eta_1 \eta_2)$$

beträgt. Der Gesamtverlust ist also:

$$M_1(n_1 - n_2)(1 - \eta_v) + M_1 \frac{2(a+b)}{a} n_2 (1 - \eta_1 \eta_2).$$

Durch Gleichsetzen mit Gleichung (b) erhält man:

$$\frac{n_1 - n_2}{n_1}(1 - \eta_v) + (1 - \eta_1 \eta_2) \frac{2(a+b) n_2}{a \cdot n_1} = 1 - \eta$$

oder mit $n_2 = - n_3 \dfrac{z_3'}{z_1'}$

$$1 + \frac{n_3}{n_1} \cdot \frac{z_3'}{z_1'}(1 - \eta_v) - (1 - \eta_1 \eta_2) \frac{2(z_1 + z_2)}{z_1} \cdot \frac{n_3}{n_1} \cdot \frac{z_3'}{z_1'} = 1 - \eta.$$

Nach Wahl der Werte η_v, η_1, η_2 ist damit der Wirkungsgrad des Flaschenzuges bestimmt.

Anwendungsbeispiel 3. Bohrspindelvorschubantrieb (Abb. 99).

Die Leitspindel wird durch Außenverzahnung (nach Abb. 93) von der Bohrspindel angetrieben, und da das Rad a stillsteht ($n_1 = 0$), so vereinfacht sich die allgemeine Gleichung (65) zu:

$$- k\, n_3 = n_2 (1 - k),$$

so daß

$$- n_3 = n_2 \left(1 - \frac{1}{k}\right)$$

wird. Bohrspindel und Schraubenmutter haben die gleiche Drehzahl. Auf die Verschiebung des Bohrkopfes wird deshalb nur die relative Verdrehung der Mutter gegen die Schraubenspindel übertragen,

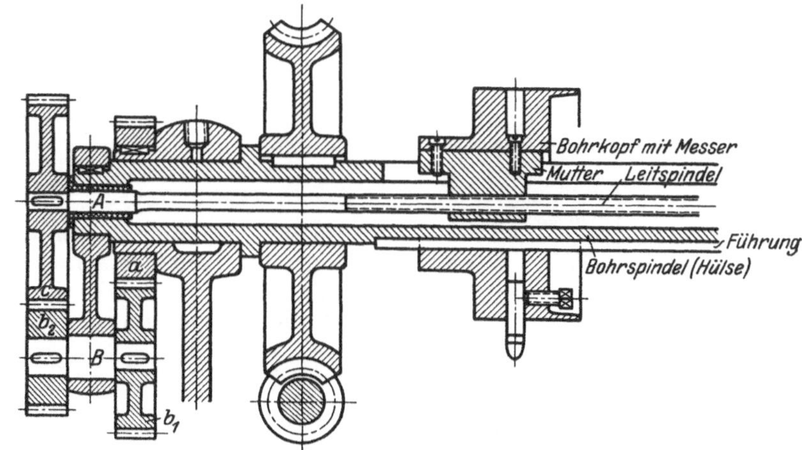

Abb. 99. Bohrspindel-Vorschubantrieb.

d. h., da $k > 1$ ist und beide entgegengesetzte Drehrichtungen haben:

$$n_3 + n_2 = \frac{1}{k} = \frac{a}{b_1} \cdot \frac{b_2}{c}.$$

Wenn s die Steigung der Schraube ist, so ist die Verschiebung des Bohrkopfes $\dfrac{s}{k}$ für jede Umdrehung der Spindel.

Anwendungsbeispiel 4. Zählwerk mit großer Übersetzung (Abb. 100).

Aus der Abbildung folgt:

$$n_3 = n_0 \frac{z_0}{z_3'} = \frac{9}{59} n_0 \quad \text{und} \quad n_1 = - n_0 \frac{z_0}{z_1'} = - \frac{9}{39} n_0.$$

Für das Umlaufgetriebe mit Innenverzahnung ($k = -$) ist:

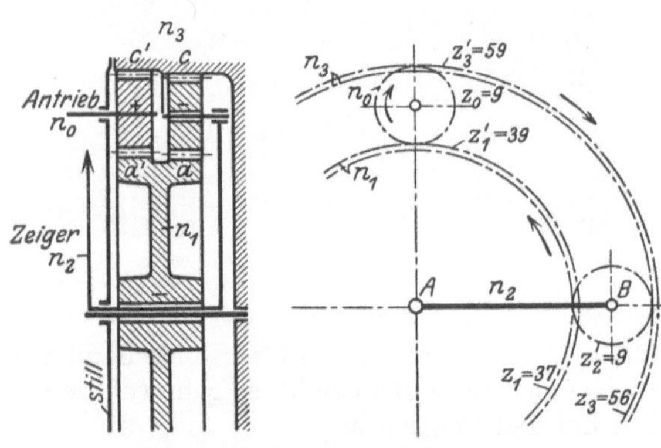

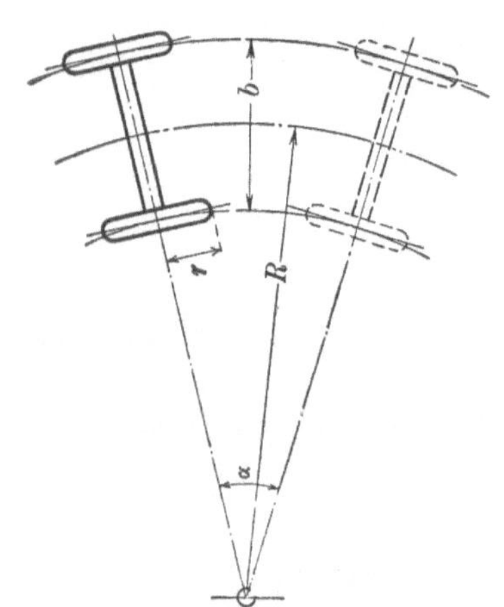

Abb. 100. Zählwerk mit großer Übersetzung.

$$n_1 + k\,n_3 = n_2(1 + k), \quad \text{worin} \quad k = \frac{z_3}{z_1},$$

$$n_1 + \frac{z_3}{z_1}\,n_3 = n_2\left(1 + \frac{z_3}{z_1}\right).$$

Die Werte von n_1 und n_3, sowie die Zähnezahlen eingesetzt, ergibt

$$-n_0\left(\frac{9}{39}\cdot 37 - \frac{9}{59}\cdot 56\right) = n_2(56 + 37)$$

oder

$$-\frac{n_2}{n_0} = \left(\frac{37}{39} - \frac{56}{59}\right)\cdot\frac{3}{31}$$

$$= \frac{37\cdot 59 - 56\cdot 39}{39\cdot 59}\cdot\frac{3}{31} = -\frac{1}{13\cdot 58\cdot 31}$$

und

$$\frac{n_0}{n_2} = 23\,777.$$

Anwendungsbeispiel 5. Ausgleichgetriebe für Automobile (Abb. 101). Die beiden hinteren Räder werden vom Motor angetrieben. Beim Fahren in gerader Richtung sind die Drehzahlen der Räder gleich groß, so daß eine einfache Übersetzung als Antrieb ausreichen würde. Wird

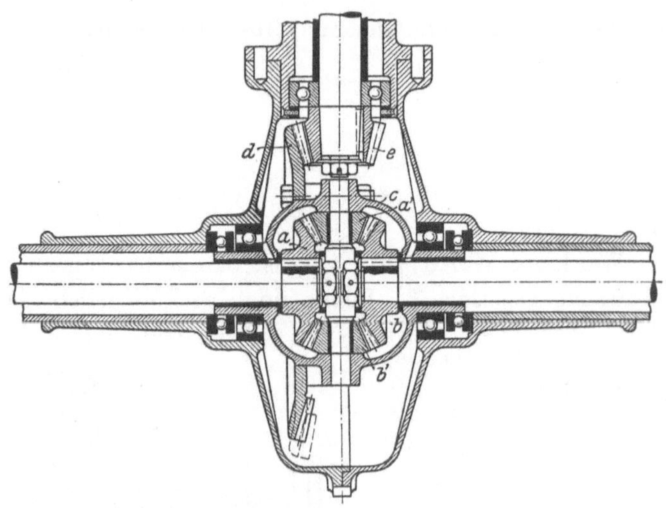

Abb. 101b (nach Heller).

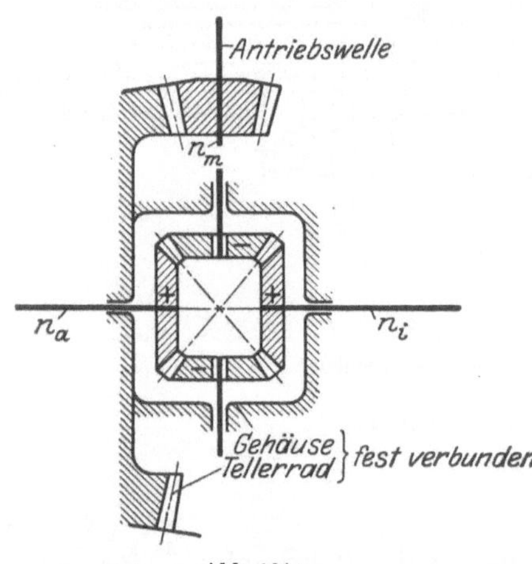

Abb. 101a (nach Heller, Kraftwagenbau).

Abb. 101c.

Abb. 101a bis c. Ausgleichgetriebe für Automobile.

in einer Krümmung vom mittleren Radius R (Abb. 101a) mit einer Winkelgeschwindigkeit α gefahren, so müssen die Räder — damit sie nicht gleiten — verschiedene Drehzahlen n_i und n_a erhalten, die durch die Gleichungen

$$\frac{\pi\,r\,n_a}{30} = \left(R + \frac{b}{2}\right)\alpha \quad \text{und} \quad \frac{\pi\,r\,n_i}{30} = \left(R - \frac{b}{2}\right)\alpha$$

bestimmt sind. Nach Addition erhält man:

$$n_a + n_i = \frac{30\,\alpha}{\pi\,r}\cdot 2\,R = \text{konst.}$$

Um diese Bedingung zu erfüllen, werden die Räder durch ein Umlaufgetriebe (Ausgleichgetriebe genannt) angetrieben (Abb. 101b, c). Der Zusammenhang der Drehzahlen folgt, nach Erteilung einer zusätzlichen Drehzahl $-n$,

aus:

n_i	n	n_a
$n_i - n$	0	$n_a - n$

$$n_i - n = -(n_a - n) = n - n_a \qquad \text{oder} \qquad n_i + n_a = 2\,n = \text{konst.}$$

9. Schneckengetriebe. a) **Verzahnung.** Das Schneckengetriebe ist ein Getriebe für sich (meist senkrecht) kreuzende Achsen; es ist aus Schraube und Mutter entstanden. Wenn eine

Schraube sich dreht und die Mutter gegen Verdrehung gesichert wird, so erhält diese eine reine Translation (Parallelverschiebung), Abb. 102a. Wird die obere Hälfte der Mutter weggelassen und von der unteren Hälfte ein ziemlich weit von der Drehachse der Schraube entfernter Punkt M (Abb. 102b) festgehalten, so beschreibt die Mutter eine drehende Bewegung um diesen Punkt.

Jeder Schraubengang entspricht einem Zahn des Rades. Ist g die Gangzahl der Schnecke und z die Zähnezahl des Rades, so ist das

$$\text{Übersetzungsverhältnis } i = \frac{g}{z}.$$

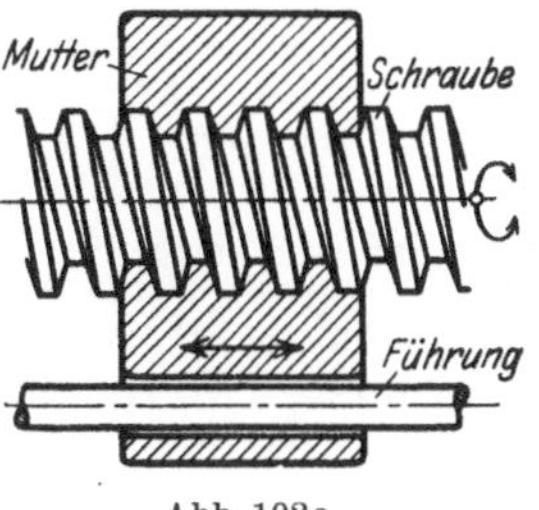

Abb. 102a.

Da die Mutter nun keine Translation, sondern eine Drehung ausführt, kann die Verzahnung des Rades kein reines Schraubengewinde mehr sein. Am einfachsten kann man sich die Verzahnung auf folgende Weise entstanden denken:

Das Profil der Schnecke entspricht einer Zahnstange, bei der die Parallelverschiebung durch Rotation und Schrägstellung der Zähne erreicht wird. Die Schnecke kann demnach durch eine Anzahl Zahnstangen 1 bis 7 (Abb. 103) ersetzt und das Profil des Rades nach dem allgemeinen Verzahnungsgesetz (vgl. S. 6) daraus konstruiert werden. Alle diese Teilräder haben den gleichen Teilkreis; die jeweiligen Wälzpunkte liegen auf CC. Daraus folgt, daß das Mittenprofil des Rades die Evolventenform eines Zahnrades hat, das mit der Zahnstange in richtigem Eingriff steht, während für alle anderen Schnittebenen die Profile ganz andere Formen erhalten.

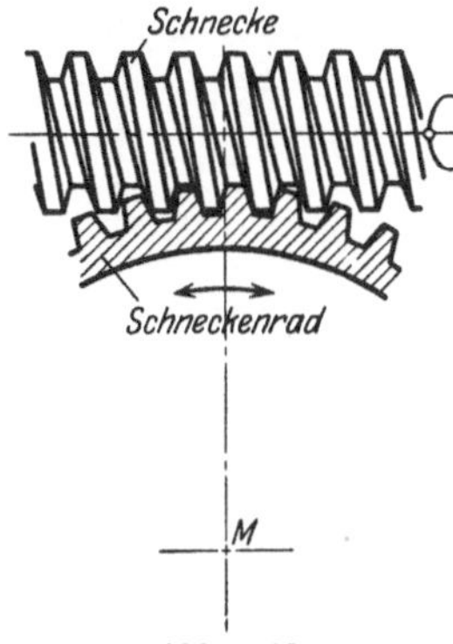

Abb. 102b.

Deshalb überträgt sich die Unempfindlichkeit der Evolventenräder in bezug auf den Achsabstand nicht auf Schneckengetriebe; diese sind im Gegenteil äußerst empfindlich auch gegen kleine Einbaufehler und müssen deshalb sehr sorgfältig gelagert werden.

Wird für die Zahnstange das normale Evolventenprofil mit geraden Flanken und 30^{0} Spitzenwinkel gewählt und sollen die geradlinigen Verlängerungen der Zahnflanken nicht in Eingriff kommen, so muß wie bei den Stirnrädern die minimale Zähnezahl des Rades 30 sein. Wenn der Konstrukteur sich an diese Bedingung hält, entfallen die Schwierigkeiten der Unterschneidung und der Korrektur. Für die genauere Untersuchung der Eingriffsverhältnisse sei auf Schiebel, Zahnräder II[1], verwiesen.

Die Schnecke kann nur auf der Drehbank genau geschnitten werden. Da die meisten Drehbänke Leitspindeln mit Steigungen in englischen Zoll haben, findet man hier und da die Bedingung gestellt, die Teilung des Rades ebenfalls in englischen Zoll anzugeben. Weil aber immer durch ein Wechselrad von 127 Zähnen ($1''e = 25{,}4$ mm) auch metrische Steigungen hergestellt werden können, zieht man auch hier Modulteilung vor.

b) Wirkungsgrad. Trotzdem das Schneckenprofil trapezförmig ist, genügt es, für die Untersuchung der Reibungsverhältnisse die Schnecke als flachgängige Schraube aufzufassen. Wie in Heft II (Schrauben) abgeleitet, ist das Drehmoment einer scharfgängigen Schraube:

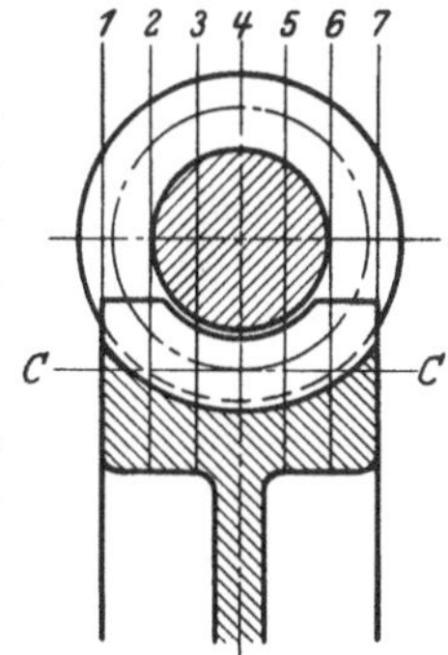

Abb. 103.

$$M_d = P r_m \operatorname{tg}(\alpha + \varrho'),$$

worin $\operatorname{tg}\varrho' = \mu'$, $\mu' = \dfrac{\mu}{\cos\beta}$ und μ die Reibungszahl ist.

Für $\beta = 15^{0}$ ist $\cos\beta = 0{,}966$. Die Unsicherheit in der Wahl der Reibungszahl μ ist so groß, daß der Faktor $\dfrac{1}{\cos\beta}$ vernachlässigt und

$$M_d = P r_m \operatorname{tg}(\alpha + \varrho),$$

gesetzt werden darf.

Der Wirkungsgrad der Schnecke

$$\eta = \frac{\operatorname{tg}\alpha}{\operatorname{tg}(\alpha + \varrho)} \tag{75}$$

---

[1] Berlin: Julius Springer.

wird ein Maximum für

$$\frac{d\eta}{d\alpha} = 0 = -\frac{\operatorname{tg}\alpha}{\sin^2(\alpha+\varrho)} + \frac{\operatorname{ctg}(\alpha+\varrho)}{\cos^2\alpha}$$

$$\operatorname{tg}\alpha\cos^2\alpha = \operatorname{ctg}(\alpha+\varrho)\sin^2(\alpha+\varrho),$$

$$\sin\alpha\cos\alpha = \sin(\alpha+\varrho)\cos(\alpha+\varrho),$$

$$\sin 2\alpha = \sin 2(\alpha+\varrho).$$

Das ist nur möglich für $\varrho = 0$ und für $2\alpha = 180 - 2(\alpha+\varrho)$ oder $\alpha = 45 - \frac{\varrho}{2}$.

In Zahlentafel 5 und Abb. 104 sind die aus Gleichung (75) für verschiedene Werte von α und μ berechneten Wirkungsgrade der Schnecke eingetragen.

Zahlentafel 5. Theoretischer Wirkungsgrad einer Schnecke.

$\alpha =$	5^0	10^0	15^0	20^0	25^0	40^0
$\mu = 0{,}01$	$\eta = 0{,}897$	0,945	0,961	0,970	0,974	0,980
2	813	895	926	941	950	960
3	743	850	892	914	927	941
4	682	809	861	888	904	922
5	634	772	831	863	882	904
0,07	552	707	778	817	841	869
0,10	0,463	0,627	0,709	0,756	0,785	0,819

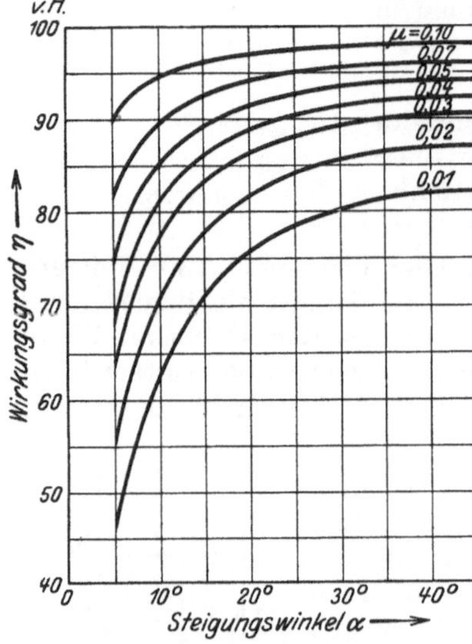

Abb. 104. Theoretischer Wirkungsgrad einer Schnecke.

Der Wirkungsgrad des ganzen Schneckengetriebes wird durch die Reibung in den Lagern noch etwas vermindert.

Daraus können folgende Schlußfolgerungen gezogen werden:

1. Der Wirkungsgrad ist in hohem Maße von der Reibungszahl μ abhängig. Ein hoher Wirkungsgrad ist durch genaue Herstellung der Zahnform und hauptsächlich durch zweckmäßige Schmierung zu erreichen.

2. Von einem Steigungswinkel der Schraube von etwa 15^0 an ist die Verbesserung des Wirkungsgrades nicht mehr bedeutend, besonders wenn die Reibungszahl klein ist. Dieser Umstand ist für die Praxis von großer Wichtigkeit, weil bei großen Steigungen Eingriffs- und Herstellungsschwierigkeiten entstehen. Man wird deshalb möglichst Steigungswinkel von 15 bis 25^0 verwenden.

3. Nach Gleichung (75) scheint der Wirkungsgrad von der Leistung unabhängig zu sein, da weder die Geschwindigkeit noch der Zahndruck in dieser Gleichung vorkommt. In Wirklichkeit ist aber die Reibungszahl μ und damit der Reibungswinkel ϱ für geschmierte Flächen sowohl von der Gleitgeschwindigkeit als auch vom Druck abhängig. (Vgl. Heft III, Reibungstheorie.)

Die zuverlässige Vorausbestimmung des Wirkungsgrades einer Schnecke ist nicht möglich, weil die Reibungszahl für halbflüssige Reibung z. Z. noch nicht berechnet werden kann. Die Versuche von Stribeck[1] zeigen, daß aber auch bei ungenauer Ausführung ziemlich kleine Reibungszahlen erreicht werden können.

Für ein roh gegossenes, aber vollständig eingelaufenes Schneckengetriebe, bestehend aus einer gußeisernen Schnecke, eingängig

Gleit-geschwin-digkeit m/s	Umfangs-kraft P kg	$\dfrac{P}{b}$ kg/cm	μ bei 60^0 C	n_{Schnecke}	n_{Rad}
0,5	500	65	0,060	120	4
1	500	65	051	240	8
1,5	500	65	047	360	12
2	400	52	040	480	16
3	250	32,5	030	720	24
4	160	21	0,025	960	32

Kerndurchmesser = 60 mm
Außendurchmesser = 95 mm;
Steigung = 25,13 mm = 8π; $\operatorname{tg}\alpha = 0{,}1$

und einem Schneckenrad aus Gußeisen

Teilkreisdurchmesser = 240 mm
Zähnezahl = 30
Zahnbreite = 77 mm

macht Stribeck nebenstehende Angaben.

[1] Z. V. d. I. 1898, S. 1156.

Aus diesen Versuchen folgt, daß das unten liegende Schneckenrad erst bei $n = 32$ genügend Öl zur Schmierung der Schnecke mitnimmt. Aus den Versuchen von Stodola[1], Westberg[2] und Bach[3] folgt weiter, daß für gut geschmierte und gut bearbeitete und gelagerte Schnecken Reibungszahlen von 0,01 bis 0,015 leicht erreichbar sind.

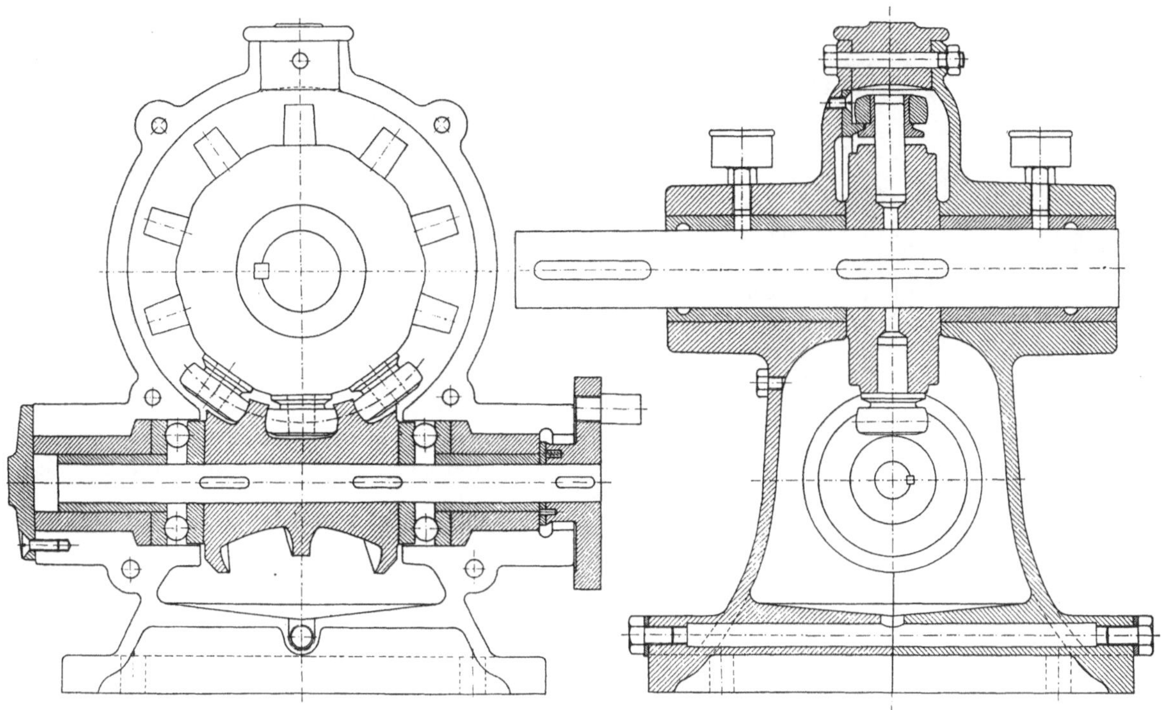

Abb. 105. Pekrungetriebe (nach Schiebel).

Die verhältnismäßig starke gleitende Reibung bei der Schnecke legt den Gedanken nahe, die Radzähne durch Rollen zu ersetzen (Abb. 105, Pekrungetriebe). Die kleine Berührungsfläche zwischen Rolle und Schnecke erfordert sehr harte Materialien (vgl. Heft III, Wälzlager), und da der Rollendurchmesser naturgemäß klein wird, ist die Verwendung auf verhältnismäßig kleine Umfangskräfte beschränkt.

c) Berechnung und Formgebung. Die von der Schnecke auf das Rad wirkende Normalkraft P_n (Abb. 106) kann in zwei Komponenten, horizontal P_h und vertikal P_v, zerlegt werden. Die horizontale Kraft wird wieder in zwei Richtungen zerlegt, axial P_x und — senkrecht dazu — P_y. Dazu kommt noch die Reibungskraft μP_n. Es wirken demnach:

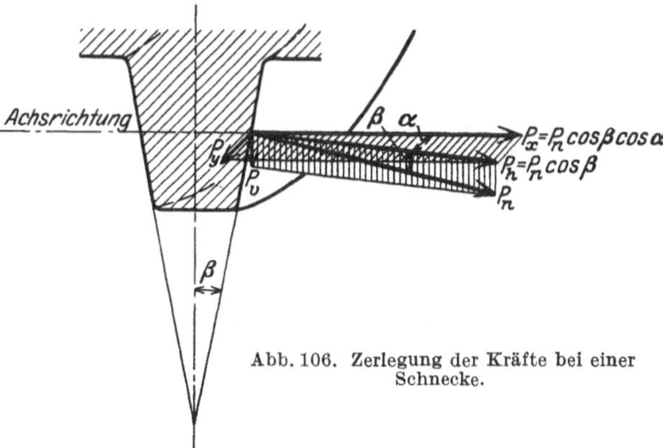

Abb. 106. Zerlegung der Kräfte bei einer Schnecke.

In der Horizontalebene:

axial:
$$P = P_x - \mu P_n \sin \alpha = P_n (\cos \beta \cos \alpha - \mu \sin \alpha) , \qquad (76)$$

senkrecht dazu:
$$H = P_y + \mu P_n \cos \alpha = P_n (\cos \beta \sin \alpha + \mu \cos \alpha) . \qquad (77)$$

In der Vertikalebene:
$$P_v = P_n \sin \beta . \qquad (78)$$

Die axiale Kraft P kann aus der Gleichung
$$M_d = P r_s \, \mathrm{tg} (\alpha + \varrho) = 71620 \, \frac{N}{n_s} \qquad (79)$$

---

[1] Schweiz. Bauzg. Bd. 6, S. 16. 1895. [2] Z. V. d. I. 1902, S. 915 und Mitt. Forsch.-Arb. H. 6.
[3] Maschinenelemente und Z. V. d. I. 1903, S. 536 oder Mitt. Forsch.-Arb. H. 11.

berechnet werden. Durch die Gleichungen (76) bis (78) sind dann auch die Kräfte P_n, H und P_v bestimmt.

Die Berechnung der Zähne wird in ähnlicher Weise wie bei den Zahnrädern durchgeführt.

1. Festigkeit.

$$\frac{\xi P}{\varepsilon} = \frac{\sigma_b}{\gamma} \, b t \, .$$

Da die Zähnezahl des Rades meist größer als 30 bis 36 'ist (vgl. S. 51) kann $\gamma \approx 13$ gesetzt werden. Aus dem gleichen Grunde sind auch immer zwei Zähne in Eingriff, so daß $\varepsilon = 2$ wird.

Die Zahnbreite b ist, wie Abb. 107 zeigt, begrenzt, und zwar

$$b = 2 \text{ bis } 2{,}5 \, t.$$

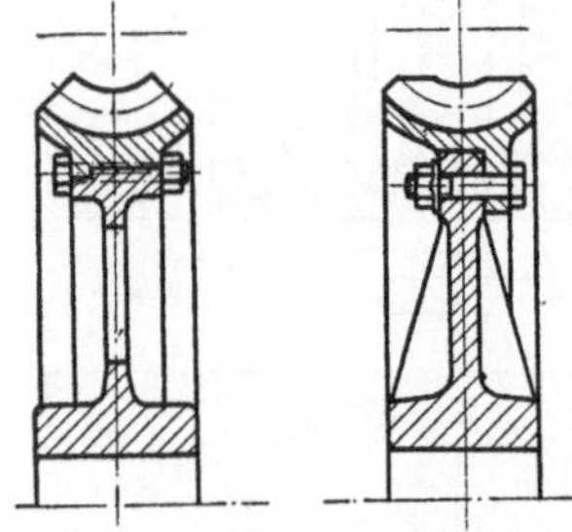

Abb. 107a.   Abb. 107b.

Abb. 107a und b. Befestigung des Zahnkranzes (nach Dubbel, Taschenbuch).

Die Schnecke wird immer aus naturhartem Stahl hergestellt, poliert, aber nicht gehärtet, weil sie sich beim Härten leicht verzieht.

Für das Schneckenrad kommen folgende Materialien in Frage: Gußeisen ($\sigma_b < 375$ at) wird nur bei kleinen Umfangsgeschwindigkeiten und für untergeordnete Zwecke verwendet, da die Gefahr des „Anfressens" sehr groß ist; besser ist Phosphorbronze ($\sigma_b < 750$ at) und am besten Stahlbronze (überschmiedet $\sigma_b = 1800$ bis 3000 at, je nach Qualität). Die Bronzekränze werden auf den gußeisernen Radkörper aufgezogen (Abb. 107) und durch Paßschrauben (vgl. Heft II) befestigt.

Der Steigungswinkel α der Schnecke ist bei Neukonstruktionen unbekannt, so daß die für die Festigkeitsrechnung erforderliche Umfangskraft P aus Gleichung (79) nicht berechnet werden kann. Schätzen wir aber den Wirkungsgrad der Schnecke $\eta = \dfrac{\operatorname{tg} \alpha}{\operatorname{tg} (\alpha + \varrho)}$ zu ungefähr 75%, so wird, wenn n_r die Drehzahl und R der Radius des Schneckenrades ist, das Drehmoment der Radwelle:

$$(M_d)_r = 71\,620 \, \frac{N \, \eta}{n_r} = P \cdot R \, .$$

Nun ist $R = \dfrac{z t}{2 \pi}$ cm, so daß

$$\xi P = \frac{71\,620 \, \dfrac{N}{n_r} \, \xi \cdot \eta \cdot 2 \pi}{z t} = \frac{\sigma_b}{\gamma} \, \psi \, t^2 \, \varepsilon$$

wird, oder

$$t_{\mathrm{cm}} = \frac{\pi \, m}{10} = \sqrt[3]{\frac{2 \pi \cdot 71\,620 \, \dfrac{N}{n_r} \, \eta \, \xi \, \gamma}{z \, \sigma_b \, \psi \, \varepsilon}} \, . \tag{80}$$

In dieser Gleichung sind alle Faktoren bekannt, da die Zähnezahl des Rades durch das Übersetzungsverhältnis und durch die Gangzahl der Schnecke gegeben ist (vgl. S. 51).

Die Berechnung auf Festigkeit ist nur zulässig, wenn das Getriebe sehr kurze Zeit in Betrieb bleibt, z. B. beim Schleusenzug. In allen anderen Fällen ist die übertragbare Leistung durch die Flächenpressung und durch die Erwärmung des Getriebes eingeschränkt.

2. Flächenpressung. Das Schneckenrad kann als ein schrägverzahntes Zahnrad mit dem Neigungswinkel $\beta = 90 - \alpha$ betrachtet werden. Die Zähnezahl im Normalschnitt kann aus Gleichung (55)

$$z_n = \frac{z}{\sin^3 (90 - \alpha)}$$

zu rd. 50 geschätzt werden, so daß $\gamma \approx 12$ wird. Da ferner die Schnecke als Zahnstange mit unendlich vielen Zähnen aufgefaßt werden kann, so folgt aus Gleichung (48):

$$\sigma_b = \left(\frac{p_{\mathrm{max}}}{3100}\right)^2 \cdot \xi \cdot 600 \text{ at} \, .$$

Diese Gleichung zeigt, daß für große Umfangskräfte Stahlbronze als Radmaterial gewählt werden sollte, die viel härter ist als die meist gebräuchliche Phosphorbronze.

3. Erwärmung. Wenn die gesamte Reibungsarbeit in Wärme umgesetzt wird, so muß im Beharrungszustand stündlich die Wärmemenge

$$Q = \frac{\mu \, P_n \, v_g}{427} \times 3600 = 8{,}45 \, \mu \, P_n \, v_g \text{ kcal/h}$$

an die umgebende Luft abgegeben werden. Wenn

v die mittlere Umfangsgeschwindigkeit der Schnecke in m/s,

r_s der mittlere Schneckenradius in m und

n_s die Drehzahl der Schnecke/min ist, so ist die mittlere Gleitgeschwindigkeit zwischen Schnecke und Rad

$$v_g = \frac{v}{\sin \alpha}. \tag{81}$$

Zwischen der axialen Komponenten P und der Normalkraft P_n besteht die Beziehung (76). Um aber einfachere Gleichungen zu erhalten, und weil die Reibungszahl μ im Voraus doch nicht genau bestimmt werden kann, wird

$$P_n \approx \frac{P}{\cos \alpha}$$

gesetzt. Da $P r_s \operatorname{tg}(\alpha + \varrho) = M_d = 716{,}2 \dfrac{N}{n_s}$ kgm ist, so wird

$$Q = 8{,}45\,\mu \frac{P}{\cos\alpha} \cdot \frac{\pi\, r_s\, n_s}{30 \sin\alpha} = 8{,}45\,\mu \frac{716{,}2\,N}{\operatorname{tg}(\alpha + \varrho)} \cdot \frac{\pi}{30 \sin\alpha \cos\alpha} \approx \frac{600\,\mu\,N}{\sin^2\alpha} \text{ kcal/h} . \tag{82}$$

Diese Wärmemenge wird zum größten Teil vom Öl aufgenommen und durch das Gehäuse hindurch an die umgebende Luft abgegeben. Wenn O die Gehäuseoberfläche in m² ist, die innen durch das Öl erwärmt und außen durch die Luft gekühlt wird, und k die Wärmedurchgangszahl, d. i. die je m² und 1° C Temperaturunterschied vom Öl an die Luft in der Stunde abgegebene Wärme ist, so kann der Temperaturunterschied τ_0 zwischen Öl und Luft aus der Gleichung

$$Q = k\,O\,\tau_0 = \frac{600\,\mu\,N}{\sin^2\alpha} \tag{83}$$

berechnet werden. Für schwach bewegte Luft kann $k \approx 15$ kcal/m²h ° C gesetzt werden. Die kühlende Oberfläche O des Gehäuses kann durch das Herunterrinnen des von der Schnecke abgeschleuderten Öles wirksam vergrößert werden.

Für die Betriebsicherheit des Getriebes ist aber nicht die Öltemperatur, sondern die höchste Temperatur der Schnecke und des Rades maßgebend.

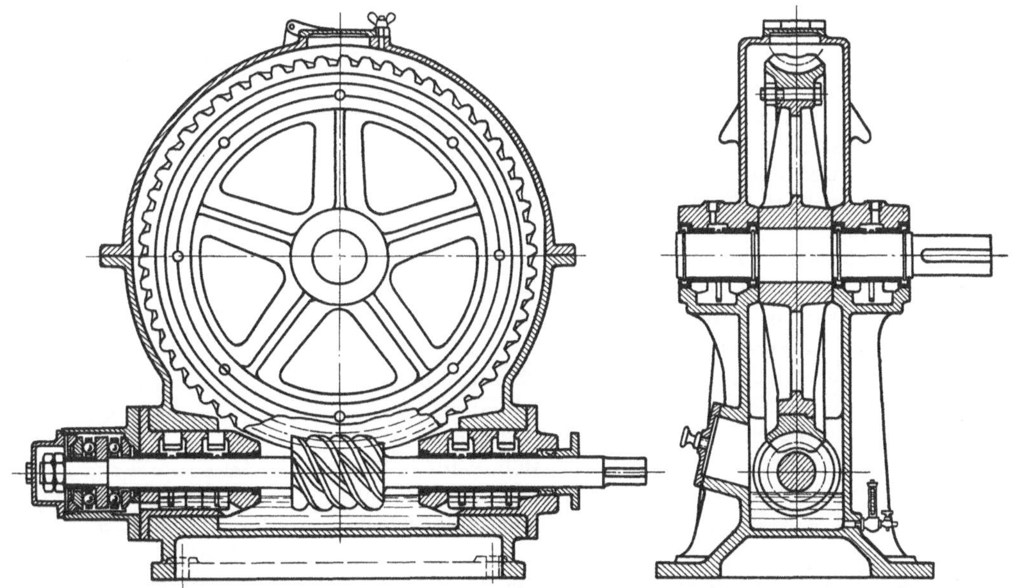

Abb. 108. Schneckengetriebe mit unten liegender Schnecke (Zahnräderfabrik Augsburg A.G.).

Die Schneckenwelle kann unter (Abb. 108) oder über dem Rade (Abb. 109) angeordnet werden. Bei der ersten Anordnung und bei einem Ölstand, der bis zu den Radzähnen reicht, wird die Schnecke sehr wirksam gekühlt, so daß kein großer Unterschied zwischen Öl- und Schneckentemperatur auftreten kann. Dabei ist aber eine Stopfbüchse erforderlich, um das seitliche Abfließen des Öles zu verhindern. Die Stopfbüchse ist jedoch eine unangenehme Beigabe, die bei zu starkem Anziehen unnötige Reibungsverluste verursacht, und bei zu geringer

Dichtung Ölverluste und unsauberen Betrieb zur Folge hat. Läßt man den Ölstand nur bis zur Schneckenwelle reichen, wodurch die Stopfbüchse überflüssig wird, dann ist auch die Kühlung der Schnecke und des Rades weniger wirksam.

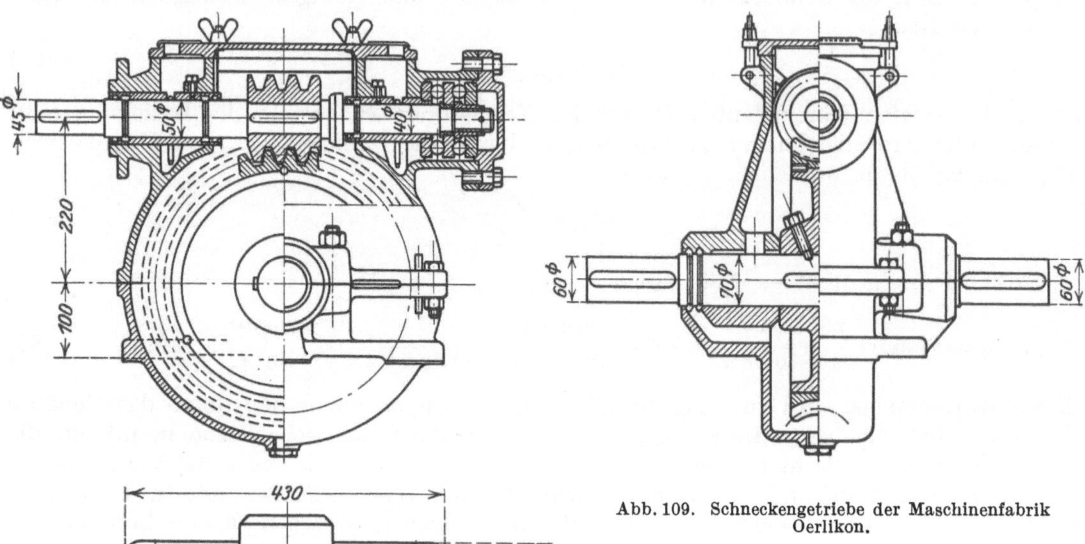

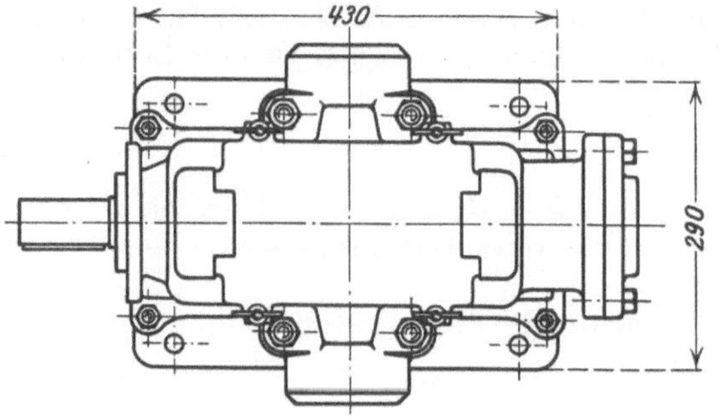

Abb. 109. Schneckengetriebe der Maschinenfabrik Oerlikon.

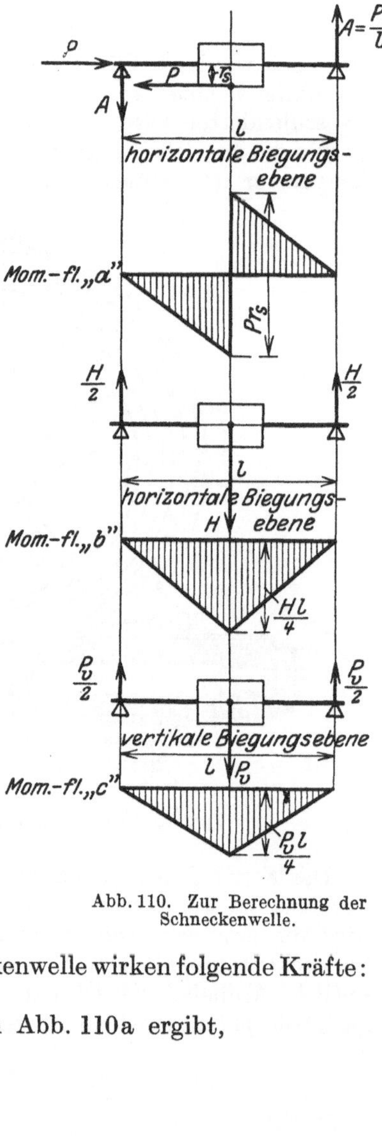

Meist wird die Anordnung mit obenliegender Schnecke vorgezogen. Das Öl wird durch das Rad bis zur Eingriffstelle hochgeführt. Die Schmierung ist wirksam, wenn das Rad genügend rasch läuft und ein zähflüssiges Zylinderöl verwendet wird. Die Lagerschmierung der Schneckenwelle sollte dann von der Schneckenschmierung getrennt werden, da beide verschiedene Ölsorten verlangen. Die Kühlung der Schnecke ist in diesem Falle aber wesentlich schlechter, so daß Temperaturunterschiede von 40^0 C und mehr zwischen Schnecke und Öl auftreten können. Der zulässige Wert von τ_0 beträgt dann höchstens 30^0 C, während bei unten liegender Schnecke 70^0 C Temperaturunterschied zwischen Öl und Luft zulässig ist.

Bei aussetzendem Betrieb (z. B. Laufkatzenantrieb eines Werkstattkrans) kann das Getriebe sich in den Ruhepausen abkühlen, so daß während der Betriebszeit mehr Wärme entwickelt werden darf, als das Gehäuse im Beharrungszustand abgeben kann.

Das Getriebe muß sehr sorgfältig gelagert werden und zwar so, daß die Radmittelebene genau in die Schneckenachse fällt und die Achsentfernung genau eingehalten wird. Die Lagerstellen sollen deshalb möglichst in einer Aufspannung des Werkstückes bearbeitet werden.

Die Schnecke muß möglichst eng gelagert werden, da Durchbiegungen der Welle den richtigen Eingriff stören. Auf die Schneckenwelle wirken folgende Kräfte: In der Horizontalebene:

1. die axiale Kraft P, die eine Biegemomentenfläche nach Abb. 110a ergibt,

Abb. 110. Zur Berechnung der Schneckenwelle.

2. die dazu senkrechte Kraft H mit der Momentenfläche nach Abb. 110b,
und in der Vertikalebene:

3. die Kraft P_v mit der Momentenfläche nach Abb. 110c.

Dazu kommt noch das Drehmoment M_d. Die Beanspruchungen und Formänderungen der Welle unter der Einwirkung dieser Kräfte sind nach den Angaben in Heft III (Wellen) zu bestimmen.

Das Getriebe wird am kleinsten, wenn die Schnecke aus einem Stück mit der Welle hergestellt wird. Die Bearbeitung ist wohl etwas teurer, aber alle Konstruktionen mit auf der Welle aufgekeilter Schnecke führen zu größeren Radabmessungen, wenn — mit Rücksicht auf den Wirkungsgrad — der gleiche Steigungswinkel eingehalten werden soll.

Außer den Traglagern muß sowohl für die Schnecke als auch für das Rad eine axiale Abstützung vorgesehen werden. Die Kleinheit der Längskraft an der Radwelle, verbunden mit der kleinen Gleitgeschwindigkeit, gestattet das unmittelbare Auffangen des Druckes durch die Stirnfläche der Radnabe. Der viel größere Axialdruck P der Schnecke wird durch ein Kugellager aufgenommen (vgl. Heft III, Abb. 114, S. 65).

10. Die Verhältnisse beim An- und Auslauf von Maschinen. Es ist bei der Festigkeitsberechnung von Maschinenteilen gebräuchlich, vom Beharrungszustand der Maschine auszugehen und die Kräfte aus der zu übertragenden Leistung zu bestimmen. Bei der Inbetriebsetzung und beim Bremsen entstehen aber zusätzliche Kräfte und Beanspruchungen, deren Größe der Konstrukteur um so genauer kennen muß, je größer die Massen sind, die beschleunigt oder verzögert werden und je rascher und öfter dies geschieht (z. B. Lokomotive, Automobil, Fördermaschine für Bergwerke, Hobelmaschine, Fahrwerk eines Lauf- oder Brückenkranes usw.). Die folgenden Betrachtungen gelten allgemein für die Inbetriebsetzung irgendeiner Maschine.

Bei jeder Antriebsmaschine (Dampfmaschine, Brennkraftmaschine, Elektromotor usw.) ist die Drehzahl von dem zu übertragenden Drehmoment abhängig, und zwar ist diese Abhängigkeit für jede Maschinenart verschieden. Beim Elektromotor z. B. ist das Drehmoment vom Ankerstrom J und vom Kraftfluß Φ je Pol abhängig (Abb. 111).

$$M_d = F_1(\Phi, J).$$

Ebenso hängt die Drehzahl von diesen Faktoren ab:

$$n = F_2(\Phi, J),$$

so daß daraus die („Motorcharakteristik“ genannte) Funktion F

$$M_d = F(n)$$

abgeleitet werden kann.

Auch für jede Arbeitsmaschine ist das Moment der zu überwindenden Widerstandskraft von der Drehzahl der Maschine abhängig.

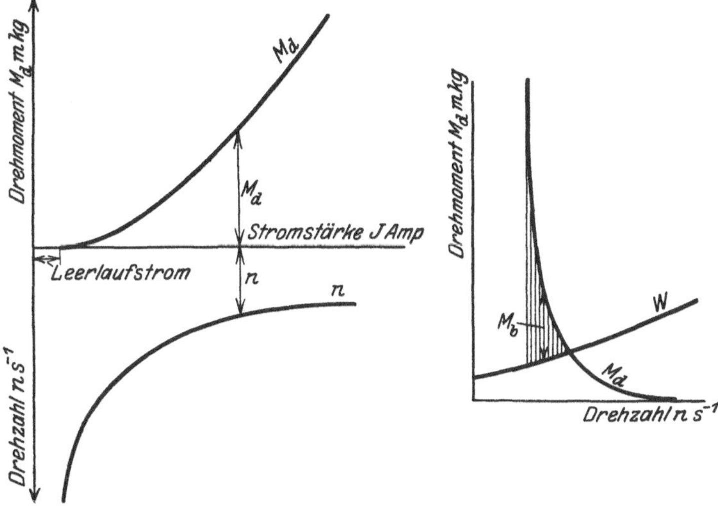

Abb. 111. Charakteristik eines Elektromotors.

Bei einer Eisenbahn z. B. nimmt der Fahrwiderstand mit der Zuggeschwindigkeit zuerst langsam, nachher rascher zu. Der Fahrwiderstand kann am Umfange eines Laufrades wirkend gedacht werden. Das Drehmoment des Antriebmotors erzeugt am Umfange des gleichen Rades, mit dem Radius R, die Zugkraft Z

$$Z = \frac{M_d}{R}\, i,$$

worin i das Übersetzungsverhältnis ist, d. i. das Verhältnis der Umfangsgeschwindigkeiten vom Motorritzel und Rad (Abb. 112). Die Zugkraft hat demnach einen ähnlichen Verlauf wie das Motordrehmoment. Bei Hebezeugen ist das Lastmoment unabhängig von der Hubgeschwindigkeit, bei Zentrifugalpumpen und Ventilatoren wächst das Moment ungefähr mit dem Quadrat der Drehzahl.

Der Unterschied zwischen den Drehmomenten (oder den Umfangskräften) der Antrieb- und Arbeitsmaschine, auf die gleiche Welle (oder auf den gleichen Punkt) bezogen (M_b oder P_b), dient zur Beschleunigung der Maschine. Sind beide Momente (oder Kräfte) gleich, so tritt Beharrungszustand ein.

Bei einer geradlinigen Bewegung kann die Kraft P_b der bekannten Masse m des bewegten Teiles eine Beschleunigung b erteilen, so daß

$$P_b = mb$$

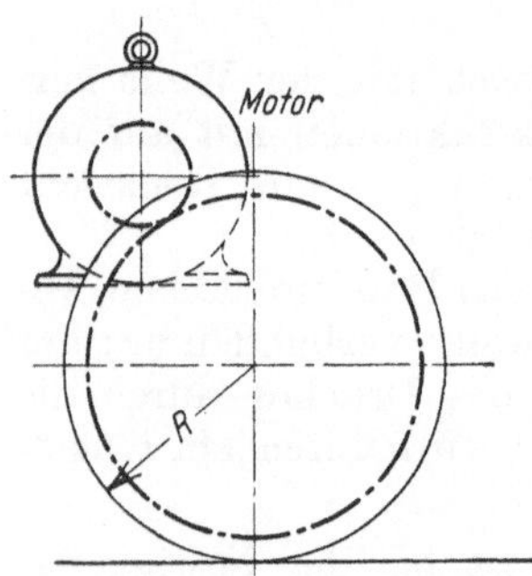

Abb. 112.

ist. Zwischen Geschwindigkeit v und Beschleunigung b besteht die bekannte Beziehung:

$$b = \frac{dv}{dt} \quad \text{oder} \quad dt = \frac{dv}{b}.$$

Durch zeichnerische Integration (Planimetrieren) läßt sich zu jeder Geschwindigkeit punktweise die Zeit

$$t = \int_0^t \frac{dv}{b}$$

bestimmen (Abb. 113), und damit auch die zur Erreichung des Beharrungszustandes erforderliche **Anfahrzeit** t_a.

Aus der Bewegungsgleichung

$$v = \frac{ds}{dt} \quad \text{oder} \quad ds = v\,dt$$

folgt in ähnlicher Weise durch zeichnerische Integration der durchlaufene Weg

$$s = \int_0^t v\,dt.$$

Beim Antrieb durch Elektromotor wird die Stromstärke J meist durch stufenweises Ausschalten von Widerständen sprungweise geändert (Abb. 114). Die Konstruktion der Anfahrzeit und des Anfahrweges bleibt aber immer möglich, sobald nur diese Änderungen bekannt sind. Nun ist das Ausschalten von Widerständen und damit die Erteilung einer bestimmten Beschleunigung von der Bedienung des Anlassers abhängig.

Der Konstrukteur nimmt deshalb lieber eine maximale Beschleunigung an und zwar so, als ob diese während der ganzen Anfahr-

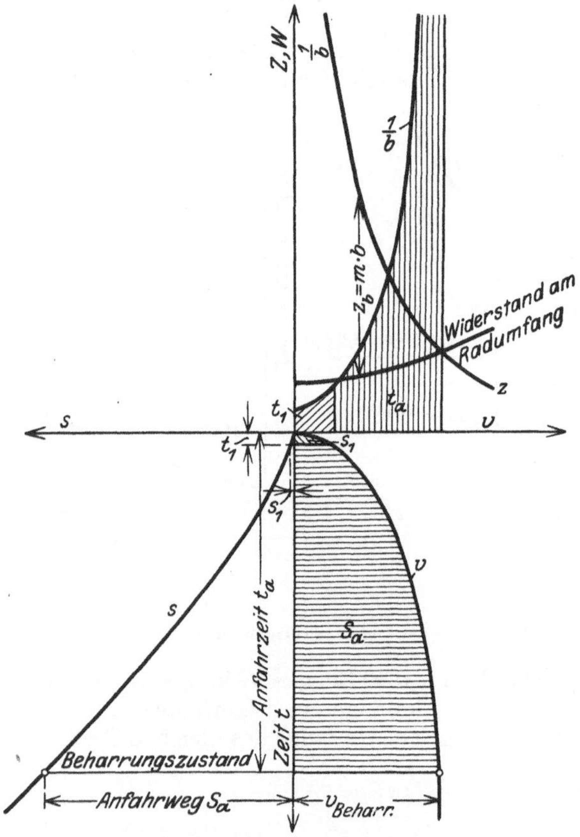

Abb. 113. Konstruktion der Anfahrzeit und des Anfahrweges.

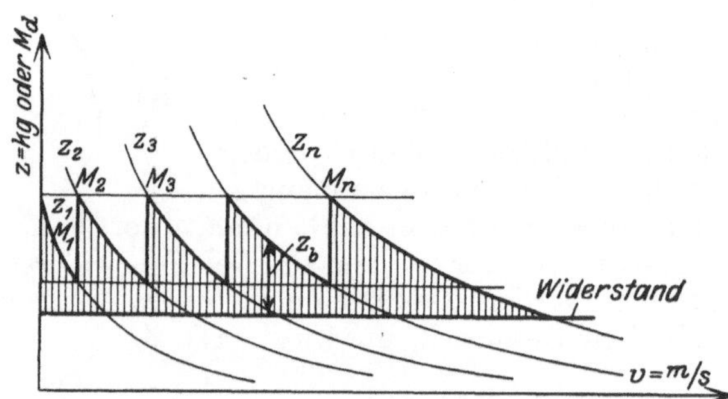

Abb. 114. Charakteristik beim Anlassen eines Elektromotors.

zeit unverändert bliebe. Wenn zur Zeit $t = 0$ die Geschwindigkeit $v = 0$ ist, so folgt aus der Integration der Gleichung:

$$dv = b\,dt$$

$$v = bt \quad \text{oder} \quad b = \frac{v}{t} = \frac{v_b}{t_a},$$

daß dann die Geschwindigkeit während der Anfahrzeit geradlinig zunimmt (Abb. 115). Da die Geschwindigkeit im Beharrungszustand v_b gegeben ist, so braucht nur die Anfahrzeit t_a gewählt zu werden, um die Beschleunigung zu kennen.

Die wirklich auftretende größte Beschleunigung darf nicht größer als die so berechnete sein. Da in Wirklichkeit die Beschleunigung niemals während der ganzen Anfahrzeit konstant bleibt, so muß (wie aus Abb. 115 folgt) t_a kleiner als die wirkliche Anfahrzeit t_a' gewählt werden. In allen wichtigen Fällen sollte der Konstrukteur sich aber davon überzeugen, daß — bei sachgemäßer Bedienung des Anlassers — keine größere Beschleunigung als $\frac{v_b}{t_a}$ auftritt.

Die Maschinenteile erhalten nicht nur geradlinige, sondern auch drehende Bewegungen. Für die drehende Bewegung kann das Beschleunigungsmoment aus der Gleichung:

$$M_b = \Theta \varepsilon = \Theta \frac{d\omega}{dt} = \Theta \frac{d^2\varphi}{dt^2}$$

berechnet werden. Darin ist

ε die Winkelbeschleunigung $\left[\frac{1}{s^2}\right]$, ω die Winkelgeschwindigkeit $\left[\frac{1}{s}\right]$, φ der Winkelweg,

$\Theta = \int\limits_{\text{Fläche}} r^2 \, dm = m \varrho^2$ das polare Massenträgheitsmoment des umlaufenden Teiles [kg·cm·s²],

r die Entfernung des Massenteilchens dm vom Drehpunkt,

m die Masse des drehenden Teiles,

ϱ der Trägheitsradius.

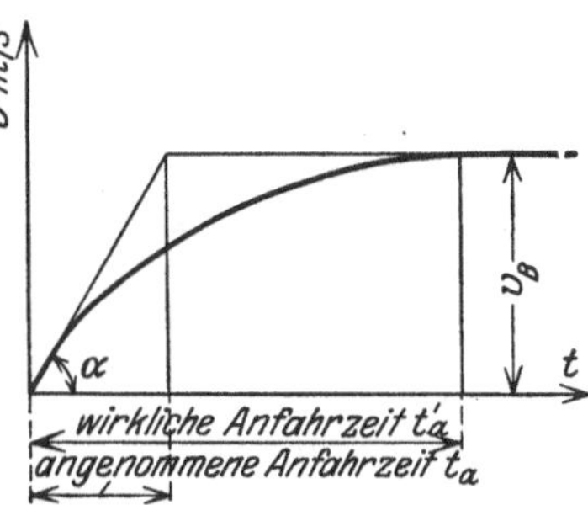

Abb. 115.

In der Praxis rechnet man weniger mit dem Trägheitsmoment als mit dem sog. Schwungmoment GD^2, d. i. das Produkt aus Gewicht und Quadrat des Trägheitsdurchmessers

$$GD^2 = mg \cdot 4\varrho^2 = 4\Theta g \quad \text{oder} \quad \Theta = \frac{GD^2}{4g}. \tag{84}$$

Schreibt man $\Theta = m'R^2$, worin R einen beliebigen Wert haben kann, so nennt man m' die auf den Radius R reduzierte Masse des rotierenden Teiles. Für $R = 1$ wird $\Theta = m'$, d. h. das Trägheitsmoment ist gleich groß wie die reduzierte Masse, bezogen auf einen Punkt in der Entfernung 1 vom Wellenmittel. In diesem Fall wird

$$\varepsilon = \frac{d\omega}{dt} = \frac{dv}{dt} = b$$

und
$$M_b = \Theta \varepsilon = m'b = Z_b,$$

so daß dann die Untersuchung der Beschleunigung einer drehenden Bewegung auf die der geradlinigen Bewegung zurückgeführt ist.

Bestimmung des Massenträgheitsmomentes.

a) Für einen prismatischen Körper (Abb. 116).

$$\Theta = \int\limits_0^l \frac{f\,dx \cdot \gamma}{g} x^2 = \frac{f\gamma}{g} \int\limits_0^l x^2 \, dx = \frac{f\gamma}{3g} l^3 = \frac{G}{3g} l^2,$$

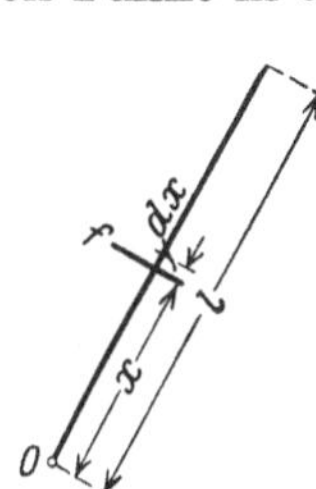

Abb. 116.

da $G = fl\gamma$ das Gewicht des Stabes ist.

b) Für eine volle Scheibe (Abb. 117):

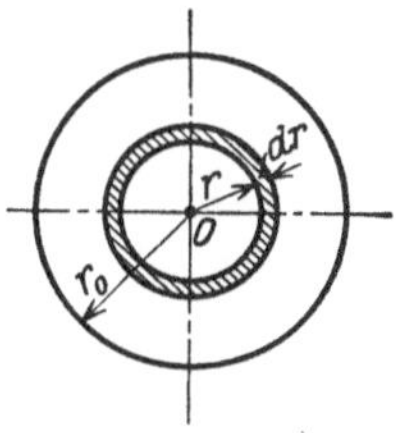

$$\Theta = \int\limits_0^{r_a} r^2 \, dm = \int\limits_0^{r_a} \frac{2\pi r \, dr \, b\gamma}{g} r^2 = 2\pi b \frac{\gamma}{g} \int\limits_0^{r_a} r^3 \, dr = \frac{2\pi b\gamma}{g} \frac{r_a^4}{4}. \tag{85}$$

Abb. 117.

c) Für Zahnräder.

Der Einfluß der Bohrung auf die Größe des Trägheitsmomentes kann meist vernachlässigt werden. Die Zahnlücken werden ausgeglichen, indem der Kopf (bis zum Teilkreis) abgeschnitten und die übrigbleibende Lücke damit ausgefüllt gedacht wird. Das Trägheitsmoment eines als volle Scheibe hergestellten Rades folgt dann aus der Gleichung (85). Wird $b = \psi t = \psi \frac{\pi m}{10}$ und $r_a = \frac{zm}{20}$ eingesetzt, so ist

$$\Theta = \frac{2\pi\psi}{4} \cdot \frac{m\pi}{10} \cdot \frac{\gamma}{g} \left(\frac{mz}{20}\right)^4 = \frac{\psi\gamma}{32 \cdot 10^5 g} m^5 z^4 \; [\text{kg·cm·s²}].$$

Das spez. Gewicht von Gußeisen ist 0,00725 kg/cm³ und von Stahl 0,00785 kg/cm³, so daß

$$\Theta = \frac{22{,}5}{24{,}5}\,\frac{m^5 z^4\,\psi}{10^{12}}\,[\mathrm{kg\cdot cm\cdot s^2}]\ \ \begin{array}{l}\text{für Gußeisen}\\ \text{für Stahl}\end{array} \tag{86}$$

wird. Die Berechnung des Trägheitsmomentes von Zahnrädern mit Armen ist wesentlich umständlicher. Pfleiderer[1] gibt dafür die Näherungsgleichung

$$\Theta = 0{,}024\,t^5 z^3\,\psi\,\frac{\gamma}{g}\,[\mathrm{kg\cdot cm\cdot s^2}],$$

die eine Genauigkeit von $\pm\,5\%$ für 50 bis 120 Zähne aufweist. Nach Einsetzen der Modulteilung erhält man für gußeiserne Räder:

$$\Theta = \frac{0{,}75\,\gamma}{10^7}\,m^5 z^3\,\psi = \frac{5{,}44}{10^{10}}\,m^5 z^3\,\psi\,[\mathrm{kg\cdot cm\cdot s^2}]. \tag{87}$$

   d) Für beliebig geformte Körper.

   Der Körper wird als Pendel verwendet und die Dauer T einer ganzen Schwingung bestimmt. Die allgemeine Bewegungsgleichung lautet:

$$\frac{d^2\varphi}{dt^2} = -\frac{M}{\Theta}.$$

Wenn wir uns auf kleine Ausschläge beschränken, so ist für das physikalische Pendel (Abb. 118a) das Moment

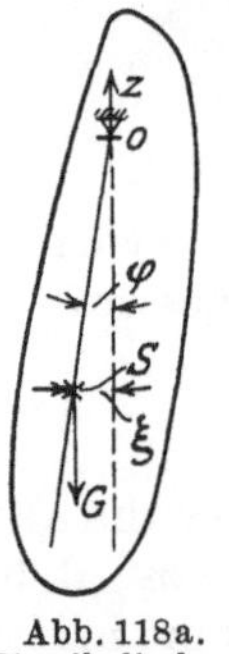

$$M = G\,\xi = G\,r\sin\varphi \approx G\,r\,\varphi = m\,g\,r\,\varphi.$$

Damit wird

$$\frac{d^2\varphi}{dt^2} = -\frac{m\,g\,r}{\Theta}\,\varphi.$$

Für das mathematische Pendel (Abb. 118b) mit der Bewegungsgleichung

$$\frac{d^2\varphi}{dt^2} = -\frac{g}{l}\,\varphi$$

ist die Schwingungsdauer T bekannt:

$$T = 2\pi\sqrt{\frac{l}{g}}.$$

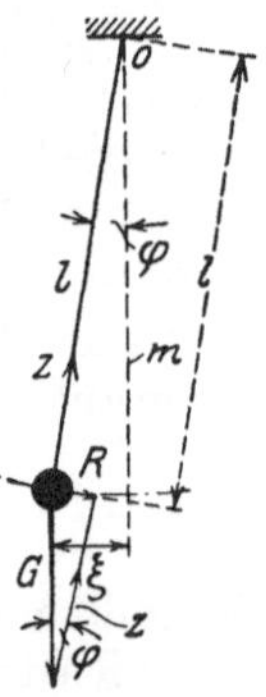

Abb. 118a.
Physikalisches
Pendel (nach
O. Föppl).

Abb. 118b.
Mathematisches
Pendel (nach
O. Föppl)

Die Bewegungsgleichungen des physikalischen und des mathematischen Pendels werden identisch, wenn

$$\frac{m\,g\,r}{\Theta} = \frac{g}{l}\quad\text{oder}\quad l = \frac{\Theta}{m\,r}$$

ist. Man nennt l die reduzierte Pendellänge des physikalischen Pendels, dessen Schwingungsdauer

$$T = 2\pi\sqrt{\frac{l}{g}} = 2\pi\sqrt{\frac{\Theta}{m\,g\,r}}$$

ist. Daraus folgt

$$\Theta = \frac{m\,g\,r}{4\,\pi^2}\,T^2.$$

Diese Gleichung versagt aber für die Bestimmung des Trägheitsmomentes in Bezug auf die Schwerpunktachse, da für diese $r = 0$ ist. Allgemein gilt jedoch die Beziehung

$$\Theta_s = \Theta - m\,r^2$$

und damit wird:

$$(GD^2)_s = 4\,\Theta_s\,g = 4g\,\{\Theta - m\,r^2\} = 4g\,\left\{\frac{m\,g\,r}{4\,\pi^2}\,T^2 - m\,r^2\right\}. \tag{88}$$

Diese Methode gilt auch für inhomogene Körper und ist sehr genau, wenn dafür gesorgt wird, daß die Schneiden und die Unterlagen gehärtet sind.

   Bei einer Maschine müssen gleichzeitig verschiedene Teile des Triebwerkes in geradlinige oder drehende Bewegung versetzt werden. Um in diesem allgemeinen Fall die Beschleunigung berechnen zu können, muß der Begriff der reduzierten Masse eines Triebwerkes eingeführt werden.

---

[1] Pfleiderer, Dr.-Ing. C.: Dynamische Vorgänge beim Anlauf von Maschinen. Stuttgart: K.Wittwer 1906.

Definition: Die reduzierte Masse M_{red} eines Triebwerkes ist diejenige Masse, die — im Angriffspunkt der Kraft vereinigt — den gleichen Trägheitswiderstand bietet wie das ganze Triebwerk:

$$P_b = M_{\mathrm{red}}\, b\,.$$

Bei einem Triebwerk, das aus n hinter- oder nebeneinander geschalteten Teilen besteht, können die drehenden Bewegungen auf geradlinige zurückgeführt werden, indem die Massen der drehenden Teile in der Entfernung 1 vom Wellenmittel reduziert gedacht werden. Seien

$m_1 \quad m_2 \quad m_k \quad m_n$ 　die so reduzierten Massen der Triebswerksteile,

$b_1 \quad b_2 \quad b_k \quad b_n$ 　die zu erteilenden Beschleunigungen,

$i_1 \quad i_2 \quad i_k \quad i_n$ 　die Übersetzungsverhältnisse,

so ist der Massenwiderstand des beliebigen k-ten Teiles

$$P'_k = m_k b_k\,.$$

Diese Kraft muß nun nach dem Angriffspunkt der Kraft im ersten Element übertragen werden. Aus Abb. 119 folgt, daß

$$P = \frac{P'_k}{r_k} \quad \text{und} \quad P_k = P'_k \frac{r_1}{r_k} \quad \text{oder} \quad P_k = P'_k i_k\,.$$

Da bei der Übertragung Reibungsverluste zu überwinden sind, muß noch der Wirkungsgrad der Übersetzung eingeführt werden:

$$P_k = P'_k \frac{i_k}{\eta_k}\,.$$

Das ist der Anteil an der ganzen beschleunigenden Kraft, vom beliebigen k-ten Gliede herrührend. Die ganze Kraft erhält man durch Summierung der Einzelkräfte:

$$P_b = \sum_{k=1}^{k=n} m_k b_k \frac{i_k}{\eta_k}\,.$$

Da $i_k = \dfrac{b_k}{b_1}$ ist, wird

$$P_b = b_1 \sum_{k=1}^{k=n} m_k \frac{i_k^2}{\eta_k} = M_{\mathrm{red}}\, b_1\,. \qquad (89)$$

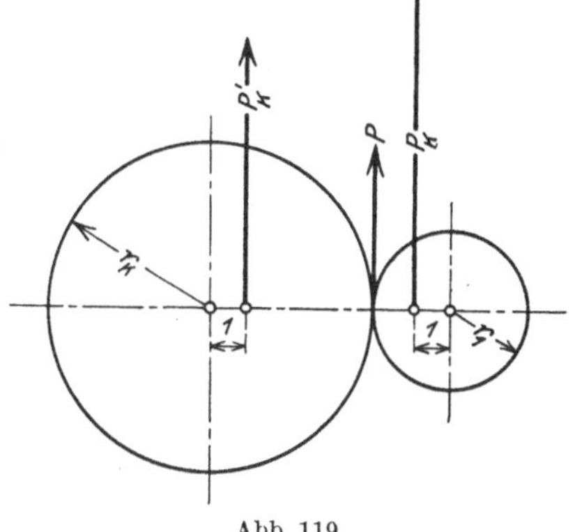

Abb. 119.

Diese Gleichung zeigt, daß die reduzierte Masse eines Triebwerkes vom Wirkungsgrad der einzelnen Glieder abhängig ist. Sie erhält z. B. beim Heben einer Last einen anderen Wert als beim Senken, weil im letzteren Fall der Wirkungsgrad η_k in den Zähler statt in den Nenner zu setzen ist.

Für Triebwerke, die eine Übersetzung ins Langsame haben, nimmt der Einfluß der hinteren Glieder mit i_k^2, also rasch ab.

Zahlenbeispiel. Das Anfahrmoment eines Laufkranes für 30 t Tragkraft ist zu berechnen, wenn die Anfahrzeit bei konstanter Beschleunigung 2 sek betragen würde (Abb. 120).

Maschinenteil	Θ kg·cm·s²	η	i	$m'=$ red. Masse kg·cm·s²
Anker	50	0,98	1	51
Motorritzel . . . . $m = 6$ $z = 30$ $\psi = 6$	0,95	0,98	1	0,97
Rad, 1. Vorgelege . . . $m = 6$ $z = 150$ $\psi = 6$	97	$0,98 \times 0,91 = 0,89$	$\dfrac{1}{5}$	4,36
2 Schalenkupplungen	2,5	$0,98 \times 0,91 = 0,89$	$\dfrac{1}{5}$	—
Welle . . . . $l = 21,5$ m $d = 7$ cm	4,06	$0,98 \times 0,91 = 0,89$	$\dfrac{1}{5}$	—

Fortsetzung der Tabelle siehe Seite 62.

Fortsetzung der Tabelle von Seite 61.

Maschinenteil	Θ $\mathrm{kg \cdot cm \cdot s^2}$	η	i	$m = \mathrm{red.\ Masse}$ $\mathrm{kg \cdot cm \cdot s^2}$
2 Ritzel des 1. Vorgeleges $m = 10$ $z = 17$ $\psi = 6$	2,45	$0{,}98 \times 0{,}91 = 0{,}89$	$\dfrac{1}{5}$	—
2 Räder des 2. Vorgeleges $m = 10$ $z = 72$ $\psi = 6$	264	$0{,}89 \times 0{,}9 = 0{,}8$	$\dfrac{1}{5} \times \dfrac{17}{72}$	0,72
4 Laufräder 720 Durchm. . . .	600	$0{,}89 \times 0{,}9 = 0{,}8$	$\dfrac{1}{5} \times \dfrac{17}{72}$	1,67
Last . . . . 30000 kg Katze . . . . 8300 „ Bühne und Fahrwerk 24850 „ $\overline{63150\ \mathrm{kg}}$	64	$0{,}89 \times 0{,}9 = 0{,}8$	$\dfrac{1}{5} \times \dfrac{17}{72} \times 36$ (Radius)	232,5

$$\Sigma = 291\ \mathrm{kg \cdot cm \cdot s^2}$$

Winkelgeschwindigkeit des Motors (für $r = 1$) $= \dfrac{\pi n}{30} = 62{,}8/\mathrm{s}$

Winkelbeschleunigung $= \dfrac{\text{Winkelgeschwindigkeit}}{\text{Anfahrzeit}} = \dfrac{62{,}8}{2} = 31{,}4/\mathrm{s}^2.$

Beschleunigungsmoment $= 291 \times 31{,}4 = 9125\ \mathrm{kgcm}.$

Bei einem Fahrwiderstand von 24 kg/t beträgt der Gesamtwiderstand am Radumfang $24 \times 63{,}1 = 1520$ kg. Bei 80 % Wirkungsgrad des Antriebes und 64 m/min Fahrgeschwindigkeit ist die Motorleistung

$$\frac{1520 \times 60}{60 \times 75 \times 0{,}8} = 26{,}6\ \mathrm{PS},$$

so daß im Beharrungszustand das Motordrehmoment

$$\frac{26{,}6 \times 75 \times 100}{61{,}8} = 3180\ \mathrm{kgcm}$$

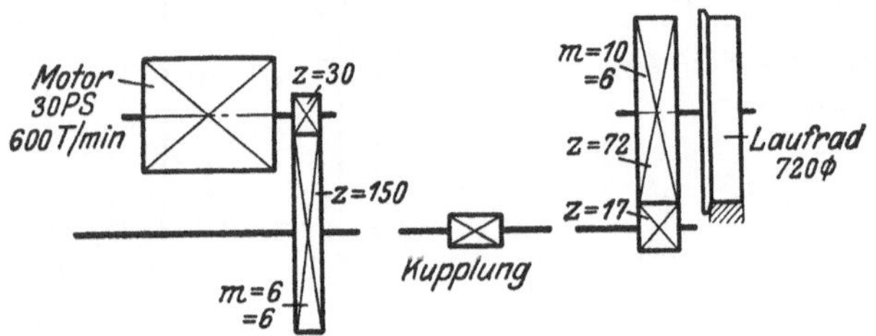

Abb. 120. Antrieb des Fahrwerkes eines Laufkranes.

ist. Unter den gemachten Voraussetzungen wäre also beim Anfahren das ganze Moment $3180 + 9125 = 12\,300$ kgcm, d. h. rund 4 mal größer als im Beharrungszustand.

C. Riementrieb.

1. Anordnung. Der Riementrieb ist ein Reibungstrieb für größere Entfernung der beiden Wellen. Um die Scheiben wird ein endloser Faden (Riemen oder Seil) mit einer gewissen Spannung gelegt (Abb. 121a). Die Scheiben erhalten den gleichen Drehsinn; wenn kein Gleiten eintritt, haben sie gleiche Umfangsgeschwindigkeiten. Sollen beide Wellen entgegengesetzten Drehsinn erhalten, so wird der Faden gekreuzt aufgelegt (Abb. 121 b). Der Riemen wird dabei verdreht und die dadurch entstehenden Torsionspannungen werden um so größer, je breiter der Riemen und je kleiner die Achsentfernung a ist. Außerdem reiben sich die Riemenflächen an der Kreuzungsstelle. Deshalb wird die gekreuzte Anordnung nur bei schmalen Riemen und bei nicht zu großer Riemengeschwindigkeit verwendet, wenn die Achsentfernung

$$a_{\mathrm{min}} > 20 \times \text{Riemenbreite}$$

ist.

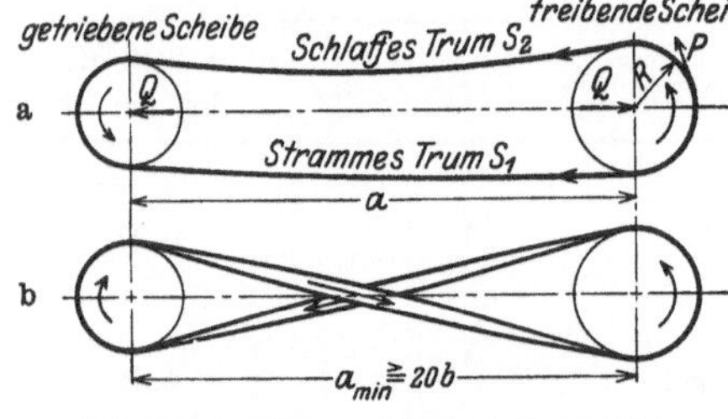

Abb. 121 a und b. a Offener Riementrieb, b Gekreuzter Riementrieb.

Die Hauptbedingung für den richtigen Lauf eines Riemens ist, daß die Mittellinie des auflaufenden Riemens in die Mittelebene der Scheibe fällt. Zwecks Schonung des Riemens ist es gut, wenn diese Bedingung auch für den ablaufenden Riemen zutrifft. Zur sicheren Führung des Riemens erhalten die Scheiben einen schwach ballig gedrehten Kranz, weil der Riemen die Neigung hat, stets auf den größten Scheibendurchmesser aufzulaufen[1].

Für offene oder gekreuzte Riemen scheint diese Bedingung selbstverständlich. Wichtig wird sie aber für Riementrieb bei nicht parallelen Wellen, z. B. für den geschränkten Riemen

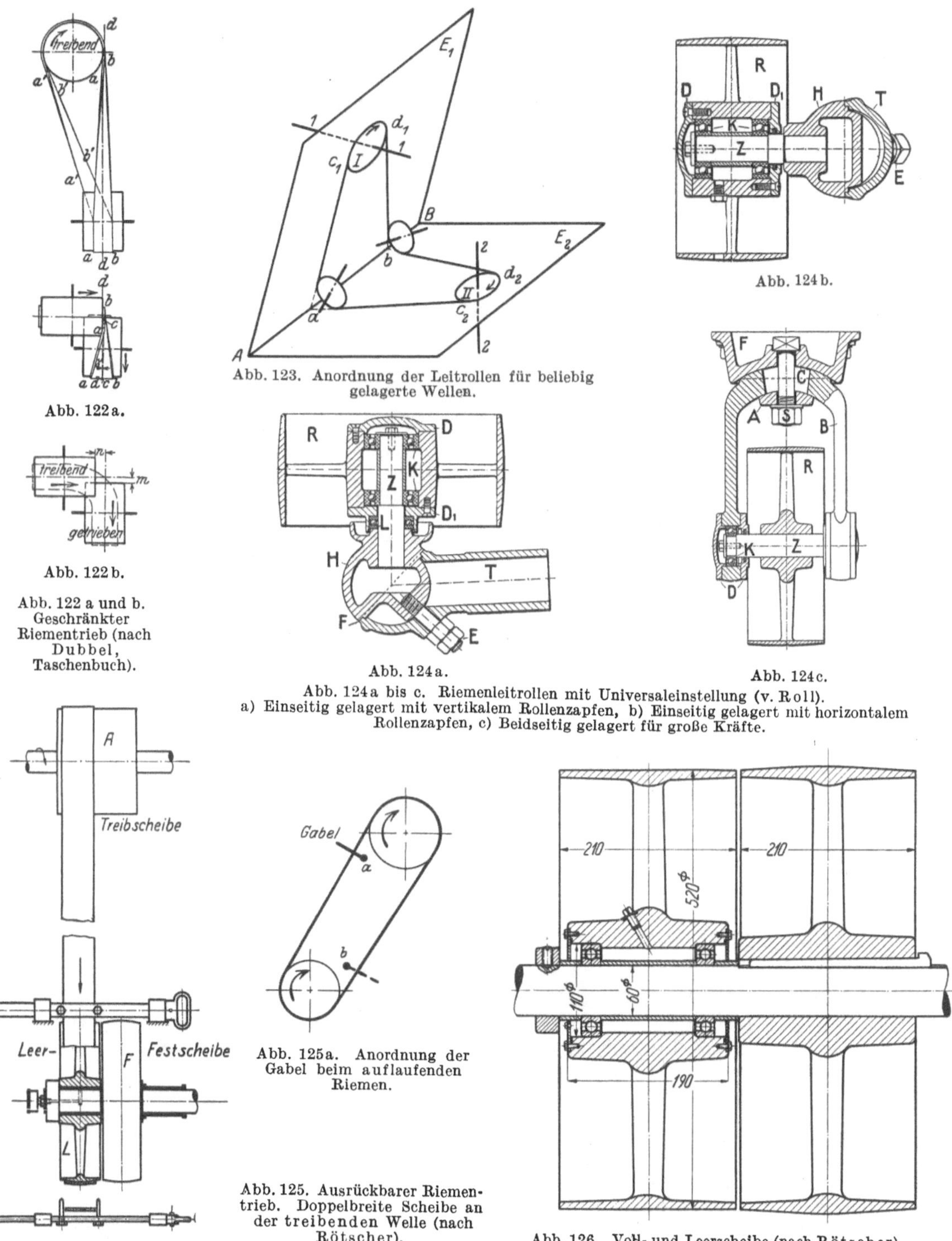

Abb. 122a.

Abb. 122b.

Abb. 122 a und b. Geschränkter Riementrieb (nach Dubbel, Taschenbuch).

Abb. 123. Anordnung der Leitrollen für beliebig gelagerte Wellen.

Abb. 124b.

Abb. 124a.

Abb. 124c.

Abb. 124a bis c. Riemenleitrollen mit Universaleinstellung (v. Roll).
a) Einseitig gelagert mit vertikalem Rollenzapfen, b) Einseitig gelagert mit horizontalem Rollenzapfen, c) Beidseitig gelagert für große Kräfte.

Abb. 125a. Anordnung der Gabel beim auflaufenden Riemen.

Abb. 125. Ausrückbarer Riementrieb. Doppelbreite Scheibe an der treibenden Welle (nach Rötscher).

Abb. 126. Voll- und Leerscheibe (nach Rötscher).

(Abb. 122a). Wegen der Drehung des Riemens und auch wegen des Einflusses der Fliehkraft erfährt diese Regel eine kleine Änderung (Abb. 122b). Es ist deshalb zweckmäßig, die Scheiben

---

[1] A. und O. Föppl erklären diese Erscheinung aus der Theorie der ebenen Scheiben. Grundzüge der Festigkeitslehre. Leipzig: Teubner 1923.

etwas breiter zu machen und ihre genaue Lage bei der Montage auszuprobieren. Die Scheiben
werden in diesem Falle gerade — nicht ballig — gedreht. Eine Änderung der Drehrichtung
ist hier ohne Versetzung der
Scheiben nicht möglich. Für die
kleinste Achsentfernung gelten folgende Erfahrungswerte:

$$a_{\min} >\ 4\times\text{Durchmesser } D \text{ der grö-}$$
$$\text{ßeren Scheibe}$$
$$\text{oder}\quad > 20\times\text{Riemenbreite } b$$
$$\text{oder}\quad > 10\sqrt{b\cdot D}\,.$$

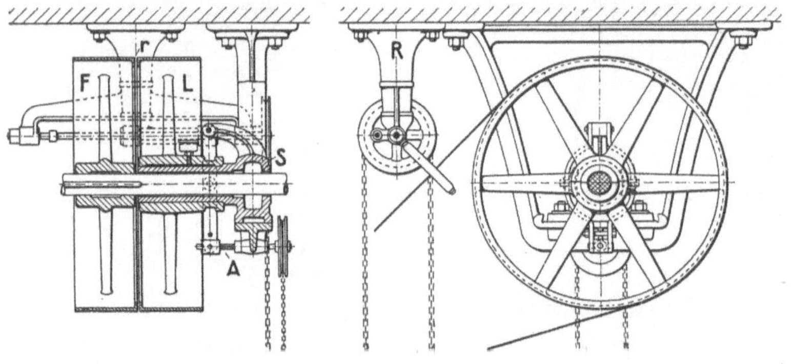

Abb. 127. Lünnemannsche Leerlaufbüchse (nach Rötscher).

Für beliebig gelagerte Wellen sind
Leitrollen erforderlich. Die Ebenen E_1
und E_2 seien die Mittelebenen der
Scheiben, sie schneiden sich in der Geraden $A\,B$ (Abb. 123). Von beliebigen Punkten a und b
dieser Geraden werden Tangenten an die beiden Scheiben gezogen. Die durch diese Tangenten
bestimmten Ebenen sind die Mittelebenen der Leitrollen, denn der Riemen läuft immer richtig

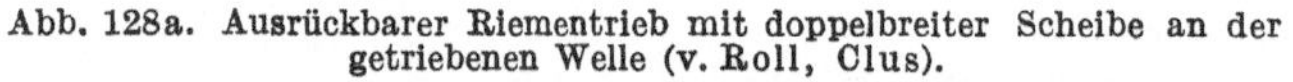

Abb. 128a. Ausrückbarer Riementrieb mit doppelbreiter Scheibe an der
getriebenen Welle (v. Roll, Clus).

Abb. 128b. Losscheibenträger in Verbindung mit Stehlager (Clus).

auf, gleichgültig in welcher Richtung die Wellen sich drehen. Die Leitrollen müssen deshalb
beliebig einstellbare Achsen erhalten. Abb. 124a, b zeigt einseitig, Abb. 124c beiderseitig gelagerte Rollen.

Ausrückbare Riementriebe dienen dazu, eine Welle, die
von einer anderen, immer laufenden angetrieben wird, während
des Betriebes ein- und auszurücken. Dazu ist eine lose auf der
Welle laufende Scheibe (Los- oder Leerscheibe) erforderlich,

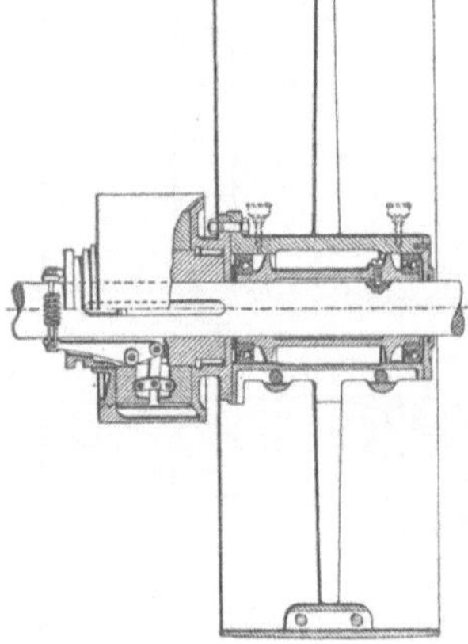

Abb. 129. Riemenscheibe in Verbindung mit Reibungskupplung (v. Roll, Clus).

auf die der Riemen parallel zu sich selbst verschoben wird. Der Riemen wird deshalb in
„Gabeln" geführt. Ein stillstehender Riemen kann nicht verschoben werden,
weil die Reibung zwischen Scheibe und Riemen viel zu groß ist. Läuft aber der Riemen, so
genügt eine kleine Kraft, um ihn senkrecht zur Hauptbewegungsrichtung zu verschieben.
Deshalb muß die doppelbreite Scheibe auf der treibenden, immer laufenden
Welle sitzen (Abb. 125).

Um den Riemen leicht verschieben zu können, muß die Gabel möglichst nahe der Auf-
laufstelle des Riemens angeordnet werden (Abb. 125a), gleichgültig ob an der treibenden
oder an der getriebenen Scheibe. Die doppelbreite Scheibe wird gerade gedreht, die Fest-
und die Leerscheibe (Abb. 126) schwach ballig. Damit im ausgerückten Zustand die Losscheibe
nicht direkt auf der Welle läuft und diese beschädigen kann, ist eine Leerlaufbüchse vorzusehen (Abb. 127). Die Lauffläche muß nur bei stillstehender Welle geschmiert werden;
deshalb muß die Stauffer-
büchse auf der Leerlaufbüchse
sitzen und nicht auf der
Nabe der Leerscheibe. Zweckmäßig ist auch die Anordnung
von Kugellagern in der Leerlaufbüchse (Abb. 126).

Der Nachteil dieser An-
ordnung ist, daß der Riemen
auch bei Stillstand der Welle
mitlaufen muß, was Schmier-
mittelverbrauch und Abnützung zur Folge hat. Man gibt
deshalb der Leerscheibe oft
einen etwas kleineren Durchmesser, um den Riemen beim
Leerlauf weniger zu spannen.

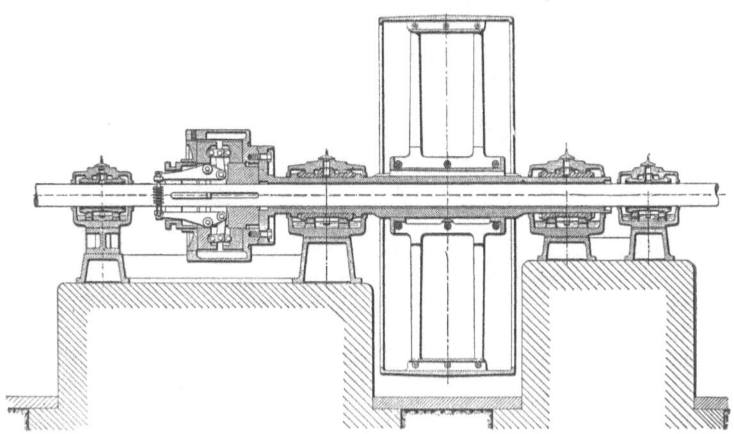
Abb. 130. Riementrieb in Verbindung mit Hohlwelle (v. Roll, Clus).

Die Anordnung kann aber auch so getroffen werden, daß die doppelbreite Scheibe
auf der getriebenen Welle sitzt (Abb. 128). Die Losscheibe sitzt dann auf einem für sich
gelagerten, die drehende Welle ohne Berührung umschließenden Losscheibenträger S.
Der Scheibenträger kann auch direkt mit einem festen Stehlager verbunden sein (Abb. 128b).
Der Riemen und somit auch die Losscheibe steht in ausgerücktem Zustand still, so daß dann
keine Reibung oder Abnutzung vorhanden ist.
Man wählt diese Anordnung hauptsächlich für
breite Riemen und dort, wo der Riemen für
längere Zeit auf der Losscheibe bleibt. Da der
stillstehende Riemen nicht seitlich verschoben
werden kann, so muß die Losscheibe zuerst
in Umdrehung versetzt werden. Dies geschieht,
indem sie mittels einer Anpreßvorrichtung A
an die drehende Festscheibe F gepreßt und von
dieser durch den Reibungsrand r mitgenommen
wird. Der nun laufende Riemen läßt sich durch
den Riemenschalter R leicht verschieben; die Losscheibe wird dann zurückgezogen. Anpreßvorrichtung und Riemenrücker müssen natürlich so angeordnet werden, daß sie bequem vom gleichen
Standort aus bedient werden können.

Beim Einrücken schleift der Riemen mit seiner
vollen Spannung auf der Festscheibe, bis er die
volle Umfangsgeschwindigkeit erreicht hat. Die
Lebensdauer oft ausgerückter Riemen ist aus
diesem Grunde nur etwa halb so groß wie die
eines Riemens, der nicht verschoben wird.

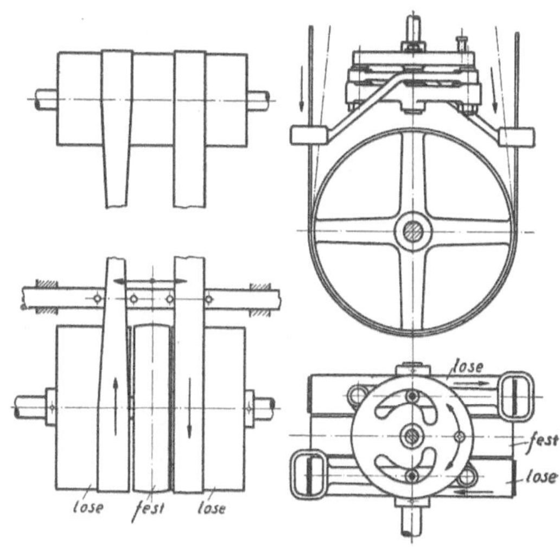

Abb. 131a.   Abb. 131b.
Abb. 131a und b. Wendegetriebe (nach Rötscher).
a) Beide Riemen werden gleichzeitig verschoben,
b) Die Riemen werden nacheinander verschoben.

Für breite Riemen ist deshalb die Verbindung mit Reibkupplungen zweckmäßiger, wenn
auch teurer in der Anschaffung. Die Riemenscheibe wird mit dem Kupplungsgehäuse verbunden und läuft auf einer Leerlaufbüchse (Abb. 129). Dabei kann sowohl die Riemenscheibe
als auch die Welle der treibende Teil sein. Damit bei ausgerückter Kupplung keine Reibung
mehr vorhanden ist, wird die Riemenscheibe bei großen Kraftübertragungen auf eine für sich
gelagerte hohle Welle befestigt, die die durchgehende Vollwelle ohne Berührung umschließt
(Abb. 130). Die Hohlwelle ist dann mit dem Kupplungsgehäuse verbunden.

Zur Änderung der Drehrichtung verwendet man Wendegetriebe mit einem offenen und einem gekreuzten Riemen. Bei der Anordnung nach Abb. 131a werden die beiden

5*

Riemen gleichzeitig verschoben, so daß zwei doppelbreite Leerscheiben notwendig sind. Bei der Anordnung nach Abb. 131b werden die Riemen nacheinander verschoben (mittels einer Kurvenscheibe), so daß die Leerscheiben nur für die einfache Riemenbreite zu konstruieren sind.

Zur Änderung der Drehzahl verwendet man Stufenscheiben, bei denen der Riemen von einer Stufe auf die andere gebracht wird (Abb. 132a). Die Grundbedingung für die Abmessungen der Stufenscheiben ist dadurch gegeben, daß die Riemenlänge konstant ist. Für gekreuzten Riemen ist die Riemenlänge (Abb. 132b):

$$L = (\pi + 2\beta) R + (\pi + 2\beta) r + 2a\cos\beta$$

worin

$$\sin\beta = \frac{R+r}{a}$$

ist, so daß

$$L = (\pi + 2\beta)(R + r) + 2a\sqrt{1 - \left(\frac{R+r}{a}\right)^2}.$$

Die Riemenlänge bleibt also unverändert, wenn $R + r = $ konstant ist.

Für offene Riemen ist:

$$L = (\pi + 2\beta) R + (\pi - 2\beta) r + 2a\cos\beta,$$

worin

$$\sin\beta = \frac{R-r}{a}$$

ist, so daß

$$L = \pi(R + r) + 2\beta(R - r) + 2a\sqrt{1 - \left(\frac{R-r}{a}\right)^2}.$$

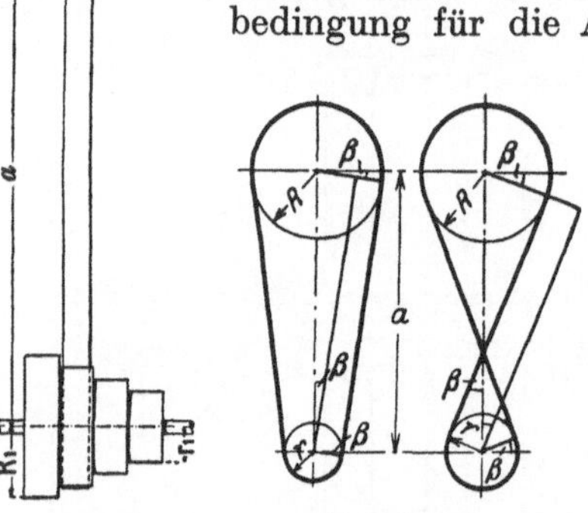

Abb. 132a.   Abb. 132b.

a) Anordnung der Stufenscheiben,
b) Zur Berechnung der Riemenlänge.

Hier trifft diese einfache Bedingung nicht zu; sie kann aber praktisch verwendet werden, wenn $a > 20\,(R - r)$ ist.

Nimmt man für beide Stufenscheiben das gleiche Modell, so läßt sich die unveränderliche Drehzahl n der einen Welle aus der größten und kleinsten Drehzahl (n_1 und n_z) der zweiten Welle berechnen.

Läuft nämlich der Riemen auf der Stufe d_z, so ist $nd_1 = n_z d_z$,

und läuft er auf der Stufe d_1, so ist $nd_z = n_1 d_1$.

Durch Multiplikation erhält man:

$$n_1 n_z = n^2 \quad \text{oder} \quad n = \sqrt{n_1 n_z}.$$

2. Das Fadenmaterial. Als Fadenmaterial verwendet man hauptsächlich:

Leder,

Textilfasern (Baumwolle, Seide, Hanf),

Kamelhaar,

Gummi (meist als Einlage in Textilriemen, Balata),

Stahl (als Drahtseil, Stahlbänder).

a) **Leder.** Rindsleder ist auch heute noch der wichtigste Riemenbaustoff. Seine Festigkeitseigenschaften sind aber nicht nur von Tier zu Tier, sondern auch für die verschiedenen Stellen der gleichen Haut und je nach der Art der Gerbung[1] ganz verschieden. Die Dicke der Haut schwankt zwischen 4 und 7 mm; am gleichmäßigsten ist das Mittelrückenleder. Die gleichmäßige Riemendicke wird durch die Bearbeitung der Haut (Krupon) erreicht, und zwar wird diese im nassen Zustand durch hin- und hergehende Hölzer gestreckt (gewalkt). Das Wasser nimmt die dabei entwickelte Wärme auf.

---

[1] Das älteste Verfahren ist die Eichenlohe-Grubengerbung. Die abgekürzte, moderne Gerbung gibt nach den Versuchen von P. Stephan (D. P. J. 1916, S. 17) wesentlich kleinere Festigkeitszahlen. Bei der hydrodynamischen Gerbung wird die stark verdünnte Eichenlohebrühe durch die zwischen Rahmen eingespannte Häute hindurchgepreßt, so daß alle Fasern mit Gerbstoff getränkt werden. Die Festigkeitszahlen sind dabei höher als bei der Eichenlohe-Grubengerbung.

Chromgegerbtes Leder wird zuerst mit einer wässerigen Lösung von doppelchromsaurem Kali und darauf mit einer Antichlorlösung behandelt, so daß sich eine Chromoxydverbindung bildet, die dem Leder die blaugrüne Farbe gibt.

Das nicht vorgestreckte Leder wird im Handel als „Kernleder" bezeichnet. Vorgestreckte und unter Spannung getrocknete Krupons haben die Handelsbezeichnung „Prima". Die Bezeichnung „Extra" bedeutet, daß nicht die einzelnen Krupons, sondern der daraus geschnittene Riemen gestreckt ist.

Die einzelnen Stücke werden zu einem Riemen zusammengeleimt. Der fertige Riemen wird unter scharfer Spannung aufgewickelt und so versandt.

Leder ist ein Material, dessen Formänderung in hohem Maße von der Dauer der Beanspruchung abhängig ist (vgl. Heft I, S. 19). Die Länge eines durch ruhende Belastung gespannten Riemens ändet sich auch noch nach Monaten und Jahren; bei gleichbleibender Länge nimmt die Spannkraft des Riemens mit der Zeit rasch ab (Abb. 133).

Die Versuche zeigen aber, daß — wenn der Spannungswechsel in kurzen Zeiträumen erfolgt — der Riemen sich fast wie ein vollkommen elastischer Körper verhält (Zahlentafel 6). Ein neuer Riemen, 99,2 mm breit und 6,2 mm dick, der etwa 6 Jahre früher hergestellt und dabei der üblichen Streckung unterworfen worden war, wurde von C. von Bach abwechselnd mit 25 und 125 kg belastet. Die Wechsel erfolgten in Zeiträumen von 1,5 Minuten, die für die Ablesungen notwendig waren.

Zahlentafel 6.

Belastung	Spannung	Länge	Längen-änderung
kg	at	mm	mm
25	4,06	808,4	+ 28
125	20,32	836,4	— 14,5
25		821,9	+ 15
125		836,9	— 14
25		822,9	+ 14,7
125		837,6	— 14,6
25		823,3	

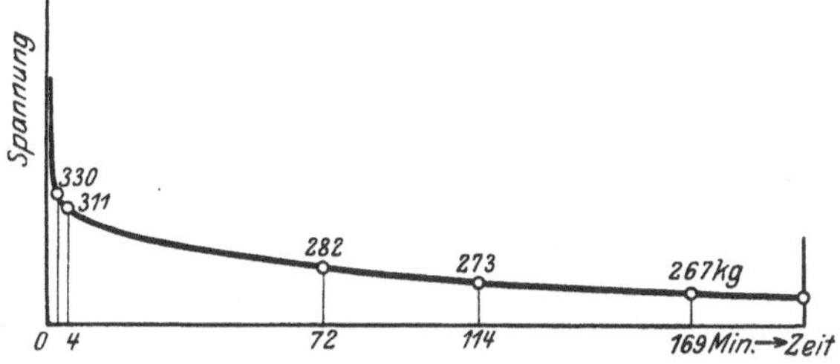

Abb. 133. Spannungsabfall von Leder bei unveränderter Dehnung nach Versuchen von Stephan.

Aus diesem Versuch folgt, daß Spannungen und Dehnungen nicht proportional sind, d. h. daß das Hookesche Gesetz für Leder nicht gilt, und daß der Elastizitätsmodul in hohem Maße von der Spannung abhängig ist.

Für den neuen Riemen fand Bach:

Bei der ersten Belastung . . $E = 469$ at
Für $\sigma = 4$ bis 20 at . . . . $E = 950$ at
Für $\sigma = 20$ bis 36 at . . . . $E = 2117$ at

und für einen gebrauchten Riemen

in den Spannungsgrenzen
7,2 bis 21,6 at . . . . $E = 2680$ at
21,6 bis 36 at . . . . $E = 3600$ at
36 bis 50,4 at . . . . . . $E = 4130$ at
50,4 bis 64,8 at . . . . . $E = 4250$ at.

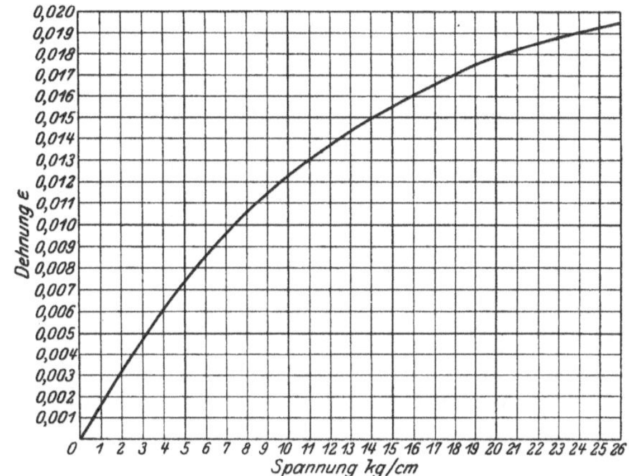

Abb. 134. Spannungs-Dehnungslinie für Leder nach Versuchen von Skutsch.

Zur Herstellung eines geschlossenen Riemens müssen die Enden miteinander verbunden werden. Am besten ist das Leimen der sorgfältig zugeschärften Enden. Der Riemen muß in der Richtung des Pfeiles (Abbildung 135a) auflaufen, weil die Enden sonst leicht aufblattern. Ein Nachteil ist das zeitraubende Trocknen der Leimverbindung und das umständliche Kürzen des Riemens.

Die Kralle aus Temperguß (Abb. 136b), deren Spitzen auf der Innenseite umgeschlagen werden, hat sich bei mäßiger Geschwindigkeit ($v < 10$ m/s) als einfache Verbindung für schmale Riemen eingebürgert. Weit verbreitet ist die Verbindung durch Drahtklammern (Abb. 135c), die durch Hindurchstecken eines Rohhautstäbchens hergestellt und leicht gelöst werden kann.

b) Textilriemen. Die Festigkeitseigenschaften (Abb. 136) werden wesentlich durch die

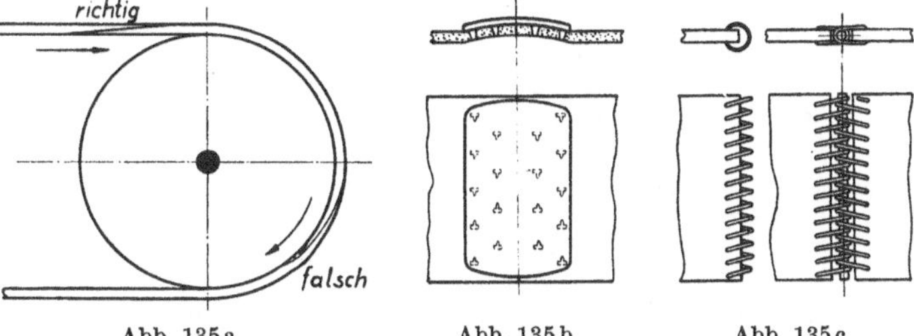

Abb. 135a.   Abb. 135b.   Abb. 135c.
Abb. 135a bis c. Riemenverbindungen (nach Rötscher).
a) Durch Leimen, b) Mit Tempergußkralle, c) Durch Drahtklammern.

Art der Webung beeinflußt. Kamelhaarriemen, imprägniert, sind gegen Staub, hohe Temperaturen und Witterungseinflüsse weniger empfindlich als Lederriemen. Hanf wird als Gurt für Becheraufzüge, weniger als Seil, für Kraftübertragungen verwendet.

c) **Stahl.** Stahlbänder werden wenig verwendet[1]. Schwierigkeit bietet die Herstellung eines guten Schlosses und auch die Empfindlichkeit gegen Temperaturänderungen. Je 1^0 C Temperaturunterschied beeinflußt die Spannung um rd. 24 at.

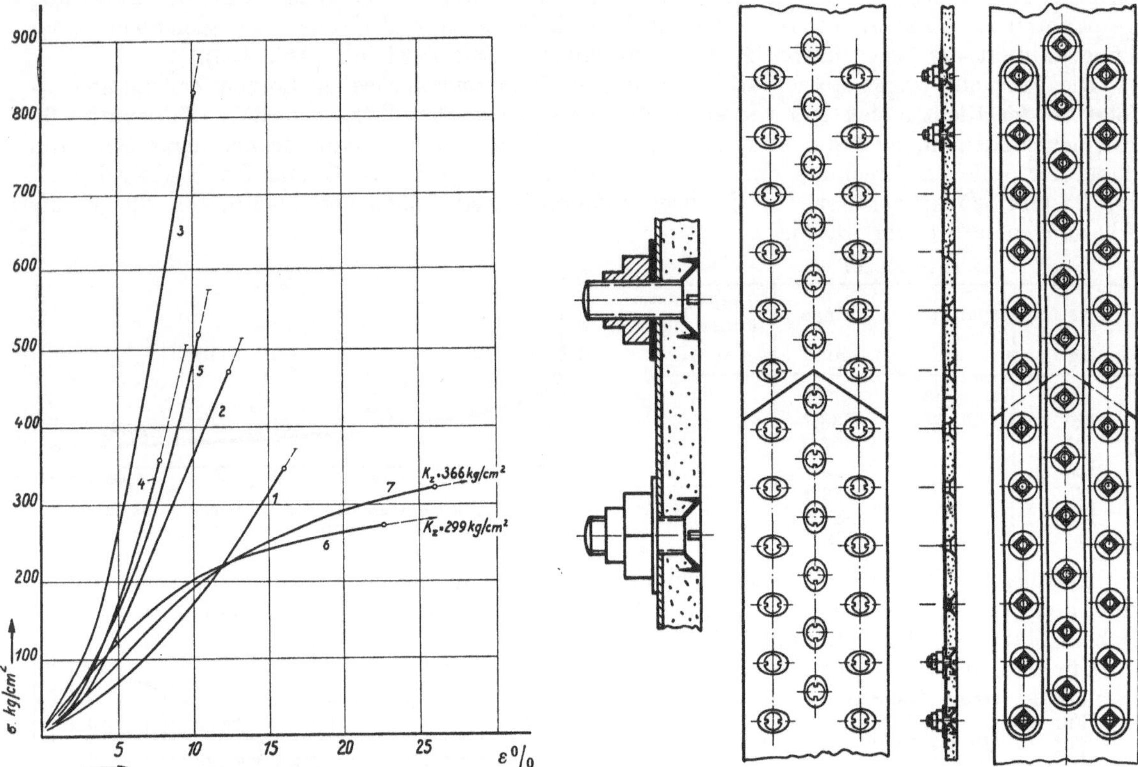

Abb. 136. Spannungs-Dehnungslinien von Textilriemen (nach Rötscher).

1 u. *2* vierfacher Baumwollriemen, *3* sechsfacher Hanftuchriemen, imprägniert, *4* doppelter Hanfriemen, gewebt, nicht imprägniert, *5* Balatariemen, 4fach, *6* Haarriemen, *7* vierfacher Kamelhaarriemen, imprägniert.

Abb. 137. Schloß für Textilriemen nach Kammerer (Rötscher).

Drahtseiltriebe, die früher für große Achsentfernungen verwendet wurden, haben seit Einführung der elektrischen Kraftübertragung an Bedeutung verloren. Drahtseile werden hauptsächlich als Zug oder Tragorgan bei Kranen, Aufzügen und Seilbahnen verwendet. Die einzelnen Drähte werden mit oder ohne Hanfeinlage schraubenförmig zu einer Litze (Spiralseil) zusammengedreht. Mehrere Litzen um einen Hanfkern gedreht bilden ein Seil (Abb. 138), mehrere Seile um einen Kern geschlagen ein Kabel.

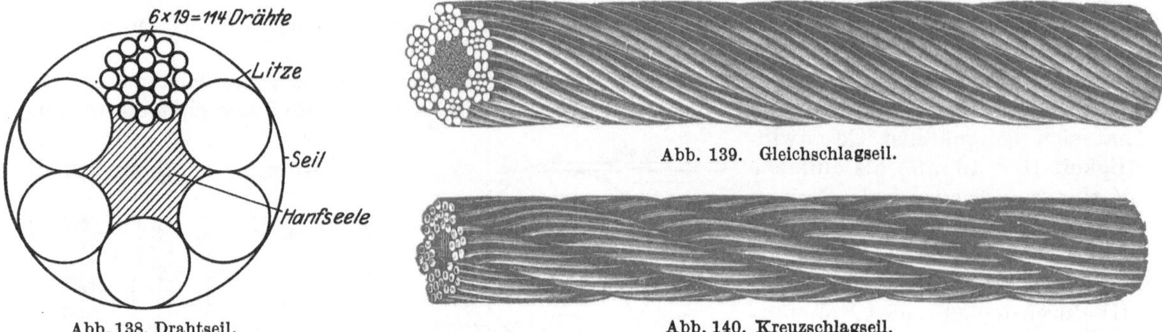

Abb. 138. Drahtseil.

Abb. 139. Gleichschlagseil.

Abb. 140. Kreuzschlagseil.

Nach der ältesten Herstellungsweise drehte (schlug) man Litze und Seil in gleicher Richtung (Gleichschlag = Albertschlag = Langschlag) (Abb. 139). Später wurde der Kreuzschlag (Abb. 140) die Regel, bei dem jeder folgende Schlag die entgegengesetzte Drehung des vorhergehenden erhält. Solche Seile haben weniger Neigung, sich um die eigene Achse zu drehen.

---

[1] Z. V. d. I. 1907, S. 1957. Eloesser Stahlbandtriebe; 1911, S. 1768. Entwicklung des Stahlbandtriebes.

Die Drahtseile für Krane sind normalisiert. Als Normalseile gelten solche mit $6 \times 19 = 114$ Drähten von 0,4 bis 1 mm $\varnothing$, solche mit $6 \times 37 = 222$ Drähten von 0,4 bis 1,3 mm und solche mit $6 \times 61 = 366$ Drähten von 0,7 bis 1,5 mm $\varnothing$. Die Seile werden oft verzinkt; als bester Rostschutz gilt aber das regelmäßige Schmieren mit gekochtem Leinöl.

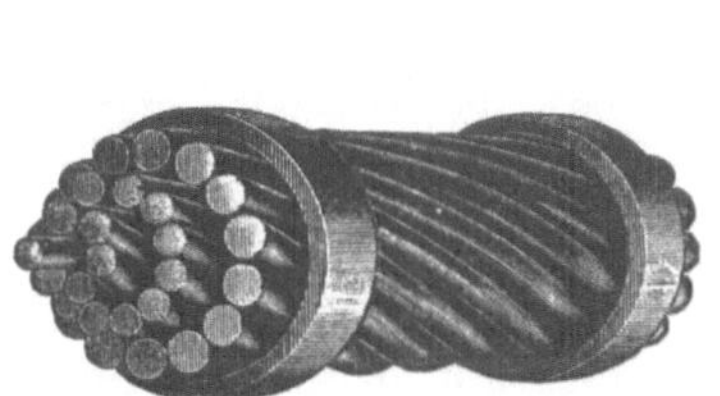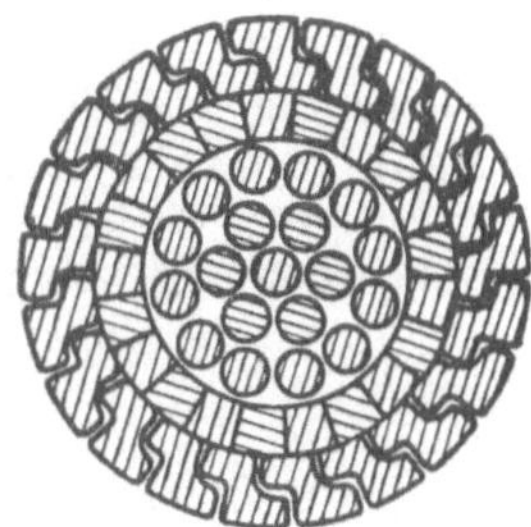

Abb. 141a.   Abb. 141b.   Abb. 141c.

Abb. 141. Tragseile für Drahtseilbahnen (nach Stephan).
a) Offenes Seil, b) Halb verschlossenes Seil, c) Ganz verschlossenes Seil.

Die Tragseile für Drahtseilbahnen sind immer grobdrähtige Spiralseile. Offene Seile (Abb. 141a) werden nur noch selten verwendet, weil sie beim Eindringen von Regenwasser leicht rosten. Geschlossene Seile mit glatter Oberfläche (Abb. 141c) werden deshalb vorgezogen.

3. Die Biegespannungen. Wenn ein massiver Draht um eine Rolle vom Durchmesser D gewickelt wird, so entsteht durch die Formänderung eine Biegespannung. Unter der Voraussetzung, daß die Querschnitte während der Krümmung eben bleiben, also senkrecht zur gekrümmten Mittellinie stehen (was aus Symmetriegründen wahrscheinlich ist), haben die äußeren Fasern nach der Krümmung (Abb. 142) die Länge $\varphi\left(\dfrac{D}{2} + \dfrac{d}{2}\right)$, während sie vor der Biegung die Länge $\varphi\dfrac{D}{2}$ hatten. Sie erfahren demnach eine Längenänderung

$$\varphi\left(\frac{D+d}{2} - \frac{D}{2}\right) = \varphi\frac{d}{2},$$

entsprechend einer Dehnung

$$\varepsilon = \frac{\varDelta l}{l} = \frac{\varphi\,\dfrac{d}{2}}{\varphi\,\dfrac{D}{2}} = \frac{d}{D},$$

so daß, wenn das Material dem Hookeschen Gesetz folgt, eine Biegespannung

$$\sigma_b = \frac{d}{D} E \qquad (90)$$

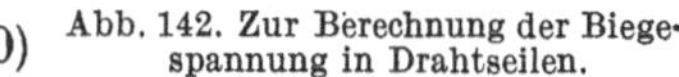

Abb. 142. Zur Berechnung der Biege-
spannung in Drahtseilen.

entsteht. Für Leder gilt das Hookesche Gesetz nicht; immerhin gibt diese Gleichung doch die Möglichkeit, die Größe der Biegespannungen zu schätzen, wenn z. B. ein Riemen von 5 mm Dicke um eine Scheibe von 200 mm Durchmesser geschlagen wird. Wenn als Mittelwert für $E = 2400$ at gesetzt wird, so ist in diesem Fall $\sigma_b = \dfrac{5}{200} \times 2400 = 60$ at, also für Leder schon recht hoch. Die Verwendung sehr kleiner Riemenscheiben von 60 bis 100 mm Durchmesser, wie sie oft für billige Anordnungen gewählt werden, beeinträchtigt die Lebensdauer des Riemens wesentlich.

Die Biegespannungen eines Seiles, das aus mehreren Drähten besteht, werden so berechnet, als ob man es mit einem reibungsfreien Bündel paralleler Drähte zu tun hätte. Man berechnet also diejenige Biegespannung, die ein einzelner, nicht verseilter, Draht beim Krümmen erfährt. Durch sinngemäße Anwendung der Gleichung (90) auf diesen Fall erhält man für den Drahtdurchmesser δ,

$$\sigma_b = \frac{\delta}{D} E \qquad (90\,\mathrm{a})$$

z. B. für $\delta = 1$ mm, $D = 440$ mm, $E = 2\,200\,000$ at, wird $\sigma_b = 5000$ at. Da meist gleichzeitig noch Zugkräfte auftreten, so ist die totale Normalspannung

$$\sigma_t = \sigma_z + \sigma_b = \frac{P}{\dfrac{\pi}{4}\,\delta^2 \cdot i} + \frac{\delta}{D} E. \qquad (91)$$

Diese Gleichung ist zuerst von Reuleaux (1861) aufgestellt worden. C. von Bach bestritt nun 1881 die Richtigkeit obiger Gleichung, und zwar auf Grund folgender Überlegungen:

„Wenn ein im Betrieb bewährtes Seil nach der Gleichung (91) berechnet wird, so ergeben sich Spannungen bis zu 3000 at. Solche Spannungen, die dazu noch oft wechseln, könnte das Seil auf die Dauer nicht ertragen, ergo muß die totale Beanspruchung kleiner sein als Gleichung (91) ergibt."

Die Gleichung von Reuleaux weiche deshalb so stark von der Wirklichkeit ab (sagt C. von Bach), weil die Schraubenform der Drähte nicht berücksichtigt sei. Er führt dementsprechend einen Berichtigungsfaktor β ein, der den Zweck hat, die Abweichungen zwischen Theorie und Wirklichkeit zu berücksichtigen, nämlich

$$\sigma_b = \beta \frac{\delta}{D} E,$$

worin $\beta = \frac{3}{8}$ für Transmissionsseile und bis $\frac{1}{4}$ für besonders biegsame Kran- und Aufzugseile gesetzt werden kann.

Im Jahr 1907 wies Obering. Isaachsen[1] darauf hin, daß die Reuleauxsche Rechnungsweise richtig sei. Er bewies durch einen einfachen Versuch, daß ein verseilter Draht bis zum Bruch weniger Biegungen aushält als ein unverseilter (Abb. 143).

Abb. 143.

Anzahl Schwingungen (Hubzähler)	Drahtseil, 6 Litzen, je 7 Drähte, je 1 mm, mit 42 × 1,12 kg belastet	Draht von 1 mm mit 1,12 kg belastet		
		1	2	3
17000	3 Drähte gebrochen			
19000	11 ,, ,,			
20000	13 ,, ,,			
21000	16 ,, ,,			
21400	19 ,, ,,	gebrochen		
22500	24 ,, ,,		gebrochen	
24700	44 ,, ,,			gebrochen

Diese Tatsache ist dadurch leicht zu erklären, daß schon beim Seilschlagen bedeutende Vorspannungen in den Drähten entstehen, und daß im Seil noch andere Beanspruchungen der Drähte auftreten. Zur Vermeidung der Vorspannungen gibt man deshalb neuerdings den Drähten, bevor sie zur Litze geschlagen werden, die Form, die sie in der fertigen Litze einnehmen (vorgeformte Drähte, Tru-Lay-Seil). Seit Isaachsen hat namentlich G. Benoit, Professor a. d. Techn. Hochschule in Karlsruhe, die Rechnungsweise von Bach bekämpft und seinen Standpunkt in einer Streitschrift „Die Drahtseilfrage"[2] niedergelegt. Auch die Betriebserfahrungen mit Kranseilen[3] zeigen — wenn man berücksichtigt, daß die Durchschnittsbelastung eines Kranes meist wesentlich kleiner als die Tragkraft ist, und daß immer längere Ruhepausen vorhanden sind — daß diese eine recht mäßige Lebensdauer haben.

Der Streit ist heute wohl zugunsten der Formel von Reuleaux entschieden, wenn auch neuere Hand- und Lehrbücher den Korrekturfaktor β noch beibehalten haben. Die kurze Lebensdauer weist auf Beanspruchungen hin, die oberhalb der Arbeitsfestigkeit (Elastizitätsgrenze) des Materials liegen. Es sind demnach auch immer bleibende Formänderungen (Verlängerungen des Seiles) zu erwarten. Für die dauernd wechselnde Beanspruchung mit ungleicher Spannungsverteilung über den Drahtquerschnitt (durch Biegung) ist ein möglichst zähes Material das geeignetste, weil nach Überschreiten der Elastizitätsgrenze an irgendeiner Stelle die benachbarten Fasern mehr zum

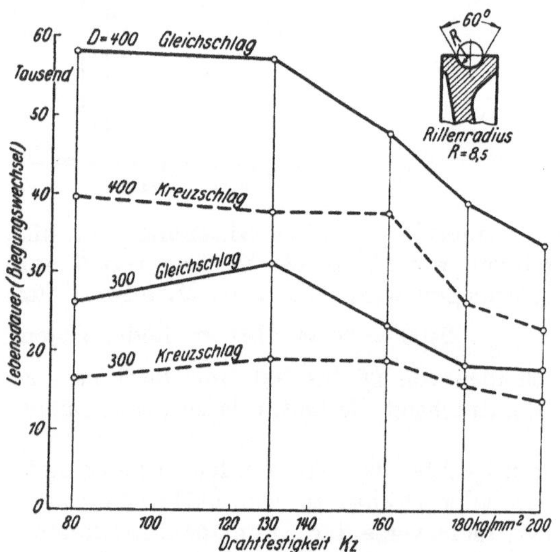

Abb. 144. Einfluß der Drahtfestigkeit auf die Lebensdauer von Drahtseilen (nach Woernle).

[1] Z. V. d. I. 1907, S. 651.   [2] Verlag der Hofbuchhandlung Fr. Gütsch, Karlsruhe 1915.
[3] Mitt. Forsch.-Arb. 1915, H. 177.

Tragen herangezogen werden. Ein härteres und deshalb spröderes Material erhöht die Lebensdauer nicht. Die neuesten Versuche von Woernle[1] bestätigen dies (Abb. 144) und zeigen, daß die günstigste Zugfestigkeit des Materials etwa bei 130 kg/mm² liegt.

Da die einzelnen Drähte beim Schlagen des Seiles (durch Kaltbearbeitung) härter und spröder werden, hat das Drahtmaterial des fertigen Seiles meist eine recht kleine Bruchdehnung (etwa 1%). Viele Krankonstrukteure ziehen deshalb verzinkte Seile vor, weil durch das Verzinken (Warmbehandlung) das Material wieder etwas weicher und zäher wird.

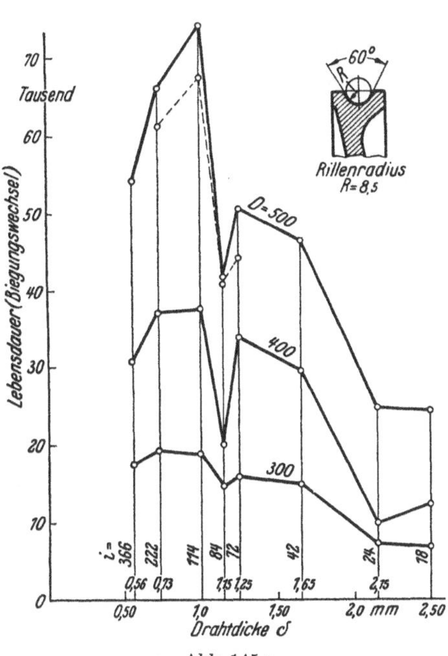
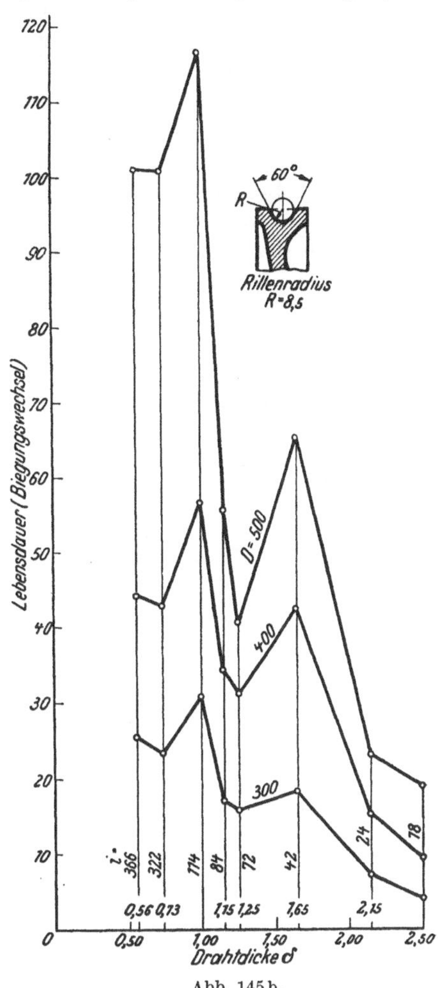

Abb. 145a.

Abb. 145a und b. Einfluß der Drahtstärke auf die Lebensdauer von Drahtseilen (nach Woernle). a) Kreuzschlag, b) Gleichschlag.

Abb. 145b.

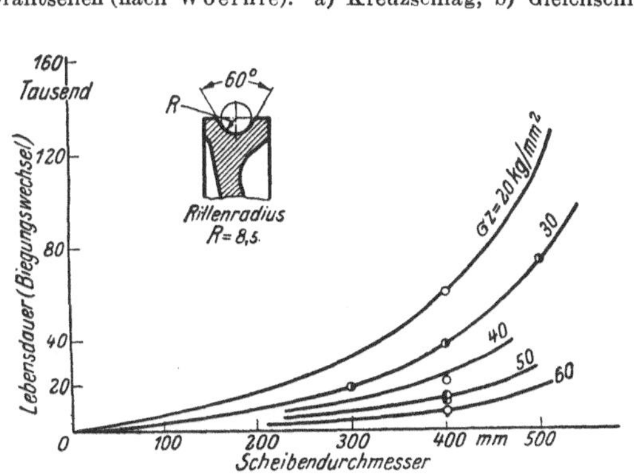
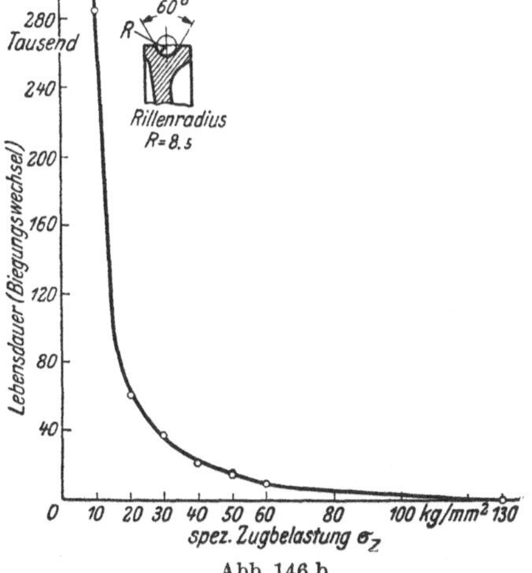

Abb. 146a.

Abb. 146a und b. Einfluß der Seilbelastung auf die Lebensdauer von Kreuzschlagdrahtseilen (nach Woernle).

a) In Abhängigkeit vom Scheibendurchmesser,
b) Bei 400 mm Scheibendurchmesser.

Abb. 146b.

Neben der Zug- und Biegespannung treten in einem Seil noch andere Beanspruchungen der Drähte auf. Bei der Biegung eines spiralförmig gewundenen Drahtes in einem Seil verschieben sich die einzelnen Drähte gegeneinander. Außerdem werden infolge der am

---

[1] Z. V. d. I. 1929, S. 417.

Seil angreifenden Zugkraft auch radiale Kräfte zwischen den Drähten, sowie zwischen Draht und Scheibe ausgeübt (Abb. 151b). Die Verschiebungen können nur nach Überwindung der Reibungswiderstände erfolgen. Die dadurch entstehende Abnutzung der Drähte wirkt um so schädlicher, je kleiner die Berührungsfläche, je größer die Zugspannung des Seiles, je dünner der Draht ist und je weniger sich das Seil an die Rolle anschmiegt. Daraus können folgende durch Versuche bestätigte Schlußfolgerungen gezogen werden:

1. Möglichst Gleichschlagseile verwenden, weil dabei die gegenseitige Verschiebung der Drähte geringer und die Berührungsfläche größer ist als bei Kreuzschlagseilen. Noch besser sind die Tru-Lay-Seile, bei denen die Vorspannungen der Drähte zum größten Teil vermieden sind.

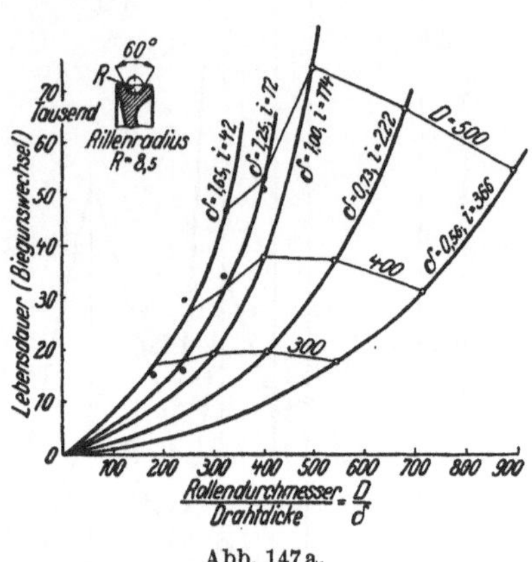

Abb. 147a.

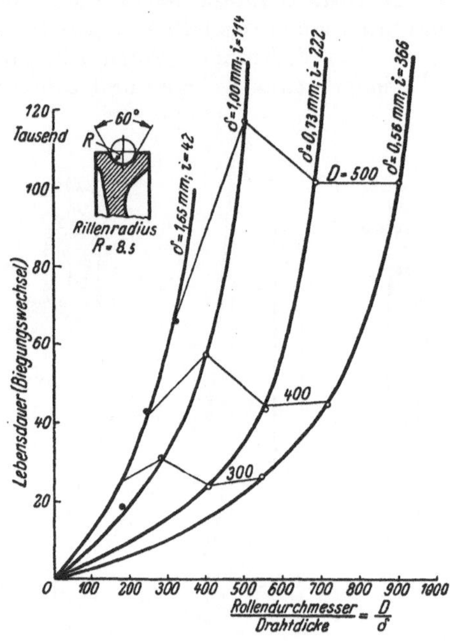

Abb. 147a und b. Einfluß von $\frac{D}{\delta}$ auf die Lebensdauer von Drahtseilen (nach Woernle).
a) Kreuzschlag, b) Gleichschlag.

Abb. 147b.

2. Nicht zu dünne Drähte wählen ($\delta > 0{,}5$ mm). Die Versuche von Woernle (Abb. 145) zeigen, daß die günstigste Drahtstärke bei 0,8 bis 1 mm liegt, und bestätigen (Abb. 146) daß die Lebensdauer eines Seiles mit Zunahme der Seilbelastung — unter sonst gleichen Verhältnissen — rasch abnimmt. Aus Abb. 147 folgt weiter, daß nicht nur das Verhältnis

$$\frac{\delta}{D} = \frac{\text{Drahtdurchmesser}}{\text{Rollendurchmesser}}$$

für die Lebensdauer eines Seiles maßgebend ist, sondern auch der Drahtdurchmesser selbst.

3. Die Rillenform soll sich möglichst dem Seil anschmiegen. Abb. 148 zeigt, wie rasch die Lebensdauer des Seiles mit zunehmendem Rillenradius abnimmt. Lederbelag erhöht die Lebensdauer des Seiles wesentlich.

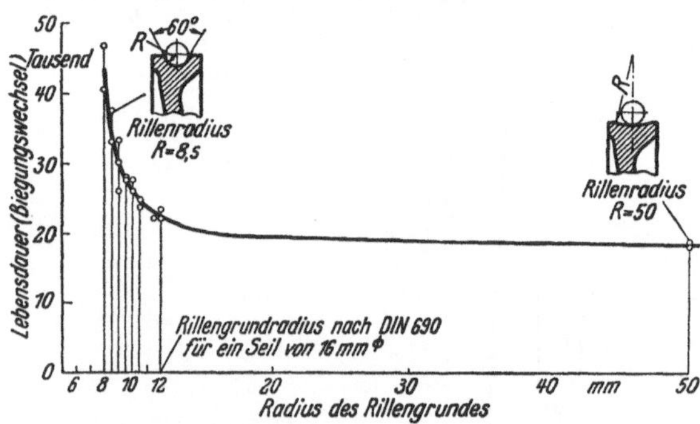

Abb. 148. Einfluß des Rillengrundhalbmessers auf die Lebensdauer eines Kreuzschlagseiles (nach Woernle).

4. Gegenbiegungen sind möglichst zu vermeiden, da die Lebensdauer dadurch um rd. 25% verkleinert wird.

4. Grenzbedingung für die Verhütung des Gleitens zwischen Faden und Scheibe. Auf ein unendlich kleines Riemenstück (Abb. 149) von der Länge $ds = r\,d\varphi$ wirken die Spannungen S und $S + dS$, deren radialen Komponenten $S \sin\frac{d\varphi}{2}$ und $(S + dS) \sin\frac{d\varphi}{2}$ zusammen die Normalkraft

$$N = 2\,S \sin\frac{d\varphi}{2} + ds \sin\frac{d\varphi}{2} \approx S\,d\varphi \tag{92}$$

bilden. Damit kein Gleiten eintritt, muß der Spannungszuwachs dS kleiner als die Reibungskraft $\mu N = \mu S\,d\varphi$ sein.

$$dS \lessgtr \mu\,S\,d\varphi \quad \text{oder} \quad \frac{dS}{S} \lessgtr \mu\,d\varphi.$$

Durch Integration über den ganzen umspannten Bogen β erhält man:

$$\ln \frac{S_1}{S_2} \lessgtr \mu\beta$$

oder

$$S_1 \lessgtr S_2\, e^{\mu\beta}, \tag{93}$$

d. i. die bekannte Eytelwein (1807)-Grashof (1883)-sche Beziehung. In diese Grenzbedingung muß für β der kleinste umspannte Bogen, d. i. der Bogen der kleineren Scheibe, eingesetzt werden.

Aus der Ableitung folgt, daß für das Ansteigen der Spannung von S_2 auf S_1 auch ein kleinerer Winkel $\beta' < \beta$ ausreichen kann.

Die Elastizität des Fadenmaterials bedingt für jede Spannungsänderung eine Änderung der Riemenlänge, so daß der Faden (während der Spannungsänderung) auf der Scheibe gleiten muß. Dann ist aber

$$dS > \mu\, S\, d\varphi$$

und

$$S_1 > S_2\, e^{\mu\beta'}. \tag{93a}$$

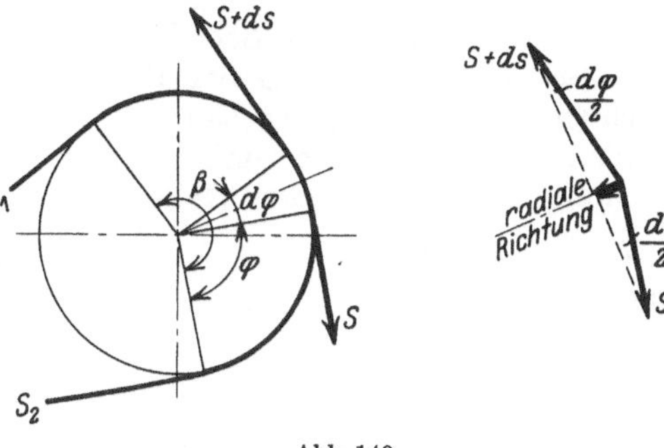
Abb. 149.

Die Gleichung $S_1 = S_2\, e^{\mu\beta'}$ ist demnach eine Grenzbedingung.

Zahlentafel 7. Werte von $e^{\mu\beta}$.

$\dfrac{\beta}{2\pi} = 0{,}4$	0,5	0,6	0,7	0,8	1	2	3
$\mu = 0{,}18$ $\quad e^{\mu\beta} = 1{,}57$	1,76	1,97	2,20	2,47	3,09	9,57	29,6
$\mu = 0{,}2$ $\quad\quad$ 1,65	1,87	2,12	2,41	2,73	3,51	12,3	43,1
$\mu = 0{,}3$ $\quad\quad$ 2,12	2,56	3,1	3,7	4,5	6,6	43	283

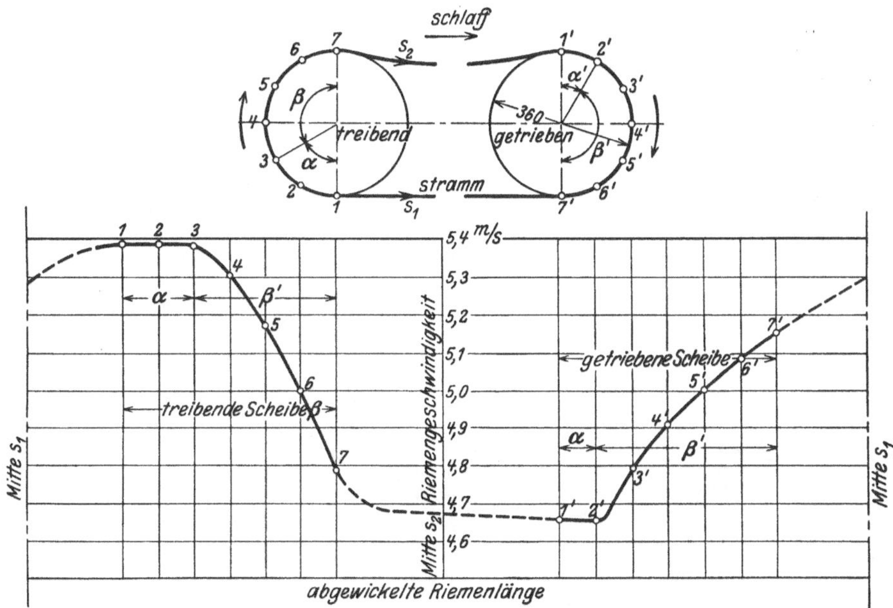

Abb. 150. Dehnungsschlupf in einem Gummiriemen nach den Versuchen von Fieber.

Der unvermeidliche „Dehnungsschlupf" ist wohl zu unterscheiden vom „Gleitschlupf", bei dem der ganze Riemen auf der Scheibe rutscht. Diese Anschauungen werden durch die Messungen von Fieber[1] (an Gummiriemen) und Kammerer[1] (an Lederriemen) bestätigt (Abb. 150). Aus der Abbildung folgt:

1. Die größte Riemengeschwindigkeit tritt beim Auflauf auf die treibende Scheibe auf und ist gleich deren Umfangsgeschwindigkeit.

2. Die kleinste Riemengeschwindigkeit ist beim Auflauf auf die getriebene Scheibe vorhanden und ist gleich deren Umfangsgeschwindigkeit.

---

[1] Z. V. d. I. 1911, S. 2035/36.

3. Der Riemen durchläuft zuerst den Ruhewinkel α und dann den Gleitwinkel β', innerhalb dessen sich der Spannungswechsel vollzieht.

4. Nach Verlassen der Scheiben tritt eine elastische Nachwirkung auf.

5. Bei der Übertragung der Drehbewegung durch einen elastischen Faden ist immer ein Geschwindigkeitsverlust vorhanden.

Wenn eine bestimmte Umfangskraft P übertragen werden soll, so folgt aus der Momentengleichung in bezug auf den Wellenmittelpunkt, daß — im Beharrungszustand —

$$S_1\,r = P\,r + S_2\,r$$

oder

$$P = S_1 - S_2 \tag{94}$$

sein muß. Aus den Gleichungen (93) und (94) erhält man:

$$S_1 = \frac{P e^{\mu\beta}}{e^{\mu\beta} - 1} \quad \text{und} \quad S_2 = \frac{P}{e^{\mu\beta} - 1}. \tag{95}$$

Die Achsbelastung Q ist gleich der Resultierenden der Kräfte S_1 und S_2, oder, wenn beide Riementeile angenähert parallel liegen:

$$Q \approx S_1 + S_1. \tag{96}$$

Ist das Hookesche Gesetz gültig, so entsteht durch die Änderung der Spannung von S_1 auf S_2 eine Längenänderung

$$\Delta l = \frac{(S_1 - S_2)\,l}{f \cdot E} = \frac{P l}{f E} = \frac{\sigma_n}{E}\,l,$$

wenn f der Riemenquerschnitt und l die Riemenlänge beim Auflauf auf die treibende Scheibe ist. $\dfrac{P}{f} = \sigma_n$ wird Nutzspannung genannt. Wenn E konstant bleibt, so hat der Riemen beim Auflauf auf die getriebene Scheibe die Länge

$$\left(1 - \frac{\sigma_n}{E}\right) l.$$

Da das in der Zeiteinheit durchlaufende Riemenvolumen konstant ist, muß

$$v_2\,l = v_1 \left(1 - \frac{\sigma_n}{E}\right) l$$

sein, oder

$$\frac{v_2}{v_1} = \frac{l - \Delta l}{l} \quad \text{und} \quad \frac{v_1 - v_2}{v_1} = \frac{\Delta l}{l} = \frac{\sigma_n}{E}.$$

Wenn r_1 bzw. r_2 der Radius der treibenden bzw. der getriebenen Scheibe und δ die Riemendicke ist, so ist das Übersetzungsverhältnis

$$i = \frac{r_1 + 0{,}5\,\delta}{r_2 + 0{,}5\,\delta}\left(1 - \frac{\sigma_n}{E}\right). \tag{97}$$

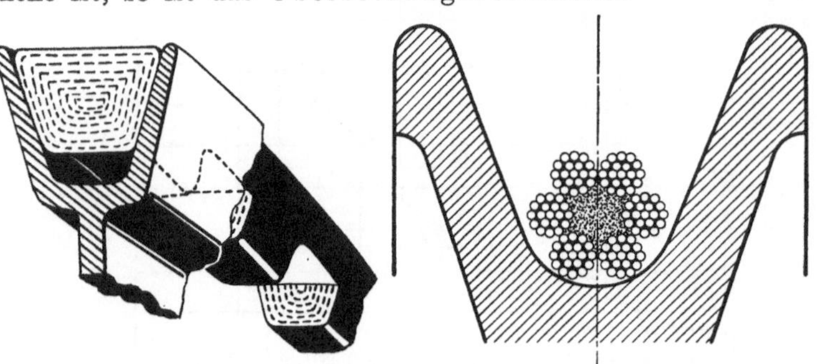

Abb. 151a.   Abb. 151b.

Abb. 151a und b. Keilförmige Rillen.
a) Für Riemen (Roderwald), b) Für Drahtseile, diese dürfen nicht klemmen.

Dabei ist vorausgesetzt, daß die Spannungen gleichmäßig über die Riemendicke verteilt sind. Infolge der Krümmung des Riemens trifft dies nun nicht mehr zu (vgl. S. 69). Bach gibt deshalb schätzungsweise:

$$i = \frac{r_1 + \dfrac{1}{3}\,\delta}{r_2 + \dfrac{2}{3}\,\delta}\left(1 - \frac{\sigma_n}{E}\right). \tag{97a}$$

Durch Anordnung von keilförmigen Rillen (Abb. 151a) wird die Reibungszahl erhöht (vgl. S. 2). Die Ausschnitte im keilförmigen Riemen werden gemacht, um die Biegespannungen klein zu halten. Drahtseile sind gegen seitliche Beanspruchung äußerst empfindlich, so daß sie unten in den Rillen aufliegen müssen (Abb. 151b).

Wenn das Seil mehrere Male umschlungen wird (bei Rangierspillen oder beim Landen von Schiffen), dann kann S_2 so klein werden, daß ein Mann das eine Ende des Seiles ohne Anstrengung halten kann, während am anderen Ende Zugkräfte bis 5000 kg auftreten.

Bei Hebezeugen läßt man deshalb auch immer einige (2 bis 3) „Sicherheitswindungen" auf die Trommel, damit zur Seilbefestigung ein einfaches Festklemmen ausreicht (Abb. 152).

Einfluß der Fliehkraft. Da der Riemen eine gekrümmte Bahn durchläuft, treten zusätzliche Kräfte auf, kurz Fliehkräfte genannt. Die Fliehkräfte sind Massenkräfte, d. h. sie greifen im Faden selbst an und können diesen nur zusätzlich spannen.

Wenn γ das spez. Gewicht des Fadenmaterials ist, so ist die Fliehkraft für ein Fadenelement von der Länge r

$$dF = dm\, r\, \omega^2 = \frac{f r^2 d\varphi\, \gamma}{g}\, \omega^2 = \frac{\gamma}{g}\, u^2 f\, d\varphi,$$

u ist die Fadengeschwindigkeit in m/s.

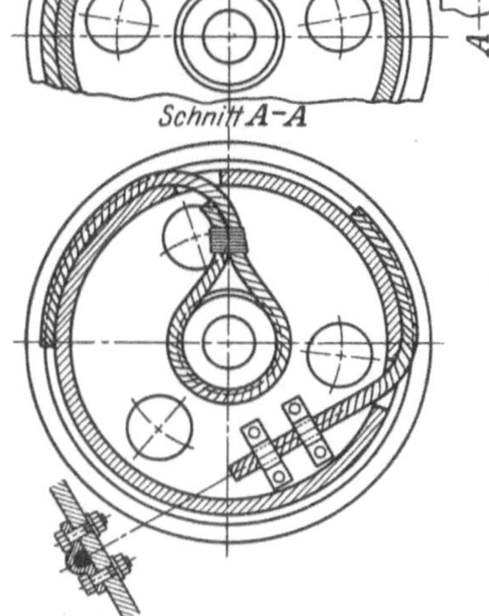

Abb. 152. Drahtseilbefestigungen.

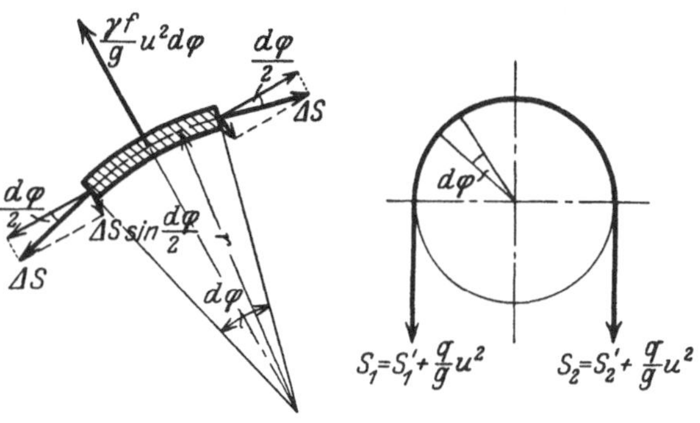

Abb. 153.

Da die drei Kräfte ΔS, dF und ΔS sich das Gleichgewicht halten, so ist (Abb. 153)

$$2\, \Delta S \sin \frac{d\varphi}{2} = dF$$

oder, da der Winkel $\frac{d\varphi}{2}$ klein ist:

$$2\, \Delta S\, \frac{d\varphi}{2} = \frac{\gamma}{g}\, u^2 f\, d\varphi$$

und

$$\Delta S = \frac{\gamma}{g}\, u^2 f. \tag{98}$$

Die Fliehkraft spannt jedes Fadenelement zusätzlich um den gleichen Betrag ΔS, unabhängig von dem Krümmungsradius der vom Faden durchlaufenen Bahn.

Daraus folgt sofort, daß auch die Kräfte S_1 und S_2 um diesen Betrag erhöht werden. Nennt man $S_1' = S_1 - \Delta S$ und $S_2' = S_2 - \Delta S$ die freien Riemenkräfte, so ist

$$S_1' = S_2'\, e^{\mu\beta}$$

oder

$$S_1 - \Delta S = (S_2 - \Delta S)\, e^{\mu\beta}. \tag{99}$$

Die Nutzkraft $P = S_1 - S_2$ ist unabhängig von der Riemengeschwindigkeit.

Da die Fliehkraft innere, den Riemen verlängernde Kräfte auslöst, wird der Lagerdruck um einen kleinen, durch die Verlängerung bedingten Betrag vermindert.

Beziehen wir die Kräfte auf 1 cm² Fadenquerschnitt, führen wir also die Spannungen ein, so lautet Gleichung (99):

$$\sigma_1 - \sigma_f = (\sigma_2 - \sigma_f)\, e^{\mu\beta}, \quad \text{worin} \quad \sigma_f = \frac{\Delta S}{f} = \frac{\gamma}{g}\, u^2 \ \text{ist},$$

und Gleichung (94):

$$\sigma_n = \sigma_1 - \sigma_2.$$

Daraus folgt

$$\sigma_n = (\sigma_1 - \sigma_f)\, \frac{e^{\mu\beta} - 1}{e^{\mu\beta}}. \tag{100}$$

5. Erzeugung der Fadenspannung. Die Fadenspannung S kann erzeugt werden:

a) Durch die Elastizität des Fadenmaterials, indem der Faden unter Vorspannung auf die Scheiben gelegt wird (Dehnungsspannung), wobei das Eigengewicht des Fadens die Spannung erhöhen kann.

b) Durch Spannrollen (Belastungsspannung).

α) Dehnungsspannung. Aus den Gleichgewichtsbedingungen eines Fadenstückes $A X$ (Abb. 154) folgt:

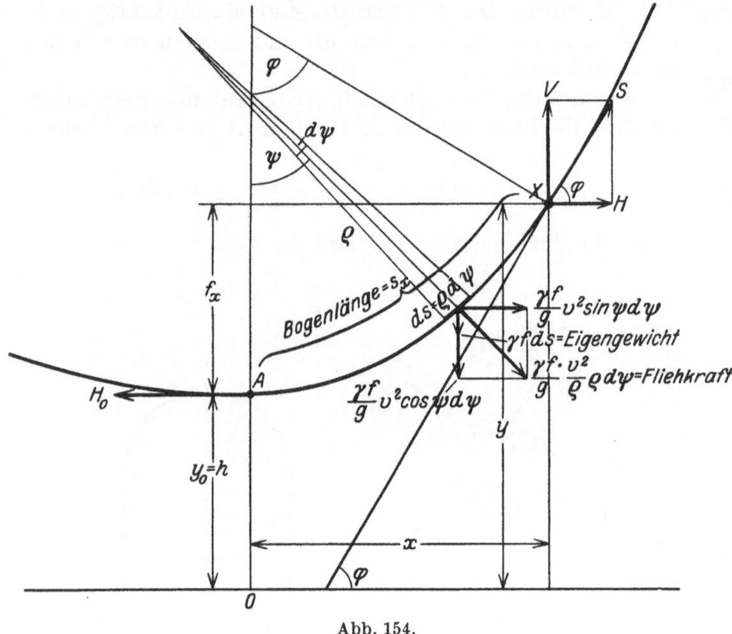

Abb. 154.

$$V = \int_\varphi^0 \left(\gamma f\,ds + \frac{\gamma f}{g}v^2\cos\psi\,d\psi\right)$$

$$= \gamma f\,s_x + \frac{\gamma f}{g}v^2\sin\varphi \qquad (101)$$

und

$$H_0 = \int_\varphi^0 \frac{\gamma f}{g}v^2\sin\psi\,d\psi$$

$$= H_0 - \frac{\gamma f}{g}v^2(1-\cos\varphi). \qquad (102)$$

Nun ist

$$\operatorname{tg}\varphi = \frac{H}{V} = \frac{s_x + \dfrac{v^2}{g}\sin\varphi}{\dfrac{H_0}{\gamma f} - \dfrac{v^2}{g}(1-\cos\varphi)}.$$

Setzt man zur Abkürzung $\dfrac{H_0}{\gamma f} = \dfrac{v^2}{g} = h$, so wird

$$h\operatorname{tg}\varphi + \frac{v^2}{g}\sin\varphi = s_x + \frac{v^2}{g}\sin\varphi \quad \text{oder} \quad \operatorname{tg}\varphi = \frac{s_x}{h} = \frac{dy}{dx}.$$

Das ist die Differentialgleichung der Kettenlinie. Dieses Resultat war vorauszusehen, weil durch die Bewegung des Fadens jedes Fadenelement nur zusätzlich um den Betrag $\frac{\gamma f}{g}v^2$ gespannt wird. Nach der Integration erhält man die bekannte Gleichung:

$$y = \frac{h}{2}\left(e^{\frac{x}{h}} + e^{-\frac{x}{h}}\right)$$

und für die Bogenlänge

$$s_x = \frac{h}{2}\left(e^{\frac{x}{h}} - e^{-\frac{x}{h}}\right).$$

Da der Faden im allgemeinen nur wenig durchhängt, so genügt es zur Berechnung von y und s_x, die Glieder mit höherer als quadratischer Potenz bei der Reihenentwicklung von $e^{\frac{x}{h}}$ zu vernachlässigen. Das ergibt die Näherungsgleichungen:

$$y = h + \frac{x^2}{2h} \qquad (103)$$

$$f_x = y - h = \frac{x^2}{2h}. \qquad (103a)$$

und

$$s_x = x\left(1 + \frac{x^2}{6h^2}\right). \qquad (104)$$

Die Spannkraft S an der Stelle x des Fadens folgt aus der Gleichung:

$$S = \frac{V}{\sin\varphi}.$$

Da $\operatorname{tg}\varphi = \dfrac{s_x}{h}$ ist, wird $\sin\varphi = \dfrac{\operatorname{tg}\varphi}{\sqrt{1+\operatorname{tg}^2\varphi}} = \dfrac{s_x}{\sqrt{s_x^2+h^2}}$. Nun ist $\sqrt{s_x^2+h^2} = \sqrt{\dfrac{h^2}{4}\left(e^{\frac{x}{h}} - e^{-\frac{x}{h}}\right)^2 + h^2}$

$= \dfrac{h}{2}\left(e^{\frac{x}{h}} + e^{-\frac{x}{h}}\right) = y$, so daß mit Gleichung (101), wenn $\gamma f = q$ das Fadengewicht/Längeneinheit ist

$$S = \frac{y}{s_x}\left(q \cdot s_x + \frac{q}{g}\,v^2\,\frac{s_x}{y}\right) = q\left(y + \frac{v^2}{g}\right)$$

wird. Aus Gleichung (104) folgt $h = \sqrt{\dfrac{x^3}{6\,(s_x - x)}}$. Damit wird

$$f_x = \frac{x^2}{2h} = \frac{1}{2}\,\sqrt{6x\,(s_x - x)}$$

und

$$y = h + \frac{x^2}{2h} = \sqrt{\frac{x}{6x\,(s_x - x)}} + \frac{1}{2}\,\sqrt{6x\,(s_x - x)}\,.$$

Da f_x klein ist, so unterscheidet sich s_x nur wenig von x, so daß die zweite Wurzel gegenüber der ersten vernachlässigt werden kann. Damit wird:

$$S = q\left\{\sqrt{\frac{x^3}{6\,(s_x - x)}} + \frac{v^2}{g}\right\}. \qquad (105)$$

In dieser Gleichung ist $\dfrac{q}{g}\,v^2 = S_f$ die „Riemenfliehkraft", während die freie Riemenkraft

$$S' = S - S_f = q\,\sqrt{\frac{x^3}{6\,(s_x - x)}}\,. \qquad (105\,\text{a})$$

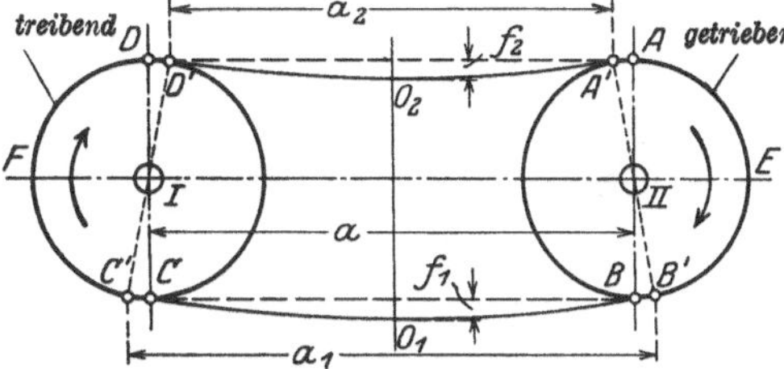

Abb. 155. Durchhang des belasteten Riemens (nach Schulze-Pillot).

ist. Um die Spannung S' und damit S zu berechnen, muß die Bogenlänge s_x bekannt sein. Betrachten wir einen Trieb mit gleich großen Scheiben, deren Achsen in gleicher Höhe liegen (Abb. 155) und vereinfachen die Aufgabe weiter, indem die Endpunkte der schwebenden Bahnen A', B', C', D' mit A, B, C, D zusammenfallend gedacht werden[1].

Für den Leerlauf, d. h. wenn keine Umfangskraft übertragen wird, ist $S_1 = S_2 = S = \text{konstant}$. Der Riemen besteht dann aus zwei gleichen Hälften von der Länge $l = s + \pi r$. Von dieser „gedehnten Länge" ist die ursprüngliche Länge l_u (Urlänge) zu unterscheiden.

$$l = l_u\,(1 + \varepsilon).$$

Die Länge der schwebenden Bahn ist

$$s = l - \pi r = l_u\,(1 + \varepsilon) - \pi r$$

und

$$s - a = l_u\,(1 + \varepsilon) - (\pi r + a) = l_u\,(1 + \varepsilon) - a',$$

wenn der Umriß des Fadens $\pi r + a = a'$ gesetzt wird. Mit $x = \dfrac{a}{2}$ wird

$$S' = q\,\sqrt{\frac{a^3}{24\,(l_u - a' + \varepsilon l_0)}}$$

und

$$(l_u - a') + \varepsilon l_u = \frac{q^2 a^3}{24\,s'^2}\,. \qquad (106)$$

Für den stillstehenden Riemen ($S' = S$) kann diese Gleichung leicht zeichnerisch gelöst werden (Abb. 156). Man trägt die Werte der drei Glieder der Gleichung (106), die ihrer Dimension nach Strecken bedeuten, in Abhängigkeit von S ab. Hierbei ergibt $l_u - a'$ (das positiv oder negativ sein kann) die „Vorspannungsgerade" und εl_u die „Dehnungskurve", die mit Abb. 134 bestimmt ist. Das Glied $\dfrac{q^2 a^3}{24\,s'^2}$ liefert die „Eigengewichtskurve" und

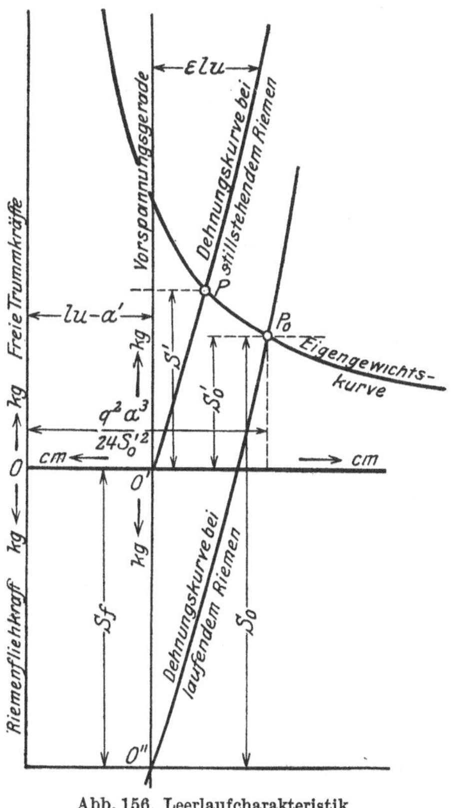

Abb. 156. Leerlaufcharakteristik (nach Schulze-Pillot).

ihr Schnittpunkt mit den summierten Werten der Vorspannungsgeraden und Dehnungskurve die Lösung der Gleichung (106).

---

[1] G. Schulze-Pillot beweist in seinem Buche „Neue Riementheorie" die praktische Zulässigkeit dieser Vereinfachung. Berlin: Julius Springer 1926.

Hat der Faden eine bestimmte Geschwindigkeit v, so muß die Riemenfliehkraft S_f dazu addiert werden, um die Spannung S zu erhalten, d. h. die Dehnungskurve muß im Punkte O'' anfangen, der um die Strecke S_f unter O' liegt. Die ganze Dehnungslinie wird also um diesen Betrag nach unten verschoben (Abb. 156).

Wird der Trieb belastet und macht man die weitere Vereinfachung, daß in E und F (Abb. 155) die Spannung plötzlich von S_1 auf S_2 übergeht, so wird das lose Trum um den

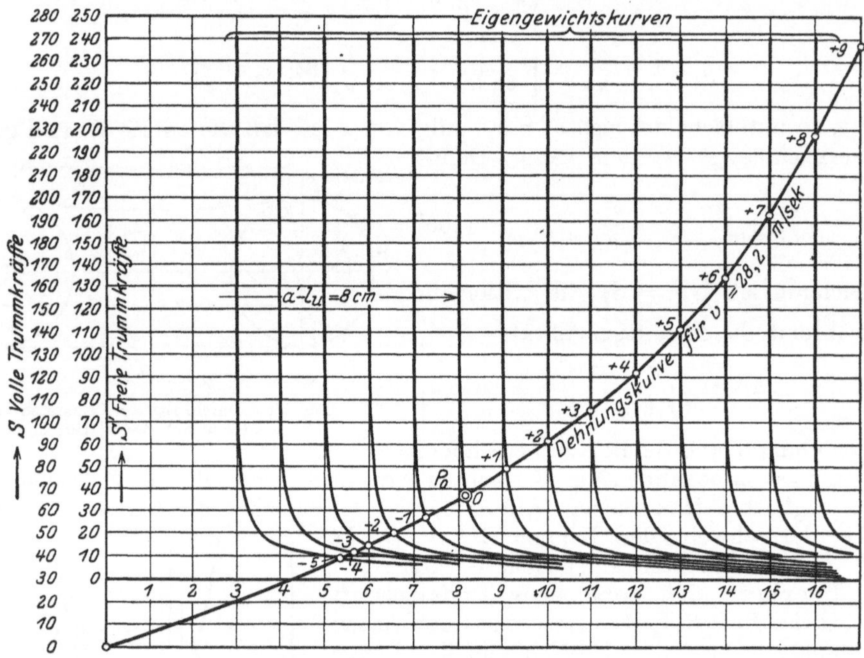

Abb. 157. Konstruktion der Arbeitskurve aus der Leerlaufcharakteristik (nach Schulze-Pillot).

gleichen Betrag verlängert, um den das straffe gekürzt wird (Abb. 155). Dadurch ändert sich die ursprüngliche Länge und damit die Lage der Vorspannungsgerade für die beiden Riemenstücke. Da es nur auf die relative Lage der Dehnungskurve zur Eigengewichtskurve ankommt, kann an Stelle der Verschiebung der Vorspannungs- und Dehnungslinie auch die Eigengewichtskurve um den gleichen Betrag, aber in entgegengesetzter Richtung, verschoben werden.

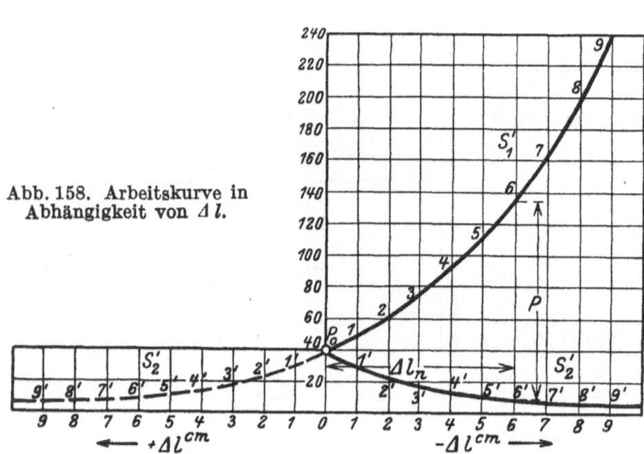

Abb. 158. Arbeitskurve in Abhängigkeit von Δl.

Man verschiebt also die (auf durchsichtiges Papier gezeichnete) Eigengewichtskurve nach rechts und links um gleiche (willkürliche) Strecken Δl und bestimmt durch die Schnittpunkte mit der Dehnungskurve (Abb. 157) die Spannungen S_1' und S_2'. Trägt man die so gefundenen Werte in Abhängigkeit von den Änderungen Δl der Riemenlänge auf, so erhält man die „Arbeitskurve" (Abb. 158). Um den Unterschied $S_1' - S_2' = P$ leicht ablesen zu können, ist in dieser Abbildung der unterhalb des Leerlaufpunktes P_0 gelegene Kurvenast umgeklappt.

$S_1' + S_2'$ ist gleich der Achsbelastung Q. Das Verhältnis $\dfrac{S_1'}{S_2'}$ muß kleiner als $e^{\mu\beta}$ sein, um das Rutschen des Fadens zu vermeiden.

Die Spannungen nehmen im Laufe der Zeit ab (vgl. S. 67), so daß die Gefahr vorhanden ist, daß diese zur Übertragung der Umfangskraft P nicht mehr ausreichen werden. Dann wird ein Nachspannen erforderlich, indem z. B. die eine Welle (Motor) auf Spannschienen gestellt wird (Abb. 159), oder durch Verkürzen, d. h. Trennen, Abschneiden und Wiederverbinden des Riemens. Um dieses umständliche Verfahren nicht zu oft anwenden zu müssen, wird der Faden mit einem — oft recht bedeutenden — Überschuß an Spannung aufgelegt. Die Achsbelastung Q wird dann wesentlich größer als $3P$ (bis zu $9P$). Mit solchen hohen Achsbelastungen sollte vorsichtshalber gerechnet werden, wenn Kugellager verwendet werden.

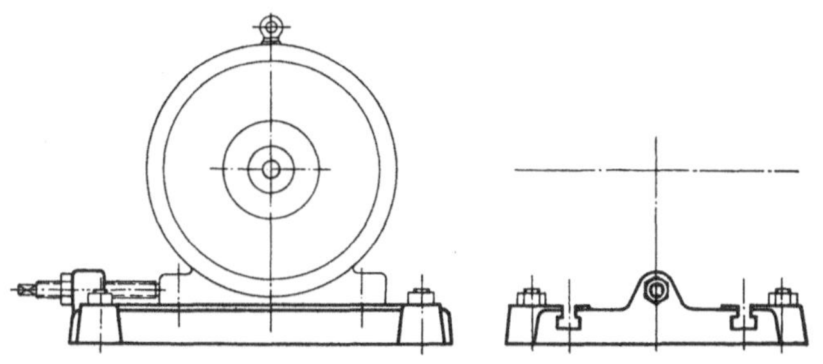

Abb. 159. Anordnung zum Nachspannen des Riemens (nach Rötscher).

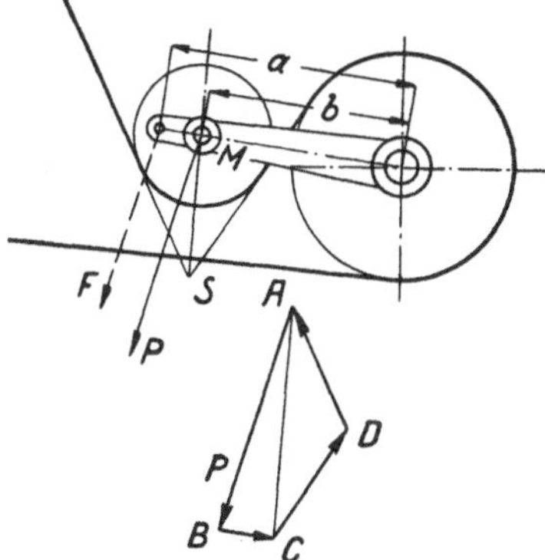

Abb. 160. Kräfte beim Spannrollentrieb (nach Rötscher).

β) **Belastungsspannung.** Der Riemen wird auf größere Länge zusammengeleimt als dem Umriß $2a'$ des Triebes entspricht, und die Spannung wird durch eine „Spannrolle" erzeugt. Der französische Ingenieur Leneveu hat zuerst die Spannrolle so angeordnet, daß damit auch eine Vergrößerung des umspannten Bogens verbunden ist (Abb. 160). Nach ihm werden

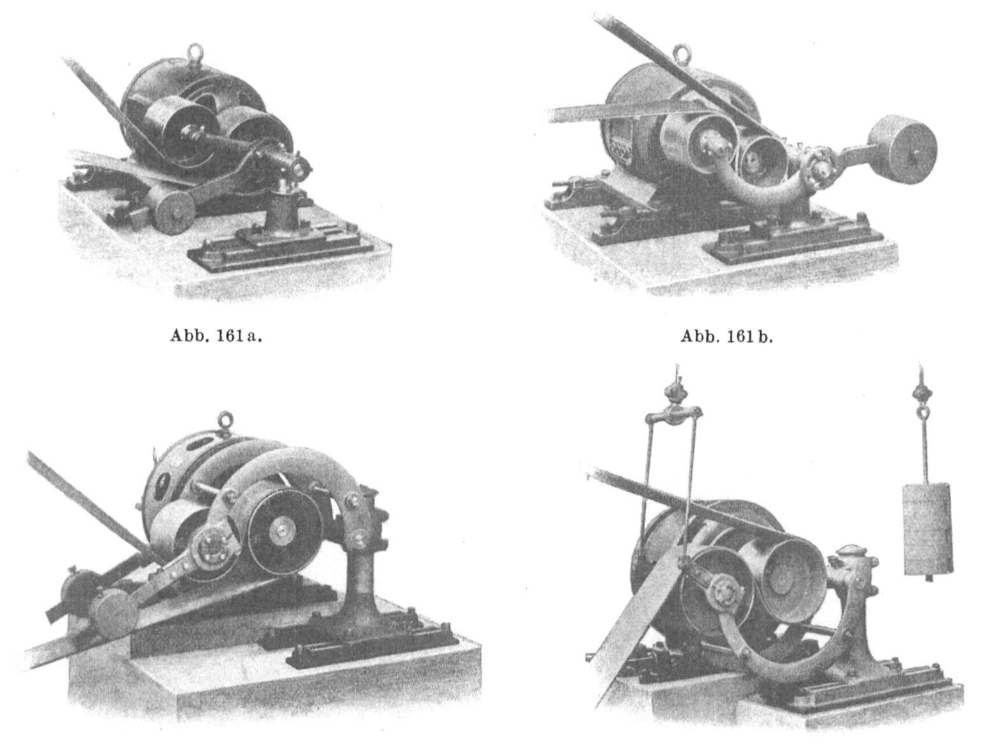

Abb. 161a.   Abb. 161b.

Abb. 161c.   Abb. 161d.

Abb. 161a bis d. Verschiedene Anordnungen der Spannrollen (v. Roll).

a) Spannrolle von oben drückend, einseitig gelagert,   c) Spannrolle von oben drückend, beidseitig gelagert,
b) Spannrolle von unten drückend, einseitig gelagert,   d) Spannrolle von unten drückend, beidseitig gelagert.

solche Getriebe auch Lenixtriebe genannt. Um unnötig große Belastungsgewichte zu vermeiden, ist die Spannrolle immer im schlaffen Trum anzubringen. Wenn der Widerstand beim Umlenken um die Rolle vernachlässigt wird, erzeugt die Rolle gleich große Kräfte in den beiden abgelenkten Riemenstücken, die aus dem Kräfteparallelogramm leicht bestimmt werden können.

Je nach der Riemenbreite kann die Rolle ein- oder beidseitig gelagert werden. Die Abb. 161 zeigt einige Aufstellungs- und Ausführungsformen von Lenixtrieben.

6. Berechnung. Die übertragbare Leistung ist durch die zulässige Spannung des Fadenmaterials eingeschränkt. Wenn die Umfangskraft $P = \sigma_n \cdot f$ gegeben ist, so folgt die größte Zugspannung aus der Gleichung (100):

$$\sigma_n = (\sigma_1 - \sigma_f) \cdot \frac{e^{\mu\beta} - 1}{e^{\mu\beta}} \, .$$

Dazu kommt noch die Biegespannung:

$$\sigma_b = \frac{d}{D} E \, .$$

Für Leder ist die Biegespannung jedenfalls kleiner als aus dieser Gleichung folgt, weil die Spannungen langsamer als die Dehnungen zunehmen (Abb. 134), und weil nach Überschreiten der Elastizitätsgrenze der Spannungsverlauf für das zähe Ledermaterial flacher wird. Schätzt man $\sigma_b \approx 0.7 \frac{d}{D} E$, so muß für Leder

$$\sigma_1 + 0.7 \frac{d}{E} E < \sigma_{\text{zul}} \tag{107}$$

sein. Die zulässige Spannung sollte auch für die beste Lederqualität 50 at nicht überschreiten[1]. In vielen Fällen geht man allerdings wesentlich höher, um billigere Antriebe zu erhalten, und nimmt das öftere Kürzen des Riemens, infolge der bleibenden Dehnung, in Kauf.

Die übertragbare Leistung $P \cdot v$ wird ein Maximum für $\frac{\partial (Pv)}{\partial v} = 0$. Wenn μ und β unabhängig von v sind, so folgt aus Gleichung (100):

$$\frac{\partial (Pv)}{\partial v} = \frac{\partial (\sigma_n \cdot f \cdot v)}{\partial v} = 0 = \sigma_1 - 3 \frac{\gamma}{g} v_1^2 ,$$

d. h. die maximale Leistung wird bei einer Geschwindigkeit $v_1 = \sqrt{\dfrac{\sigma_1 g}{3\gamma}}$ übertragen. Die Umfangskraft P und damit die übertragene Leistung wird zu Null für $\sigma_1 = \dfrac{\gamma}{g} v_2^2$ oder für $v_2 = \sqrt{\dfrac{\sigma_1 g}{\gamma}}$. Für $\sigma_1 = 28$ at und $\gamma = 0.001 \, \text{kg/cm}^3$, wird $v_1 = \dfrac{1}{100} \sqrt{\dfrac{28 \times 981}{3 \times 0.001}} = 30$ m/s und $v_2 = 51$ m/s. Der Verlauf der Spannungen und der Leistung ist in Abb. 162 für $e^{\mu\beta} = 2$ eingetragen.

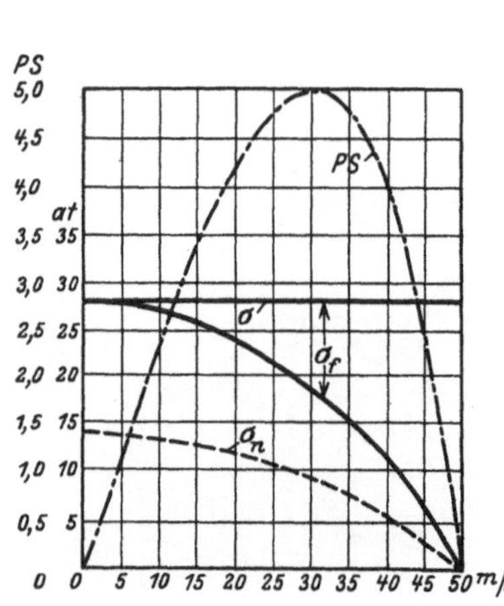

Abb. 162. Nutzspannung σ_n in Abhängigkeit der Riemengeschwindigkeit.

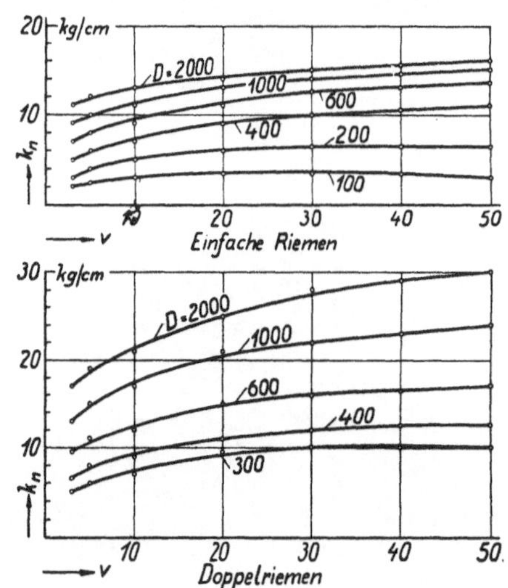

Abb. 163. Erfahrungswerte von Gehrcken s. Zulässige Nutzbelastung für 1 cm Riemenbreite (nach Rötscher).

Wenn also μ und β unveränderliche Größen sind, so muß die übertragbare Nutzspannung σ_n mit der Geschwindigkeit abnehmen. In scharfem Gegensatz zu diesem theoretischen Resultat standen die 1889 veröffentlichten Erfahrungszahlen des Riemenfabrikanten C. O. Gehrckens (Hamburg), der mit der Geschwindigkeit zunehmende Nutzspannungen empfahl (Abb. 163). Seine Werte gelten für Riementrieb mit Dehnungsspannung und unter folgenden Voraussetzungen:

---

[1] Nach den Vorschlägen in Masch.-B. 1927, S. 877, werden für die beste Lederqualität sogar nur 38 at zugelassen.

1. Daß die Wahl des passenden Riemens dem Lieferanten überlassen wird. Weil für schmale Riemen nicht die beste (teuerste) Lederqualität verwendet wird, sind folgende Zuschläge auf die Riemenbreite zu machen:

für 40	45—50	55—60	65—80 mm Breite
50	30	20	10% Zuschlag.

2. Daß der Trieb horizontal oder der obere Riemen nicht über 45^0 geneigt läuft und daß die Achsentfernung entsprechend groß ist; andernfalls 10 bis 20% Zuschlag.

3. Daß die Übersetzung nicht über 2:1 ins Schnelle erfolgt und keine großen Belastungsschwankungen auftreten, sonst 20 bis 50% Zuschlag (Fallhämmer, Sägegatter, Walzwerke).

Für Riemen in feuchten Räumen, für gekreuzte Riemen (je nach Achsabstand, Riemenbreite und Geschwindigkeit) und für oft auszurückende Riemen sind 10 bis 30% Zuschlag zu machen, während für Lenixtriebe 50 bis 60% höhere Belastungen zulässig sind.

Seit der Veröffentlichung der Gehrckensschen Werte sind ausgedehnte Versuche durchgeführt worden, um diese nachzuprüfen und zu erklären[1]. Die älteste Hypothese (von Prof. Kammerer, Berlin[2]) will die größere Belastungsfähigkeit schnellaufender Riemen dadurch erklären, daß die Dehnungen den raschen Spannungswechseln nicht folgen können. Die Schwingungsversuche von Skutsch[3] haben aber ihre Unhaltbarkeit erwiesen. Man kann einen steigenden Verlauf von σ_{zul} auch einfach durch eine bessere Lederqualität und durch die größeren Riemenscheiben beim schnellaufenden Riemen begründen. Aber die Verbesserung der Qualität ist nur in engen Grenzen möglich, während die Fliehkraftspannung mit dem Quadraten der Geschwindigkeit zunimmt, und für Leder ($\gamma = 1 \, \mathrm{kg/dm^3}$) bei

$v =$	10	30	50	60	100	200 m/s
$\sigma_f =$	1	9	25	36	100	400 at

beträgt.

Zur Erklärung der Gehrckensschen Werte wurde auch der Einfluß des Luftdruckes wieder herangezogen. Wird am n-ten Teil der Berührungsfläche zwischen Band und Scheibe die Luft vollständig verdrängt, so daß dort der Atmosphärendruck voll zur Geltung kommt, dann erhöht sich die Normalkraft auf ein Flächenelement $b \, r \, d\varphi$ um $\dfrac{b \, r \, d\varphi}{n}$ kg. Als Grenzbedingung gilt dann:

$$\int ds = \left(S + \frac{b \, r}{n} \right) \mu \, d\varphi$$

und

$$S_1 + \frac{b \, r}{n} = \left(S_2 + \frac{b \, r}{n} \right) e^{\mu \beta} .$$

Andere nehmen wieder an, daß die Luft vom laufenden Riemen mitgerissen wird und so eine innige Berührung zwischen Band und Scheibe verhindert. Diese Annahme hat zu durchlochten Riemen und Scheiben geführt, die auch heute noch gelegentlich empfohlen werden. Skutsch[4] machte Versuche mit einem Lederriemen von 100 mm Breite und 5,2 mm Dicke bei einer Riemengeschwindigkeit von 28 bis 29 m/s und fand:

bei einem Luftdruck von	0,114 ata	0,990 ata
S_1	90,3 kg	86,7 kg
S_2	5,47 kg	5,14 kg
$\dfrac{S_1}{S_2}$	16,5	16,9

so daß der Einfluß des Luftdruckes nicht nachweisbar war.

Schließlich bleibt noch der Einfluß von $e^{\mu \beta}$ zu untersuchen. Die Reibungszahl von Leder auf Eisen ist schon vielfach bestimmt worden (Morin, Leloutre, Skutsch, Friederich, Mohr usw.[5]). Die Versuche zeigen, daß μ von einer ganzen Reihe von Faktoren abhängt. Jedenfalls braucht es noch weiterer Versuche und auch wohl einer theoretischen Grundlage als Führung, bis alle dabei auftretenden Fragen zuverlässig beantwortet werden können. Aus den Versuchen geht folgendes hervor:

---

[1] Ein ausführliches Literaturverzeichnis ist enthalten in Stiel: Theorie des Riementriebes. Berlin: Julius Springer 1918.
[2] Kammerer: Mitt. Forsch.-Arb. H. 55/56 und 132. [3] Skutsch: Mitt. Forsch.-Arb. H. 120.
[4] Verhandl. d. V. z. Bef. d. Gewerbefleißes 1913, S. 393.
[5] Morin: Hütte, 25. Aufl., Bd. 1, S. 281. — Leloutre. — Skutsch: D. P. J. 1914. — Friederich: Mitt. Forsch.-Arb. 1917, H. 196/198. — Mohr: Dissertation, Danzig 1921.

1. Die Reibungszahl zwischen Leder und Eisen ist für glatte Scheiben größer als für rauhe. Daraus folgt, daß die Lauffläche der Riemenscheiben nicht einfach geschruppt, sondern möglichst glatt gedreht (geschliffen) werden sollte. Diese Schlußfolgerung wird von vielen Firmen noch zu wenig beachtet.

2. Zwischen Riemen und Scheibe bildet sich eine Fettschicht. Wird diese (z. B. durch Waschen mit Benzin) entfernt, so nimmt μ sofort ab. Die Reibung zwischen Leder und Scheibe ist demnach ein hydrodynamisches Problem und deshalb von Pressung, Gleitgeschwindigkeit, Temperatur, Oberflächenbeschaffenheit usw. abhängig.

3. Die Reibungszahlen sind namentlich bei größeren Geschwindigkeiten wesentlich größer als früher angenommen wurde. Aus den Versuchen von Friederich folgt z. B.:

a) für einen neuen, schwach gefetteten Riemen ($b = 100$ mm) auf blanker, ebener Gußscheibe von 510 mm Durchmesser und $S_1 - S_2 = 25$ kg, bei einer Gleitgeschwindigkeit

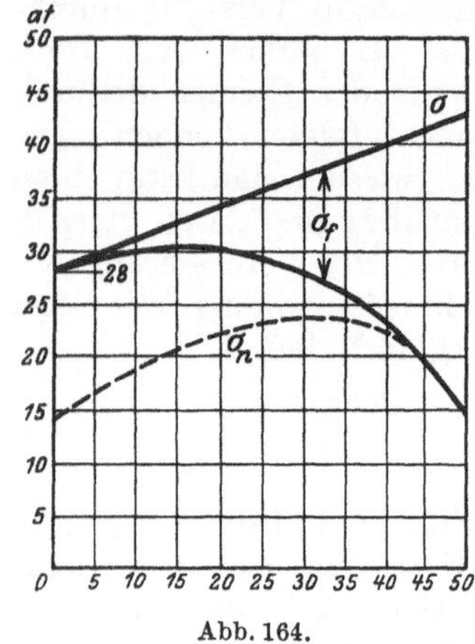

$$v_s = 1{,}56 \text{ cm/s}, \qquad \mu_m = 0{,}19$$
$$v_s = 13 \text{ cm/s}, \qquad \mu_m = 0{,}43.$$

b) für einen gebrauchten, eingelaufenen Riemen, stark gefettet, auf der gleichen Scheibe bei

$$v_s = 1{,}55 \text{ cm/s}, \qquad \mu_m = 0{,}79$$
$$v_s = 45 \text{ cm/s}, \qquad \mu_m = 1{,}64.$$

Deshalb nimmt auch $e^{\mu\beta}$ mit wachsender Geschwindigkeit stark zu, z. B. für

$$\beta = \pi \quad \text{und} \quad \mu = 0{,}18 \text{ ist } e^{\mu\beta} \approx 2 \quad \text{und} \quad \sigma_n = \frac{1}{2}(\sigma_1 - \sigma_f),$$

$$\text{und für} \quad \mu = 1{,}6 \text{ ist } e^{\mu\beta} \approx 150 \quad \text{und} \quad \sigma_n = \frac{149}{150}(\sigma_1 - \sigma_f).$$

Abb. 164.

Damit und mit den leicht ansteigenden Werten von σ_{zul} lassen sich die mit zunehmender Geschwindigkeit steigenden Nutzspannungen von Gehrckens erklären (Abb. 164). — Bei der Rauheit der Riemenoberfläche und wegen der sehr kleinen Dicke der Flüssigkeitsschicht sind die Voraussetzungen der reinen Flüssigkeitsreibung hier nicht erfüllt, sondern ein Teil der Riemen- und Scheibenoberfläche berührt sich direkt, während daneben eine dünne Fettschicht vorhanden ist, die einerseits an der Riemen- und anderseits an der Scheibenoberfläche O haftet. Die Reibungskraft setzt sich deshalb aus zwei Teilen zusammen:

$$\mu N = \underset{\substack{\text{(trockene} \\ \text{Reibung)}}}{\mu_0 N} + \underset{\substack{\text{(Flüssigkeits-} \\ \text{reibung)}}}{\eta O \frac{dw}{dy}}$$

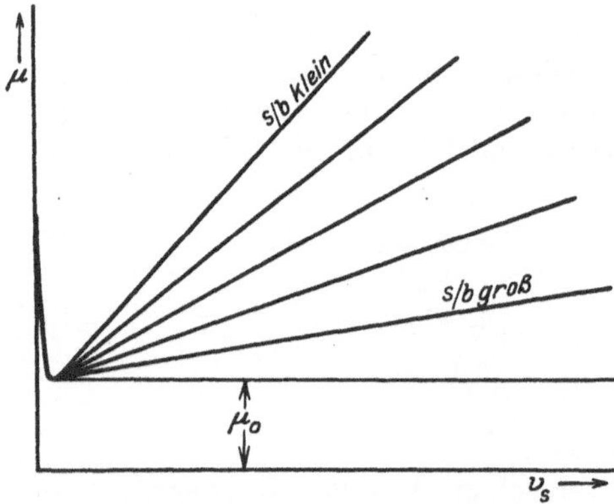

Abb. 165. Reibungszahlen für Lederriemen.

In der sehr dünnen Fettschicht kann die Geschwindigkeitsänderung als geradlinig verlaufend angenommen werden, d. h. $\frac{dw}{dy} = \frac{v_s}{\delta}$, worin v_s die Gleitgeschwindigkeit und δ die Schichtdicke ist. Damit wird:

$$\mu = \mu_0 + \eta \frac{O}{N} \cdot \frac{v_s}{\delta}.$$

Für ein Oberflächenelement $dO = r\, b\, d\varphi$ ist $N = S\, d\varphi$, und

$$\mu = \mu_0 + \eta \frac{r}{\delta} \frac{b}{\delta} v_s. \tag{108}$$

Es ist anzunehmen, daß diese Beziehung für $v_s = 0$ nicht mehr gilt, da dann die Haftreibung in Frage kommt, so daß die Reibungszahlen den in Abb. 165 dargestellten grundsätzlichen Verlauf haben müssen[1]. Den Wert von μ aus Gleichung (108) in die Grenzbedingung $dS = \mu S\, d\varphi$ eingesetzt, ergibt

$$dS = \left(\mu_0 S + \eta \frac{r\, b\, v_s}{\delta}\right) d\varphi$$

---

[1] In der Z. Masch.-Bau 1927, S. 877 wird für mittlere Verhältnisse $\mu = 0{,}15\,(1 + 0{,}15\,v)$, also auch ein geradliniger Verlauf vorgeschlagen.

und nach der Integration

$$S_1 + R_f = (S_2 + R_f)\, e^{\mu_0 \beta}, \qquad (109)$$

worin zur Abkürzung

$$\frac{\eta}{\mu_0} \cdot \frac{v_s}{\delta} \cdot r \cdot b = R_f \ [\mathrm{kg}] \qquad (110)$$

gesetzt ist. Mit $S_1 - S_2 = P$ wird

$$S_1 + R_f = P\, \frac{e^{\mu_0 \beta}}{e^{\mu_0 \beta} - 1}. \qquad (109\,\mathrm{a})$$

Der Einfluß der Riemenfliehkraft S_f wird dadurch berücksichtigt, daß $S_1' = S_1 - S_f$ an Stelle von S_1 in diese Gleichung eingesetzt wird.

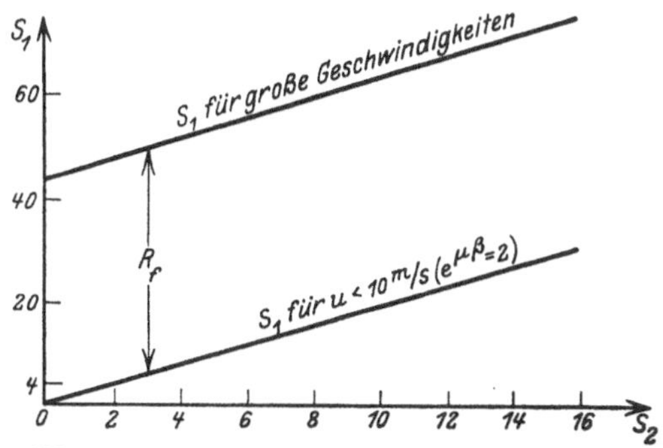

Abb. 166. Zusammenhang zwischen den Spannungen S_1 und S_2 bei verschiedenen Riemengeschwindigkeiten.

Da $e^{\mu_0 \beta} = \mathrm{konst.}$ ist, so folgt aus Gleichung (109), daß zwischen S_1 und S_2 eine geradlinige Beziehung besteht (Abb. 166). **Wenn die Kraft R_f im Voraus zuverlässig zu bestimmen wäre, so wäre die Riemenberechnung auch für größere Geschwindigkeiten gelöst.** Aber auch ohne genaue Kenntnis von R_f kann man aus diesen Überlegungen einige wichtige Schlußfolgerungen ziehen:

In erster Linie muß danach gestrebt werden, die Kraft R_f möglichst groß zu machen, d. h. man nehme:

η groß (Rindertalg als Riemenfett,

$\eta \approx 0,03 \ \mathrm{kg \cdot s/m^2}$

bei Zimmertemperatur),

r groß (große Riemenscheiben),

δ klein (Laufflächen möglichst glatt),

v_s groß (große Riemengeschwindigkeiten und Elastizitätsmodul des Riemenmaterials klein),

b groß (besser breite als doppelte Riemen).

Die schädliche Wirkung von Feuchtigkeit und von hohen Temperaturen beim Riementrieb erklärt sich durch die Verminderung der Zähigkeit. Beim Austrocknen des Riemens (Kesselhaus)

Abb. 167. Antrieb eines Dynamo von einer Wasserradwelle durch Spannrollen.

wird $R_f = 0$, ebenso bei kleinen Riemengeschwindigkeiten ($V < 10$ m/s). Dann gelten die einfachen Gleichungen (95) mit $e^{\mu \beta} = 2$ für $\beta = \pi$.

Auch für den Antrieb von Drahtseilbahnen oder bei den Treibscheiben-Aufzügen kann mit diesen Gleichungen (95) gerechnet werden. Schwierigkeiten treten hierbei hauptsächlich durch die ungleichmäßige Abnützung der Scheiben auf[1].

Zahlenbeispiel 1. Berechnung der Riemenbreite für den Antrieb einer Dynamo ($N = 6$ PS, $n = 1600$) von einer Wasserradwelle ($n = 8$) aus. Die Ausführung erfolgte mit zwei Spannrollentrieben nach Abb. 167.

---

[1] Hymans, F. und A. V. Hellborn: Der Aufzug mit Treibscheibenantrieb. Berlin: Julius Springer 1927.

Bei beiden Trieben handelt es sich um langsamlaufende Riemen ($v < 10$ m/s), so daß der Einfluß der Fliehkraft und der Kraft R_f vernachlässigt werden kann. Der umspannte Bogen ist groß, $\beta \approx 1,5\,\pi$, so daß $e^{\mu\beta} \approx 3$ ist. Dann folgt aus Gleichung (100):

$$\sigma_n = \frac{2}{3}\,\sigma_1, \quad \text{d. h.} \quad \sigma_1 = \frac{3}{2}\,\sigma_n \quad \text{oder} \quad S_1 = \frac{3}{2}\,P, \quad \text{und} \quad \sigma_2 = \frac{1}{2}\,\sigma_n \quad \text{oder} \quad S_2 = \frac{P}{2}.$$

Wenn $\sigma_1 = 25$ at gewählt wird, so ist die Riemenbreite bei 5 mm Dicke

Wasserrad-Vorgelege	Vorgelege-Dynamo
$d_1 = 2600$ mm, $n_1 = 8$	$d_1 = 2750$ mm, $n_1 = 64$
$d_2 = 320$ mm, $n_2 = \dfrac{2600}{325} \times 8 = 64$	$d_2 = 110$ mm, $n_2 = \dfrac{2750}{115} \times 64 = 1600$
$a = 1950$ mm	$a = 1950$ mm
$v = \dfrac{\eta \times 2,6 \times 8}{60} = 1,1$ m/s	$v = \dfrac{\pi \times 2,75 \times 64}{60} = 9,2$ m/s,
$P = \dfrac{6 \times 75}{1,1} = 410$ kg	$P = \dfrac{6 \times 75}{9,2} = 49$ kg
$b \sim 500$ mm	$b \sim 60$ mm
$\sigma_t = 25 + 39 = 64$ at	$\sigma_t = 25 + 113 = 138$ at

$$b = \frac{\frac{3}{2}\,P}{0,5 \times 25} = 0,12\,P\ \text{cm}.$$

Die größte Normalspannung folgt aus Gleichung (107), mit $E = 2500$ at:

$$\sigma_t = 25 + 0,7\,\frac{5}{d_2} \times 2500\ \text{at}.$$

Die Belastungsgewichte sind aus den Spannungen S_2 zu berechnen (vgl. S. 79).

Zahlenbeispiel 2. Nachrechnung eines Drehbankantriebs (Abb. 168).

Die Übersetzung des Rädervorgeleges ist

$$i = \frac{z_1}{z_2} \cdot \frac{z_3}{z_4} = \frac{19}{57} \cdot \frac{20}{56} = \frac{1}{8,4}.$$

Damit erhalten wir folgende Drehzahlen der Arbeitsspindel:

Deckenvorgelege $n = 110$		Deckenvorgelege $n = 310$	
ohne	mit	ohne	mit
Rädervorgelege		Rädervorgelege	
$n_9 = 110 \times \dfrac{170}{254} = 73,5$	$n_1 = \dfrac{n_9}{8,4} = 8,75$	$n_{13} = 310 \times \dfrac{170}{254} = 125,7$	$n_5 = \dfrac{n_{13}}{8,4} = 24,7$
$n_{10} = 110 \times \dfrac{198}{254} = 96,4$	$n_2 = \dfrac{n_{10}}{8,4} = 11,48$	$n_{14} = \quad\quad 164,3$	$n_6 = 32,3$
$n_{11} = 110 \times \dfrac{226}{198} = 125,7$	$n_3 = \dfrac{n_{11}}{8,4} = 14,96$	$n_{15} = \quad\quad 207,5$	$n_7 = 42,15$
$n_{12} = 110 \times \dfrac{254}{170} = 164,3$	$n_4 = \dfrac{n_{12}}{8,4} = 19,58$	$n_{16} = \quad\quad 271,6$	$n_8 = 55,1$

In Abb. 169 sind die Schnittgeschwindigkeiten v [m/min] für die verschiedenen Spindeldrehzahlen n in Abhängigkeit vom Werkstückdurchmesser d [mm] nach der Gleichung

$$n = \frac{1000\,v}{\pi\,d}$$

dargestellt (Drehzahldiagramm). Die Abbildung zeigt eine regelmäßige Änderung der Schnittgeschwindigkeit beim Übergang auf die verschiedenen Spindeldrehzahlen.

Wenn W der Schnittwiderstand in kg ist, so ist die zu übertragende Schnittleistung

$$N = \frac{W \cdot v}{60 \cdot 75 \cdot \eta}\ \text{PS},$$

worin $\eta =$ Wirkungsgrad des Antriebes. Dazu kommt dann noch die Vorschubleistung. Die Gesamtleistung $N = 2$ PS muß durch jeden der drei Riemen übertragen werden, und zwar bei der Stufenscheibe auch dann, wenn die Riemengeschwindigkeit am kleinsten ist.

Die drei Riemen dürfen

Riemen	$a - c$	$b - f$	Stufenscheibe
Umfangskraft $P = \dfrac{2 \times 75}{v}$	33	73	153 kg
$S_1 = 2\,P$	66	146	306 „
$b = \dfrac{2\,P}{\sigma_1 \times 0,5}$ mit $\sigma_1 = 25$ at	$b = 5,3$ cm	11,7 cm	24,5 cm

also jedenfalls nicht gleich breit sein, und die Leistung der Drehbank wird durch die Breite des Stufenriemens bestimmt. Es ist eine bekannte Tatsache, daß dieser Riemen immer viel zu schwach ausgeführt wird.

7. Die Scheiben. Als Material für die Scheiben wird hauptsächlich Gußeisen verwendet; für leichte Triebe Aluminium, seltener Holz; für raschlaufende Scheiben (Schwungräder) Schmiedeeisen und Stahlguß. Die Breite des Scheibenkranzes (Abb. 170) $B = 1{,}1\,b + 1$ cm, die Randstärke s (für Gußeisen) $s = 0{,}01\,R + 0{,}3$ cm, die Wölbung

$$w = \frac{1}{4} \text{ bis } \frac{1}{3}\,\sqrt{B_{\mathrm{mm}}}$$

oder $0{,}01\,B + 2$ mm. Die Mittelrippe ist (weil unzweckmäßig) wegzulassen. Die Arme erhielten früher meist eine geschwungene Form, um die Gußspannungen auszugleichen. Jetzt werden sie wohl fast immer gerade gemacht. Als Anzahl der Arme wählt man $i = \frac{1}{7}\,\sqrt{D_{\mathrm{mm}}}$ oder auch bis 450 mm Durchmesser 4 Arme, für größere Durchmesser (bis 800 mm) 6 Arme. Der Armquerschnitt ist eine Ellipse mit dem Achsenverhältnis $1:2$ bis $1:2{,}5$; die Verjüngung der Arme

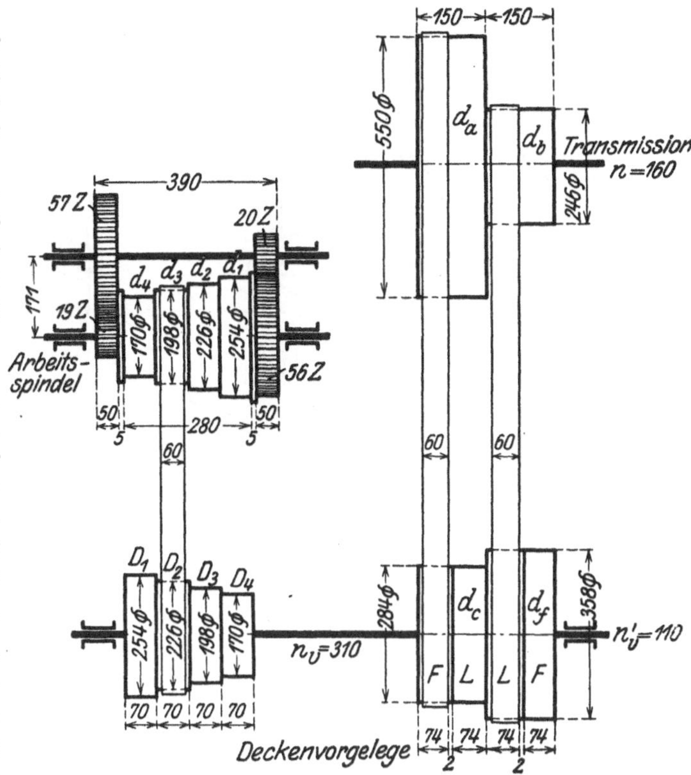

Abb. 168. Drehbankantrieb (nach Hippler).

beträgt $5:4$. Bei der Festigkeitsrechnung wird angenommen, daß für $i = 4$ ein Arm und für $i = 6$ zwei Arme die Umfangskraft von der Scheibe auf die Welle übertragen. Die Biege-

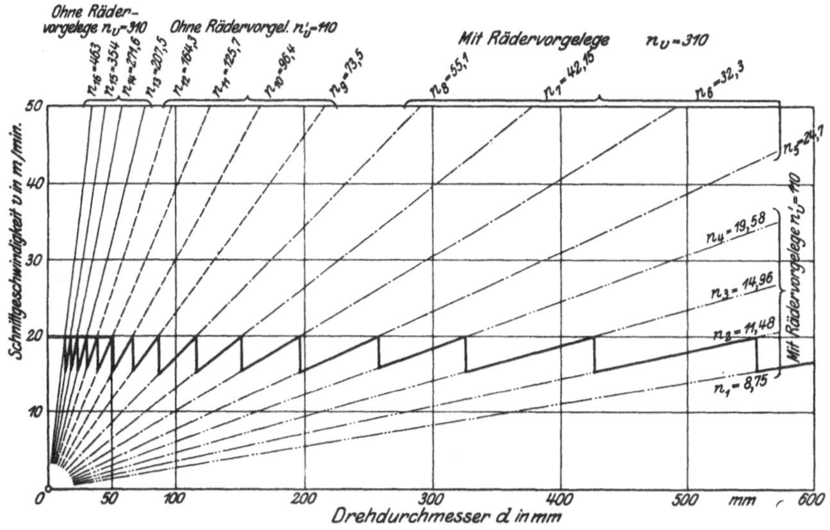

Abb. 169. Änderung der Drehzahlen (nach Hippler).

beanspruchung folgt dann aus der Gleichung

$$\frac{P \cdot r}{1 \text{ bzw. } 2} = \frac{\pi}{3}\,a^3\,b\,\sigma_b\,.$$

Ein einfacher Armstern reicht aus für B bis $0{,}1\,D + 250$ mm.

Die Riemenscheiben werden auf der Welle durch Keile oder durch Klemmen befestigt (vgl. Heft II, Verbindungen).

Die Stärke δ der Nabe (Abb. 170 folgt aus der empirischen Gleichung:

$$\delta = \frac{1}{5} \text{ bis } \frac{1}{4}\left(d_0 + \frac{d}{2}\right) + 1\,\text{cm}.$$

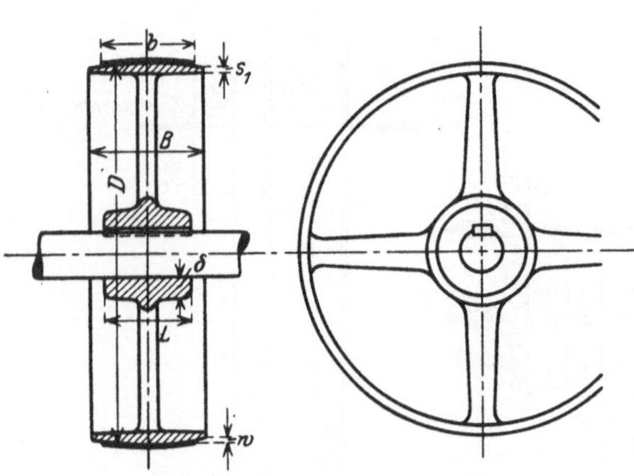

Abb. 170. Einteilige Riemenscheibe.

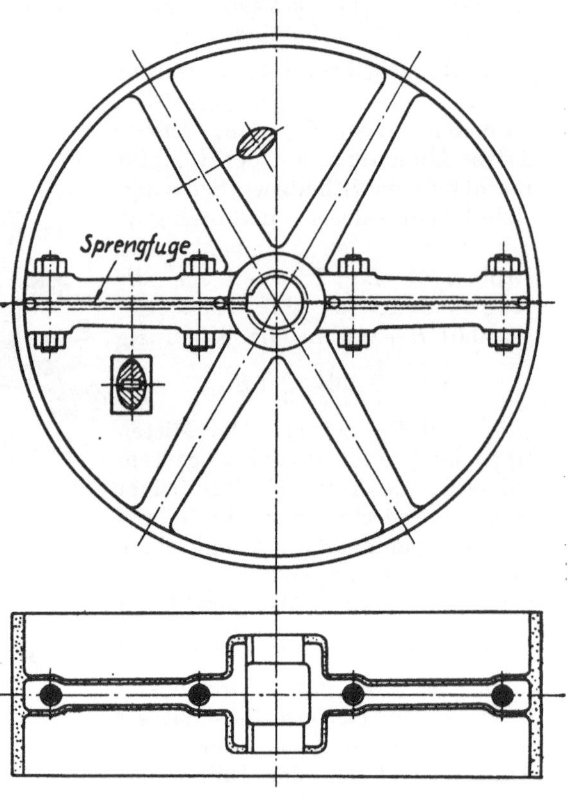

Abb. 171. Zweiteilige, gesprengte Riemenscheibe (nach Rötscher).

Darin ist die Bohrung d der Scheibe und d_0 der Wellendurchmesser, der zur Übertragung des Drehmomentes nach der Gleichung $\frac{1}{5}\,d_0^3\,\tau = M_d$ ausreichen würde. Für $d = d_0$ ist

$$\delta = \left(\frac{1}{5} \text{ bis } \frac{1}{4}\right) \times \frac{3}{2}\,d$$

oder $\delta = (0{,}3 \text{ bis } 0{,}35)\,d + 1\,\text{cm}$.

Die Nabenlänge ist $l = 1{,}2$ bis $1{,}5\,d$ oder auch $l = B$. Lange Naben werden häufig hohl gemacht (Abb. 172).

Die Verwendung einteiliger Scheiben ist durch die Schwierigkeit der Montage und (für große Scheiben) auch durch die Transportschwierigkeit eingeschränkt. Auch die größten Riemenscheiben werden in einem Stück gegossen und nachher längs eines Durchmessers aufgesprengt (Abb. 171). Die beiden Teile werden zusammengeschraubt und dann gedreht. Die Breite der Sprengleiste soll 8 mm nicht überschreiten, weil sonst die Sprengarbeit zu mühsam wird. Für das Sprengeisen sind genügend große Öffnungen vorzusehen. Nur schwere Scheiben (Schwungräder, Kegelräder, Zahnräder) werden zweiteilig gegossen und an den Trennflächen gehobelt.

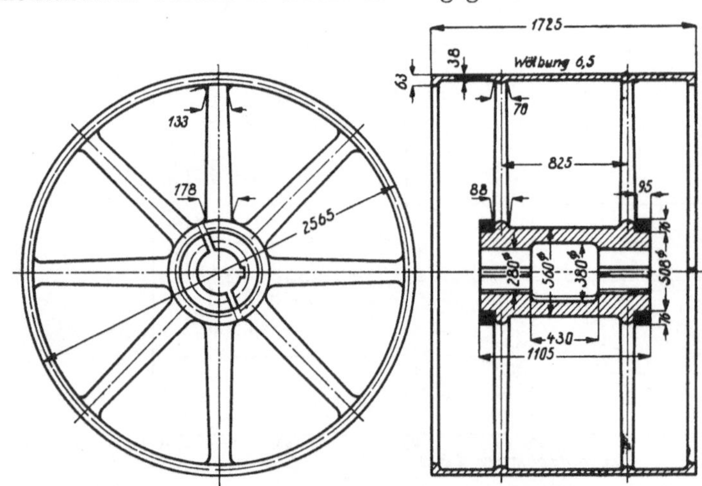

Abb. 172. Breite Riemenscheibe mit doppeltem Armstern. Die Nabe ist gesprengt, um Gußspannungen auszugleichen (nach Rötscher).

Die Trennfuge soll bei rasch laufenden Scheiben immer in die Arme gelegt werden, nicht zwischen zwei Arme, da die Fliehkraft der Verbindungsteile eine zusätzliche Spannung erzeugt.

Ungleiche Kranzdicke ruft eine sehr ungleichmäßige Formänderung (Spannung) des Kranzes hervor. Es ist daher ratsam, an raschlaufenden Riemenscheiben den Kranz auch auf der Innenseite abzudrehen, soweit es natürlich die Armbreite gestattet. Für große Umfangsgeschwindigkeiten müssen die Scheiben ausbalanciert werden (vgl. Heft III, S. 76).

Die Normung der Scheibendurchmesser setzt auch eine Normung der Drehzahlen voraus. Dafür sind folgende (abgerundete) Normalzahlen vorgesehen, die nach einer geometrischen Reihe mit dem konstanten Faktor $\sqrt[20]{10} = 1{,}125$ gebildet sind:

1,00	1,12	1,25	1,40	1,60	1,80	2,00	2,25	2,80
3,20	3,60	4,00	4,50	5,00	5,60	6,30	7,10	8,00,

9,00 und das 10,100fache dieser Zahlen.

Wechselstrommaschinen haben bei Leerlauf eine nur von der Polzahl abhängige Drehzahl

Polzahl	2	4	6	8	10	12	16
Drehzahl. . . .	3000	1500	1000	750	600	500	375.

Bei Belastung tritt ein Drehzahlabfall ein, abhängig von der Belastung (etwa 5%). Um den Unterschied zwischen Leerlaufdrehzahlen und Lastdrehzahlen auszugleichen, ist es erforderlich, die Motorscheiben für sich zu normen, und zwar so, daß bei Verwendung normaler Gegenscheiben wieder normale Drehzahlen erhalten werden.

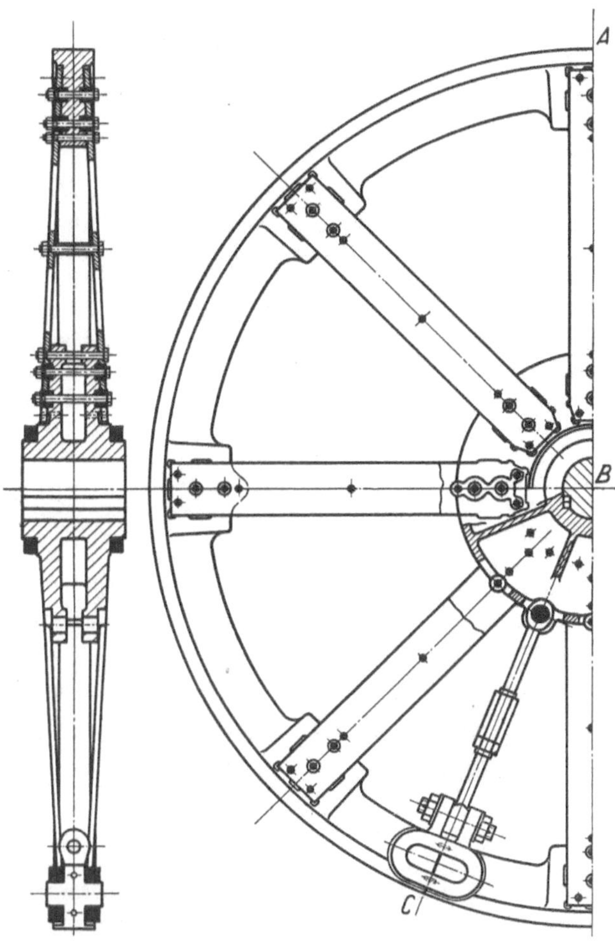

Abb. 173. Schwungrad mit schmiedeeisernen Armen und Stahlgußkranz. Umfangsgeschwindigkeit $u = 62$ m/s (nach Rötscher).

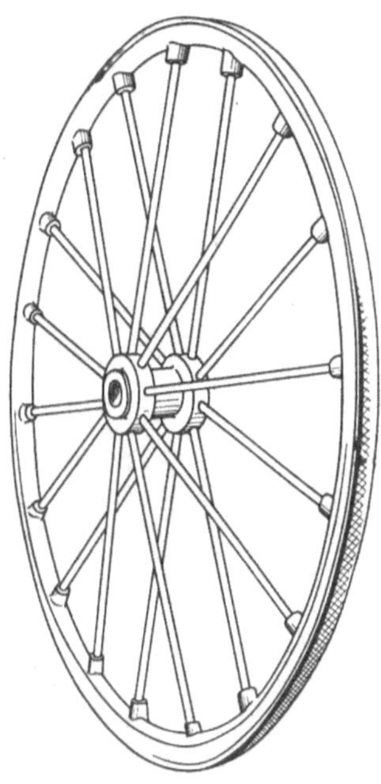

Abb. 174. Drahtseilscheibe (leichte Konstruktion) (nach Rötscher).

Festigkeitsrechnung. Unter der Voraussetzung, daß die Kranzstärke klein im Verhältnis zum Radius ist, entsteht in einem frei schwebenden Ring eine Spannung (Heft I, S. 67):

$$\sigma = \frac{\gamma}{g} v^2,$$

worin v die Umfangsgeschwindigkeit in m/s, und γ das spez. Gewicht des Ringmaterials ist, z. B. für Gußeisen $\gamma = 0{,}00725$ kg/cm³. Durch die Fliehkraft dehnt sich der Ring in radialer Richtung um den Betrag (Heft I, S. 68):

$$\Delta r = \frac{\sigma}{E} r.$$

Die Arme verhindern nun die freie Dehnung des Kranzes. Wenn von der Beanspruchung durch das übertragene Drehmoment abgesehen und eine gleichmäßige Verteilung der Arme auf dem Umfang der Scheibe vorausgesetzt wird, so wiederholen sich alle Verhältnisse so oft, wie Arme vorhanden sind. Die Betrachtung kann deshalb auf ein Kranzstück zwischen zwei Armen beschränkt werden, das (aus Symmetriegründen) als beiderseitig eingespannter Stab betrachtet werden kann.

Bei der kleinen Kranzdicke der Riemenscheiben kann in erster Annäherung von der Krümmung abgesehen werden. Für einen beidseitig eingespannten und gleichmäßig belasteten Stab ist das maximale Moment (Heft I, S. 57):

$$M_0 = \frac{1}{12}\,p\,l^2\,.$$

Im vorliegenden Fall ist p die Fliehkraft pro Längeneinheit, also $p = \dfrac{f\gamma}{g}\dfrac{v^2}{r}$. Für $J = f \cdot i^2$, $i = \dfrac{1}{3}$ (Heft I, S. 39) und $f = b \cdot s$, wird

$$\sigma = \frac{M_b}{J}e = \frac{M_b}{i^2 f}\cdot\frac{s}{2} = \frac{\frac{1}{12}\frac{f\gamma}{g}\frac{v^2}{r}l^2}{i^2 f}\cdot\frac{s}{2} = \frac{l^2}{24\,i^2\cdot b}\cdot\frac{\gamma}{g}\frac{v^2}{r}\,.$$

Für 4 Arme ist $l = \dfrac{2\,\pi r}{4}$, so daß

$$\sigma = \frac{r}{3{,}2\,b}\frac{\gamma}{g}v^2$$

wird. Mit $\dfrac{r}{b} = 5$ ist

$$\sigma = 1{,}56\,\frac{\gamma}{g}\,v^2\,. \tag{110}$$

Mit Rücksicht auf die schwerwiegenden Folgen einer Scheibenexplosion darf σ_zul für Gußeisen nur zu 100 at angenommen werden, so daß für dieses Material die größte zulässige Umfangsgeschwindigkeit rd. 30 m/s ist. Für größere Umfangsgeschwindigkeiten sind schmiedeeiserne Scheiben zu verwenden.

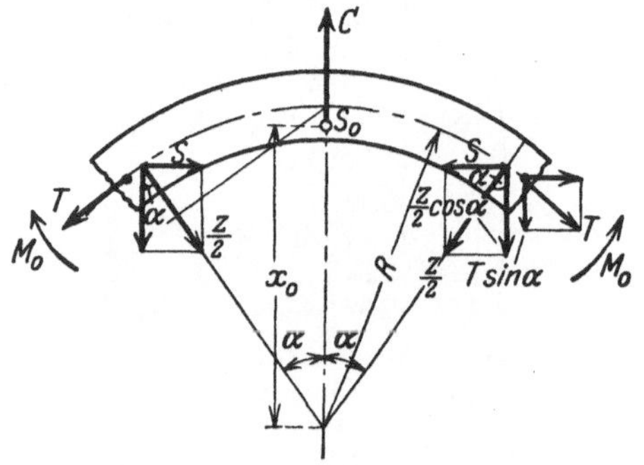

Wird die Kranzdicke groß im Verhältnis zum Radius (Schwungrad), so ist die Scheibe als stark gekrümmter Träger zu berechnen. Die Gleichgewichtsbedingung für die vertikalen Komponenten (Abb. 175) ergibt dann die Beziehung:

$$2\,T\sin\alpha + 2\,\frac{Z}{2}\cos\alpha = C\,. \tag{111}$$

Hierin ist

2α der Zentriwinkel des Kranzstückes,

C die gesamte Fliehkraft des Stückes in kg,

Z der ganze von jedem Arm auf den Kranz radial nach innen ausgeübte Zug in kg.

Abb. 175. Zur Schwungradberechnung.

Nun ist $C = 2\,T_0\sin\alpha$, wenn $f\dfrac{\gamma}{g}u^2$, die konstante tangentiale Spannkraft des freischwebenden Ringes $= T_0$ gesetzt wird. Dieser Wert, in Gleichung (111) eingesetzt, ergibt:

$$2\,T\sin\alpha + \cos\alpha = 2\,T_0\sin\alpha$$

oder

$$T = T_0 - \frac{Z}{2}\,\mathrm{ctg}\,\alpha\,. \tag{112}$$

Wir brauchen zur Berechnung der Unbekannten T, Z und M_0 noch zwei weitere Gleichungen, die aus den Formänderungen abgeleitet werden müssen, und zwar ist nach dem Satz von Castigliano (Heft I, S. 54) für das Kranzstück mit den Armen sowohl

$$\frac{\partial A}{\partial M_0} = 0\,,$$

als auch

$$\frac{\partial A}{\partial Z} = 0\,.$$

Bei der Ausrechnung dieser Gleichungen sind folgende Vereinfachungen zulässig:

$$\int\frac{\eta^2}{r+\eta}\,df = \lambda f r^2 \approx J$$

und

$$P_0 = P + \frac{M}{r} \approx P\,.$$

Für die genaue Ausrechnung vgl. K. Reinhardt, Mitt. Forsch.-Arb. H. 226 oder Tolle (Regulierung der Kraftmaschinen).

D. Kettentrieb.

Man unterscheidet Gliederketten und Laschen- oder Gelenkketten. Die Gliederketten werden weiter unterteilt in

offene Ketten mit kurzen Gliedern (Abb. 176a, Lastkette),

„   „   „ langen Gliedern (Abb. 176b, Schlingkette)

und Stegketten (Abb. 176c, Ankerkette).

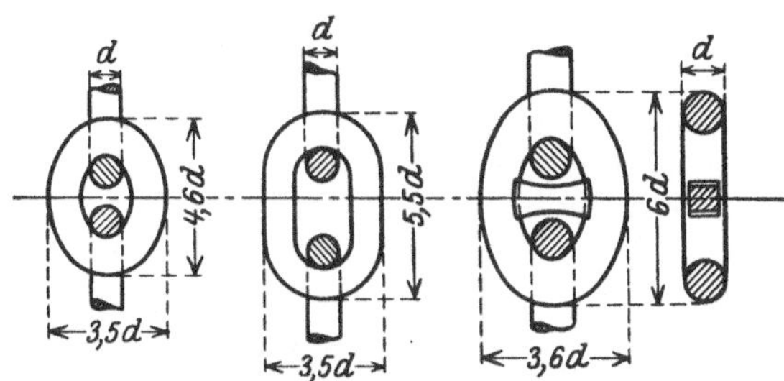

Abb. 176a.   **Abb. 176b.**   **Abb. 176c.**
Lastkettenglied. Schlingkettenglied. Ankerkettenglied.

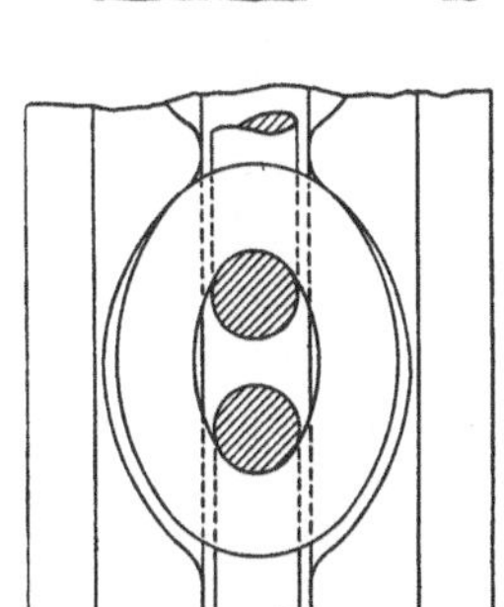

Abb. 177. Kettenrad für kalibrierte Ketten (nach Ernst).

Die Ketten werden in Rollen oder auf Trommeln so geführt, daß abwechselnd ein Glied in der Mittelrille läuft und das nächste senkrecht dazu sich auf den Umfang legt. Zum Arbeiten in verzahnten Kettenrädern, Abb. 177, können nur kalibrierte Ketten verwendet werden. Das sind Ketten, bei denen die Teilung der einzelnen Glieder genau gleich ist — soweit dies bei Schmiedearbeit überhaupt möglich ist. Dieses wird durch nachträgliches Stauchen oder Strecken der Glieder erreicht, womit der höhere Preis kalibrierter Ketten begründet ist. Die Kettenrollen werden dann so ausgeführt, daß sich die flachlaufenden Glieder mit etwas Spiel in den Umfang des Rades einbetten, so daß zwischen je zwei solcher Glieder sog. „Daumen" stehen bleiben.

Der Teilkreisradius R, der immer bis zur Mittellinie des Gliedes gerechnet wird (Abb. 178), ist

$$MA = MB = R = \sqrt{MD^2 + DB^2}.$$

Wenn l die innere Baulänge des Gliedes ist, so ist $DB = \frac{1}{2}(l+d)$.

Bei z Daumen müssen $2z$ Glieder im Rollenumfang Platz finden, so daß

$$\angle EMD = \gamma = \angle EBF = \frac{360}{2z} = \frac{180}{z}$$

ist. Dann ist

$$MD = \frac{DE}{\operatorname{tg}\gamma} = \operatorname{ctg}\gamma\,(DE + EB) = \operatorname{ctg}\gamma\left(\frac{l+d}{2} + \frac{BF}{\cos\gamma}\right)$$

$$= \frac{l+d}{2}\operatorname{ctg}\gamma + \frac{l-d}{2\sin\gamma} = \frac{\frac{l}{2}(1+\cos\gamma) - \frac{d}{2}(1-\cos\gamma)}{\sin\gamma}$$

$$= \frac{l\cos^2\frac{\gamma}{2} - d\sin^2\frac{\gamma}{2}}{2\sin\frac{\gamma}{2}\cos\frac{\gamma}{2}} = \frac{l}{2}\operatorname{ctg}\frac{\gamma}{2} - d\operatorname{tg}\frac{\gamma}{2},$$

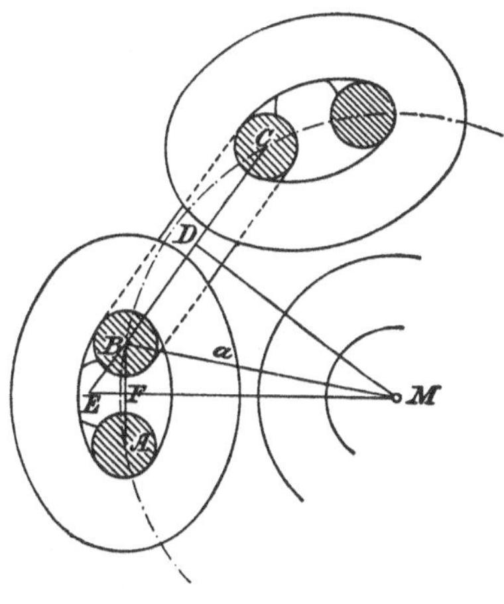

Abb. 178 (nach Ernst).

damit wird

$$R = \frac{1}{2}\sqrt{(l+d)^2 + \left(l\operatorname{ctg}\frac{\gamma}{2} - d\operatorname{tg}\frac{\gamma}{2}\right)^2} = \frac{1}{2}\sqrt{l^2\left(\operatorname{ctg}^2\frac{\gamma}{2} + 1\right) + d^2\left(\operatorname{tg}^2\frac{\gamma}{2} + 1\right)}$$

$$= \frac{1}{2}\sqrt{\left(\frac{l}{\sin\frac{\gamma}{2}}\right)^2 + \left(\frac{d}{\cos\frac{\gamma}{2}}\right)^2}. \tag{113}$$

Für schwache Ketten und große Daumenzahl verschwindet der Einfluß des zweiten Gliedes, so daß ohne merkbare Fehler

$$\text{für } z \gtrless 6 \text{ und } d \leqq 16\,\text{mm} \quad R = \frac{l}{2\sin\frac{\gamma}{2}} \tag{113a}$$

gesetzt werden darf.

Der Vorteil der Ketten als Tragorgan bei Hebezeugen liegt darin, daß die Ketten sich über wesentlich kleinere Rollen biegen lassen als Seile (vgl. S. 70), so daß das Lastmoment viel kleiner wird. Aus diesem Grunde werden bei Handflaschenzügen immer Ketten verwendet.

Das Kettenglied ist ein Stab mit stark gekrümmter Mittellinie. Aus Symmetriegründen kann die Festigkeitsrechnung auf $^1/_4$ Glied beschränkt werden (Abb. 179). Die Größe des statisch unbestimmten Momentes M_0 kann, nach Castigliano, aus der Gleichung bestimmt werden, daß $\dfrac{\partial A}{\partial M_0} = 0$ wird:

$$\frac{\partial A}{\partial M_0} = \frac{1}{FE}\int P_0 \frac{\partial P_0}{\partial M_0}\,ds + \frac{1}{ZE}\int M \frac{\partial M}{\partial M_0}\,ds = 0.$$

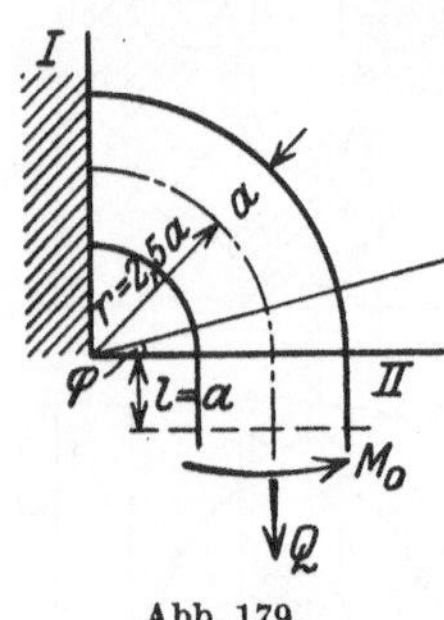

Abb. 179.

Um die Zahlenrechnung etwas zu vereinfachen, nehmen wir an, daß die Mittellinie aus einem Kreisbogen und aus einem geraden Stück von der Länge l zusammengesetzt ist.

Für den Kreisbogen ist die Rechnung genau die gleiche, wie für den Ring (S. 2), so daß

$$\left(\frac{\partial A}{\partial M_0}\right)_{\text{Kreisbogen}} = \frac{1}{FE}\left\{\frac{Q}{\lambda} - \frac{1+\lambda}{\lambda}\left(Q + \frac{M_0}{r}\right)\frac{\pi}{2}\right\}.$$

Für den geraden Teil ist $P = Q$, $M = M_0$, $P_0 = P + \dfrac{M_0}{r} = Q$ und $\dfrac{\partial P_0}{\partial M_0} = 0$, so daß

$$\left(\frac{\partial A}{\partial M_0}\right)_{\text{gerader Teil}} = \frac{1}{FE}\int_0^l M\,ds = \frac{M_0 l}{JE}.$$

Für das ganze Glied ist demnach

$$\frac{\partial A}{\partial M_0} = \frac{1}{FE}\left\{\frac{Q}{\lambda} - \frac{1+\lambda}{\lambda}\left(Q + \frac{M_0}{r}\right)\frac{\pi}{2}\right\} + \frac{M_0 l}{JE} = 0.$$

Daraus folgt:

$$M_0 = Q \cdot r\,\frac{-1 + \dfrac{\pi}{2}(1+\lambda)}{\lambda\,lr\,\dfrac{F}{J} - \dfrac{\pi}{2}(1+\lambda)}.$$

Für Rundeisenketten ist $F = \pi a^2$, $J = \dfrac{\pi}{4}a^4$ und $\dfrac{F}{J} = \dfrac{4}{a^2}$.

Nach Heft I, S. 46 ist für $r = 2{,}5\,a$ oder $\dfrac{a}{r} = 0{,}4$, $\lambda = 0{,}0436$, so daß

$$M_0 = -0{,}532\,Q\,r$$

ist. Das negative Zeichen zeigt, daß M_0 die Krümmung vermindert (Heft I, S. 43).

Die größte Spannung folgt aus der Gleichung (Heft I, S. 44)

$$\sigma = \frac{P_0}{F} + \frac{M}{F\,r\,\lambda}\cdot\frac{\eta}{r+\eta},$$

worin $M = M_0 + Qr(l - \cos\varphi)$ und $P_0 = Q + \dfrac{M_0}{r}$ ist.

Im Querschnitt I, für $\varphi = \dfrac{\pi}{2}$ ist $M = M_0 + Qr = 0{,}468\,Qr$ und $P_0 = Q - 0{,}532\,Q = 0{,}468\,Q$. Damit wird

$$\sigma = \frac{Q}{F}\left(0{,}468 + \frac{0{,}468}{0{,}0436}\frac{\eta}{r+\eta}\right)$$

$$\text{für}\quad \eta = +a: \qquad \sigma = 3{,}538\,\frac{Q}{F},$$

$$\eta = -a: \qquad \sigma = 6{,}692\,\frac{Q}{F}.$$

Im Schnitt II, für $\varphi = 0$ ist $\sigma = \dfrac{P}{F} + \dfrac{M}{J}\cdot a$, worin $P = Q$ und $M = M_0 = -0{,}532\,Qr$, so daß für

$$\eta = +a: \quad \sigma = -4{,}32\,\frac{Q}{F} \qquad \text{und} \qquad \eta = -a: \quad \sigma = +6{,}32\,\frac{Q}{F} \quad \text{ist}.$$

Die größte Spannung ist demnach 6,7 mal größer, als aus der üblichen Rechnungsweise $\sigma = \dfrac{Q}{F}$ folgt. Damit sind auch die sonst unbegreiflich niedrigen Erfahrungswerte von $\sigma_{zul} = 200$ at für viel gebrauchte kalibrierte Ketten (Bach) begründet. Die wirklich auftretende Spannung $6,7 \times 200 = 1340$ at liegt dann ungefähr an der Elastizitätsgrenze.

Gelenkketten werden als Zugorgan für Transportanlagen verwendet und erhalten besondere Glieder zur Befestigung der Förderelemente (Abb. 180 bis 182). Die Kettenräder (Abb. 180) erhalten Zähne, deren Form aus der Bewegung der Kettenglieder folgt. Punkt e des

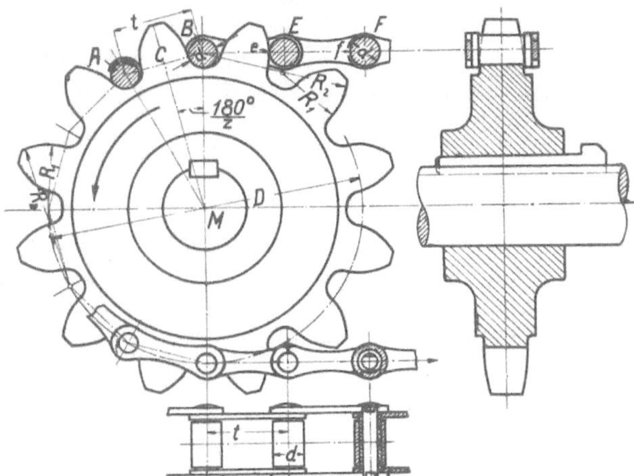

Abb. 180a. Kettenrad für Stahlbolzenketten (nach Rötscher).

Abb. 180b. Befestigungsglied einer Stahlbolzenkette.

Bolzens E beschreibt einen Kreisbogen um den Mittelpunkt des Bolzens B, so daß alle Zähne (nicht die Lücken) unabhängig von der Zähnezahl gleich sind. Der Bolzen liegt am

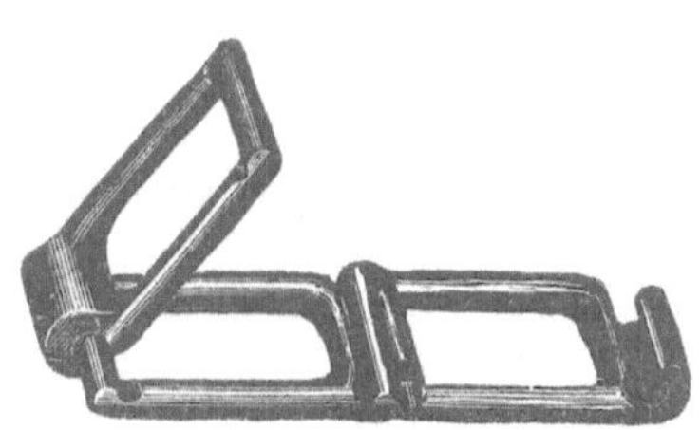

Abb. 181. Gelenkkette aus Temperguß.

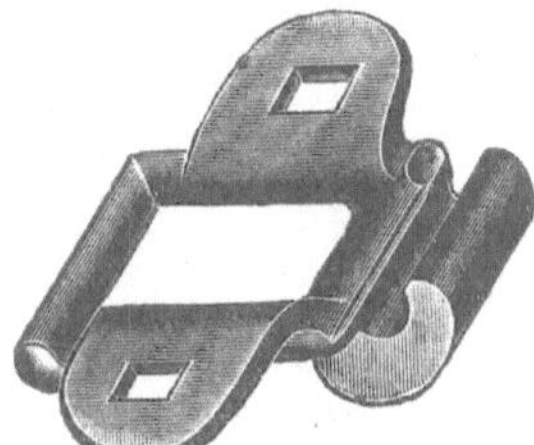

Abb. 182a.

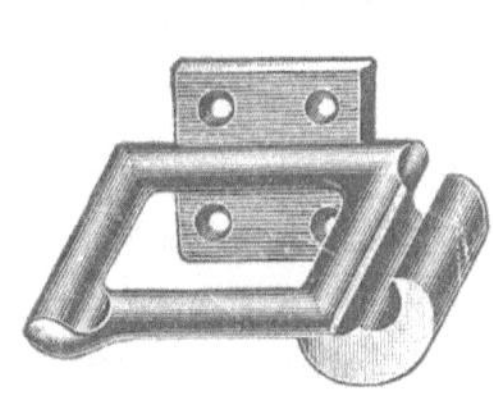

Abb. 182b.

Abb. 182a und b. Befestigungsglieder.

Grunde der Lücken auf; das Aufliegen der Laschen auf einem Absatz des Rades ist wegen der zusätzlichen Biegebeanspruchung zu vermeiden.

Infolge der gleichförmigen Gestalt und der Bearbeitung der einzelnen Glieder laufen Laschenketten viel ruhiger als die rohen Gliederketten. Sie sind daher für größere Geschwindigkeiten geeignet (bis rd. 2,5 m/s). Die sog. „geräuschlosen" Ketten (Renold) bestehen aus gezahnten Laschen (Abb. 183) und werden mit Vorteil an Stelle von sehr langsam laufenden Riemen verwendet (bis 5 m/s).

Als Tragorgan (bei Hebezeugen) haben Gelenkketten den Nachteil, gar keine Seitenbeweglichkeit zu besitzen; sie geben deshalb leicht zu Störungen Anlaß.

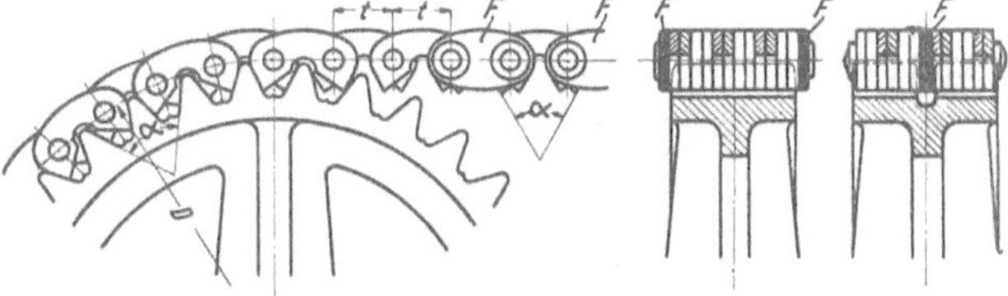

Abb. 183. Geräuschlose Gelenkkette (nach Rötscher).

Beim Aus- und Ablauf der Kette von einer Rolle muß der Reibungswiderstand bei der relativen Drehung der Glieder überwunden werden. Wie Versuche von Hanffstengel zeigen, ist die Reibungszahl bei den Gelenkketten in Dauerbetrieb etwa 0,4, also noch größer als bei den Gliederketten.

E. Mechanische Bremsen.

Diese hauptsächlich bei Hebe- und Fahrzeugen verwendeten Maschinenteile dienen dazu, Bewegung zu verhindern (Sperrwerk oder Haltebremse) oder zu regeln (Regulierbremse). In den Anfängen des Hebezeugbaues verwendete man mit Vorliebe sog. selbsthemmende

Getriebe, die nur Bewegung in einer Richtung zulassen (z. B. Schraube mit $\alpha < \varrho$). Solche Getriebe haben immer einen sehr schlechten Wirkungsgrad ($\eta < 50\%$). Außerdem hat man es nicht in der Gewalt, die Last an einer bestimmten Stelle zuverlässig zu halten, weil nach Ausschalten des Antriebmotors die Last sich, infolge der vorhandenen kinetischen Energie, noch weiter bewegt. Man braucht dann immer noch eine Stoppbremse.

Das Sperrad (Abb. 184) kann außen, innen oder auch seitlich verzahnt sein. Bei eingelegter Klinke wird der Rücklauf verhindert. Der Eingriff der Klinke wird meist durch Federdruck gesichert, doch ist es gut, dem Gesperre eine solche Form zu geben, daß die Klinke selbsttätig hineingezogen wird. Das trifft zu, wenn (Abb. 184):

$Z \cdot c + $ Moment des Eigengewichtes $> \mu Z \cdot b + $ Zapfenreibungsmoment, oder (weil das Moment des Eigengewichtes ungefähr gleich dem Zapfenreibungsmoment gesetzt werden kann) wenn $\frac{c}{b} > \mu$ ist.

Bei der Wahl des Sperraddurchmessers ist zu berücksichtigen, daß mit der Vergrößerung des Durchmessers die Umfangskraft ab-, aber die Umfangsgeschwindigkeit zunimmt. Da die Stoßkraft (beim Rücklauf) mit dem Quadrate der Geschwindigkeit zunimmt, entscheidet man sich allgemein für kleine Sperräder mit 8 bis 12 Zähnen. Oft werden auch zwei Klinken angeordnet, die um einen halben Zahn versetzt sind.

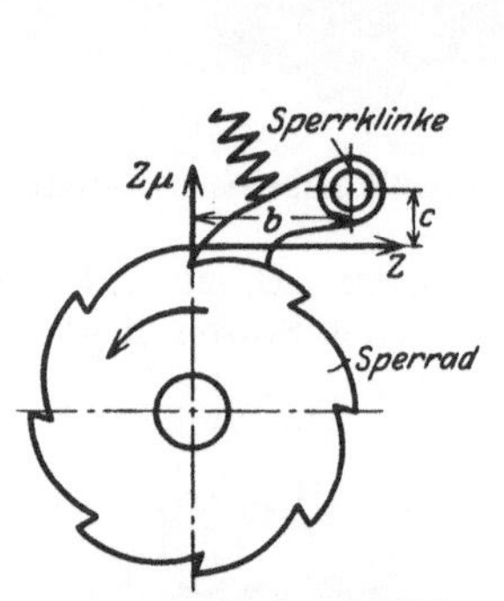

Abb. 184. Sperrad und Klinke.

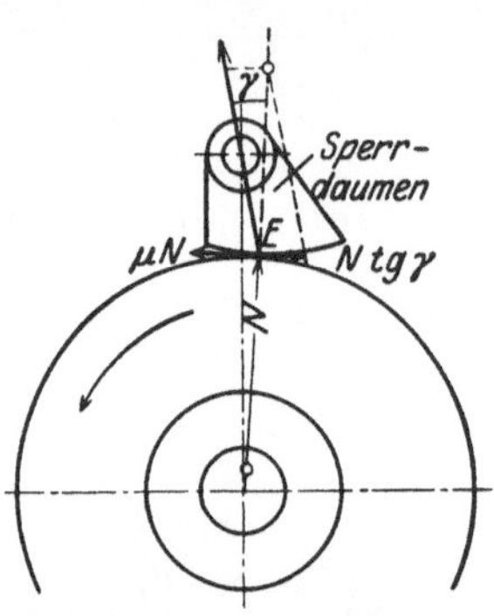

Abb. 185. Sperrdaumen.

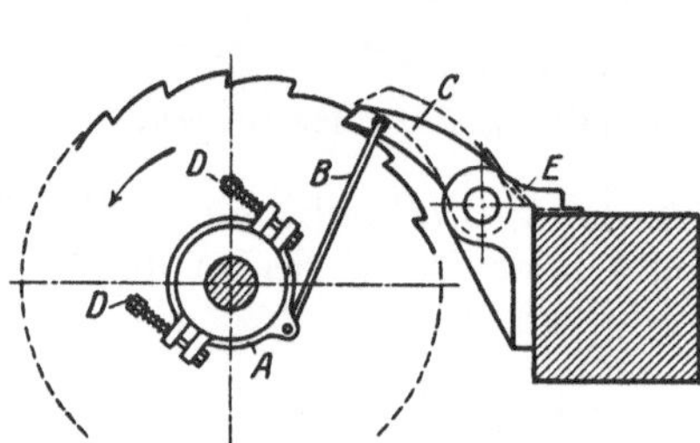

Abb. 186. Geräuschlose Sperrklinke (Hanffstengel).

Beim Lastheben entsteht ein lästiges Geräusch, weil die Klinke über die Zähne gleitet. Dieses Geräusch wird durch den Sperrdaumen (Abb. 185) vermieden. Die Reibung μN nimmt den Daumen in der Umfangsrichtung mit, wenn

$$\mu N > N \operatorname{tg} \gamma \text{ oder wenn } \operatorname{tg} \gamma < \mu \text{ ist.}$$

Infolge seiner exzentrischen Lage klemmt der Daumen, und das Sperrad steht still. Für $\mu = 0,1$ ist $\gamma \approx 5^{\circ}$; dieser kleine Winkel schließt die Gefahr in sich, daß bei eintretendem Verschleiß ein so starkes Klemmen eintritt, daß die selbsttätige Loslösung bei Änderung der Drehrichtung nicht mehr erfolgt. Deshalb verwendet man meist keilförmige Rillen (vgl. S. 2 Keilreibungszahl). Eine einfache geräuschlose Sperrklinke erhält man, wenn die Klinke durch einen Reibzaun (Abb. 186) gesteuert wird.

1. Handbremsen. a) Backenbremse. (Abb. 187.) Wenn das Zapfendrehmoment und das Moment des Hebelgewichtes vernachlässigt wird, so lautet die Momentengleichung in Bezug auf den Drehpunkt des Bremshebels

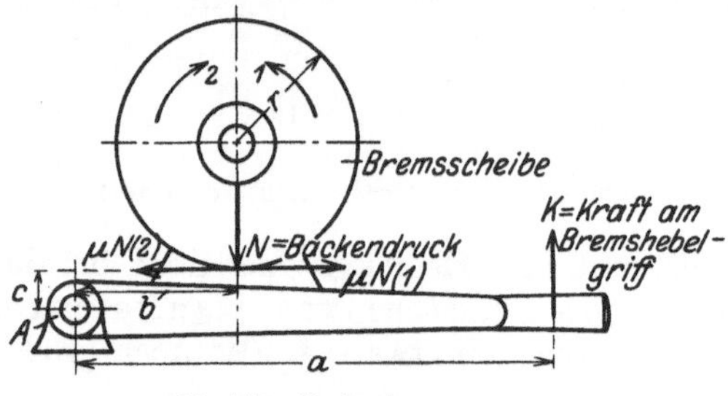

Abb. 187. Backenbremse.

$$Ka = Nb \pm \mu Nc = N(b \pm \mu c), \quad (114)$$

und zwar $+$ für Drehrichtung 1
$\qquad - \quad\text{,,}\qquad\text{,,}\qquad 2$
(Differentialbremse).

Zwischen dem Drehmoment an der Bremsscheibe (Bremsmoment) und dem Lastmoment M_L an der Trommel oder am Radumfang des Fahrzeuges besteht die Beziehung:

$$M_B = M_L \cdot i \cdot \eta,$$

worin i das Übersetzungsverhältnis zwischen Bremswelle und Lastwelle ist, und η der Wirkungsgrad der Übersetzung.

Die abzubremsende Umfangskraft $P = \frac{M_B}{r}$ muß kleiner (Haltebremse) oder gleich (Regulierbremse) der Reibungskraft μN sein: $P = \mu N$. Dieser Wert von N in der Gleichung (114) eingesetzt, gibt:

$$K \geqq P\,\frac{b}{a}\left(\frac{1}{\mu} \pm \frac{c}{b}\right).\qquad(115)$$

Damit K klein wird, sollte P klein sein, d. h. r groß und i klein. **Die Bremse ist also immer auf eine raschlaufende Welle anzuordnen (Motorwelle).**

Da das Sperrad den Rücklauf hindert, so muß der Arbeiter — um die Last zu senken — die Kurbel zuerst etwas zurückdrehen, die Bremse anziehen und dann die Klinke abheben. Er braucht also gleichzeitig beide Hände zu verschiedenen Griffen. Die Anordnung kann aber auch so getroffen werden, daß die Bremse immer durch Gewichte so stark gespannt ist, daß sie die Last freischwebend zu halten vermag. Der Rücklauf wird dann durch Lüftung der Bremse freigegeben und geregelt (Sperradbremse, Abb. 188). Dies setzt aber voraus, daß die festgespannte Bremsscheibe das Heben nicht hindert, d. h. daß sie lose angeordnet ist. Solange die Bremse gespannt ist, wirkt das Sperrad wie bisher; bei gelüfteter Bremse dient die Klinke als Mitnehmer zwischen Bremsscheibe und Triebwerk. Die Sperradbremse erleichtert die Bedienung der Winde wesentlich, da zum Senken der Last nur die Bremse gelüftet werden muß.

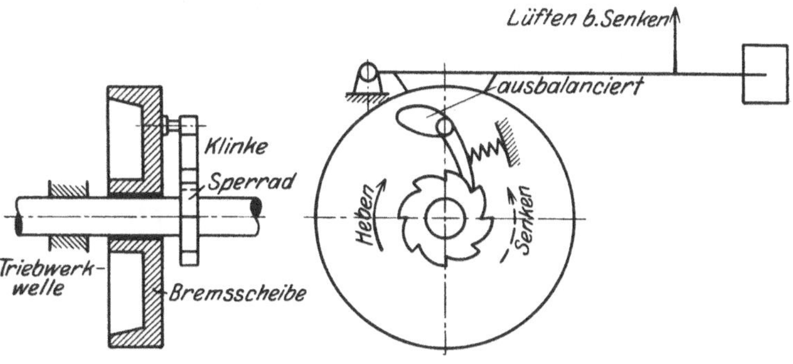

Abb. 188. Sperradbremse.

Die Bremskraft K ist unabhängig von der Drehrichtung der Welle, wenn $c = 0$ ist; diese Bedingung muß bei allen Fahrtbremsen erfüllt sein. Wenn ein Fahrzeug mit dem Gesamtgewicht G kg und einer Fahrgeschwindigkeit v m/s in einer Strecke von s m zum Stehen gebracht werden soll, so folgt die Bremskraft P an der Bremsscheibe aus dem Gesetz der Erhaltung der Energie:

$$\frac{G}{g}\cdot\frac{v^2}{2} = P\cdot\frac{d}{D}\cdot s,$$

worin $\dfrac{d}{D} = \dfrac{\text{Bremsscheibendurchmesser}}{\text{Laufraddurchmesser}}$ ist. Die Laufräder dürfen niemals so stark gebremst werden, daß sie stehen bleiben und gleiten, d. h. das Bremsmoment muß kleiner sein als das Reibungsmoment zwischen Rad und Fahrweg:

$$\frac{P\,d}{2} < \mu\,G_B\,\frac{D}{2},$$

wenn mit G_B der Teil des Wagengewichts bezeichnet wird, der auf die Bremsräder wirkt. Bei Anwendung von Vierradbremsen ist $G_B = G$.

Abb. 189. Doppelte Backenbremse mit Bremslüftmagnet (Oerlikon).

Die Backenbremse hat in der Form der Abb. 187 den Nachteil, daß der ganze Backendruck N in den Lagern erhöhte Reibung erzeugt. Abb. 189 zeigt eine doppelte Backenbremse, bei der die Bremswelle entlastet ist. Die Bremse ist außerdem ständig durch Gewichte angepreßt (Haltebremse). Sobald der Antriebmotor unter Strom kommt, wird die Bremse gelüftet, indem ein Magnet (Bremslüftmagnet) oder Motor (Bremslüftmotor) gleichzeitig Strom erhält. Der Bremslüftmotor ist ein kleiner Asynchron-Kurzschlußmotor, dessen Anker nach jeder Richtung sich um etwa 120° drehen kann. Die weitere Drehung wird durch federnde Anschläge verhindert. Auf der Ankerwelle sitzt eine kleine Stirnkurbel, die durch eine Kette auf den Bremshebel wirkt.

Neben der Haltebremse ist immer eine zweite (meist elektrische) Bremse erforderlich, um die Senkgeschwindigkeit der Last zu regeln. Die Wirkungsweise der elektrischen Bremse beruht darauf, daß der Antriebmotor beim Lastsenken als Generator wirkt, und daß die erzeugte elektrische Energie (in Widerständen) in Wärme umgesetzt wird. Die Bremsung erfolgt demnach ohne Abnutzung[1].

---

[1] Zur Erklärung dieser Bremsen sind Kenntnisse über Elektromotoren erforderlich, die hier nicht vorausgesetzt sind. Vgl. z. B. R. Dub: Der Kranbau. A. Ziemsen Verlag 1922, 2. Aufl.

b) **Bandbremse.** (Abb. 190a, b.) Hier gelten die gleichen Beziehungen (93) bis (95) wie beim Riementrieb (Seite 73). Dabei ist zu beachten, daß bei der Bremse immer die Kraft im auflaufenden Band die größere ist. Bezeichnet man mit

S_1 die Spannung im auflaufenden Band, am Hebelarm b_1 wirkend,
S_2 „   „   „ ablaufenden   „   „   „ b_2 „ ,

so lautet die Momentengleichung in bezug auf den Drehpunkt des Hebels:

<table>
<tr><td>für die Drehrichtung 1</td><td>für die Drehrichtung 2</td></tr>
<tr><td>$K \cdot a = S_2 \cdot b_2$</td><td>$K_1 \cdot a = S_1 \cdot b_1$</td></tr>
</table>

woraus:
$$K = S_2 \frac{b_2}{a} = P \frac{b_2}{a} \frac{1}{e^{\mu \beta} - 1}, \qquad\qquad K_1 = P \frac{b_2}{a} \frac{e^{\mu \beta}}{e^{\mu \beta} - 1}.$$

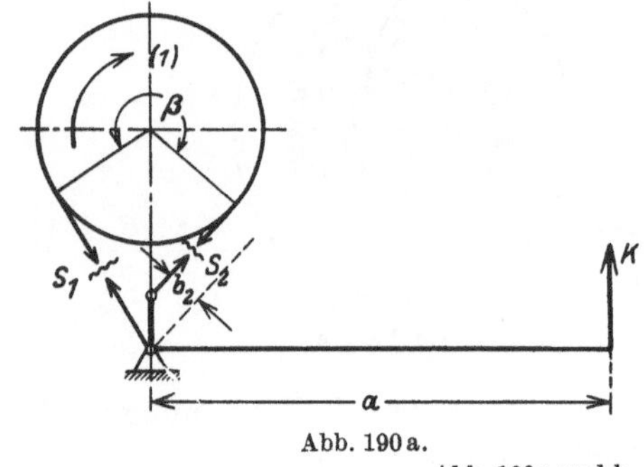

Abb. 190a.

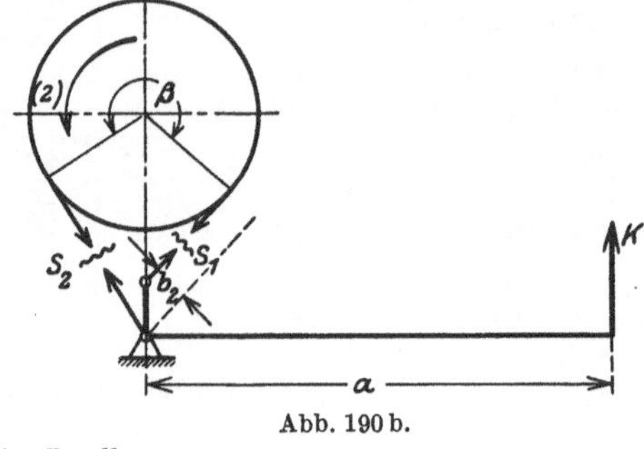

Abb. 190b.

Abb. 190a und b. Einarmige Bandbremse.

K_1 ist demnach $e^{\mu \beta} \approx 2,2$mal größer als K. Deshalb gilt als Konstruktionsregel, daß bei der einarmigen Bandbremse immer das ablaufende Band zu spannen ist.

Das Band würde sich durch die Reibung rasch abnützen. Man verwendet deshalb immer „Gliederbänder" mit Belegen aus Holz (Pappel, Weißbuche), Leder oder Asbest (Ferrodo usw.).

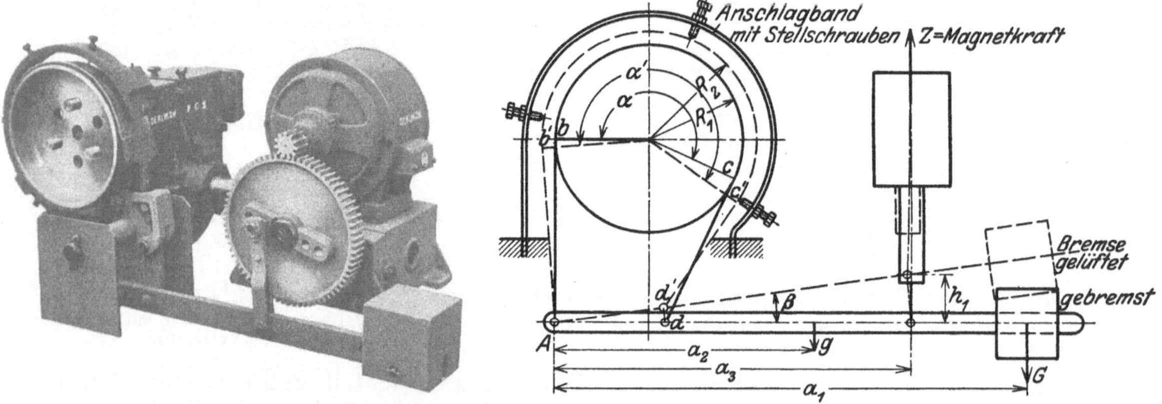

Abb. 191. Bandbremse durch Magnet bzw. Motor gelüftet.

Auch die Bandbremse kann nur als Haltebremse dienen, die durch einen Magnet oder Motor gelüftet wird (Abb. 191). Der Ablenkungswinkel β ist dadurch bedingt, daß das abgehobene Band nirgends streifen darf. Unter der Voraussetzung, daß das abgehobene Band sich nach einem Kreis mit dem Radius R' krümmt, ist die Bandlänge

$$L = A b + \alpha R + cd = A b' + \alpha' R' + c' d':$$

Nun ist $\alpha \approx \alpha'$ und $A b \approx A b'$, und damit wird

$$\alpha (R - R') = cd - c' d' \approx dd'.$$

Für $\alpha = 0,7 \cdot 2\pi$ und $R - R' \approx 2$ mm wird d' ungefähr 8 mm, so daß damit der Winkel β festgelegt ist. Die Magnettabellen enthalten außer den Abmessungen auch die Größe des Magnethubes h, der Zugkraft Z und des Ankergewichtes G_A. Das Ankergewicht wird immer zur Bremswirkung herangezogen, so daß der Hub h nicht vollständig ausgenützt werden kann und die

Nutzhubhöhe $h_1 = 0.8\,h$ wird. Damit ist auch die Lage des Magneten festgelegt. Die erforderliche Zugkraft Z folgt aus der Momentengleichung in bezug auf A, wenn 10% Zuschlag für Gelenkreibung und Bandsteifigkeit gemacht wird:

$$1.1\,(G \cdot a_1 + g \cdot a_2) = (Z - G_A)a_3.$$

Die Bremskraft K kann beliebig verkleinert werden, wenn die Spannung im auflaufenden Band die Wirkung der Bremskraft K unterstützt (Differentialbremse Abb. 192). Dann ist

$$K \cdot a \cdot = S_2 \cdot b_2 - S_1 \cdot b_1$$

oder

$$K = \frac{P}{a}\,\frac{b_2 \cdot b_1\, e^{\mu \beta}}{e^{\mu \beta} - 1}.$$

Der Arbeiter sollte durch Änderung der Kraft K die Geschwindigkeit bis zum vollständigen Festhalten regeln können. Bei den unelastischen Bremsorganen rufen geringfügige Ände-

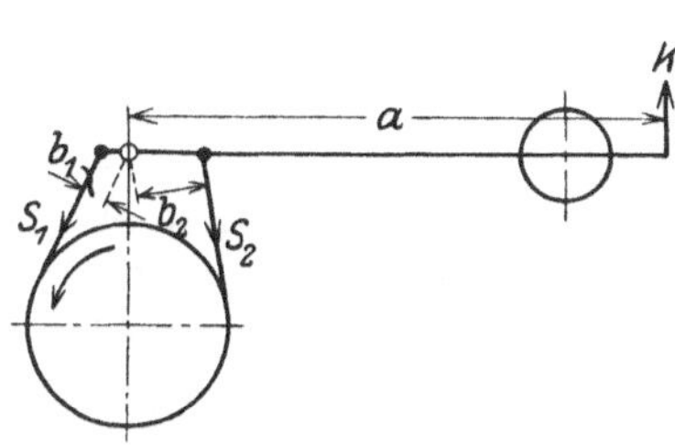

Abb. 192. Differentialbandbremse.

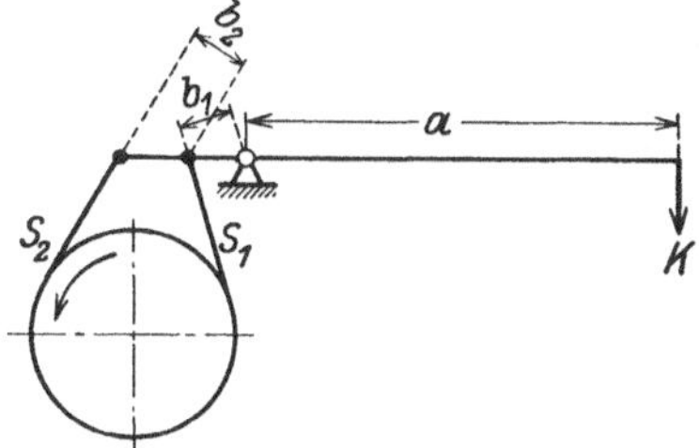

Abb. 193. Fahrtbremse.

rungen im Hebelausschlag oft schroffe Wechsel in der Bremswirkung hervor, die sich nur bei langer Übung und großer Aufmerksamkeit vermeiden lassen. Diese Schwierigkeit, die bei allen Handbremsen auftritt, wird um so größer, je kleiner die Bremskraft K ist, so daß es nicht empfehlenswert ist, die Bremskraft K sehr klein zu machen. Praktisch brauchbare Werte sind für $\beta = 0.7 \cdot 2\pi$, $b_2 = 2.5$ bis $3\,b_1$.

Weder die einarmige noch die Differentialbandbremse kann als Fahrtbremse verwendet werden. Bei der Anordnung nach Abb. 193 wird die Kraft K für beide Drehrichtungen gleich, wenn $b_1 = b_2 = b$ ist, denn dann lautet die Momentengleichung in bezug auf den Drehpunkt A:

$$K a = S_1 b + S_2 b = b S_2 (e^{\mu \beta} + 1),$$

$$K = P\,\frac{b}{a}\,\frac{e^{\mu \beta} + 1}{e^{\mu \beta} - 1}.$$

2. Selbsttätige Bremsen. a) Lastdruckbremse. Die Bremsflächen werden durch die Lastwirkung zusammengepreßt, und zwar so, daß das Bremsmoment etwa 20% größer als das Last-

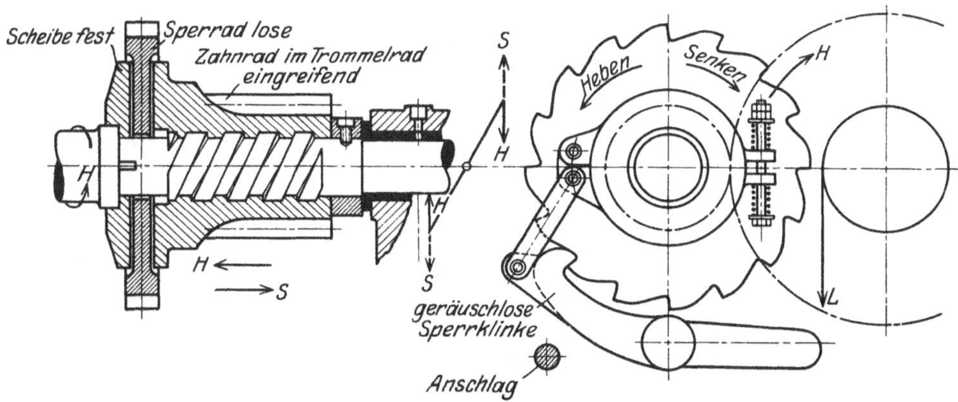

Abb. 194. Gewinde-Lastdruckbremse.

moment ist. Dadurch wird die Last sicher schwebend festgehalten. Beim Senken muß der Überschuß des Bremsmomentes durch den Antrieb überwunden werden. Bei der Gewinde-Lastdruckbremse (Abb. 194) sitzt das Antriebrad für die Lasttrommel auf einer linksgängigen Schraube mit großer Steigung. Das Zahnrad ist vorn als Bremsscheibe ausgebildet, während die Gegenfläche

ein Sperrad ist, das lose auf der Welle sitzt. Unter der Wirkung der Last schraubt sich das Zahnrad nach links, bis sich die Bremsflächen berühren. Da das Reibungsmoment $P\mu R_m$ größer als
das Moment der Last $Pr_m\,\mathrm{tg}\,(\alpha + \varrho)$ ist und weil das Drehen des Sperrades durch die Klinke ge

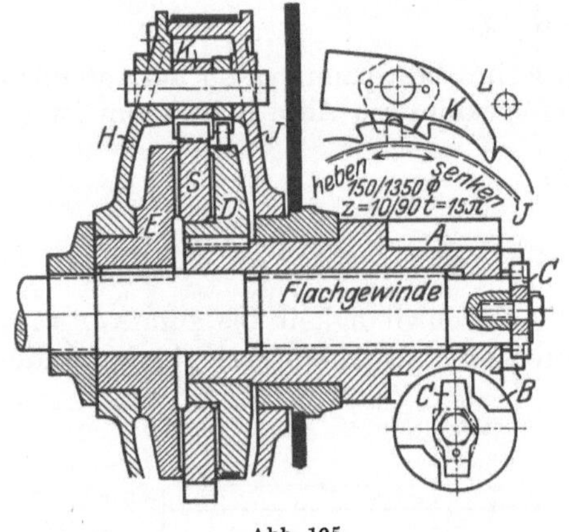

Abb. 195.

hindert ist, so wird die Last frei schwebend gehalten.
Die axialen Kräfte heben sich zwischen Bund und
Gewinde auf, so daß auf die Welle selbst kein Druck
ausgeübt wird. Beim Heben der Last muß sich das
Rad noch kräftiger nach links verschieben. Zum Senken wird die Welle in entgegengesetzter Richtung gedreht und die Reibung aufgehoben. Die Last kann
dann frei herunterfallen, das Zahnrad wird beschleunigt, schiebt sich nach links und bremst. Wenn die
Antriebwelle weiter gedreht wird, wird die Bremse
wieder gelöst, usw. Die Last senkt sich demnach mit
der gleichen Geschwindigkeit, wie es die Antriebwelle
gestattet, so daß die Lastdruckbremse nicht geeignet
ist, die Last schnell zu senken.

Abb. 195 zeigt eine Verbindung von Sperrad- und
Lastdruckbremse. Hier ist das freie Spiel des Ritzels A
durch zwei Nocken B eingeschränkt. Der Mitnehmer C dient beim Herunterkurbeln des leeren
Hakens zum Mitnehmen des Ritzels, falls das Lastmoment nicht ausreicht, das Ritzel zu

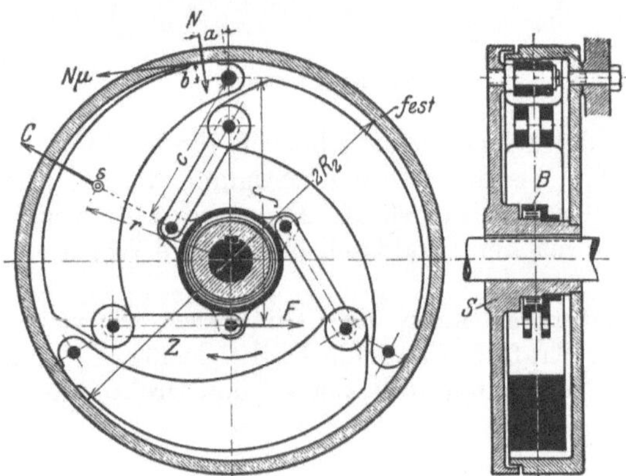

Abb. 196a (nach Dubbel, Taschenbuch).

drehen. Das Senken kann hier auch durch
Lüften der Bandbremse erfolgen. Dabei dreht
sich die Bremsscheibe rückwärts. Die Kurbelwelle muß dann ausgerückt sein, da diese sich
viel zu schnell mitdrehen würde; deshalb ist
der Bremslüfthebel blockiert.

b) Fliehkraft-(Schleuder-)bremse. Der
Rücklauf des Windwerkes bringt bewegliche
Gewichte zum Ausschlag. Bei der Ausführung
von Becker (Abb. 196a) sind drei sichelförmige
Bremsklötze so miteinander gekuppelt, daß der
gemeinsame Schwerpunkt mit dem Wellenmittel
zusammenfällt. Die eigentliche Bremsfläche liegt
in der Nähe des Drehzapfens, so daß die Wirkung der Fliehkraft im Verhältnis $\dfrac{c}{a}$ vergrößert

wird. In der Nabenbüchse sitzt eine flache Spiralfeder, die mit einem Ende an der Büchse und
mit dem anderen in der Scheibennabe festgeklemmt ist. Die Federspannung läßt sich durch

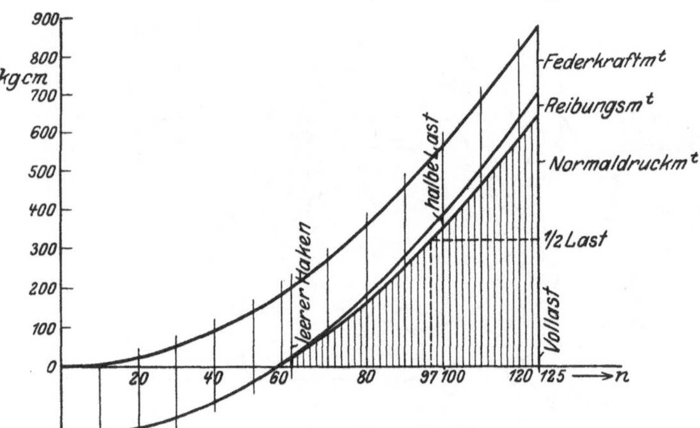

Abb. 196b.

Abb. 196a und b. Fliehkraftbremse.

Drehen der Büchse um 120° regeln.
Sie zieht die Klötze vom Umfange
der Bremstrommel ab, so daß beim
Aufwinden der Last keine Reibung
vorhanden ist. Die Fliehkraftbremse
muß also immer mit einem Sperrad
oder mit einer Haltebremse verbunden sein, um die Last freischwebend zu halten.

Die Momentengleichung in Bezug
auf den Drehpunkt des Klotzes
lautet (Abb. 196a):

$$N\cdot a + N\cdot b + F\cdot f = C\cdot c.$$

Setzt man den Wert der Fliehkraft

$$C = m\,r\,\omega^2 = \frac{G}{g}\,r\,\frac{\pi^2\,n^2}{900} = G\,r\,\frac{n^2}{900}$$

in diese Gleichung ein und berücksichtigt man, daß für den gleichförmigen Lastniedergang
$\dfrac{P}{3} = \mu N$ ist, so wird

$$G = \left(P\,\frac{a+\mu b}{3\,\mu\,e} + F\,\frac{f}{c}\right)\frac{900}{r\,n^2}$$

oder auch

$$n = \sqrt{\left(P\,\frac{a + \mu\,b}{3\,\mu\,c} + F\,\frac{f}{c}\right)\frac{900}{r\,G}}\,.$$

Aus dieser Gleichung folgt, daß n um so kleiner ist, je kleiner P wird, d. h. Kleine Lasten werden langsamer gesenkt als große. Das ist natürlich nicht erwünscht, und aus diesem Grunde haben die Fliehkraftbremsen nur ein beschränktes Anwendungsgebiet gefunden. Außerdem ist die Reibungsleistung dieser Bremse eng begrenzt.

Für eine Bremse von 400 mm Durchmesser ist z. B. $r = 15$ cm, $a = b = 2{,}6$ cm, $c = 21$ cm, $F = 6{,}5$ kg, $f = 27$ cm, $n_{\max} = 125$, $G = 16$ kg, dann wird mit $\mu = 0{,}1$ die abzubremsende Umfangskraft P 61 kg. Die Umfangsgeschwindigkeit der Bremsklötze ist $\dfrac{\pi \times 0{,}4 \times 125}{60} = 2{,}6$ m/s, so daß die maximale Bremsleistung (die in Wärme umgesetzt wird) $\dfrac{61 \times 2{,}6}{75} \approx 2$ PS beträgt. Da 1 PS $= 632$ kcal/h und die Bremsoberfläche $\pi \times 0{,}4 \times 0{,}1 = 0{,}12$ m^2 ist, so lautet die Gleichung für die Wärmeabgabe, wenn ϑ die Temperatur der Bremsscheibe und ϑ_0 die Temperatur der Umgebung ist:

$$2 \cdot 632 = \alpha \cdot 0{,}12\,(\vartheta - \vartheta_0)$$

oder

$$\alpha\,(\vartheta - \vartheta_0) \approx 10000\,.$$

Da für die stillstehende Bremsscheibe, je nach der Temperatur, $\alpha = 40$ bis 50 kcal/m^2 h ^{0}C ist, so wird die Bremse (im Dauerbetrieb) recht heiß.

Man verwendet diese Bremse deshalb meist so, daß die Fliehkraft dazu dient, eine größere Bremskraft auszulösen (z. B. Druckluft) und so zu regeln, daß alle Lasten mit der gleichen Geschwindigkeit (rd. 10mal der Hubgeschwindigkeit) gesenkt werden (Jordanbremse)[1].

---

[1] Jordan-Bremsen-Gesellschaft, Berlin-Neukölln.

Ergänzende Literatur.

Zu Abschnitt B.

Kutzbach, K.: Zahnraderzeugung. VDI-Verlag 1925.
Schiebel, A.: Zahnräder I u. II. Berlin: Julius Springer 1922.
Bondi, W.: Beiträge zum Abnutzungs-Problem. VDI-Verlag 1927.
Krüger, P.: Die Satzrädersysteme der Evolventenverzahnung. Berlin: Julius Springer 1926.
Friedrich, H.: Evolventenverzahnung. Berlin: Julius Springer 1928.
Baud, R. V. u. R. E. Peterson: Load and Stress Cycles in Gear Teeth. Mech. Eng. 1929, S. 153/662. Untersuchung über die Verteilung der Zahnkraft, wenn zwei Zähne im Eingriff sind.

Zu Abschnitt C.

Stiel, W.: Theorie des Riementriebes, mit einem ausführlichen Literaturverzeichnis. Berlin: Julius Springer 1928.
Schulze-Pillot, G.: Neue Riementheorie. Berlin: Julius Springer 1926.

Vorlesungen über
Maschinenelemente

von

Dipl.-Ing. M. ten Bosch

Professor an der Eidgenössischen Technischen Hochschule
Zürich

V. Heft

Elemente der Kolbenmaschinen
Rohrleitungen

Mit 153 Textabbildungen

Springer-Verlag Berlin Heidelberg GmbH 1931

Inhaltsverzeichnis.

V. Elemente der Kolbenmaschinen, Rohrleitungen.

A. Elemente der Kolbenmaschinen.

Bei den Wärmekraftmaschinen (Dampfmaschinen, Verbrennungskraftmaschinen) wird die Spannkraft des Dampfes bzw. der Verbrennungsgase dazu benutzt, einen Kolben in einem Arbeitszylinder hin- und herzuschieben (Abb. 1). Die hin- und hergehende Kolbenbewegung

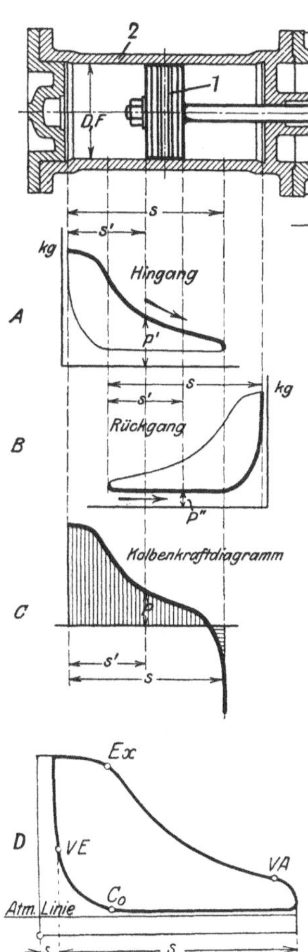

Abb. 1. Übertragung der Dampfkraft auf das Triebwerk (nach Gutermuth, Dampfmaschine).
1 Kolben, *2* Zylinder, *3* Kolbenstange, *4* Kreuzkopf, *5* Geradführung, *6* Schubstange, *7* Kurbel.

wird durch das Schubkurbelgetriebe, bestehend aus Kurbel, Schubstange und Kreuzkopf, in eine drehende Bewegung der Kurbelwelle umgesetzt. Das gleiche Getriebe kann natürlich auch dazu dienen, die drehende Bewegung einer Welle in die hin- und hergehende Kolbenbewegung einer Pumpe oder eines Kompressors umzuwandeln.

Die in dem Zylinder wirksamen Kräfte sind durch den Druckverlauf gegeben, der mittels Indikatoren[1] in Abhängigkeit vom Kolbenwege aufgezeichnet werden kann (Abb. 1 bis 5). Aus dem Dampfdruckdiagramm ist zu ersehen (Abb. 1 D), daß im Punkte VE vor der Endlage des Kolbens der Einlaß geöffnet wird, damit schon im Anfang des Hubes sich die volle Dampfdruck im Zylinder einstellt. In Ex wird der Einlaß geschlossen und beginnt die Expansion; im Punkte VA vor der zweiten Endlage des Kolbens wird der Auslaß geöffnet. Nach Schließen des Auslasses beginnt in C_0 die Kompression des im Zylinder zurückgebliebenen Dampfes. Das Diagramm zeigt die Vorgänge auf einer Kolbenseite; bei der doppeltwirkenden Maschine spielt sich auf der anderen Seite der gleiche Vorgang ab (Abb. 1 B). Die tatsächlich auf den Kolben wirkenden Kräfte ergeben sich als Unterschied der auf beiden Seiten gleichzeitig wirkenden Kräfte (Abb. 1 C). In einer beliebigen Kolbenstellung s' ist deshalb die Kolbenkraft

$$P = p' F_1 - p'' F_2, \tag{1}$$

wenn p' und p'' die Drücke und F_1 und F_2 die wirksamen Kolbenflächen sind, die (durch das Fehlen der Kolbenstange auf einer Seite) verschieden sein können.

Bei den Verbrennungskraftmaschinen unterscheidet man zwei Verfahren: Das Verpuffungs- und das Gleichdruckverfahren. Beide können in vier oder in zwei Hüben (Takten) durchgeführt werden (Vier- oder Zweitaktmaschine).

---

[1] Für die Beschreibung von Indikatoren siehe Gramberg: Technische Messungen, 5. Aufl. Berlin: Julius Springer 1925.

Beim **Verpuffungsverfahren** (für Gas und Leichtöle) wird ein brennbares Gasgemisch im Arbeitszylinder angesaugt (1. Hub), verdichtet (2. Hub) und dann durch einen elektrischen Funken entzündet. Die Verbrennung erfolgt im Endpunkt des Kolbens bei annähernd gleichem Volumen sehr rasch (explosiv). Die Verbrennungstemperatur ist ungefähr 1300 bis 1600° C. Der Gasdruck steigt fast plötzlich bis etwa 20 at und wirkt während der Expansion (3. Hub) arbeitleistend auf den Kolben. Kurz vor dem Hubende läßt das Auslaßventil die verbrannten Gase mit einer Temperatur von 400 bis 500° C ins Freie treten.

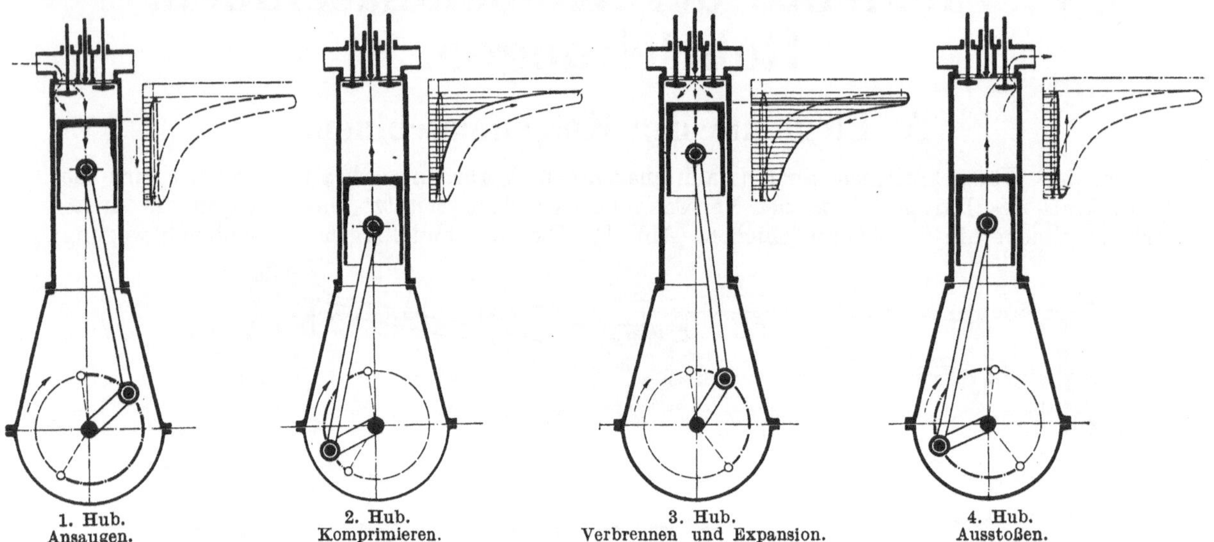

Abb. 2. Viertakt-Gleichdruckmaschine (nach Weihe, Maschinenkunde).

Beim **Gleichdruckverfahren** (Abb. 2, Dieselmotor) für Schweröle wird nur die Verbrennungsluft im Arbeitszylinder angesaugt (1. Hub) und so hoch verdichtet (2. Hub), daß der eingespritzte flüssige Brennstoff sich sofort entzündet, wobei der Druck auf 35 bis 40 at steigt. Der Brennstoff wird bei wachsendem Hubvolumen in solchen Mengen eingeführt, daß der Verbrennungsdruck ungefähr konstant bleibt. Dann folgt Abschluß des Brennstoffventils und Expansion des Gases (3. Hub). Der vierte Hub schiebt die Abgase durch das Auspuffventil.

Beim Viertakt wird also das Laden und Entladen des Arbeitszylinders durch den Arbeitskolben besorgt. Unter vier Kolbenhüben ist demnach nur ein Arbeitshub.

Beim Zweitakt wird das Laden und Entladen des Arbeitszylinders durch besondere Pumpen besorgt. Dann ist jeder Kolbenhingang ein Arbeitshub und jeder Rückgang ein Verdichtungshub. In der Nähe des Totpunktes müssen die verbrannten Gase aus dem Zylinder entfernt werden. Die hierfür zur Verfügung stehende Zeit ist äußerst kurz, so daß große Austrittsquerschnitte (Schlitze in der Zylinderwand) erforderlich sind (Abb. 3).

Die Diagramme eines Gaskompressors (Abb. 4) und einer Wasserpumpe (Abb. 5) sind ohne weitere Erläuterung verständlich.

Abb. 3. Zweitaktmaschine (nach Weihe).

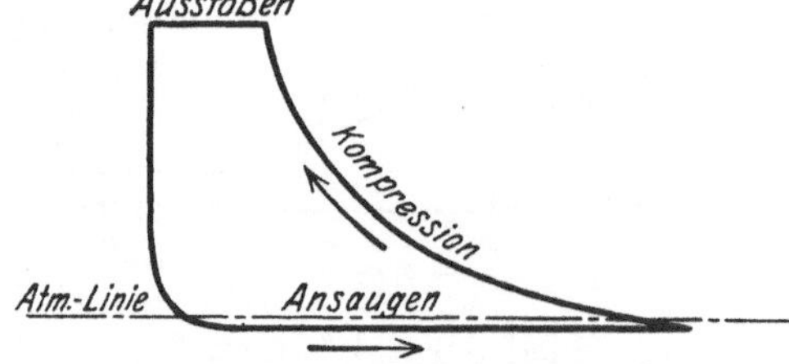

Abb. 4. Diagramm eines Gaskompressors. mit Druckausgleich beim Hubwechsel.

1. Das Schubkurbelgetriebe. a) Die Kolbenwege. Zu einer beliebigen Kurbelstellung C (Abb. 6) findet man die Kreuzkopfstellung K, indem man einen Kreisbogen mit der Stangenlänge l um die Kurbelzapfenmitte C schlägt. Die Kolbenstellungen sind um eine bestimmte Länge von der Kreuzkopfstellung entfernt.

Es ist übersichtlicher, die Kolbenstellungen näher an die Kurbelstellungen zu rücken, indem man die Endstellungen des Kolbens mit den Totlagen der Kurbel (A und B) zusammenfallen läßt. Man findet die Kolbenstellung C' dann durch Schlagen eines Kreisbogens mit der Stangenlänge l um die Kreuzkopfzapfenmitte K. Für eine unendlich lange Schubstange ergeben sich die Kolbenstellungen durch senkrechte Projektion der Kurbelzapfenmitte auf die Kolbenwegrichtung:

$$A\,C_0 = r\,(1 - \cos\varphi)\,. \tag{2}$$

Bei endlicher Stangenlänge ist der Kolben um den Betrag f (oft als **Fehlerglied** bezeichnet) von C_0 entfernt:

$$x = r\,(1 - \cos\varphi) \pm f\,. \tag{3}$$

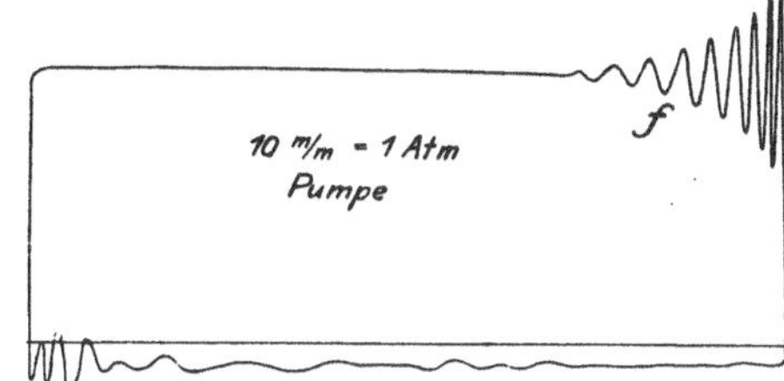

Abb. 5. Doppeltwirkende Wasserpumpe mit Diagramm (nach Weihe).

Das $+$-Zeichen gilt für den Hingang, das $-$-Zeichen für den Rückgang, wenn der Winkel φ immer von der Anfangslage des Kolbens aus gemessen wird. Im rechtwinkligen Dreieck DCC' ist

$$r^2 \sin^2\varphi = f\,(2\,l - f)\,.$$

Wenn f gegen $2\,l$ vernachlässigt wird, so ist

$$r^2 \sin^2\varphi = 2\,f\,l$$

oder

$$f = \frac{r^2}{2\,l}\sin^2\varphi \tag{4}$$

und damit

$$x = r\,(1 - \cos\varphi) \pm \frac{r^2}{2\,l}\sin^2\varphi\,. \tag{5}$$

Bei Dampfmaschinen ist $r/l = \frac{1}{5}$; bei Verbrennungskraftmaschinen $r/l = \frac{1}{4,5}$ bis $\frac{1}{4}$ und noch weniger. Durch die Vernachlässigung von f gegen $2\,l$ entsteht ein verhältnismäßiger Fehler

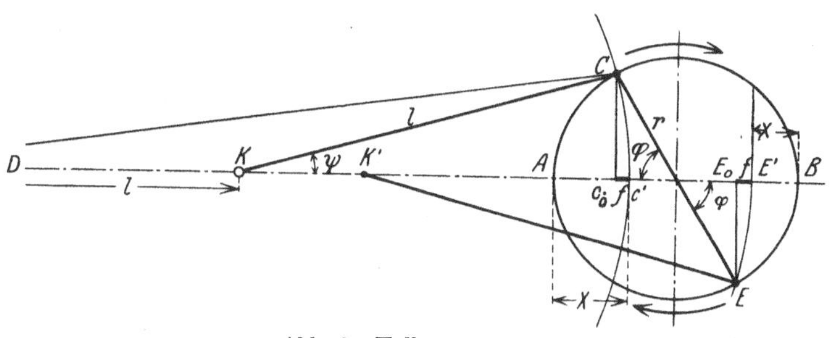

Abb. 6. Kolbenwege.

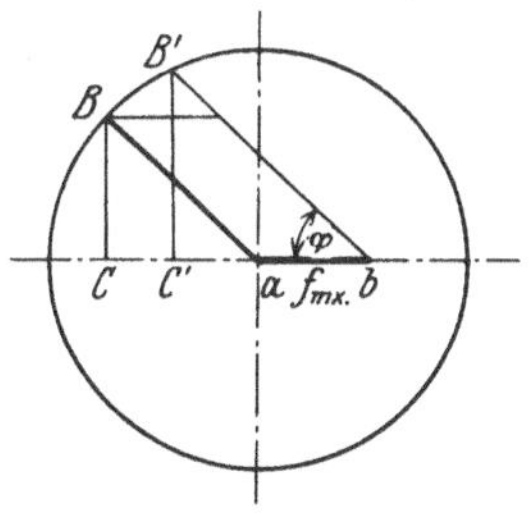

Abb. 7. Konstruktion der Kolbenstellung nach Brix.

von $f/2\,l$. Der Größtwert von f für $\varphi = 90^0$ ist $f_{\max} = r^2/2\,l$, so daß der größte Fehler $r^2/4\,l^2$ ist. Für $r/l = 1/5$ ist der Fehler von $f_{\max}$ gleich 1% und damit der größte Fehler des Kolbenweges $^1/_{2200}$ des Hubes $2\,r$.

Die Kolbenstellung kann man auch durch folgende, zuerst von Brix[1] angegebene Näherungskonstruktion finden. Man trage in b (Abb. 7) in der Entfernung $f_{\max}$ aus a den Kurbelwinkel φ auf. Die vertikale Projektion des Schnittpunktes B' mit dem Kurbelkreis gibt die gesuchte Kolbenstellung C'. Der kleine Bogen BB' als Gerade aufgefaßt hat nämlich die Länge $f_{\max}\sin\varphi = \frac{r^2}{2\,l}\sin\varphi$ und damit ist $C/C' = \frac{r^2}{2\,l}\sin^2\varphi$ gleich dem Fehlergliede f.

b) **Die Geschwindigkeiten.** Die Umfangsgeschwindigkeit des Kurbelzapfens ist $v = \omega r$. Die Geschwindigkeit des geradlinig auf der Gleitbahn geführten Kreuzkopfes folgt daraus, daß

---

[1] Z. V. d. I. 1897, S. 431.

die ebene Bewegung der Schubstange als eine Drehung um das Momentanzentrum P (Abb. 8)
aufgefaßt werden kann. Dann verhalten sich die Kolbengeschwindigkeit c und die Umfangsgeschwindigkeit des Kurbelzapfens v wie die Entfernungen x und y
von P, d. h.

$$c = v\,\frac{x}{y}\,.$$

Aus den ähnlichen Dreiecken abP und bOC folgt: $x/y = \overline{OC}/r$,
so daß

$$c = \omega\cdot\overline{OC}\,.$$

Wenn die Umfangsgeschwindigkeit v durch den Kurbelradius dargestellt wird, so gibt die Strecke OC die Kolbengeschwindigkeit.
In Abb. 9a ist die Abhängigkeit der Kolbengeschwindigkeit vom Kolbenweg dargestellt. Die größte Kolbengeschwindigkeit ist

$$c_{\max} = v/\cos\psi_{\max} \approx 1{,}02\,v\,. \tag{6}$$

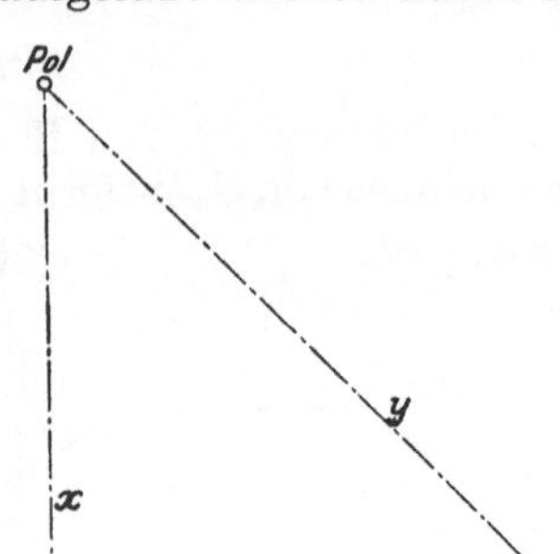

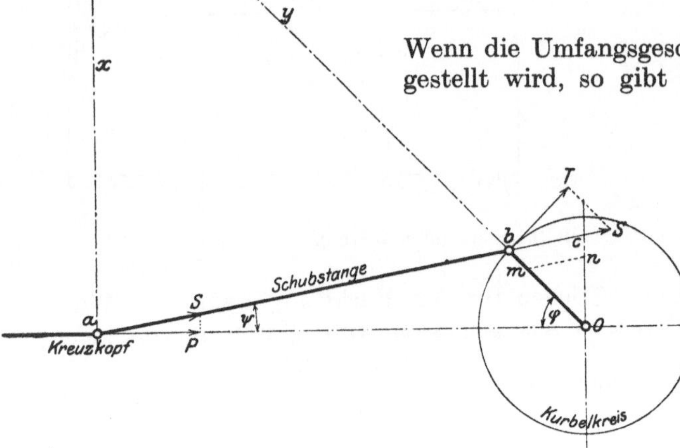

Abb. 8. Darstellung der Schubstangenbewegung als Drehung um einen
Pol (nach Gutermuth).

Unter mittlerer Kolbengeschwindigkeit c_m versteht man diejenige Geschwindigkeit, mit der sich der Kolben bewegen
müßte, um bei gleichförmiger Bewegung
den Kolbenhub $s = 2r$ in der gleichen
Zeit t zu durchlaufen.

$$c_m\,t = 2\,r\,.$$

$$t = \frac{60}{2\,n} = \frac{30}{n}$$

und damit

$$c_m = \frac{r\,n}{15}\ \text{m/s}\,. \tag{7}$$

Die mittlere Kolbengeschwindigkeit ist
also das $2/\pi$fache der Kurbelzapfengeschwindigkeit.

Bei n Umdrehungen der Kurbelwelle in der Minute ist

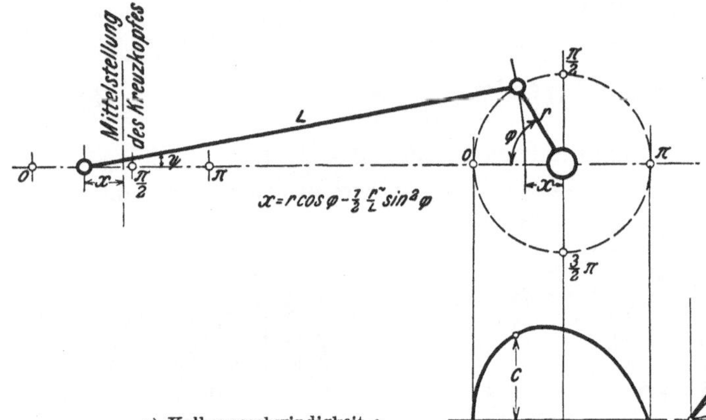

a) Kolbengeschwindigkeit c.

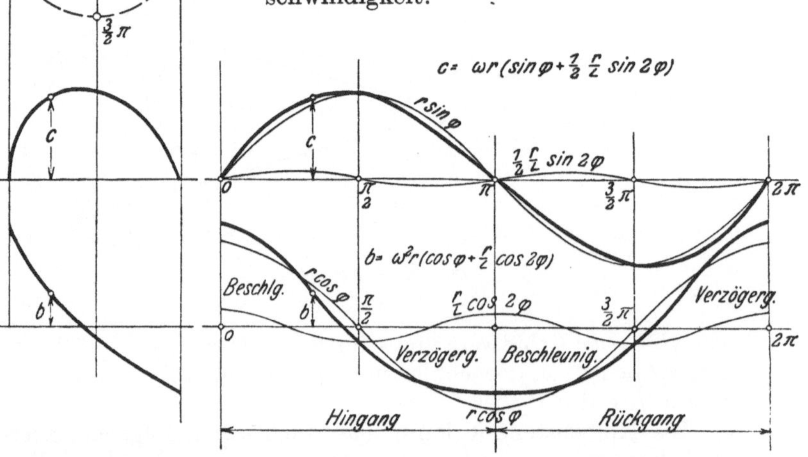

b) Kolbenbeschleunigung b.

Abb. 9. (Nach Gutermuth.)

c) **Die Beschleunigungen.** Durch Differentiation der Gleichung (5) für den Kolbenweg
nach der Zeit erhält man die Kolbengeschwindigkeit

$$c = \frac{dx}{dt} = r\,\omega\left(\sin\varphi \pm \frac{r}{2\,l}\sin 2\,\varphi\right), \tag{8}$$

weil $\dfrac{d\varphi}{dt} = \omega$ ist. Die nochmalige Differentiation nach der Zeit ergibt die Kolbenbeschleunigung b

$$b = \frac{dc}{dt} = r\,\omega^2\left(\cos\varphi \pm \frac{r}{l}\cos 2\,\varphi\right), \tag{9}$$

und zwar gilt das $+$-Zeichen wieder für den Hingang, das $-$-Zeichen für den Rückgang.

Für den Hingang ist für $\varphi = 0^0$, $\quad b = r\,\omega^2\left(1 + \dfrac{r}{l}\right)$ und

$$\text{für } \varphi = 180^0, \quad b = -\,r\,\omega^2\left(1 - \dfrac{r}{l}\right).$$

Trägt man zu den Kolbenstellungen die zugehörigen Kolbenbeschleunigungen als Ordinaten auf, so erhält man eine Parabel. Daraus folgt folgende einfache Konstruktion[1]: Man trägt die Beschleunigungen für die beiden Totstellungen in A und B auf (Abb. 10). Im Schnittpunkt E

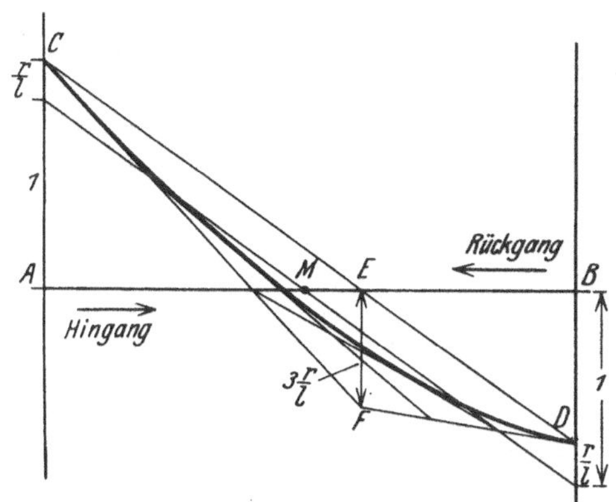

Abb. 10. Konstruktion der Beschleunigungen.

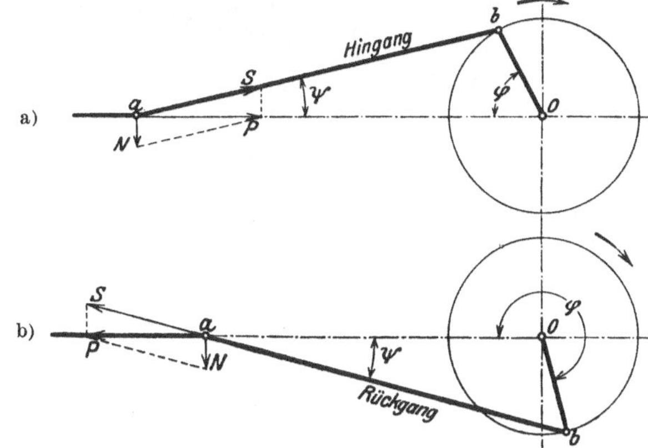

Abb. 11. Zerlegung der Kolbenkraft P in Stangenkraft S und Normalkraft N bei einer Kraftmaschine (nach Gutermuth).

von CD mit AB wird die Strecke $EF = 3\,r/l$ aufgetragen; dann sind CF und FD die Tangenten der Parabel in A und B. Nach der Tangentenmethode ist die Parabel dadurch vollständig bestimmt.

d) Die Kräfte. Die Kolbenkraft P kann in zwei Komponenten zerlegt werden, nämlich in Richtung der Schubstange, $S = \dfrac{P}{\cos \psi}$ (Abb. 11), und senkrecht zur Gleitbahn $N = P\,\mathrm{tg}\,\psi$. Die Stangenkraft S wird am größten, wenn ψ am größten ist. Für $\mathrm{tg}\,\psi_{\max} = r/l = 0{,}2$ ist $N_{\max} = 0{,}2\,P$ und $S_{\max} = 1{,}02\,P$, d. h. die Stangenkraft kann für die meisten Zwecke gleich der Kolbenkraft gesetzt werden.

Bei der in Abb. 11a gezeichneten Kolbenstellung ist der Normaldruck N beim Hingang nach unten gerichtet; das ist auch beim Rückgang der Fall, wie man aus Abb. 11b erkennt.

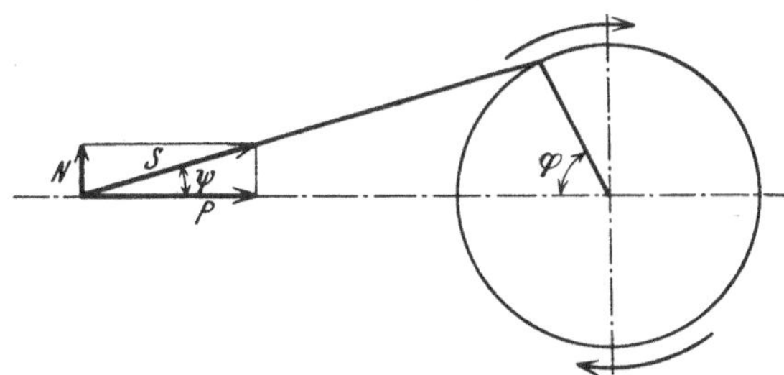

Abb. 12. Zerlegung der Kolbenkraft P in Stangenkraft S und Normalkraft N bei einem Kompressor.

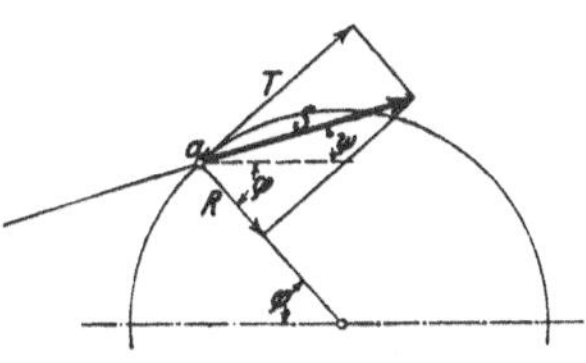

Abb. 13. Zerlegung der Stangenkraft S (nach Gutermuth).

Beim Kompressor dagegen geht die treibende Kraft von der Kurbel aus (Abb. 12), der Normaldruck wirkt nach oben.

Die Stangenkraft S bewirkt eine Drehung der Kurbelwelle mit dem Moment:

$$M = S \cdot r \sin(\varphi + \psi) = T \cdot r.$$

T ist die tangentiale und R die radiale Komponente von S (Abb. 13).

In den Kolbenendlagen ist $T = 0$, so daß von diesen Stellungen aus die Maschine durch eigene Kraft nicht anlaufen kann. Deshalb werden diese Stellungen als „Totlagen" bezeichnet.

Neben diesen Kräften sind noch die durch die Beschleunigungen bedingten Massenkräfte zu berücksichtigen.

----

[1] Für den Beweis s. Tolle: Regelung d. Kraftmaschinen, 3. Aufl., S. 35—37. Berlin: Julius Springer 1921.

Für die hin- und hergehenden Teile (Kolben, Kolbenstange und Kreuzkopf) mit der Gesamtmasse m_1 ist die Beschleunigungskraft $P_1 = -\,b\,m_1$, wobei b aus Gleichung (7) zu entnehmen ist.

Für die drehenden Teile, deren Gesamtmasse m_2 im Kurbelzapfenmittel konzentriert gedacht ist, ist $P_2 = -\,m_2\,r\,\omega^2$, weil $r\,\omega^2$ die nach dem Drehpunkt gerichtete Zentripetalbeschleunigung ist.

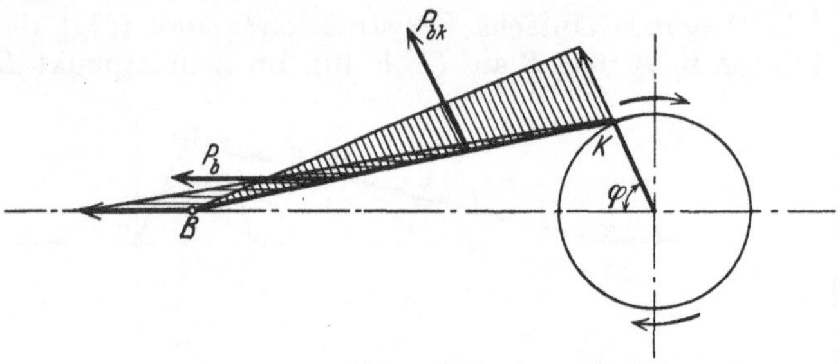

Bei der Schubstange hat jeder Punkt eine nach Größe und Richtung verschiedene Beschleunigung, die aus den bekannten Beschleunigungen der beiden Endpunkte bestimmt werden kann (Abb. 14). Die Beschleunigung in irgendeinem Punkte x setzt sich demnach aus zwei Komponenten zusammen:

$$b_{x,\,k} = b_k\,\frac{x}{l} \quad \text{und} \quad b_x = b\,\frac{l-x}{l}\,.$$

Abb. 14. Beschleunigungskräfte der Schubstange.

Für eine prismatische Stange ist dann die Resultierende der Massenkräfte, die jeweils im Schwerpunkt der Beschleunigungsfläche angreifend gedacht werden kann, wenn m_3 die Masse der Schubstange ist:

$$P_{b\,k} = \tfrac{1}{2}\,m_3\,b_k \quad \text{und} \quad P_b = \tfrac{1}{2}\,m_3\,b\,.$$

Diese Kräfte kann man nun in je zwei Komponenten zerlegen, die im Kurbelzapfen und im Kreuzkopfzapfen angreifen. So erhält man im ganzen folgende vier Kräfte, die den Massenwiderstand der Schubstange ersetzen:

Im Kreuzkopfzapfen: $\tfrac{2}{3}\,P_b$ parallel zu b

und $\tfrac{1}{3}\,P_{b\,k}$ parallel zu b_k,

im Kurbelzapfen: $\tfrac{2}{3}\,P_{b\,k}$ parallel zu b_k

und $\tfrac{1}{3}\,P_b$ parallel zu b.

Für die hin- und hergehende Bewegung kann der Massenwiderstand der prismatischen Schubstange dadurch berücksichtigt werden, daß $\tfrac{2}{3}$ der Schubstangenmasse im Kreuzkopf konzentriert gedacht wird.

Bezieht man die Massenkräfte auf den Kolbenquerschnitt F (cm²), so sind sie als Massendruck p_b den auf die Kolbenfläche wirkenden Arbeitsdrücken p vergleichbar.

$$p_b = \frac{m_g}{F}\,r\,\omega^2\Big(\cos\varphi + \frac{r}{l}\cos 2\varphi\Big) = \frac{G_g}{F\cdot g}\,r\,\omega^2\Big(\cos\varphi + \frac{r}{l}\cos 2\varphi\Big)\,.$$

Für Kolbenmaschinen ist es zweckmäßig, das Gewicht der hin- und hergehenden Teile auf 1 Liter des Hubvolumens des Arbeitszylinders zu beziehen (G_0). Da das Hubvolumen $= 2\cdot F\cdot r$ cm³ $= \dfrac{2\,F_{\text{cm}^2}\cdot r_{\text{meter}}}{10}$ Liter ist, so wird $G_0 = \dfrac{10\,G_g}{2\,F\cdot r}$ kg/l und

$$p_{b,\text{max}} = 2\,G_0\Big(1 + \frac{r}{l}\Big)\cdot\Big(\frac{v}{10}\Big)^2 \text{ kg/cm}^2\,, \tag{10}$$

wenn $\omega\cdot r = v$ die Kurbelzapfengeschwindigkeit in m/s ist.

Für Flugmotoren ist . . . . $G_0 = 2$ bis 3 kg/l
  ,,   Fahrzeugmotoren . . . . $= 3$,, 4 ,,
  ,,   ortfeste kreuzkopflose Motoren . . . . $= 4$,, 6 ,,
  ,,   ortfeste doppeltwirkende Motoren mit Kreuzkopf . . . . . . $= 6$,, 8 ,,
  ,,   ortfeste   ,,   Dampfmaschinen . . . . $= 3$,, 5 ,,

Die Massenkräfte sind für einen Viertakt-Dieselmotor in Abb. 15 in Abhängigkeit der Kolbenwege dargestellt. Die totalen Kolbenkräfte erhält man durch algebraische Addition. Damit ist auch die totale tangentiale Kraft T für jede Kolbenstellung bestimmt. Da das Drehmoment der Kurbelwelle $= T\cdot r$ ist, so gibt der Verlauf der tangentialen Kraft auch ein Bild für die Veränderlichkeit des Momentes. In Abb. 17 ist für die Dampfmaschine und in Abb. 16 für die Viertaktmaschine der Verlauf der tangentialen Kräfte T in Abhängigkeit des abgewickelten Kurbelkreises ($2\pi r = \pi s$) dargestellt (Drehkraftkurve oder Tangentialdruckdiagramm).

e) **Gleichförmigkeit des Ganges (Schwungräder).** Da die Arbeitsentnahme aus der Kraftmaschine im Beharrungszustand meist gleichmäßig, oft aber auch periodisch veränderlich ist, besteht nicht in jedem Augenblick Gleichgewicht zwischen der treibenden Kraft T

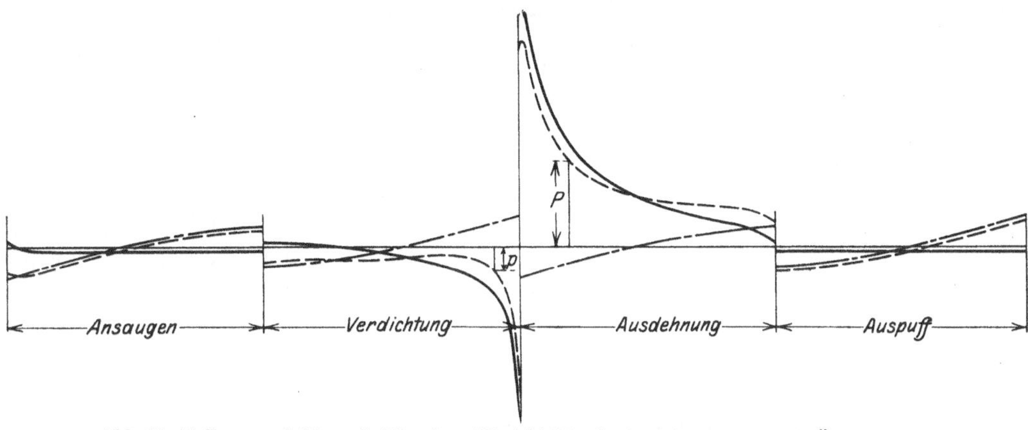

Abb. 15. Kolben- und Massenkräfte eines Viertakt-Dieselmotors (nach Dubbel, Ölmaschinen).
NB.: Die strichpunktierten Linien geben die Massenkräfte, die gestrichelten Linien die resultierenden Kolbenkräfte an.

und dem Widerstand. Bei konstantem Widerstand ist das Widerstandsdiagramm ein Rechteck, das — auf der gleichen Grundlinie errichtet — dem Tangentialdruckdiagramm im Beharrungszustand der Maschine inhaltsgleich sein muß. Zeitweilig leistet aber die tangentiale Kraft T

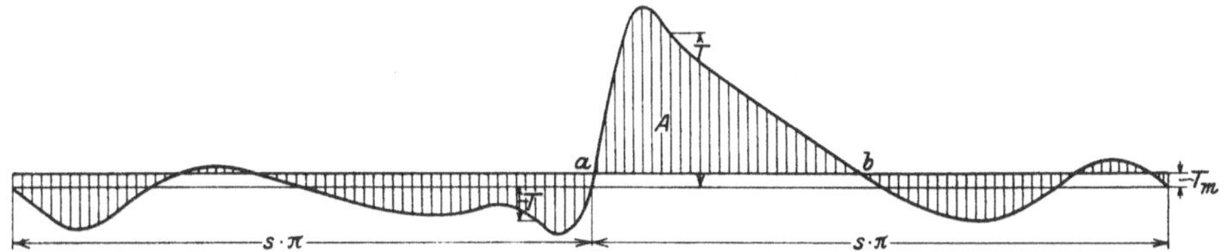

Abb. 16. Tangentialdruckdiagramm eines Viertakt-Dieselmotors (nach Dubbel).

mehr Arbeit als zur Überwindung des Widerstandes erforderlich ist, d. h. die Drehung wird beschleunigt. Zu anderen Zeiten ist die von der Kraft T geleistete Arbeit kleiner, und die Drehung wird verzögert. Die Maschine erhält demnach eine ungleichmäßige Drehbewegung.

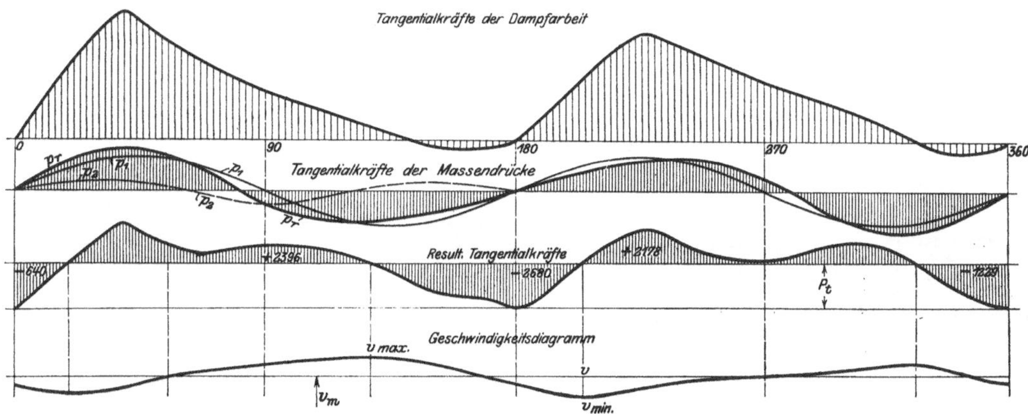

Abb. 17. Tangentialkräfte einer Einzylinder-Dampfmaschine $^{680}/_{1350}$, $n = 100$ (nach Gutermuth).

Bezeichnet man mit $\omega_{\min}$ die kleinste (z. B. im Punkte a, Abb. 16) und mit $\omega_{\max}$ die größte Winkelgeschwindigkeit (z. B. im Punkte b), so nennt man

$$\omega = \frac{\omega_{\max} + \omega_{\min}}{2}$$

die mittlere Winkelgeschwindigkeit. Der Wert

$$\delta = \frac{\omega_{\max} - \omega_{\min}}{\omega} \tag{11}$$

wird als **Ungleichförmigkeitsgrad der Maschine** bezeichnet.

Die zulässige Ungleichförmigkeit ist von der Art der Maschine abhängig. Für Dynamomaschinen ist $\delta = \frac{1}{200}$ bis $\frac{1}{300}$, weil die Spannung und damit die Helligkeit des elektrischen Lichtes sehr stark von der Drehzahl abhängt. Bei Spinnmaschinenantrieb kann $\delta = \frac{1}{50}$ bis $\frac{1}{100}$ gewählt werden, je nach der Feinheit der Garnsorte usw.

Um die Ungleichförmigkeit der Drehbewegung klein zu halten, ordnet man auf der Kurbelwelle eine Masse (Schwungrad) an. Ein mit der Winkelgeschwindigkeit ω umlaufendes Rad, dessen Massenträgheitsmoment Θ ist, besitzt eine kinetische Energie (Wucht) von

$$A = \Theta\,\frac{\omega^2}{2}\ \text{kgm/s.}$$

Diese Energie muß, um das Rad auf die Winkelgeschwindigkeit ω zu bringen, als Beschleunigungsarbeit geleistet werden. Das Rad kann die Energie teilweise oder vollständig wieder abgeben, wenn die Drehzahl geändert oder wenn es zur Ruhe gebracht wird (z. B. Schwungradpresse, Heft IV, Abb. 3). Die vom Rad abwechselnd aufzunehmende und abzugebende Arbeit ist

$$A = \frac{\Theta}{2}\left(\omega^2_{\text{max}} - \omega^2_{\text{min}}\right) = \Theta\,\omega^2\,\delta\,. \tag{12}$$

Der Wert von A kann aus dem Tangentialdruckdiagramm (Abb. 16) entnommen werden. Damit ist das Massenträgheitsmoment des Schwungrades bestimmt (Heft IV, S. 59)

$$\Theta = \frac{A}{\omega^2\delta} = \frac{GD^2}{4g}\,. \tag{13}$$

Nimmt man an, daß der Schwungradkranz allein rund 90 % des Massenträgheitsmomentes liefert, so ist das Kranzgewicht

$$G_1 = 0{,}9\,\frac{4\,A\,g}{\omega^2\,\delta\,D^2} = \frac{3240}{n^2\,\delta\,D^2}\,A\,.$$

Der Trägheitsdurchmesser D (d. i. der mittlere Kranzdurchmesser) ist durch die zulässige Umfangsgeschwindigkeit des Rades eingeschränkt.

Schwungräder kommen nicht nur bei den Kolbenmaschinen, sondern auch bei vielen Werkzeugmaschinen, z. B. Stanzen, Scheren, Pressen vor. Bei solchen Maschinen pflegt man die Energie des Schwungrades bei der höchsten Drehzahl etwa dreimal so groß anzunehmen wie die Arbeit A, die bei einem Arbeitsvorgang, z. B. Scherenschnitt, erforderlich ist. Dann ist

$$\frac{\Theta}{2}\,\omega^2_{\text{max}} - \frac{\Theta}{2}\,\omega^2_{\text{min}} = A = 3A - \frac{\Theta}{2}\,\omega^2_{\text{min}}$$

oder $2A = \frac{\Theta}{2}\,\omega^2_{\text{min}}$. Da $\frac{\Theta}{2}\,\omega^2_{\text{max}} = 3A$ ist, so wird

$$\omega_{\text{min}} = 0{,}78\,\omega_{\text{max}}\,,$$

wenn der Antriebsmotor während des kurzen Schnittvorganges gar keine Arbeit leisten würde.

f) Ausgleich der Massenwirkungen. Die inneren Kräfte, wie Kolbendruck P, Stangenkraft S, Normaldruck N (Abb. 18), die immer paarweise auftreten und sich gegenseitig aufheben, können die Bewegung des Gesamtschwerpunktes der Maschine nicht beeinflussen. Sie erzeugen auch kein Drehmoment, da die gleich großen Momente $S \cdot h$ und $N \cdot x$ entgegengesetzt gerichtet sind und sich deshalb ebenfalls aufheben[1]. Bewegt sich der Gesamtschwerpunkt der Maschine durch die Bewegung einzelner Teile, so müssen dazu äußere Kräfte wirken, die durch die Fundamentschrauben übertragen werden. Um diese wechselnden Kräfte, die Erschütterungen verursachen, zu vermeiden, sollte der Gesamtschwerpunkt keine Verschiebung erfahren; dazu genügt es, den Gesamtschwerpunkt der bewegten Teile allein in Ruhe zu halten. Die Bewegung des ganzen Getriebes kann — was die Massenwirkungen anbelangt — durch die Bewegung von zwei Massenpunkten ersetzt werden, nämlich:

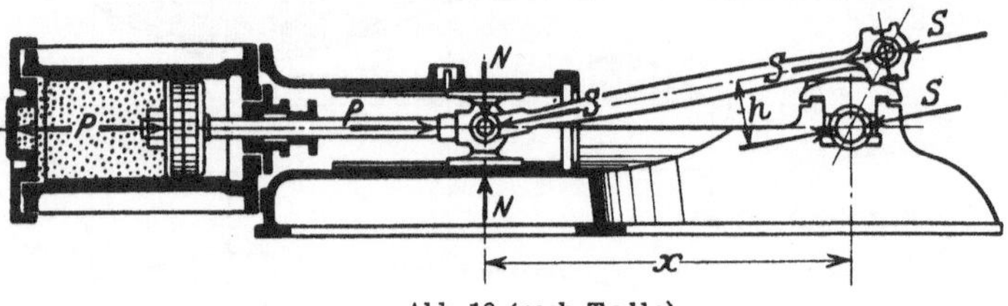

Abb. 18 (nach Tolle).

---

[1] Der Beweis folgt sofort durch Einsetzen der Werte: $N = P\,\text{tg}\,\psi$, $S = \dfrac{P}{\cos\psi}$ und $h = x\sin\psi$.

1. Die Gesamtmasse der hin- und hergehenden Teile, sowie $\frac{2}{3}$ der Masse der prismatischen Schubstange wird im Kreuzkopf konzentriert gedacht und erhält eine geradlinige Bewegung (Masse m_g).

2. Die Gesamtmasse aller drehenden Teile wird auf den Kurbelradius r reduziert, in welchem Punkte noch $\frac{1}{3}$ der Schubstangenmasse angreift.

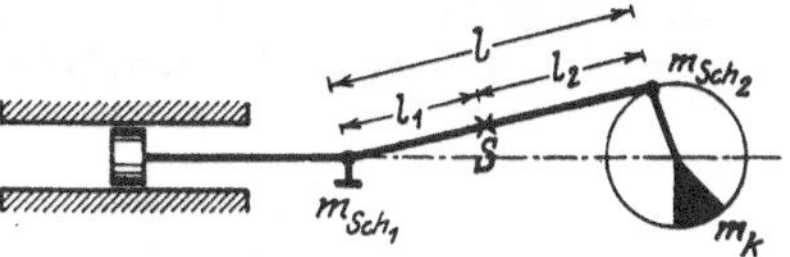

Abb. 19 (nach Föppl, Schwingungslehre).

Die Schwerpunktsbewegung der drehenden Masse kann in einfacher Weise durch eine Gegenkurbel m_k (Abb. 19) vollständig ausgeglichen werden.

Die Massenkraft P_b der hin- und hergehenden Bewegung ist nach Gleichung (9):

$$P_b = m_g\, r\, \omega^2\Big(\cos\varphi + \frac{r}{l}\cos 2\,\varphi\Big)$$

$$= m_g\, r\, \omega^2\cos\varphi + m_g\, \frac{r^2}{l}\,\omega^2\cos 2\,\varphi$$

$$= P_{\mathrm{I}}\cos\varphi + P_{\mathrm{II}}\cos 2\,\varphi\,. \tag{14}$$

Die Gesamtkraft P_b kann demnach in die beiden Teilkräfte $P_{\mathrm{I}}\cos\varphi$ und $P_{\mathrm{II}}\cos 2\,\varphi$ zerlegt werden. Man nennt $P_{\mathrm{I}}\cos\varphi$ die Massenkraft erster Ordnung (mit dem Größtwert $P_{\mathrm{I}} = m_g r\,\omega^2$) und $P_{\mathrm{II}}\cos 2\,\varphi$ die Massenkraft zweiter Ordnung, dessen Größtwert $= m_g\,\omega^2\,r^2/l$, also $r/l = \frac{1}{5}$ mal kleiner als P_{I} ist. Meist begnügt man sich praktisch mit dem Ausgleich der (größeren) Massenkräfte erster Ordnung.

Der Ausgleich der Massenkräfte erster Ordnung durch ein rotierendes Gegengewicht ist nicht möglich. Wenn gegenüber dem Kurbelzapfen (Abb. 20) ein Gegengewicht M in der Entfernung R vom Drehpunkt so angebracht wird, daß

$$m_g\, r = M\, R\,,$$

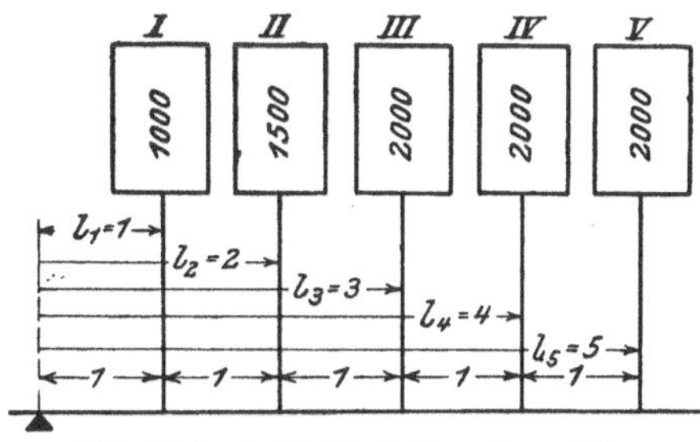

Abb. 20.

so sind wohl die beiden horizontalen Massenkräfte gleich und heben sich gegenseitig auf, aber es wird eine senkrechte Komponente $M\,R\,\omega^2\sin\varphi$ hinzugefügt. Das Gegengewicht M bewirkt also nur eine Umbiegung der Massenkraft um 90°. Da vertikale Schwingungen weniger stark empfunden werden als horizontale, so kann dieser „Ausgleich" bei horizontalen Maschinen vorteilhaft sein; bei vertikalen Maschinen ist er vollständig unangebracht.

Die Massenkraft $P_{\mathrm{I}}\cos\varphi$ stellt man am zweckmäßigsten als Vektor dar (Abb. 21). Bei einer Ein-

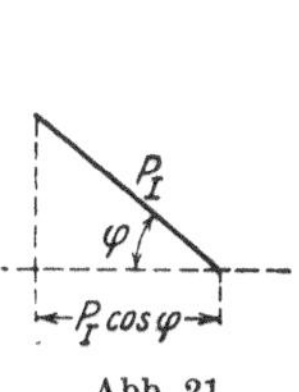

Abb. 21
(nach Föppl).

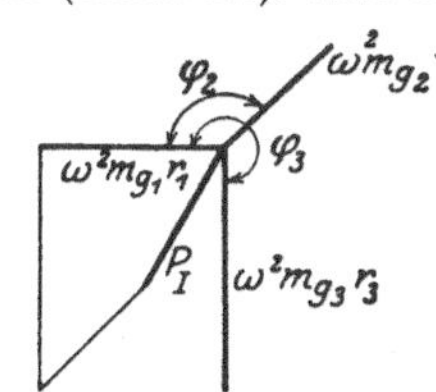

Abb. 22. Zusammensetzung der Vektoren für eine Dreizylindermaschine.

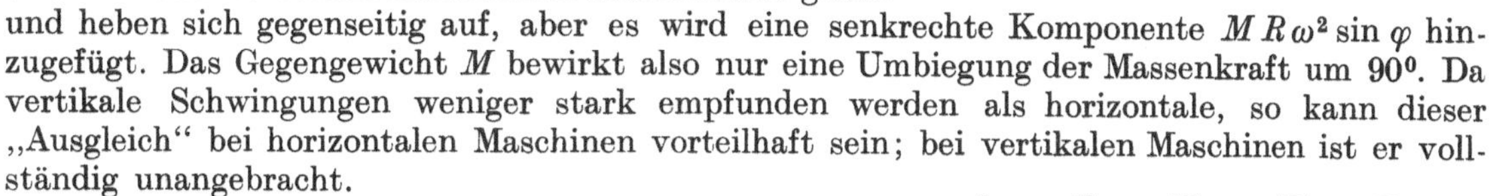

Abb. 23 (nach Dubbel, Dampfmasch.).

zylindermaschine kann diese Kraft nicht ausgeglichen werden; zum vollständigen Massenausgleich sind somit Mehrzylindermaschinen erforderlich. Dabei kann

$$\sum P_{\mathrm{I}}\cos\varphi = P_{\mathrm{I},1}\cos\varphi_1 + P_{\mathrm{I},2}\cos\varphi_2 + P_{\mathrm{I},3}\cos\varphi_3 + \cdots = 0 \tag{15}$$

werden. Man setzt dabei die Vektoren $P_{\mathrm{I},1}$, $P_{\mathrm{I},2}$, $P_{\mathrm{I},3}$, usw. zu einem Vektor P zusammen, dessen Projektion auf die Mittellinie Null werden sollte (Abb. 22).

Da die Massenkräfte bei Mehrzylindermaschinen nicht in einer Ebene wirken, so müssen auch die Momente dieser Kräfte verschwinden (Abb. 23), d. h. es muß

$$\sum P_{\mathrm{I}}\, l\cos\varphi = 0 \tag{16}$$

sein. Das im Zylinder Arbeit leistende Medium hat unmittelbar keinen Einfluß auf die Massenkräfte. Bei Dampfmaschinen können verschiedenartige Zylinder (Hochdruck-, Mitteldruck-,

Niederdruckzylinder) mit verschiedenen Massen m_g und verschiedenen Entfernungen a auftreten. Bei Verbrennungskraftmaschinen dagegen sind die Massen der bewegten Teile für jeden Zylinder genau gleich und ebenso die Entfernungen a der Zylinder [1].

2. Sonderformen des Kurbeltriebes. a) Die Kurbelschleife. Der Kurbelzapfen bewegt sich mittels eines Gleitstückes in einer senkrecht zur Kolbenstange angeordneten Führung (Abb. 24); sie wird bei gedrängt gebauten Dampfpumpen und auch bei Stanzen verwendet.

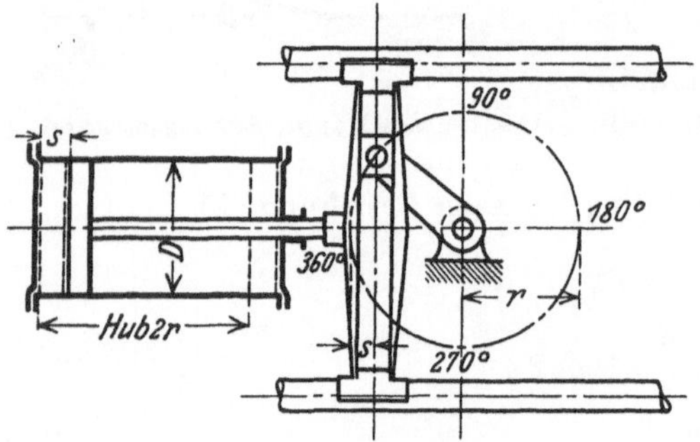

Abb. 24. Kurbelschleife.

Der Kolbenweg ist:

$$x = r(1 - \cos\varphi) . \tag{17}$$

Die Kolbengeschwindigkeit:

$$c = \frac{dx}{dt} = \omega r \sin\varphi \tag{18}$$

und die Beschleunigung:

$$b = \frac{d^2x}{dt^2} = \omega^2 r \cos\varphi . \tag{19}$$

b) Exzenter. Ein Exzenter ist eine Kurbel, deren Zapfen so groß ist, daß er die Kurbelwelle mit umfaßt (Abb. 25); dadurch wird das Aufbringen auf gerade Wellen möglich. Der große Zapfendurchmesser D verursacht große Reibungsverluste und eine Beschränkung des Verwendungsgebietes in dem Sinne, daß sich ein Exzenter nur für die Kraftabgabe von der Welle aus, aber nicht umgekehrt verwenden läßt. Das Drehmoment der Stangenkraft S ist wie bei der Kurbel:

$$M_d = S \cdot e \sin(\varphi + \psi) .$$

Das Moment der Reibungskraft μS ist

$$M_r = \mu S \xi ,$$

wobei der Hebelarm ξ je nach der Exzenterstellung zwischen $s + d/2$ und $e + D/2$ schwankt.

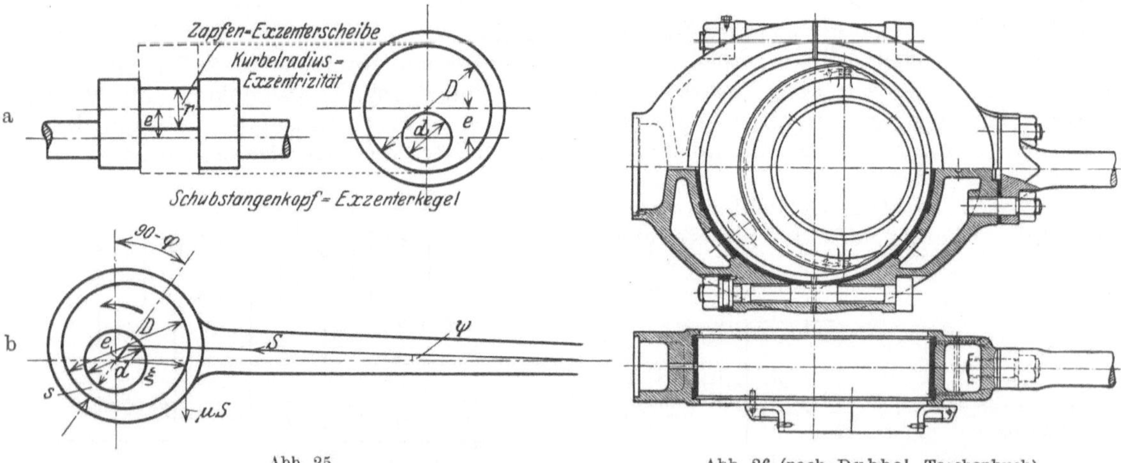

Abb. 25.

Abb. 25 und 26. Exzenter.

Abb. 26 (nach Dubbel, Taschenbuch).

Sobald nun das Reibungsmoment größer als das Moment der Stangenkraft S ist, tritt Selbstsperrung ein. Das ist der Fall, wenn

$$e \sin(\varphi + \psi) < \mu \xi$$

ist, bei dem veränderlichen Winkel $\varphi + \psi$, also über einen großen Teil des Exzenterweges.

Der Wirkungsgrad eines Exzenters ist wie folgt zu berechnen: Die Nutzarbeit für eine Umdrehung der Welle ist $2\,eS$ und die Reibungsarbeit $\mu S \pi D$, so daß der Wirkungsgrad eines Exzenters:

$$\eta = \frac{e}{e + \mu \pi D/2} \tag{20}$$

ist. Um kleine Reibungszahlen zu erreichen, muß in erster Linie der Bügel starr sein, sonst

---

[1] Ausführlicher in den Lehrbüchern über Kolbenkraftmaschinen.

wirken die Ringe eher als Bandbremse statt als Lager. Die Schraubenentfernung soll also möglichst klein, die Bügelabmessungen groß gehalten werden (Abb. 26).

c) **Der versetzte Kurbeltrieb.** Die Normalkomponente N (Abb. 11), die bei den einfach wirkenden Maschinen (Abb. 2) als seitlicher Kolbendruck wirkt, verursacht einseitiges Auslaufen des Zylinders. Bestimmt man bei dem versetzten Kurbeltrieb (Abb. 27) den Verlauf der Seitendrücke aus dem resultierenden Kolbendruck, so findet man, daß während des Arbeitshubes der größte (durch den Explosionsdruck hervorgerufene) Seitendruck wesentlich kleiner wird. Bei den anderen Hüben dagegen nimmt der Seitendruck, der hauptsächlich durch die Massenwirkung verursacht wird, zu und ist zum Teil entgegengesetzt gerichtet.

Die Versetzung des Zylinders gegenüber der Kurbelwelle hat demnach den Erfolg, daß die Seitendrücke sich gleichmäßiger nach beiden Seiten verteilen. Dadurch erstreckt sich die Abnutzung des Zylinders gleichmäßiger über die ganze Lauffläche, und auch der Reibungsverlust wird verkleinert.

Beim versetzten Kurbeltrieb ändern sich natürlich auch die Kolbenwege, Geschwindigkeiten und Beschleunigungen[1].

Die Beschleunigungen ergeben sich zu

$$b = r\omega^2\left(\cos\varphi + \frac{r}{e}\cos 2\varphi + \frac{a}{e}\sin\varphi\right), \qquad (21)$$

so daß noch ein Glied $\dfrac{a}{e}\sin\varphi$ zu den Beschleunigungen des geraden Schubkurbelgetriebes zu addieren ist; dadurch fällt die Beschleunigungskurve für Hin- und Rückgang verschieden aus.

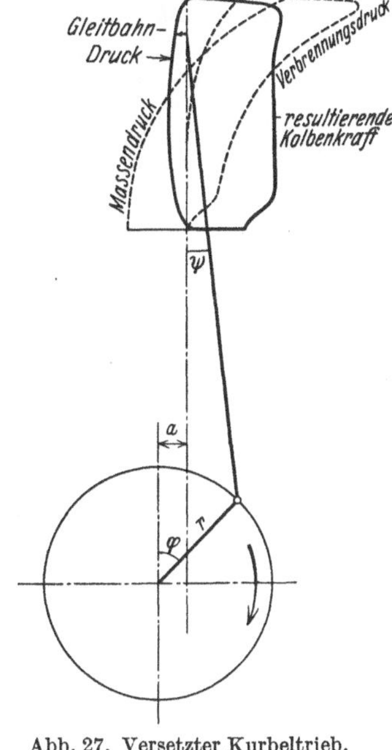

Abb. 27. Versetzter Kurbeltrieb.

d) **Die Kurbelschwinge.** Das Kurbelgetriebe in seiner bei Kraftmaschinen üblichen Form ist für den Antrieb von Werkzeugmaschinen mit einer hin- und hergehenden Hauptbewegung wenig geeignet, und zwar aus folgenden Gründen:

1. Die geradlinige Bewegung erfolgt mit einer stark veränderlichen Geschwindigkeit (Abb. 9), die, als Schnittgeschwindigkeit verwendet, keinen glatten Schnitt zustande kommen läßt.

2. Der Vor- und Rücklauf erfolgt in der gleichen Zeit, während es wirtschaftlicher ist, die Rücklaufzeit (Leerlauf) zu verkürzen.

Durch Anwendung eines Vorgeleges mit unrunden Rädern (Abb. 28) lassen sich die Geschwindigkeitsverhältnisse verbessern. Das Vorgelege, bestehend aus einem exzentrisch gelagerten Stirnrad und einem ellipsenähnlichen Rad, ändert seine Übersetzung stetig, so daß die Kurbel eine ungleichmäßige Umfangsgeschwindigkeit erhält. Dadurch wird die hin- und hergehende Bewegung gegen Hubmitte verzögert und gegen Hubende beschleunigt. Der Tisch oder das Werkzeug erhält so eine ziemlich gleichmäßige Bewegung. Bedingung für den dauernden Eingriff der Räder ist, daß

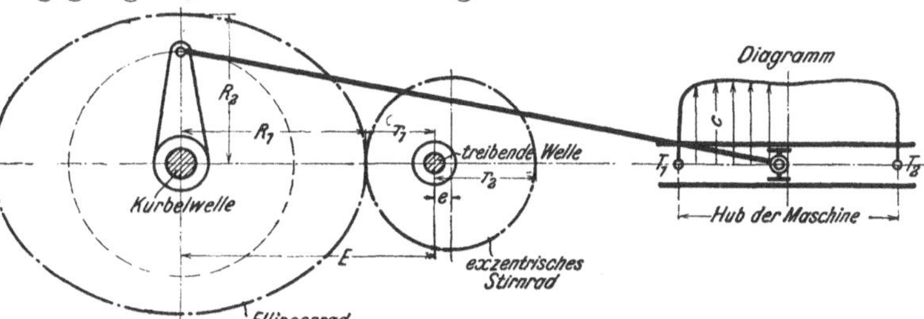

Abb. 28. (aus Hülle, Werkzeugmaschinen).

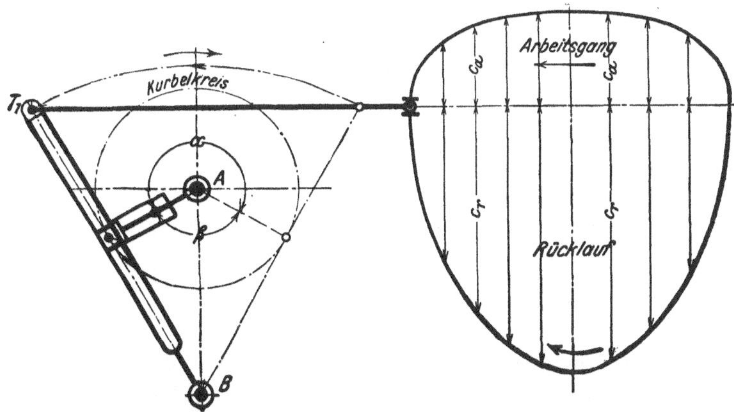

Abb. 29. Kurbelschwinge (aus Hülle, Werkzeugmaschinen).

$$r_1 + R_1 = r_2 + R_2 = r + N = E$$

____

[1] Vgl. z. B. Heller: Motorwagenbau. Bd. 1, 2. Aufl., S. 190. Berlin: Julius Springer 1925.

ist. Der Umfang des Stirnrades muß dabei gleich dem halben Umfang des Ellipsenrades sein.

Die sehr großen Verzögerungen und Beschleunigungen in der Nähe der Totpunkte verursachen große Massenkräfte. Die Zahnform der unrunden Räder ist schwer genau herzustellen, so daß der Gang unruhig ist. Sie werden deshalb wenig verwendet.

Durch Anwendung der Kurbelschwinge kann sowohl die Schnittgeschwindigkeit verbessert als auch der Rücklauf beschleunigt werden. Die Kurbel (Abb. 29) dreht sich gleichförmig um A, während die Schleife um den Zapfen B schwingen kann. Schwingt sie aus ihrer linken Totlage T_1 in die rechte T_2 (Arbeitsgang), so durchläuft die Kurbel den Winkel α. Beim Zurückschwingen

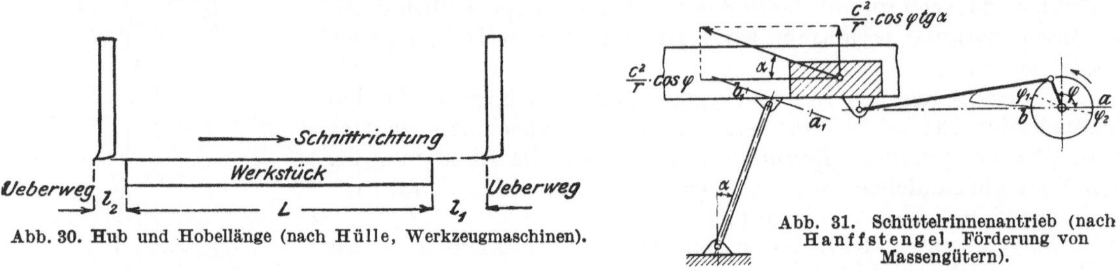

<table>
<tr><td>Abb. 30. Hub und Hobellänge (nach Hülle, Werkzeugmaschinen).</td><td>Abb. 31. Schüttelrinnenantrieb (nach Hanffstengel, Förderung von Massengütern).</td></tr>
</table>

von T_2 nach T_1 (Rückgang) wird der kleinere Winkel β durchlaufen. Ist nun z. B. $\alpha = 2{,}5\,\beta$, so ist auch der Rücklauf 2,5mal rascher als der Arbeitsgang. Der ganze Hub kann nicht als nützliche Arbeitslänge verwendet werden, weil für den Auslauf und auch für das Schalten des Werkzeuges Überwege erforderlich sind (Abb. 30). Werden diese Strecken l_1 und l_2 abgerechnet, so erfolgt die Bearbeitung mit ziemlich gleichmäßiger Geschwindigkeit.

e) **Schüttelrinnenantrieb.** Die von einer geraden Schubkurbel angetriebene Rinne stützt sich auf schrägstehende Federn (Abb. 31). Der Ausschlag ist sehr klein gegenüber der Länge der Pleuelstange und der Stützfeder, so daß diese als unendlich lang angesehen werden dürfen.

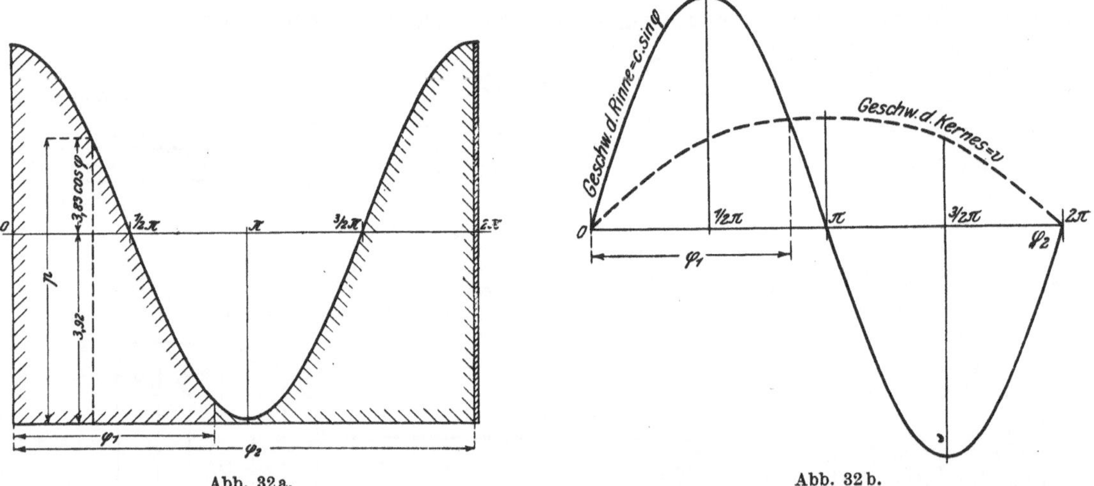

Abb. 32a.   Abb. 32b.

Abb. 32a und b (nach Hanffstengel, Förderung von Massengütern). a Beschleunigungen, b Geschwindigkeiten des Fördergutes.

Die horizontale Beschleunigung der Rinne ist dann $\omega^2\, r \cos\varphi$, und (da die Rinne sich auf einer unter dem Winkel α geneigten Geraden bewegt) die vertikale Beschleunigung $\omega^2\, r \cos\varphi \operatorname{tg}\alpha$.

Der Auflagedruck N eines in der Rinne liegenden Körpers vom Gewichte G

$$N = G + m\,\omega^2\, r \cos\varphi \operatorname{tg}\alpha$$

ist am größten für $\varphi = 0$, wo $\cos\varphi = 1$ und am kleinsten für $\varphi = \pi$, wo $\cos\varphi = -1$ wird. Ist z. B. $n = 400$, $r = 0{,}015$ m und $\alpha = 20^0$ ($\operatorname{tg}\alpha = 0{,}364$), so ist

$$N_{\max} = G\left(1 + \frac{\pi^2\, n^2\, r}{900 \cdot g} \operatorname{tg}\alpha\right) = 1{,}975\,G$$

und

$$N_{\min} = G\,(1 - 0{,}975) = 0{,}025\,G\,.$$

Bei einer geringen Vergrößerung der Drehzahl wird $N_{\min}$ negativ, d. h. der Körper würde sich von der Rinne abheben und eine springende Bewegung ausführen.

Der Reibungswiderstand $R = \mu N$ beeinflußt die Bewegung des Körpers in horizontaler Richtung. Er beschleunigt den Körper, solange die Geschwindigkeit der Rinne die größere ist, und verzögert ihn, sobald er der Rinne voreilt. Die Beschleunigung bzw. Verzögerung des Körpers ist (Abb. 32)

$$p = \frac{R}{m} = \frac{\mu N}{m} = \mu \left(g + \omega^2 r \cos\varphi \, \mathrm{tg}\, \alpha\right),$$

woraus die Körpergeschwindigkeit $v_1 = \int_0^\varphi p\,dt$ und der Förderweg $s = \int v\,dt$ graphisch bestimmt werden können (vgl. Heft IV, S. 58).

3. Schubstangen (Pleuelstangen) und Kreuzköpfe. Die Schubstange besteht aus den beiden Köpfen und dem sie verbindenden Schaft (Abb. 33). Bei der Konstruktion der Köpfe und des Kreuzkopfes ist zu beachten, daß die Länge auch bei Abnutzung der Gleitflächen unverändert bleibt. Eine Verkürzung oder Verlängerung ändert die Kompression im Zylinder und kann sogar den Kolben zum Anschlagen bringen. Auf die Nachstellbarkeit der sich abnutzenden Lagerstellen muß deshalb besondere Sorgfalt gelegt werden.

a) Das Kurbelzapfenende. Gekröpfte Wellen (Heft III, S. 66) erfordern einen zweiteiligen (offenen) Kopf. Bei Stirnkurbeln kann der geschlossene Kopf (wie beim Kreuzkopfende) verwendet werden, doch wird der Zusammenbau dadurch erschwert.

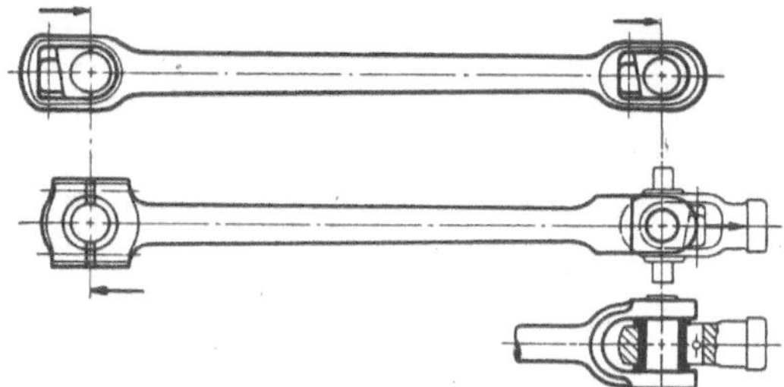

Abb. 33. Schubstange mit den beiden Köpfen (nach Rötscher).

Die meist vorkommende Bauart des offenen Kopfes ist der „Marinekopf" (Abb. 34 bis 37). Für die Nachstellung werden einzeln herausnehmbare Bleche oder eine abzufeilende stärkere Beilage zwischen Stange und Deckel gelegt. Um die Schmiedearbeit der Stange zu erleichtern, wird der Stangenkopf oft auch mehrteilig ausgeführt.

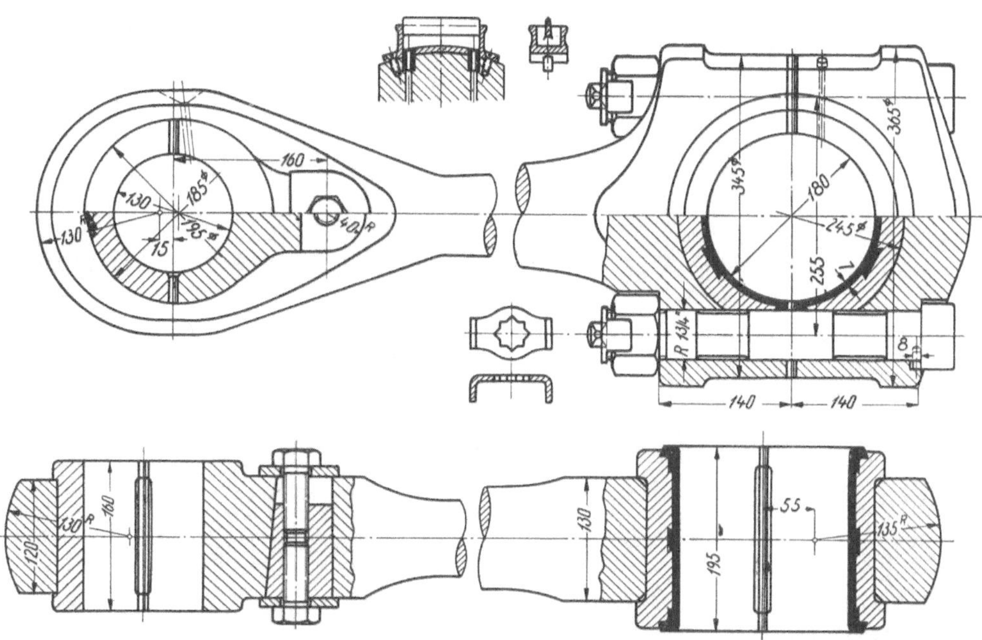

Abb. 34. Schubstange (nach Rötscher).

Abgesehen von ganz kleinen Ausführungen oder sehr langsam laufenden Maschinen, die Bronzelager erhalten, werden die Lagerschalen immer mit Weißmetall ausgegossen. Schalen aus Gußeisen oder Stahlguß müssen vorher sorgfältig verzinnt werden, damit das Weißmetall gut daran haftet. Bei raschlaufenden Leichtmotoren wird — um die Abmessungen möglichst klein zu halten — das Weißmetall auch direkt in die Stange gegossen (Abb. 37).

Beim Auslaufen eines solchen Lagers wird aber die Kurbelwelle angegriffen und auch die ganze Pleuelstange gefährdet. Außerdem verzinnen sich legierte Stähle schwer. (Vgl. hier die allgemeinen Bemerkungen über Lagermetalle, Heft III, S. 25 oben.) Bei raschlaufenden Leichtmotoren hat das Weißmetall nur eine Dicke von 1 bis 2 mm.

Die runden Schalen sind gegen Verdrehung zu sichern, indem z. B. die Befestigungsschrauben in die Lagerschalen einschneiden (Abb. 34). Besondere Beachtung ist den Verbindungsschrauben zu schenken. Sie werden durch die größte Stangenkraft auf Zug beansprucht, erfahren aber eine weit gefährlichere Beanspruchung, wenn die Maschine mit ausgelaufenem Pleuellager weiterläuft. Innerhalb einer halben Kurbeldrehung ändert die resultierende Kolbenkraft ihre Richtung (Abb. 15). Der Zapfen liegt demnach zuerst an der einen und nachher an der anderen Schalenhälfte an. Da bewegliche Zapfen ohne Lagerspiel praktisch unmöglich sind, so muß der Zapfen innerhalb des Lagerspieles hin- und herwandern. Würde das Lager mit mangelhafter Schmierung laufen, so müßte bei jedem Druckwechsel ein starker Stoß auftreten.

Es sei c die Geschwindigkeit des Kreuzkopfzapfens im Punkte S (Abb. 38), wo die Kolbenkraft gleich Null ist. Wird der Verlauf der Kolbenkraft in der unmittelbaren Nähe des Druckwechsels als geradlinig angenommen, so ist im Abstande x von S die Kolbenkraft gleich $F\,p_1\,x$, wenn die Kolbenfläche mit F bezeichnet wird. Diese Kraft dient nun, unter Vernachlässigung der Kolben- und Stopfbüchsenreibung, ausschließlich zur Beschleunigung der sich frei bewegenden Massen m_1 des Kolbens, der Kolbenstange und des

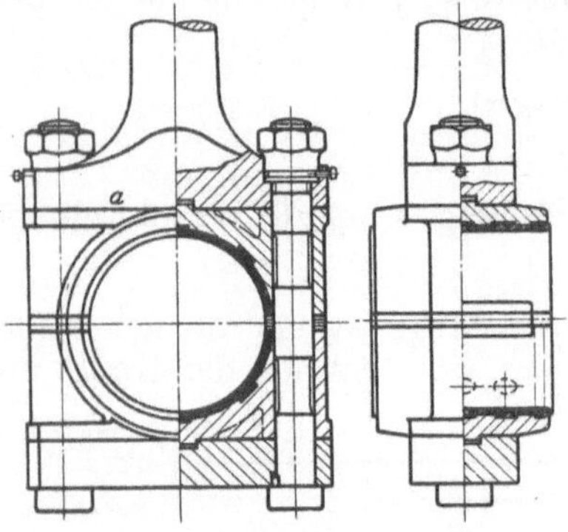

Abb. 34 (nach Rötscher).

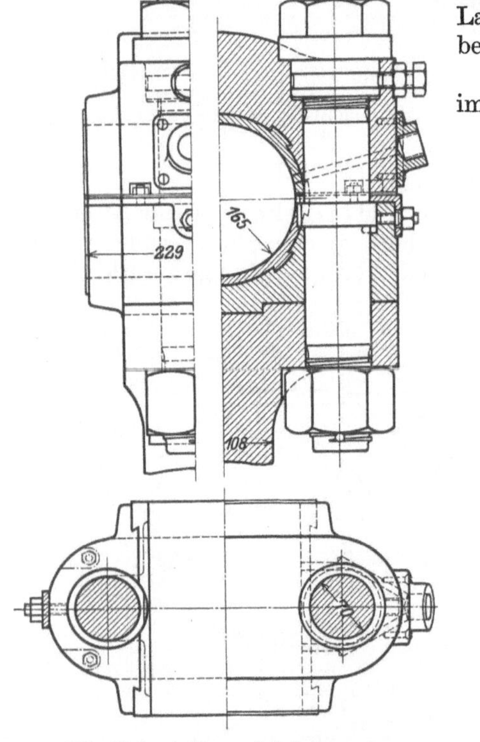

Abb. 36 (nach Frey, Schubstangen).

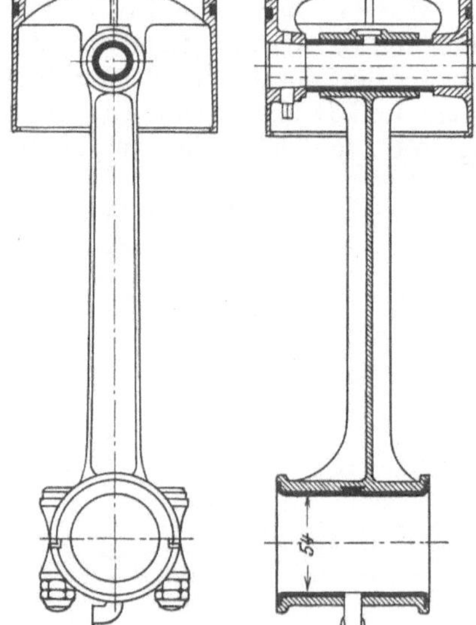

Abb. 37 (nach Heller, Motorwagen).

Abb. 34 bis 37. Offene Schubstangenköpfe. 2-, 3- und 4-teilig und für raschlaufende Maschinen.

Kreuzkopfes. Die Beschleunigung der Relativbewegung ist deshalb

$$b = \frac{p_1\,F\,x}{m_1} = \frac{P_1\,x}{m_1}.$$

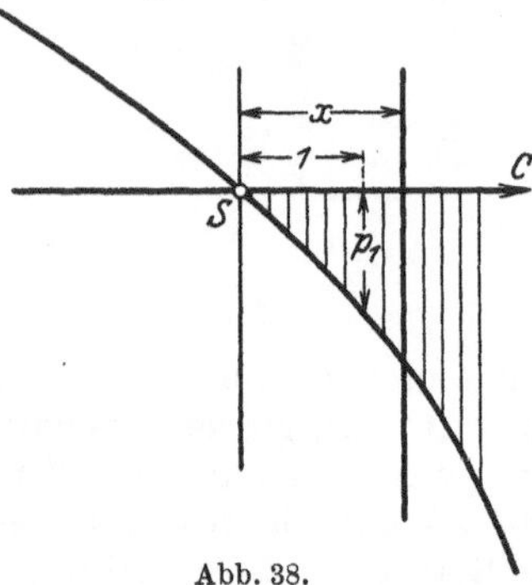

Abb. 38.

Daraus folgt die Relativgeschwindigkeit

$$w = \int b\,dt = \int \frac{P_1\,x}{m_1}\,dt.$$

Nun ist — die augenblickliche Kolbengeschwindigkeit c als konstant angenommen — der von S aus gemessene Kolbenweg $x = c\,t$, so daß

$$w = \int \frac{P_1\,c\,t}{m_1}\,dt = \frac{P_1\,c}{m_1}\int t\,dt = \frac{P_1\,c\,t^2}{2\,m_1}.$$

Damit wird der Weg s für die Relativbewegung

$$s = \int w\,dt = \frac{P_1 c}{2 m_1} \int t^2\,dt = \frac{P_1 c\, t^3}{6 m_1}$$

und die zum Durchlaufen des Lagerspieles s erforderliche Zeit

$$t = \sqrt[3]{\frac{6\,s\,m_1}{P_1 c}}. \tag{22}$$

Die Endgeschwindigkeit der Relativbewegung $w_{\max}$ ist deshalb:

$$w_{\max} = \frac{P_1 c}{2 m_1} \sqrt[3]{\frac{36\,s^2\,m_1^2}{P_1^2\,c^2}} = \sqrt[3]{\frac{9\,s^2\,P_1\,c}{2\,m_1}}. \tag{23}$$

Mit dieser Geschwindigkeit trifft der Zapfen gegen die Lagerschale. Die Stoßenergie

$$A = \frac{m_1}{2}\,w_{\max}^2 \text{ kgm} \tag{24}$$

wird dabei in Formänderungsarbeit der Stange, namentlich aber der Verbindungsschrauben umgesetzt. Wenn $V = 2\,f\,l$ das Volumen der beiden gleichmäßig durch die Spannung σ auf Zug beanspruchten Schraubenteile ist, so ist (Heft I, S. 17 und 21):

$$A = \frac{\sigma^2}{2\,E}\,V = \frac{\sigma^2}{E}\,f\cdot l.$$

Die beim Stoß auftretende Spannung σ ist deshalb:

$$\sigma = \sqrt{\frac{100\,A\,E}{f\cdot l}} \text{ kg/cm}^2. \tag{25}$$

Die Stöße haben schon wiederholt Schraubenbrüche zur Folge gehabt. Damit die Spannung σ klein bleibt, sollte das Volumen $f\cdot l$ groß sein. Die Spannung σ sollte demnach nicht nur im Gewindekern, sondern über eine möglichst große Länge l wirken. Der Bolzen wird deshalb entweder so ausgebohrt, daß sein Ringquerschnitt etwas kleiner als der Kernquerschnitt ist, oder der äußere Durchmesser wird auf Kerndurchmesser abgedreht (Abb. 39).

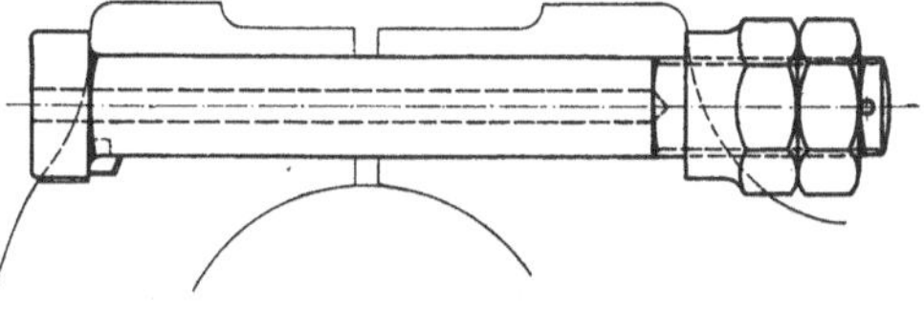

Abb. 39 (nach Güldner).

Durch die elastischen Formänderungen des Deckels und der Verbindungsschrauben wird das Lagerspiel s vergrößert. Der Deckel ist demnach recht kräftig (starr) auszuführen, indem die Entfernung der Schrauben von der Stangenmittellinie so klein wie möglich gemacht wird (Abb. 34 bis 37) und runde Köpfe mit kleinem Kopfdurchmesser ($D = 1{,}35\,d + 4$ mm) gewählt werden. Die Verbindungsschrauben sind auch möglichst kurz zu halten; die Vergrößerung des Schraubenvolumens kann demnach nur durch die Vergrößerung der Querschnittsfläche f erreicht werden.

Der Beschleunigungsdruck (Abb. 14) kann bei schnelllaufenden Maschinen eine seitliche Verschiebung des Lagerdeckels verursachen. Die Verbindungsschrauben sind deshalb, wenigstens auf kurze Strecken, einzupassen (Abb. 34 u. 35). Wirksamer können die Querkräfte durch besondere Paßkanten (Abb. 37) aufgenommen werden, so daß die Schrauben vollständig entlastet sind. Die Muttern müssen sorgfältig gegen Lockern gesichert werden. Meist wird Feingewinde gewählt, das durch die Pennsche Schraube (Abb. 36 und Heft II, Abb. 176) gesichert wird.

In Abb. 40b sind die für nicht ganz zuverlässig gehaltenen Bolzen durch einen seitlich aufgesetzten Bügel ersetzt.

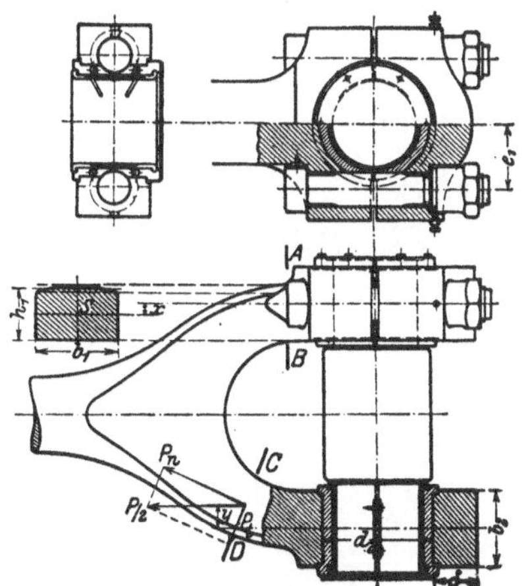

Abb. 40a. Offener Schubstangenkopf in Gabelform (nach Dubbel).

Beim Kurbelzapfen wirkt der Druckwechsel noch etwas ungünstiger. Erst nachdem der Stoß im Kreuzkopf beendet ist, beginnt das Durcheilen des Spielraumes zwischen Lagerschale und Kurbelzapfen. Die zur Beschleunigung dienende Kolbenkraft ist jetzt auch größer. Experimentelle Untersuchungen von H. Polster[1] haben die Bedeutung der Stoßdämpfung durch die Schmie-

[1] Polster, Dr.-Ing. H.: Mitt. Forsch.-Arb. V. d. I. 1915, H. 172/173.

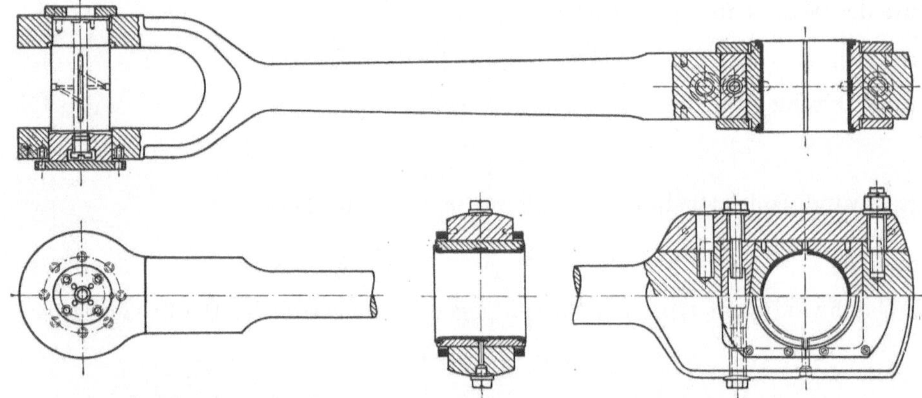

Abb. 40b. Schubstange (nach Dubbel, Ölmaschinen).

rung klargelegt. Bei der mangelhaften Tropfölschmierung war der Stoß mehr als 20 mal kräftiger als bei Drucköölschmierung (vgl. S. 21).

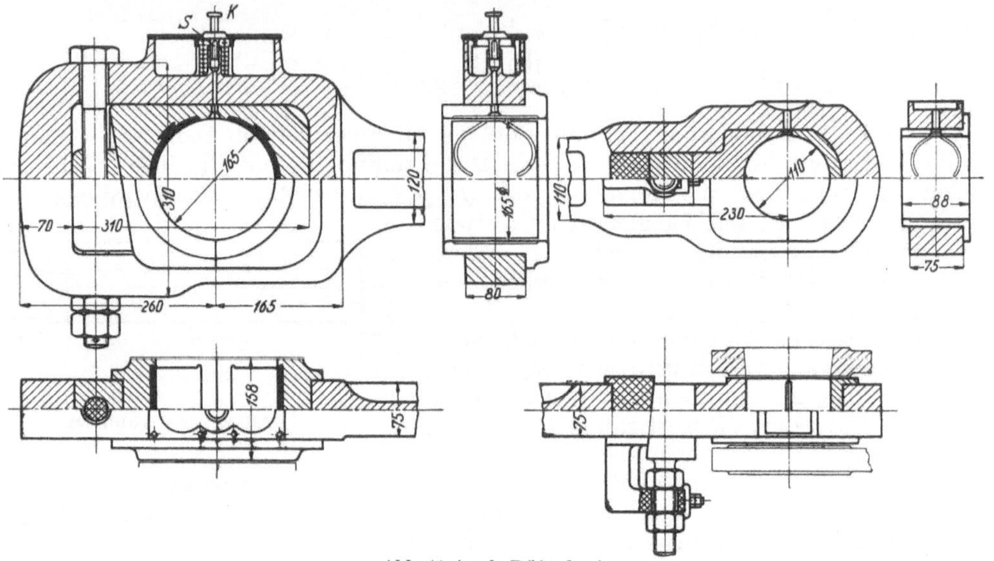

Abb. 41 (nach Rötscher).

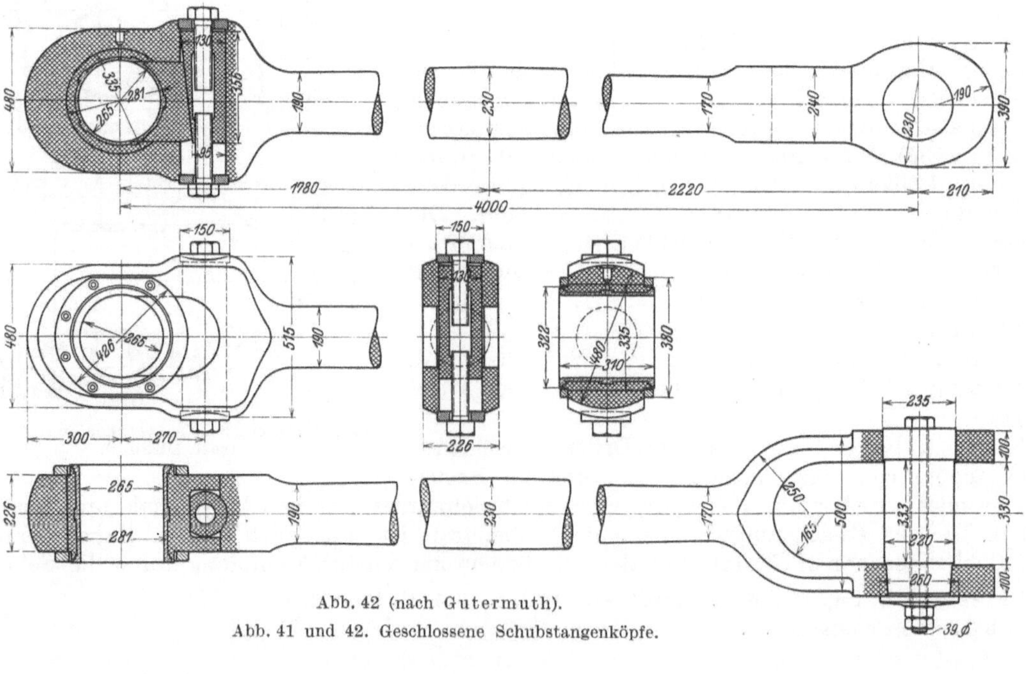

Abb. 42 (nach Gutermuth).
Abb. 41 und 42. Geschlossene Schubstangenköpfe.

b) **Kreuzkopfende und Kreuzkopf.** Schubstangenkopf und Kreuzkopf bilden eine gelenkartige Verbindung (Abb. 33). Die Gabel kann dabei sowohl am Kreuzkopf (Abb. 41) als auch an der Schubstange angeordnet werden (Abb. 42). Die erste Ausführungsform überwiegt und kommt bei den einfachwirkenden Maschinen immer vor, wenn der Kolben gleichzeitig als Kreuzkopf dient (Abb. 2). Die Schubstange erhält dann einen sog. geschlossenen Kopf mit Nachstellung durch Keile. Der Keil (mit einer Neigung von 1:7 bis 1:8) kann dabei senkrecht zum Zapfen (Abb. 34, 41, 42 links) oder parallel dazu (Abb. 41 rechts) angeordnet werden, und zwar sowohl außen (Abb. 41 links) von der Stangenmitte aus gerechnet als auch innen (Abb. 34, 42 links, 41 rechts). Ausschlaggebend für die zu wählende Anordnung ist die Möglichkeit des einfachen Zusammenbaues und der Nachstellung ohne Änderung der Stangenlänge (Abb. 41). Die Anordnung senkrecht zum Zapfen überwiegt, weil dafür mehr Platz vorhanden ist.

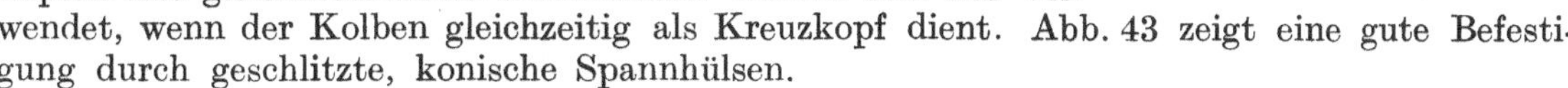

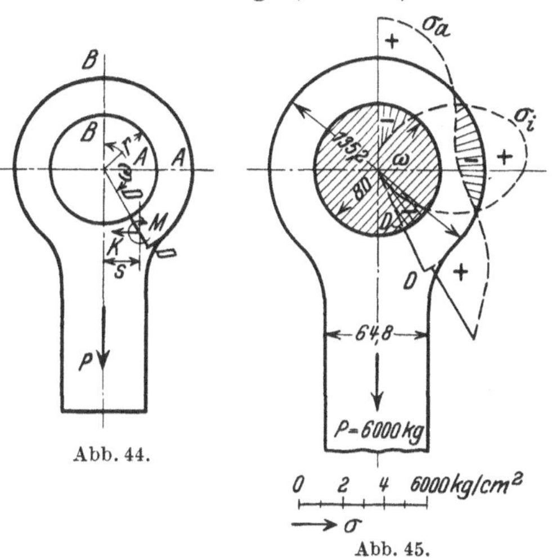

Abb. 43.

Der meist konische Zapfen sitzt in der Gabel fest (Abb. 42 rechts und 40 links) und muß gegen Verdrehung gesichert werden. Zapfen mit gleichbleibendem Durchmesser werden fast nur verwendet, wenn der Kolben gleichzeitig als Kreuzkopf dient. Abb. 43 zeigt eine gute Befestigung durch geschlitzte, konische Spannhülsen.

Der geschlossene Stangenkopf ist als statisch unbestimmter, stark gekrümmter Träger (ähnlich wie in Heft IV, S. 4 der Kreisring) zu berechnen. Das einfache Auge (Abb. 44) kann z. B. in BB und DD als eingespannt betrachtet werden. Der Bolzen drückt gegen die Innenfläche AB des Auges mit einer Kraft, die von B nach A abnimmt. Da die Kraftverteilung von der Formänderung des Auges abhängt und deshalb zunächst nur geschätzt werden kann, wird zur Vereinfachung der Rechnung — entweder eine über den Durchmesser gleichmäßig verteilte Belastung oder eine in B konzentrierte Einzelkraft angenommen. Die unter der Voraussetzung einer gleichmäßig verteilten Belastung (von Dr. Mathar[1]) berechneten Spannungen sind in Abb. 45 eingetragen und mit den tatsächlich auftretenden (aus den beobachteten Formänderungen berechneten) verglichen (Abb. 46). Der Vergleich zeigt, daß die Rechnung die Spannungen stark (bis 100%) überschätzt. Die große Abweichung zwischen Rechnung und Versuch ist darauf zurückzuführen, daß bei der Rechnung eine ungehinderte Formänderung des

Abb. 44.

Abb. 45.

Abb. 44 und 45. Berechnete Spannungsverteilung.

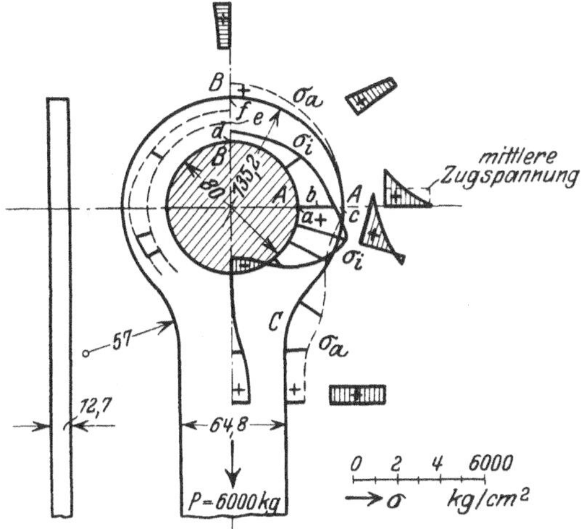

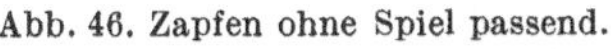

Abb. 46. Zapfen ohne Spiel passend.

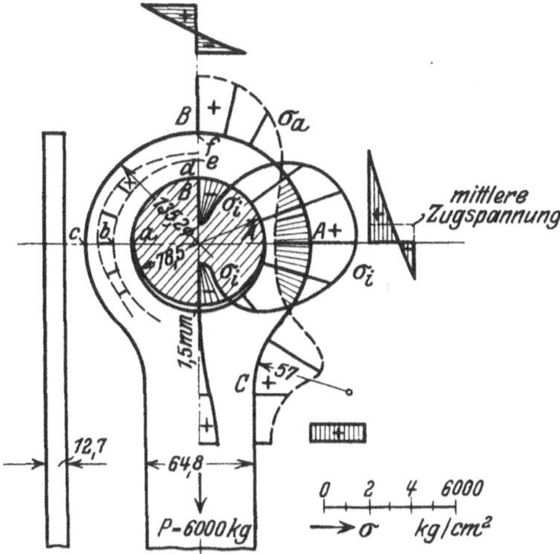

Abb. 47. Zapfen mit Spiel im Auge.

Abb. 46 und 47. Durch Versuch bestimmte Spannungsverteilung.

____
[1] Mathar, Dr.-Ing. J.: Spannungsverteilung in Schubstangenköpfen. Mitt. Forsch.-Arb. H. 306. 1928.

Auges vorausgesetzt ist, während der genau eingepaßte Bolzen die Formänderung verhindert. Sobald der Bolzen mit genügendem Spiel im Auge ausgeführt wird, ist eine wesentlich bessere Übereinstimmung zwischen Rechnung und Versuch vorhanden (Abb. 47)[1].

Auch beim geschlossenen Stangenkopf wird das Spannungsbild vollständig geändert, wenn der genau eingepaßte Bolzen die Formänderung des Kopfes verhindert, während beim Zapfenspiel und unter der Annahme der Linienberührung zwischen Zapfen und Auge eine gute Übereinstimmung zwischen Rechnung und Versuch vorhanden ist (Abb. 49).

Bei den Kreuzköpfen unterscheidet man zwei Hauptformen, je nachdem der Kopf den Zapfen (Zapfenkreuzkopf, Abb. 50) oder das Lager trägt (Lagerkreuzkopf, Abb. 51 u. 52). Der Zapfenkreuzkopf hat meist Gabelform, so daß der Zapfen an beiden Enden gestützt ist. Je nach der Form der Gleitbahn werden die Gleitschuhe zylindrisch oder eben ausgebildet und ein- oder beidseitig geführt (Abb. 50 bis 52).

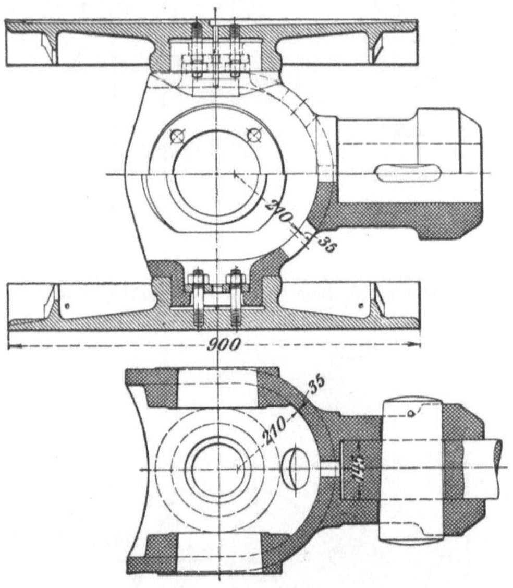

Abb. 48.   Abb. 49.

Abb. 48 und 49. Durch Versuch bestimmte Spannungsverteilung in einem geschlossenen Schubstangenkopf mit Zapfenspiel.

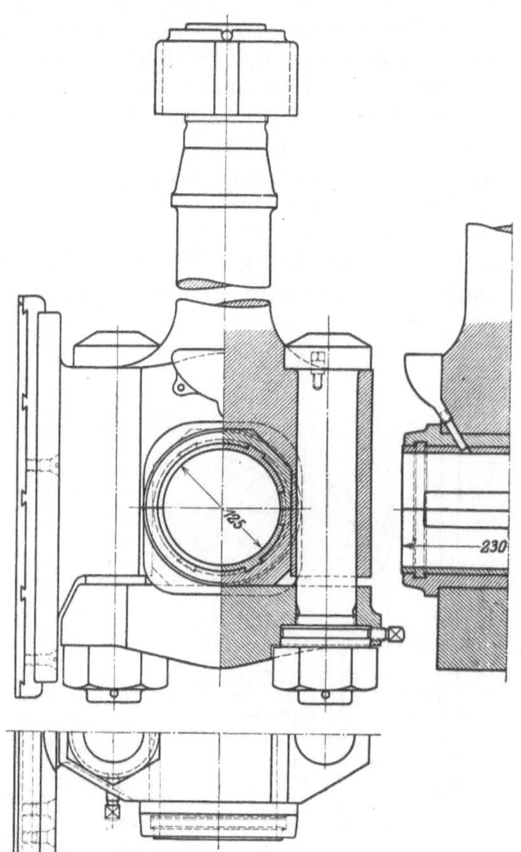

Abb. 50. Kreuzkopf (nach Frey).

Abb. 51. Kreuzkopf (nach Frey).

---

[1] Vgl. auch die Rechnungsweise von J. M. Bernhard: Z. V. d. I. 1930, S. 945, der das Auge als geschlossenen Kreis berechnet und zwei Einzelkräfte annimmt, die etwas seitlich von Stangenmitte angreifen. Watzinger, Prof. A. (Die Spannungsverteilung in geschlossenen Schubstangenköpfen. Z. V. d. I. 1909, S. 1033/36) berechnet die Spannungen unter der (nicht zutreffenden) Voraussetzung, daß der Schwerpunkt des Schnittes EE (Abb. 48) sich frei verschieben kann, während Matsumura, T. (Festigkeit geschlossener Schubstangenköpfe. Z. V. d. I. 1911, S. 460/65) voraussetzt, daß die Entfernung b konstant bleibt, so daß im Schwerpunkt noch eine horizontale Kraft wirken muß.

c) Die Schmierung. Der Schmiervorgang bei schwingenden Zapfen ist grundsätzlich verschieden von der Schmierung umlaufender Zapfen (Heft III, S. 42). Tritt im Lager ein Druckwechsel auf, so müssen die dabei auftretenden Stöße durch den Widerstand der zu verdrängen-

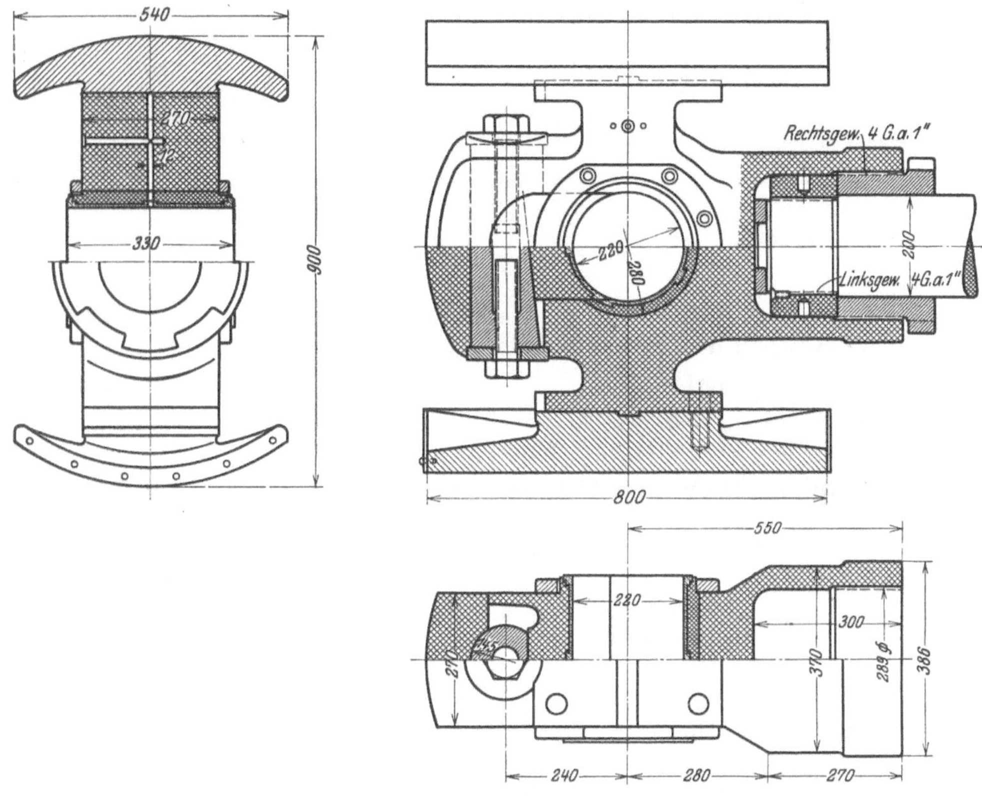

Abb. 52. Kreuzkopf (nach Gutermuth).

den Ölschicht gedämpft werden. Wie stark die dämpfende Wirkung zäher Flüssigkeiten sein kann, zeigt folgende Überschlagsrechnung:

Zwei planparallele Platten in der Entfernung h (Abb. 53) werden einander mit der Geschwindigkeit v m/s unter Verdrängung einer Ölschicht genähert. Senkrecht zur Zeichnungsebene seien die Platten unendlich lang. Die Flüssigkeitsströmung ist symmetrisch in bezug auf die X- und Y-Achse. Durch einen Querschnitt im Abstande x von der Plattenmitte wird durch die Annäherung für die Plattenbreite $b = 1$ die Flüssigkeitsmenge

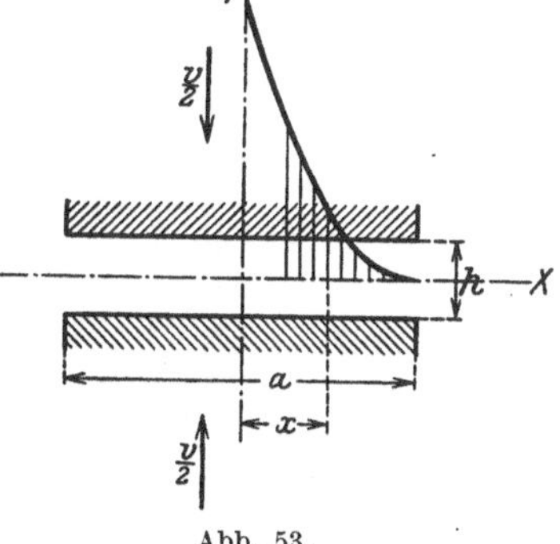

$$G_{b=1} = vx \ \text{m}^3/\text{s}$$

gepreßt. Nun ist nach Heft III, S. 32, Gleichung (26) allgemein:

$$G_{b=1} = -\frac{h^3}{12\,\eta}\frac{dp}{dx} + \frac{U\,h}{2}$$

und weil hier $U = 0$ ist:

$$G_{b=1} = -\frac{h^3}{12\,\eta}\frac{dp}{dx} = v \cdot x .$$

Abb. 53.

Wenn das Öl ohne Überdruck abfließen kann, d. h. wenn für $x = \pm\, a/2$, $p = 0$ ist, so folgt aus der Integration der Gleichung:

$$p = \frac{6\eta v}{h^3}\left\{\left(\frac{a}{2}\right)^2 - x^2\right\}. \tag{26}$$

Die für die Näherung der Platten erforderliche Kraft ist

$$\frac{P}{b} = 2\int_0^{\frac{a}{2}} p\,dx = \frac{12\eta v}{h^3}\int_0^{\frac{a}{2}}\left(\frac{a^2}{4} - x^2\right)dx = \eta v\left(\frac{a}{h}\right)^3. \tag{27}$$

Ist $a = 0,1$ m, $h = 0,1$ mm $= 0,0001$ m, $v = 1$ m/s und $\eta = 0,002$ kgm²/s, dann ist

$$\frac{P}{b} = 0,002 \cdot 1 \left(\frac{0,1}{0,0001}\right)^3 = 2\,000\,000 \text{ kg/m}.$$

Für eine endliche Plattenbreite b ist der Druck P kleiner, weil dabei das Öl auch seitlich abfließen kann. Die Zeit, die zur Näherung der beiden Platten erforderlich ist, folgt aus:

$$v = -\frac{dh}{dt} = \frac{P}{b\eta}\left(\frac{h}{a}\right)^3$$

oder

$$- dt = \frac{\eta b}{P}\left(\frac{a}{h}\right)^3 dh$$

zu:

$$t_2 - t_1 = \frac{\eta b a^3}{2P}\left(\frac{1}{h_2^2} - \frac{1}{h_1^2}\right). \tag{28}$$

Hiernach wäre eine **unendlich lange Zeit** erforderlich, um die Flüssigkeit durch eine endliche Kraft P zwischen den beiden Flächen vollständig zu verdrängen.

Ist z. B. $h_1 = 1$ mm $= 0,001$ m,

$h_2 = 0,1$ mm $= 0,0001$ m und

$h_3 = 0,01$ mm $= 0,00001$ m, als Grenzwert gleich der Summe der Unebenheiten der

Platten, dann ist für $b = 0,1$ m, $\eta = 0,002$ kgm²/s und $P/b = 10$ t $= 10\,000$ kg

$$\frac{\eta b a^3}{2P} = \frac{0,002}{10\,000} \cdot \frac{0,1^3}{2} = 10^{-10}$$

und

$$t_2 - t_1 = 10^{-10}\left\{\frac{1}{10^{-8}} - \frac{1}{10^{-6}}\right\} = 0,01 \text{ sek},$$

und

$$t_3 - t_2 = 10^{-10}\left\{\frac{1}{10^{-10}} - \frac{1}{10^{-8}}\right\} = 1 \text{ sek}!$$

Man erkennt daraus die sehr stark dämpfende Wirkung dünner Ölschichten. Je besser nun das seitliche Abfließen des Öles bei den Schubstangenköpfen verhindert wird (z. B. durch eng anliegende Bunde am Zapfen), um so eher sind die Voraussetzungen der Rechnung auch praktisch erfüllt. Ist die Dämpfung so vollkommen, daß im Augenblick des neuen Druckwechsels der Zapfen die Lagerschale noch gar nicht erreicht hat, so findet überhaupt keine metallische Berührung zwischen Zapfen und Lagerschale statt. Der Zapfen bewegt sich dann innerhalb des Lagerspieles völlig im Öl hin und her. Wir brauchen deshalb bei schwingenden Zapfen mit Druckwechsel nur für eine vollkommene Stoßdämpfung zu sorgen, um gleich-

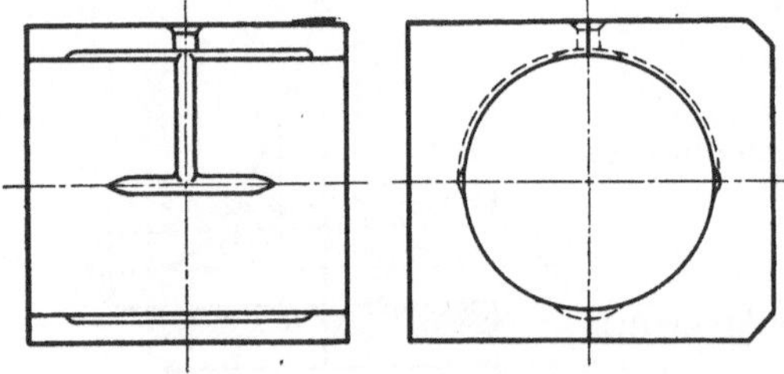

zeitig auch eine vollkommene Schmierung zu erhalten.

Voraussetzung hierfür ist (Abb. 54):

1. kleines Lagerspiel;

2. starre, glatte Zapfen und Lagerkörper, denn die elastischen Formänderungen vergrößern zum Teil das Lagerspiel und bewirken anderseits eine metallische Berührung. Übermäßige Abnutzung und gelegentliches Anfressen solcher Bolzen sind weniger die Folgen einer mangelhaften Schmierung oder zu hoher Flächenpressungen, als zu großer Formänderungen;

Abb. 54. Kreuzkopfzapfenlager für Maschinen mit Druckwechsel (nach **Falz**, Schmiertechnik).

3. Vermeidung seitlichen Abfließens des Öles;

4. Das zwischen Zapfen und Lagerschale verdrängte Öl muß (weil verloren) nach dem Druckwechsel **sofort** erneuert werden. Das Öl ist deshalb mit **Überdruck** ($p \approx 0,5$ at) zuzuführen.

Tritt **kein Druckwechsel** ein, wie es bei langsamlaufenden, einfachwirkenden Maschinen der Fall ist, so ist Gleitung unter gleichbleibender Druckrichtung vorhanden. Die Gleitgeschwindigkeit ist meist viel zu gering, um Flüssigkeitsreibung zu erreichen, so daß halbflüssige Reibung auftritt (Heft III, S. 48) und kleine Flächenpressungen (dicke Zapfen) günstig sind. Bei schwingenden Zapfen (Kreuzkopf) erhält das Lager dann gut abgerundete Verteilnuten in der Entfernung des Schwingungsweges (Abb. 55).

Die Zapfen werden gehärtet und geschliffen und sind nach den allgemeinen Angaben in Heft III, S. 22/27 auf Festigkeit, Flächenpressung und Erwärmung zu berechnen. Da der Zapfendruck sehr stark schwankt, ist für die Berechnung der Erwärmung der zeitliche Mittelwert p_m während einer Umdrehung einzusetzen. Setzt man $p_m = \varphi\, p_{max}$, so können für Überschlagsrechnungen folgende Werte von φ gewählt werden:

$\varphi = 1$ für doppeltwirkende Flüssigkeitspumpen,
$\varphi = 0,5$ für einfach wirkende Flüssigkeitspumpen,
$\varphi = 0,15$ bis $0,2$ für einfach wirkende Viertaktmaschinen,
$\varphi = 0,2$ bis $0,35$ für doppeltwirkende Viertaktmaschinen,
$\varphi = 0,3$ bis $0,7$ für doppeltwirkende Dampfmaschinen, je nach Füllung.

Am günstigsten liegen die Abkühlungsverhältnisse beim Kurbeltrieb der Lokomotive, wo alle Teile einem kräftigen Luftstrom ausgesetzt sind. Hier sind Kreuzkopfzapfen mit $p_{max} = 370\,\mathrm{at}$ und Kurbelzapfen mit $p_m \cdot v$ bis $100\,\mathrm{kg/cm^2 \cdot m/s}$ ausgeführt worden.

Am ungünstigsten dagegen wird die Abkühlung bei den heute allgemein bevorzugten vollständig gekapselten Maschinen. Bei kleinen einfach wirkenden Maschinen taucht das Triebwerk in ein Ölbad ein (Abb. 56). Das umhergespritzte Öl schmiert die verschiedenen Gleitstellen genügend und

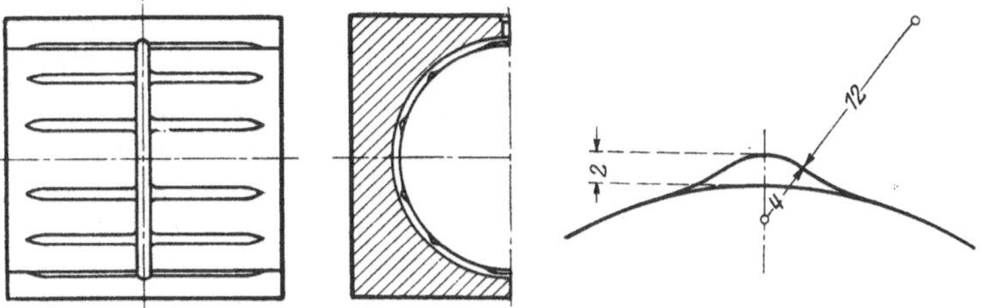

Abb. 55. Kreuzkopfzapfenlagerschale mit Schmiernuten für Maschinen ohne Druckwechsel (nach Falz).

kühlt sich beim Heruntertropfen wieder ab. Der Kolbenbolzen wird durch das vom inneren Kolbenboden abtropfende Öl geschmiert, das man oft in einem entsprechenden Ausschnitt im Kopf der Stange auffängt (Abb. 57).

Bei allen größeren Maschinen wird Spülschmierung mit umlaufendem Öl verwendet. Jedes Hauptlager erhält einen Preßölzulauf; durch den angebohrten Zapfen gelangt das Öl in die hohle Kurbelwelle, von dort aus in den Schubstangenkopf und durch die hohle Schubstange (Abb. 58)

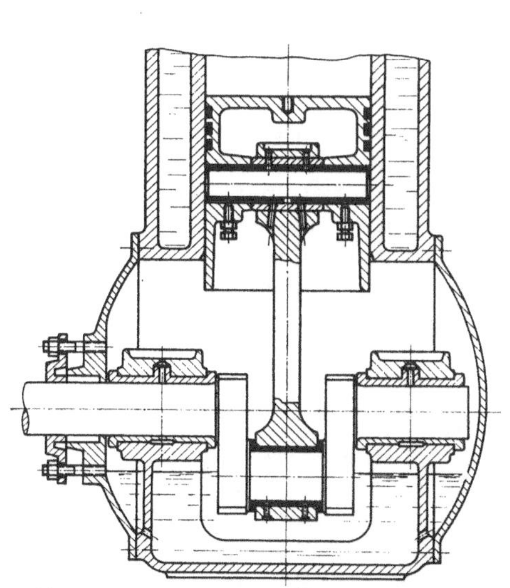

Abb. 56. Tauchschmierung. Ungünstige Abkühlung der Gleitstellen (nach Rötscher).

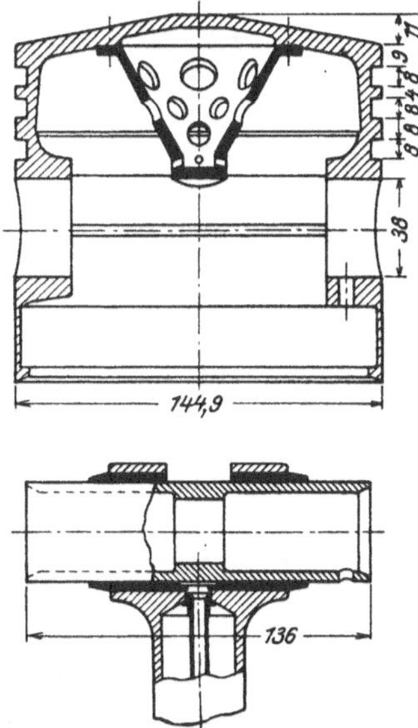

Abb. 57. Schmierung des Kolbenbolzens (nach Heller).

oder durch Ölleitungen zum Kreuzkopfzapfen, von wo aus es auch die Geradführungen schmiert. Dabei sind für den Kurbelzapfen Werte von $p_m \cdot v = 20$ bis 30 gebräuchlich.

Die ganze Betriebssicherheit der Maschinen hängt von der Zuverlässigkeit der Schmierung ab. Abb. 59 zeigt schematisch die zweckmäßige Anordnung mit Ölfilter, Ölkühler, Manometer, Thermometer usw. Für große Maschinen ist auch eine Handpumpe vorzusehen, um die Schmierung auch bei der Inbetriebsetzung zu sichern.

Beim Exzenter sind Werte von $p_m \cdot v = 5$ bis 10 gebräuchlich.

d) Der Schaft wird im ungünstigsten Fall (beim Anlaufen) durch den vollen Verbrennungsdruck bzw. Dampfdruck $F \cdot p_{\max} = P$ auf Knickung beansprucht. Für Dieselmotoren ist $p_{\max} = 35$ bis 40 at; für Verpuffungsmaschinen kleiner als 30 at und für Dampfmaschinen ist $p_{\max}$ gleich dem Dampfdruck.

Da die beiden Stangenenden frei drehbar gelagert sind, wird die zulässige Stangenkraft S nach der Eulerschen Knickformel (Heft I, S. 53):

$$S = \frac{1}{n} \frac{\pi^2}{l^2} J E \text{ kg}. \tag{29}$$

Als Sicherheitsfaktor n wird in der Literatur angegeben:

$n = 20$ bis 25 für Dampfmaschinen,

$n = 30$ für Verbrennungskraftmaschinen.

Die scheinbar sehr hohe Knicksicherheit ist aber in Wirklichkeit gar nicht vorhanden, denn erstens liegen die Abmessungen meist außerhalb des Geltungsbereiches der Eulerschen Formel, zweitens gilt die Formel nur für prismatische Stäbe, und drittens beanspruchen die Trägheitskräfte (Abb. 14) die Stange gleichzeitig auf Biegung, so daß infolge der elastischen Durchfederung f noch ein zusätzliches Biegemoment $P \cdot f$ entsteht.

Die Eulersche Formel ist nur gültig, solange $\lambda = \dfrac{l}{i} > \pi \sqrt{\dfrac{E}{\sigma_p}}$ ist. Für eine Stahlstange muß demnach $l/i > 93$ sein. Für kreisförmige Querschnitte muß, da $i = \sqrt{\dfrac{J}{F}} = d/4$ ist, l größer als rund 23 mal dem Durchmesser des zylindrischen Stabes sein. In allen anderen Fällen muß die Knicksicherheit nach der Formel von Tetmayer (Heft I, S. 53) beurteilt werden. Bei Schubstangen aus Leichtmetall, deren Verwendung bei Leichtmotoren nahe liegt, ist darauf zu achten, daß die E-Werte viel kleiner sind als für Stahl. Für Duralumin z. B. ist $E = 700000$ bis 750000 kg/cm² und bei einer Proportionalitätsgrenze $\sigma_p = 2000$ kg/cm² liegt die Grenze für die Verwendung der Eulerschen Formel schon bei $l/i > 59$.

Für langsamlaufende Maschinen ist der Schaft meist kreisförmig und von der Mitte aus entweder nach beiden Seiten schwach konisch verjüngt (Abb. 42) oder — wenn der eine Kopf sehr schwer ausfällt (Abb. 33 u. 34) — auch

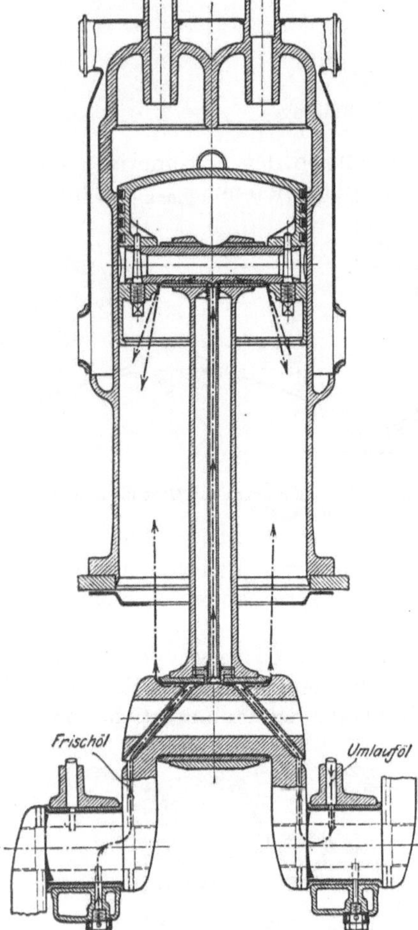

Abb. 58. Umlaufschmierung (nach Heller).

durchgehend konisch. Die in Heft I abgeleiteten Gleichungen gelten nur für prismatische Stäbe. Nimmt der Querschnitt des auf Knicken beanspruchten Stabes von der Mitte nach den beiden

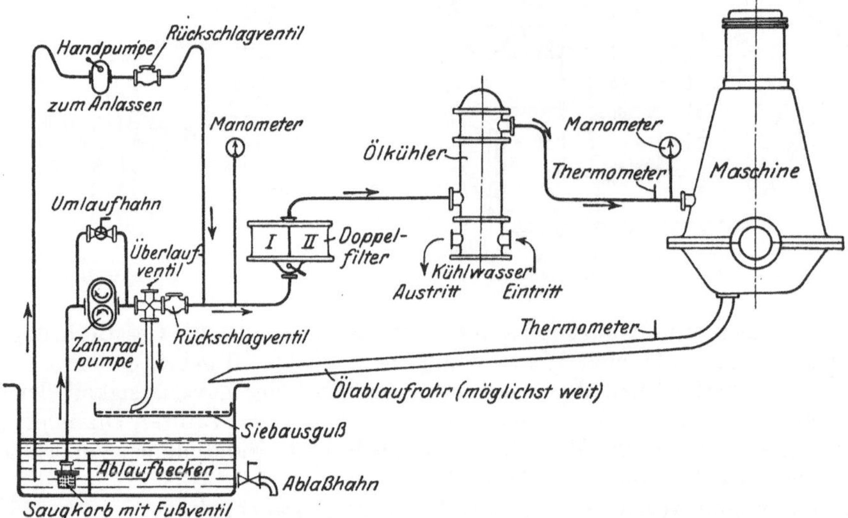

Abb. 59. Schematische Darstellung einer Umlaufschmierung mit Ölrückkühlung (nach Falz).

Enden von F_2 auf F_0 stetig ab (Abb. 60), so ist die Knicklast kleiner als die des gleichlangen prismatischen Stabes vom Querschnitt F_2, und zwar — wenn die Verjüngung höchstens 1:5 ist — gleich der Knicklast eines gleichlangen prismatischen Stabes vom Querschnitt F_1, auf $\frac{1}{3}$ der Stablänge l gemessen. In neuerer Zeit erhalten die Stangen aus Herstellungsgründen vielfach gleichbleibenden Querschnitt.

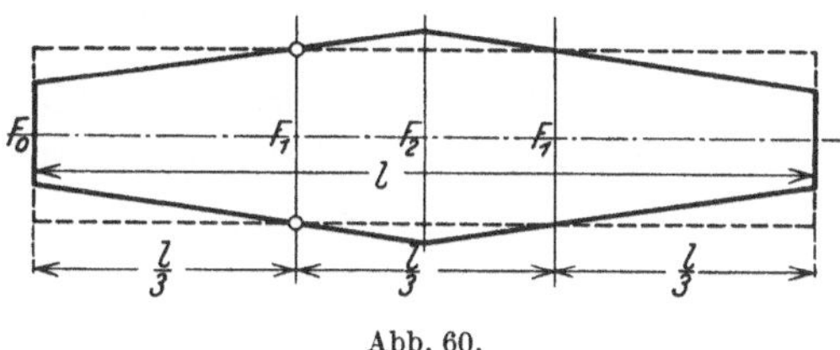

Abb. 60.

Bei jeder Umdrehung der Kurbelwelle wird die Stange zweimal gebogen, so daß Schwingungen auftreten, die gefährlich werden, sobald die Schwingungszahl mit der Eigenschwingungszahl der Stange zusammenfällt. Nach Heft III, S. 82, Gleichung (115) ist die kritische Drehzahl (weil zwei Schwingungen auf eine Umdrehung fallen):

$$n_k = \frac{30}{\pi}\,\omega_k = \frac{30}{2\,\pi}\,\sqrt{1{,}275\,\frac{g}{f_0}}\,.$$

Mit $f_0 = \dfrac{5}{384}\,\dfrac{G\,l^3}{J\,E}$ und $\dfrac{G}{g} = m$, die Masse der Schubstange [kg·s²/cm] wird

$$n_k \approx \frac{150}{\pi}\,\sqrt{\frac{J\,E}{m\,l^3}}\,. \tag{30}$$

Die Knicksicherheit ist senkrecht zur Biegungsebene wesentlich größer als in der Biegungsebene, weil die Stange dort als an beiden Enden eingespannt betrachtet werden kann (Knickfall IV, Heft I, S. 53). Deshalb erhält die Schubstange bei raschlaufenden Maschinen I-Querschnitt (Abb. 37), und zwar so, daß das Verhältnis der Trägheitsmomente in beiden Richtungen ungefähr 1:3 ist. Bei kleinen Stangen wird der Schaft als Gesenkschmiedestück hergestellt und womöglich nicht nachgearbeitet. Bei größeren Stangen (Lokomotiven) wird die I-Form durch Ausfräsen hergestellt. Wo es auf große Gewichtsersparnis ankommt (Flugzeugmotoren) benützt man auch Stangen mit ringförmigem Querschnitt (Abb. 58), die allerdings in der Herstellung sehr teuer sind, weil sie aus dem Vollen gebohrt werden müssen. Der Hohlraum kann zum Anbringen der zum Kolbenbolzen führenden Schmierölleitung benützt werden.

Zahlenbeispiel: Für eine Dampfmaschine ist $P \approx S = 25\,000$ kg, $l = 300$ cm, dann ist für einen kreisförmigen Querschnitt bei 25facher Knicksicherheit:

$$S = \frac{1}{25}\cdot\frac{\pi^2}{l^2}\cdot\frac{\pi}{64}\,d^4\,E\,.$$

Mit $l = 300$ cm ist $d = 15{,}5$ cm und $l/d = 300/15{,}5 = 19{,}3$ kleiner als 23,3, so daß die Knicksicherheit der Stange nach Tetmayer zu beurteilen ist. Für Stahl ist dann (Heft I, S. 53):

$$\sigma_k = 3200 - 11{,}6\,l/i = 2300 \text{ kg/cm}^2\,.$$

Die Druckspannung ist $\dfrac{25\,000}{\pi/4 \cdot 15{,}5^2} = 133$ kg/cm², so daß für die prismatische Stange nach Tetmayer immer noch eine $\frac{2300}{133} = 17{,}3$fache Knicksicherheit vorhanden wäre. Die Knicksicherheit wird aber durch die gleichzeitig auftretende Biegebeanspruchung vermindert. Ist z. B. $n = 100$ Uml/min, so ist $\omega = \dfrac{\pi\,n}{30} \approx 10{,}5$ und die Radialbeschleunigung mit $r = \frac{1}{5}\,l = 0{,}6$ m:

$$p_r = \omega^2\,r = 66 \text{ m/s}^2\,.$$

Die gefährlichste Biegebeanspruchung tritt auf, wenn die Radialbeschleunigung senkrecht zur Stange gerichtet ist. Bei einer prismatischen Stange sind die Massenkräfte wie eine Dreieckbelastung über die Schubstange verteilt. Wie in Heft I, S. 33 nachgewiesen ist, kann für die Berechnung des maximalen Biegemomentes und der größten Durchbiegung mit großer Annäherung die Gesamtbelastung als gleichmäßig über die Stange verteilt angenommen werden. Dann folgt aus

$$M_{\max} = \frac{1}{8}\,\frac{m\,p_r\,l}{2} = 0{,}1\,d^3\cdot\sigma_b = \frac{\pi/4\,d^2\cdot 300\cdot 0{,}00785\cdot 300\cdot 66}{8\cdot 2}\,,$$

$$\sigma_b = 150 \text{ kg/cm}^2$$

und die Durchfederung

$$f = \frac{5}{384}\cdot\frac{m\,p_r}{2}\,\frac{l^3}{J\,E} = 0{,}085 \text{ cm} = 0{,}85 \text{ mm}\,.$$

Für $n = 200$ wird $p_r = $ viermal größer, so daß auch Biegespannung und Durchbiegung viermal größer werden, d. h.

$$\sigma_b = 600 \text{ kg/cm}^2 \text{ und } f = 3{,}2 \text{ mm}.$$

e) **Besondere Bauarten von Pleuelstangen** erfordern die Maschinen mit V-, W- oder sternförmiger Zylinderanordnung. Die Schwierigkeiten, hier ausreichend große Laufflächen unterzubringen und eine befriedigende Betriebssicherheit zu erreichen, wachsen mit der Zahl der auf einen Zapfen wirkenden Zylinder. Die bei V-förmiger Zylinderanordnung nächstliegende Anordnung der beiden Pleuelstangenköpfe nebeneinander auf einen gemeinsamen Kurbelzapfen — die eine geringe Versetzung der Mittel je zweier einander gegenüberliegender Zylinder bedingt — hat den Nachteil, daß sie zu lange Zapfen und entsprechend lange Maschinen liefert. Das gleiche Ergebnis erhält man, wenn man den einen Stangenkopf gabelt. Bei den neueren Ausführungen gegabelter Pleuelstangen dient daher die nicht gegabelte Pleuelstange der gegabelten als Lager (Abb. 61). Der Stangenkopf ist außen und innen mit Weißmetall unmittelbar ausgegossen, damit der Gabelkopf nicht zu groß wird.

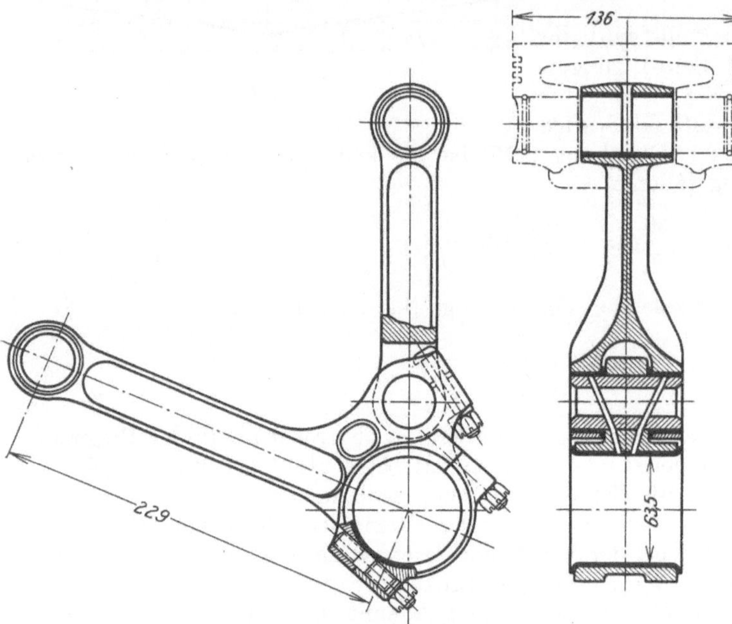

Abb. 61. Schubstange für V-Motor.

4. Kolben. Die Kolben dienen zur Aufnahme des Druckes und müssen im Zylinder gut abdichten.

Wegen seinen guten Laufeigenschaften ist Gußeisen der geeignetste Baustoff für Kolben. Stahlguß und Stahl sind nur zu verwenden für schwebende, von den Kolbenstangen getragene Kolben oder bei Einschaltung einer besonderen Tragfläche. Leichtmetalle (Aluminium und Elektronlegierungen), deren Verwendung bei raschlaufenden Leichtmotoren nahe liegt, haben den Nachteil, sich bei Temperaturerhöhungen etwa dreimal mehr auszudehnen als der gußeiserne Zylinder (vgl. S. 29).

a) **Kolbenringe.** Als Dichtung werden meist selbstspannende Ringe aus Gußeisen (Kolbenringe) verwendet, die für Gase und Dämpfe auch bei hohen Temperaturen geeignet sind. Das Ringmaterial muß etwas weicher sein als der Zylinderguß. Die Ringe sind zum Teil genormt und werden von Spezialfabriken hergestellt.

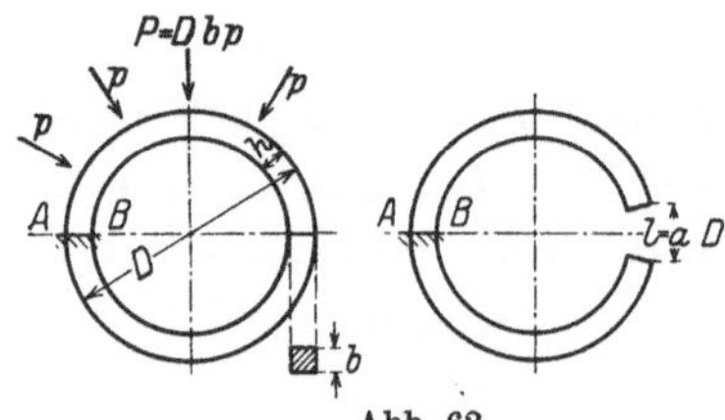

Abb. 62.

Der Ring muß sich — um einwandfrei abzudichten — mit einer gleichmäßigen Pressung p an die Zylinderwand anlegen (Abb. 62). Die größte dabei auftretende Beanspruchung ist (nach Heft I, S. 46) aus der Gleichung

$$\sigma_{\max} = \frac{P_0}{F} + \frac{M}{Z} \cdot \frac{\dfrac{h}{2}}{1 + \dfrac{h}{2r}}$$

zu berechnen. Nun ist h klein gegenüber r, z. B. $\dfrac{h}{2r} = \dfrac{1}{80}$ bis $\dfrac{1}{50}$, so daß $Z = J = \dfrac{1}{12} b h^3$ gesetzt werden kann.

Für den Schnitt AB ist $M = + D \cdot b \cdot p \cdot D/2$, so daß

$$\sigma_{\max} = \frac{P_0}{F} + \frac{6M}{b h^2} = \frac{P_0}{F} + 12 p \left(\frac{r}{h}\right)^2$$

ist. Da $P_0 = -pDb + \dfrac{pD^2b}{2r} = 0$ ist, so ist die größte Spannung

$$\sigma_{\max} = 12\,p\left(\frac{r}{h}\right)^2 \text{kg/cm} .\tag{31}$$

Die in der Literatur angegebenen Werte von p, die zum einwandfreien Abdichten erforderlich sind, weichen sehr stark voneinander ab; sie liegen zwischen 0,1 und 0,5 at. Wenn als zulässige Spannung für Gußeisen 400 at angenommen wird[1], so folgt aus Gleichung (31), daß

$$\text{für}\quad p = 0{,}1 \text{ at } r/h = 18 \quad \text{und für}\quad p = 0{,}4 \text{ at } r/h = 9$$

sein sollte, damit die zulässige Spannung nicht überschritten wird. Da die Ringe meist mit $r/h = 15$ bis 25 ausgeführt werden, ertragen sie dauernd keine wesentlich höhere Pressung als etwa 0,1 at, die, wenn der Ring überall gleichmäßig anliegt, zur Dichtung ausreichend ist.

Die größte Beanspruchung des Ringes entsteht aber beim Überstreifen über den Kolben. Nach Heft I, S. 47, Gleichung (60) ist

$$\frac{1}{\varrho} - \frac{1}{r_0} = \frac{M}{JE} = \frac{2\sigma}{Eh} ,\tag{32}$$

worin $r_0 = r + \dfrac{\delta}{2\pi}$ der Krümmungsradius des ungespannten Ringes, r der Zylinderradius und δ der herausgeschnittene Teil ist.

Zum Überstreifen muß der Krümmungsradius ϱ mindestens gleich $r + h$ sein, so daß

$$\frac{1}{r+h} - \frac{1}{r+\delta/2\pi} = -\frac{2\sigma}{E\cdot h} \approx \frac{\delta/2\pi - h}{r^2}$$

ist, woraus mit Gleichung (34) u. (31):

$$\sigma = \frac{E}{2}\left(\frac{h}{r}\right)^2\left(1 - \frac{\delta}{2\pi h}\right) = \frac{E}{2}\cdot\left(\frac{h}{r}\right)^2 - \frac{150\,p}{4\pi}\cdot\left(\frac{r}{h}\right)^2 = \frac{E}{2}\left(\frac{h}{r}\right)^2 - \sigma_{\max}\tag{33}$$

folgt. Mit $r/h = 18$, $\sigma_{\max} = 400$ und $E = 800\,000$ kg/cm^2 wird $\sigma = 850$ kg/cm^2. Diese Spannung liegt jedenfalls oberhalb der Elastizitätsgrenze von Gußeisen, so daß das Einbringen der Ringe mit der größten Sorgfalt geschehen muß, weil sie sonst zerbrechen. Die Vorrichtung nach Abb. 63 verhindert ein zu starkes Aufspreizen der Ringe und damit eine übergroße Beanspruchung.

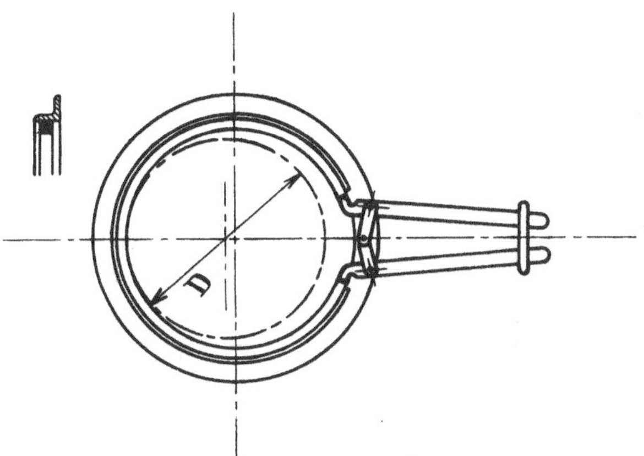

Abb. 63 (nach Volk, Kolben).

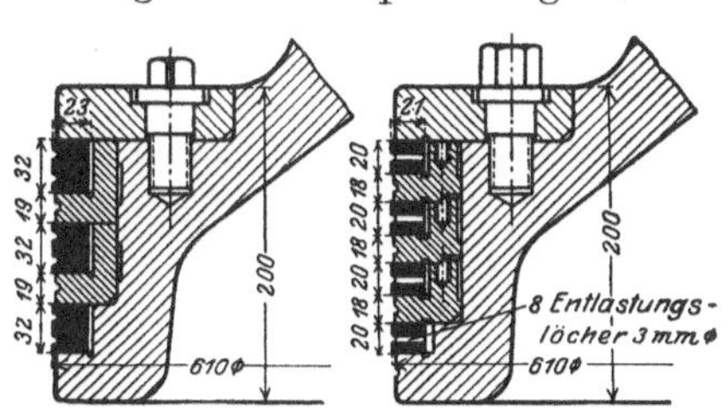

Abb. 64 und 65 (nach Dubbel, Taschenbuch).

Um die Überbeanspruchung der Ringe zu vermeiden, wird der Kolben mehrteilig ausgeführt (Abb. 64/65), so daß die Ringe seitlich eingeführt werden können. Die Stoßstelle, das Schloß des Ringes, wird meist abgeschrägt (Abb. 66a) oder auch als eine besondere Überlappung ausgebildet (Abb. 66b).

Die Länge δ (Abb. 67), die aus dem ungespannten Ring herausgeschnitten werden muß, damit er sich unter dem gleichmäßigen Druck p gerade schließt, läßt sich nach den Angaben in Heft I, S. 58 wie folgt berechnen:

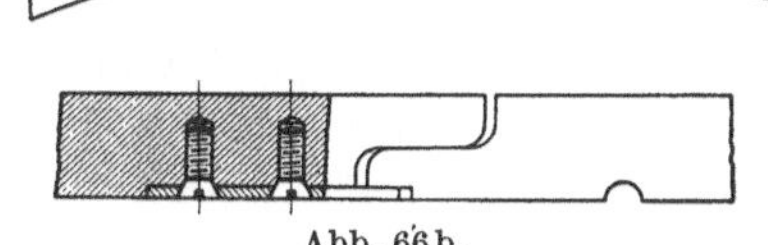

Abb. 66a. 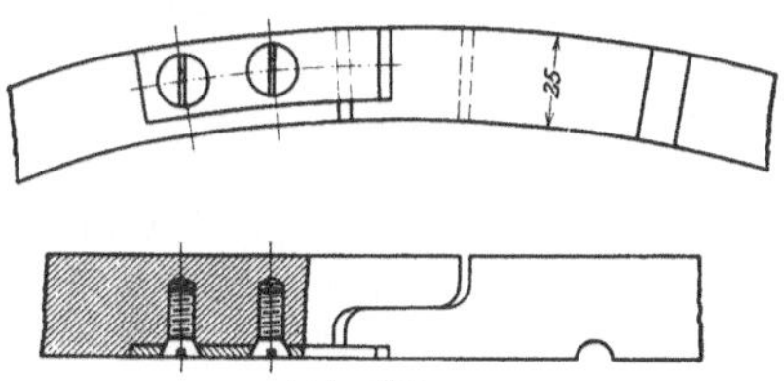   Abb. 66b.

Abb. 66 a und b. Stoßstelle der Kolbenringe (nach Dubbel, Taschenbuch).

Wenn an der Schnittfläche eine tangentiale Kraft X wirken würde, so folgt aus dem Satz von Castigliano, daß $\dfrac{\partial A}{\partial X} = \delta$ ist. Nun wirkt aber dort keine Kraft;

---

[1] In der Literatur (z. B. Dubbel: Ölmaschinen) wird $\sigma_{\max} = 800$ bis 1200 at für Gußeisen angegeben, was natürlich viel zu hoch ist.

wir können uns aber immer dort eine Kraft $X = 0$ wirkend denken. Damit wird

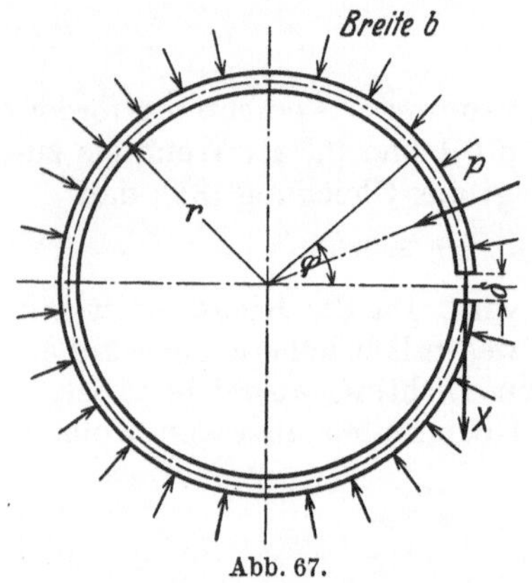

Abb. 67.

$$\delta = \left(\frac{\partial A}{\partial X}\right)_{X=0} = \frac{2}{JE}\int_0^{\pi} M \frac{\partial M}{\partial X}\, ds\,.$$

Für einen beliebigen Schnitt unter dem Winkel φ ist (Abb. 67)

$$M = X r(1 - \cos \varphi) + p r b \varphi\, r \sin \frac{\varphi}{2}$$

und

$$\frac{\partial M}{\partial X} = r(1 - \cos \varphi)\,.$$

Damit wird

$$\left(\frac{\partial A}{\partial X}\right)_{X=0} = \frac{2}{JE}\int_0^{\pi} p r^4 b \varphi \sin \frac{\varphi}{2}(1 - \cos \varphi)\, d\varphi = \delta\,,$$

$$\int_0^{\pi} \varphi \sin \frac{\varphi}{2}\, d\varphi - \int_0^{\pi} \varphi \sin \frac{\varphi}{2} \cos \varphi\, d\varphi = \int_0^{\pi} \varphi \sin \frac{\varphi}{2}\, d\varphi - \int_0^{\pi} \varphi \sin \frac{\varphi}{2}\left(1 - 2 \sin^2 \frac{\varphi}{2}\right) d\varphi$$

$$= 2 \int_0^{\pi} \varphi \sin^3 \frac{\varphi}{2}\, d\varphi = 8 \int_0^{\pi} \frac{\varphi}{2} \sin^3 \frac{\varphi}{2} \frac{d\varphi}{2} = 16\,.$$

Setzt man

$$\frac{\varphi}{2} = u \quad \text{und} \quad \sin^3 \frac{\varphi}{2} \cdot \frac{d\varphi}{2} = dv\,,$$

dann ist

$$\frac{d\varphi}{2} = du \quad \text{und} \quad v = \int \sin^3 \frac{\varphi}{2} \frac{d\varphi}{2} = \int \sin \frac{\varphi}{2}\left(1 - \cos^2 \frac{\varphi}{2}\right)\frac{d\varphi}{2} = -\cos \frac{\varphi}{2} + \frac{1}{3}\cos^3 \frac{\varphi}{2}\,.$$

Damit wird

$$\int_0^{\pi} \frac{\varphi}{2} \sin^3 \frac{\varphi}{2} \frac{d\varphi}{2} = \left[\frac{\varphi}{2}\left(-\cos \frac{\varphi}{2} + \frac{1}{3}\cos^3 \frac{\varphi}{2}\right)\right]_0^{\pi} - \int_0^{\pi}\left(-\cos \frac{\varphi}{2} + \frac{1}{3}\cos^3 \frac{\varphi}{2}\right)\frac{d\varphi}{2}$$

$$= \left[-\frac{\varphi}{2}\cos \frac{\varphi}{2} + \frac{\varphi}{6}\cos^3 \frac{\varphi}{2} + \sin \frac{\varphi}{2} - \frac{1}{3}\sin \frac{\varphi}{2} + \frac{1}{9}\sin^3 \frac{\varphi}{2}\right]_0^{\pi} = \frac{2}{3} + \frac{1}{9} = \frac{7}{9}\,,$$

so daß

$$\delta = \frac{16}{JE} p r^4 b \cdot \frac{7}{9} = \frac{112}{9} \cdot \frac{r^4}{J} \cdot \frac{p}{E} \cdot b$$

ist. Mit $J = \frac{1}{12} b h^3$ wird

$$\delta \approx 150 \frac{p}{E} \cdot \frac{r^4}{h^3}\,. \tag{34}$$

    Die Ringe müssen nun so hergestellt werden, daß sie tatsächlich mit der gleichmäßigen Pressung p am ganzen Umfang aufliegen. Dafür gibt es in der Praxis verschiedene Verfahren. Stark verbreitet ist das Verfahren, bei dem die nötige Spannung nach dem Aufschneiden des Ringes durch Hämmern der Innenfläche erreicht wird, wobei die Schläge nach den Ringenden zu an Stärke abnehmen. Es hängt hier also wesentlich von der Übung und Geschicklichkeit des Arbeiters ab, ob die gleichmäßige Pressung erreicht wird.

    Die Form des ungespannten Ringes läßt sich aber aus dem Krümmungsradius nach Gleichung (32) eindeutig bestimmen, denn es ist:

$$\frac{1}{\varrho} = \frac{1}{r} - \frac{M}{JE} = \frac{1}{r} - \frac{p r^2 b \varphi \sin \frac{\varphi}{2}}{\frac{1}{12} b h^3 E} \approx \frac{d^2 y}{dx^2}\,.$$

Durch graphische Integration dieser Gleichung kann die Form des ungespannten Ringes bestimmt werden, nach welcher eine Schablone für die Herstellung der Ringe angefertigt werden kann (Bennet-Ringe[1]). Die Überlegenheit so hergestellter Ringe gegenüber den gehämmerten ist durch zahlreiche Versuche nachgewiesen. Bei einem Versuch an einer Heißdampf-Verbund-Schnellzuglokomotive der Schwedischen Staatsbahnen war nach einer Versuchsdauer von 80000 km die Abnützung des Zylinders:

mit Bennetringen		mit gehämmerten Ringen	
horizontal 0,01 mm	vertikal 0,01 mm	horizontal 0,01 mm	vertikal 0,15 mm

Die Ringe müssen sehr genau in die Nuten passen, ohne zu klemmen. Sie werden deshalb nicht nur außen, sondern auch an den beiden Seiten geschliffen. Beim Spiel der Ringe in den Nuten würde eine Art Pumpbewegung entstehen, so daß das Schmieröl hinten um die Ringe laufen würde. Das ist namentlich bei Verbrennungskraftmaschinen schädlich, weil das Öl dort wegen Mangel an Verbrennungsluft an den Wandungen verkokt und so zu Störungen Anlaß gibt. Man sorgt deshalb unter dem untersten Kolbenring für Ölablauf (Abb. 68).

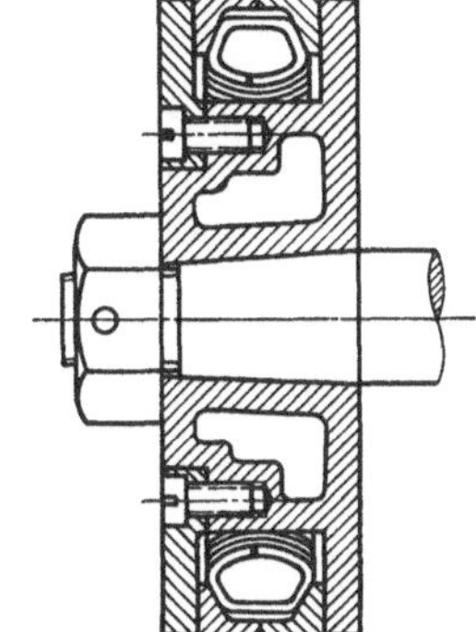
Abb. 69 (nach Rötscher).

Die Mitnahme des Öles durch die Kolbenringe ist nicht ganz zu vermeiden. Damit die Gleitflächen genügend geschmiert werden, sind die Kanten leicht abzurunden (vgl. auch Heft III, Flüssigkeitsreibung). Dadurch wird aber immer eine bestimmte Ölmenge gefördert (Heft III, S. 32):

$$G_{b=1} = U\,h^*/2\,.$$

Bei sehr großem Kolbendurchmesser bietet es oft Schwierigkeiten, dem Ring auf dem ganzen Umfang die nötige gleichmäßige Spannung zu geben. In solchen Fällen werden die Ringe durch besondere, hinter ihnen liegende Federn

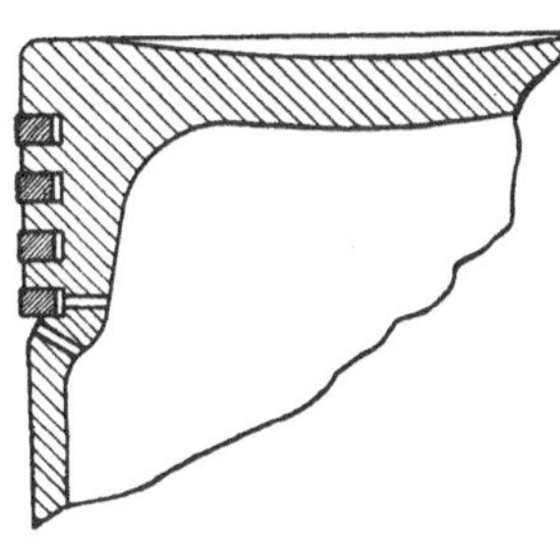
Abb. 68 (nach Ricardo).

angepreßt (Abb. 69). Solche aus vielen Einzelteilen bestehende Ausführungen sind recht empfindlich und versagen vielfach.

Bei vertikal angeordneten und doppeltwirkenden Maschinen wirken auf den Kolben nur vertikale Kräfte. Dieser Fall ist für das gleichmäßige Anliegen der Dichtungsringe am günstigsten. Bei horizontalen Maschinen übt das Kolbengewicht G und bei allen einfachwirkenden, wo der Kolben gleichzeitig als Kreuzkopf dient, auch der Normaldruck N eine Kraft senkrecht zur Kolbenbewegung aus. Diese Kräfte können weder durch die schwachen Kolbenringe noch durch die Stopfbüchsen aufgenommen werden, so daß der Kolben selbst im Zylinder schleift. Die Breite des Kolbens kann (nach Heft III, S. 38) ähnlich wie die Abmessungen ebener Gleitflächen bei Flüssigkeitsreibung berechnet werden. Meist wird die Flächenpressung p zwischen Kolben und Zylinder

$$p = \frac{N + G}{l \cdot D} < 1 \text{ at}$$

gewählt, worin l die wirklich tragende Kolbenbreite ist, in welche die Kolbenringe, die lediglich zur Abdichtung dienen sollten, nicht eingerechnet werden dürfen. Bei großen Maschinen (Großgasmaschinen, Niederdruckzylinder von Lokomotiven) wird der Kolben von der beidseitig geführten Stange getragen, um die Normalkräfte klein zu halten.

Bei Tauchkolben ist es immer zweckmäßig, dessen beide Aufgaben, nämlich als eigentlicher Kolben gut abzudichten und gleichzeitig als Geradführung zu dienen, zu trennen, indem auch bei einfachwirkenden Maschinen ein besonderer Kreuzkopf angebracht wird. Man kann aber auch den Kolben mit besonderen Gleitschuhen versehen (Abb. 76) oder als Kreuzkopfkolben ausführen (Abb. 77).

b) Ledermanschetten (Stulpdichtungen) werden für kalte Flüssigkeiten (bis etwa 40° C) und für die höchsten Drücke verwendet (Abb. 70 und 71). Ein geschlossener, in warmem Wasser aufgeweichter Lederring wird U-förmig gepreßt (Abb. 70a). Der gut eingefettete Ring legt sich beim Einbau leicht federnd an die Wandung. Beim Betrieb preßt die Flüssigkeit von der offenen Seite her das Leder an die Wand und dichtet selbsttätig ab. Eine an Huberpressen bei Drücken bis 5600 at bewährte Lederdichtung zeigt Abb. 71; sie besteht aus mehreren Lagen zugeschärften Leders, die durch Metallscheiben getrennt sind.

---

[1] Z. V. d. I. 1924, S. 253.

c) **Die Formgebung des Kolbens** wird im wesentlichen durch die Art der Maschine beeinflußt. Kolben und Zylinder sind deshalb nur in engem Zusammenhang mit den Kolbenmaschinen erschöpfend zu behandeln.

Am einfachsten wird der Kolben für kalte Flüssigkeiten oder für Sattdampf, wo nur geringe Temperaturunterschiede auftreten (Abb. 72 bis 74). Bei Heißdampfmaschinen und namentlich bei den hohen Gastemperaturen der Verbrennungs-

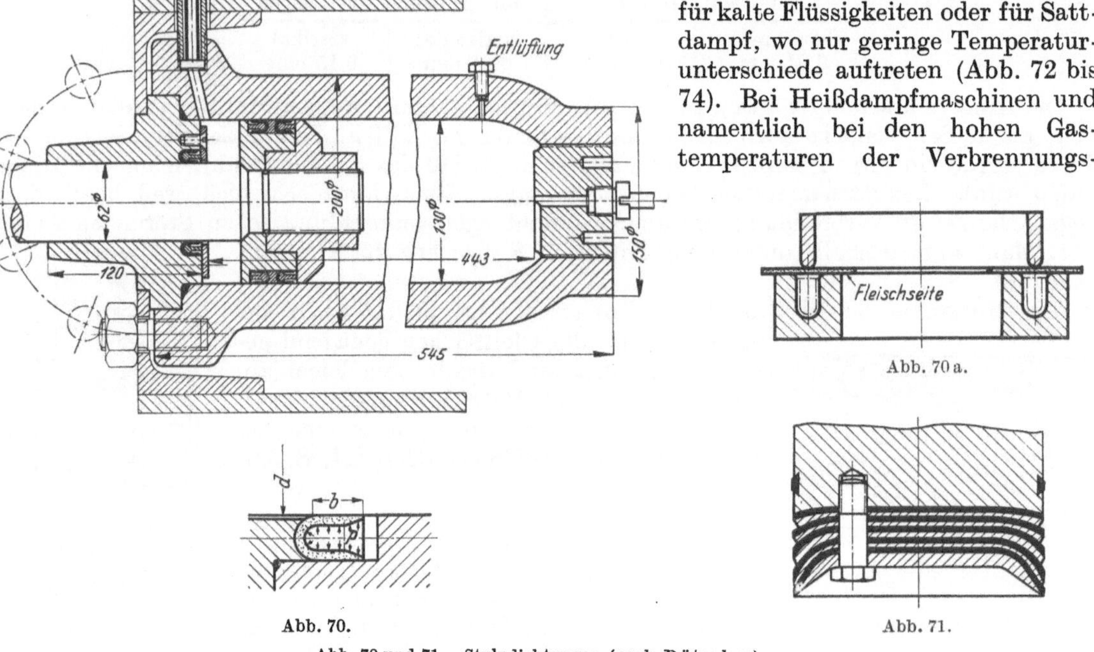

Abb. 70.

Abb. 70 und 71. Stulpdichtungen (nach Rötscher).

kraftmaschinen rufen die Temperaturunterschiede Wärmespannungen und Formänderungen hervor. Diese klein zu halten, ist dann die wesentliche Aufgabe beim Entwurf.

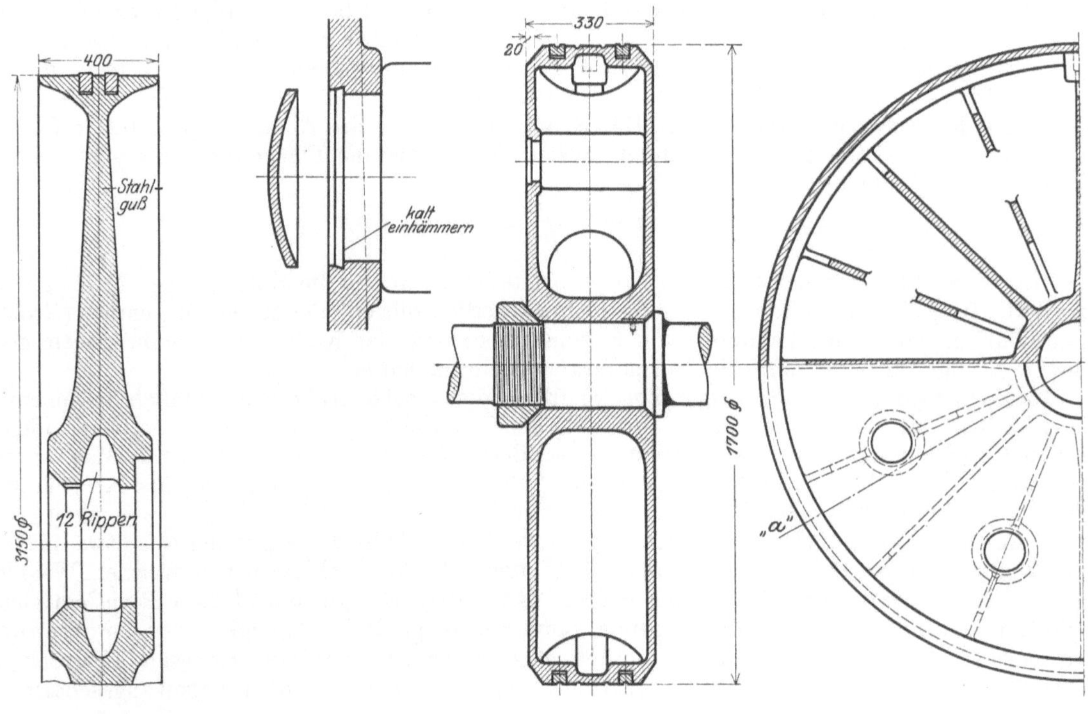

Abb. 72. Gebläsekolben aus Stahlguß. Gewicht 8300 kg.

Abb. 73. Gebläsekolben.

Abb. 72 bis 74. Scheibenkolben (nach Volk, Kolben).

Dampfmaschinenkolben sollen dem Dampf eine möglichst geringe Abkühlungsfläche bieten. Der Kolben der Verbrennungskraftmaschinen dagegen muß die Wärme des Kolbenbodens abführen. Bei kleinen, raschlaufenden Maschinen genügt die Ableitung nach den Zylinderwandungen. Da sich dabei der Boden im Betrieb stärker erwärmt als der Kolbenmantel, so muß

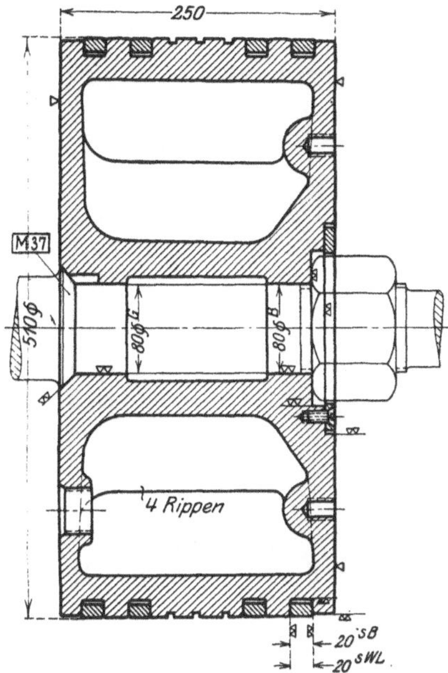

Abb. 74. Hochdruckkolben.

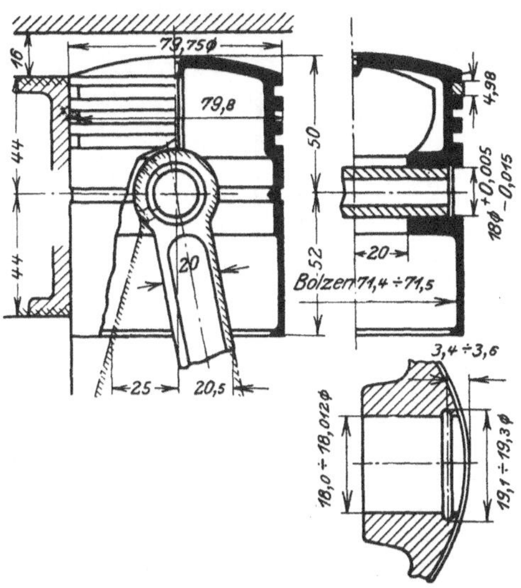

Abb. 75. Gußeisenkolben für Motorwagen.
Gewicht ca. 850 g (nach Heller, Motorwagen).

sich das Spiel des Kolbens im kalten Zustand vom Kurbelzapfen an vergrößern. Alle Kolbenbauarten sind technisch unvollkommen, wenn der Durchmesser des tragenden Kolbenschaftes mit steigender Temperatur stärker wächst als der Zylinderdurchmesser. Deshalb ist Gußeisen auch das meist verwendete Kolbenmaterial.

Bei raschlaufenden Maschinen (bis $n = 6000$ Uml/min ausgeführt) haben die Massenkräfte einen überwiegenden Einfluß. Durch Verkleinern der Kolbenlänge, der Wandstärken und der Auflagen für

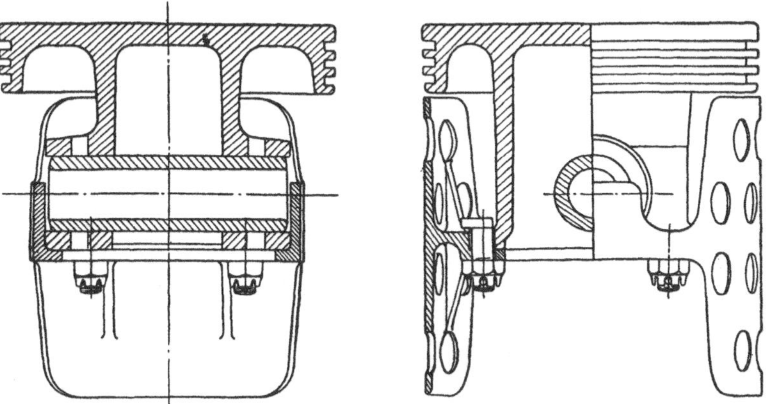

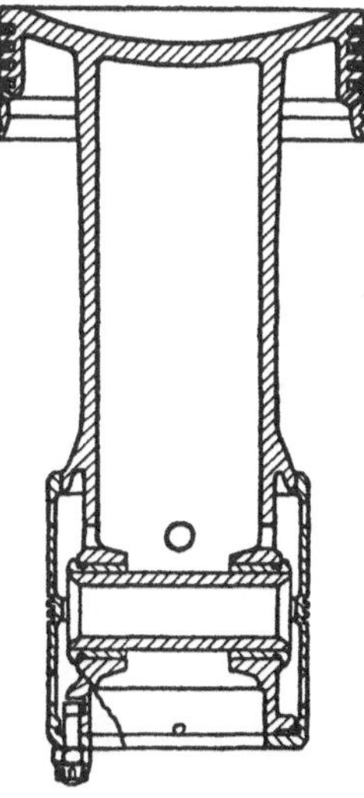

Abb. 76. Tauchkolben mit Aluminiumkopf und Gußeisen-Gleitschuhen (nach Ricardo).

Abb. 77. Kreuzkopfkolben (nach Ricardo).

den Kolbenbolzen sucht man deshalb das Kolbengewicht nach Möglichkeit zu vermindern. Die Wände werden so dünn wie möglich gemacht (kleiner als 2 mm). Die Kraftübertragung von Kolbenboden auf Kolbenzapfen muß dann möglichst direkt und nicht durch den Kolbenmantel erfolgen, weil dieser sich dabei verformen würde.

Da die Ausdehnungszahl für gußeiserne Zylinder gleich 11×10^{-6} und für Leichtmetalle gleich 23 bis 27×10^{-6}, also fast dreimal größer ist, sind Kolben aus Leichtmetall für Ver-

brennungskraftmaschinen — ohne konstruktive Hilfsmittel — ungeeignet. Als konstruktive
Hilfsmittel kommen in Frage[1]:

1. Der federnde Kolbenschaft (Abb. 78). Die unbelastete Seite des Kolbenmantels wird
axial geschlitzt und durch einen Ringschlitz vom Kolbenkopf getrennt. Die Federung verursacht
aber zusätzliche Flächenpressungen und erhöhte Abnützung der Gleitflächen.

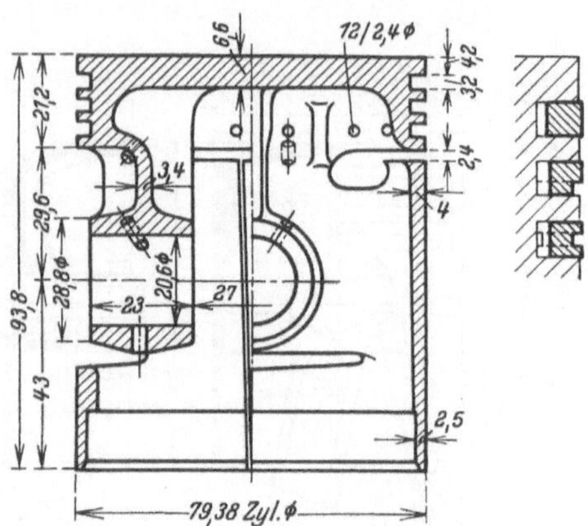

Abb. 78. Schlitzkolben (Chrysler). Gesamtgewicht 542 g.   Abb. 79. Aluminium-Invarkolben. Gesamtgewicht 532 g.

2. Kolben mit Invarstäben (Abb. 79). Invarstahl mit 35 bis 36% Nickel hat nur sehr
geringe Ausdehnung, nämlich 3×10^{-6}, also etwa den vierten Teil von Gußeisen. Die Invar-
streben werden quer durch die Bolzenaugen eingegossen
und vermindern die Gesamtdehnung des Leichtmetall-
kolbens derart, daß sie ebenso groß wird wie die der
Gußeisenzylinder.

Bei größeren Kolbendurchmessern (größer als 350
bis 400 mm, je nach Maschinendrehzahl) und bei doppeltwirkenden Verbrennungskraftmaschinen wird der

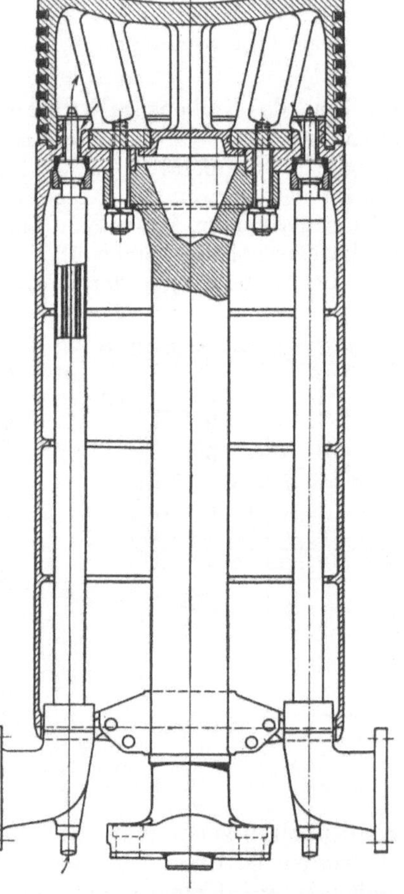

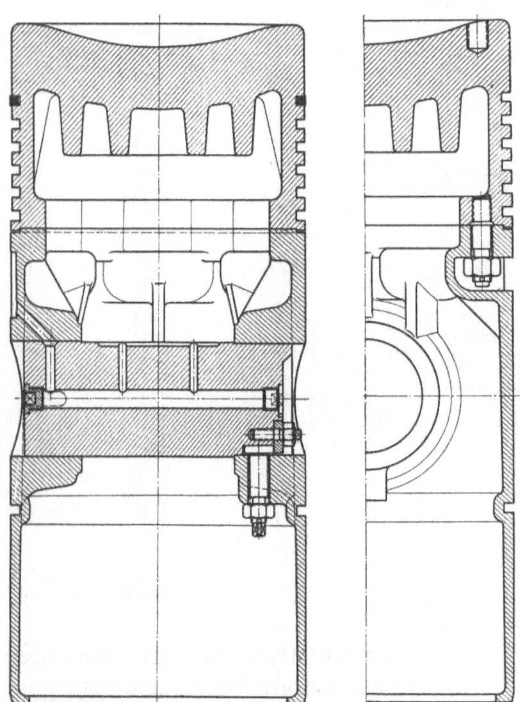

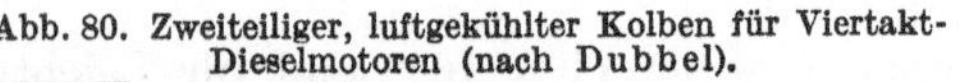

Abb. 80. Zweiteiliger, luftgekühlter Kolben für Viertakt-
Dieselmotoren (nach Dubbel).

Abb. 81. Zweitaktkolben mit Kühlung,
Bauart Gebr. Sulzer, Winterthur (nach Dubbel).

[1] Becker, G.: Leichtmetallkolben. Berlin: M. Krayn 1929.

Kolben durch Öl oder Wasser gekühlt (Abb. 81 und 82). Kühlrippen zur Vergrößerung der Kühlfläche sollten immer konzentrisch verlaufen (Abb. 80), weil sonst unsymmetrische Formänderungen und Klemmungen entstehen.

Bei Zweitaktmaschinen und bei Gleichstromdampfmaschinen dient der Kolben gleichzeitig zur Steuerung des Auslasses (Abb. 3). Der Kolbenboden wird bei Verbrennungskraftmaschinen

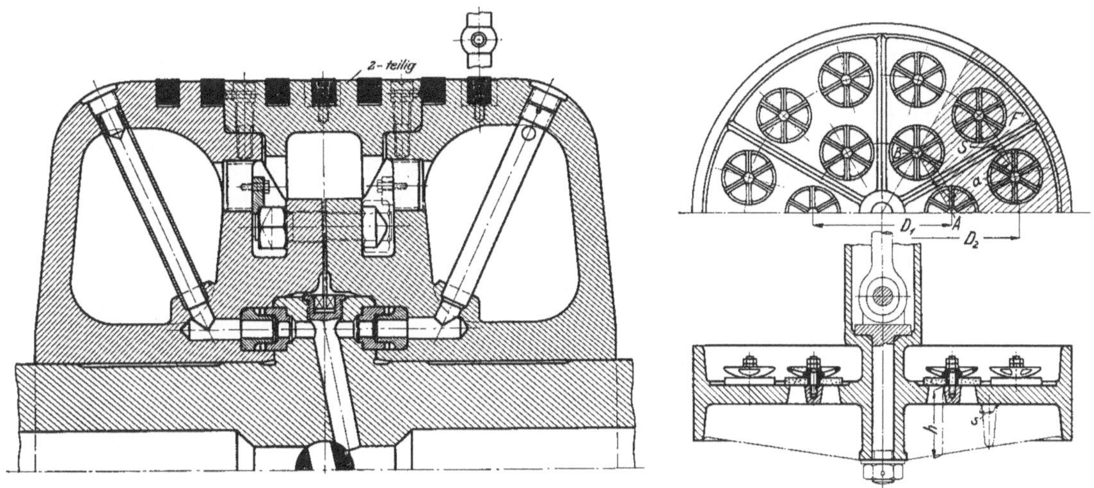

Abb. 82. Gekühlter Kolben für doppeltwirkende Maschinen (nach Dubbel, Ölmaschinen).

Abb. 83. Ventilkolben (nach Rötscher).

entweder nach außen oder nach innen schwach gewölbt oder auch flach ausgeführt. Ausschlaggebend hierfür ist neben der Wärmeableitung des Bodens nach dem Zylinder die günstigste Ausbildung des Verbrennungsraumes. Bei Dampfmaschinen wird Kolben und Zylinderdeckel so geformt, daß der schädliche Raum klein wird. Bei Flüssigkeitspumpen können im Kolbenkörper Klappen angebracht werden (Abb. 83, Ventilkolben).

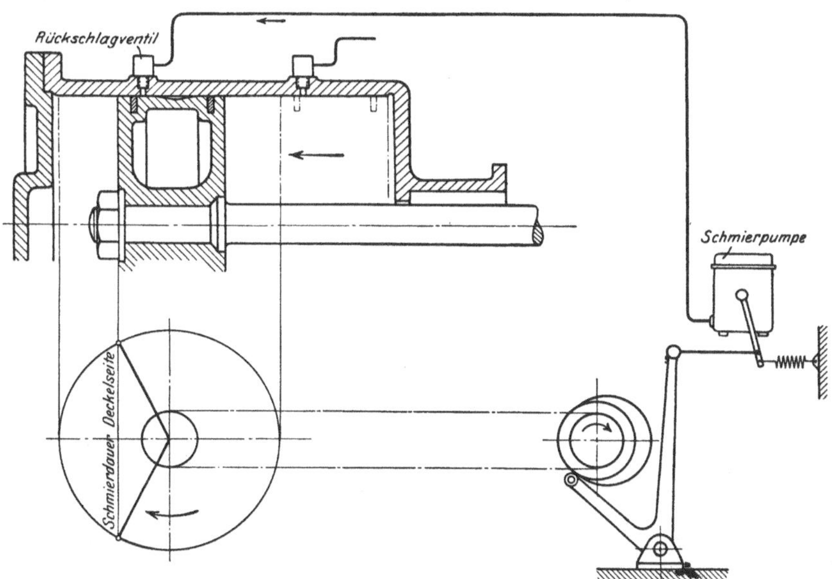

Abb. 84. Hubtakt-Kolbenschmierung (nach Falz).

Bei einfachwirkenden Maschinen wird der Zylinder durch das von der Kurbel abgespritzte Öl geschmiert (vgl. S. 21). Der Kolben hat dann die Aufgabe, einerseits das Öl aufzufangen und über die gesamte Gleitfläche zu verteilen, andererseits (z. B. durch scharfkantige Abstreifringe) zu verhindern, daß das Öl zu reichlich in den Verbrennungsraum gelangt.

Bei doppeltwirkenden Maschinen muß der Zylinder besonders geschmiert werden. Die Temperatur ist meist so hoch, daß auch schwere Öle sehr dünnflüssig werden. Die „Dampfschmierung" (Einspritzen von Öl oder Graphit in den Dampfstrom) ist trotz des reichlichen Schmiermittelverbrauches recht unvollkommen. Das Öl sollte in der Mitte der eigentlichen Tragfläche des Kolbens zugeführt werden. Man schließt deshalb die Schmierölleitungen in der Nähe der Zylinderenden an und führt das Öl nur so lange zu, als der Kolben dort steht (Abb. 84, Hubtaktschmierung). Da das zuverlässige Einspritzen sehr kleiner Ölmengen unter hohem Druck (wegen der Zusammendrückbarkeit des Öles) Schwierigkeiten bietet, wird jeweils nach 20 bis 50 Maschinenhüben eine reichliche Ölmenge eingespritzt. Jedes Zylinderende muß durch eine besonders angetriebene Schmierpumpe versorgt werden, deren Antriebe um 180^0 gegeneinander versetzt sind.

5. Berechnung von Scheiben, Platten, Deckeln und Böden. a) Ebene kreisförmige Platte.

Die Platte liege am Umfang gleichmäßig auf und sei vollständig symmetrisch belastet, z. B.

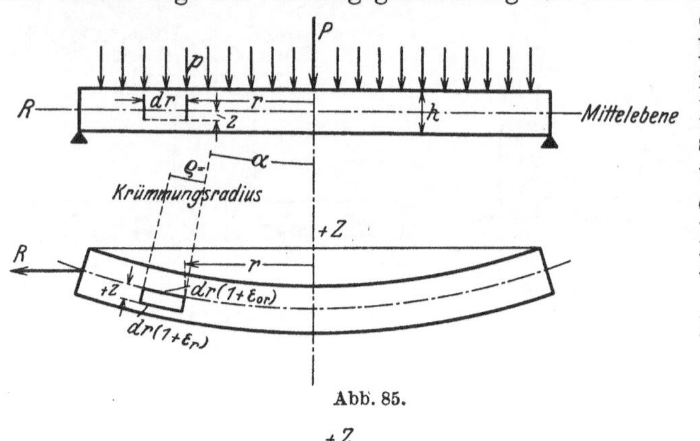

Abb. 85.

durch eine gleichmäßig verteilte Belastung von p kg/cm² und durch eine in der Mitte der Platte konzentrierte Einzellast P (Abb. 85). Die Platte wird sich dann auch vollständig symmetrisch verformen, so daß die Mittelebene in eine Umdrehungsfläche übergeht. Die Betrachtungen dürfen deshalb auf einen Meridianschnitt beschränkt werden.

Wir schneiden ein Körperelement heraus (Abb. 86), begrenzt durch zwei benachbarte Ebenen, senkrecht zur Z-Achse,

zwei koaxiale Zylinderflächen mit der Z-Achse als Achse, und

zwei Meridianebenen, die den kleinen Winkel $d\varphi$ einschließen.

Darauf wirken zunächst die Normalspannungen

σ_r in radialer Richtung,

σ_t in tangentialer Richtung, und

σ_z in axialer Richtung.

Die Spannung σ_z ändert sich von $\sigma_z = -p$, für $z = -h/2$ bis $\sigma_z = 0$ für $z = h/2$. Beschränken wir uns auf so kleine Drücke p, daß die σ_z gegenüber σ_r und σ_i, die bis zur zulässigen Grenze gesteigert werden, vernachlässigt werden kann, so gelten für den dann vorliegenden ebenen Spannungszustand nach dem Hooke-

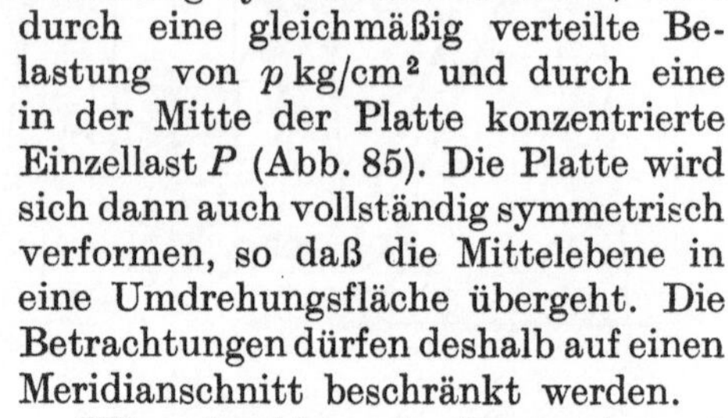

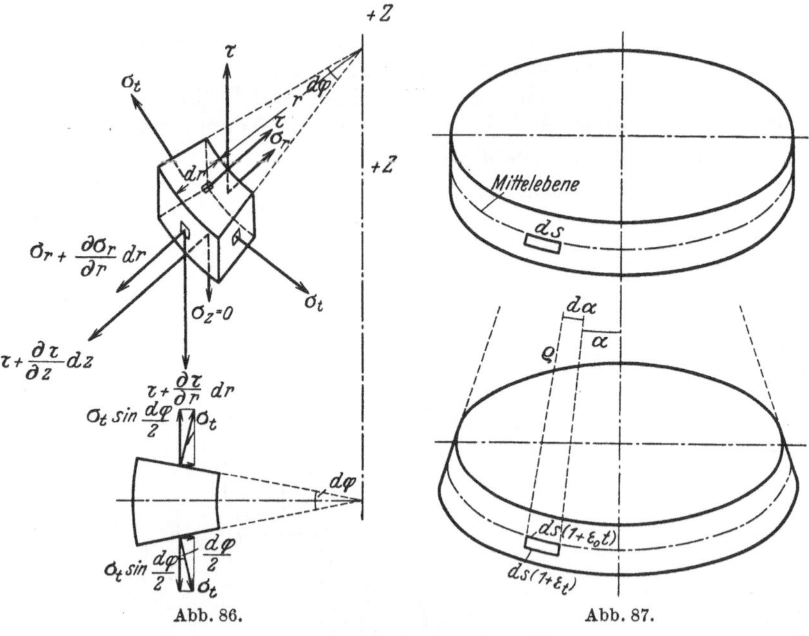

Abb. 86.   Abb. 87.

schen Gesetz die allgemeinen Beziehungen [vgl. z. B. Heft I, S. 62, Gleichung (84)]:

$$\sigma_t = \frac{mE}{m^2-1}(m\,\varepsilon_t + \varepsilon_r) \quad \text{und} \quad \sigma_r = \frac{mE}{m^2-1}(m\,\varepsilon_r + \varepsilon_t). \tag{35}$$

Nehmen wir — in Übereinstimmung mit der allgemeinen Annahme für die Biegung von Stäben (Heft I, S. 26) — an, daß die Punkte einer zur Mittelebene senkrechten Geraden nach der Biegung eine Normale der elastischen Fläche bilden, so folgt aus Abb. 85, wenn

ε_{0r} die Dehnung der Mittellinie in radialer Richtung,

ε_r die radiale Dehnung einer Faserschicht in der Entfernung z von der Mittelebene und

ϱ der Krümmungsradius der verformten Mittelebene ist:

$$\frac{dr(1+\varepsilon_r)}{dr(1+\varepsilon_{0r})} = \frac{\varrho+z}{\varrho} = 1 + \frac{z}{\varrho}$$

oder

$$1 + \varepsilon_r = (1 + \varepsilon_{0r})\left(1 + \frac{z}{\varrho}\right) = 1 + \varepsilon_{0r} + \frac{z}{\varrho} + \frac{z}{\varrho}\varepsilon_{0r}$$

und

$$\varepsilon_r \approx \varepsilon_{0r} + \frac{z}{\varrho},$$

da $z \cdot \varepsilon_{0r}$ gegenüber z vernachlässigt werden kann.

Nun läßt sich der Krümmungsradius ϱ der verformten Mittelebene $Z = f(r)$ aus

$$\frac{1}{\varrho} \approx \pm \frac{d^2 Z}{d r^2}$$

berechnen, so daß bei der in Abb. 85 gewählten Anordnung der positiven Z-Achse:

$$\varepsilon_r = \varepsilon_{0r} - z\frac{d^2 Z}{d r^2}. \tag{36}$$

Die tangentiale Dehnung ε_t folgt daraus, daß die zylindrische Scheibe in einen Kegel übergeht, dessen Spitze sehr weit entfernt liegt (Abb. 87). Deshalb ist:

$$\frac{ds(1 + \varepsilon_t)}{ds(1 + \varepsilon_{0t})} = \frac{\varrho_1 + z}{\varrho_1} = 1 + \frac{z}{\varrho_1}$$

oder

$$\varepsilon_t = \varepsilon_{0t} + \frac{z}{\varrho_1}.$$

Nun ist $\dfrac{dZ}{dr} = -\operatorname{tg}\alpha \approx -\sin\alpha = -\dfrac{r}{\varrho_1}$, so daß

$$\varepsilon_t = \varepsilon_{0t} - \frac{z}{r}\frac{dZ}{dr}. \tag{37}$$

Damit wird, wenn $\varepsilon_{0r} = \varepsilon_{0t} = 0$ gesetzt wird:

und

$$\left.\begin{aligned}
\sigma_r &= -\frac{mE}{m^2-1}z\left(m\frac{d^2 Z}{d r^2} + \frac{1}{r}\frac{dZ}{dr}\right) \\
\sigma_t &= -\frac{mE}{m^2-1}z\left(\frac{d^2 Z}{d r^2} + \frac{m}{r}\frac{dZ}{dr}\right).
\end{aligned}\right\} \tag{38}$$

Aus Symmetriegründen muß die tangentiale Spannung σ_t eine Hauptspannung sein. Die Schubspannungen τ in der radialen Schnittebene und in der Ebene senkrecht zur Z-Achse sind gleich groß (vgl. Heft I, S. 14). Aus der Gleichgewichtsbedingung für das Volumenelement in radialer Richtung folgt dann (Abb. 86):

$$-\sigma_r\,dz\,r\,d\varphi + \left(\sigma_r + \frac{\partial \sigma_r}{\partial r}dr\right)dz\,(r + dr)\,d\varphi - \tau\,r\,d\varphi\,dr + \left(\tau + \frac{\partial \tau}{\partial z}dz\right)(r + dr)\,d\varphi\,dr$$

$$-2\sigma_t\frac{d\varphi}{2}dz\,dr = 0$$

oder, wenn die unendlich kleinen Glieder höherer Ordnung vernachlässigt werden:

$$\sigma_r + r\frac{\partial \sigma_r}{\partial r} + \frac{\partial \tau}{\partial z}r - \sigma_t = 0.$$

$$r\frac{\partial \tau}{\partial z} = -\left(\sigma_r + r\frac{\partial \sigma_r}{\partial r}\right) + \sigma_t$$

oder

$$\frac{\partial \tau}{\partial z} = \frac{\sigma_t}{r} - \frac{1}{r}\frac{\partial}{\partial r}(r\,\sigma_r). \tag{39}$$

Nun folgt aus den Gleichungen (38):

$$\frac{\sigma_t}{r} = -\frac{mE}{m^2-1}z\left(\frac{1}{r}\frac{d^2 Z}{d r^2} + \frac{m}{r^2}\frac{dZ}{dr}\right)$$

und

$$r\,\sigma_r = -\frac{mE}{m^2-1}z\left(m\,r\frac{d^2 Z}{d r^2} + \frac{dZ}{dr}\right),$$

so daß

$$\frac{\partial}{\partial r}\left(r\,\sigma_r\right) = -\frac{m\,E}{m^2-1}\,z\left(m\,r\,\frac{d^3Z}{dr^3} + m\,\frac{d^2Z}{dr^2} + \frac{d^2Z}{dr^2}\right).$$

Diese Werte in Gleichung (39) eingesetzt, ergibt:

$$\frac{\partial\tau}{\partial z} = \frac{m^2\,E}{m^2-1}\,\frac{z}{r}\left(r\,\frac{d^3Z}{dr^3} + \frac{d^2Z}{dr^2} - \frac{1}{r}\,\frac{dZ}{dr}\right).$$

Partiell nach z integriert, d. h. $r =$ konst:

$$\tau = \frac{m^2\,E}{2\,(m^2-1)}\cdot\frac{z^2}{r}\left(r\,\frac{d^3Z}{dr^3} + \frac{d^2Z}{dr^2} - \frac{1}{r}\,\frac{dZ}{dr}\right) + \varphi\,(r)\,.$$

Die Integrationskonstante $\varphi(r)$ folgt daraus, daß für $z = \pm\,h/2$, $\tau = 0$ sein muß, so daß

$$\tau = \frac{m^2\,E}{8\,(m^2-1)}\,\frac{4z^2-h^2}{r}\left(r\,\frac{d^3Z}{dr^3} + \frac{d^2Z}{dr^2} - \frac{1}{r}\,\frac{dZ}{dr}\right). \tag{40}$$

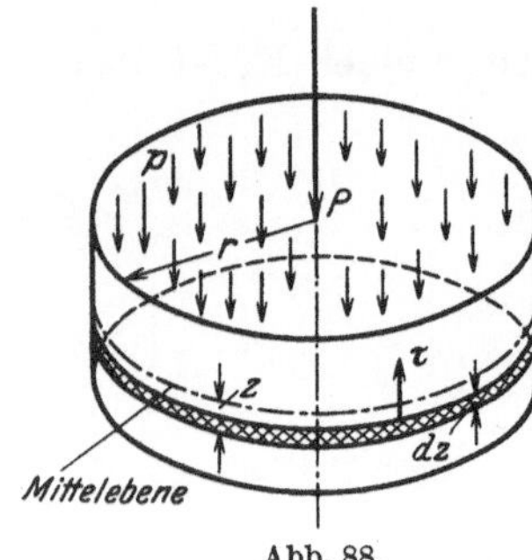

Abb. 88.

Schneiden wir nun aus der Platte eine volle kreisförmige Scheibe (Abb. 88), so folgt aus der Gleichgewichtsbedingung, daß die Summe der axialen Kräfte gleich Null ist:

$$2\,\pi\,r\int_{-\frac{h}{2}}^{+\frac{h}{2}}\tau\,dz + p\,\pi\,r^2 + P = 0\,. \tag{40a}$$

Und mit Gleichung (40)

$$\frac{2\,\pi\,r\,m^2\,E}{8\,(m^2-1)}\left(\frac{4}{3}\,z^3 - h^2\,z\right)_{-\frac{h}{2}}^{+\frac{h}{2}}\left(\frac{d^3Z}{dr^3} + \frac{1}{r}\,\frac{d^2Z}{dr^2} - \frac{1}{r^2}\,\frac{dZ}{dr}\right) + p\,\pi\,r^2 + P = 0$$

oder

$$\frac{d^3Z}{dr^3} + \frac{1}{r}\,\frac{d^2Z}{dr^2} - \frac{1}{r^2}\,\frac{dZ}{dr} = \frac{6\,(m^2-1)}{m^2\,E\,h^3}\,p\cdot r + \frac{6\,(m^2-1)}{m^2\,E\,h^3}\cdot\frac{P}{\pi\,r}\,. \tag{41}$$

Damit wird:

$$\tau = \frac{3}{4\,h^3}\,(4\,z^2 - h^2)\left(p\,r + \frac{P}{\pi\,r}\right). \tag{42}$$

Mit den Abkürzungen

$$\frac{6\,(m^2-1)}{m^2\,E\,h^3}\,p = a \qquad \text{und} \qquad \frac{6\,(m^2-1)}{m^2\,E\,h^3}\cdot\frac{P}{\pi} = b \tag{43}$$

lautet die Differentialgleichung der Meridiankurve:

$$\frac{d^3Z}{dr^3} + \frac{d}{dr}\left(\frac{1}{r}\cdot\frac{dZ}{dr}\right) = a\,r + \frac{b}{r}\,.$$

Die Integration ergibt:

$$\frac{d^2Z}{dr^2} + \frac{1}{r}\,\frac{dZ}{dr} = a\,\frac{r^2}{2} + b\ln r + c\,.$$

Mit dem integrierenden Faktor r multipliziert, erhält man:

$$r\,\frac{d^2Z}{dr^2} + \frac{dZ}{dr} = \frac{d}{dr}\left(r\cdot\frac{dz}{dr}\right) = a\,\frac{r^3}{2} + b\,r\ln r + c\,r\,.$$

Die nochmalige Integration ergibt:

$$r\,\frac{dZ}{dr} = a\,\frac{r^4}{8} + b\int r\ln r\,dr + c\,\frac{r^2}{2} + d,\,*$$

$$\frac{dZ}{dr} = a\,\frac{r^3}{8} + \frac{b\,r}{2}\left(\ln r - \frac{1}{2}\right) + c\,\frac{r}{2} + \frac{d}{r}\,.$$

Wieder integriert*):

$$Z = a\,\frac{r^4}{32} + \frac{b\,r^2}{4}(\ln r - 1) + c\,\frac{r^2}{4} + d\,\ln r + e. \qquad (44)$$

Das ist die Gleichung der Meridiankurve der Mittelfläche. Die Integrationskonstanten c, d und e sind aus den Grenzbedingungen zu bestimmen.

Für die volle Platte wird aus Symmetriegründen für $r = 0$, $dZ/dr = 0$, d. h.:

$$\frac{b}{2}\,(r \ln r) + \frac{d}{r} = 0 \quad \text{für} \quad r = 0,$$

$$(r \ln r)_{r=0} = \left(\frac{\ln r}{1/r}\right)_{r=0} = \frac{\infty}{\infty} = \left(\frac{\dfrac{1}{r}}{\dfrac{-1}{r^2}}\right)_{r=0} = (-r)_{r=0} = 0,$$

so daß $d = 0$ ist. Für die volle Platte lautet demnach die Gleichung der Meridiankurve:

$$Z = \frac{a}{32}\,r^4 + \frac{b\,r^2}{4}(\ln r - 1) + \frac{c}{4}\,r^2 + e. \qquad (45)$$

Wird die Platte nur durch die gleichmäßige Belastung p beansprucht, so vereinfacht sich die Gleichung der Meridiankurve, weil mit $P = 0$ auch $b = 0$ wird; zu:

$$Z = \frac{a}{32}\,r^4 + \frac{c}{4}\,r^2 + e, \qquad (46)$$

d. i. die Gleichung einer Parabel vierter Ordnung.

In allen Fällen liegt die Platte am Umfang gleichmäßig auf, so daß für $r = r_a$, $z = 0$ ist

$$0 = \frac{a}{32}\,r_a^4 + \frac{c}{4}\,r_a^4 + e.$$

Damit wird

$$Z = \frac{a}{32}\,(r^4 - r_a^4) + \frac{c}{4}\,(r^2 - r_a^2). \qquad (47)$$

Für die frei aufliegende Platte ist am Rande (für $r = r_a$) die radiale Spannung $\sigma_r = 0$, oder mit Gleichung (38):

$$0 = \frac{mE}{m^2 - 1}\,z\left(m\,\frac{d^2 Z}{dr^2} + \frac{1}{r}\,\frac{dZ}{dr}\right).$$

Da im allgemeinen $\dfrac{mE}{m^2 - 1}\,z \neq 0$ ist, muß

$$m\,\frac{d^2 z}{dr^2} + \frac{1}{r}\,\frac{dz}{dr} = 0$$

sein. Aus Gleichung (46) folgt:

$$\frac{dZ}{dr} = \frac{a}{8}\,r^3 + \frac{c}{2}\,r \quad \text{und} \quad \frac{1}{r}\,\frac{dZ}{dr} = \frac{a}{8}\,r^2 + \frac{c}{2},$$

$$\frac{d^2 Z}{dr^2} = \frac{3}{8}\,a\,r^2 + \frac{c}{2},$$

so daß für $r = r_a$

$$\frac{3}{8}\,m\,a\,r_a^2 + \frac{c}{2}\,m + \frac{a}{8}\,r_a^2 + \frac{c}{2} = 0$$

und

$$c = -\frac{1}{4}\,\frac{3m+1}{m+1}\,a\,r_a^2 \qquad (48)$$

ist. Für die eingespannte Platte ist für $r = r_a$, $dz/dr = 0$ und

$$c = -\frac{a\,r_a^2}{4}. \qquad (49)$$

Die größte Einsenkung ergibt sich aus Gleichung (43) für $r = 0$:

$$f = -\frac{a}{32}\,r_a^4 - \frac{c}{4}\,r_a^2. \qquad (50)$$

Für die frei aufliegende Platte wird mit Gleichung (47) und (48):

$$f = \frac{3}{16}\,\frac{(m-1)(5m+1)}{m^2} \cdot \frac{p\,r_a^4}{E\,h^3} \qquad (51)$$

---

*) $\displaystyle \int r \ln r\,dr = \int \underset{u}{\underline{\ln r}} \cdot \underset{dv}{\underline{r\,dr}} = \frac{r^2}{2}\ln r - \int \frac{r^2}{2} \cdot \frac{dr}{r} = \frac{r^2}{2}\ln r - \frac{r^2}{4}.$

und mit $m = 10/3$:

$$f = 0{,}69\,\frac{pr_a^4}{Eh^3}. \tag{51a}$$

Für die eingespannte Platte wird mit Gleichung (43) und (49):

$$f = \frac{3}{16}\frac{m^2-1}{m^2}\cdot\frac{pr_a^4}{Eh^3} \tag{52}$$

und mit $m = 10/3$

$$f = 0{,}17\,\frac{pr_a^4}{Eh^3}. \tag{52a}$$

Unter sonst gleichen Verhältnissen ist die Durchbiegung bei der eingespannten Platte rund viermal kleiner als bei der frei aufliegenden.

Durch die Gleichung der Meridiankurve sind auch die Spannungen σ_r und σ_t vollständig bestimmt. Aus den Gleichungen (38) folgt z. B. für die volle Platte mit der gleichmäßigen Belastung $p\,\text{kg/cm}^2$:

und

$$\left.\begin{aligned}
\sigma_r &= -\frac{mE}{m^2-1}z\left\{\frac{3m+1}{8}ar^2 + \frac{c}{2}(m+1)\right\}\\[4pt]
\sigma_t &= -\frac{mE}{m^2-1}z\left\{\frac{3+m}{8}ar^2 + \frac{c}{2}(m+1)\right\}.
\end{aligned}\right\} \tag{53}$$

Damit ist die Aufgabe allgemein gelöst. In der Zusammenstellung auf S. 36 bis 42 sind die Schlußresultate der Rechnung für verschiedene Unterstützungen und Belastungen eingetragen[1]. Für Gußeisen ist m allerdings nicht gleich 10/3, sondern größer (Heft I, S. 5). Die Zahlenfaktoren werden aber durch den etwas größeren Wert von m nur sehr wenig beeinflußt.

b) **Anwendungsbeispiele.** Allgemeine Gleichungen für die Spannungsberechnung:

Radialspannung

Tangentialspannung

$$\left.\begin{aligned}
\sigma_r &= -\frac{mE}{m^2-1}\cdot\frac{h}{2}\left(m\frac{d^2Z}{dr^2} + \frac{1}{r}\frac{dZ}{dr}\right),\\[4pt]
\sigma_t &= -\frac{mE}{m^2-1}\cdot\frac{h}{2}\left(\frac{d^3Z}{dr^2} + \frac{m}{r}\frac{dZ}{dr}\right),
\end{aligned}\right\} \tag{38}$$

worin

$$Z = \frac{a}{32}r^4 + \frac{br^2}{4}(\ln r - 1) + c\frac{r^2}{4} + d\ln r + e. \tag{44}$$

Da die Platte am Rande gleichmäßig aufliegt, ist

$$0 = \frac{a}{32}r_a^4 + \frac{br_a^2}{4}(\ln r_a - 1) + c\frac{r_a^2}{4} + d\ln r_a + e,$$

so daß allgemein:

$$Z = \frac{a}{32}\left(r^4 - r_a^4\right) + \frac{b}{4}\left(r^2\ln r - r_a^2\ln r_a\right) + \frac{c-b}{4}\left(r^2 - r_a^2\right) + d\ln\frac{r}{r_a}. \tag{54}$$

	Pos. 1 bis 4, volle Platte, d. h. $d = 0$.
1	Gleichmäßig belastet, frei aufliegend $b = 0$; a nach Gleichung (43). $c = -\frac{1}{4}\cdot\frac{3m+1}{m+1}ar_a^2,$ $f = \frac{3}{16}\cdot\frac{(m-1)(5m+1)}{m^2E}\cdot\frac{pr_a^4}{h^3} = 0{,}70\,\frac{pr_a^4}{Eh^3},$ $\sigma_r = \pm\frac{3m+1}{m}\cdot\frac{3p}{8h^2}(r^2 - r_a^2).$ Größtwert für die Plattenmitte $(r = 0)$ $\sigma_{\max} = 1{,}25\,\frac{r_a^2}{h^2}p.$ $\sigma_t = \pm\frac{3}{8}\cdot\frac{p}{mh^2}\{(m+3)r^2 - (3m+1)r_a^2\}.$ Größtwert für $r = 0 = (\sigma_{\max})\,r.$

---

[1] Zum Teil nach Dr.-Ing. Max Enßlin: Dingler 1903, S. 705, 721 u. 785; zum Teil berechnet von meinem Assistenten Dipl.-Ing. A. Raynfeld.

2

Gleichmäßig belastet, eingespannt

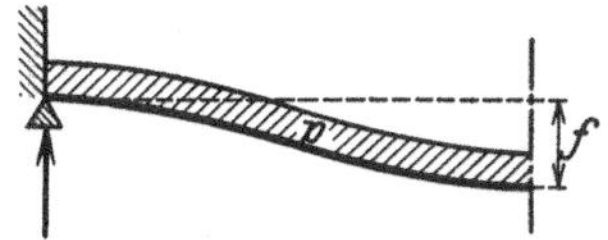

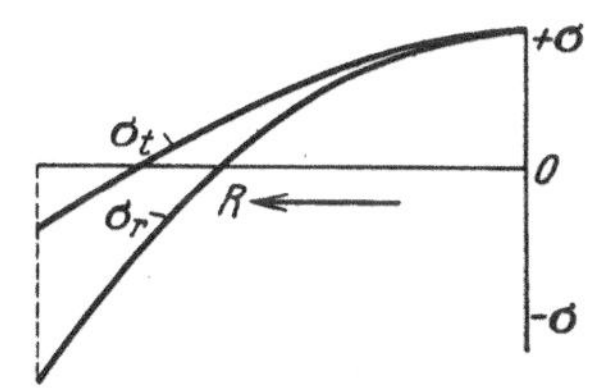

$b = 0; \quad c = -\dfrac{a}{4} r_a^2; \quad a$ nach Gleichung (43).

$$f = \frac{3}{16} \cdot \frac{m^2 - 1}{m^2 E} \cdot \frac{p\, r_a^4}{h^3} = 0{,}17\, \frac{p\, r_a^4}{E\, h^3},$$

$$\sigma_r = \pm \frac{3}{8} \cdot \frac{m+1}{m} \cdot \frac{p}{h^2}\left(\frac{3m+1}{m+1} \cdot r^2 - r_a^2\right),$$

$$\sigma_t = \mp \frac{3}{8} \cdot \frac{m+1}{m} \cdot \frac{p}{h^2}\left(\frac{m+3}{m+1}\, r^2 - r_a^2\right).$$

Die größte Spannung ist σ_r für $r = r_a$

$$\sigma_{\max} = \pm\, 0{,}75\, \frac{p\, r_a^2}{h^2}.$$

In der Plattenmitte ist:

$$\sigma_r = \sigma_t = \pm\, 0{,}49\, \frac{r_a^2}{h^2}\, p\,.$$

3

Konzentrierte Ringlast, frei aufliegend

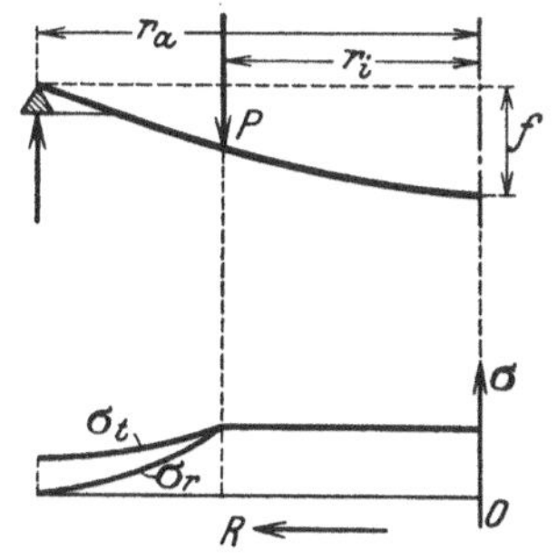

$a = 0; \quad b$ nach Gleichung (43); $\quad d = \dfrac{b}{4} r_i^2$ (äußere Zone).

$$c = -\frac{b}{2}\left\{\frac{m-1}{m+1} \cdot \frac{r_a^2 - r_i^2}{r_a^2} + \ln r_a^2\right\},$$

$$f = \frac{3}{4} \cdot \frac{m^2 - 1}{\pi\, m^2} \cdot \frac{P\, r_a^2}{E\, h^3}\left\{\frac{3m+1}{m+1}\left(1 - \frac{r_i^2}{r_a^2}\right) - \frac{r_i^2}{r_a^2}\ln\frac{r_a^2}{r_i^2}\right\}.$$

Spezialfall $r_i = 0$, d. h. Einzellast in der Plattenmitte:

$$f = 0{,}55\, \frac{P\, r_a^2}{E\, h^3}.$$

Innerhalb der inneren Zone sind die radialen und tangentialen Spannungen gleich groß:

$$\sigma_{\max} = \varphi_3\, \frac{P}{h^2}\,.$$

Werte von φ_3 aus Abb. 90.

4

Konzentrierte Ringlast, eingespannt

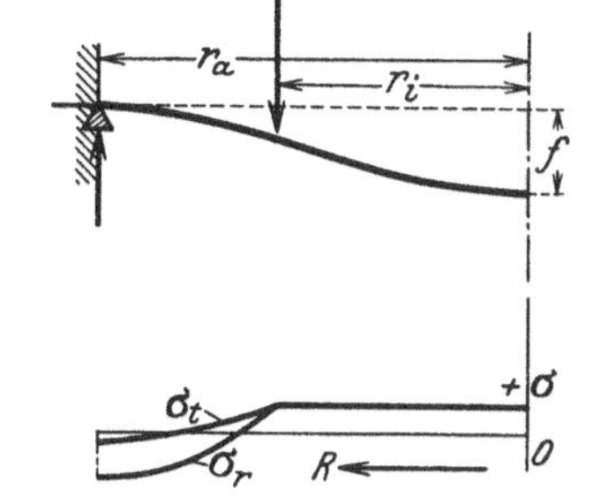

$a = 0; \quad b$ nach Gleichung (43); $\quad d = \dfrac{b}{4} r_i^2$ (äußere Zone).

$$c = -\frac{b}{2}\left\{\ln r_a^2 - \frac{r_a^2 - r_i^2}{r_a^2}\right\},$$

$$f = \frac{3}{4} \cdot \frac{m^2 - 1}{\pi\, m^2} \cdot \frac{P\, r_a^2}{E\, h^3}\left\{1 - \frac{r_i^2}{r_a^2} - \frac{r_i^2}{r_a^2}\ln\frac{r_a^2}{r_i^2}\right\}.$$

Spezialfall $r_i = 0$.

$$f = 0{,}218\, P \cdot \frac{r_a^2}{E\, h^3}.$$

Für $r_a > 3{,}13\, r_i$, größte Spannung in der inneren Zone

$$\sigma_{\max} = \varphi_{4a} \cdot \frac{P}{h^2}.$$

Für $r_a < 3{,}13\, r_i$, größte Spannung ist σ_r für $r = r_a$:

$$\sigma_{\max} = \varphi_{4b}\, \frac{P}{h^2}.$$

Werte von φ_4 aus Abb. 90.

Pos. 5 bis 9 gelochte Platte, konzentrierte Ringlast.

5

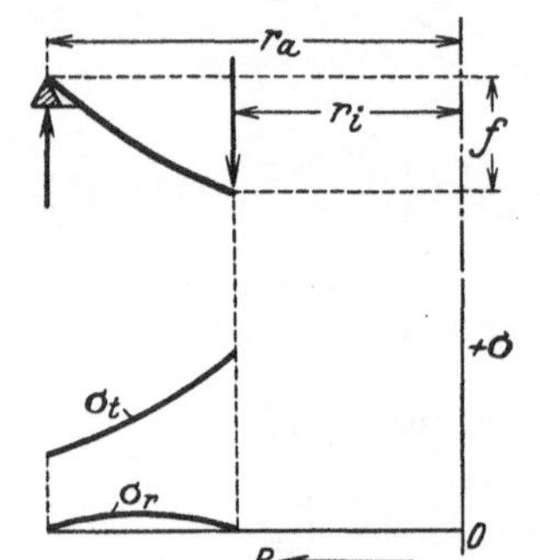

Außen frei aufliegend, innen frei

$a = 0$; b nach Gleichung (43).

$$c = -\frac{b}{2}\left\{\frac{m-1}{m+1} + \ln r_i^2 + \frac{r_a^2}{r_a^2 - r_i^2}\ln\frac{r_a^2}{r_i^2}\right\},$$

$$d = -\frac{b}{4}\cdot\frac{m+1}{m-1}\cdot\frac{r_a^2 r_i^2}{r_a^2 - r_i^2}\ln\frac{r_a^2}{r_i^2},$$

$$f = 0{,}218\,\frac{P\, r_a^2}{E\, h^3}\left\{2{,}54\left(1 - \frac{r_i^2}{r_a^2} + 1{,}86\,\frac{r_i^2}{r_a^2 - r_i^2}\left(\ln\frac{r_a^2}{r_i^2}\right)^2\right)\right\}.$$

Die größte Spannung ist σ_t für $r = r_i$

$$\sigma_{\max} = \pm\,\varphi_5\,\frac{P}{h^2}.$$

Werte von φ_5 aus Abb. 91.

Durch eine kleine zentrische Bohrung wird die tangentiale Spannung gegenüber der vollen Platte doppelt so groß.

6

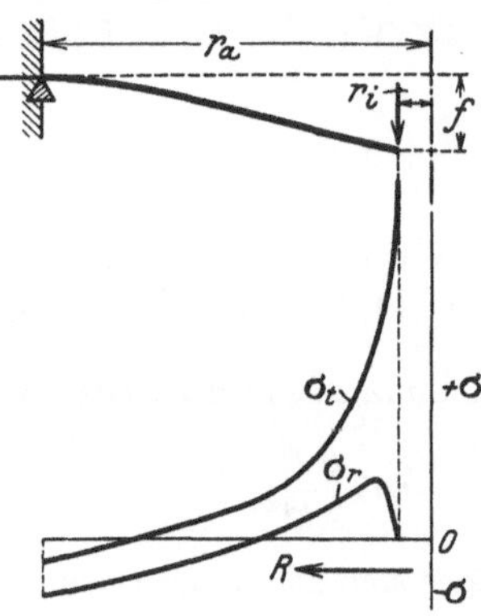

Außen eingespannt, innen frei

$a = 0$; b nach Gleichung (43).

$$c = -\frac{b}{2}\cdot\frac{1}{\dfrac{m-1}{m+1}r_a^2 + r_i^2}\left\{\frac{m-1}{m+1}r_a^2\ln r_a^2 + r_i^2\ln r_i^2 - \frac{m-1}{m+1}(r_a^2 - r_i^2)\right\},$$

$$d = -\frac{b}{4}\cdot\frac{r_a^2 r_i^2}{\dfrac{m-1}{m+1}r_a^2 - r_i^2}\left(\ln\frac{r_a^2}{r_i^2} - \frac{2m}{m+1}\right),$$

$$f = \frac{0{,}22}{0{,}55\, r_a^2 + r_i^2}\cdot\frac{P}{E\, h^3}$$

$$\cdot\left\{0{,}55\, r_a^4 + 2\, r_a^2 r_i^2 - 2{,}6\, r_i^4 - 3{,}1\, r_a^2 r_i^2\ln\frac{r_a^2}{r_i^2} + r_a^2 r_i^2\left(\ln\frac{r_a^2}{r_i^2}\right)^2\right\}.$$

Bei verhältnismäßig kleiner Bohrung erfolgt die größte Beanspruchung am inneren Lochrand durch σ_t

$$\sigma_{\max} = \varphi_{6a}\,\frac{P}{h^2}.$$

Für $r_i/r_a > 0{,}37$ tritt die größte Beanspruchung als radiale Spannung am äußeren Umfang auf:

$$\sigma_{\max} = \varphi_{6b}\,\frac{P}{h^2}.$$

Werte von φ_6 aus Abb. 91.

7

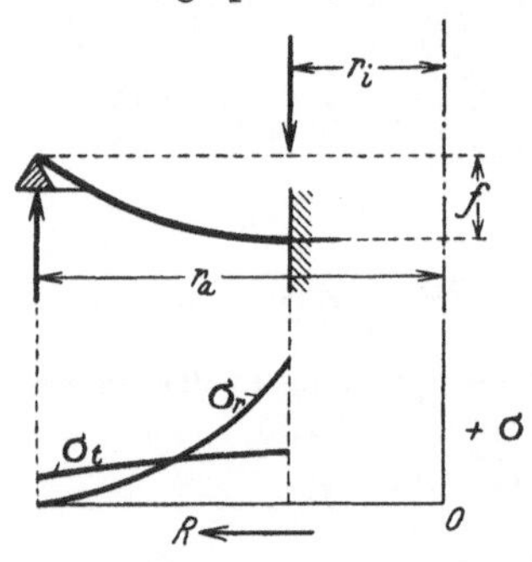

Innen eingespannt, außen frei

$a = 0$; b nach Gleichung (43).

$$c = -\frac{b}{2}\cdot\frac{1}{r_a^2 + \dfrac{m-1}{m+1}r_i^2}\left\{r_a^2\ln r_a^2 + \frac{m-1}{m+1}r_i^2\ln r_i^2 + \frac{m-1}{m+1}(r_a^2 - r_i^2)\right\},$$

$$d = \frac{b}{4}\cdot\frac{r_a^2 r_i^2}{r_a^2 + \dfrac{m-1}{m+1}r_i^2}\left(\ln\frac{r_a^2}{r_i^2} + \frac{2m}{m+1}\right),$$

$$f = \frac{\dfrac{3}{4}\cdot\dfrac{m^2-1}{\pi m^2}\cdot\dfrac{P}{E\, h^3}}{r_a^2 + \dfrac{m-1}{m+1}r_i^2}\left\{\frac{3m+1}{m+1}r_a^4 - 2\, r_a^2 r_i^2 - \frac{m-1}{m+1}r_i^2\right.$$

$$\left. - \frac{4m}{m+1}r_a^2 r_i^2\ln\frac{r_a^2}{r_i^2} - r_a^2 r_i^2\left(\ln\frac{r_a^2}{r_i^2}\right)^2\right\}.$$

Die größte Spannung ist σ_r für $r = r_i$

$$\sigma_{\max} = \varphi_7\,\frac{P}{h^2}.$$

Werte von φ_7 aus Abb. 91.

<table>
<tr><td>8</td><td>

Außen fest eingespannt,
innen beweglich eingespannt

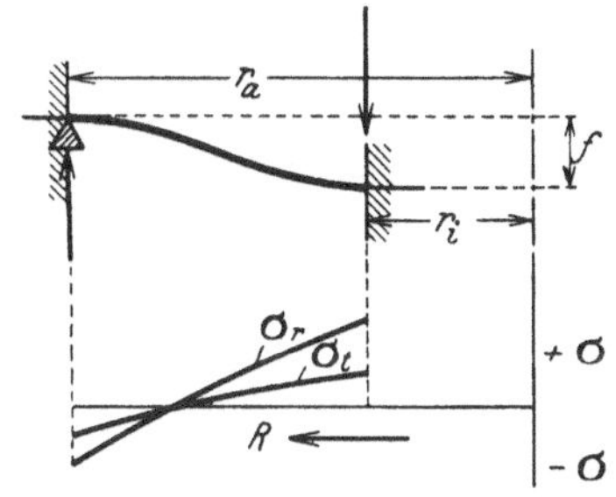

</td><td>

$a = 0;$ b nach Gleichung (43).

$$c = - \frac{b}{2} \left(\frac{r_a^2 \ln r_a^2 - r_i^2 \ln r_i^2}{r_a^2 - r_i^2} - 1 \right),$$

$$d = + \frac{b}{4} \cdot \frac{r_a^2 \, r_i^2}{r_a^2 - r_i^2} \ln \frac{r_a^2}{r_i^2},$$

$$f = 0{,}22 \frac{P \, r_a^2}{E \, h^3} \left\{ 1 - \frac{r_i^2}{r_a^2} - \frac{r_i^2}{r_a^2 - r_i^2} \left(\ln \frac{r_a^2}{r_i^2} \right)^2 \right\}.$$

Die größte Spannung ist σ_r für $r = r_i$

$$\sigma_{\max} = \varphi_{8a} \frac{P}{h^2}.$$

Die größte Spannung am äußeren Rand ist σ_r

$$(\sigma_r)_a = \varphi_{8b} \frac{P}{h^2}.$$

Werte von φ_8 aus Abb. 91.

</td></tr>
<tr><td>9</td><td>

Außen gestützt,
innen frei beweglich, überhängend

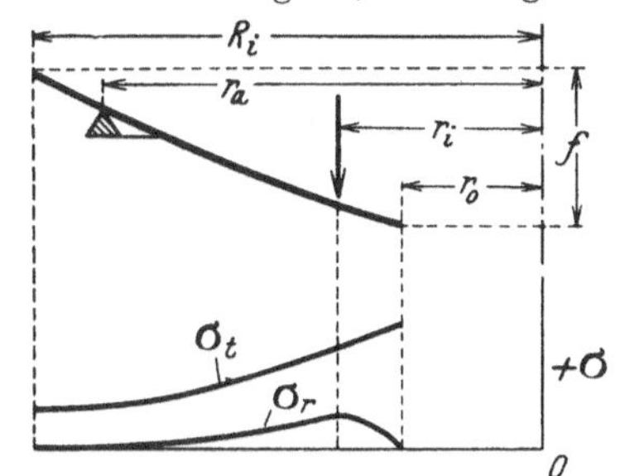

</td><td>

$\sigma_{\max} = \sigma_t$ für $r = r_0$

$$\sigma_{\max} = \frac{3}{2} \cdot \frac{m-1}{\pi \, m} \cdot \frac{r_i^2}{r_i^2 \, r_0^2} \cdot \frac{P}{h^2} \left(\frac{m+1}{m-1} \ln \frac{r_a^2}{r_i^2} + \frac{r_a^2 - r_i^2}{r_i^2} \right).$$

</td></tr>
</table>

Pos. 10 bis 17, gelochte Platte, gleichmäßig belastet. a nach Gl. (43), $b = 0$.

Die Gleichgewichtsbedingung, daß die Summe der axialen Kräfte gleich Null ist, lautet dann (vgl. S. 34):

$$2 \pi r \int_{-h/2}^{h/2} \tau \, dz + p \pi (r^2 - r_i^2) = 0. \qquad (40\,\text{b})$$

Damit wird:

$$Z = \frac{a}{32} r^4 - \frac{a \, r_i^2}{4} r^2 (\ln r - 1) + \frac{c}{4} r^2 + d \ln r + e. \qquad (44\,\text{a})$$

<table>
<tr><td>10</td><td>

Außen gestützt, innen frei

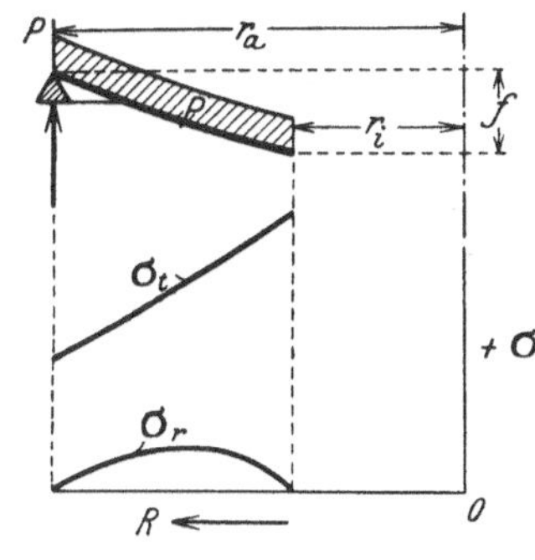

</td><td>

$$c = - \frac{3\,m+1}{m+1} \cdot \frac{a}{4} (r_a^2 + r_i^2) + \frac{a \, r_i^2}{2} \left\{ \frac{m-1}{m+1} + \frac{r_a^2 \ln r_a^2 - r_i^2 \ln r_i^2}{r_a^2 - r_i^2} \right\},$$

$$d = - \frac{3\,m+1}{m-1} \cdot \frac{a}{8} r_a^2 \, r_i^2 + \frac{m+1}{m-1} \cdot \frac{r_a^2 \, r_i^2}{r_a^2 - r_i^2} \cdot \frac{a \, r_i^2}{4} \ln \frac{r_a^2}{r_i^2},$$

$$f = 0{,}17 \frac{p}{E \, h^3} \left[\left(\frac{5\,m+1}{m+1} + 2 \frac{3\,m+1}{m-1} \cdot \frac{r_a^2 \, r_i^2}{r_a^4 - r_i^4} \ln \frac{r_a^2}{r_i^2} \right) (r_a^4 - r_i^4) \right.$$

$$\left. - 4 \, r_i^2 \left\{ \frac{3\,m+1}{m+1} + \frac{m+1}{m-1} \cdot \frac{r_a^2 \, r_i^2}{(r_a^2 - r_i^2)^2} \left(\ln \frac{r_a^2}{r_i^2} \right)^2 \right\} (r_a^2 - r_i^2) \right].$$

Die größte Spannung ist σ_t für $r = r_i$

$$\sigma_{\max} = \varphi_{10} \frac{p}{h^2} r_a^2.$$

Werte von φ_{10} aus Abb. 92.

</td></tr>
</table>

11	Außen eingespannt, innen frei 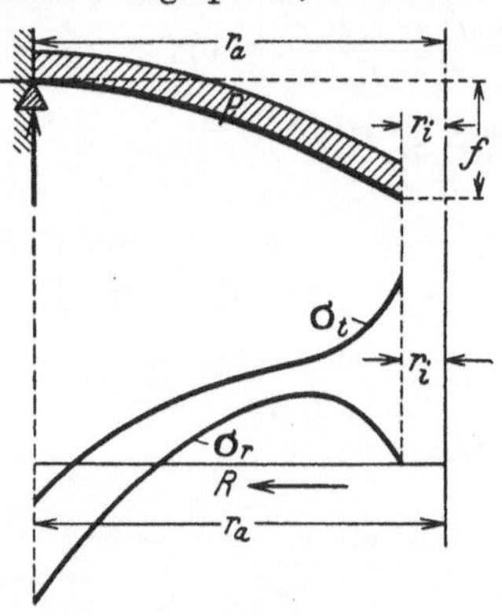	$$c = -\frac{a}{4} \cdot \frac{1}{\frac{m-1}{m+1}r_a^2 + r_i^2}\left\{\frac{m-1}{m+1}r_a^4 + 2\frac{m-1}{m+1}r_a^2 r_i^2 + \frac{m+3}{m+1}r_i^4\right.$$ $$\left. - 2r_i^2\left(\frac{m-1}{m+1}r_a^2 \ln r_a^2 + r_i^2 \ln r_i^2\right)\right\},$$ $$d = -\frac{a}{8}\cdot\frac{r_a^2 r_i^2}{\frac{m-1}{m+1}r_a^2 + r_i^2}\left\{r_a^2 + \frac{m-1}{m+1}r_i^2 - 2r_i^2 \ln\frac{r_a^2}{r_i^2}\right\}.$$ Die größte Spannung ist σ_r für $r = r_a$ $$\sigma_{\max} = \varphi_{11a}\frac{p\,r_a^2}{h^2}.$$ Bei sehr kleiner Bohrung $\left(\frac{r_i}{r_a} < 0{,}05\right)$ ist $\sigma_{\max} = \sigma_t$ für $r = r_i$ $$\sigma_{\max} = \varphi_{11b}\frac{p\,r_a^2}{h^2}.$$ Werte von φ_{11} aus Abb. 92.
12	Innen eingespannt, außen frei aufliegend 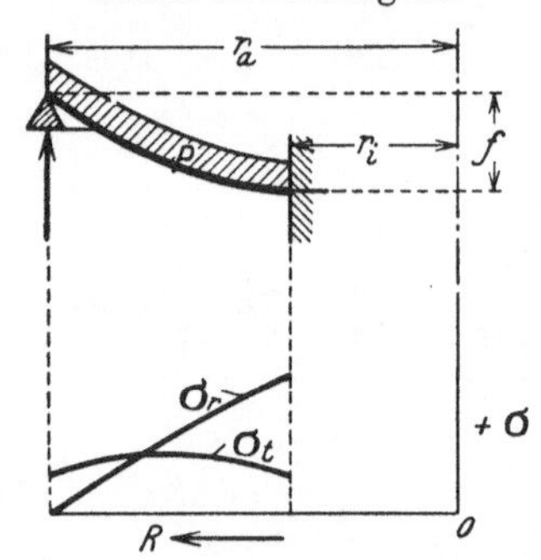	$$c = -\frac{a/4}{r_a^2 + \frac{m-1}{m+2}r_i^2}\left\{\frac{3m+1}{m+1}r_a^4 - 2\frac{m-1}{m+1}r_a^2 r_i^2 + 3\frac{m-1}{m+1}r_i^4\right.$$ $$\left. - 2r_i^2\left(r_a^2 \ln r_a^2 + \frac{m-1}{m+1}r_i^2 \ln r_i^2\right)\right\},$$ $$d = \frac{a}{8}\cdot\frac{r_a^2 r_i^2}{r_a^2 + \frac{m-1}{m+1}r_i^2}\left\{\frac{3m+1}{m+1}r_a^2 - \frac{5m+1}{m+1}r_i^2 - 2r_i^2 \ln\frac{r_a^2}{r_i^2}\right\}.$$ Die größte Spannung ist σ_r für $r = r_i$ $$\sigma_{\max} = \varphi_{12}\frac{p\,r_a^2}{h^2}.$$ Werte von φ_{12} aus Abb. 92.
13	Innen und außen eingespannt, außen gestützt 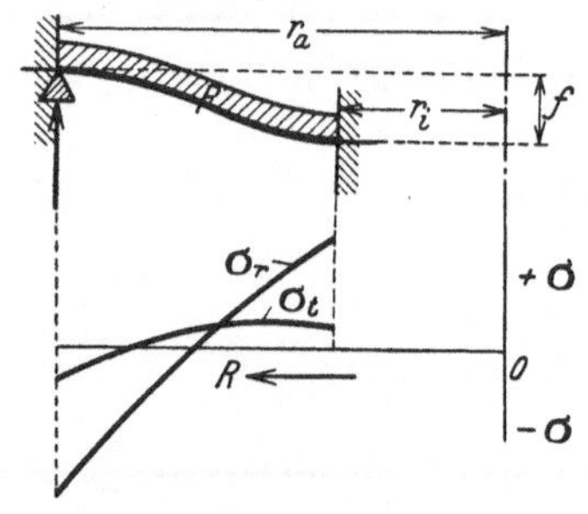	$$c = -\frac{a}{4}(r_a^2 + r_i^2) - \frac{a}{2}r_i^2\left(\frac{1 - r_a^2 \ln r_a^2 - r_i^2 \ln r_i^2}{r_a^2 - r_i^2}\right).$$ $$d = +\frac{a}{8}r_a^2 r_i^2 - \frac{a}{4}r_i^2\frac{r_a^2 r_i^2}{r_a^2 - r_i^2}\ln\frac{r_a^2}{r_i^2}.$$ Größte Spannung σ_r für $r = r_a$ $$\sigma_{\max} = \varphi_{13a}\frac{p\,r_a^2}{h^2}.$$ Am inneren Umfang ist $$\sigma_i = \varphi_{13b}\frac{p\,r_a^2}{h^2}.$$ Werte von φ_{13} aus Abb. 92.
14	Wie 13, aber innen gestützt 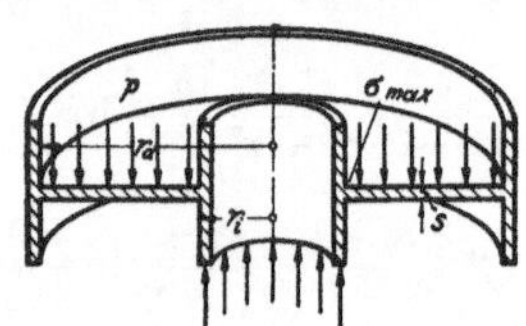	Größte Spannung am inneren Umfang $$\sigma_{\max} = \varphi_{14}\frac{p\,r_a^2}{h^2}.$$ Werte von φ_{14} aus Abb. 92.

Wenn die Platte innen statt außen gestützt wird, so lautet die Gleichgewichtsbedingung für die Kräfte in axialer Richtung:

$$2\pi r\int_{-h/2}^{h/2}\tau\,dz + \pi p(r_a^2 - r^2) = 0.$$

Damit wird

$$Z = -\frac{a}{32}r^4 + \frac{a\,r_a^2}{4}r^2(\ln r - 1) + \frac{c}{4}r^2 + d\ln r + e. \tag{44b}$$

15

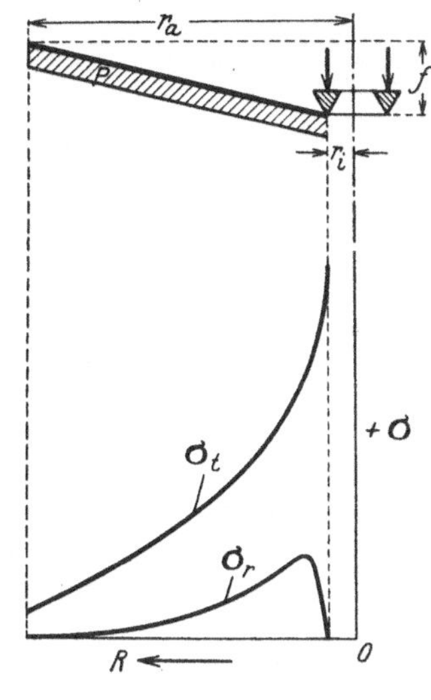

$$c = \frac{3\,m+1}{m+1}\cdot\frac{a}{4}\,(r_a^2+r_i^2) - \frac{a\,r_a^2}{2}\left\{\frac{m-1}{m+1} + \frac{r_a^2\ln r_a^2 - r_i^2\ln r_i^2}{r_a^2 - r_i^2}\right\},$$

$$d = \frac{3\,m+1}{m-1}\cdot\frac{a}{8}\,r_a^2\,r_i^2 - \frac{m+1}{m-1}\cdot\frac{r_a^2\,r_i^2}{r_a^2 - r_i^2}\cdot\frac{a\,r_a^2}{4}\ln\frac{r_a^2}{r_i^2},$$

$$f = \frac{m-1}{m}\cdot\frac{3\,p}{16\,E\,h^3}\left\{4\,\frac{3\,m+1}{m}\,r_a^2\,r_i^2 - \frac{7\,m+3}{m}\,r_a^4 - \frac{5\,m+1}{m}\,r_i^4\right.$$
$$\left. + 2\,\frac{m+1}{m}\,r_a^2\,r_i^2\left(\frac{3\,m+1}{m+1} - 2\,\frac{m+1}{m-1}\cdot\frac{r_a^2}{r_a^2 - r_i^2}\ln\frac{r_a^2}{r_i^2}\right)\ln\frac{r_a^2}{r_i^2}\right\}.$$

Die größte Spannung ist σ_t für $r = r_i$

$$\sigma_{\max} = \varphi_{15}\,\frac{r_a^2}{h^2}\,p\,.$$

Werte von φ_{15} aus Abb. 93.

16

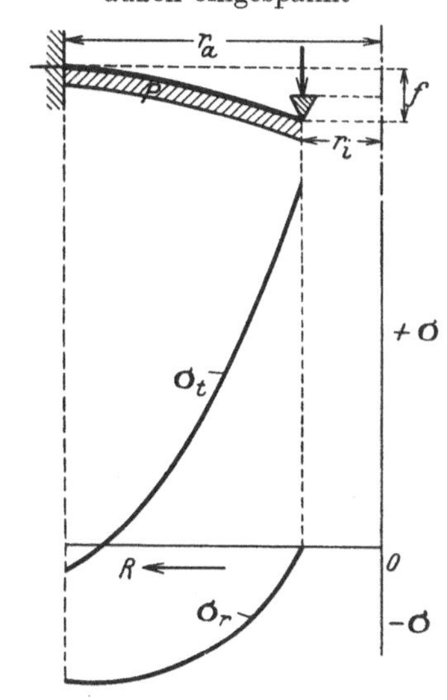

$$c = \frac{a}{4}\,(3\,r_a^2 - 2\,r_a^2\ln r_a^2) - \frac{2\,d}{r_a^2},$$

$$d = \frac{a}{8}\cdot\frac{r_a^2\,r_i^2}{\frac{m-1}{m+1}\,r_a^2 + r_i^2}\left\{\frac{5\,m+1}{m+1}\,r_a^2 - \frac{3\,m+1}{m+1}\,r_i^2 - 2\,r_a\ln\frac{r_a^2}{r_i^2}\right\}.$$

Für kleine Bohrungen $\left(\dfrac{r_i}{r_a} < 0{,}45\right)$ ist die größte Spannung σ_t für $r = r_i$

$$\sigma_{\max} = \varphi_{16\,a}\,\frac{p\,r_a^2}{h^2}\,.$$

Für große Bohrungen $\left(\dfrac{r_i}{r_a} > 0{,}45\right)$ ist die größte Spannung etwas größer als σ_r für $r = r_a$

$$\sigma_{\max} > \varphi_{16\,b}\,\frac{p\,r_a^2}{h^2}\,.$$

Werte von φ_{16} aus Abb. 91.

17

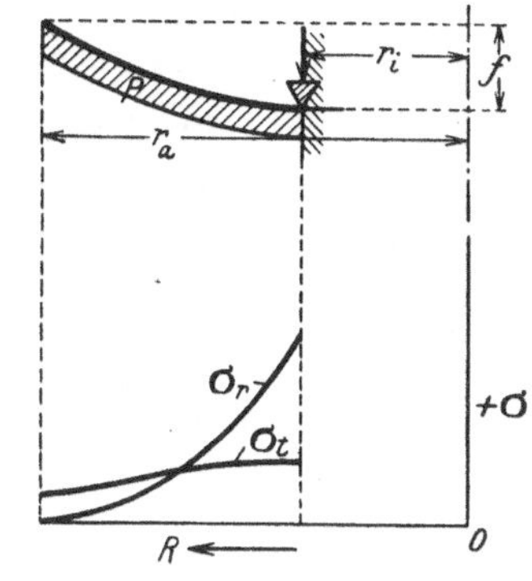

$$c = \frac{a}{4}\cdot\frac{1}{r_a^2 + \frac{m-1}{m+1}\,r_i^2}\left\{\frac{m+3}{m+1}\,r_a^4 + 2\,\frac{m-1}{m+1}\,r_a^2\,r_i^2 + \frac{m-1}{m+1}\,r_i^4\right.$$
$$\left. - 2\,r_a^2\left(r_a^2\ln r_a^2 + \frac{m-1}{m+1}\,r_i^2\ln r_i^2\right)\right).$$

$$d = \frac{a}{8}\cdot\frac{r_a^2\,r_i^2}{r_a^2 + \frac{m-1}{m+1}\,r_i^2}\left\{\frac{m-1}{m+1}\,r_a^2 + r_i^2 + 2\,r_a^2\ln\frac{r_a^2}{r_i^2}\right\}.$$

Die größte Spannung ist σ_r für $r = r_i$

$$\sigma_{\max} = \varphi_{17}\,\frac{p\,r_a^2}{h^2}\,.$$

Werte von φ_{17} aus Abb. 93.

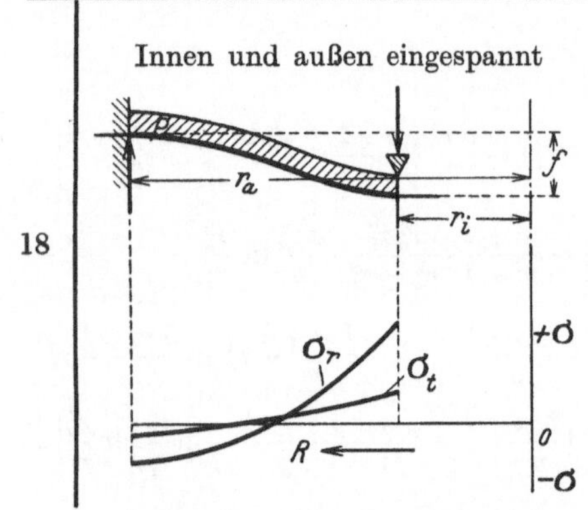

$$c = \frac{a}{4}\left(3\,r_a^2 + r_i^2\right) - \frac{a}{2}\,r_a^2\,\frac{r_a^2 \ln r_a^2 - r_i^2 \ln r_i^2}{r_a^2 - r_i^2},$$

$$d = -\frac{a}{8}\,r_a^2 r_i^2 + \frac{a}{4}\,r_a^2\,\frac{r_a^2 r_i^2}{r_a^2 - r_i^2}\ln\frac{r_a^2}{r_i^2}.$$

Die größte Spannung ist σ_r für $r = r_i$

$$\sigma_{\max} = \varphi_{18}\,\frac{p\,r_a^2}{h^2}.$$

Werte von φ_{18} aus Abb. 93.

Für die Festigkeitsrechnung der Platte ist die größte Schubspannung maßgebend, die gleich dem halben Unterschied der algebraisch größten und kleinsten Hauptspannung ist. Bei der Plattenberechnung ist die eine Hauptspannung σ_z immer gleich Null oder sie wird als klein vernachlässigt. Wenn die beiden anderen Hauptspannungen σ_r und σ_t gleiches Vorzeichen haben, so ist nur die größere der beiden maßgebend, denn aus

$$\tau_{\max} = \frac{\sigma_{\max}}{2} < \frac{\sigma_{\mathrm{zul}}}{2} \quad \text{folgt} \quad \sigma_{\max} < \sigma_{\mathrm{zul}}. \tag{55}$$

Wenn hingegen σ_r und σ_t verschiedene Vorzeichen haben, so ist

$$\tau_{\max} = \frac{\sigma_t - \sigma_r}{2} < \frac{\sigma_{\mathrm{zul}}}{2} \tag{56}$$

bei der Festigkeitsrechnung einzusetzen.

Wenn am Umfange einer Ringfläche eine Einzelkraft P wirkt (Abb. 89), so sind zwei Zonen zu unterscheiden. Für die äußere (Ringzone) bleibt die allgemeine Gleichung der Meridiankurve (44) gültig. Für die unbelastete innere Zone sind die Schubspannungen gleich Null und die Platte wird dort nur auf Biegung beansprucht durch Momente, die von der Ringzone auf sie ausgeübt werden. Die Gleichung der Meridiankurve ist dann, da $p = 0$ und $P = 0$ ist:

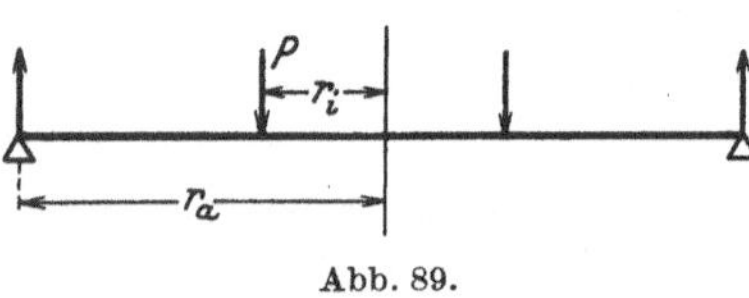

Abb. 89.

$$Z = c\,\frac{r^2}{4} + e. \tag{57}$$

Wenn für diesen unbelasteten Teil die Senkungen vom inneren Rand des belasteten Ringes aus gemessen werden, so ist für $r = r_i$, $Z = 0$ und

$$Z = \frac{c}{4}\left(r^2 - r_i^2\right). \tag{58}$$

Das ist die Gleichung eines Kreises; die unbelastete innere Zone wölbt sich demnach nach einer Kugelfläche.

Für die gelochte Platte gilt als Grenzbedingung, daß für den inneren Lochrand die radiale Spannung für alle Werte von z gleich Null wird, weil dort keine radialen Kräfte wirken.

Zahlenbeispiel[1]. Der Niederdruckkolben aus Stahlguß einer Lokomotive (Abb. 94) ist beim Anfahren mit $p = 6{,}5\ \mathrm{kg/cm^2}$ belastet. Wie groß ist die größte Beanspruchung?

Doppelwandige Kolben ohne Versteifungsrippen sind statisch unbestimmt. Bei der Stärke des Kranzes, in dem die Kolbenringe liegen, und der Nabe kann angenommen werden, daß die beiden Böden außen und innen vollkommen eingespannt sind. Wenn der äußere Kranz als starr angesehen wird, so ist die Durchbiegung am äußeren Umfang für die beiden Böden gleich groß, $Z_I = Z_{II}$.

[1] Stephan: Dingler 1907, S. 577.

Der untere Boden II ist durch die am äußeren Umfang konzentrierte Ringlast P belastet, so daß nach der Zusammenstellung auf S. 39, Fall 8:

$$Z_{II} = 0{,}22 \frac{P\,r_a^2}{E\,h^3}\left\{1 - \left(\frac{r_i}{r_a}\right)^2 - \frac{r_i^2}{r_a^2 - r_i^2}\left(\ln\frac{r_a^2}{r_i^2}\right)^2\right\}.$$

Mit

$r_a = 30{,}3$, $r_i = 6{,}75$ ist $\left(\frac{r_i}{r_a}\right)^2 = 0{,}0496$

und $\left(\frac{r_a}{r_i}\right)^2 = 20{,}16$ $\ln\frac{r_a^2}{r_i^2} = 3{,}03$. Damit wird

$$Z_{II} = 6{,}98\,\frac{P}{E}.$$

Auf den oberen Boden I wirkt die Ringlast P_0 und der Gegendruck des unteren Bodens P sowie die gleichmäßige Belastung p. Die Ringlast

$$P_0 = \pi/4\,(69{,}5^2 - 60{,}6^2)\,6{,}5 = 5970\ \text{kg}.$$

Die Durchbiegung des Bodens I unter der Ringlast $P - P_0$ ist (Fall 8)

$$Z_I' = 6{,}98\,\frac{P - P_0}{E}.$$

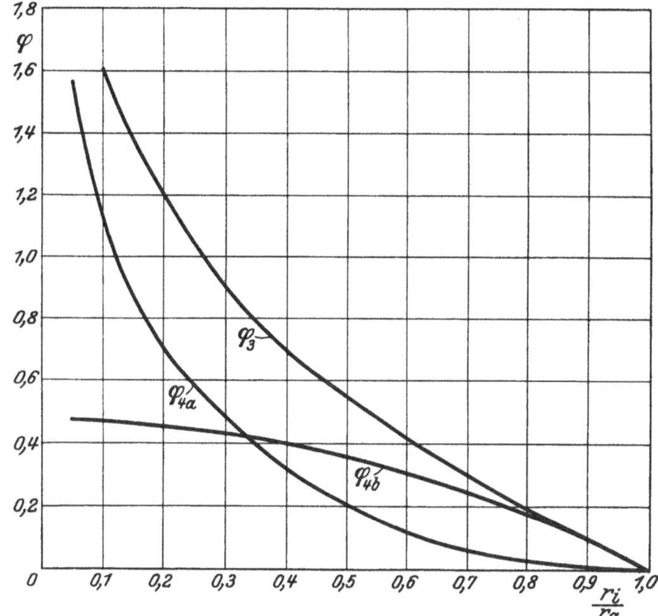

Abb. 90. Zur Berechnung der vollen Platte.

Die Durchbiegung des Bodens unter der gleichmäßigen Belastung p folgt aus der Gleichung der deformierten Mittelfläche (Fall 18):

$$Z = -\frac{a}{32}\,r^4 + \frac{a\,r_a^2}{4}\,r^2\,(\ln r - 1) + \frac{c}{4}\,r^2 + d\ln r + e. \qquad (44\text{b})$$

Da die Platte am inneren Umfang gleichmäßig aufliegt, ist für $r = r_i$, $Z = 0$

$$0 = -\frac{a}{32}\,r_i^4 + \frac{a\,r_a^2}{4}\,r_i^2\,(\ln r_i - 1) + \frac{c}{4}\,r_i^2 + d\ln r_i + e.$$

So daß für $r = r_a$

$$Z_I'' = -\frac{a}{32}\,(r_a^2 - r_i^2) + \frac{a}{8}\,r_a^2\,[r_a^2\ln r_a^2 - r_i^2\ln r_i^2 - 2\,(r_a^2 - r_i^2)] + \frac{c}{4}\,(r_a^2 - r_i^2) + \frac{d}{2}\ln\frac{r_a^2}{r_i^2}.$$

Mit den Werten von c und d aus der Zusammenstellung auf S. 42, Fall 18

$$Z_I'' = 0{,}17\,\frac{p}{E}\cdot\frac{r_a^4}{h^3}\left[-3 - \left(\frac{r_i}{r_a}\right)^4 + 4\left(\frac{r_i}{r_a}\right)^2\right.$$

$$\left. - 2\,\frac{r_i^2}{r_a^2}\ln\left(\frac{r_a}{r_i}\right)^2 + 4\,\frac{\frac{r_i}{r_a}}{1 - \left(\frac{r_i}{r_a}\right)^2}\ln^2\frac{r_a^2}{r_i^2}\right]$$

$$= 12700\,\frac{p}{E}.$$

Aus $Z_I = Z_{II}$ folgt

$$6{,}98\,\frac{P}{E} = 12700\,\frac{p}{E} - 6{,}98\,\frac{P - P_0}{E},$$

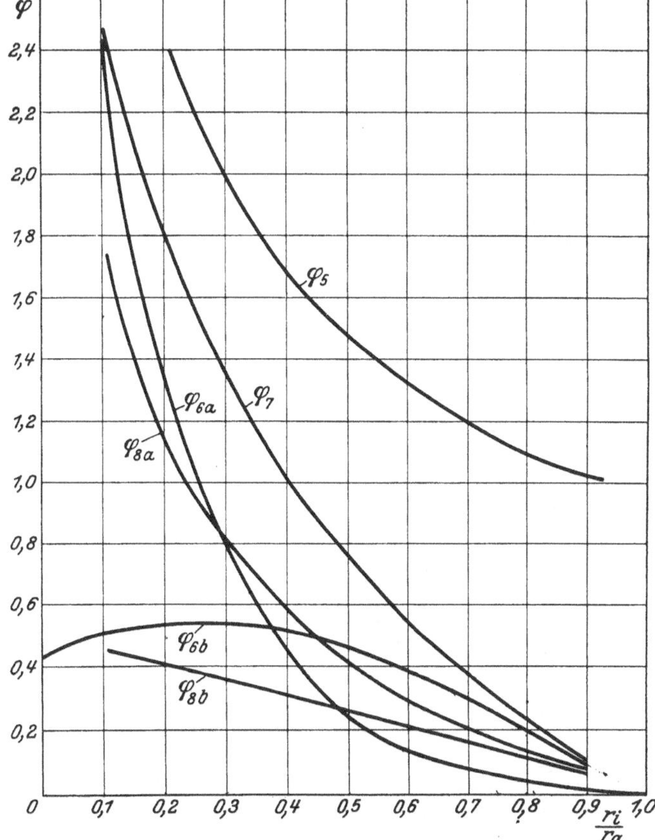

Abb. 91. Zur Berechnung der gelochten Platte mit konzentrierter Ringlast.

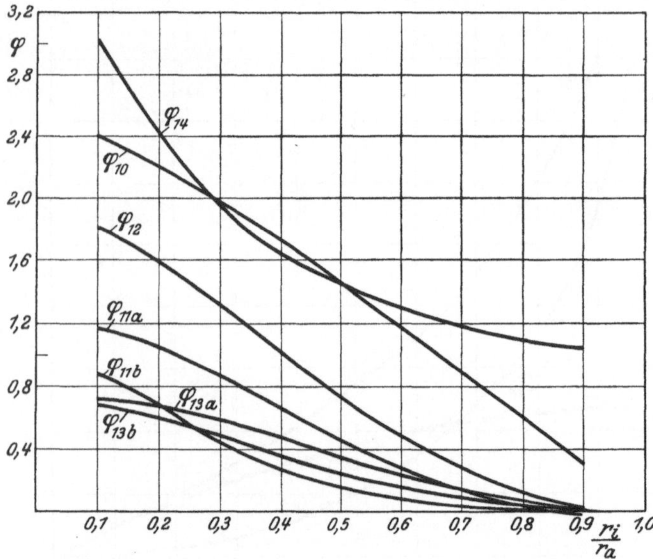

Abb. 92. Zur Berechnung der gelochten Platte mit gleichmäßiger Belastung.

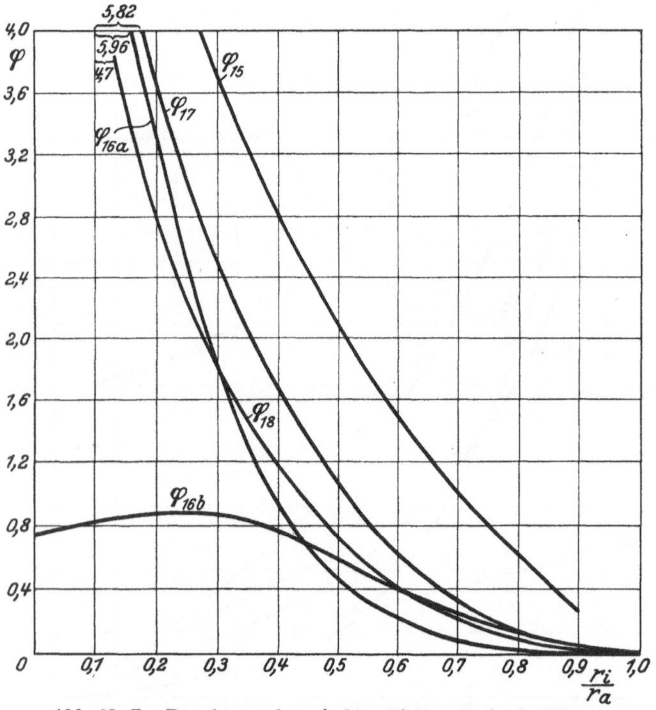

Abb. 93. Zur Berechnung der gelochten Platte mit gleichmäßiger Belastung. Platte innen gestützt.

woraus mit $P_0 = 5970$ kg, $P = 8900$ kg. Die größte Spannung für Boden I für $r = r_i$

$$\sigma_{\max} = \varphi_{18}\, p\, \frac{r_a^2}{h^2} + \varphi_{8a}\, \frac{P - P_0}{r_a^2}$$

und mit dem Wert von φ_{18} aus Abb. 93 und von φ_{8a} aus Abb. 91

$$\sigma_{\max} = 2{,}52\, \frac{6{,}5 \times 918{,}1}{5{,}76} - 1{,}05\, \frac{2990}{5{,}76}$$
$$= 2075 \text{ kg/cm}^2.$$

Durch Einziehen von Rippen wird der Kolben wesentlich widerstandsfähiger, da beide Scheiben nun gleich durchbiegen müssen. Die Rippen müssen dazu aber so stark sein, daß sie die auftretenden Schubspannungen übertragen können. Solche Kolben können dann so berechnet werden, als ob jede Platte die halbe Belastung trüge. Bei der Übertragung großer Schubspannungen sind die Aussparungen in den Rippen sehr gefährlich (vgl. Heft I, S. 37). Der Bruch des Kolbens geht deshalb meist durch die Aussparungen[1].

Zahlenbeispiel[2]. Der Ventilring von 4 mm Dicke einer Gebläsemaschine (Abb. 95) ist durch den Winddruck mit $p = 0{,}5$ at gleichmäßig belastet. Wie groß ist die größte Beanspruchung, wenn von der zusätzlichen Beanspruchung durch stoßweises Schließen abgesehen wird?

P_a sei der Druck des Ventilringes gegen die äußere Sitzfläche, P_i gegen die innere, dann ist die Gesamtbelastung

$$P = P_a + P_i.$$

Die Aufgabe ist wieder statisch unbestimmt, weil P_a und P_i von den Formänderungen des Ringes ab-

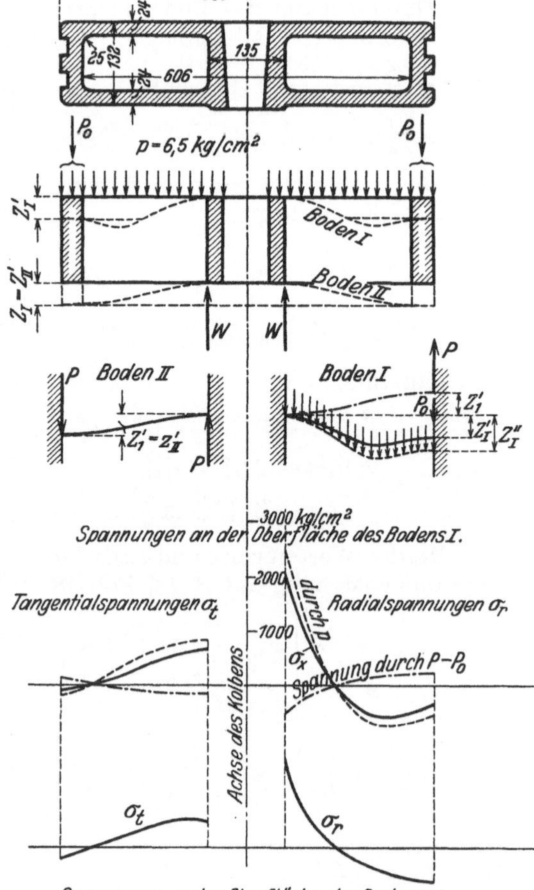

Abb. 94.

---

[1] Vgl. d. Versuche von Pfleiderer: Mitt. Forsch.-Arb. H. 97, 1911.   [2] Enßlin: Dingler 1904, S. 679.

hängig sind. Wenn der Ring am äußeren Umfang gestützt gedacht wird, so muß die Durchbiegung f unter dem Einfluß der gleichmäßigen Belastung p und der Ringlast P_i zu Null werden.

Unter der Einwirkung der Kraft P_i (Fall 5) mit $\dfrac{r_i}{r_a} = \dfrac{16,5}{22}$ wird

$$c = -\frac{b}{2} \cdot 7{,}45 \quad \text{und} \quad d = -\frac{b}{4} \cdot \frac{m+1}{m-1} \cdot 358 ,$$

so daß

$$f = \frac{3}{4} \cdot \frac{m^2-1}{\pi m^2} \cdot \frac{P_i}{E h^3} (r_a^2 - r_i^2) \cdot 4{,}34$$

ist.

Unter der gleichmäßigen Belastung p (Fall 10)

$$c = \frac{a}{4} \cdot 2140 , \qquad d = -\frac{a}{8} \cdot 267\,500 ,$$

$$f = \frac{3}{16} \cdot \frac{m^2-1}{m^2} \cdot \frac{p}{E h^3} (r_a^2 - r_i^2) \cdot 1730 .$$

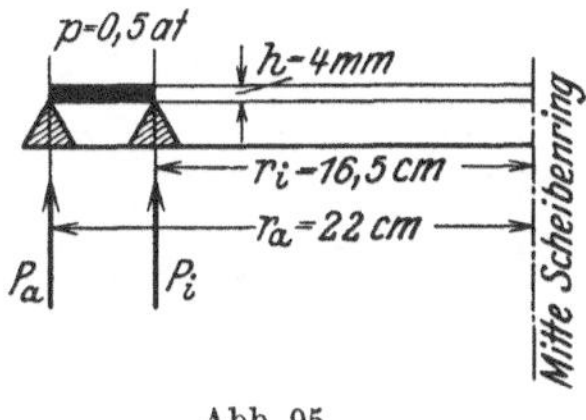

Abb. 95.

Durch Gleichsetzen der beiden Werte von f erhält man $P_i = 157\,\text{kg}$ und damit

$$P_a = \frac{\pi}{4} (r_a^2 - r_i^2) \cdot 0{,}5 - 157 = 176\,\text{kg} .$$

Die größte Beanspruchung folgt aus Abb. 91/92 durch p

$$\sigma_{\max} = \varphi_{10} \frac{p \cdot r_a^2}{h^2} = \quad 1150\,\text{kg/cm}^2$$

durch P_i

$$\sigma_t = \varphi_5 \frac{P_i}{h^2} = -1125\,\text{kg/cm}^2$$

Resultierende Spannung $= \quad 25\,\text{kg/cm}^2 .$

c) **Elliptische und rechteckige Platten.** Die Theorie der Biegung rechteckiger Platten ist wesentlich verwickelter als für Kreisplatten. Für die frei aufliegende Platte und bei symmetrischer Belastung gibt folgende (zuerst von C. von Bach angegebene) einfache Näherungsmethode Anhaltspunkte für die Größe der auftretenden größten Spannung.

Bei einer gleichmäßig belasteten und an den Rändern frei aufliegenden quadratischen Platte kommt auf jede der vier Auflagekanten der Auflagedruck $a^2 p$ kg, der — aus Symmetriegründen — in der Mitte jeder Kante angreift. Ähnlich wie bei einem gleichmäßig belasteten und frei aufliegenden Balken werden bei der Platte die größten Spannungen in der Mitte auftreten. Legen wir nun einen Diagonalschnitt, so können — wieder aus Symmetriegründen — darin keine Schubspannungen übertragen werden. Die Biegespannungen werden nach einem unbekannten Gesetz von der Plattenmitte, wo sie am größten sind, nach den Ecken hin abnehmen, wo sie zu Null werden.

Man erhält nun einen **unteren Grenzwert** der größten Biegespannung, wenn eine gleichförmige Verteilung längs der Diagonalen angenommen wird. Die Platte kann dann als ein längs der Diagonalen eingespannter Balken betrachtet werden. An der Einspannstelle ist das Biegemoment der Auflagereaktionen gleich $2 p a^2 d/4$ und das von der gleichmäßig verteilten Belastung herrührende Moment gleich $- 2 p a^2 d/6$, wenn die Länge der Diagonale gleich d ist. Die untere Grenze des größten Biegemomentes ist demnach

$$\sigma_b = \frac{M_b}{W} = \frac{2\,p \cdot a^2 \left(\dfrac{d}{4} - \dfrac{d}{6}\right)}{\dfrac{1}{6} d h^2} = p \frac{a^2}{h^2} . \tag{59}$$

Die wirklich auftretende größte Biegespannung $\sigma_{\max} = \varphi \sigma_b$:

$$\sigma_{\max} = \varphi\, p \frac{a^2}{h^2} , \tag{60}$$

worin $\varphi > 1$ ist. Die genaue Rechnung gibt für φ den Wert 1,25 (vgl. die Zusammenstellung auf S. 46)[1].

[1] Für die weitere Berechnung von Platten und Böden sei auf die Literatur verwiesen, z. B.:
Love-Timpe: Lehrbuch der Elastizität, Teubner 1907. — Nadai, A., Dr.-Ing.: Die elastischen Platten. Berlin: Julius Springer 1925. — Föppl, A. u. O.: Drang und Zwang. Oldenburg 1929.
Die Theorie der Biegung gewölbter Schalen ist namentlich durch die grundlegenden Arbeiten von Prof. Dr. H. Reißner (Charlottenburg) und Prof. Dr. E. Meißner (Zürich) entwickelt worden:
Wißler, H.: Festigkeit von Ringflächenschalen. Dissertation 1916. — Bolle, L.: Festigkeit von Kugelschalen. Dissertation. 1916. — Dubois, F.: Festigkeit von Kegelschalen. Dissertation 1917. — Honegger, E.: Festigkeit von Kegelschalen mit linear veränderlicher Wandstärke. Dissertation 1919. — Höhn, E. u. Dr. Huggenberger: Festigkeit gewölbter Böden, 1927.

Elliptische Platten.

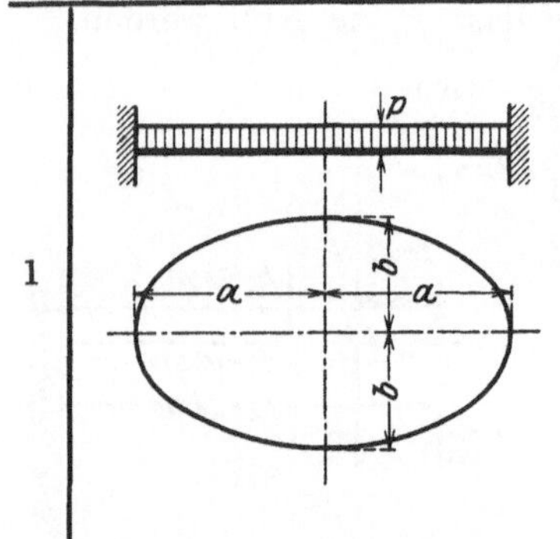

1

$$f = \frac{3\,(m^2 - 1)}{2\,m^2\,E\,h^3} \cdot \frac{a^4\,b^4}{3\,a^4 + 3\,b^4 + 2\,a^2\,b^2}\,p\,.$$

Die größte Biegespannung σ_{max} tritt an der Einspannung auf, und zwar am Ende der kleinen Halbachse:

$$\sigma_{max} = \frac{6\,a^4}{3\,a^4 + 2\,a^2\,b^2 + 3\,b^4} \cdot \frac{p\,b^2}{h^2}\,.$$

Die auf die Längeneinheit bezogene Auflagerkraft ist am größten am Ende der kleinen Halbachse:

$$t_{max} = \frac{a^2\,b\,(3\,a^2 + b^2)}{3\,a^4 + 2\,a^2\,b^2 + 3\,b^4}\,p\ \text{kg/cm}\,.$$

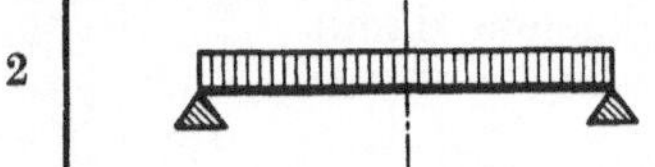

2

Exakte Lösung ist nicht vorhanden.

Näherungslösung: $\quad \sigma_{max} = \dfrac{3\,a - 2\,b}{a}\,p\,\dfrac{b^2}{h^2}\,.$

Rechteckige Platten.

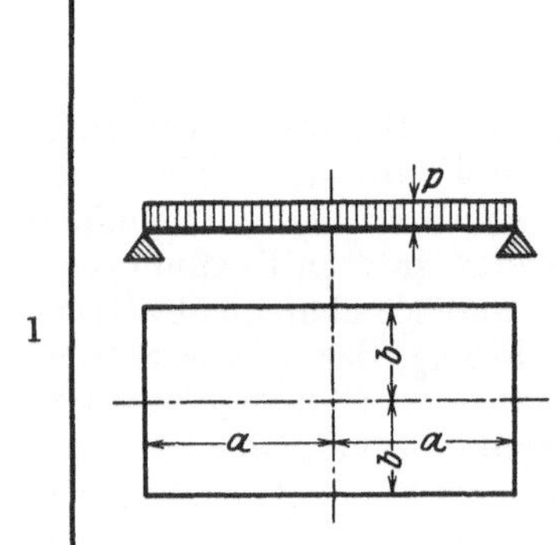

1

$$f = 3{,}17\,\frac{m^2 - 1}{m^2\,E} \cdot \frac{a^4\,b^4}{(a^2 + b^2)^2} \cdot \frac{p}{h^3}$$

$$= \binom{2{,}89 \ \text{bis} \ 2{,}98}{m=\frac{10}{3} \qquad m=4}\,\frac{a^4\,b^4}{E\,h^3\,(a^2 + b^2)^2}\,p\,.$$

Für $a = b$:

$$f = 0{,}75\,\frac{a^4}{E\,h^3}\,.$$

Die größten Biegespannungen treten in der Plattenmitte auf, für $z = \pm\dfrac{h}{2}$:

$$\sigma_{max} = \frac{4\,(m\,a^2 + b^2)\,a^2\,b^2}{m\,(a^2 + b^2)^2\,h^2}\,p\,.$$

Für $a = b$ und $m = 4$ ist $\sigma_{max} = 1{,}25\,\dfrac{a^2}{h^2}\,p\,.$

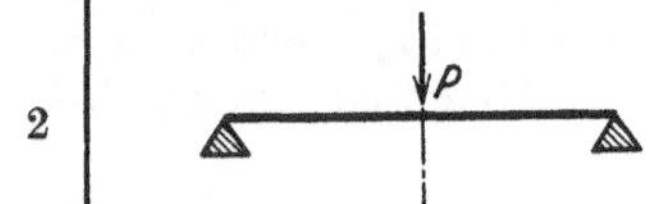

2

$$f = 1{,}85\,\frac{a^3\,b^3}{E\,h^3\,(a^2 + b^2)^2} \quad (\text{für } m = 4)\,.$$

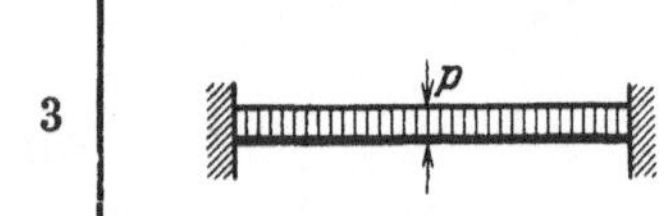

3

$$f = \frac{12{,}80\,a^2\,b^2}{20{,}8\,\dfrac{a^4 + b^4}{a^2\,b^2} + 11{,}9} \cdot \frac{p}{E\,h^3}\,.$$

Für $a = b$:

$$f = 0{,}24\,\frac{a^4\,p}{E\,h^3}\,.$$

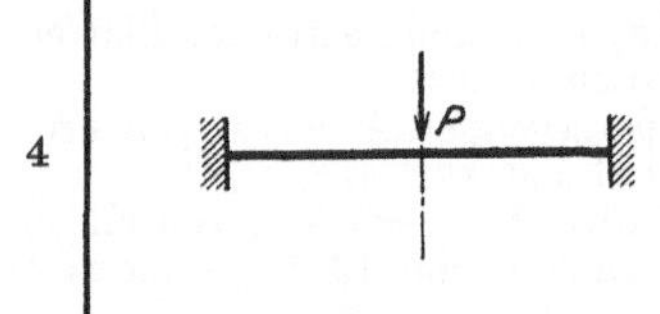

4

$$f = \frac{11{,}25\,a\,b}{5{,}83\,\dfrac{a^4 + b^4}{a^2\,b^2} + 11{,}52} \cdot \frac{P}{E\,h^3}\,.$$

Für $a = b$:

$$f = 0{,}481\,\frac{a^2\,P}{E\,h^3}\,.$$

B. Rohrleitungen.

Diese dienen zur Fortleitung und Verteilung von Flüssigkeiten und Gasen und bilden wichtige Elemente in fast allen Zweigen des Maschinenbaues. In Gas- und Wasserwerken, bei Heizungs-, Lüftungs-, Kühl- und Entstaubungsanlagen, bei Dampfkesseln und Kältemaschinen usw. werden Flüssigkeiten in weit verzweigten Leitungen verteilt. Aber auch bei der Kühlung elektrischer Maschinen (Generatoren und Transformatoren) muß die Kühlflüssigkeit (Luft oder Öl) so durch die Wicklungen geführt werden, daß dort, wo viel Wärme entwickelt wird, auch eine entsprechende Menge Kühlflüssigkeit vorbeiströmt. Diese Flüssigkeitsströmungen sind nach den gleichen Gesetzen zu berechnen wie verzweigte Rohrleitungen.

1. Normen. Im November 1925 wurden von einer internationalen Konferenz, an der die hauptsächlichsten Industriestaaten von Europa vertreten waren, allgemeine Normen für Rohre, Flanschen usw. festgelegt. Bezeichnungen: Die Nennweite (NW) entspricht ungefähr dem lichten Durchmesser wie in Zahlentafel 1 angegeben.

Nenndrücke (ND) sind die Drücke, für welche die Rohre berechnet sind (Zahlentafel 2).

Zahlentafel 1. Nennweiten.

1	10	100 mm
1,2	13	125 ,,
1,5	16	150 ,,
2	20	200 ,,
2,5	25	250 ,,
3	32	300 ,,
		350 ,,
4	40	400 ,,
		450 ,,
5	50	500 ,,
6	60	600 ,,
7	70	700 ,,
8	80	800 ,, usw.

Zahlentafel 2. Druckstufen.

1	10	100	1000 at
	16	160	
2,5	25	250	
	40	400	
6	64	640	

Betriebsdrücke (BD) sind die Drücke, die für die verschiedenen Flüssigkeiten bei normalen Betriebsverhältnissen als Höchstdruck angewendet werden sollen.

Für Wasser bis zu 100° C (W) ist der Betriebsdruck gleich dem Nenndruck,
für Dampf und Gas bis 300° C (G) ist $BD = 0{,}8\,ND$, und
für Heißdampf bis 400° C und gefährliche Gase $BD = 0{,}64\,ND$.

Probedrücke (PD) sind Drücke, bei denen Einzelteile durch Wasserdruck abgepreßt werden; sie gelten nicht für fertig verlegte Leitungen. Der Probedruck ist gleich 1,5 (für große) bis 2mal dem Betriebsdruck für Wasser (für kleine Nennweiten).

Die abgekürzte Bezeichnung des Nenndruckes (ND und zugehörige Druckzahl) darf zur Kennzeichnung von Rohrleitungsteilen nicht benutzt werden. Dafür sind die abgekürzten Bezeichnungen der Betriebsdrücke zu verwenden, z. B.:

Betriebsdruck Wasser 100 at: W 100,
,,   Gas und Dampf 80 at: G 80,
,,   Heißdampf 64 at: H 64.

Die Wanddicken werden, soweit sie nicht von der Herstellung abhängig sind, nach der Kesselformel (Heft I, S. 61) berechnet:

$$s = \frac{p \cdot D}{2\,\sigma_{zul} \cdot \varphi} + c. \qquad (61)$$

Hierin ist φ das Güteverhältnis der Rohrnaht (vgl. Heft II, Nietverbindungen). Für nahtlose Rohre ist $\varphi = 1$, für geschweißte $\varphi = 0{,}8$. Der Zuschlag c wird wegen der Abrostung eingeführt; für Stahlrohre ist $c = 0{,}1$ cm.

Man unterscheidet:

a) Gasrohre, geschweißt bis etwa 50 mm Durchmesser, ohne Garantie für die Einhaltung bestimmter Festigkeitseigenschaften des Rohrmaterials (Heft I, S. 57, Zahlentafel 5, Gasrohrgewinde), Abb. 96.

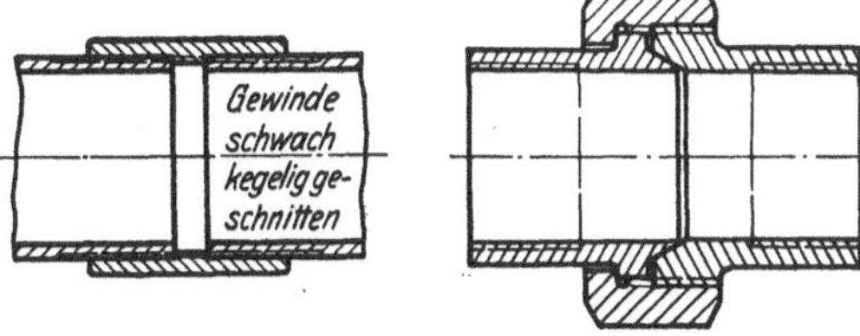

Abb. 96a, b (nach Rötscher).
a Muffe und b Verschraubung zur Verbindung von Gasrohren.

b) Geschweißte Rohre. Material St. 34, $\delta_{10} = 25\%$ (Zahlentafel 3).

c) Nahtlose Rohre (Zahlentafel 4).

Zahlentafel 3. Rohre, geschweißt (Auszug aus den Normen). Material St. 34. 11.
Maße in mm

Nennweite	Außendurchmesser	Nenndruck at											
		ND 1 u. 2,5		ND 6		ND 10		ND 16		ND 25		ND 40	
NW	a	Wanddicke s	Gewicht	mm s	G kg/m	mm s	G kg/m	mm s	G kg/m	mm s	G kg/m	mm s	G kg/m
mm	mm	mm	kg/m										
50	57	1,5	2,09	2	2,76	2,5	3,42	—	—	—	—	—	—
60	70	1,5	2,58	2	3,42	2,5	4,24	—	—	—	—	—	—
70	76	2	3,72	2,5	4,62	3	5,50	—	—	—	—	—	—
80	89	2	4,37	2,5	5,43	3	6,49	—	—	—	—	—	—
100	108	2	5,33	2,5	6,62	3	7,91	—	—	—	—	—	—
125	133	2,5	8,20	3	9,80	3,5	11,4	—	—	—	—	—	—
150	159	2,5	9,83	3	11,80	3,5	13,7	—	—	—	—	—	—
200	216	2,5	13,4	3	16,1	3,5	18,7	—	—	—	—	—	—
250	267	2,5	16,6	3	19,9	3,5	23,2	—	—	6	39,4	9	58,4
300	318	3	23,7	3,5	27,7	4	31,5	—	—	7	54,7	11	84,9
350	368	3	27,5	4	36,6	5	45,6	6	54,6	8	72,4	12	107
400	420	3	31,4	4	41,8	5	52,2	6	62,4	9	93	14	143
450	470	3	35,2	4	46,8	5	58,4	7	81,4	10	116	15	171
500	520	3	39,0	4	51,9	5	64,7	8	103	11	141	16	203
600	620	3	46,5	5	77,3	6	93	9	138	13	198	—	—
700	720	4	72	5	89,8	7	125	10	178	15	266	—	—
800	820	4	82	5	102	7	143	11	224	16	323	—	—
900	920	4	92,1	6	138	8	183	13	296	18	408	—	—
1000	1020	5	127	7	178	9	229	14	353	20	503	—	—
1200	1220	5	153	7	213	11	334	16	484	—	—	—	—
1400	1420	5	178	8	284	12	425	18	634	—	—	—	—

Zahlentafel 4. Nahtlose Flußstahlrohre (Auszug aus den Normen).
Maße in mm

Stahl $K_z = 34 \div 45$		Nenndruck at												
		ND 1÷32		ND 40		ND 50		ND 64		ND 80			ND 100	
Nennweite	Außendurchmesser	Wanddicke	Gewicht	Wanddicke	Gewicht	Wanddicke	Gewicht	Wanddicke	Gewicht	Außendurchmesser	Wanddicke	Gewicht	Wanddicke	Gewicht
NW	a	s	kg/m	s	kg/m	s	kg/m	s	kg/m	a	s	kg/m	a	kg/m
6	10	—	—	—	—	1,5	0,31	—	—	10	—	—	2,5	0,46
8	12	—	—	—	—	1,5	0,39	—	—	12	—	—	2,5	0,59
10	14	—	—	—	—	2	0,59	—	—	14	—	—	3	0,81
13	18	—	—	—	—	2	0,79	—	—	18	—	—	3	1,11
16	22	—	—	—	—	2	0,99	—	—	22	—	—	3	1,40
20	25	—	—	—	—	2	1,13	—	—	25	—	—	3	1,68
25	30	—	—	—	—	2,5	1,70	—	—	30	—	—	3,5	2,26
32	38	—	—	—	—	2,5	2,19	—	—	38	—	—	3,5	2,98
40	44,5	—	—	—	—	2,5	2,59	—	—	44,5	—	—	3,5	3,57
50	57	—	—	—	—	2,75	3,68	—	—	57	3,5	4,62	4,5	5,86
60	70	—	—	—	—	3	4,96	—	—	70	4	6,5	5	8,02
70	76	—	—	3	5,40	4	7,10	—	—	76	5	8,76	6	10,3
80	89	—	—	3,25	6,87	4	8,38	—	—	89	5	10,4	6	13,1
100	108	—	—	3,75	9,64	5	12,7	—	—	108	6	15,1	7	17,4
125	133	—	—	4	12,7	5	15,8	6	18,8	133	7	21,8	9	27,0
150	159	—	—	4,5	17,2	5,5	20,8	6,5	24,5	159	8	29,8	10	36,7
200	216	—	—	6,5	33,6	7,5	38,6	9	45,9	216	11	55,6	13	65,1
250	267	—	—	7,5	48,0	9	57,3	11	69,5	267	13	81,4	16	99,2
300	318	8	61,2	9	68,6	11	83,3	13	97,8	330	16	124	—	—
350	368[1]	8	71,0	10	88,3	12	105,4	15	131	381	18	161	—	—
400	420[1]	9	91,2	11	111,0	14	140,2	17	169	432	21	213	—	—
Stahl $K_z = 45 \div 55$		ND 1÷40		ND 50		ND 64		ND 80			ND 100			
					Nenndruck at									

[1] Für ND 80 statt 368, 420; 381, 432.

Die zulässigen Spannungen für weichen Stahl (St. 34) kann für die drei Betriebsdrücke durch folgende Überlegung festgesetzt werden, wenn für Heißdampf eine etwas größere Sicherheit als für kaltes Wasser gewählt wird:

Für	W	D	H
ist die Temperatur	bis 100⁰ C	300⁰ C	400⁰ C
und die Streckgrenze nach Abb. 97 . . .	2300	1500	1200 at
zulässige Spannung	1100	625	500 ,,
nach den Normen ist	800	640	500 ,,

Die in den Normen auf Grund der Erfahrung festgelegten niedrigen Spannungen für Wasser berücksichtigen die zusätzlichen Beanspruchungen, die bei nicht stationären Strömungen auftreten.

Für Heißdampf mit Temperaturen über 400⁰ C wird Stahl mit 45 bis 55 kg/mm² Bruchfestigkeit und 17% Dehnung verwendet (Abb. 98).

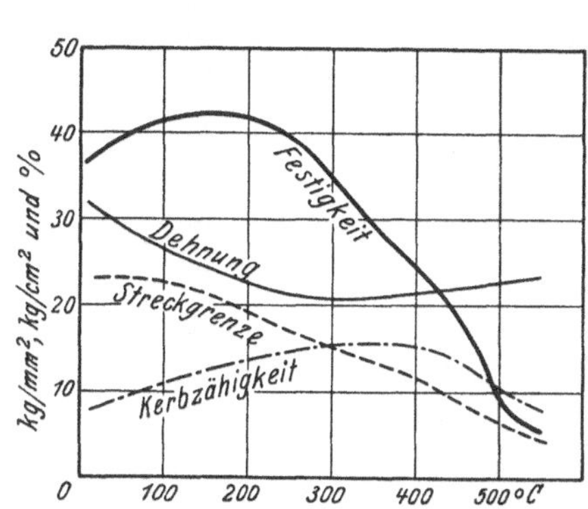

Abb. 97. Festigkeitseigenschaften von weichem Stahl.

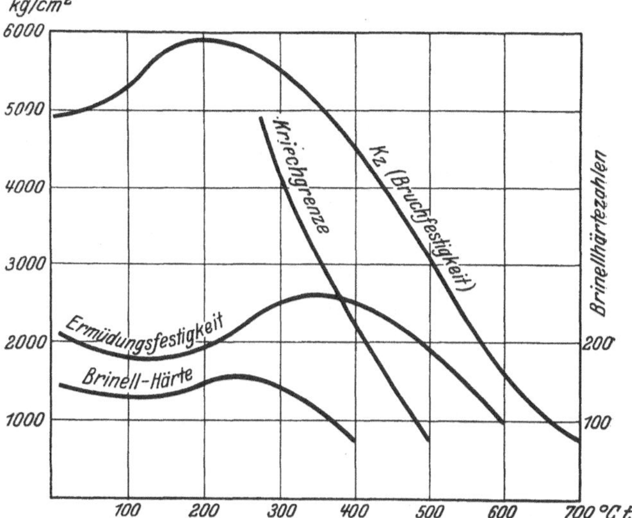

Abb. 98. Festigkeitseigenschaften von hartem Stahl ($C = 0{,}24$).

Das Kaltbiegen der Rohre ist für Dampfleitungen ungeeignet. Die Rohre müssen mit trockenem Sand vollständig gefüllt werden, um Querschnittsänderungen beim Biegen zu vermeiden. Der Sand muß natürlich restlos entfernt werden (Durchblasen der Leitung vor der Inbetriebsetzung). Für Biegungen von Dampfleitungen mit hohem Druck ist es empfehlenswert, Rohre mit etwas größerer Wandstärke zu wählen als für gerade Rohre notwendig wäre. Je kleiner der Biegungsradius ist, um so größer wird die Verminderung der Wandstärke in der äußeren Biegezone des Rohres. Man wählt als mittleren Krümmungsradius etwa den 4- bis 6fachen Rohrdurchmesser.

d) Blechrohre aus dünnem galvanisiertem oder aus schwarzem Blech, gefalzt für Lüftungs- und Entstaubungsanlagen.

e) Gußeisenrohre (Zahlentafel 5) werden meist stehend gegossen. Man unterscheidet Muffenrohre und Flanschenrohre. Die

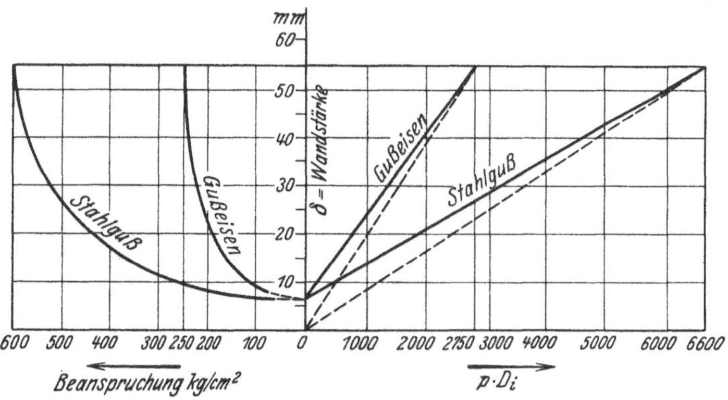

Abb. 99. Wandstärken und Beanspruchungen für Gußrohre.
$p = ND$ in at, $D_i = NW$ in cm.

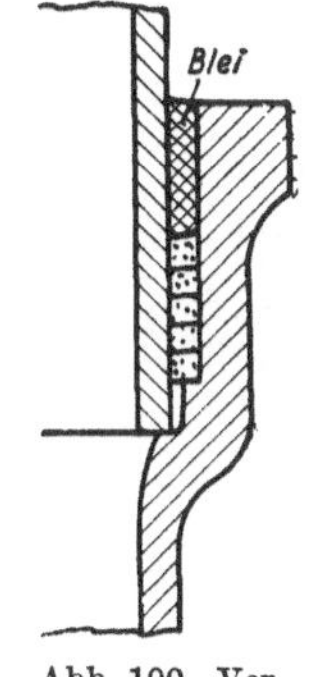

Abb. 100. Verbindungsmuffe für Gußrohre (nach Rötscher).

Biegefestigkeit des Materials ist $K_b = 25$ kg/mm². Die zulässigen Spannungen und die Zuschläge c sind in Abb. 99 eingetragen.

Seit einer Reihe von Jahren ist die Herstellung von Gußrohren durch das Schleudergußverfahren vereinfacht und verbessert worden[1]. Das flüssige Eisen wird in eine rotierende, schwach

[1] Schleudergußröhren der L. von Rollschen Eisenwerke, Choindez. Bericht Nr. 12 des Schweiz. Verbandes f. d. Mat. Prüf. der Technik 1928.

Zahlentafel 5. Gußeiserne Flanschrohre (hierzu Abb. 101 u. 102).

| Maße mm | | Nenndruck 2,5—6 | | | | | | Nenndruck 10 | | | | | | Nenndruck 16 | | | | | |
| Nennweite | Dichtungsleist.-Höhe | Wanddicke | Flansch-Durchmesser | Dicke | Dichtungsleist.-Durchm. | Schrauben Anzahl | Schrauben Durchmesser | Wanddicke | Flansch-Durchmesser | Dicke | Dichtungsleist.-Durchm. | Schrauben Anzahl | Schrauben Durchmesser | Wanddicke | Flansch-Durchmesser | Dicke | Dichtungsleist.-Durchm. | Schrauben Anzahl | Schrauben Durchmesser |
NW	f	S	D	b	g	Z	Zoll	S	D	b	g	Z	Zoll	S	D	b	g	Z	Zoll
10	2	6	75	12	35	4	3/8	6	90	14	40	4	1/2	6	90	14	40	4	1/2
13	2	6	80	12	40	4	3/8	6	95	14	45	4	1/2	6	95	14	45	4	1/2
16	2	6,5	85	12	45	4	3/8	6,5	100	14	50	4	1/2	6,5	100	14	50	4	1/2
20	2	6,5	90	14	50	4	3/8	6,5	105	16	58	4	1/2	6,5	105	16	58	4	1/2
25	2	7	100	14	60	4	3/8	7	115	16	68	4	1/2	7	115	16	68	4	1/2
32	2	7	120	16	70	4	1/2	7	140	18	78	4	5/8	7	140	18	78	4	5/8
40	3	7,5	130	16	80	4	1/2	7,5	150	18	88	4	5/8	7,5	150	18	88	4	5/8
50	3	7,5	140	16	90	4	1/2	7,5	165	20	102	4	5/8	7,5	165	20	102	4	5/8
60	3	8	150	16	100	4	1/2	8	175	20	112	4	5/8	8	175	20	112	4	5/8
70	3	8	160	16	110	4	1/2	8	185	20	122	4	5/8	8	185	20	122	8	5/8
80	3	8,5	190	18	128	4	5/8	8,5	200	22	138	4	5/8	8,5	200	22	138	8	5/8
100	3	9	210	18	148	4	5/8	9	220	22	158	8	5/8	9,5	220	24	158	8	5/8
125	3	9,5	240	20	178	8	5/8	9,5	250	24	188	8	5/8	10	250	26	188	8	5/8
150	3	10	265	20	202	8	5/8	10	285	24	212	8	3/4	11	285	26	212	12	3/4
200	3	11	320	22	258	8	5/8	11	340	26	268	12	3/4	12	340	30	268	12	3/4
250	3	12	375	24	312	12	5/8	12	395	28	320	12	3/4	14	405	32	320	12	7/8
300	4	13	440	24	365	12	3/4	13	445	28	370	12	3/4	15	460	32	378	12	7/8
350	4	14	490	26	415	12	3/4	14	505	30	430	16	3/4	16	520	36	438	16	7/8
400	4	14	540	28	465	16	3/4	14	565	32	482	16	7/8	18	580	38	490	16	1
450	4	15	595	28	520	16	3/4	15	615	32	532	20	7/8	19	640	40	550	20	1
500	4	16	645	30	570	20	3/4	16	670	34	585	20	7/8	21	715	42	610	20	1 1/8
600	5	17	755	30	670	20	7/8	17	780	36	685	20	1	24	840	48	725	20	1 1/4

| Maße mm | | Nenndruck 25 | | | | | | Nenndruck 40 | | | | | | Nenndruck 64 | | | | | |
NW	f	S	D	b	g	Z	Zoll	S	D	b	g	Z	Zoll	S	D	b	g	Z	Zoll
10	2	6,5	90	16	40	4	1/2	6,5	90	16	40	4	1/2	9	100	22	50	4	1/2
13	2	6,5	95	16	45	4	1/2	7	95	16	45	4	1/2	9	105	22	55	4	1/2
16	2	7	100	16	50	4	1/2	7,5	100	16	50	4	1/2	9	125	24	62	4	5/8
20	2	7	105	18	58	4	1/2	7,5	105	18	58	4	1/2	9	130	24	68	4	5/8
25	2	7,5	115	18	68	4	1/2	8	115	18	68	4	1/2	10	140	26	78	4	5/8
32	2	7,5	140	20	78	4	5/8	8,5	140	20	78	4	5/8	11	155	28	85	4	3/4
40	3	8	150	20	88	4	5/8	9	150	20	88	4	5/8	11	170	28	98	4	3/4
50	3	8,5	165	22	102	4	5/8	10	165	22	102	4	5/8	12	180	30	108	4	3/4
60	3	9	175	24	112	8	5/8	10	175	24	112	8	5/8	13	190	32	118	8	3/4
70	3	9,5	185	24	122	8	5/8	11	185	24	122	8	5/8	14	205	32	132	8	3/4
80	3	10	200	26	138	8	5/8	12	200	26	138	8	5/8	16	215	34	142	8	3/4
100	3	11	235	26	162	8	3/4	14	235	28	162	8	3/4	18	250	38	170	8	7/8
125	3	12	270	28	188	8	7/8	15	270	30	188	8	7/8	21	295	44	205	8	1
150	3	13	300	30	218	8	7/8	17	300	34	218	8	7/8	24	345	48	240	8	1 1/8
200	3	15	360	34	278	12	7/8	21	375	40	285	12	1	29	430	58	315	12	1 1/4
250	3	18	425	36	335	12	1	24	450	46	345	12	1 1/8	35	500	68	385	12	1 1/4
300	4	20	485	40	390	16	1	28	515	50	410	16	1 1/8	41	570	76	455	16	1 1/4
350	4	22	555	44	450	16	1 1/8	31	580	54	465	16	1 1/4						
400	4	24	620	48	505	16	1 1/4	35	660	62	535	16	1 3/4						
450	4	27	670	50	555	20	1 1/4	38	705	68	580	20	1 3/8						
500	4	29	730	52	615	20	1 1/4	42	790	74	650	20	1 1/2						
600	5	33	870	62	745	20	1 3/8	49	925	86	770	20	1 3/4						

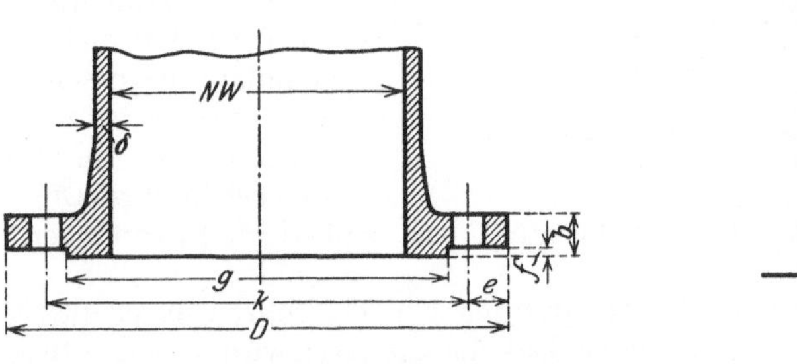

Abb. 101.

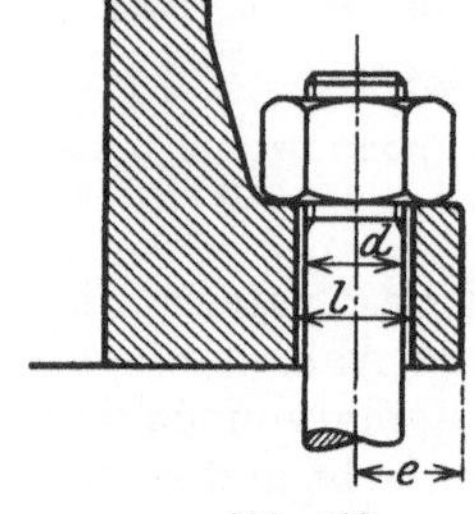

Abb. 102.

Abb. 101 und 102. Anschlußflansch für Gußrohre.

geneigte und in der Längsachse verschiebbare Form (Kokille) eingeführt, die außen durch Wasser gekühlt wird. Durch die Wirkung der Zentrifugalkraft wird das flüssige Eisen an die Innenwand der Kokille geschleudert, bleibt dort haften und erstarrt. Nach dem Gießen werden die Rohre sorgfältig ausgeglüht. Die Festigkeitseigenschaften so hergestellter Gußrohre überragen diejenigen der Sandgußrohre in jeder Richtung, so daß dafür die zulässige Beanspruchung 1,7

Zahlentafel 6. Stahlgußflanschenrohre (hierzu Abb. 101 u. 102).

Maße mm		Nenndruck 16						Nenndruck 25						Nenndruck 40					
Nennweite	Höhe der Dichtleiste	Wanddicke	Flansch-Durchmesser	Flansch-Dicke	Dichtungsleist.-Durchm.	Schrauben Anzahl	Schrauben Durchmesser	Wanddicke	Flansch-Durchmesser	Flansch-Dicke	Dichtungsleist.-Durchm.	Schrauben Anzahl	Schrauben Durchmesser	Wanddicke	Flansch-Durchmesser	Flansch-Dicke	Dichtungsleist.-Durchm.	Schrauben Anzahl	Schrauben Durchmesser
NW	f	S	D	b	g	Z	Zoll	S	D	b	g	Z	Zoll	S	D	b	g	Z	Zoll
10	2	6	90	14	40	4	$\frac{1}{2}$	6	90	16	40	4	$\frac{1}{2}$	6	90	16	40	4	$\frac{1}{2}$
13	2	6	95	14	45	4	$\frac{1}{2}$	6	95	16	45	4	$\frac{1}{2}$	6	95	16	45	4	$\frac{1}{2}$
16	2	6,5	100	14	50	4	$\frac{1}{2}$	6,5	100	16	50	4	$\frac{1}{2}$	6,5	100	16	50	4	$\frac{1}{2}$
20	2	6,5	105	16	58	4	$\frac{1}{2}$	6,5	105	18	58	4	$\frac{1}{2}$	6,5	105	18	58	4	$\frac{1}{2}$
25	2	7	115	16	68	4	$\frac{1}{2}$	7	115	18	68	4	$\frac{1}{2}$	7	115	18	68	4	$\frac{1}{2}$
32	2	7	140	16	78	4	$\frac{5}{8}$	7	140	18	78	4	$\frac{5}{8}$	7	140	18	78	4	$\frac{5}{8}$
40	3	7,5	150	16	88	4	$\frac{5}{8}$	7,5	150	18	88	4	$\frac{5}{8}$	7,5	150	18	88	4	$\frac{5}{8}$
50	3	7,5	165	18	102	4	$\frac{5}{8}$	7,5	165	20	102	4	$\frac{5}{8}$	8	165	20	102	4	$\frac{5}{8}$
60	3	8	175	18	112	4	$\frac{5}{8}$	8	175	22	112	8	$\frac{5}{8}$	8,5	175	22	112	8	$\frac{5}{8}$
70	3	8	185	18	122	4	$\frac{5}{8}$	8	185	22	122	8	$\frac{5}{8}$	8,5	185	22	122	8	$\frac{5}{8}$
80	3	8,5	200	20	138	8	$\frac{5}{8}$	8,5	200	24	138	8	$\frac{5}{8}$	9	200	24	138	8	$\frac{5}{8}$
100	3	9,5	220	20	158	8	$\frac{5}{8}$	9,5	235	24	162	8	$\frac{3}{4}$	10	235	24	162	8	$\frac{3}{4}$
125	3	10	250	22	188	8	$\frac{5}{8}$	10	270	26	188	8	$\frac{7}{8}$	11	270	26	188	8	$\frac{7}{8}$
150	3	11	285	22	212	8	$\frac{3}{4}$	11	300	28	218	8	$\frac{7}{8}$	12	300	28	218	8	$\frac{7}{8}$
200	3	12	340	24	268	12	$\frac{3}{4}$	12	360	30	278	12	$\frac{7}{8}$	14	275	34	285	12	1
250	3	14	405	26	320	12	$\frac{7}{8}$	14	425	32	335	12	1	16	450	38	345	12	$1\frac{1}{8}$
300	4	15	460	28	378	12	$\frac{7}{8}$	15	485	34	390	16	1	17	515	42	410	16	$1\frac{1}{8}$
350	4	16	520	30	438	16	$\frac{7}{8}$	16	555	38	450	16	$1\frac{1}{8}$	19	580	46	465	16	$1\frac{1}{4}$
400	4	18	580	32	490	16	1	18	620	40	505	16	$1\frac{1}{4}$						
450	4	19	640	34	550	20	1	19	670	42	555	20	$1\frac{1}{4}$						
500	4	21	715	36	610	20	$1\frac{1}{8}$	21	730	44	615	20	$1\frac{1}{4}$						
600	5	23	840	40	725	20	$1\frac{1}{4}$												

Maße mm		Nenndruck 64						Nenndruck 100					
NW	f	S	D	b	g	Z	Zoll	S	D	b	g	Z	Zoll
10	—	8	100	20	50	4	$\frac{1}{2}$	10	100	20	50	4	$\frac{1}{2}$
13	—	8	105	20	55	4	$\frac{1}{2}$	10	105	20	55	4	$\frac{1}{2}$
16	—	8	125	22	62	4	$\frac{5}{8}$	10	125	22	62	4	$\frac{5}{8}$
20	—	9	130	22	68	4	$\frac{5}{8}$	11	130	22	68	4	$\frac{5}{8}$
25	—	9	140	24	78	4	$\frac{5}{8}$	11	140	24	78	4	$\frac{5}{8}$
32	—	9	155	24	85	4	$\frac{3}{4}$	11	155	24	85	4	$\frac{3}{4}$
40	—	9	170	26	98	4	$\frac{3}{4}$	11	170	26	98	4	$\frac{3}{4}$
50	—	10	180	26	108	4	$\frac{3}{4}$	12	195	28	115	4	$\frac{7}{8}$
60	—	10	190	26	118	8	$\frac{3}{4}$	12	210	30	130	8	$\frac{7}{8}$
70	—	10	205	26	132	8	$\frac{3}{4}$	13	220	30	140	8	$\frac{7}{8}$
80	—	11	215	28	142	8	$\frac{3}{4}$	14	230	32	150	8	$\frac{7}{8}$
100	—	12	250	30	170	8	$\frac{7}{8}$	15	265	36	175	8	1
125	—	13	295	34	205	8	1	16	315	40	210	8	$1\frac{1}{8}$
150	—	14	345	36	240	8	$1\frac{1}{8}$	18	355	44	250	12	$1\frac{1}{8}$
200	—	16	415	42	300	12	$1\frac{1}{4}$	21	430	52	315	12	$1\frac{1}{4}$
250	—	19	470	46	355	12	$1\frac{1}{4}$	25	505	60	382	12	$1\frac{3}{8}$
300	—	21	530	52	415	16	$1\frac{1}{4}$	29	585	68	448	16	$1\frac{1}{2}$
350	—	23	600	56	475	16	$1\frac{3}{8}$	32	655	74	500	16	$1\frac{3}{4}$
400	—	26	670	60	530	16	$1\frac{1}{2}$	36	715	78	560	16	$1\frac{3}{4}$
450	—	28	715	64	575	20	$1\frac{1}{2}$	40	770	84	615	20	$1\frac{3}{4}$
500	—	31	800	68	645	20	$1\frac{3}{4}$	44	870	94	695	20	2
600	—	35	930	76	750	20	2	51	990	104	800	20	$2\frac{1}{4}$

bis 1,8 mal größer angenommen werden darf ($\sigma_{zul} = 350$ bis 500 at).

Für im Boden verlegte Rohre ist das Gußrohr besser geeignet als das Stahlrohr, weil die Gußhaut gegen Rosten und Korrosionen weniger empfindlich ist. Gußrohre finden deshalb in ausgedehntem Maße Verwendung zu Wasser-, Gas- und Kanalisationsleitungen. Infolge der Bewegungen des Erdreiches überwiegt bei diesen Leitungen die Muffe (Abb. 100) als Rohrverbindung, die in gewissem Grade beweglich ist, wenn die Rohre mit etwas Spiel im Grunde der Muffe verlegt werden. Die Abdichtung erreicht man durch geteerte Hanfstricke oder durch Blei, das in den Muffenraum gegossen und dort verstemmt wird. Die Muffenverbindung ist deshalb schwer lösbar. Für frei verlegte Leitungen werden ausnahmslos Flanschenrohre verwendet.

Zum Schutz gegen Rosten werden die auf 100 bis 150° C erwärmten Rohre in ein Asphalt- oder Teerbad getaucht. Das Muffeninnere und das Rohrende sind durch Kalkmilchanstrich frei zu lassen, um das Spritzen des heißen Bleies beim Abdichten zu vermeiden.

f) **Stahlgußrohre**, Biegefestigkeit $K_b = 4500$ at, Bruchdehnung $\delta_{10} = 18\%$. Zuschlag c und zulässige Spannung sind ebenfalls in Abb. 99 eingetragen (Zahlentafel 6).

Flanschverbindungen. a) Fester Flansch für gegossene Rohre, Formstücke und Armaturen (Abb. 101). Die in Zahlentafel 5 eingetragenen Werte gelten für Wasser. Für Dämpfe und Gase unterhalb 300^0 C ist die obere Grenze für die Verwendung von Gußeisen aus Zahlentafel 7 zu entnehmen.

Sofern bei Luft sich ein explosives Gemisch mit Schmieröl bilden kann, gelten die Angaben für Temperaturen von 200 bis 300^0 C, auch wenn die Temperatur unter 200^0 C liegt.

Der Randabstand e (Abb. 102) ist für alle Rohre gleich und nur vom Schraubendurchmesser abhängig (Zahlentafel 8).

Zahlentafel 7. Obere Grenze für die Verwendung von Gußeisenrohren für Dämpfe und Gase unterhalb 300^0 C.

ND at	Höchstzulässige Betriebsdruck at	Größte Nennweite bei Temperaturen	
		bis 200^0 C mm	200 bis 300^0 C mm
2,5	2	1600	800
6	5	1000	500
10	8	600	300
16	13	400	200
25	20	250	
40	32	150	
64	50	100	Stahlguß
100	80	60	

Zahlentafel 8. Randabstand e für Gußrohre (Abb. 102).

Schraubendurchmesser	$3/_8{}''$	$1/_2{}''$	$5/_8{}''$	$3/_4{}''$	$7/_8{}''$	$1''$	$1^1/_8{}''$	$1^1/_4{}''$	$1^3/_8{}''$	$1^1/_2{}''$	$1^3/_4{}''$	$2''$
Randabstand „e" .	12,5	15	20	22,5	25	27,5	32,5	35	37,5	42,5	47,5	55

Jeder Flansch erhält eine durch 4 teilbare Anzahl Schraubenlöcher, die so anzuordnen sind, daß auf die vertikale und horizontale Achse keine Löcher fallen.

b) **Vorgeschweißter Flansch** (Zahlentafel 9 und Abb. 103) verwendbar im ganzen Nennweiten- und Druckgebiet. Diese Verbindung ist bei Qualitätsschweißung einwandfrei und für alle Durchflußstoffe verwendbar, jedoch teuer in der Herstellung der Flansche.

c) **Gewindeflansch, geschweißt** (Zahlentafel 10 und Abb. 104), in Qualität der Verbindung gleich dem vorgeschweißten Flansch. Für alle Durchflußstoffe verwendbar, aber im Nennweitenbereich beschränkt bis NW 150. Für gesättigten Dampf und niedrigen Druck kann auch der aufgeschraubte und nachher mit Kupfer verlötete Flansch empfohlen werden.

Zahlentafel 10. Maße der Gewindeflansche (Abb. 104), der geschweißten Flansche (Abb. 105/106), der gewalzten Flansche (Abb. 107).

Nennweite	Bohrung	Gasrohr	Nenndruck 2,5 bis 6				Nenndruck 10 bis 16				Nenndruck 25 bis 40			
			Außendurchmesser	Dicke	Schrauben		Außendurchmesser	Dicke	Schrauben		Außendurchmesser	Dicke	Schrauben	
					Anzahl	Gewinde			Anzahl	Gewinde			Anzahl	Gewinde
NW	a^2	Zoll	D	b	Z	Zoll	D	b	Z	Zoll	D	b	Z	Zoll
10	14	$3/_8$	75	12	4	$3/_8$	90	14	4	$1/_2$	90	16	4	$1/_2$
13	18	$1/_2$	80	12	4	$3/_8$	95	14	4	$1/_2$	95	16	4	$1/_2$
16	22	$5/_8$	85	12	4	$3/_8$	100	14	4	$1/_2$	100	16	4	$1/_2$
20	25	$3/_4$	90	14	4	$3/_8$	105	16	4	$1/_2$	105	18	4	$1/_2$
25	30	1	100	14	4	$3/_8$	115	16	4	$1/_2$	115	18	4	$1/_2$
32	38	$1^1/_4$	120	16	4	$1/_2$	140	18	4	$5/_8$	140	20	4	$5/_8$
40	44,5	$1^1/_2$	130	16	4	$1/_2$	150	18	4	$5/_8$	150	20	4	$5/_8$
50	57	2	140	16	4	$1/_2$	165	20	4	$5/_8$	165	22	4	$5/_8$
60	70	$2^1/_2$	150	16	4	$1/_2$	175	20	4	$5/_8$	175	24	8	$5/_8$
70	76	$2^1/_2$	160	16	4	$1/_2$	185	20	4	$5/_8$	185	24	8	$5/_8$
80	89	3	190	18	4	$5/_8$	200	22	8	$5/_8$	200	26	8	$5/_8$
100	108	4	210	18	4	$5/_8$	220	24	8	$5/_8$	235	28	8	$3/_4$
125	133	5	240	20	8	$5/_8$	250	26	8	$5/_8$				
150	159	6	265	20	8	$5/_8$	285	26	8	$3/_4$				
200	216		320	22	8	$5/_8$	340	26	12	$3/_4$				
250	267		375	24	12	$5/_8$	305	28	12	$3/_4$				
300	318		440	24	12	$3/_4$	445	28	12	$3/_4$				
350	368		490	26	12	$3/_4$	505	30	16	$3/_4$				
400	420		540	28	16	$3/_4$	565	32	16	$7/_8$				
450	470		595	28	16	$3/_4$	615	32	20	$7/_8$				
500	520		645	30	20	$3/_4$	670	34	20	1				
600	620		755	30	20	$7/_8$	780	36	20	1				

Zahlentafel 9. Vorgeschweißte Flansche J (Auszug aus den Normen). (Abb. 103.)

Nennweite	bis ND 64 gültig	Nenndruck 2,5 bis 6		Schrauben		Nenndruck 10 bis 16		Schrauben		Nenndruck 25 bis 40		Schrauben		Nenndruck 64		Schrauben		Nenndruck 100			Schrauben	
	Außen-durchmesser	Durch-messer	Dicke	Anzahl	Durch-messer	Durch-messer	Dicke	Anzahl	Durch-messer	Durch-messer	Dicke	Anzahl	Durch-messer	Durch-messer	Dicke	Anzahl	Durch-messer	Außen-durchmesser	Durch-messer	Dicke	Anzahl	Durch-messer
NW	a	D	b	Z	Zoll	D	b	Z	Zoll	D	b	Z	Zoll	D	b	Z	Zoll	a	D	b	Z	Zoll
10	14	75	12	4	$3/8$	90	14	4	$1/2$	90	16	4	$1/2$	100	20	4	$1/2$	14	100	20	4	$1/2$
13	18	80	12	4	$3/8$	95	14	4	$1/2$	95	16	4	$1/2$	105	20	4	$1/2$	18	105	20	4	$1/2$
16	22	85	12	4	$3/8$	100	14	4	$1/2$	100	16	4	$1/2$	125	22	4	$5/8$	22	125	22	4	$5/8$
20	25	90	14	4	$3/8$	105	16	4	$1/2$	105	18	4	$1/2$	130	22	4	$5/8$	25	130	22	4	$5/8$
25	30	100	14	4	$3/8$	115	16	4	$1/2$	115	18	4	$1/2$	140	24	4	$5/8$	30	140	24	4	$5/8$
32	38	120	14	4	$1/2$	140	16	4	$5/8$	140	18	4	$5/8$	155	24	4	$3/4$	38	155	24	4	$3/4$
40	44,5	130	14	4	$1/2$	150	16	4	$5/8$	150	18	4	$5/8$	170	26	4	$3/4$	44,5	170	26	4	$3/4$
50	57	140	14	4	$1/2$	165	18	4	$5/8$	165	20	4	$5/8$	180	26	4	$3/4$	57	195	28	4	$7/8$
60	70	150	14	4	$1/2$	175	18	4	$5/8$	175	22	8	$5/8$	190	26	8	$3/4$	70	210	30	8	$7/8$
70	76	160	14	4	$1/2$	185	18	4	$5/8$	185	22	8	$5/8$	205	26	8	$3/4$	76	220	30	8	$7/8$
80	89	190	16	4	$5/8$	200	20	8	$5/8$	200	24	8	$5/8$	215	28	8	$3/4$	89	230	32	8	$7/8$
100	108	210	16	4	$5/8$	220	20	8	$5/8$	235	24	8	$3/4$	250	30	8	$7/8$	108	265	36	8	1
125	133	240	18	8	$5/8$	250	22	8	$5/8$	270	26	8	$7/8$	295	34	8	1	133	315	40	8	$1\,1/8$
150	159	265	18	8	$5/8$	285	22	8	$3/4$	300	28	8	$7/8$	345	36	8	$1\,1/8$	159	355	44	12	$1\,1/8$
200	216	320	20	8	$5/8$	340	24	12	$3/4$	360	30	12	$7/8$	415	42	12	$1\,1/4$	216	430	52	12	$1\,1/4$
250	267	375	22	12	$5/8$	395	26	12	$3/4$	425	32	12	1	470	46	12	$1\,1/4$	267	505	60	12	$1\,3/8$
300	318	440	22	12	$4/4$	445	26	12	$3/4$	485	34	16	1	530	52	16	$1\,1/4$	330	585	68	16	$1\,1/2$
350	368	490	22	12	$3/4$	505	26	16	$3/4$	555	38	16	$1\,1/8$	600	56	16	$1\,3/8$	381	655	74	16	$1\,3/4$
400	420	540	22	16	$3/4$	565	26	16	$7/8$	620	38	16	$1\,1/4$	670	60	16	$1\,1/2$	432	715	78	16	$1\,3/4$
450	470	595	22	16	$3/4$	615	26	20	$7/8$	670	38	20	$1\,1/4$									
500	520	645	24	20	$3/4$	670	28	20	$7/8$	730	40	20	$1\,1/4$									
600	620	755	24	20	$7/8$	780	28	20	1	870	44	20	$1\,3/8$									

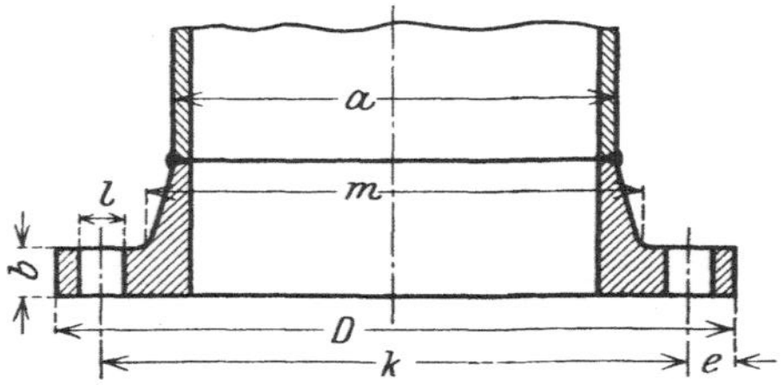

Abb. 103. Vorgeschweißter Flansch.

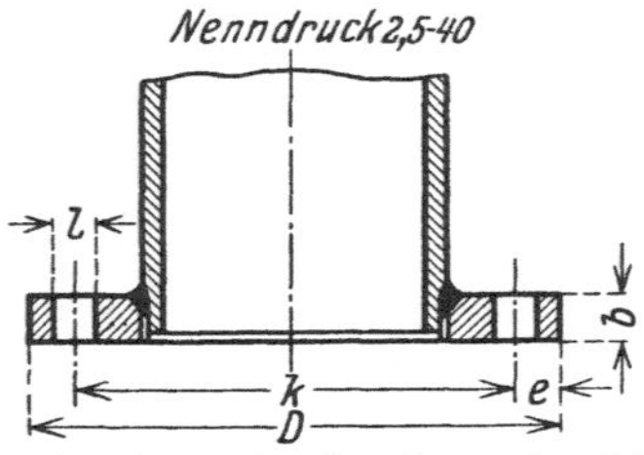

Abb. 104. Gewindeflansch, geschweißt.

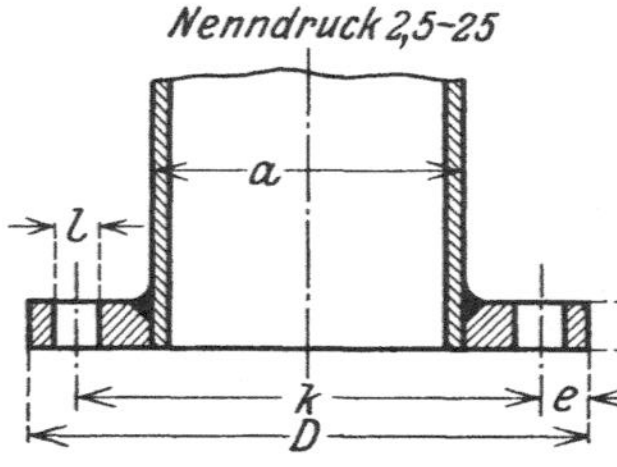

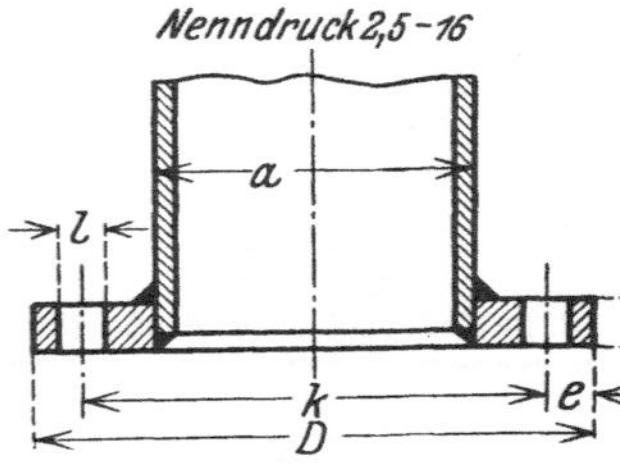

Abb. 105 und 106. Geschweißte Flansche.

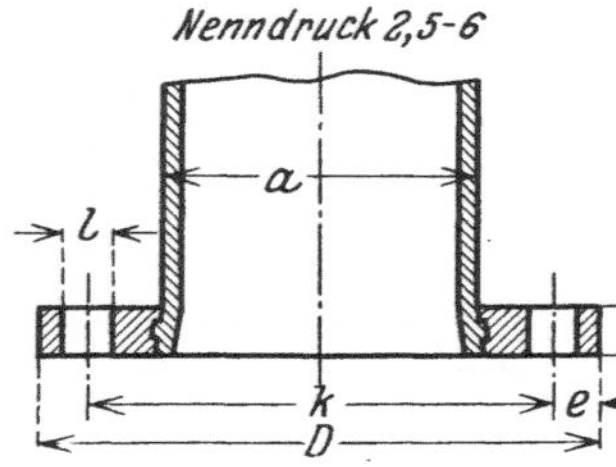

Abb. 107. Gewalzter Flansch.

Zahlentafel 11. Maße der losen Flanschen (Abb. 108 bis 110).

Nennwerte	Außendurchmesser	Nenndruck 1 bis 6,5						Schrauben		Nenndruck 10 bis 16				Schrauben		Nenndruck 25 bis 40				Schrauben	
		Durchmesser	für Nenndruck			Durchmesser	Dicke	Anzahl	Gewinde	Durchmesser	Dicke	Durchmesser	Dicke	Anzahl	Gewinde	Durchmesser	Dicke	Durchmesser	Dicke	Anzahl	Gewinde
			1	2,5	6																
NW	a^2	D	b	b	b	g	h	Z	Zoll	D	b	g	h	Z	Zoll	D	b	g	h	Z	Zoll
10	14	75	10	10	10	35	8	4	$^3/_8$	90	14	40	10	4	$^1/_2$	90	16	40	12	4	$^1/_2$
13	18	80	10	10	10	40	8	4	$^3/_8$	95	14	45	10	4	$^1/_2$	95	16	45	12	4	$^1/_2$
16	22	85	10	10	10	45	8	4	$^3/_8$	100	14	50	10	4	$^1/_2$	100	16	50	12	4	$^1/_2$
20	25	90	10	10	10	50	10	4	$^3/_8$	105	14	58	12	4	$^1/_2$	105	16	58	14	4	$^1/_2$
25	30	100	12	12	12	60	10	4	$^3/_8$	115	16	68	12	4	$^1/_2$	115	18	68	14	4	$^1/_2$
32	38	120	12	12	12	70	10	4	$^1/_2$	140	16	78	12	4	$^5/_8$	140	18	78	14	4	$^5/_8$
40	44,5	130	12	12	12	80	10	4	$^1/_2$	150	16	88	12	4	$^5/_8$	150	18	88	14	4	$^5/_8$
50	57	140	12	12	12	90	12	4	$^1/_2$	165	16	102	14	4	$^5/_8$	165	20	102	16	4	$^5/_8$
60	70	150	12	12	12	100	12	4	$^1/_2$	175	16	112	14	4	$^5/_8$	175	20	112	16	8	$^5/_8$
70	76	160	12	12	12	110	12	4	$^1/_2$	185	16	122	14	4	$^5/_8$	185	20	122	16	8	$^5/_8$
80	89	190	14	14	14	128	14	4	$^5/_8$	200	18	138	16	8	$^5/_8$	200	22	138	18	8	$^5/_8$
100	108	210	14	14	14	148	14	4	$^5/_8$	220	18	158	16	8	$^5/_8$	235	22	162	20	8	$^3/_4$
125	133	240	14	14	14	178	14	8	$^5/_8$	250	18	188	18	8	$^5/_8$	270	24	188	22	8	$^7/_8$
150	159	265	14	14	14	202	14	8	$^5/_8$	285	18	212	18	8	$^3/_4$	300	24	218	22	8	$^7/_8$
200	216	320	16	16	16	258	16	8	$^5/_8$	340	20	268	20	12	$^3/_4$	360	26	278	24	12	$^7/_8$
250	267	375	20	20	20	312	18	12	$^5/_8$	395	22	320	22	12	$^3/_4$	425	30	335	24	12	1
300	318	440	22	22	24	365	18	12	$^3/_4$	445	26	370	22	12	$^3/_4$	485	34	390	28	16	1
350	368	490	22	22	26	415	18	12	$^3/_4$	505	28	430	22	16	$^3/_4$	555	38	450	32	16	$1^1/_8$
400	420	540	22	24	28	465	20	16	$^3/_4$	565	32	482	24	16	$^7/_8$	620	42	505	34	16	$1^1/_4$
450	470	595	22	24	30	520	20	16	$^3/_4$	615	34	532	24	20	$^7/_8$	670	46	550	36	20	$1^1/_4$
500	520	645	22	26	32	570	22	20	$^3/_4$	670	38	585	26	20	$^7/_8$	730	50	615	38	20	$1^1/_4$
600	620	755	22	28	36	670	22	20	$^7/_8$	780	44	685	26	20	1						

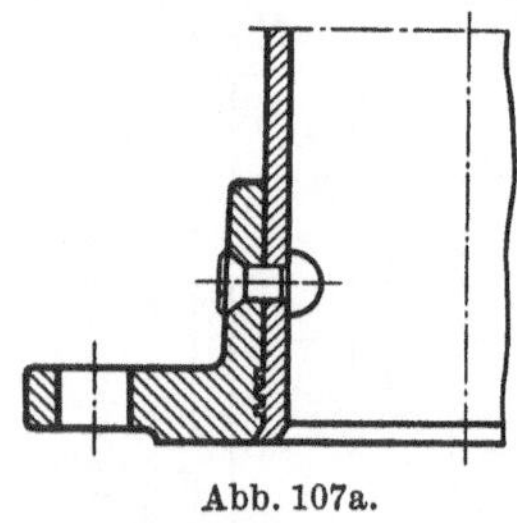

Abb. 108. Lose Flansche mit Vorschweißbund.

Abb. 109. Lose Flansche mit aufgeschweißtem Bund.

Abb. 110 Lose Flansche für Bördelrohre.

d) **Walzflansch** (Abb. 107) nur für nahtlose Rohre aus weichem Material verwendbar; das Flanschmaterial soll härter als das Rohrmaterial sein. Aufgewalzte Flansche sind für Dampfleitungen nicht zu empfehlen. Wenn der Flansch noch kalt ist und die Rohrwand schon warm, treten im eingewalzten Ende Druckspannungen auf, die mit dem Walzdruck (vgl. Heft II, S. 69) bleibende Formänderungen verursachen. Wird nun der Flansch ebenfalls warm und dehnt sich aus, so wird die Verbindung lose und undicht, wodurch schon viele und schwere Unfälle entstanden sind. Sicherheitsniete (Abb. 107a) können wohl die vollständige Lösung der Verbindung verhindern, nicht aber das Undichtwerden.

e) **Lose Flansche** (Zahlentafel 11 und Abb. 108 bis 110). Die Verbindung mit losen, d. h. auf dem Rohr drehbaren Flanschen hat den Vorteil, daß auf die Schraubenlochstellung keine Rücksicht zu nehmen ist. Sie bietet daher für die Montage große Vorteile; dagegen werden die Schrauben bei dieser Verbindung länger als bei den festen Flanschen. Deshalb ist die Verwendung der losen Flansche auf den Nennweiten- und Druckbereich beschränkt.

Abb. 107a.

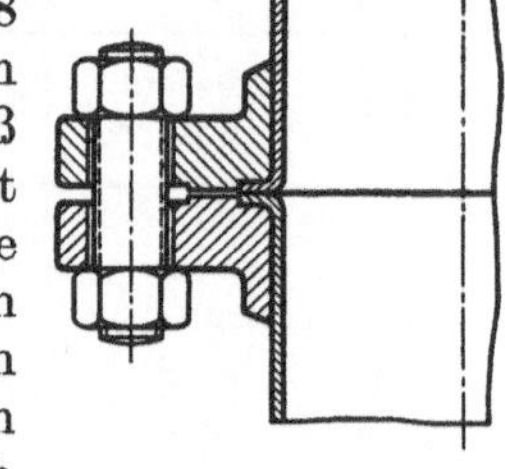

Abb. 111.

Eine gute Verbindung für hohe Drücke ist der Bördelschweißflansch mit geschliffenen Flanschen nach Abb. 111.

Eine für lange Rohrleitungen besonders zu empfehlende gute Verbindung ohne Flanschen ist in Abb. 112 dargestellt (nach dem Vorschlag von Prof. F. K. Th. von Iterson). Die kreuzweise schraffierten Teile sind zugeschweißte Öffnungen in der Muffe und müssen reichlich bemessen sein, um größere Zugkräfte aushalten zu können als das Rohr. Die niederländischen Staatsminen in Heerlen haben mit dieser Verbindung sehr gute Erfahrungen gemacht.

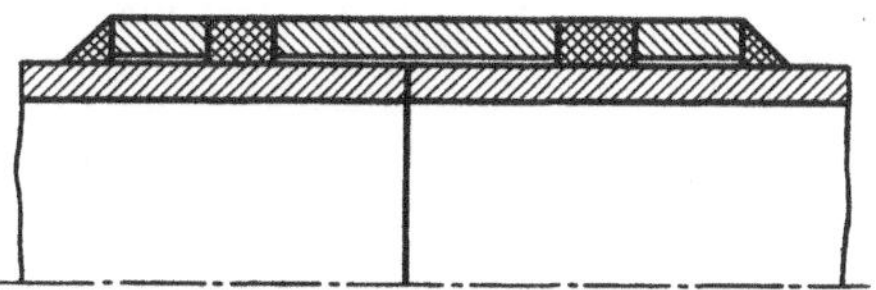

Abb. 112. Rohrverbindung nach v. Iterson.

2. Die Energiegleichung idealer Flüssigkeiten. Unter einer „idealen" Flüssigkeit versteht man eine Flüssigkeit, deren Teilchen sich untereinander wie auch an den Rohrwänden reibungslos bewegen.

Für stationäre (beständige) Strömungen ist das in der Zeiteinheit durchfließende Flüssigkeitsgewicht G von Ort und Zeit unabhängig.

Nach dem Prinzip der Erhaltung der Energie bleibt die Summe aller Energien bei der Strömung unverändert. Die potentielle Energie setzt sich aus zwei Teilen zusammen: der Gewichts- und der Druckenergie. Die Gewichtsenergie für 1 kg Flüssigkeit in der Höhe z (Abb. 113) beträgt:

$$z \cdot 1 = z \text{ kgm} .$$

Wenn die Flüssigkeit an dieser Stelle unter dem äußeren Druck p (kg/m²) steht, so ist die Druckenergie für 1 kg Flüssigkeit:

$$1 \cdot p/\gamma = p/\gamma \text{ kgm} .$$

Die potentielle Energie ist demnach

$$z + p/\gamma \text{ kgm} .$$

Die Geschwindigkeitsenergie ist für 1 kg Flüssigkeit:

$$c^2/2\,g \text{ kgm} .$$

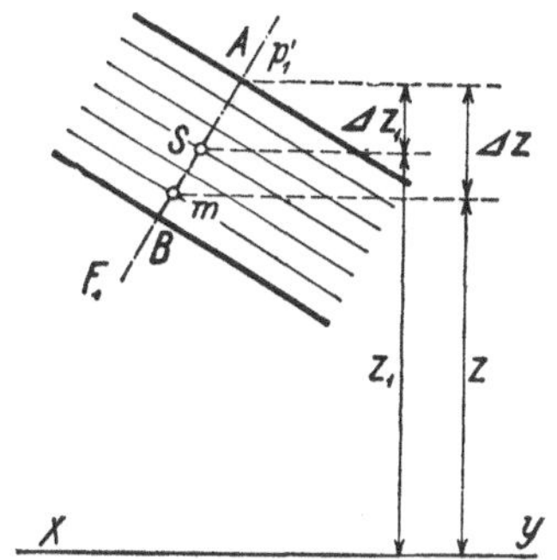

Abb. 113 (nach Bánki, Energieumwandlungen).

Die in 1 kg der Flüssigkeit enthaltene innere Wärme betrage U kcal; in kgm ausgedrückt ist die Wärmeenergie U/A, worin A der Wärmewert der Arbeit $= \frac{1}{427}$ kcal/kgm ist. Die Wärmeenergie elastischer Flüssigkeiten läßt sich zum Teil in Arbeit verwandeln (Wärmekraftmaschinen); bei tropfbaren Flüssigkeiten dagegen ist eine unmittelbare Umwandlung der Wärme in Arbeit nicht möglich.

Wenn nun zwischen zwei Querschnitten F_1 und F_2 die Energiemenge L kgm in Form von Arbeit (z. B. durch einen Motor) entnommen oder (z. B. durch einen Generator) zugeführt wird, so lautet die Energiegleichung:

$$\left(z_1 + \frac{p_1}{\gamma_1} + \frac{c_1^2}{2\,g} + \frac{U_1}{A}\right) - \left(z_2 + \frac{p_2}{\gamma_2} + \frac{c_2^2}{2\,g} + \frac{U_2}{A}\right) = L . \tag{62}$$

Bei den folgenden Untersuchungen beschränken wir uns auf Strömungen, bei denen
1. das spezifische Gewicht als unveränderlich angenommen werden darf,
2. keine äußere Arbeit geleistet oder zugeführt wird und
3. keine Umwandlung der inneren Wärme in Arbeit auftritt.
Diese Annahmen sind bei der Strömung von tropfbaren Flüssigkeiten in Rohrleitungen immer zulässig, für elastische nur bei kleinen Druckänderungen. In diesem Fall vereinfacht sich die Energiegleichung zu:

$$z\,\gamma + p + \frac{c^2}{2\,g}\,\gamma = \text{konst} \quad \text{(Satz von D. Bernoulli)} . \tag{63}$$

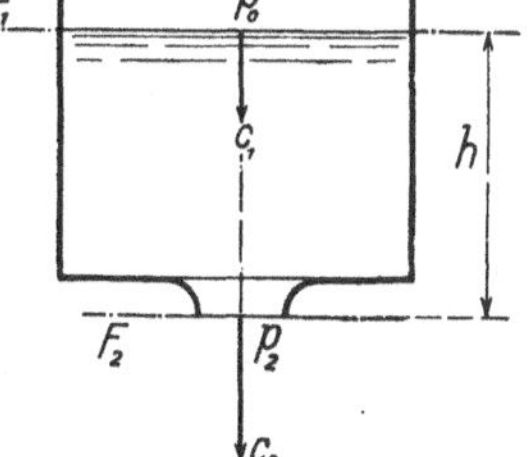

Abb. 114 (nach Bánki, Energieumwandlungen).

Das vereinfachte Bild einer idealen Flüssigkeit kann mit Vorteil beim Ausfluß von Flüssigkeiten aus einfachen Mündungen verwendet werden. Aus einem bis zur Oberfläche F_1 (Abb. 114) gefüllten Gefäß fließe Wasser aus der Bodenöffnung F_2, wobei durch Zufluß die Höhe h unverändert bleibe. Dann folgt aus Gleichung (63):

$$(z_1 - z_2) + \frac{p_1 - p_2}{\gamma} + \frac{c_1^2 - c_2^2}{2\,g} = 0 .$$

Aus der Kontinuitätsgleichung folgt:

$$G/\gamma = F_1 c_1 = F_2 c_2$$

oder

$$c_1 = \frac{F_2}{F_1}\, c_2 \,.$$

Setzt man $z_1 - z_2 = h$, so wird

$$c_2 = \sqrt{2\,g\,\frac{h + \dfrac{p_1 - p_2}{\gamma}}{1 - \left(\dfrac{F_2}{F_1}\right)^2}}\,. \tag{64}$$

In Fällen, wo F_2 gegenüber F_1 vernachlässigt werden darf, ist

$$c_2 = \sqrt{2\,g\left(h + \frac{p_1 - p_2}{\gamma}\right)}\,. \tag{65}$$

Wenn das Ausflußgefäß innen und außen unter dem gleichen Druck $p_1 = p_2$ steht, so ist

$$c_2 = \sqrt{2\,g\,h} \quad \text{(Ausflußgleichung von Torricelli)}. \tag{66}$$

Bei elastischen Flüssigkeiten ist die Änderung der Gewichtsenergie in den meisten Fällen gegenüber der Druckenergie vernachlässigbar. Setzt man $p_1 - p_2 = p$, so ist unter den gemachten Voraussetzungen

$$c_2 = \sqrt{\frac{2\,g\,p}{\gamma}}\,. \tag{67}$$

3. Strömung wirklicher Flüssigkeiten. Alle physikalischen Flüssigkeiten, tropfbare und elastische, besitzen in mehr oder weniger hohem Maße die Eigenschaft der Zähigkeit. Diese äußert sich darin, daß in der strömenden Flüssigkeit Schubspannungen auftreten, die auch als innere Reibung oder Flüssigkeitsreibung bezeichnet werden. (Vgl. Heft III, S. 29.)

Durch die Reibung wird die Ausflußgeschwindigkeit c verkleinert auf

$$c = \psi\,\sqrt{2\,g\,h}\,, \tag{68}$$

worin $\psi < 1$ ist. J. Weisbach[1] fand bei seinen Versuchen über die Ausströmung von Wasser aus gut abgerundeten Mündungen, daß im Mittel 3 % des theoretischen Wertes der Geschwindigkeit durch die Reibung verlorengehen.

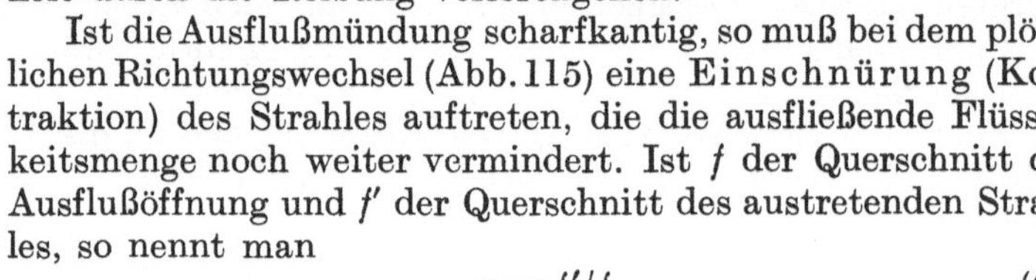

Ist die Ausflußmündung scharfkantig, so muß bei dem plötzlichen Richtungswechsel (Abb. 115) eine Einschnürung (Kontraktion) des Strahles auftreten, die die ausfließende Flüssigkeitsmenge noch weiter vermindert. Ist f der Querschnitt der Ausflußöffnung und f' der Querschnitt des austretenden Strahles, so nennt man

$$\alpha = f'/f \tag{69}$$

die Einschnürungszahl. Die Ausflußmenge ist dann

Abb. 115 (nach Pöschl, Hydraulik).

$$G = f'\,c = \alpha\,\psi\,f\,\sqrt{2\,g\,h} = \mu\,f\,\sqrt{2\,g\,h}\,, \tag{70}$$

$\mu = \alpha\,\psi$ wird Ausflußzahl genannt. Für den Ausfluß von reibungslosen Flüssigkeiten aus scharfkantiger Mündung liefert die hydrodynamische Theorie[2] den Wert

$$\alpha = \frac{\pi}{\pi + 2} = 0{,}611\,. \tag{71}$$

Für die gut abgerundete Mündung ist $\alpha = 1$; die Einschnürungszahlen α sind also in hohem Maße von der Formgebung (Abrundung) der Mündung abhängig, sie können nur durch Versuche bestimmt werden. Die Mannigfaltigkeit der Mündungsformen ist so groß, daß eine „Normung" unbedingt notwendig ist. In der Praxis verwendet man sowohl die scharfkantige Ausflußöffnung als auch die gut abgerundete Ausflußöffnung (Düse).

Versuchsresultate über Ausflußzahlen sind auf S. 64/65 zusammengestellt.

4. Druckverlust durch Rohrreibung. Die aus der Newtonschen Hypothese abgeleitete Gleichung von Poiseuille für den Druckverlust in kreisförmigen Rohren (s. Heft III, S. 30):

$$\Delta p = \frac{8\,\eta}{r^2}\cdot w \cdot l \tag{72}$$

gibt nur unterhalb einer bestimmten (kritischen) Geschwindigkeit $w_k = k\dfrac{\eta\,g}{\gamma\,d}$ (worin $k \approx 2000$)

[1] Weisbach, J.: Ingenieur-Mechanik Bd. 1.   [2] Lorenz: Technische Hydrodynamik, S. 295.

mit der Erfahrung übereinstimmende Resultate. Oberhalb dieser Grenzgeschwindigkeit ändert sich der Charakter der Flüssigkeitsströmung vollständig, indem die geordnete (laminare) Strömung in eine (turbulente) Wirbelströmung übergeht. Der Druckverlust folgt dann einem ganz anderen Gesetz, und die Newtonsche Hypothese erscheint praktisch unbrauchbar.

Nun liegen aber die Geschwindigkeiten bei den meisten praktischen Anwendungen oberhalb dieser kritischen Grenze, so daß die theoretische Hydrodynamik hier scheinbar keine nennenswerten Dienste leisten kann. Die Frage, wie die Entstehung der turbulenten Strömung erklärt werden kann, ist seit Reynolds' Veröffentlichungen Gegenstand vieler mathematischer und experimenteller Untersuchungen gewesen, ohne daß es bisher gelungen wäre, die Turbulenz mathematisch befriedigend zu erfassen. Die Untersuchungen haben aber gezeigt, daß K keine absolut feststehende Zahl ist, sondern daß es möglich ist, durch eine besondere Sorgfalt in der Versuchsanordnung (wie gut abgerundeten Einströmquerschnitt, Beruhigungsgefäße, Anlaufstrecke, Vermeidung jeglicher Erschütterungen usw.) die Grenze, wo die Laminarströmung in die turbulente übergeht, bedeutend höher zu legen[1]. So gelang es z. B. Ekman[2] bei seinen Versuchen, die Laminarströmung bis $Re = 51\,000$ zu verwirklichen[3].

Daraus kann gefolgert werden, daß die Hypothese von Newton und damit die Grundlagen der theoretischen Hydrodynamik wohl richtig zu sein scheinen, daß aber die daraus folgende Laminarströmung nicht stabil ist, sondern sich, durch Störungen beschleunigt, in der Wirbelströmung auflöst, bei der die Geschwindigkeiten fortgesetzt Schwankungen nach Größe und Richtung unterworfen sind. Für die verwickelten tatsächlichen Geschwindigkeiten der einzelnen Flüssigkeitsteilchen muß also die allgemeine Theorie gültig bleiben.

Für diese Einzelgeschwindigkeiten und Bahnen interessiert man sich in der Praxis aber gar nicht, und für die praktisch wichtige Hauptbewegung der strömenden Flüssigkeit gilt, wie gesagt, die Theorie auch nicht annähernd. Da ist der Ingenieur also vollständig auf den Versuch angewiesen, und dieser Weg wird dann auch immer eingeschlagen.

Wie schwierig es aber ist, auf rein empirischem Wege ein allgemeines Gesetz zu finden, zeigt schon der scheinbar einfache Fall, aus Versuchen eine allgemeine Beziehung für den Druckverlust strömender Flüssigkeiten in Rohrleitungen abzuleiten. Auch wenn die Versuche auf kaltes Wasser beschränkt bleiben, sind in jahrzehntelanger Arbeit dafür ganz verschiedene Gleichungen aufgestellt worden[4]. Für Luft, Dampf und andere Flüssigkeiten werden wieder andere, sich oft widersprechende Beziehungen gefunden, und trotz der großen Anzahl Versuchsresultate ist die Aufgabe immer noch nicht allgemein gelöst, so daß für besondere Fälle immer wieder neue Versuche angestellt werden müssen.

Der Ingenieur bezweckt durch seine Versuche, Grundlagen für ähnliche Verhältnisse zu gewinnen. Die Ähnlichkeit zweier Probleme schließt in erster Linie die geometrische Ähnlichkeit, zum mindesten in allen wesentlichen Faktoren, ein. Diese Bedingung ist aber nicht ausreichend, um technisch vollständig ähnliche Probleme zu erhalten, denn alle Faktoren, die eine Rolle spielen, müssen dabei berücksichtigt werden. Hier ist nun die vorher gemachte Feststellung wichtig, daß die Differentialgleichung der Flüssigkeitsströmung als richtig betrachtet werden darf, wenn auch das Integral eine nicht stabile Lösung gibt. Das Prinzip der Ähnlichkeit gestattet nun, auch ohne Integration aus den Differentialgleichungen einige Folgerungen von grundlegender Bedeutung abzuleiten.

Wenn wir uns — der Einfachheit halber — auf eindimensionale Flüssigkeitsströmungen beschränken, so wirkt (Heft III, Abb. 60) auf ein Flüssigkeitselement $dx \cdot dy \cdot 1$, unter Vernachlässigung der Schwerkraft, die Kraft

$$dp \cdot dy \cdot 1 - d\tau \cdot dx \cdot 1,$$

die der Masse des Volumenelementes $dx \cdot dy \cdot 1 \cdot \gamma/g$ die Beschleunigung dw/dt erteilt. Wenn $\gamma/g = \varrho$ gesetzt wird, so lautet demnach die Bewegungsgleichung für das Flüssigkeitselement:

$$dp \cdot dy - d\tau \cdot dx = \varrho\, dx \cdot dy \cdot dw/dt$$

oder
$$\frac{dp}{dx} - \frac{d\tau}{dy} = \varrho \frac{dw}{dt}. \tag{73}$$

Da $\tau = \eta \dfrac{dw}{dy}$ ist, so wird $\dfrac{d\tau}{dy} = \eta \dfrac{d^2w}{dy^2}$ und die Bewegungsgleichung:

$$\frac{dp}{dx} - \eta \frac{d^2w}{dy^2} = \varrho \frac{dw}{dt}. \tag{74}$$

---

[1] Schiller, L.: Z. ang. Math. Mech. 1921, S. 436; Mitt. Forsch.-Arb. 1922, H. 248.
[2] Ekman, V. W.: Ark. f. Mat. Astr. och Fys. 1911, Nr. 12.   [3] Für die Bedeutung von Re siehe S. 59.
[4] Siehe z. B. die Zusammenstellung in Bánki, D.: Energieumwandlungen in Flüssigkeiten. Bd. 1, S. 61 bis 70 und S. 94 bis 100. Berlin: Julius Springer.

Die Geschwindigkeit w ist im allgemeinen sowohl von der Zeit t als auch vom Ort x abhängig, $w = f(x, t)$, so daß

$$\frac{dw}{dt} = \frac{\partial w}{\partial x} \cdot \frac{dx}{dt} + \frac{\partial w}{\partial t} \cdot \frac{dt}{dt}.$$

Für stationäre Strömungen ist $\frac{\partial w}{\partial t} = 0$, und damit

$$\frac{dw}{dt} = w \frac{dw}{dx}. \tag{75}$$

Setzen wir diesen Wert in die Bewegungsgleichung (74) ein, so erhalten wir:

$$\frac{1}{\varrho} \frac{dp}{dx} - \frac{\eta}{\varrho} \cdot \frac{d^2 w}{dy^2} = w \frac{dw}{dx}. \tag{76}$$

Haben wir nun zwei verschiedene Strömungen (1 und 2), die in ihrer ganzen Ausdehnung ähnlich sein sollen, so müssen sämtliche Vorgänge darin durch eine und dieselbe Funktion F zwischen den Koordinaten und den verschiedenen Parametern $F(x, y, w, \varrho, \eta)$ darstellbar sein. Dies setzt aber voraus, daß die Differentialgleichungen der beiden Strömungen

$$\frac{1}{\varrho_1} \frac{dp_1}{dx_1} - \frac{\eta_1}{\varrho_1} \frac{d^2 w_1}{dy_1^2} = w_1 \frac{dw_1}{dx_1} \quad \text{und} \quad \frac{1}{\varrho_2} \frac{dp_2}{dx_2} - \frac{\eta_2}{\varrho_2} \frac{d^2 w_2}{dy_2^2} = w_2 \frac{dw_2}{dx_2}$$

identisch sind. Verhalten sich nun bei beiden Strömungen sämtliche Längen, also auch die Koordinaten, wie $\frac{l_2}{l_1} = f_l$, die Drücke wie $\frac{p_2}{p_1} = f_p$, die Geschwindigkeiten wie $\frac{w_2}{w_1} = f_w$, die Dichten wie $\frac{\varrho_2}{\varrho_1} = f_\varrho$, die Zähigkeiten wie $\frac{\eta_2}{\eta_1} = f_\eta$, und setzen wir diese Proportionalitätsfaktoren f in die zweite Differentialgleichung ein, so erhalten wir:

$$\frac{1}{f_\varrho \varrho_1} \cdot \frac{f_p}{f_l} \cdot \frac{dp_1}{dx_1} - \frac{f_\eta \eta_1}{f_\varrho \varrho_1} \cdot \frac{f_w d^2 w_1}{f_l^2 dy_1^2} = \frac{f_w^2}{f_l} w_1 \frac{dw_1}{dx_1}. \tag{77}$$

Daraus folgt, daß beide Differentialgleichungen identisch sind, wenn:

$$\frac{f_p}{f_\varrho f_l} = \frac{f_\eta}{f_\varrho} \cdot \frac{f_w}{f_l^2} = \frac{f_w^2}{f_l}$$

ist. Aus dieser Doppelgleichung können wir folgende Beziehungen ableiten:

$$\frac{f_w^2}{f_l} \cdot \frac{f_\varrho f_l^2}{f_\eta f_w} = \frac{f_w f_\varrho f_l}{f_\eta} = 1 \quad \text{und} \quad \frac{f_p}{f_\varrho} \cdot \frac{1}{f_w^2} = 1.$$

Führen wir darin die Proportionalitätsfaktoren wieder ein, so wird:

$$\frac{\varrho_2 w_2 l_2}{\eta_2} = \frac{\varrho_1 w_1 l_1}{\eta_1} = \frac{\varrho w l}{\eta} = \text{Konst} = Re. \tag{78}$$

Diese Konstante wird nach Osborne Reynolds, der zuerst Ähnlichkeitsbetrachtungen angestellt hat, als Reynoldssche Zahl bezeichnet.

Weiter muß auch

$$\frac{p_2}{\varrho_2 w_2^2} = \frac{p_1}{\varrho_1 w_1^2} = \frac{p}{\varrho w^2} = \text{Konst} = Eu \text{ (nach Euler)} \tag{79}$$

sein. Diese beiden Bedingungen müssen erfüllt sein, damit die zwei Strömungen ähnlich sind. Wie aus der Ableitung folgt, sind sie aber nicht unabhängig voneinander, so daß $Eu = F(Re)$ ist. **Schlußfolgerung: Zwei Flüssigkeitsströmungen sind ähnlich, wenn die Reynoldsschen Zahlen in beiden Fällen gleich sind.**

Aus Gleichung (79) folgt, daß der Druck p und damit auch der Druckunterschied

$$\Delta p = Eu \frac{\gamma}{g} w^2$$

oder, da $Eu = F(Re)$ ist:

$$\Delta p = F(Re) \frac{\gamma}{g} w^2. \tag{80}$$

Der Druckverlust in einer strömenden Flüssigkeit ist demnach eine Funktion der Reynoldsschen Zahl.

Bei der Ausführung der Versuche zur Erforschung der Rohrreibungswiderstände ist man früher allgemein von der Überlegung ausgegangen, daß die zu überwindende, hemmende Kraft R

hauptsächlich von der benetzten Oberfläche $U \cdot l$ des Rohres abhängt, wenn U der Umfang des Rohrquerschnittes und l die Rohrlänge ist. Weiter folgte aus den Versuchen, daß der Druckverlust fast genau proportional $\left(\dfrac{w^2}{2g}\gamma\right)$ war. Man setzte deshalb

$$R = c \cdot U \cdot l \frac{w^2}{2g}\gamma$$

und bestimmte den Faktor c aus den Versuchen. Zur Überwindung der Reibungskraft R entsteht bei der Strömung ein Druckverlust $\varDelta p = R/F$, worin $F = $ Rohrquerschnitt. Damit wird:

$$\varDelta p = c\frac{U}{F}l\frac{w^2}{2g}\gamma . \tag{81}$$

Für kreisförmige Rohre ist $U = \pi d$, $F = \dfrac{\pi}{4}d^2$, also $\dfrac{U}{F} = \dfrac{4}{d}$, und wenn $4c = \zeta$ gesetzt wird, ist

$$\varDelta p = \zeta\frac{l}{d}\frac{w^2}{2g}\gamma . \tag{81a}$$

Man nennt $d_{ae} = \dfrac{4F}{U}$ den äquivalenten oder gleichwertigen Durchmesser eines Rohres von beliebiger Querschnittsform, weil für ein Kreisrohr $\dfrac{4F}{U} = \dfrac{4 \cdot \dfrac{\pi}{4}d^2}{\pi d} = d$ ist.

Da der Koeffizient ζ an Stelle nicht bekannter Gesetze tritt, so ist zu erwarten, daß er veränderlich ist. Die Bemühungen der vielen Experimentatoren gingen nun dahin, die Abhängigkeit von ζ von den verschiedenen Faktoren d, w, g, η usw., zu bestimmen. Aus der Gleichung (80) folgt nun, daß ζ nicht von diesen einzelnen Faktoren, sondern nur von einem einzigen Faktor $Re = \dfrac{w\,l_0\,\gamma}{\eta\,g}$ abhängt. Darin liegt auch die Bedeutung des Ähnlichkeitsprinzipes für die experimentelle Forschung.

In der Gleichung für Re ist l_0 irgendeine als Ausgangsmaß gewählte Abmessung, während Re eine absolute (unbenannte) Zahl ist.

Reynolds nimmt als Ausgangsmaß den Rohrdurchmesser, andere den Radius und wieder andere den hydraulischen Radius F/U. Obschon es grundsätzlich gleich ist, welches von diesen dreien gewählt wird, so muß dies doch beim Vergleich der Zahlenwerte beachtet werden. Es scheint mir am zweckmäßigsten, den Rohrdurchmesser zu wählen, so daß

$$Re = \frac{\gamma\,w\,d}{\eta\,g} \tag{78a}$$

ist. Oft wird auch $Re = \dfrac{w \cdot d}{\nu}$ geschrieben, worin $\nu = \dfrac{\eta\,g}{\gamma} = \dfrac{\eta}{\varrho}$ als kinematische Zähigkeit bezeichnet wird. Aus den Ähnlichkeitsbetrachtungen folgt, daß $\zeta = F(Re)$ sein muß. Alle Formeln über den Druckverlust, die diese Beziehung nicht berücksichtigen, müssen als unzuverlässig abgelehnt werden.

Unterhalb der kritischen Geschwindigkeit folgt $\zeta = F(Re)$ direkt aus der Poiseuilleschen Gleichung

$$\varDelta p = \frac{8\,\eta}{r^2}w\,l = \frac{32\,\eta}{d^2}w\,l = \zeta\frac{l}{d}\frac{w^2}{2g}\gamma ,$$

$$\zeta = 64\frac{\eta\,g}{\gamma\,w\,d} = \frac{64}{Re} . \tag{82}$$

Auch der Übergang von laminarer in turbulente Strömung muß für alle Flüssigkeiten bei der gleichen (kritischen) Reynoldsschen Zahl stattfinden, d. h. es muß

$$\frac{\gamma\,w_k\,d}{g\,\eta} = Re_k = \text{konst} ,$$

oder

$$w_k = k \cdot \frac{\eta\,g}{\gamma\,d} = k\frac{\nu}{d} , \tag{83}$$

worin k ungefähr gleich 2000 ist.

Oberhalb der kritischen Geschwindigkeit muß die Gestalt der Funktion aus den Versuchen abgeleitet werden. Blasius[1] verwendet dazu die sorgfältig durchgeführten Versuche der ameri-

---

[1] Blasius: Mitt. Forsch.-Arb. H. 131. 1903.

kanischen Ingenieure Saph und Schoder[1] über den Druckverlust von Wasser in glatten Rohren und findet (Abb. 116):

$$\zeta = \frac{0{,}3164}{Re^{0{,}25}}. \tag{84}$$

Aus den genauen Versuchen von Stanton und Panell[2] im National Physical Laboratory leitet C. H. Leeds[3] für den Druckverlust in glatten Rohren die Beziehung ab:

$$\zeta = 0{,}00714 + \frac{0{,}6104}{R\,e^{0{,}35}}. \tag{85}$$

Die neuesten Versuche von Jakob und Erk[4] mit Luft und Wasser bestätigen diese Gleichung bis $Re = 470000$. Diese Gleichung zeigt, daß für sehr große Werte von Re ζ konstant wird, so daß der Druckverlust dann mit w^2 proportional ist.

Durch Anwendung des Ähnlichkeitsprinzipes ist es demnach gelungen, eine ganz allgemeine

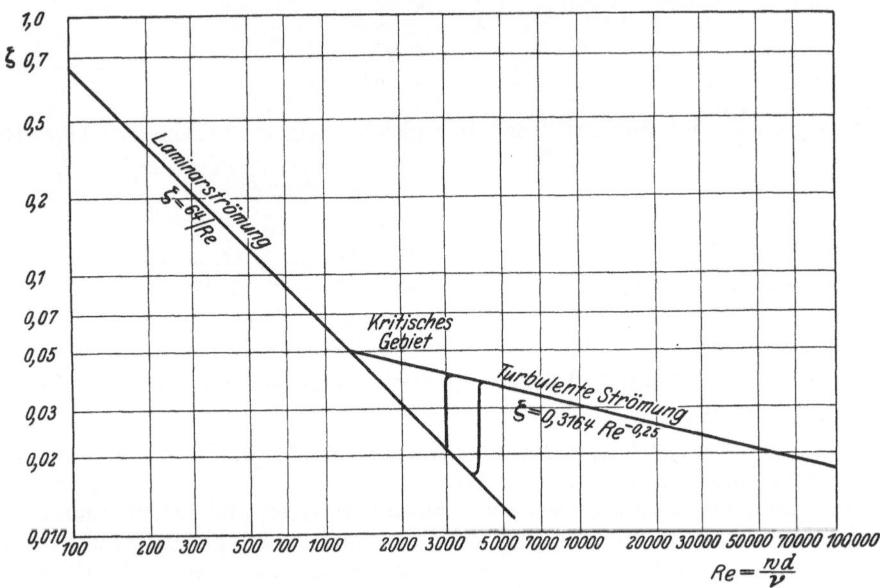

Abb. 116.　Druckverlust in glatten Rohren.

Gleichung für den Druckverlust in glatten Rohren abzuleiten, welche für alle Flüssigkeiten, und zwar sowohl für tropfbare als elastische gültig ist.

Aus dem Gesetz für den Druckverlust in Rohren läßt sich (nach den Überlegungen von Prandtl und v. Kármán[5]) die Geschwindigkeitsverteilung für Strömungen oberhalb der kritischen Geschwindigkeit bestimmen. Da die Flüssigkeit an der Wand haftet, so ist die Geschwindigkeitsverteilung sicher von der Schubspannung τ_0 an der Wand abhängig.

Die noch unbekannte Geschwindigkeitsverteilung

$$w = f(\eta, \varrho, \tau_0, e)$$

kann nach steigenden Potenzen der Entfernung e von der Wand entwickelt werden. Das erste Glied in der Entwicklung lautet:

$$w = f_1 \cdot e^x, \tag{86}$$

worin f_1 eine Funktion von η, ϱ und τ_0 ist.

Zwischen Druckverlust und Schubspannung an der Wandung besteht nun die einfache, aus dem Gleichgewicht der Kräfte abzuleitende Beziehung (Abb. 117):

$$\frac{\pi}{4}\,d^2 \cdot dp = \pi\,d \cdot dx \cdot \tau_0.$$

Daraus folgt:
$$\tau_0 = \frac{d}{4} \cdot \frac{dp}{dx} = \frac{\Delta p}{4\,l} \cdot d$$

Abb. 117.　　　　　oder　　　　$$\Delta p = \tau_0 \frac{4\,l}{d}. \tag{87}$$

Durch Gleichsetzen dieses Wertes mit dem allgemeinen Ausdruck für den Druckverlust aus

---

[1] Trans. of the American Society of Civ. Ing. Bd. 51, S. 253. 1903.
[2] Phil. Trans. A. 214, S. 211.　　　[3] Proc. Roy. Soc. 91, S. 46. Vgl. auch Engineering 1922, S. 607.
[4] Jakob u. Erk: Mitt. Forsch.-Arb. H. 276. 1924.　　　[5] Z. ang. Math. Mech. 1921, S. 233.

Gleichung (81 a) erhält man:

$$\Delta p = \zeta \frac{l}{d} \frac{w^2}{2g} \gamma = \tau_0 \frac{4\,l}{d}$$

oder

$$\tau_0 = \frac{\zeta}{8}\, w^2 \varrho\,. \tag{88}$$

Da $\sqrt{\dfrac{\tau_0}{\varrho}}$ die Dimension einer Geschwindigkeit hat, kann die Dimensionsgleichheit der linken und rechten Seite der Gleichung (86) nur dann erreicht werden, wenn f_1 eine Potenzfunktion ist, und zwar ist die einzige dimensionsrichtige Kombination

$$w = B \left(\frac{\tau_0}{\varrho}\right)^{\frac{1+x}{2}} \cdot \left(\frac{e\,\varrho}{\eta}\right)^x, \tag{89}$$

worin B eine dimensionslose Konstante ist. Da nun w bei Vergrößerung der Durchflußmenge proportional, die Schubspannung τ_0 jedoch mit dem Blasiusschen Wert von ζ [Gleichung (84)] mit der 7/4-Potenz der Durchflußmenge wächst, so muß

$$\frac{1+x}{2} = 4/7 \quad \text{oder} \quad x = 1/7$$

sein.

Das ist das Prandtl-von Kármánsche Gesetz, das aussagt, daß sich die Geschwindigkeit bei turbulenter Strömung in Rohren mit der 1/7-Potenz des Abstandes von der Rohrwand ändert.

Versuche von J. Nikuradse[1] haben dieses Gesetz für rechteckige und kreisförmige Rohre und fast bis zur Rohrmitte in vollem Umfange bestätigt.

Infolge der beschränkten Gültigkeit der Gleichung von Blasius ist auch das Prandtl-von Kármánsche Gesetz nur bis $Re < 100000$ gültig. Für größere Reynoldssche Zahlen nimmt x mit zunehmenden Werten von Re ab[2]. Schreibt man

$$w_e = w_{\max} \left(\frac{e}{r}\right)^x,$$

so ist die mittlere Geschwindigkeit im Rohr

$$w_m = \frac{1}{\pi\,r^2} \int\limits_0^r w_{\max} \left(\frac{e}{r}\right)^x \cdot 2\,\pi\,\varrho\,d\varrho\,,$$

worin $\varrho = r - e$ und $d\varrho = -\,de$. Durch Integration erhält man:

$$w_m = \frac{2}{(x+1)\,(x+2)}\, w_{\max}\,, \tag{90}$$

für $x = 1/7$ ist $w_m = 49/60\, w_{\max}$.

Die Gleichungen (84), (85) gelten aber nur für glatte, d. h. für gezogene Messingrohre. Für rauhe Rohre muß, als neuer Faktor für ähnliche Verhältnisse, die relative Rauheit der Rohroberfläche noch berücksichtigt werden.

Man kann nun die wirklich vorhandene Flüssigkeitsströmung mit einer „idealisierten" vergleichen, bestehend aus einem turbulenten Kern, in dem sämtliche Flüssigkeitsteilchen die gleiche Geschwindigkeit haben, während in der Grenzschicht die für die Laminarströmung typische parabolische Geschwindigkeitsverteilung vorhanden ist, die aus der Newtonschen Hypothese abgeleitet wird. Der Widerstand der Oberflächenreibung ist

$$R = \pi\,d \cdot l \cdot \eta \frac{dw}{dy}\,.$$

Ersetzt man in der dünnen Grenzschicht die Parabel durch die Anfangstangente, so ist $\dfrac{dw}{dy} = \dfrac{w}{e'}$, worin e' die Dicke der idealisierten Grenzschicht und w die am Ende der Grenzschicht vorhandene mittlere Flüssigkeitsgeschwindigkeit ist. In Wirklichkeit wird kein scharfer Übergang zwischen dem turbulenten Kern und der Grenzschichtströmung vorhanden sein, so daß die wirkliche Grenzschichtdicke $e = \varphi e'$ ist, worin φ kleiner als 1 ist.

Der Reibungswiderstand kann nach Gleichung (81 a) auch in folgender Form geschrieben werden:

$$R = \frac{\pi}{4}\,d^2 \cdot \Delta p = \zeta \frac{l}{d} \cdot \frac{w^2}{2g}\,\gamma \cdot \frac{\pi}{4}\,d^2\,.$$

---

[1] Mitt. Forsch.-Arb. H. 281. 1926.   [2] Schiller: Ing.-Archiv 1930, H. 4, S. 39.

Durch Gleichsetzung beider Werte von R erhält man:

$$\eta \frac{w}{e'} = \frac{\zeta}{4} \frac{w^2}{2\,g} \gamma\,.$$

Daraus folgt mit $\dfrac{\eta \cdot g}{\gamma} = \nu$ die wirkliche Grenzschichtdicke $e = \varphi\, e'$

$$e = \varphi\, \frac{8\,\nu}{\zeta\,w}\,. \tag{91}$$

Aus der von Stanton, Marshall und Bryant gemessenen Geschwindigkeitsverteilung berechnete Rice[1] $\varphi = 0,34$ bis $0,33$, während Taylor[2] φ zu $0,38$ schätzte. Bei der Übertragung dieser Betrachtungen auf den Wärmeübergang in tropfbaren Flüssigkeiten fand ich[3] $\varphi = 0,35$.

Solange die Unebenheiten der Rohrwandung innerhalb dieser Grenzschichtdicke bleiben, kann die Rauheit keinen wesentlichen Einfluß auf den Strömungswiderstand haben. Für solche Rohre gelten die Gleichungen (84) oder (85).

Zahlentafel 12. Rauheitszahlen.

	ε_{cm}
Gezogene Messingrohre (glatt)	0,0001
Schmiedeeiserne Rohre, Bleche	0,0008
Gußeisen	0,0032
Rauhe Bretter	0,0072
Backsteine.	0,0128
Bruchsteine	0,08
Rohe Bruchsteine	0,207
Flüsse.	0,617
„ mit Geröll	1,38
„ „ „ in starkem Maße	2,0
„ mit grobem Geschiebe	2,75

Über den Druckverlust in rauhen Rohren liegt eine sehr große Anzahl Versuche vor, die R. Biel systematisch und kritisch verarbeitet hat. Sie zeigen alle, daß der Druckverlust und damit ζ für rauhe Rohre größer ist als für glatte. Biel faßt die Erfahrungswerte in folgende Gleichung zusammen:

$$\zeta = 0,00942 + \sqrt{\frac{\varepsilon}{d_{cm}}} + \frac{3,9}{Re}\sqrt{\frac{d_{cm}}{\varepsilon}}, \tag{92}$$

worin ε/d ein Maß für die relative Rauheit der Oberfläche ist (Zahlentafel 12).

Die Bielsche Gleichung gilt nur oberhalb einer bestimmten Grenze Re_0, die ungefähr aus den folgenden Gleichungen entnommen werden kann:

für glatte Rohre . . . . . . $Re_0 = 30000\, d_{cm}$,   für rauhe Bretter . . . . $Re_0 = 1000\, d_{cm}$,
für schmiedeiserne Rohre . . $Re_0 = 8000\, d_{cm}$,   für Backsteine . . . . $Re_0 = 750\, d_{cm}$.
für gußeiserne Rohre . . . . $Re_0 = 2600\, d_{cm}$,

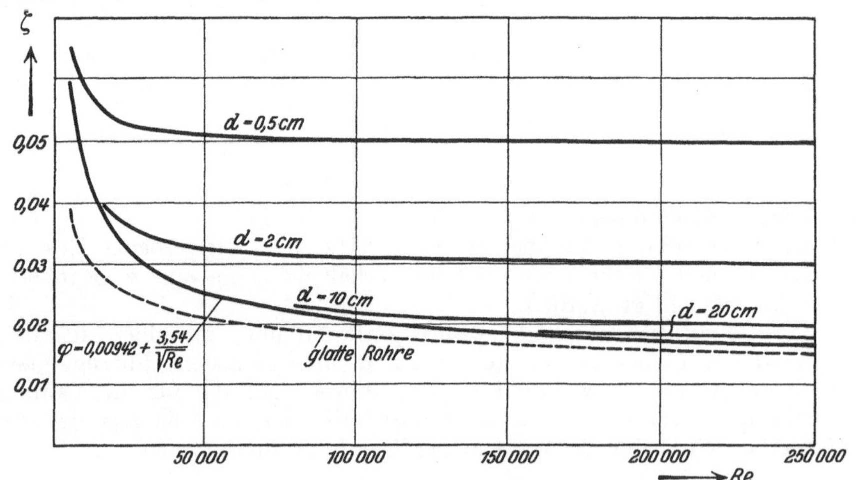

Abb. 118. ζ-Werte für Eisenrohre nach Biel.

Unterhalb dieser Grenze kann ζ bei allen Rauheiten durch die Gleichung (84) für glatte Rohre wiedergegeben werden, wenn diese um einen von der ungleichförmigen Rauheit abhängigen Zahlenwert $\sqrt{\dfrac{\varepsilon'}{d}}$ erhöht wird. Oberhalb dieser Grenze ist für

glattes Messingrohr . $\zeta = 0,00942 + \dfrac{2,44}{\sqrt{Re}}$,   Gußeisen . . . . . $\zeta = 0,00942 + \dfrac{4,04}{\sqrt{Re}}$,

Stahl- und Blechrohr $\zeta = 0,00942 + \dfrac{3,54}{\sqrt{Re}}$,   rauhe Bretter . . . . $\zeta = 0,00942 + \dfrac{3,8}{\sqrt{Re}}$,

---

[1] Techn. Reports of Advisory Committee for Aeronautics. Great Britain 272. 1916 bis 1917.
[2] Trans. Roy. Soc. London 214 A 220. 1914.   [3] Wärmeübertragung. 2. Aufl. Berlin: Julius Springer. 1927.

Eingehende Untersuchungen über den Einfluß der Rauheit auf den Strömungswiderstand[1] haben gezeigt, daß die Wandrauheit durch die Größe ε nicht vollständig erfaßbar ist, weil die Strömung außer von der Größe der Wanderhebungen noch von deren Gestalt, gegenseitigem Abstand und Verteilung auf der Rohrwand abhängig ist. Die Aufstellung einer einheitlichen Gesetzmäßigkeit für den Druckverlust ist aber für solche rauhe Rohre möglich, die annähernd gleiche Wandbeschaffenheit haben. Das ist der Fall für die in der Praxis des Maschinenbaues am meisten verwendeten Stahlrohre (Gasrohre und nahtlose gezogene Rohre). Da die ζ-Werte von der relativen Rauheit ε/d der Oberfläche abhängen, so müssen sie — bei gleichem Rohrmaterial — mit zunehmendem Durchmesser abnehmen. Für jede Rohrsorte und für jeden Rohrdurchmesser gelten demnach besondere ζ-Werte.

Aus den Versuchen von Brabbée über den Druckverlust von kaltem und warmem Wasser in Gasrohren von 14,6 bis 50,1 mm Durchmesser und in nahtlosen Rohren von 56,2 bis 130,7 mm Durchmesser leitet Dr. Bradtka[2] folgende Beziehung für ζ ab:

$$\zeta = \zeta_{\text{glatt}} + \frac{b}{d}, \qquad (93)$$

worin die Werte von

$$b = 0{,}29 \cdot 10^{-4} \cdot Re^{0{,}108} \, \text{mm} \qquad (94)$$

sehr klein sind, so daß diese Rohre fast als „glatte" zu betrachten sind.

Zahlentafel 13. Werte von ζ für glatte Rohre in Abhängigkeit von Re.

$$\zeta = \zeta_{\text{glatt}} + \frac{b}{d} \quad \text{(gültig für } d = 20 \text{ bis } 100 \text{ mm)}.$$

$Re \cdot 10^{-3}$	ζ glatt	$Re \cdot 10^{-3}$	ζ glatt
3	0,0440	60	0,0202
3,5	0,0421	70	0,0195
4	0,0406	80	0,0190
4,5	0,0393	90	0,0184
5	0,0381	100	0,0180
6	0,0362	120	0,0174
7	0,0348	140	0,0168
8	0,0337	160	0,0164
9	0,0326	180	0,0160
10	0,0313	200	0,0156
12	0,0300	250	0,0150
14	0,0288	300	0,0145
16	0,0278	350	0,0141
18	0,0270	400	0,0138
20	0,0262	450	0,0135
25	0,0248	500	0,0132
30	0,0238	600	0,0129
35	0,0230	700	0,0126
40	0,0222	800	0,0123
45	0,0216	900	0,0121
50	0,0210	1000	0,0119

5. Versuchswerte. Wenn schon das einfache Problem, die Geschwindigkeitsverteilung und den Druckverlust in einem geraden, zylindrischen Rohr zu bestimmen, oberhalb der kritischen Geschwindigkeit mathematisch nicht zu lösen ist, so erscheint es erst recht aussichtslos, die Strömungswiderstände zu berechnen, die z. B. beim Ausfluß einer Flüssigkeit aus einem Gefäß oder bei Richtungs- und Querschnittsänderungen auftreten. Die Flüssigkeitsströmung ist hier und bei fast allen hydraulischen Problemen so verwickelt, daß der Ingenieur ausschließlich auf Versuchsergebnisse angewiesen ist. Die Mannigfaltigkeit der Probleme ist aber so groß, daß die Versuche niemals als abgeschlossen gelten können. Die Formen der Ausflußöffnungen können wohl genormt werden (vgl. S. 56), aber es bleiben noch die große Anzahl der Gefäßformen, der Möglichkeiten, die Ausflußöffnungen daran anzubringen, der verschiedenen tropfbaren und elastischen Flüssigkeiten, es bleibt die Veränderlichkeit von Temperatur, Druck usw.

Die experimentell gefundenen Versuchsergebnisse dürfen im allgemeinen nur auf genau gleiche oder streng ähnliche Anordnungen übertragen werden. Neben der genauen geometrischen Ähnlichkeit der Begrenzungsflächen ist für die Ähnlichkeit der Flüssigkeitsströmung die Gleichheit der Reynoldsschen Zahlen (Re) die notwendige Voraussetzung. Dabei muß aber immer beachtet werden, daß das Ähnlichkeitsprinzip unter vereinfachenden Annahmen abgeleitet wurde.

Diese Voraussetzungen sind, neben der genauen geometrischen Ähnlichkeit, u. a.:

1. Kleine Druckunterschiede bei der Strömung, so daß die Änderungen des Volumens und der Zähigkeit mit dem Druck vernachlässigt werden können. Bei großen Druckunterschieden ist der Ausfluß von Gasen und Dämpfen kein rein mechanischer, sondern zugleich ein thermodynamischer Vorgang.

2. Überall gleiche Temperaturen.

3. Vernachlässigung der Schwerkraft.

4. Keine Änderung des Aggregatzustandes (Verdampfung, Kondensation).

5. Gleiche Anfangsbedingungen.

Wenn z. B. die Ausflußöffnung eine andere Lage am Gefäß oder einen anderen Durchmesser erhält oder wenn die Höhe des Flüssigkeitsstandes im Gefäß geändert wird, so sind die Strö-

---

[1] Schiller, L.: Z. ang. Math. Mech. Bd. 3, S. 2. 1923; Hopf, L.: Ebenda. S. 339.
[2] Bradtka, Dr. F.: Gesundheitsing. Sonderheft vom 4. Juni 1930, S. 1.

mungen, streng genommen, nicht mehr ähnlich, weil die genaue geometrische Ähnlichkeit der Versuchsbedingungen nicht mehr erfüllt ist. Die Versuchsresultate dürfen dann nicht mehr von dem einen auf den anderen Fall übertragen werden.

Dem Einfluß der Schwerkraft ist es z. B. zuzuschreiben, daß die Ausströmung von Wasser oder von Luft aus einem Gefäß, auch bei gleichen Reynoldsschen Zahlen, nicht mehr genau ähnlich ist. Es wird nur selten vorkommen, daß zwei praktische Probleme genau ähnlich sind. Die Versuche müssen deshalb auch weiter klarstellen, welche Abweichungen von der genauen Ähnlichkeit bedeutungslos sind und welche einen ausschlaggebenden Einfluß ausüben.

a) Ausflußzahlen. Wenn die Zuflußgeschwindigkeit vernachlässigt wird, d. h. die Flüssigkeit aus einer im Verhältnis zum Gefäß kleinen Bodenöffnung und unter ständigem Druck h frei ausströmt, so kann bei strenger Erfüllung der Ähnlichkeitsbedingungen die Ausflußzahl μ nur eine Funktion der Reynoldsschen Zahl sein.

$$\mu = f\left(\frac{wd}{\nu}\right) = f\left(\frac{\sqrt{2gh}\cdot d}{\nu}\right) = f\left(\frac{\sqrt{h}\cdot d}{\nu}\right). \tag{95}$$

Ausführliche Messungen über den Ausfluß von Wasser und Sole bei verschiedenen Temperaturen hat Dr. A. Schneider[1] ausgeführt. Er stellt seine Versuchsresultate durch eine Kurvenschar $\mu = f(h, d)$ dar. In Abb. 119 sind die gemessenen Ausflußzahlen in Abhängigkeit von $\sqrt{h}\cdot d$ eingetragen. Bei vollständig ähnlicher Strömung müßten sämtliche Versuchsresultate durch eine Kurve darstellbar sein. Wie die Abbildung zeigt, trifft dies nicht genau zu. Die Abweichungen liegen aber zum Teil innerhalb der Genauigkeit der ausgeführten Messungen. Der verhältnismäßige Meßfehler lag bei den Versuchen zwischen $\pm 0,2\%$ und $\pm 0,5\%$, so daß z. B. für den Wert $\mu = 0,61$ die Meßgenauigkeit zwischen 0,606 und 0,614 liegt. Dadurch sind auch die zu kleinen Werte von $\mu < 0,61$ zu erklären, die ungenau sind, weil für reibungslose Flüssigkeit, als untere Grenze, $\mu = 0,61$ ist (vgl. S. 56). Kleine Werte von h, verbunden mit großen Werten von d, können das gleiche Produkt $\sqrt{h}\cdot d$

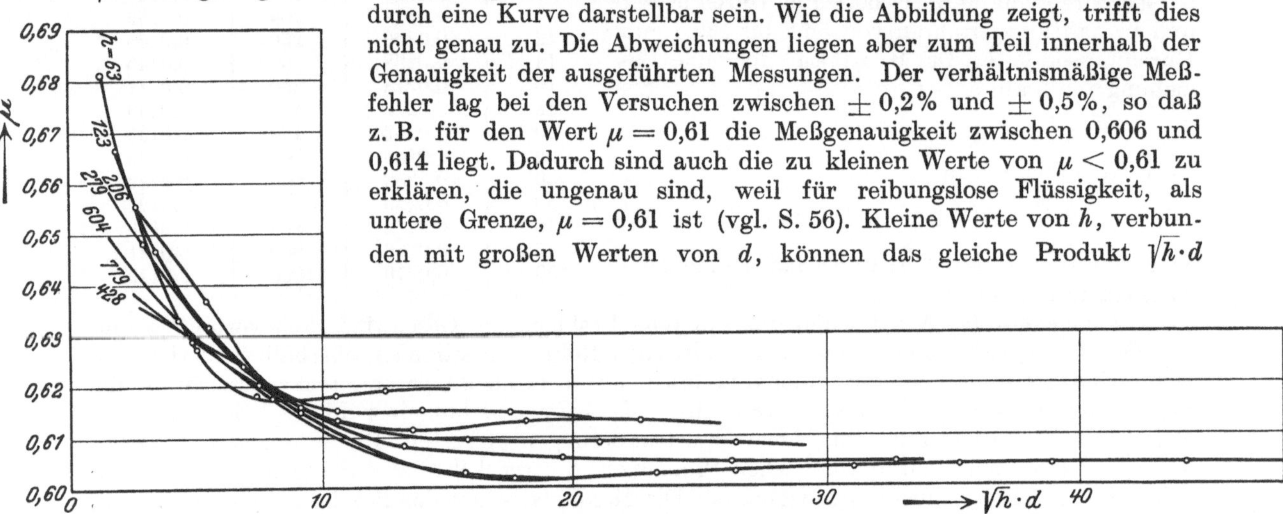

Abb. 119. Ausflußzahlen nach Versuchen von Dr. A. Schneider.

liefern wie große Höhen bei kleinen Ausströmöffnungen. Wenn die Reynoldsschen Zahlen dann in beiden Fällen gleich sind, so ist doch keine geometrische Ähnlichkeit mehr vorhanden. Dadurch lassen sich die großen Abweichungen bei kleinen Werten von $\sqrt{h}\cdot d$ erklären.

Für den Ausfluß von Luft fand A. O. Müller[2] für die scharfkantige Mündung $\mu = 0,60$, also auch einen etwas zu kleinen Wert.

Den Einfluß der Form der Ausflußöffnung zeigt Abb. 120, die die Ausflußzahlen für verschieden geformte Kreisöffnungen nach Versuchen von Weisbach darstellt.

Strömt die Flüssigkeit nicht aus einem sehr großen Behälter, sondern aus einer Rohrleitung mit dem Querschnitt F_1, so ist bei Verwendung von scharfkantigen Mündungen die Kontraktion des austretenden Strahles unvollkommen. Die Kontraktionszahl muß von dem Wert 0,61 für kleine Werte von $F_2/F_1 = m$ auf den Wert 1 für $F_2/F_1 = 1$ steigen (Abb. 121).

b) Querschnittsänderungen. Nach Gleichung (62) wäre es gleichgültig, ob zwischen den Querschnitten F_1 und F_2 eines horizontalen Rohres die Strömung von F_1 nach F_2 gerichtet ist oder umgekehrt. Ob Geschwindigkeit in Druck (Strömung von F_1 nach F_2, Druckrohr, Diffusor) oder umgekehrt Druck in Geschwindigkeit umgesetzt wird (Strömung von F_2 nach F_1, Saugrohr, Konfusor); in beiden Fällen beträgt der Druckunterschied (Abb. 122):

$$h_2 - h_1 = \frac{p_2 - p_1}{\gamma} = \frac{c_1^2 - c_2^2}{2g}. \tag{62a}$$

[1] Mitt. Forsch.-Arb. H. 213. 1919.   [2] Mitt. Forsch.-Arb. H. 46.

In Wirklichkeit trifft diese Annahme nicht zu, weil die Umsetzung von Geschwindigkeit in Druck immer mit wesentlich größeren Verlusten verbunden ist als die Umsetzung von Druck in Geschwindigkeit. Im ersten Fall tritt neben der Reibung ein „Ablösen" des Strahles von der Wandung ein, wenn der Strahl weniger konvergiert als das Rohr. Wenn der tatsächlich im Querschnitt F_2 auftretende Druck p_e statt p_2 beträgt, so kann man den Wirkungsgrad der Geschwindigkeitsumwandlung durch die Gleichung

$$\eta = \frac{p_e - p_1}{p_2 - p_1} \qquad (96)$$

ausdrücken. Nach den Versuchen von K. Andres mit 22 Diffusorrohren[1] verschiedener Form ist der Wirkungsgrad unabhängig von der Geschwindigkeit (in den Versuchsgrenzen von $w = 10$ bis $40\,\text{m/s}$) und vom Druck (in den Grenzen von $h_2 = 10$ bis $50\,\text{m}$ Flüssigkeitssäule) und, nach den bisher vorliegenden Versuchswerten, auch unabhängig von der Art der Flüssigkeit. Er hängt namentlich von der Größe des Divergenzwinkels α ab; die Verkleinerung des Winkels (auf 5 bis 6°) erhöht den Wirkungsgrad. Ein sog. Trompetenrohr mit veränderlicher Divergenz ist deshalb schlechter als ein konischer Diffusor ($\eta = 70$ bis 52%).

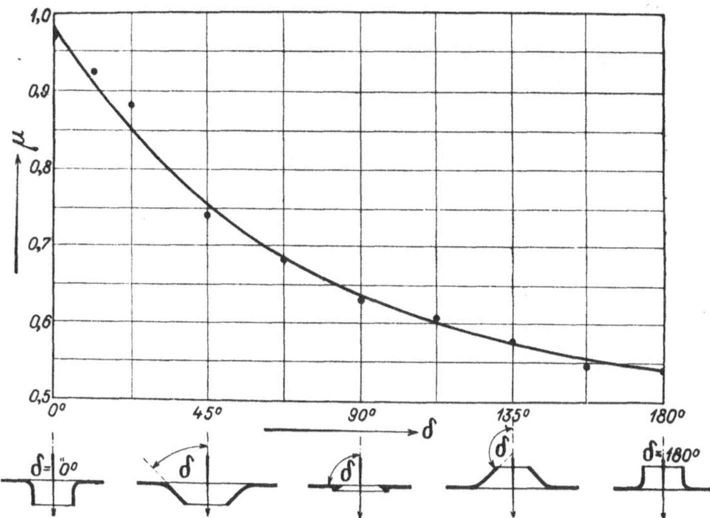
Abb. 120. Ausflußzahlen für verschiedene Mündungen (nach Bánki).

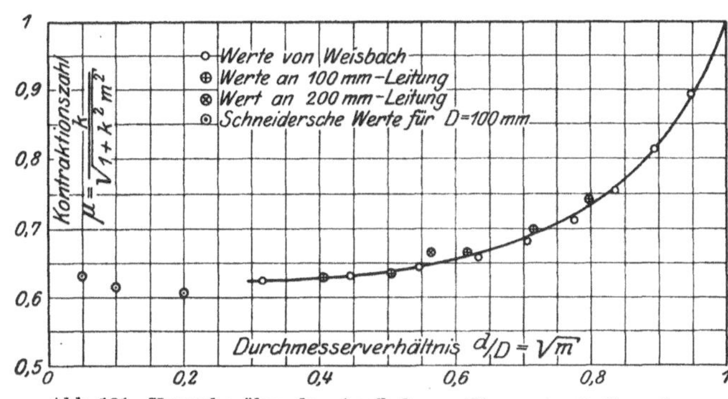
Abb. 121. Versuche über den Ausfluß von Wasser (nach Gramberg, Techn. Mess.).

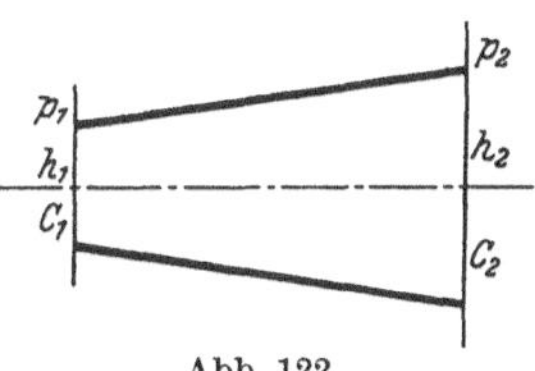
Abb. 122.

Die Dämpfung der Wirbelung erleichtert die Ablösung, so daß der Kreis als Querschnittsform günstiger als das Quadrat oder das längliche Rechteck ist, weil diese der rotierenden Bewegung mehr oder weniger hinderlich sind. Durch schraubenflächenförmigen Einsatz erzeugte künstliche Rotation kann der Wirkungsgrad wesentlich verbessert werden (Zahlentafel 14)[2].

Zahlentafel 14. Wirkungsgrad von konischen Diffusoren nach den Versuchen von Andres.

	mm	mm	mm		mm	mm	
$d_1 =$	16	15	15	} unbe- arbeitet	15	15	} be- arbeitet
$d_2 =$	73	45	31		44	30	
$l =$	270	215	205		215	215	
a) $\eta =$	0,744	0,854	0,812		0,883	0,893	
b) $\eta =$	—	—	—		0,865	0,890	
c) $\eta =$	0,892	0,964	0,857		0,989	0,928	

a) ohne Einsatz, b) mit 20 eingesetzten Sieben, c) mit Schraubeneinsatz.

Für die praktische Rechnung ist es zweckmäßiger, an Stelle des Wirkungsgrades der Umsetzung direkt den Druckverlust zu bestimmen. Man setzt:

$$\Delta p = p_2 - p_e = \xi \frac{c_1^2}{2g} \gamma. \qquad (97)$$

[1] Mitt. Forsch.-Arb. H. 76. 1912.
[2] Neuere Versuchsresultate: Riffart, A.: Versuche mit Diffusoren. Mitt. Forsch.-Arb. H. 257. 1922 mit Literaturverzeichnis. Dönch, Tr.: Divergente und konvergente Strömungen. Mitt. Forsch.-Arb. H. 282. 1926.

Da
$$\eta\,(p_2 - p_1) = p_e - p_1$$

ist, wird

$$(p_2 - p_1)\,(1 - \eta) = p_2 - p_e = \Delta p$$

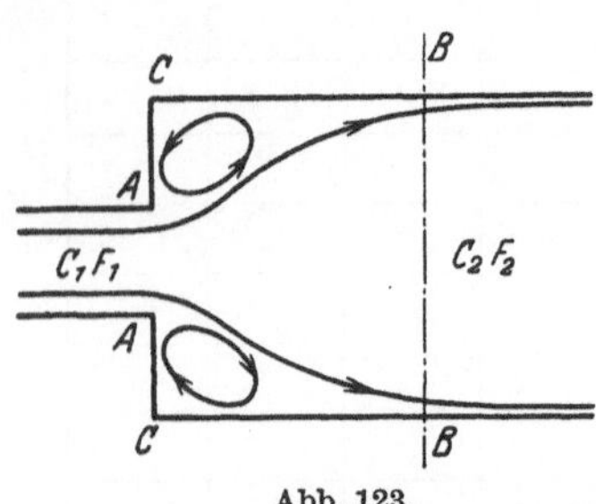

Abb. 123.

und mit Gleichung (62a)

$$\frac{c_1^2 - c_2^2}{2g}\,\gamma\,(1 - \eta) = \Delta p = \xi\,\frac{c_1^2}{2g}\,\gamma\;.$$

Setzt man $c_2 = F_1/F_2 \cdot c_1$, so ist

$$\frac{c_1^2}{2g}\,\gamma\left[1 - \left(\frac{F_1}{F_2}\right)^2\right](1 - \eta) = \xi\,\frac{c_1^2}{2g}\,\gamma$$

und damit

$$\xi = \left[1 - \left(\frac{F_1}{F_2}\right)^2\right](1 - \eta)\;. \tag{98}$$

Die Werte von η können aus der Zahlentafel 14 entnommen werden.

Für den besonderen Fall einer plötzlichen Querschnittserweiterung wird der Verlust durch starke Wirbelungen (Sekundärströmungen) in dem Winkel ABC (Abb. 123) verursacht, der oft, aber unzweckmäßig, als „tote" Ecke bezeichnet wird. In dem größeren Querschnit BB muß die Geschwindigkeit kleiner, also der statische Druck größer als in AA sein. Die Ecke ABC steht demnach an verschiedenen Punkten unter sehr verschiedenem Druck, was bei stillstehender Flüssigkeit unmöglich ist, so daß eine starke Rückströmung von B nach A durch den Eckraum erfolgen muß.

Borda, der zuerst Versuche zur Bestimmung des Druckverlustes durchgeführt hat, fand, daß der Verlust durch die Gleichung

$$\Delta p = p_2 - p_e = \frac{(c_1 - c_2)^2}{2g}\,\gamma \tag{99}$$

ausgedrückt werden kann, so daß bei plötzlicher Querschnittserweiterung der Geschwindigkeitsunterschied $(c_1 - c_2)$ in den beiden Endquerschnitten vernichtet (in Wärme umgewandelt) wird. Diesen Erfahrungssatz hat Carnot unter der Annahme des unelastischen Stoßes theoretisch zu erklären versucht (Satz von Borda-Carnot). Die Erklärung des Verlustes durch einen unelastischen Stoß ist aber irreführend. Der Erweiterungsverlust ist nämlich für elastische Flüssigkeiten gleich groß wie für tropfbare, was durch die Wirbelbildung auch leicht zu verstehen ist.

Setzt man wieder

$$\Delta p = \xi\,\frac{c_1^2}{2g}\,\gamma\;,$$

worin c_1 die größere Geschwindigkeit ist, so ist

$$\xi = \left(1 - \frac{F_1}{F_2}\right)^2\;. \tag{100}$$

Versuche von V. Blaess[1] haben gezeigt, daß der Satz von Borda-Carnot nicht genau zutrifft.

Plötzliche Querschnittsänderungen treten in Rohrleitungen beim Einbau von Reduktionsmuffen auf. In Zahlentafel 15 sind die Widerstandszahlen ξ nach Gleichung (100) mit den Versuchswerten von M. Hottinger[2] verglichen. Aus den Versuchen folgt, daß die ξ-Werte nicht nur vom Verhältnis F_1/F_2, sondern auch von der absoluten Größe der Durchmesser abhängig sind.

Zahlentafel 15. ξ-Werte der Reduktionsmuffen GF 240 — Erweiterung.

	$2{-}1\tfrac{1}{2}''$	$2{-}\tfrac{5}{4}''$	$2{-}1''$	$2{-}\tfrac{3}{4}''$	$\tfrac{5}{4}{-}1''$	$\tfrac{5}{4}{-}\tfrac{3}{4}''$	$\tfrac{5}{4}{-}\tfrac{1}{2}''$	$\tfrac{5}{4}{-}\tfrac{3}{8}''$	$\tfrac{3}{4}{-}\tfrac{1}{2}''$	$\tfrac{3}{4}{-}\tfrac{3}{8}''$
F_2/F_1	0,605	0,450	0,254	0,161	0,564	0,358	0,197	0,099	0,550	0,276
ξ_{Borda}	0,155	0,30	0,56	0,70	0,19	0,41	0,63	0,82	0,20	0,52
ξ_{Versuch}	0,10	0,28	0,44	0,50	0,13	0,34	0,69	1,0	0,29	0,52

Der Erweiterungsverlust ist selbstverständlich nur dann vorhanden, wenn die Flüssigkeitsströmung sich tatsächlich erweitert. Für kurze Erweiterungen, wie sie bei Labyrinthdichtungen (Abb. 124) vorkommen, wird die Geschwindigkeit in den Hohlräumen nicht wesentlich vermindert. Versuche von C. von Bach haben schon im Jahre 1891 gezeigt, daß in solchen Fällen die Labyrinthnuten die Undichtigkeitsverluste bei einem Kolben vergrößerten[3].

---

[1] Die Strömungen in Rohren, Oldenburg 1911. [2] Gesundheitsing. 1928, S. 727. [3] Z. V. d. I. 1891, S. 474.

Anwendungsbeispiel. Die Widerstandszahl ξ für die Strömung aus einer scharfkantigen Mündung mit Ansatzrohr (Abb. 125) ist zu bestimmen.

Der Druckverlust zwischen F_1 und F_2 setzt sich aus dem Druckverlust durch die scharfkantige Mündung und dem Verlust durch die plötzliche Querschnittsänderung zusammen:

$$\Delta p = \xi_1 \frac{c_k^2}{2\,g}\,\gamma + \frac{(c_k - c_2)^2}{2\,g}\,\gamma\,, \tag{101}$$

wenn c_k die Geschwindigkeit bei der größten Kontraktion des Strahles ist. Aus der Kontinuitätsgleichung folgt mit der Kontraktionszahl α

$$F_k\,c_k = \alpha\,F_1 \cdot c_k = F_2\,c_2$$

oder

$$c_k = \frac{F_2}{\alpha\,F_1}\,c_2\,.$$

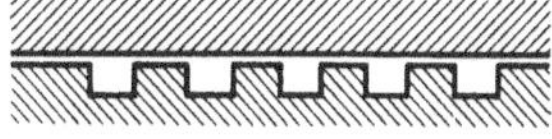

Abb. 124.

Durch Einsetzen dieses Wertes in die Gleichung für den Druckverlust erhält man:

$$\Delta p = \left[\xi_1 \left(\frac{F_2}{\alpha\,F_1}\right)^2 + \left(\frac{F_2}{\alpha\,F_1} - 1\right)^2\right]\frac{c_2^2}{2\,g}\,\gamma = \xi\,\frac{c_2^2}{2\,g}\,\gamma\,. \tag{102}$$

Für die scharfkantige Mündung folgt der Wert ξ_1 aus der Gleichung

$$c_k = \psi\,\sqrt{2\,g\,h} = \sqrt{2\,g\,h\,(1 - \xi_1)}\,,$$

so daß

$$\xi_1 = 1 - \psi^2$$

ist. Mit $\psi = 0{,}97$ wird $\xi_1 = 0{,}063$, so daß mit $\alpha = 0{,}64$

Abb. 125
(nach Bánki).

für $\dfrac{F_2}{F_1} =$	1	1,25	2	5	10	
$\xi_{\text{berechnet}} =$	0,47	1,15	5,13	50,2	229	ist,
$\xi_{\text{Versuch}} =$	(0,48)	(1,17)	(5,26)	(51)	(232)	

in guter Annäherung mit den eingeklammerten Versuchswerten von Weisbach.

c) Richtungsänderungen. Strömt eine Flüssigkeit durch ein gerades Rohr, so kann man — nach dem Vorgehen der klassischen Hydraulik — die Strömung durch parallele Flüssigkeitsfäden beschreiben, deren Geschwindigkeit in der Nähe der Wandung kleiner als in der Mitte ist. Kommt nun ein solcher Flüssigkeitsstrom in einen Krümmer (Abb. 126a), so werden die mittleren Teilchen mit der größeren Geschwindigkeit nach außen gedrängt. Es entstehen dadurch in den Querschnitten des Krümmers die in Abb. 126b angedeuteten Sekundärströmungen, die sich der Hauptgeschwindigkeit überlagern. Die Parallelität der Flüssigkeitsfäden ist demnach in einem Krümmer grundsätzlich unmöglich. Der Einfluß des Krümmers beschränkt sich deshalb auch nicht auf die Länge des Bogenstückes, sondern erstreckt sich noch auf ein längeres Stück des nachfol-

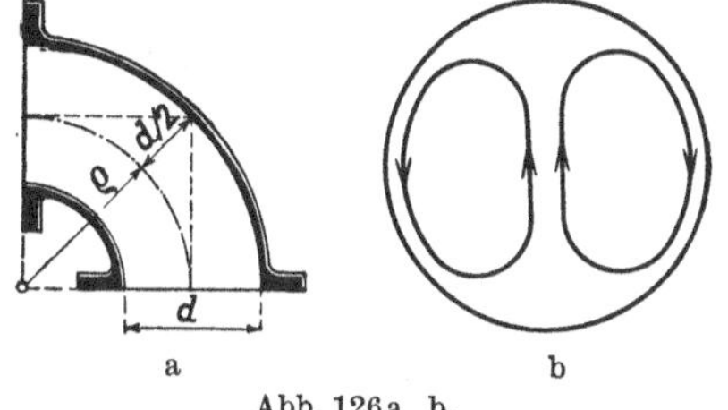

a b

Abb. 126a, b.

genden geraden Rohres. Es ist deshalb oft gebräuchlich, den Druckverlust in einem Krümmer gleich dem Druckverlust eines geraden Rohres von einer bestimmten (äquivalenten) Länge $l_{a\,e}$ zu setzen.

$$\Delta p = \xi\,\frac{w^2}{2\,g}\,\gamma = \zeta\,\frac{l_{a\,e}}{d}\,\frac{w^2}{2\,g}\,\gamma$$

oder

$$l_{a\,e} = \frac{\xi}{\zeta}\,d\,. \tag{103}$$

In Abb. 127 sind die Verlustziffern von Rohrkrümmern nach den bis jetzt vorliegenden Versuchen dargestellt. Sie sind auf einheitlicher Basis umgerechnet und stellen die Umlenkungsverluste dar im Vergleich zum Reibungsverlust in einem geraden Rohr von der Länge $l = 80\,d$. Die Versuche zeigen kein einheitliches

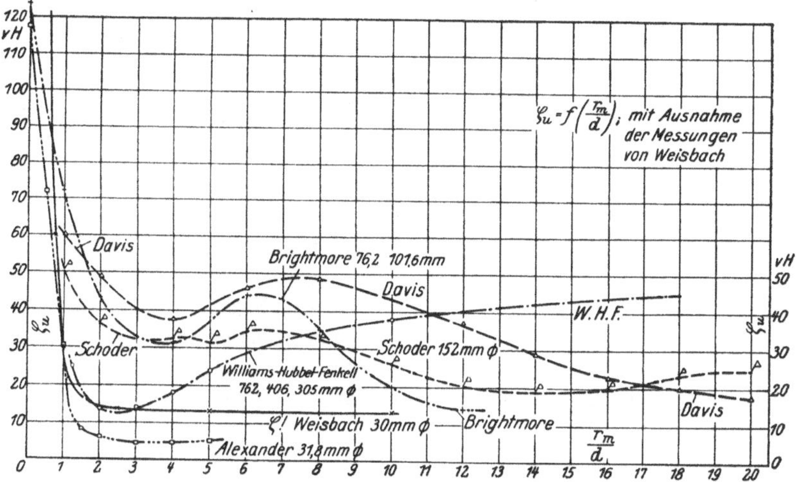

Abb. 127. Verlustziffern von Rohrkrümmern.

Bild, so daß die Vorausberechnung des Druckverlustes in Rohrkrümmern immer sehr unsicher bleibt[1].

Zahlentafel 16. Widerstandszahlen für GF-Krümmer[2].

Lichte Weite		14	20	25	34	39	49 mm
Kniestück ⌐	ξ	1,7	1,7	1,3	1,1	1,0	0,83
Bogen 90° ⌒	ξ	1,2	1,1	0,86	0,53	0,42	0,51
Bogen 180°, weit ⌒	ξ	—	0,89	0,86	0,96	—	0,66
Bogen 180°, eng ⌒	ξ	—	1,7	—	1,8	—	1,8

Eine plötzliche Richtungsänderung (Knierohr Abb. 128) ist immer mit einer plötzlichen Querschnittsänderung verbunden, durch welche der größte Teil des Druckverlustes verursacht wird, während die eigentliche Richtungsänderung nur verhältnismäßig wenig Druckverlust zur Folge hat. Dies bestätigt ein Versuch Weisbachs, bei dem er — die Rohrrichtung in derselben Ebene unmittelbar nacheinander brechend (Abb. 129) — annähernd den gleichen Druckverlust fand wie bei nur einmaliger Ablenkung. Der Verlust steigt auf das $1\frac{1}{2}$fache, wenn die zweite Richtungsänderung senkrecht zur ersten und auf das Doppelte, wenn der zweite Richtungswechsel zwar in der gleichen Ebene, aber in einer zur ersten entgegengesetzten Richtung erfolgt (Abb. 130).

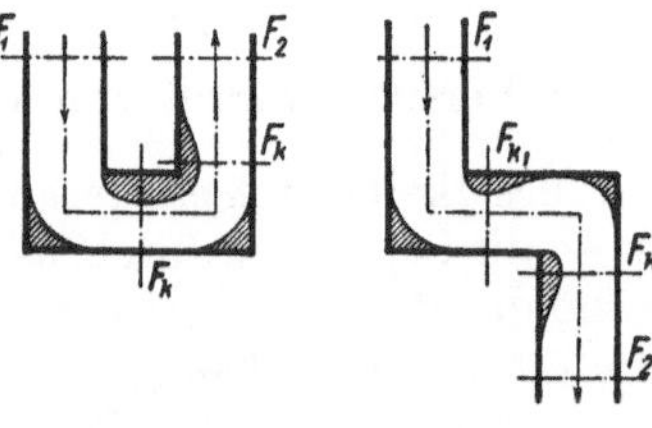

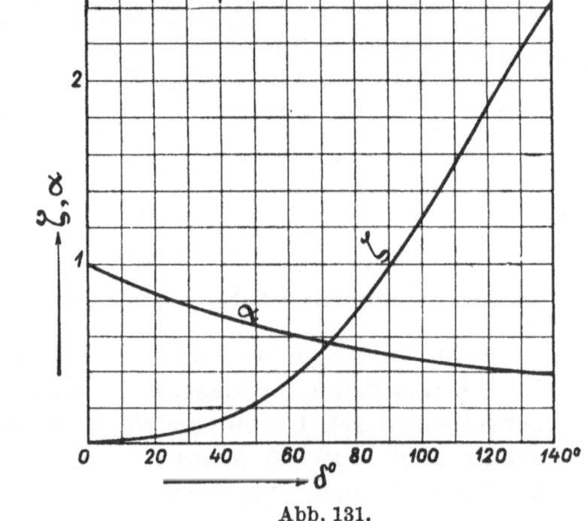

Abb. 128.   Abb. 129.   Abb. 130.   Abb. 131.
(Abb. 128 bis 131 nach Bánki, Energieumwandlungen.)

Die mit einem Versuchsrohr von 30 mm Durchmesser erhaltenen Widerstandszahlen sind in Abhängigkeit des Ablenkwinkels δ in Abb. 131 eingezeichnet. Weisbach fand für dünnere Rohre bedeutend höhere ξ-Werte, so z. B. $\xi = 1,54$ für $d = 10$ mm und $\delta = 90°$ statt 0,98 wie für 30-mm-Rohr[3].

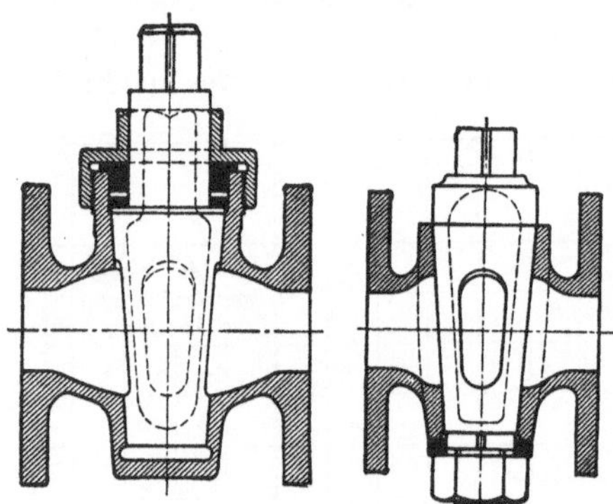
Abb. 132. Durchgangshähne (nach Dubbel, Taschenbuch).

d) Absperrorgane. Je nach der Art der Flüssigkeit und dem Durchmesser des Rohres werden verschiedene Absperrmittel verwendet. Sie müssen bei geringen Durchströmverlusten sicher und dauernd abdichten.

Hähne werden im allgemeinen für kleine Rohrquerschnitte und für nicht zu warme Flüssigkeiten verwendet. Hahnküken und Gehäuse dichten längs schwach geneigten, kegelförmigen Flächen ab (Abb. 132, Neigung normal 1:12). Der runde Rohrquerschnitt wird in einen länglichen Schlitz übergeführt, damit der Durchmesser des Hahnkegels nicht zu groß wird. Die Änderung der Querschnittform muß ohne Änderung der Querschnittsgröße durchgeführt werden, damit die Flüssigkeit nicht gedrosselt wird. Durch das Drehen des Hahnes darf der Anpreßdruck zwischen Küken und Gehäuse nicht geändert werden; die Unterlegscheibe zwischen Gehäuse und Mutter sitzt deshalb auf einem Vierkant am Hahnküken.

---

[1] Nippert, Dr. H.: Mitt. Forsch.-Arb. H. 320. 1929. Hofmann, A.: Mitt. d. hydraul. Inst. der Techn. Hochsch. München, 1929. H. 3, S. 44.

[2] Nach den Versuchen von Brabbée: Mitt. 15 d. Prüfstelle f. Heizungs- u. Lüftungseinrichtungen der Techn. Hochsch. Berlin. Oldenburg 1913 und von M. Hottinger: Gesundheitsingenieur 1929.

[3] Neue Versuche mit rechteckigen Kanälen hat Dr.-Ing. R. Bambach durchgeführt. Mitt. Forsch.-Arb. H. 327. 1930.

Absperrventile werden als Durchgangsventil (Abb. 134, 136) oder als Eckventil (Abb. 135) ausgeführt. Für Wasser und kalte Flüssigkeiten werden die Dichtungsflächen aus Bronze hergestellt oder Lederdichtungen eingelegt; für gesättigte Dämpfe Dichtungen aus Jenkinsmasse (Abb. 134). Da die Dehnungszahl von Bronze größer als von Eisen ist, dürfen für warme Flüssigkeiten keine Bronzebüchsen in gußeiserne Gehäuse eingesetzt werden. Für überhitzten Dampf

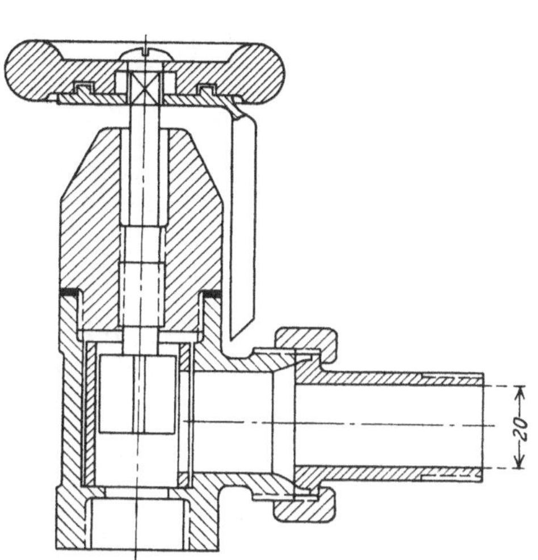

Abb. 133. Heizungs-Regulierhahn.

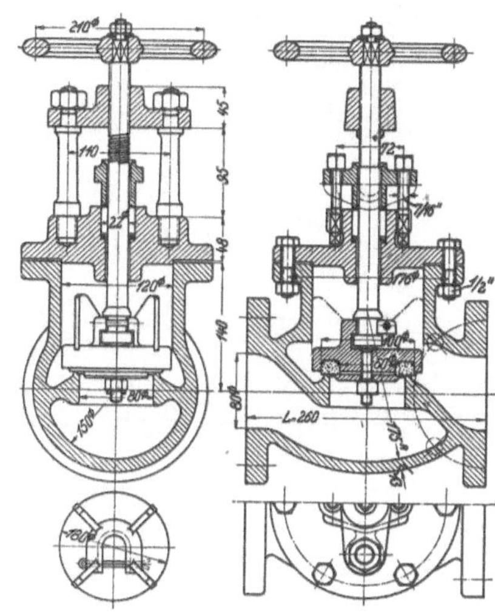

Abb. 134. Durchgangsventil mit Jenkins Dichtung (nach Rötscher).

werden Nickeldichtungsringe in Stahlgußgehäusen verwendet (Abb. 135); die Ausdehnungszahlen für Nickel und Stahl sind ungefähr gleich groß.

Die Widerstandszahlen solcher Ventile sind sehr groß, $\xi = 2,6$ bis 9[1]. Schon kleine Änderungen in der Ausführungsform können großen Einfluß auf den Strömungswiderstand haben.

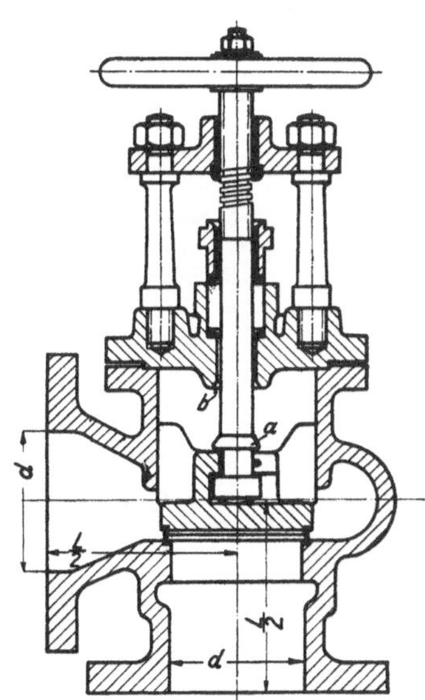

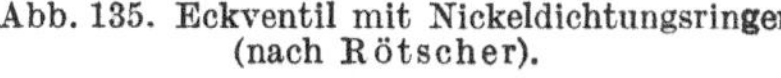

Abb. 135. Eckventil mit Nickeldichtungsringen (nach Rötscher).

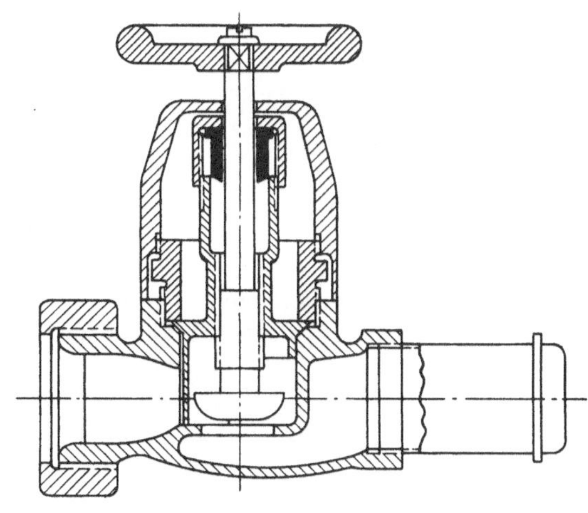

Abb. 136. Regulierventil für Heizungen.

Die Führungsrippen unter dem Ventilteller (Abb. 135a) z. B. erhöhen, nach den Versuchen von A. J. ter Linden[2], den Widerstand um 66%.

Die Bestrebungen, den Durchflußwiderstand der Ventile zu verkleinern, haben in den letzten Jahren zu anderen Gehäuseformen geführt (Abb. 137), wodurch z. B. beim Koswa-Ventil (Abb. 137a) relativ kleine Durchflußzahlen ($\xi = 1,7$ bis $2,7$ je nach Durchmesser) erreicht

---

[1] Vgl. die Versuche von Brabbée u. M. Hottinger.   [2] Polytechnisches Weekblad 1927, S. 161.

worden sind. Dennoch sind Ventile für große Geschwindigkeiten und für schwere Flüssigkeiten (z. B. überhitzten Dampf von hohem Druck) ungeeignet. In solchen Fällen und überall dort,

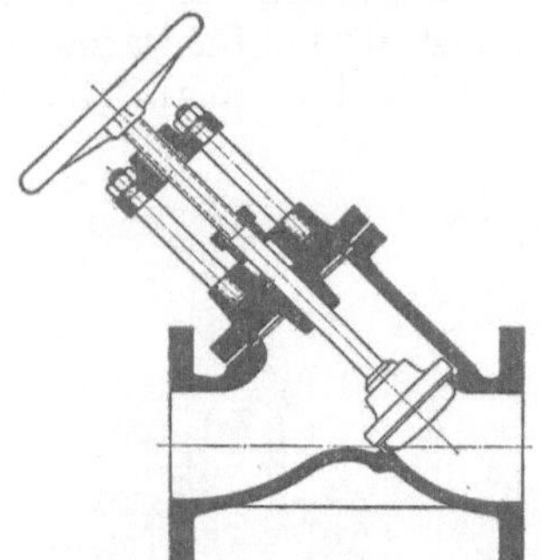
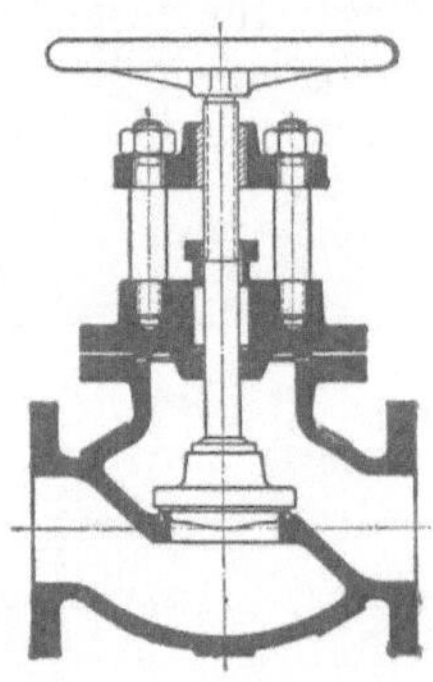
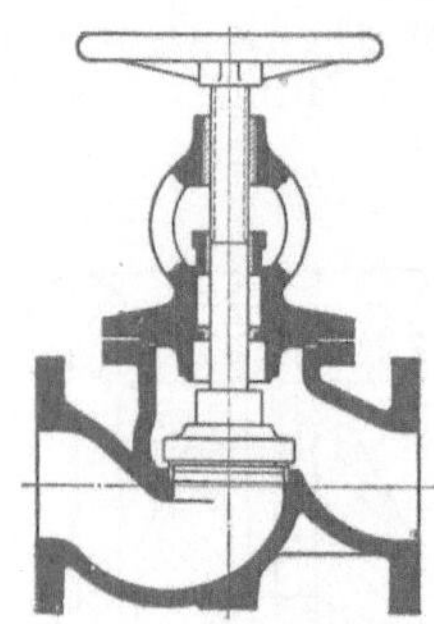

Abb. 137a. Koswa-Ventil $\zeta = 1{,}7 \div 2{,}7$.   Abb. 137b. Din-Ventil $\zeta = 4{,}0$.   Abb. 137c. Rhei-Ventil $\zeta = 4{,}4$.

wo der Druckverlust möglichst klein gehalten werden muß, sind Absperrschieber zu verwenden (Abb. 138/139), deren Widerstandszahlen je nach Ausführungsform und Durchmesser zwischen 0,2 und 0,4 liegen.

Bei den selbsttätigen Ventilen (Rückschlag-, Saug- oder Druckventilen) wird ein Teil der Strömungsenergie dazu benötigt, den Ventilteller offenzuhalten. Der Strömungswiderstand ist demnach größer, als wenn nur Richtungs- und Querschnittsänderungen in Frage kämen. Der Einfluß des Ventilgewichtes tritt besonders bei kleinen Strömungsgeschwindigkeiten stark in Erscheinung. Die hier auftretenden Strömungserscheinungen und die Durchflußwiderstände sind sehr verwickelt und von vielen Faktoren abhängig[1]; sie können hier nicht näher behandelt werden.

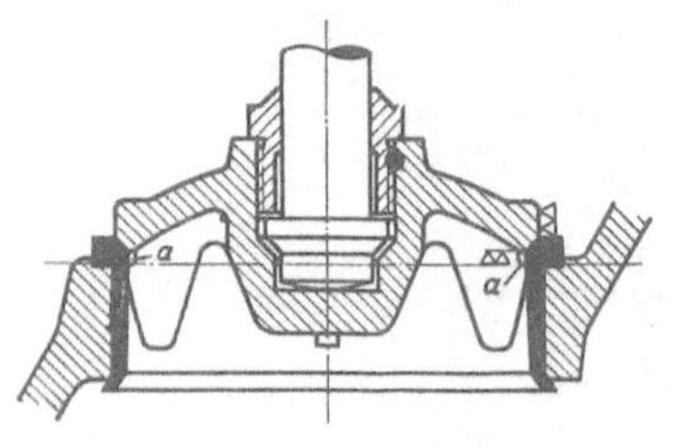

Abb. 135a.

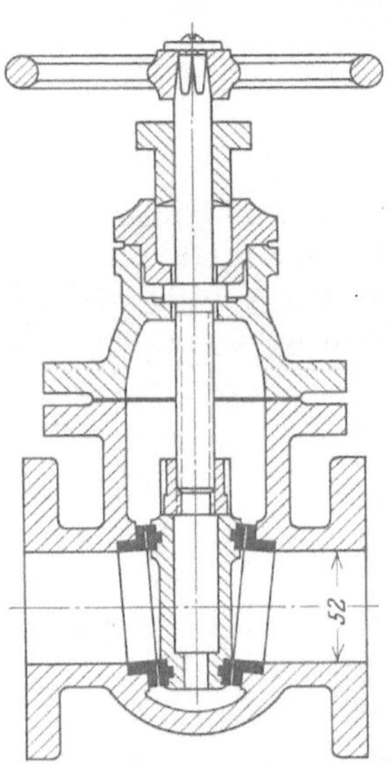

Abb. 138. Absperrschieber (nach von Roll, Clus).

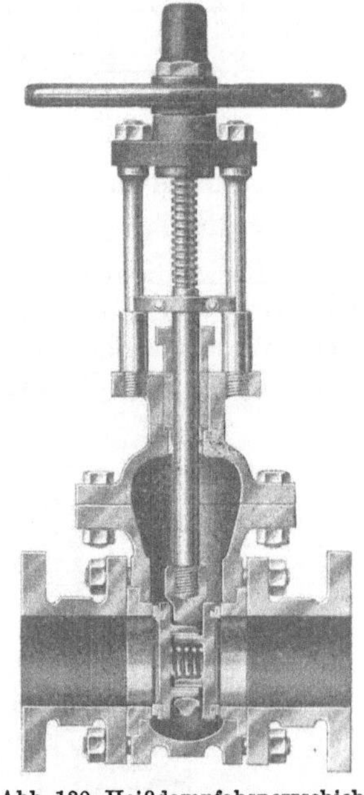

Abb. 139. Heißdampfabsperrschieber. (Masch. Fabr. Dickers, Hengelo.)

6. Berechnung von Rohrleitungen. Unter Berücksichtigung des Druckverlustes Δp, der zur Überwindung der Strömungswiderstände erforderlich ist, lautet die Energiegleichung (63):

$$z_1 \gamma + p_1 + \frac{w_1^2}{2g}\gamma = z_2 \gamma + p_2 + \frac{w_2^2}{2g}\gamma + \Delta p . \tag{104}$$

Setzt man $z_1 - z_2 = z$ und $p_1 - p_2 = p$, so ist:

$$z\gamma + p = \frac{w_2^2 - w_1^2}{2g}\gamma + \Delta p . \tag{105}$$

Wird der Höhenunterschied z vernachlässigt und strömt die Flüssigkeit aus einem großen Behälter, so daß $w_1 = 0$ gesetzt werden kann, dann vereinfacht sich die Gleichung zu:

$$p = \frac{w^2}{2g}\gamma + \Delta p . \tag{105a}$$

Drückt man, wie im vorhergehenden Abschnitt erläutert, die Druckverluste durch die Geschwindigkeitshöhe aus, so ist

$$p = \left(1 + \zeta\,\frac{l}{d} + \Sigma\,\xi\right)\frac{w^2}{2g}\gamma . \tag{106}$$

---

[1] Schrenk: Mitt. Forsch.-Arb. H. 272. 1925.

Zu den Einzelwiderständen ξ sind auch die Rohrverbindungen zu rechnen, die je nach der Sorgfalt der Ausführung und der Art der Verbindung wesentliche Druckverluste verursachen können. Nach den Versuchen von M. Hottinger[1] steigt z. B. für Gasrohrmuffen (GF 270) der Wert von ξ von 0,05 für Rohre größer als $1''$ bis auf $\xi = 0,4$ bis 0,5 für $\frac{3}{8}''$-Gasrohr. Bei zusammengeschweißten Rohren kommt der Einfluß nicht einwandfreier Schweißung um so mehr zur Geltung, je kleiner der Rohrdurchmesser ist, weil die Querschnittsverengungen durch Schweißtropfen dann verhältnismäßig größer sind. Ähnlich liegen die Verhältnisse bei Flanschverbindungen mit vorstehenden Dichtungen oder bei nicht genau aufeinander passenden Rohren. Tadellose Schweißung oder Flanschverbindung erzeugen bei größeren Rohrdurchmessern keinen zusätzlichen Druckverlust. Für jede Rundschweißung eines $\frac{1}{2}''$-Gasrohres ist (nach den Versuchen von M. Hottinger) auch bei tadelloser Schweißung $\xi = 0,12$; bei nicht einwandfreien Schweißungen kann $\xi = 0,2$ bis 0,7 werden.

Wenn eine bestimmte Flüssigkeitsmenge G m³/s durch das Rohr gefördert werden soll, so folgt die Strömungsgeschwindigkeit w in m/s aus der Kontinuitätsgleichung.

$$G = \frac{\pi}{4} d^2 w \quad \text{m}^3/\text{s} . \tag{107}$$

Aus den beiden Gleichungen (106) und (107) läßt sich bei gegebenem Rohrdurchmesser der erforderliche Druck p oder bei gegebenem Druck der Rohrdurchmesser bestimmen.

Zahlenbeispiel. Es ist die Luftgeschwindigkeit einer Saugleitung zu berechnen (Länge $= 80$ m, 200 mm $\varnothing$ mit 2 Bogen von 90^0 und $\varrho = 5d$), wenn der Unterdruck am Saugstutzen des Ventilators 40 mm Wassersäule $= 40$ kg/m² beträgt, und der Drosselschieber ganz bzw. halb geöffnet ist.

Die Schwierigkeit bei solchen Aufgaben liegt darin, daß ζ zunächst nicht genau zu bestimmen ist. Man nimmt deshalb ζ erst schätzungsweise an und kontrolliert nachher, ob die Wahl richtig war. Für Rohre aus glattem Schwarzblech sei $\zeta = 0,016$ angenommen.

Für jeden Rohrkrümmer mit $\varrho = 5 d$ ist nach Abb. 127 der Druckverlust gleich 25% des Reibungsverlustes einer Rohrstrecke von der Länge $l = 80 d$, so daß

$$\xi = 0,25 \, \zeta \, \frac{l}{d} = 0,25 \, \zeta \cdot 80 \, ;$$

die äquivalente Länge des Rohrkrümmers, die zu der gestreckten Länge der Rohrachse zuzuzählen ist, beträgt

$$l_{a\,e} = \frac{\xi}{\zeta} d = 0,25 \cdot 80 \, d = 20 \, d = 4 \, \text{m} .$$

Bei vollständig geöffnetem Drosselschieber und verlustfreiem Eintritt der Luft in die Saugleitung ist dann:

$$p = \left(1 + 0,016 \, \frac{88}{0,2}\right) \frac{w^2}{2g} \gamma = 8,0 \, \frac{w^2}{2g} \gamma = 40 \, \text{kg/m}^2 .$$

Daraus folgt, wenn für Luft $\sqrt{\dfrac{2g}{\gamma}} = 4$ gesetzt wird:

$$w = 4 \sqrt{\frac{40}{8}} = 9,0 \, \text{m/s} .$$

Da die Luftgeschwindigkeit nun bekannt ist, kann der Wert von ζ nachgerechnet werden. Weil die kinematische Zähigkeit von Luft von 20^0 C gleich 0,15 cm²/s ist, so wird die Reynoldssche Zahl

$$Re = \frac{w \cdot d}{\nu} = \frac{900 \text{ cm/s} \cdot 20 \text{ cm}}{0,15 \text{ cm}^2/\text{s}} \approx 120\,000$$

und nach Gleichung (93) und Zahlentafel 13

$$\zeta = 0,0174 .$$

Mit diesem Wert wird bei geöffnetem Drosselschieber:

$$\Delta p = \left(1 + 0,017 \, \frac{88}{0,2}\right) \frac{w^2}{2g} \gamma = 40 \, \text{kg/m}^2 = 8,66 \, \frac{w^2}{2g} \gamma$$

oder

$$w = 8,7 \, \text{m/s} .$$

---

[1] Gesundheitsingenieur 1928.

Bei halb geöffnetem Drosselschieber wird, mit dem ξ-Wert aus nachfolgender Zusammenstellung

$$s/d = \quad 0 \qquad \tfrac{1}{8} \qquad \tfrac{2}{8} \qquad \tfrac{3}{8} \qquad \tfrac{4}{8} \qquad \tfrac{5}{8} \qquad \tfrac{6}{8} \qquad \tfrac{7}{8}$$

n. Weisbach $\xi = \quad 0 \qquad 0{,}07 \quad 0{,}26 \quad 0{,}81 \quad 2{,}06 \quad 5{,}52 \quad 17{,}0 \quad 97{,}8$

n. V. Blaess $\xi = 0{,}05 \quad 0{,}08 \quad 0{,}8 \quad 1{,}5 \quad 3{,}0 \quad 8{,}6 \quad 20 \quad 98$

$$p = \left(1 + 0{,}017\,\frac{88}{0{,}2} + 3\right)\frac{w^2}{2g}\gamma = 11{,}48\,\frac{w^2}{2g}\gamma = 40$$

oder

$$w = 7{,}5 \text{ m/s},$$

so daß noch $\frac{7{,}5}{8{,}5} \cdot 100 = $ rd. 85% der Luftmenge bei vollgeöffnetem Schieber durchgeht.

Zahlenbeispiel. Durch eine Dampfleitung nach Abb. 140 strömen stündlich 49,7 t überhitzter Dampf von 29,85 ata und 353° C mit einem mittleren spezifischen Gewicht von 10,7 kg/m³.

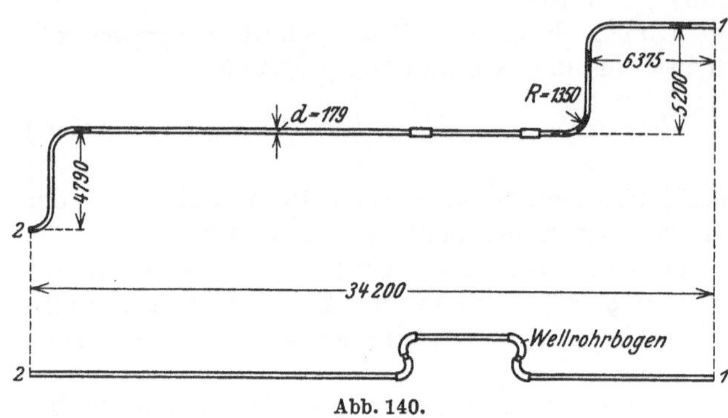

Abb. 140.

Wie groß ist der Druckverlust zwischen den Punkten *1* und *2*, wenn die Widerstandszahl eines Wellrohrbogens $\xi=3{,}1$ ist?

Die gestreckte Mittellinie des Rohres ist rd. 45,4 m. Die äquivalente Länge eines Rohrkrümmers mit $r_m/d=\frac{1350}{179}=7{,}5$ folgt aus Abb. 127 (Kurve $W \cdot H \cdot F$) zu:

$$l_{ae} = \frac{0{,}35\,\zeta \cdot 80}{\zeta}\,d = 28\,d = 5{,}0 \text{ m},$$

so daß die totale äquivalente Länge des Rohres $= 45{,}4 + 4 \cdot 5{,}0 = 65{,}4$ m beträgt.

Für die Verbindung der Rohre wurde der Bördelschweißflansch nach Abb. 111 gewählt; die Abdichtung zeigt Metall auf Metall, so daß an den Verbindungsstellen eine glatte Fläche vorhanden ist und keine zusätzliche Widerstände dafür in Rechnung zu setzen sind. Weil die Dampfgeschwindigkeit in den Punkten *1* und *2* praktisch gleich groß ist, so ist der Druckverlust ΔP:

$$\Delta p = \left(\zeta\,\frac{l_{ae}}{d} + \Sigma\xi\right)\frac{w^2}{2g}\gamma\,.$$

Die Dampfgeschwindigkeit folgt aus der Kontinuitätsgleichung zu:

$$w = \frac{49\,700}{10{,}7 \cdot 3600 \cdot \dfrac{\pi}{4} \cdot 0{,}179^2} = 51{,}2 \text{ m/s}.$$

Da die kinematische Zähigkeit ν des Dampfes bei dem angegebenen Druck und bei 350° C ca. $2{,}5 \cdot 10^{-6}$ m²/s ist, so wird die Reynoldssche Zahl

$$Re = \frac{w\,d}{\nu} = \frac{51{,}2 \cdot 0{,}179}{2{,}5} \cdot 10^6 = 3{,}66 \cdot 10^6\,.$$

Für glatte Eisenrohre ist nach Zahlentafel 13 (S. 63) $\zeta = 0{,}011$. Damit wird

$$\Delta p = \left(0{,}011\,\frac{65{,}4}{0{,}179} + 2 \cdot 3{,}1\right)\frac{w^2}{2g}\gamma = (4{,}0 + 6{,}2)\frac{w^2}{2g}\gamma = 10{,}2\,\frac{51{,}2^2}{19{,}6} \cdot 10{,}7 = 14\,400 \text{ kg/m}^2 = 1{,}44\,\text{at}.$$

Gemessen wurde[1] $\Delta p = 1{,}39$ at. Aus der Rechnung erkennt man den großen Druckverlust der Ausgleichbogen aus Wellrohr. Kämen am Anfang und am Ende der Leitung noch je ein Normalabsperrventil mit $\xi = 4{,}5$ hinzu, so würde der Druckverlust fast verdoppelt, so daß Absperrschieber mit möglichst kleinem Durchgangswiderstand einzubauen sind.

Die Aufgabe, eine bestimmte Flüssigkeitsmenge durch eine Rohrleitung zu fördern, kann in verschiedener Weise gelöst werden. Man kann ein enges Rohr wählen, so daß der Druckunterschied zwischen Anfang und Ende der Leitung groß wird, oder man kann einen großen Durchmesser festlegen, um mit einem geringen Überdruck auszukommen. Im ersten Fall sind die Anlagekosten der Leitung niedrig, dagegen die Betriebskosten hoch, im zweiten Fall die Anlagekosten hoch bei kleinen Betriebskosten. Die wirtschaftlichste Lösung ist nun die, bei der die Gesamtjahreskosten am kleinsten werden.

Die Materialkosten der Leitung sind proportional Rohrlänge $\times$ Durchmesser $\times$ Wandstärke s, oder da — nach der Kesselformel — s prop d ist, sind die Materialkosten proportional

---

[1] Polytechn. Weekblad Bd. 23, S. 779. 1929.

$l \times d^2$. Dazu kommen die Kosten der Armaturen, evtl. Isolierung, Verlegung usw. Wir wollen annehmen, daß die Gesamtkosten der verlegten Leitung mit $l \cdot d^{1,5}$ proportional sind, dann ist das Anlagekapital der Leitung

$$A = a \cdot d^{1,5} \cdot l$$

worin a für ein bestimmtes Material und für eine bestimmte Art der Verlegung eine Konstante ist. Nehmen wir $p\%$ für Verzinsung, Amortisation und Unterhalt an, so betragen die Besitzkosten der Leitung pro Jahr

$$a \cdot l \cdot d^{1,5} \cdot p/100 \quad \text{Mark}.$$

Für die Förderung von G m³/s bei einem Druckunterschied von Δp kg/m² sind die jährlichen Betriebskosten bei z Stunden Betriebsdauer je Tag und 300 Arbeitstagen je Jahr

$$\frac{G \Delta p}{75\,\eta} \cdot 300\,z \cdot b \quad \text{Mark},$$

wenn b M für 1 PSh zu bezahlen sind. Nimmt man den Wirkungsgrad $\eta = 2/3$, so sind die jährlichen Betriebskosten

$$6 \cdot G \cdot \Delta p \cdot b \cdot z \quad \text{M/Jahr}.$$

Wird zur Erzeugung des Druckes eine besondere Pumpe oder Maschinenanlage notwendig, die C Mk. je PS kostet, dann sind dafür jährlich

$$\frac{G \cdot \Delta p}{75\,\eta} \cdot C \cdot \frac{p'}{100} = \frac{G \Delta p\, C\, p'}{5000} \quad \text{Mark}$$

für Verzinsung, Amortisation und Unterhalt zu rechnen. Die Gesamtjahreskosten betragen demnach

$$K = G \Delta p \left(6\,bz + \frac{C\,p'}{5000}\right) + \frac{a\,l\,d^{1,5}\,p}{100}.$$

Da allgemein

$$\Delta p = \left(1 + \zeta \frac{l}{d} + \Sigma\,\xi\right) \frac{w^2}{2g}\,\gamma = \varphi\,\frac{l}{d}\,\frac{w^2}{2g}\,\gamma$$

und

$$w = \frac{G}{\frac{\pi}{4}\,d^2}$$

ist, so wird

$$K = \frac{16\,\varphi\,l\,G^3\,\gamma}{2g\,\pi^2\,d^5}\left(6\,bz + \frac{C\,p'}{5000}\right) + \frac{a\,l\,d^{1,5}\,p}{100}.$$

Die Jahreskosten werden ein Minimum, wenn $\dfrac{\partial K}{\partial d} = 0$ ist, wobei φ als konstant angenommen werden kann.

$$\frac{\partial K}{\partial d} = - \frac{16\,\varphi\,l\,G^3\,\gamma}{2g\,\pi^2} \cdot \frac{5}{d^6}\left(6\,bz + \frac{C\,p'}{5000}\right) + \frac{1,5\,a\,l\,p\,d^{0,5}}{100} = 0,$$

woraus d zu berechnen ist. Aus $w = \dfrac{4\,G}{\pi d^2}$ folgt $\dfrac{\pi}{4}\,w^3 = \dfrac{16\,G^3}{\pi^2\,d^6}$, so daß die wirtschaftlichste Geschwindigkeit

$$w = \sqrt[3]{\frac{12\,g \cdot a \cdot p}{500\,\pi\,\varphi\,\gamma\left(6\,bz + \frac{C\,p'}{5000}\right)}}\;\sqrt[6]{d} \tag{108}$$

wird. Diese Beziehung kann meist noch vereinfacht werden, indem $C p'/5000$ gegenüber $6 \cdot b \cdot z$ vernachlässigt werden kann[1].

Für die Berechnung verzweigter Leitungen ist es zweckmäßig, den Begriff der „äquivalenten Öffnung" einzuführen[2].

Die Flüssigkeitsmenge, die bei verlustfreier Strömung aus einem großen Gefäß durch eine gut abgerundete Düse mit dem Querschnitt F strömt, ist

$$G = F\,\sqrt{2g\,\frac{p}{\gamma}}.$$

---

[1] Ausführlicher in R. Biel: Die wirtschaftlich günstigsten Rohrweiten, Oldenburg 1930.

[2] Der Begriff stammt von dem französischen Bergingenieur D. Murgue (1873) und ist von Dr.-Ing. V. Blaeß in seinem Buche: Die Strömungen in Rohren, Oldenburg 1911, in etwas geänderter Form übernommen worden.

Der gleiche Überdruck p würde in einem Rohr mit dem gleichen Querschnitt F eine Geschwindigkeit w_1 erzeugen, die aus der Gleichung

$$p = \left(1 + \zeta \frac{l}{d} + \Sigma \xi\right) \frac{w_1^2}{2g} \gamma$$

berechnet werden kann. Die durch das Rohr strömende Flüssigkeitsmenge ist dann

$$G = F w_1 = F \sqrt{2g \frac{p}{\left(1 + \zeta \frac{l}{d} + \Sigma \xi\right) \gamma}}\,.$$

Man kann nun das Rohr durch eine „gleichwertige" Düse vom Querschnitt F_{ae} ersetzen, so daß bei gleichem Überdruck durch das Rohr die gleiche Flüssigkeitsmenge strömt, wie durch die Düse, d. h.

$$G = F \cdot w_1 = F_{ae} \sqrt{2g \frac{p}{\gamma}} = F \sqrt{2g \frac{p}{\left(1 + \zeta \frac{l}{d} + \Sigma \xi\right) \gamma}}\,.$$

Daraus folgt

$$F_{ae} = \frac{G}{\sqrt{2g \frac{p}{\gamma}}} \tag{109}$$

oder auch

$$F_{ae} = \frac{F}{\sqrt{1 + \zeta \frac{l}{d} + \Sigma \xi}}\,. \tag{110}$$

Strömt die Flüssigkeit schon mit der Geschwindigkeit w_1 zu, so ist

$$F_{ae} = \frac{F}{\sqrt{\zeta \frac{l}{d} + \Sigma \xi}}\,. \tag{111}$$

Die gleichwertige Düse ist also in jedem Fall durch die Abmessungen der Leitung eindeutig bestimmt.

Zahlenbeispiel. Wie groß ist die gleichwertige Düse für die Rohrleitung in dem Zahlenbeispiel auf S. 71, wenn der Drosselschieber ganz geöffnet ist?

Aus der Gleichung $F_{ae} = \dfrac{F}{\sqrt{8{,}14}} = 0{,}345\,F$ folgt, daß rd. 35% des Rohrquerschnittes durch Rohrreibung abgedrosselt werden.

Ersetzt man nun jeden Strang einer verzweigten Leitung (Abb. 141 a) durch eine gleichwertige Düse mit dem Querschnitt F_{a_1} bzw. F_{a_2} (Abb. 141 b), so folgt die durch jedes Rohr strömende Flüssigkeitsmenge sofort aus den Gleichungen

$$G_1 = F_{a_1} \sqrt{2g \frac{p_1}{\gamma}} \quad \text{und} \quad G_2 = F_{a_2} \sqrt{2g \frac{p_1}{\gamma}}\,. \tag{112}$$

Wenn die gesamte Flüssigkeitsmenge $G = G_1 + G_2$ gegeben ist, so wird

$$G_1 = \frac{F_{a_1}}{F_a} \quad \text{und} \quad G_2 = \frac{F_{a_2}}{F_a}\,, \tag{113}$$

worin $F_a = F_{a_1} + F_{a_2}$ ist.

Der Druckabfall Δp im Hauptstrang a kann auch so erzeugt gedacht werden, daß in dem Gefäß eine Düse mit dem Querschnitt $F_{\Delta p}$ vorgeschaltet wird (Abb. 141 b). Da

$$\Delta p = \left(\zeta \frac{l}{d} + \Sigma \xi\right) \frac{w^2}{2g} \gamma$$

ist, wird

$$F_{\Delta p} = \frac{F}{\sqrt{\zeta \frac{l}{d} + \Sigma \xi}}\,. \tag{114}$$

Nennt man F_{ae} die gleichwertige Düse der ganzen verzweigten Leitung, so ist

$$F_{ae} = \frac{G}{\sqrt{2g \frac{p}{\gamma}}} \quad \text{oder} \quad \frac{G^2}{F_{ae}^2} = 2g \frac{p}{\gamma}\,.$$

Aus der Gleichung
$$p = \Delta p + p_1$$
folgt mit
$$F_a = \frac{G}{\sqrt{2g\frac{p_1}{\gamma}}} \quad \text{oder} \quad \frac{G^2}{F_a^2} = 2g\frac{p_1}{\gamma}$$
und
$$F_{\Delta p} = \frac{G}{\sqrt{2g\frac{\Delta p}{\gamma}}} \quad \text{oder} \quad \frac{G^2}{F_{\Delta p}^2} = 2g\frac{\Delta p}{\gamma},$$
daß
$$\frac{1}{F_{ae}^2} = \frac{1}{F_{\Delta p}^2} + \frac{1}{F_a^2} \tag{115}$$

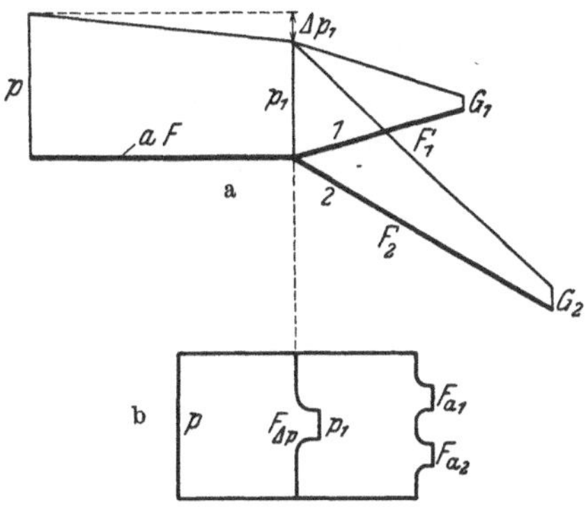

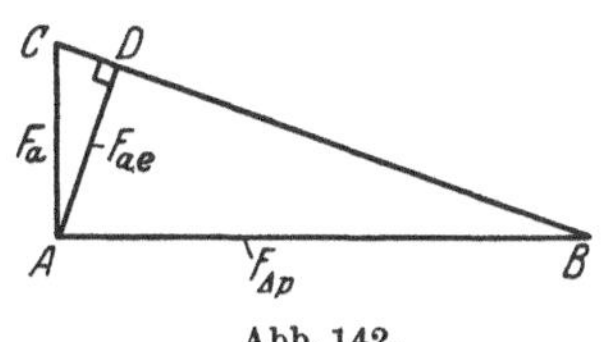

Abb. 141 a, b.

ist. Die Strecke F_{ae} kann aus dem rechtwinkligen Dreieck ABC (Abb. 142) mit den Seiten F_a und $F_{\Delta p}$ als Höhe $AD = F_{ae}$ konstruiert werden. Der Beweis folgt aus den ähnlichen Dreiecken ACD und ABC

$$\frac{F_a}{F_{ae}} = \frac{\sqrt{F_a^2 + F_{\Delta p}^2}}{F_{\Delta p}} \quad \text{oder} \quad \frac{F_a^2}{F_{ae}^2} = \frac{F_a^2}{F_{\Delta p}^2} + 1$$

und nach Division durch F_a^2

$$\frac{1}{F_{ae}^2} = \frac{1}{F_{\Delta p}^2} + \frac{1}{F_a^2} \quad \text{(q. e. d.)}.$$

Abb. 142.

Jede noch so oft verzweigte Leitung setzt sich aus einer Reihe von solchen einfachen Abzweigungen zusammen, so daß hiermit die Aufgabe auch allgemein gelöst ist[1].

Werden die verzweigten Leitungen wieder zusammengeführt (Abb. 143a), so erhält man durch die Einführung von gleichwertigen Düsen auch hier eine übersichtliche Lösung (Abb. 143b). Für eine geschlossene Leitung mit mehreren Zweigstellen ist die Rechnung umständlicher.

Eine Voraussetzung der Rechnung war, daß an den Zweigstellen kein Druckverlust entsteht. Das ist der Fall, wenn die Geschwindigkeit der zu- und abfließenden Ströme gleich groß sind, d. h. wenn die Querschnitte der Verzweigungen sich verhalten wie ihre zugehörigen gleichwertigen Düsen. Das kann bei Rohrleitungen aus Blech immer erreicht werden. Bei den genormten Rohren mit sprungweiser Änderung des Durchmessers ist das nicht erreichbar. Dann treten an den

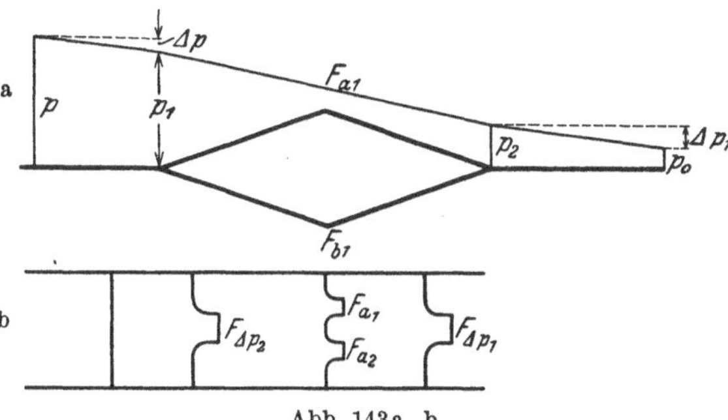

Abb. 143a, b.

Zweigstellen zusätzliche Druckverluste auf, die durch plötzliche Geschwindigkeitsänderung und (bei ⊥-Stücken) durch Richtungsänderungen verursacht werden; sie können nach den Angaben auf S. 66 schätzungsweise bestimmt werden[2]. Bei Saugleitungen entsteht durch die Vereinigung der mit verschiedener Geschwindigkeit strömenden Flüssigkeiten eine Injektorwirkung, die den langsameren Strom beschleunigt. Daraus folgt, daß sich eine Rohrleitung — als Druck- oder Saugleitung verwendet — nicht genau gleich verhält.

Eine weitere Voraussetzung der Rechnung war die stationäre Strömung. Ist das nicht der Fall, wie z. B. bei Kolbenpumpen oder beim Öffnen und Schließen eines Ventils, so treten Schwingungen und Druckerhöhungen auf, die hier nicht näher untersucht werden sollen[3].

7. Formänderung dünnwandiger Rohre. Die Biegungstheorie setzt (stillschweigend) voraus, daß der Querschnitt des Stabes bei der Biegung unverändert bleibe. Wenn aber ein ursprünglich krummer Stab gebogen wird, so liefern die Zug- und Druckspannungen radiale Resultierende (Abb. 144), die die äußeren Fasern gegen die neutrale Achse zusammenzudrücken versuchen.

---

[1] Für Zahlenbeispiele siehe Blaeß, V.: Die Strömung in Rohren, Abschnitt 7.

[2] Neue Untersuchungen von Vogel, G.: Mitt. d. hydraul. Inst. der Techn. Hochsch. München. H. 2, S. 60. Petermann, F.: Ebenda H. 3, S. 98.

[3] Allgemeine Theorie über die veränderliche Bewegung des Wassers in Leitungen. 1. Teil: Rohrleitungen von Lorenzo Allievi. Deutsche Ausgabe von R. Dubs und V. Batailliard. Berlin: Julius Springer 1909.

Bei dünnwandigen Rohren tritt dadurch eine Verschiebung der äußeren Fasern, d. h. eine Abplattung des Querschnittes ein, wodurch die Dehnung vermindert wird. Beträgt die Abplattung
$a a_1 = \delta$, so ist die Dehnung

$$\varepsilon = \frac{a_1 b_1 - ab}{ab} = \frac{a_1 e_1 + e_1 b_1 - ab}{ab}.$$

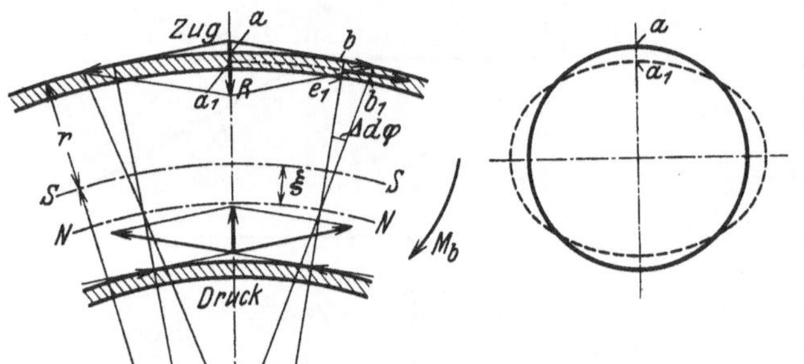

Abb. 144.

Nun ist (Abb. 144)

$$a_1 e_1 = (R + r - \delta)\, d\varphi\,,$$
$$e_1 b_1 = (r + \xi)\, \Delta d\varphi$$

und

$$ab = (R + r)\, d\varphi\,.$$

In diesen Gleichungen ist $R =$ ursprüng-
lichem Krümmungsradius des gebogenen
Stabes, $r =$ äußerem Radius des Rohres und $\xi =$ Entfernung der
neutralen Faserschicht von der Schwerpunktsachse. Mit diesen Werten wird

$$\varepsilon = \frac{(r + \xi)\, \Delta d\varphi}{(R + r)\, d\varphi} - \frac{\delta}{R + r}\,. \tag{116}$$

Das erste Glied dieser Gleichung gibt die Dehnung der äußeren Faserschicht nach der gebräuchlichen Biegungstheorie (vgl. Heft I, S. 43).
Das zweite Glied gibt die Abnahme der Dehnung infolge der Abplattung des Querschnittes. Ist z. B. $\delta = 0{,}5$ mm und $R + r = 700$ mm,
so entspricht das einer Abnahme der Spannung von

$$\frac{\delta}{R + r}\, E = \frac{0{,}5}{700} \cdot 2\,100\,000 = 1500 \text{ at}!$$

Die kleine Abplattung des Querschnittes verursacht demnach eine wesentliche Entlastung
der äußersten Fasern, die nach der Biegungstheorie die größten Zug- und Druckspannungen zu
übertragen hätten. Da aber die Gleichgewichtsbedingung (Heft I, S. 44) $M = \int \sigma \eta\, df$ bestehen bleibt, so müssen die inneren Fasern mehr gespannt werden.

Es fragt sich nun, wie sich der ursprünglich kreisförmige Querschnitt ändert, d. h. wie groß
δ bei einem bestimmten Biegemoment wird. Der Querschnitt wird in der Weise verzerrt, daß die Formänderungsarbeit bei gleichen Werten von $\Delta d\varphi$ ein Minimum wird (Satz von W. Ritz).

Die Formänderungsarbeit setzt sich aus zwei Teilen zusammen:

1. der Längsdehnung der Fasern (Biegespannungen),
2. der Verzerrung des Querschnittes.

Wir legen ein Koordinatensystem $X Y$ durch den Mittelpunkt des Rohrquerschnittes (Abb. 145)
und machen die für die Bestimmung der Formänderung fast immer zulässige Vereinfachung,

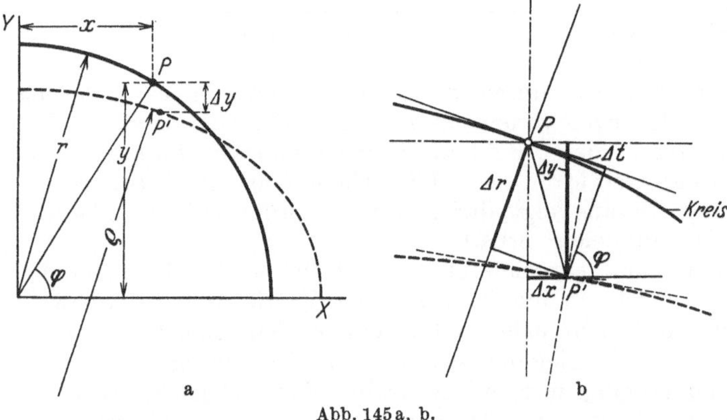

Abb. 145a, b.

daß die neutrale Faserschicht mit
der Schwerpunktsachse zusammenfällt ($\xi = 0$), d. h. wir vernachlässigen ε_0 gegenüber dem Wert
$\frac{\Delta d\varphi}{d\varphi}$ (Heft I, S. 47). Die Verschiebungen eines beliebigen Punktes P
zerlegen wir einmal in die Komponenten Δx und Δy nach den X-
und Y-Richtungen und dann in die
Komponenten Δt und Δr nach der
Richtung der Tangente und des
Halbmessers.

Die Längsdehnung ε_1 einer
Faser durch den Punkt P setzt sich
aus zwei Teilen zusammen, ε_1' und ε_1''.

1. Nach der üblichen Biegungstheorie ist $\varepsilon_1' = \dfrac{y}{R + y}\, \dfrac{\Delta d\varphi}{d\varphi}$ (Heft I, S. 44).

2. Infolge der Verschiebung des Punktes P in der Y-Richtung ist $\varepsilon_1'' = \dfrac{\Delta y}{R + y}$,

Zur Vereinfachung der Rechnungen vernachlässigen wir auch y gegenüber R. Diese Vernachlässigung ist im allgemeinen nicht zulässig; sie beeinflußt die Genauigkeit des Resultates

bei kleinen Krümmungsradien wesentlich (S. 79). Damit wird

$$\varepsilon_1 = \varepsilon_1' + \varepsilon_1'' = \frac{y}{R} \cdot \frac{\varDelta d\varphi}{d\varphi} + \frac{\varDelta y}{R}, \tag{117}$$

und nach Einführung der geometrischen Beziehungen

$$\varDelta y = \varDelta t \cos\varphi + \varDelta r \sin\varphi \quad \text{und} \quad y = r \sin\varphi$$

wird

$$\varepsilon_1 = \frac{r}{R} \sin\varphi \cdot \frac{\varDelta d\varphi}{d\varphi} + \frac{\varDelta t \cos\varphi + \varDelta r \sin\varphi}{R}. \tag{118}$$

Die Längsspannung ist $\sigma_1 = \varepsilon_1 E$.

Die Querdehnung ε_2 des ursprünglich kreisförmigen Querschnittes setzt sich ebenfalls aus zwei Teilen zusammen, sie entsteht

1. infolge der radialen Verschiebung (Heft I, S. 68 oben) $\varepsilon_2' = \dfrac{\varDelta r}{r}$,

2. infolge der gleichzeitig auftretenden tangentialen Verschiebung, weil der Querschnitt nicht kreisrund bleibt: $\varepsilon_2'' = \dfrac{d\varDelta t}{r\,d\varphi}$. Die tangentiale Verschiebung von P infolge der Formänderung des ganzen Querschnittes ist $\varDelta t$; $d\varDelta t$ ist die Längenänderung in tangentialer Richtung für ein Element $ds = r \cdot d\varphi$. Damit wird

$$\varepsilon_2 = \frac{\varDelta r}{r} + \frac{d\varDelta t}{r\,d\varphi}. \tag{119}$$

Nun setzen wir voraus, daß die Formänderung der Rohrwandung ohne Längenänderung der Mittellinie vor sich geht, d. h. $\varepsilon_2 = 0$, so daß

$$\varDelta r = - \frac{d\varDelta t}{d\varphi} \tag{120}$$

ist, und damit

$$\varepsilon_1 = \frac{1}{R}\left\{ r \sin\varphi \cdot \frac{\varDelta d\varphi}{d\varphi} + \varDelta t \cos\varphi - \frac{d\varDelta t}{d\varphi} \sin\varphi \right\}. \tag{121}$$

Die Formänderungsarbeit infolge der Dehnungen ε_1 ist für ein Ringelement von der Breite 1 (Abb. 146)

$$dA_1 = \frac{\sigma_1^2}{2E} dV = \frac{\varepsilon_1^2 E}{2} dV = \frac{\varepsilon_1^2 E}{2} r \cdot s \cdot d\varphi$$

und die Formänderungsarbeit für den ganzen Ring

$$A_1 = \frac{r s E}{2} \int\limits_0^{2\pi} \varepsilon_1^2\, d\varphi = \frac{r s E}{2 R^2} \int\limits_0^{2\pi} \left(r \sin\varphi\, \frac{\varDelta d\varphi}{d\varphi} + \varDelta t \cos\varphi - \frac{d\varDelta t}{d\varphi} \sin\varphi \right)^2 d\varphi.$$

Die Formänderungsarbeit A_2 für die Querbiegung des gleichen Volumenelementes folgt aus der allgemeinen Gleichung $dA_2 = \frac{1}{2} M \cdot \varDelta d\varphi$ mit dem Wert

$$\frac{\varDelta d\varphi}{d\varphi} = \frac{M}{J_2 E} r = r \left(\frac{1}{\varrho} - \frac{1}{r} \right), \tag{122}$$

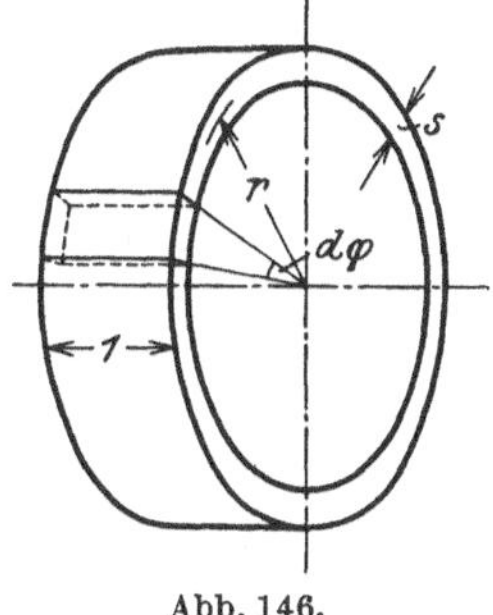

Abb. 146.

worin ϱ den Krümmungsradius nach der Biegung bedeutet (Heft I, S. 47), und $J_2 = s^3/12$ für die Breite 1 ist, zu

$$A_2 = \frac{1}{2} \int\limits_0^{2\pi} M\,\varDelta d\varphi = \frac{1}{2} \int\limits_0^{2\pi} J_2 E\, \frac{(\varDelta d\varphi)^2}{r\,d\varphi} = \frac{s^3}{24\,r} E \int\limits_0^{2\pi} \left(\frac{\varDelta d\varphi}{d\varphi} \right)^2 d\varphi = \frac{s^3 r}{24} E \int\limits_0^{2\pi} \left(\frac{1}{\varrho} - \frac{1}{r} \right)^2 d\varphi.$$

Der Krümmungsradius ϱ läßt sich nun allgemein aus der Verschiebung $\varDelta r$ bestimmen[1]; es ist nämlich

$$\frac{1}{\varrho} - \frac{1}{r} = - \frac{1}{r^2}\left(\frac{d^2 \varDelta r}{d\varphi^2} + \varDelta r \right). \tag{123}$$

Mit $\varDelta r = - \dfrac{d\varDelta t}{d\varphi}$ wird

$$\frac{1}{\varrho} - \frac{1}{r} = \frac{1}{r^2}\left(\frac{d^3 \varDelta t}{d\varphi^3} + \frac{d\varDelta t}{d\varphi} \right) \tag{123a}$$

und damit

$$A_2 = \frac{s^3 E}{24\, r^3} \int\limits_0^{2\pi} \left(\frac{d^3 \varDelta t}{d\varphi^3} + \frac{d\varDelta t}{d\varphi} \right)^2 d\varphi.$$

---

[1] S. z. B. Föppl, A.: Vorl. über techn. Mech. Bd. 3, S. 193.

Die Verschiebung $\varDelta t$ als Funktion von φ ist nun so zu bestimmen, daß $A = A_1 + A_2$ ein Minimum wird. Th. v. Kármán löst diese Aufgabe so[1], daß er allgemein

$$\varDelta t = c_1 \sin 2\,\varphi + c_2 \sin 4\,\varphi + \cdots + c_n \sin 2\,n\,\varphi \tag{124}$$

setzt und die unbestimmten Werte $c_1, c_2, \ldots, c_n$ daraus berechnet, daß A ein Minimum wird. Für die erste Annäherung

$$\varDelta t = c \sin 2\,\varphi \tag{125}$$

ist

$$A = \frac{r\,s\,E}{2\,R^2}\left[\int_0^{2\pi}\left(r\frac{\varDelta\,d\varphi}{d\varphi}\sin\varphi + c\sin 2\varphi\cos\varphi - 2c\cos 2\varphi\sin\varphi\right)^2 d\varphi + \frac{s^2\,R^2}{12\,r^4}\cdot 36\,c^2\int_0^{2\pi}\cos^2 2\,\varphi\,d\varphi\right].$$

Setzt man

$$\sin 2\,\varphi\cos\varphi = \tfrac{1}{2}\left(\sin 3\,\varphi + \sin\varphi\right),$$

$$\cos 2\,\varphi\sin\varphi = \tfrac{1}{2}\left(\sin 3\,\varphi - \sin\varphi\right)$$

und

$$\frac{s\,R}{r^2} = a \tag{126}$$

und berücksichtigt, daß

$$\int_0^{2\pi}\sin^2\varphi\,d\varphi = \int_0^{2\pi}\sin^2 2\,\varphi\,d\varphi = \int_0^{2\pi}\sin^2 3\,\varphi\,d\varphi = \pi$$

und

$$\int_0^{2\pi}\sin\varphi\sin 3\,\varphi\,d\varphi = 0$$

ist, so wird

$$A = \frac{\pi\,r\,s\,E}{2\,R^2}\left\{r^2\left(\frac{\varDelta\,d\varphi}{d\varphi}\right)^2 - 3\,r\,c\,\frac{\varDelta\,d\varphi}{d\varphi} + \left(\frac{5}{2} + 3\,a^2\right)c^2\right\}$$

Die Formänderungsarbeit A wird ein Minimum für

$$\frac{\partial A}{\partial c} = 0 = -3r\cdot\frac{\varDelta\,d\varphi}{d\varphi} + (5 + 6a^2)c$$

oder für

$$c = \frac{3r}{5 + 6a^2}\cdot\frac{\varDelta\,d\varphi}{d\varphi}. \tag{127}$$

Der Wert für das Minimum der Formänderungsarbeit für die Breite 1 wird damit

$$A_{\mathrm{min}} = \frac{E\,\pi\,r^3\,s}{2\,R^2}\left(1 - \frac{9}{10 + 12a^2}\right)\left(\frac{\varDelta\,d\varphi}{d\varphi}\right)^2,$$

oder wenn (Heft I, S. 29) $r^3\pi s = J = $ dem Trägheitsmoment des Rohrquerschnittes gesetzt wird:

$$A_{\mathrm{min}} = \frac{J\,E}{2\,R^2}\left(1 - \frac{9}{10 + 12a^2}\right)\left(\frac{\varDelta\,d\varphi}{d\varphi}\right)^2. \tag{128}$$

Andererseits gilt allgemein für die Formänderungsarbeit für die Breite $R\,d\varphi = 1$:

$$A = \frac{1}{2}\,M_b\,\frac{\varDelta\,d\varphi}{R\,d\varphi},$$

so daß man als erste Annäherung für das Biegemoment

$$M_b = \frac{2\,A_{\mathrm{min}}\,R\,d\varphi}{\varDelta\,d\varphi} = J\,E\left(1 - \frac{9}{10 + 12a^2}\right)\frac{\varDelta\,d\varphi}{R\,d\varphi} = k\,J\,E\,\frac{\varDelta\,d\varphi}{R\,d\varphi} \tag{129}$$

erhält, an Stelle von $M_b = J\,E\,\dfrac{\varDelta\,d\varphi}{R\,d\varphi}$ der üblichen Biegetheorie (Heft I, S. 44). Die Formänderung dünnwandiger Rohre kann demnach in einfacher Weise so berechnet werden, daß in den allgemeinen Gleichungen (Heft I, S. 47) an Stelle des Trägheitsmomentes J ein neues Trägheitsmoment $k\,J$ eingeführt wird, worin der Faktor

---

[1] Z. V. d. I. 1911, S. 1892.

$$k = 1 - \frac{9}{10 + 12a^2} = \frac{1 + 12a^2}{10 + 12a^2} \tag{130}$$

nur von $a = \dfrac{sR}{r^2}$ abhängt (Abb. 147).

Für $a = 0,3$	0,4	0,5	1,0	1,5	2	3
ist $k = 0,18$	0,24	0,31	0,59	0,757	0,845	0,926

v. Kármán weist durch Berücksichtigung mehrerer Glieder in der Gleichung (124) für Δt nach, daß für Werte $a > 0,3$ (und das sind die praktisch wichtigsten) die erste Annäherung bis auf 1% genaue Werte liefert.

Die gemessenen Formänderungen[1] zeigen 10 bis 20% Abweichung von den berechneten Werten, was durch die Vernachlässigung von y gegenüber R (S. 77) zu erklären ist.

Für dickwandige (z. B. gußeiserne) Rohre nähert sich k dem Wert 1, d. h. die frühere Formel bleibt dann gültig.

Die Biegespannungen $\sigma_1 = \varepsilon_1 E$ folgen aus der Gleichung (118) mit $\Delta t = c \sin 2\varphi$ und $\Delta r = -\dfrac{d \Delta t}{d\varphi} = -2c \cos 2\varphi$, mit dem Wert von c aus Gleichung (127) und von $\dfrac{\Delta d\varphi}{d\varphi}$ aus Gleichung (129) zu

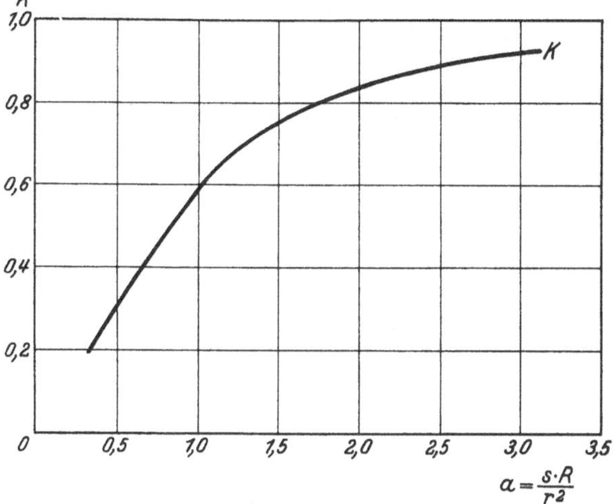

Abb. 147.

$$\sigma_1 = E \frac{\Delta d\varphi}{d\varphi}\left\{\frac{r \sin\varphi}{R} + \frac{3r}{5 + 6a^2}\left(\frac{\sin 2\varphi \cos\varphi - 2\cos 2\varphi \sin\varphi}{R}\right)\right\} = \frac{M_b\, r \sin\varphi}{kJ}\left[1 - \frac{6}{5 + 6a^2}\sin^2\varphi\right],$$

$$\sigma_1 = \frac{M_b}{kJ}\, y \left[1 - \frac{6}{5 + 6a^2}\frac{y^2}{r^2}\right]. \tag{131}$$

Die Verteilung der Spannungen σ_1 über den Rohrquerschnitt ist für $a = 0,3$ und für $a = 0,8$ in Abb. 148 u. 149 eingetragen.

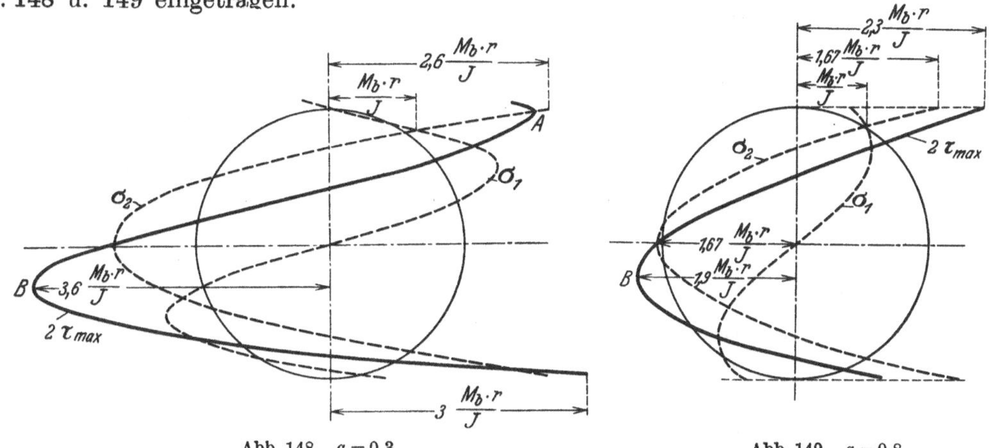

Abb. 148. $a = 0,3$.　　　　　Abb. 149. $a = 0,8$.

Abb. 148 und 149. Spannungsverteilung bei der Biegung dünnwandiger Rohre.

Die größte Spannung σ_2 an der Außenseite des Rohres infolge der Formänderung des Querschnittes ist

$$\sigma_2 = \frac{M}{J_2} \cdot \frac{s}{2}$$

oder mit dem Wert von $\dfrac{M}{J_2}$ aus Gleichung (122):

$$\sigma_2 = \frac{sE}{2}\left(\frac{1}{\varrho} - \frac{1}{r}\right).$$

---

[1] Versuche von Bantlin, A.: Z. V. d. I. 1910, S. 43 oder Mitt. Forsch.-Arb. H. 96 und von Wahl, M. A.: Trans. Am. Soc. Mech. Eng. Vol. 49/50, Part I, Fuels und Steam Power 1927/28, S. 241.

Setzt man $\Delta t = c \sin 2\,\varphi$ in Gleichung (123a) ein, so ist

$$\frac{1}{\varrho} - \frac{1}{r} = -\frac{6\,c}{r^2}\cos 2\,\varphi$$

und mit dem Wert von c aus Gleichung (127) und von $\dfrac{\Delta\,d\varphi}{d\varphi}$ aus Gleichung (129) wird

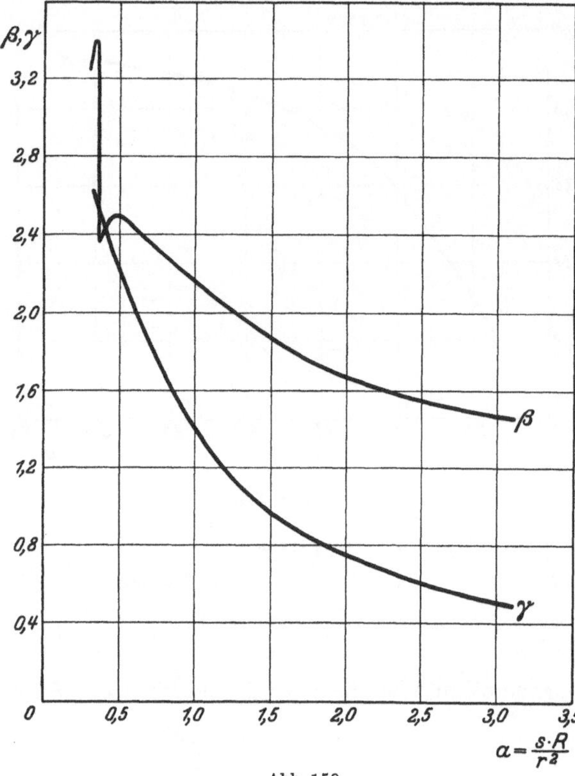

Abb. 150.

$$\sigma_2 = -\frac{s\,E}{2}\cdot\frac{6}{r^2}\cdot\frac{3\,r}{5+6\,a^2}\cdot\frac{M_b R}{k J E}\cos 2\,\varphi\,,$$

$$\sigma_2 = \frac{9\,M_b\,r}{k\,J}\cdot\frac{a}{5+6\,a^2}\cos 2\,\varphi\,.$$

Da $\cos 2\,\varphi = 1 - 2\sin^2\varphi = 1 - \dfrac{2\,y^2}{r^2}$ ist, wird

$$\sigma_2 = \frac{M_b\,r}{J}\left[\frac{18\,a}{1+12\,a^2}\left(1-\frac{2\,y^2}{r^2}\right)\right]. \qquad (132)$$

Der Größtwert von σ_2 tritt auf für $y=0$ oder $y=r$ und ist

$$(\sigma_2)_{\mathrm{max}} = \frac{M_b\,r}{J}\cdot\frac{18\,a}{1+12\,a^2} = \gamma\,\frac{M_b\,r}{J}. \qquad (133)$$

Die γ-Werte sind in Abb. 150 eingetragen.

Zur Beurteilung der größten Beanspruchung muß die maximale Schubspannung $\tau_{\mathrm{max}} = \dfrac{\sigma_1 - \sigma_2}{2}$ bestimmt werden. Für die Außenseite des Rohres ist

$$\tau_{\mathrm{max}} = \frac{M_b}{J}\,\frac{1}{1+12\,a}\left(9\,a\,r - \frac{18\,a\,y^2}{r} - 5\cdot y\right.$$
$$\left. - 6\,a^2\,y + \frac{6\,y^3}{r^2}\right),$$

Diese Spannung wird am größten, wenn

$$\frac{d\tau_{\mathrm{max}}}{dy} = 0 = -\frac{36\,a\,y}{r} - 5 - 6\,a^2 + \frac{18\,y^2}{r^2}$$

oder für

$$\frac{y_0}{r} = a \pm \sqrt{\frac{4}{3}\,a^2 + \frac{5}{18}}. \qquad (134)$$

Wenn $a > 0{,}335$ ist, hat das positive Vorzeichen vor der Wurzel keine praktische Bedeutung mehr, weil $y_0 > r$ wird. Der Größtwert von τ_{max} liegt dann bei $y=r$

$$2\,(\tau_{\mathrm{max}})_I = \frac{M_b\,r}{J}\left(\frac{-12\,a^2 - 18\,a + 2}{1+12\,a^2}\right) = \beta\,\frac{M_b\,r}{J}. \qquad (135)$$

Für $0{,}3 < a < 0{,}335$ gibt die Gleichung zwei Werte von y_0.

$$2\,(\tau_{\mathrm{max}})_{II} = \frac{M_b\,r}{J}\,\frac{\left(8\,a - 36\,a^2 \mp 32\,a^2 + \dfrac{20}{3}\right)\sqrt{\dfrac{4}{3}\,a^2 + \dfrac{5}{18}}}{1+12\,a^2} = \beta\,\frac{M_b\,r}{J}. \qquad (136)$$

Die β-Werte sind als Funktion von a in Abb. 150 eingetragen.

Die gleichen Größtwerte der maximalen Schubspannung erhält man, wenn die Innenseite der Rohrwand betrachtet wird.

Unter dem Einfluß des Innendruckes hat ein ovales Rohr mit dünner Wandung das Bestreben, wieder kreisrund zu werden. Es ist deshalb interessant zu untersuchen, inwieweit die Abplattung durch den Innendruck ausgeglichen werden kann. Aus Symmetriegründen kann die Betrachtung auf $\frac{1}{4}$ Ringquerschnitt beschränkt werden (Abb. 151). Aus der Gleichgewichtsbedingung folgt, daß die in S in der X-Richtung wirkende Kraft $= p\,(r-\delta)$ für 1 cm Rohrlänge ist, wenn δ die Abweichung von der Kreisform in S ist. Das dort wirkende Moment M_0 kann aus der Gleichung

$$\frac{\partial A}{\partial M_0} = 0$$

berechnet werden. In einem beliebigen Schnitt unter dem Winkel φ ist das Moment

$$M_\varphi = M_0 - p\,(r - \delta)\,(r - \delta - r\sin\varphi - \Delta r\sin\varphi - \Delta t\cos\varphi) + p/2\,(r - \delta - r\sin\varphi - \Delta r\sin\varphi$$
$$- \Delta t\cos\varphi) + p/2\,(r\cos\varphi + \Delta r\cos\varphi - \Delta t\sin\varphi)^2.$$

Setzen wir wieder $\Delta r = \delta\cos 2\varphi$ und $\Delta t = -\dfrac{\delta}{2}\sin 2\varphi$ und vernachlässigen die Glieder höherer Ordnung, so wird

$$M_\varphi = M_0 + p\,r\,\delta\,(1 + \cos 2\varphi). \tag{137}$$

Aus $\dfrac{\partial A}{\partial M_0} = \dfrac{1}{JE}\displaystyle\int_0^{2\pi} M_\varphi\,\dfrac{\partial M_\varphi}{\partial M_0}\,r\,d\varphi = 0$ folgt dann:

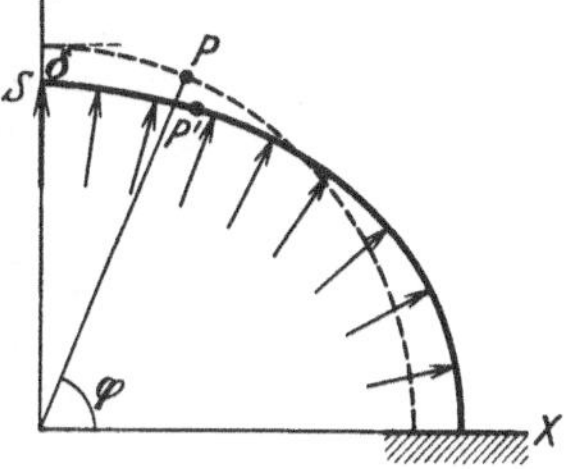

Abb. 151.

$$M_0 = -\,p\,r\,\delta. \tag{138}$$

Die Verschiebung δ infolge des Innendruckes p wird so bestimmt, daß in S eine zusätzliche Kraft S in der Y-Richtung wirkend angebracht und nachher wieder gleich Null gesetzt wird. Dann ist nach Heft I, S. 58

$$\varepsilon = \left(\frac{\partial A}{\partial S}\right)_{S=0} = \frac{r}{JE}\int_0^{\pi/2} M_\varphi\,\frac{\partial M_\varphi}{\partial S}\,d\varphi.$$

Nun ist $M_\varphi = M_0 + p\,r\,\delta(1 + \cos 2\varphi) - S(r\cos\varphi + \delta\cos^3\varphi)$. Wenn der Faktor $\delta\cos^3\varphi$ vernachlässigt wird, ist mit $J = \dfrac{s^3}{12}$

$$\varepsilon = \frac{r}{JE}\int_0^{\pi/2} [-\,p\,r\,\delta + p\,r\,\delta\,(1 + \cos 2\varphi) - S\,r\cos\varphi]\cos\varphi\,d\varphi,$$

$$\varepsilon = -\,\frac{4\,p\,r^3\,\delta}{s^3\,E}. \tag{139}$$

Für $r/s = 8$, $p = 42$ at und $E = 2\,100\,000$ at ist $\varepsilon = 0{,}04\,\delta$. Unter diesen bei Rohren meist vorliegenden Verhältnissen vermindert der Innendruck die Abplattung nur um 4%, so daß dieser Einfluß vernachlässigt werden darf.

Wenn dünnwandige Rohre durch äußeren Druck beansprucht werden, dann entsteht die Gefahr einer Einbeulung. Dieser Fall liegt bei allen Vakuumleitungen und bei den Flammrohren von Dampfkesseln vor. Auch beim Kesselkörper ist Einbeulungsgefahr vorhanden, wenn das Wasser sich vollständig abkühlt.

Der Einbeulungsdruck p eines allseitig von außen gedrückten kreisförmigen Hohlzylinders, der an seinen Enden wie ein Flammrohr befestigt ist, hat R. von Mises[1] nach der Elastizitätstheorie dünner Schalen berechnet. Er findet

$$p = \frac{E\cdot s/r}{3\left(1 + \dfrac{4\,l^2}{\pi^2 r^2}\right)^2} + 0{,}09\,E\left(3 + \frac{6{,}7}{1 + \dfrac{4\,l^2}{\pi^2 r^2}}\right)\frac{s^3}{r^3}\ \text{at}, \tag{140}$$

worin r = innerer Radius des Rohres,
$\quad s$ = Wandstärke,
$\quad l$ = Rohrlänge ist.

Für unendlich lange Rohre geht die Gleichung über in

$$p = 0{,}27\,E\,(s/r)^3\ \text{at}. \tag{141}$$

Schon lange vor Aufstellung dieser theoretischen Gleichungen hat man in den Bauvorschriften für Dampfkessel Formeln angeben müssen, die die Einbeulungsgefahr berücksichtigen. C. von Bach hat (1892) eine empirische Formel aufgestellt, die auf Grund seiner Versuche für die im Dampfkesselbau gebräuchlichen Abmessungen eine etwa 7 fache Sicherheit gegen Einbeulen ergibt:

$$s = \frac{p\,d}{4\,\sigma_{zul}}\left(1 + \sqrt{1 + \frac{a}{p}\cdot\frac{l}{l+d}}\right) + c. \tag{142}$$

---

[1] Z. d. V. d. I. 1914, S. 750.

Unter Vernachlässigung des zweiten Gliedes (d.h. für $a = 0$) entsteht daraus die bekannte Kesselformel (Heft I, S. 61)

$$s = \frac{p\,d}{2\,\sigma_{zul}} + c,$$

worin $c = 0{,}2$ cm ist. Erfahrungszahl

$a = 100$ für Rohre mit einfach überlappter Längsnaht unter der Bedingung sorgfältiger Herstellung zur Erhaltung der Kreisform;

$a = 80$ für geschweißte oder doppelt überlappte Rohre.

l ist die Rohrlänge bzw. die Entfernung zweier wirksamen Versteifungen.

8. Wärmespannungen. Bei der Festigkeitsrechnung von Rohrleitungen ist es gebräuchlich, nur den inneren Überdruck zu berücksichtigen (vgl. S. 47). Wesentlich gefährlicher können die zusätzlichen Spannungen werden, die infolge von Temperaturänderungen auftreten. Bei Dampfleitungen werden die Wärmedehnungen durch elastische Formänderungen von sog. Expansionsbögen (Abb. 152) aufgenommen. Je nach der Befestigung der Rohrleitungen, d. h. je nachdem

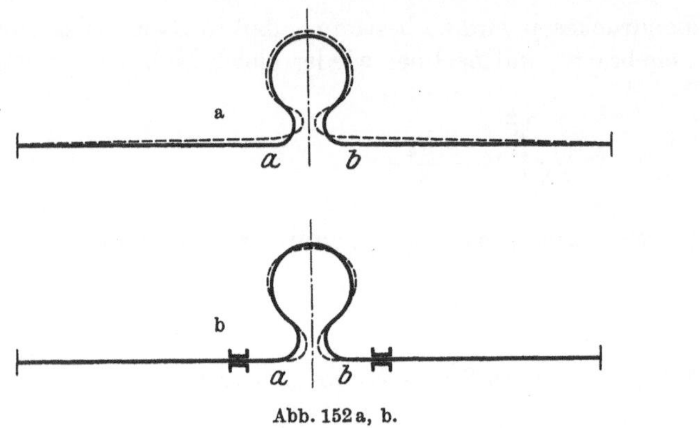

Abb. 152 a, b.

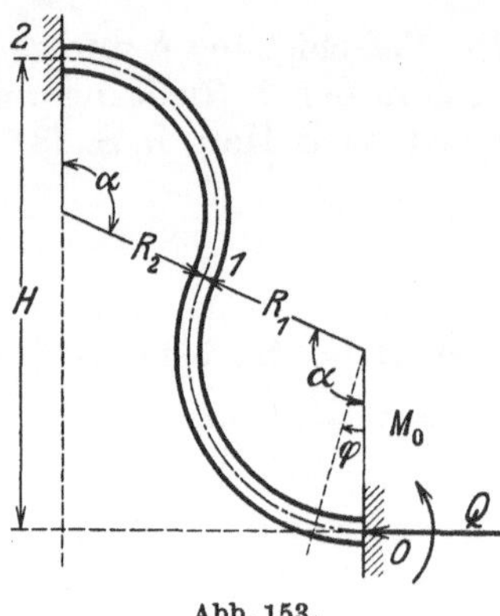

Abb. 153.

die Enden a und b der Bogen frei drehbar, eingespannt oder geführt sind, entstehen im Bogen verschiedene Beanspruchungen. Bei symmetrischer Formänderung darf die Untersuchung auf den halben Expansionsbogen beschränkt werden (Abb. 153).

Bei der Festigkeitsrechnung dürfen im allgemeinen die Normal- und Scherkräfte gegenüber den Biegemomenten vernachlässigt und $Z = J$ gesetzt werden. Beim eingespannten Bogen ist dann nach dem Satze von Castigliano.

$$\frac{\partial A}{\partial M_0} = 0 \quad \text{und} \quad \frac{\partial A}{\partial Q} = \frac{\delta}{2}.$$

Für die Strecke $0 \div 1$ ist $M_\varphi = M_0 - Q R_1 (1 - \cos\varphi)$,

$$\frac{\partial M_\varphi}{\partial M_0} = 1 \quad \text{und} \quad \frac{\partial M_\varphi}{\partial Q} = -R_1(1 - \cos\varphi).$$

Das Moment M_0 ist positiv einzusetzen, weil bei der gezeichneten Drehrichtung die Krümmung vermehrt wird (Heft I, S. 43)

$$\frac{\partial A}{\partial M_0} = \frac{1}{JE} \int_0^\alpha [M_0 - Q R_1 (1 - \cos\varphi)]\, R_1\, d\varphi,$$

$$= \frac{R_1}{JE} [M_0 \alpha - Q R_1 (\alpha - \sin\alpha)].$$

Für die Strecke $1 \div 2$ ist $M_\varphi = -M_0 + Q[H - R_2(1 - \cos\varphi)]$,

$$\frac{\partial M_\varphi}{\partial M_0} = -1 \quad \text{und} \quad \frac{\partial M_\varphi}{\partial Q} = H - R_2(1 - \cos\varphi).$$

$$\frac{\partial A}{\partial M_0} = -\frac{1}{JE} \int_{-\left(\alpha - \frac{\pi}{2}\right)}^{\frac{\pi}{2}} (-M_0 + QH - QR_2 + QR_2\cos\varphi)\, R_2\, d\varphi$$

$$= \frac{R_2}{JE} [M_0 \alpha - Q H \alpha + Q R_2 \alpha - Q R_2 \sin\alpha].$$

Aus $\dfrac{\partial A}{\partial M_0} = 0$ folgt:

$$(R_1 + R_2) \cdot M_0\,\alpha = Q[H\,R_2\,\alpha - (R_2^2 - R_1^2)(\alpha - \sin\alpha)]$$

oder

$$M_0 = Q\left[H\,\frac{R_2}{R_1 + R_2} - (R_2 - R_1)\,\frac{\alpha - \sin\alpha}{\alpha}\right].$$

Nun ist $H = (R_1 + R_2)(1 - \cos\alpha)$. Setzt man $\dfrac{R_1}{R_2} = n$, dann wird $R_2 = \dfrac{H}{(1 + n)(1 - \cos\alpha)}$ und $R_1 = \dfrac{H \cdot n}{(1 + n)(1 - \cos\alpha)}$. Damit wird

$$M_0 = Q\,H\left[\frac{1}{1 + n} - \frac{1 - n}{1 + n} \cdot \frac{\alpha - \sin\alpha}{\alpha(1 - \cos\alpha)}\right] = f\,Q\,H. \tag{143}$$

Für $R_1 = R_2$ ist $n = 1$ und

$$M_0 = \frac{Q\,H}{2} \tag{144}$$

unabhängig von α.

Für	$n =$	0,5	0,75	1	1,5	2
ist	$\dfrac{1 - n}{1 + n} =$	0,333	0,143	0	$-\,0,2$	$-\,0,33$
und	$\dfrac{1}{1 + n} =$	0,666	0,57	0,5	0,4	0,33

Zahlentafel 17.

Für $\alpha =$	$\dfrac{\pi}{2}$	$\dfrac{2}{3}\pi$	$\dfrac{3}{4}\pi$	$\dfrac{5}{6}\pi$	
ist $\dfrac{\alpha - \sin\alpha}{\alpha(1 - \cos\alpha)} =$	0,363	0,39	0,41	0,43	
und $f =$	0,545	0,536	0,53	0,523	für $n = 0,5$
	0,52	0,516	0,515	0,512	0,75
	0,50	0,50	0,50	0,50	1,0
	0,470	0,48	0,482	0,486	1,5
	0,455	0,465	0,47	0,476	2,0

Das Moment M_0 ist praktisch unabhängig von α und mit einer Genauigkeit von mindestens $\pm\,10\%$ auch unabhängig von n, so daß für alle Ausgleichsrohre

$$M_0 = \tfrac{1}{2}\,Q\,H$$

gesetzt werden kann.

Für die Strecke 0 bis 1 ist

$$\frac{\partial A}{\partial Q} = \frac{1}{J\,E}\int_0^\alpha M\,\frac{\partial M}{\partial Q}\,R_1\,d\varphi = \frac{-1}{J\,E}\int_0^\alpha [M_0 - Q\,R_1(1 - \cos\varphi)]\,R_1^2\,(1 - \cos\varphi)\,d\varphi$$

$$= -\,\frac{R_1^2}{J\,E}\left[M_0(\alpha - \sin\alpha) - Q\,R_1\left(\tfrac{3}{2}\alpha - 2\sin\alpha + \tfrac{1}{4}\sin 2\alpha\right)\right]*.$$

Für die Strecke 1 bis 2:

$$\frac{\partial A}{\partial Q} = \frac{1}{J\,E}\int_{-\left(\alpha - \frac{\pi}{2}\right)}^{\frac{\pi}{2}} [-M_0 + Q\,H - Q\,R_2 + Q\,R_2\cos\varphi]\,[H - R_2(1 - \cos\varphi)]\,R_2\,d\varphi$$

$$= -\,\frac{R_2}{J\,E}\left[M_0(H\alpha - R_2\alpha + R_2\sin\alpha) + Q(H - R_2)^2\alpha + 2Q(H - R_2)R_2\sin\alpha + Q\,R_2^2\left(\tfrac{1}{4}\sin 2\alpha + \tfrac{\alpha}{2}\right)\right]$$

$$= -\,\frac{R_2}{J\,E}\left[M_0(H\alpha - R_2\alpha + R_2\sin\alpha)\right.$$

$$\left. -\,Q\left(H^2\alpha + \tfrac{3}{2}R_2^2\alpha - 2H\,R_2\alpha + 2H\,R_2\sin\alpha - 2R_2^2\sin\alpha + \tfrac{1}{4}R_2^2\sin 2\alpha\right)\right].$$

Da für die gesamte Strecke (von 0 bis 2) $\dfrac{\partial A}{\partial Q} = \dfrac{\delta}{2}$ ist, so wird

---

$$* \int_0^\alpha (1 - \cos\varphi)^2\,d\varphi = \alpha - 2\sin\alpha + \frac{1}{4}\sin 2\alpha + \frac{\alpha}{2}.$$

$$-\frac{JE\delta}{2} = M_0\left\{R_1^2(\alpha - \sin\alpha) + R_2(H\alpha - R_2\alpha + R_2\sin\alpha\right\}$$

$$-Q\{R_2 H^2\alpha + \tfrac{3}{2}R_2^3\alpha - 2HR_2^2\alpha + 2HR_2^2\sin\alpha - 2R_2^3\sin\alpha + \tfrac{1}{4}R_2^3\sin 2\alpha$$

$$+ (\tfrac{3}{2}R_1^3\alpha - 2R_1^3\sin\alpha + \tfrac{1}{4}R_1^3\sin 2\alpha)\}$$

$$= M_0\left\{(R_1^2 - R_2^2)(\alpha - \sin\alpha) + R_2 H\alpha\right\}$$

$$-Q\left\{\left(\frac{3}{2}\alpha - 2\sin\alpha + \frac{1}{4}\sin 2\alpha\right)(R_2^3 + R_1^3) + \alpha H R_2\left(H - 2R_2\frac{\alpha - \sin\alpha}{\alpha}\right)\right\}. \qquad (145)$$

Setzt man wieder $R_2 = nR_1$, so ist $R_2 = \dfrac{H}{(1+n)(1-\cos\alpha)}$. Mit dem Wert $M_0 = fQH$ aus Gleichung (143) wird:

$$-\frac{JE\delta}{2} = fQH\left[R_2^2(n^2 - 1)(\alpha - \sin\alpha) + R_2 H\alpha\right] - Q\left[(\tfrac{2}{3}\alpha - 2\sin\alpha + \tfrac{1}{4}\sin 2\alpha)(n^3 + 1)R_2^3\right.$$

$$\left. + \alpha H R_2\left(H - \frac{2H}{(1+n)(1-\cos\alpha)}\cdot\frac{\alpha - \sin\alpha}{\alpha}\right)\right]$$

$$\frac{JE\delta}{2} = Q\left[c_1\frac{H^3(n^3 + 1)}{(1+n)^3(1-\cos\alpha)^3} + \frac{\alpha H^3}{(1+n)(1-\cos\alpha)}\left(1 - \frac{2(\alpha - \sin\alpha)}{(1+n)(1-\cos\alpha)}\right)\right]$$

$$- fQH\left[\frac{H^2(n^2 - 1)(\alpha - \sin\alpha)}{(1+n^2)(1-\cos\alpha)^2} + \frac{H^2\alpha}{(1+n)(1-\cos\alpha)}\right]$$

$$= \frac{QH^3}{(1+n)^3(1-\cos\alpha)^3}\left\{c_1(n^3 + 1) + (1+n)^2\alpha(1-\cos\alpha)^2 - 2(\alpha - \sin\alpha)(1+n)(1-\cos\alpha)\right.$$

$$\left. - \alpha(n+1)\left[2(n-1)\frac{(\alpha - \sin\alpha)}{\alpha}(1-\cos\alpha) + (n-1)^2\frac{(\alpha - \sin\alpha)^2}{\alpha^2} + (1-\cos\alpha)^2\right]\right\}$$

$$JE\delta = \frac{2QH^3}{(1+n)^3(1-\cos\alpha)^3}\left\{c_1(n^3 + 1) + c_2(n+1)^2 - 2(n+1)c_3 - \alpha(n+1)[(n-1)c_4 - c_5]^2\right\}.$$

$$= \frac{QH^3 c}{(+n)^3(1-\cos\alpha)^3} = \frac{QH^3}{\beta}. \qquad (146)$$

Zahlentafel 18.

$\alpha =$	90^0	120^0	135^0	150^0	
$\sin\alpha$	1	0,866	0,707	0,50	$c_1 = \tfrac{3}{2}\alpha - 2\sin\alpha + \tfrac{1}{4}\sin 2\alpha$
$\cos\alpha$	0	−0,5	−0,707	0,866	$c_2 = \alpha(1-\cos\alpha)^2$
c_1	0,36	1,191	1,876	2,714	$c_3 = (\alpha - \sin\alpha)(1-\cos\alpha)$
c_2	1,57	4,7	6,85	9,12	$c_4 = \dfrac{\alpha - \sin\alpha}{\alpha}$
$2\times c_3$	1,14	3,672	5,64	7,9	
c_4	0,363	0,585	0,7	0,81	
c_5	1	1,5	1,707	1,866	$c_5 = (1-\cos\alpha)$

n	$(1+n)^3$		90^0	120^0	135^0	150^0		90^0	120^0	135^0	150^0
0,5	3,375	c	1,31	3,67	5,0	6,75	$\beta =$	2,57	3,14	3,32	3,25
0,75	5,36		2,14	5,94	8,15	10,7		2,5	3,06	3,26	3,25
1	8		3,15	8,9	12,32	15,8		2,54	3,04	3,22	3,65
1,5	15,62		6,1	17,1	23,7	30,9		2,56	3,12	3,26	3,57
2	27		10,5	24,4	41	53,5		2,57	3,14	3,26	3,57
	$(1-\cos\alpha)^3$		1	3,375	4,95	6,5	β_m	2,55	3,07	3,27	3,46

Aus der Zahlentafel folgt, daß die Verschiebung δ unabhängig von $n = \dfrac{R_1}{R_2}$ ist und sich nur wenig mit dem Winkel α ändert.

Für Überschlagsrechnungen kann für alle Ausgleichsbogen gesetzt werden

$$Q = \beta_m\frac{\delta JE}{H^3}, \quad \text{worin} \quad \beta_m = 3,1. \qquad (147)$$

Für dünne Rohre kann das Ovalwerden des Querschnittes durch Einführen des Faktors k berücksichtigt werden, so daß (vgl. S. 79)

$$Q = 3,1\cdot\frac{\delta k JE}{H^3}.$$

Die größte Beanspruchung ist (s. S. 80)

$$2\tau_{\max} = \beta \frac{M_{\max} \cdot r}{J}$$

und mit $M_{\max} = 0,5\,Q \cdot H$ und $Q = 3,1 \dfrac{\delta k \cdot JE}{H^3}$ ist

$$2\tau_{\max} = \beta \frac{0,5 \cdot 3,1\,\delta k E}{H^2}\,r = \frac{1,55}{2}\,E \cdot \beta\,k\,\delta\,\frac{d}{H^2}\,.$$

Daraus folgt die zulässige Verschiebung

$$\delta = \frac{2,6}{\beta k}\cdot\frac{\tau}{E}\cdot\frac{H^2}{d}\;\mathrm{cm} = B\,\frac{\tau}{E}\cdot\frac{H^2}{d}\;\mathrm{cm}\,. \tag{148}$$

Für	$\dfrac{s \cdot R}{r^2}\,a = 0,3$	0,5	1	2	
ist	$k = 0,19$	0,30	0,6	0,84	(Abb. 147)
und	$\beta = 3,6$	2,5	2,2	1,7	(Abb. 150)
so daß	$\beta\,k = 0,685$	0,75	1,32	1,4	
und	$B = \dfrac{2,6}{\beta \cdot k} = 3,76$	3,25	1,96	1,84	ist.

Wenn die Enden nicht als eingespannt, sondern als frei drehbar betrachtet werden ($M_0 = 0$), so folgt aus Gleichung (145), daß

$$-\frac{JE\delta}{2} = Q\left\{R_2^2 H\alpha + \tfrac{3}{2}R_2^3\alpha - 2HR_2^2\alpha + 2HR_2^2\sin\alpha - 2R_2^3\sin\alpha + \tfrac{1}{4}R_2^3\sin 2\alpha\right.$$
$$\left. + \tfrac{3}{2}R_1^3\alpha - 2R_1^3\sin\alpha + \tfrac{1}{4}R_1^3\sin 2\alpha\right\}.$$

Mit $R_1 = n\,R_2$ und $H = (1 + n)(1 - \cos\alpha)\,R_2$ wird:

$$-\frac{JE\delta}{2} = Q H^3\left\{\frac{(1+n^3)(\tfrac{3}{2}\alpha - 2\sin\alpha + \tfrac{1}{4}\sin 2\alpha) + (1+n)^2\alpha(1-\cos\alpha)^2 - 2(1+n)(\alpha-\sin\alpha)(1-\cos\alpha)}{(1+n)^3(1-\cos\alpha)^3}\right\}$$

$$= 2 Q H^3\left\{\frac{c_1(1+n^3) + c_2(1+n)^2 - 2c_3(1+n)}{(1+n)^3(1-\cos\alpha)^3}\right\} = C Q H^3. \tag{149}$$

Zahlentafel 19.

	$\alpha = 90^0$	120^0	135^0	150^0
	$c_1 = 0,36$	1,191	1,876	2,714
	$c_2 = 1,57$	4,7	6,85	9,12
	$c_3 = 0,57$	1,836	2,82	3,95
$n = 0,5$	$C = 1,32$	1,125	1,084	1,07
0,75	1,245	1,072	1,04	1,035
1,0	1,181	1,025	1,005	1,005
1,5	1,095	0,965	0,955	0,97
2,0	1,035	0,922	0,921	0,945

Bei gleicher Verschiebung δ ist die Kraft Q und damit die Beanspruchung bei frei drehbaren Enden fast nur $\tfrac{1}{3}$ der Kraft bei eingespannten Enden.

Man sollte deshalb Rohrleitungen immer so verlegen und unterstützen, daß die Enden sich frei verdrehen können.

Sachverzeichnis.

Berichtigungen.

Seite 3, Zeile 3 von unten lies: CC' statt C/C'.

Seite 11. Gleichung (21) lies: r/l statt r/e.

Seite 23, Zeile 14 von oben lies: $n_k = \dfrac{30}{\pi} A \sqrt{\dfrac{g}{f_0}}$ statt $\dfrac{30}{2\,\pi} \sqrt{1{,}275 \dfrac{g}{f_0}}$.

Seite 24, erste Zeile von oben, lies: viermal so groß, statt viermal größer.

Seite 26, Zeile 4 von oben in der Gleichung für M lies: $2\,p\,r^2\,b\,\sin^2 \varphi/2$ statt $p\,r\,b\,\varphi\,r\,\sin \varphi/2$,
und in Gl. (34): 113 statt 150.

Seite 34, Zeile 4 von unten $\left(r \dfrac{dZ}{dr}\right)$ statt $d \dfrac{dz}{dr}$.

Seite 35, Mitte: $r \dfrac{d^2 Z}{dr^2} + \dfrac{1}{r} \dfrac{dZ}{dr} = 0$.

Seite 36, letzte Zeile: $(\sigma_{\mathrm{max}})_r$ statt $(\sigma_{\mathrm{max}})\,r$.

Seite 38, Pos. 5 in der Gleichung für f: $2{,}54 \left(1 - \dfrac{r_i^2}{r_a^2}\right) + \ldots$

Seite 59, Zeile 15 von oben, lies: γ statt g.

Seite 70, Abb. 137c lies: Rhei-Ventil $\zeta = 2{,}7$ statt $4{,}4$.

Seite 74. Zahlenbeispiel, lies: Aus der Gleichung $F_{ae} = \dfrac{F}{\sqrt{8{,}66}} = 0{,}340\,F$ folgt, daß rd. 66% des $\ldots$,

und in Gl. (113): $G_1 = \dfrac{F_{a_1}}{F_a} G$ und $G_2 = \dfrac{F_{a_2}}{F_a} G$.